녹색 화학에서의 주요 생각

1 쓰레기가 만들어진 후, 이를 처리하거나 깨끗하게 치우는 것보다 **쓰레기가 만들어지지 않게 하는 것**이 더 좋다.

2 제품의 생산에서 **사용되는 원료의 양을 최소화하는 것**이 더 좋다.

3 **독성이 없는 물질을 사용하거나 만드는 것**이 더 좋다.

4 **에너지를 더 적게 사용하는 것**이 더 좋다.

5 기술적으로나 환경적으로 생각할 때, **재생 가능한 물질을 사용하는 것**이 더 좋다.

6 **제품의 수명이 다하면** 독성이 없는 제품으로 **분해되는 물질을 고안하는 것**이 더 좋다.

출처: Adapted from The *Twelve Principles of Green Chemistry* by Paul Anastas and John Warner.

Chemistry in Context

Applying Chemistry to Society Eighth Edition

American Chemical Society

제8판

환경과 생활 속의 화학

김현주 · 박경호 · 박 현 · 오세웅
이보경 · 이용훈 · 정은희 · 하윤경
옮김

McGraw Hill Education

ACS Chemistry for Life®

자유아카데미

Chemistry in Context, 8th Edition

1 2 3 4 5 6 7 8 9 10 Freedom Academy 20 16

Original: Chemistry in Context, 8th Edition © 2014
By American Chemical Society(ACS)
ISBN 978-0-07-352297-5

This authorized Korean translation edition is jointly published by McGraw-Hill Education Korea, Ltd. and Freedom Academy. This edition is authorized for sale in the Republic of Korea.

This book is exclusively distributed by Freedom Academy.

When ordering this title, please use ISBN 979-11-5808-057-0

Printed in Korea

저자 서문

'*Context*'라는 단어는 이 책의 제목에 있다. 그리고 이 단어는 여러 가지 의미를 가지고 있다.

Context! 이 단어가 '직조하는(to weave)'이란 뜻을 가진 라틴어로부터 유래되었다는 것을 알고 있었는가? 책의 겉표지에 있는 거미줄 그림은 이 책이 화학과 사회 사이를 직조하듯이 서로 관련이 있음을 의미한다. 사회적 문제없이는 '*Chemistry in Context*'도 있을 수 없다. 유사하게 이들 문제들을 맞닥뜨리려는 의지와 용기를 가진 선생님들과 학생들이 없다면, '*Chemistry in Context*'는 있을 수 없다. 화학은 요즈음 우리 사회가 직면한 거의 모든 문제점들과 함께 직조물처럼 짜여져 있다.

Context! 당신은 살고 있는 세상에 대한 좋은 이야기들을 즐기고 있는가? 만일 그렇다면, 당신을 새롭고 다른 방법으로 행동하게 만드는 호기심을 갖게 하고, 시도하게 하고, 그리고 또한 가능한 동기 부여를 해 줄 이야기들을 위해 이 책을 펼쳐 보라. 거의 모든 내용에서—마을, 지역, 그리고 세계적인—이야기들의 일부분은 아직도 알려지지 않고 있다. 오늘날 당신과 다른 사람들의 선택은 미래에 논의될 이야기들의 특성을 결정하게 될 것이다.

Context! 사람들을 흥미롭게 만드는 실제 세상의 내용은 사람들이 어떻게 배우는가에 대한 연구에 의해 뒷받침되는 효과적인 방법이다. '*Chemistry in Context*'는 실제 세상의 이야기들을 다양한 관점(개인적, 사회적, 그리고 세계적)에서 학습자들의 참여를 통해 제공한다. 빠르게 변하는 이 내용들의 특성에 따라, '*Chemistry in Context*'는 또한 선생님들이 바로 그들의 학생들과 함께 학습자가 되는 기회를 제공한다.

지속 가능성—궁극적인 내용

전 세계적 지속 기능성은 단지 도전은 아니다. 오히려 우리 세기의 특별한 도전이다. 따라서 '*Chemistry in Context*' 8판은 이 도전을 접하게 되는 학생들을 도와 줄 수 있게 고안되어 있다. 이 책을 시작하는 장, '지속 가능한 미래를 위한 화학'은 다음에 나오는 12개의 장들을 위해 단계를 설정한다. 지속 가능성을 먼저 배치함으로써, 지속 가능성이 화학 교육 과정의 핵심, 그리고 규범으로 설정된다.

지속 가능성은 '*Chemistry in Context*'에 새로운 복잡성을 추가한다. 지속 가능성은 두 가지 방식—연구적 주제로서의 가치와 문제 해결적인 가치—으로서 개념화될 수 있기 때문에 복잡도는 증가한다. 연구 주제로서의 지속 가능성은 학생들이 습득해야 할 새로운 내용을 제공한다. 예를 들어, 서민의 비극, 수익과 환경 보전('Triple Bottom Line': 사회적 책임의 3가지 기준에 따라 회사의 성과를 측정하는 경영 원칙), 요람에서 요람까지의 개념, 이들 모두 이 책의 새로운 내용들의 일부분이다. 문제 해결적 가치로서는, 지속 가능성은 학생들이 질문할 수 있는 새로운 문제—지속 가능한 미래를 상상하고 이루어내기 위해 사람들을 도울 것들—를 만들어 낸다. 예를 들어, 학생들은 온실 가스 배출을 줄이기 위한 행동에 대해서 위험 요소와 혜택에 대한 질문들을 찾을 것이다.

지속 가능성과 결부시키는 것은 교육과정의 평상적인 재고보다 더 많은 것들을 요구한다. 저자는 어떻게 접근할 것인가? 대부분의 화학 교제와는 달리 이 책은 내용이 풍부하다. 따라서 저자들은 이미 필요한 방법을 가지고 있고 이를 통해 지속 가능성에 대한 개념을 에너지, 식품, 그리고 물에 대한 풍부한 실제 세계의 이야기들과 함께 전달하고 있다. 그러나 항상 지속 가능성과의 연계성은 항상 바로바로 명백하게 드러나지는 않았다. 본질적으로 이런 점들은 독자를 위해 연결되는 것이 필요하다. 여기에 이들이 어떻게 연결되는지에 대한 예시들이 있다.

공유에 의한 비극은 자원을 우리 모두가 공유하고 많은 사람들이 사용하면서, 그러나 아무도 이에 대해 책임을 가지고 있지 않는 상황이다. 결과적으로 자원을 모두 사용하는 남용에 의해 자원은 파괴될 수 있다.

1장, '우리가 숨 쉬는 공기,' 여기서 공기는 공유되고 있는 자원이라는 것을 독자들에게 더욱 강하게 상기시키고 싶다. 우리는 모두 공기를 숨 쉬고 있고, 공기는 어느 누구의 것도 아니다. 따라서 공기 오염은 공유라는 비극에 대한 개념을 소개하기 위한 최적의 수단이다.

2장, '오존층 보호,' 여기서 초창기에 이루어진 클로로플루오로탄소들(CFCs)에 대한 교체는 이것들이 오존층에 해롭지 않음에도 불구하고 온실 기체의 가능성을 가지기 때문이라고 더 확실히 지적한다. 이 장은 행동을 위한 결정적인 외침으로 끝을 낸다: '오늘이 행성에서 숨을 쉬고 그럴 가능성이 있는 우리 모두는 이 행성의 미래를 즉시, 그리고 단호하게 보장해야만 한다. 우리는 이것들을 나중으로 미룰 권리를 가지고 있지 않다; 우리는 시간을 잃을 여유를 가지고 있지 않다.'

3장, '지구 기후 변화의 화학,' 여기서 더 많은 지구 기후 변화에 대한 화학적 정보 및 온실 기체로부터 기인한 지구에서 일어나고 있는 변화와 이들 변화에 대한 중요성을 평가하기 위한 학생들의 시도를 제공한다.

5장, '생명을 위한 물,' 여기서는 담수의 부족, 물의 원천에 대한 지속 가능한 조치, 그리고 수질 오염을 더 잘 연결한다. 이들 주제들은 11장, 식량 생산에 대한 토의 부분에서 반복된다.

7장, '핵분열에 의한 불,' 일본에서 발생한 핵 위기를 학생들에게 소개하는 반면, 또한 학생들로 하여금 지속 가능한 자원으로서의 핵 발전을 평가해 보게 한다.

8장, '전자의 이동으로부터 얻는 에너지'는 우리의 에너지 수요와 가능한 기술들 사이의 일치를 더 잘 보여 주기 위해 재구성되었다. 0장에서 소개된 요람에서 요람까지의 지속 가능한 개념은 배터리 디자인과 연결된다.

11장, '영양: 생각을 위한 음식'은 당신이 먹은 것이 당신의 건강에 어떻게 영향을 주는지 설명한다. 그러나 지금 이 장은 '행성의 건강을 위해 우리는 무엇을 먹어야 하는가'라는 주제와 학생들이 추적한 식량 생산과 소비에 관한 내용을 더 강하게 연결하고 있다.

지속 가능함을 의미하는 녹색 화학은 '*Chemistry in Context*'에서 하나의 중요한 주제임은 여전하다. 이전 판에서는, 녹색 화학의 예시들이 각각의 장에서 주목되었다. 이번 새로운 판에서는 더 많은 예시들을 다룬다. 이 확장된 부분은 우리의 화학적 과정을 녹색화하는 것의 중요성과 요구에 대한 감각을 독자에게 제공한다. 쉽게 접근하기 위해서, 녹색 화학에서의 주요 생각은 교재 표지 안쪽에 나열되어 있다.

기존 내용에 대한 업데이트

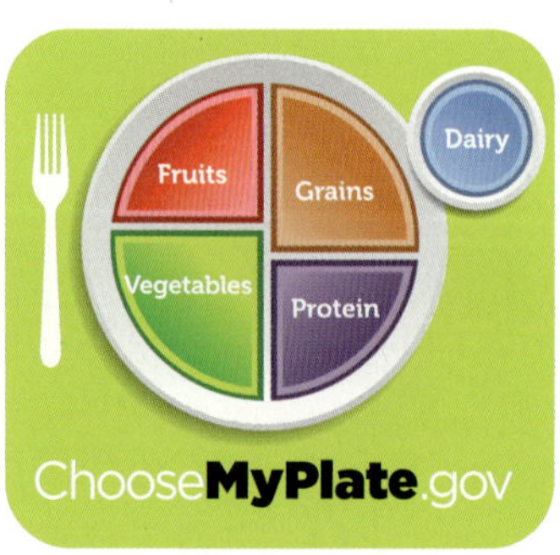

때때로 사람들은 우리에게, '왜 새로운 개정판을 이렇게 자주 편찬합니까?'라고 질문한다. 사실 우리는 빠른 편찬 주기를 가지고 있고 매 3년마다 새로운 책을 내고 있다. '*Chemistry in Context*'의 내용이 시대적으로 민감하기 때문에 우리는 이렇게 하고 있다.

각각의 새로운 버전에서 저자들은 새로운 과학 발전, 정책의 변화, 에너지 동향 및 현재 세계 사건을 반영하여 업데이트 하도록 모든 장의 내용을 재작업하고 있다. 이런 업데이트들은 실행하는 것이 중요하다. 어떤 것은 새로운 내용을 써야 하기도 하고, 다른 것들은 새로운 그래프나 표를 만들기도 한다. 예를 들어, 7판의 출판 이후에 발생한 일본, 후쿠시마의 비극은 원자력 산업과 정책에 영향을 주었다. 대기 중 이산화 탄소의 농도는 400 ppm 이상 증가했다. 마지막 예는 미국 농무부로부터 발표된 새로운 식사 지침이다.

또한, 독자의 마음을 끌기 위해 우리가 선택한 내용은 판이 바뀌면서 새로이 쓰였다. 9장, '중합체와 플라스틱의 세상'이 한 예이다. 이 장을 다시 작성하는 데 있어서 우리의 생각에 지대한 영향을 준 화학자에 의해 집필된 책에 나온 질문과 함께 새로운 책이 태어났다: '자연은 설계에 문제가 없다. 사람들에게 문제가 있다.' (William McDonough and Michael Braungart, *Cradle-to-Cradle*, 2002)

중합체에 대한 이야기는 예시로 거미줄을 사용하여 시작하였는데, 무당거미들은 매일 새로운 거미줄을 만들 수 있다고 하였다. 그럼 무당거미는 그 많은 거미줄 만드는 것을 어떻게 관리하였기에 아직 살아남아 있을까? 가장 간단하게 답을 말하면, 재활용이다. 무당거미들은 오래된 거미줄을 섭취하여 집을 짓는 데 사용할 새로운 거미줄로 되돌릴 수 있는 능력을 가지고 있다. 재활용에 대한 주제는 장을 통해 소개된다.

내용에서 교육 및 학습

'*Chemistry in Context*'의 새로운 판은 세월의 시험을 견뎌 온 것처럼 이전 버전에 사용된 조직 체계를 이어 나간다. 처음의 여섯 개 장에서 다룬 공기, 물, 그리고 에너지와 같은 실제 세상의 주제를 포함한 모든 내용은 뒤에 나오는 장들에서 만들어야 할 화학 개념의 기초를 제공한다. 예를 들어, 처음 여섯 개 장들 중 앞쪽 장들은 원소, 화합물, 그리고 주기율표를 소개한다. 뒤쪽 장에서는 다른 내용과 화학적 내용을 고려하기 위해 필요한 화학 개념을 정립한다. 7장과 8장에서는 추가적인 에너지 자원인 원자력, 전지, 연료 전지, 그리고 수소에 대하여 고려한다. 9장부터 12장에서는 탄소를 기초로 한 중합체, 제약, 식량 생산, 그리고 유전자 조작에 초점을 둔다. 이 모든 내용들은 핵심 주제를 넘어 시간이 허락하는 대로, 관심사를 탐구하는 기회를 학생들에게 제공한다.

새로운 책—팀의 노력

다시 한 번, 우리는 독자들에게 새로운 버전의 '*Chemistry in Context*' 책을 드리게 되어 무척 기쁘다. 그러나 이 책은 단지 한 사람에 의해 만들어진 것이 아니라 수많은 재능 있는 사람들에 의해 만들어졌다. 이 책 8판은 화학 교육에서 훌륭한 업적을 만들고 오래전에 은퇴한 A. Truman Schwartz, Conrad L. Stanitski, 그리고 Lucy Pryde Eubanks, 이들에 의해 이끌어진 이전 저자들의 유산을 바탕하여 만들어졌다.

이번 8판의 책은 다음의 저자들에 의해 만들어졌다: Cathy Middlecamp, Michael Mury, Karen Anderson, Anne Bentley, Michael Cann, Jamie Ellis, 그리고 Katie Purvis-Roberts. 그것을 수반한 실험실 설명서는 Jennifer Tripp과 Lallie McKenzie에 의해 개정되었고, Teresa Larson가 검토하였다. 각각의 사람은 작업에 다른 전문적인 지식을 가져왔다. 그러나 공통적인 생각으로 그들은 강의실과 독자들의 삶속으로 실제 세상의 화학을 가져오기 위해 신뢰, 희망, 꿈, 그리고 무한한 열정을 보였다.

미국화학학회에서 교육 분과의 Director인 Mary Kirchhoff는 리더쉽을 보였다. 그녀는 화학과 지속 가능성의 '점들을 연결하는 것'을 응원하고, 또한 0장의 일부분을 쓰는 데 도움을 주었으며 이 책을 쓰는 팀을 지원하였다. 또한 그녀와 미국화학학회에서 K-12과학 분야의 Assistant Director인 Terri Taylor는 Michael Mury가 제작 총괄자로서 통솔하게 하여 그의 역할을 넓히게 하였다. 저자들과 출판사, 그리고 미국화학학회를 포함하여 모든 부분을 한데 묶는 그의 능력은 타의 추종을 불허한다.

이 프로젝트를 끝까지 하게 해 준 Jodi Rhomberg에 대한 특별한 감사와 함께 McGraw-Hill 팀은 이 프로젝트의 모든 면에서 훌륭했다. Marty Lange(Vice President and General Manager), Thomas Timp(Managing Director), David Spurgeon, PhD(Brand Manager), Rose Koos(Director of Development), Shirley Hino, PhD(Director of Digital Content Development), 그리고 Jodi Rhomberg(Developmental Editor)는 이 훌륭한 팀을 이끌었다. Heather Wagner는 Executive Marketing Manager로서 도왔다. Sandra Schnee(Content Project Manager)는 Carrie Burger(Content Licensing Specialist), Tara McDermott(Designer), 그리고 Nichole Birkenholz(Buyer)로 구성된 제작팀을 만들었다. 또한 이 팀은 주의 깊은 Carol Kromminga의 편집과 Kim Koetz와 Patti Evers의 교정의 도움을 받았다.

저자들은 넓은 지역 사회의 전문지식으로부터 진정한 혜택을 받았다. 우리는 '**LearnSmart**'를 위해 학습 목표 지향적인 내용을 쓰셨거나 재검토하신 또는 이들 둘 다 하신 다음 분들께 감사드린다.

Peter de Lijser, *California State University—Fullerton*
David G. Jones, *University of North Carolina at Chapel Hill*
Adam I. Keller, *Columbus State Community College*

우리는 또한 원고를 준비하는 데 기술적 전문 지식을 제공해 준 *University of North Carolina*의 David McNeils에게도 감사드린다.

이 책을 가르치는 강사들로부터의 정보 제공은 새로운 판의 책 개발에 매우 유용하다. '*Chemistry in Context*' 작업에 참여한 다음의 강사들에게도 감사의 마음을 전한다:

Sana Ahmed	*Boca Raton Community High School*
Nikki Burnett	*Baldwin High School*
Donghai Chen	*Malone University*
Tammy Crosby	*Hillsborough High School*
Mohammed Daoudi	*University of Central Florida*
Sidnee-Marie Dunn	*Saint Martins University*
Kimberly Fields	Florida *Southern College*
Tam'ra Kay Francis	*University of Tennessee*
Andrew Frazer	*University of Central Florida*
Song Gao	*Nova Southeastern University*
Carmen Gauthier	*Florida Southern College*
Myung Han	*Columbus State Community College*
Al Hazari	*University of Tennessee*
Sandra Helquist	*Loyola University Chicago*
Martha Kellner	*Westminster College*
Todd Knippenberg	*High Point University*
Candace Kristensson	*University of Denver*
Shamsher-Patrick Lambda	*Young Men's Preparatory Academy (M-DCPS)*
Laura Lanni	*Newberry College*
Devin Latimer	*University of Winnipeg*
Toby Long	*Rollins College*
Sara Marchlewicz	*University of Illinois at Chicago*
Jessica Menke	*University of Wisconsin-Whitewater*
Mark Mitton-Fry	*Ohio Wesleyan University*
Mark Morris	*University of Tampa*
Jung Oh	*Kansas State University at Salina*

Tatyana Pinayayev *Miami University*
Kresimir Rupnik *Louisiana State University*
Indrani Sindhuvalli *Florida State College at Jacksonville*
Jose Vites *Eastern Michigan University*

우리의 독자들이 좋아지기를 기원

1993년에 처음 출판되었을 때, '*Chemistry in Context*'는 '틀을 깬 책'이었다. 그 시대의 책들과는 달리 이 책은 사람들과 사람들이 직면한 실제 세상의 문제들을 독립시켜서 화학을 가르치지 않았다. 마찬가지로 이 책은 교육 과정의 일부분으로서 '내용을 포함하고 있다.'라는 사실 또는 개념을 소개하지 않았다. 오히려 '*Chemistry in Context*'는 공기의 질, 에너지, 또는 물 사용과 같은 실제 세계의 문제에 화학적 원리를 신중하게 적용하였다.

우리의 독자인 당신에게 화학을 전달하며, 여전히 틀을 깨고 있는 이 새로운 책의 모습에 무척 흥분된다. 우리는 오늘 뿐만 아니라 앞으로 몇 년 안에 당신에게 다가올 매력적이고 시기 적절한 주제들을 선택하였다.

우리는 당신이 읽고, 문제를 탐구하고, 정중하게 서로 (그리고 저자들과) 토론하고, 그리고 당신의 꿈이 이루어지기 위해 배운 것을 사용하는 것과 같은 가장 중요한 일들을 하기를 기원한다.

감사하고, 그리고 저자들의 모든 좋은 소원들과 함께하기를,

Catty Middlecamp
Senior Author and Editor-in-Chief
2013년 6월

역자 서문

급속도로 변화하는 현재의 세상은 과학 발전이 만들었다고 해도 과언이 아니다. 지난 1900년대에는 과학의 발전으로 하루가 멀다 하고 새로운 것들이 만들어지고 사라지기를 반복하였다. 그리고 2000년대 들어 전 세계는 더욱더 숨가쁘게 변화하고 있다. 이러한 변화는 또한 우리의 생활 형태 및 환경을 상상할 수 없을 정도로 빠르게 변화시키고 있다. 과거 우리는 편리함, 신속함, 정확함을 위해 과학을 발전시키고 이들을 이용해 왔다. 하지만 이제는 이런 발전된 과학이 우리를 환경적으로 위협하고 있다. 오늘날 여러 방송 및 매체에서 다루어지는 내용을 통해, 우리는 과학적 사실들로부터 기인한 지구 환경의 변화가 이상 기후 및 자연 파괴의 원인이라는 사실을 쉽게 접할 수 있다. 그러나 우리 가까이에 있는 환경이 얼마나 파괴되었고, 얼마나 오염되었으며, 어떻게 파괴되고 오염되는지, 그리고 이런 파괴되고 오염된 환경이 우리 건강에 어떤 영향을 주는지에 대해서는 잘 알지 못한다. 우리가 속한 지구의 자연 환경은 나만의 것이 아니고 우리 모두가 공유하는 것이며, 나아가 우리의 후손들에게도 아름답게 물려주어야 할 소중한 것이다. 따라서 우리는 현재 지구에 살고 있는 한 명의 구성원으로서 이러한 자연 환경을 보존하기 위해 환경에 대해 더 많이 배우고 앞으로 미래 세대에게 물려줄 이 지구를 보존하는 데 노력해야 할 의무가 있다.

환경은 굉장히 많은 분야와 얽혀 있다. 대표적으로 사회적인 문제와 과학적인 문제, 특히 화학적인 문제들이 복잡하게 얽혀 있는 경우가 많다. 자신의 전공과는 상관없이 이제 우리는 환경 보존이라는 주제를 항상 염두에 두고 살아야 한다. 이를 위해 미국화학회(American Chemical Society)의 여러 저자들은 1993년부터 3년마다 새로운 내용을 추가하며 이 책을 발간하고 있다. 이 책은, 각 장마다 우리에게 친숙한 공기, 오존, 기후 변화, 연소 에너지, 물, 산성비, 원자력, 전기, 플라스틱, 제약, 음식 및 유전학 등의 주제들이 어떠한 환경 문제를 가지고 있는지 소개하면서 기초적인 화학 지식들을 함께 다루고 있다. 저자 서문에 언급된 것과 같이 화학은 요즈음 우리 사회가 직면한 거의 모든 문제점들과도 연결되어 있기 때문에 화학적 과정을 녹색화하는 것의 중요성이 더욱 커지고 있다. 이것이 이 책에서 전달하고자 하는 핵심 내용이다. 그런 의미에서 0장에서는 이 책의 가장 중요한 주제인 '지속 가능한(sustainable)'의 의미를 언급하고, 이 책을 읽는 모든 사람에게 무언가를 분명히 전달하려는 의지를 설명하고 있다.

이 책은 이공계 학생들뿐만 아니라 이 시대의 모든 학생들이 반드시 읽고, 환경 파괴에 대한 경각심 및 이에 대한 자신만의 생각을 가질 수 있도록 도와 줄 수 있는 교재이다.

이를 위해 출처가 확실한 많은 최신 사진과 통계 자료들을 인용하였으며, 각 장마다 소개되는 연구 과제, 확인 문제 및 예제들은 독자로 하여금 스스로 환경 문제에 대하여 생각해 볼 수 있도록 도와 준다. 이공계 전공자들이 아니어도 쉽게 이 책을 읽고 이해하는 데는 큰 무리가 없을 것이다. 이 책은 지금 우리 지구가 처한 환경 문제를 학생들이 직시하고 더 나빠지지 않도록 스스로 생각의 변화를 할 수 있도록 소개하는 교재로서 더할 나위 없이 좋은 책이라고 생각한다.

역자들은 독자들이 쉽게 이해할 수 있도록 가능한 쉬운 용어 및 우리말 용어를 사용하였다. 우리말 용어와 화합물명은 대한화학회의 화학 술어(2014년 9월)와 교육부의 화합물 명명법 편수 자료에 따랐으며, 어려운 용어는 괄호 안에 영어를 병기 및 부연 설명을 첨부하여 이해를 돕고자 하였다. 이 교재의 번역에는 현재 각 대학에서 강의를 하시는 여러 교수님들이 참여하였다. 역자들은 원저자의 의도를 충분히 반영하면서도 학생들이 쉽게 이 책을 읽을 수 있게 번역하려고 노력하였으며, 좋은 교재가 될 수 있도록 여러 번의 감수 과정을 거쳤다. 그럼에도 불구하고 용어상의 혼동이나 오역이 있을 수 있기 때문에 앞으로도 계속해서 수정 보완을 위해 최선을 다할 것이다. 이 책의 11~12장은 자유아카데미 홈페이지(www.freeaca.com)에 탑재되어 있으며 출간 후에라도 수정 사항이 있을 경우에는 자유아카데미 홈페이지 자료실에 제공할 예정이다.

마지막으로 이 책의 출판을 위해 바쁘신 와중에도 번역에 힘써 주신 모든 교수님들과 자유아카데미 출판사의 모든 분들께 감사를 드린다.

2016년 1월 30일
역자 일동

차례

10장

11장

12장

제8판

환경과 생활 속의

화학

0장 지속 가능한 미래를 위한 화학

외계에서 바라본 '푸른 유리구슬' 같은 지구

"우주에서의 첫째 · 둘째 날에 우주비행사는 모두 자기 나라를 가리켰고, 셋째 · 넷째 날에는 조국이 속한 대륙을 가리켰다. 다섯째 날에 비로소 유일한 지구를 인식하였다."

사우디아라비아 우주비행사 Sultan bin Salman Al Sa'ud 왕자

유일한 지구. 외계의 관점에서 고향이라 부르는 행성은 물, 대륙, 구름으로 이루어진 '푸른 유리구슬'로서 매우 장엄하다. 1972년 아폴로 17호 우주선 선원들은 약 2만 8,000마일(45,000 km) 거리에서 지구 사진을 찍었다. 러시아의 우주비행사 레오노프(Aleksei Leonov)는 '지구는 작고, 옅은 푸른색을 띠고 있으며, 가슴이 시릴 정도로 외롭다'고 말하였다.

우주에서 우리는 외로운 존재인가? 아마도 그럴 것이다. 그러나 분명히 우리 행성에서 우리는 외롭지 않다. 우리는 지구를 크고 작은 다른 창조물과 공유하고 있다. 생물학자들은 우리 이외에 150만 종 이상이 있을 것으로 추산하고 있다. 어떤 종은 우리를 먹여 살리고 지속 가능하게 하고 있다. 다른 종은 우리의 복지에 기여한다. 그러나 모기와 같은 종들은 우리를 귀찮게 하고 아프게까지 한다.

우리는 이 행성을 70억 명 이상의 사람들과 공유하고 있다. 지난 세기에 걸쳐 행성 역사상 유래가 없는 증가 속도를 보이며 지구 상 인류의 수는 3배 이상이 되었다. 2050년까지는 인구는 20억 내지 30억 명이 추가로 증가할 것이다.

우리 행성의 크고 작은 모든 생물 종은 어떻게든 연결되어 있다. 그러나 정확히 어떻게 연결되었는지는 명백하지 않을 수 있다. 예를 들면 눈에 보이지 않는 미생물은 한 화학 물질에서 다른 물질로 질소를 운반하면서 녹색 식물이 성장하는 데 필요한 영양분을 공급한다. 이 식물들은 광합성 과정 동안 태양의 빛에너지를 이용한다. 이 에너지를 이용하여 화합물인 이산화 탄소와 물을 식량원인 글루코스로 변화시킨다. 동시에 식물들은 원소인 산소를 우리가 호흡하는 공기로 배출한다. 그리고 우리 인간은 피부와 내부 기관에 거주하는 수많은 미생물을 수용하고 있다.

6장은 질소 순환을 기술하고, 4장은 광합성을 기술한다.

크고 작은 이러한 연관성이 놀랄 만한 속도로 깨어지고 있다.

우리의 전망에 변화가 생겼다. 오늘날 수많은 보고서가 물고기 수가 감소하고 멸종 가능성이 있는 생물 종의 개체수가 감소한다는 내용을 담고 있는 사실에 익숙해져 있다. **기준선의 이동(shifting baseline)**이라는 단어를 들어본 적이 있는가? 이 단어는 이 행성에서 '정상적'으로 기대하는 것, 특히 생태계와 관련된 것이 시간에 따라 변화한다는 개념을 나타낸다. 한때 정상적이었던 물고기와 야생 동물이 풍성했음을 오늘날 살고 있는 사람들은 기억하고 있지 않다. 또한 많은 사람들은 차량으로 가득 차지 않은 도시의 기억을 가지고 있지 않다. 그리고 영원히 볼 수 있을 것 같던 청명한 여름날을 기억하는 사람은 거의 없다.

확실히 인류는 부지런한 창조물이다. 곡식을 키우고, 강에 댐을 쌓고, 연료를 태우고, 구조물을 건설하고, 시간대를 넘어 제트기로 오고간다. 이러한 활동을 수백만 번 되풀이하면서 우리가 호흡하는 공기와 우리가 마시는 물, 우리가 사는 대지의 질을 변화시킨다. 오랫동안 우리의 행동은 우리 행성의 표면을 변화시켜 왔다. 과거에는 어떠했을까? 다음 연구과제에서 확인해 보자.

연구과제 0.1 기준선의 이동

공동체에서 노인 한 사람을 찾는다. 이 사람은 친구, 친척 또는 공동체의 사학자가 될 수 있을 것이다.

a. 빵 한 조각, 휘발유 1갤런 또는 막대 사탕의 현재 가격을 생각해 보자. 그리고 이러한 물품들의 가격이 어떠했는지를 문의하시오. 사람들이 '정상적'으로 예상하는 것이 어떻게 변화하였는가?

b. 좀 더 어려운 임무이다. 지역의 강, 공기의 질, 식물 생태계, 야생 상태를 고려하자. 노인들과 이야기하면서 '정상적'인 것의 인식이 변화한 것을 적어도 하나를 확인할 수 있을지 살펴보라. 아무도 기억하지 못하는 것일 수도 있다.

이러한 예제가 모든 장에서 나타나게 될 것이다. 이러한 예제를 통해 결정을 하고 배운 것을 활용할 기회를 얻게 된다. 예제들은 반대 의견을 고려하거나 개인적 결정을 만들고 옹호하는 것을 요구할 수도 있다.

요점은? 오늘날 '정상적'이라고 인식하는 것들은 과거에 정상적이 아니었다. 비록 시간을 되돌릴 수 없지만, 아직도 우리는 현재와 미래의 우리의 건강, 우리 행성의 건강을 증진할 수 있는 선택을 할 수 있다. 화학에 대한 지식은 이러한 선택에 도움을 줄 수 있다. 우리가 당면한 전 지구적인 문제와 그 해법은 화학적 전문 기술, 훌륭하게 전해진 인간 창의력과 긴밀히 연결되어 있다.

0.1 오늘날 우리의 선택

개별적인 행동은 우리의 행성과 같이 큰 계에 거의 영향을 미치지 못하는 것처럼 보인다. 허리케인, 가뭄, 지진과 비교할 때 매일 우리가 하는 행동은 거의 결정적이지 않은 것처럼 보일 수 있다. 차를 몰고 가는 대신 자전거를 타고 직장에 가거나, 플라스틱 쇼핑 봉지를 버리는 대신 여러 번 사용 가능한 헝겊으로 된 가방을 사용하거나, 수백 또는 수천 마일 떨어진 지역에서 선적된 식품 대신에 지역에서 재배한 식품을 먹는다면 어떠한 차이가 있을 것인가?

4장에서 원유와 정제 방법에 대한 추가적 내용을 찾을 수 있다.

1장에서 배기관으로부터 무엇이 나오는지 찾을 수 있다.

자전거 타기, 운전하기, 종류에 상관없이 쇼핑 봉지를 사용하는 것, 먹는 것과 같은 대부분의 **인간 활동은 천연자원의 소비와 쓰레기 생성이라는 두 가지 공통점이 있다.** 차를 운전하면 (원유에서 정제한) 휘발유가 필요하고, 휘발유가 연소되면 폐생성물이 배기관을 통해 배출된다. 비록 자전거를 타는 것이 더 환경 친화적 선택이지만 모든 자전거는 자동차와 마찬가지로 금속, 플라스틱, 합성 고무, 원단, 페인트 등의 생산과 폐기를 필요로 한다. 종이든 플라스틱이든 쇼핑 봉지는 생산을 위해 재료를 필요로 한다. 생애의 끝에서 이 봉지들은 폐기물이 된다. 식량을 재배하는 것은 물과, 추수와 시장으로의 이동 때 에너지 등이 필요하다. 추가적으로 식량 생산에는 비료와 살충제 및 제초제가 필요하다.

이러한 물질들이 어디로 가는지 알 수 있다. 우리가 물건을 생산하고 이동할 때마다 자원을 소비하고 폐기물을 생성한다. 그러나 어떤 활동은 다른 활동보다 명백히 적은 자원을 소비하고 적은 폐기물을 생성한다. 자전거를 타면 차를 운전하는 것보다 폐기물을 적게 생성하고, 헝겊 가방을 재사용하는 것은 계속 플라스틱 쇼핑 봉지를 버리는 것보다 폐기물을 적게 생성한다. 물질들의 전체 조감도에서 개인들이 하는 것은 무시할 정도라 할지라도 70억 명의 사람이 하는 것은 명백히 무시할 수 없다. 우리의 총괄적인 활동은 공기, 물, 토양에 국지적 변화를 야기할 뿐만 아니라, 지역적, 전 지구적 생태계를 손상시킨다.

1, 3, 4, 6장은 연료와 연소할 때 방출하는 폐생성물과의 관계를 고찰한다.

우리는 10억 명의 단위로 생각할 필요가 있다. 조리용 불을 한번 피우는 것? 우연히 거주지를 전소시키지 않는다면 문제가 되지 않는다. 그러나 지구 전역에서 수십억 명이 개인 조리용 불을 피운다고 생각해 보자. 난로, 벽돌 오븐, 야외 그릴을 이용하여 조리하는 사람들이 사용하는 불을 더해 보자. 이제 상당한 양의 연료가 연소되고 있다! 각 연료는 연소하면서 대기 중에 폐기물을 방출한다. 공기 오염 물질로 알려진 이러한 폐기물 중의 일부는 폐, 눈, 생태계에 **결코** 우호적이지 않다.

오늘날 우리가 방출하는 폐기물은 양적으로, 그리고 삶의 질을 낮추거나 삶을 줄이는 잠재적인 능력을 가진 것으로는 전례를 찾아볼 수 없을 정도이다. 예를 들면 뉴욕, 뉴델리, 멕시코시티, 베이징과 같은 대도시에서 병원 입원자 수와 사망률은 대기 오염 수준과 비례한다. 건강상의 위험은 비만과 흡연에 의한 위험보다 작지만, 대중 보건의 문제는 사람들이 실내나 야외에서 일생 동안 대기 오염원에 노출되기 때문에 중대하게 보인다.

또한 수십억 명의 행동이 우려되는 것은 지구 상 다른 생물 종들의 서식지를 파괴하는 폐기물을 방출하는 것이다. 물론 멸종은 자연적인 현상이다. 그러나 오늘날 멸종의 속도는 자연적 원인들로부터 예상되는 속도에 비해 매우 빠르다. 지역적으로 특화된 서

식지의 파괴, 특히 식물 서식지의 파괴는 멸종에 이르게 한다.

폐기물 생성의 대부분을 차지하는 것은 **에너지**이다. 깨끗하고 지속 가능한 에너지원을 찾을 필요성은 우리 시대의 주요 도전 항목이다. 현재 재생이 불가능하거나 재생 가능한 자원을 소비하면서 감당할 수 없을 정도의 속도로 공기, 토양, 물에 폐기물을 더하고 있다. 이 사실은 특별히 놀라운 일은 아닐 것이다. 어떤 자원이 재생 가능할지 불가능할지를 결정하는 데에는 시간이 핵심 요소이다. **재생 가능한 자원(renewable resource)**은 이들이 소비되는 시간보다 더 빨리 재공급되는 것들이다. 태양 에너지 또는 나무나 농작물과 같은 바이오매스 등이 재생 가능한 자원의 예이다. **재생 불가능한 자원(non-renewable resource)**은 공급원이 제한되어 있거나, 생산되는 것보다 더 빨리 소비되는 것들이다. 금속 원광, 화석 연료(석탄, 석유, 천연가스)가 이러한 예이다.

어떠한 문제도 창의적인 해법을 찾을 기회가 있다. '무엇을 할 수 있지?', '우리 공동체에 차별성을 어떻게 부여할 수 있지?'와 같은 질문을 해보기를 희망한다. 이러한 질문을 던지면서 이러한 노력에 화학을 포함할 것을 고려하라. 실제로 화학은 '중심 과학'이다. 오늘날 화학자들은 자원의 지속 가능한 활용이 문제가 될 때 활동의 중심에 서 있다. 화학자들은 알고 있는 지식을 활용하여 대응적으로 활동하고 서둘러 진행할 도전에 직면하고 있다. 물론 여러분도 마찬가지이다. 이 책에서 배우는 동안 여러분을 도와주고, 적절히, 그리고 서둘러 행동하기 위해 배운 것을 사용하도록 격려할 것이다.

0.2 내일을 위해 필요한 지속 가능한 행동

지구 자원을 지속 가능한 방법으로 사용한다는 것은 무엇을 의미하는가? 여러분 스스로 이 질문에 다른 과목에서 이미 배운 내용을 기초로, 적어도 부분적이라도 답할 수 있기를 희망한다. 경제학, 정치학, 공학, 역사, 간호학, 농학 등 다른 많은 과목을 공부한 사람은 지속 가능한 행동을 개발하는 것과 관련이 있다. 이 책을 통해 배우면서 화학 분야도 지속 가능한 지구를 창조하는 데에 중요한 역할을 한다는 것을 알게 될 것이다.

지속 가능성(sustainability)이라는 단어는 많은 집단의 사람들이 사용하므로 다양한 의미를 가지고 있다. 흔히 인용되는 것 중의 하나를 꼽아 보면, '미래 세대의 수요를 충족시키기 위한 생산 능력을 손상시키지 않고 현 세대의 수요를 충족시키는 것'이다. 이러한 정의는 1987년 유엔 세계 환경 및 개발 위원회가 작성한 **"우리가 공유하는 미래**(*Our Common Future*)"라는 보고서에서 발췌한 것이다. 표 0.1에 원본에 기재된 도전적 글귀를 읽을 수 있도록 "우리가 공유하는 미래"의 서문을 발췌하여 게재하였다.

브룬트랜드(Brundtland)의 글은 가르치고 배우는 사람들에게 메시지를 보낸다. '특히 위원회는 젊은이에게 당부한다. 세계의 교사들은 이 보고서를 젊은이들에게 전달하는 결정적 역할을 담당하게 될 것이다'라고 썼다. 우리 또한 동의하는 바다. 이 목표를 위하여 관련된 화학 과목이 교실 안과 밖에서 논의되기를 기대한다. 이러한 대화의 하나는 지속 가능하지 **않은** 행동에 관한 것이다. 예를 들면 화석 연료를 공부하고 왜 이들을 사용하는 것이 지속 가능하지 않은지를 알게 될 것이

우리가 공유하는 미래는 **브룬트랜드 보고서**라고도 한다. 위원회 의장이었던 Gro Harlem Brundtland의 이름을 따서 명명되었다.

표 0.1 우리가 공유하는 미래 (서문에서 발췌)

'변화를 위한 전 지구적 목표'—이것이 세계 환경과 개발 위원회가 만들어 낼 것을 위임받은 것이며, 유엔의 총회에 의해 긴급 요청을 받은 것이다.
최종 분석에서 도전을 받아들일 것을 결정하였다. 이 도전은 미래를 직시하고 미래 세대의 이익을 보호하는 것이다.
전 지구적 협력에 있어서 정체 또는 악화된 15년 후 함께 공통으로 추구하는 공동 목표와 우리가 공유할 미래를 피력할 점증적인 정치적 의지를 위한 높은 기대의 시기가 도래하였다고 믿는다.
현 세기는 사회적 우려로부터 후퇴한 시기로 규정된다. 과학자들은 우리의 생존과 관련된 시급하고 복잡한 문제, 즉 전 지구적 온난화, 지구 오존층에 대한 위협, 경작지를 갉아먹는 사막과 같은 문제에 관심을 촉구하고 있다.
인구에 의한 압력, 인구와 인권과 같은 인구 관련 질문과 문제, 빈곤, 환경, 개발 간의 연관성 등은 우리가 고심해야 할 가장 어려운 문제 중의 하나임이 증명되었다.
그러나 처음이자 궁극적인 우리의 메시지는 복지가 모든 환경과 개발 정책의 최종 목표인 인류를 향하고 있다. 특히, 위원회는 젊은이에게 당부하고자 한다. 세계의 모든 교사들은 이 보고서를 그들에게 전달할 결정적 역할을 담당하고 있다.
만약 긴급한 메시지를 오늘날의 부모와 결정권자에게 전달하는 데 성공하지 못한다면 우리 아이들의 건강하고 생명력이 향상된 환경에 대한 근본적인 권리를 손상하는 위험에 처할 것이다.
최종 분석에서 이 메시지는 분열된 세계에서 명백하게 필요한 공동 이해와 책무의 공동 정신을 확대하고자 하는 것이다.
Gro Harlem Brundtland, Oslo, 1987

다(4장). 그러나 여기에서 그치지 않아야 한다. 우리가 당면한 문제를 해결하기 위해 무엇을 할 수 있는지를 토론할 필요가 있다. 지역 공기의 질을 향상시키기 위해 행동하거나 시민으로서 더 광범위한 지역의 공기의 질을 향상시키기 위한 결정을 할 때, 공기의 질에 대하여 배운 것을 활용하라(1장). 마찬가지로 수질에 관련된 공공 정책을 평가하기 위해 수용액의 용해도와 폐수에 대하여 배운 것을 활용하라(5장).

2000년에 UN은 밀레니엄 개발 목표를 채택했는데, 이는 모자 보건 향상과 빈곤 탈출 등의 노력을 통해 전 세계의 가난한 이들을 돕고자 하는 목표를 갖고 있다. 8개의 목표 중의 하나는 환경적 지속 가능성에 초점을 맞추고 있다. 환경적 지속 가능성을 공고히 하기 위하여 4개의 목적을 수립하였다.

1. 각국 정책과 프로그램 속으로 지속 가능 개발의 원리가 융합되도록 하고 환경 자원의 손실을 반전시키라.
2. 생물 다양성의 손실을 반전시켜서 2010년까지 손실 속도가 현저히 감소할 수 있도록 하라.
3. 안전한 식수와 기본 위생을 확보하는 데에 지속 가능한 접근이 되지 않는 인구의 비율을 2015년까지 절반 이하로 줄이라.
4. 2020년까지 적어도 1억 명의 빈민층 삶이 엄청날 정도로 향상되도록 하라.

이들 목적에 도달하기 위하여 중요한 진전이 있었고, 식수의 기대와 함께 목표 3과 목표 4가 진행 중에 있다. 그러나 생물 다양성 목적은 길을 잃고 있다. 과학 기술이 계속해서 밀레니엄 목표와 여러 지속 가능한 노력을 맞춰 가야 한다.

전 세계 과학회는 소속 과학자들의 지속 가능성에 대한 도전에 관하여 그 지식과 전문성을 적용하는 데에 중요성을 인식해야 한다. 미국화학회의 '지속 가능성과 화학 산업' 정책 선언문을 참고해 보자.

WCED, 1987, **우리의 공통 미래**(브룬트랜드 보고서), 환경과 발전에 관한 세계 위원회, Oxford University Press Oxford, UK.

> 지구가 살기 좋은 상태와 미래 세대가 번영하도록 필요한 자원을 제공할 수 있는 능력을 유지하는 것은 인류의 기본적 의무이다. 이제 사회는 제한된 자원, 인구 증가 및 기술 발전이 인류 건강과 생태 생존 가능성에 미치는 원치 않는

> 충격의 도전을 아는 것이 필요하다. 이들 도전을 극복하는 최선의 방법은 인류 발전을 지속 가능성의 길로 유도하는 것이다. '이때, 지속 가능성은 인류가 미래 세대의 발전과 성공을 희생하지 않고, 현재의 환경, 인류 건강, 경제적, 사회적 필요를 충족하게 하는 것이다' (WCED, 1987; NRC, 1999; NRC, 2005).
>
> 화학 산업은 화학 및 관련 산업, 이들의 무역 협회, 교육적 전문 기관(학교, 대학교, 연구소, 정부 연구원, 전문자 집단)으로 구성되어 있다. 이들은 과학 지식 및 필요한 이공계 인력을 배출하여 지속 가능한 발전을 계속하는 데에 중대한 역할을 하고 있다.

NRC, 1999, **우리의 공통 여정: 지속 가능성으로의 전이**. 국립 연구 협의회, National Academy Press, Washington, D.C.

NRC, 2005, **화학 산업에서의 지속 가능성**, 국립 연구 협의회, National Academy Press, Washington, D.C.

이러한 의미에서 우리는 과학 기술, 특히 화학 부분에서 지속 가능한 세상으로의 기여를 고찰할 것이다. 다음 절에서는 사업 성공을 평가하는, 이윤을 넘어서 바라보는 패러다임인 세 가지 최저선을 기술할 것이다.

0.3 세 가지 최저선

과학자들이 유일한 사람들은 아니다. 만약 경영이나 경제를 전공하고 있다면, 아마도 경영 부문에 있는 사람들이 회사 목표에 지속 가능성을 삽입하였음을 이미 잘 알고 있을 것이다. 실제로 지속 가능한 행동들이 시장에서 경쟁에 도움이 되고 있다.

사업의 세계에서 최저선은 항상 이익, 특히 상당한 정도의 전환을 포함한다. 그러나 오늘날 최저선은 이 이상을 포함한다. 예를 들면 회사는 근로자와 더 큰 사회에 공평하고 유리할 때 성공적이라고 판정된다. 회사의 성공에 대한 또 다른 척도는 공기, 물, 토양의 질을 포함한 환경의 건강을 얼마나 잘 보호하였는지 여부이다.

이 모두를 합하면, 경제, 사회, 환경에 대한 이득에 근거하고 있는 사업의 이러한 것들을 고려했을 때, 경제적, 사회적, 환경적 혜택에 기초한 사업 성공의 세 가지 척도는 **세 가지 최저선(Triple Bottom Line)**으로 알려져 있다. 세 가지 최저선을 나타내는 한 가지 방법은 그림 0.1처럼 겹친 원들이다. 경제적 면은 건전해야 한다. 즉 연말 결산은 이익이여야 한다. 그러나 경제성이 따로 존재할 수는 없다. 오히려 경제성은 구성원이 건강할 필요가 있는 공동체와 연계되어 있다. 또한 공동체는 건강할 필요가 있는 생태계와 연관되어 있다. 따라서 그림은 하나가 아니라 세 개의 연결된 원으로 구성되어 있다. 이 원들이 겹치는 부분에 '녹색 지역(Green Zone)'이 있다. 이 지역은 세 가지 최저선을 만족하는 조건을 나타낸다.

세 가지 최저선은 가끔 3P(Profits, People, Planet; 이익, 사람, 지구)로 축약하기도 한다.

그림 0.1의 원에서 발생하는 위협은 궁극적으로 사업에 대한 위협으로 취급된다. 반대로, 성공을 이루는 것은 현재와 미래 모두에 경쟁력 있는 이점을 제공할 수 있다. 사업은 이익을 올릴 수 있고, 동시에 최소의 에너지와 더 적은 자원을 소비하고 더 적은

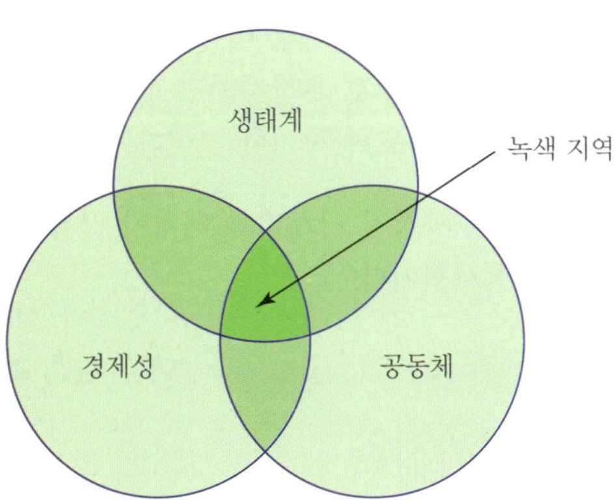

그림 0.1 세 가지 최저선의 표기. '녹색 지역'(세 가지 최저선이 만나는 영역)은 세 원의 공통 영역에 있다.

폐기물을 생성하면서 양호한 대중적 평판(그리고 최소한의 손해)을 얻을 수 있다. 즉 세 가지 면에서 모두 승리하게 될 것이다.

최근 뉴스 기사는 진행되는 변화를 보고하고 있다. 예를 들면 썩는 플라스틱을 사용하는 것이 어떻게 유기 폐기물을 매립지로부터 퇴비더미로 바꾸는지를 설명하는 새로운 뉴스 기사에서 발췌한 내용을 읽어보라. 발췌원은 미국화학회가 매주 발행하는 **화학과 공업 뉴스**(*C&EN*)이다.

> 휴스턴에는 한 가지 문제가 있다. 지역 주민이 깎은 잔디와 낙엽을 폴리에틸렌 봉지에 담아 길가에 두는 도시의 퇴비 프로그램이 그것이다. 이들 봉지를 수거하는 환경미화원들은 봉지를 잘라 내용물을 트럭에 넣는다. 이는 노동 집약적이고 시간 소비적이다. 시간외 근무가 쌓이고 있다.
>
> 도시는 프로그램을 끝내기로 결정하고, 마당쓰레기의 퇴비화 작업을 그만두기로 결정하였다. '모든 것은 매립지로 갈 것이다.' 이 체계 또한 저렴한 것은 아니다. 휴스턴은 연간 6만 톤의 마당쓰레기를 수거하고 있다. 매립지까지 이를 운반하는 '폐기물 처리 위탁수수료'는 1톤당 25달러로, 마당쓰레기 처리에 도시는 연간 150만 달러를 쓴다.
>
> 2010년에 휴스턴은 퇴비를 위한 마당쓰레기 수거를 재개하였으나, 지금 주민들은 쓰레기를 퇴비용 플라스틱 봉지에 담아 버린다. 이들 봉지는 반투명해서 작업자들이 안을 들여다 볼 수 있어, 주민들이 일상 쓰레기를 낙엽으로 위장하는지를 확인할 수 있다. '폐기물 처리 위탁수수료'를 절감함과 더불어 휴스턴 시는 퇴비 계약자인 Living Earth Technology 사로부터 폐기물 톤당 5달러를 받는다. 회사는 봉지를 폐기물과 함께 바로 퇴비 처리하며, 특별한 처리를 할 필요가 없다.
>
> 휴스턴의 경험은 퇴비용 플라스틱의 가치를 입증한다. 이러한 것들은 플라스틱 쓰레기 문제가 마술처럼 사라지는 것을 의미하지는 않는다. 그러나 이들은 지방자치체(지자체)와 회사가 상조하여 유기 폐기물을 매립지로부터 퇴비 더미화함으로써 소비자들에게 편리한 퇴비 프로그램에 참여할 수 있게 하였다. (*C&EN*, 2012년 3월 19일)

연구과제 0.2 **퇴비화 대 재활용**

플라스틱은 퇴비화 또는 재사용에 종종 언급된다. 그러나 이 두 가지에 차이가 있을까? 여러분 각자 퇴비용 플라스틱과 재활용 가능한 플라스틱의 차이점을 설명해 보시오. 플라스틱의 운명 관점에서 퇴비화와 재활용으로 어떤 혜택을 얻을 수 있을까?

요점은? 어떻게 '환경 친화적'으로 만들 것이냐에 대한 논쟁은 살아 있는 동안 내내 계속될 것이다. 이 문제는 새로운 것이 아니다. 이 문제가 빠른 시간 내에 해결될 것 같지는 않다. 이 책은 필요로 하는 지식으로 무장시키고 더 창의적으로 답할 수 있도록 함으로써 이러한 문제들을 깊이 연구하도록 격려할 것이다.

메도스(Donella Meadows, 1941~2001)는 과학자이자 저술가였다. 저서로 "**성장의 한계(The Limits to Growth)**", "**지구 시민(The Global Citizen)**" 등이 있다.

> **'지속 가능한 사회는 물리적, 사회적 시스템을 해치지 않을 정도로 충분히 멀리 내다보고 유연하며 현명한 사회이다.'**
>
> 1992년, 메도스

0.4 요람에서 어디까지?

요람에서 무덤까지(cradle-to-grave)라는 표현을 한번쯤 들어보았을 것이다. 이 표현은 원료 물질로 시작하여 지구 상 어느 곳에 궁극적으로 버려짐으로써 끝날 때까지 한 품목의 전 생애를 분석하는 접근법을 말한다. 이러한 구호는 소비 품목에 대하여 질문할 기준 틀을 제공한다. 이 품목은 무엇으로 만들어졌는가? 사용하고 난 다음에는 어떻게 할 것인가? 과거 어느 때보다도 개인, 공동체, 기업들은 이러한 유형의 질문의 중요성을 인식하고 있다. 요람에서 무덤까지가 의미하는 것은 생애의 **모든** 단계에 대하여 생각하는 것이다.

기업들은 개인과 마찬가지로 제품을 만들기 위해 천연자원을 땅, 공기, 물로부터 채취할 때부터 궁극적으로 '폐기'할 때까지 각 제품에 대하여 책임을 져야 한다. 건전지, 플라스틱 물병, 티셔츠, 청소물품, 런닝화, 휴대폰 같은, 구매하고 궁극적으로는 폐기하는 제품들을 생각해 보자.

8장에서 건전지에 대하여 더 많은 것을 살펴보고 9장에서는 플라스틱에 대하여 살펴볼 것이다.

요람에서 무덤까지라는 사고는 명백히 한계가 있다. 예를 들어 슈퍼마켓에서 산 식품을 담은 비닐봉지를 추적하여 보자. 원료 물질은 석유이다. 따라서 이 봉지의 '요람'은 지구 상 한 지역, 예를 들면 캐나다 유전 지역에서 채취한 원유일 것이다. 원유를 캐나다 앨버타의 유정에서 캐내어 미국의 정유 공장으로 이송하였다고 가정하자. 정유 공장에서 원유는 다양하게 분류된다. 이 중의 하나가 고분자의 출발물질인 에틸렌으로 분해된다. 다음에 에틸렌은 중합되고 폴리에틸렌 봉지로 형상을 갖추게 된다. 이 봉지는 포장되어 주변의 식품점으로 이송된다(이 과정에서 또 다른 정제 제품인 디젤을 연소시킨다). 궁극적으로 식품을 구입하고 이것을 집에 가지고 가기 위해 봉지를 사용한다.

4장에서 원유를 여러 제품으로 분리하는 방법과 이유를 설명한다.

9장에서는 에틸렌에서 폴리에틸렌이 만들어지는 방법(과 이유)을 설명한다.

앞에서 언급한 바와 같이 이것은 요람에서 무덤까지의 대본이 아니다. 이것은 오히려 요람에서 부엌까지이며, 무덤까지는 몇 단계가 모자란다. 사용한 후에 이 봉지는 어떻게 되는가? 쓰레기통으로 가는가? 무덤이라는 용어는 그 제품이 궁극적으로 끝나는 곳을 의미한다. 매년 슈퍼마켓에서 주고받는 봉지가 1조 개에 이른다. 이 중 5%만이 재생된다. 나머지는 찬장에 머무르거나 매립지로 가고, 일부는 지구 상을 떠돌게 된다. 쓰레기로 이 봉지는 1000년을 머무르며 서서히 이산화 탄소와 물로 분해된다.

요람에서 무덤 또는 지구 상 한 지역까지는 슈퍼마켓 봉지의 치밀하지 않은 대본이다. 만약 1조 개의 봉지 각각이 새로운 제품의 출발 물질이 된다면 더 지속 가능한 상황이 될 것이다. 1970년대에 탄생한 **요람에서 요람으로(cradle-to-cradle)**라는 용어는 한 제품의 생애의 마지막이 다른 제품의 생애 처음과 연결됨으로써 모든 것이 폐기물로 버려지기보다는 재사용되는 물질의 사용에 대한 재생적 접근법을 의미한다. 9장에서 플라스틱 병들의 상이한 재생과 재사용 방법을 조사하게 될 것이다. 그러나 바로 지금부터 자신의 행동에 있어 요람에서 요람으로라는 사고 방식을 적용할 수 있다.

"**요람에서 요람으로**"라는 용어도 2002년에 같은 제목의 책이 발간되면서 사람의 시선을 잡고 있다.

예제 0.3 음료 캔

사람들은 알루미늄 캔을 슈퍼마켓 진열대에서 시작하여 재활용품 수거통에서 끝나는 것으로 생각하는 경향이 있다. 이 과정에 추가적인 나음 단계가 있다.

a. 지구 상 어디에서 알루미늄 광석(보크사이트)이 발견되는가?
b. 대지에서 캐낸 광석은 광산 주위에서 알루미나(산화 알루미늄)로 정제된다. 알루미나는 생산 시설로 이송된다. 다음 단계에서 알루미늄 금속을 생산하기 위해 어떤 일이 진행되는가?
c. 금속은 음료 캔으로 성형된다. 음료가 채워지는 장소가 어디인지, 또 주위 상점의 진열대를 채우기 위하여 얼마나 멀리 이송되어야 하는지를 확인하시오.
d. 재생 후에 캔이 어떻게 되는가?

답

a. 보크사이트는 호주, 중국, 브라질, 인도 등 여러 지역에서 채굴된다.
b. 광석은 알루미늄 금속을 생산하기 위해 전기 분해적으로 정제되어야 한다. 이 공정은 에너지가 많이 드는 공정이고 전 세계적으로 많은 지역에서 행해진다.

모든 장에 예제가 제시된다. 이 예제를 통해 책에서 방금 소개한 새로운 기법이나 계산을 실습할 수 있다. 답은 이 활동의 마지막에 제시되거나 부록 4에 제공된다.

예제 0.3을 통하여 알 수 있듯이, 중요한 것은 제조사의 결정만이 아니다. 여러분의 결정도 마찬가지로 중요하다. 무엇을 사고 무엇을 버리고 어떻게 버리는지 등이 모두 주의를 필요로 한다. 우리가 하는 개인적인 또는 누적적인 선택들은 중요하다.

되풀이하지만 지구의 재생 불가능한 자원을 소비하는 현 상황과 공기, 대지, 물에 폐기물을 더하는 것이 지속 가능하지 **않다는** 것을 다시 상기시키고자 한다. 다음 절에서 이 책에서 공부해야 할 화학 주제를 설정하는 이유를 설명할 것이다.

0.5 생태학적 발자국

인간이 하루에 호흡하는 공기의 양이 얼마나 되는지 모르지만, 1장은 이 양을 추산하도록 도와 준다.

자동차 연비를 어떻게 계산하는지 이미 알고 있을 것이다. 마찬가지로 얼마만큼의 칼로리를 소모하는지도 계산할 수 있다. 현재 사람들의 생활 수준을 유지하도록 지원하기 위해 지구의 자연 자본이 얼마나 드는지 어떻게 계산할 수 있는가? 물론 이것은 상당히 어려운 작업이다. 다행히도 다른 과학자들이 이미 이러한 산술을 어떻게 하는지를 연구해 왔다. 과학자들은 이러한 생활 방식을 유지하기 위해 필요한 가용 재생 가능 자원과 연관시켜 한 사람이 사는 방식에 관한 계산을 활용하고 있다.

생태학적 발자국은 대지와 땅과 물의 사용을 기초한 자원 소비를 고려한다. 탄소 발자국은 화석 연료의 연소와 관련하여 온실기체의 배출에 기초한다. 다. 3.9절에서 탄소 발자국에 대해 더 많은 것을 살펴보자.

발자국에 대한 비유를 생각해 보자. 모래나 눈 위에 남긴 발자국을 볼 수 있다. 신발이 부엌에 남긴 진흙 자국도 볼 수 있다. 이처럼 생활이 지구 상에 발자국을 남겼다고 주장할 수 있다. 이러한 발자국을 이해하기 위해 헥타르(ha) 또는 에이커(acre) 단위로 생각할 필요가 있다. 1헥타르는 1에이커의 2배가 조금 넘는다. **생태학적 발자국(ecological footprint)**은 특정 생활 기준 또는 생활 방식을 지원하는 데 필요한 생물학적 생산 공간(대지, 물과 해수면)의 양을 추산하는 수단이다.

1헥타르는 10,000제곱미터이고 2.471 에이커이다.

2007년에 평균적인 미국 시민의 생태학적 발자국은 8.0헥타르(20에이커)로 추산된다. 다른 말로 하면, 미국에 살며 먹고 입고 운송하고 익숙한 정도로 안락한 거주지를 제공하기 위한 자원을 공급하기 위하여 8.0헥타르가 필요하다. 그림 0.2에서 볼 수 있듯이 미국 사람들은 상대적으로 큰 발자국을 가지고 있다. 2007년 세계 평균은 1인당 2.7헥타르로 추산되었다.

지구에서 이용할 수 있는 생태학적 생산 대지와 물이 얼마나 되는가? 경작지와 어획 지역 등을 포함하고 사막과 얼음으로 덮인 지역을 빼고 이 양을 추산할 수 있다. 현재 이 값은 대지, 물, 해수면을 합하여 약 120억 헥타르(약 300억 에이커)로 추산된다. 이 값은 지구 표면의 약 1/4에 해당한다. 이 수치는 지구 상의 모든 사람이 미국 시민의 생활 방식으로 살아가는 것을 지원하는 데 충분한가? 다음 예제를 통해 직접 확인할 수 있다.

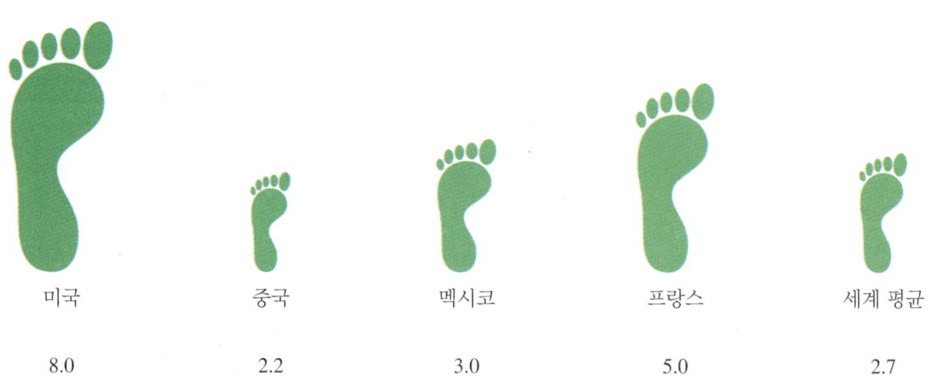

그림 0.2 생태학적 발자국 비교(단위: 1인당 헥타르)

출처: The Ecological Footprint Atlas, 2010.

예제 0.4 **지구 상에서의 개인적 몫**

앞서 말한 바와 같이 지구 상에는 120억 헥타르(약 300억 에이커)의 생태학적 생산 대지, 물, 해수면이 가용하다.

a. 현재 세계 인구의 추산치를 확인하시오. 인용원을 제시하시오.
b. 이론적으로 세계 인구 1인당 가용한 대지의 양을 계산하기 위하여 인구 추산치와 생물학적 생산 대지 수치를 같이 이용하시오.

답
a. 2012년에 세계 인구는 70억에서 71억 사이이다.
b. 1인당 약 1.7헥타르 또는 약 4에이커

왜 이것이 중요한가? 1970년대 이후로 우리는 지구의 수용 능력 이상을 요구해 왔다. 국민의 평균 발자국이 약 1.7헥타르보다 크면 지구의 '수용 능력'을 초과하는 것이다. 미국을 예로 하여 얼마나 많이 초과하는지 확인하기 위해 한 번 더 계산을 해 보자.

예제 0.5 **얼마나 많은 지구가 필요한가?**

2007년에 미국의 생태학적 발자국은 약 8.0헥타르(~20에이커)였다.

a. 현재 미국 인구의 추산치를 찾고, 인용원을 제시하시오.
b. 미국이 현재 이 인구를 부양하는 데 필요한 생물학적 생산 공간(대지, 물, 해수면)의 양을 계산하시오.
c. 이 양은 지구에 가용한 생물학적 생산 공간(약 120억 헥타르 또는 ~300억 에이커)의 몇 %인가?

답
b. 미국 인구를 약 3억 1천5백만 명, 1인당 8.0헥타르 추산치를 사용하면 미국은 약 25억 헥타르(62억 에이커)가 필요하다.

지구 상의 **모든** 사람들이 미국의 평균 시민처럼 산다고 하자. 다음은 2012년 세계 인구를 기준으로 계산한 것이다.

$$\frac{70\text{억 인구} \times 1\text{인당 } 8.0\text{헥타르} \times \text{하나의 지구}}{120\text{억 헥타르}} = 4.7\text{개의 지구}$$

따라서 같은 수준으로 생활하는 지구 상 모든 사람들을 부양하기 위해 우리가 살고 있는 기존의 지구 외에 4개 이상의 또 다른 지구가 필요하다!

'**유일한 지구**'. 지난 수백 년 사이에 지구에 사람 수는 급증하였다. 경제 발전도 마찬가지이다. 결과적으로 그림 0.3과 같이 세계적인 생태학적 발자국은 증가하고 있는 중이다. 2003년에 인류는 1.25개의 지구가 필요하였다고 추산한다. 2030년까지는 2개의 지구가 필요할 것으로 추산한다. 명백하게 이러한 소비 증가 속도는 감당할 수 없다.

화학을 공부하는 동안 여러분의 생태학적 발자국을 줄이거나 이미 낮추었다면 계속 낮게 유지할 방법을 배워야 한다. 다음 절에서는 화학자들이 예상하지 않았던 방법으로 어떻게 이 과정이 가능하게 하는지를 기술한다.

0.6 | 시민과 화학자로서의 우리의 의무

ACS Green Chemistry Institute

인류는 지구를 보호할 특별한 의무가 있다. 그러나 이 의무를 다하는 것이 쉽지 않다. 이 책의 각 장은 공기의 질, 물의 질, 영양과 같은 관심사를 집중적으로 조명한다. 이러한 주제들은 개인적으로도 영향을 미치지만, 여러분이 일원으로 있는 광역 공동체의

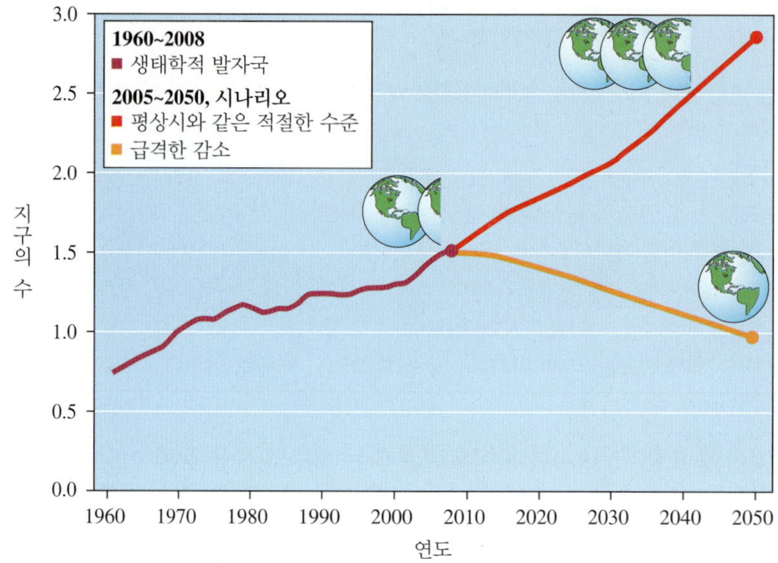

그림 0.3 현재 인류의 생태학적 발자국 및 전망치. 현재 값은 이미 1.0개의 지구를 넘어섰고, 이는 지구의 부양 능력을 초과하고 있음을 의미한다. **비고:** 상한 전망치는 '평상시와 같은 적절한 수준'을 가정하고 있고, 하한 전망치는 부양 가능한 노력이 증가함을 가정하고 있다.

출처: Adapted from data provided by the Global Footprint Network.

건강과 복지에 영향을 미친다. 각 주제에 대하여 두 가지 관련 임무를 실시해야 한다. (1) 주제에 대하여 배우고 (2) 건설적으로 행동하는 방법을 찾아야 한다.

화학자들은 어떻게 지속 가능성이라는 도전에 응하고 있을까? 해답은 원래 미국 환경 보호국(environmental Protection Agency, EPA) 사람들이 처음 사용하였고, 현재 미국 화학회(American Chemical Society, ACS)에 의해 적극적으로 모색되고 있는 일련의 원칙인 '녹색 화학'에 있다. **녹색 화학(green chemistry)**은 더 적은 에너지를 사용하고 더 적은 유해 물질을 생성하며, 가능하면 재생 가능한 자원을 사용하도록 화학 생성물과 과정을 설계하는 것을 말한다. 폐기물, 특히 독성 폐기물을 적게 생성하고 더 적은 자원을 사용할 것을 기대한다.

이 책 전체에서 이와 같은 아이콘으로 표시된 녹색 화학 예들을 살펴보라.

녹색 화학 자체가 목적이 아니라 지속 가능성을 달성하는 도구임을 인식하라. 2000년에 발간된 "**화학과 공학 뉴스**(*C&E News*)"지에 실린 '녹색으로 칠하시오(Color Me Green)'라는 기사에서 언급한 바와 같이 '녹색 화학은 지속 가능한 미래를 떠받치는 기둥을 나타낸다. 미래 화학자들에게 녹색 화학의 가치를 가르치는 것은 꼭 필요하다.' 실제로 녹색 화학의 가치를 시민들에게 가르치는 것도 똑같이 꼭 필요하다고 믿는다. 이것이 이 책 전체에서 녹색 화학의 많은 응용을 제시한 이유이다.

시작을 위하여, 녹색 화학의 6가지 중요한 개념을 나열하였다(표 0.2). 이것들은 이 책의 표지 안쪽에도 인쇄되어 있다.

미국 환경 보호국의 **환경 프로그램의 설계**(*Design of Environmental Program*)에 의해 시작된 녹색 화학은 깨끗한 공기, 물, 대지와 더 적은 자원의 소모를 지향한다. 화학자들은 새로운 공정(과거 공정을 새로이 개조함)을 더 환경 친화적으로 만들도록 설계하고 있다. 이러한 노력을 '설계를 통한 유해성 절감(benign by design)'이라고 한다. 모든 녹색 혁신이 6가지 원칙 모두를 달성해야 하는 것은 아니다. 그러나 이 원칙의 상당수를 달성하는 것은 지속 가능성의 여정에 중요한 단계가 된다.

예를 들면 폐기물을 줄이는 확실한 방법은 우선적으로 폐기물을 생성하지 않는 화학 공정을 설계하는 것이다. 한 가지 방법은 반응물의 거의 모든 또는 모든 원자들이 원하는 생성물 분자의 부분이 되는 것이다. 이러한 '원자 경제성(atom economy)' 접근법은

표 0.2 녹색 화학의 주요 생각

1. 쓰레기가 만들어진 후, 이를 처리하거나 깨끗하게 치우는 것보다 **쓰레기가 만들어지지 않게 하는** 것이 더 좋다.
2. 제품의 생산에서 사용되는 **원료의 양을 최소화**하는 것이 더 좋다.
3. **독성이 없는 물질을 사용하거나 만드는** 것이 더 좋다.
4. **에너지를 더 적게 사용**하는 것이 더 좋다.
5. 기술적으로나 환경적으로 생각할 때, **재생 가능한 물질을 사용**하는 것이 더 좋다.
6. **제품의 수명이 다하면** 독성이 없는 제품으로 **분해되는 물질을 고안하는** 것이 더 좋다.

출처: Adapted from *The Twelve Principle of Green Chemistry*, by Paul Anatas and John Warner.

비록 모든 반응에 적용할 수는 없지만 의약품, 플라스틱, 살충제를 포함한 많은 생성물을 합성하는 데 사용되어 왔다. 이러한 접근법은 비용을 절감하고 보다 적은 출발 물질을 사용하고 폐기물을 최소화한다. 녹색 화학과 세 가지 최저선과의 관계는 명백하다!

많은 화학 제조 공정들은 현재 혁신적인 녹색 화학적 방법을 사용한다. 예를 들면 저렴하고 폐기물이 적으며 VOC가 적은 페인트와 같이 더 독성을 작게 가지도록 녹색 화학을 적용하는 것을 볼 수 있을 것이다(1장). 천연 목화를 가공하고 드라이클리닝하는 방법에 적용하는 녹색 화학의 원칙을 볼 수 있다(5장). 또한 경제적이고 더 건강한 방법으로 식물성 오일을 생산하는 공정에서도 찾아볼 수 있다(11장).

VOC는 휘발성 유기 화합물을 의미한다. 대기 오염과 연관된 VOC에 대해 1장 '우리가 숨 쉬는 공기'에서 더 많이 살펴보라.

녹색 화학의 노력은 서서히 성과를 내고 있다! 일단의 화학 및 화학공학 연구자들의 선택된 집단이 녹색 화학 도전 대통령상을 수상하였다. 1995년에 시작된 이러한 대통령급의 상을 통하여 공해를 줄이는 것을 목적으로 하는 혁신을 향한 화학자와 화학 기업들을 기리고 있다. 이 상은 '더 깨끗하고 저렴하며 현명한 화학'에서 혁신을 기린다.

0.7 | 푸른 유리구슬로 되돌아가서

1장으로 들어가기 전에 1987년 유엔 보고서 "우리가 공유하는 미래"를 다시 살펴보고자 한다. 일찍이 이 보고서에서 '미래 세대의 수요를 충족시키기 위한 생산 능력을 손상시키지 않고 현 세대의 수요를 충족시키는 것'이라는 지속 가능성의 정의를 이끌어냈다. 이 보고서의 서문은 위원장인 브룬트랜드가 작성하였다. 그녀는 이 장을 시작했던 지구의 이미지로 돌아가는 이러한 말도 썼다.

> 20세기 중반에 최초로 우주에서 지구를 보았다. 역사학자들은 이러한 광경이 지구가 우주의 중심이 아니라는 것을 밝힘으로써 인류의 자화상을 뒤집었던 16세기의 코페르니쿠스적 혁명보다 더 큰 충격이었음을 발견할지도 모른다. 우주에서 인류 활동과 큰 건축물이 아니라 구름, 바다, 숲, 토양으로 이루어진 작고 연약한 공을 보았다. 그러한 모습에 전혀 기여할 수 없었던 인류의 능력은 근본적으로 행성계를 변화시키고 있다. 이러한 변화는 생명을 위협하는 위험을 동반한다. 도피할 수 없는 이러한 새로운 현실을 인식하고 처리해야 한다.

이 점에 동의한다. 새로운 현실을 인식해야만 한다. 도피처가 없다. 우리 모두, 학생

과 선생도 마찬가지로 중요한 역할을 담당해야 한다. 이 책으로 여러분의 삶과 다른 사람의 삶을 다르게 만들 수 있는 화학적 정보를 제공하도록 노력할 것이다. 이 정보를 이용하여 이해와 훌륭한 정신을 가지고 현재와 미래의 도전에 응할 수 있기를 희망한다.

연습문제

1. 사우디아라비아의 우주비행사인 술탄 왕자가 한 유명한 말로 이 장을 열었다. 후에 2005년 인터뷰에서 그는 다음과 같이 말하였다. '우주 비행사가 되는 것은 나에게 엄청난 충격이었다. 우주 공간의 검은 바탕의 관점에서 지구를 보는 것, 그것은 여러분을 궁금하게...' 술탄 왕자는 그가 궁금해했던 것을 계속해서 설명하였다. 우리는 그의 말을 복사하지는 않았다. 차라리 각자 궁금한 것을 쓰기 바란다.
   a. 세 문단짜리 에세이를 작성하시오. 첫째로, 스스로를 짧게 소개하시오. 둘째로, 화학 공부를 시작하면서 각자 중요한 것이 무엇인지 쓰시오. 셋째로, 지구와 관련하여 가장 궁금한 것을 쓰시오.
   b. 각 반에서 선생님이 지도하는 대로 다른 학생들과 자기소개서를 공유하시오.
2. 지구 사진인 '푸른 유리구슬'을 볼 때, 첫인상은 어떠했는가?
3. 다음 자원들을 재활용 가능한 것과 재활용 불가능한 것으로 분류하시오. 풍력, 광물, 물, 바이오 연료, 천연가스
4. **브룬트랜드 보고서** 서문 전문을 읽으시오. 몇 쪽밖에 되지 않지만 마음을 끄는 어귀가 많다. 몇 구절을 선택하여 우려하거나 관심의 대상이 되는 것과 관계있는 간략한 글을 쓰시오. 긍정 또는 부정의 입장을 선택할 수 있다. 이 책의 인터넷 사이트는 이 보고서로 연결할 수 있다.
5. 이 장은 우리 지구의 모든 종이 명확히 드러나 있지 않더라도 모두 연관되어 있다는 생각을 소개한다. 다른 분야에서의 연구로부터 유기체들이 어떻게 관련되어 있고, 어떤 면에서 서로에게 의존하고 있는지 세 가지 예를 들어 설명하시오.
6. 에너지는 녹색 화학에서 핵심 아이디어 중 하나의 초점이며, 이 장에서는 '청정하고 지속 가능한 에너지 자원이 틀림없이 21세기의 주요 도전이라는 발견에 주목한다'.
   a. 우리의 현재 에너지 자원—화석 연료—이 깨끗하지도 않고 지속 가능하지도 않은 이유는 무엇인가?
   b. 우리의 현재 에너지 자원을 청정하고 지속 가능한 것으로 바꾸는 것이 왜 중요한가?
7. 이 장은 이어지는 장에서도 만나게 되는 '요람에서 무덤까지'의 개념을 소개한다.
   a. '요람'이란 무엇을 뜻하는지 설명하시오.
   b. 다음 각각의 용어에 대하여 '요람'을 명명하시오.
      플라스틱 봉지, 종이컵, 면 티셔츠
   c. '무덤'이 의미하는 바를 설명하시오.
   d. **b**의 용어 각각에 대하여 가능한 '무덤들'을 제안하시오.
8. 학교에서 사용하는 물건 하나를 선정하여, 그 자원에 대해서 '요람에서 무덤까지'의 적용 방법을 설명하시오. 이들 자원의 순환을 '요람에서 요람으로'의 방법으로 어떻게 변화시킬 수 있는지 설명하시오.
9. 그림 0.1은 세 가지 최저선의 가능한 한 가지 표현 방식이다. 여기에 또 다른 표현 방식이 있다. 두 가지 그림 사이의 유사성과 차이점에 대하여 말하시오.

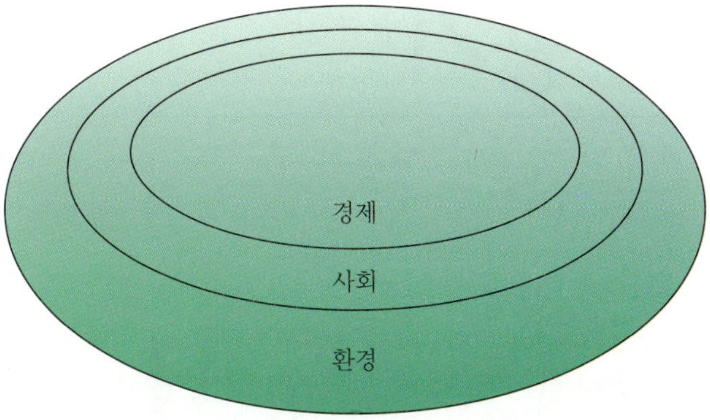

10. 세 가지 최저선을 따를 수 있는 사업 연습을 제안하시오.

11. 이 장은 '기준선의 이동' 개념도 소개하고 있다.
    a. '기준선의 이동' 개념이 의미하는 바를 각자의 언어로 설명하시오.
    b. 지난 20년 간 발생한 기준선의 이동의 예를 들어 보시오.

12. 여러분 각자의 생태학적 발자국을 계산하시오. 가능한 어떤 형태의 웹사이트를 사용해도 좋다.

13. 대학교 교정을 운행하는 버스 옆에 이러한 글귀가 인쇄되어 있다. '발자국을 절감하시오. 버스를 타시오.' 이 글귀의 이중 의미를 설명하시오.

14. 각자의 경험에 기초하여, 화학이 왜 '중심 과학'으로 불리고 있다고 생각하는가?

15. 여러분이 즐기는 활동의 결과로 생산되는 쓰레기를 생각해 보자.
    a. 활동과 그로 인해 발생하는 쓰레기를 설명하시오.
    b. 더 많은 사람들이 이 활동에 참여함에 따라 생산되는 쓰레기는 걱정거리가 되는가? 왜 그런지, 또는 왜 그렇지 않은지 설명하시오.

16. 지속 가능성을 각자의 언어로 정의하고, 더 지속 가능하도록 만들 수 있는 각자의 현재 활동 두 가지를 설명하시오.

17. 밀레니엄 발전 목표의 목적 4인 '2020년까지 적어도 1억 명의 빈민층의 삶을 엄청나게 향상시키라'와 관련하여 이루어진 발전을 설명하시오.

18. 각자의 생태학적 발자국을 개인적으로 낮출 수 있는 방법들을 제안하시오.

19. 녹색 화학의 어떤 핵심 아이디어가 가장 중요하다고 생각하는가? 왜 그렇게 생각하는가?

20. 웹사이트를 찾아 각자 회사를 선정하고, 지속 가능성과 회사 책임에 관련한 그 회사의 노력을 설명하는 페이지를 찾아보시오. 추천 회사로는 코카콜라, 월마트, 엑스모빌, 버거킹이 있다. 각자 발견한 것을 보고서로 작성하시오.

21. 은퇴한 수학 교수이며 "**대학 과학, 기술, 공학과 수학 교육에 있어 미래의 형성과 새로운 전망**"(미국 과학재단)의 저자 중 한 사람인 조지(Mel George)는 다음과 같이 말하였다. '달에 사람을 보내는 일에 내가 할 일은 없다. 반면에 우리 모두는 이 행성을 구하기 위해 무엇인가를 해야만 한다.' 자신이 누구이고 전공이 무엇인지를 밝히고 자신이 할 수 있는 일을 5가지 기술하시오.

22. 녹색 화학에서 핵심 아이디어들이 화학자들을 안내하기 위해 쓰였지만, 이들 개념이 여러분들과도 관련이 있다는 것을 알 수 있다. 여러분 중에는 경제학도나 간호사, 또는 선생님이 되려고 준비하는 사람도 있을 것이다. 녹색 화학에서 핵심 아이디어 두 가지를 골라 이들이 각자의 생활과 목적하는 직업에 어떻게 연관될 수 있는지 설명하시오.

23. 사업과 기업이 얼마나 '환경 친화적(green)'인지를 주장하는 신문과 잡지 광고를 보았을 것이다. 한 광고를 찾아 자세히 읽어라. 이 광고는 기업이 폐기물로 가득한 양동이에 작은 환경 친화적 요소를 한 방울 추가한 '환경 친화적으로 세탁(greenwashing)'하는 경우로 생각하는가? 아니면 상당히 폐기물을 절감한 진정한 개선의 경우인가? **비고:** 이것을 구별하기는 쉽지 않을 것이다. 예를 들면 실제 폐기물이 수십억 톤에 달한다는 것이 아니라면 7톤의 폐기물 제거는 충분히 매력적일 수 있다.

24. 세계에서 가장 큰 화학회인 미국화학회의 사명은 '화학 산업과 이들 산업의 종사자들이 지구와 인류에게 혜택을 주기 위하여 더 넓게 나아가자'이다. 이 구호가 이 장에서 사용한 지속 가능성의 정의와 어떻게 관련되어 있는지 설명하시오.

ACS
Chemistry for Life™

25. 신학자이자 문화사학자인 베리(Thomas Berry, 1914~2009)는 그의 책 "**위대한 작품**(*Great Works*)"에서 인류가 현지질학적 시대인 신생대에서 다음 시대로 넘어가는 작업에 어떻게 임해야 하는지를 기술하였다. 그는 다음 시대를 세계의 운명을 결정할 인류의 엄청난 힘을 반영하여 '생태대(Ecozoic)'로 명명하였다. '대학은 저무는 신생대 시대에서 일시적으로 생존하기 위해 사람들을 교육하여야 할지 아니면 새로이 시작하는 생태대를 위하여 학생들을 교육시켜야 할지를 결정해야 한다. 지금은 대학이 계속적으로 부인하거나 대학에 책임을 돌릴 것이 아니라 대학이 자신과 자신이 하는 것을 돌아볼 시점이다.'
    a. 도래하는 시대에 무엇을 볼 것인가? 이것을 기술하시오. **생태대 시대**라는 용어를 좋아하지 않으면 다른 용어를 제안하시오.
    b. 여러분의 전공으로 앞으로 살아가야 할 미래를 어떻게 준비할 수 있는가?
    c. 여러분은 화학을 공부함으로써 어떤 방법을 준비할 수 있는가?

26. 이 장에서 각자 관심을 가진 아이디어 하나를 고르시오.
    a. 어떤 아이디어를 선택하였는가? 몇 문장으로 이에 관하여 생각을 확장하시오.
    b. 그 아이디어의 어떤 면이 관심을 가지게 된 이유인가? 설명하시오.

1장 우리가 숨 쉬는 공기

캘리포니아 주 타호 호수 지역의 푸른 하늘

"고대 그리스인은 공기를 흙, 불, 물과 함께 자연의 기본 원소 중 하나로 알고 있었다. 캘리포니아도 이 점을 알고 있다. 아마도 이 글은 명백히 할 필요가 있다. 캘리포니아 사람은 덜 보아도 좋을 것에서 너무 많은 것을 보고 있다. 그들은 습관적으로 하는 호흡의 행동을 너무 자주 주목하도록 하는 그 공기를 호흡함에 따른 영향을 느끼고 있다."

David Carle, 캘리포니아 공기 서론, 2006, xiii쪽

사람들은 숨 쉬는 공기에 항상 주목하고 호기심을 느껴왔다. 고대 그리스인들은 공기를 흙, 불, 물과 함께 자연의 기본 원소로 들었다. 수백 년 후에 화학자들은 실험을 통하여 공기의 조성에 대하여 많은 것을 배웠다. 오늘날 외계에서 지구의 대기를 볼 수 있다. 그리고 매일 고대인들과 마찬가지로 밤의 대기를 통하여 반짝이는 별들을 볼 수 있다.

대기는 우리와 외계 사이에 있는 얇은 베일과 같다. 이 장은 지구 상의 생명체를 지지하는 대기 기체를 기술한다. 다음 장은 태양이 방출하는 해로운 자외선으로부터 우리를 보호하는 성층권의 오존을 기술한다. 세 번째 장은 외계의 엄청난 추위로부터 보호하는 대기 중의 온실기체를 기술한다. 정말로 대기는 가격을 따질 수 없는 자원이다. 우리의 목표는 대기의 아름다움, 크기, 연약함을 전달하는 것이다.

이 장에서 배우게 되겠지만 인류는 대기의 조성을 변화시켜 왔다. 이것은 이 지구 상에 70억 명의 인류가 현재 살고 있기 때문에 놀라운 것이 아니다. 몇 세기 안에 인구는 90억 내지 100억에 달할 것이다. 다음 예제를 통해 개인적이고 누적적인 우리의 행동들이 어떻게 우리가 숨 쉬는 공기를 변화시킬 수 있는지를 생각해 볼 수 있을 것이다.

연구과제 1.1 공기의 발자국

하이킹 흔적, 아스팔트 포장도로, 옥수수 밭. 이 모든 것은 지형을 변화시키기 때문에 인간이 남긴 '지상의 자국'의 예이다. 마찬가지로 우리의 활동은 대기의 조성을 변화시키는 '공기 자국'을 남긴다.

a. **실내** 공기에 자국을 남기는 세 가지를 기술하시오.
b. a에 든 각각의 예가 (1) 실내 공기의 질을 저하시키거나 (2) 향상시키거나 (3) 영향을 미치기는 하지만 어느 쪽인지는 알 수 없다, 중 어느 것인지를 설명하시오.
c. **외부** 공기의 자국에 대하여 a와 b를 반복하시오.

답

a. 실내 공기 자국은 실내 식물을 키우고 양초를 켜며 페인트를 칠하는 것으로 남을 수 있다.
b. 녹색 식물은 공기로부터 이산화 탄소를 제거하고 산소를 더하므로 긍정적인 효과를 나타낸다. 일부 식물은 꽃가루를 방출한다. 일부 사람에게는 이것이 공기의 질을 저하시키는 것이다. 양초가 타면 공기 중으로 이산화 탄소와 그을음을 배출하고, 어떤 일부 페인트는 실내에 휘발성 유기 화합물을 방출한다. 이 두 과정 모두 공기의 질을 해친다.

인간(*Homo sapiens*)으로서 우리는 지구의 대기 질을 보호할 특별한 책임이 있다. 이 책임을 수행하는 것이 쉽지 않은 임무임이 확인되었다. 실제로 우리는 사람, 동물, 식물을 죽이는 비극적 실수를 해 왔다. 0장에서 지적한 바와 같이 궁극적으로 우리의 책임은 우리와 미래 세대의 건강을 손상시키지 않는 방법으로 오늘을 사는 것이다. 공기를 깨끗하게 유지하는 것이 이 책임의 일부이다.

1948년에는 스모그로 인해 펜실베이니아 주 도노라의 주민 20명이 사망하였고, 5,000~7,000명이 병들었다. 1952년에는 런던에서 발생한 광범위한 스모그로 인해 수천 명이 사망하였다.

이 장에서는 우리가 숨 쉬는 공기와 인류 복지에 미치는 중요성에 대하여 더욱 많은 것을 배우게 될 것이다. 개인 또는 큰 사회의 일원으로서 현재와 미래에 지혜를 발휘할 수 있는, 공기의 질에 대한 선택이 얼마나 중요한지를 배우게 되기를 희망한다.

1.1 | 한 모금의 호흡에는 무엇이 있는가?

숨을 쉬어보자! 자동적으로 그리고 무의식적으로 매일 우리는 수천 번 숨을 쉰다. 확실히 숨을 쉬라고 말할 필요가 없다. 비록 의사나 간호사가 첫 숨을 쉬도록 격려하였는지는 몰라도 그 이후로는 자연이 이 임무를 넘겨받았다. 순간적으로 두렵거나 흥분하면, 일시적으로 숨을 멈출지 몰라도 곧 자발적으로 공기라고 하는 보이지 않는 물질을 폐 가득히 들이마시게 된다. 실제로 신선한 공기를 불과 몇 분간 공급받지 못해도 생존할 수 없다.

연구과제 1.2 호흡하라

하루에 들이마시는(그리고 내쉬는) 공기의 총 부피는 얼마나 될까? 이 양을 확인하자. 먼저 한 번의 '정상적인' 호흡으로 내쉬는 공기의 양이 얼마인지를 결정하시오. 그리고 분당 쉬는 호흡의 수를 결정하시오. 마지막으로 하루에 내쉬는 공기의 양이 얼마인지를 계산하시오. 어떻게 추정값을 얻었는지를 기술하고 자료를 보이시오. 또한 답의 정확성에 영향을 미칠 것으로 믿는 요소들을 나열하시오.

얼마나 많이 숨을 쉬는지 알고 놀랐는가? 성인의 경우 평균적으로 하루에 11,000리터(약 3,000갤런)의 공기를 호흡한다. 이 수치는 자전거로 오솔길을 달리거나 카약을 저으며 하루를 보내면 더 높아질 수 있다.

몇 가지 혼합물은 기체로 구성되어 있다. 그러나 휘발유는 액체의 혼합물이고(1.10절), 토양은 고체와 액체의 혼합물이다.

보는 것으로 구별할 수 없지만 숨 쉬는 공기는 한 가지 순물질이 아니라 **혼합물(mixture)**이다. 말하자면 가변적인 양으로 존재하는 두 가지 이상의 순물질의 조합이다. 혼합물은 지구 상에서 마주하게 되는 두 가지 형태의 물질 중 하나이다(그림 1.1). 다른 형태는 순물질이다. 이 절에서 공기의 주요 성분인 순물질, 즉 질소, 산소, 아르곤, 이산화탄소, 수증기에 초점을 맞출 것이다. 이 모든 것은 무색의 기체로 눈에 보이지 않는다.

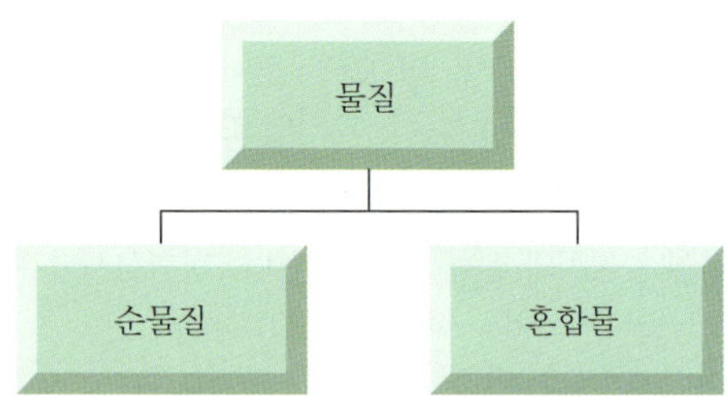

그림 1.1 물질은 한 가지 순물질이나 혼합물로 분류될 수 있다.

'공기'라고 하는 혼합물의 조성은 장소에 의존한다. 환기가 되지 않는 방에는 산소가 보다 적고, 도시 지역에는 보다 많은 오염 물질이 있다. 내쉬는 공기는 마시는 공기와 약간 다른 혼합물이다. 공기 중 물질의 양이 마찬가지로 약간씩 다르다. 예를 들면 라일락 향기는 실외 공기에 스며든다. 실내에는 새롭게 끓인 커피 향이 주방으로 유혹할지도 모른다. 사실 인간의 코는 매우 민감한 냄새 검출기이다. 어떤 경우에는 냄새를 감지하는 후각 수용체를 작동하는데, 아주 적은 양의 물질만으로도 가능하다. 따라서 적은 양의 물질이라도 코에 강력한 효과를 미치고 감정에도 마찬가지이다.

연구과제 1.3 코는 알고 있다

소나무 숲, 빵집, 이탈리아 식당, 가축우리 등에서 공기는 다르다. 눈을 가려도 그 차이를 냄새로 구별할 수 있을 것이다. 코는 공기가 적은 양의 여러 가지 물질을 함유하고 있는 사실을 알려 준다.

a. 공기 중에 적은 양의 화학 물질이 있음을 의미하는 실내 및 실외 냄새 각각 세 가지를 나열하시오.
b. 코는 어떤 물질을 피할 것을 경고한다. 냄새가 위험을 의미하는 예를 세 가지 제시하시오.

대기의 조성은 지난 천 년간 일정하지 않았다. 예를 들면 산소의 농도도 변하였다.

그림 1.2는 공기의 조성을 원그래프와 막대그래프를 이용하여 나타낸 것이다. 원그래프는 전체에서의 비율을 강조하는 반면, 막대그래프는 각 물질의 상대적 양을 강조한다. 어떻게 자료를 나타내는지에 관계 없이 호흡하는 공기는 주로 질소와 산소이다. 더 정확하

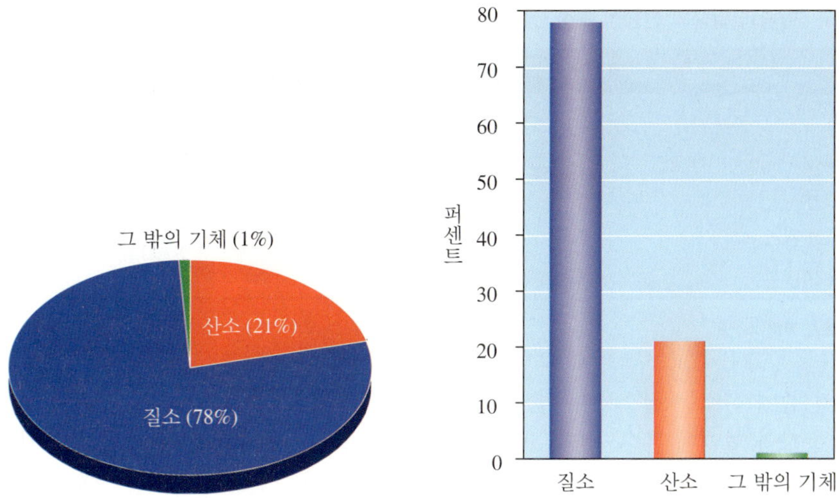

그림 1.2 건조한 공기의 조성(부피)

Figures Alive! Figures Alive!에 들어가기 위해서 Connect™에 접속하라. 이 아이콘을 볼 때, 이 교과서 전반에서 Figures Alive! 아이콘을 찾을 수 있다.

게 공기의 조성은 부피로 약 78%가 질소, 21%가 산소, 1%가 다른 기체이다. **퍼센트(percent, %)**는 '백분율(백 개당 입자 수)'을 의미한다. 이 경우 입자는 분자 또는 원자이다.

그림 1.2에 나타낸 퍼센트는 **건조** 공기에 대한 것이다. 이 농도는 수증기는 포함되지 않으며, 지역마다 다르다. 건조한 사막 공기에서 수증기의 농도는 0%에 가깝다. 반면 더운 열대 우림에서는 부피로 5%에 이를 수 있다. 농도가 높건 낮건 간에 수증기는 눈에 보이지 않는 무색의 기체이다. 짙은 안개나 구름은 볼 수 있지만 이들은 수증기로 구성된 것은 아니다. 오히려 이들은 작은 물방울이나 얼음 결정으로 구성되어 있다(그림 1.3).

수증기는 '습기'로 생각하는 기체이다.

질소는 공기에 가장 많은 물질이고 우리가 숨 쉬는 것의 약 78%를 구성하고 있다. 이 기체는 색도 없고 냄새도 없으며 상대적으로 반응성이 없고 폐의 안팎을 변화되지 않고 출입한다(표 1.1). 질소는 생명체와 살아 있는 모든 것들의 일부에 필수적이지만, 대부분의 식물과 동물의 질소는 대기 중의 질소와는 다른 원천에서 얻고 있다.

6.9절에서는 공기 중의 질소가, 살아 있는 식물과 동물의 일부분이 되는 순환을 기술한다.

그림 1.3 구름은 상승 기류 때문에 떠 있는 미세한 물방울로 이루어져 있다. 구름은 수백만 파운드의 무게를 가질 수 있다.

표 1.1 들숨과 날숨의 전형적 조성

물질	들숨(%)*	날숨(%)*
질소	78.0	78.0
산소	21.0	16.0
아르곤	0.9	0.9
이산화 탄소	0.04	4.0
수증기	가변적	가변적

* 퍼센트는 부피 퍼센트

11장에서 음식의 에너지 함량에 관하여 더 많은 내용이 제공된다.

1.6절에서 **원소**라는 용어를 설명한다.

대기 중에 산소는 질소보다 덜 풍부하지만 지구 상에서 중요한 역할을 한다. 산소는 폐를 통하여 혈액에 흡수되며 우리 몸 안에서 일어나는 화학 과정을 가동하기 위한 에너지를 방출하기 위해 우리가 섭취한 음식물과 반응한다. 연소와 부식을 포함하여 많은 다른 화학 반응에도 필요하다. 산소는 H_2O(물)의 'O'로서 인체에서 가장 풍부한 원소이다. 산소는 많은 바위와 광물에 존재하므로 지각에서도 가장 풍부한 원소이다. 이러한 광범위한 분포를 고려할 때, 1774년이 될 때까지 산소가 순물질로 분리되지 못한 사실은 놀랄 만한 일이다. 그러나 한번 분리되자마자 산소는 화학이라는 갓 태어난 과학을 정립하는 데 매우 중요함을 증명하였다.

연구과제 1.4 산소가 많아지면...?

우리는 산소 농도가 21%인 대기에서 살고 있다. 성냥 한 개피는 1분이 못 되게 타고, 난로는 작은 소나무 장작을 약 20분 정도에 소비하며, 분당 약 15번 정도 숨을 내쉰다. 만약 산소의 농도가 2배가 된다면 지구 상의 생활은 매우 다를 것이다. 적어도 네 가지 다른 점을 나열하시오.

호흡은 또한 우리 몸의 화학 반응을 구동하는 데 필요한 에너지를 제공한다. 4장에서 호흡에 대한 더 많은 것을 살펴보자.

우리가 숨을 내쉴 때마다 이산화 탄소를 대기에 더하게 된다. 표 1.1은 들이마시는 건조 공기와 내쉬는 공기의 차이를 나타낸다. 명백히 산소의 일부를 사용하고, 이산화 탄소와 물을 배출하는 변화가 일어난다. **호흡(respiration)** 과정에서 우리가 먹는 음식물을 대사하여 이산화 탄소와 물을 생성한다. 한번 숨을 쉴 때마다 우리 몸에서 일부분의 물이 폐의 축축한 조직에서 증발한다.

다른 기체들도 대기에서 마찬가지로 발견된다(그림 1.2 참조). 예를 들면 아르곤은 공기의 약 0.9%이다. **아르곤**이라는 이름은 그리스어로 '게으름'을 의미하며, 화학적으로 반응성이 없음을 반영한다. 표 1.1에서 볼 수 있듯이, 우리는 들이마시는 아르곤을 모두 배출한다.

1리터 = 1.06쿼트. 부록 1에 이를 포함하여 많은 환산 인자(conversion factor)가 수록되어 있다.

대기의 조성을 기술하는 데 사용하는 퍼센트는 부피에 기반을 두고 있다. 말하자면 각 기체가 차지하는 공간의 양에 의존한다. 이런 공기가 필요하다면 질소 78 L, 산소 21 L, 아르곤 1 L(78% 질소, 21% 산소, 1%의 아르곤)를 혼합하여 거의 100 L에 가까운 건조 공기를 만들 수 있다.

1.7절에서 원자와 분자에 대하여 더 많은 것을 살펴보자.

공기의 조성은 존재하는 분자와 원소의 수로 나타낼 수 있다. 기체가 같은 온도와 압력하에 있다면, 같은 부피의 기체는 같은 수의 분자를 포함하기 때문에 이것이 가능하다. 따라서 공기 중의 100개 분자와 원자 시료(비현실적으로 적은 양)를 취하면, 78개는 질소 분자, 21개는 산소 분자, 1개는 아르곤 원자일 것이다. 다른 말로 하면, 분자와 원자로 이루어진 공기에 산소가 21% 있다면, 공기 중 100개의 입자들 중에서 산소 분자 21개가 있다는 것을 의미한다. 조금 후에 왜 질소와 산소가 분자로 발견되는지를 설명할 것이다. 반면 아르곤은 원자로 발견된다.

이제 공기는 질소, 산소, 아르곤, 이산화 탄소, 약간의 수증기로 구성되었음을 알게 되었다. 상상할 수 있겠지만 더 많은 이야기가 있다.

1.2 숨 속에 들어 있는 기타 성분

어디에서 살든지 가득 들이마신 공기에는 적은 양의 몇 가지 물질이 포함되어 있다. 많은 물질들이 1%보다 작게 또는 입자 백 개당 한 개 미만의 농도로 존재한다. 이러한 것 중의 하나가 들이마시고 내쉬는 숨에 포함된 기체인 이산화 탄소이다. 2012년에 대기 중 이산화 탄소의 농도는 약 0.0393%이고, 이 수치는 인간이 화석 연료를 태우면서 천천히 그러나 꾸준히 증가하는 중이다.

3장은 대기 중의 CO_2 농도에 대하여 더 많은 것을 설명한다.

공기 중의 원자나 분자 100개당 이산화 탄소 분자가 0.0393개가 있으므로 0.0393%로 표기하지만, 한 분자의 0.0393 부분을 언급하는 것은 기이하다. 낮은 농도의 경우 **백만분율(part per million; ppm)**을 사용하는 것이 더 편리하다. 1 ppm은 1%보다 10,000배 작은 단위이다. 다음에 관계를 정리하였다.

%와 ppm 사이의 변환은 오른쪽으로 소수점을 네 번 옮기는 것이다. Figures Alive!에서의 활동이 연습 기회를 제공한다.

0.0393%는 100개당 0.0393개를 의미한다.
1,000개당 0.393개를 의미한다.
10,000개당 3.93개를 의미한다.
100,000개당 39.3개를 의미한다.
1,000,000개당 393개를 의미한다.

100만 개 분자(와 일부 원자)를 함유하는 공기 시료 중에 393개가 이산화 탄소 분자라고 할 수 있다. 이산화 탄소의 농도는 393 ppm 또는 0.0393%이다.

확인문제 1.5 정말 1 ppm?

1 ppm은 12일 중의 1초와 거의 같다고 한다. 이것이 올바른 비유일까? 568마일의 여행 중 한 걸음이라는 비유는 어떠한가? 이러한 비유의 정당성을 확인하고 추론을 설명하시오. 그리고 자신만의 비유를 제시하시오.

예제 1.6 ppm 사용 연습

a. 몇몇 나라에서는 8시간 간격에서 평균 이산화 탄소 농도의 한계가 9 ppm으로 설정되었다. 이 수치를 퍼센트로 표시하시오.
b. 날숨에는 전형적으로 약 78%의 질소가 포함되어 있다. 이 농도를 ppm으로 표시하시오.

답

a. 0.0009% b. 780,000 ppm

낮은 농도로 발견되는 몇몇 물질은 대기 오염원이다. 이들은 지구 어디서나 발견되지만 대도시 지역에서 이러한 대기와 접촉할 가능성이 많다. 예를 들면 그림 1.4는 약 600만 명의 거주민이 사는 도시, 칠레의 산티아고 주위의 산을 배경으로 하는 스모그를 보여 준다. 로스앤젤레스, 멕시코시티, 뭄바이, 베이징과 같은 다른 대도시도 더러운 공기가 나타난다. 앞에서 인류 활동이 실내 및 실외에서 어떻게 '공기 자국'을 남기게 되는지를 말하였다. 많은 수의 사람들이 음식을 조리하고 차량을 운행할 때 공기를 더럽힌다.

오늘날 세계 인구의 반 이상이 도시에 살고 있다. 반면에 1900년에는 이 수치가 10~15%에 불과하였다.

이 장에서는 지구 표면에서 대기 오염에 기여하는 네 가지 기체에 초점을 맞출 것이다. 이 기체들 중의 하나인 일산화 탄소는 냄새가 없고, 다른 세 가지인 오존, 이산화 황, 이산화 질소는 독특한 냄새가 있다. 비록 농도가 1 ppm 이하여도 오랫동안 노출되면 모두 건강에 해롭다. 입자 물질(PM)과 더불어 이들은 가장 심각한 대기 오염 물질에 속한다. 각 물질이 건강에 미치는 영향을 검토해 보자.

그림 1.4 칠레 산티아고의 화창한 11월 봄날

그림 1.5 프로페인 캠핑 난로

성층권에서 오존은 UV 선의 일부 파장을 흡수한다. 이 현상에 대하여 2장에서 좀 더 많이 살펴보자.

그림 1.6 오존에 의한 손상으로 하얗게 변한 소나무 잎
(미주리 식물원 식물도감에서 발췌)

SO_2와 NO_2는 축축한 폐 조직에 녹아 각각 아황산과 질산을 형성한다. 6장에서 이 산들에 대해 더 많이 살펴보자.

1**마이크로미터**(μm)는 1미터(m)의 백만분의 일(10^{-6})이다. 마이크로미터는 때로 마이크론(micron)이라고 한다.

- **일산화 탄소(CO)**는 색, 맛과 냄새가 없기 때문에 '소리 없는 살인자'라는 별명을 얻었다. 일산화 탄소를 흡입하면 혈액 속으로 '소리 없이' 들어가서 산소를 전달하는 헤모글로빈의 능력을 저해시킨다. 일산화 탄소에 노출되면, 처음에는 다른 질병으로 오인할 수 있는 증상인 약간의 어지러움과 구역질, 두통 등을 느낀다. 그러나 계속하여 노출되면 심각한 질병, 심지어는 죽음에 이르게 된다. 자동차 배기가스는 일산화 탄소의 배출원 중의 하나이다. 숯불 그릴, 캠핑용 프로페인 난로 등은 또 다른 배출원이다(그림 1.5). 이것들은 실내 또는 실외에서 사용된다. 그러나 실내에서 사용할 때는 적절한 환기가 필요하다.
- **오존(O_3)**은 자극적인 냄새를 가지며 복사기, 전기 모터, 용접 장치 근처에서 검출된다. 매우 낮은 농도에서도 오존은 건강한 사람의 폐 기능을 손상시킬 수 있다. 노출에 의한 증상은 가슴 통증, 기침, 재채기, 답답함 등이 있다. 오존은 또한 농작물의 잎을 떨어뜨리고 소나무 잎을 누렇게 변하게 한다(그림 1.6). 지표면에서 오존은 분명 인간에 해를 끼친다. 그러나 높은 고도에서는 자외선을 걸러 내는 필수적인 역할을 한다.
- **이산화 황(SO_2)**은 자극적이며 불쾌한 냄새를 가지며 폐의 축축한 조직에 녹아 산을 생성한다. 노인과 유아, 천식과 같은 폐질환을 가진 사람들이 이산화 황의 독성에 쉽게 영향을 받게 된다. 현재는 대기 중의 이산화 황은 주로 석탄의 연소에 기인한다. 예를 들면 1952년 런던에서 발생한 스모그는 10,000명 이상의 사람들을 죽음에 이르게 하였으며, 석탄을 사용하는 난로의 배출물이 부분적인 원인이었다. 사망 원인은 급성 호흡 곤란, 심장 마비(이미 앓고 있던 상황이 악화), 질식 등이었다. 일부 생존자들도 영구적인 폐 손상을 입었다.
- **이산화 질소(NO_2)**는 독특한 갈색을 가지며 폐 조직에 손상을 준다. 이산화 황과 마찬가지로 폐의 축축한 조직과 결합하여 산을 형성할 수 있다. 이산화 질소는 자동차의 뜨거운 엔진과 석탄을 연소시키는 발전소의 뜨거운 화염에서 배출되는 다른 오염 물질(무색의 일산화 질소)로부터 대기 중에서 생성된다. 질소 산화물, 즉 NO와 NO_2는 곡물 창고에서 자연적으로 발생하여 우연히 흡입한 농부들의 건강을 손상시키거나 죽음에 이르게 한다.
- **입자 물질(PM)**은 5가지 대기 오염 물질 중에서 가장 덜 연구된 물질이다. 입자 물질(particulate matter)은 작은 고체 입자와 미세한 액체 방울의 복잡한 혼합물이다. 이 물질은 입자 크기가 건강에 미치는 결과를 결정하므로 조성보다는 크기에 따라 분류된다. PM_{10}은 평균 반지름이 10 μm 이하, 길이가 0.0004인치 정도인 입자

그림 1.7 2004년 캘리포니아 산호세 주변의 산불. 이 불은 검댕과 같은, 볼 수 있는 입자 물질을 방출한다.

를 포함한다. **$PM_{2.5}$**는 PM_{10}보다 작은 집단이고 평균 반지름이 2.5 μm 이하인 입자를 포함한다. 이러한 작고 치명적인 입자를 **미세 입자**(*fine particle*)라고도 한다. 입자 물질은 자동차 엔진, 석탄을 연소하는 발전소, 화재, 먼지를 송풍하는 것과 같은 많은 배출원에서 배출된다. 가끔 입자 물질은 검댕이나 연기와 같이 눈에 보이기도 한다(그림 1.7). 그러나 더 우려되는 것은 PM_{10}과 $PM_{2.5}$와 같이, 입자들이 너무 작아서 볼 수가 없다는 것이다. 흡입하면 이 입자들은 폐의 깊숙한 곳까지 들어가서 발진을 야기한다. 가장 작은 입자들은 폐에서 혈액으로 들어가 심장병을 일으키거나 이미 가지고 있던 증상을 악화시킬 수 있다.

여러분을 놀라게 할지도 모르는 사실로 이 절을 끝마치고자 한다. 우리가 방금 나열한 대기 오염 물질 모두는 자연적으로 발생할 수 있다! 예를 들면 산불은 입자 물질과 일산화 탄소를 발생하게 하고(그림 1.7 참조), 번개는 오존과 질소 산화물을 생성하며, 화산은 이산화 황을 방출한다. 오염 물질은 자연적인지 인공적 원천에서 방출되었는지에 상관없이 똑같이 해롭다. 건강에 어떠한 위험이 있는가? 이 주제에 대해 살펴볼 차례이다.

1.3 | 대기 오염 물질과 위험성 평가

위험은 생활의 일부분이다. 위험을 피할 수는 없지만 위험을 최소화하도록 노력해야 한다. 예를 들면 어떤 행동들은 용납할 수 없는 수준의 위험이 수반된다고 판정되었기에 위법이다. 또 다른 행동들은 높은 위험성을 가지고 있으므로 고위험성이라고 판정한다. 예를 들면 담뱃갑에는 폐암의 경고가 있다. 술병에는 알코올의 영향에 의한 선천적 장애와 기계를 작동하는 데 따르는 경고가 있다. 그러나 경고가 없다 해도 안전을 보장할 수 없다. 위험성이 너무 낮아 표지에 인쇄할 필요가 없을 수 있고, 너무 명백하거나 피할 수 없거나 다른 이득에 비하면 하찮을 수도 있다.

경고는 단순히 이런 것이다. 경고는 어떤 사람들이 영향을 받을 것이라는 것을 의미하지는 않는다. 오히려 불리한 결과의 가능성을 보고하는 것이다. 사고에 의해 죽을 수 있는 확률은 3만 마일을 여행할 때 백만분의 일이다. 이것은 평균적으로 3만 마일을 여행하는 백만 명 중의 한 명이 사고를 죽을 수 있다는 것을 의미한다. 이러한 예측은 단순한 추측이 아니라, 과학적 자료를 평가하고 결과의 가능성에 대하여 조직화된 방법으로 예측하는 과정인 **위험성 평가(risk assessment)**의 결과이다.

공기를 호흡하는 것이 위험한 경우는 언제인가? 다행스럽게도 현존하는 대기 질 기준이 지침이 될 수 있다. 과학자, 의학전문가, 정부 기관과 정치가들의 복잡한 상호 의견 조율을 통해 기준이 설정되었기 때문에, 이것을 **지침**이라고 한다. 기준이 적절하고 안전하다고 모든 사람이 동의하는 것은 아니다. 기준은 새로운 과학적 지식이 발견될 때마다 시간에 따라 변할 수 있다.

미국에서 전국 대기 질 기준은 깨끗한 대기 법안(Clean Air Act)의 결과에 의해 1970년에 수립되었다. 만약 오염 물질의 수준이 이 기준 아래로 떨어지면 공기는 호흡해도 잠정적으로 건강에 해롭지 않다고 생각할 수 있다. '잠정적'이라 한 것은 대기 질 기준은 시간에 따라 변할 수 있으며 보통 더욱 엄격해지기 때문이다. 세계로 눈을 돌려보면 대기 질 규제가 엄격한 정도와 집행하는 정도에 있어서 다양함을 알 수 있다.

대기 오염 물질에 의한 위험성은 한 물질의 고유한 건강에 대한 위해성을 나타내는 **독성(toxicity)** 및 물질과 접촉하는 양인 **노출량(exposure)**의 함수이다. 독성은 사람에 대하여 직접 실험하는 것은 비윤리적이라는 점을 포함하여 여러 가지 이유 때문에 정확하게 평가하기가 매우 어렵다. 자료가 가용하다 할지라도 특성이 다른 집단의 사람들에게 적합한 위험성의 수준을 결정해야만 한다. 이러한 복잡성에도 불구하고 정부 기관은 대부분의 대기 오염 물질의 노출 한계를 수립하는 데 성공하였다. 표 1.2는 미국 환경보호국(EPA)에 의해 수립된 국가 환경 대기 질 기준(National Ambient Air Quality Standards)이다. 여기서 **환경 공기(ambient air)**는 우리를 둘러싸고 있는 공기, 보통 실외 공기를 의미한다. 지식이 증가함에 따라 이 기준을 수정한다. 예를 들면 2006년에 이 기준은 $PM_{2.5}$에 대하여 엄격해졌다. 유사하게 2008년에는 오존에 대한 기준치가 낮아졌고, 2010년에는 이산화 질소에 대한 새로운 기준이 더해졌다.

미국 환경보호국은 닉슨(Richard Nixon) 대통령에 의해 1970년에 조직되었다. 오래 전부터 상원 의원은 입법 시 주요한 역할을 담당하였다.

노출량은 쉽게 측정할 수 있는 인자들에 의존하기 때문에, 독성보다도 추산하는 것이 더 명확하다. 여기에 다음과 같은 것이 포함된다.

표 1.2 미국 국가 환경 대기 질 기준

오염 물질	기준(ppm)	근사 등가 농도($\mu g/m^3$)
일산화 탄소		
8시간 평균	9	10,000
1시간 평균	35	40,000
이산화 질소		
1시간 평균	0.100	200
연간 평균	0.053	100
오존		
8시간 평균	0.075	147
입자 물질*		
PM_{10}, 24시간 평균	—	150
$PM_{2.5}$, 연간 평균	—	15
$PM_{2.5}$, 24시간 평균**	—	35
이산화 황		
1시간 평균	0.075	210
3시간 평균	0.50	1,300

출처: *U.S. Environmental Protection Agency.*

비고: 납에 대한 기준도 존재하지만 여기에는 포함되지 않았다.

*PM_{10}은 반지름이 10 μm 이내의 공기 중의 모든 입자를 의미하며, $PM_{2.5}$는 2.5 μm 이내의 모든 입자를 의미한다.

**ppm 단위는 입자 물질에는 적용되지 않는다.

- **공기 중 농도**

  오염 물질은 독성이 클수록 농도는 더 낮게 설정되어야 한다.

  농도는 표 2.2에 표시한 바와 같이 ppm 또는 세제곱미터당 마이크로그램(μg/m³)으로 표현된다. 앞에서 마이크로미터(μm)와 같이 **마이크로**(*micro-*)라는 접두사를 사용하였는데, 그 의미는 1미터의 백만분의 일(10^{-6} m)이다. 마찬가지로 **1마이크로그램(microgram, μg)**은 1 g의 백만분의 일, 즉 10^{-6} g이다.

1 μg은 대략적으로 종이 위에 인쇄된 점 한 개의 질량 정도이다.

- **시간 간격**

  높은 농도의 오염 물질은 짧은 시간 동안만 견딜 수 있다. 서로 다른 시간 간격에 따른 다양한 기준을 가질 수 있다.

- **호흡 속도**

  운동선수나 노동자와 같이 육체적으로 활동적인 사람들은 빠른 속도로 호흡한다. 만약 대기의 질이 나쁘다면 활동성을 낮추는 것이 노출량을 줄이는 한 가지 방법이다.

도시의 거리에서 공기 시료를 채취했다고 가정하자. 분석 결과, 공기 1세제곱미터당 일산화 탄소(CO) 5000 μg을 포함하고 있다. 이 정도 농도의 CO를 호흡하면 해로울까? 표 1.2를 이용하여 이 질문에 답하여 보자. 두 가지 기준이 제시되었다. 하나는 1시간 노출 기준이고, 다른 것은 8시간 노출 기준이다. 1시간 노출 기준은 짧은 시간에서는 더 높은 농도를 견딜 수 있으므로 더 높은 수준(4×10^4 μg CO/m³)으로 설정되었다.

두 가지 농도를 적절한 10의 거듭제곱으로 표기하는 방법인 **과학적 표기법(scientific notation)**으로 나타낸다. 과학적 표기법은 소수점 앞 또는 뒤에 일련의 0을 쓰는 것을 피한다. 예를 들면 1×10^4이라는 수치는 10,000과 같다. 이러한 변환을 이해하기 위하여 10,000에서 1 오른쪽에 있는 0의 수를 세라. 4개가 있다. 수 1에 10^4을 곱하여 1×10^4 μg CO/m³을 얻게 된다. 마찬가지로 4×10^4 μg CO/m³은 40,000 μg CO/m³과 같다. 과학적 표기법은 보통 한 번 호흡에 있는 20,000,000,000,000,000,000,000개의 분자와 같이 매우 큰 수에 있어서 더욱 효과적이다. 과학적인 표기법으로 이 수치는 2×10^{22}개의 분자로 쓴다.

지수에 대하여 도움이 필요하면 부록 2를 이용하라.

과학적 표기법을 사용하여 5,000 μg CO/m³이라는 수치를 5×10^3 μg CO/m³으로 표현할 수 있다. 명백히 이 수치는 어떠한 기준보다도 작다. 8시간의 노출의 경우 5×10^3은 1×10^4보다 작다. 마찬가지로 1시간 노출에서 5×10^3은 4×10^4보다 작다. 모든 수치에서 단위는 μg CO/m³이다.

표 1.2를 이용하여 오염 물질의 상대적 독성을 평가할 수 있다. 예를 들면 일산화 탄소와 오존의 8시간 평균 노출 기준인 9 ppm과 0.075 ppm을 비교할 수 있다. 이 비교를 통해 오존은 일산화 탄소보다 흡입하였을 때 약 130배 더 유해함을 알 수 있다. 그럼에도 불구하고 일산화 탄소는 매우 위험할 수 있다. '소리 없는 살인자'로서 위험을 인식하기 전에 판단력을 손상시킬 수 있다.

예제 1.7 독성 평가하기

a. 표 1.2의 오염 물질 중 어떤 것이 가장 독성이 클 것 같은가? 입자 물질은 제외하라.

b. 입자 물질을 조사하자. 앞에서 '미세' 입자인 $PM_{2.5}$가 크기가 더 큰 PM_{10}보다 더 치명적이라고 언급하였다. 표 1.2의 수치는 이 내용을 담고 있는가?

답

a. O_3. 비교를 할 수 있는 공통된 노출 시간이 없기 때문에 상당히 어려운 결정이다. 명백히 모든 기준이 높기 때문에 CO는 가장 독성이 크지 않다. SO_2가 NO_2보다 1시간 기준이 더 낮으므로 NO_2도 아니다. SO_2와 O_3를 비교하면, 오존이 더 엄격한 기준을 가지고 있다.

대기 오염 물질의 기준을 ppm으로 표현하였지만, 이산화 황과 이산화 질소의 농도는 10억 개 중의 한 개 또는 ppm보다 1000배 낮은 농도인 **십억분율(parts per billion, ppb)**로 더 간편하게 표현할 수 있다.

이산화 황 0.075 ppm = 75 ppb
이산화 질소 0.100 ppm = 100 ppb

이 수치가 보여 주는 것과 같이, ppm에서 ppb로 변환할 때는 소수점을 오른쪽으로 세 자리 옮기면 된다.

예제 1.8 **바람 부는 데 살기**

구리 금속은 구리 원광으로부터 제련을 통해 얻을 수 있다. 제련을 하면 이산화 황(SO_2)이 배출된다. 제련 공장의 바람이 부는 곳에 사는 여성이 시간당 SO_2 44 μg을 호흡한다고 가정하자.

a. 이 여성이 시간당 625리터(0.625 m^3)를 호흡한다면, 그녀는 SO_2에 대한 1시간 평균 미국 국가 환경 대기 질 기준을 초과한 것인가? 계산을 통해 답을 주장하시오.
b. 3시간 동안 이 속도로 노출되었다면, 그녀는 3시간 평균을 초과한 것인가?

이 절을 마치면서 위험을 받아들이는 우리의 **감각도** 매우 중요하다고 강조하고 싶다. 예를 들면 차로 여행하는 위험도가 비행기로 여행하는 것보다 매우 크다. 미국에서 매일 자동차 사고로 100명 이상이 죽는다. 그러나 어떤 사람은 비행기 추락 사고를 두려워하여 비행기 탑승을 피한다. 마찬가지로 어떤 사람은 원자력 발전소 근처에서 사는 것을 두려워한다. 그러나 무서운 허리케인을 보듯 해안가에 사는 것이 훨씬 위험성이 높다. 위험으로 지각하든 아니든, 현재와 미래 세대에 **대기 오염은 실제적 위험이다**. 다음 절에서 위험을 평가하는 도구를 제공할 것이다.

1.4 대기 질과 우리

어디에 살고 있느냐에 따라 질이 다른 공기를 호흡하게 된다. 어떤 지역은 항상 공기가 좋지만 다른 곳은 중간 정도의 질을 가지고 있고, 또 다른 곳은 대부분의 시간 동안 공기가 건강하지 못하다. 우리가 볼 수 있듯이 그 차이는 그 지역에 살고 있는 사람의 수, 활동, 지역의 지질학적 특성, 기후 패턴, 주변 지역 사람들의 활동 등 때문에 나타난다.

많은 국가들이 공기의 질을 향상시키기 위해 입법을 시행하고 있다. 예를 들면 이미 인용한 미국의 깨끗한 공기 법안(1970년)이 있고, 대기 질 기준이 수립되었다. 많은 환경법과 같이 이 법은 위해 물질에 대한 노출을 제한하는 데 초점을 맞추고 있다. 이 법은 '주도하고 통제하는 법' 또는 '파이프의 마지막 해법'으로 불리는데, 이는 유해 물질의 확산을 제한하고 오염이 일어나면 깨끗하게 청소하려고 하기 때문이다.

이 법안은 0장에 소개된 주제인 녹색 화학의 촉진제가 되었다.

오염 방지법(1990년)은 깨끗한 공기 법에 이은 주요한 입법이다. 이 법안은 '오염은 가능하면 원천부터 **방지**하거나 절감을 시작함으로써 유해 물질의 생성을 방지'하는 데 초점을 맞추고 있다. 용어의 전환이 의미가 깊다. 이미 존재하는 오염 물질을 통제하려 시도하기보다는 처음부터 오염 물질을 생성하지 않아야 한다는 것이다! 오염 물질 방지법으로 이것이 원천부터 오염 물질을 절감하는 행동을 채택하는 국가 정책이 되었다.

예제 1.9 **방지의 논리**

나중에 카펫을 청소하기보다는 문 밖에서 진흙이 묻은 신발을 벗어라. 오염이 일어난 후에 깨끗하게 하기보다는 대기 오염을 막을 수 있는 '상식'적인 세 가지 예를 나열하시오.

힌트: '공기 자극'에 관한 이 장의 첫 번째 예제 1.1를 다시 보라.

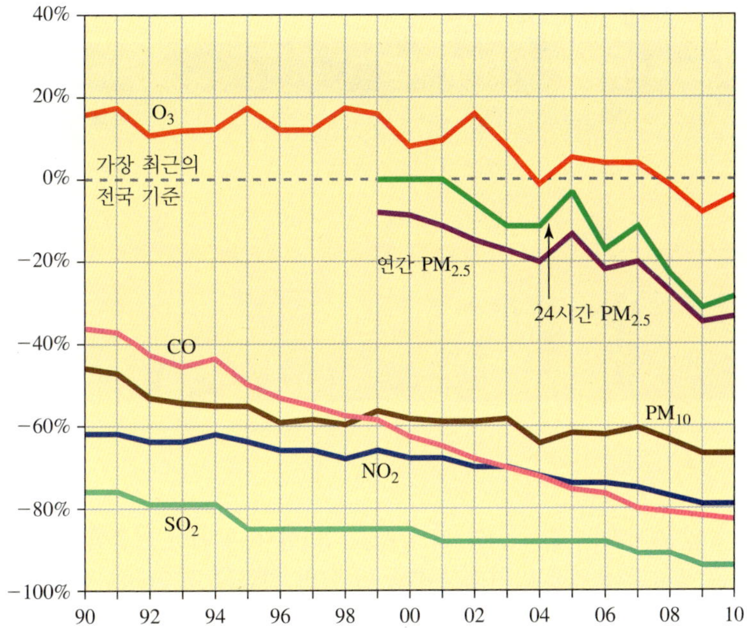

그림 1.8 1990년~2010년 사이 전국 대기 질 기준과 비교한 미국(선택된 지역에서의) 평균 대기 오염 물질의 수준

출처: *EPA*

미국에서 대기 오염 물질 농도 감소는 극적이다(그림 1.8). 이러한 개선은 위에서 언급한 법과 규제의 결합을 통해 진행되었다. 다른 이유는 지역적 결정에 기인한다. 예를 들면 공동체가 새로운 공공 운송 시스템을 건설하거나 산업체가 더 현대적인 설비를 설치하였을지도 모른다. 또 다른 것은 화학자들의 재능, 즉 대부분이 '녹색 화학'이라 하는 일련의 활동을 통해 이루어졌다. 이 책 전체에 걸쳐 녹색 화학 아이콘으로 표시된 녹색 화학의 예를 살펴보라.

이 책에 소개된 녹색 화학 예에는 영광스러운 녹색 화학 도전 대통령상의 수상작 일부가 포함되어 있다.

그러나 그림 1.8에 나타난 것과 같은 전체적인 자료는 어떤 장소의 사람들이 오염된 공기를 아직도 호흡하고 있다는 사실을 가리게 된다. 평균적으로 공기의 질이 개선되었음에도 불구하고 일부 대도시 지역의 사람들은 오염 물질이 건강하지 않은 수준으로 함유된 공기를 호흡한다. 표 1.3에 제시된 미국의 자료를 살펴보라.

표 1.3 선택된 미국 대도시 지역의 대기 질 자료

대도시 지역	건강하지 않은 날의 수/년*	
	O_3	$PM_{2.5}$
보스턴	0	8
시카고	10	0
클리블랜드	10	1
휴스턴	21	0
로스앤젤레스	43	0
피닉스	11	4
피츠버그	14	1
새크라멘토	35	13
시애틀	2	0
워싱턴 DC	21	2

출처: *EPA*, Air Trends: Air Quality Index Information.

*오염 물질에 대한 AQI가 100을 넘어서는 날, 5년 평균(2006~2010)

시애틀은 비가 많이 오는 기후 때문에 대기가 나쁜 날이 거의 없다. 1.12절에서 기후와 스모그 생성과의 연관성을 기술한다.

표 1.4 대기 질 지수(AQI)의 수준

AQI가 이 범위에 있을 때	대기질 상황은	다음 색에 의해 표시
0~50	양호	녹색
51~100	적당	노란색
101~150	민감한 집단에게는 건강하지 않음	주황색
151~200	건강하지 않음	빨간색
201~300	매우 건강하지 않음	보라색
301~500	유해함	자주색

출처: *Environmental Protection Agency.*

'건강하지 않음'이라는 표시는 말 그대로를 의미한다. 앞에서 기술한 바와 같이 대기 오염 물질은 생물학적 위해의 가해자이다. 더 빨리 위험을 평가하는 것을 도와주기 위하여 미국 환경보호국은 표 1.4에서와 같은 색으로 표시한 대기 질 지수(Air Quality Index, AQI)를 개발하였다. 이 지수는 1~500까지이며, 100은 오염 물질의 국가 기준에 고정되어 있다. 녹색 또는 노란색(≤100)은 공기가 좋거나 적당한 질을 가지고 있음을 의미한다. 주황색은 어떤 집단에는 건강하지 않은 공기임을 의미한다. 빨간색, 보라색, 자주색(>150)은 호흡하는 **모든 사람**에게 건강하지 않음을 의미한다.

일부 신문은 일반적인 대기 질 보고서만을 제공한다. 예를 들면 한 도시에 대해 공기의 질이 '적당함'이라고 표시될 수 있다. 이것은 적어도 하나의 오염 물질이 적당하며 다른 오염 물질도 마찬가지일 가능성이 있음을 의미한다. 가끔 보고서는 용어가 아니라 일반적인 수치로 주어진다. 예를 들면 만약 85의 수치를 가진 오염 물질과 91의 수치를 가진 것, 두 가지 오염 물질이 존재하면 일일 수치는 91로 보고된다.

그러나 더 많은 대도시 지역이 각 오염 물질을 개별적으로 보고하기 시작하고 있다. 예를 들면 그림 1.9는 애리조나 피닉스의 맑은 봄 날, 일산화 탄소, 오존, 입자 물질에

예보 일시 대기 오염 물질	어제 2011/12/24 토 최고 AQI 수치/지역	오늘 2011/12/25 일	내일 2011/12/26 월	추가 2011/12/27 화
O_3	30 블루 포인트	32 양호	30 양호	32 양호
CO	22 사우스 피닉스 & 웨스트 피닉스	32 양호	20 양호	15 양호
PM_{10}	60 웨스트 피닉스	52 적당함	46 양호	35 양호
$PM_{2.5}$	141 사우스 피닉스	156 유해함	85 적당함	42 양호

그림 1.9 2011년 12월 25일 피닉스 시의 대기 질 예보. 색 코드 범례는 표 1.4를 참조하라.

출처: *Arizona Department of Environmental Quality.*

대한 대기 질 예보를 나타내고 있다. 장작 연기에서 나오는 $PM_{2.5}$가 우려되는 오염 물질이다. 사람들에게 '조깅이나 자전거타기 등의 외부 활동을 자제하라'는 권고가 내려진다.

1.5 | 우리가 사는 곳: 대류권

앞에서 지적하였듯이 우리의 대기는 지역마다 조성이 약간씩 달라지는 혼합물이다. 공기의 약 75%(질량으로)는 지구 표면 바로 위에 위치하여 우리가 살고 있는 대기의 저고도 영역인 **대류권(troposphere)**에서 발견된다. *Tropos*는 그리스어로 '순환하는(turning)' 또는 '변화하는(changing)'의 의미이다. 대류권은 공기를 순환하고 혼합하는 공기의 흐름과 휘몰아치는 난기류를 포함한다.

대류권의 깊이는 적도의 20 km에서 극 지방의 6 km까지 등, 계절과 위치에 따라 다르다.

태양이 땅을 데우고 땅은 위의 공기를 데우므로, 대류권에서 가장 따뜻한 공기는 보통 지상 가까이에 있다. 더 높은 곳으로 하이킹을 하거나 운전하여 올라갈 때 관찰할 수 있는 현상이지만 더 찬 공기는 높이 올라가면서 나타난다. 그러나 대기 역전 현상은 찬 대기가 따뜻한 공기 밑에 갇혀 있게 되면 나타난다. 대기 오염 물질은 특히 상당한 기간 동안 정적일 경우에 역전층에 쌓일 수 있다. 솔트레이크 시티와 같이 산으로 둘러싸인 도시에서 이러한 현상이 가끔 나타난다(그림 1.10).

대기 오염 물질은 '사람들의 증기(people fumes)'로 명명하는 것이 더 나을 것이다. 100년 전 지구는 20억 명이 안 되는 인류의 보금자리였다. 이제 인구는 70억을 넘어섰고 대부분의 사람은 도시 지역에 산다. 이러한 인구 증가는 자원 소비와 폐기물 생성에 있어 엄청난 증가를 동반한다. 대기에 숨겨두는 폐기물을 대기 오염이라고 한다.

대류권의 허리케인은 그리스어 '*tropos*'(순환 또는 변화)라는 단어의 의미를 명백하게 보여 주고 있다.

대기 오염은 이 책의 무대를 설정할 때의 주제인 **지속 가능성(sustainability)**을 토의할 첫 번째 연관성을 제공한다. 1장에서 지적한 바와 같이 오늘날의 결과뿐만 아니라 미래 세대의 수요까지 내다보는 눈으로 결정할 필요가 있다. 우리의 건강과 복지를 손상할 수 있는 오염 물질을 생성하는 행동을 피하는 것이 상식적이다. 익숙하게 들리지 않는가? 이것이 1990년에 우리가 노출되는 것을 통제하는 것이 아니라 오염 자체를 방지하고자 하는 입법인 오염 물질 방지 법안의 논리이다.

오염 물질 방지법은 교사와 학생을 포함한 화학 공동체의 모든 사람들을 인도하는 일련의 원칙인 **녹색 화학**의 촉매제를 제공하였다. 녹색 화학은 '설계를 통한 유해성 절감(benign by design)'을 지향한다. 이것은 유해 물질의 사용이나 생성을 제거하거나 감소하는 화학 생성물과 공정을 설계할 것을 요구한다. 환경보호국에 의한 환경을 위한 설계 프로그램에서 시작되어 녹색 화학은 화학 공정을 설계 또는 재설계함으로써 오염을

녹색 화학의 핵심 아이디어는 이 책의 겉표지의 안쪽에 나열되어 있다.

(a) (b)

그림 1.10 (a) 대기 역전에 의해 오염 물질이 갇혀 있을 수 있다. (b) 유타 주 솔트레이크시티 위로 스모그 층이 대기 역전으로 갇혀 있다.

감소시킨다. 목표는 에너지를 더 적게 사용하고, 폐기물을 더 적게 생성하며, 자원을 더 적게 사용하고, 재생 가능한 자원을 사용하는 것이다. 녹색 화학은 이 자체가 목적이 아니라 지속 가능성을 달성하기 위한 도구이다.

녹색 화학상은 5개 분야, 즉 더 환경 친화적 합성 방법, 더 환경 친화적 반응 조건, 더 환경 친화적 화학 물질 설계, 소기업, 학계에 주어진다.

혁신적인 '녹색' 화학 방식은 이미 화학 제조 공정에서 사용되거나 생성된 독성 물질을 줄이거나 제거하고 있다. 예를 들면 이부프로펜, 살충제, 일회용 기저귀, 콘택트렌즈 등을 생산하는 데 더 경제적이고 폐기물이 적은 방법을 현재 사용하고 있다. 또한 새로운 드라이클리닝 방법과 집적 회로를 위한 재생 가능 실리콘 웨이퍼를 사용한다. 이 방법들을 개발한 화학 연구자 및 공학자는 녹색 화학 도전 대통령상(Presidential Green Chemistry Challenge Award)을 수상하였다. 1995년부터 시작된 이 대통령상을 통해 오염이 감소된 세계를 대신하여 화학자들의 혁신에 대한 공로를 기린다. 1996년 이래 매년 '화학은 문제가 아니라 해법'이라는 주제로 5개 부문의 상이 시상된다.

연구과제 1.10 녹색 화학

다음의 두 가지 녹색 화학 원칙을 되돌아보자.

- 생성된 후에 폐기물을 처리하거나 청소하기보다는 폐기물 생성을 방지하는 것이 낫다.
- 에너지를 덜 사용하는 것이 낫다.

a. 에너지를 덜 사용하는 것이 왜 나을까? 에너지를 사용하는 것과 공기 중에 폐기물을 배출하는 것과의 관계를 보여 주는 예를 두 가지 드시오.

b. 한 가지 대기 오염 물질을 선택하시오. 대기 중에 배출된 후에 제거하려는 것보다는 생성을 막는 것이 더 타당해 보이는 이유를 보일 수 있는 예를 두 가지 드시오.

요점은? 아무도 더러운 공기를 원하지 않는다. 이러한 공기는 아프게 하거나 생활의 질을 저하시키고 죽음을 촉진할 수도 있다. 그러나 문제는 많은 사람들이 더러운 공기를 호흡하는 것에 너무 익숙하게 되어 이러한 사실을 직시하지 못한다는 것에 있다! 0장에서 언급한 **기준선의 이동(shifting baseline)**의 개념을 돌이켜 보라. 연무는 너무 자주 발생하여, 영원히 볼 수 있을 것으로 여겨졌던 맑은 날을 잊어버릴 정도이다. 1000만 명 이상의 인구를 가진 **거대 도시**에 사는 것에 익숙하다. 도쿄, 뉴욕, 멕시코시티, 뭄바이 등이 예이다. 장작 연기, 자동차 배기가스, 산업체의 배출물 모두는 거대 도시 주변의 대류권에 농축된다.

명백히 몇 가지 문제를 가지고 있다! 약속한 바와 같이 화학 지식은 이러한 개인적 또는 지역 공동체의 문제를 다루는 데 더 나은 선택을 하도록 이끌어 줄 수 있다. 다음의 두 절에서는 화학 용어를 더 잘 이해하게 한다. 그 다음 이 용어들을 이용하여 대기 오염의 주제를 자세히 살펴보고자 한다.

1.6 | 물질의 분류: 순물질, 원소, 화합물

앞에서 대기와 공기의 질을 설명하는데 화학 용어 몇 개가 나왔다. 예를 들면 1.1절에서 대기의 대부분을 구성하는 네 가지 순물질로서 질소, 산소, 아르곤, 수증기를 나열하였다. 매우 낮은 농도로 발견되는 몇 가지 오염 물질, 즉 오존, 이산화 황, 일산화 탄소, 이산화 질소 등의 이름을 제시하였다. 그리고 이들의 화학식인 O_3, SO_2, CO, NO_2도 언급하였다. **원자**와 **분자**라는 용어도 또한 언급하였다. 예를 들면 공기는 다른 분자(그리고 약간의 원자들)를 포함한 혼합물임을 말하였다. 이 절에서는 원소와 화합물에 대하여 좀더 설명할 것이다. 다음에 이 원소와 화합물이 가지고 있는 원자와 분자에 초점을 맞출 것이다.

그림 1.11에서 보는 바와 같이 물질은 순물질과 혼합물로 이루어져 있으며, 순물질은

원소와 화합물로 구성된다. **원소(element)**란 화합물이 형성되는 세계에 존재하는 100개 이상의 순물질 중의 하나이다. 곧 보게 되겠지만 원소들은 한 종류의 원자만을 가지고 있다. 질소(N_2), 산소(O_2), 아르곤(Ar)은 원소의 예들이다. 산소의 다른 형태인 오존(O_3)도 마찬가지이다. 원소는 100개 이상이 알려져 있다. 반면 **화합물(compound)**은 고정되고 독특한 화학적 결합으로 두 가지 이상의 다른 원소로 구성된 순물질이다. 화합물은 두 가지 이상의 다른 종류의 원자를 포함한다. 예를 들면 물(H_2O)은 원소인 산소와 수소의 화합물이다. 마찬가지로 이산화 탄소(CO_2)는 원소인 산소와 탄소의 화합물이다. CO_2에서는 두 원소들이 화학적으로 결합되어 있으며 더 이상 원소의 형태를 가지지 않는다. 이산화황(SO_2)과 메테인(CH_4)은 또 다른 화합물의 예이다.

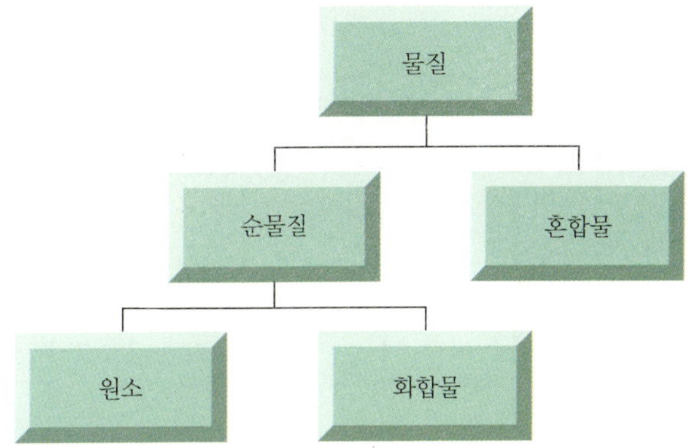

그림 1.11 물질을 분류하는 방법

지구와 우주에는 90여 개의 자연 원소가 존재하는 것으로 알려져 있다. 나머지 원소 10여 개는 자연 원소로부터 핵반응을 통해 만들어진 것이다. 비록 자연에서 극소량이 발견되었지만 플루토늄은 인간이 합성한 원소의 대표적인 예이다. 원소들의 대부분은 고체이다. 질소, 산소, 아르곤, 그리고 8개의 다른 원소들은 기체이고, 브로민과 수은만이 실온에서 액체이다.

플루토늄은 핵반응과 핵폭탄의 연료이다. 자세한 것은 7장을 참조하라.

화학 기호(chemical symbol)는 원소들에 대한 한 글자 또는 두 글자의 약어이다. 이 기호는 국제 협약에 따라 정해졌으며, 세계적으로 사용되고 있다. 몇몇 기호들은 영어권의 사람들이 보면 금방 알 수 있다. 예를 들면 산소는 O, 질소는 N, 황은 S, 니켈은 Ni이다. 다른 원소 기호들은 다른 언어에서 기원되었다. 이를테면 Fe는 철, Pb는 납, Au는 금, Hg는 수은을 나타낸다. 위의 금속들은 고대로부터 알려져 있었기에 라틴어로 명명된 것들이다. 철은 *ferrum*, 납은 *plumbum*, 금은 *aurum*, 수은은 *hydragyrum*을 나타낸다.

원소의 이름은 원소의 성질, 행성, 장소, 사람의 이름 등에서 유래되었다. 수소(H)는 '물을 생성하는 것(water former)'을 의미하는데, 이는 수소 기체(H_2)가 산소 속에서 연소하여 화합물인 물(H_2O)을 생성하기 때문이다. 넵튜늄(Np)과 플루토늄(Pu)은 태양계의 행성 이름에서 따온 것이다. 버클륨(Bk)과 캘리포늄(Cf)은 연구 팀이 처음으로 원소들을 만들어 낸 버클리 연구소를 기념하기 위한 것이다. 플레로븀(Fl)과 리버모륨(Lv)이 가장 최근에 명명된 원소이다. 두 원소 모두 원소가 발견된 실험실의 이름을 따랐다. 각 원소들의 몇 개 원소들만이 생성되었다.

2006년에 명왕성(Pluto)은 행성으로서의 지위를 잃었다.

예제 1.11 공기 중의 순물질

a. 수소(0.54 ppm), 헬륨(5 ppm), 메테인(17 ppm)이 대기에서 발견되었다. 이들 중 2개는 원소이다. 어느 것인가?
b. 공기 중에서 발견되는 5가지 물질을 나열하고, 원소와 화합물로 분류하시오.
c. a의 각 농도를 퍼센트로 표시하시오.

19세기 러시아의 화학자 멘델레예프(Dmitri Mendeleev)를 기리기 위해 그의 이름을 한 원소에 붙여준 것은 매우 적절한 처사이다. 왜냐하면, 원소를 나열하는 가장 일반적인 방법, 즉 **주기율표(periodic table)**를 바로 그가 개발하였기 때문이다. 이 표는 모든 원소들을 성질의 유사성에 근거하여 규칙적으로 배열한 것이다. 표지 안쪽에 쉽게 참고할 수 있는 표가 실려 있고, 2장에서 더 자세히 설명할 것이다.

독일 화학자인 마이어(Lothar Meyer)도 멘델레예프(Mendeleev)와 동시대에 주기율표를 고안하였다.

그림 1.12에 주기율표의 간단한 형태를 보였으며, 여기에는 수에 따라 원소를 나열하였고 질량이 포함되어 있지 않다. **연녹색**으로 표시된 것은 표면이 빛나고 전기와 열을

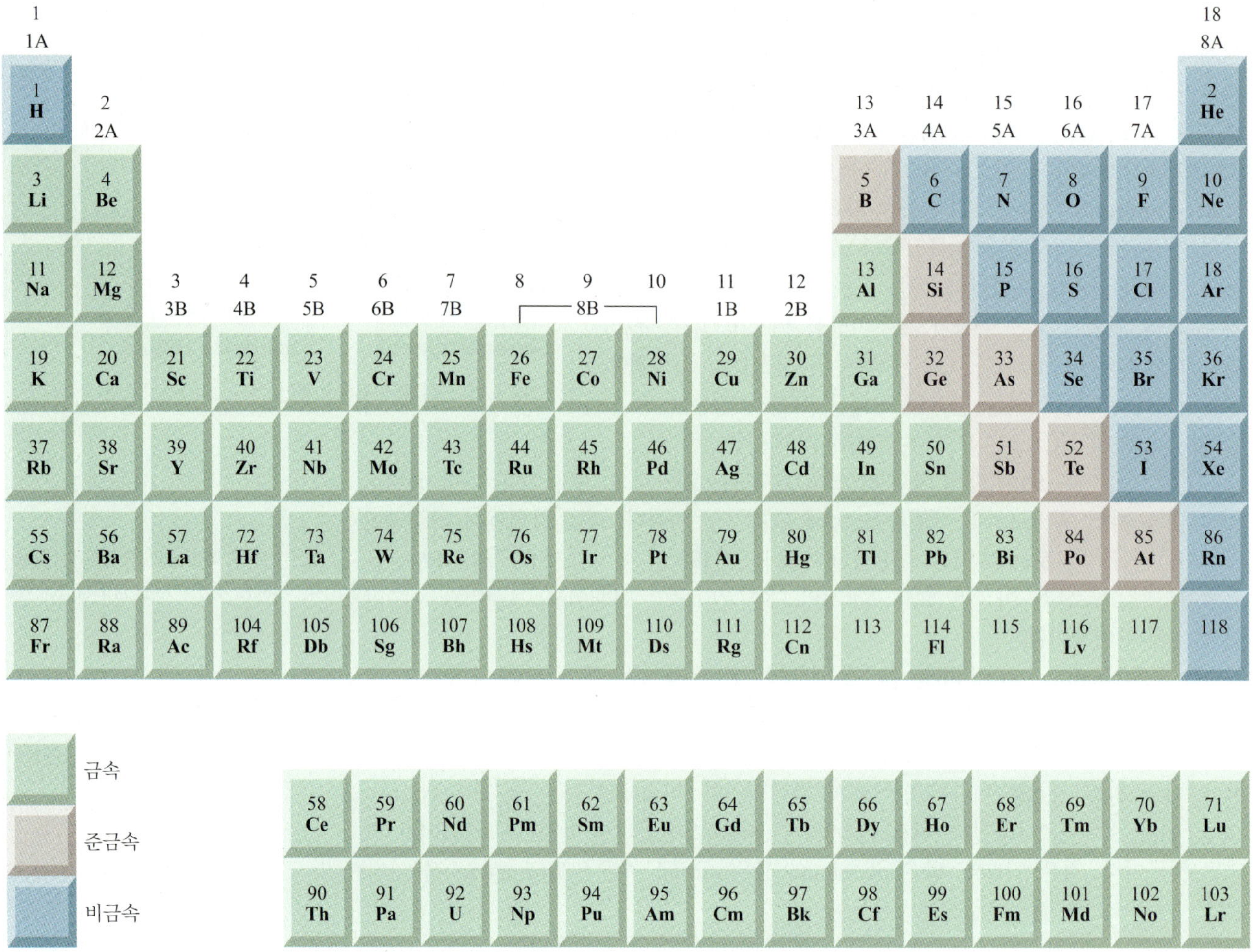

그림 1.12 금속, 준금속, 비금속의 위치를 나타내는 간략한 주기율표

출처: *Raymond Chang*, General Chemistry: The Essential Concepts, *Third Edition. Copyright 2003 McGraw-Hill Education, New York, NY.*

비고: 1~18의 족 번호 매김은 *International Union of Pure and Applied Chemistry (IUPAC)*에 의해 추천되고 있으나, 널리 사용되지 않는다. 이 책은 족 번호에 대하여 1A~8A와 1B~8B의 미국식 표준 표시 방법을 따른다.

금속, 비금속과 이들이 형성하는 이온들은 5.6절에서 논의한다.

반도체는 8.7절에서 설명한다.

잘 전도하는 원소인 **금속(metal)**을 의미한다. 철, 금, 구리와 같은 익숙한 물질이 여기에 포함된다. 훨씬 적은 수의 원소들은 열이나 전기를 잘 통하지 않으며 특징적인 외관을 가지고 있지 않은 **비금속(nonmetal)**이다. 이 원소들은 하늘색으로 표시되며, 황, 염소, 산소 등이 포함된다. 단지 8개의 원소들은 주기율표에서 금속과 비금속의 경계에 있어 어떠한 집단으로도 명확히 분류되지 않는 **준금속(metalloid)**으로 알려져 있다. 준금속은 반금속으로도 불리며, 연회색으로 표시되어 있다. 반도체의 규소와 저마늄이 준금속의 예이다.

라돈은 1.13절에서 볼 수 있듯이, 실내 공기에 영향을 미친다. 7장에서 방사성 물질에 대하여 좀 더 설명할 것이다.

이 원소들은 **족(group)**이라고 하는 수직으로 같은 위치로 구분된다. 공통으로 가지는 중요한 성질에 따라 원소를 정리하고 왼쪽에서 오른쪽으로 번호를 붙인다. 일부 족은 이름도 주어져 있다. 예를 들면 **할로젠(halogen)**은 7A족에 있는 플루오린(F), 염소(Cl), 브로민(Br), 아이오딘(I) 같은 반응성이 큰 비금속 중의 하나이다. 비슷하게 **비활성 기체(noble gas)**는 약간, 그러나 거의 화학 반응을 하지 않는 8A족의 비활성 원소 중의 하나이다. 대기 중의 한 성분으로 비활성 기체 중의 하나인 아르곤에 대하여는 이미 언급하였다. 공기보다 밀도가 작아 풍선이 뜨게 하는 데 사용하는 비활성 기체인 헬륨을 이미 알고 있을 것이다. 라돈은 8A족의 다른 원소와 구별되는 특성인 방사성을 가지는 비활성 기체 중의 하나이다.

원소의 수는 100여 개에 지나지 않지만, 지금까지 분리 확인된 화합물의 수는 2천만 개가 넘는다. 일부 화합물은 매우 익숙한 천연 물질로 물, 소금, 슈크로스(설탕)가 여기에 속한다. 알려진 많은 화합물은 전 세계의 남녀가 화학적으로 합성한 것들이다. 어떻게 2천만 개의 화합물이 매우 작은 수의 원소들로부터 형성될 수 있을지 궁금할 것이다. 간단히 말하자면 원소들은 많은 다른 방법으로 결합할 능력이 있다.

예를 들면 이산화 탄소는 원소인 산소와 탄소가 화학적으로 결합한 것이다. 순수한 이산화 탄소는 질량으로 탄소 27%와 산소 73%를 포함한다. 이산화 탄소 100 g에는 탄소 27 g과 산소 73 g이 들어 있으며, 화학적으로 결합하여 이러한 특별한 화합물을 형성한다. 이 수치는 이산화 탄소의 근원에 상관없이 변하지 않는다. 이것은 모든 화합물이 일정한 독특한 화학 조성을 갖는다는 것을 보여 준다.

작은 종이 클립이 약 1 g이다.

일산화 탄소(CO)는 탄소와 산소의 다른 화합물이다. 순수한 일산화 탄소 시료는 질량으로 탄소 43%와 산소 57%로 되어 있다. 따라서 일산화 탄소 100 g에는 이산화 탄소와 매우 다른, 탄소 43 g과 산소 57 g이 들어 있다. 그러나 일산화 탄소와 이산화 탄소가 서로 다른 별도의 화합물이기 때문에 놀랄 것이 없다.

앞으로 보게 되겠지만 각 화합물은 고유한 일련의 성질을 가지고 있다. 예를 들어 물(H_2O)은 질량으로 수소 11%와 산소 89%를 가진 화합물이다. 실온에서 물은 무색, 무미한 액체이다. 해수면에서 물은 100°C에서 끓고 0°C에서 언다. 순수한 물의 모든 시료는 이와 같은 성질을 가지고 있다. 이미 여러 차례 사용했듯이, 물은 분자로 구성되어 있다. 다음 절에서는 원자와 분자를 좀 더 자신 있게 사용할 수 있도록 할 것이다.

물은 용해된 기체나 무기질을 포함하면 맛을 갖는다. 5장에서 용매로서의 물에 대하여 좀 더 알아보자. 앞으로 알게 되겠지만, 물은 거의 '순수'하지 않다.

1.7 | 원자와 분자

원소와 화합물에 대한 정의는 물질의 성질에 대하여 어떠한 가정도 하지 않았다. 원소는 원자로 구성되어 있는데, **원자(atom)**는 안정하고 독립적인 존재로서 원소의 가장 작은 단위이다. **원자**라는 단어는 그리스어로 '자를 수 없는(uncuttable)'이라는 어원을 가지고 있다. 특별한 공정으로 원자를 '자르는(cut)' 것이 가능하지만 원자는 평범한 물리적 또는 화학적 방법으로는 나눌 수 없다.

원자들은 매우 작다. 이들은 매우 작기 때문에 보고 만지고 무게를 측정하기 위해서는 막대한 수의 원자들이 필요하다. 예를 들면 물 한 방울에 있는 분자는 약 5×10^{21}개의 원자를 가지고 있다. 이 수는 지구 상의 70억 인구 각각에게 1조 개의 원자를 주기에 충분할 정도인 약 1조 배 크다.

그림 1.13과 같이 원자들을 이제 사진으로 찍을 수 있게 되었다. 주사 터널링 현미경을 이용하여 IBM 알마든 연구 센터의 과학자들은 구리 표면 위에 철 원자를 배열하여 '원자'를 나타내는 한자를 썼다. **나노기술(nanotechnology)**은 원자 또는 분자(나노미터: 1나노미터(nm) = 1×10^{-9} m) 수준의 물질을 창조함을 의미한다. 이 한자는 높이가 몇 나노미터이고 너비도 비슷하다. 이러한 크기라면 약 2억 5,000만 개의 나노 글자를 인간 머리카락 단면에 채울 수 있고, 이것은 교재 9만 쪽을 채우는 양이다!

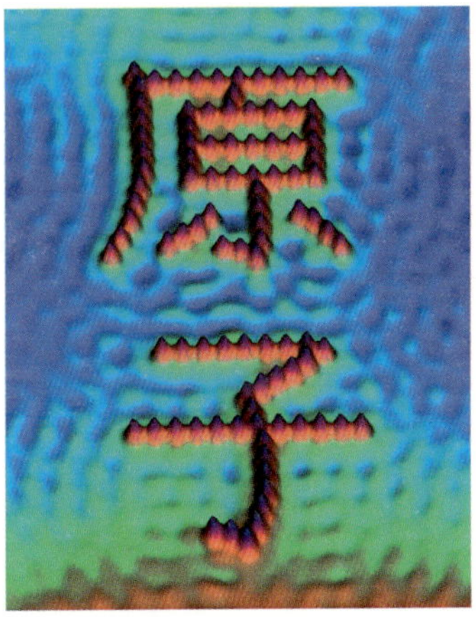

그림 1.13 주사 터널링 현미경으로 영상화된 것처럼 철 원자들이 구리 표면에 정렬되어 있다. 이것은 원자라는 의미의 중국식 단어(*genshi*, 원자)를 나타내는 한자이다.

원자의 개념을 이용하면 **원소**와 **화합물**이라는 용어들을 더 잘 설명할 수 있다. 원소들은 한 종류의 원자로만 구성되었다. 예를 들면 탄소 원소는 탄소 원자만으로 구성되어 있다. 반면에 화합물은 두 가지 이상의 다른 종류의 원자들로 구성된다. 예를 들면 이산화 탄소는 탄소와 산소 원자들을 포함한다. 마찬가지로 물은 수소와 산소 원자들로 구성된다.

그러나 용어를 사용할 때는 주의를 해야 한다. 이산화 탄소의 탄소 원자와 산소 원자들은 원래 모양으로 존재하지 **않고**, 이산화 탄소 **분자(molecule)**, 즉 두 가지 이상의 원자가 화학 결합에 의해 특정한 공간적 배열을 한 입자를 형성하기 위하여 화학적으로

3.3절은 왜 이 두 분자가 다른 형태를 가지고 있는지 설명한다.

결합한다. 더 정확하게 2개의 산소 원자(**빨간색**)가 1개의 탄소 원자(**흑색**)와 결합하여 이산화 탄소 분자를 형성한다. 마찬가지로 물 분자는 1개의 산소 원자(**빨간색**)와 결합한 2개의 수소 원자(**흰색**)를 포함한다.

원자의 색 구분

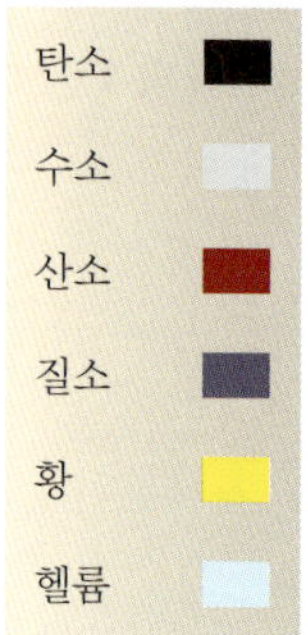

물 분자

이산화 탄소 분자

화학식(chemical formula)은 물질의 원소 조성을 표시하는 상징적 방법이다. 이 식은 존재하는 원소(화학 기호로)와 이 원소들의 비(아래 첨자로)를 나타낸다. 예를 들면 CO_2와 같은 화합물에서 C와 O 원소가 산소 원자 2개당 탄소 원자 1개의 비로 존재한다. 마찬가지로 H_2O는 산소 원자 한 개당 2개의 수소 원자를 의미한다. H_2O에서 O와, CO_2의 C와 같이 한 원자가 한 번만 나타날 때는 '1'이라는 아래 첨자가 생략함을 주목하라.

헬륨이나 라돈과 같은 몇몇 원소들은 단일 원자로 존재한다. 이 상태를 He과 Rn으로 표현한다. 다른 원소들은 분자로 존재한다. 예를 들면 질소와 산소는 N_2와 O_2 분자로 대기에서 발견된다. 각각은 **이원자 분자(diatomic molecule)**이며, 2개의 원자로 구성된 분자라는 의미이다. 이러한 표시는 명확하게 차이를 보여 준다.

산소 분자

질소 분자

헬륨 원자

표 1.5는 실험적으로 관찰할 수 있는 것과 우리가 볼 수 없는 원자 수준에서 존재하는 것을 나열함으로써 원소, 화합물, 혼합물에 대한 논의를 요약한 것이다.

이제 이러한 개념을 공기라는 혼합물에 적용한다. 질소, 산소, 아르곤 같은 성분 중의 어떤 것은 원소들이다. 다른 것들, 특히 수증기와 이산화 탄소는 화합물이다. 지금까지 논의된 모든 화합물들은 분자(예를 들면 CO_2와 H_2O)를 가지고 있다. 그러나 원자들의 경우는 간단하지 않다. 대류권에서 질소나 산소 같은 원소들은 주로 이원자 분자(N_2와 O_2) 상태로 존재하지만, 아르곤이나 헬륨과 같은 원소들은 결합하지 않은 원자로 존재한다.

건조 공기는 주로 질소와 산소로 구성된다. 즉 **분자** N_2와 O_2로 구성된다. 만약 공기가 축축하다면 H_2O **분자** 형태인 수증기를 더해야 한다. 건조 공기는 1% 이하의 Ar(아르곤) **원자**, 아주 적은 양의 He(헬륨) **원자**, Xe(제논) **원자**, 매우 적은 양의 Rn(라돈) 원자를 포함한다. 2013년에 공기 중의 1 × 10^6개의 **분자와 원자**당 400개의 CO_2 **분자**를 의미하는 400 ppm의 이산화 탄소도 포함되었음을 기억하라.

표 1.5 물질의 종류

순물질	예	정의	포함
원소	산소(O_2) 아르곤(Ar)	비록 원소의 다른 형태가 가능하지만 더 간단한 물질로 분리할 수 없다.	한 종류의 원자들만
화합물	물(H_2O)	원소로 분리할 수 있고, 일정한 조성을 가진다.	두 가지 이상의 다른 종류의 원자들
혼합물	공기	두 가지 이상의 성분으로 나눌 수 있고 원소, 화합물, 또는 두 가지 모두 가변적 조성을 가진다.	많은 종류의 원자, 분자 또는 둘 다

확인문제 1.12 잔디 관리 화학

뉴스 보도와 광고는 정확성 차원에서 비판적인 눈으로 바라봐야 한다. 예를 들어 잔디 관리 서비스는 비료가 '질소, 인, 포타슘의 균형 잡힌 혼합이다. 이들은 유기적 성격을 띠고, 탄소 분자로 구성되어 있다. 이들 비료는 생분해가 가능하고, 물로 돌아간다'고 광고한다. 화학적 오류를 고쳐서 이 광고 문안을 편집하시오.

1.8 화합물 명명과 화학식: 화학의 어휘

화학 기호가 화학의 알파벳이면, 화학식은 단어이다. 화학 언어는 다른 언어와 마찬가지로, 철자와 문법 규칙을 갖는다. 이 절에서는 화학식과 명칭을 사용하는 데에 '화학을 말하는' 방법을 알려준다. 각 명칭은 화학식과 1:1로 유일하게 맞는다. 그러나 화학식은 유일하지 **않고**, 여러 명칭이 해당할 수 있다. 더불어, 몇몇 화합물은 몇 가지 명칭으로 알려져 있다.

이 절에서는 필지 사항(need-to-know) 철학이 필요하다. 여러분이 주제를 이해하기 위하여 꼭 알아야 하는 것을 배우는 데 도움을 줄 것이고, 필요가 생길 때까지 그 외 다른 규칙은 생략할 것이다. 지금 당장은 숨 쉬는 공기와 관련한 화합물의 명칭과 화학식을 알아야 한다. 그래서 지금은 이것에 충실하자.

5.7절에서 이온 결합 화합물에 대한 몇 가지 명명 규칙을 설명한다.

이미 공기에서 발견되는 순물질 몇 가지(일산화 탄소, 이산화 탄소, 이산화 황, 오존, 수증기, 이산화 질소)에 대해서는 이름을 붙였다. 명백한 것 같지만, 이러한 나열들은 두 가지 종류의 이름으로 표현된다. 체계적인 명칭과 관용명이 그것이다.

오존(O_3)은 원소이지, 화합물이 아님을 명심하라.

화합물에 대한 체계적인 명칭은 비교적 간단한 몇 가지 규칙을 따른다. 여기에 이산화 탄소(CO_2)와 일산화 탄소(CO)와 같은 두 비금속으로 구성된 화합물에 대한 규칙이 있다.

- 화학식의 각 원소에 대하여 두 번째 원소의 이름에 –화(*-ide*)를 붙여 첫 번째로 쓰라. 예를 들어 산소는 산화가 되고, 황은 황화가 된다.
- 화학식의 원자 수를 나타내는 접두어(표 1.6)를 사용하라. 예를 들어 이(*di-*)는 2를 의미하므로, 이산화 탄소의 이름은 탄소 원자 각각에 대하여 산소 원자 2개를 의미한다.
- 화학식의 첫 번째 원소에 원자가 한 개이면, 접두어인 일(*mono-*)은 생략하라. 예를 들어 CO는 일산화 탄소이지, 일산화 일탄소라고 하지 않는다.

이름으로부터 화학식을 쓸 때에도 1이란 아래 첨자가 화학식에 쓰이지 않는다는 것을 명심하라. 따라서 이산화 탄소의 화학식은 CO_2이지, C_1O_2가 **아니다**. 마찬가지로, 일산화 탄소는 CO이지, C_1O_1이 **아니다**. 다음 활동은 연습 기회를 제공한다.

표 1.6 화합물을 명명할 때 사용되는 접두어

접두어	의미	접두어	의미
mono-	1	hexa-	6
di- 또는 bi-	2	hepta-	7
tri-	3	octa-	8
tetra-	4	nona-	9
penta-	5	deca-	10

예제 1.13 황과 질소의 산화물

a. 일산화 질소, 이산화 질소, 산화 이질소, 사산화 이질소의 화학식을 쓰시오.
b. SO_2와 SO_3의 화합물 이름을 쓰시오.

답

a. NO, NO_2, N_2O, N_2O_4. **비고:** NO와 N_2O는 산화 질소와 아산화 질소라고도 한다.

몇몇 명칭('관용명')은 규칙 세트를 따르지 않는다. 물이 한 가지 예이다. H_2O는 일산화 이수소라고 부르는 것이 원칙이다. 그것이 맞는 일이다. 그러나 물은 수소나 산소에 대하여 그 어떤 것을 알기도 전부터 그 이름을 가져왔다. 화학자는 합리적인 사람들이라 물을 재명명하지 않았다. 대신 수영을 즐기고 마시는 물질을 일반인들이 부르듯이 관용명인 물로 명명하였다. 암모니아(NH_3)와 오존(O_3)도 관용명이다. 관용명은 일일이 따지지 않는다. 여러분은 그것을 알거나 또는 찾아봐야 한다.

다음 두 절에서는 대기 질과 우리가 연소하는 연료 간의 관계를 알아볼 것이다. 우리의 필요에 따라 알기 철학에 따라, 수소와 탄소 원소만으로 이루어진 몇 가지 **탄화수소(hydrocarbon)**의 이름을 소개할 것이다. 탄화수소는 지금까지 설명한 명명법과는 아주 다른 하나의 규칙 세트에 따라 명명한다.

탄화수소에서 접두어 이름은

meth-	C 원자 1개
eth-	C 원자 2개
prop-	C 원자 3개
but-	C 원자 4개

4.4절에서 탄화수소에 대하여 더 자세히 알아보자.

메테인(methane)은 가장 작은 탄화수소이다. 또 다른 작은 탄화수소로는 에테인, 프로페인, 뷰테인이 있다. 비록 메테인이 체계적인 이름 같이 보이지 않아도, 사실은 *meth*-가 1개의 탄소 원자를 의미하는 것을 받아들인다면 체계적이라고 볼 수 있다. 유사하게, *eth*-는 2개의 탄소 원자를 의미하므로 C_2H_6는 에테인이다. *prop*-와 *but*-는 각각 3개와 4개의 탄소 원자를 의미한다. 따라서 프로페인은 C_3H_8이고, 뷰테인은 C_4H_{10}이다. *mono*-, *di*-, *tri*-, *tetra*-가 세는 데 사용되듯이, *meth*-, *eth*-, *pro*-, *but*-도 그렇다고 생각하면 된다. 4장에서 *-ane*이 화학식에서 다른 수의 탄소 원자와 수소 원자를 설명한다는 것을 다룰 것이다. 이 새로운 접두어는 매우 변화무쌍하다. 이들은 화학명의 시작에 사용될 뿐만 아니라 그들 내부에서도 사용된다.

예제 1.14 엄마가 피넛 버터를 드신다

여러 세대의 학생들이 *meth*-, *eth*-, *prop*-, *but*-에 대하여 '엄마가 피넛 버터를 드신다(mother eats peanut butter)'로 기억한다. 이것 또는 다른 기억 도구를 사용하여, 아래 각각의 화합물에 들어 있는 탄소 원자 수를 맞춰 보시오.

a. 에탄올(ethanol) (휘발유 첨가제의 일종임.)
b. 염화 메틸렌(methylene chloride) (페인트 제거제의 성분이며 가끔은 내부 공기 오염원이기도 함.)
c. 프로페인(propane) (액화 석유 가스인 LPG의 주성분임.)

답

b. 메틸렌의 *meth*-는 화학식에 탄소 원자가 1개 있음을 의미한다.

앞으로 알게 되겠지만, 탄화수소는 50개 이상의 탄소 원자를 포함할 수 있다. 작은 분자들에 대해서는 표 1.6에 제시된 접두어를 사용하거나 옆에 적은 내용을 사용한다. 예를 들어 옥테인(octane) 분자는 8개의 탄소 원자를 포함한다.

여기까지가 적어도 지금까지 나온 명명법과 화학식에 대한 것이다. 다음 절에서는 이 화학적 어휘들을 사용하게 될 것이다.

1.9 화학적 변화: 연소에서 산소의 역할

지구의 생명은 산소 도장을 갖고 있다. 산소를 포함한 화합물들이 지구의 대기, 인체,

암석과 흙에서 발생한다. 왜일까? 답은 많은 다른 원소들이 산소와 화학적으로 결합하기 때문이다. 그런 원소 중의 하나가 탄소이다. 표 1.2에 제시된 오염원인 일산화 탄소(CO)를 통해 그 예를 이미 소개하였다. 다행히도 CO는 대기 중에 비교적 희박하다. 한편, 이산화 탄소 CO_2는 더 풍부하지만 여전히 약 400 ppm 정도이다. 그렇더라도 이 농도의 CO_2는 온실기체로서 중요한 역할을 한다. 이 절에서는 CO_2와 CO가 대기 중에서 어떻게 방출되는가를 설명할 것이다.

대기 중 CO_2의 농도가 증가하는 것은 3장에서 설명할 것이다.

알고 있듯이, 인간은 숨 쉴 때마다 CO_2를 내뿜는다. 호흡은 대기 중의 CO_2에 대한 천연 원천이다. 이산화 탄소는 인체가 연료를 태울 때 발생한다. **연소(combustion)**는 태우는 화학적 과정으로, 연료와 산소 간의 빠른 반응이고, 열과 빛의 형태로 에너지를 방출한다. 탄소를 포함한 화합물이 타면, 탄소는 산소와 결합하여 이산화 탄소(CO_2)를 생성한다. 산소 공급이 제한되면, 일산화 탄소(CO)가 함께 생성된다.

연소에 대한 보다 자세한 것은 4.1절을 참조하라.

그림 1.14 숯은 공기 중에서 연소한다.

연소란, 반응물이라고 하는 물질이 생성물이라고 하는 다른 물질로 변화하는 **화학 반응(chemical reaction)**의 주요 형태이다. **화학 반응식(chemical equation)**은 화학식을 사용한 화학 반응의 표현법이다. 학생들에게 화학 반응식은 아마도 '화살표가 포함된 그 어떤 것'으로 더 익숙하게 알려져 있다. 화학 반응식은 화학의 언어에서 문장에 해당한다. 이들은 화학 기호(철자에 해당함)로 구성되어 있으며, 화합물의 화학식(화학의 단어)으로 조합되어 있다. 문장처럼, 화학 반응식은 화학적 변화가 발생하는 것에 대한 정보를 내포한다. 화학 반응식도 수학식에 적용되는 동일한 제약 조건 몇 가지를 따라야 한다.

가장 기초적 단계에서 화학 반응식은 다음 과정의 정성적 표현이다.

$$\text{반응물} \longrightarrow \text{생성물}$$

관례적으로 반응물은 항상 왼쪽에 쓰고, 생성물은 오른쪽에 쓴다. 화살표는 화학 변환을 나타내며, '변환한다'라고 읽는다.

그림 1.14에서 보여 주는 탄소(숯)가 이산화 탄소를 생성하는 연소를 몇 가지 방법으로 표현할 수 있다. 하나는 화학명을 사용하는 것이다.

$$\text{탄소} + \text{산소} \longrightarrow \text{이산화 탄소}$$

또 다른 일반적 방법으로는 화학식을 사용하는 것이 있다.

$$C + O_2 \longrightarrow CO_2 \qquad [1.1]$$

이 간결한 기호적 표현은 많은 양의 정보를 포함하고 있다. 이는 다음과 같이 들릴 수 있다. '원소인 탄소 원자 한 개가 원소인 산소 분자 한 개와 반응하여 화합물인 이산화 탄소 한 분자를 만든다.' 탄소는 검은색을, 산소는 빨간색을 사용하여 참여한 분자와 원자를 표현할 수 있다.

원자에 대하여 여기 표현한 색들은 분자 설계 소프트웨어와 여러 모험 키트에서 사용되는 표준을 반영한 것이다.

이 반응식은 화살표 왼쪽의 원자 수와 종류가 화살표 오른쪽의 원자 수 및 종류와 같아야 한다는 수학적 표현과 유사하다.

$$\text{왼쪽: C 1개와 O 2개} \longrightarrow \text{오른쪽: C 1개와 O 2개}$$

화학 반응에서 원자는 생겨나지도 소멸되지도 않는다. 존재하는 원소들은 반응물이 생성물로 변할 때 그들의 정체성을 바꾸지 않는다. 다만 각 원소가 다른 방법으로 결합할 수 있다. 이 관계는 **물질과 질량의 보존 법칙(law of conservation of matter and mass)**으로 알려져 있다. 화학 반응에서 물질과 질량은 보존된다. 소비된 반응물의 총 질량은 형성된 생성물의 총 질량과 같다.

여기에 유사 논리가 있다. 창고를 만드는 데 필요한 건축 자재(반응물)는 분해되고 재구성되어, 3개의 집과 한 개의 주차장(생성물들)을 만들 수 있다.

또 다른 예를 보자. 노란색을 황으로 사용해서, 어떻게 황이 산소 속에서 연소하여 대기 오염원인 이산화 황을 생성하는지 표현해 보자.

$$S + O_2 \longrightarrow SO_2 \qquad [1.2]$$

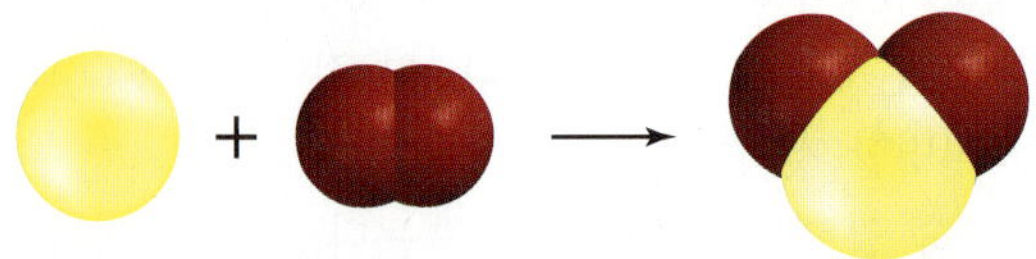

이 반응식은 균형이 맞춰져 있다. 화살표 양변에 같은 수와 종류의 원자들이 존재한다. 그러나 이들 원자는 재배열되었다. 이것이 화학 반응식의 모든 것이다.

화학 반응식에 반응물과 생성물의 물리적 상태를 표현하여 더 많은 정보를 제공하는 것도 가능하다. 고체는 *(s)*로, 액체는 *(l)*로, 기체는 *(g)*로 표시한다. 보통의 온도와 압력에서 탄소와 황은 고체이고, 산소와 이산화 탄소와 이산화 황은 기체이므로 반응식 1.1과 1.2는 각각 다음과 같이 쓴다.

$$C(s) + O_2(g) \longrightarrow CO_2(g)$$
$$S(s) + O_2(g) \longrightarrow SO_2(g)$$

물리적 상태에 대한 정보가 특별하게 중요할 때에는 이를 꼭 적는다. 그러나 그렇지 않다면 단순화를 위해 이들을 생략할 수 있다.

올바르게 균형 맞춘 화학 반응식에서 특정한 것은 동일해야 하고 다른 것들은 그럴 필요 없다. 표 1.7에 지금까지 논의한 것을 요약하였다.

식 1.1은 충분한 양의 산소가 공급될 때 순수한 탄소의 연소를 표현한 것이다. 그러나 이것이 항상 가능한 것은 아니다. 만약 산소 공급이 제한된다면, CO가 생성물 중의 하나가 될 수 있다. 일산화 탄소가 유일한 생성물인 극단적인 경우를 고려해 보자.

$$C + O_2 \longrightarrow CO \text{ (균형 맞추지 않은 반응식)}$$

이 반응식은 왼쪽에는 산소 원자가 2개 있고 오른쪽에는 1개만 있어 균형이 맞추어져 있지 않다. 이 반응식에 균형을 맞추기 위하여 단순하게 오른쪽에 산소 원자 한 개를 더하는 것을 생각해 보자. 그러나 일단 반응물과 생성물에 대하여 **옳은** 화학식을 적으면 이들을 바꿀 수 없다. 그 대신 주어진 화학식 앞에 정수 계수(간혹 분수)를 쓴다. 이와 같이 단순한 경우에, 계수는 시행착오를 거쳐 찾을 수 있다. CO 앞에 2를 넣으면 일산화 탄소 분자 2개를 위미한다. 이렇게 하면 산소 원자의 수가 맞춰진다.

아래 첨자는 O_2나 CO_2에서와 같이, 화학 기호 다음에 온다. 계수는 2 C나 2 CO에서와 같이, 화학 기호나 화학식 앞에 쓴다.

$$C + O_2 \longrightarrow 2\,CO \text{ (여전히 균형이 맞춰지지 않음)}$$

그러나 이제 탄소 원자 수에 균형이 맞춰지지 않았다. 다행히도 이는 반응식의 왼쪽에 있는 C 앞에 2를 넣어서 쉽게 맞출 수 있다.

$$2\,C + O_2 \longrightarrow 2\,CO \text{ (균형 맞춘 반응식)} \qquad [1.3]$$

표 1.7 화학 반응식의 특성

항상 지켜야 하는 것	변할 수 있는 것
반응물의 원자 종류 = 생성물의 원자 종류 반응물에서 각 원소의 원자수 = 생성물에서 각 원소의 원자수 반응물의 총 질량 = 생성물의 총 질량	반응물에서의 분자수는 생성물에서의 수와 다를 수 있다. 반응물의 물리적 상태(*s*, *l*, *g*)는 생성물에서 이들 상태와 다를 수 있다.

반응식 1.1과 1.3을 비교해 보면, 탄소로부터 CO를 생성할 때보다 CO_2를 생성할 때 더 많은 O_2가 필요하다는 것을 알 수 있다. 이는 일산화 탄소의 형성 시 언급되었던 조건, 즉 산소 공급이 제한되어 있다는 것과 일치한다,

공기 오염원인 일산화 질소가 어떻게 발생하는지 배우는 것도 재미있다. 이는 공기 중의 질소와 산소로부터 생성된다. 이 두 기체는 자동차 엔진이나 산불과 같이 매우 뜨거운 환경에서 화학적으로 결합한다.

$$N_2 + O_2 \xrightarrow{\text{고온}} \text{NO (균형 맞추지 않은 반응식)}$$

질소와 산소는 둘 다 이원자 분자이다.

이 반응식은 왼쪽에 산소 원자가 2개, 오른쪽에는 산소 원자가 1개 있어, 균형이 맞춰져 있지 않다. 질소의 경우에도 마찬가지이다. NO 앞에 2를 넣으면, 오른쪽에 2 N과 2 O 원자를 공급한다. 이제 반응식은 균형이 맞춰졌다.

$$N_2 + O_2 \xrightarrow{\text{고온}} 2\,NO \qquad [1.4]$$

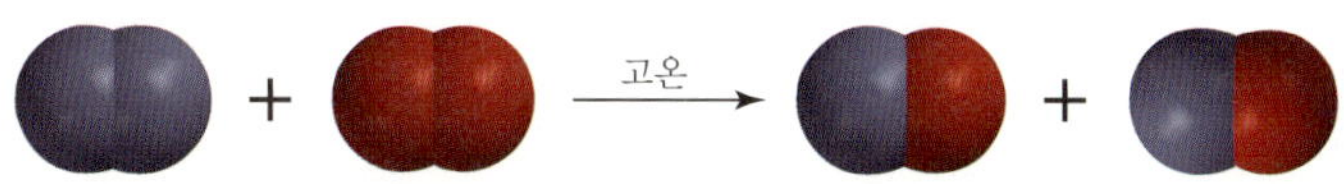

예제 1.15 화학 반응식

다음 화학 반응식의 균형을 맞추고, 반응식 1.4와 유사하게 모든 반응물과 생성물을 그림으로 표현하시오. H_2O와 NO_2에서는 O와 N이 각각 중심 원자이다.

a. $H_2 + O_2 \rightarrow H_2O$
b. $N_2 + O_2 \rightarrow NO_2$

비고: H_2O와 NO_2는 모두 굽은형 분자이다. 3장에서 그 이유를 설명할 것이다.

답

a. $2H_2 + O_2 \rightarrow 2H_2O$

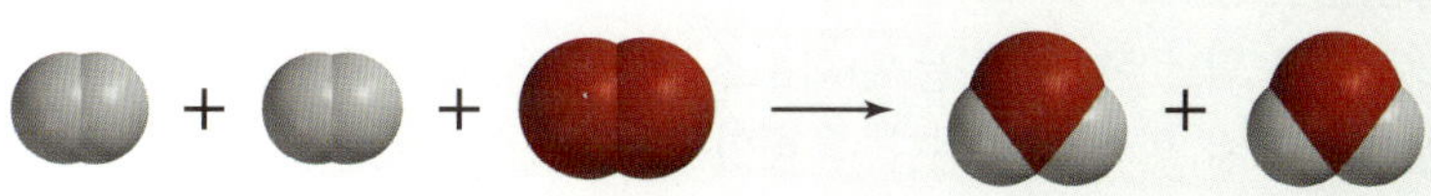

연구과제 1.16 할머니의 조언

할머니가 정원에서 성가신 애벌레를 없애는 방법을 조언해 주셨다. '나무뿌리로부터 30 cm 정도의 높이에 철못을 7∼13 cm 간격으로 박아라.' 이 할머니에 따르면, 철못은 나무 수액(탄소, 수소, 산소 원소를 포함하는 화합물)이 애벌레가 견딜 수 없는 물질인 암모니아[NH_3]로 변하게 해준다. 할머니의 화학에 대하여 정확한지를 말해 보자(그녀의 기대와 관계없이 못에 대한 조언이 여전히 맞는다고 가정한다).

1.10 | 불과 연료: 대기 질과 탄화수소의 연소

앞에서 언급한 바와 같이 탄화수소는 수소와 탄소의 화합물이다. 오늘날 사용하는 탄화수소는 주로 원유에서 얻어진다. 가장 간단한 탄화수소인 메테인(CH_4)은 천연가스의 주성분이다. 휘발유와 케로신은 많은 탄화수소의 혼합물이다.

4장 전체에서 연료를 연소하는 다른 예를 찾아보자.

산소를 충분히 공급하면 탄화수소 연료는 완전히 연소한다. 이러한 것을 '완전 연소'라고 한다. 본질은 탄화수소 분자의 모든 탄소 원자들은 공기 중의 O_2 분자와 결합하여 CO_2를 형성한다. 마찬가지로 모든 수소 원자들은 O_2와 결합하여 H_2O를 형성한다. 예를 들면 메테인의 완전 연소를 나타내는 화학 반응식이 있다. 이 반응식은 왜 탄소 기반

연료가 대기로 이산화 탄소를 방출하는지를 한눈에 알 수 있게 한다.

$$CH_4 + O_2 \longrightarrow CO_2 + H_2O \text{ (균형 맞추지 않은 반응식)}$$

O가 **모든** 생성물, 즉 CO_2와 H_2O에 포함됨에 주목하라. 균형을 맞추기 위해 화살표 양쪽에서 **한 물질에만** 나타나는 원소부터 시작하자. 이 경우는 H와 C가 자격이 있다. 양쪽에 하나의 C원자만 있으므로 탄소의 경우는 계수가 변할 필요가 없다. H_2O 앞에 2를 넣어 H 원자의 균형을 맞추자.

$$CH_4 + O_2 \longrightarrow CO_2 + 2\,H_2O \text{ (여전히 균형 맞춰지지 않음)}$$

마지막으로 산소 원자의 균형을 맞추자. 오른쪽에는 O 원자 4개가 있으나 왼쪽에는 O 원자 2개가 있다. 따라서 반응식의 균형을 맞추기 위해서는 2 O_2가 필요하다.

$$CH_4 + 2\,O_2 \longrightarrow CO_2 + 2\,H_2O \text{ (균형 맞춘 반응식)} \qquad [1.5]$$

화학 반응식의 멋진 점은 화살표 양쪽의 원자들을 세면 균형이 맞았는지를 알 수 있다는 것이다. 여기서 각 변은 C 원자 1개, H 원자 4개, O 원자 4개를 가지므로 반응식은 균형이 맞았다.

대부분의 자동차는 휘발유라고 하는 탄화수소의 복잡한 혼합물로 작동한다. 옥테인(C_8H_{18})은 이 혼합물을 이루는 순물질 중 하나이다. 옥테인은 산소와 충분히 반응하여 이산화 탄소와 물을 생성하며 연소한다.

$$2\,C_8H_{18} + 25\,O_2 \longrightarrow 16\,CO_2 + 18\,H_2O \qquad [1.6]$$

두 가지 생성물은 엔진에서 배기 파이프를 지나 대기 중으로 방출된다. 이 연소 생성물은 눈에 보이는가? 보통 보이지 않는다. 수증기 형태의 물과 이산화 탄소는 모두 무색의 기체이다. 그러나 겨울날 야외에 있다면 수증기는 응축하여 수증기 구름이나 작은 얼음 결정을 형성하여 볼 수 있을 것이다. 가끔 언 수증기는 역전층에 갇혀 얼음 안개를 형성한다(그림 1.15).

산소가 적으면 휘발유라고 하는 탄화수소 혼합물은 불완전하게 탄다('불완전 연소'). 물은 CO_2 및 CO와 함께 생성된다. 옥테인의 불완전 연소를 기술하기 위하여 일산화 탄소만 형성되는 극단적인 경우를 생각해 보자.

$$2\,C_8H_{18} + 17\,O_2 \longrightarrow 16\,CO + 18\,H_2O \qquad [1.7]$$

그림 1.15 알래스카 주 페어뱅크의 겨울철 얼음 안개

반응식 1.7에서 O_2의 계수 17을 반응식 1.6에서 O_2 계수 25와 비교하라. CO는 CO_2보다 산소를 적게 포함하므로 불완전 연소에는 산소가 적게 필요하다.

예제 1.17 반응식 균형 맞추기

화살표 양쪽의 각 원소들의 원자 수를 세어서 반응식 1.6와 1.7이 균형 맞춰졌음을 보이시오.

답

반응식 1.6은 각 변에 탄소 16개, H 36개, O 50개를 가지고 있다.

휘발유가 차에서 연소될 때 실제 형성되는 혼합 생성물은 무엇인가? 이는 생성물들이 연료, 엔진, 운전 조건 등에 따라 달라지기 때문에 단순한 질문이 아니다. 휘발유가 연소하면 주로 H_2O와 CO_2가 형성된다고 말하는 것이 안전하다. 그러나 CO와 그을음도 좀 생성된다. 그을음의 양은 엔진이 얼마나 잘 튜닝되어 있는지 나타낸다. 미국의 몇몇 지역에서 CO를 감지하는 탐침으로 자동차 배기가스를 조사한다(그림 1.16). 배출 가스 속 CO 농도를 미네소타 주에서 1.20%로 만들어 놓은 표준과 비교하였다. 자동차가 배기가스 시험에서 불합격하면 수리를 해야만 한다.

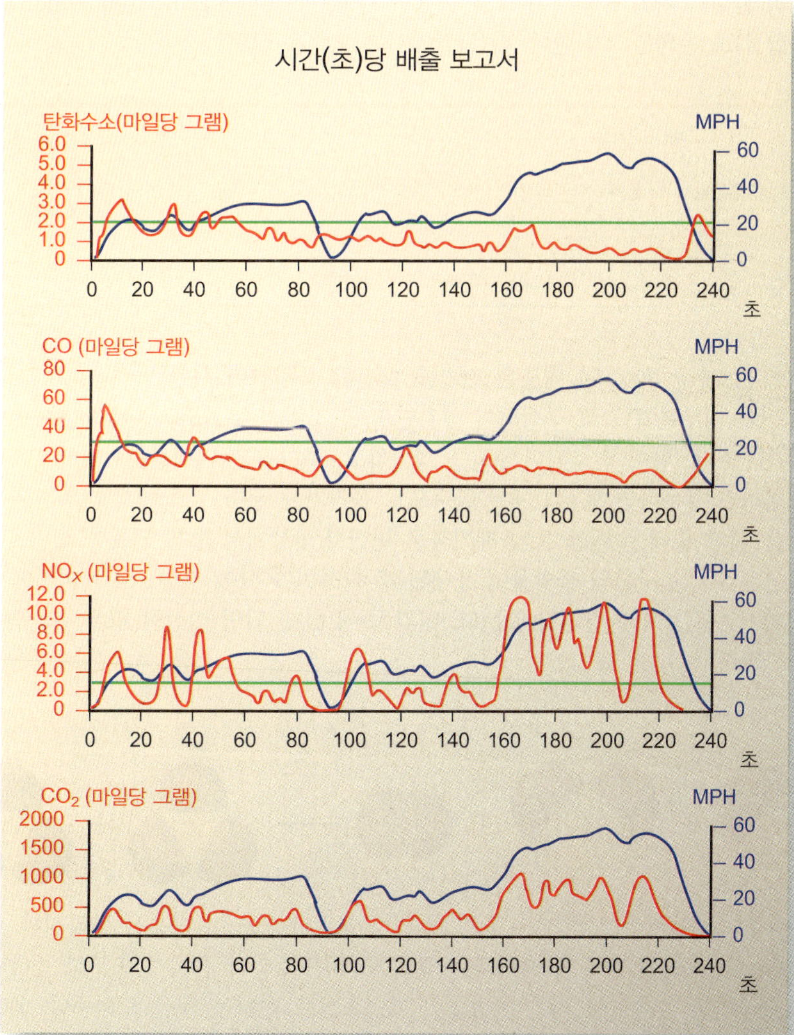

그림 1.16 미국 자동차 배기가스 보고서. 파란 선은 엔진 속도에서의 변화를 나타내고, 빨간 선은 배출에서의 변화를 나타낸다. 초록색 선 아래의 배출량은 허용 가능한 영역 안에 있다.

CO_2 배출량은 측정되었지만 아직 규제되지 않았다. 3장에서 CO_2 배출량에 대하여 더 많은 것을 살펴보자.

연구과제 1.18 **자동차 배출 보고서**

a. 그림 1.16은 NO_x 배출량을 마일당 그램 단위로 나타내고 있다. 질소 산화물을 누적적으로 나타내는 한 방법이다. $x = 1$, $x = 2$일 때 적절한 화학식을 쓰시오. 또한 화합물을 명명하시오.

b. NO는 방출되는 주요 질소 산화물이다. 이 화합물의 원천은 무엇인가?
힌트: 식 1.4를 다시 참고하라.

c. CO_2 그래프에서는 녹색 선이 빠졌다. 그러나 다른 그래프에는 존재한다. 이유를 설명하시오.

답

a. NO(일산화 질소)와 NO_2(이산화 질소)

c. 이 그래프가 만들어진 연도에서 CO_2는 미국에서 대기 오염 물질로 분류되지 않았다. 따라서 그래프에 수용 가능한 영역을 의미하는 녹색 선이 없다.

1.11 | 대기 오염 물질: 직접 오염원

이 절에서는 대기 오염의 두 가지 주요 원천인 자동차와 전기를 생산하는 석탄을 사용하는 발전소를 살펴보고자 한다. 이 오염원은 직접 SO_2, CO, NO, PM을 방출한다. 따라서 이 오염 물질들을 차례로 살펴보고자 한다. 또한 아직 규제하지 않지만, 규제를 받고 있는 오염 물질과 가깝게 연결된 오염 물질인 VOC(volatile organic compound, 휘발성 유기 화합물)도 논의하고자 한다. 다음 절에서는 오존을 살펴보자.

예제 1.19 **배기가스**

자동차의 배기관에서 나오는 것은 무엇인가? 지금부터 나열해서 이 절을 공부하는 동안 계속 더해 가시오.

힌트: 엔진에 들어가는 공기의 일부 또한 배기관으로 나온다.

4.3절에서 석탄과 그 화학적 조성에 대하여 더 자세히 알아보자.

이산화 황(*sulfur dioxide*) 배출은 전기를 발전하기 위하여 석탄을 태우는 것과 연관 있다. 석탄은 대부분 탄소로 구성되어 있지만 다른 소량의 무기질과 더불어 1~3%의 황을 가질 수 있다. 황이 연소되면 SO_2를 형성하고, 무기질은 미세한 재 입자로 변한다. 만약 포집하지 않는다면 SO_2와 재는 굴뚝으로 올라가게 된다. 미국에서 태우는 수억 톤의 석탄은 대기 중의 수백만 톤의 폐기물로 변한다. 6장에서 보게 되듯이 석탄을 연소시켜 생성된 SO_2는 구름의 물방울에 용해된 후 산성비가 되어 지상으로 떨어지게 된다.

이 이야기는 SO_2에 한정되지 않는다. 대기 중에 있게 되면 이산화 황은 산소와 반응하여 삼산화 황(SO_3)을 형성한다.

$$2\,SO_2 + O_2 \longrightarrow 2\,SO_3 \qquad [1.8]$$

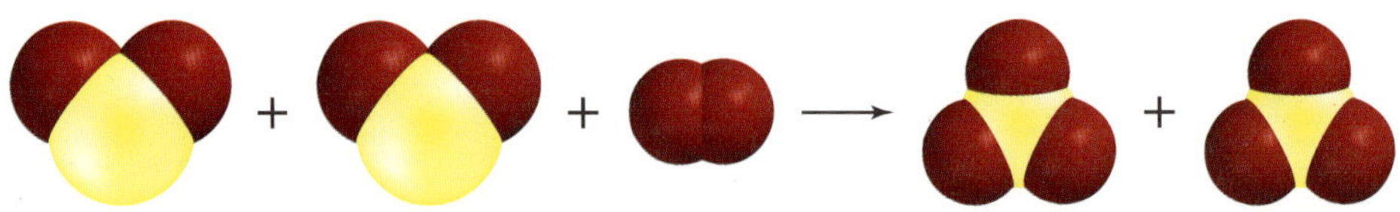

위의 반응은 보통 매우 느리지만 작은 재 입자가 존재하면 이 반응은 빨라진다. 이 입자들은 다른 반응들도 빠르게 진행되는 것을 도와준다. 만약 습도가 충분히 높다면, 입자들은 수증기를 응축하여 작은 물방울인 에어로솔로 변하는 것을 도와준다. **에어로솔(aerosol)**은 떨어지지 않고 대기 중에 계속 떠 있는 액체와 고체로 된 입자이다. 모닥불 또는 담배에서 나온 연기는 작은 입자와 액체로 구성된 흔한 에어로솔이다.

여기서 우려되는 에어로솔은 황산(H_2SO_4)의 작은 방울로 이루어져 있다. 삼산화 황이 물방울에 쉽게 녹아 황산을 형성하기 때문에 이 에어로솔이 생성된다.

$$H_2O + SO_3 \longrightarrow H_2SO_4 \quad [1.9]$$

만약 흡입하면 황산 에어로솔의 방울은 폐 조직에 붙잡힐 정도로 작아서 심각한 손상을 야기할 수 있다.

6.12절은 황산 에어로솔이 어떻게 연무를 형성하는 데 기여하는지를 기술한다.

좋은 소식은? 미국에서 이산화 황의 배출량이 감소하고 있다(그림 1.8 참조). 예를 들면 1985년에는 약 SO_2 2천만 톤이 석탄 연소에서 배출되었다. 오늘날 이 수치는 9백만 톤에 가깝다. 이러한 굉장한 감소는 석탄을 사용하는 전기 발전소의 감소를 포함하여 많은 감축을 강제한 1970년의 깨끗한 대기 법안의 덕분이라고 할 수 있다. 더욱 엄격한 규제가 깨끗한 대기 법안 개정안과 1990년 오염 방지 법안에 의해 수립되었다. 예를 들면 휘발유와 디젤 연료는 한때 소량의 황을 포함하였지만 허용되는 양이 1993년, 2006년에 각각 매우 낮은 수치로 하향되었다. 그러나 이런 계속적인 감소의 과정은 비용이 든다. 작고, 오래되고, 더러운 발전소를 깨끗이 하는 것은 비용이 많이 든다. 또한 배출을 계속하는 것을 허용하는 것은 인간과 환경의 건강에 많은 손해가 된다.

6장에서 대기 SO_2의 경제적, 사회적 비용에 대해 더 많은 것을 찾아보자.

예제 1.20 광산 산업에서 배출된 SO_2

석탄을 연소하는 것이 이산화 황의 유일한 원천은 아니다. 예제 1.8에서 보았듯이 제련소가 다른 원천이다. 예를 들면 은과 구리 금속은 황화물 광석에서 생산된다.
이 반응에 대하여 완결된 화학 반응식을 쓰시오.

a. 황화 은(Ag_2S)을 공기 중에서 가열하면 은과 이산화 황을 생성한다.
b. 황화 구리(CuS)를 공기 중에서 가열하면 구리와 이산화 황을 생성한다.

답

a. $Ag_2S + O_2 \rightarrow 2\ Ag + SO_2$

2억 5천만 대가 넘는 자동차(그리고 3억 명이 넘는 인구)가 있어 미국은 다른 어떤 나라보다도 개인당 자동차 수가 많다. 이 차량들이 이산화 황을 배출하는가? 다행히도 답은 아니다. 왜냐하면 자동차들은 주로 휘발유로 가동하는 내부 연소 엔진을 장착하고 있기 때문이다. 이미 언급하였듯이 휘발유의 탄화수소를 연소하면 최선의 경우 이산화 탄소와 수증기를 생성한다(식 1.6). 휘발유는 황이 소량이거나 거의 없기 때문에 휘발유를 연소하여도 이산화 황이 거의 없거나 아예 없다. 그러나 배기가스는 대기 오염의 상당한 몫을 차지한다. 어디에나 있는 자동차는 대기 중 일산화 탄소, 휘발성 유기 화합물, 질소 산화물, 입자 물질의 농도를 높이고 있다. 이 물질들을 차례로 논의하고자 한다.

일산화 탄소 오염은 주로 자동차에 기인한다. 승용차에 부착된 배기관만이 아니라 밖에 있는 모든 차의 배기관을 생각하라. 배기관은 트럭, SUV와 다른 탈것인 3M[(오토바이(motocycle), 소형 자전거(minibike), 모페드(moped)]에도 부착되어 있다. 다른 것들은 농장의 트랙터, 불도저와 모터보트 등에도 부착되어 있다. 모든 휘발유와 디젤 엔진에 부착된 배기관에서는 일산화 탄소가 배출된다.

예제 1.21 다른 배기관

환경보호국의 '자동차용이 아닌 엔진, 설비와 차량들'이 수록된 인터넷 홈페이지를 방문하여 보라. 이 웹으로의 연결은 이 책의 웹에 제공되어 있다.

a. 이 책에서 트랙터, 불도저, 모터보트를 언급하였다. 엔진으로 가동하는, 도로를 달리지 않는 5개의 다른 기계 또는 차량들을 말하시오.
b. 자신이 흥미를 가지는 기계 또는 차량을 선택하시오. 이 엔진으로부터 배출량을 어떻게 절감하겠는가? 이 절감을 표시하는 데 시간의 크기는 무엇인가?

산불은 CO가 늘어나는 데 기여하며 매년 10% 정도 배출량이 증가한다.

자동차 수가 증가할지라도 CO 배출량의 극적인 감소가 있었다. 미국의 250개 지역에 걸쳐 환경보호국이 실시한 측정에 근거하면, 1980년 이래 평균 CO 농도는 거의 60%가 감소하였다(그림 1.8 참조). 만약 산불을 제외하면 오늘날의 수준은 30년간 보고된 수치 중 가장 낮은 값이다. 이러한 감소는 향상된 엔진 설계, 연료-산소 혼합물의 비를 잘 조정하는 전산화된 센서, 그리고 가장 중요한, 1970년 중반부터 생산되는 모든 승용차에 촉매 변환기(그림 1.17)를 장착하는 등의 여러 요인에 기인한다. 촉매 변환기는 배기가스에서 CO의 CO_2로의 연소를 촉진함으로써 일산화 탄소를 감소시킨다. 이것은 질소 산화물을 그것들을 형성하는 데 사용하였던 두 가지 대기 물질인 N_2와 O_2로 다시 변환하는 것을 촉진함으로써 NO_x 배출량도 감소시킨다. 일반적으로 **촉매(catalyst)**는 자기 자신은 변화하지 않으면서 화학 반응에 참여하여 반응 속도에 영향을 미치는 화학 물질이다. 촉매 변환기는 전형적으로 백금이나 로듐 같은 금속을 촉매로 사용한다.

4장에서 유기 화합물에 대해 더 많은 것을 살펴보자.

자동차들은 일산화 탄소의 형태뿐만 아니라 연소되지 않거나 일부 연소된 탄화수소의 형태로도 탄소를 배출한다. 이 사실은 휘발성 유기 화합물 VOC의 주제로 전환시킨다. **휘발성(volatile)** 물질은 쉽게 증기 상으로 변한다. 즉 쉽게 증발한다. 휘발유와 매니큐어 제거제는 모두 휘발성이다. 이 물질들을 엎지르면 곧 증발할 것이다. 니스를 표면에 한번 칠을 할 때마다 증발하는 휘발성 화합물의 냄새를 맡게 될 것이다. **유기 화합물(organic compound)**은 항상 탄소를 포함하고 거의 대부분 수소를 포함하며, 산소와 질소 같은 원소를 포함할 수 있다. 유기 화합물은 메테인, 옥테인 등 앞에서 언급한 탄화수소를 포함한다. 이 유기 화합물은 알코올, 설탕 및 탄소, 수소, 그리고 산소를 포함하는 화합물을 포함한다.

따라서 **휘발성 유기 화합물(volatile organic compound, VOC)**은 쉽게 기체상으로 변하는 탄소 함유 화합물이다. 이 화합물은 다양한 원천에서 기원하고 있다. 예를 들면 전나무 또는 소나무 숲에서 자연적으로 발생하는 VOC의 냄새를 맡을 수 있다. 배기관의 VOC는 불완전 연소된 휘발유 분자의 증기 또는 향기이기 때문에 상쾌하지 않다. 배기가스는 여전히 산소를 포함한다. 왜냐하면 산소 모두가 엔진에서 소비된 것은 아니기 때문이다. 촉매 변환기는 VOC를 연소시키는 데 이 산소를 이용하여 이산화 탄소와 물을 형성한다. 1.12절은 VOC의 오존 형성과의 관계를 기술한다. 그러나 지금 당장은 VOC와 NO_2 생성과 연관시키고자 한다.

예제 1.18에서 언급하였듯이 **일산화 질소와 이산화 질소**는 합하여 NO_x로 알려져 있다. NO_2는 갈색이며 갈색을 띠는 독특한 스모그를 형성한다. N_2와 O_2는 결합하여 무색 기체인 NO를 생성한다(식 1.4 참조). 그러나 NO_2의 원천은 무엇인가? 다음에 가능한 후보가 될 수 있는 균형 맞춘 반응식이 있다.

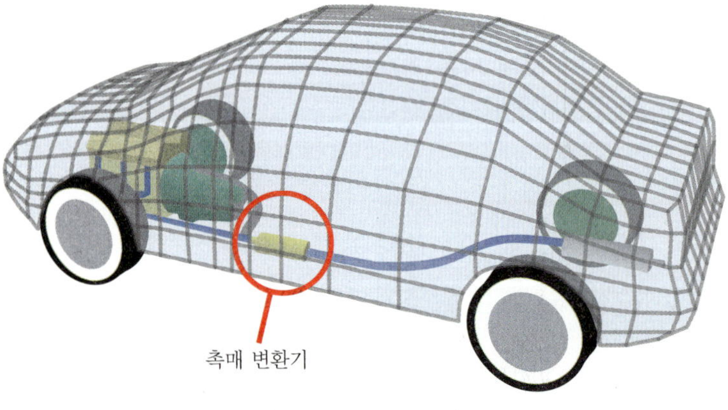

(a)

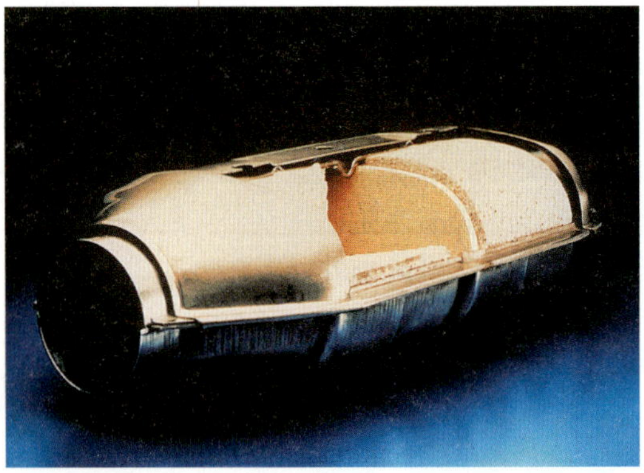

(b)

그림 1.17 (a) 차에 있는 촉매 변환기의 위치, (b) 촉매 변환기의 단면도. 백금이나 로듐과 같은 금속이 촉매로 작용하며 세라믹 입자의 표면에 박막을 형성한다.

$$2\,NO + O_2 \longrightarrow 2\,NO_2 \qquad [1.10]$$

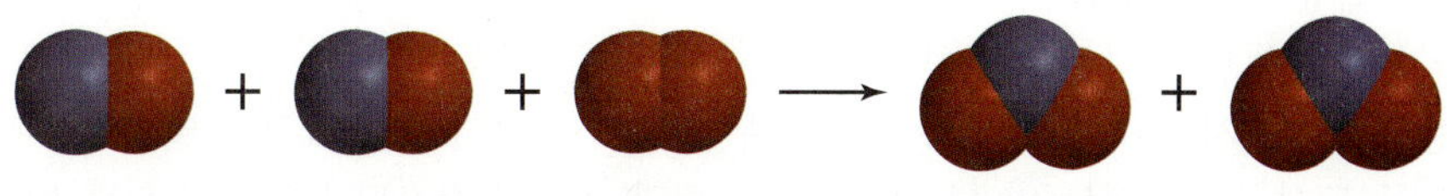

그러나 이 반응식은 실제로 일어나는 것이 아니다. 대신에 NO_2는 더 복잡한 다른 경로를 통하여 생성된다. 여기에 NO를 쉽게 발견할 수 있는 도시 환경에서 지배적인 하나의 반응이 있다. 어떤 도시에서는 이 반응식이 실제로 NO를 배출하는 자동차로 가득 찬 고속도로를 따라 오존 농도를 낮아지게 한다.

$$NO + O_3 \longrightarrow NO_2 + O_2 \qquad [1.11]$$

더 복잡한 것은 다음 절에서 볼 수 있듯이 맑은 날 NO_2 일부가 NO로 다시 돌아간다. 이것이 NO 또는 NO_2가 아니라 NO_x라 하는 이유이다.

NO가 NO_2로 변환하는 것은 공기 중의 VOC 분해와 연결된다. 새로운 요인인 반응성이 높은 하이드록실 라디칼(•OH)이 등장하였다. 이 반응성이 높은 화학종은 오염되거나 되지 않았거나 공기 중에 소량 존재한다.

(•OH)의 점은 홀전자를 의미한다. 2장에서 홀전자를 가진 반응성이 큰 화학종을 만나게 될 것이다.

$$\begin{aligned} VOC + \cdot OH &\longrightarrow A \\ A + O_2 &\longrightarrow A' \\ A' + NO &\longrightarrow A'' + NO_2 \end{aligned} \qquad [1.12]$$

여기서 A, A′, A″은 •OH와 VOC로부터 생성될 수 있는 반응성이 큰 분자를 나타낸다. 중요한 것은? 대기 화학은 복잡하고 많은 입자를 포함한다. NO, NO_2, O_2, O_3, VOC, •OH 등 대기에 포함된 일부를 이미 대면하였다.

미국은 NO_x 배출량을 줄이는 데 제한적인 성공을 거두었다. 오히려 다음 절에서 볼 수 있듯이 이것이 의미하는 것은 오존을 줄이는 데 제한적인 성공이라는 것이다. 그럼에도 불구하고 차량의 수가 증가하고 있음을 고려할 때 NO_x의 감소는 어쨌든 인상적이다. 새로운 배출 기준을 만족시키는 것은 거의 불가능하다는(또는 너무 돈이 든다고) 자동차 업계의 앞선 주장에도 불구하고 촉매 변환기, 엔진 설계, 휘발유 조성을 개선함으로써 배출량을 감소시키고 있다.

연구과제 1.22 도로에서 격한 행동은 잊으라

적은 양의 휘발유를 연소시키는 것은 배기가스 배출량이 줄어드는 것과 같다. 어떠한 운전 습관이 연료를 절약하는가? 어떤 행동이 필요 이상으로 비용을 지출하는가? 고속 도로, 도시 거리, 주차장에서 운전자의 행동을 생각해 보자. 각 상황에서 운전자가 휘발유를 적게 소모할 수 있는 적어도 세 가지 방법을 나열하시오.

힌트: 어떻게 가속, 정속 유지, 공회전, 브레이크, 주차를 하는지를 고려하라.

답

일부 가능성은 주차에 있다. 예를 들면 건강하다면 더 가까이 있는 주차 지점을 찾기 위해 돌아다니는 것보다는 더 멀리 있는 주차 지점에 주차하고 걸어가는 것이다. 쉽게 빠져나올 수 있는 주차 공간을 찾아라. 나갈 때 뒤로 가고 핸들을 돌려야 할 필요가 없어 연료를 절약할 수 있다.

8장에서 휘발유로 가는 차량에 대한 대안을 논의할 것이다.

입자 물질(*particulate matter*)은 다양한 크기를 가진다. 그러나 오직 미세한 입자(PM_{10}, $PM_{2.5}$)만이 오염 물질로 규제된다. 이 크기의 입자들은 폐 깊숙이 침투할 수 있고 혈류를 통과하여 심장계에 염증을 일으킬 수 있다. 규제에 있어 입자는 이 집단의 새로운 오염 물질이다. PM_{10}과 $PM_{2.5}$에 대한 미국에서의 자료 수집은 1990년과 1999년에 각각 시작되었다(그림 1.8 참조). 2006년에 $PM_{2.5}$에 대한 일일 대기 질 기준은 65에서

2012년 미국 암 기구의 연구에 따르면, 디젤 증기에 노출된 땅속 광부가 폐암에 걸릴 위험이 크다고 한다.

35 μg/m³로 낮아졌다. 왜냐하면 이 입자들은 원래 생각하였던 것보다도 더 위해한 것으로 확인되었기 때문이다.

입자 물질은 많은 다른 오염원을 가진다. 여름에는 산불이 유해 수준으로 입자 물질의 농도를 상승시킬 수 있다. 겨울에는 나무 난로가 정확히 같은 효과를 낼 수 있다. 거의 모든 도시 환경에서는 일 년 사시사철 트럭과 버스에 장착된 노후화된 디젤 엔진이 시꺼먼 매연을 내뿜을 수 있다. 트랙터의 디젤 엔진도 비슷하게 오염시킬 수 있다. 건설 현장, 채광 작업, 비포장도로도 대기 중으로 먼지와 더러운 것들을 보낼 수 있다. 입자 물질은 대기 중에서 생성될 수도 있다. 예를 들면 농업에서 사용하는 화합물인 암모니아는 공기 중에서 $PM_{2.5}$에 해당하는 황산 암모늄, 질산 암모늄을 생성하는 주요 반응물이다.

암모니아(NH_3)는 자극성 냄새를 가진 무색 기체이다. 액체 상태로 응축되어 비료로 토양에 시비된다. 6장에서 더 자세한 것을 살펴보자.

이 모든 오염원 때문에 입자 물질은 통제가 어려운 오염 물질로 판명되었다. 그렇다 할지라도 2010년에 환경보호국은 연간 $PM_{2.5}$ 농도가 2000년에서 2010년 동안 27% 정도 감소하였다고 보고하고 있다. 그러나 감시 중인 현장의 10%는 아직도 입자 오염 물질이 증가함을 보여 주고 있다. 호흡하는 공기의 질은 어디에 사느냐에 크게 의존한다.

연구과제 1.23 **여러분이 사는 곳의 입자들**

2011년 12월 8일 $PM_{2.5}$ 자료를 나타내는 미국 지도이다.

a. 대기 질의 관점에서 녹색, 노란색, 주황색이 의미하는 것은 무엇인가?
b. 입자 물질에 가장 민감한 사람 군은?
c. 미국 폐 협회에 의하여 운영되는 웹 사이트인 대기 상태(State of the Air)를 방문하시오. 여러분이 살고 있는 주는 입자 물질에 대하여 '주황색인 날'과 '빨간색인 날'이 일 년 중 며칠이나 되는가? 차이는 무엇인가?

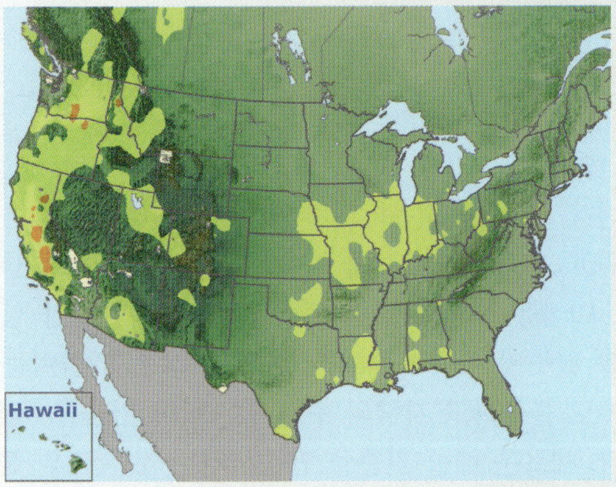

참고: *AIRNow.gov*

1.12 | 오존: 2차 오염 물질

오존은 대류권에 좋지 않은 역할을 한다. 매우 낮은 농도도 실외에서 운동하는 건강한 사람의 폐 기능을 위축시킨다. 오존은 작물과 나무의 잎에 피해를 준다. 그러나 오존은 자동차 배기가스에서 나오는 것이 아니고 석탄이 연소할 때 발생하는 것이 아니다. 오존은 어떻게 생성되는가? 자세한 것을 설명하기 전에 다음 활동을 하여 보자.

오늘날 오존의 대기 중 바탕 값은 약 40 ppb이다. 산업 혁명 이전 시대에는 그 값이 약 10 ppb였다.

연구과제 1.24 **시간에 따른 오존**

오존 농도는 그림 1.18에서 나타낸 바와 같이 하루 동안 계속 변한다.

a. 어느 도시 근처에서 많은 사람들에게 유해한 대기가 발생하는가?
   힌트: 색으로 표시된 AQI(표 1.4)를 참조하라.
b. 오존 농도가 최대가 되는 시간은 언제인가?
c. 햇빛이 없어도 적당한 수준(노란색으로 표시)의 오존이 가능한가? 해가 오전 6시경에 뜨고 오후 8시경에 진다고 가정하라.

답

c. 햇빛이 없으면 오존은 오래 지속되지 않는다. 해가 지면 오존 농도는 급격히 감소한다.

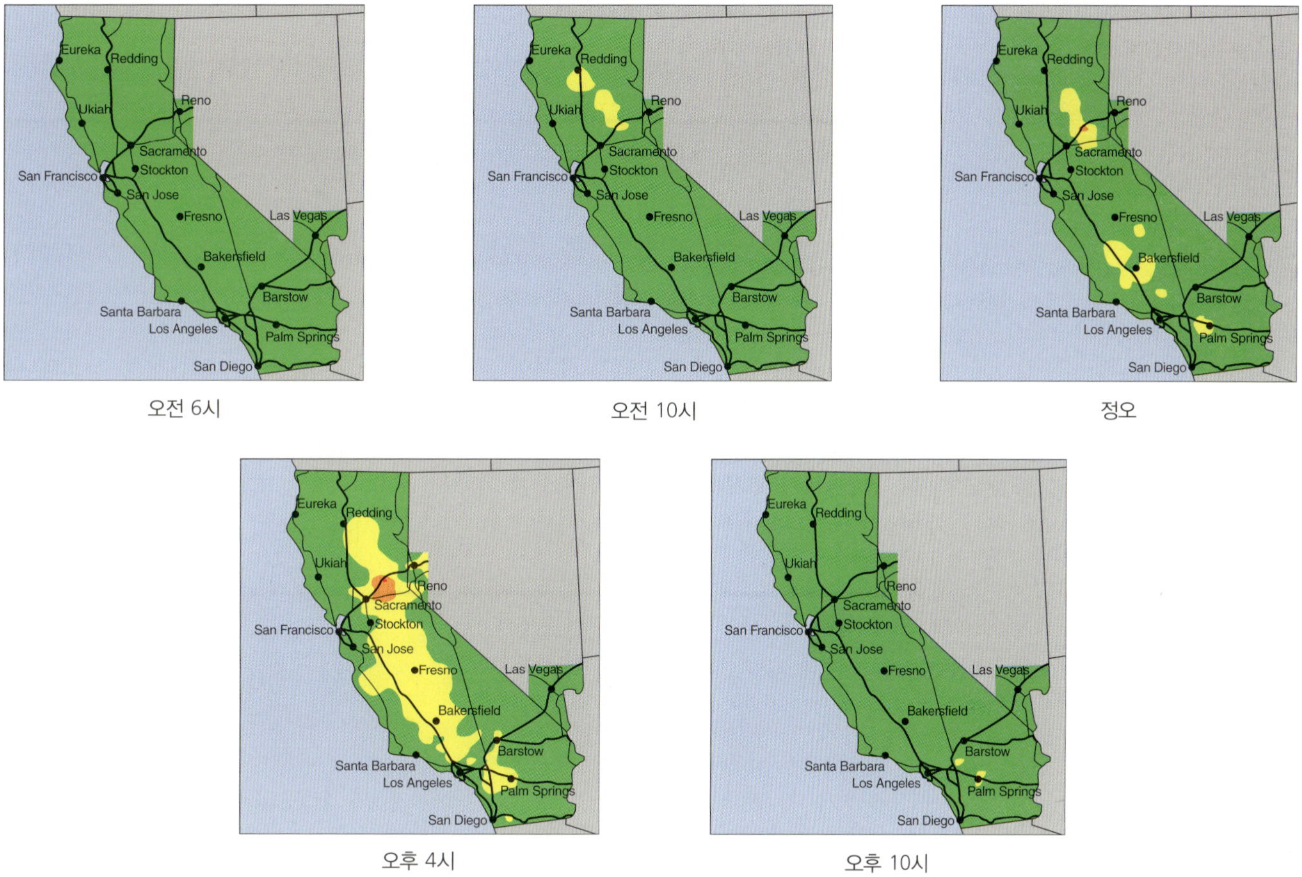

그림 1.18 2006년 7월의 여름날 캘리포니아 주의 대기 질 지수(air quality index, AQI)를 나타내는 지도. AQI 색코드는 표 1.4를 참고하라.

앞에서의 활동은 몇 가지의 관련된 의문점을 낳는다. 몇몇 지역에서 오존이 다른 지역보다 왜 더 많이 발생하는가? 오존 생성에서 햇빛이 무슨 역할을 하는가? 이제 이에 관하여 설명해 보자.

1.11절에서 기술한 오염 물질과는 달리, 오존은 **이차 오염 물질(secondary pollutant)**이다. 오존은 하나 이상의 다른 오염 물질을 포함하는 화학 반응으로부터 생성된다. 오존의 경우 포함하는 다른 오염 물질은 VOC와 NO_2이다. 앞 절에서 NO_2가 아닌 NO가 배기관(또는 굴뚝)에서 직접 나옴을 기억하라. 시간이 지나고 VOC와 •OH의 존재하에서 대기 중의 NO는 NO_2로 전환된다.

1.11절에서 언급한 바와 같이 •OH는 하이드록실 라디칼이다.

이산화 질소는 대기 중에서 다양한 운명을 맞이한다. 우리가 가장 관심을 가지는 것들 중 하나는 태양이 중천에 떴을 때 발생한다. 햇빛에 의해 공급된 에너지가 NO_2 분자의 결합 중 하나를 깨뜨린다.

$$NO_2 \xrightarrow{\text{햇빛}} NO + O \qquad [1.13]$$

생성된 산소 원자는 산소 분자와 반응하여 오존을 생성한다.

$$O + O_2 \longrightarrow O_3 \qquad [1.14]$$

이 반응은 왜 오존 형성에 햇빛이 필요한지를 설명한다. 햇빛은 NO_2를 분해하여 O 원자를 방출한다. 방출된 산소 원자들은 O_2와 반응하여 O_3를 형성한다. 따라서 해가 지면 그림 1.18에서 볼 수 있듯이 오존 농도는 급격히 떨어진다. 오존은 어떻게 되는가? 몇 시간 안에 오존 분자들은 동물과 식물 조직을 포함하여 다른 물질들과 반응한다.

식 1.14는 산소 원소의 세 가지 다른 형태, O, O_2, O_3를 포함함을 주목하라. 모두 자연에서 관찰되지만 O_2는 가장 반응성이 작고 가장 풍부하며, 우리가 호흡하는 대기의 약

'유익한' 오존은 성층권에 있다. '해로운' 오존은 대류권에 있다.

1/5을 구성한다. 대기는 자연적으로 성층권에 소량의 보호용 오존을 가지고 있다. 산소 원자들은 대기의 상부에 존재하며 오존보다도 훨씬 반응성이 크다.

연구과제 1.25 O_3 요약

O, O_2, O_3, VOC, NO, NO_2 등의 화학 물질을 순차적으로 서로 관련이 있게 배열하기 위해 자신의 방법을 개발하여 오존 형성에 대하여 배운 것을 요약하시오. 원하면 화학 물질은 여러 번 나올 수 있다. 햇빛을 포함하여도 좋다.

햇빛은 오존 형성에 포함되기 때문에 지상에서의 오존 농도는 기후, 계절, 고도에 따라 변한다. O_3의 높은 농도는 낮이 길고 맑은 여름날, 특히 교통이 혼잡한 도시 지역에서 발생할 가능성이 높다. 정체되는 대기도 대기 오염이 증가하는 데 유리하다. 예를 들면 표 1.3에서 제시한 도시들의 대기 질 자료를 다시 보라. 오존은 맑은 여름날 도시 오염의 주범이다. 반면 바람이 많이 불고 비가 오는 도시는 오존의 수준이 낮다.

연구과제 1.26 오존과 여러분

환경보호국의 현재의 공기(AIRNOW) 웹사이트는 미국의 지상 오존 수준에 관한 풍부한 정보를 제공한다.

a. 여름철 많은 미국의 도시에서 실제로 공통적으로 발생하는 것과 같이 오존 수준이 '주황색' 상태라 하자. 여러분이 건강상의 문제가 없으나 실외에서 활발하게 운동을 한다면 이 정도의 대기 질이 건강에 영향을 미칠 수 있을까?
b. 실외 활동이 매우 활발하다고 가정하자. 여러분이 살고 있는 주의 대기 질을 다른 주와 어떻게 비교할 수 있을까?

캐나다 또는 매일 오존 지도를 발간한다(그림 1.19). 캐나다의 오염된 대기 일부는 오하이오, 펜실베이니아, 뉴욕 주의 인구가 많은 지역에서 북동쪽으로 부는 바람에 의해 날려 오기 때문에 미국에 기원을 두고 있다. 오염 물질은 국경이 없다!

하딘(Garrett Hardin)이 '공유에 의한 비극'이라는 용어를 만들어 냈다. 1968년 발간된 기사에서 공동 자원을 사용하는 개인들이 어떻게 이 공동 자원을 아무도 사용할 수 없을 정도로 파괴할 수 있는지를 지적하였다.

이 현상이 **공유에 의한 비극(tragedy of the commons)** 예이다. 비극은 자원을 모두가

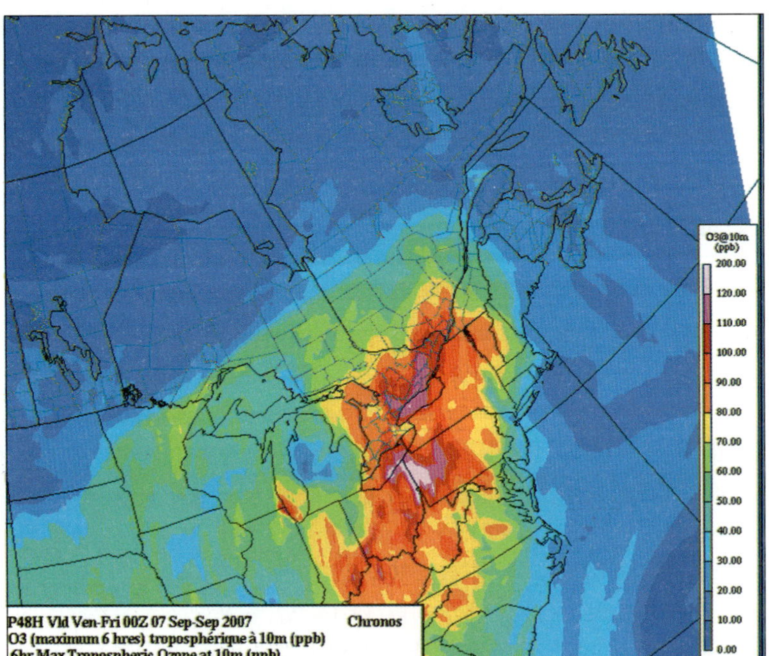

그림 1.19 2007년 9월 7일 대류권 오존 지도

출처: *Environment Canada.*

공유하고 많은 사람들이 사용하며 특정인이 책임지지 않을 때 발생한다. 결과적으로 자원들은 사용하는 모두의 손해가 될 때까지 과도하게 사용되어 파괴될 수 있다. 예를 들면 대기에 대하여 개인 소유권을 허용할 수 없다. 이것은 모두에게 속한 것이다. 우리가 호흡하는 대기에 버린 폐기물이 있다면 모두에게 건강치 못한 상황이 될 것이다. 활동이 대기에 영향이 거의 없거나 아주 없는 사람들도 오염시킨 사람들과 마찬가지로 똑같은 결과에 고통을 받게 된다. 피해는 모든 사람들이 공유하게 된다. 뒤의 장에서 물, 에너지, 음식과 관련된 공유에 의한 비극의 다른 예를 보게 될 것이다.

한때 지역의 주요 근심거리였던 대기 오염은 지금 국제적인 문제가 되었다. 전 세계 많은 도시들은 높은 오존 수준을 나타낸다. 맑은 지역과 자동차가 결합하여 지구 상 어떤 지역도 수용하기 어려운 오존 수준을 나타낼 가능성이 높아졌다. 그러나 어떤 지역은 다른 지역보다 상황이 더 좋지 않다. 춥고 안개가 많은 런던은 낮은 오존 농도를 나타낸다. 반면에 멕시코시티에서는 오존이 심각한 문제가 된다.

오존은 고무를 공격하여 처음 오존을 생성하게 한 자동차의 타이어에 손상을 준다. 가능한 한 고무의 손상을 최소화하기 위하여 차를 차고 내에 주차해야 할까? 실제로 실외의 오존 수준이 좋지 않다면 **여러분도** 실내에서 머물러야 할 것인가? 다음 절은 실내 공기의 질에 대하여 논의할 것이다.

1.13 대기 질의 내부 이야기

오즈의 마법사에서 도로시는 그녀의 강아지 토토를 껴안고 소리를 질렀다. "집보다 더 좋은 곳은 없어!" 물론 그녀의 말이 맞지만 대기의 질에 관하여 논의할 때는 집이 항상 가장 좋은 곳이 아닐 수 있다. 실내의 대기 오염 수준은 실외 수준을 훨씬 초과할 수가 있다. 대부분이 실내에서 자고, 일하고, 공부하고 노는 것을 고려하면 집이라는 장소의 공기에 대하여 배워야 한다.

일부 복사기와 공기 청정기는 오존을 발생시키며, 이것들이 실내 오존 수준을 높일 수 있다.

실내 공기는 낮은 수준의 수천 가지 물질들을 포함한다. 어떤 사람이 담배를 피우는 방에 있다면 수천 가지 물질을 더해야 한다. 실내 공기는 VOC, NO, NO_2, SO_2, CO, 오존, PM과 같은 익숙한 오염원을 포함한다. 이러한 오염 물질들은 실외 공기로부터 포함되어 들어오거나 거주하는 안쪽에서 생성되기 때문에 존재한다.

앞 절에서 제기된 의문을 가지고 논의를 시작하자. 실외에 존재하는 오존을 피하기 위해 실내로 도망하여야 하는가? 일반적으로 오염 물질이 반응성이 매우 크면 실내로 이동되기에 충분할 정도로 길게 존재할 수가 없다. 따라서 반응성이 큰 O_3, NO_2, SO_2와 같은 분자들의 경우는 실내에서 낮은 수준을 나타날 것이 예상된다. 실제로 그러하며, 실내 공기는 실외 공기보다 10~30% 낮은 오존 농도를 나타낸다. 마찬가지로 이산화 황과 이산화 질소 수준도 오존의 경우와 같이 감소 정도가 극적이지는 않지만 실내에서는 보다 낮다.

이산화 탄소는 다른 이야기이다. CO는 상대적으로 반응성이 떨어지는 오염 물질로서 문, 창문 또는 환기 시스템을 통하여 건물의 안팎을 자유롭게 왕래할 수 있을 정도로 대기에서의 생존 시간이 충분히 길다. 몇 가지 VOC도 마찬가지이지만, 소나무 숲에서 나는 향과 같이 반응성이 큰 VOC 경우에는 다르다. 판다로사 소나무의 나무껍질에서 방출되는 달콤한 휘발성 화합물을 흡입하기를 원한다면 바깥으로 나가 나무 주위에 있는 것이 최선이다.

판다로사 소나무 껍질은 버터사탕을 닮은 향을 가진 화합물을 방출한다.

몇 가지 오염 물질은 건물의 온냉방 시스템의 필터에 의해 걸러진다. 예를 들면 많은 공기 공조 시스템은 큰 크기의 입자 물질과 꽃가루 등을 제거하는 필터를 가지고 있다. 결과적으로 계절적인 알레르기 때문에 고생하는 사람들은 실내에서 증세가 완화됨을 알 것이다. 마찬가지로 산불 근처에 사는 사람들은 따가운 검댕 입자들을 피하기 위해 집 안으로 들어갈 수 있다. 그러나 O_3, CO, NO_2, SO_2는 대부분의 공조 시스템에서 사용하는 필터로는 걸러지지 **않는다**.

오늘날 많은 건물들은 에너지 효율을 증가시키려는 방향으로 건축된다. 이것은 난방비를 줄이고 열을 발생시킬 때 발생하는 오염 물질의 양을 감소시키는 상호 간에 좋은 것이다. 그러나 나쁜 점도 있다. 신선한 공기가 제한적으로 유입되는 밀폐된 건물은 실내 공기 오염 물질의 수준이 좋지 않은 상태가 될 수 있다. 따라서 처음에는 유리한 것처럼 보이는 것(향상된 에너지 효율)이 반전되어 높은 위험성(높은 오염 물질 수준)을 가질 수도 있다. 어떤 경우에는 좋지 않은 공조 시스템 때문에 실내 오염 물질이 위해 수준까지 도달할 수 있으며, '빌딩 질환 증후군(sick building syndrome)'으로 알려진 현상을 나타낼 수 있다. 이것은 명백히 원하지 않는 결과이다. 오늘날 건축가와 건축업자는 건물이 에너지 효율이 높으며, 양호한 공기 교환을 유지할 수 있는 길을 찾고 있다.

빌딩 질환 증후군은 많은 원인에 기인한다. 하나 또는 또 다른 이유는 대부분 공기 질과 연관되어 있다. 나쁜 공기의 원인은 실내, 실외 또는 양쪽에 의해 생길 수 있다.

양호한 공조가 있어도 실내 활동은 공기의 질을 손상시킬 수 있다. 예를 들면 담배 연기는 수천 가지가 넘는 화학 물질을 가진 심각한 실내 공기 오염 물질이다. 니코틴은 인식할 수 있는 한 가지 물질이다. 다른 것은 벤젠과 폼알데하이드가 있다. 전체적으로 담배 연기는 암을 유발할 수 있는 **발암 물질(carcinogenic)**이다.

탄소를 포함하는 연료의 연소는 일산화 탄소와 질소 산화물을 발생시킬 수 있다. 예를 들면 선술집에서 담배 흡연으로 발생한 일산화 탄소는 건강하지 않은 범위 안에 들어가는 50 ppm에 달할 수 있다. 담배 흡연에서 NO_2 수준은 50 ppb를 넘을 수 있다. 다행히도 흡연자는 계속 담배 연기를 호흡하는 것이 아니라 몇 모금을 흡입하는 것이다.

예제 1.27 실내 시가 파티

2007년 학생 연구자들이 뉴욕의 타임스 광장에서 시가 파티 및 교역전(trade show)에 참석하였다. 이들은 숨겨진 검출기를 휴대하였고 파티장의 실내 공기 입자 물질의 수준이 1193 μg에 달하는 것을 발견하였다.

a. 뉴스 기사는 입자 물질이 $PM_{2.5}$인지, PM_{10}인지를 보고하지 않았다. 어떤 경우이든 측정된 이 수치는 미국 대기 질 기준을 초과하는가?
   힌트: 표 1.2를 참조하라.
b. 학생들이 $PM_{2.5}$를 측정하였다고 가정하면 건강에 어떤 의미를 가지는가?

사람들은 전등 빛을 부드럽게 하거나 분위기를 잡기 위해 초를 켜기도 한다. 그러나 초는 방에서 산소를 빼앗아간다. 초는 또한 검댕, 일산화 탄소, VOC를 생성한다. 마찬가지로 사람들은 이런저런 이유로 집에서 향을 태우기도 한다. 유럽에서 교회에서 향을 피우는 것에 대한 연구를 진행한 대기 과학자 웨버(Stephen Weber)는 '향 연기에서 나오는 오염 물질은 자동차 엔진과 같은 원천의 미세 입자 오염 물질보다 더 독성이 높을 수 있음'을 발견하였다.

초나 향을 태우는 것은 공조 시스템이나 창문을 열어 미풍이 흐르도록 함으로써 제거할 수 있는 것보다 훨씬 빠르게 증기를 생성할 수 있다. 다음 활동은 실내 오염 물질의 근원을 좀 더 조사할 수 있는 기회를 제공하게 될 것이다.

예제 1.28 실내 활동

실내 공기에 오염 물질이나 VOC를 더할 수 있는 10가지 활동을 쓰시오. 시작에 도움을 주기 위하여 그림 1.20에 2개의 사진을 실었다. 어떤 오염 물질은 감지할 수 있는 냄새가 없다는 것도 기억하라.

그림 1.20이 제시하듯이 페인트와 니스는 VOC의 원천이다. 코는 페인트를 칠하는 동안 이 물질들에 대해 경고를 발한다. 머리가 아파지면서 머리도 경고를 한다. 칠하는 페

그림 1.20 실내 공기를 오염시킬 수 있는 활동

인트 단위 부피당 방출하는 VOC의 양이 비록 많이 다르지만, 유성 페인트와 니스는 수성 페인트에 비해 방출량이 많다. 페인트 통에 인쇄된 VOC 방출량을 확인하라. 이 값은 VOC의 함유량을 감소시킨 페인트의 0에서 야외용 유성 페인트의 600 g/L 이상의 VOC까지 분포한다. 유성 페인트 중에서 350 g/L 이하를 찾는 것은 쉽지 않다.

오늘날 소비자는 독성이 없고 냄새가 없는 고품질의 페인트를 살 수 있다. 예를 들면 그림 1.21과 같이 페인트 통의 상표를 확인하라. 이 'VOC 배출이 0인' 수성 페인트는 칠한 페인트 L당 5 g 미만을 방출한다. 이 페인트는 '녹색 표시(green seal)' 인증을 획득하였고, 이는 L당 50 g 미만의 VOC를 방출할 뿐만 아니라 납, 수은, 카드뮴 같은 독성 금속이 없다는 것을 의미한다. VOC가 낮거나 없는 페인트는 실외 사용에서도 똑같이 중요하다. 미국에서 건물, 다리, 철도에 칠하는 페인트는 매년 VOC 700만 파운드 이상을 추가하고 있다. 2005년 페인트의 조성의 변화 덕분에 400만 파운드 이하로 되었다.

페인트에서 휘발성 화합물을 어떻게 제거하는지를 설명하기 전에 우선 페인트가 왜 이 성분을 포함하고 있는지를 설명할 필요가 있다. 몇몇 VOC는 페인트가 마르면서 증발하는 첨가제이다. 예를 들면 표 1.8에 나열한 부동 첨가제 두 가지를 인식할 수 있을 것이다. 부동액('글라이콜')은 북쪽에 사는 사람들이 계속된 결빙과 해빙(freezing and thawing)에 의해 페인트가 손상되는 것을 걱정하지 않고 지하실에 보관할 수 있게 한

그림 1.21 YOLO 페인트의 모든 성분은 '휘발성 유기 물질(VOC)이 전무'하다.

표 1.8 페인트에서 방출되는 VOC

글라이콜(부동액)
에틸렌 글라이콜
프로필렌 글라이콜
유화제(라텍스 페인트에서 사용)
2,2,4-트라이메틸-1,3-펜테인다이올 모노아이소뷰티레이트(상표명: 텍사놀)
유해 대기 오염 물질(용매와 방부제)
벤젠
폼알데하이드
에틸벤젠
염화 메틸렌
염화 바이닐

다. 부동액은 또한 더 찬 기후에서도 페인트를 사용할 수 있도록 하고, 더 긴 '개방 후 수명'을 제공한다. 따라서 페인트는 너무 빨리 건조하지 않는다.

라텍스 페인트에 사용되는 또 다른 첨가제는 유화제이다. **유화제(coalescents)**는 페인트의 라텍스 입자가 균일한 두께의 연속적 박막을 형성하기 위해 잘 퍼지게 하기 위해 입자를 부드럽게 하도록 첨가하는 화학 물질이다. 결국 페인트를 고루 잘 칠하게 한다! 페인트가 마르고 굳으면 유화제는 공기 중으로 증발한다. 페인트 100갤런에 대하여 약 2 내지 3갤런의 휘발성 유화제를 사용한다. 그러나 간단한 산수를 하여 보자. 미국에서 이 첨가제의 비율은 1억 파운드 이상의 유화제가 매년 방출된다고 해석할 수 있고 전 세계의 양은 이 양의 3배 정도이다.

식물에서 발견되는 기름에 대해서는 11장에서 좀 더 많이 알아보자.

유성 페인트는 기름을 가지고 있다. 대부분은 아마씨 기름 같은 식물에서 추출한 기름이다. 이 기름은 공기 중의 산소와 서서히 반응하고, 오랜 시간 동안 일련의 휘발성 화합물을 공기 중으로 배출한다. 유성 페인트는 페인트가 마르면서 증발하는 용매(희석제)를 가질 수 있다.

확인문제 1.29 니스 증기

깨끗한 광택 바닥용 니스 한 통에서 최고 450 g/L VOC가 나온다고 한다. 소비자 단체는 니스를 바르면 갤런당 4파운드 미만의 VOC가 나온다고 계산하였다. 이들의 계산이 맞는가?

VOC 배출에 대하여 더 강화된 정부 규제가 페인트 제조업자들로 하여금 라텍스 페인트의 새로운 조성을 고안하도록 촉구하였다. 2005년에 아처 다니엘스 미들랜드(Archer Daniels Midland) 사는 비휘발성 유화제를 개발한 공로로 녹색 화학 도전 대통령상을 수상하였다. 이 회사에서 개발한 유화제는 공기 중의 산소와 반응하여 라텍스와 화학 결합을 하게 한다. 따라서 유화제는 대기 중으로 증발되기보다는 페인트 박막의 부분이 되었다.

새 유화제의 또 다른 장점은 원유(재생 불가능)가 아니라 식물성 기름(재생 가능 자원)에서 생산된다는 점이다. 이 물질의 생산은 폐기물 양을 줄였고 에너지 소비가 적으며, 더하여 환경적으로나 비용 면에서 유리하다. 품질의 손실은 없어서 식물성 유화제의 조성을 가진 페인트는 전통적인 페인트의 성능과 비슷하거나 우수하다. 이 페인트는 냄새가 적고, 더 우수한 마모 저항성, 더 우수한 불투명성을 가진다. 이것과 같이 환경·경제·사회적 이점은 세 가지 최저선을 닮은 것 같다. 이것이 지속 가능성의 핵심이다.

만약 자동차 차체 도료 업체를 간 적이 있다면 페인트의 VOC에서 나는 냄새를 맡았으리라 생각한다. 많은 나라의 더 엄격한 법과 규제는 제조업자들이 자동차 애벌칠(밑칠)과 마감칠 도료의 조성을 재조정하게 강제하였다. 대부분의 전통적인 애벌칠은 제한된 유통 기한을 가진 두 성분을 섞어서 제조하였다. 애벌칠이 시행되면 가열하는 데 많은 양의 에너지가 필요한 오븐에서 숙성시킨다. BASF 사는 VOC를 50% 정도 감소시키고 햇빛이나 UV-A 램프로 급속하게 숙성시킬 수 있는 단일 성분의 애벌칠을 개발한 공로로, 2005년에 녹색 화학 도전 대통령상을 수상하였다. 이 제품은 애벌칠을 하고 숙성시키는 시간을 크게 감소시켰다. 여기서 다시 폐기물 절감, 에너지 소비 감소, 더 큰 생산량 등과 연관된 비용 절감은 향상된 세 가지 최저선과 동일하다.

UV-A 램프는 더 긴 파장의 자외선이고 태닝 램프와 비슷하다. 2장에서 UV 빛에 대하여 더 많이 살펴보자.

예제 1.30 가정에 녹색을 도입하자

이 책의 표지 안쪽에 기재된 녹색 화학의 원칙을 다시 보자. 어떤 원칙이 아처 다니엘스 미들랜드 사가 개발한 새 유화제에 적합한가? BASF 사가 개발한 새 밑칠에 적합한 원칙은 어느 것인가? 각 회사에 맞는 원칙을 나열하시오.

앞에서 언급한 비활성 기체(8A족)인 라돈에 대하여 주제를 바꿈으로써 실내 공기 질에 대한 논의를 마치고자 한다. 라돈은 실내 공기 오염의 특별한 경우이다. 소량의 라돈은 자연적으로 존재하며 대부분은 문제가 없다. 그러나 지하실, 광산, 동굴 등에서는 위해 수준에 달할 수 있다. 다른 모든 비활성 기체와 같이, 라돈은 무색, 무취, 무미하며 화학적으로 반응성이 거의 없다. 그러나 다른 원소들과는 달리 방사성이다. 라돈은 또 다른 자연 생성 방사성 원소인 우라늄의 붕괴 계열에서 생성된다. 우라늄은 지구 암석에 약 4 ppm 정도의 농도로 나타나기 때문에 라돈은 도처에 있다. 아파트나 기숙사가 어떻게 건축되었는가에 따라 우라늄을 포함하는 암석에서 생성된 라돈은 지하실에 침투할 수 있다. 라돈은 폐암을 일으키고 담배 흡연 다음으로 폐암 원인 2위이다. 다른 오염 물질의 경우와 마찬가지로 위험의 문턱 한계(threshold)는 추산할 수는 있지만 정확하게 알 수는 없다. 그림 1.22와 같은 라돈 테스트 키트는 생활 공간의 라돈 농도를 측정하는 데 사용된다.

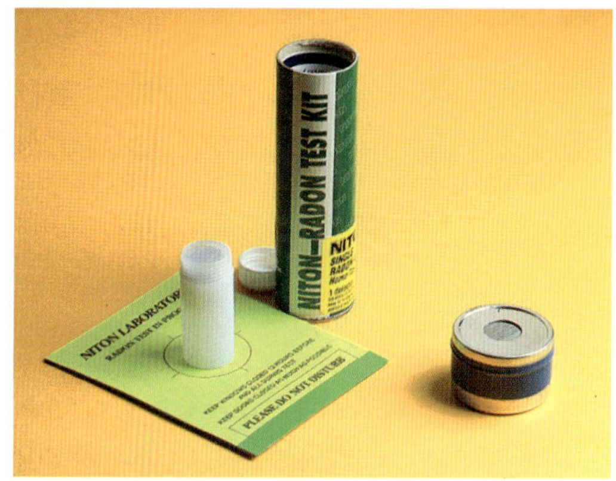

그림 1.22 가정용 라돈 테스트 키트

7장에서 우라늄과 자연 붕괴 계열에 대하여 더 많은 것을 살펴보자.

1.14 다시 호흡으로—분자 수준에서

호흡과 폐 용량에 대하여 더 많은 것을 알기 위해 Figures Alive!를 확인하라.

공기 질 표준에 의해 허용되는 오염원의 최대 농도는 아주 작다(표 1.2 참조). 사실 9 ppm의 CO에 노출되는 것은 아주 작은 양이다. 그러나 이렇게 낮은 CO 농도도 엄청난 수의 일산화 탄소 분자를 포함하고 있다. 이러한 외견상의 모순은 분자가 극소 분자량을 갖는 결과이다. 연구과제 1.2: 호흡하라를 되새겨보라. 평균 성인이면 폐의 크기가 5~6 L 사이이다. 호흡할 때마다 폐를 비우진 않는다. 오히려 이 책을 읽는 쉬는 동안, 각 호흡마다 약 500밀리리터 또는 1/2쿼츠(부피 단위, 부록 1 참조)의 공기를 들이마신다.

들이마시고 내쉬는 공기의 부피를 호흡 측정기(spirometer)로 정확하게 측정할 수 있다(그림 1.23). 이만한 공기 부피에 있는 분자 및 원자의 수를 결정하는 것은 더 어려운 작업이지만 가능하기는 하다. 실험을 통해 우리는 500 mL의 일반적인 호흡은 2×10^{22}개의 분자 및 원자들을 포함한다는 것을 알고 있다. 공기에는 주로 N_2와 O_2 분자가 함께 있으며, 소량의 Ar 원자와 다양한 양의 H_2O 분자(습기)도 존재한다.

그림 1.23 호흡 측정기는 개인의 호흡 용량을 측정하는 데 사용된다.

이 공기에 들어 있는 분자 및 원자의 개수(2×10^{22})를 사용하여, 들이마시는 호흡 중에 CO 분자 수를 계산할 수 있다. 호흡이 2×10^{22}개의 분자 및 원자들을 포함한다고 가정하고, 공기 질 표준에서 공기 중의

CO 농도가 9 ppm이라고 해보자. 그러면 공기 중의 백만(1×10^6) 개의 분자 및 원자마다 9개가 CO 분자일 것이다. 한 번의 호흡에서 CO 분자의 수를 계산하기 위하여 공기에 있는 전체 분자 및 원자 수에 CO 분자 비율을 곱하자.

$$\frac{\text{CO 분자수}}{\text{1회 공기 호흡}} = \frac{2 \times 10^{22}\ \text{공기중 분자 및 원자수}}{\text{1회 공기 호흡}} \times \frac{\text{9개의 CO 분자}}{1 \times 10^{6}\ \text{공기중 분자 및 원자수}}$$

$$= \frac{2 \times 9 \times 10^{22}}{1 \times 10^{6}} \ \frac{\text{CO 분자수}}{\text{1회 공기 호흡}}$$

$$= \frac{18 \times 10^{22}}{1 \times 10^{6}} \ \frac{\text{CO 분자수}}{\text{1회 공기 호흡}}$$

이것을 써나가는 데 있어, 수에 붙은 단위를 계속 주의하여 사용한다. 이는 참여한 물리적 실체를 우리로 하여금 계속 기억하게 하면서 문제를 올바르게 해결하도록 인도한다. '공기 중 분자 및 원자' 단위가 소거되면서, 공기 호흡 1회당 CO 분자수라는 원하는 단위가 남는다.

그러나 최종 답을 구하는 데에는 10^{22}를 10^6으로 나누는 것이 필요하다. 10의 지수를 나눌 때에는 지수를 단순히 빼면 된다. 이 경우에

$$\frac{10^{22}}{10^{6}} = 10^{(22-6)} = 10^{16}$$

따라서 한 번의 호흡은 18×10^{16}개의 CO 분자를 포함한다.

앞의 답은 수학적으로는 옳지만, 화학적 표기법에서는 소수점 왼쪽에 한 숫자만 쓰는 것이 관례이다. 그런데 여기엔 1과 8, 두 개의 수가 있다. 그러므로 마지막 단계로 18×10^{16}을 1.8×10^{17}로 쓴다. 이러한 변환은 $18 = 1.8 \times 10$이고, 이는 1.8×10^1이기 때문에 가능하다. 10을 여러 번 **곱하는** 것은 지수를 **더하는** 것이다. 따라서 18×10^{16}개의 CO 분자는 $(1.8 \times 10^1) \times 10^{16}$개의 CO 분자이고, 이는 여러분이 들이마신 마지막 호흡에 1.8×10^{17}개의 CO 분자가 있다는 것과 같다. 이러한 지수의 사용이 좀 너무 어렵다고 생각되면 부록 2를 참고하라.

놀랍게 들리겠지만, 답을 반올림하여 2×10^{17} CO개의 분자라고 보고하는 것이 더 정확하다. 1.8×10^{17}이 확실히 더 정확해 보이지만, 계산에 사용한 자료가 그리 정확한 것이 아니다. 1회 호흡은 약 2×10^{22}개의 분자를 포함하지만, 이것은 1.6×10^{22}, 2.3×10^{22} 또는 어떤 다른 수일 수도 있다. 2×10^{22}가 물리적 기반의 성질을 한 개의 유효 숫자로 표현한 것이다. **유효 숫자(significant figure)**란 실험적 양이 알려진 것을 올바르고 정확하게 표현하기 위하여 포함한(또는 배제한) 숫자이다. 2.3이라는 값에서 오직 한 숫자 2만 사용한다. 그래서 2×10^{22}도 하나의 유효 숫자만 가진다. 따라서 호흡에서의 분자 수는 1×10^{22}나 3×10^{22}보다는 2×10^{22}에 가깝다. 그러나 이 이상은 확실하게 이야기할 수 없다.

마찬가지로, 일산화 탄소의 농도는 하나의 유효 숫자, 9 ppm만으로 알려져 있다. 즉 2×9가 18인 것은 수학적으로 확실히 옳지만, CO에 관한 질문은 물리적 자료에 기초한 것이다. 답인 1.8×10^{17}개 CO 분자는 1과 8이란 두 개의 유효 숫자를 포함한다. 두 개의 유효 숫자는 정당화될 수 없는 지식 수준을 의미한다. 계산의 정확성은 자료의 최소 정확성을 가진 값에 의해 결정된다. CO의 농도와 1회 호흡에서의 분자 및 원자 수 모두 한 개의 유효 숫자(각각 9와 2)만 알려져 있다. 그러므로 답에서의 두 개의 유효 숫자는 정당화되지 않는다. 일반 상식적인 규칙은 조작에 의해 실험 측정값의 정확도를 향상시킬 수 없다는 것이다. 따라서 답도 하나의 유효 숫자만 포함해야 하므로 2×10^{17}이 맞다.

예제 1.31 오존 분자

지역 뉴스에서 오늘의 지상 오존 수준이 허용 불가능한 수준인 0.12 ppm으로 측정되었다고 보고하였다. 사람들은 매 호흡마다 몇 개의 오존 분자를 들이마셨는가? (한 번의 호흡은 2×10^{22}개의 분자 및 원자를 포함한다.)

답

1회 호흡마다의 분자 및 원자 수로 시작하자. 오존 농도가 0.12 ppm이면, 공기 중 10^6개의 분자 및 원자마다 O_3 분자 0.12개가 있다는 것이다.

$$\frac{2 \times 10^{22}\text{개의 공기 중 분자 및 원자 수}}{\text{1회 공기 호흡}} \times \frac{0.12\text{개의 } O_3 \text{ 분자}}{1 \times 10^6\text{개의 공기 중 분자 및 원자 수}}$$

$$= 2.4 \times 10^{15}\ O_3 \text{ 분자/호흡}$$

$$= 2 \times 10^{15}\text{개 } O_3 \text{ 분자/호흡 (유효 숫자 1개로)}$$

유효 숫자에 대한 이 설명의 중요성에 의문이 생길 수 있다. '그림은 거짓말하지 않지만, 거짓말쟁이는 그릴 수 있다'라는 것이 알려져 있다. 종종 숫자는 신문이나 텔레비전 이야기에 진실 분위기를 제공하므로, 인기 있는 언론 설명은 숫자로 가득하다. 이 중 몇몇은 의미 있지만 아닌 것도 있다. 이러한 사실을 알고 있는 시민들은 이들을 구분할 수 있다. 예를 들어 대기 중 이산화 탄소의 농도가 400.6537 ppm이라는 주장은 차라리 커다란 염화 소듐(소금) 알갱이로 생각해야 한다. 401 ppm이나 400.7 ppm(3개나 4개의 유효 숫자)이 우리가 실제 측정할 수 있는 값을 더 잘 대표하는 것이므로 7개의 유효 숫자로 표현한 주장은 단순하게 유효하지 않다.

예제 1.32 CO 모니터

일산화 탄소 모니터는 가정이나 직장에서 사용될 수 있다. 그림 1.24는 35 ppm을 표시하고 있는 편리한 휴대용 CO 감지기를 보여 주고 있다.

a. 35.0388217 ppm이라고 표시된 미터기를 갖는 것이 도움이 될 것인가? 설명하시오.
b. 35.0388217 ppm이 유효한 값인가? 설명하시오.

답

a. 아니다. 이는 도움을 주지 않는다. 문제는 CO 농도가, 예를 들어 8시간 동안 9 ppm 또는 1시간 동안 35 ppm과 같은 특정 값을 넘는가이다.

그림 1.24 35 ppm을 가리키는 일산화 탄소 미터

공기 시료 중 CO 농도가 9 ppm인 것으로 시작했음을 상기하라. 그렇더라도 1회 호흡에서 CO 분자 수는 엄청나서 약 2×10^{17}개다. 이 수로부터 알 수 있듯이, 공기로부터 CO 분자 모두를 완전히 제거하는 것은 **불가능**하다. '오염원 0'이라는 것은 도달할 수 없는 목표이다. 현재, 가장 감도 좋은 화학 분석 방법으로 1조 개 중에 한 개의 목표 분자를 감지하는 것이 가능하다. 1조 개 중의 한 개는 태양으로 향하는 1억 5천 km의 여정 중에 15 cm를 움직이는 것 또는 1만 톤의 감자 칩에서 소금 알갱이 하나를 집는 것과 같다.

증거가 없다는 것은, 없는 증거와는 다르다. 물질은 존재할 수 있지만 감지되지 않을 수 있다.

다시 말해서 공기는 항상 미량 수준의 오염원을 갖고 있지만, 감지할 수 없다. 한 번의 공기 호흡은 수백 개의 분자, 그리고 아마도 대부분이 극소량의 농도인 수천 개의 다른 화합물을 포함한다. 이들의 원천은 자연일 수도 있고 인간 활동 때문일 수도 있다. 모든 화학 물질에서 '천연'이 반드시 좋은 것은 아니듯이, '인공'이 반드시 나쁜 것도 아니다. 앞서 배웠듯이 중요한 것은 노출과 독성이다.

예제 1.33 CO 분자의 관점

1회 호흡마다 CO 분자 2×10^{17}개의 크기에 대한 이해를 돕기 위하여, 지구에 70억 인구 가운데 이 숫자가 동일하게 분포되어 있다고 가정하자. 방금 들이마신 2×10^{17}개의 CO 분자에 대한 각자의 배당 개수를 계산하시오.

답

지구의 인구에게 1회 호흡당 막대한 수의 분자를 나누어주려고 한다. 이는 CO의 총 수를 인구 총 수로 나누어서 구할 수 있다.

$$\text{개개인의 배당 개수는 } \frac{2 \times 10^{17}\text{개 CO 분자}}{7.0 \times 10^{9}\text{명}}$$

따라서 1개의 유효 숫자로 1인당 3×10^{7}(3천만)개의 CO 분자를 갖는다.

극단적으로 작은 양이면서도, 여러분이 호흡하는 분자 및 원자는 중요한 특징을 갖는다. 이들은 일정한 운동을 한다. 상온과 상압에서 질소 분자는 1초에 305 m 정도 움직이고, 그동안 다른 분자들과 대략 4천억 번의 충돌을 한다. 그럼에도 불구하고, 상대적으로 말해서 분자들은 서로 아주 멀리 떨어져 있다. 공기를 구성하는 분자의 극히 작은 실제 부피는 기체 전체 부피의 약 1/1000 정도일 뿐이다. 0.5 L의 호흡에 있는 입자를 서로 압축시키면, 그 부피는 티스푼의 1/4보다도 작은 0.5 mL 정도일 뿐인 것이다. 때때로 사람들은 공기가 비어 있는 공간이라고 잘못 생각한다. 99.9%는 빈 공간이지만, 그것이 포함하고 있는 물질은 말 그대로 삶과 죽음의 문제를 포함한다.

더욱이 그 물질은 우리가 다른 생명체와 지속적으로 교환하고 있는 것들이다. 우리가 내뿜은 이산화 탄소는 우리가 먹는 음식물을 만드는 식물이 사용한다. 식물이 방출하는 산소는 인류 존재에 필수적이다. 우리의 생명은 공기라는 찾기 힘든 매개체와 연계되어 있다. 호흡마다 우리는 다른 것과 수백만의 분자를 교환한다. 이 장을 읽으면서 우리의 폐는 다른 사람이 전에 숨쉬었던 4×10^{19}개의 분자를 포함하고, 어떤 **특정** 인물, 예를 들어 시저, 간디, 잔 다르크가 호흡했던 6×10^{8}개의 분자를 포함할 수 있다. 사실 지금 바로 각자의 폐가 시저의 마지막 숨이었던 분자 한 개를 포함할 확률도 있다. 결과는 숨이 막힐 듯하지 않은가!

확인문제 1.34 시저의 마지막 호흡

여러분의 폐가 시저의 마지막 호흡이었던 분자를 포함한다고 가정하자. 이 주장은 몇몇 가정과 계산에 기초한다. 이들 가정이 합리적인가? 계산을 재확인하라는 것은 아니고, 우리가 사용했을지 모르는 가정과 주장 몇 가지를 확인하는 것으로 족하다.

힌트: 계산에서 시저의 마지막 숨의 모든 분자들은 대기 중으로 골고루 퍼졌다고 가정한다.

연구과제 1.35 오늘날의 공기 질

대기에 폐기물을 더하는 것은 하룻밤에 일어나지 않았다. 오히려 공기 오염은 적어도 산업 혁명 시대 이후 증가되고 있는 걱정거리이다. 국가들과 전 세계 단체들이 공기 질에 대하여 점점 더 염려하는 이유는 무엇인가? 시민과 투표자들의 주의를 끌 수 있는 공기 질에 대한 4개 이상의 요인들을 열거하시오.

결론

우리가 호흡하는 공기는 우리의 건강과 지구의 건강에 영향을 미친다. 우리의 대기는 생명에 필수적인 두 가지 원소(산소와 질소)와 두 가지 화합물(물과 이산화 탄소)을 포함한다. 우리가 이 지구에 존재할 수 있는 것은 상대적으로 깨끗하고 오염되지 않은 공기의 대규모 공급이 가능하는가에 의존한다.

그러나 호흡하는 공기는 일산화 탄소, 오존, 이산화 황, 질소 산화물에 의해 오염될 수 있다. 오염된 공기는 대부분의 사람들이 현재 거주하는 지역인 대도시에서 더 흔하다. 응급실을 찾는 환자 수는 나쁜 공기의 질과 관계가 있다. 숨을 헐떡이는 것, 갈라진 목소리, 따가운 눈도 마찬가지이다. 해를 끼치는 오염 물질들은 대부분 상대적으로 간단한 화학 물질들이다. 이 물질들은 주로 발전소에서 전기를 생산하는 석탄과 내연 기관의 휘발유, 난방과 취사를 위해 연소되는 연료에 대한 의존성의 결과로 생성된다.

지난 30년 이상 정부의 규제와 산업계의 독창력, 현대 기술을 통하여 오염 물질의 수준을 낮추었다. 자동차에 장착된 촉매 변환기와 굴뚝의 배출 통제가 주요한 역할을 하였다. 그러나 우선적으로 '인간의 연기'를 발생하지 않도록 하는 것이 더 타당하다. 여기가 녹색 화학이 주요한 역할을 해야 하는 영역이다. 대기 오염 물질을 생산하지 않는 새로운 공정을 설계함으로써 나중에 청소를 해야 할 필요가 없게 된다.

실내 또는 실외에서 우리가 숨 쉬는 산소가 들어 있는 공기는 지구 표면에 매우 가까이 있다. 그러나 지구의 대기는 상당한 거리를 위쪽으로 확장되어 있고, 이 지구 상의 생명체에 필수적인 다른 기체들도 포함하고 있다. 2장과 3장은 이들 중 두 가지를 기술할 것이다. 즉 성층권의 오존과 이산화 탄소이다. 지구 상의 인류의 발자국과 '공기 자국'은 이들 기체들과 놀라운 방법으로 연결되어 있다.

요약

괄호 안의 숫자는 주제가 소개된 절을 의미한다. 이 장을 공부한 후에 다음을 할 수 있어야 한다.

- 건강과 호흡의 연관성을 설명할 수 있다. (전체 장)
- 주요 성분, 상대적 양, 공기 조성의 지역적 변화의 관점을 이용하여 공기를 기술할 수 있다. (1.1, 1.5)
- 주요 공기 오염 물질을 나열하고 각 물질이 건강에 미치는 영향을 기술할 수 있다. (전체 장)
- 어떠한 오염 물질이 존재할 가능성이 있는지와 원천의 관점으로 실내와 실외 공기를 비교하고 대조할 수 있다. (1.3, 1.13)
- 각 오염 물질에 대하여 공기 질 기준이 개별적으로 설정된 이유를 포함하여 지역적 공기 질 자료의 의미를 설명할 수 있다. (1.3)
- 특정 활동의 이득과 위험성을 평가할 수 있다. (1.3)
- 녹색 화학 독창성과 생성된 후에 청소하는 것보다 오염을 막는 것이 더 왜 이치에 맞는지를 논의할 수 있다. (1.5)
- 다음 용어들을 관련지을 수 있다. 물질, 순물질, 혼합물, 원소, 화합물, 금속, 비금속 (1.6)
- 족을 포함하여 주기율표의 특성을 논의할 수 있다. (1.6)
- 원자와 분자의 차이에 대하여 각각 예를 들어 설명할 수 있다. (1.7)
- 공기 질과 관련한 화학 원소와 화합물명을 적을 수 있다. (1.7)
- 공기 질과 관련한 화학식들을 적고 설명할 수 있다. (1.8)
- 공기 질과 관련한 화학 반응식의 균형을 맞추고 설명할 수 있다. (1.9~1.10)
- 탄화수소가 어떻게 이산화 탄소, 일산화 탄소, 숯을 형성하면서 타는지를 포함하여 연소에서 산소의 역할을 이해할 수 있다. (1.9~1.10)
- 오존 형성에 태양 빛, NO, NO_2, VOC가 어떻게 개입하는지 설명할 수 있다. (1.12)
- 실내 공기 오염원의 원천과 성질을 알아볼 수 있다. (1.13)
- '오염 없는' 공기의 비합리성을 설명할 수 있다. (1.14)
- 기본 계산을 수행하는 데에 과학적 표기법과 유효 숫자를 사용할 수 있다. (1.4, 1.14)
- 여러분이 공기 오염에 대하여 알고 있는 것을 더 깨끗한 공기를 만들기 위한 인류의 방법에 적용할 수 있다. (전체 장)

연습문제

각 장 끝의 연습문제는 세 가지 형태로 묶었다.

- **기초를 강조(기본문제)** 기본적인 기법을 연습할 수 있는 기회를 제공하는 문제
- **개념에 중점(개념문제)** 보다 어렵고 사회적 문제와 연관된 문제
- **확장을 모색함(응용문제)** 이 책에서 제공된 정보를 넘어서는 도전적인 문제

부록 5는 **파란색** 번호의 질문에 대한 답을 제공한다.

이 아이콘으로 표시된 질문은 녹색 화학과 관련한 것이다.

기본문제

1. a. 근무하는 8시간 동안 흡입(배출)하는 공기의 부피를 L로 계산하시오. 각 호흡은 약 0.5L로 가정하고 분당 15회 호흡한다고 가정하시오.
   b. 이 계산에서 호흡을 통해 상당히 큰 부피의 공기에 노출되었음을 알게 될 것이다. 호흡하는 공기의 질을 향상시키기 위해 할 수 있는 5가지 일을 제시하시오.
2. 우리의 대기는 생명을 지원하는 얇은 베일과 화학 물질로 구성된 십여 km의 수직 높이의 특징을 갖는다. 이 표현들을 정확하게 설명하시오. 우리의 대기에서 어떤 모습들이 각각의 설명을 강조하는지, 또 어떤 것들을 생략할 수 있는지 기술하시오.
3. Rn, CO_2, CO, O_2, Ar, N_2 등 이 기체들은 대류권에서 발견된다.
   a. 대류권에 많은 순서대로 나열하시오.
   b. 어떤 기체들의 경우 농도를 ppm으로 표시하는 것이 편리한가?
   c. 어떤 기체들이 현재 여러분이 거주하는 지역에서 오염 물질로 규제되고 있는가?
   d. 어떤 기체들이 주기율표의 8A족, 즉 비활성 기체 족에서 발견되는가?
4. 공기에서 발견되는 입자 물질의 세 가지 예를 드시오. 크기와 건강 효과 차원에서 $PM_{2.5}$와 PM_{10} 간의 차이를 설명하시오.
5. 라돈은 주기율표의 8A족에서 발견되는 비활성 기체 중의 하나이다. 다른 비활성 기체와 공유하는 성질이 무엇인가? 다른 것과 어떤 면에서 명백하게 다른가?
6. **a.** 공기 중에서 아르곤의 농도는 대략 0.9%이다. 이 값을 ppm으로 표현하시오.
   b. 흡연자의 폐로부터 내뿜어진 공기는 20~50 ppm의 CO 농도를 갖는다. 반대로 비흡연자에 의해 내쉬어진 공기는 0~2 ppm의 CO 농도를 갖는다. 각 농도를 %로 표현하시오.
   c. 열대 우림 지역에서 수증기 농도는 50,000 ppm에 다다른다. 이를 %로 표현하시오.
   d. 건조한 극 지방에서 수증기는 겨우 10 ppm일 수 있다. 이를 %로 표현하시오.
7. 다음 그림에서는 두 종류의 원자를 색과 크기로 구별하여 나타내었다. 각 시료를 원소, 화합물, 혼합물로 구별하시오. 여러분의 추론을 설명하시오.

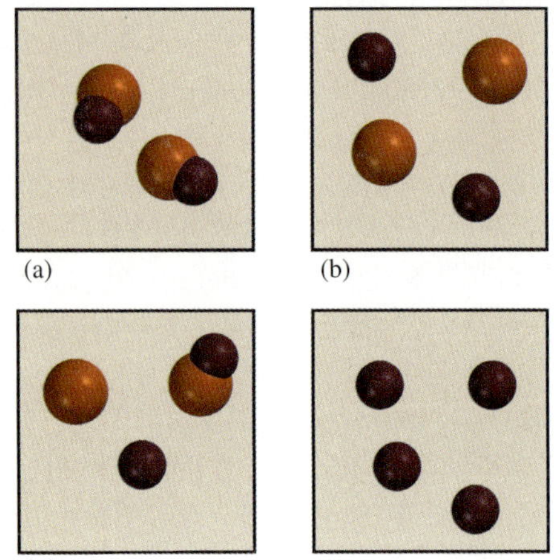

(a) (b) (c) (d)

8. 질소와 수소 간의 반응으로 암모니아(NH_3)를 형성하는 다음 표현을 생각해 보자.

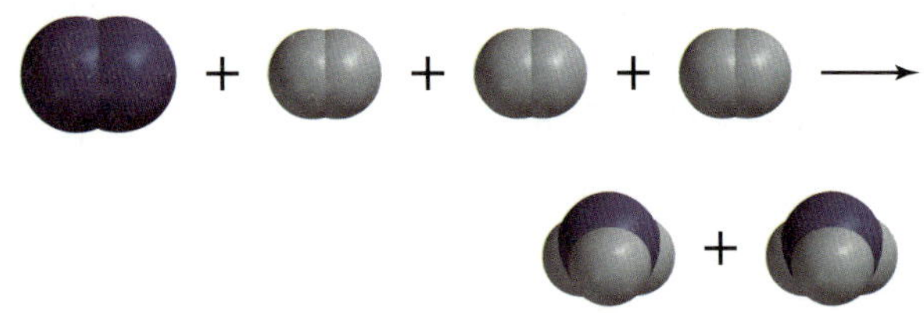

   a. 반응물과 생성물의 질량은 같은가? 설명하시오.
   b. 반응물과 생성물의 분자 수는 같은가? 설명하시오.
   c. 반응물에서 원자의 총 수와 생성물에서 원자의 총 수는 같은가? 설명하시오.
9. 다음의 각 수를 과학적 표기법으로 표현하시오.
   a. 1500 m(경보 거리)
   b. 0.0000000000958 m(물 분자에서 O와 H 원자 간 거리)
   c. 0.0000075 m(적혈구 세포의 지름)
   d. 150,000 mg CO(매일 호흡하는 대략적인 양)
10. 다음 값들을 각각 '일반적인' 숫자로 쓰시오.
   a. 8.5×10^4 g(평균적인 방에 있는 공기의 질량)
   b. 8.4×10^8리터(2010년에 멕시코 만에 유출된 원유 부피)
   c. 5.0×10^{-3}%(도시 거리에서 공기 중의 CO 농도)
   d. 1×10^{-5} g(바이타민 D의 일일 권장량)
11. 냄새로 감지할 수 있는 NO_2 문턱값(threshold)은 0.00022 g/m^{3}이다.
   a. 이 수치를 과학적 표기법으로 표시하시오.
   b. CO에 대한 문턱값으로 비슷한 수치를 예상하는가?
   c. 자극적이고 쉽게 감지할 수 있는 냄새를 가진 다른 오염 물질을 쓰시오.

12. 산불은 우리 지구 전반에서 발생한다. 다음 그림은 상용 비행기가 미국 애리조나 피닉스의 북부를 촬영한 사진이다.

 a. 숲이 타면 어떠한 연소 생성물을 예상할 수 있는가?
 b. 이 화재는 적어도 3개의 오염원을 방출한다. 어떤 것이 눈에 보이고 어떤 것이 눈에 보이지 않는가?

13. 다음 주기율표에서 음영으로 표시한 족을 생각해 보자.

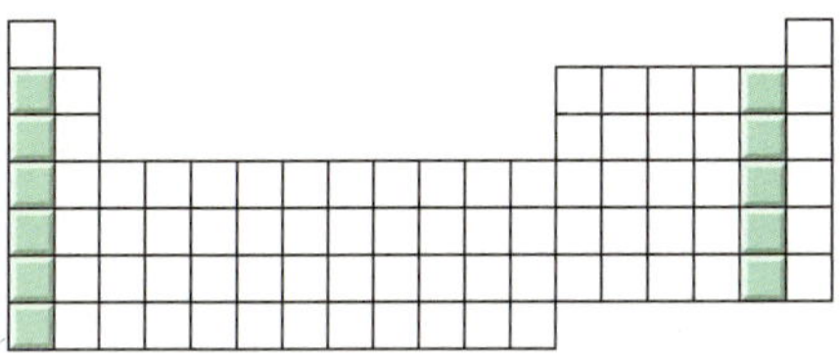

 a. 각 음영으로 표시한 족들의 족 번호는 무엇인가?
 b. 각 족을 구성하는 원소들의 이름을 쓰시오.
 c. 각 족의 원소들의 일반적 특징을 제시하시오.

14. 다음 비어 있는 주기율표를 생각해 보자.

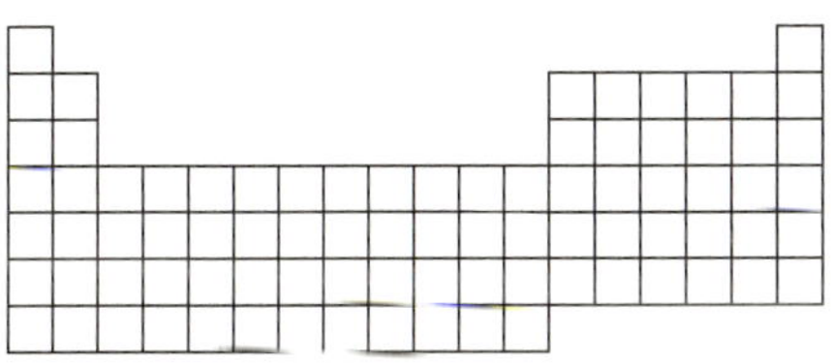

 a. 금속이 발견되는 주기율표 영역을 빗금으로 표시하시오.
 b. 일반적인 금속은 철, 마그네슘, 알루미늄, 소듐, 포타슘, 은을 포함한다. 각각의 화학 기호를 쓰시오.
 c. 5가지 비금속(빗금치지 않은 영역의 원소들)의 이름과 화학 기호를 쓰시오.

15. 다음 각 물질을 원소, 화합물, 혼합물로 분류하시오.
 a. '웃음 가스'[일산화 이질소(N_2O), 아산화 질소라고도 부름]의 시료
 b. 냄비의 끓는 물에서 나오는 수증기
 c. 냄새 제거 비누
 d. 구리 시료
 e. 마요네즈
 f. 풍선을 채운 헬륨

16. CH_4, SO_2, O_3 기체는 대기 중에 소량 발견된다.
 a. 각각의 화학식은 존재하는 원자의 수와 종류에 관하여 어떠한 정보를 내포하고 있는가?
 b. 이들 기체를 명명하시오.

17. 탄화수소는 여러 가지 이유로 연소시키는 주요한 연료이다.
 a. 탄화수소란 무엇인가?
 b. 다음 탄화수소를 탄소 수에 따라 나열하시오. 프로페인, 메테인, 뷰테인, 옥테인, 에테인
 c. 처음 네 가지 탄화수소의 이름을 기억하는 데 도움을 주기 위해서 '엄마는 땅콩버터를 먹는다(mother eats peanut butter)'라는 문장을 제안한다. 5개의 탄소 원자를 의미하는 접두사인 펜트(*pent-*)를 포함하는 문장을 제안하시오.

18. 다음 반응을 나타내는 균형 맞춘 화학 반응식을 쓰시오. **힌트:** 질소와 산소는 둘 다 이원자 분자이다.
 a. 질소는 산소와 반응하여 일산화 질소를 형성한다.
 b. 오존은 산소와 산소 원자(O)로 분해된다.
 c. 황은 산소와 반응하여 삼산화 황을 형성한다.

19. 식 1.8과 유사하게, 문제 18의 모든 화학 반응식을 모형으로 표현하시오.

20. 다음 질문들은 탄화수소의 연소와 관계되어 있다.
 a. LPG(액화 석유 가스)는 대부분이 프로페인(C_3H_8)이다. 다음 반응식의 균형을 맞추시오.

$$C_3H_8(g) + O_2(g) \longrightarrow CO_2(g) + H_2O(g)$$

 b. 담배 라이터는 뷰테인(C_4H_{10})을 태운다. 완전 연소, 즉 충분한 산소 존재하에서 태울 때의 균형 맞춘 반응식을 쓰시오.
 c. 산소 공급이 제한되어 있을 때, 프로페인과 뷰테인은 불완전 연소하여 일산화 탄소를 형성할 수 있다. 이들 경우의 균형 맞춘 반응식을 쓰시오.

21. 에테인(C_2H_4)을 산소 속에서 연소하는 다음 반응식의 균형을 맞추시오.
 a. $C_2H_4(g) + O_2(g) \longrightarrow C(s) + H_2O(g)$
 b. $C_2H_4(g) + O_2(g) \longrightarrow CO(g) + H_2O(g)$
 c. $C_2H_4(g) + O_2(g) \longrightarrow CO_2(g) + H_2O(g)$

22. 문제 21의 균형 맞춘 반응식에서 산소의 계수를 확인하시오. 왜 이들 산소 계수가 C, CO, CO_2가 생성될 때 각각 달라지는지 설명하시오.

23. 다음 반응식의 균형이 맞아 있음을 나타내기 위해 화살표 양쪽 원자들의 수를 세어보시오.
 a. $2\ C_3H_8(g) + 7\ O_2(g) \longrightarrow 6\ CO(g) + 8\ H_2O(l)$
 b. $2\ C_8H_{18}(g) + 25\ O_2(g) \longrightarrow 16\ CO_2(g) + 18\ H_2O(l)$

24. 백금, 팔라듐, 로듐은 자동차의 촉매 변환 장치에 사용된다.
 a. 각 금속의 화학 기호를 쓰시오.
 b. 주기율표에서 각 금속의 위치를 찾아보시오.
 c. 이들 금속이 변환 촉매제로 유용하다는 것으로부터 그들의 성질에 대하여 어떤 것을 유추할 수 있는가?

25. 아세톤을 포함한 매니큐어 제거제를 6 m × 5 m × 3 m 크기의 방에 쏟았다. 측정한 결과 아세톤 3600 mg이 증발하였다. 아세톤의 농도를 $\mu g/m^3$의 단위로 계산하시오.

개념문제

26. '공기 자국'이 이 장을 여는 활동에서 언급되었다. 다음 두 사진을 살펴보자. 처음 사진은 하와이 섬의 힐로 해안의 숙소에서 찍은 아름다운 풍경이다. 두 번째 것은 동경 나리타 국제공항의 연무가 낀 여름날의 비행장을 보여 준다. 각 사진에서 인간의 공기 자국을 보여 주는 세 가지 방법을 열거하시오. **힌트:** 몇 가지는 보이지 않을 수 있지만 사진에서 내포하고 있을 수 있다.

27. AIRNOW 웹사이트(EPA)에 '대기의 질은 생명의 질이다'라고 언급되어 있다. 이 문장에 숨겨진 지혜를 두 가지 대기 오염 물질에 대하여 보이시오.

28. 연구과제 1.2에서 하루에 내쉬는 공기 부피를 계산하였다. 이 부피는 화학 수업을 하는 교실의 공기 부피와 비교하여 어느 정도인가? **힌트:** 교실의 부피를 측정하거나 추정하는 데에 가장 편리한 단위를 미리 생각하라.

29. 표 1.1에 따르면, 흡입한 공기 중의 이산화 탄소 퍼센트는 배출하는 공기의 퍼센트보다 **낮다**. 그러나 흡입한 공기 중의 산소 퍼센트는 배출하는 공기의 퍼센트보다 높다. 이 관계를 어떻게 설명하겠는가?

30. 자동차는 인간처럼 숨을 들이마시고 내쉴 수 없다. 그럼에도 불구하고, 자동차로 들어간 공기는 배출하는 것과 다르다. 예제 1.19에서 배기관 밖으로 나오는 것들을 나열하였다. 이제 자동차 엔진으로 들어가는 공기와 배기관 밖으로 배출되는 것의 **차이에** 대하여 설명하시오. 어떤 화학 물질의 농도가 특별히 증가되었거나 감소되었는가?

31. 알래스카 주 '앵커리지 데일리 뉴스'의 헤드라인(2008. 1. 17)은 다음과 같다. '차에 탄 가족이 일산화 탄소에 중독되었다. 소방요원들이 눈덩이로 파고들어가 5명을 구하였다.'
   a. 여러분의 차가 눈 언덕에 파묻혀 있고 엔진이 가동 중이라면, CO가 차 안에 축적될 수 있다. 그러나 보통 CO가 차 안에 축적되지는 않는다. 설명하시오.
   b. 왜 승객들은 CO를 감지하지 못하였는가?

32. 미네소타, 세인트 폴의 *Pioneer Press*라는 신문의 2008년 1월 8일자 헤드라인 뉴스: '기체에 노출되어 사람이 죽는다. 일산화 탄소가 다른 5인을 아프게 한다.'
   a. 집 안에서 두 개의 가능한 CO 원천을 지적하시오.
   b. 측정 수준이 4700 ppm이었다. 이 값을 %로 표현하시오.
   c. 이 수준은 EPA가 마련한 미국 평균 공기 질 표준과 비교하면 어떤 정도인가?
   d. 노출되었을 것으로 생각되는 생존자들의 증세 세 가지를 기록하시오.
   e. CO 감지기는 집안의 어디에 달아야 하는가?
   비고: 벽난로 주변은 일반적으로 권장되지 않는다.

33. 연구과제 1.4에서 산소의 농도가 2배가 된다면 지구 상의 생명체들이 어떻게 변할지 생각해 보시오. 여기서는 산소의 농도가 반으로 줄어들면 지구 상의 생명체들이 어떻게 변할지를 고려하시오. 영향을 받을 수 있는 일들의 예를 두 가지 드시오.

34. CO가 '침묵의 살인자'라고 불리는 이유를 설명하시오. 이러한 이름을 붙일 수 없는 두 가지 다른 오염원을 선택하여 왜 그런 이름을 붙일 수 없는지 설명하시오.

35. 희석되지 않은 담배 연기는 일산화 탄소 2~3%를 함유한다.
   a. 이 수치는 몇 ppm인가?
   b. 이 수치는 CO의 1시간과 8시간 간격의 국가 환경 대기 질 기준과 어떻게 비교되는가?
   c. 담배를 피우는 사람이 왜 일산화 탄소 중독으로 죽지 않는 이유를 제안하시오.

36. 북반구에서 오존 시즌은 5월 1일부터 10월 1일 정도까지이다. 겨울철에는 왜 오존 수준을 일반적으로 보고하지 않는가?

37. 환경보호국은 오존을 '높은 곳에서는 좋고, 낮은 곳에서는 나쁘다'라고 규정하였다. 설명하시오.

38. 2011년 7월 4일부터 13일까지 미국 조지아 아틀란타의 오존 공기 질 자료가 다음에 제시되어 있다. 주요 오염원이 오존이었다.

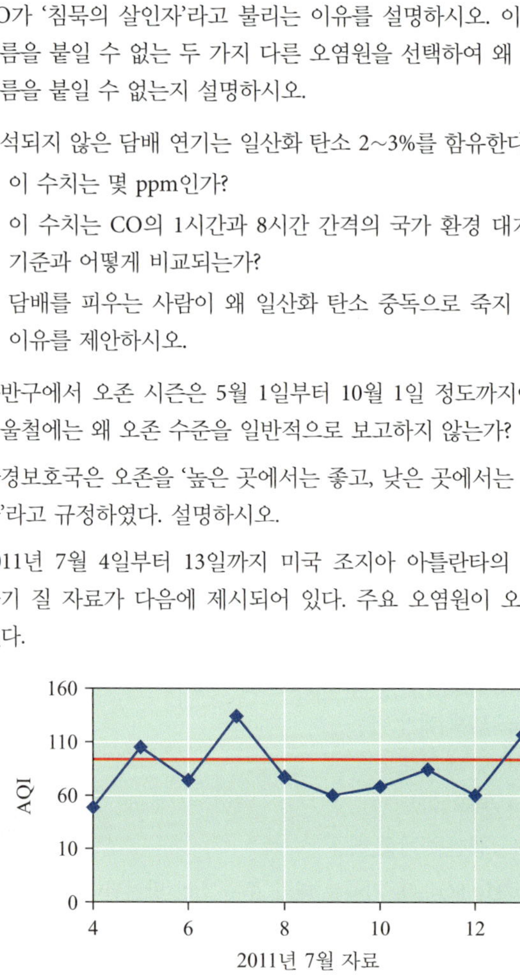

출처: *www.AIRNow.gov.*

a. 일반적으로 어떤 부류의 사람들이 오존에 가장 취약한가?

b. 미국 환경 보호국은 100 이상으로 매겨진 공기가 일부 또는 모든 부류의 사람들에게 해롭다고 결정하였다. 주어진 자료에서 공기가 유해한 날은 모두 며칠인가?

c. 오존 수준이 밤에 아주 급격하게 떨어졌다. 그 이유를 설명하시오.

d. 7월 7일 낮 시간 동안 오존이 급격하게 떨어졌다. 이 관측을 설명할 수 있는 두 가지 다른 이유를 제안하시오.

e. 12월 자료는 제시되지 않았다. 7월에 비하여 높을지, 낮을지 예상하고 설명하시오.

39. 다음은 미국 캘리포니아의 모데스토에서 2011년 12월 21~31일의 공기 질 자료이다. 주요 오염원은 PM_{10}이었다.

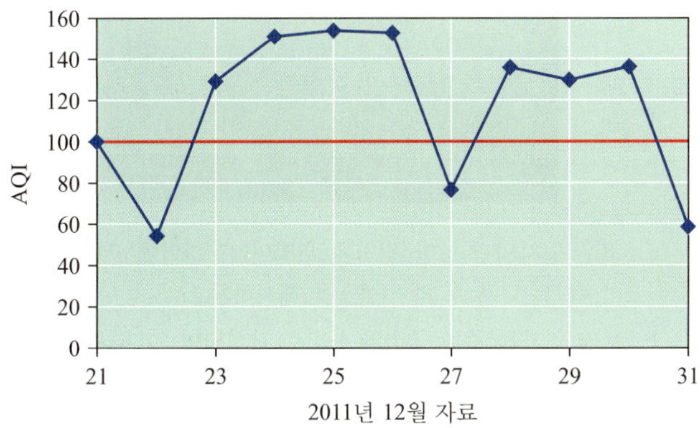

출처: *www.AIRNow.gov.*

a. 일반적으로 어떤 부류의 사람들이 입자 물질에 가장 취약한가?

b. 미국 환경 보호국은 100 이상으로 매겨진 공기가 몇몇 또는 모든 부류의 사람들에게 유해하다고 결정했다. 주어진 자료에서 유해한 날은 모두 며칠인가?

c. 오존과 달리, PM 수준은 밤에 반드시 떨어지지는 않는다. 설명하시오.

d. 입자 물질 수준이 12월 23일에 아주 급격하게 증가하였다. 이 관측을 설명할 수 있는 두 가지 다른 이유를 제안하시오.

40. 1990년 이전에는 미국의 디젤 연료에 2% 정도의 황이 포함될 수 있었다. 새로운 제한 규정이 이를 바꿔서 오늘날에 대부분의 디젤 연료는 황을 15 ppm 이하로 포함하는 초저황 디젤(ultra-low sulfur diesel, ULSD)이다.

a. 15 ppm을 %로 표현하시오. 마찬가지로, 2%를 ppm으로 나타내시오. ULSD는 디젤 연료의 옛날 조성에 비해 몇 배나 낮은 것인가?

b. 황을 포함하는 디젤 연료의 연소가 어떻게 공기 오염에 기여하는지를 나타내는 화학 반응식을 쓰시오.

c. 디젤 연료는 탄화수소 $C_{12}H_{26}$을 포함한다. 디젤이 연소하여 어떻게 대기 중으로 이산화 탄소를 내는지 보여 주는 화학 반응식을 쓰시오.

d. 어떻게 상황이 개선되어 왔고 앞으로 어떻게 진행되어 갈 필요가 있는지의 관점에서 지속 가능한 실행으로서의 디젤 연료 연소에 대하여 말해 보시오.

41. 특정 도시에서 1시간 동안 오존량이 0.13 ppm이었고 허용 한계가 0.12였다. 이때 이 도시가 오존 한계를 0.01 ppm 초과하였다고 보고하거나 한계를 8% 초과하였다고 말할 수 있는 선택권을 가지고 있다. 이러한 두 가지 보고 방법을 비교하시오.

42. 다음은 2011년 7월 1일의 오존 최고치 자료를 나타내는 미국 지도를 나타낸 것이다.

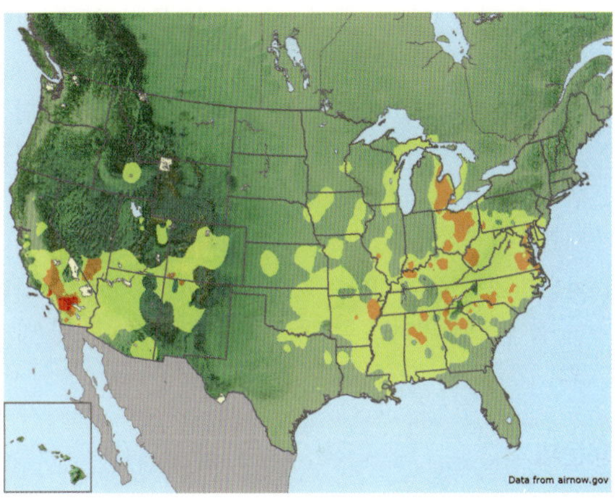

출처: *www.AIRNow.gov.*

a. 이 자료는 전형적으로 대부분의 오존 오염이 캘리포니아, 덴버, 텍사스, 중서부, 동부에서 예상된다는 것을 나타낸다. 미국의 이들 지역에서 오존 오염이 이처럼 높은 이유는 무엇인가?

b. 텍사스 동부는 여름에 오존 수위가 높지만 이 날에는 그렇지 않았다. 가능한 설명을 하시오.

c. 새크라멘토 계곡과 같은 캘리포니아의 내륙이 캘리포니아 연안보다 더 공기 질이 나쁜 이유는 무엇인가?

43. 두 다른 도시(한 곳은 덥고 건조하고, 다른 한 곳은 시원하고 비가 많이 오는 곳)의 오존에 대한 공기 질 자료를 찾으시오. 여기서 찾은 차이점에 대하여 설명하시오. **힌트:** 미국 폐 협회가 운영하는 웹 사이트인 **공기의 상태**(*State of the Air*)를 사용하라.

44. 일년 중 특정 시기에 칠레의 아름다운 산티아고의 도시 주민들은 지구 상에서 최악의 공기를 호흡한다.

a. 개인 차량을 운전하는 것이 산티아고에서는 심하게 제한되어 왔다. 이것이 어떻게 특별히 공기 질을 향상시킬 수 있는가?

b. 산티아고의 인구는 다른 도시의 인구와 비슷하지만 공기 질은 훨씬 나쁘다. 그럴 수 있는 지형학적 특징을 제안하시오.

45. a. 야외에서의 조깅(야외에서 그냥 앉아만 있는 것에 반하여)이 오염 물질에 대한 노출을 증가시키는 이유를 설명하시오.

b. 가정에서 실내 조깅을 하면 어떤 오염 물질에 대한 노출을 감소시킬 수 있지만 어떤 오염 물질에 대한 노출은 증가시킬 수 있다. 이유를 설명하시오.

46. 이제 소비자는 아주 적은 양의 VOC만을 방출하는 페인트를 살 수 있다. 그러나 이들 소비자는 이 페인트를 사는 것이 왜 중요한지 모를 수도 있다.

a. 적은 양의 VOC가 들어 있는 페인트가 좋은 생각이라는 것을 견지하는 문구를 페인트 캔에 인쇄한다면 어떤 것을 쓸 것인가?

b. 건물, 교각, 담장 말뚝과 같은 여러 외부 표면에 페인트칠을 한다. 이들 페인트가 방출하는 VOC의 환경 효과에 대하여 말하시오.

c. 적은 양의 VOC가 들어 있는 페인트를 생산하는 것이 어떻게 세 가지 최저선을 만족하는지 설명하시오.

47. CO 농도가 문턱값에 도달하면 즉시 경고음을 내는 일산화 탄소 감지기를 구입할 수 있다. 반면에 대부분의 라돈 검출 시스템은 경고음을 내기 전에 상당한 시간 간격 동안 공기 시료를 채취하여 분석하게 된다. 이 차이의 이유는 무엇인가?

48. 가능한 갖고 싶은 직업을 하나 선택하여, 이 직업의 사람이 공기 질에 좋은 기여를 할 수 있는 방법을 적어도 한 가지 쓰시오.

응용문제

49. '대기 오염은 많은 배출자들이 잘못을 공유하고자 하는 확산의 문제이다. 이것은 공유에 의한 비극의 고전적인 예이다.' (**출처:** 캘리포니아 주 공기 서론, David Carle, 2006.) '공유에 의한 비극'이라는 어귀를 설명하고, 어떻게 대기 오염이 고전적인 예가 될 수 있는지를 설명하시오.

50. 수은은 또 다른 심각한 공기 오염원인데, 이 장에서는 설명하지 않았다. 만약 여러분이 이 책의 저자라면, 수은 방출에 관하여 어떤 내용을 쓸 것인가? 수은 방출과 자원의 지속 가능한 사용을 어떻게 연계할 것인가? 이 책의 내용과 맞는 형태로 여러 문단을 작문하시오.

51. 환경보호국(EPA)가 녹색 화학 도전 대통령상을 조사하였다. EPA 웹사이트를 이용하여 이 프로그램이 언제 시작되었는지 이 상의 최근 수상자의 목록을 찾아보시오. 수상자 한 명을 선택하여 그 상을 수상한 녹색 화학에 있어 진보된 내용을 요약하시오.

52. 여가를 즐기는 스쿠버 다이버는 일반적으로 보통 공기와 조성이 같은 압축 공기를 사용한다. 사용하는 혼합물은 Nitrox라고 부른다. 이것의 조성은 무엇인가? 사용되는 이유는 무엇인가?

53. 다음은 미국 과학 재단과 애리조나 대학의 연구자들의 호의로 입수한 입자 물질의 두 가지 주사 전자 현미경 사진이다. 첫 번째 것은 토양 입자이고, 두 번째 것은 고무 입자이며, 각 입자는 반지름이 약 10 μm이다.

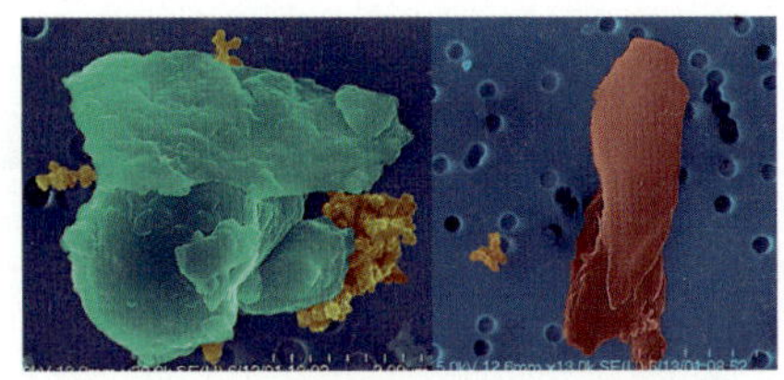

a. 고무 입자의 가능한 원천은 무엇인가? 대기에 PM 생성에 기여하는 다른 두 가지 물질을 제시하시오.

b. 토양 입자는 주로 규소와 산소로 구성되어 있다. 지구 지각의 암석이나 광물에서 주로 존재하는 다른 원소들은 무엇인가?

c. 이 사진에 의하면 이 입자들이 혈관에 염증을 일으킬 가능성이 있는가?

54. 초미세 입자는 지름이 0.1 μm보다 작다. 이들의 원천과 건강 효과 차원에서 이들 입자를 $PM_{2.5}$ 및 PM_{10}과 비교하시오. 인터넷으로 가장 최근 업데이트된 정보를 찾아서 사용하시오.

55. 대부분의 잔디 깎는 기계에는 촉매 변환기가 없다(적어도 이 책이 출판되는 시점까지는). 휘발유로 작동하는 잔디 깎는 기계의 배기관에서는 무엇이 나오는가? 촉매 변환기를 추가하는 것이 왜 논란이 되고 있는가? 이 기계로부터의 배출량을 감소시킬 때의 단기적인 이득과 장기적인 이득은 무엇인가?

56. 인체가 일산화 탄소를 들이마시는 효과를 나타내는 다음 그래프를 생각해 보자.

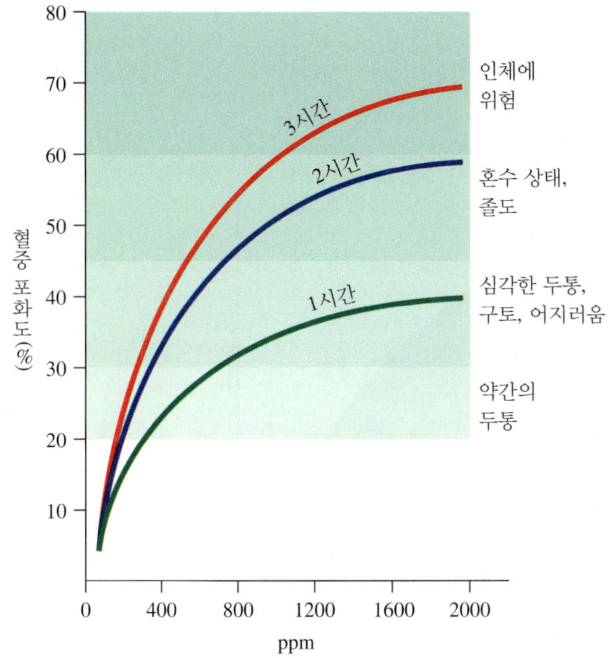

a. 노출량과 노출 시간 모두 인체에 CO 독성에 영향을 미친다. 위 그래프를 이용하여 그 이유를 설명하시오.

b. 이 그래프의 정보를 이용하여 일산화 탄소 기체의 건강 유해성에 관련하여 가정용 일산화 탄소 감지 도구를 포함하는 문구를 작성하시오.

57. 연구과제 1.4는 대기 중의 산소 함량이 2배가 되면 세계가 어떻게 달라질 것인가를 고려할 것을 요구하였다. 이에 답을 에세이로 작성하시오. 에세이의 제목은 '. . . 의 일생에서의 한 시간'으로 하고 선택된 사람에게 어떻게 사물이 달라지는지를 기술하시오. 만약 1시간이 논점을 기술하기에 짧다면 '. . .의 아침' 또는 '. . . 의 하루' 등으로 대체하시오.

58. 딱딱한 나무 마루의 아름다움에 감탄할 수 있다. 폴리유레테인은 니스(varnish)나 쉘락(shellac)보다 더 영구적이므로 바닥의 마감제로 사용된다. 최근까지 폴리유레테인은 항상 유성 페인트였다. 그런데 최근에 바이어 사(Bayer Corporation)는 VOC의 양이 50~90%까지 저감되는 수성 폴리우레탄을 개발하였다. 바이어 사는 이것의 개발로 2000년에 녹색 화학 도전 대통령상을 받았다. 이 업적에 대하여 요약하시오. 각자 지역에서 수성 폴리유레테인이 판매되고 있는지 상점들을 살펴보시오.

59. 복합 목재는 나무의 작은 조각(경우에 따라서 목재의 폐 조각)을 붙여서 만든다. 예로 합판, 입자 보드, 섬유 보드 등이 있다.

a. 많은 접착제는 휘발성 화합물인 폼알데하이드를 방출한다. 이 물질의 위해성은 무엇인가?

b. 오리건 주립 대학의 리(Kaichang Li) 교수와 Columbia Forest Products 사는, 콩을 기반으로 한 새로운 접착제를 개발하여 2007년에 녹색 화학 도전 대통령상을 수상하였다. 그들의 업적을 요약하시오.

2장 오존층 보호

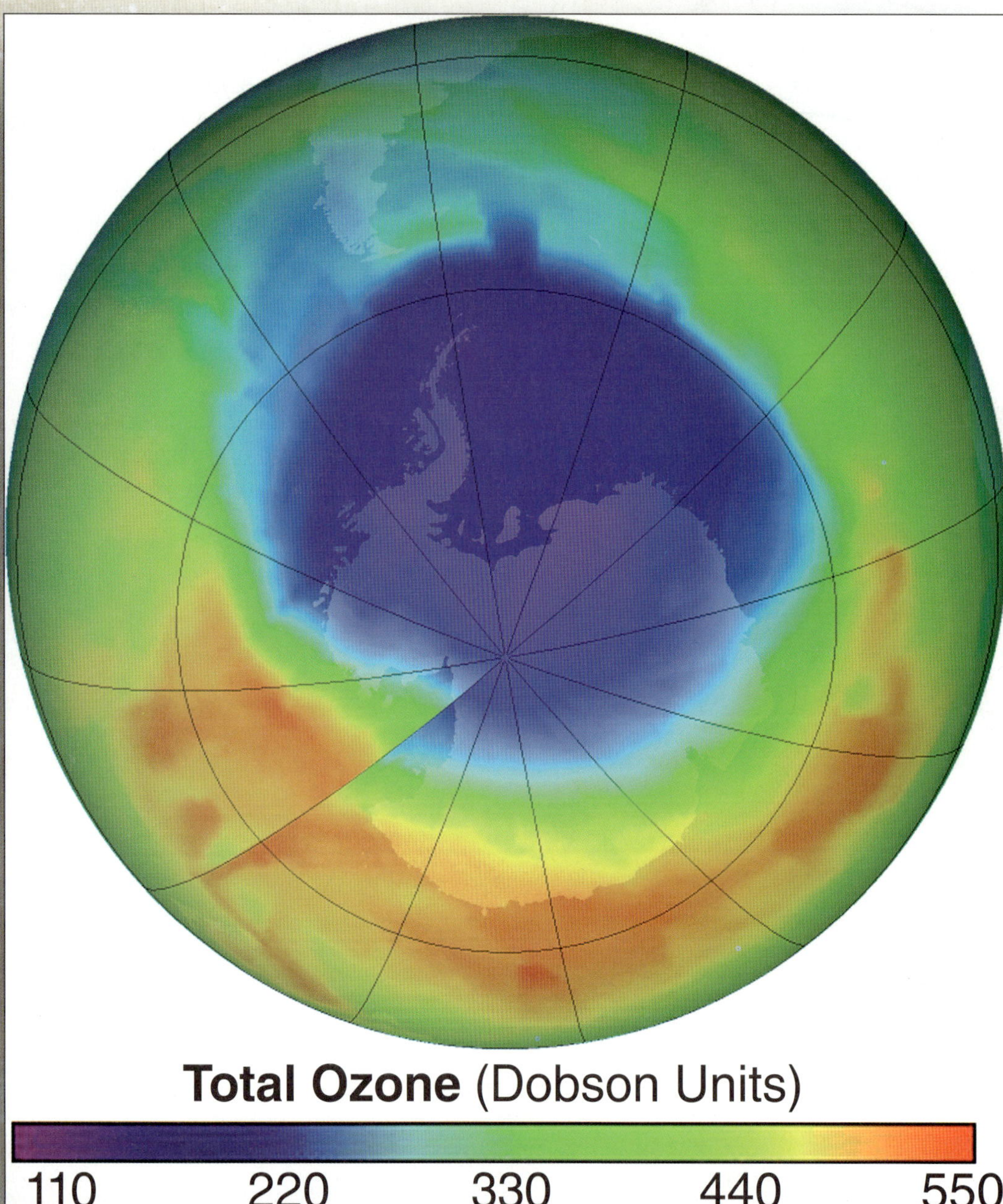

2012년 남극 위 성층권 오존 '구멍'. 보라색과 푸른색 지역은 오존 농도가 최소인 지역을 나타낸다. 9월 22일 현재 구멍의 크기는 최대 2.12×10^7 km^{2}에 달하며, 2000년에는 2.99×10^7 km^{2}로 정점을 기록하였다.

출처: NASA Ozone Watch.

'높은 곳에 있으면 좋고, 근처에 있으면 나쁘다.' 오존에 대하여 이해하려면 **위치**를 생각하라. 우리가 사는 곳인 대류권 아래의 오존은 햇빛이 존재하는 동안 대기의 다른 오염 물질과 반응하여 형성되는 오염 물질이다. 해가 지면 오존 생성은 멈춘다. 생성된 오존은 다른 물질과 빠르게 반응하여 석양이 지는 시간에 농도가 감소한다. 태양이 다시 떠오르지 않는다면 오존을 호흡할 걱정을 하지 않아도 될 것이다(그러나 우리는 다른 문제들에 직면하게 될 것이다).

그러나 성층권으로 올라가면 오존 이야기는 달라진다. 높은 곳의 오존은 모두 자연적으로 생성된다. 또한 지표의 오존과는 달리 성층권의 오존은 해로운 태양 방사선으로부터 우리를 보호하는 핵심 역할을 한다. 오존은 지구의 보안경처럼 행동한다.

1970년대에 화학자들은 특정한 화학 물질이 대기의 상층부로 가서 그곳에 있는 오존 보호막을 파괴할 수 있음을 발견하였다. 그 이후 과학자들, 정책 입안자들, 그리고 전 세계의 이러한 상황을 걱정하는 시민들이 오존 파괴를 통제하고 되돌리려는 노력에 참여하였다. 놀랍게도 가장 심한 파괴는 남극 상공에서 일어나고 있으며, 매년 오존 구멍의 사진들은 가장 널리 전파되는 과학 사진 중의 하나가 되었다. 이 장 뒤에 남극 오존 구멍 이야기의 과거 추세와 최신 정보를 살펴볼 기회를 가지게 될 것이다.

남극에 사는 대학생들이 많지 않기 때문에 이 이야기가 여러분과 무슨 상관이 있는지 의문을 가질 수 있다. 오존 파괴가 멀고 먼 지역에서 처음 보고되었지만, 미약하나마 지구 상의 다른 지역에서도 이러한 현상이 관측되고 있다. 여러분이 살고 있는 지역과 계절 모두 여러분 머리 위의 성층권 오존의 양과 그 보호 효과에 영향을 준다. 여러분 스스로 중요한 자료들을 한번 살펴보라.

연구과제 2.1 **우리가 살고 있는 대기의 오존 수준**

여러분이 이 문장을 읽을 때에도, 인공위성에 실려 있는 장비는 성층권의 오존 수준을 측정하고 있다. 이 문제를 해결하기 위해 NASA의 웹사이트(www.nasa.gov)를 방문해 보시오.

a. 여러분이 사는 지역에서 오존층의 현재 총 두께(Dobson 단위로)는 얼마인가? 3년 정도의 자료를 요구하여 평균을 계산하시오.
b. 같은 시기의 남극 자료를 찾으시오. 여러분이 살고 있는 지역의 오존 측정치와 어떻게 비교할 수 있는가? **비고:** 9월 또는 10월의 자료를 비교한다면 가장 큰 차이를 발견하게 될 것이다.

1 DU(Dobson 단위)는 대기 중 원자와 분자 10억 개당 오존 분자 1개에 해당한다.

성층권 오존 파괴의 원인은 무엇인가? 이 파괴가 심각한 이유는 무엇인가? 이 의문에 대한 답을 다음 절에서 찾아보자.

오존 파괴에 대한 주제를 탐구하면서 **사전 예방 원칙(precautionary principle)**에 주목하게 된다. 이 원칙은 완벽한 과학적 자료가 없을 때에도 인류의 건강 또는 환경에 대한 부정적 효과가 심각하거나 되돌릴 수 없게 되기 전에 행동하는 지혜를 강조한다. 나중에 배우겠지만 세계 공동체는 행동을 하였다. 세계 공동체들이 취한 행동들이 오존층을 보호하기 위해 제대로 작동되고 있는 만큼 이들의 행동이 지혜롭다는 것은 명백하다. 그렇기는 하지만 이 장의 마지막 절에서 새로운 경고음이 울리게 될 것이다. 3장의 주제인 지구 기후 변화에 대하여 이 경고에 귀를 기울이라.

2.1 | 오존: 무엇이고 어디에 있는가?

여러분이 불꽃이 튀는 전기 모터 가까이 또는 심한 번개가 동반된 폭풍 가운데 있었던

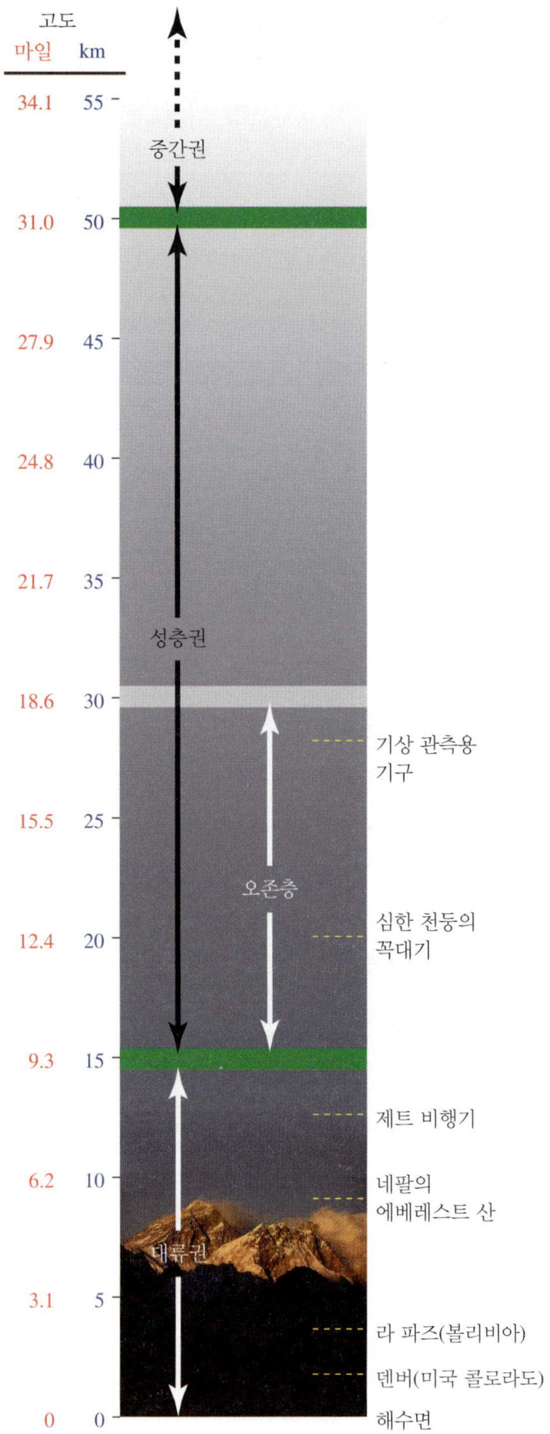

그림 2.1 대기의 영역. 높이는 대략의 값이며 위도에 따라 다르다.

출처: *Environmental Protection Agency*

적이 있다면 오존 냄새를 맡아 봤을 것이다. 이 냄새는 설명하기는 어렵지만 거의 확실하다. 어떤 사람은 이 냄새를 염소 기체의 냄새와 비교하기도 하고, 다른 사람은 이 냄새가 새로 깎은 잔디를 연상하게 한다고 한다. 인간은 10 ppb, 즉 10억 개 입자 중 10개 분자가 있는 정도의 낮은 농도도 감지할 수 있다. **오존**(*ozone*)이라는 이름은 '냄새를 맡다'라는 의미의 그리스어에서 유래되었다.

오존과 산소 분자는 단지 원자 하나만 다르다.

산소 분자 O_2 오존 분자 O_3

앞으로 살펴보겠지만 분자 구조의 차이는 화학적 성질의 상당한 차이로 나타난다. 차이점 중 하나는 오존이 O_2보다 훨씬 화학적으로 반응성이 크다는 것이다. 5장에서 배우겠지만 오존은 물에 존재하는 미생물을 죽이는 데 사용할 수 있다. 오존은 종이 펄프와 섬유를 표백하는 데 사용되기도 한다. 한때 오존은 공기 방취제로 선호되었으나, 냄새를 제거하는 동안 아무도 호흡하지 않아도 될 때만 사용할 수 있다. 반면에 산소는 매일매일 안전하게 호흡할 수 있다(또 그래야만 한다). 산소는 화학적으로 반응성이 크지만, 종이를 표백하거나 물을 정화할 정도로 반응성이 크지는 않다.

오존은 자연적으로 또는 인간 활동의 결과로 생성된다. 높은 반응성을 고려하면 오존은 오래 존재할 수 없다. 오존이 지구에서 새로이 생성되지 않는다면 화학 실험실에서 호기심 때문에 합성하는 경우를 제외하고는 오존을 발견할 수 없을 것이다.

오존은 산소로부터 생성될 수 있다. 그러나 이 과정은 에너지가 필요하다. 이 과정을 요약하면 다음의 간단한 화학 반응식으로 표시할 수 있다.

$$\text{에너지} + 3\,O_2 \longrightarrow 2\,O_3 \qquad \textbf{[2.1]}$$

이 화학 반응식은 왜 오존이 전기 스파크 또는 번개와 같은 전기 방전 시 산소로부터 생성되는지를 설명한다.

오존은 지표에서 가장 가까운 영역인 대류권에서는 그 양이 매우 적다(그림 2.1). 일반적으로 공기를 구성하는 매 10억 개의 분자와 원자에 대하여 20에서 100개 사이의 오존 분자가 생성된다. 지표 가까이에서 가끔 발견되는, 건강에 해로울 정도의 농도는 광화학적 스모그를 생성하는 화학 반응의 결과이다. 그러나 그 농도는 매우 낮다. 앞 장에서 지적하였듯이 지표면의 오존에 대한 미국의 대기 질 기준은 2012년에 8시간 평균 0.075 ppm이다. 이 기준은 공기 중 십억 개의 분자와 원자당 75개 오존 분자에 해당한다.

그러나 대기의 한 영역에서 비록 매우 낮은 농도일지라도 해로운 것이 다른 영역에서는 필수적인 것이 될 수 있다. 성층권에서 오존은 태양으로부터 여러 종류의 자외선을 걸러 내는 작용을 한다. 이 영역에서 오존의 농도는 대류권의 농도에 비하여 몇 배 크지만 여전히 매우 낮다. 이 높이에서 대기를 구성하는 기체 매 10억 개의 분자와 원자에 대하여 12,000개 이하의 오존 분자가 존재한다.

지구에서 대부분의 오존, 즉 전체의 약 90%의 오존이 성층권에서 발견된다. **오존층**

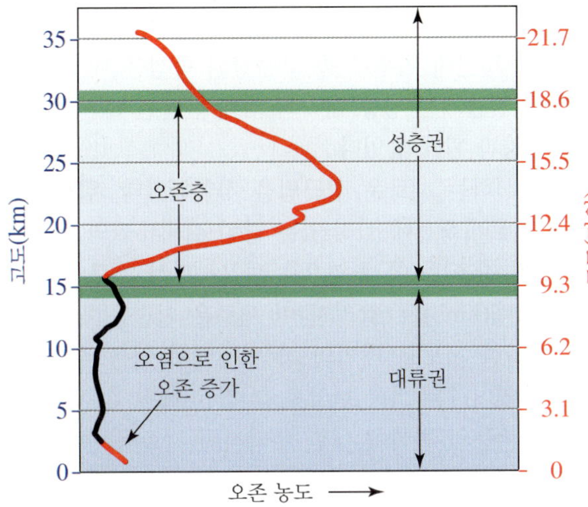

그림 2.2 오존층은 성층권에서 최대 오존 농도 지역이다. 고도는 근삿값이며 위도에 따라 다르다.

출처: Global Ozone Research and Monitoring Project Report No. 44, *1998. Reprinted with permission of World Meteorological Organization.*

(ozone layer)이라는 용어는 최고 오존 농도를 나타내는 성층권의 특정한 영역을 뜻한다. 그림 2.2는 대류권과 성층권의 오존 농도를 보여 준다.

예제 2.2 오존층

그림 2.2와 책에 주어진 자료를 이용하여 다음 질문에 답하시오.

a. 최대 오존 농도가 나타나는 고도는 대략 얼마인가?
b. 성층권에서 발견되는 모든 종류의 원자와 분자 10억 개당 오존 분자의 최대 수는 얼마인가?
c. EPA의 8시간 평균 기준에 부합하는 오존 분자의 최대 수는 공기 중 모든 종류의 원자와 분자 10억 개당 몇 개인가?

답

a. 약 23 km(14마일)

고도의 범위는 매우 넓기 때문에 '오존층'이라는 개념은 약간 오해의 소지가 있다. 두꺼운 솜털 담요 같은 오존이 성층권에 존재하는 것은 아니다. 최대 오존 농도를 나타내는 대기층은 매우 얇기 때문에, 오존의 총량은 놀라울 정도로 적다. 대기에 있는 모든 O_3을 분리하여 지표의 평균 압력과 온도 상태(1.0기압, 15°C)에 두면 기체층은 0.5 cm, 또는 대략 0.25인치보다 얇게 될 것이다. 전 지구적으로 이 정도는 아주 사소한 양이다. 그러나 이 오존이라는 방패가 지표와 여기에 거주하는 모든 것들을 해로운 자외선으로부터 보호하고 있다.

알려진 부피의 수직 공기 기둥 안의 오존의 총량은 비교적 쉽게 결정할 수 있다. 지표에서 검출기에 다다르는 자외선 복사선의 양을 측정함으로써 이 양을 결정할 수 있다; 지표의 복사선 강도가 낮아질수록 공기 기둥 내 오존양은 더 많다. 옥스퍼드 대학의 과학자 돕슨(G. M. B. Dobson)은 이 측정 방법의 선구자이다. 1920년에 그는 지구 대기 수직 기둥 내 오존 농도를 정량적으로 측정하는 장비를 최초로 발명하였다. 따라서 측정 단위로 그의 이름을 붙이는 것이 적절하다.

연구과제 2.3 오존 수치의 해석

한 친구가 NASA의 웹사이트를 이용하여 오하이오 주 고향 상공의 오존을 확인하고자 한다. 4월 10일에 오존 농도가 417 DU였고, 5월 10일에는 386 DU이었다. 이 수치를 확인한 학생은 해로운 UV 복사로부터 보호하는 데 진전이 있었다고 결론지었다. 여러분도 이 점에 동의하는가? 설명하시오.

1 Dobson 단위(DU)는 단면적 1 cm^2의 공기 수직 기둥에 O_3 분자 약 3×10^{16}개가 있는 것과 같다.

NASA의 EOS **오라**의 임무는 대류권 공기 질(1장)과 핵심적인 기후 변수(3장)에 대한 자료를 수집하는 것이다.

과학자들은 지상 관측소, 기상 관측용 기구, 높이 뜨는 비행기를 이용하여 오존의 수준을 계속 측정하고 평가한다. 그러나 1970년대 이후로 총 오존량의 측정은 대기의 꼭대기에서 진행되고 있다. 위성에 장착된 검출기는 상층 대기에 의해 산란된 UV 복사선의 세기를 측정한다. 측정 결과는 O_3의 양과 관계가 있다.

우주 비행선 **컬럼비아호**는 오존을 감시하는 새로운 접근법을 시험하였다. 위성에서 지구를 향하여 아래를 내려다 보는 대신에 비행선에 실려 있는 장비로 대류권의 농밀한 영역 위로 떠오르는 옅은 푸른 안개(사진 참조)를 통해 옆으로 관찰하면서 지구의 곡면을 따라가게 된다. 이 영역은 지구의 '날개(limb)'로 알려져 이 새로운 기술을 '날개 관측(limb viewing)'이라 부른다. 신뢰할 만한 정보를 대기의 각 영역에서 얻을 수 있고, 특히 과학자들이 성층권 아래 영역에서 일어나는 화학 현상을 더 잘 이해할 수 있게 되었다. 2004년 1월에 NASA는 성층권 오존층의 변화에 대한 추가적인 자료를 수집하기 위해 지구 관측 시스템(Earth Observing System, EOS) **오라**(*Aura*)라 불리는 새로운 임무를 시작하였다.

오존이 태양에서 오는 해로운 방사선으로부터 우리를 보호하는 과정은 태양으로부터 오는 물질과 에너지 상호 작용을 포함한다. 여러분이 이 작용을 이해하는 것을 도와주기 위해 우선 물질의 초미세 구조에 눈을 돌리고자 한다.

2.2 원자 구조와 주기성

O_2와 O_3 분자는 산소 원자로 구성되어 있다. 우리는 원자에 대해 무엇을 알고 있는가? 20세기 동안 과학자들은 원자의 내부 구조를 조사하였다. 물리학자들은 이러한 노력에 과도한 성공을 거두어 200개 이상의 아원자 입자들을 발견하였다. 다행히도 화학적 거동은 단 세 가지만으로 설명될 수 있다.

모든 원자들은 양성자와 중성자로 이루어진, 작지만 고밀도의 원자 중심인 **원자핵(nucleus)**을 가진다. **양성자(proton)**는 양으로 하전된 입자이고, **중성자(neutron)**는 전기적으로 중성인 입자이다. 두 입자는 거의 같은 질량을 가진다. 실제로 원자핵을 구성하는 중성자와 양성자는 원자의 거의 모든 질량을 설명한다. 핵의 밖에는 원자의 경계를 결정하는 전자가 있다. **전자(electron)**는 양성자나 중성자에 비해 매우 작은 질량을 가지며, 양성자의 전하와 같은 크기의 음의 전하를 가진다. 따라서 전기적으로 중성인 원자에서 전자의 수는 양성자의 수와 같다. 이들 입자의 성질을 표 2.1에 요약하였다.

핵에서 양성자의 수는 원자의 정체성을 결정한다. **원자 번호(atomic number)**라는 용어는 원자의 핵에 있는 양성자의 수를 나타낸다. 예를 들면 모든 수소(H) 핵은 1개의 양성자를 가지므로 수소의 원자 번호는 1이다. 마찬가지로 모든 헬륨(He) 핵은 2개의 양성자를 가지며 원자 번호가 2이다. 주기율표에서 원소가 연속적으로 이어지면서 원자 번호도 증가한다. 예를 들면 92번 원소(U, 우라늄)의 핵은 92개의 양성자를 가진다.

여러분에게 전형적인 원자의 모습을 보여 주고 싶다. 그러나 원자는 간편하게 표현하기 어렵고 이 책의 서술은 지나치게 단순화한 최선의 표현이다. 한 예를 들면 원자와 핵

표 2.1 아원자 입자의 성질

입자	상대 전하	상대 질량	실제 질량(kg)
양성자	+1	1	1.67×10^{-27}
중성자	0	1	1.67×10^{-27}
전자	−1	0*	9.11×10^{-31}

* 이 수치는 가장 가까운 정수로 반올림하면 0이 된다. 실제로 전자는 매우 작지만 질량을 가지고 있다.

예제 2.4 원자의 부기

주기율표를 이용하여 다음 원소들의 중성 원자 내에 있는 양성자와 전자 수를 구하시오.

a. 탄소(C) b. 칼슘(Ca) c. 염소(Cl) d. 크로뮴(Cr)

답

a. 양성자 6개, 전자 6개
b. 양성자 20개, 전자 20개

의 상대적인 크기는 삽화를 그리는 사람에게 심각한 문제를 야기한다. 전자는 가끔 핵 주위의 '궤도(orbit)'를 도는 것으로 묘사되지만, 전자의 현대적인 모습은 매우 복잡하고 추상적이다. 수소 원자의 핵이 이 책의 마침표 크기라면 전자는 마침표에서 약 10피트 정도 떨어진 곳에서 발견될 것이다. 뿐만 아니라 전자는 특정한 원형 궤도를 따라 움직이지 않는다. 여러분이 이전에 받았던 교육에서 배운 것과 달리 원자는 실제로 태양계의 축소판과 같지 않다. 오히려 원자 내 전자의 분포는 확률과 통계의 개념을 이용하여 가장 잘 기술될 수 있다.

이러한 설명이 여러분에게 모호하게 들릴지 모르지만 여러분만 그렇게 느끼는 것은 아니다. 상식과 우리의 일상적인 경험이 원자의 내부를 형상화하려는 노력에 아무런 도움이 되지 않는다. 오히려 우리는 수학과 비유에 의지해야 한다. 수학(양자 역학이라는 분야)이 필요하므로 여러분이 겁을 먹을 수도 있다. 화학 전공자조차도 학부 과정 마지막에서야 비로소 이 분야를 접하게 된다. 비록 원자의 양자 세계라는 생소한 아름다움을 우리가 완전히 공유하지는 못하지만, 몇 가지 유용한 일반화된 내용을 알려줄 수 있다.

주기율표는 원자 번호가 증가하는 순으로 원소를 나열한 것이다. 표는 비슷한 성질의 원소들이 같은 열(족)에 오도록 원소를 배열한다. 예를 들면 리튬(Li, 원자 번호 3), 소듐(Na, 11), 포타슘(K, 19), 루비듐(Rb, 37), 세슘(Cs, 55) 등은 같은 열에 있고 모두 반응성이 매우 큰 금속들이다. 어떠한 근본적 특성이 이것을 설명하는가?

오늘날 원소들의 화학적 성질은 이들 원소의 원자 내 전자 분포의 결과임을 알고 있다. 화학적 성질이 반복된다는 것은 전자 배치가 반복된다는 신호이다. 앞으로 보겠지만 핵으로부터 가장 멀리 위치한 전자들이 화학적 성질의 주요 결정 요인이다.

실험과 계산에 의해 전자들은 핵 주위의 특정한 에너지 준위에 정렬되어 있음을 알 수 있다. 핵에 가장 가까운 준위에 있는 전자들은 핵의 양으로 하전된 양성자의 인력을 가장 강하게 받고 있다. 전자와 핵 간 거리가 멀어질수록 이들 사이의 인력은 약해진다. 더 멀리 위치한 전자를 더 높은 에너지 준위에 있다고 하며, 이 전자가 더 많은 퍼텐셜 에너지를 가지고 있음을 의미한다.

'준위'라고 하는 것은 원자 구조의 초기 태양계 모형에서 사용한 '껍질(shell)'을 언급하기 위해 사용되었다.

각 에너지 준위는 전자를 수용할 수 있는 최대 용량이 있으며 완전히 채워질 때 특히 안정하다. 가장 낮은 에너지에 해당하는 가장 안쪽 준위는 2개의 전자만을 가질 수 있다. 두 번째 준위는 최대 수용 능력이 8이고, 이 준위는 8개의 전자를 가질 때 특히 안정하다.

퍼텐셜 에너지에 대한 더 많은 것은 4장에서 살펴보자.

표 2.2는 처음 18개 원소들의 중성 원자에서 전자에 대한 중요한 정보를 보여 준다. 각 원자의 총 전자수는 파란색으로 나타내고 최외각의 전자수는 갈색으로 나타내었다. **최외각 (원자가) 전자[outer (valence) electron]**는 가장 높은 에너지 준위에서 발견되며 화학적 성질들 중 관찰된 경향성 대부분을 설명하는 데 도움을 준다. A족 원소들의 각 족의 이름(1A, 2A 등)이 **최외각** 전자수에 대응됨과 이것이 주기율표에서 가장 유익한 배치 특성 중 하나임을 살펴보시오.

주기율표는 B족 원소들을 포함한다. 이 원소들은 넷째 줄에서 시작하므로 표 2.2는 이 사실을 나타내지 않는다.

표 2.2의 첫째 열을 다시 한 번 보자. 리튬과 소듐 원자의 **총** 전자수는 다르지만 둘 다 **최외각** 전자가 한 개이다. 이 사실은 이 두 알칼리 금속이 공통으로 가지는 화학의 대부

리튬(기름에 보관)

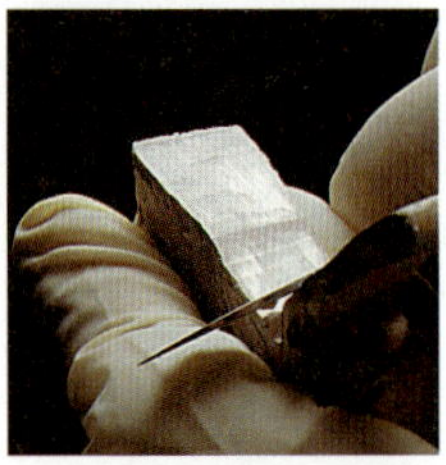

소듐(기름에서 꺼내 자르고 있음)

포타슘(밀봉된 유리관 속에 보관)

루비듐(밀봉된 유리관 속에 보관)

그림 2.3 몇 가지 1A족 원소

표 2.2 처음 18개 원소들의 원자 (전체 및 최외각 전자수)

족 1A	2A	3A	4A	5A	6A	7A	8A
1							2
H							He
1							2
3	4	5	6	7	8	9	10
Li	Be	B	C	N	O	F	Ne
1	2	3	4	5	6	7	8
11	12	13	14	15	16	17	18
Na	Mg	Al	Si	P	S	Cl	Ar
1	2	3	4	5	6	7	8

- 원소 기호 **위**에 핵 내의 양성자 수인 원자 번호가 있다. 중성 원자에서 이 수는 전자의 수이기도 하다.
- 원소 기호 **아래**에 중성 원자에서 **최외각** 전자의 수가 있다.

분을 설명한다. 이것이 이들을 주기율표에서 1A족에 위치하도록 한다(1은 최외각 전자가 하나임을 의미한다). 뿐만 아니라 포타슘, 루비듐과 주기율표에서 1A열의 다른 금속들의 원자도 한 개의 최외각 전자를 가진다고 예상한다면 이 예상은 정확하다. 이들은 모두 산소, 물, 광범위한 다른 화학 물질과 쉽게 반응하는 금속들이다. 그림 2.3은 몇 가지 1A족 원소들의 사진이다.

주기율표는 전자 배치를 나타내는 유용한 지침이다. 'A'라고 표시된 원소들의 족(family, 그룹의 다른 말)에서 그 행의 앞에 있는 수는 각 원자의 최외각 전자 수를 의미한다. **알칼리 금속**(*alkali metal*), **알칼리 토금속**(*alkali earth metal*), **할로젠**(*halogen*), **비활성 기체**(*noble gas*)라는 용어를 1장에서 소개하였다. 이 용어를 족 번호와 연결시켜 본다.

- 알칼리 금속(1A족)—하나의 최외각 전자를 가지는 매우 반응성이 큰 금속
- 알칼리 토금속(2A족)—2개의 최외각 전자를 가지는 반응성이 큰 금속
- 할로젠(7A족)—7개의 최외각 전자를 가지는 매우 반응성이 큰 비금속
- 비활성 기체(8A족)—8개의 최외각 전자를 가지는 반응성이 거의 없는 비금속

가장 작은 비활성 기체인 헬륨은 8개가 아니라 2개의 원자가 전자를 가진다.

예제 2.5 최외각 전자

주기율표를 지침으로 사용하여 각 원소의 중성 원자 내의 최외각 전자수와 족 번호를 명시하시오.

a. 황(S) b. 규소(Si) c. 질소(N) d. 크립톤(Kr)

답

a. 6A족, 최외각 전자 6개

b. 4A족, 최외각 전자 4개

예제 2.6 족의 특성

a. 최외각 전자의 측면에서 플루오린(F), 염소(Cl), 브로민(Br)과 아이오딘(I)이 공통으로 가지는 특성은 무엇인가?

b. 다른 2A족 원소들과 같이 베릴륨(Be) 원소는 2개의 최외각 전자를 가진다. 다른 2A족 원소들의 이름과 기호를 제시하시오.

답

a. 모두 7개의 최외각 전자를 가진다. 이들은 7A족, 할로젠에 속한다.

표 2.3 수소의 동위 원소

이름	동위 원소	양성자(p)수 (원자 번호)	중성자(n)수	n수 + p수 (질량수)
수소	H-1 또는 $^{1}_{1}H$	1	0	1
중수소	H-2 또는 $^{2}_{1}H$	1	1	2
삼중수소	H-3 또는 $^{3}_{1}H$	1	2	3

원소들은 안정한 동위 원소와 방사성 동위 원소를 가진다. 예를 들면 H-3(삼중수소)은 방사성이지만 H-1과 H-2는 아니다. 7장에서 방사성 동위 원소에 대해 더 많은 것을 살펴볼 것이다.

원자들은 전자와 양성자 외에도 중성자를 가진다. 단 하나의 예외는 핵에 오직 한 개의 양성자만을 가진 수소의 가장 흔한 형태의 원자이다. 그러나 수소 원자 6,700개 중 하나에는 핵에 중성자가 있다. 자연적으로 존재하는 이 형태의 수소를 중수소라고 부른다. 자연에서 매우 희귀한 수소의 방사성 형태인 삼중수소는 핵에 2개의 중성자가 있다. 수소, 중수소, 삼중수소는 중성자수가 달라 질량이 다른 같은 원소(양성자수가 같은)의 두 가지 혹은 그 이상의 형태인 **동위 원소(isotope)**의 예이다.

동위 원소는 원자의 핵 안에 있는 양성자와 중성자 수의 합인 **질량수(mass number)**에 의해 구별된다. 질량수는 같은 원소에서도 다를 수 있다. 반면에 원자 번호는 같은 원소에서 다를 수가 없다. 예를 들면 원소 기호 $^{1}_{1}H$은 가장 흔한 수소 동위 원소를 나타낸다. 수소의 원자 번호 1은 변함이 없기 때문에 아래 첨자는 생략하기도 한다. 따라서 수소-1, 또는 H-1에 대하여 ^{1}H의 형태를 볼 수 있다. 표 2.3에 수소 동위 원소에 대한 정보를 요약하였다.

예제 2.7 양성자와 중성자

다음 각각의 핵에 대하여 양성자와 중성자의 수를 명시하시오.

a. 탄소-14($^{14}_{6}C$) b. 우라늄-235($^{235}_{92}U$) c. 아이오딘-131($^{131}_{53}I$)

답

a. 양성자 6개, 중성자 8개

b. 양성자 92개, 중성자 143개

모든 원소들은 1개 이상의 동위 원소를 가지나 안정한 동위 원소의 수는 상당히 다르다. 주기율표에서 보는 숫자인 각 원소의 원자 질량은 각 동위 원소의 자연 존재비와 질량을 고려한 것이다. 꼭 필요한 때 필요한 것만 알려주는 방식으로 정보를 소개하는 일반적인 원칙에 따라 우리는 3장에서 다시 원자 질량에 대한 논의로 돌아가게 될 것이다.

질량수는 특정 동위 원소의 양성자와 중성자의 총합이다. 원자 질량은 동위 원소들의 자연 존재비를 고려한 가중 평균 질량을 의미한다.

2.3 분자와 모형

우리는 원자 영역에 대해 간단히 살펴본 후 분자 내 결합으로 주제를 옮기려고 한다. 그리고 나면 우리는 오존 구멍에 대해 이해할 수 있다.

가장 간단한 분자인 H_2로부터 시작하자. 각 수소 원자는 한 개의 전자를 가지고 있다. 만약 두 수소 원자가 결합을 한다면, 두 전자는 같은 특성을 가질 것이다. 각 전자를 하나의 점으로 표시하면, 수소 원자 두 개는 이와 같이 보일 수 있다.

$$H\cdot \text{ 그리고 } \cdot H$$

두 원자를 함께 가져와서 이와 같이 표현할 수 있는 분자를 만든다.

$$H{:}H$$

각 원자는 두 전자를 효과적으로 공유한다. 그 결과 H_2 분자는 두 개의 개별 수소 원자가 가지는 에너지 합보다 더 낮은 에너지를 가지게 되고, 결합된 원자로 이루어진 분자는 분리된 원자들에 비해 더 안정하게 된다. 공유된 두 전자는 **공유 결합(covalent bond)**을 구성한다. 적절하게도 공유(covalent)라는 말은 '공유된 세기'를 뜻한다.

루이스 구조(Lewis Structure)는 원자나 분자의 최외각 전자를 보여 준다. 그 이름은 이것을 선구적으로 사용한 미국의 화학자 루이스(Gilbert Newton Lewis, 1875~1946)에게 영예를 돌리고 있다. 루이스 구조는 점구조식으로 불리기도 하며, 많은 단순한 분자들의 구조는 아래와 같은 일련의 복잡하지 않은 단계에 따라 예측될 수 있다. 우선 또 다른 단순한 분자인 플루오린화 수소(HF)를 가지고 그 과정의 예시를 나타낼 것이다.

여러분은 실험실에서 HF를 사용할 일이 없을 것이다. HF는 매우 반응성이 큰 화합물이고, 수용액 상태로 유리를 식각하는 데 이용한다.

1. 각 원자가 제공하는 최외각 전자의 수에 주목한다.
   힌트: 주족 원소(A족)에 대해서는 주기율표가 유용한 가이드이다.

   H 원자 1개 ($\mathrm{H}\cdot$) × 원자당 최외각 전자 1개 = 최외각 전자 1개
   F 원자 1개 ($:\!\ddot{\underset{\cdot\cdot}{\mathrm{F}}}\cdot$) × 원자당 최외각 전자 7개 = 최외각 전자 7개

2. 개별 원자가 제공하는 최외각 전자를 더해서 사용 가능한 최외각 전자의 수를 구한다.

   1 + 7 = 최외각 전자 8개

3. 최외각 전자가 쌍을 이루도록 배열한다. 그런 다음 각 원자가 최외각 준위를 꽉 채워 안정화될 수 있도록 충분한 전자를 공유하여 최대로 안정해질 수 있도록 한다. 수소의 경우 전자가 2개, 대부분의 다른 원자들은 전자 8개이다.

$$\mathrm{H}:\!\ddot{\underset{\cdot\cdot}{\mathrm{F}}}\!:$$

F 원자는 4쌍으로 이루어진 8개의 전자로 둘러싸인다. H와 F 사이의 점 한 쌍은 수소와 플루오린을 묶어 결합을 형성하는 전자쌍을 나타낸다. 다른 3개의 전자쌍은 서로 공유하지 않은 것이다. 이러한 전자들을 비공유 전자 또는 '고립 전자(lone pair)'라고 한다.

단일 공유 결합은 두 원자 사이에 전자 두 개(한 쌍)를 공유할 때 형성된다. 선은 결합을 이루고 있는 두 개의 전자를 나타낸다.

$$\mathrm{H}-\ddot{\underset{\cdot\cdot}{\mathrm{F}}}\!:$$

가끔은 더 간단히 하기 위해 루이스 구조에서 비공유 전자쌍을 제거하기도 한다. 그 결과는 분자 내 원자가 어떻게 연결되어 있는지를 나타내는 **구조식(structure formula)**이다.

$$\mathrm{H}-\mathrm{F}$$

단일 선이 공유 전자쌍 1개를 나타낸다는 것을 상기하라. 전자가 명확히 보이거나 보이지 않거나 상관없이 결합 전자 2개 더하기 비공유 전자쌍 3개에 있는 전자 6개는 플루오린이 8개의 최외각 전자와 관련되어 있음을 의미한다. 수소 원자는 플루오린과 공유한 한 쌍의 전자 이외에 다른 추가적인 전자가 없음을 기억하라. 그것은 두 개의 전자가 최대 용량이다.

많은 분자에 있는 전자들은 모든 원자(수소 제외)가 8개의 전자를 공유할 수 있도록 배치되어 있고, 이를 **팔전자 규칙(octet rule)**이라고 한다. 이러한 일반화는 루이스 구조와 화합물의 화학식을 예측하는 데 유용하다. 염소 원소의 이원자 형태인 Cl_2 분자를 생각해 보자. 주기율표로부터 플루오린과 마찬가지로 염소가 7A족임을 알 수 있고, 이것은 각각의 원자가 7개의 최외각 전자를 가진다는 것을 의미한다. Cl_2에 대해서도 앞서 HF에 대해 주어진 계획대로 먼저 최외각 전자를 세고 더한다.

Cl 원자 ($:\!\ddot{\underset{\cdot\cdot}{\mathrm{Cl}}}\cdot$) 2개 × 원자당 최외각 전자 7개 = 최외각 전자 14개

Cl_2 분자가 존재하려면 결합 한 개에 의해 두 원자가 연결되어야 한다. 나머지 12개의 전자는 6개의 비공유 전자쌍을 구성하고, 각 염소 원자가 8개의 전자(2개의 결합 전자와 6개의 비결합 전자)를 가지도록 배치된다. 여기 루이스 구조가 있다.

:C̈l—C̈l:

예제 2.8 이원자 분자의 루이스 구조

각 분자의 루이스 구조를 그리시오.

a. HBr b. Br_2

답

a. H 원자 (H•) 1개 × 원자당 최외각 전자 1개 = 최외각 전자 1개
Br 원자 (•B̈r:) 1개 × 원자당 최외각 전자 7개 = 최외각 전자 7개
총계 = 전자 8개

여기 루이스 구조가 있다. H:B̈r: 또는 H—B̈r:

지금까지 단지 두 개의 원자를 가지는 분자만 다루었다. 그러나 팔전자 규칙은 보다 큰 분자에도 잘 적용된다. 물 분자(H_2O)를 예로 이용해 보자. 두 개의 원자를 가지는 분자에서 했던 것처럼 먼저 최외각 전자의 총계를 구한다.

H 원자 (H•) 2개 × 원자당 최외각 전자 1개 = 최외각 전자 2개
O 원자 (•Ö•) 1개 × 원자당 최외각 전자 6개 = 최외각 전자 6개
총계 = 전자 8개

물과 같은 분자는 두 개 또는 그 이상의 서로 다른 원자에 결합한 하나의 원자를 가지고 있고, **이 하나의 원자가 중심 원자이다.** 예외를 만나게 될 것이지만, 이것은 유용한 규칙이다. H_2O 분자에서는 그 '하나의 원자'가 산소이므로 이 산소를 루이스 구조의 중심에 둔다. 각 H 원자는 4개의 전자를 이용하여 O 원자와 결합한다. 나머지 전자 4개는 2개의 비공유 전자쌍으로 O 원자 위에 둔다.

각 수소 원자는 단지 하나의 결합(2개의 공유된 전자)을 형성한다. 산소는 두 개의 결합을 형성할 수 있고 H_2O에서 중심 원자이다.

H:Ö:H

빠르게 세어서 O 원자가 팔전자 규칙에서 예측한 대로 8개의 전자로 둘러싸여 있다는 것을 확인한다. 다른 방법으로는 단일 결합으로 선을 이용할 수 있다.

H—Ö—H

화학식은 존재하는 원자의 종류와 비를 나타낸다. 대조적으로 루이스 구조는 원자들이 어떻게 연결되어 있는지 나타내고, 비공유 전자쌍이 있다면 그것을 보여 준다. 루이스 구조는 분자 모양을 직접적으로 나타내지 않음을 기억하라. 예를 들어 우리가 그린 루이스 구조로부터 물 분자는 선형이라고 말할 수도 있다. 사실 물 분자는 굽은 구조이다.

1.7절에서 물의 공간 채움 모형을 보여 주었다. 3장에서는 물 분자가 굽은 구조인 이유를 설명할 것이다.

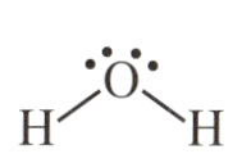
또는
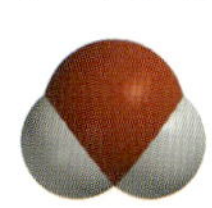

고려할 다른 분자는 메테인(CH_4)이다. 다시 원자가 전자의 총계를 구하는 것으로 시작한다.

메테인의 연소는 1.10절에서 논의하였다. 메테인 분자의 모양에 대한 설명은 3장을 보라.

H 원자 (H•) 4개 × 원자당 최외각 전자 1개 = 최외각 전자 4개
C 원자 (•Ċ•) 1개 × 원자당 최외각 전자 4개 = 최외각 전자 4개
총계 = 전자 8개

중심 원자는 8개의 전자로 둘러싸여 있고, 탄소에는 8개의 전자가 주어진다. 루이스 구조에서 각 H 원자는 C와의 결합에 2개의 전자를 사용하여 총 4개의 단일 공유 결합이 있다.

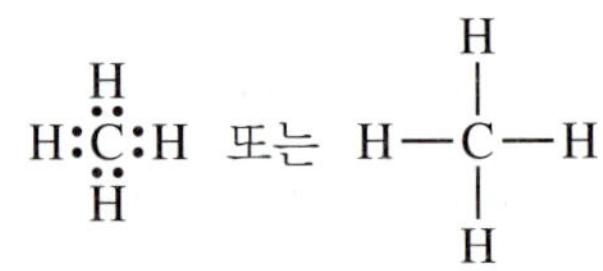

H는 단 한 쌍의 전자만 가질 수 있음을 기억하라. 다음 활동은 다른 분자들을 가지고 실습할 기회를 준다.

예제 2.9 **더 많은 루이스 구조**

이 분자들에 대하여 각각의 루이스 구조를 그리시오. 두 개의 분자 모두 팔전자 규칙을 따른다.

a. 황화 수소(H_2S)
b. 다이클로로다이플루오로메테인(CCl_2F_2)

답

a. H 원자 (H•) 2개 × 원자당 최외각 전자 1개 = 최외각 전자 2개
S 원자 (•S̤̈•) 1개 × 원자당 최외각 전자 6개 = 최외각 전자 6개
총계 = 전자 8개

루이스 구조는 H:S̤̈:H 또는 H—S̤̈—H
H_2O와 H_2S의 루이스 구조는 중심 원자만 다르다.

어떤 루이스 구조에서는 원자가 단일 공유 결합으로는 팔전자 규칙을 만족할 수 없다. 예를 들어 O_2 분자를 생각해 보자. 여기서는 각 산소로부터 6개씩 12개의 배치할 최외각 전자를 가진다. 단지 한 쌍의 전자만 공유한다면 각 원자는 8개의 전자를 가질 수 있는 충분한 전자가 없다. 그러나 만약 두 원자가 네 개의 전자(두 쌍)를 공유한다면 팔전자 규칙을 만족한다. 두 개의 공유 전자쌍으로 이루어진 공유 결합을 **이중 결합(double bond)**이라고 한다. 이 결합은 네 개의 점 또는 두 선으로 표현된다.

이중 결합은 같은 원자 사이에 있는 단일 결합보다 더 짧고 강해서, 끊는 데 더 많은 에너지를 필요로 한다. 실험적으로 측정한 O_2 분자 내 결합의 길이와 세기는 이중 결합에 해당한다. 그러나 산소의 특성은 방금 그린 루이스 구조와 완전히 일치하지는 않는다. 액체 산소를 강한 자석의 두 극 사이에 부으면 철심과 같이 붙는다. 이러한 자기적 거동은 앞의 루이스 구조에서 보여 준 것처럼 전자들이 쌍을 이루고 있는 것이 아니라 홀전자가 존재함을 암시한다. 그러나 이것이 유용한 팔전자 규칙의 일반화를 폐기할 수는 없다. 결국 어떤 하나의 과학적 모형이 모든 형상을 설명할 수는 없으며, 단지 도움이 되는 근사(approximation)일 뿐이다. 팔전자 규칙을 단순히 적용하여 실험적 증거를 해석했을 때 불일치를 보이는 흔한 예들이 있다. 적용할 수 없는 자료를 통해 더 정교한 모형을 개발할 수 있게 된다.

삼중 결합(triple bond)은 세 개의 전자쌍을 공유함으로써 이루어진 공유 결합이다. 같은 원자들이라면 삼중 결합은 이중 결합보다 더 짧고 강해서, 끊는 데 더 많은 에너지를 필요로 한다. 예를 들어 질소 분자(N_2)는 삼중 결합 한 개를 가지고 있다. 5A족의 각 질소 원자는 5개의 최외각 전자를 제공하여 총 10개이다. 두 원자 사이에 6개의 전자(세 쌍)를 공유하고, 4개의 전자는 두 쌍의 비공유 전자쌍으로 각 질소 원자에 하나씩

배치하면 이 10개의 전자를 팔전자 규칙에 부합되도록 분배할 수 있다.

:N⋮⋮N: 또는 :N≡N:

오존 분자는 다른 구조적 특성을 소개한다. 다시 팔전자 규칙에서 시작해 보자. 세 개의 산소 원자는 각각 6개의 최외각 전자를 제공하여 총 18개이다. 이 18개 전자는 두 가지 방법으로 배열될 수 있다. 각 방법은 각 원자가 8개의 최외각 전자를 가진다.

a **b**

구조 **a**와 **b**는 분자가 한 개의 단일 결합과 한 개의 이중 결합을 가지고 있어야 한다는 것을 예측한다. 이중 결합이 구조 **a**에서는 중심에서 왼쪽에, **b**에서는 오른쪽에 있다. 그러나 실험들은 O_3 분자의 두 결합은 이중 결합과 단일 결합 중간 정도의 길이와 세기를 가지며 서로 같다는 것을 나타낸다. 구조 **a**와 **b**는 **공명 구조(resonance form)**라고 부르며, 루이스 구조는 분자 내 전자 배치의 가상적인 극단을 나타낸다. 예를 들면 오존 분자의 전자 배치를 나타내는 단 하나의 공명 구조는 없다. 그보다 실제 구조는 두 공명 구조의 혼성과 비슷한 무엇이다. 서로 다른 구조들을 연결하는 양쪽 방향 화살표는 공명 현상을 나타내기 위해 사용된다.

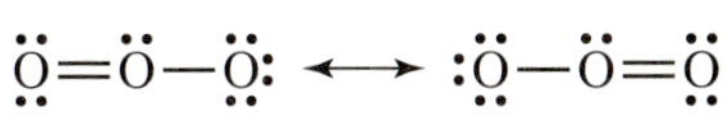

공명은 화학자들이 분자의 복잡한 미시 세계를 표현하기 위해 개발한 또 다른 모형 개념이다. 그것은 '진실'이라기보다 정확하게 팔전자 규칙 모형에 맞지 않는 분자 구조를 서술하는 하나의 방법일 뿐이다. 그림 2.4에 이 장과 다른 장에서 다루는 화학과 관련된 몇 가지 산소를 포함한 화학종의 루이스 구조를 비교하고 있다.

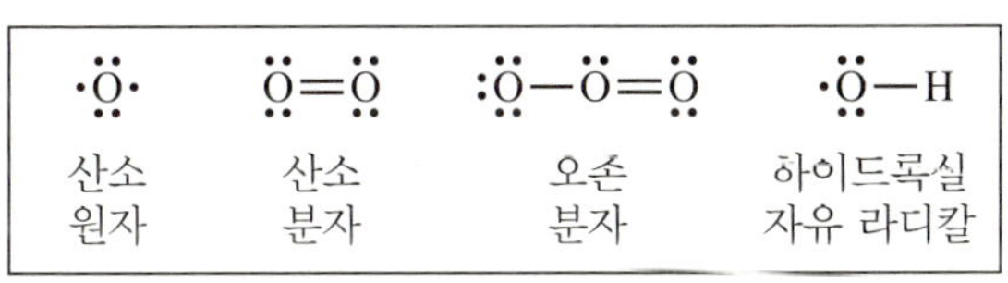

그림 2.4 산소를 포함한 몇 가지 화학종들의 루이스 구조. 오존 공명 구조는 하나만 나타냈다.

미시 세계에 대한 실험적 심층 고찰은 O_3 분자가 방금 그린 루이스 구조와 같은 선형이 아님을 나타내고 있다. 루이스 구조는 분자 모양을 보여 주는 것이 아니라, 단지 무엇이 무엇과 연결되는지만을 말해 준다는 것을 기억하라. 실제 O_3 분자는 아래에 나타낸 것과 같이 굽은형이다.

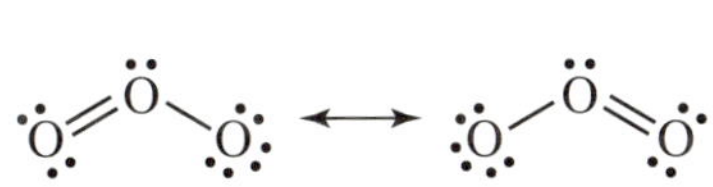

O_3 분자가 굽은형인 이유에 대한 설명은 3장까지 기다려야 한다. 여기서 단지 O_2와 O_3 분자 내 결합이 그 분자들이 햇빛과 상호 작용하는 것과 어떻게 연관되어 있는지를 알 필요가 있다.

N_2에 있는 N 원자를 연결하는 삼중 결합의 안정성은 대류권에서 질소의 상대적인 불활성을 설명하는 데 도움이 된다.

하이드록실 라디칼은 1장에서 스모그 형성과 관련하여 언급하였다.

H_2O, O_3는 중심 원자가 O인 모두 굽은형 분자이다.

예제 2.10 다중 결합을 가진 루이스 구조

각 화합물의 루이스 구조를 그리시오. 두 개의 분자 모두 팔전자 규칙을 따른다.

a. 일산화 탄소(CO) b. 이산화 황(SO_2)

답

a. C 원자 (·C·) 1개 × 원자당 최외각 전자 4개 = 최외각 전자 4개
   O 원자 (·O·) 1개 × 원자당 최외각 전자 6개 = 최외각 전자 6개
   총계 = 전자 10개

루이스 구조는 :C⋮⋮O: 또는 :C≡O:이고, 10개의 최외각 전자를 가진다. N_2 분자도 10개의 최외각 전자를 가지며 비슷한 삼중 결합을 형성한다.

2.4 빛의 파동

빛은 매 순간마다 태양에서 방출되고 약간의 시간이 흐른 후 지구에 도달한다. 우리는 이 빛의 일부는 볼 수 있지만, 어떤 부분은 볼 수 없다. 프리즘과 빗방울은 빛을 분리하여 색 스펙트럼을 보게 한다. 이 색들을 간단히 보라색, 남색, 파란색, 녹색, 노란색, 주황색, 빨간색이라 부른다. 때에 따라서는 색들을 좀 더 서술적인 이름으로 선홍색 또는 짙은 황록색 등으로 분류한다.

색을 기술하는 다른 방법은 **파장**에 해당하는 수치를 사용하는 것이다. 파장이라는 단어는 빛의 거동이 물에서 이는 파도와 같이 행동함을 암시한다. **파장(wavelength)**은 연이은 파의 봉우리 간 거리이다. 이것은 길이의 단위로 표현되며, 그리스 문자 람다(λ)로 나타낸다. 파는 또한 1초간에 고정된 점을 통과하는 파의 수인 **진동수(frequency)**로도 특성을 나타낼 수 있다. 진동수는 그리스 문자 뉴(ν)로 표기된다. 그림 2.5는 다른 파장과 진동수를 가진 두 개의 파를 나타낸다.

진동수와 파장과의 관계는 진동수 ν, 가시광선과 다른 전자기 복사파의 일정한 속도 c가 $3.00 \times 10^8\ \mathrm{m{\cdot}s^{-1}}$일 때 간단한 식으로 요약할 수 있다.

$$\text{진동수}\ (\nu) = \frac{\text{빛의 속도}\ (c)}{\text{파장}\ (\lambda)} \qquad [2.2]$$

파장이 ↑이면, 진동수는 ↓이다.

식 2.2는 파장과 진동수는 **반비례** 관계가 있음을 의미한다. λ가 감소할수록 ν는 증가하며 반대도 마찬가지다.

우리 눈이 복사 에너지의 광범위한 배열 중에서 아주 일부분인 약 700×10^{-9} m

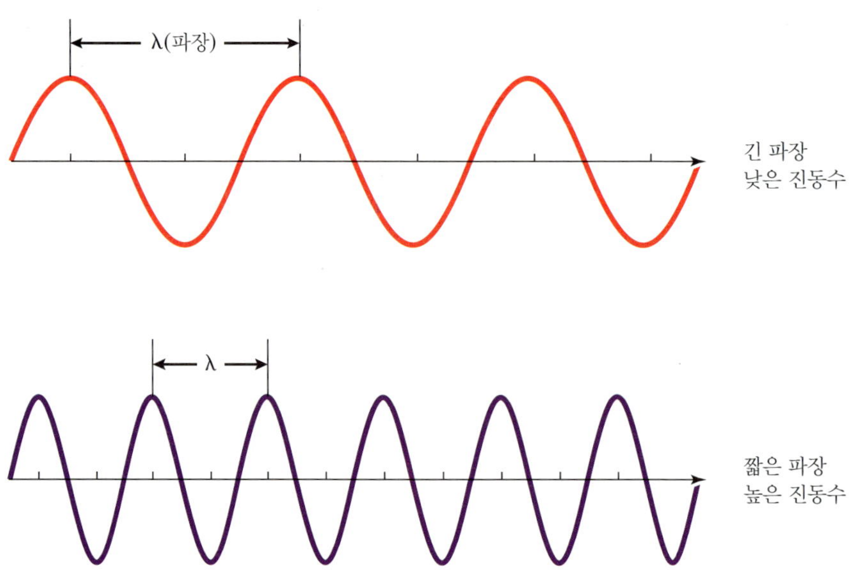

그림 2.5 서로 다른 두 파의 비교

(빨간색)에서 400×10^{-9} m (보라색) 사이의 파장에만 민감하다는 사실은 흥미롭고 겸허하게 한다. 이 파장은 매우 짧기 때문에 보통 나노미터로 표현한다. **1나노미터(nanometer, nm)**는 1미터(m)의 10억분의 1이다.

$$1 \text{ nm} = \frac{1}{1{,}000{,}000{,}000} \text{ m} = \frac{1}{1 \times 10^{9}} \text{ m} = 1 \times 10^{-9} \text{ m}$$

미터를 나노미터로 변환하는 데 이 관계식을 사용할 수 있다. 예를 들면 이 계산은 700×10^{-9} m가 몇 nm인지를 보여 준다.

$$\text{파장 } (\lambda) = 700 \times 10^{-9} \cancel{\text{m}} \times \frac{1 \text{ nm}}{1 \times 10^{-9} \cancel{\text{m}}} = 700 \text{ nm}$$

m는 상쇄되어, nm만 남는다.

그림 2.6 무지개 색

연구과제 2.11 무지개 분석

무지개의 물방울은 프리즘 역할을 하여 가시광선을 색별로 분리한다.

a. 그림 2.6에서 파장이 가장 긴 것은 어느 색인가? 진동수가 가장 높은 것은?
b. 녹색은 500 nm의 파장을 가진다. 이 수치를 미터로 표시하시오.

답
b. 500×10^{-9} m, 과학적 표기법으로는 5×10^{-7} m이다.

전자기 스펙트럼(electromagnetic spectrum)은 짧은 파장의 고에너지 X선과 감마선에서 긴 파장의 저에너지 라디오파까지의 연속적인 파(wave)이다. 가시광선은 이 스펙트럼 중 좁은 띠다. **복사 에너지(radiant energy)**라는 용어는 각자 고유한 에너지를 가진 다른 파장의 총 집합을 말한다. 그림 2.7은 전자기 스펙트럼, 상대적 파장(크기에 맞추어 그린 것이 아님), 표시한 파장의 영역에 대한 개념을 정립하는 데 도움을 줄 몇 가지 예이다.

이 장에서는 전자기 스펙트럼의 가시광선의 보라색 끝에 인접하고 더 짧은 파장의 **자외선(ultraviolet, UV)** 영역을 살펴본다. 이보다 더 짧은 파장을 가진 것은 의학 진단과 결정 구조 결정에 사용되는 X선과 핵분열 과정에서 방출하는 감마선이 있다. 가시광선의 빨간색보다 긴 파장에는 **적외선(infrared, IR)** 영역이 있다. 이 파장의 빛은 우리가 보지는 못하지만 가열 효과는 느낄 수 있다. 레이더와 음식을 빨리 조리하는 데 사용하는 마이크로파는 파장이 센티미터의 크기를 가진다. 더 긴 파장에는 AM 및 FM 라디오와 텔레비전 프로그램을 전송하는 데 사용하는 라디오파의 영역이다.

3장에서는 스펙트럼의 IR 영역을 살펴볼 것이다.

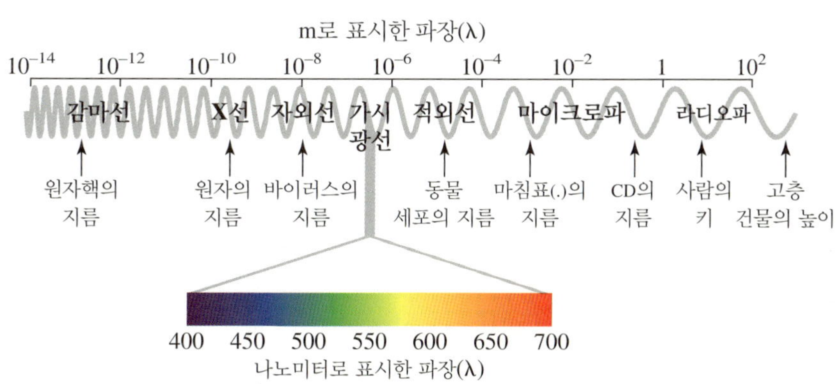

그림 2.7 전자기 스펙트럼. 감마선에서 라디오파까지 파장의 변화는 크기에 맞추어 그린 것은 아니다.

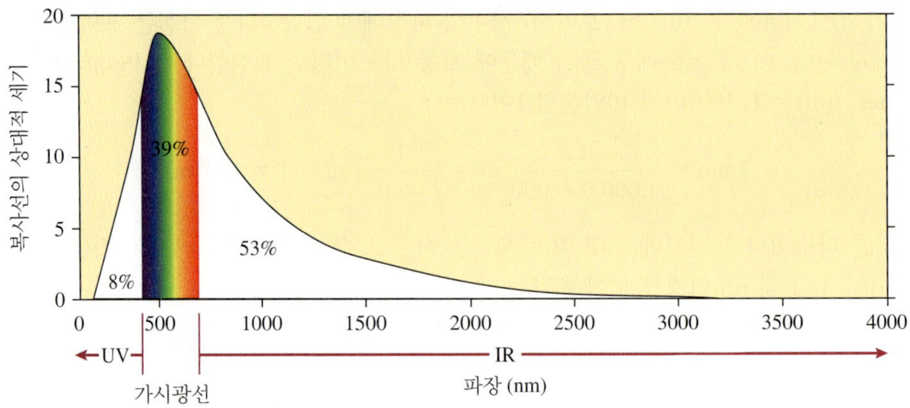

그림 2.8 지구 대기 위 태양 복사선의 파장 분포

출처: *From An Introduction to Solar Radiation by Muhammad Iqbal, Academic Press, 1983. Copyright Elsevier 1983.*

예제 2.12 상대 파장

전자기 스펙트럼의 복사 에너지의 네 종류(적외선, 마이크로파, 자외선, 가시광선)를 살펴보자. **힌트:** 그림 2.7 참조.

a. 파장이 증가하는 순서대로 나열하시오.
b. 라디오파의 파장은 X선의 파장에 비해 몇 배가 긴가?

답

a. 자외선 < 가시광선 < 적외선 < 마이크로파

태양은 다양한 종류의 복사 에너지를 방출하지만 같은 세기로 방출하는 것은 아니다. 이는 상대적 태양 복사를 파장의 함수로 그린 그림 2.8에서 볼 수 있듯이 명백하다. 곡선은 대기의 **위**, 즉 대기 중의 분자들과 복사선이 상호 작용할 기회를 가지기 전에 측정한 스펙트럼을 나타낸다. 가장 큰 세기를 나타내는 최고점은 가시광선 영역에 있다. 그러나 태양이 방출하는 전체 에너지의 53%는 적외선의 형태로 지구로 방사된다. 이것이 지구의 주요 열원이다. 에너지의 약 39%가 가시광선으로 오고 있으며, 약 8%만이 자외선의 형태로 오고 있다(곡선 아래의 넓이가 이러한 비율을 나타낸다). 그러나 작은 퍼센트에도 불구하고 태양의 UV 복사는 생물체에 가장 큰 손상을 줄 수 있다. 이유를 이해하기 위하여 에너지와 연관된 전자기 복사를 살펴볼 필요가 있다.

2.5 복사와 물질

복사는 파동과 같은 특성의 형태로 기술할 수 있다는 생각은 잘 정립되었고 매우 유용하다. 그러나 20세기가 시작될 때 과학자들은 이 모형과 충돌하는 몇 가지 현상을 발견하였다. 1909년에 독일 과학자 플랑크(Max Planck, 1858~1947)는 그림 2.8의 에너지 분포 곡선의 모양이 복사체의 에너지가 많은 불연속적인 작은 크기의 에너지 준위의 합일 경우에만 설명될 수 있다고 주장하였다. 다른 말로 하면, 에너지 분포는 연속적인 것이 아니라 많은 불연속적인 단계로 구성되어 있다는 것이다. 이러한 에너지 분포를 **양자화(quantized)**되었다고 한다. 가끔 복사체의 양자화된 에너지는 어떠한 넓이의 보폭이든 수용하는 경사로가 아니라, 여러 개의 단으로 이루어진 양자화된 계단(부분적인 단은 허용되지 않는)과 같다고 비유한다. 아인슈타인(Albert Einstein, 1879~1955)은 1921년 노벨 물리학상을 받게 된 논문에서 복사 자체는 **광자(photon)**라 불리는 개별적인 에너지 덩어리 구성으로 보아야 한다고 제안하였다. 이러한 광자를 '빛의 입자'로 여

플랑크와 아인슈타인은 모두 이중주를 함께 연주하였던 아마추어 바이올린 연주자였다.

길 수도 있으나 일반적인 상식에서의 입자는 결코 아니다. 예를 들면 이들은 질량이 없다. 이러한 생각은 현대 양자 이론의 토대를 이루었다.

파동 모형은 양자론의 발전에도 불구하고 아직도 유용하다. 두 이론 모두 복사에 대한 가치 있는 설명이다. 복사 에너지의 이중성은 상식을 거부한다. 어떻게 빛을 동시에 두 가지 다른 방법, 즉 입자와 파동으로 기술할 수 있는가? 이러한 합리적인 질문에 자연의 방식이 그렇다는 것 외에는 명백한 답은 없다. 두 관점은 현대 과학의 가장 중요한 식의 하나인 다음의 간단한 관계식으로 연결된다. 이것은 대기에서 오존의 역할에 관련된 식이기도 하다.

$$\text{에너지 } (E) = \frac{hc}{\lambda} \qquad \textbf{[2.3]}$$

여기서 E는 광자 한 개의 에너지를 나타낸다. 기호 h와 c는 상수이다. h는 플랑크 상수라고 부르며, c는 빛의 속도이다. 이 식은 에너지 E가 파장 λ에 **반비례**함을 보여 준다. 결과적으로 복사선의 파장이 짧아질수록 에너지는 증가한다. 이러한 정성적 관계는 오존 파괴의 이야기에서 매우 중요하다.

파장이 ↓이면, 에너지는 ↑이다.

예제 2.13 색과 에너지의 관계

가시광선 스펙트럼의 다음 색들을 광자당 에너지가 증가하는 순으로 배열하시오.

녹색, 빨간색, 노란색, 보라색

답

빨간색 < 노란색 < 녹색 < 보라색

식 2.3을 이용하여 UV 복사선의 광자에 연관된 에너지가 방송국에서 방출되는 광자 에너지에 비해 약 1,000만 배 정도 큼을 계산할 수 있다. 이렇게 큰 에너지 차이의 결과는 UV 복사선에 노출되면 피부가 손상될 수 있지만, 라디오파에 노출되었다고 피부가 손상되지 않는다는 것이다. 라디오가 켜져 있든 아니든, 우리는 계속 라디오파에 노출되어 있다. 몸은 라디오파를 감지하지 못하지만 라디오는 감지한다. 라디오파 광자의 에너지는 매우 낮아 UV에 노출되었을 때처럼 피부 색소인 멜라닌의 농도를 국소적으로 증가시키지 못한다. 멜라닌 생성은 라디오파 광자가 제공할 수 있는 것보다 훨씬 큰 에너지를 필요로 하는 에너지 준위 간 전자 전이인 양자 비약(quantum jump)이 관여한다.

태양은 수많은 광자, 눈에 보이지 않는 에너지 덩어리로 지구를 폭격하고 있다. 대기, 행성 표면, 지구 생명체는 모두 이 광자를 흡수한다. 스펙트럼의 적외선 영역의 복사선은 지구와 대양을 데운다. 망막 세포는 가시광선의 파장에 맞추어져 있다. 다른 파장의 광자를 흡수하면 에너지는 생물학적 분자의 전자를 '들뜨게' 하는 데 사용된다. 몇몇 전자는 더 높은 에너지 준위로 뛰어올라 복잡한 일련의 화학 반응을 촉발하여 궁극적으로 볼 수 있게 된다. 동물과 비교하여 녹색식물은 가시광선의 좁은 영역(빨간색에 해당)의 대부분의 광자를 포착한다. **광합성(photosynthesis)**은 녹색식물(조류를 포함한)과 일부 박테리아가 태양의 에너지를 포착하여 이산화 탄소와 물로부터 글루코스와 산소를 생성하는 과정이다.

기후 변화와 탄소 순환에서 광합성의 역할에 대한 더 자세한 내용은 3.2절과 3.5절을 보라.

빛의 파장이 **감소**할수록 각 광자가 운반하는 에너지는 **증가**함을 기억하라. 스펙트럼의 UV 영역의 광자는 상당히 에너지가 커서 중성 분자에서 전자를 제거하여 양으로 하전된 화학종으로 변환한다. 더 짧은 UV 파장은 결합을 끊어 분자를 분해한다. 생명체에서 이러한 변화는 세포를 파괴하고 유전적 결함과 암을 유발한다. UV 복사선과 화학 결합과의 상호 작용을 그림 2.9에 도식적으로 나타내었다.

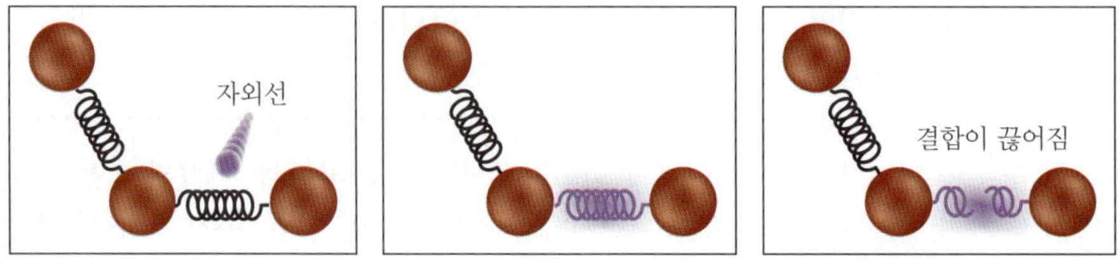

그림 2.9 자외선 복사는 화학 결합의 전부가 아닌, 일부를 끊을 수 있다. 결합은 원자를 붙들고 있으나 원자들이 움직일 수 있는 스프링으로 나타냈다.

복사선과 물질과의 상호 작용이 UV 복사선이 야기하는 손상과 UV로부터 우리를 보호하는 대기 메커니즘을 모두 설명하는 것은 자연의 매력적인 대칭성의 일부이다. 다음은 성층권의 산소와 오존이 제공하는 UV 차단막의 이해로 넘어가자.

2.6 산소-오존 차단막

우리는 빨간색, 파란색, 노란색 등의 이름으로 가시광선의 색을 구별한다. 마찬가지로 UV 광선을 다른 이름으로 구별하여 부른다. 그러나 이 이름은 화려하지 않고 단순히 UV-A, UV-B, UV-C로 부른다. UV-A는 가시광선의 보라색에 가장 가까이 위치하고 에너지가 가장 낮다. 아마도 '흑색 광선(black light)'으로도 알고 있을 것이다. 반면에 UV-C는 에너지가 가장 높고 전자기 스펙트럼의 X선 영역의 바로 옆에 있다. 표 2.4는 다양한 UV 복사선의 특성을 보여 준다.

예제 2.14 태양 자외선의 기본

a. UV-A, UV-B, UV-C를 파장이 증가하는 순서대로 배열하시오.
b. 에너지가 증가하는 순서가 파장의 증가 순서와 동일한가? 설명하시오.
c. UV-C를 막는다고 주장하는 차단제를 사용해야 하는가? 설명하시오.

답

c. 아니다. 사용해서는 안 된다. UV-C는 차단할 필요가 없다. 왜냐하면 이 범위의 UV 파장은 성층권에서 흡수된다.

앞의 활동을 통해 보았듯이 태양의 UV-C 복사선은 지상에 도달하기 전에 대기 위쪽에서 흡수된다. 산소와 오존은 이 파장의 빛을 흡수한다. 1장에서 지적한 바와 같이 대기의 약 21%는 산소(O_2)로 구성되어 있다. 242 nm 이하에 해당하는 에너지를 가지는 광자는 O_2 분자의 결합을 끊기에 충분한 에너지를 가진다. 이 파장은 UV-C 영역에서 발견된다.

$$O_2 \xrightarrow[\lambda \leq 242\text{ nm}]{\text{UV 광자}} 2\,O \qquad [2.4]$$

표 2.4 UV 복사의 종류

종류	파장	상대적 에너지	비고
UV-A	320~400 nm	가장 낮은 에너지	가장 피해가 작고 가장 많은 양이 지표면에 도달함.
UV-B	280~320 nm	UV-A보다는 에너지가 높고 UV-C보다는 낮음.	UV-A보다는 피해가 크고, UV-C보다는 피해가 크지 않음. 대부분의 UV-B는 성층권의 O_3에 의해 흡수됨.
UV-C	200~280 nm	가장 높은 에너지	가장 피해가 크지만 모두 성층권의 O_2와 O_3에 의해 흡수되므로 문제가 되지 않음.

만약 O_2가 태양의 UV 광선을 흡수하는 유일한 분자라면 지구 표면과 그 위에 살고 있는 생명체는 242~320 nm 영역의 복사선에 손상을 입을 가능성이 높을 것이다. O_3가 여기서 중요한 보호 역할을 한다. O_3 분자는 O_2보다 쉽게 분해된다. O_2 분자의 원자들은 이중 결합으로 연결되는 데 반해, O_3의 각 결합은 길이와 세기에서 단일 결합과 이중 결합의 중간 정도이다. 따라서 O_3의 결합은 O_2의 이중 결합보다 약하다. 따라서 더 낮은 에너지의 광자(긴 파장)로도 O_3에서 원자를 분리하는 데 충분하다. 실제로 320 nm 이하의 파장의 광자는 오존에서 O와 O 사이의 결합을 해리시킨다.

$$O_3 \xrightarrow[\lambda \leq 320\text{ nm}]{\text{UV 광자}} O_2 + O \qquad [2.5]$$

연구과제 2.15 에너지와 파장

O_2에서 이중 결합을 끊는 데 UV-C(242 nm)의 광자가 필요하다고 방금 언급하였다. O_3의 결합은 O_2의 결합에 비해 약하므로 더 낮은 에너지의 광자(320 nm)도 이들의 결합을 끊을 수 있다. 242 nm의 광자 에너지는 320 nm의 광자 에너지보다 얼마나 큰가?

힌트: 한 가지 접근 방법은 242 nm 광자와 320 nm 광자의 에너지 비를 계산하고 파장의 비를 비교하는 것이다. 부록 1에서 플랑크 상수 및 빛의 속도 값을 찾으라.

식 2.4와 2.5, 그리고 앞의 식 2.1(O_2에서 O_3의 생성을 보여 줌)을 합하면 성층권에서 일어나는 일련의 화학 반응의 부분이다. 매일 300,000,000(3×10^8)톤의 O_3가 성층권에서 생성되고 같은 양이 분해된다. 새로운 물질이 창조되거나 소멸되지는 않고 단지 화학적 형태가 변할 뿐이다. 따라서 오존의 총 농도는 자연 순환에서 일정하게 유지된다. 이 과정은 동적 계(dynamic system)가 균형을 이루어 포함한 주요 화학종의 농도에 있어 알짜 변화가 없는 상태인 **정상 상태(steady state)**의 한 예이다. 정상 상태는 일련의 화학 반응, 전형적으로 경쟁 반응이 서로 균형을 이룰 때 발생한다. 그림 2.10과 같은 **채프먼 순환(Chapman cycle)**은 성층권 오존을 설명하기 위해 제안된 첫 번째 자연적인 일련의 정상 상태 반응식을 나타낸다. 이 자연 순환은 오존의 생성과 분해를 위한 화학 반응을 포함한다.

이 일련의 반응들은 1929년에 처음 이것을 제안한 물리학자인 채프먼(Sydney Chapman)을 기려 명명되었다.

예제 2.16 오존층

a. 오존은 산소 원자와 산소 분자 간의 반응에 의해 생성된다. 화학 반응식을 쓰시오.
b. 성층권 위에서 산소 원자의 원천은 무엇인가?
c. 성층권 위에서 오존 분자의 수명은 며칠에서 몇 년까지 분포한다. 예를 들면 오존층에서 O_3 분자는 몇 개월간 지속한다. 무엇이 성층권의 오존을 분해하는가?
d. 반면에 지상에서 오존 분자는 몇 개월이 아니라 몇 분 안에 반응한다. 왜 이런 차이가 나는가?

답

d. 대류권에서 아래로 내려오면 대기는 밀도가 높아진다. 오존 분자는 다른 분자와 충돌하고 반응한다. 예를 들면 오존 오염 물질을 함유한 공기를 호흡하면 O_3는 폐 조직과 신속히 반응하여 손상을 줄 수 있다.

뒤의 절에서, 무언가가 채프먼 순환의 정상 상태를 흩뜨리고 성층권의 오존 보호층을 파괴할 때 어떤 일이 일어나는지를 살펴볼 것이다. O_2와 O_3가 성층권에 존재하므로 특정한 UV 파장만이 지구 표면에 도달할 수 있다. 그러나 이 파장도 해를 입힐 수 있으며 이것이 다음 절의 주제이다.

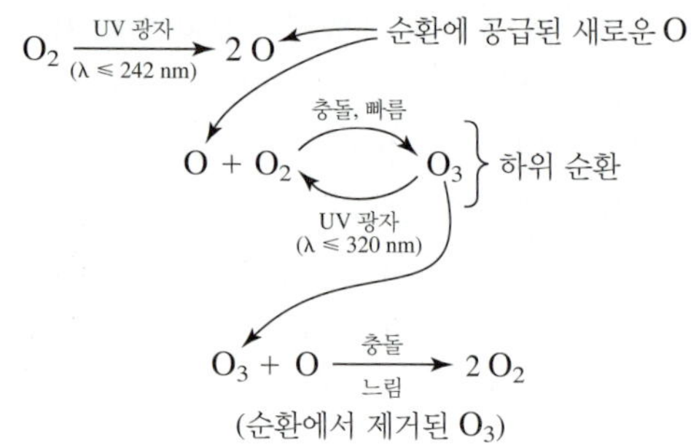

그림 2.10 채프먼 순환

2.7 자외선 복사의 생물학적 효과

아래 시나리오는 예상치 못한 기원의 한 형태이다.

> 2065년. 지구 오존의 거의 삼분의 이가 사라졌다. 이는 극지방뿐 아니라 전 지구적으로 벌어진 일이다. 1980년대 처음 발견된, 남극의 악명 높은 오존 구멍은 이제 북극의 것과 쌍을 이루며 연례행사처럼 되었다. 자외선은 워싱턴 D.C.와 같은 중위도 지역의 도시에까지 내려가서, 단지 5분만 노출되어도 피부를 태울 수 있을 만큼 충분히 강하다. DNA 변형을 일으키는 자외선이 650%에 달하고, 식물, 동물 그리고 인간의 피부암 발병률에까지 유해한 영향을 주게 되었다.

NASA(미국 국립 항공 우주국)

미래에 대한 이 엄숙한 묘사는 공상과학 소설에서 따온 것인가? 전혀 그렇지 않다. 이것은 미국연방정부, NASA로부터 인용한 것이다. 그것은 2009년 과학 학술 논문의 발견에 기반하고 있는데, 그 논문에서 과학자들은 우리가 살고 있는 세계의 국가들이 오존 구멍을 재건할 수 있는 아무런 행동을 취하지 않고 있다고 서술하였다.

몬트리올 협약은 2.11절에서 더 자세히 살펴본다.

오존층을 파괴하는 물질에 대한 몬트리올(Montreal) 협약—세계사에서 놀라운 사건—덕분에 우리는 자외선이 위험한 수준의 세상에 살지 않게 되었다. 그러나 왜 1980년대 오존층의 구멍이 전 지구적인 경종을 울리게 되었는지 이해하려면 여러분은 자외선이 동식물의 세포에 어떠한 영향을 미치는지 알아야 한다. 따라서 이제 그 주제로 넘어가려고 한다.

이전 절에서 배운 것과 같이, 지표에 도달하는 햇빛은 UV-A와 UV-B를 포함하여 다양한 종류의 빛을 가지고 있다. 이 방사선이 여러분의 피부에 닿으면 흡수되어 일련의 사건을 일으킨다. 우선, UV 광자의 에너지가 세포에 쌓이고, 그 에너지가 충분하면 근처에 있는 분자의 화학 결합 중 일부를 끊는다. 이전에 그림 2.9에서 결합을 끊는 과정을 나타낸 것을 보았다. 대부분의 경우 여러분의 신체는 손상된 것과 죽은 세포를 재생한다. 피부색에 따라 피부가 그을리거나 타지만 피부암으로 발전하지는 않는다.

DNA는 디옥시리보오스 핵산을 나타낸다. 12장에서 DNA 화학에 대해 더 자세히 살펴본다.

그러나 다른 결과도 가능하다. 서로 다른 많은 분자들의 결합이 끊어진다고 해도 피부 세포의 DNA 분자에서 결합의 깨짐은 피부암을 유발하는 DNA 변형을 일으킬 수 있어 가장 우려되는 것이다. 피부암과 관련된 몇 가지 중요한 점은 다음과 같다.

- 대부분의 피부암은 햇빛에 노출되는 것과 관련이 있다.
- 피부암은 어느 연령에서나 나타나지만, 노인에게서 더욱 흔하다. 피부암은 햇빛에 반복적인 노출을 멈춘 지 수년 후에도 발병할 수 있다.
- 지표의 햇빛 중 UV-B가 주범이다. UV-A도 작용할 수 있다.
- 암은 피부 세포의 다양한 형태에서 발병할 수 있다. 기저 세포(basal cell)와 편평상피세포(squamous cell)가 가장 흔하지만 치명적이지는 않다. 반면, 멜라닌 세포의 암(흑색종)은 더욱 치명적이다.

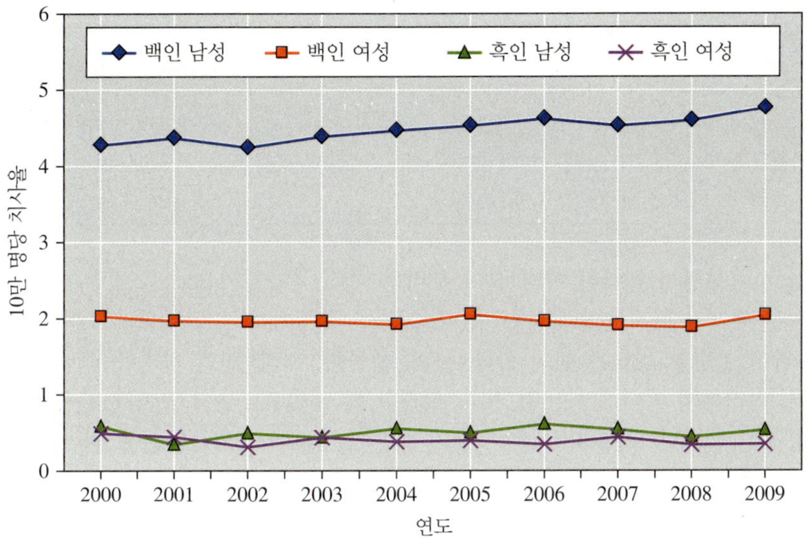

그림 2.11 미국인의 흑색종 치사율(2000~2009)

비고: 모든 그룹은 히스패닉 계를 포함하고 있다.

출처: *National Cancer Institute, SEER Fast Stats, 2012.*

연구과제 2.17 생물학적 민감도

태양으로부터 오는 UV 빛에 대한 피부 세포 속 DNA의 민감도는 파장이 감소할수록 증가한다.

a. 이에 대한 설명을 제안하시오.
b. UV-C 영역에 해당하는 충분히 짧은 파장의 UV 빛은 피부암 유발을 걱정할 필요가 없다. 그 이유를 설명하시오.

UV 방사선에 노출되는 위험에 대한 인식이 증가하고 있음에도 불구하고 모든 나라에서 피부암 발병률은 증가하고 있다. 그림 2.11은 미국의 피부암 경향을 나타낸다. 모든 사람들이 피부암에 민감하기는 하지만 그래프에서 보면 백인들에게 더욱 흔하다는 것을 알 수 있다. 또한 피부암 발병률이 거의 일정하거나 매우 천천히 증가하는 것도 볼 수 있다. 여기서 보여 주지는 않았지만 미국 내 폐암이나 직장암 발병률은 서서히 감소하고 있다.

연간 폐암과 직상암 치사율은 인국 10만 명당 각각 사망자 170명과 50명이다.

예제 2.18 피부암 경향

그림 2.11에 나타낸 흑색종 치사율의 경향은 실제 사망자 수를 나타내는 것은 아니다.

a. 2000년과 2009년 미국의 흑색종 사망자 수를 계산하시오. 2000년과 2009년 전미 사망률은 각각 100,000명당 2.7명과 2.8명이다. 몇 명이 사망했으며, 그 숫자는 증가했는가, 감소했는가?
   힌트: 2000년과 2009년 미국 인구는 각각 2억 8천백만과 3억 7백만 명으로 추산된다.
b. 여러분이 얻은 값이 미국 내 전체 피부암 사망자 연간 약 12,000명에 상응하지 않는 이유는 무엇인가?

답

a. 그림 2.11로부터 2000년과 2009년 모두 인구 100,000명당 약 7.5명이 사망하였다. 만약 여러분이 SEER에서 실제 사망자 수를 찾으면 각각 7.4명과 7.7명일 것이다. 인구 추정치를 이용해 환산하면 2000년에는 7,600명, 2009년에는 8,600명의 사망자가 발생하였으므로 약 1,000명의 사망자가 증가한 것이다.
b. 이 자료는 흑색종에만 해당하는 것이다. 기저 세포나 편평상피세포 피부암도 전체 사망자에 포함된다.

확인문제 2.19 백인 남성과 여성의 피부암

출처(그리고 연구자)에 따라 다르며, 자료가 항상 대표성을 가지는 것은 아니다. 그림 2.11에서 피부암 발병률은 실제 백인 여성과 남성이 높은데, 여기에 오차의 가능성을 고려해 보시오. 왜 이 자료도 오차를 가진다고 보는가? 가능하면 다양한 출처로부터 스스로 자료를 찾아 연구하시오. 여러분이 왜 이 자료를 신뢰하는지 혹은 불신하는지 설명하시오.

이 절을 시작하면서 언급한 바와 같이 우리는 여러 국가들이 보조를 맞추어 피부암 발병이 높은 세계가 되지 않도록 하고 있다.

호주 건강과 노화국(2007)에 따르면 호주는 세계에서 피부암 발병률이 가장 높다.

피부암이 발병할 위험은 현재 화학, 물리, 생물학, 지리, 인간 심리 등과 복잡하게 얽혀 있다. 여러분이 어디에 사는지, 빛이 쨍쨍할 때 햇빛으로부터 얼마나 자신을 잘 보호하는지, 실내 선탠을 하는지 혹은 그렇지 않은지, 피부암 조기 발견을 위한 공중 보건 캠페인에 얼마나 잘 대응하고 있는지 등을 포함한 여러 가지 요인이 있다.

미국 질병관리센터(Center for Disease Control and Prevention, CDC)는 태닝 부스, 태닝 베드, 태양 램프 등이 특히 젊은 층에게는 위험하다고 경고하고 있다. 이유는 간단하다. 이 부스들은 태양으로부터 오는 유해한 파장과 같은 UV-A와 UV-B를 사용하고 있다. 태닝은 피부 부상을 일으킨다. 질병관리센터는 '기본적인 선탠을 하는 것'은 사람들이 생각하는 것처럼 현명한 것은 아니라고 지적한다. 오히려 태양으로부터 자신의 피부를 보호하는 것이 현명하다.

연구과제 2.20 태닝 스파

실내 태닝(tanning) 산업은 실내 태닝의 긍정적인 면만을 강조하여 건강한 생활 방식의 일부로 홍보한다. 이러한 주장을 반박하는 것은 피부 종류에 상관없이 '안전하게 피부를 태우는 것'은 없다는 공중 건강 캠페인이다. 서로 다른 관점을 가진 두 개 이상의 출처를 탐구하여 양쪽의 주장을 나열해 보시오. 여러분이 추천하는 행동 방침을 제시하시오.

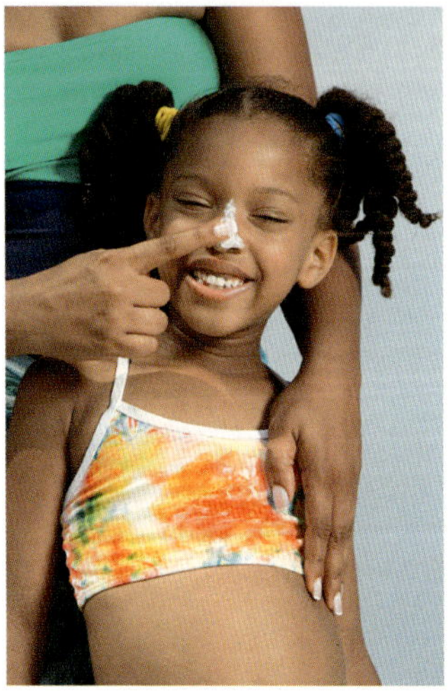

자외선 차단제(sunscreen)를 바르는 것은 피부암의 위험을 줄이는 한 방법이다. 이러한 제품에는 상당한 정도로 UV-B를 흡수하는 화합물과 함께 UV-A를 흡수하는 다른 화합물이 포함되어 있다. 미국 피부학회는 피부 보호 인자(skin protection factor, SPF)가 15에서 30이 되는 자외선 차단제를 권고한다. 그러나 자외선 차단제를 바르는 것이 자외선의 위험이 없다는 것을 의미하지는 않는다.

자외선 차단제는 타지 않고 더 긴 시간 노출될 수 있도록 해주기 때문에 궁극적으로는 더 많은 피부 손상을 입을 수도 있다. 자외선 방지제(sunblock)를 바르는 것은 또 다른 방법이다. 이 제품은 촘촘하게 짠 직물처럼 물리적으로 자외선이 피부에 닿는 것을 방지한다. 자외선 방지제는 빛을 반사한다. 일부는 자외선을 흡수하기도 한다. 친근한 예는 수영장이나 해변에서 구조대원이 사용하는 불투명한 하얀 크림('구조대원의 코')에서 흔히 볼 수 있다. 이 크림은 ZnO(산화 아연) 또는 TiO_2(이산화 타이타늄) (혹은 둘 다) 함유하며 오랜 기간 안전이 확인되었다.

그러나 나노 입자 형태의 이 화합물을 가지는 '투명한(see-through)' ZnO과 TiO_2 제품은 논란이 되고 있다. ZnO와 TiO_2 입자가 미세하게 작기 때문에 빛을 산란시키지 않는다. 결과적으로 불투명한 것이 아니라 투명하여 이것을 바르는 사람들에게 장점으로 작용한다. 이 나노 입자 제품은 더 고르게 퍼지고 경제적이며 자외선을 흡수하고 반사시키는 데 매우 효과적이다. 그러나 나노입자들은 피부에 스며들게 되면 위험할 수 있다. 소비자와 정부 기관은 위해성 정도를 파악하기 위한 추가적인 연구를 요청하고 있다. 논란이 있든 없든 간에 자외선 차단제는 자외선으로부터 우리를 보호하는 데 중요한 역할을 한다.

나노테크놀로지는 1.7절에서 정의하였다. 나노입자에 대한 더 많은 내용은 8장에 있다.

표 2.5 자외선 지수

노출 분류	지수	유해한 UV 노출을 피하기 위한 조언
낮음	< 2	쉽게 타는 체질이면 햇빛 가리개를 사용하고 자외선 차단제를 이용할 것
적당	3~5	태양이 강할 때인 한낮에는 그늘에 있을 것
높음	6~7	10시에서 16시까지 양지에 있는 시간 줄이기 모자와 색안경을 쓰고, 햇빛 가리개를 사용
매우 높음	8~10	흰 모래와 기타 밝은 표면은 UV를 반사하여 UV 노출의 정도를 증가시킬 수 있음. 10시에서 16시까지 태양에 노출되는 것을 최소화
극단	11+	햇볕에 타는 것에 대한 모든 주의를 요함. 피부 보호를 하지 않으면 몇 분 내에 탐. 10시에서 16시까지 태양에 노출되는 것을 피할 것

출처: *U.S. EPA, 2009.*

여러분은 자외선 차단제와 자외선 방지제를 발라야만 할까? 미국 기상청(National Weather Service)이 제공하는 자외선 지수(Ultraviolet Index) 예보는 햇빛이 얼마나 혹독한지를 쉽게 알 수 있도록 해준다. 자외선 지수 수치는 0~5까지이며, 피부 손상이 일어나기까지 걸리는 시간에 기초하고 있다. 반비례 관계—숫자가 클수록 피부 손상이 일어나는 데 걸리는 시간이 적다—에 주목하라.

출처: *U.S. EPA.*

자외선 지수는 표 2.5에 나타낸 것처럼 여러분의 눈과 피부를 태양의 위험으로부터 보호할 수 있도록 돕기 위한 제안도 함께 제시한다.

자외선 지수는 피부 손상에 초점을 맞추고 있지만 이것이 자외선의 유일한 생물학적 영향력은 아니다. 눈도 마찬가지로 손상을 입을 수 있다. 예를 들면 피부색과 상관없이 모든 사람들은 자외선 노출에 의해 망막 손상을 입을 수 있다. 다른 영향으로 UV-B 복사선에 과도하게 노출되면 눈의 수정체가 탁해지는 백내장을 야기할 수 있다. 오존층이 10% 감소할 경우 전 세계적으로 약 200만 건의 새로운 백내장 발병이 있을 것으로 추산된다. 그러나 적절한 복장과 자외선 차단제로 피부 손상을 줄일 수 있고, 적어도 99%의 UV-A와 UV-B를 차단하는 광학 수준의 선글라스로 눈을 보호할 수 있다. 선글라스에 대하여 더 많은 것을 다음 활동에서 배워 보자.

연구과제 2.21 눈 보호

선글라스는 패션만을 위한 것이 아니다. 이들은 해로운 자외선으로부터 눈을 보호한다. 제품의 장점을 배우기 위해 몇몇 제조 회사를 확인하시오. 자외선으로부터 눈을 보호하기 위한 특별한 행동이 필요한가? 여러분이 발견한 것을 보고하시오.

이미 짐작하고 있는 바와 같이 자외선이 우리 행성의 지표에 도달하여 인간의 피부와 눈 이상의 영향을 미친다. 식물, 동물, 미생물도 위험에 민감하다. 유해 정도는 동물이나 식물에 따라 다르지만 파장이 짧을수록 유해성이 크다. 바이러스나 박테리아가 특히 민감하다. 실제 UV-C는 표면이나 의료 장비의 소독에 사용한다. 자외선은 부유하는 물고

UV 빛의 파장이 짧을수록 에너지가 더 크다.

기 알, 물고기와 새우의 치어, 어린 물고기 등 수면 가까이 서식하는 어린 해양 생명체에도 손상을 줄 수 있다.

과도한 자외선의 유해한 효과를 제시함으로써 1980년대에 관찰된 성층권의 오존 농도가 감소하는 것이 왜 이 지구에 경고의 종을 울리는지를 알 수 있을 것이다. 다음 두 개의 절은 오존 구멍 이야기와 이것이 우리 행성에 어떻게 예상하지 못하게 나타났는지를 알려줄 것이다.

2.8 성층권 오존 파괴: 전 세계적 관측과 원인

스위스는 가장 장기적인 오존 수준 연속 측정 기록을 가지고 있다. 1926년 이래로 스위스 지질 연구소는 성층권 O_3 농도를 측정하고 있다. 더 최근인 1979년 이후 위성에 장착된 검측기들이 여러 지점의 오존 농도에 대한 자료를 전송하고 있다. 이러한 측정은 성층권 O_3의 자연적 농도가 전 지구적으로 균일하지 않으며 그 수준이 시간에 따라 변하고 있는 것을 보여 준다.

평균적으로 총 O_3 농도는 양 극에 가까울수록 높아지지만, 남극 상공에는 계절적인 오존 '구멍'이 예외적으로 존재한다. 채프먼 순환에서 오존의 생성은 O_2 분자가 UV-C 광자를 흡수하여 두 개의 O 원자로 분해되면서 촉발된다. 이들은 차례로 O_2와 반응하여 O_3를 생성한다.

$$O_2 \xrightarrow[(\lambda \leq 242\ \text{nm})]{\text{UV-C}} 2\,O \qquad [2.6a]$$

$$O + O_2 \longrightarrow O_3 \qquad [2.6b]$$

따라서 오존 생성은 성층권을 때리는 복사선의 세기에 따라 증가한다. 복사선의 세기는 주로 태양과 지구 각도, 태양과 지구 간 거리에 의존한다. 적도에서 복사선이 가장 센 기간은 태양이 바로 머리 위에 있는 춘·추분(3월과 10월)에 나타난다. 회귀선을 벗어난 지역에서는 태양이 바로 머리 위에 오지 않으므로 최대 세기는 하시섬(북반구에서는 6월, 남반구에서는 12월)에서 나타난다. 지구와 태양의 각도는 오존 생성과 계절에 지배적이다. 그러나 지구에 도달하는 태양의 세기는 지구가 태양에 가장 가까이 가는 1월 초에 태양이 가장 멀어지는 7월에 비하여 약간(~7%) 증가한다. 더불어 태양이 방출하는 복사선의 양은 흑점 활동과 관련된 11년에서 12년 주기에 걸쳐 변한다. 이러한 변화는 O_3 농도에 영향을 주지만 단지 1~2% 정도이다. 성층권의 바람 형태는 어떤 때는 계절적 또는 어떤 때는 더 긴 주기로 오존 농도의 변화를 야기한다. 더 복잡하게 거의 무작위로 변이가 나타나기도 한다.

지구의 에너지 균형과 지구 온난화와 연관하여 3.9절에서 태양 복사에 대한 정보를 살펴보자.

이 장 첫머리에서 본 지구의 멋진 사진은 성층권 오존 농도를 나타내는 데 색 코드를 이용한다. 짙은 파란색과 보라색 영역은 가장 낮은 O_3 농도가 관찰된 지역을 의미한다. 지구 표면 위의 총 오존 수준은 돕슨 단위(DU)로 표현된다. 250~270 DU라는 수치는 보통 적도에서 나타나는 값이다. 적도에서 멀어질수록 수치는 300에서 350 DU 사이에 있고 계절에 따라 변한다. 가장 북쪽 고위도 지역에서 그 값은 400 DU까지 높아지게 된다.

1돕슨 단위는 대기의 매 10억 개의 분자와 원자 중 1개의 오존 분자가 있는 것에 대응한다.

특별히 관심이 있는 것은 남극 상공에서 계절적으로 발생하는 오존층이 얇아지는 현상('오존 구멍')이다. 실제로 이러한 변화는 너무 극적이어서 남극의 핼리 만에서 영국감시 팀이 1985년에 처음 관찰하였을 때 기구가 오작동을 하였다고 생각하였다! 오존 수준이 220 DU 이하로 보고된 지역을 보통 '구멍'이라고 여긴다. 1990년대 중반 이후 오존 구멍의 연간 크기는 남아메리카 대륙의 총 크기와 같거나 경우에 따라서는 이를 넘어서기도 한다.

그림 2.12와 같은 남극 근처에서 관측된 성층권 오존 농도의 극적인 감소를 확인해

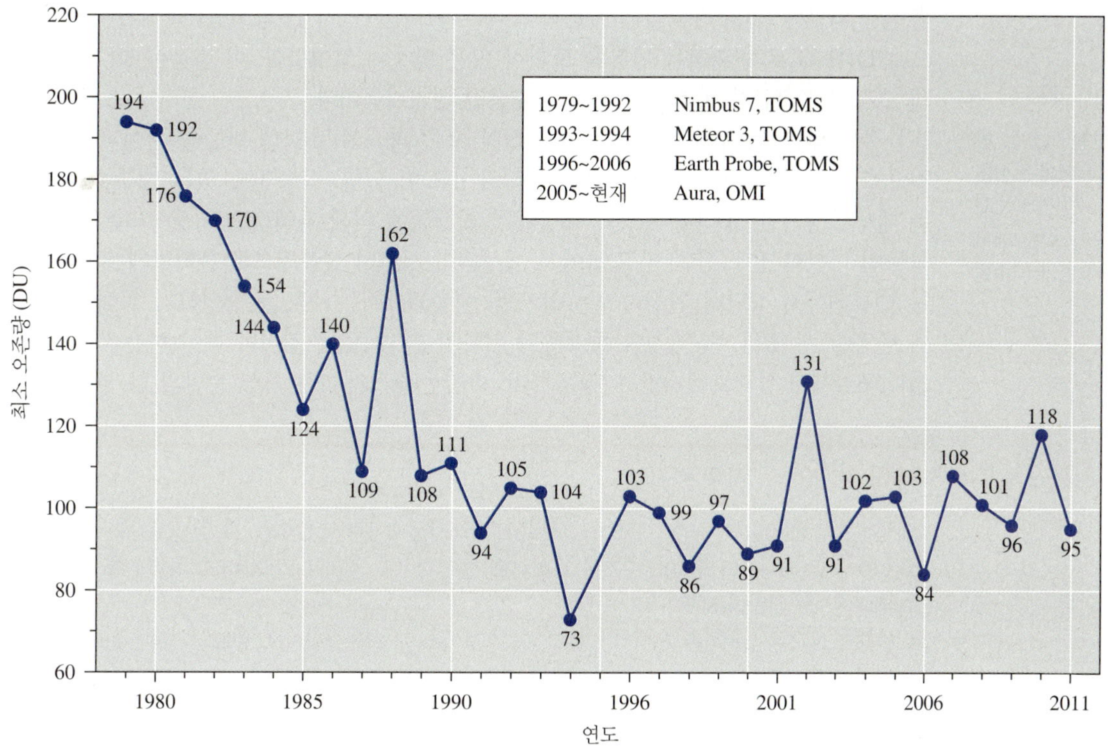

그림 2.12 1979~2009년 사이 봄, 남극의 성층권 오존의 최소량(돕슨 단위). 분석 기기는 총 오존 측정 분광기(Total Ozone-Measuring Spectrometer, TOMS)와 오존 모니터링 기기(Ozone Monitoring Instrument, OMI)이다.

비고: 2002년의 높은 값은 극 지역을 중위도 지역으로부터 고립시키는 소용돌이가 조기에 사라졌기 때문이다. 1995년 자료는 없다.

출처: *NASA Ozone Watch.*

보라. 최근에는 최솟값이 약 100 DU에 불과하였다. 남극 주위의 오존 농도는 계절에 따라 항상 변하며 남극의 봄인 9월이나 10월 초에 최소가 된다. 그러나 최근 몇십 년 동안 유래가 없을 정도로 낮은 최솟값이 관측되고 있다.

연구과제 2.22 올해의 오존 구멍

시민과 과학자들은 남극 상공의 오존 구멍에 대한 자료 조사를 9월에 시작하였다. 올해는 어떤 일이 생겼는가? NASA는 웹사이트에 자료를 게시하였다. 가장 최근 연도에 대해 답하시오.

a. 구멍의 넓이는 얼마나 큰가? 이 넓이는 최근 연도의 것과 비교하면 어떠한가?
b. 가장 낮은 오존 관측치는 얼마인가? 마찬가지로 이 값을 최근의 것과 비교하면 어떠한가?

지구 상 어느 곳에서 일어나든지 오존 파괴의 주요 자연적 원인은 수증기와 그 분해된 생성물을 포함하는 일련의 화학 반응이다. 대양과 호수에서 증발한 대부분의 H_2O 분자들은 비 또는 눈으로 다시 지표면에 떨어진다. 그러나 극소수의 분자들은 성층권에 도달하여, 성층권의 H_2O의 농도는 약 5 ppm이다. 이 고도에서 자외선 광자는 물 분자의 해리를 촉발하여 수소(H•)와 하이드록실(•OH) 자유 라디칼로 분해한다. **자유 라디칼(free radical)**은 1개 이상의 홀전자를 가지는 매우 반응성이 큰 화학종이다. 홀전자는 점으로 표시한다.

$$H_2O \xrightarrow{\text{광자}} H\bullet + \bullet OH \qquad [2.7]$$

자유 라디칼은 몇 개의 다른 맥락에서 등장하였다.

1장: •OH, NO_2의 생성과 성층권 오존
6장: •OH, 산성비에서 SO_3의 생성
7장: •OH와 $H_2O^{•+}$, 핵 방사능에 의한 세포의 손상
9장: R•, 에틸렌의 중합

홀전자 때문에 자유 라디칼은 반응성이 매우 크다. 따라서 H•와 •OH 라디칼은 궁극적으로 O_3를 O_2로 변환하는 반응을 포함한 많은 반응에 참여한다. 이 반응이 50 km 이상의 고도에서 오존을 파괴하는 가장 효율적인 메커니즘이다.

대기 오염 물질 NO(일산화 질소)는 반응성이 매우 크며, 이것이 폐에 손상을 주는 이유 중 하나이다. 반면에 N_2O (아산화 질소 또는 '웃음가스')는 매우 안정한 분자여서 몇 세기 동안 지속될 수 있다.

물 분자와 그의 분해 생성물이 자연적인 오존 파괴의 유일한 반응물은 아니다. 다른 것으로 일산화 질소라 불리는 자유 라디칼 •NO이 있다. 성층권에 있는 대부분의 •NO는 자연발생적인 것이다. 토양과 대양에서 미생물에 의해 자연적으로 생성되는 질소 화합물인 아산화 질소(산화 이질소)에서 생성되어 서서히 성층권으로 올라가게 된다. N_2O는 대류권에서 상당히 안정하기는 하지만, 성층권에서는 •NO를 생성하기 위해 O 원자와 반응할 수 있다. 이 과정을 통제하기 위하여 할 수 있는 것이나 해야 하는 것은 거의 없다. 6장에서 살펴보겠지만, 이것은 질소 화합물을 포함하는 자연 순환의 한 부분이다.

예제 2.23 자유 라디칼

a. •OH 자유 라디칼의 루이스 구조를 그리시오. 홀전자는 O 원자로 간다.
b. •NO 자유 라디칼의 루이스 구조를 그리시오. 홀전자는 O 원자로 간다. **비고:** 1장의 대기 오염의 맥락에서는 단순히 NO로 표기했었다.
c. 반대로 N_2O는 홀전자를 가지지 않는다. 이의 루이스 구조를 그리시오. **힌트:** N 원자 하나를 가운데 두라.

인간 활동도 정상 상태의 NO 농도를 변화시킬 수 있다. 1970년대에서 사람들은 초음속 제트 여객기(supersonic transport, SST) 콩코드기 건조로 발생할 수 있는 NO 농도 증가를 우려하였다. 이 비행기는 오존층의 영역인 15~20 km 고도로 비행하도록 설계되었다. 1장에서 배운 것처럼 고온의 엔진은 배기가스의 일부로 NO를 생성한다. NO는 제트 비행기가 이륙, 착륙과 비행 중의 뜨거운 엔진에서 생성된다.

$$N_2 + O_2 \xrightarrow{\text{고온}} 2\,NO \qquad [2.8]$$

과학자들은 SST 항공기의 영향을 예측하기 위하여 실험과 계산을 수행하였고, 위험이 이익을 초과한다고 결론지었다. 따라서 사람들은 부분적으로는 과학적 근거를 가지고 미국산 SST를 건조하지 않을 것을 결정하였다. 2003년까지 영국-프랑스 합작 콩코드기는 이 고도에서 운행하는 유일한 상용 비행기였다. 콩코드는 2003년 10월 24일에 마지막 비행을 하였다. 안전에 대한 우려와 경제적 요인 때문에 이 멋진 제트기의 비행이 막을 내렸다.

성층권 모델에 물, 질소 산화물, 그리고 다른 자연 발생 화합물의 효과를 포함해도, 오존 농도 관측값은 여전히 예측값보다 낮다. 전 세계적인 관측에 따르면 오존 농도는 지난 20년 동안 계속 감소하고 있음을 시사하고 있다. 자료의 변동성이 크기는 하지만 추세는 명확하다. 중위도(남위 60°에서 북위 60°까지) 성층권 오존 농도는 어떤 경우 8% 이상 감소하였다. 이러한 변화를 태양 복사선의 세기 변화와 연관시킬 수 없기 때문에, 이의 해석을 위해 다른 것을 살펴보아야만 한다. 따라서 지금은 클로로플루오로탄소로 관심을 돌릴 시점이다.

염소

브로민

아이오딘

그림 2.13 7A 할로젠족의 원소의 일부

2.9 | 클로로플루오로탄소: 성질과 용도 및 오존과의 반응

성층권 오존 파괴의 주요 원인은 롤런드(F. Sherwood Rowland), 몰리나(Mario Molina), 크뤼천(Paul Crutzen)의 뛰어난 과학적 업적으로 밝혀졌다. 그들은 이 연구로 1995년에 노벨 화학상을 공동 수상하였다. 그들은 방대한 양의 대기에 관한 자료를 분석하였고 수백 개의 화학 반응을 연구하였다. 대부분의 과학적 연구가 그렇듯이, 몇 가지 불확실한 것은 남아 있다. 그렇다고 해도 그들이 찾은 모든 증거들은 예상하지 않았던 화합물 집단, 클로로플루오로탄소를 지목하고 있었다.

이름이 의미하듯이 **클로로플루오로탄소(chlorofluorocarbon; CFC)**는 염소, 플루오린, 탄소(그러나 수소 원소는 가지고 있지 않다) 원소로 구성된 화합물이다. 플루오린과 염소는 같은 화학족인 할로젠(그림 2.13)의 구성원이다. 원소 상태에서 모든 할로젠은 이원자 분자이고 플루오린과 염소만이 기체이다. 플루오린은 그림에 나타나지 않았는데, 이는 반응성이 너무 커서 유리 용기와도 반응할 수 있기 때문이다. 반면에 CFC는 매우 반응성이 작다.

CFC에 대하여 알아보기 시작하기 위해 다음 두 예를 살펴보자.

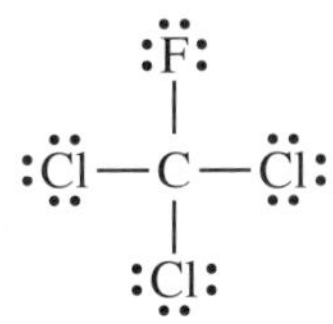

과

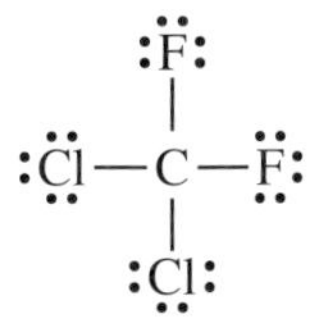

트라이클로로플루오로메테인 (trichlorofluoromethane) 프레온-11

다이클로로다이플루오로메테인 (dichlorodifluoromethane) 프레온-12

이름이 어떻게 CFC와 메테인(CH_4)의 관계를 나타내는지를 주목하라. *di*-와 *tri*-와 같은 접두사는 메테인의 수소를 치환한 염소와 플루오린의 수를 명시한다. 이 두 CFC는 상표명인 프레온-11과 프레온-12로도 알려져 있다. 또한 듀퐁의 화학자들이 1930년대에 개발한 명명법에 따라 CFC-11과 CFC-12로도 불린다.

가장 작은 탄화수소인 메테인은 1장에서 기술되었다.

프레온에 대한 더 많은 정보와 명명법은 이 장 뒤에 나오는 연습문제 53번을 보라.

CFC는 자연에서 나타나지 않는다. 인간이 다양한 용도를 위해 합성하였다. 성층권 오존 파괴에 있어 CFC의 역할에 대한 논쟁에서 이것은 입증되어야 하는 중요한 점이다. 앞의 절에서 보았듯이 오존 파괴에 기여하는 •OH나 •NO 자유 라디칼과 같은 다른 요인들은 대기 중에서 자연적 원천에서 또는 인간 활동에 의해 생성된다.

1930년대에 CCl_2F_2를 냉매로 도입한 것은 화학의 주요한 승리이자 소비자 안전에 있어 주요한 발선으로 인정받았다. 이것은 암모니아나 이산화 황과 같은 독성이 있고 부식성 냉매를 대체하였다. 여러 가지 점에서 CCl_2F_2는 이상적인 대체물이었고 현재도 그렇다. 이것은 무독성, 무색, 무취이고 연소되지도 않는다. 실제로 CCl_2F_2는 매우 안정하여 많은 물질들과도 반응하지 않는다!

CFC는 무독성 때문에 다른 용도로도 사용되었다. 예를 들면 CCl_3F는 쿠션과 발포 단열을 위한 거품을 만들기 위해 고분자 혼합물에 불어 넣어진다. 다른 CFC는 에어로솔 스프레이 통의 추진제로 사용되거나 기름이나 그리스의 무독성 용매로 사용된다.

고분자나 플라스틱은 9장의 주제이다. 플라스틱을 비누거품처럼 만들어 '부풀리는' 기체를 발포제(blowing agent)라 한다.

할론(halon)은 CFC의 가까운 사촌이다. 할론은 CFC와 같이 염소나 플루오린(또는 모두, 그러나 수소는 없다)을 포함하는 반응성이 없는 무독성 화합물이다. 그러나 할론은 추가로 브로민을 가진다. 예를 들면 아래는 할론-1301로 알려진 브로모트라이플루오로메테인($CBrF_3$)의 루이스 구조이다.

여러분이 보는 자료에 따라 할론의 화학적 조성에 대한 다른 정의를 볼 수 있을 것이다. 가끔 할론은 화학적 조성이 아니라 (화재를 진압하는) 용도에 의해 정의되기도 한다.

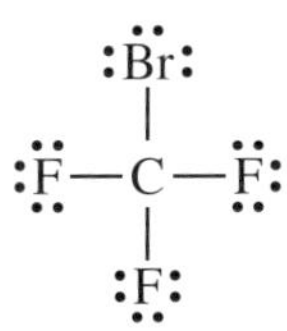

할론은 화재 진압용으로 사용된다. 이들은 물 호스나 스프링클러 시스템이 적절하지 않은 경우에 매우 유용하다. 예를 들면 도서관(특히 희귀 장서를 보관한 방), 기름에 의한 화재(물이 불을 확산시키는 곳), 화학 물질 저장 창고(일부 화학 물질이 물과 반응하는 곳)와 항공기(전자 장비가 많은 조종실을 물로 흠뻑 적시는 것은 정말 좋은 생각이 아니다.) 등이 있다.

좋건 나쁘건 CFC의 합성은 우리 생활에 중요한 영향을 끼쳤다. CFC가 무독성이고 불연성이며, 값싸고 쉽게 얻을 수 있기 때문에 냉방에 혁명을 일으켜 모든 가정, 사무실 건물, 상점, 학교와 자동차에서 냉방이 용이하게 되었다. 1960년대와 1970년대부터 CFC는 세계의 무더운 지방 도시들의 발전을 촉진하였다. CFC 기반 기술은 전 세계 모든 지역의 경제와 사업 잠재력을 변화시켰기 때문에 사실상 지정학적으로 중요한 변동이 생겼다.

미국에서는 CFC가 애틀란타, 휴스톤, 탬파, 멤피스 등을 포함하여 덥고 습기가 많은 기후의 도시 성장을 촉진하였다.

수많은 응용에 이상적인 CFC의 특성이 우리의 대기에 손상을 주는 결과로 나타난 것은 아이러니이다. CFC의 C–Cl과 C–F 결합은 매우 강하여 분자들은 사실상 거의 파괴되지 않는다. 예를 들면 CCl_2F_2 분자는 대기에서 분해되는 운명을 맞기 전까지 평균 120년을 지속할 수 있다. 반면에 대기권의 바람의 흐름에 의해 분자가 CFC 분자 일부가 종말을 맞는 곳인 성층권에 올라가는 데는 단 5년밖에 걸리지 않는다.

1973년에 롤런드와 몰리나는 지적 호기심에 고양되어 성층권 CFC 분자들의 운명을 연구하기 시작하였다. 그들은 고도가 높아질수록 오존과 산소 농도는 감소하지만 UV 복사선은 증가하는 것을 알았다. 그들은 고에너지 UV-C 광선(< 220 nm)이 C–Cl 결합을 해리시킨다고 추론하였다. 여기 다이클로로다이플루오로메테인에서 염소 원자를 방출하는 화학 반응이 있다.

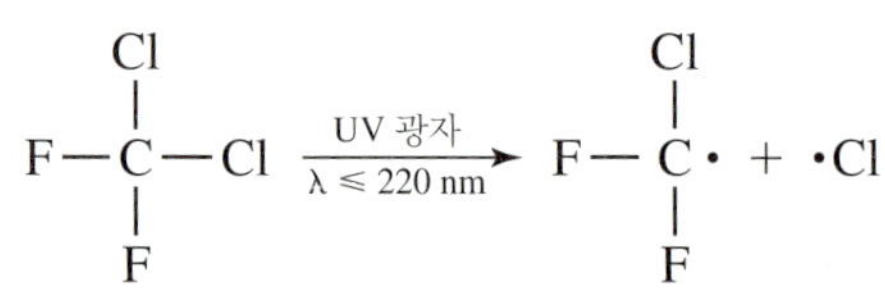

[2.9]

염소 원자는 7개의 최외각 전자를 가지며 이 중 하나는 홀전자이다. 이 홀전자를 강조하기 위하여 염소 원자를 Cl• 또는 •Cl로 나타낸다. 염소 원자는 다른 원자와 결합하여 전자를 공유함으로써 안정한 팔전자(octect)를 형성하려는 경향을 강하게 보인다. 롤런드와 몰리나, 그리고 후속 연구자들은 이 반응성이 일련의 반응을 일으킨다고 가정하였다. CFC는 여러 가지 경로로 성층권의 오존을 파괴한다고 알려져 있지만 우리는 극지방에서 일어난다고 알려진 전형적인 반응을 나타내 보이고자 한다.

Br• 자유 라디칼은 오존 파괴의 또 다른 순환을 시작하여 비슷한 반응을 수행한다. Br•은 O_3 파괴에 있어 Cl•보다 10배 이상 효과적이다.

먼저 Cl• 자유 라디칼은 O_3 분자에서 산소 원자를 잡아당겨 산화 염소 ClO•와 O_2 분자를 형성한다. 다음 단계에서 사용해야 하므로 계수 2는 상쇄되지 않는다.

$$2\,Cl\bullet + 2\,O_3 \longrightarrow 2\,ClO\bullet + 2\,O_2 \qquad \textbf{[2.10]}$$

ClO• 화학종은 또 다른 자유 라디칼이다. 이것은 13(7 + 6)개의 최외각 전자를 가진다. 최근의 실험적 증거는 성층권 오존 파괴의 75~80%는 2개의 ClO• 라디칼이 결합하여 ClOOCl을 형성하는 것을 포함함을 나타낸다.

$$2\,ClO\bullet \longrightarrow ClOOCl \qquad \textbf{[2.11]}$$

ClOOCl은 2단계 연속 반응으로 분해된다.

$$ClOOCl \xrightarrow{\text{UV 광자}} ClOO\bullet + \bullet Cl \qquad \textbf{[2.12a]}$$

$$ClOO\bullet \longrightarrow Cl\bullet + O_2 \qquad \textbf{[2.12b]}$$

일련의 화학 반응식은 수학의 식과 같이 취급할 수 있다. 이 식들을 모두 더하면 다음과 같은 결과를 얻는다.

$$\cancel{2\,Cl\bullet} + 2\,O_3 + \cancel{2\,ClO\bullet} + \cancel{ClOOCl} + \cancel{ClOO\bullet} \longrightarrow \cancel{2\,ClO\bullet} + 2\,O_2 + \cancel{ClOOCl} + \cancel{ClOO\bullet} + \cancel{Cl\bullet} + \cancel{Cl\bullet} + O_2 \qquad \textbf{[2.13]}$$

수학식과 마찬가지로 화학식의 양변에 두 번 나오는 Cl•, ClO•, ClOOCl을 제거할 수 있다. 식 오른쪽 변에 있는 O_2에 대한 항, 즉 $2O_2$와 O_2는 합하여 $3O_2$로 할 수 있다. 남는 것은 오존이 산소로 변하는 것을 보여 주는 알짜 반응식이다.

$$2\,O_3 \longrightarrow 3\,O_2 \qquad [2.14]$$

따라서 오존과 염소 원자와의 복잡한 반응은 오존 파괴의 경로를 제공한다.

Cl•는 식 2.13에서는 반응물로, 식 2.12a와 2.12b에서는 생성물로 나타난다. 이것은 Cl•이 농도의 알짜 변화 없이 순환 과정에서 소비되고 재생됨을 의미한다. 이러한 행동은 화학 반응에 참여하고 반응 속도에 영향을 미치지만 자신은 영구적인 변화를 하지 않는 화학 물질인 촉매의 특성이다. 염소 원자는 더 많은 오존 분자를 제거하기 위해 재생되고 재순환됨으로써 촉매로 작용한다. 평균적으로 원자 한 개가 바람에 의해 낮은 대기권으로 가라앉기 전에 1×10^5개나 되는 오존 분자 파괴에 촉매 작용을 할 수 있다.

1.11절에서 촉매 변환 장치와 관련하여 촉매를 정의하였다.

흥미롭게도 성층권의 오존 파괴를 설명하기 위해 기술하였던 메커니즘은 롤런드와 몰리나가 처음 제안하였던 것과 다르다. 그들의 최초 가설은 Cl•가 O_3와 반응하여 ClO•와 O_2를 생성한다는 것이었다. 제안된 두 번째 단계는 ClO•가 산소 원자와 반응하여 O_2를 생성하고 라디칼을 재생하는 것이다.

$$Cl\cdot + O_3 \longrightarrow ClO\cdot + O_2 \qquad [2.15]$$

$$ClO\cdot + O \longrightarrow Cl\cdot + O_2 \qquad [2.16]$$

이 메커니즘은 오존 구멍 생성의 주요 반응으로 증명되지는 않았지만 제한된 수의 염소 원자가 많은 수의 오존 분자 파괴에 원인이 될 수 있음을 타당하게 설명하고 있다. 그러나 이것은 햇빛이 더 강한 지역인 적도와 중위도에 있는 오존 파괴를 설명하는 순환 과정이다. 과학에서는 흔한 사실이지만 가설은 실험적 증거에 의해 재구성될 필요가 있다.

다행스럽게도 성층권의 염소가 거의 모두 Cl• 또는 ClO•와 같이 활성화된 형태는 아니다. 오히려 염소는 오존을 파괴하지 않는 안정한 화합물에 포함된다. 염화 수소(HCl)와 질산 염소($ClONO_2$)는 이러한 화합물 중 두 가지이다. 이러한 형태는 30 km 이하의 고도에서 매우 쉽게 형성된다. 따라서 염소 원자는 오존 농도가 가장 높은 영역(약 20~25 km)에서 효과적으로 제거된다. 5장에서 보게 되겠지만 이 기체들은 수용성이다. 따라서 이 화합물들은 대류권에서 비에서 씻겨 대기로부터 제거된다.

HCl과 $ClONO_2$는 오존을 파괴하지 않지만 Cl•의 잠재적 원천이다. 예를 들면 HCl는 하이드록실 라디칼(•OH)과 반응하여 Cl•을 생성한다.

예제 2.24 브로민도!

지금까지 염소 원자에 대하여 논의를 진행하고 있지만, 브로민 원자도 역할을 한다.

a. 식 2.10과 2.15와 유사한 브로민이 참여하는 화학식을 쓰시오.
b. 브로민 농도는 염소의 농도보다 매우 적다. 이유를 제시하시오.

답

b. 오존을 파괴하는 물질 중 브로민 원소가 포함한 것은 적다. $CBrF_3$(할론-1301)과 같은 이러한 화합물은 적은 양만 생산되었다.

화학자 솔로몬(Susan Solomon)은 처음 남극 상공에서 성층권 ClO•와 오존 자료를 수집한 팀을 이끌었다. 이 자료는 CFC와 오존 구멍과의 연관성을 공고히 하였다. 그녀는 당시 30세에 불과하였다.

어바인에 있는 캘리포니아 대학의 교수인 롤런드(Rowland)와 당시 롤런드 연구실의 박사후 연구과정생이었던 몰리나는 1974년 과학잡지 "**네이처**"에 CFC와 오존 파괴에 관한 첫 논문을 발표하였다. 이와 거의 동시에 다른 과학자들은 성층권의 CFC와 오존 파괴의 실험적 증거를 얻고 있었다. 결론은 골치 아픈 것이었다. 그것은 CFC 사용을 중단해야만 한다는 것을 암시하고 있었다. 이러한 초기 보고서는 많은 경제적인 이해관계

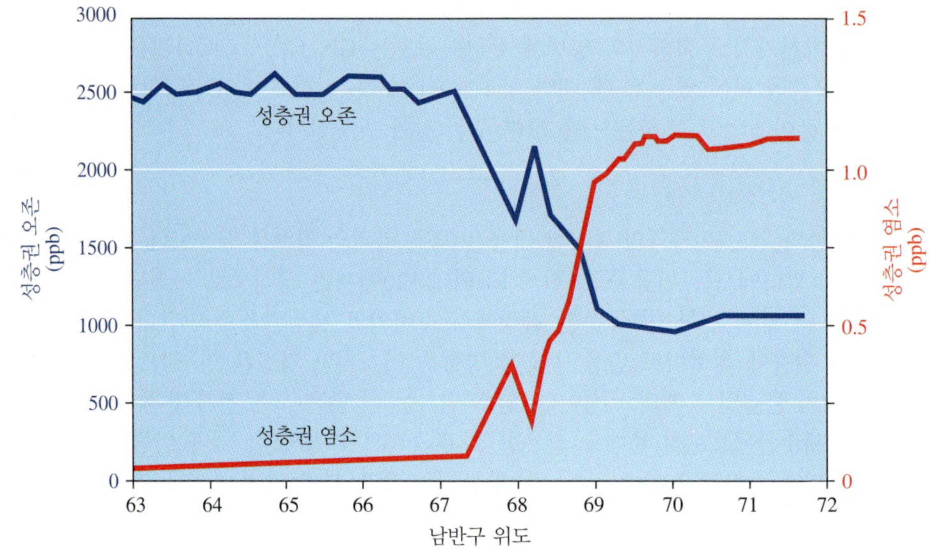

그림 2.14 남극 성층권 오존 및 반응성 염소의 농도(남극 오존 구멍 상공, 1987)

출처: *United Nations Environment Programme.*

가 걸려 있는 경우에 예상할 수 있는 것처럼 회의적 시각에 직면하였다. 그러나 사전예방 원칙이 궁극적으로 우세하게 되었다. 오존 파괴가 더 악화되기 전에 오존의 감소를 완화시킬 수 있는 조치가 취해졌다.

수년에 걸쳐 롤런드-몰리나 가설은 실험적으로 확인되었다. 염소와 일산화 염소가 개입되었다는 가장 주목할 만한 증거는 아마도 그림 2.14에 제시된 것일 것이다. 여기에 남극의 O_3의 농도와 ClO•의 농도 등 두 세트의 자료가 있다. 두 자료는 시료를 측정한 위도에 대하여 도시하였다. 성층권 O_3 농도가 감소할수록 성층권 염소 농도가 증가하였다. 두 농도는 서로에 대하여 거의 완벽한 거울상이다. 남극에 가까워질수록 오존은 감소하고 일산화 염소는 증가한다는 것이 주된 효과이다. 식 2.10이 ClO•, Cl•, O_3를 연결시키므로 결론은 피할 수 없다. 그림 2.14는 성층권 오존 파괴의 '결정적 증거(smoking gun)'라고도 불린다.

성층권 오존 파괴와 연관된 모든 염소가 CFC로부터 오는 것은 아니다. 다른 염소를 함유한 탄소 화합물들이 바닷물과 화산과 같은 자연적인 원천으로부터 나온다. 그러나 자연 발생되는 대부분의 염소는 수용성이다. 따라서 어떤 자연 발생의 염소를 함유한 물질들은 성층권에 도달하기 훨씬 전에 강우에 의해 씻겨 대기에서 사라지게 된다. 특히 중요한 것은 높은 농도의 HCl(염화 수소)과 HF(플루오린화 수소)가 동시에 발생한다는 NASA와 세계 각국의 연구자들에 의해 수집된 자료들이다. HCl 일부는 다양한 자연적 원천에서 기인한다고 하더라도 성층권 HF 농도의 유일한 타당한 근원은 CFC이다.

연구과제 2.25 라디오 대담 프로 의견

"만약 선사 시대 인간이 단지 태양에 의한 화상만 입었다면, 에어컨이나 겨드랑이 탈취제로 오존층을 파괴하게 되고 모든 사람들이 암에 걸리게 되는 것이 어떻게 가능한가? 명백히 우리는 암에 걸리지 않을 것이고 걸릴 수도 없다. 모든 것이 날조이다. 오존 파괴가 일어나기는 하겠지만 놀랄 만한 속도로 일어나지는 않는다는 증거가 매시간 쌓이고 있다."

대담 프로 진행자에게 이 진술에 대하여 첫 번째로 물어볼 것이 무엇인지 생각해 보자. 방송이 되기 위해서는 짧고 함축된 질문을 할 필요가 있다는 것을 기억하라.

출처: Limbaugh, R. 1993. '*See, I Told You So*', New York: Pocket Books.

2.10 | 남극 오존 구멍: 자세히 보기

오존을 파괴하는 기체들은 성층권 전체에 걸쳐 존재한다. 뿐만 아니라 전지구적 바람 형태의 결과로 대기의 저층부의 CFC는 양 반구에 걸쳐 비슷한 정도의 양이 존재한다. 그러면 성층권 오존의 최대 손실이 왜 남극 상공에서 나타날까? 그리고 북반구에서 오존을 파괴하는 기체들이 더 많이 방출되고 있는데, 왜 남반구에서 이들의 효과가 더 강하게 나타나는가?

남극에는 특별한 일련의 조건이 존재한다. 그중 하나는 남극 상공의 성층권 저층부는 지구에서 가장 추운 지점이라는 사실과 관련이 있다. 6월부터 9월까지 (남극의 겨울) 남극 주위를 순환하는 바람은 이 지역에 따뜻한 공기가 들어오려는 것을 막는 소용돌이를 형성한다. 결과적으로 온도는 −90°C까지 떨어지게 된다. 이러한 조건하에서 **극지방 성층권 구름(polar stratospheric clouds, PSCs)**이 형성된다. 이 옅은 구름은 성층권에 존재하는 작은 양의 수증기로부터 형성된 작은 얼음 결정으로 구성된다. 이 얼음 결정의 표면에서 발생하는 화학 반응은 앞에서 언급한 오존을 파괴하지 않는 $ClONO_2$와 HCl 같은 분자들을 오존을 파괴하는 더 높은 반응성의 HOCl과 Cl_2와 같은 분자로 변환시킨다.

HOCl와 Cl_2는 어두운 겨울에는 어떠한 해도 끼치지 않는다. 그러나 9월 말 남극에 햇빛이 다시 비추면 햇빛은 HOCl과 Cl_2를 분해하여 염소 원자를 방출한다. 대량의 오존을 파괴하는 화학종인 Cl•이 증가하면 구멍이 형성되기 시작한다. 극한, 회오리바람, 반응이 일어날 수 있는 표면의 얼음 결정이 형성되기 충분한 시간, 어둠에 이어 햇빛의 급격한 증가 등 요구되는 조건에 주목하라. 그림 2.15는 북극과 남극 상공의 계절에 따

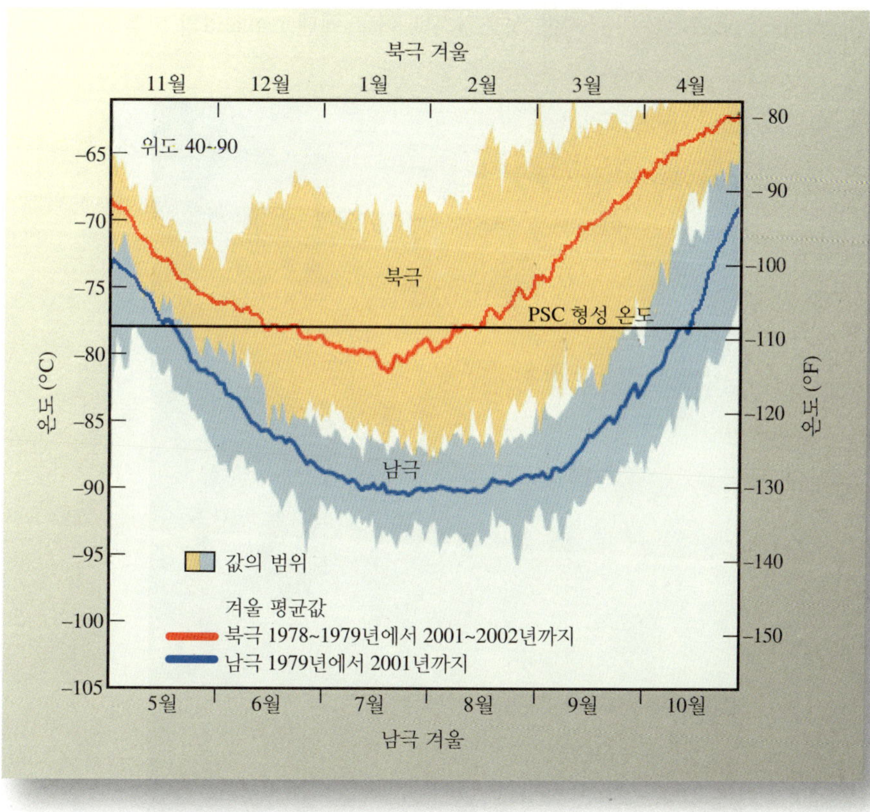

그림 2.15 극지방 성층권 저층부의 최저 대기 온도. 극지방 성층권 구름은 극저온에서 얼음 결정이 만드는 얇은 구름이다.

출처: Scientific Assessment of Ozone Depletion: 2002, *World Meteorological Organization, United Nations Environment Programme.*

른 변화와 남극과 북극의 최저 온도를 비교하여 보여 준다. 그림에서 볼 수 있듯이 필요한 조건들이 남극에서 더 자주 나타난다.

남극 상공의 오존 변화가 계절적 온도 변화를 바싹 뒤 따른다. 보통 급격한 오존 감소는 남극에서 봄, 즉 9월에서 11월 초에 나타난다. 햇빛이 성층권을 데우면 극지방 성층권 구름이 흩어지고 얼음 결정의 표면에서 일어나는 화학 반응을 멈추게 한다. 그러면 저위도로부터의 바람은 극 지역으로 불어오고 파괴된 오존층을 복구한다. 11월 말에는 구멍은 상당히 메워진다. 남극 상공의 오존층이 가장 크게 감소하는 것은 봄에 일어나지만 영국 남극 탐사(British Antarctic Survey) 연구자들이 최근 발견에 따르면, 오존 파괴는 인구가 밀집된 남아메리카의 남쪽 지역을 포함한 남극의 경계 지역에서는 이르면 한겨울처럼 훨씬 이른 시기에 시작될 수 있다.

대기의 질과 관련해서는, 1장에서 공유에 의한 비극을 언급하였다.

이러한 상황은 모든 사람이 공유하고 많은 사람이 사용하지만 책임질 사람은 없는 자원같이 공유에 의한 비극의 한 예이다. 결과적으로 자원은 모두 손실될 때까지 손상을 입게 될 것이다. 여기 우리를 보호하는 오존층이라는 자원이 있다. 감소하는 남극 상공의 성층권 오존은 지구에 도달하는 UV-B의 수준을 증가시킨다. 따라서 호주와 남부 칠레에서 피부암의 발생 비율이 증가한다. 호주 과학자들은 UV 복사선이 증가하여 밀, 사탕수수, 콩의 수확량이 감소한다고 믿고 있다. 비슷한 효과를 남아메리카 최남단 끝에 있는 Tiera del Ruego 섬의 Punta Arenas에서도 느껴지고 있다. 칠레 보건장관은 Punta Arenas의 12만 명에 이르는 주민들에게 오존 파괴가 최대가 되는 봄의 정오 시간대에서는 양지에 있지 말라고 경고하였다.

북반구의 오존 파괴는 남반구보다 심각하지 않다는 것이 밝혀졌다. 그 차이는 주로 북극 상공의 대기가 그렇게 차지 않다는 사실에 기인한다. 그렇기는 하지만 극지방 성층권 구름이 북극에서도 되풀이하여 관측되고 있다. 예를 들면 그림 2.16처럼 '어머니의 진주(mother-of-pearl)' 같은 극지방 성층권 구름이 스웨덴 Lapland의 마을인 Porjus 상

그림 2.16 스웨덴 북부 지역의 북극 성층권 구름

사진 제공: *Ross J. Salawitch, University of Maryland.*

공에서 촬영된다. 그러나 이러한 구름은 오존 구멍의 형성으로 이어지지는 않는다. 왜냐하면 일반적으로 남극에서 관측된 것처럼 태양이 많은 양의 오존을 파괴하기에 충분할 정도로 밝게 빛나기 전에 북극 상공에 붙잡힌 공기는 이 지역에서 확산되어서 빠져나가기 시작하기 때문이다.

PSC의 색은 구름의 얼음 입자에 의해 빛이 회절되어 나타난 것이다.

2.11 | 세계적 우려에 대한 반응

사람들은 CFC가 오존 파괴에 끼치는 역할을 이해하면서 놀랄 정도로 신속한 반응을 보였다. 개별 국가에서 첫 단계를 채택하였다. 예를 들면 1978년에 미국과 캐나다에서 스프레이 캔의 CFC 사용이 금지되었다. 플라스틱 발포제(foaming agent)의 용도로 사용하는 것도 1990년에 중단되었다. 그러나 CFC 생산과 수반되는 방출 문제는 전 지구적인 것이어서 이 문제를 다루기 위해서는 국제적인 협조가 필요하였다.

1977년에 실험적 증거가 누적됨에 따라 유엔 환경 프로그램(United Nations Environment Programme, UNEP)은 각국의 대표들을 모았다. 참가한 사람들은 오존층에 대한 세계 행동 계획(World Plan of Action on the Ozone Layer)을 채택하고, 향후 행동을 지도할 조정 위원회를 설립하였다. 다음 단계는 1985년에 오존층 보호를 위한 비엔나 회의에서 일어났다. 이 회의에 참가한 나라들은, 궁극적으로는 모든 UN 가입국이 참여하여 오존층 보호를 위한 비엔나 협약에 서명하고 비준하였다. 중요한 돌파구는 1987년에 오존층을 파괴하는 물질에 대한 몬트리올 의정서(Montreal Protocol on Substances That Deplete the Ozone Layer)에서 CFC의 생산을 중단하는 일정표에 서명함으로써 이루어졌다. 조약에 서명한 각 국가는 이를 비준받아야 한다. 2009년까지 모든 UN 국가가 이를 비준하였다.

197개 국가가 서명한 비엔나 조약(Vienna Convention)과 몬트리올 의정서(Montreal Protocol)는 UN 역사에서 가장 만족스러운 조약이다.

연구과제 2.26 메시지를 담은 낙서

a. 이 만화는 1970년대 중반에 그려진 것이다. 이 유머의 근거를 설명하시오.

b. 이 만화는 오늘날 오존 파괴의 문제에 아직도 유효한가? 설명하시오.

c. 오존 파괴와 관계있는 만화를 직접 그려 보시오. 화학적 내용은 정확해야 함을 명심하시오.

그림 2.17에 나타난 것처럼 전 세계 CFC 생산량의 감소는 극적인 것이다. 선진국에서 CFC 생산은 점차 줄다가 2010년까지 완전히 사라졌다. 브로민을 함유한 CFC의 사촌 할론도 사라졌다.

CFC와 할론 생산의 중단이 곧바로 성층권 염소 농도의 감소로 이어진 것은 아니었다. 대기를 포함한 대부분의 지구계는 복잡하고 반응이 늦다. 실제로 대기 중 오존층을 파괴하는 기체는 몬트리올 의정서와 그 후 개정된 협약의 규제에도 불구하고 1990년대까지 꾸준히 증가하였다. 이러한 증가의 이유 중 하나는 대기 중 CFC의 수명이 100년이 훨씬 넘도록 길다는 것이다.

그렇기는 하지만 몬트리올 의정서가 바람직한 효과를 가져왔다는 징표가 점점 드러

그림 2.17 전세계 CFC 생산량(1950~2004)

출처: *UNEP(United Nations Environment Programme).*

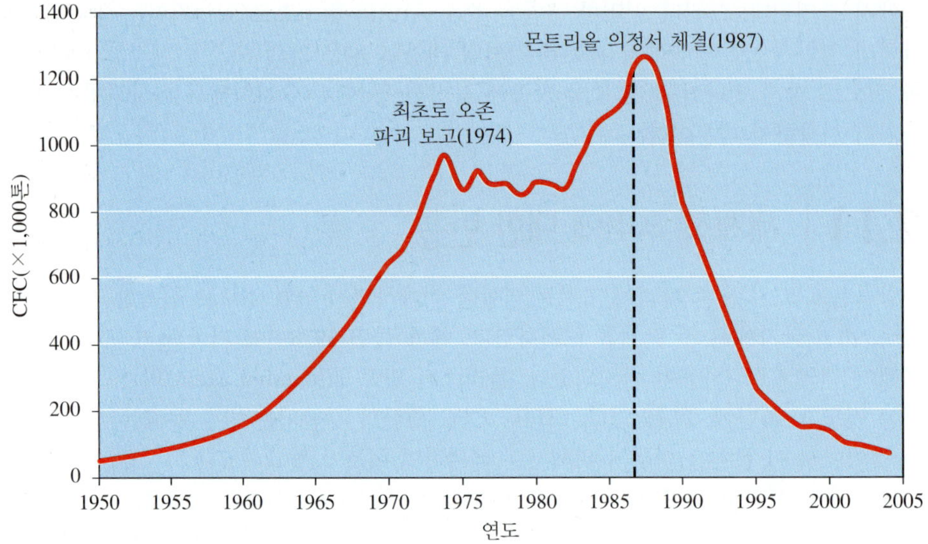

그림 2.18 1950~2100 유효 염소 농도. 노란색 띠의 높이는 예측의 불확실성을 고려한 추산치이다.

출처: Scientific Assessment of Ozone Depletion: 2002, *World Meteorological Organization, United Nations Environment Programme.*

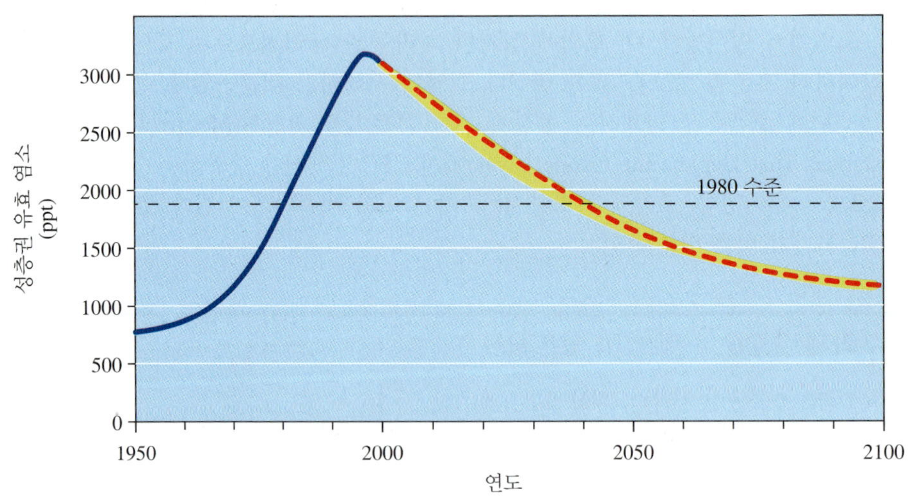

나고 있다. 성층권의 염소와 브로민을 함유한 기체의 총량의 측정에서 **성층권 유효 염소(effective stratospheric chlorine)** 양의 감소가 가시화되고 있다. 이 측정값은 성층권 오존 감소에 대해 브로민이 염소보다 농도는 낮지만 더욱 효과적이라는 것을 설명하고 있다. 그림 2.18은 성층권 염소의 과거 수준과 향후 예측값을 나타내고 있다.

성층권 염소의 수준은 1990년대 말 최고점을 나타내었다. 오존층 파괴 화학 물질에 대한 국제적인 엄격한 규제에도 불구하고 과학자들은 성층권 오존의 농도가 수년 동안 2,000 ppt(parts per trillion)까지 떨어지지는 않을 것으로 추산하고 있다. 성층권 유효 염소가 이 농도에 도달했을 때 남극 오존 구멍이 처음 문서화되었기 때문에 이 농도는 중요하다.

연구과제 2.27 과거와 미래의 유효 염소 수준

그림 2.17과 2.18을 이용하여 다음 질문에 답하시오.

a. 대략 몇 년경에 유효 염소 농도가 최고에 다다르겠는가? 그해 농도는 얼마인가?

b. 유효 염소 농도가 최고인 해가 CFC 생산이 최고인 해와 같은가? 같으면 같은 이유를, 다르면 다른 이유를 설명하시오.

몬트리올 의정서와 후속 개정안이 모든 CFC 생산이 중단되는 날짜를 명시하였음에도 불구하고 재고와 재생 물질의 판매는 지금도 남아 있는 문제이다. CFC를 사용하여 작동하게 설계된 장비들이 있으므로 이 조치는 필요하다. 예를 들면 미국에서 1996년 이전에 자동차와 가정용으로 생산된 에어컨은 CFC로 작동하게 설계되었다. 그러나 예상할 수 있듯이 문서 작업과 합법적으로 취득한 CFC의 가격은 급격히 상승하였다.

몬트리올 의정서 성공의 상당 부분은 미래에 새롭게 목표를 설정하고 기존의 내용을 수정할 수 있는 회의를 개최할 수 있도록 준비하였다는 데 있다. 예를 들면 23차 당사국 총회는 2011년에 인도네시아 발리에서, 24차 회의는 2012년에 스위스 제네바에서 열렸다. 초기 회의에서 대기과학자, 환경론자, 화학 물질 제조사, 정부 공무원 등을 포함한 모두가 몬트리올 의정서가 충분히 엄격하지 않다는 것에 일찍이 합의하였다. 각 후속 회의에서 당사국들은 규제 강화를 비준하기로 협약을 개정하였다.

2012년은 몬트리올 의정서 25주년이다. 자외선 수준이 증가하는 것을 피함으로써 세계는 이 기념일을 더욱 축하할 수 있을 것이다. 비록 몇 가지 당면한 도전이 있기는 하다.

- 개발 도상국이 오존층 파괴 물질을 퇴출하는 것을 돕기 위한 예산을 확보하는 것
- 금지된 물질의 불법 거래 감시
- 잠재적인 온실기체인 CFC 대체 물질의 퇴출

다음 절에서 HCFC부터 시작해서 CFC 대체 물질에 대한 이야기를 할 것이다.

MONTREAL PROTOCOL 25 1987-2012

출처: *UNEP*

2.12 | CFC와 할론의 대체 물질

CFC의 대체 물질로 가정용 냉장고에 암모니아나 이산화 황과 같은 독성 기체를 다시 사용하자고 주장할 사람은 없다. 마찬가지로 에어컨 사용을 완전히 포기하자고 주장하는 사람도 없다. 대신에 화학자들은 CFC와 유사하지만 성층권 오존에 대한 장기적인 영향이 없는 화합물을 만드는 방법을 찾고 있다.

예제 2.28 가정용 냉장고

암모니아와 이산화 황은 모두 냉장고 기체로 우수한 특성을 가지고 있다. 그러나 그 둘은 가정용 냉장고나 에어컨에 사용할 경우 우리에게 유해하다.

a. 이산화 황(SO_2)은 1장에서 언급한 대기 오염 물질 중 하나이다. 매우 낮은 농도에서도 이 물질의 건강에 대한 영향은 무엇인가?

b. 비록 대기 오염 물질 밖에 있다고 할지라도 암모니아(NH_3)는 실내 오염 물질 중 하나일 것이다. 만약 여러분이 가정용 암모니아(그림 2.19)로 청소를 해왔다면 여러분은 아마도 암모니아 냄새에 질식할 것 같은 느낌을 경험했을 것이다. 암모니아는 왜 냉장고 기체로 사용하기에 위험한가?

답

b. 만약 유출 사고가 발생하면 암모니아는 여러분 폐 조직 내 수분을 포함하여 물에 빠르게 녹는다. 염기성의 수산화 암모늄 수용액은 폐 조직을 상하게 하고 심각한 경우 죽음에 이르게 한다. 가정용 암모니아는 순수한 암모니아에 비해 훨씬 위험도가 적지만, 그래도 여전히 환기가 잘 되는 곳에서 사용하고, 피부와 눈에 닿지 않도록 조심해서 사용해야 한다는 경고가 붙어 있다.

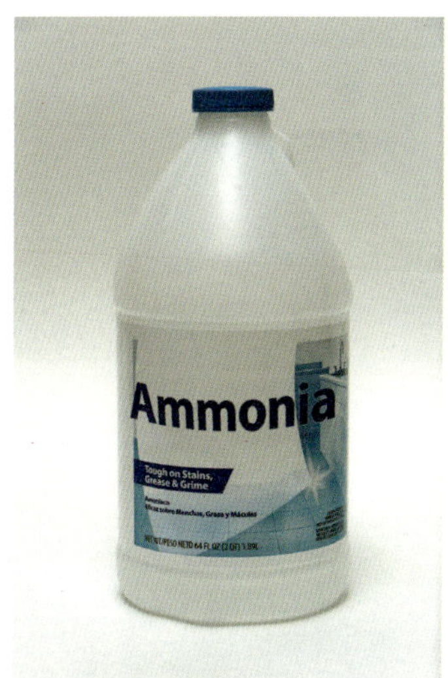

그림 2.19 가정용 암모니아는 냉장고 기체가 아니다. 이것은 물에 암모니아(NH_3)를 희석한 것이다.

CFC 대체 물질은 세 가지 원하지 않는 특성—독성, 인화성, 대기에서 장기적인 안정성—이 최소화되어야 한다. 동시에 그들은 기존의 냉장고 기체의 전형적인 끓는점인 −10∼−40°C 정도의 끓는점을 유지해야 한다. 대체 물질의 확보는 섬세한 갈등 조정 과정이다!

대기 안정성을 줄이는 한 가지 전략은 C−Cl 결합 한 개를 C−H 결합으로 대체하는

1.11절에서 소개된 하이드록실 라디칼은 대류권의 '진공 청소기'라 불리고 있다.

것이다. C–Cl 결합과 달리 C–H 결합은 하이드록실 라디칼(•OH)의 공격에 민감하여 대기 저층부에서 보다 빨리 끊어진다. 그러나 수소 원자로 대체하는 것은 분자의 인화성을 증가시키는 원치 않는 결과를 초래한다. 수소와 같은 가벼운 원자로 대체하면 끓는점도 낮아져서 일부 기구를 다시 만들어야 한다. 그럼에도 불구하고 이 전략은 몇 가지 매우 유용한 치환체를 만들었다.

CFC의 염소 원자 한 개를 수소로 치환하면 수소, 염소, 플루오린, 탄소로만 이루어진 **하이드로클로로플루오로탄소(hydrochlorofluorocarbon, HCFC)**를 얻는다. 예를 들면 CCl_2F_2의 염소 한 개를 치환하면 $CHClF_2$를 얻는다.

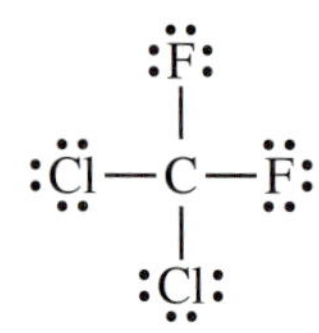

CCl_2F_2
CFC-12 또는 R-12

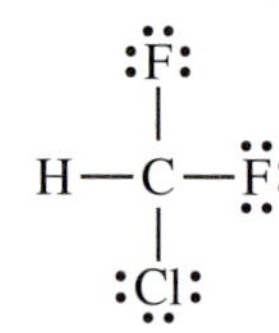

$CHClF_2$
HCFC-22 또는 R-22

또 다른 HCFC는 발포 용기와 발포 단열재를 생산하는 데 사용된다.

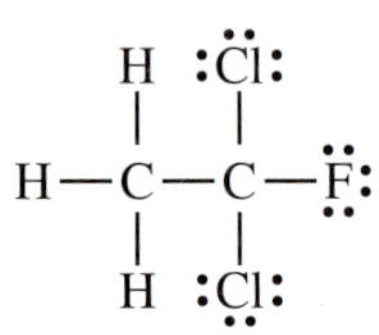

이 화합물의 대기 중 수명은 R-12 또는 프레온-12로 불리는 CFC-12의 수명 110년에 비해 약 12년 정도이고, 이 화합물은 대기 저층부에서 많이 분해되어 성층권에 축적되지 않는다. 그 결과 이 물질의 오존층 파괴 능력은 CCl_2F_2의 약 5%로 확실히 올바른 방향의 진전이다. 그러나 하이드로클로로플루오로탄소 역시 염소를 가지고 있어서 오존층을 파괴하는 물질이다. 따라서 다음 절에서 알 수 있듯이, 이것이 최고의 해법은 아니라고 할 수 있다.

그렇기는 해도 HCFC는 CFC에 비해 상당히 개선된 것이다. R-22로 불리는 $CHClF_2$는 가장 널리 쓰이는 HCFC이다. 이것은 에어컨과, 플라스틱 폼으로부터 즉석 음식(패스트푸드) 용기를 만들기 위한 발포제를 포함하여 많은 용도로 적합하다. 미국에서는 1996년식 모델부터 시작해서 자동차 에어컨 시설에 CFC 대신 HCFC를 사용하고 있다.

9.5절에서 즉석 음식의 발포 용기와 발포제에 대해 더 알아보도록 하자.

몬트리올 의정서에 따라 앞의 2.9절에서 언급한 브로민을 함유한 CFC의 사촌도 사용이 중지되었다. 소화기에 사용하는 할론 기체는 CFC보다 오존층을 파괴하는 잠재력이 더욱 높다.

1998년에 버지니아 주 Monroe의 Pyrocool Technologies 사는 환경에 이로우며 할론을 대체할 수 있는 효과적인 Pyrocool 소화거품(Fire-Extinguishing Foam, FEF) 개발로 녹색 화학 도전 대통령상을 수상하였다. Pyrocool FEF은 2001년 9월 11일 테러범들의 공격으로 붕괴된 세계무역센터 건물 밑 지하에서의 화재 확산을 통제하는 데 사용되었다(그림 2.20). 거품은 에어컨 시스템을 위해 저장된 거대한 냉매 가스 탱크를 보호하는 데도 도움을 주었다. Pyrocool FEF 거품의 냉각 효과는 소방관들이 안팎에서 진화 작업을 할 때 도움을 준다.

예제 2.29 할론-1301의 또 다른 대체 물질

HFC-23으로도 불리는 플루오로폼(트라이플루오로메테인, CHF_3)은 할론-1301($CBrF_3$)의 대체 물질로 사용될 수 있다.

a. 할론-1301과 HFC-23의 화학식을 조사하시오. 이 정보로부터 두 화재 진압제의 성층권 오존 파괴 능력에 대하여 결론내릴 수 있는 것은 무엇인가?
b. 할론-1301의 현 지위는 어떠한가?
c. 왜 플루오로폼(HFC-23)은 장기적으로 사용될 가능성이 낮은가?

답

b. 할론-1301을 포함한 모든 할론은 2010년에 단계적으로 퇴출되었다.

그림 2.20 2001년 9월 30일 세계무역센터 북쪽 타워의 지하 화재 진압을 위해 Pyrocool FEF의 수용액상 거품이 살포되고 있다.

CFC의 퇴출과 대체 물질의 지속적인 개발은 주요 경제적 우려를 수반한다. 최고조에 달했을 때 CFC의 연간 세계 시장은 20억 달러에 달하였으나 이것은 막대한 재정의 빙산의 일각에 불과하다. CFC는 미국에서만 매년 약 280억 달러에 달하는 상품을 생산하는 데 사용되거나 또는 포함된다. CFC 대체 물질로의 전환은 장비 교체에 드는 추가 비용을 동반하기는 하지만, 미국 경제에 대한 전체적인 효과는 미미하다. 더욱이 전환은 그린 화학의 원칙에 기반하여 환경적으로 해롭지 않은 물질을 생산하는 혁신적인 합성을 위한 시장 기회를 제공하며, 이는 현재와 미래 세대를 위한 승리다.

CFC는 선진국에서 생활의 질을 향상시키는 데 중요한 역할을 하였다. 그들 국민의 대다수는 냉장의 편리함과 건강상의 이득, 에어컨의 편안함을 기꺼이 포기하지 않을 것이다. 개발 도상국은 경제적 이슈와 우선 순위가 다른 문제에 직면하고 있고, 앞으로도 계속 그럴 것이다. 지구 상의 수백만 명의 사람들이 선진국의 생활 방식을 갈망하는 것은 이해할 만하다. 그러나 만약 개발 도상국이 상대적으로 값싼 CFC 기반의 기술을 사용하지 못하도록 한다면, 그들은 아마도 대체 물질을 찾을 여유가 없을 것이다. '우리의 개발 전략을 서방에 의해 야기된 환경 파괴 때문에 희생할 수는 없다'고 인도 환경 그룹의 일원인 Ashish Kothari가 강조하였다. 인도와 중국은 의정서가 개발 도상국을 차별한다고 느꼈기 때문에 원래 몬트리올 의정서에 서명하기를 거부하였다. 인구가 많은 이 국가들의 참여를 얻기 위하여 선진국은 세계은행을 통해 관리하는 특별 기금을 만들었다. 이 기금의 목표는 이 국가들이 경제 발전을 희생하지 않고 오존 파괴 물질 사용을 점진적으로 퇴출하도록 돕는 것이다.

이 절에서 본 바와 같이 CFC의 단계적 퇴출은 단순한 것은 아니지만, 그럼에도 불구하고 간단명료한 방식으로 진행되었다. 또한 CFC뿐 아니라 HCFC도 대체될 필요가 있다. 그러나 대체되어야 하는 두 번째 이유, 즉 대체품들이 모두 온실기체라는 것도 밝혀졌다. 다음 절에서 자세히 제시될 것이다.

2.13 대체 물질의 대체 물질

인간의 냉장에 대한 필요와 시원한 실내 환경에 대한 열망이 예기치 않은 화근을 남겼다.

Chemical & Engineering News
2011년 12월 5일, 31쪽

CFC는 처음 사용되었을 때부터 냉매 기체로서 이상적인 물질인 것 같았다. 그러나 예기치 않게도 그것은 지구를 보호하는 오존층을 파괴하는 물질임이 밝혀졌다. HCFC가 CFC를 대체했을 때, 정도가 적기는 하지만 그 물질도 오존층에 영향을 주기 때문에 임시적인 해결책에 불과하였다.

몬트리올 의정서와 후속 협약들을 통해 대부분의 HCFC는 2030년까지 단계적으로 폐기될 것으로 예정되어 있다. 현재 선진국에서는 HCFC를 더 이상 생산하지 않는다. 비록 이러한 조처들이 대기 중 HCFC의 농도를 낮추려는 것이었지만 2010년 현재 $CHClF_2$(R-22)의 농도는 여전히 증가하고 있었다. 가정용 에어컨을 포함하여 세계적으로 R-22의 수요가 높은 상황에서 이것은 놀라운 것이 아니다. 수요가 높아지면 가격도 높아진다. 예를 들어 2012년 이례적으로 더웠던 여름 동안 미국에서 R-22는 공급 부족으로 몇 배나 높은 가격에 판매되었다.

오래된 가전제품의 경우 R-22는 반드시 회수해서 재활용하거나 폐기해야 한다. 이 기체가 대기로 배출되는 것은 금지되어 있다.

HCFC를 폐기하는 과정에서 무엇이 이들을 대체할까? 수소, 플루오린, 탄소의 화합물이면서 다른 원소를 가지지 않은 **하이드로플루오로탄소(hydrofluorocarbon, HFC)**는 유사한 화합물이면서 염소를 가지지 않아 후보 물질이 될 수 있을 것이다. 여기 두 예가 있다.

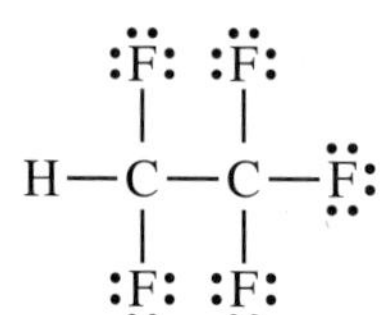

과

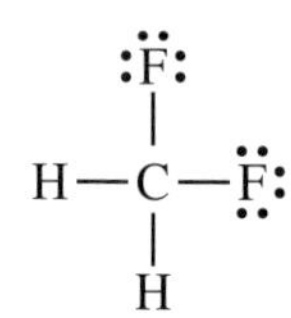

펜타플루오로에테인 (pentafluoroethane) HFC-125

다이플루오로메테인 (difluoromethane) HFC-32

이들은 성층권 오존을 파괴하지도 않고 대기에서 수명이 길지도 않다.

HCFC에서 HFC로의 전환이 현재 진행 중이다. 어떤 경우에는 $CHClF_2$(R-22) 대신 단일 IIFC를 두하하는 것보다 HFC를 섞어서 대체한다. 가장 광범위하게 사용하는 것은 C_2HF_5와 CH_2F_2를 섞은 R-410a이다. 그렇기는 하지만 혼합물을 이용하려면 원활한 사용을 위해 기기를 바꾸어야 한다. 이전의 HCFC R-22 대신 R-410a를 사용하기 시작해서 새로운 디자인의 에어컨이 설계되었다. R-134a라고 알려진 다른 화합물인 HFC-134a는 가정용 냉장고와 자동차 에어컨에 널리 쓰인다.

연구과제 2.30 HFC 혼합물

R-407c는 세 화합물(HFC-125, HFC-32, HFC-134a)의 혼합물이다. 앞의 두 개에 대한 화학식, 이름, 루이스 구조는 전에 제시하였다. 세 번째에 대한 화학식은 $C_2H_2F_4$이다.

a. 이 세 화합물은 CFC와 어떻게 다른가? 다른 점을 강조하기 위한 표를 작성하시오.
b. 두 개의 F 원자를 각각의 원자에 두고 HFC-134a의 루이스 구조를 그리시오.

온실기체는 3장에서 설명한다.

그러나 HFC를 사용할 때 의도하지 않았던 결과가 갑자기 드러났다. HFC는 온실기체이다! 그림 2.21에서 볼 수 있는 것처럼, 실제 그들이 대체한 HCFC와 CFC도 마찬가지다. 이산화 탄소와 같이 HFCs는 적외선을 흡수하여 가두어 대기를 데우고, 지구 온난화를 유발한다. HFC-23은 이전 절에서 지적한 바와 같이, 현재 세계적으로 가장 많이 쓰이는 냉매인 HCFC-22(R-22라고도 부르는) 합성의 부산물이기 때문에 특별히 관심을 가지게 한다. 따라서 HFC는 장기적으로나 단기적으로 모두 대체 물질로서 문제가 많다. HFC를 대체하는 것에 대한 현재의 생각들은 무엇인가?

그림 2.21의 *x*축은 지구 온난화 지수임. 이 용어에 대해서는 3.8절의 설명을 보자.

만약 여러분이 CFC, HCFC, HFC의 수렁에 빠졌다면, 더 많은 알파벳 스프를 준비하라. 냉장고 기체의 새로운 부류는 HFO, 즉 하이드로플루오로올레핀이다. 우선, 이름에 잠깐 집중해 보자.

- **하이드로(hydro)**는 **하이드로**플루오로탄소나 **하이드로**클로로플루오로탄소와 같이 이 화합물이 C−H 결합을 가지고 있다는 의미이다.
- **플루오로(fluoro)**는 하이드로**플루오로**탄소나 하이드로클로로**플루오로** 탄소와 같이 이 화합물이 C−F 결합을 가지고 있다는 의미이다.
- **올레핀(oledfin)**은 이 화합물이 C=C 결합을 가지고 있다는 의미이다.

이 세 가지를 합하여, 여기 HFO의 일종인 HFO-1234yf의 구조식이 있다.

HFO-1234yf라는 이름에서 1은 이중 결합 1개, 2는 H 원자 2개, 3은 C 원자 3개, 4는 F 원자 4개를 나타낸다.

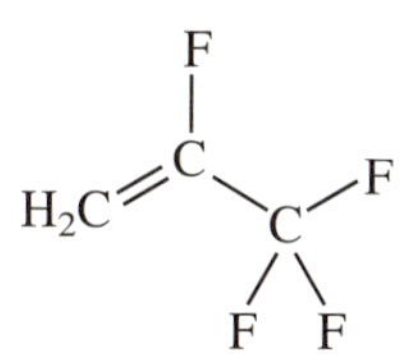

그것은 비록 적외선을 흡수하기는 하지만 반응성이 있는 C=C 결합이 있기 때문에 대기 중 수명을 단축할 수 있다. 그러므로 대기 중에서 오래 견디지 못하고, 지구 온난화 지수가 매우 낮아서 그림 2.21에 있는 척도를 사용해서는 표시할 수 없다. 이 화합물은 C−H 결합을 가지고 있어서 예측되어지는 것처럼 약간 연소성이 있다.

2007년에 HFO-1234yf는 하니웰과 듀폰 사가 공동으로 발표하고, 삼 년 후 상업적인 생산이 시작되었다. 2012년 현재, 이 기체는 유럽, 미국, 일본에서 사용이 허가되었다. 2013년에 HFO-1234yf는 제너럴모터스에 의해 미국 내 자동차 에어컨에 사용하기 위해 도입되었다. 이것은 사실상 HFC-134a의 편리한 대체 물질이다.

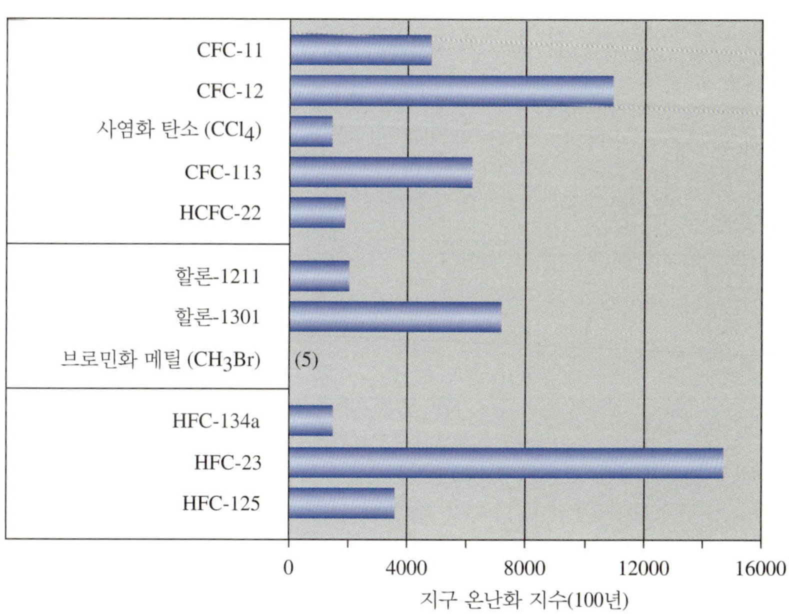

그림 2.21 몇몇 CFC, HCFC, HFC, 할론의 지구 온난화 지수의 상대적 중요성(질량 기준). 이 값들은 방출 후 100년의 기간에 대한 것이다.

출처: *Taken from D.W. Fahey, 2006, Twenty Questions and Answers About the Ozone Layer—2006 Update, a supplement to Scientifi c Assessment of Ozone Depletion: 2006, the World Meteorological Organization Global Ozone Research and Monitoring Project—Report No. 50, released 2007, and reproduced here with the kind permission of the United Nations Environment Programme.*

연구과제 2.31 의도하지 않은 결과

하이드로플루오로올레핀이 우리가 놓친 방법으로 환경에 악영향을 주고 있는가? 이 책이 인쇄될 때, 수로에 환경 파괴 물질 중 하나인 트라이플루오로아세트산(TFA)의 농도가 높아지는 것에 대한 우려가 약간 있었다. 다른 우려는 불이 날 수 있는 플루오린산(HF)이 생성될 수 있다는 점이다.

a. 초기에 HFO-1234yf는 독일을 포함한 몇몇 국가에서 사용이 거절되었다. 여전히 그러한가? 왜 그런가, 아니면 왜 그렇지 아니한가?
b. TFA와 HF 이외에 HFO-1234yf의 사용과 관련하여 제기된 이슈가 있는가?

주목받을 만한 냉장고 기체가 두 개 더 있다. 하나는 이산화 탄소로 더 잘 알려진 R-744이다. 이 기체는 1980년대 냉장 시스템에 사용되었으나, 압축을 위해 때로는 대기압의 100배나 되는 고압이 필요하다는 점 때문에 불편하였다. 그것은 처음에는 암모니아, 그 후에는 CFC로 대부분 교체되었다. 비록 지금 냉장 기체로서 CO_2의 사용이 새로운 관심을 받고 있으나 아직까지 다시 사용한다는 곳은 없다.

두 번째는 1장에서 언급한 작은 탄화수소이며, 자연에 존재하는 화합물인 프로페인(C_3H_8)이다. 이것은 비록 비싸지 않고 독성도 없으나, 모든 탄화수소와 마찬가지로 가연성이다. 프로페인은 냉장기체로서 R-22와 비슷한 특성을 가지고 있다. 이전의 물질들보다 더 가연성이 큰 HFOs의 출현으로 프로페인이 복귀할 태세를 갖추고 있다.

이 장을 마치면서 노벨상 수상자인 몰리나(Mario Molina)가 2011년에 오존층 파괴와 지구 기후 변화라는 심포지엄에서 했던 비유 하나가 마음에 떠오른다. 그는 어떤 인지과학은 '카드로 만든 집'과 같다고 언급하였다. 한 부분이 무너지면 모든 집이 산산이 부서진다. 그는 몇 조각을 잃어버려도 새끼 고양이를 볼 수 있는 고양이 조각 퍼즐이 더 좋은 은유라고 제안하였다.

성층권 오존 파괴와 관련하여 이것이 바로 그 경우이다. 심지어 몇 가지 중요한 부분이 사라져도 그림은 여전히 알아볼 수 있다. 궁극적으로 성층권 오존 보호를 위한 가장 좋은 방법에 대한 정부와 국민 사이의 논쟁은 전 지구적인 정치 무대에서 결과가 결정될 것이다.

연구과제 2.32 여전히 역사는 쓰이고 있다.

매년 각국은 몬트리올 협약과 후속서에 대한 협의를 계속하기 위해 모인다. 올해는 어디에서 모일 것인가? 그 업적과 논란을 요약하시오.

결론

화학은 오존 파괴 문제와 긴밀하게 얽혀 있다. 화학자들은 거의 완벽한 성질의 클로로플루오로탄소를 만들었으나 이는 나중에 성층권 오존을 파괴하는 어두운 면을 지니는 것이 밝혀졌다. 화학자들은 국제적으로 연구하여 CFC가 성층권 오존을 파괴하는 메커니즘을 발견하였고, 지구에 도달하는 자외선 증가의 위험성을 경고하였다. 또한 화학자들은 CFC와 다른 관련 화합물을 대체하는 데 필요한 물질 합성을 계속할 것이다.

화학은 이 해법을 위해 필요한 부분이지만 해법의 일부일 뿐이다. 2005년에 세네갈 다카르에서 개최된 오존층 파괴 물질에 관한 몬트리올 의정서에 서명한 국가 회의에서 실무 의장인 Marco González는 대표자들에게 어떠한 세계적 협조 노력도 마지막 20%가 가장 어려울 수 있음을 상기시켰다. 자국 내의 규제 접근 방법에서의 근본적인 차이는 장기 목표를 위험에 빠뜨려 선의의 산을 무너뜨릴 잠재력이 있다. 복잡성 때문에 경제, 사회, 정치적 문제가 과학 기술적 문제와 대적하게 된다.

따라서 오존 파괴 문제는 공통된 목표를 추구하는 서로 다른 일련의 참가자들을 가져왔다. 화학자들은 오존 파괴의 원인과 효과에 대한 정보를 제공한다. 산업계 사람들은 통제 조치와 처음 생각하였던 것에 비해 훨씬 빠르고 경제적으로 대체 물질을 개발하였고, 추가적인 감축에 대한 논의에 적극적으로 참여하고 있다. 비정부기구(Nongovernmental Organization, NGO)와 언론 매체는 인류의 이름으로 조치가 취해질 때 세계 사람들이 소통하는 필수적인 통로를 제공하였다. 정부는 광범위한 환경, 목표, 자원을 가진 많은 나라들과 끈질기게 받아들일 수 있는 협약을 협상하는 과정에서 협동하여 잘 일하였으며, 과학적 증거가 전체적으로 명백해지기 전에 **사전 예방 원칙(precautionary principle)**을 적용하는 용기와 통찰력을 보여 주었다.

2007년에 몬트리올 의정서 20주년을 기념하여 심포지엄이 열렸다. 그리스의 수플리아스(Georgios Souflias)는 환경은 집이기 때문에 환경에 대하여 무관심한 채로 있을 수는 없다고 지적하는 기조 연설을 하였다. **"환경은 사람들에게 더 나은 삶의 질을 제공할 뿐만 아니라 인생 자체를 제공한다."**

수플리아스는 CFC와 대체 물질, 지구 기후 변화와의 연관성도 지적하였다. 행동을 촉구하는 그의 요청에 모두 동의한다. **'오늘 이 행성에서 숨 쉬고 있는, 잠재력을 가진 우리 모두는 신속하고 단호하게 행성의 미래를 보장해야 한다. 우리는 지연시킬 권리를 가지고 있지 않다. 시간을 잃어버릴 호사를 누릴 수 없다.'**

다음 주제인 기후 변화의 화학으로 넘어가면서 이 말을 잘 음미하기를 촉구한다.

요약

이 장을 공부한 후에 다음을 할 수 있어야 한다.

- 해로운 지상 수준의 오존과 이로운 성층권 오존층을 구별할 수 있다. (2.1)
- 대기에서 어떻게 생성되는지를 포함하여 오존의 화학을 기술할 수 있다. (2.1, 2.6, 2.8~2.10)
- 여러 가지 방법으로 특징화하여 오존층을 기술할 수 있다. (2.1, 2.6, 2.8~2.10)
- 특정 원소의 원자 구조 기초를 적용할 수 있다. (2.2)
- 주기율표에서 같은 족에 속하는 원소가 의미하는 것이 무엇인지를 이해할 수 있다. (2.2)
- 원자 번호와 질량수를 구별하고, 질량수를 동위 원소에 적용할 수 있다. (2.2)
- 단일, 이중, 삼중 결합을 가진 작은 분자에 대하여 루이스 구조식을 쓸 수 있다. (2.3)
- 진동수, 파장, 에너지의 형태로 전자기 스펙트럼에 대하여 기술할 수 있다. (2.4, 2.5)
- 파장과 에너지, 복사와 생물학적 손상, 오존 파괴에 관계된 그래프를 해석할 수 있다. (2.4~2.8)
- 성층권 오존 파괴의 자연적 채프먼 순환 과정을 이해할 수 있다. (2.6)
- 성층권 오존층이 어떻게 해로운 자외선으로부터 보호하는지를 이해할 수 있다. (2.6, 2.7)
- 다른 복사선과 함께 UV-A. UV-B, UV-C 복사선을 비교하고 대비할 수 있다. (2.6, 2.7)
- 복사선과 물질과의 상호 작용과 생물학적 민감도를 포함한 이러한 상호 작용에 의한 변화를 논의할 수 있다. (2.6, 2.7)
- UV 지수의 의미와 용도를 연관시킬 수 있다. (2.7)
- 염소와 브로민 원자, 몇몇 자유 라디칼의 루이스 구조를 쓸 수 있다. 왜 자유 라디칼이 그렇게 반응성이 큰지 설명할 수 있다. (2.8)
- 성층권 오존 파괴에 대한 정확한 자료를 수집하고, 이 자료를 정확히 해석하는 것이 복잡함을 인식할 수 있다. (2.8, 2.9)
- 성층권 오존 파괴에서 CFC의 역할과 화학적 특성을 이해할 수 있다. (2.9, 2.10)
- 남극에서 계절적으로 오존 파괴가 나타나는 데 기여하는 독특한 환경을 설명할 수 있다. (2.10)
- 몬트리올 의정서와 개정안의 결과를 요약할 수 있다. (2.11, 2.12)
- 성층권 오존 파괴 화합물의 녹색 화학적 대체 물질에 대한 문헌을 평가할 수 있다. (2.12)
- 오존층 회복을 이끄는 데 도움을 줄 수 있는 요소들을 논의할 수 있다. (2.11, 2.12)
- CFC가 HCFC로 대체되어야 하는 이유를 설명할 수 있다. 그리고 HCFC가 HFC로 대체되어야 하는 이유도 설명할 수 있다. (2.13)
- 이 절 시작에서 이야기하듯이, 우리의 가정과 직장을 시원하게 하고자 하는 우리의 욕망은 '의도하지 않은 결과'를 가져왔다. 이 문장의 증거를 제공할 수 있다. (2.13)

연습문제

기본문제

1. 오존은 산소와 화학식이 어떻게 다른가? 성질은 어떠한가?
2. 번개 치는 폭풍 후 또는 전기 변압기 주변에서 오존의 자극적인 냄새를 맡을 수 있는데, 그 이유를 설명하시오.
3. 이 책에서 오존 냄새는 10 ppb와 같이 낮은 농도에서도 맡을 수 있다고 하였다. 다음의 공기 시료에서 오존의 냄새를 맡을 수 있을까?

   a. 도심 지역에서 0.118 ppm 농도의 오존

b. 성층권에서 측정된 농도인 25 ppm 오존

4. 한 저널리스트가 '남극 위 10마일 지점을 호버링(공중 정지)하는 것은 성층권에 빛을 흡수하는 오존을 교란하여 농도를 낮추는 큰 대(大)자 패치를 붙인 격'이라고 썼다.
   a. 이 큰 대자의 패치는 얼마나 클까?
   b. 10마일이라는 것이 적당한가? 이 값을 km로 나타내시오.
5. 성층권의 오존을 기술하는 데 **오존 차단막**(*ozone screen*)이 **오존층**(*ozone layer*)보다 적당한 용어라고 제안하였다. 각 용어의 장점과 단점은 무엇인가?
6. 대류권과 성층권 공기의 다른 점 세 가지를 서술하시오. 답할 때 1장과 2장 모두를 고려하시오.
7. a. 돕슨(Dobson) 단위는 무엇인가?
   b. 320 DU와 275 DU 중 어느 것이 하늘의 오존 총 기둥(total column ozone)이 더 높다는 것을 나타내는가?
8. 주기율표를 사용하여, 다음 각 원소의 중성 원자 한 개에 들어 있는 양성자수와 전자수를 적으시오.
   a. 산소(O) b. 질소(N)
   c. 마그네슘(Mg) d. 황(S)
9. 주기율표의 다음 표시를 생각해 보자.

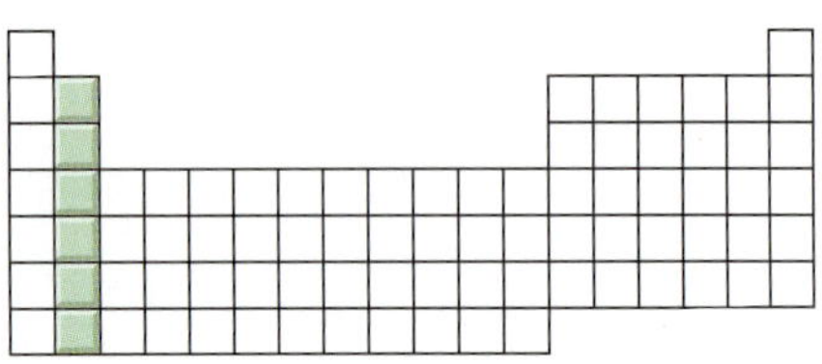

   a. 짙은색 행(column)의 족 번호는 무엇인가?
   b. 이 족을 구성하는 원소들은 무엇인가?
   c. 이 족의 각 원소의 중성 원자가 가진 전자의 수는 얼마인가?
   d. 이 족의 각 원소의 중성 원자가 가진 최외각 전자의 수는 얼마인가?
10. 다음과 같은 수의 양성자를 가진 원자의 원소 기호와 이름을 적으시오.
   a. 2 b. 19 c. 29
11. 다음 각각의 중성 원자가 가진 양성자, 중성자, 전자의 수를 보시오.
   a. 산소-18($^{18}_{8}O$) b. 황-35($^{35}_{16}S$)
   c. 우라늄-238($^{238}_{92}U$) d. 브로민-82($^{82}_{35}Br$)
   e. 네온-19($^{19}_{10}Ne$) f. 라듐-226($^{226}_{88}Ra$)
12. 다음 동위 원소의 원자 번호와 질량수를 나타내는 기호를 쓰시오.
   a. 9개 양성자와 10개 중성자(핵 의학에 사용)
   b. 26개 양성자와 30개 중성자(이 원소의 가장 안정한 동위 원소)
   c. 86개 양성자와 136개 중성자(일부 가정에서 발견되는 방사성 기체)
13. 각 원자의 루이스 구조를 그리시오.
   a. 칼슘 b. 질소
   c. 염소 d. 헬륨
14. 팔전자 규칙이 적용된다는 가정 하에, 다음을 루이스 구조로 나타내시오.
   a. CCl_4 (사염화 탄소, 세척제로 사용)
   b. H_2O_2 (과산화 수소, 살균제; 원자는 H-O-O-H 순서로 결합된다)
   c. H_2S (황화 수소, 썩은 달걀에서 나는 냄새의 기체)
   d. N_2 (질소 기체, 대기 구성 물질)
   e. HCN (사이안화 수소, 우주에서 발견된 유독 기체)
   f. N_2O (아산화 질소, 웃음 기체; 원자는 N-N-O로 결합)
   g. CS_2 (이황화 탄소, 쥐약; 원자는 S-C-S로 결합)
15. 산소 원자, 산소 분자, 오존 분자, 하이드록실 라디칼을 포함한 몇 가지 산소 화학종은 성층권에서 중요한 화학 작용을 한다. 각 물질의 루이스 구조식을 그리시오.
16. 다음 두 파동은 전자기 스펙트럼의 다른 부분을 나타낸다. 어떻게 다른지 비교하시오.

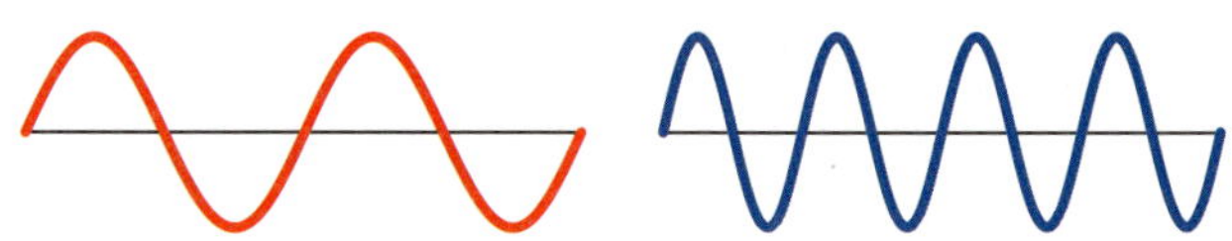

   a. 파장 b. 진동수 c. 이동 속도
17. 그림 2.7을 이용하여 다음 각 파장의 복사선이 발견되는 전자기 스펙트럼의 영역을 명시하시오. **힌트:** 비교하기 전에 각 파장을 미터로 변환하시오.
   a. 2.0 cm b. 400 nm
   c. 50 μm d. 150 mm
18. 위 문제 17의 파장을 에너지가 **증가하는** 순서에 따라 적으시오. 어떤 파장이 가장 높은 에너지 광자를 가지고 있는가?
19. 광자당 에너지가 **증가하는** 순서대로 복사선의 종류를 나열하시오. 감마선, 적외선, 라디오파, 가시광선
20. 가정용 전자레인지의 마이크로파는 $2.45 \times 10^9\ s^{-1}$의 진동수를 갖는다. 이 파장은 라디오파보다 에너지가 강한가, 약한가? X선보다는 어떠한가?
21. 자외선은 UV-A, UV-B, UV-C로 분류한다. 이 종류를 다음이 증가하는 순서대로 나열하시오.
   a. 파장
   b. 에너지
   c. 생물학적 손상 가능성
22. 서로 다른 세 CFC의 루이스 구조를 그리시오.
23. CFC는 헤어스프레이, 냉장고, 에어컨, 플라스틱 폼 등에 사용된다. 이러한 용도로 적합한 CFC의 성질은 무엇인가?
24. a. 수소를 가진 어떤 분자가 CFC로 분류될 수 있는가?

b. HCFC와 HFC의 차이는 무엇인가?

25. a. 대부분의 CFC는 메테인(CH_4) 또는 에테인(C_2H_6)에 기반을 두고 있다. 구조식을 사용하여 이 두 화합물을 표시하시오.

b. 메테인 분자의 수소 원자 모두를 염소 원자, 플루오린 원자로 모두 치환하면 CFC를 얻을 수 있다. 존재 가능한 것은 몇 개인가?

c. b에서 치환된 CFC 화합물 중에서 가장 성공적인 것은 어느 것인가?

d. 왜 모든 화합물이 똑같이 성공적이지 않은가?

26. Cl•, •NO_2, ClO•, •OH는 자유 라디칼로 오존 파괴의 촉매이다.

a. 각 자유 라디칼의 최외각 전자의 수를 쓰고, 루이스 구조로 나타내시오.

b. 자유 라디칼의 어떤 특성이 촉매 작용을 할 수 있도록 만드는가?

27. a. 처음 측정으로 얻은 남극 상공의 일산화 염소와 성층권 오존 파괴에 있어서 증가가 어떠하였는가?

b. 오늘날 이러한 측정은 어떻게 행해지고 있는가?

28. 측정된 UV-B가 남극의 성층권 오존 농도 감소의 퍼센트와 어떻게 연관되는가를 보여 주는 그래프는 어느 것인가?

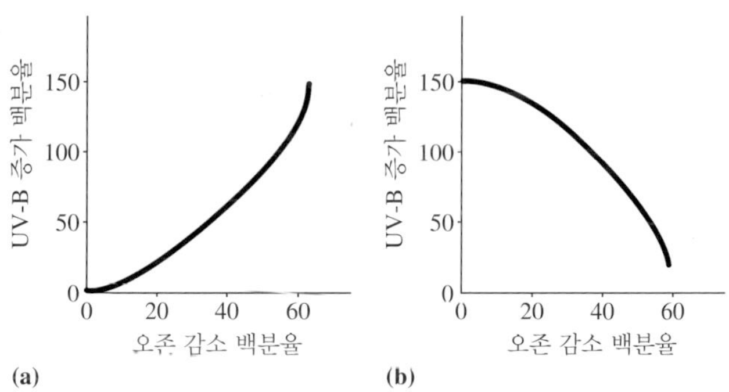

개념문제

29. EPA는 대중을 위한 출판물에서 '**오존: 높은 곳에서는 좋고 가까운 곳에서는 나쁘다**'라는 슬로건을 사용하고 있다. 이 메시지를 설명하시오.

30. 노벨상 수상자인 롤런드는 오존 구멍을 우리 대기의 아킬레스건으로 표현했다. 이 비유를 설명하시오.

31. 2007년에 행한 발표의 초록에서 노벨상 수상자인 롤런드는 '태양의 자외선은 대기에 오존층을 만들었고, 이것은 가장 에너지가 강한 복사선의 부분을 완전히 흡수하였다'라고 썼다.

a. 가장 에너지가 강한 자외선 부분은 무엇인가?
힌트: 표 2.4를 보라.

b. 어떻게 태양의 자외선이 '오존층을 만들었는가'?

32. 이 장의 결론에서 수플리아스(Georgios Souflias)가 몬트리올 협약 20주년 기념 심포지엄에서 한 말을 보고했었다. '**오늘날 이 행성에서 숨을 쉬고 있고 잠재력을 가지고 있는 우리 모두는 신속하고 단호하게 지구의 미래를 보장해야 한다. 우리는 더 이상 지체할 수 없다. 우리는 시간을 잃은 사치를 누릴 수 없다.**'

a. 그가 언급한 지체할 수 없는 위험이란 무엇인가?

b. 머리말에 있는 지속 가능성에 대한 정의로 돌아가 보자. 그의 말은 이 정의와 어떻게 연관되어 있는가?

33. 그림 2.10의 채프먼 순환을 생각해 보자.

a. 산소 원자의 근원을 설명하시오.

b. 이 순환이 대류권에서도 똑같이 일어날 수 있는가? 설명하시오.

34. 다음 해리스(Sydney Harris)의 만화에서 제시한 오존층 감소의 해법이 작동하지 못하는 이유는 무엇인가?

35. '**다른 대안을 찾을 수 없다면 우리는 다른 문제를 악화시키면서 지구 환경 문제를 해결하는 위험을 감수하여야 한다.**' 미국 관리에 의한 이 인용문의 날짜는 2009년이고, 문맥은 HCFC 사용의 퇴출을 말하고 있다.

a. 어떤 화합물이 2009년에 HCFC를 대체하고 있는가?

b. 이 대체의 위험은 무엇인가?

36. 오존의 공명 구조는 교재에서 볼 수 있는 두 개가 아니라 세 개가 가능하다. 세 공명 구조가 모두 팔전자 규칙을 만족하는 것을 증명하고, 삼각형 구조가 가능하지 않는 이유를 설명하시오.

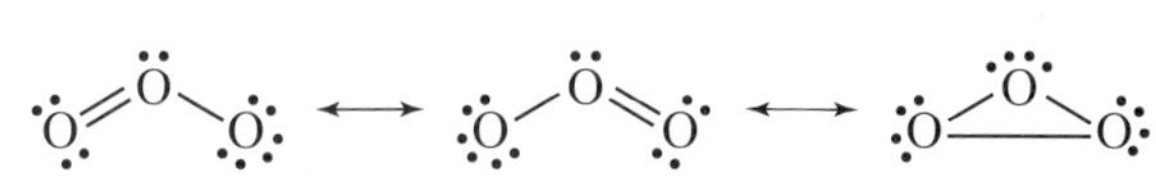

37. O–O 단일 결합의 평균 길이는 132 pm이다. O–O 이중 결합의 평균 길이는 121 pm이다. 오존에서 O–O 결합의 길이는 얼마로 예상하는가? 모든 결합은 동일한가? 예상을 설명하시오.

38. SO_2의 루이스 구조는 오존의 루이스 구조와 어떻게 비교될 수 있는가?

39. 색소가 거의 없는 피부를 가지고 있다고 하여도 라디오 앞에서 있는 것만으로는 피부를 태울 수 없다. 이유는?

40. 아침 뉴스는 UV 지수가 6.2라고 보고하였다. 여러분 피부의 색소의 양을 감안할 때, 여러분의 일상 활동 계획을 어떻게 하여야 하는가?

41. 자외선에 의한 손상에 관한 모든 보고서는 UV-A와 UV-B 복사선에 초점을 맞추고 있다. UV-C의 손상 효과에 대한 언급이 없는 이유는 무엇인가?

42. 3×10^8톤의 성층권 오존 모두가 매일 형성되고 소모된다면, 어떻게 성층권 오존이 자외선을 차단하는 것이 가능한가?

43. CCl_2F_2(프레온-12)의 화학적 비활성이 어떻게 이 화합물의 유용성 및 문제점과 연관되는가?

44. Cl• 농도(ppb 단위로 측정됨)가 조금만 변해도 O_3 농도(ppm 단위로 측정됨)가 크게 변화할 수 있는 이유를 설명하시오.

45. 성층권 오존 구멍은 남극 상공에서 극적으로 발달하였다. 이 지역이 성층권 오존 농도 변화를 연구하는 데 적합한 이유를 설명하는 데 도움되는 남극 상공에 존재하는 일련의 조건은 무엇인가? 같은 조건이 북극에서는 작용하지 않는가? 설명하시오.

46. 자유 라디칼 CF_3O•는 HFC-143a가 분해하여 생긴다.
   a. 이 자유 라디칼의 루이스 구조식을 쓰시오.
   b. 자유 라디칼이 오존 파괴를 하지 않는 이유를 제시하시오.

47. 남극 지역의 오존을 분해하는데 도움을 주는 메커니즘 중 하나는 BrO• 자유 라디칼을 포함한다. 일단 형성되면 이것은 ClO•와 반응하여 BrCl과 O_2를 생성한다. BrCl은 햇빛을 받아 Cl•과 Br•로 분해된다. 두 가지 화학종 모두 O_3와 반응하여 O_2를 생성한다.
   a. 채프먼 순환에서 본 반응식과 유사한 일련의 반응식으로 이 정보를 표현하시오.
   b. 이 순환의 알짜 반응식은 무엇인가?

48. 극지방의 성층권 구름(PSC)은 성층권 오존 감소에 중요한 역할을 한다.
   a. 북극에서보다 남극에서 PSC가 더 자주 형성되는 이유는 무엇인가?
   b. 대기에서보다 PSC의 표면에서 반응이 더 빠르게 일어난다. 오존 감소를 일으키지 않는 두 화학종인 염화 수소와 질산 염소($ClONO_2$)가 염소와 질산(HNO_3)을 생성하는 반응이 그러한 반응이다. 화학 반응식을 쓰시오.
   c. 생성된 염소 분자는 오존을 감소시키지 않는다. 그러나 봄철 태양이 남극에 돌아오면 오존을 감소시키는 화학종으로 변환한다. 화학 반응식과 함께 어떻게 그렇게 되는지를 보이시오.

49. 1950년에서 2100년까지 브로민을 포함한 기체의 대기 양을 나타내는 다음 그래프를 생각해 보자.

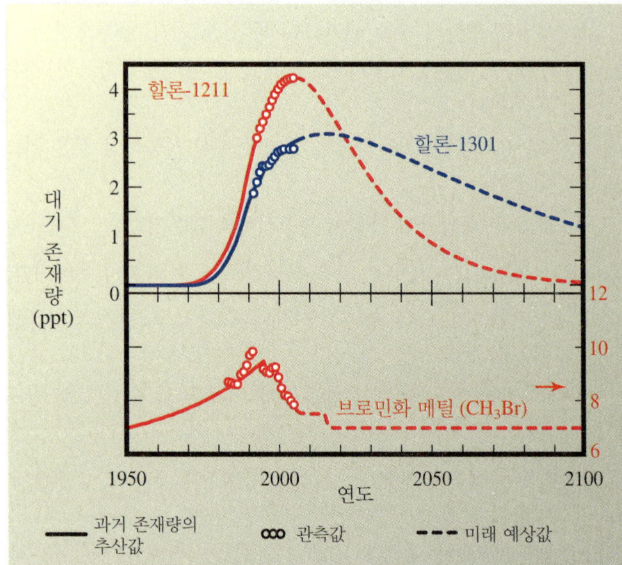

출처: *Taken from D.W. Fahey, 2006, Twenty Questions and Answers About the Ozone Layer—2006 Update, a supplement to Scientific Assessment of Ozone Depletion: 2006, the World Meteorological Organization Global Ozone Research and Monitoring Project—Report No. 50, released 2007, and reproduced here with the kind permission of the United Nations Environment Programme.*

   a. 할론-1301는 $CBrF_3$이고 할론-1211은 $CClBrF_2$이다. 이 화합물들이 한때 생산된 이유는 무엇인가?
   b. 할론-1211과 할론-1301의 변화 형태를 비교하시오. 할론-1301이 빨리 감소하지 않는 이유는 무엇인가?
   c. 2005년에 브로민화 메틸은 미국에서 특별한 용도를 제외하고는 퇴출되었다. 미래에 점진적으로 사라지기보다 직선으로 예측한 이유는 무엇인가?

응용문제

50. 1장에서 광화학 스모그 형성에서 일산화 질소(NO)의 역할에 대해 논의하였다. 성층권 오존 감소에서 NO의 역할이 있다면 무엇인가? 대류권에서와 같은 NO의 발생원이 성층권에도 있는가?

51. 공명 구조는 오존과 같은 중성 분자와 마찬가지로, 전하를 띤 원자군의 결합을 설명하는 데 사용될 수 있다. 질산 이온(NO_3^-)는 질소와 산소 원자가 기여하는 최외각 전자에 전자 1개가 추가된다. 이 전자가 이온이 전하를 띠게 한다. 각 원자들이 팔전자 규칙을 만족하는지를 확인하면서 공명 구조를 그리시오.

52. 산소는 O_2와 O_3로 존재하지만, 질소는 N_2로만 존재한다. 이 사실에 대한 설명을 제시하시오. **힌트:** N_3의 루이스 구조를 그리라.

53. CFC-11(CCl_3F)와 같은 CFC의 화학식은 세 자리 수를 얻기 위해 코드번호에 90을 더하여 얻은 수로부터 얻을 수 있다. 예를 들면 CFC-11에 대하여 90 + 11 = 101이라는 수를 얻는다. 처음 수는 C 원자의 수를, 두 번째 수는 H 원자의 수를, 세 번째 수는 F 원자의 수이다. 따라서 CCl_3F는 C 원자가 1개, H 원자는 없고, F 원자가 1개이다. 남는 결합은 모두 염소와 연결된다고 가정한다.
   a. CFC-12의 화학식은 무엇인가?
   b. CCl_4의 코드 번호는 무엇인가?
   c. HCFC에 대하여 이 '90'을 더하는 방법이 잘 적용되는가? HCFC-22($CHClF_2$)를 이용하여 답을 설명하시오.
   d. 이 방법은 할론에도 적용되는가? 할론-1301(CF_3Br)을 이용하여 답을 설명하시오.

54. 시장에는 공기, 물, 심지어는 음식의 살균을 위한 여러 가지 종류의 오존 발생기가 있다. 그것들은 아래 공동 관리 스토어에서 가져온 것과 같은 슬로건을 내걸고 판다. '오존, 세계에서 가장 강력한 살균기!'
   a. 공기를 정화하기 위해 오존 발생기를 사용하는 것에 대한 어떤 문제 제기가 있는가?
   b. 이 기구와 관련된 위험성은 무엇인가?

55. 화학 물질이 오존층에 대한 효과는 **오존 파괴 지수**(*ozone-depleting potential, ODP*)라 불리는 수치로 측정된다. 이것은 주어진 질량의 화합물이 파괴할 수 있는 성층권 오존의 수명 내 잠재량을 추산한 수척 척도이다. 모든 수치들은 ODP를 1.0으로 정의한 CFC-11에 대한 상대 수치이다. 이 사실을 이용하여 다음 질문에 답하시오.
   a. 화합물의 ODP 수치에 영향을 미치는 요소 두 가지를 말하고 각각에 대하여 이유를 설명하시오.
   b. 대부분의 CFC는 ODP 수치가 0.6에서 1.0 사이이다. HCFC의 예상 수치 범위는 얼마인가? 추론을 설명하시오.
   c. HFC의 예상 수치 범위는 얼마인가? 추론을 설명하시오.

56. 최근의 실험적 증거는 초기에 ClO•가 반응하여 Cl_2O_2를 형성한다는 것을 나타낸다.
   a. 이 분자에 대한 합리적인 루이스 구조를 예측하시오. 원자가 Cl-O-O-Cl와 같이 연결되어 있다고 가정하시오.
   b. 이 증거는 ClO•의 촉매 작용에 의한 오존 파괴의 메커니즘을 이해하는 데 어떤 영향을 주는가?

3장 지구 기후 변화의 화학

이 침팬지 집단은 지구 기후 변화에 거의 또는 전혀 영향을 주지 않고, 이 이슈에 관한 논의에 참여하지도 않는다. 그러나 그들은 일어날 변화에 적응해야만 한다.

인간과 달리, 침팬지는 식물이나 그 밖의 동물과 마찬가지로 기후가 변화하고 있는지 아닌지에 대한 아무런 논쟁도 하지 않는다. 그들은 그저 식량과 물을 얻는 방법과 습관을 포함한 그들의 삶의 방식에 영향을 줄 수 있는 변화하는 세계에 적응하려고 노력할 뿐이다. 예를 들면 기후가 변화함에 따라 구할 수 있는 식량이 변화하고 침팬지와 같은 동물들은 생존을 위한 충분한 열량을 얻기 위해 집중해야 한다.

대양의 소금물은 행성의 다른 많은 것들과 같이 아무런 목소리를 내지 못한다. 그러나 기후 변화에 여전히 반응하고 있고 할 이야기가 많다. 더 추운 기후가 되면 온도가 떨어질 때 바닷물이 빨리 얼고, 이 얼음은 봄철 태양이 돌아오면 아마도 더 시끄럽게 녹아내릴 것이다. 이 동결-융해 사이클은 수천 년 동안 일어나면서, 지구의 온도가 변화함에 따라 얼음 양이 점진적으로 많아지고 적어졌다. 그러나 최근 이 동결-융해 사이클의 변화가 더욱 확연해져서 북극의 물이 오랜 기간 동안 얼지 않는다.

기후 변화와 지구 온난화라는 용어는 같지는 않고 밀접히 연관되어 있다. 우리는 이 장에서 두 가지를 모두 사용할 것이다.

이산화 탄소가 북극에서 목격된 변화를 일으킨 장본인이 될 수 있는가? 동식물의 개체수와 습관의 변화는 어떠한가? 여러분이 뉴스에서 이산화 탄소에 대해 들어 왔던 것에 대한 의심은 없다. 온실기체로서 이산화 탄소는 우리 행성을 따스하게 유지하고 삶을 지탱해 주는 역할을 해왔으나, 이제 더 이상 좋은 것이 아니다. 이산화 탄소가 이러한 물질 중 유일한 것이 아니라는 것을 이 장에서 보게 될 것이다. 우리는 메테인과 수증기 등 다른 기체가 어떻게 온실 효과에 기여하는지에 대해서 이야기할 것이다.

여러분이 이미 CO_2에 대해서 알고 있는 것이 무엇인가? 아래 활동은 여러분의 현재 지식에 대해 접근할 기회를 줄 것이다.

연구과제 3.1 뉴스에서의 이산화 탄소

a. 이산화 탄소에 대해 여러분이 이미 알고 있는 사실은 무엇인가? 이후 참고 자료로 삼기 위해 목록을 작성하고 저장하시오.

b. 만화가 지적하는 바와 같이, 자동차는 대기의 CO_2를 증가시킨다. 다시 목록을 만들고 저장하시오.

c. 자동차는 대기 오염 물질을 포함하여 다른 기체를 방출한다. CO_2 방출이 감소할 때 다른 대기 오염 물질의 배출도 감소한다. 대기 오염 물질 두 개의 이름을 말하시오.

힌트: 1.19를 보라.

연구과제 3.1에서 지적한 바와 같이, 자동차는 이산화 탄소를 배출한다. 이 장과 다음 장에서 여러분이 볼 수 있는 바와 같이, 탄화수소와 다른 탄소를 함유한 연료가 탈 때 다른 대기 오염 물질과 함께 이산화 탄소가 만들어진다. 지구 기후에 대한 부정적인 결과를 일으키지 않으려면 어느 정도의 양을 배출해야 하는지 또는 우리가 이 배출에 대해 걱정해야 하는지에 대해 의견이 일치하지는 않는다.

배출에 대해 제대로 된 의사 결정을 하기 위해서는 먼저 지구의 에너지 균형을 검토할 필요가 있다. 예를 들어 온실기체를 조사하고, 빙하의 얼음 시료로부터 얻은 데이터를 해석하여 지구 에너지 균형이 어떻게 변화할 수 있는지를 탐색해 봄으로써 이를 검토하려고 한다. 여러분이 기후에 배출이 미치는 영향을 평가하는 데 도움이 되도록 이 장 전체에 걸쳐 에너지 균형, 온실기체와 온실 효과, 분자 구조, 분자 진동, 탄소 순환, 원자 질량, 몰, 대기 기체, 에어로솔 등과 같은 핵심적인 화학 개념을 설명하려고 한다.

그림 3.1 갈릴레오 우주선이 찍은 금성 사진

배출이 기후에 미치는 영향을 평가하기 위해 너무 앞서 갈 수는 없다. 지구가 너무 뜨겁거나 너무 춥지 않아서 생명체가 생존할 수 있었던 이유는 무엇일까에 대한 궁금증은 오래된 것이다. 지구 대기의 에너지 균형에 대한 논의와 함께 기후 변화에 대한 생각을 시작하면서 이 답을 찾아보자.

3.1 | 온실: 지구의 에너지 균형

지구 기후 변화를 이해하기 위한 여정을 시작하면서 우선 지구가 어떻게 가열되고 냉각되는지를 이해할 필요가 있다. 지구를 가열하는 에너지의 대부분은 태양으로부터 온다. 그러나 이것이 이야기의 전체는 아니다. 태양으로부터 방출되는 태양 복사선의 양과 지구와 태양 간의 거리에 기초하여 생각하면, 지구는 평균 온도가 −18°C(0°F)로 대양은 연중 얼어 있을 것이다. 다행스럽게도 이것은 사실이 아니다. 현재 지구의 평균 온도는 약 15°C(59°F)이다.

금성(그림 3.1)은 태양으로부터의 거리와 온도가 일치하지 않는 또 다른 행성이다. 많은 사람들은 달을 제외하고 밤하늘에서 가장 밝고 아름다운 것은 금성이라고 한다. 금성의 평균 기온은 약 450°C(840°F)에 달한다. 만약 거리가 유일한 결정 인자라면 금성의 평균 온도는 물의 끓는점인 100°C가 될 것이다. 지구와 금성의 어떠한 공통점이 이러한 불일치함을 설명할 수 있는가? 둘 다 대기를 가지고 있다. 대기의 역할을 알아보기 위해, 태양 복사선이 지구에 도달할 때 발생하는 상황을 살펴보도록 하자.

이러한 종류와 다른 종류의 전자기 복사선은 2.4절에서 소개되었다.

지구 에너지 균형에 기여하는 에너지 과정이 그림 3.2에 나타나 있다. 지구는 거의 모든 에너지를 태양으로부터 주로 자외선, 가시광선, 적외선의 형태로 받는다(주황색 화살표). 입사 복사선의 일부는 대기에 떠 있는 분자, 먼지, 에어로솔 입자에 의해 우주 공간으로 반사된다(파란색 화살표, 25%). 입사광의 다른 부분은 지구의 표면, 특히 눈이나 얼음과 같은 하얀 부분에 의해 반사된다(6%). 따라서 입사된 태양 복사선으로부터 31%는 반사된다.

나머지 69%의 태양 복사선은 대기에 의해 흡수되거나(23%), 대륙과 대양에 의해 흡수(46%)된다. 흡수와 반사되는 태양 복사선은 반사와 흡수를 합하여 31% + 69% = 100%가 된다.

예제 3.2 태양의 빛

태양에서 방출되는 세 종류의 복사 에너지, 즉 적외선(IR), 자외선(UV), 가시광선을 생각해 보자.

a. 파장이 증가하는 순으로 정렬하시오.
b. 에너지가 증가하는 순으로 정렬하시오.

답

a. 자외선, 가시광선, 적외선

태양으로부터 흡수된 복사선은 지구의 에너지 균형을 유지하기 위해 결국 우주로 재방출되어야 한다. 그림 3.2는 아래와 같은 사실을 보여 준다.

- 지구는 태양 복사선의 46%를 흡수한다.
- 지구는 흡수한 복사선을 모두를 재방출하는데, 긴 파장(IR)으로 방출한다.
  - 지구에서 방출하는 일부(9%)만 우주로 탈출한다.
  - 나머지(37%)는 대기가 흡수한다.
- 태양 복사선의 54%는 대기로 흡수되고(23%), 대기에 의해 반사되거나(25%), 지구 표면에 의해 반사된다(6%).

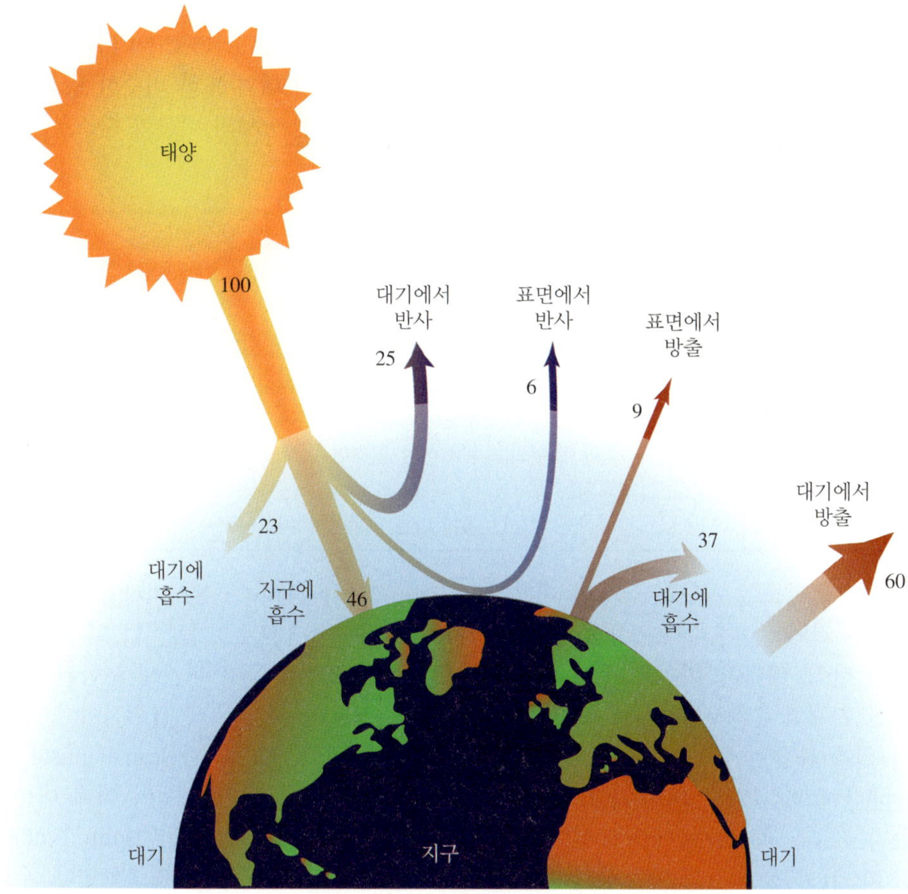

그림 3.2 지구의 에너지 균형. 주황색은 여러 파장이 혼재된 것을 나타낸다. 짧은 파장의 복사선은 파란색으로, 긴 파장의 복사선은 빨간색으로 표시하였다. 수치는 총 입사 복사선에 대한 백분율을 나타낸다.

Figures Alive! 전자기 스펙트럼, 지구의 에너지 균형, 온실 효과에 대하여 더 많은 것을 배우려면 이 책의 웹사이트(Figures Alive)를 방문하시오.

대기에 의해 흡수되는 복사선 60%는 태양으로부터 직접 흡수(23%)되기나 또는 지구 표면으로부터 직접 흡수되어 대기에 흡수되고(37%), 결국 우주로 방출되어 완전한 에너지 균형을 이룬다.

태양 복사선의 46%를 지구가 흡수하고 결국 다시 방출한다. 37%는 우주로 방출하기 전에 대기에서 흡수된다. 복사선은 이웃한 대기 분자들 간 충돌을 일으키기 때문에 이러한 흡수 과정은 지구 대기를 가열하여 따뜻하게 한다. 매순간 방출되는 지구 복사선의 80%(즉 $37 \div 46 \times 100\%$)는 대기에 흡수될 것이다. 우리가 바라는 바와 같이 지구 대기에 있는 기체가 온실과 같은 역할을 한다는 것을 알 수 있을 것이다.

맑은 날 창문을 닫고 차를 주차하면 온실이 어떻게 열을 잡아두는지 즉각적인 경험을 할 수 있을 것이다. 유리창이 있는 자동차는 식물 재배에 사용되는 온실과 매우 유사한 방법으로 작동한다. 유리창은 태양으로부터 오는 가시광선과 적은 양의 UV 복사선을 통과시킨다. 이 에너지는 자동차의 내부 장식, 특히 어두운 표면에 의해 흡수된다. 이 복사 에너지의 일부분은 더 긴 파장의 적외선(열)으로 재방출된다. 적외선은 가시광선과는 달리 유리창을 쉽게 통과하지 못하여 차 안에 '붙잡히게' 된다. 자동차에 다시 들어가게 되면 뜨거운 공기가 엄습한다. 여름철 차 안의 온도는 49°C(120°F)를 넘을 수가 있다! 창이라는 물리적 장애물은 지구의 대기와 정확히 유사하다고 할 수는 없지만 차 안을 데우는 효과는 지구를 데우는 것과 유사하다.

온실 효과(greenhouse effect)는 대기 기체들이 지구에 의해 방출되는 적외선의 대부분(약 80%)을 잡아두는 자연적 과정이다. 지구의 연간 평균 온도 15°C(59°F)는 대기에 있는 열을 붙잡은 기체들 때문에 나타나는 것이다. 금성의 대기 또한 비슷한 방식으로 작용한다. 금성의 대기는 지구 대기보다 훨씬 높은 농도인 96%의 이산화 탄소로 이루어져 있기 때문에 더 많은 열을 잡아둔다.

예제 3.3 지구 에너지 균형

그림 3.2를 참조하여 다음 질문에 답하시오.

a. 들어오는 태양 복사선(100%)은 흡수되거나 반사된다. 에너지 균형의 필요에 따라 지구에서 우주로 나가는 복사선도 100%를 설명할 수 있다. 어떻게 설명할 수 있는지를 보이시오.
b. 밖으로 나가는 에너지의 몇 %가 지구 대기에 흡수되는가? 대기에 의해 흡수되는 태양 복사선과 지구 표면에서 복사된 후 대기에 흡수되는 복사선을 합하여 이를 계산하시오. 이 값은 대기에서 방출하는 백분율과 어떻게 비교되는가?
c. 들어오는 복사선과 나가는 복사선에 사용한 색이 다른 이유를 제시하시오.

이산화 탄소는 지구와 금성의 대기에 존재하는 온실기체이다. **온실기체(greenhouse gas)**는 적외선을 흡수하고 방출하는 능력이 있어 대기를 데우는 기체이다. 수증기, 이산화 탄소, 메테인, 아산화 질소, 오존, 클로로플루오로탄소 등이 여기에 포함된다. 이러한 기체의 존재는 지구가 사람이 살 수 있는 온도를 유지하는 데 필수적이다. 대기가 열을 붙잡는 능력을 가지고 있다는 가설은 프랑스 수학자 푸리에(Jean-Baptiste Joseph Fourier, 1768~1830)가 1800년경에 처음 제시하였지만, 과학자들이 이에 대응하는 분자들을 확인하는 데는 60년이 더 걸렸다. 아일랜드의 물리학자 틴달(John Tyndall, 1820~1893)은 이산화 탄소와 수증기가 적외선을 흡수함을 처음으로 입증하였다. 우리는 이 과정을 3.4절에서 설명할 것이다.

수증기는 대기 중에서 가장 풍부한 온실기체이다. 그러나 인간 활동이 수증기 양에 기여하는 것은 자연적인 것과 비교할 때 무시할 만하다.

에너지 균형에 관한 논의에서, 지구가 흡수한 태양 복사선의 80%를 대기로 방출한다는 것을 보았다. 지구와 대기, 우주 사이에서 일어나는 에너지 교환으로 결국 정상 상태(steady state)가 되어 지구는 지속적으로 평균 온도를 유지할 수 있다. 그러나 오늘날 벌어지고 있는 온실기체 농도의 증가는 에너지 균형을 변화시키며 우리 행성의 온난화를 가중시키고 있다. **온실 효과의 상승(enhanced greenhouse effect)**라는 용어는 대기 기체들이 지구가 방출하는 열에너지의 80% **이상을** 붙잡아 돌려보내는 과정을 말한다. 온실기체 농도의 증가는 지구가 복사하는 에너지의 80% 이상이 지구 표면으로 되돌아온다는 것과 그 결과 지구의 평균 온도가 증가한다는 것을 의미한다. **지구 온난화(global warming)**라는 유명한 용어는 온실 효과의 증가로 지구의 평균 온도가 증가한다는 것을 서술하는 데 사용된다.

또 다른 정상 상태 과정인 채프먼 순환은 2.6절에서 논의하였다.

대기 중 온실기체의 양이 왜 증가하였는가? 산업, 교통, 채광, 농업과 같은 인간 활동에 기인하는 환경에 가해지는 **인위적인** 영향이 한 가지 설명이 될 수 있다. 이러한 활동들은 이산화 탄소를 만들어 내는 탄소 연료를 필요로 한다. 19세기 후반에 스웨덴의 과학자 아레니우스(Svante Arrhenius, 1859~1927)는 산업화의 확대로 대기에 CO_2가 쌓일 수 있다는 문제를 고민하였다. 그는 CO_2 농도가 2배가 되면 지구 표면의 평균 온도가 5~6°C 증가할 것이라고 계산하였다. 우리는 어떻게 이산화 탄소를 대기에 보태고 있는가?

1.9절에서 연소 화학을 설명하였다. 4장에서 석탄(화석 연료 중 하나)에 대하여 더 알아보자.

연구과제 3.4 석탄 광산의 증발

아레니우스는 "런던, 에든버러, 더블린, 철학 잡지"의 기고문에서 이 현상을 다음과 같이 기술하였다. "우리는 석탄 광산을 대기로 증발시키고 있다." 1898년에 이 언급은 주목을 끄는 데 효과적이었지만, 공기에 더해지는 CO_2의 양에 대한 논의에서 그가 진정으로 언급하고자 한 것은 어떤 과정이라고 생각하는가? 자신의 추론을 설명하시오.

지구 기후 변화를 더 조사하기 위하여 몇 가지 중요한 질문에 답을 할 필요가 있다. 예를 들면 대기 중 온실기체의 농도가 시간에 따라 어떻게 변화하는가? 마찬가지로 지구의 평균 기온이 어떻게 변화하였고, 우리는 이 변화를 어떻게 측정하였는가? 온실기체의 변화와 온도의 변화가 연관성이 있다고 말할 수 있는가? 자연적 기후 변동과 인간의 영향을 구별할 수 있는가? 다음 절에서 이 질문들에 대한 답을 얻는 데 도움을 줄 자료를 제공할 것이다.

3.2 | 증거 수집: 시간의 증언

대략 지구의 나이와 같은 지난 45억 년 동안 지구의 기후와 대기는 크게 변화하였다. 지구 기후는 지구 궤도의 모양과 지구 축의 기울기의 주기적 변화에 직접적으로 영향을 받는다. 이 변화는 지난 수백만 년 동안 정기적으로 찾아왔던 빙하기의 원인이라고 생각되고 있다. 태양조차도 변하였다. 5억 년 전의 태양 에너지의 방출량은 현재보다 25~30% 적었다. 뿐만 아니라 대기의 온실기체 농도의 변화는 지구의 에너지 균형에 영향을 주었고, 결과적으로 지구 기후에 영향을 주었다. 대기 중 이산화 탄소는 오늘날보다 20배나 더 많았다. 화학 과정에 의해 많은 양의 CO_2를 대양에 녹이거나 석회암 같은 바위에 포함시킴으로써 대기 중 CO_2의 수준을 낮추었다. 광합성이라는 생물학적 과정은 CO_2를 제거하고 산소를 생성함으로써 대기의 조성을 극적으로 변화시켰다. 화산 폭발과 같은 지질학적 사건은 대기에 수백만 톤의 CO_2와 다른 기체들을 추가시켰다.

석회암에서 발견된 탄산 칼슘($CaCO_3$)과 탄산 마그네슘($MgCO_3$) 같은 이온 결합 화합물은 모두 물에 녹지 않는다. 5장에서 용해도에 관하여 더 많은 것을 살펴보자.

이러한 자연 현상이 향후에도 지구의 대기와 기후에 지속적으로 영향을 미칠 것임에도 불구하고, 우리는 인간 활동의 역할도 평가해야 한다. 현대 산업 및 교통의 발달과 함께 인간은 석탄, 석유, 천연가스와 같은 지구 자원에서 막대한 양의 탄소를 CO_2 형태로 대기로 이동시키고 있다. 대기에 대한 인간의 영향, 그리고 온실 효과 상승에 대한 영향을 평가하기 위하여 이 막대한 비자연적인 이산화 탄소 유입의 운명을 조사하는 것은 중요하다. 실제로 대기 중 CO_2 농도는 지난 반 세기 동안 상당히 증가하였다. 최고의 직접적인 측정이 하와이 마우나로아(Mauna Loa) 관측소(그림 3.3)에서 이루어졌다. 빨간색 지그재그 선은 월평균 농도를 나타내며, 4월에는 약간 증가하고 10월에는 약간 감소하고 있다. 검은 선은 12개월 이동 평균을 나타낸다. 1960년에 315 ppm에서 2012년에 395 ppm까지 연평균 값이 꾸준히 증가하고 있음에 주목하라. 이 장의 맨 뒤에서 더해진 이산화 탄소의 대부분이 **화석 연료(fossil fuel)**의 연소와 연관되어 있다는 증거를 살펴볼 것이다.

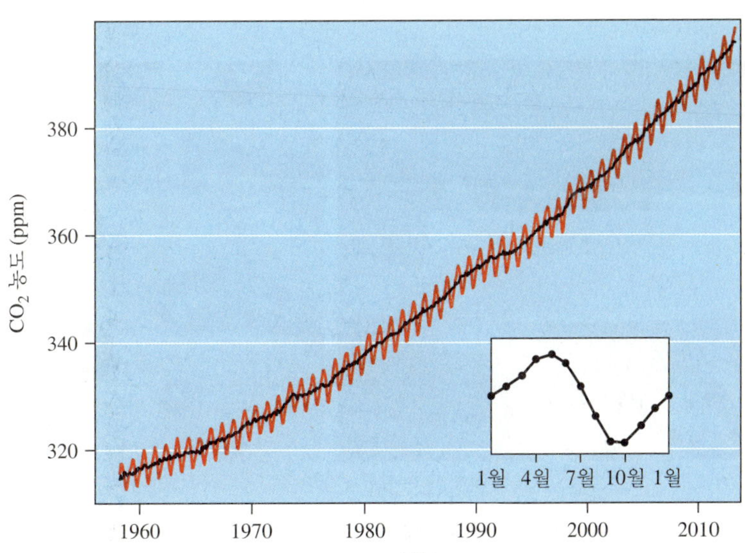

그림 3.3 하와이 마우나로아에서 측정된 1958년에서 2012년까지의 이산화 탄소 농도

삽도: 1년 중 월변화.

출처: *Scripps Institution of Oceanography, NOAA Earth System Research Laboratory, 2012.*

예제 3.5 마우나로아의 순환

a. 지난 50년간 CO_2 농도의 증가 백분율(%)을 계산하시오.
b. 주어진 임의의 연도에서 CO_2 농도 변화를 ppm 단위로 추산하시오.
c. 평균적으로 매해 4월의 CO_2 농도는 매해 10월보다 높다. 설명하시오.

답

c. 광합성은 대기에서 CO_2를 제거한다. 북반구에서는 4월에 봄이 시작되며 남반구에서는 10월에 봄이 시작된다. 그러나 북반구에서는 토양 질량(과 녹색 식물의 수)이 훨씬 크므로 북반구의 계절이 전체 변동을 통제하게 된다.

매우 오래 전 대기의 조성에 관한 자료를 어떻게 얻을 것인가? 관련된 정보는 얼음 핵(ice core) 시료의 분석에서 얻을 수 있다. 지구에서 영구적인 눈으로 덮인 지역은 대기의 역사를 보존한 채로 얼음 층에 묻혀져 있다. 그림 3.4a는 페루의 안데스 산맥에 매년 얼음 층이 쌓이는 극적인 예를 보여 준다. 지구 상에서 가장 오래된 얼음은 남극에 있고 과학자들은 50년이 넘게 구멍을 뚫어 얼음 핵 시료를 모으고 있다(그림 3.4b). 얼음에 포획된 공기 방울(그림 3.4c)은 대기 역사의 연대표를 수직적으로 보여 준다. 즉 더 깊게 구멍을 팔수록 더 오랜 과거로 가게 되는 것이다.

상대적으로 얕은 곳의 얼음 핵 자료는 지난 천 년 중 처음 800년간 CO_2 농도가 약 280 ppm으로 일정하였음을 보여 준다. 그림 3.5는 마우나로아 자료(**빨간 점**)와 남극의 사이플(Siple) 기지의 200 m 얼음 핵의 자료(**녹색 삼각형**), 남극 로 돔(Law Dome)의 더 깊은 핵의 자료(**파란색 사각형**)를 종합적으로 보여 준다. CO_2는 1750년 초기부터 일찍이 보지 못한 가속도로 대기에 축적되기 시작하였는데, 산업 혁명이 가져온 화석 연료의 연소가 이러한 변화를 추진하는 원동력이었다.

확인문제 3.6 CO_2 증가에 대한 사실 확인

a. 최근 정부 보고서에 따르면, 대기의 CO_2 수준은 1860년 이후 30% 정도 증가되었다고 한다. 그림 3.5의 자료를 이용하여 이 진술을 평가하시오.
b. 지구 온난화에 회의적인 사람은 1957년 이후 대기 중 CO_2 수준의 증가 백분율은 1860년에서 현재까지 증가 백분율의 반밖에 되지 않는다고 말한다. 이 진술의 정확성과 이것이 잠재적 온실기체 배출 정책에 어떻게 영향을 미칠 수 있을지에 대한 의견을 말하시오.

(a) (b) (c)

그림 3.4 (a) 매년 쌓이는 층을 보여 주는 쿠에루카야(Quelccaya) 빙모(페루의 안데스 산맥). (b) 온실기체 농도의 시간 변동을 결정하는 데 사용할 수 있는 얼음 핵. (c) 얼음에 있는 미세한 공기 방울

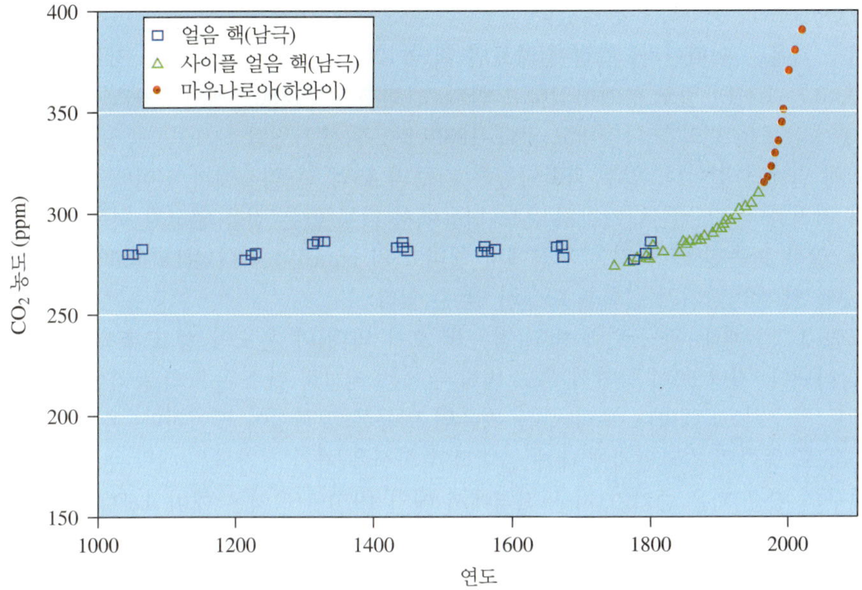

그림 3.5 남극(파란색 사각형과 녹색 삼각형)과 마우나로아 관측소(빨간 점)의 얼음 핵에서 측정된 지난 1000년간의 이산화 탄소 농도

출처: *'Climate Feedbacks on the Global Carbon Cycle' in* The Science of Global Change: The Impact of Human Activities on the Environment, *American Chemical Society Symposium Series, 1992.*

시간을 더 오래 거슬러 가면 어떻게 될까? 남극의 보스토크 기지에서 러시아, 프랑스와 미국 과학자로 구성된 연구 팀은 구멍을 파서 약 40만 년 된 눈으로부터 1마일 정도의 얼음 핵을 얻었다. 40만 년 이상 과거의 대기 이산화 탄소 농도는 그림 3.6에 나타나 있고, 삽도 안에 그림 3.5의 자료를 표시하였다.

이 그래프는 약 10만 년 간격으로 이산화 탄소의 농도가 높고 낮은 주기적 순환을 해왔음을 명백하게 보여 주고 있다. 그래프에는 나타나지 않았지만 다른 얼음 핵의 분석에 따르면, 이러한 징기적 순환은 적어도 100만 년을 거슬러 올라간다. 이 자료에서 두 가지 중요한 결론을 이끌어낼 수 있다. 하나는 현재 대기 중 CO_2 농도는 지난 100만 년 기간 중 어느 때보다도 100 ppm 정도 **높다는** 것이다. 이 기간 동안은 오늘날처럼 빠르

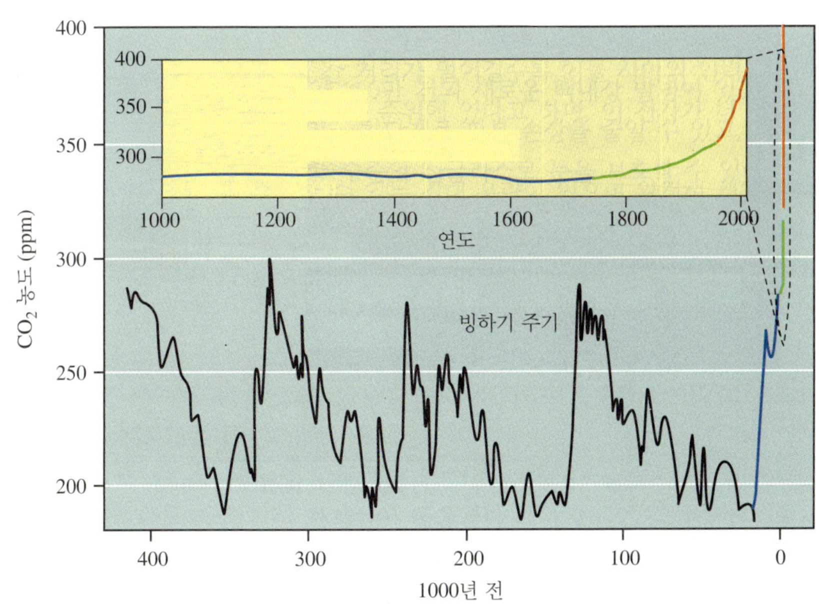

그림 3.6 지난 40만 년 동안의 이산화 탄소 농도 삽도: 비교를 위해 그림 3.5에서 발췌한 자료

게 CO_2 농도가 증가하지는 않았다.

지구 기온은 어떠한가? 측정에 따르면 지난 120년 동안 지구의 평균 기온은 0.4에서 0.8°C(0.7~1.1°F) 정도 증가하였다고 한다. 그림 3.7은 1880년에서 2006년까지의 지표면 대기 온도의 변화를 나타내고 있다. 1880년 이후 뜨거웠던 해 10번 중 9번은 2000년 이후에 일어난 일이다. 일부 과학자들은 지구의 45억 년 역사에서 일이백 년은 순간이라고 지적한다. 그들은 단기간의 온도 변동에서 너무 많은 것을 읽고자 하는 것을 경계한다. 일부 관측된 이상 기온 현상에서 엘니뇨(El Niño)와 라니냐(La Niña)와 같은 대기 순환 방식의 단기적 변화를 확실히 알 수 있다.

엘니뇨와 라니냐는 열대 태평양 지역 대양 대기계에서 중위도 지역 바다를 따뜻하게 하는 엘니뇨와, 바다를 차갑게 만드는 라니냐의 자연적인 주기적 변화에서 명칭을 따온 것이다.

그림 3.7은 매해 온도 변화 범위(검은색 오차 막대)와 온도의 장기 추세(파란색 선)를 나타낸다. 지난 50년 동안의 온도 변화 추세는 이산화 탄소 농도의 증가에 따라 증가함에도 불구하고, 해마다 보여 주는 기온의 변동은 일관성이 떨어진다. 온도의 증가가 CO_2 농도 증가의 결과인지에 대해 절대적인 확신을 가지고 결론을 내릴 수 없다.

지구의 평균 기온 증가가 지구 전역에서 매일 1970년의 기온 대비 0.6°C씩 상승했다는 것을 의미하지 않는다는 것을 이해하는 것이 중요하다. 그림 3.8은 1951년에서 1980년까지의 평균 온도와 비교한 2011년의 온도 지도를 나타낸 것이다. 많은 지역이 약간 따뜻해졌지만 일부 지역은 오히려 추워졌다(**파란색 지역**). 그러나 다른 지역(**암적색 지역**), 특히 고위도 지역은 평균적인 것보다 훨씬 더 심각한 온난화를 경험하고 있다. 북극 지역에서의 온도 증가가 가장 극적이며, 이곳에서는 이미 상당한 기후 변화의 가시적 효과가 관찰되고 있음은 놀라운 일이 아니다.

수소(와 다른 원소들)의 동위 원소는 2.2절에서 논의되었다.

얼음 핵은 그 안에서 있는 수소 동위 원소 때문에 시간을 거슬러 올라가 기온을 추산할 자료를 제공한다. 수소 원자의 가장 풍부한 형태인 ^{1}H를 포함하는 물 분자는 중성자를 가진 ^{2}H를 포함하는 분자보다 가볍다. 가벼운 H_2O 분자가 증발하는 것은 더 무거운 분자의 증발보다 아주 조금 더 쉽다. 결과적으로 대기 중의 수증기에는 ^{2}H보다 ^{1}H가 더 많이 있다. 마찬가지로 대기 중 더 무거운 H_2O 분자는 가벼운 분자에 비해 약간 더 쉽게 응축한다. 따라서 대기 수증기에서 응축된 눈에는 ^{2}H가 농축되어 있다. 농축 정도는 온도에 의존한다. 얼음 핵에서 ^{2}H와 ^{1}H의 비율을 측정할 수 있고, 이것은 눈이 내렸던 시기의 온도를 추산하는 데 사용된다.

과거를 되돌아볼 때 지구 기온은 CO_2 농도의 높낮이와 잘 일치하여 꽤 정기적인 주기를 겪어온 것을 알 수 있다(그림 3.9). 다른 자료는 고온의 기간이 또 다른 주요 온실 기체인 메테인의 높은 대기 중 농도로 특징지워지고 있음을 보여 준다. 이 자료는 정밀

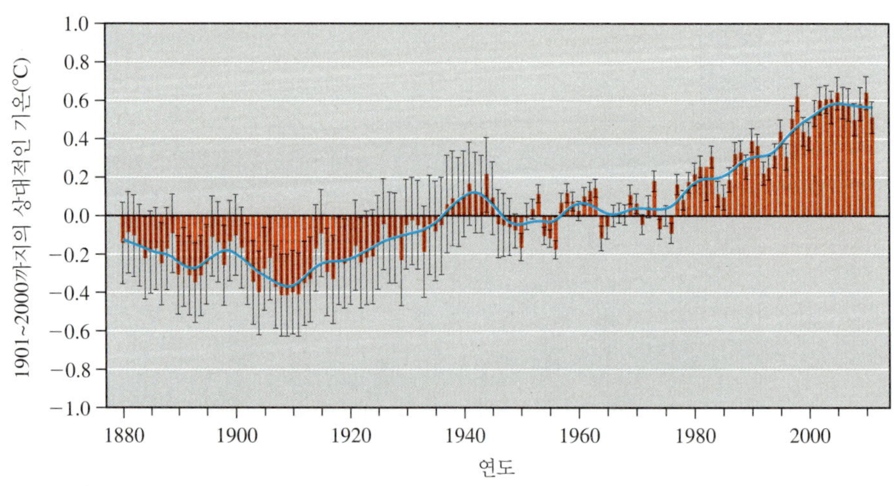

그림 3.7 지구 표면 온도(1880~2011). 빨간색 막대는 매년 평균 기온을 의미하며, 각 해의 범위는 검은색 오차 막대로 나타내었다. 파란색 선은 5년간 이동 평균을 나타낸다.

출처: *National Oceanic and Atmospheric Adminstration National Climatic Data Center.*

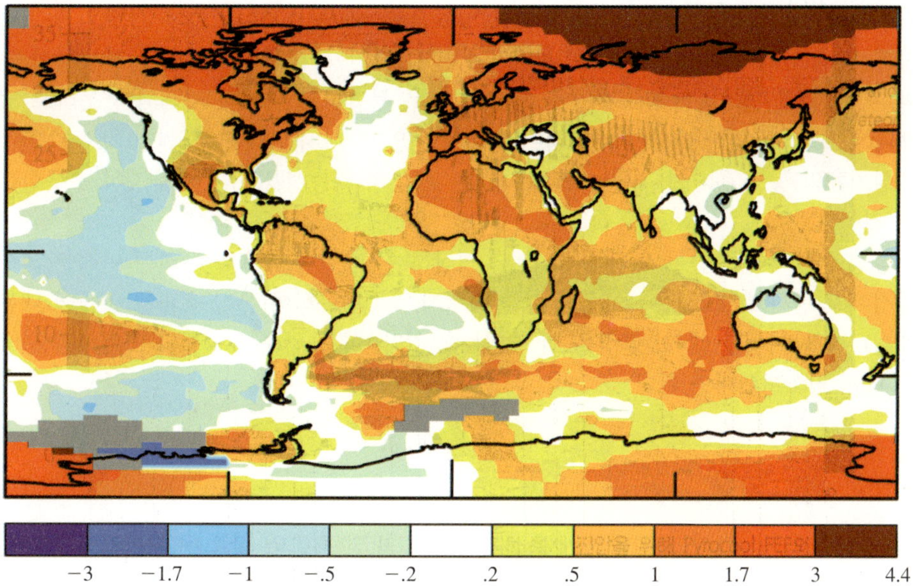

그림 3.8 1951~1980년 평균에 대한 2011년의 지구 온도 변화(°C)

출처: *NASA.*

도가 낮아 원인과 결과 관계를 명확히하기는 어렵다. 온실기체의 증가가 온도 증가를 야기했고, 그 반대의 현상도 일어났는지 여부에 대해 결론을 내리기 어렵다. 그러나 명백한 것은 현재 CO_2와 메테인 수준이 지난 100만 년 동안 어느 해보다도 높다는 것이다. 가장 높은 지점과 가장 낮은 지점의 차이는 단지 약 20°F밖에 되지 않음에 주목하라. 그러나 이 차이는 오늘날의 온난한 기후와 마지막 빙하기가 2만 년 전 최고에 달하였던 기간에 있었던 경우와 같이, 유라시아와 북아메리카 북쪽 지역 대부분을 얼음으로 덮었던 시기의 온도 차이이다.

지난 백만 년 동안 지구는 10번의 주요 빙하기와 40번의 약한 빙하기를 경험하였다. 온실기체 농도 이외의 다른 메커니즘이 주기적인 지구 기후의 변동에 관련되어 있다는 것은 명백하다. 이러한 온도 변동 중 일부는 지구와 태양의 거리 및 햇빛이 지구 표면에 도달하는 각도에 영향을 주는 지구 궤도의 작은 변화에 의해 야기된 것이다. 그러나 이

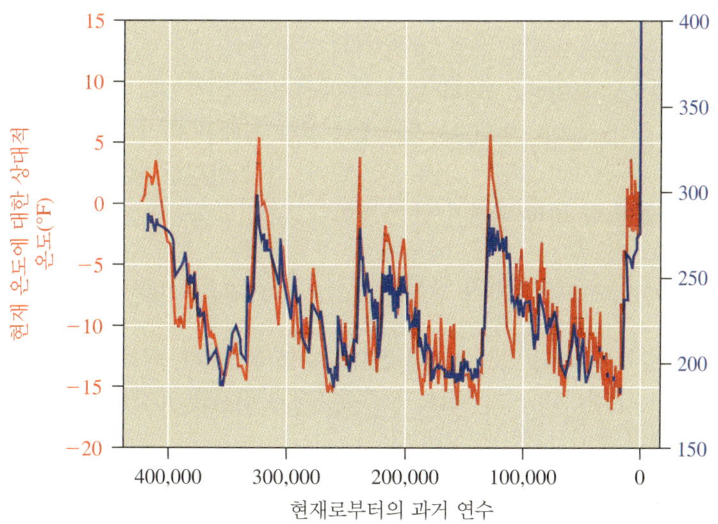

그림 3.9 얼음 핵 자료로부터 얻은 지난 400,000년 동안의 이산화 탄소 농도(푸른색)와 지구 온도(붉은색)

출처: *Environmental Defense Fund.*

가설은 관찰된 온도 변동을 완전히 설명할 수 없다. 궤도 효과는 CO_2와 CH_4의 농도와 함께 반사도, 구름 면적, 공기 중의 먼지 등 지구적인 사건과 연계되었을 가능성이 높다. 이 효과를 연계하는 피드백 메커니즘은 매우 복잡하고 완전히 이해되지 못하고 있으나 각 요인에 의한 효과가 **부가적**일 가능성이 있다. 다시 말하면, 자연적 기후 순환이 온실기체의 농도 증가가 지구 기후에 미치는 영향의 가능성을 완전히 배제하지 못한다는 것이다.

금성의 통제 불가능한 뜨거움에서부터 시작하여 먼 길을 왔으나 우리는 어려운 의사 결정에 직면하고 있다. 온실기체가 전자기 복사선과 반응하여 온실 효과를 만들어 내는 메커니즘을 이해할 때 이 결정을 더 잘 할 수 있다. 이를 위해서 물질의 초미시적 관점을 다시 살펴보아야만 한다.

3.3 | 분자: 어떻게 생겼나?

대기는 질소 78%, 산소 21%로 이루어져 있음을 기억하라.

이산화 탄소, 물 그리고 메테인은 온실기체이다. 반면 질소와 산소는 온실기체가 아니다. 왜 서로 다를까? 이에 대한 답은 부분적으로 분자 구조와 연관되어 있다. 이 절에서는 여러분이 가진 루이스 구조에 대한 지식을 분자 구조를 예측하는 데 사용할 수 있도록 도울 것이다. 다음에 이 구조를 온실기체와 온실기체가 아닌 것의 차이를 설명하는 데 도움이 되는 분자 진동과 연결할 것이다.

2장에서 루이스 구조를 원자와 분자에서 전자가 어떻게 배열하는지를 예측하는 데 이용하였다. 구조가 가장 중요하게 고려할 사항은 아니다. 그렇다 해도 어떤 경우 루이스 구조를 분자의 구조로 서술하였다. O_2와 N_2 같은 이원자 분자가 한 예이다. 분자들은 직선형이어야 하기 때문에 이 구조는 전혀 애매하지 않다.

:N⋮⋮N: :N≡N: N≡N

Ö::Ö Ö=Ö O=O

2.3절에서 논의했던 루이스 구조와 팔전자 규칙을 상기하라.

그렇기는 하지만 큰 분자들은 다른 기하학적 구조가 가능하다. 루이스 구조는 여전히 우리가 분자의 구조를 예측하는 과정에서 도움을 줄 수 있다. 그러므로 분자 구조를 예측하는 첫 단계는 루이스 구조를 그리는 것이다. 분자 전체에 걸쳐 팔전자 규칙을 따른다면 모든 분자(수소를 제외한)는 네 쌍의 전자에 둘러싸여 있을 것이다. 비결합 고립 전자쌍을 가진 분자도 있지만, 모든 분자는 반드시 결합 전자쌍을 가지고 있다. 그렇지 않다면 그들은 분자가 아니다!

반대 전하는 서로 끌어당기고, 같은 전하는 서로 반발한다. 음으로 하전된 전자는 양으로 하전된 핵 쪽으로 끌린다. 그러나 모든 전자는 서로 같은 전하를 가지기 때문에 핵의 양전하와 인력을 유지하는 범위 내 공간에서 서로 최대한 멀리 떨어진 곳에서 발견된다. 음으로 하전된 전자의 그룹은 서로 반발한다. **가장 안정한 배열은 서로 반발하는 전자 그룹들이 가능한 한 멀리 떨어져 있는 것이다.** 달리 말하면 이것이 원자 배열과 분자 구조를 결정한다.

우리는 온실기체인 메테인 분자의 구조를 예측하는 과정을 설명한다.

1. **분자 내 각 원자가 가지고 있는 최외각 전자의 수를 결정한다.** 탄소 원자(4A족)는 4개의 최외각 전자, 네 개의 수소 원자가 각각 1개의 전자를 제공한다. 따라서 4 + (4 × 1), 즉 8개의 최외각 전자를 가진다.

팔전자 규칙은 대부분의 원자에 적용된다. 수소와 헬륨은 예외에 해당한다.

2. **팔전자 규칙을 만족하도록 최외각 전자를 쌍으로 배치한다.** 단일 결합, 이중 결합 또는 삼중 결합을 필요로 할 수 있다. 메테인 분자에서는 8개의 최외각 전지를 이용하여 탄소 중심 원자를 둘러싼 네 개의 단일 결합(네 개의 전자쌍)을 형성한다. 여기에 루이스 구조가 있다.

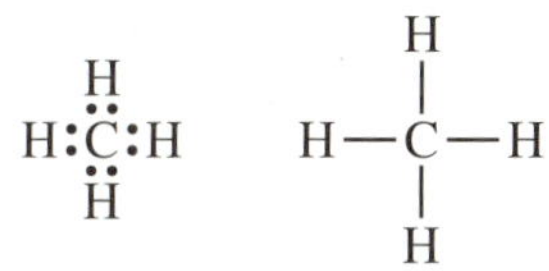

이 구조에서는 CH_4 분자가 평평한 것처럼 보이지만 실제는 그렇지 않다. 우리는 다음 단계에서 실제 메테인 분자는 사면체 구조라는 것을 볼 것이다.

3. **가장 안정한 분자 구조는 가능한 한 결합 전자쌍이 최대한 멀리 떨어져 배열된 것이라고 가정한다.** (주의: 다른 분자에서는 비결합 전자쌍도 함께 고려해야 한다. 그러나 CH_4는 이를 가지고 있지 않다.) CH_4의 탄소 원자 주위의 네 개의 결합 전자쌍은 서로 반발하고, 가장 안정한 배열은 가능한 한 서로 멀리 있는 것이다. 그 결과 네 개의 수소 원자도 가능한 한 서로 멀리 배열한다. 네 개의 수소 원자가 네 개의 측면이 동일한 삼각형으로 이루어진 네 개의 꼭짓점을 가진 기하 구조, 가끔 삼각뿔이라고도 부르는 정사면체의 꼭짓점에 배당되어 있으므로 이 구조를 **정사면체**(*tetrahedral*) 구조라고 한다.

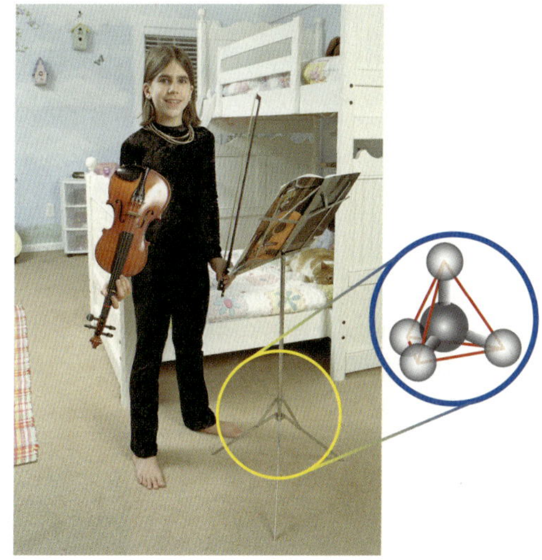

그림 3.10 악보대(music stand)의 발과 축은 메테인과 같은 정사면체 분자 결합의 기하학적 구조와 비슷하다.

CH_4 분자의 모양을 서술하는 한 가지 방법은 접혀진 악보대의 아랫부분과 비슷하다. 네 개의 C−H 결합은 일정한 간격으로 받치고 있는 세 개의 다리와 스탠드의 수직 축에 해당한다(그림 3.10). 각 결합쌍 사이의 각은 109.5°이다. CH_4 분자의 정사면체 구조는 실험적으로 확인되었다. 실제 이는 자연에서, 특히 탄소를 함유한 분자에서는 가장 흔한 원자 배치이다.

연구과제 3.7 메테인: 평평한 구조 아니면 정사면체 구조?

a. 만약 메테인 분자가 실제로 평평하다면 이차원의 루이스 구조가 나타내는 H−C−H 결합의 각도는 얼마가 될까?

b. 이차원의 평평한 구조가 아니라 사면체 구조가 이 분자에서 더 유리한 이유를 제시하시오.

c. 그림 3.10에 있는 악보대를 생각해 보자. 악보대에 사용한 구조와 유사성에서 탄소 원자는 어디에 위치하는가? 각 수소 원자는 어디에 위치하는가?

답

a. 90°(수직). 두 수소 원자는 180°에 위치하고 서로 교차한다.

화학자는 분자를 몇 가지 서로 다른 방법으로 나타낸다. 물론 가장 단순한 것은 화학식이다. 메테인의 경우 CH_4이다. 다른 하나는 루이스 구조이지만, 이것은 최외각 전자에 대한 정보를 이차원적으로 나타내는 것일 뿐이다. 그림 3.11은 다른 두 개의 삼차원 구조와 함께 이들 두 가지 표시법을 나타내고 있다. 하나는 일반적으로 독자를 향해 지면 밖으로 뻗어 나온 결합을 나타내는 쐐기형 선이다. 같은 구조식에 있는 점선은 독자로부터 먼 쪽을 향하고 있는 결합을 나타낸다. 두 직선은 종이 평면에 있는 것이다. 다른 하나, 즉 공간 채움 모형은 분자 모형 프로그램을 이용하여 그린 것이다. 공간 채움

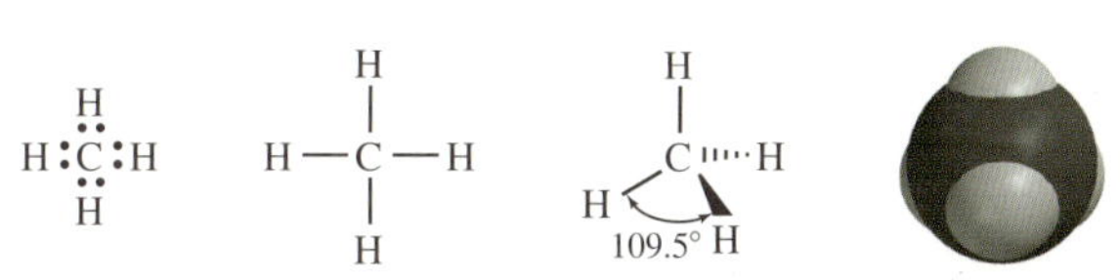

(a) (b)

그림 3.11 CH_4의 표현. (a) 루이스 구조와 구조식, (b) 공간 채움 모형

모형은 원자나 분자의 전자가 점유하고 있는 부피를 에워싸고 있다. 실험실이나 강의실에서 물리적 모형을 보고 다루는 것은 분자의 구조를 시각화하는 데 도움이 된다.

최외각 전자가 모두 결합 전자쌍을 형성하는 것은 아니다. 일부 분자에서는 중심 원자가 비결합 전자쌍을 가지고 있는데, 이를 **고립 전자쌍**(*lone pairs*)이라고 부르기도 한다. 예를 들어 그림 3.12는 암모니아 분자를 나타내는데, 질소는 세 개의 결합 전자쌍과 한 개의 비결합 전자쌍을 가지고 있어 팔전자 규칙을 만족한다.

2.9절에서 냉매로 사용되었던 NH_3는 CFCs에 의해 대체되었음에 대해 논의하였다. 질소 순환에서 암모니아의 역할은 6.9절의 주제이고, 11.12절에서 농업에서 NH_3의 중요성에 대해 설명할 것이다.

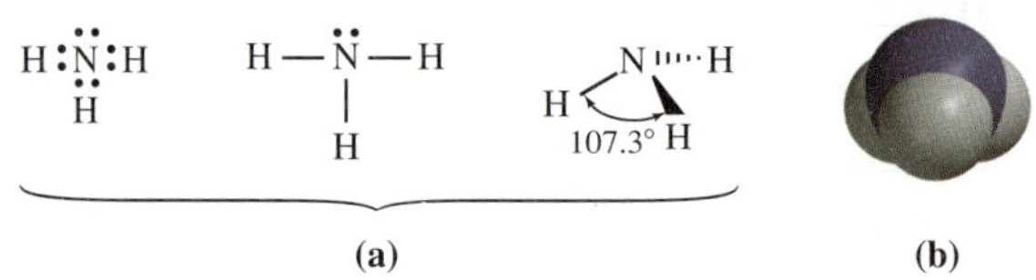

그림 3.12 NH_3의 표현. (a) 루이스 구조와 구조식, (b) 공간 채움 모형

비결합 전자쌍은 결합 전자쌍보다 더 넓은 공간을 효과적으로 점유한다. 따라서 비결합 전자쌍과 결합 전자쌍 사이의 반발은 결합 전자쌍끼리의 반발보다 더 크다. 이 강한 반발력은 결합 전자쌍을 서로 가깝게 만들어 H-N-H 결합각이 정사면체 구조에서 예측된 109.5°보다 약간 작게 만든다. 실험적인 값은 107.3°로 정사면체의 결합각에 가깝고, 우리 모형이 신뢰할만하다는 것을 나타낸다.

분자의 구조는 전자가 아니라 원자의 배열로 나타낸다(표 3.1). NH_3의 수소 원자는 삼각형을 이루고 있고, 그보다 위에, 즉 피라미드의 꼭대기에 질소 원자가 있다. 따라서 암모니아는 **삼각뿔**(*trigonal pyramidal*) 구조라고 말한다. 악보대(그림 3.10)와 유사하다는 것으로 돌아가서, 수소 원자는 악보대 발의 끝에 위치한다고 예상하면 된다. 질소 원자의 위치는 수직축과 발이 만나는 지점이고, 비결합 전자쌍은 악보대의 축 쪽에 해당한다.

표 3.1 일반적인 분자의 기하 구조

중심 원자와 결합한 원자의 수	중심 원자에 놓인 비결합 전자쌍 수	기하 구조	삽화
2	0	선형	CO_2 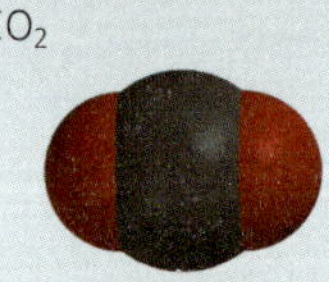
2	2	굽은형	H_2O 
3	1	삼각뿔	NH_3 
4	0	정사면체	CH_4 

물 분자는 이제까지 다룬 모양과는 다른 **굽은형**(*bent*)이다. 중심 산소 원자에 8개의 최외각 전자가 있다. 즉 두 개의 수소 원자 각각으로부터 하나씩과 산소 원자(6A족)로부터 6개이다. 이 8개의 전자는 두 개의 결합 전자쌍과 두 개의 고립 전자쌍(그림 3.13a)에 분배되어 있다.

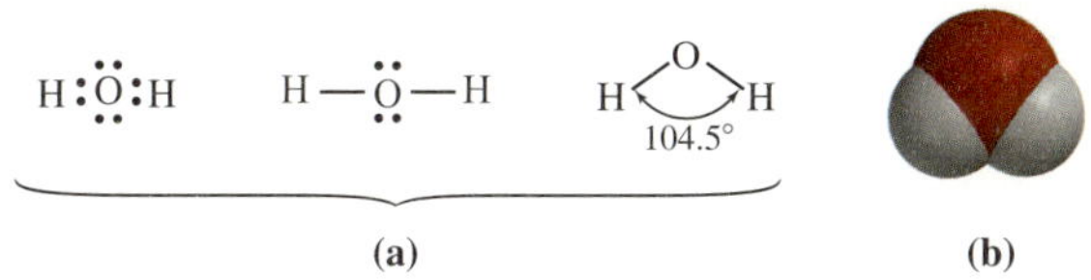

그림 3.13 H_2O의 표현. (a) 루이스 구조와 구조식, (b) 공간 채움 모형

만약 이 네 개의 전자쌍이 최대한 멀리 떨어져 배열한다면, H–O–H 결합각이 메테인의 H–C–H의 결합각과 같은 109.5°가 될 것으로 예측할 수 있다. 비결합 전자쌍의 반발로 인해 결합각은 109.5°보다 작아진다. 실험은 이 값이 약 104.5°라는 것을 나타낸다.

예제 3.8 분자 구조의 예측 1

서술된 전략을 이용하여, 아래 분자 각각의 모양을 그리시오.

a. CCl_4 (사염화 탄소)
b. CCl_2F_2 (프레온-12, 다이클로로다이플루오로메테인)
c. H_2S (황화 수소)

답

a. 총 최외각 전자수: 4 + 4(7) = 32. 이 전자 중 8개는 중심 C 원자 주변에 각각의 Cl 원자와 4개의 단일 결합을 형성한다. 다른 24개는 4개의 Cl 원자에 위치한 비결합 전자쌍 12개를 구성한다. C의 결합 전자쌍은 자기들끼리 최대한 분리될 수 있도록 배열하여 분자는 정사면체 구조를 가진다.

루이스 구조: 분자 모양:

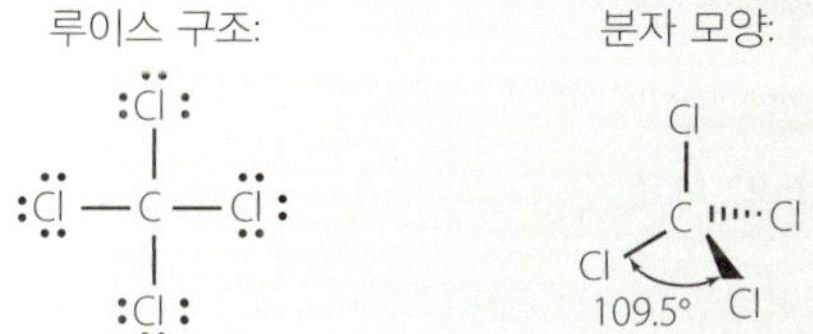

우리는 기후 변화 화학의 이해에 중요한 몇 가지 분자의 구조를 살펴보았다. 이산화 탄소 분자의 구조는 어떠한가? 16개의 최외각 전자를 가지고 있는데, C 원자가 4개, 2개의 산소 원자는 각각 6개의 전자를 제공한다. 만약 단지 단일 결합으로만 이루어졌다면 각 원자는 8개의 전자를 가질 수 없다. 그러나 만약 중심 탄소 원자가 2개의 산소 원자와 각각 하나의 이중 결합을 형성하여 4개의 전자를 공유한다면 팔전자 규칙을 만족할 수 있다.

이중 결합을 가진 분자의 루이스 구조 그리기에 대해 더 알려면 2.3절로 다시 돌아간다.

CO_2 분자는 어떤 모양인가? 다시 말하지만 전자 그룹들은 서로 반발하고, 가장 안정한 구조는 음전하들이 최대한 멀리 분리되는 것이다. 이 경우 전자 그룹은 이중 결합들이고 이들은 O=C=O 결합각이 180°로 최대한 멀리 떨어져 있다. 모형은 CO_2 분자의 세 원자는 직선상에 위치하고, 분자 모양은 **선형**(*linear*)이라고 예측한다. 이것은 그림 3.14에 나타낸 것과 같다.

우리는 전자쌍 반발의 발상을 네 그룹의 전자를 가지는 분자(CH_4, NH_3, H_2O)와 두 그룹의 전자를 가지는 분자(CO_2)에 적용하였다. 전자쌍 반발은 3, 5, 6그룹의 전자를 가

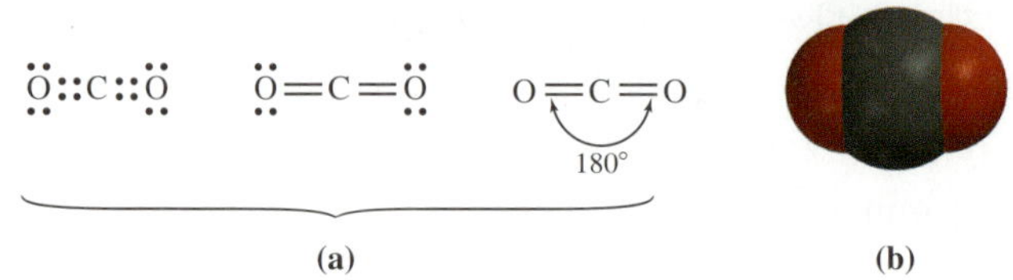

그림 3.14 CO_2의 표현. (a) 루이스 구조와 구조식, (b) 공간 채움 모형

진 분자에서도 합리적으로 적용할 수 있다. 이 논리는 오존 분자의 굽은 구조도 설명할 수 있다.

O_3 분자는 두 개의 동등한 공명 구조로 가장 잘 나타낼 수 있다. 2.3절을 다시 보라.

18개의 최외각 전자를 가진 오존(O_3) 분자의 루이스 구조는 단일 결합 한 개와 이중 결합 한 개, 그리고 중심 산소 원자에 한 개의 비공유 전자쌍을 포함하고 있다. 따라서 중심 O 원자는 세 그룹의 전자를 가지고 있다. 한 쌍은 단일 결합을 이루고, 두 쌍은 이중 결합을 이루고, 나머지는 고립 전자쌍이다. 이 세 전자 그룹은 서로 반발하여 최대한 멀리 분리되었을 때 분자의 에너지가 최소가 된다. 이것은 전자 그룹이 모두 같은 평면상에 120°의 결합각을 이루고 있을 때 이다. 따라서 우리는 O_3 분자는 굽은 구조이고 세 원자가 이루는 결합각은 약 120°임을 예측할 수 있다. 실험은 결합각이 예측한 것보다 아주 조금 작은 117°임을 나타내고 있다(그림 3.15). 중심 산소 원자의 비결합 전자쌍이 결합 전자쌍보다 큰 부피를 차지하고 있어 반발력이 크기 때문에 결합각이 조금 줄어든 것이다. 표 3.1에 몇몇 분자의 기하 구조를 나타내었다.

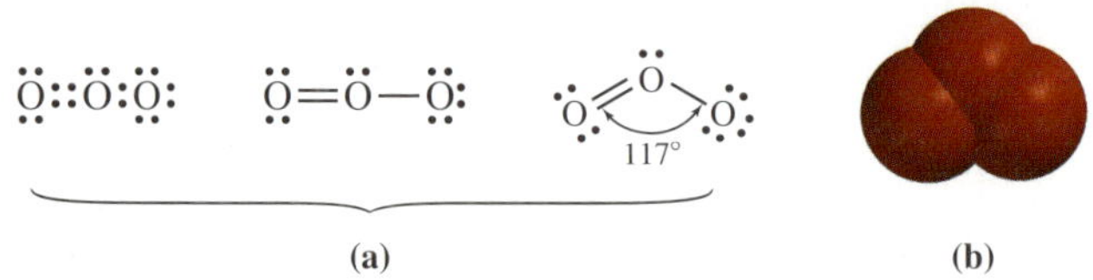

그림 3.15 O_3의 표현. (a) 루이스 구조와 구조식, (b) 공간 채움 모형

예제 3.9 분자 구조의 예측 2

방금 서술한 전략을 사용하여 SO_2(이산화 황)의 모양을 예측하고 그리시오.

힌트: S와 O는 주기율표에서 같은 족에 속하므로 SO_2의 구조는 O_3와 밀접하게 연관되어 있다.

약속한 대로 이 절에서 우리는 여러분이 서로 다른 모양의 분자를 예측하고 볼 수 있도록 하였다. 다음에서 우리는 온실기체의 이야기로 돌아가서 분자 모양에 대한 여러분의 지식이 모든 기체들이 온실기체가 아닌 이유를 이해하는 데 적용되도록 할 것이다.

3.4 진동하는 분자와 온실 효과

온실기체는 어떻게 열을 붙잡아 지구를 안락한 온도로 만드는가? 부분적인 답은 분자가 에너지 광자와 어떻게 반응하는가에 달려 있다. 이 주제는 복잡하지만 대기 내 온실기체들이 어떻게 작용하는지를 이해하는 데 충분한 기초를 제공할 수는 있다. 동시에 다른 기체가 열을 잡아둘 수 **없는** 이유도 밝힐 것이다.

오존층과 관련하여 앞서 2장에서 논의하였던, 분자와 자외선(UV)과의 상호 작용을 다시 살펴보는 것으로 이 주제를 시작하자. 높은 에너지(UV-C)의 광자는 O_2의 공유 결합을 깰 수 있고, 낮은 에너지(UV-B)의 광자는 O_3의 결합을 깰 수 있음도 알았다. 이 사실을 다르게 보면, 오존과 산소 분자는 UV 복사선을 흡수할 수 있다. 이 흡수가 일어나면 산소와 산소의 결합이 끊어진다.

다행히도 적외선 광자는 화학 결합이 끊어질 정도로 충분한 에너지를 가지고 있지 않다. 대신 적외선 광자는 분자 내 진동 에너지를 더해줄 수 있다. 분자 구조에 따라 특정한 진동만이 가능하다. 광자를 흡수하기 위해서는 입사되는 광자 에너지는 분자의 진동 에너지와 정확히 일치하여야 한다. 이것은 다른 분자가 다른 파장의 적외선을 흡수하여 다른 에너지의 진동 운동을 하게 된다는 것을 의미한다.

우리는 이러한 개념을 원자는 공으로, 공유 결합은 용수철로 표시한 CO_2 분자로 나타내었다. 각 CO_2 분자는 그림 3.16처럼 네 가지 방법으로 끊임없이 진동한다. 화살표는 각 진동에서 각 원자의 운동 방향을 의미한다. 화살표를 따라 원자들은 앞뒤로 움직인다. 진동 **a**와 **b**는 신축(stretching) 진동이다. 진동 **a**에서 중앙의 탄소 원자는 움직이지 않고, 산소 원자들은 중앙 원자로부터 멀어지는 방향으로 앞뒤로(신축) 움직인다. 다른 진동(진동 **b**)에서는 산소 원자들은 같은 방향으로 움직이고 탄소 원자는 반대 방향으로 움직인다. 진동 **c**와 **d**는 매우 비슷하게 보인다. 두 가지 경우에서 분자는 일반적인 선형 모양에서 굽어진다. 굽힘(bending)은 2개의 가능한 평면상에서 각각 일어날 수 있으므로 2개의 진동으로 여긴다. 진동 **c**에서 분자는 그림이 인쇄된 종이의 평면 위아래로 굽힘이 일어나지만, 진동 **d**에서 분자는 종이의 평면 앞뒤로 굽힘이 일어남을 나타내고 있다.

용수철을 조사하면 굽히는 것(bend)보다 늘리는 것(stretch)에 더 많은 에너지가 필요함을 알 수 있을 것이다. 유사하게 CO_2 분자를 늘리는 것은 굽히는 것보다 더 많은 에너지를 필요로 한다. 이것은 신축 진동 **a** 또는 **b**에 에너지를 주는 것은 굽힘 진동 **c** 또는 **d**에 에너지를 주는 것보다 에너지가 더 큰 광자, 파장이 짧은 광자가 필요함을 의미한다. 예를 들면 15.0마이크로미터(μm) 파장의 적외선 흡수는 굽힘 진동(**c**와 **d**)을 위한 에너지를 준다. 이것이 일어날 때 원자들은 평형 위치에서 더 많이 움직이고 평상시보다 (평균적으로) 더 빠르게 움직인다. 진동 **b**에서 같은 현상이 일어나려면 4.3 μm의 파장을 가지는 더 높은 에너지의 복사선이 필요하다. 진동 **b**, **c**, **d** 모두가 이산화 탄소의 온실 성질을 설명하는 데 필요하다.

1마이크로미터는 1미터의 백만분의 일이다.
$1\ \mu m = 1 \times 10^{-6}\ m = 1000\ nm$

반면에 적외선을 직접적으로 흡수하는 것은 진동 **a**에 에너지를 주지 않는다. CO_2 분자에서 전자의 평균 농도는 탄소 원자보다 산소 원자에서 더 높다. 이것은 산소 원자가 탄소 원자에 비하여 부분적으로 음전하를 가지고 있음을 의미한다. 결합이 늘어남에 따라 전자 위치는 변하고 분자 내 전하 분포도 변하게 된다. CO_2의 선형 모양과 대칭성 때문에 진동 **a**가 일어나는 동안 전하 분포의 변화는 상쇄되고, 적외선 흡수는 일어나지 않게 된다.

결합 전자를 끄는 원자의 능력을 나타내는 척도인 전기 음성도라는 성질은 5.1절에서 논의된다.

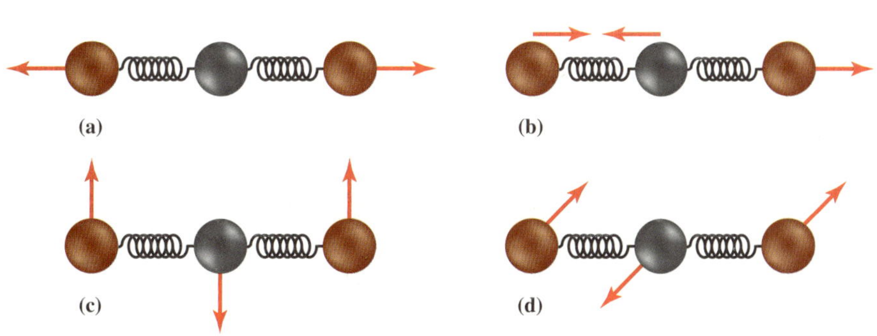

그림 3.16 CO_2에서의 분자 진동. 각 용수철은 C=O 이중 결합을 나타낸다. 진동 (a)와 (b)는 신축 진동이고, (c)와 (d)는 굽힘 진동이다.

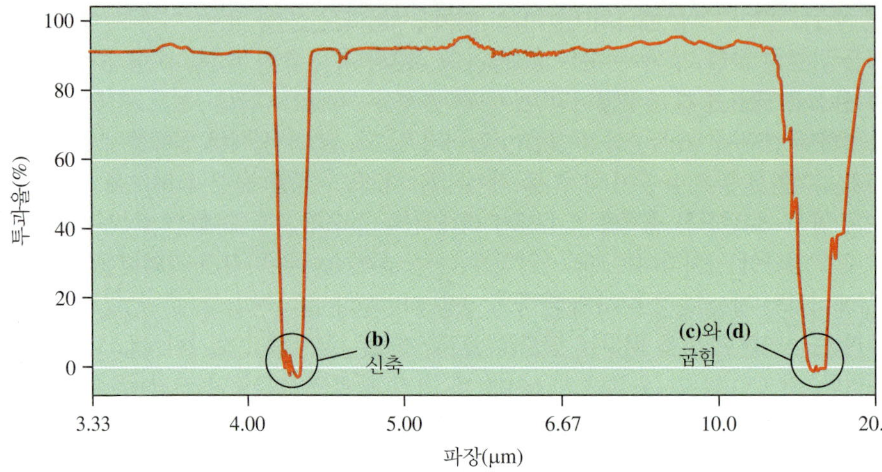

그림 3.17 이산화 탄소의 적외선 스펙트럼. (b), (c), (d)는 그림 3.16에 나타낸 분자 진동을 나타낸다.

분광학(spectroscopy)은 전자기 에너지를 시료에 통과시킴으로써 물질을 조사하는 학문이다.

분자가 흡수하는 적외선(열) 에너지는 적외선 분광기라는 기기를 이용하여 측정할 수 있다. 가열된 필라멘트로부터의 적외선은 연구하려는 화합물, 여기서는 기체 CO_2 시료를 통과한다. 검출기는 여러 파장에서 시료를 투과한 복사선의 양을 측정한다. 높은 투과는 낮은 흡수를 의미하며, 역도 마찬가지다. 이러한 정보는 그래프 형태로 파장에 따라 투과된 복사선의 상대적 강도로 나타낸다. 결과물은 화합물의 **적외선 스펙트럼**(*infrared spectrum*)이다. 그림 3.17은 CO_2의 적외선 스펙트럼을 나타낸다.

그림 3.17의 적외선 스펙트럼은 CO_2 실험실 시료를 이용하여 얻은 것이지만 대기에서도 같은 흡수가 이루어진다. CO_2 분자는 짧은 시간 동안 추가적인 에너지를 가지고 있으나 곧 열의 형태로 모든 방향으로 다시 방출한다. 다른 분자들은 N_2와 O_2와 같은 대기권 분자들과 충돌하고 흡수한 에너지 일부를 열의 형태로 전달할 수 있다. 이러한 과정을 통해 CO_2는 지구가 방출한 적외선의 일부를 '붙잡을' 수 있고 지구를 편안할 정도로 따뜻하게 유지할 수 있다. 이것이 CO_2가 온실기체가 되는 원리이다.

적외선 광자를 흡수할 수 있는 어떠한 분자도 온실기체로 행동할 수 있다. 이러한 분자는 많이 있다. 물은 지구 온도를 유지하는 가장 중요한 기체이고, 이산화 탄소가 그 뒤를 잇는다. 그림 3.18은 적외선을 흡수하는 H_2O 분자의 적외선 스펙트럼이다. 메테인, 아산화 질소, 오존, 클로로플루오로탄소(CCl_3F와 같은 것)도 지구의 열을 보존하게 도와 주는 물질들이다.

2장에서 오존을 파괴하는 CFCs의 역할을 배웠다. 아산화 질소(N_2O)는 일산화 이질소라고도 한다. 이 기체를 6장에서 다시 보게 될 것이다.

연구과제 3.10 물 분자의 굽힘 및 신축 운동

a. 그림 3.18을 이용하여 수증기의 적외선 흡수 중 가장 강한 것에 해당하는 파장을 추산하시오.
b. 어느 파장이 굽힘 진동을 나타낸다고 예상하는가? 또 신축 진동에 해당하는 파장은 어느 것인가? 예상의 근거를 설명하시오.

힌트: H_2O의 적외선 스펙트럼과 CO_2의 적외선 스펙트럼을 비교하라.

N_2와 O_2 같은 이원자 기체들은 온실기체가 아니다. 2개의 동일한 원자로 구성된 분자들도 진동을 하지만 진동하는 동안 전체 전하 분포가 변하지 않는다. 따라서 이러한 분자들은 온실기체가 될 수 없다. 앞에서 그림 3.17의 신축 진동 **a**가 CO_2의 온실기체 행동과 관계없는 이유로 전체 전하 분포의 변화가 없음에 대하여 논의하였다.

지금까지 분자가 복사선에 반응하는 두 가지 방법을 살펴보았다. 높은 진동수와 짧은 파장을 가지는 에너지가 높은 광자(자외선)는 분자 내 결합을 깰 수 있다. (적외선 같

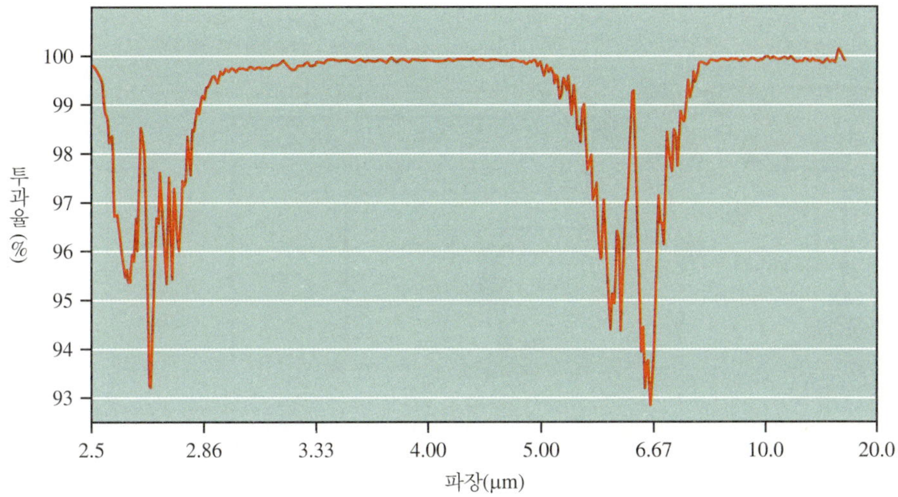

그림 3.18 수증기의 적외선 스펙트럼

은) 에너지가 낮은 광자는 분자 진동의 증가 원인이 된다. 두 가지 과정은 그림 3.19에 나타내었으나 그림에는 더 익숙한 복사 에너지에 대하여 분자가 반응하는 다른 한 가지가 포함되어 있다. 적외선 영역의 복사선보다 더 긴 파장은 분자를 더 빨리 회전하게 하는 정도의 에너지만을 가진다.

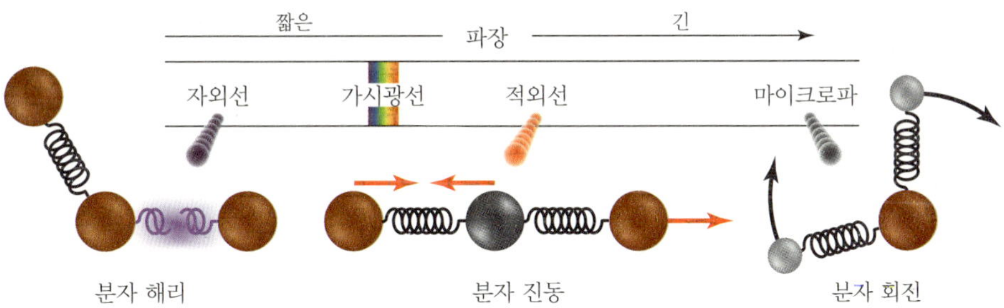

그림 3.19 다양한 복사선에 대응하는 분자들의 운동

예를 들면 전자 레인지는 물 분자를 빨리 회전하게 하는 전자기 복사선을 발생시킨다. 이러한 기기에서 발생된 복사선은 약 일 센티미터 정도의 상당히 긴 파장을 가진다. 따라서 광자당 에너지는 매우 낮다. H_2O 분자가 광자를 흡수하여 더 빨리 회전함에 따라 마찰력에 의해 음식을 조리하며 남은 음식을 데우고, 커피를 끓이게 된다. 같은 영역의 스펙트럼이 레이더용으로 사용된다. 발생기로부터 마이크로 복사선의 빔이 송출된다. 이 빔이 항공기와 같은 물체에 부딪히면 마이크로파는 반사하여 감지기(sensor)에 의해 검출된다.

3.5 탄소 순환

탄소 순환에 대하여 알고 있는 것이 무엇인가? 세 가지가 그 목록의 상위에 있다. 첫째, **탄소는 우리 행성의 많은 곳에서 발견된다.** 그림 3.20에 있는 것처럼 우리는 이것들을 저장소(reservior)라고 부른다. 예를 들면 대기는 CO_2(~400 ppm), CH_4(~17 ppm) 그리고 CO(미량, 대기 오염물)의 형태의 탄소 저장소이다. 다른 탄소의 저장소는 탄소를 함유한 암석이다. 식물과 동물은 탄수화물, 단백질, 지질 형태의 탄소를 발견할 수 있는 세 번째 장소이다.

탄소를 함유한 암석에 대해 5장에서 더 자세히 살펴보고, 11장에서 음식의 기본 탄소에 대해서 더 알아볼 것이다.

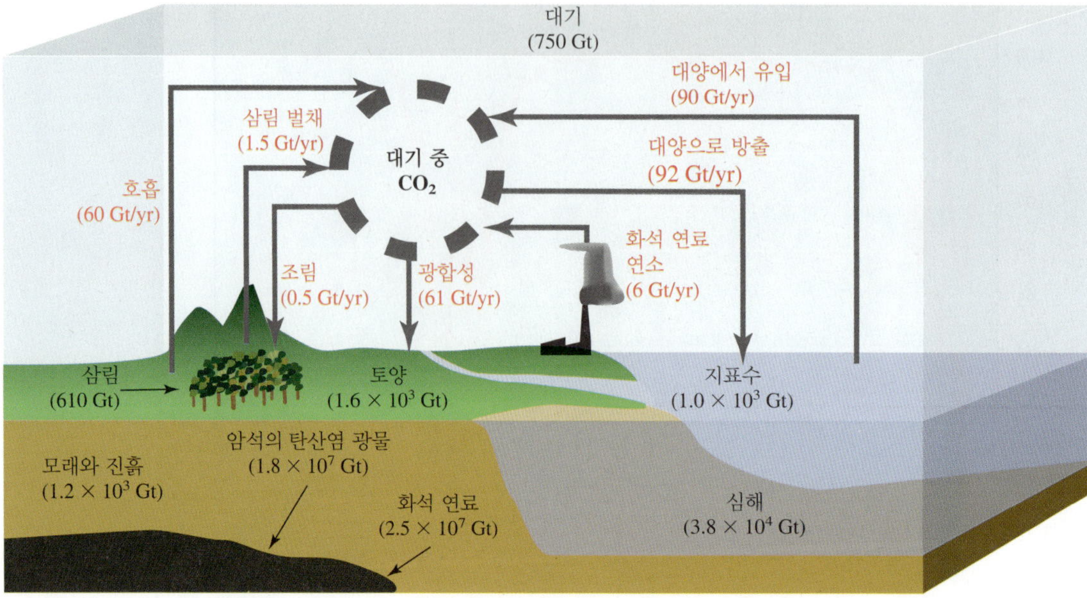

그림 3.20 지구의 탄소 순환. 숫자는 기가톤(Gt) 단위로 표시된 탄소 양을 표시하고 이것은 다양한 탄소 저장소(검은색 숫자)에 저장되거나 또는 매년 계를 통하여 이동한다(빨간색 숫자).

From Purves, Orians, Heller and Sadava, *Life, The Science of Biology*, 5th edition, 1998, page 1186. Reprinted with permission of Sinauer Associates, Inc.

둘째, **탄소는 움직이고 있다!** 연소, 광합성, 퇴적 과정을 통해 탄소는 한 저장소에서 다른 저장소로 이동한다. 하버드 대학의 맥엘로이(Michael B. McElroy)는 '지구 역사에서 평균적으로 탄소 원자는 지구의 더 유동적인 부분의 침전물에서부터 다시 침전물로 돌아가는 순환을 약 20번 정도 한 것'으로 추산하였다. 오늘날 대기 중의 CO_2는 1000년보다 더 전에 불타던 모닥불에서 방출된 것일지도 모른다. 그림 3.20에 나타낸 모든 과정은 동시에 일어나지만 서로 나른 속도로 일어난다.

셋째, **탄소는 물질에서 끝난다.** 예를 들면 수백만 년 전의 살아 있는 생명체에서 화석 연료로의 느린 변환은 우리에게 매우 중요하다. 오늘날 화석 연료를 태움으로써 탄소가 대기로 되돌아가는 변화는 우리에게뿐 아니라 그 결과 일어날 기후 변화를 감내해야 하는 다음 세대에게도 문제이다. 다음으로는 여러분에게 탄소 저장소들과 이 저장소들 사이에서 일어나는 탄소의 이동 과정을 자세히 보여 줄 것이다.

1기가톤(Gt)은 10억 톤 또는 약 2조 2천억 파운드이다. 비교하자면, 짐을 가득 실은 747제트기는 약 80만 파운드 정도가 된다. 1 Gt이 되려면 거의 3백만 대의 747제트기가 필요하다.

예제 3.11 탄소 순환의 이해

a. 어떤 과정이 대기에 (CO_2의 형태로) 탄소를 더하는가?
b. 어떤 과정이 대기에서 탄소를 제거하는가?
c. 탄소의 가장 큰 두 개의 저장소는 무엇인가?
d. 탄소 순환의 어느 부분이 인간 활동에 의해 가장 큰 영향을 받게 되는가?

우리는 예제 3.11을 통해 탄소 순환이 동적인 계라는 것을 인지하는 데 도움이 되었길 기대한다. 자연적인 방출 및 제거 메커니즘을 주목하라. 호흡은 이산화 탄소를 대기에 추가하고 광합성은 이를 제거한다. 유사하게 대양은 이산화 탄소를 흡수하고 방출한다. 동물 왕국의 일원으로서 인간은 다른 동물들과 함께 탄소 순환에 참여한다. 다른 동물처럼 우리도 호흡하며 섭취하고 배설하며 살고 죽는다. 그러나 추가적으로 인간 문명은 제거하는 것보다 더 많은 탄소를 대기 중에 추가하는 과정에 의존하고 있다(그림

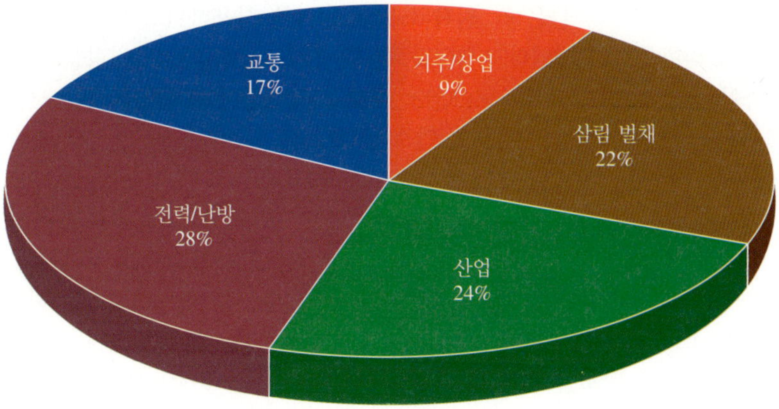

그림 3.21 최종 용도에 따른 지구 이산화 탄소 배출량

출처: *IPCC Fourth Assessment Report, Working Group III, 2007.*

3.21). 전기 생산을 위한 석탄의 광범위한 연소, 운송을 위한 석유 제품의 연소, 가정 난방을 위한 천연가스의 연소 등, 이들 모두는 탄소를 거대한 지하 탄소 저장소에서 대기로 이동시킨다.

CO_2 방출에 대한 또 다른 인간의 영향은 화전에 의한 삼림 벌채이며, 이 과정에서 매년 대기로 1.5 Gt의 탄소가 방출된다. 세계의 열대우림에서 매일 매초당 축구장 2개만한 크기의 삼림이 없어지는 것으로 추산되고 있다. 정확한 수치는 정하기 어렵지만 브라질은 매년 열대 우림의 손실이 가장 큰 나라 자리를 지속적으로 차지하고 있다. 약 540만 에이커의 아마존 열대 우림이 매년 사라지고 있다. 가장 효율적인 이산화 탄소 흡수제인 나무는 삼림 벌채에 의해 순환에서 제거되고 있다. 만약 나무가 불타면 광대한 양의 CO_2가 발생한다. 만약 썩도록 방치한다면 이 과정에서도 이산화 탄소를 방출하지만 훨씬 느리게 방출한다. 목재가 건설 목적으로 베어지고 그 땅에 곡물이 다시 심어진다 할지라도 CO_2 흡수 능력에서의 손실은 80%에 달한다.

삼림 벌채와 화석 연료의 연소라는 인간 활동에 의해 방출되는 탄소의 총량은 연간 약 7.5 Gt이다. 이중 절반이 결국은 대양이나 생물계로 재순환되지만, 이산화 탄소가 항상 대기 중 증가 속도만큼 빠른 속도로 제거되는 것은 아니다. 방출되는 CO_2의 대부분은 그림 3.20과 같이 750 Gt의 현존하는 기본 양에 매년 3.1에서 3.5 Gt을 더하면서 대기에 남게 된다. **과잉**의 CO_2는 지구 온난화에 연루되기 때문에 대기 내 이산화 탄소가 상대적으로 빠르게 **증가**할 수 있다는 것을 우려하게 된다. 따라서 매년 대기에 추가되는 CO_2의 질량(Gt)을 아는 것은 유용할 것이다. 다른 말로 하면, 3.1 Gt과 3.5 Gt의 중간값인 3.3 Gt의 탄소를 포함하는 CO_2의 질량은 얼마인가? 이 질문에 대한 답을 하려면 화학의 더 정량적인 관점으로 돌아갈 필요가 있다.

자연적인 '온실 효과'는 지구 상의 생명이 존재하는 것을 가능하게 하였음을 기억하라. 온실기체 배출의 증가가 이를 제거할 수 있는 것보다 더 빠를 때 문제가 생긴다. 그 결과는 온실 효과의 강화이다.

3.6 | 정량적 개념: 질량

방금 제기된 문제를 풀기 위하여 C의 질량이 CO_2의 질량과 어떻게 관련되는가를 알 필요가 있다. CO_2는 배출원에 상관없이 화학식은 동일하다. CO_2 중 C의 질량 백분율 또한 변동이 없고 따라서 화합물의 화학식을 기초로 CO_2 내의 C의 질량 백분율을 계산하여야 한다. 이 절과 다음 절을 공부하면서 이 백분율 값을 찾는다는 것을 명심하라.

이러한 접근법에서는 관련된 원소의 질량을 사용할 필요가 있다. 그러나 이것은 다음과 같은 중요한 의문을 제기하게 된다. 개별 원자의 무게는 얼마나 되는가? 원자의 질량은 주로 핵 안의 양성자와 중성자에 의존한다. 따라서 원자 조성이 다르기 때문에 원소는 서로 질량이 다르다. 화학자들은 각 원자의 절대 질량을 사용하기보다 상대 질량을 사용하는 것이 편리함을 발견하였다. 다른 말로 하자면 모든 원자들의 질량을 편리한 기준을 사용하여 상대적으로 표시하고자 한다. 국제적으로 공인된 질량 기준은 모든 탄소 원자의 98.90%를 구성하는 동위 원소인 탄소-12이다. C-12 각 원자는 6개의 양성자와 6개의 중성자로 구성된 핵과 핵 주위에 6개의 전자를 가지고 있으므로 질량수가 12이다.

동위 원소와 아원자 입자의 상대적 질량은 2.2절에서 논의되었다.

이 책의 주기율표는 탄소의 원자 질량이 12.00이 아니라 12.01이라고 표시되어 있다. 이것은 실수가 아니라 자연적으로 탄소는 세 가지 동위 원소 형태로 존재하는 사실을 반영하고 있다. C-12가 대부분이지만 1.10%는 6개의 양성자와 **7개**의 중성자를 가진 C-13이다. 추가적으로 자연 탄소는 미량의 C-14를 포함하며 이는 6개의 양성자와 **8개**의 중성자를 가진 동위 원소이다. 표에 나와 있는 질량값 12.01은 탄소의 자연적으로 산출되는 모든 동위 원소들의 질량과 퍼센트 자연 존재비(natural abundance)를 고려한 평균값인 원자 질량(atomic mass)이라는 이름으로 불린다. 이러한 동위 원소 분포와 평균 질량 12.01은 흑연(납) 연필, 연료통에 들어 있는 휘발유, 빵 한 조각, 석회석 덩어리, 인체의 몸 등 어떠한 화학적 근원에서 얻어졌든 탄소를 정확하게 기술한다.

여러분은 원자 질량에 아무런 단위를 사용하지 않는다는 것을 인지했을 것이다. 원자 질량 단위(amu)는 1.66 × 10^{-17} kg과 같다.

방사성 동위 원소 C-14는 비록 미량 존재하지만 화석 연료의 연소가 지난 150년간 대기 CO_2 농도에 있어서 증가의 지배적인 원인이라는 직접적 증거를 제공한다. 모든 생물에서 탄소 원자 10^{12}개 중 1개만이 C-14 원자이다. 식물이나 동물은 지속적으로 환경과 CO_2를 교환하고 이것이 유기체에서 C-14의 농도를 일정하게 유지하게 한다. 그러나 유기체가 죽게 되면 탄소를 교환하는 생화학적 과정은 작용이 멈추고 C-14는 더 이상 공급되지 못한다. 이 사실은 유기체의 죽음 이후에는 N-14를 생성하는 방사성 붕괴를 하기 때문에 C-14의 농도가 시간이 지남에 따라 감소함을 의미한다. 석탄, 석유, 천연가스는 수천만 년 전에 죽은 식물체의 잔류물이다. 따라서 화석 연료에서, 그리고 화석 연료가 연소될 때 방출하는 이산화 탄소에서 C-14의 수준은 실질적으로 0이다. 주의 깊은 측정에 따르면 대기 CO_2 중 C-14의 농도는 최근 감소하였다. 이 사실은 추가된 CO_2의 근원이 실제로 화석 연료의 연소, 즉 인간의 활동에 의한 것임을 시사한다.

여러분은 7.2절에서 핵반응식을 쓰는 방법을 배울 것이다.

예제 3.12 질소의 동위 원소

질소(N)는 대기와 생물계에 중요한 원소이다. 이 원소는 자연적으로 발생하는 N-14와 N-15라는 두 개의 동위 원소를 가진다.

a. 주기율표를 사용하여 질소의 원자 번호와 원자 질량을 찾으시오.
b. N-14의 중성 원자에서 양성자, 중성자, 전자의 수는 얼마인가?
c. b의 답과 N-15의 중성 원자의 입자 수와 비교하시오.
d. 질소의 원자 질량으로 볼 때, 어떤 동위 원소의 자연 존재비가 더 크겠는가?

동위 원소의 의미를 다시 살펴보기 위하여 원자의 질량, 특히 CO_2 내의 원자와 같이 가까이 있는 물질로 되돌아가자. 원자는 매우 작은 질량을 가지기 때문에 원자 한 개의 무게를 측정하는 것이 불가능하다는 사실은 놀랍지 않다. 전형적인 실험실의 저울은 0.1 mg의 최소 질량까지 측정할 수 있다. 이 수치는 5 × 10^{18}개의 탄소 원자, 즉 5,000,000,000,000,000,000개 탄소 원자와 동일하다. 원자 질량 단위(amu)는 너무 작아서 일반적인 화학 실험실에서 측정할 수 없다. 그보다는 g이 화학자들이 선호하는 질량 단위이다. 따라서 과학자들은 탄소-12가 정확히 12 g이라는 것을 모든 원소들의 원자 질량 기준으로 사용한다. **원자 질량(atomic mass)**은 정확히 12 g 안에 존재하는 탄소-12와 동일한 원자수의 질량(g으로 표시)으로 정의된다. 원자의 이 수는 물론 **매우** 크다. 이 중요한 화학 수는 인상적인 이름을 가진 이탈리아 과학자 아보가드로(Lorenzo Romano Amadeo Carlo Avogadro di Quarengna e di Ceretto, 1776~1856; 그의 친구들은 Amadeo라고 불렀다.)의 이름을 따서 명명되었다. **아보가드로수(Avogadro's number)**는 정확히 12 g에 있는 C-12 원자의 수이다. 아보가드로수는 풀어 쓰면 602,000,000,000,000,000,000,000이다. 과학적 표기법으로 축약하여 쓰면 6.02×10^{23}이다. 이것이 검댕이 한 스푼 정도인 탄소 12 g에 있는 원자의 믿을 수 없는 수이다!

다스(*dozen*)라는 용어가 달걀 묶음을 세기 위하여 사용하는 것 같이, 아보가드로수는 원자의 커다란 묶음을 세는 데 사용한다. 달걀이 크거나 작거나, 갈색이거나 흰색이거나, 유기농이든 아니든 상관없다. 12개의 달걀이 있다면 모든 것에 상관없이 한 다스로 셀 수 있다. 한 다스의 타조 알은 한 다스의 메추라기 알보다 더 큰 질량을 가진다. 그림 3.22는 반 다스의 테니스공과 반 다스의 골프공으로 이 점을 보여 주고 있다. 서로 다른 원소들의 원자와 같이 테니스공의 질량과 골프공의 질량은 다르다. 공의 수는 각 봉지에, 즉 6개 반 다스로 동일하다.

그림 3.22 6개의 테니스공은 6개의 골프공보다 질량이 더 크다.

확인문제 3.13 마시멜로와 1센트 동전

아보가드로수는 너무 커서 비유를 통해서만 이해가 가능하다. 예를 들면 보통 크기의 마시멜로의 아보가드로수, 즉 6.02×10^{23}개는 미국 표면을 650마일의 깊이로 덮을 수 있다. 또는 마시멜로보다 돈에 좀 더 관심이 있다면, 1센트 동전 6.02×10^{23}개를 지구의 70억 인구에게 공평하게 분배하였다고 가정하자. 모든 남자, 여자, 아이가 밤낮에 걸쳐 매시간 100만 달러씩 써도 죽을 때까지 절반도 쓰지 못한 채 남게 될 것이다.

이러한 환상적인 주장이 정확한가? 앞의 하나 또는 두 가지 과정을 점검하면서 여러분의 추론 과정을 제시하시오. 여러분 자신만의 비유를 제시하시오.

아보가드로수와 어떤 원소의 원자 질량을 알면 그 원소 개별 원자의 평균 질량을 계산할 수 있다. 산소 원자 6.02×10^{23}개의 질량은 주기율표에서 주어진 바와 같이 16.00 g이다. 따라서 산소 원자 1개의 평균 질량을 얻으려면 거대한 원자 집단의 질량을 집단의 수로 나누어야 한다. 화학자의 용어로 이 과정을 원자 질량을 아보가드로수로 나눈다고 한다. 다행히 계산기가 이 계산을 쉽고 빠르게 하도록 도와 준다.

$$\frac{16.00\ \text{g 산소}}{6.02 \times 10^{23}\ \text{산소 원자}} = 2.66 \times 10^{-23}\ \text{g 산소/산소 원자}$$

이 매우 작은 질량은 화학자들이 왜 작은 수의 원자를 다루지 않는지를 다시 한 번 확인시켜 준다. 화학자들은 한 번에 수조 개의 입자를 다룬다. 따라서 이러한 기술을 행하는 사람들은 화학자들이 사용하는 이러한 종류의 매우 큰 묶음으로 물질을 측정할 필요가 있다. 이것에 대해 배우려면 교재를 계속 읽어라. 그러나 다음에서 새로운 기술을 연습하기 위해 잠시 멈춘 후에 계속하기로 하자.

예제 3.14 원자의 질량 계산

a. 질소 원자 한 개의 평균 질량을 g 단위로 계산하시오.
b. 질소 원자 5조 개의 질량을 g 단위로 계산하시오.
c. 질소 원자 6×10^{15}개의 질량을 g 단위로 계산하시오.

답

a. $$\frac{14.01\ \text{g 질소}}{6.02 \times 10^{23}\ \text{질소 원자}} = 2.34 \times 10^{-23}\ \text{g 질소/질소 원자}$$

계산 팁

예상:
답이 큰 수일까, 작은 수일까?

확인:
답이 여러분의 예상과 일치하는가? 그리고 적절한가?

3.7 정량적 개념: 분자와 몰

숫자와 함께 사용할 때 mol은 mole의 축약형이다.

화학자들은 원자, 분자, 존재하는 다른 작은 입자들의 수를 전달하는 또 다른 방법을 가지고 있다. 즉 물체를 아보가드로수만큼 가지고 있는 것으로 정의한 **몰(mole**; mol)이라는 용어를 사용한다. 이 용어는 '더미(heap)' 또는 '쌓아놓다(pile up)'는 의미의 라틴어에서 유래되었다. 따라서 1몰의 탄소 원자는 6.02×10^{23}개의 C 원자로 구성되어 있고, 1몰 산소 기체는 6.02×10^{23}개의 산소 분자로 이루어져 있으며, 1몰의 이산화 탄소 분자는 6.02×10^{23}개의 이산화 탄소 분자에 대응된다.

앞 장에서 이미 배웠듯이, 화학식과 반응식은 원자와 분자의 형태로 기술된다. 예를 들면 탄소가 산소에 의해서 완전 연소하는 반응식을 다시 살펴보자.

$$C + O_2 \longrightarrow CO_2 \qquad \textbf{[3.1]}$$

산소 분자(O_2) 1몰마다 산소 원자(O) 2몰이 있다.

이 반응식은 탄소 원자 한 개가 산소 분자 한 개와 결합하여 이산화 탄소 분자 한 개를 생성한다고 말하고 있다. 따라서 이 반응식은 입자들이 상호 작용하는 **비율**(*ratio*)을 반영한다. 탄소 원자 10개가 산소 분자 10개와 결합하여 이산화 탄소 분자 10개를 생성한다고 말하는 것도 똑같다. 또는 더 큰 크기로 탄소 원자 6.02×10^{23}개가 산소 분자 6.02×10^{23}개와 결합하여 이산화 탄소 분자 6.02×10^{23}개를 생성한다고 말할 수 있다. 마지막 진술은 '탄소 1**몰**에 산소 1**몰**을 가하면 이산화 탄소 1**몰**을 생성한다'고 말하는 것과 동일하다. 핵심은 반응에 참여하는 **원자와 분자의 수**는 같은 물질의 **몰수**에 비례한다는 것이다. 표 3.2에 요약하였듯이 이산화 탄소 분자의 수에 상관없이 산소 원자 2대 탄소 원자 1의 비율은 동일하다.

실험실과 공장에서 반응에 필요한 물질의 양은 질량으로 측정된다. 몰은 입자 수를 더 쉽게 측정할 수 있는 질량으로 연계시킬 수 있는 실용적인 방법이다. **몰질량(molar mass)**은 어떠한 입자가 되었든 아보가드로수, 즉 1몰에 해당하는 질량이다. 예를 들면 반올림하여 g의 1/10까지 나타낸 탄소 원자 1몰의 질량은 12.0 g이다. 산소 원자 1몰은 16.0 g의 질량을 가진다. 1몰의 산소 분자에 대해서도 말할 수도 있다. 각 산소 분자는 2개의 산소 원자를 가지므로 산소 분자, O_2 1몰에는 산소 원자 2몰이 있다. 결과적으로 O_2의 몰질량은 O의 몰질량의 2배인 32.0 g이다. 이것을 원자 질량 또는 원자량과 유사함을 강조하여 분자량(molecular mass 또는 molecular weight)이라고도 한다.

원소 O_2의 분자 질량에 적용된 동일한 논리가 이산화 탄소와 같은 화합물의 조성에도 적용된다. 화학식 CO_2는 이 분자 1개가 1개의 탄소 원자와 2개의 산소 원자를 가짐을 알려 준다. 크기를 6.02×10^{23} 만큼 키우면, CO_2 1몰당 1몰의 C와 2몰의 O원자로 구성되었다고 말할 수 있다(표 3.2 참조). 그러나 우리는 이산화 탄소의 질량 조성, 즉 CO_2 1 g당 탄소의 g 수에 관심이 있음을 기억하라. 이를 위해서는 이산화 탄소의 몰질량이 필요하며, 이는 탄소의 몰질량에 산소 몰질량의 2배를 더하여 얻어진다.

$$\begin{aligned}
1\text{몰 } CO_2 &= 1\text{몰 C} + 2\text{몰 O} \\
&= \left(1\text{몰 }\cancel{C} \times \frac{12.0\text{ g C}}{1\text{몰 }\cancel{C}}\right) + \left(2\text{몰 }\cancel{O} \times \frac{16.0\text{ g O}}{1\text{몰 }\cancel{O}}\right) \\
&= 12.0\text{ g C} + 32.0\text{ g O} \\
1\text{몰 } CO_2 &= 44.0\text{ g } CO_2
\end{aligned}$$

표 3.2 화학 반응식의 해석 방법

C	+	O_2	$\longrightarrow$	CO_2
원자 1개		분자 1개		분자 1개
6.02×10^{23}개의 원자		6.02×10^{23}개의 분자		6.02×10^{23}개의 분자
1 mol		1 mol		1 mol

이 과정은 화학 계산에서 일상적으로 사용되며 몰질량은 이 과정에서 사용되는 중요한 특성이다. 몇 가지 예가 다음 예제에 포함되어 있다. 각 경우에 각 원소의 몰수에 g으로 표시된 해당하는 원자 질량을 곱하고 결과를 더하면 된다.

예제 3.15 분자의 몰질량

다음 온실기체들의 몰질량을 계산하시오.

a. O_3 (오존)
b. N_2O (일산화이질소 또는 아산화 질소)
c. CCl_3F (프레온-11 트라이클로로플루오로메테인)

답

a. 1몰 O_3 = 3몰 O

$$= 3\cancel{몰\ O} \times \frac{16.0\ g\ O}{1\cancel{몰\ O}}$$

$$= 48.0\ g\ O_3$$

탄소 3.3 Gt을 연소할 때 생성되는 CO_2의 질량을 계산하기 위하여 수학적인 연습을 시작하였다. 이제 모든 조각을 맞추어 보자. CO_2 44.0 g당 12.0 g이 C이다. 이 질량비는 모든 CO_2 시료에서 유지되고, 이것을 이용하여 알고 있는 질량의 CO_2 중 C의 질량을 계산하자. 핵심에 더 접근하면, 이것을 이용하여 알고 있는 질량의 탄소에 의해 방출되는 CO_2의 질량도 계산할 수 있다. 이 과정은 비율을 어떻게 정리하느냐에 달려 있다. CO_2에 대한 C의 비율은 $\frac{12.0\ g\ C}{44.0\ g\ CO_2}$이지만, C에 대한 CO_2의 비율은 $\frac{44.0\ g\ CO_2}{12.0\ g\ O}$이다.

예를 들면 CO_2 100.0 g에 들어 있는 C의 g 수는 이와 같이 다음 관계식을 세움으로써 계산할 수 있다.

$$100.0\ \cancel{g\ CO_2} \times \frac{12.0\ g\ C}{44.0\ \cancel{g\ CO_2}} = 27.3\ g\ C$$

100.0 g의 이산화 탄소 안에 27.3 g의 탄소가 있다는 사실은 CO_2 내의 C의 질량 퍼센트가 27.3%이라고 하는 것과 동일하다. 'g CO_2', 'g C'라는 단위를 계속 쓰는 것은 계산을 정확하게 하는데 도움이 된다. g CO_2 단위는 상쇄될 수 있고 g C 단위만 남게 된다. 단위를 추적하고 필요한 곳에서 상쇄함은 많은 문제를 풀 때 유용한 전략이다. 이 방법을 단위 분석(unit analysis) 또는 차원 분석(dimensional analysis)이라고도 한다.

예제 3.16 질량비와 질량 퍼센트

a. SO_2에서 S의 질량비를 계산하시오.
b. SO_2에서 S의 질량 퍼센트를 찾으시오.
c. N_2O에서 N의 질량비와 질량 퍼센트를 계산하시오.

답

a. 질량비는 S의 몰질량을 SO_2의 몰질량과 비교함으로써 얻어진다.

$$\frac{32.1\ g\ S}{64.1\ g\ SO_2} = \frac{0.501\ g\ S}{1.00\ g\ SO_2}$$

b. SO_2 내의 S 질량 퍼센트를 찾으려면 질량비에 100을 곱한다.

$$\frac{0.501\ g\ S}{100\ g\ SO_2} \times 100 = 50.1\%\ S(SO_2에서의\ S)$$

계산 팁

예상:
답은 주어진 수치보다 커질 것인가, 작아질 것인가? 단위는 무엇인가?

확인:
답이 예상과 일치하는가? 단위가 상쇄되어 답에 필요한 단위가 남는가?

C 3.3 Gt을 포함하는 CO_2의 질량을 찾기 위해서 비슷한 접근 방법을 사용한다. 3.3 Gt을 g으로 변환할 수 있지만 이것은 불필요하다. C와 CO_2에 대하여 같은 질량 단위를 사용하는 한 비는 같다. 마지막 계산과 비교했을 때 이 문제는 비를 사용하는 방법에서 크게 다르다. C의 질량이 아니라 CO_2의 질량에 대하여 풀고자 한다. 단위에 주의하라.

$$3.3\ \cancel{\text{Gt C}} \times \frac{44.0\ \text{Gt CO}_2}{12.0\ \cancel{\text{Gt C}}} = 12\ \text{Gt CO}_2$$

다시 한 번 단위가 상쇄되고 Gt CO_2만 남는다.

'화석 연료의 연소로 인하여 매년 대기에 추가되는 CO_2의 질량은 얼마인가?'라는 연소 문제는 마침내 12 Gt이라는 답을 얻게 되었다. 이 과정에서 화학의 문제 해결 능력을 보이고 가장 중요한 개념 5가지를 도입하고자 애를 썼다. 5가지는 원자 질량, 분자량, 아보가드로수, 몰, 몰질량이다. 다음 몇 가지 예제는 이러한 개념을 익힌 여러분의 능력을 연습하는 기회를 제공할 것이다.

이 개념을 어떻게 적용하는지 안다면 C 또는 CO_2(또는 다른 물질) 방출과 관련된 언론기관의 보도를 비판적으로 평가하고 이들이 정확성을 판단할 수 있는 능력을 얻게 된다. 또한 관련된 화학적 개념에 수학을 적용함으로써 신념을 가지고 이러한 보도를 받아들이거나 정확성을 확인할 수 있을 것이다. 모든 주장을 확인하기에 충분한 시간은 없지만 독자들이 이 책에서 발견할 수 있는 것을 포함하여 화학과 사회에 관련된 모든 언급에 대하여 의문을 제기하고 비판적인 자세를 발전시킬 수 있기를 희망한다.

예제 3.17 화산이 방출하는 SO_2

a. 화산은 전 세계적으로 매년 약 19 × 10^6 t(1900만 톤)의 SO_2를 방출하는 것으로 추산되고 있다. 이 양의 SO_2에 포함된 황의 질량을 계산하시오.
b. 만약 매년 142 × 10^6 t의 SO_2가 화석 연료 연소를 통해 방출된다면, 이 양의 SO_2에 포함된 황의 질량을 계산하시오.

답

a. SO_2에 대한 S의 질량비는 예제 3.16에서 알고 있다.

$$19 \times 10^6\ \cancel{\text{t SO}_2} \times \frac{32.1 \times 10^6\ \text{t S}}{64.1 \times 10^6\ \cancel{\text{t SO}_2}} = 9.5 \times 10^6\ \text{t S}$$

확인문제 3.18 자동차에서 배출된 탄소

완전히 연소되는 자동차 엔진은 소비하는 휘발유 1갤런당 약 5파운드의 C를 CO_2의 형태로 방출한다. 평균적으로 미국 차는 매년 약 12,000마일을 운행한다. 이 정보를 이용하여 평균적으로 미국 차는 매년 그 중량만큼 탄소를 대기에 방출한다는 진술을 확인하시오. 이 문제를 푸는 데 사용한 모든 가정을 나열하시오. 이 가정과 답을 친구들의 것과 비교하시오.

3.8 메테인과 그 밖의 온실기체

온실 효과의 상승에 대한 우려는 주로 대기 중 CO_2 농도의 증가에 기인한다. 그러나 다른 기체들도 역할을 한다. 메테인, 아산화 질소, 클로로플루오로탄소, 오존조차도 대기에서 열을 붙잡는 데 일부 참여를 한다.

이 기체들 각각에 대한 우려의 수준은 대기의 농도와 관련이 있지만, 다른 중요한 성질과도 연관되어 있다. **지구 대기 수명(global atmospheric lifetime)**은 대기에 유입된

지구 대기 수명 수치는 비교할 때에는 유용하지만 기껏해야 근사치에 불과하다.

표 3.3 온실기체의 예

이름 (화학식)	산업 혁명 전 농도 (1750)	2011년 농도	대기 수명(년)	인위적 오염원	지구 온난화 지수
이산화 탄소(CO_2)	270 ppm	396 ppm**	50~200*	화석 연료 연소, 벌채, 시멘트 생산	1
메테인(CH_4)	700 ppb	1816 ppb	12	논, 쓰레기 처리장, 가축	21
아산화 질소(N_2O)	275 ppb	324 ppb	120	비료, 산업 생산, 연소	310
CFC-12 (CCl_2F_2)	0	0.53 ppb	102	액체 냉매, 발포제	8100

* CO_2 수명을 하나의 숫자로 나타내는 것은 가능하지 않음. 제거 메커니즘에 따라 제거 속도가 다름. 몇 가지 제거 메커니즘에 기반하여 수명의 범위를 제시함.

** 이산화 탄소의 값은 2012년에 해당, 2013년 몇몇 지역에서는 400 ppm을 넘어섬.

기체가 제거되는 데 필요한 시간을 말한다. 이것은 '회전 시간(turnover time)'이라고도 한다. 온실기체는 적외선 복사를 흡수하는 효율성에서도 차이가 난다. 이 능력은 대기 중 기체 분자의 지구 온난화에 대한 상대적 기여도를 나타내는 수치인 **지구 온난화 지수(global warming potential, GWP)**로 정량화되었다. 이산화 탄소의 GWP는 기준치 1로 할당되었다. 모든 다른 온실기체는 이것과 비교하여 지수가 결정되었다. 수증기, 대기권의 오존, 대기권의 에어로솔과 다른 주위의 대기 오염 물질과 같이 상대적으로 수명이 짧은 기체들은 전 세계에 균일하게 분포되어 있지 않다. 따라서 이들의 영향을 정량화하기가 어렵고 따라서 GWP 수치는 보통 할당되어 있지 않다. 표 3.3은 4개 온실기체, 주요 원천, 기후 변화 논의에서 주요 성질들을 게재하고 있다.

예제 3.19 증가하는 온실기체

표 3.3의 자료를 이용하여 산업혁명 이래로 CO_2, CH_4, N_2O의 증가 백분율을 계산하시오. 증가 백분율의 순으로 세 가지 물질의 순위를 정하시오.

CH_4의 현 대기 농도는 CO_2 농도의 약 50분의 1에 불과하지만 적외선 흡수제로서 메테인은 이산화 탄소보다 20배나 더 효율적이다. 다행히도 CH_4는 대기권의 자유 라디칼과 반응하여 다른 화학종으로 쉽게 변환되어 상대적으로 수명이 짧다. 비교하면 이산화 탄소는 반응성이 훨씬 덜하다. CO_2의 주요 제거 메커니즘은 대양에 용해되어 더 긴 시간 동안 탄산염 암석으로의 무기질화 과정을 거치는 것이다.

메테인 방출은 자연적인 발생원과 인공적인 발생원에서 모두 일어난다. 총 CH_4 방출의 약 40%는 자연 발생원에서 나오며 습지로부터의 방출이 가장 큰 기여를 하고 있다. 이러한 늪 서식지는 산소를 사용하지 않고 작용할 수 있는 박테리아인 **혐기성 세균(anaerobic bacteria)**이 살기에 적합하다. 많은 종류의 혐기성 세균은 유기물을 분해하면서 메테인을 생성하며 이것이 대기로 빠져나가게 된다. 그러나 부패에 의해 수천 년 동안 생성된 메테인의 대부분은 영구 동토(permafrost)로 알래스카, 캐나다, 시베리아의 지하에 붙잡혀 있는 채로 있다. 북위도 지역의 표면이 녹으면 대량의 메테인이 대기로 방출되는 것을 촉발할지도 모른다는 우려가 있다. 이러한 방출이 과거에 일어났으며 지구 온도가 상승하였다는 지질학적 증거가 있다.

메테인은 대양에서도 방출되며, 여기서는 상당한 양이 물 분자가 만든 '우리(cage)'에 붙잡혀 있는 것으로 보인다. 이러한 저장된 상태를 메테인 수화물(methane hydrate)이라고 한다. 호주의 영연방 과학 산업 연구 기구(Commonwealth Scientific and Industrial Research Organization, CSIRO)는 메테인 수화물과 지구 온난화에 대한 이들의 역할에 대한 증거를 얻기 위하여 일련의 대양 핵(core) 시추를 하고 있다(그림 3.23). 이 수화물

(a) (b)

그림 3.23 (a) CSIRO가 사용하는 부유 시추선(floating drilling platform). (b) 플로리다 연안의 대륙붕에서 채취한 메테인 수화물의 시료

의 일부가 불안정해지면 막대한 양의 메테인이 급격히 대기로 방출될지도 모른다는 우려가 있다.

흰개미는 또 다른 메테인의 천연 발생원이다. 어디에나 있는 곤충은 내장에 특별한 세균이 있어 나무의 주성분인 셀룰로스를 소화시킬 수 있다. 그런데 흰개미는 물과 CO_2를 만드는 대신에 메테인과 CO_2를 생성한다. 이 개미들은 집에 직접적 손상을 줄 뿐만 아니라 온실기체 농도를 증가시키기까지 한다. 흰개미의 엄청난 수는 충격적이어서 지구상 모든 남자, 여자, 아이 모두에게 0.5톤 이상을 줄 수 있을 것으로 추산되고 있다!

CH_4의 주요 인공 발생원은 농업이며, 가장 큰 원인은 쌀 경작과 가축을 키우는 것이다. 벼는 뿌리를 물 밑에 둔 채로 성장하며, 여기서 혐기성 세균이 메테인을 생성한다. 대부분의 메테인은 대기 중으로 방출된다. 그 밖에 소와 양의 수가 증가하기 때문에 추가적으로 메테인이 발생한다. 이 반추 동물(되새김질을 하는 동물)의 소화 기관에는 셀룰로스를 분해하는 세균이 있다. 이 과정에서 메테인이 생성되고 하루에 소 한 마리당 약 500리터 가량의 메테인이 트림과 방귀로 방출된다! 지구의 반추 동물은 매년 7,300만 톤 가량의 CH_4를 방출한다.

메테인을 연료로 사용하는 것에 대하여 더 많은 정보를 얻으려면 4.10절을 확인하라.

매립지도 많은 양의 메테인을 대기에 더한다. 땅에 묻은 쓰레기 안에서 일어나는 화학 작용은 늪지에서 발견되는 것과 같은 혐기성 세균에 의해 통제되며, 같은 결과를 나타낸다. 이 메테인 중 일부는 포집되어 (바이오가스) 연료로서 태워지기도 하지만 대부분은 대기로 방출된다.

메테인의 다른 주요 인공 발생원은 화석 연료의 채취에서 나타난다. 메테인은 원유와 석탄 매장물과 같이 발견되고 시추와 채굴 과정에서 액체와 고체 생성물은 회수되지만 대부분의 메테인은 대기 중으로 방출된다. 운반, 정제와 천연가스를 사용할 때도 상당한 손실이 나타난다.

연구과제 3.20 메테인 농도 안정화?

대기의 메테인 농도는 최근 안정화되었다. 웹 자료를 이용하여 왜 메테인 농도가 변하지 않은지에 대한 가설을 찾으시오.

성층권 오존을 파괴함에 있어 N_2O의 작용은 2.8절에서 논의되었다.

지구 온난화에 기여하는 또 다른 기체는 '웃음 기체'로 알려진 아산화 질소이다. 이것은 치과 및 의학 목적인 흡입용 마취제로 사용된다. 발생원과 배출구는 이산화 탄소와 메테인의 경우와 같이 잘 확립되지는 않았다. 대기 중 N_2O 분자의 대부분은 토양에서

표 3.4 기후 변화와 오존 파괴: 비교

	기후 변화	오존 파괴
대기의 권역	주로 대류권	성층권
주요 원인 물질	H_2O, CO_2, CH_4, N_2O	O_3, CFCs, HCFCs, 할론
복사선과의 반응	분자는 적외선 흡수. 적외선은 분자를 진동하게 하여 열에너지를 지구로 돌려보냄.	분자는 자외선 흡수 분자의 결합을 1개 이상 파괴
문제의 본질	온실기체의 농도 증가 더 많은 열을 붙잡음. 평균 지구 온도의 상승 야기	CFC는 성층권 O_3 농도 감소 야기 지구 표면의 자외선 증가 야기

세균에 의해 질산 이온(NO_3^-)을 제거하고 이어서 산소가 제거되는 과정에서 얻어진다. 인구 증가에 따른 불균형과 연결되어 있는 농업 활동이 토양으로부터 반응성이 큰 질소 화합물의 제거를 촉진할 수 있다. 다른 발생원은 대양 용승(upwelling)과, 성층권에서 질소 화합물이 고에너지 산소 원자와 반응하는 것이다. N_2O의 주요 인공 발생원은 자동차 촉매 변환기, 암모니아 비료, 유기물 연소 및 특정 산업 공정(나일론과 질산 생산) 등이 있다. 대기에서 특정 N_2O 분자는 적외선을 흡수하고 방출하면서 약 120년간 존속한다. 지난 10년간 지구의 N_2O 대기 농도는 느리지만 지속적인 상승을 보이고 있다.

2장에서 보았던 기체인 오존에 대하여 몇 마디 언급할 필요가 있다. 기후 변화와 오존 파괴라는 현상 사이에서 혼란이 있다. 두 가지 모두 뉴스에 나오고, 복잡한 대기 과정을 포함하며, 자연 발생원과 아울러 인위적 발생원이 있다. 실제로 오존은 온실기체처럼 행동할 수 있으나 효율성은 고도에 의존한다. 최대 온난화 효과는 대기권 상층부에서 나타나는 것처럼 보인다. 따라서 오존 파괴는 성층권에서 **약간의 냉각 효과**를 가지고 있고, 지표면에서도 약간의 냉각을 촉진할 수 있다. 다른 차이점은 표 3.4에 요약하였다.

성층권 오존층 파괴는 명백히 기후 변화의 주요 원인은 **아니다**. 그러나 성층권 오존 파괴와 기후 변화는 중요한 방법, 즉 오존 파괴 물질인 CFC, HCFC, 할론을 통하여 연결되어 있다. 이 물질들은 모두 성층권 오존 파괴에 관련되어 있으나 적외선을 흡수할 수 있고, 모두 온실기체이다. 이 인공적인 기체의 방출은 비록 농도는 아직 매우 낮지만 1990~2005년 사이에 58%나 증가하였다.

HCFC는 2.12절에서 논의되었다.

연구과제 3.21 카운트 다운으로서 지구 온난화 지수(GWP)

표 3.3에 각 온실기체에 대한 지구 온난화 지수(GPW) 값을 제시했으나 실제로는 시간에 따라 다른 값도 가능하다. 예를 들면

	20년	100년	500년
CH_4	72	21	7.6
N_2O	289	310	156

서로 다른 값을 나타내는 이유는 기체들의 대기 수명에 대한 평가가 다르기 때문이다.

a. 메테인에 대한 20년과 100년의 GWP를 비교하시오. 왜 이 값들이 메테인의 대기 수명이 약 12년이라는 판단과 일치하는가?

b. 메테인과 아산화 질소의 경우, GWP 값이 100년 동안보다 500년 동안이 더 작다. 이에 대한 설명을 제시하시오.

3.9 | 지구는 얼마나 더워질까?

'예측, 특히 미래에 대한 예측은 어렵다.' 원자에 대한 현대적 관점을 형성하는 데 가장 먼저 기여한 사람들 중의 하나인 보어(Niels Bohr)는 여러 해 전에 이 말을 하였다. 그의 말은 오늘날도 여전히 진실이다.

연구과제 3.22 태양 회의론자?

몇몇 사람들은 태양의 변화가 지구 기후 변화를 유발하고 있다고 지속적으로 말하고 있다. 여러분은 어떻게 생각하는가?

IPCC는 지구 온난화의 이해에 대한 업적으로 2007년에 노벨 평화상(전 미국 부통령 고어(Al Gore)와 공동으로)을 수상하였다.

모두들 인정하듯 어려운 작업임에도 불구하고 우리는 예측을 할 필요가 있다. 이 목적을 위해 1998년에 유엔환경프로그램(United Nations Environment Programme)과 세계기상기구(World Meteorological Organization)는 팀을 결성하여 UN 기후 변화에 관한 정부 간 패널(UN Intergovernmental Panel on Climate Change, IPCC)을 설립하였다. IPCC는 사회경제적 정보를 포함하여 기후 변화에 대한 자료를 모으고 평가하는 책임을 맡았다. 수천 명의 국제적인 과학자들이 이 검토에 참여하였다. 네 번째이자 가장 최근인 2007년에 발간된 보고서에서 대다수의 과학자들은 몇 가지 주요 사실에 대하여 동의하였다.

- 지구는 더워지고 있다.
- 인간 활동(주로 화석 연료의 연소와 삼림 벌채)이 최근 온난화에 대부분의 책임이 있다.
- 온실기체 방출 속도가 줄어들지 않으면 물 자원, 식량 공급과 건강조차 고통을 받게 될 것이다.

5번째 보고서는 2014년에 출시될 예정이다.

이례적인 큰 비열을 포함한 물의 독특한 성질은 5장에서 논의될 것이다.

그러나 도전은 미래 변화를 **예측할 수 있을 정도로** 현 기후 변화를 이해하는 것과 이것을 통하여 해로운 변화를 최소화하기 위해 요구되는 배출 감소를 결정하는 것에 있다. 과학자들은 예측을 위해 모형을 가지고 연구를 한다. 그들은 각각 열을 흡수하고 물질을 순환시키고 운반하는 것을 고려하여 대양과 대기의 컴퓨터 모형을 설계한다(그림 3.24). 만약 너무 어렵지 않다면, 모형은 아직 불완전하게 이해되고 있는 천문학적, 기상학적, 지질학적, 생물학적 요인들을 포함해야 한다. 인구, 산업화 수준, 오염 물질 방출을 비롯한 인간의 영향도 역시 포함되어야 한다. 일리노이 대학에서 기후 연구를 주도하고 있는 슐레진저(Michael Schlesinger) 박사는 다음과 같이 언급하였다. "모형을 만들 행성을 선정해야 한다면 이것이 **마지막으로** 선택된 행성이 될 것이다."

기후 과학자들은 지구의 입사 및 방출 복사의 균형에 영향을 미치는 (자연적이거나 인위적인 것을 포함한 모든) 요인들을 **복사 강제(radiative forcing)**라는 용어로 부른다. 음의 강제력은 냉각 효과를 가지며, 양의 강제력은 온난화 효과를 가진다. 기후 모형에 사용되는 주요 강제 요인은 태양 방사, 온실기체 농도, 대지 이용, 에어로솔 등이 있다. 지구 에너지 균형에 대한 이러한 강제 요인의 효과는 그림 3.25에 요약되어 있다. 빨간색, 주황색, 노란색 막대는 양의 강제력을 나타내고, 파란색 막대는 음의 강제력을 나타낸다. 각 강제 요인은 오차 막대를 가지며 이것이 클수록 수치의 불확실성이 커진다.

그림 3.24
기후 과학자가 미래 기후 변화를 이해하기 위하여 컴퓨터 가상 실험을 사용하고 있다.

태양 방사(태양의 밝기)

우리는 햇빛의 세기에 따라 자연적인 계절 변동을 직접 관찰할 수 있다. 고위도에서 온도는 여름에 따뜻해진다. 겨울에 비교하여 태양이 하늘에 높이 있으며 더 길게 머무른

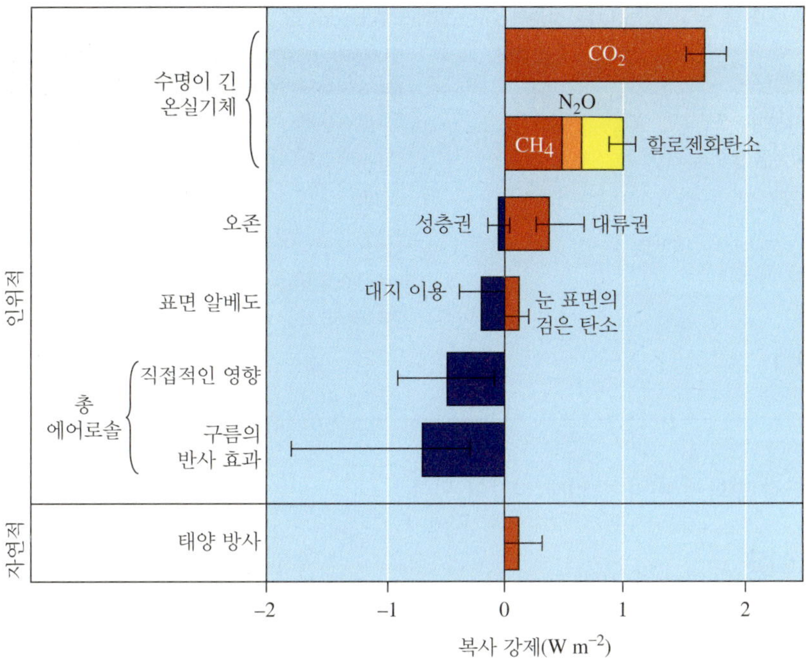

주기적 공전궤도이탈(eccentricity)은 그림 3.9처럼 빙하기 진동의 한 가지 원인이 될 수 있다.

그림 3.25 1750~2005년까지 기후에 대한 몇 가지 복사 강제 요인들. 단위는 제곱미터당 와트(Wm^{-2})이고 초당 지구 표면 1제곱미터에 부딪치는 빛에너지이다.

출처: *Adapted from* Climate Change 2007: The Physical Science Basis, *Contribution of Working Group I to the Fourth Assessment Report of the Intergovernmental Panel on Climate Change.*

다. 북반구가 겨울일 때 남반구는 여름이기 때문에 지구 전체에 걸쳐 이러한 변동은 반드시 상쇄된다.

미묘한 주기 변화가 태양의 밝기에서 나타난다. 지구의 궤도는 10만 년을 주기로 모양이 바뀌면서 약간씩 진동한다. 뿐만 아니라 지구축의 기울기 크기와 기울어지는 방향이 수만 년 동안에 변하면서 지구에 도달하는 태양 복사량에 영향을 미친다. 그러나 최근의 온난화를 설명하기에 충분히 짧은 시간 간격에서는 어떠한 현상도 일어나지 않는다.

추가적으로 태양 흑점은 대략 11년마다 많은 수가 나타난다. 태양 흑점은 지구에 더 적은 복사량을 의미한다고 생각할 수 있으나 정확히 반대가 진실이다. 태양 흑점은 태양의 외부 층에서 자기 활동이 증가할 때 나타나고 더 강한 자기장은 복사선을 방출하는 전하를 띤 입사들을 더 많이 휘젓게 된다. 유럽에서 평균보다 기온이 낮았기 때문에 '소빙하기'라 부르는 17세기와 18세기에 흑점 활동이 거의 없었던 시기가 앞에 있었음을 주목하라. 그러나 11년 주기에 걸친 태양의 밝기는 0.1% 정도밖에 변하지 않는다. 그림 3.25에서 볼 수 있듯이 이러한 자연적 변동은 게재된 양의 강제 요인 중에서 **가장 적은 것**이다.

흑점 활동이 활발한 기간 동안 오로라 현상(북극 빛)은 전하를 띤 입자가 더 많이 지구 대기를 때리기 때문에 더욱 장관이 된다.

예제 3.23 **태양으로부터의 복사**

태양 빛은 지구를 지속적으로 강타한다. 어떤 종류의 빛이 태양에서 방출되는가? 어느 복사선이 햇빛의 가장 큰 양을 차지하는가? **힌트:** 그림 2.8을 참조하라.

온실기체

인공적인 강제 요인 중 압도적인 것이 있다. 이 요인 중에 가장 큰 것이 모든 온실 기체에 의한 온난화의 2/3를 차지하는 CO_2이다. 그러나 앞 절에서 설명한 바와 같이 메테인, 아산화 질소 및 다른 기체들도 기여를 한다. 그림 3.25에 나타난 바와 같이 '할로젠화탄소(halocarbon)'(CFC와 HCFC)가 상대적으로 작은 기여를 함에 주목하라. 몬트리올 의정서에 따른 금지가 없었다면 1990년까지 CFC에 의한 촉진 요인은 CO_2의 촉진 요인을 능가하였을 것으로 추산된다. 요약하면 온실기체에 의한 양의 촉진은 태양 복사

몬트리올 의정서는 2.11절에서 논의되었다.

표 3.5 지표를 덮고 있는 다른 것들에 대한 알베도(Albedo) 값

표면	알베도 범위
내린 지 얼마 되지 않은 눈	0.80~0.90
오래된/녹은 눈	0.40~0.80
사막 모래	0.40
초원	0.25
낙엽수	0.15~0.18
침엽림	0.08~0.15
툰드라	0.20
해양	0.07~0.10

의 자연적 변화에 비하여 30배 이상이 된다.

대지 이용

지구의 평균 알베도는 0.39이다. 반면 달의 알베도는 0.12이다.

대지 이용의 변화는 이러한 변화가 지구 표면에 의해 흡수되는 태양 복사의 입사량을 변화시키기 때문에 기후 변화를 유도한다. 표면에 입사하는 복사선의 양에 대하여 표면에 의하여 **반사하는** 전자기 복사의 비율을 **알베도(albedo)**라고 한다. 요약하면, 알베도는 표면 반사율의 척도이다. 지구 표면의 알베도는 표 3.5에 게재된 수치에서 볼 수 있듯이 0.1에서 0.9까지 변한다. 수치가 높을수록 표면은 더 많이 반사하게 된다.

계절이 변하면서 지구의 알베도도 변한다. 눈이 덮인 지역이 녹으면 알베도는 감소하고 더 많은 햇빛을 흡수하여 양의 되먹임 고리를 형성하여 추가적인 온난화를 나타낸다. 이러한 효과는 바다의 유빙과 만년설의 양이 감소하면 북극에서 관찰되는 평균 기온이 더 크게 증가할 것임을 설명한다. 유사하게 빙하가 후퇴하고 어두운 바위가 노출되면 알베도는 감소하여 추가적 온난화가 야기된다.

인간의 활동 또한 지구의 알베도를 변화시킬 수 있다. 특히 열대 지역에서 삼림 벌채를 통해 가장 눈에 띄게 변화시킨다. 우리가 심는 농작물은 열대 우림의 어두운 녹색 잎들보다 햇빛을 더 많이 반사시켜 알베도를 증가시키고 결과적으로 냉각을 초래한다. 더욱이 햇빛은 열대에서 더 지속적이기 때문에 저위도 지역 토지 이용의 변화는 극지방에서의 변화보다 더 큰 효과를 나타낸다. 열대 우림이 농작물과 초원으로 변환되는 것은 극지방 가까이의 유빙과 눈이 덮인 지역의 알베도가 감소하는 효과를 상쇄하는 것 이상이다. 따라서 지구의 알베도의 변화는 알짜 냉각 효과를 나타낸다.

1991년 피나투보(Pinatubo) 화산 폭발

연구과제 3.24 **하얀 지붕, 녹색 지붕**

a. 2009년에 미국 에너지 장관인 Steven Chu는 지붕을 흰색으로 칠하는 것은 지구 온난화와 싸우는 한 방법이 될 수 있다고 제안하였다. 이러한 행동 뒤에 있는 추론을 설명하시오.
b. '녹색 지붕'의 아이디어도 주의를 끌었다. 지붕에 정원을 조성하는 것은 흰색 지붕보다 더 이득일 수 있다. 그러나 이러한 정원은 한계를 가진다. 설명하시오.

에어로솔

에어로솔이라는 용어는 1.11절에서 정의하였다. 산성비에서 에어로솔의 역할은 6.6절에서 논의될 것이다.

복잡한 물질의 종류인 에어로솔은 기후에 대하여 복잡한 효과를 나타낸다. 먼지 폭풍, 해양 스프레이, 산불, 화산 폭발과 같이 에어로솔의 천연 발생원이 많이 존재한다. 인간 활동도 석탄 연소로부터 연기, 검댕, 황산 에어로솔의 형태로 환경에 에어로솔을 방출할 수 있다.

기후에 대한 에어로솔의 영향은 그림 3.25에 게재된 촉진 요인 중에서 가장 덜 이해

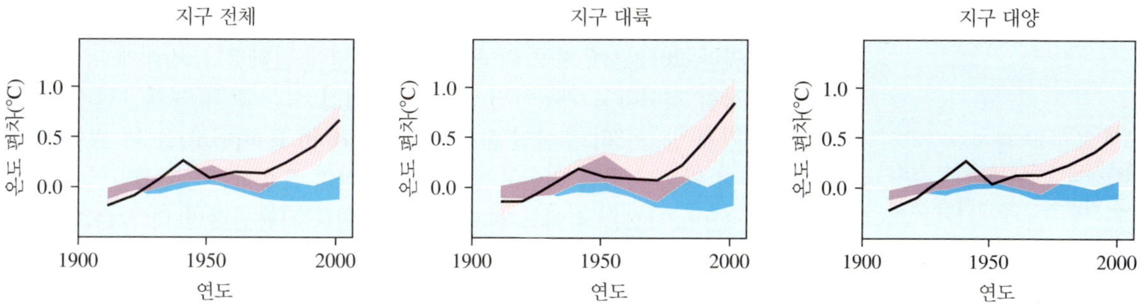

그림 3.26 기후 모형 예측을 통해 얻은 20세기 지구 연평균 표면 온도. 검은색 선은 1901~1950년의 평균 기온에 대한 상대적인 기온 자료를 나타낸다. 푸른색 띠는 자연 강제 요인만 사용하여 예측한 기온의 범위를 나타낸다. 분홍색 띠는 자연과 인공적 강제 요인을 모두 사용하여 예측한 기온의 범위를 나타낸다.

출처: *Adapted from* Climate Change 2007: The Physical Science Basis, *Contribution of Working Group I to the Fourth Assessment Report of the Intergovernmental Panel on Climate Change*.

된 것이다. 미세한 에어로솔 입자(< 4 μm)는 입사하는 태양 복사선을 산란시키는 데 효과적이다. 다른 에어로솔은 입사하는 복사선을 흡수하고, 또 다른 입자들은 산란하고 흡수하는 역할을 모두 한다. 두 가지 과정 모두 온실기체가 흡수해야 할 복사선의 양을 감소시키므로 냉각 효과(음의 촉진)를 나타낸다. 극적인 예가 필리핀의 피나투보 화산의 폭발로, 2,000만 톤 이상의 SO_2를 대기로 분출하였다. 이산화 황은 수개월간 장대한 석양 노을을 제공하였을 뿐만 아니라, 전 세계의 기온을 약간 떨어지게 하였다. 그 결과는 기후 모형 연구자들에게 작은 규모의 통제 실험 기회를 제공하였다. 가장 신뢰할 만한 모형은 분출에 의한 냉각 효과를 재현할 수 있었다.

에어로솔 입자들은 직접적인 냉각 효과뿐만 아니라 물방울의 응축 핵으로 작용하여 구름 생성을 촉진할 수 있다. 비록 구름이 덮는 넓이가 증가할 때의 효과는 훨씬 복잡하지만 구름은 입사하는 태양 복사선을 반사한다. 따라서 직간접적 방법으로 에어로솔은 온실기체의 온난화 효과에 거스르게 된다.

방금 기술한 모든 강제 요인들의 본질적인 복잡성을 감안하면 이 강제 요인들을 기후 모형에 도입하는 것이 쉬운 일이 아님을 알 수 있을 것이다. 더구나 모형이 만들어지면 과학자들은 이것의 유용성을 평가하는 어려움을 겪게 된다. 그러나 과학자들은 비장의 한 가지 방법을 숨겨두고 있다. 서로 다른 강제 요인의 기여도를 분리하는 방법으로 알려진 일련의 자료를 가지고 기후 모형을 시험할 수 있다. 예를 들면 우리는 20세기의 기온 자료를 알고 있다. 그림 3.26에서 검은색 선은 기존 자료를 나타낸다. 다음에 파란색 띠를 조사한다. 이것은 자연적인 강제 요인들만을 사용하여 기후 모형을 이용하여 예측한 기온의 범위를 나타낸다. 이처럼 자연 강제 요인은 실제 기온과 정확히 일치하지 않는다. 마지막으로 분홍색 띠를 조사하여 인위적인 강제 요인이 포함될 때 20세기 기온 증가가 정확히 재현되는지를 살펴본다. 따라서 온난화가 진행된 마지막 30년 동안 자연적 요인의 **영향**을 받았음에도 불구하고, 인간 활동의 효과를 포함하지 않고서는 실제 온도를 설명할 수 없다.

예제 3.25 기후 모형의 평가

1950년에서 2000년 사이에 자연 강제 요인만을 사용한 기후 모형(그림 3.26의 파란색 띠)은 전반적인 냉각 효과를 보여 주며 관찰된 기온과 맞지 않는다.

a. 자연 강제 요인만을 고려한 모형에 포함된 강제 요인을 말하시오.

b. 20세기의 기온을 좀 더 정확히 재현한 모형에서 포함된 추가적인 강제 요인 두 가지를 제시하시오(그림 3.26의 분홍색 띠).

답

a. 에어로솔(화산 분출에 의한 에어로솔 같은 것), 태양 복사

미래 방출의 정도와 미래 온난화 정도는 많은 요인에 의존한다. 예상할 수 있는 한 가지는 인구이다. 2012년에 지구 인구는 약 70억 명에 달하였다. 미래에 더 많은 발자국이 지구에 등장할 것이라고 가정하면, 인간은 주어진 시간 간격, 보통 1년 안에 CO_2와 그 밖의 온실기체 방출량의 추산인 **탄소 발자국(carbon footprint)**을 더 많이 남길 것으로 예상된다. 더 많은 사람을 먹이고 입히고 수용하며 운송하는 것은 더 많은 에너지 소비를 필요로 한다. 이것은 적어도 현재의 에너지원을 사용한다면 더 많은 CO_2 방출로 풀이된다. 게다가 기후 모형을 만든 과학자들은 다음 두 요인의 값들을 포함해야만 한다. (1) 경제 발전 속도와 (2) '녹색'(탄소 사용이 적은) 에너지원의 발달 속도. 예상할 수 있듯이 이 두 가지는 예측하기가 매우 어렵다.

0장에서 생태 발자국(ecological footprint)이라는 개념을 도입하였다. 탄소 발자국은 더 일반적인 용어의 부분집합(subset)이다.

컴퓨터 모형은 지구의 미래 기후에 대하여 무엇을 말하는가? 게재한 불확실성을 감안하면 수백 가지의 다른 21세기 기온 변화 시나리오 안이 가능하다. 그림 3.27은 이 중 네 가지를 20세기 실제 기온 자료와 함께 나타낸 것이다.

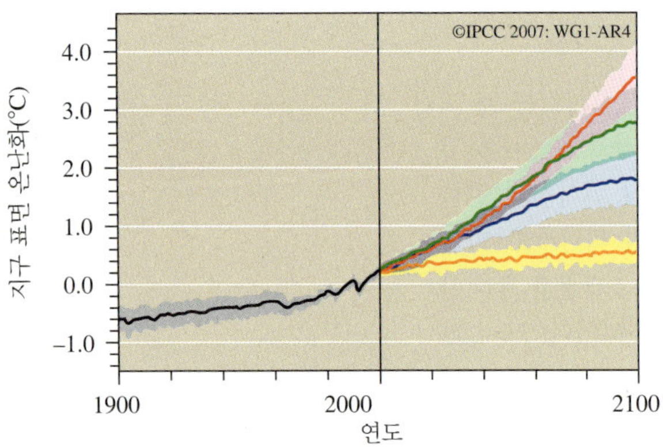

그림 3.27 서로 다른 사회 경제적 가정에 근거한 21세기 온도 변화에 대한 네 가지 시나리오. 검은색 선은 20세기의 자료이고, 회색 영역은 이 수치의 오차를 의미한다. 네 가지 선은 예상되는 21세기 기온이며, 더 넓고 연한 색의 띠는 각 예상 안의 불확실한 범위를 나타낸다.

출처: *Adapted from* Climate Change 2007: The Physical Science Basis, *Contribution of Working Group I to the Fourth Assessment Report of the Intergovernmental Panel on Climate Change.*

21세기 온도의 네 가지 시나리오는 서로 다른 가정에 기반을 두고 있다. 주황색 선은 배출량 수준을 2000년 수준으로 유지한다고 가정한다. 이 가정은 2000년 이후 이미 일어난 증가를 고려하면 비현실적인 목표이다. 가장 낙관적인 안에 따른다고 하여도 미래의 대기에 남아 있는 CO_2 때문에 추가적인 온난화가 일어난다. 파란색과 녹색 선은 모두 지구 인구가 2050년까지 90억 명으로 증가하고 그 다음부터는 점차적으로 감소한다고 가정한다. 그러나 파란색 선은 에너지를 효과적으로 사용하는 기술이 더 빠르게 발전하여 CO_2 배출량을 줄이게 될 것으로 가정한다. 빨간색 선은 지속적인 인구 증가와 전 지구적으로 새로운 청정 기술로의 전이가 느릴 것으로 가정한다.

모든 선들은 같은 방향, 즉 증가를 나타낸다. 미래에 어느 정도 온난화가 될 것이 거의 확실하기 때문에 우리는 기후 변화의 결과로 논의의 방향을 변경한다.

3.10 기후 변화의 결과

앞의 절 마지막 부분에서 기술한 온난화의 가장 극단적인 예상을 고려한다 할지라도 '그러면 어때?'라고 생각할지 모른다. 무엇보다도 그림 3.27에서 예상한 온도 변화는 단지 몇 도에 불과하다. 지구의 어떤 곳에서도 기온이 그 정도 변동은 매일 일어난다.

기후와 **날씨**라는 용어 간 중요한 차이를 구별할 필요가 있다. **날씨(weather)**는 매일 최고 온도와 최저 온도, 이슬비, 폭우, 눈 폭풍, 열파, 가을 산들바람, 뜨거운 여름 바람 등 모두 상대적으로 짧은 기간 지속되는 것을 포함한다. 반면에 **기후(climate)**는 며칠간이 아니라 10년간 지역 온도, 습도, 바람, 비, 눈 등을 기술한다. 날씨는 하루 단위로 변하지만, 기후는 지난 만 년 동안 상대적으로 균일하게 유지하였다. '지구의 평균 온도'에서 인용된 수치는 기후 현상의 한 척도이다. 요점은 지구 평균 온도가 상대적으로 조금만 변해도 기후의 다양한 방면에 거대한 효과를 줄 수 있다는 것이다.

2007 IPCC 보고서는 미래 온도 시나리오(그림 3.27 참조)를 모형화하는 것에 더하여 여러 가지 결과의 가능성을 추산하였다. 이 보고서는 정책 결정자와 일반 대중이 자료의 본질적인 불확실성을 더 쉽게 이해하도록 기술적 용어('신뢰도 판단 추정')를 사용하였다. 이후 IPCC 보고서를 갱신할 때에도 이 용어는 계속 사용될 것이며, 각각에 해당하는 가능성과 함께 표 3.6에 게재하였다.

표 3.6 신뢰도의 판단 추정

용어	진실로 판명될 확률(%)
거의 확실	>99
매우 높은 가능성	90~99
높은 가능성	66~90
중간 정도의 가능성	33~66
낮은 가능성	10~33
매우 낮은 가능성	1~10

출처: *Adapted from* Climate Change 2007: The Physical Science Basis, *Contribution of Working Group I to the Fourth Assessment Report of the Intergovernmental Panel on Climate Change.*

2007 IPCC 보고서의 결론을 표 3.7에 열거하였다. 예를 들면 관측되고 있는 지구 온난화가 자연적 기후 변동 요인에 의한 것일 **가능성이 매우 낮다고** 판단하였다. 대신에 과학적 증거는 인간 활동이 지난 100년간 관측한 평균 지구 기온에 증가를 야기하는 주요한 요인이라는 입장을 강력히 지지한다. 더욱이 지구 온난화에 대한 과학적 증거에서 인간 활동은 최근 온난화의 주요 요인이라는 것이 **거의 확실하다**고 판단한다. 지구 기후 변화 논의와 관련된 다른 결론은 표 3.7에서 확인하라.

미국과학발전학회(American Association for the Advancement of Science)와 미국화학회(American Chemical Society)를 포함한 많은 과학 단체들도 기후 변화에 의한 위협을 인식하고 있다. 이 단체들은 미국 상원에 보낸 공개 편지에서 해수면 상승, 더 극한적인 날씨 현상, 증가하는 물 부족 사태, 지역 생태계의 교란을 행성의 온도가 올라간 결과로 인용하고 있다. 이 절을 마무리하면서 해빙 소멸, 더 극단적인 날씨, 해양 화학의 변화, 생물 다양성의 실종, 인간 건강에 대한 손상을 포함하여 예상 가능한 이러저러한 결과를 기술하고자 한다.

잠재적 결과들 각각은 공유에 의한 비극(tragedy of the commons)의 맥락에서 고려될 수 있고, 이것은 1장과 2장에서 살펴보았다.

표 3.7 IPCC 결론, 2007

거의 확실

- 최근 온난화의 주된 추진력은 인간 활동이다.

매우 높은 가능성

- 인간에 의한 배출은 1950년 이래 온난화를 야기한 주요 요소이다.
- 거의 모든 대륙 지역에서 최고 온도의 상승이 관측되었다.
- 눈으로 덮인 지역이 1960년대 이래 약 10% 감소하였다(위성 자료). 북반구 중·고위도 지역에서 호수와 강이 얼음으로 덮이는 시기는 20세기에 일 년에 2주 정도 감소하였다(독립적인 지상 관측).
- 북반구 대부분 지역에서 강수량이 증가하였다.

높은 가능성

- 20세기 동안 북반구의 온도는 지난 1,000년 동안의 어떤 세기에 비하여도 가장 높았다.
- 북극의 해빙 두께는 최근 세기에서 늦여름에서 초가을 동안 약 40% 감소하였다.
- 북반구에서의 현상과 유사한 강우 증가는 북위 108°에서 남위 108° 사이의 열대 대륙 지역에서 관측되었다.
- 여름 가뭄이 증가하였다.

매우 낮은 가능성

- 지난 100년간 관측된 온난화는 오직 기후 변동 요인 때문이고, 기후 변화가 인간 활동의 영향에 기인한다고 보려면 새롭고 더 강력한 증거가 필요하다.

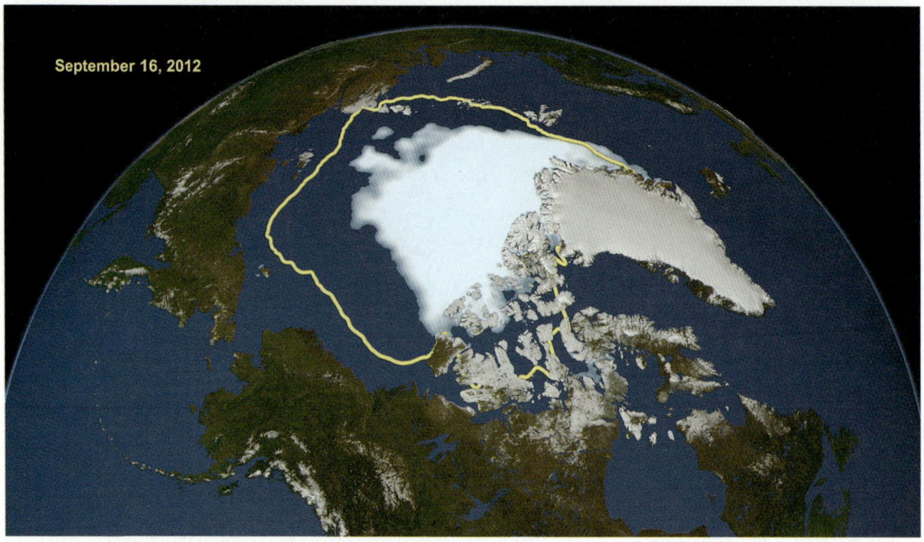

그림 3.28 30년간의 빙하 최저량 평균(노란 선)과 비교한 2012년 9월의 북극의 빙하

출처: *Earth Observatory, NASA.*

해빙의 소멸

그림 3.8과 같이 북극의 온도는 지구 상 어느 지역보다 빠르게 증가하고 있다. 한 가지 결과는 해빙(sea ice)이 줄어들고 있다는 것이다(그림 3.28). 여름철 해빙은 1970년대 말 위성으로 얼음 면적을 추적하기 시작한 이후 약 40% 감소하였다. 컴퓨터 모형과 북극 지역의 실제 상태 자료를 이용한 새로운 분석은 북극 빙하 해빙이 30년 안에 대부분 없어질 것이라고 예보하고 있다. 야생 동물의 상당수가 위기에 처했을 뿐만 아니라 동반되는 알베도의 감소는 더 큰 온난화로 이어질 수 있다.

해수면 상승

따뜻한 온도는 해수면의 상승으로 이어진다. 이러한 상승은 주로 물의 온도가 증가하면 팽창하기 때문에 일어난다. 더 작은 효과가 빙하가 녹아 대양으로 담수가 유입됨으로써 일어날 수 있다. "네이처"지에 발표된 2008년 연구에 따르면, 상승 정도는 1961년에서 2003년까지 매년 약 1.5 mm이었다(지난 50년 동안 약 7.5 cm). 그러나 이 상승은 지구 전체에서 균등하게 나타나는 것은 아니다. 이것은 지역 날씨 방식에 의해 영향을 받는다. 그렇지만 이러한 작은 해수면 상승은 해변 지역의 침식을 야기할 수 있고, 허리케인 및 태풍과 연관된 더 강력한 폭풍이 일어날 수 있다.

연구과제 3.26 외부 비용

이전에 기술한, 그리고 앞으로 기술할 결과들은 외부 비용으로 알려진 것의 예이다. 이러한 비용은 휘발유 1갤런 또는 석탄 1톤의 가격과 같이 생활 필수품의 가격에 반영되지 않지만 환경에는 심각한 손실을 준다. 화석 연료 연소의 외부 비용은 이산화 탄소를 매우 적게 방출하는 몰디브와 같은 섬나라의 국민과 공유하게 된다. 겨우 몇 mm의 해수면 상승은 별 문제가 아닌 것처럼 보이지만 지표가 거의 해수면과 같은 나라에는 재앙의 수준이다. 몰디브 국민들이 해수면 상승에 어떻게 준비하고 있는지를 웹 자료를 이용하여 조사하시오. 그리고 이것이 어떻게 공유에 의한 비극의 예인지 설명하시오.

극한 날씨

지구 평균 온도의 상승은 폭풍, 홍수, 가뭄과 같은 더 극한적인 날씨를 야기할 수 있다.

북반구에서 여름은 더 건조해지고 겨울은 더 습해질 것으로 예상된다. 지난 수 세기에 걸쳐 더 잦아진 산불과 홍수가 거의 모든 대륙에서 일어났다(비록 자주 있는 것은 아니지만). 태풍과 허리케인은 정도가 더 심해지는 중이다. 이러한 열대 폭풍은 대양에서 에너지를 뽑아낸다. 더 따뜻한 대양은 폭풍을 키우는 에너지를 더 많이 제공한다.

엘니뇨(지구 온난화의 한 결과)에 의한 인도양 몰디브 산호의 표백

해양 화학에서의 변화

"지난 200년 동안 대양은 약 5,500억 톤의 CO_2를 대기에서 흡수하였거나 그 기간에 인위적 배출량의 약 1/3을 흡수하였다"라고 시애틀의 국립 태평양해양환경 연구소(National Pacific Marine Environmental Laboratory)의 선임 과학자인 필리(Richard A. Feely)가 보고하였다. 과학자들은 100만 톤의 CO_2가 매일 매시간 대양으로 흡수된다고 추산하고 있다! 대기 중에 남아 있으면 온난화를 야기했을 이산화 탄소를 태양은 탄소 흡수계 역할을 통해 다소 감소시켰다. 그러나 이러한 흡수는 비용을 지불하고 얻어진 것이다. 결정적 변화는 6장에서 더 살펴보겠지만, 대양에서 이미 일어나고 있는 중이다. 예를 들면 이산화 탄소는 물에 약간 녹으며, 물에 녹아 탄산이 형성된다. 이것은 온전한 껍질과 골격을 유지하려면 대양이 일정 수준의 산성에 의존할 수밖에 없는 해양 유기체에 영향을 미친다. 대기에서의 이산화 탄소 농도 상승(그리고 대양에서 상응하는 농도 상승)은 전 해양 생태계를 위험에 빠트리고 있다.

이산화 탄소와 대양 산성화는 6장에서 더 자세히 살펴본다.

연구과제 3.27 플랑크톤과 나

플랑크톤은 해수와 담수계에서 모두 발견되는 미세한 식물 또는 동물과 비슷한 생명체이다. 많은 플랑크톤 종은 산성인 환경에서는 약해질 수 있는 탄산 칼슘으로 만들어진 껍질을 가지고 있다. 인간이 플랑크톤을 먹지는 않지만 많은 다른 해양 유기물은 먹는다. 플랑크톤과 인간을 연결하는 먹이 사슬을 구성하시오.

생물 다양성의 소멸

기후 변화는 이미 세계에 걸쳐 식물, 곤충, 동물 종에 영향을 미치고 있는 중이다. 캘리포니아 불가사리, 알프스 허브, 암어리표범나비와 같이 다양한 종들이 영역과 습관에 있어 변화를 보여 주고 있다. 펜실베이니아 주립 대학의 과거 기후 변화 전문가 앨리(Richard P. Alley) 박사는 서로가 의지하는 동물과 식물의 영역과 습관이 반드시 같은 속도로 변할 필요가 없다는 사실에서 특별한 심각성을 발견한다. 그는 영향을 받은 종에 대하여 언급하면서 "먹이가 변해야 한다. 아니면 더 적은 양을 먹거나 또는 먹기 위해 더 멀리 여행하여야 한다. 이 모든 것은 대가가 따른다."고 하였다. 극한적인 경우에 그 대가는 종의 멸종을 야기할 수 있다. 현재 세계적으로 멸종의 속도는 지난 6500만 년 동안의 어떤 시대보다 거의 1000배 정도 빠르다! "네이처"지의 2004년 보고서는 가장 낙관적인 기후 예보에서도 식물과 동물의 약 20%는 2050년까지 멸종에 직면할 것으로 추정하였다.

다양한 종의 암어리표범나비가 존재한다. 이것은 위스콘신 일부 지역에서 발견된다.

신선한 수자원의 취약성

극지방이나 해빙과 같이 세계 여러 곳에서 지구 평균 온도가 증가함에 따라 빙하가 줄어들고 있다(그림 3.29). 수십억 명의 주민들이 식수와 농작물 관개를 빙하가 녹은 물에 의존하고 있다. IPCC의 2007년 보고서는 지구 온도가 1°C 오를 때마다 5억 명의 인구가 전에 경험하지 못하였던 식수 부족을 겪는다고 예상한다. 담수의 분포는 식량 생산과 관계가 있다. 가뭄과 고온은 미국 중서부에서 농작물 수확을 감소시킬 수 있으나 경작 범위를 캐나다까지 훨씬 확장할 수 있다. 일부 사막 지역은 경작이 가능하기에 충분

물의 화학, 가용성과 용도에 대한 추가적인 내용은 5.3절을 참조하라.

그림 3.29 2008년 알래스카 주 겐지 피오르드 국립 공원에 있는 빙하의 끝자락. 앞쪽 땅에 있는 표지는 1978년 얼음이 흘렀던 경계를 나타낸다.

한 비가 오는 것도 가능하다. 한 지역의 손실은 다른 지역의 이득이 될 수 있으나 예측하기에는 너무 이르다.

인간의 건강

온난화된 세계에서 우리 모두는 패배자일 수 있다. 2000년에 WHO는 세계적으로 15만 명이 넘는 미숙아의 죽음을 기후 변화의 영향으로 돌렸다. 이러한 현상은 더 자주, 그리고 심한 열파, 이미 물이 부족한 지역의 가뭄, 전에 발생한 적이 없는 지역의 전염병을 포함한다. 평균 온도의 추가적인 증가는 모기, 체체파리와 다른 병을 옮기는 곤충의 지리적 서식지를 넓힐 것으로 예상한다. 결과적으로 아시아, 유럽, 미국을 포함한 새로운 지역에서의 말라리아, 황열병, 뎅기열, 수면병이 심각하게 증가한다.

3.11 기후 변화에 대하여 우리가 할 수 있는 (해야만 하는) 것은 무엇인가?

지난 20년간 기후 변화에 대한 논쟁은 변화하여 왔다. 오늘날 과학 자료에 따르면 이러한 변화가 일어날지에 대하여는 의심의 여지가 없다. 예를 들면 지표와 대양 온도의 상승, 빙하와 해빙의 축소, 해수면 상승은 명백하다. 더욱이 대기 CO_2의 탄소 동위 원소 비율(3.6절에서 논의한)은 관측되는 온난화의 많은 부분이 인간 활동에 책임이 있다는 점에서 의문의 여지를 없앴다. 그러나 논란이 되는 것은 일어나고 있는 변화에 대하여 무엇을 할 수 있고 무엇을 해야만 하느냐이다.

연구과제 3.28 **탄소 발자국 계산**

탄소 발자국을 계산한 웹사이트를 세 개 찾으시오.

a. 각 사이트에서 이름, 후원자, 탄소 발자국을 계산하기 위해 필요한 정보들을 나열하시오.
b. 필요한 정보가 사이트마다 다른가? 만약 그렇다면 차이를 보고하시오.
c. 탄소 발자국을 계산하는 데 따르는 장점과 단점을 두 개씩 제시하시오.

에너지원으로서의 음식물 대사에 대한 자세한 것은 11.9절을 보라.

에너지는 모든 인간 활동에 필수적이다. 개인적으로 필요한 에너지는 먹고 음식을 소화함으로써 얻을 수 있다. 공동체 또는 국가는 에너지 수요를 석탄, 석유, 천연가스 연소 등을 포함한 다양한 방법으로 충족한다. 이러한 탄소를 기초로 한 연료는 이산화 탄소를 포함한 몇 가지 폐기물을 생성한다. 인구가 많은 나라와 고도로 산업화된 국가는 연료를 많이 연소시키고 그 결과 CO_2를 많이 방출한다. 2008년 오크리지 국립연구소의 이산화 탄소 정보분석센터(Carbon Dioxide Information Analysis Center, CDIAC)에 따르면, CO_2 배출 상위국은 중국, 미국, 러시아, 인도, 일본이다. 이 목록에서 높은 순위의 다른 나라는 어디인가? 다음 예제에서 어떻게 찾는지를 알려줄 것이다.

연구과제 3.29 국가별 탄소 배출량

CDIAC는 CO_2 배출의 상위 20개국의 목록을 발표하였다.

a. 이미 알고 있는 것으로부터 (앞의 단락에서 게재된 국가에 추가하여) 목록에 있을 다른 5개국을 예상하시오. 그리고 이 책의 웹사이트에서 제공한 것과 비교하여 예상이 얼마나 정확한지 확인하시오.

b. 1인당 배출량으로 목록을 만든다면 이 순위는 어떻게 변하겠는가?

이 장을 연 인용문을 기억하시오. 2008년 연설에서 홀드런(John Holdren)은 기후 변화를 다루는 우리의 선택 방안을 감축, 적응, 고통이라는 세 단어로 요약하였다. 그는 "근본적으로 적은 감축과 적응을 한다면 더 많은 고통을 받게 될 것이다."라고 결론을 내렸다. 그러나 누가 감축에 책임이 있는가? 누가 적응하지 않으면 안 되는가? 누가 고통을 정면으로 받아들일 것인가? 이 질문에 대한 답에서 심각한 불일치가 일어날 가능성이 있다. 그러나 어떠한 실질적 해결책도 본질적으로 전 지구적이어야 한다는 것과 위험 인지, 사회적 가치, 정치와 경제가 복잡하게 엮인 것이 될 것이라는 데 동의한다.

우리는 결론에서 홀드런으로부터 얻은 생각들을 더 제시할 것이다.

기후 완화(climate mitigation)는 인간의 생명, 재산, 환경에 기후 변화의 위험과 장기 위협을 영구히 제거하거나 감소시키기 위해 취하는 모든 행동이다. 인위적인 기후 변화를 최소화하는 가장 명백한 전략은 첫째로 대기로 방출하는 CO_2의 양을 절감하는 것이다. 그림 3.21을 다시 보자. 이러한 '필수적인 것들'을 상당한 정도로 줄이는 것은 상상하기 어렵다. 따라서 에너지 소비를 감축하는 것은 적어도 단기적으로는 쉽지 않을 것이다. 가장 단순하고 가장 저렴한 집근법은 에너지 효율을 향상시키는 것이다. 에너지 생산과 관련된 비효율성 때문에 소비 쪽에서 에너지 절감이 생산 쪽에서의 효과를 3~5배 증가시키게 된다. 그러나 전 세계적으로 소비자들이 적절한 상품을 구입하고 올바른 행동을 하는 것에 의존하는 것은 CO_2 배출량을 위험 수준 이하로 억제하기에 충분하지 않을 것이다.

4장은 화석 연료 에너지에 초점을 맞추었고, 7장은 핵에너지, 8장은 풍력 및 태양열 발전과 같은 대체 에너지원에 집중한다.

이산화 탄소 배출 속도를 느리게 할 목적으로 개발 중인 기술은 연소 후 기체를 포집하고 분리하는 것이다. **탄소 포집 및 저장(carbon capture and storage, CCS)**은 다른 연소 생성물에서 CO_2를 분리하고 다양한 지질학적 장소에 저장(격리)하는 것을 포함한다. 만약 CO_2를 적절히 고정하면 대기에 도달하지 못하고 지구 온난화에 기여할 수 없을 것이다. CCS가 가지고 있는 기술적 도전이 크다는 점 외에 보통 공장 하나당 10억 달러를 초과하는 높은 초기 비용 때문에 이 방법은 절감 전략으로는 제한적이다.

2009년에 전 세계적으로 적어도 24개 공장이 개발 중에 있으나 산업적 규모의 CCS 공장은 4개만이 작동 중에 있다. 3개 공장은 천연가스 저장고에서 CO_2를 제거하고 다양한 지하 지질 형성 장소에 저장한다(그림 3.30). 캐나다 서스캐처원(Saskatchewan)에 위치한 네 번째로 큰 공장은 노스다코타의 석탄을 연소시키는 발전소에서 CO_2를 포집하여 고갈된 유정에 주입한다. 이렇게 함으로써 원유가 추가적으로 기존의 유정을 통해 회수된다. 원유 회수율 향상과 CO_2 격리가 결합된 이득은 다른 종류의 프로젝트의 모형이 될 수 있다. 이러한 CCS의 복합적인 노력으로 매년 이산화 탄소 약 500만 톤이 저장된다.

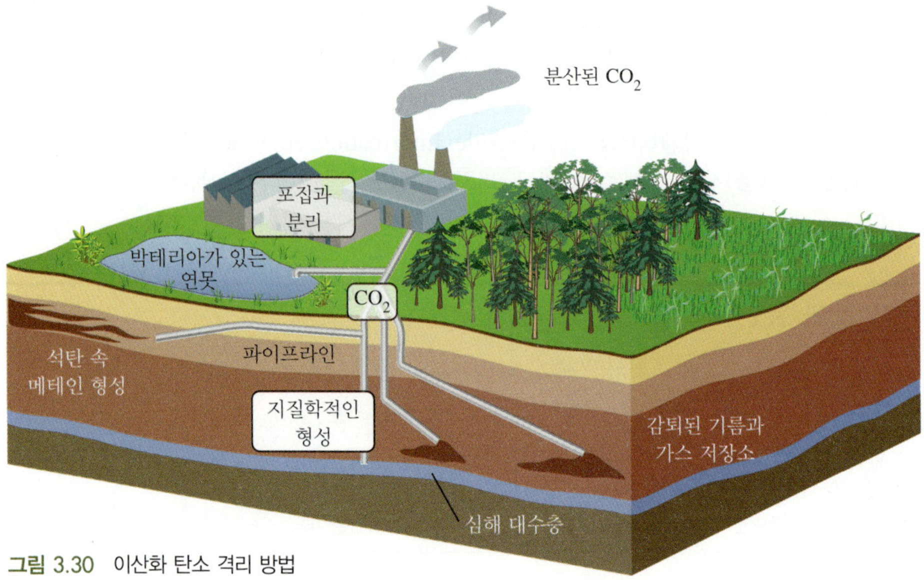

그림 3.30 이산화 탄소 격리 방법

예제 3.30 **탄소 포집의 한계**

그림 3.20의 지구 탄소 순환을 다시 보자. 현 CCS 기술로 전 세계 화석 연료 연소로부터 배출된 이산화 탄소의 몇 퍼센트가 포집되는가?

CCS 기술 비판자들은 상업적 수단으로 활용하기에는 엄청난 비용과 긴 시간을 인용하면서 대기 CO_2 축적을 느리게 하는 궁극적 효과에 비판적이다. 다른 사람들은 CCS를 추구하는 것이 탄소 없는 에너지원 개발을 지연하고 주의를 분산한다고 주장한다. 마지막으로 이 문제의 엄청난 규모이다. 국제에너지국(International Energy Agency)에 따르면, CCS가 2050년까지 절감 노력에 의미 있는 기여를 하려면 **각각이** 매년 100만 톤의 CO_2를 땅에 격리하는 6,000개 정도의 설치물이 필요하다.

저차원적 기술의 격리 전략은 세계의 열대 우림에서 전반적으로 일어나고 있는 광범위한 산림 황폐화 활동을 역전시키는 것이다. 유엔개발기구(United Nations Developing Programme)와 세계농림센터(World Agroforestry Center)에 의해서 2006년에 시작된 '10억 그루 나무심기 운동(Billion Trees Campaign)'은 황폐한 산림에 나무를 심어서 기후 변화를 늦추는 것을 모색하고 있다. 이 운동 첫 18개월 동안 20억 그루가 넘는 나무가 주로 아프리카에 식재되었다. 2012년까지 120억 그루 이상의 나무를 심었다. 나무가 많은 것으로 보인다면 삼림 벌채의 규모를 기억하자. 2005년에 약 35만 개의 축구 경기장 크기와 맞먹는 산림 지역이 **매일** 없어지고 있다!

예제 3.31 **탄소 흡수원, 나무**

평균 크기의 나무는 매년 약 25~50파운드의 이산화 탄소를 흡수한다. 미국에서는 매년 1인당 평균 약 19톤의 CO_2를 배출한다.

a. 미국 시민이 매년 평균적으로 배출하는 이산화 탄소를 흡수는 데 필요한 나무는 얼마인가?
b. 120억 그루의 나무가 매년 지구 배출량의 몇 퍼센트를 흡수할 수 있는가?
   힌트: 그림 3.20을 참조하라.

어떠한 잠정적인 미래 배출량 감소와 상관없이 기후 변화의 일부 효과는 피할 수 없다. 앞에서 언급한 바와 같이 오늘날 배출하는 CO_2 분자의 상당수는 수세기 동안 대기

에 머무를 것이다. **기후 적응(climate adaptation)**은 적절한 정도의 잠재적 손상에 적응하고 기회를 이용하고, 예상되는 결과와 싸우기 위해 기후 변화(기후 변동 요인과 극한적 현상을 포함)에 적응하는 시스템의 능력을 언급한다. 일부 적응 방법은 새로운 농작물 품종을 개발하고, 고도가 낮은 국가와 섬들의 새로운 해안선 방어 시스템의 구축을 포함한다. 전염병의 추가적인 전파는 향상된 대중 보건 시스템에 의해 최소화할 수 있을 것이다. 이러한 전략의 대부분은 기후 변화라는 도전이 없는 경우에도 사회에 도움을 줄 수 있는 윈-윈(win-win) 상황이다.

지구 기후에 작용하는 온실기체의 역할에 대한 이해의 과학적 공감대과 비교할 때, 온실기체 배출을 제한하기 위해 어떠한 행동을 취하여야 할 것인가에 대한 세계 정부 간 의견 일치는 훨씬 부족하다. 1992년에 리우데자네이루에서 열린 지구정상회의에서 결정된 한 가지는 '기후 변화에 대한 기본협약(Framework Convention on Climate Change)'이다. 이 국제 조약의 목표는 '기후 시스템을 교란하는 위험한 인간 활동을 방지함으로써 대기 중 온실기체를 충분히 낮은 수준으로 안정화시키는 것'이다. 이 조약은 구속력이 없을 뿐만 아니라 무엇이 '위험한 인위적 교란 요인'인지 이 상황을 피하는 데 필요한 온실기체 배출량의 수준이 어떤 것인지에 대한 합의도 없었다.

1997년에 법적으로 온실기체 배출량의 한계를 구속하는 첫 국제 조약이 일본 교토에 모인 161개국 1만여 명의 참가자에 의해 조인되었다. 결과물이 소위 교토 의정서(Kyoto Protocol)로 알려져 있다. 6개 온실기체의 배출량을 줄이기 위해 38개 선진국에 대해 1990년 수준을 기준으로 구속력이 있는 배출량 목표가 설정되었다. 이 규제를 받는 기체에는 이산화 탄소, 메테인, 아산화 질소, 하이드로플루오로탄소(HFC), 과플루오로탄소(PFC), 헥사플루오린화 황 등이 포함된다. 2012년까지 1990년 수준에서 미국은 7%, 유럽연합(EU) 국가들은 8%, 캐나다와 일본은 6%의 배출량 감축을 기대하고 있다.

연구과제 3.32 영국의 경험

1997년에 영국 노동당은 블레어(Tony Blair)의 지도 아래 영국 온실기체 배출량을 2010년까지 20% 감축하겠다고 하였다. 이것은 교토 협약에서 요구하고 있는 12.5%에 비하여 상당히 많은 것이다. 영국은 이 목표를 달성하였는가? 이 질문에 대해 조사하고 영국의 온실기체 절감에 대한 짧은 보고서를 쓰시오. 1997년 이래로 다른 나라들은 배출량을 상당히 줄였는가?

2005년(러시아의 비준이 있었던 해)에 조약이 발효되었지만 미국은 참여하지 않았다. 그 한 가지 이유는 이 의정에 의해 설정된 감축 요구에 맞추려면 미국 경제에 심각한 손상을 야기하게 될 것이라고 확신했기 때문이다. 의정서를 비준하지 않는 다른 이유는 개발 도상국, 특히 중국과 인도에 대한 배출량 제한이 없음을 우려했기 때문이다. 이 나라들은 미래에 이산화 탄소 배출량에 있어 가장 극적인 증가를 보일 것으로 예상되고 있다. 부시(George W. Bush) 대통령 정부는 이러한 선진국과 개발 도상국 간의 불평등한 부담은 미국에 경제적으로 비극이 될 것이라고 주장하였다.

미국은 비슷한 경제적 근거로 CO_2 배출량을 제한하는 내국법안 제정에도 저항하고 있다. 2000년대 초기에 설정되었던 자발적인 절감 프로그램이 다양한 이유로 배출량을 줄이는 데 불충분하다는 것이 확인되었다. 한 가지 '문제'는 화석 연료가 너무 싸다는 것이다. 두 번째 문제는 어떠한 저감 조치도 상당한 선투자 비용이 들겠지만 그 비용을 확실히 가늠할 수 없기 때문에 기업들이 효과적으로 계획하기 어렵다는 것이다. 현재 세계의 에너지 기반 시설을 개발하고 유통하는 데 15조 달러가 들며, 이산화 탄소 배출량을 절감하려면 이 기반 시설의 대부분을 교체해야 한다. 마지막 문제는 CO_2 분자가 대기 중에 오래 머무르기 때문에 배출량 절감 효과를 수세기 동안 느끼지 못할 것이라는 사실에 있다.

지구 정상회의 이후 20년이 지난 현재, 어떤 정도의 이산화 탄소가 '위험'하다고 할 것인지를 결정하기 위한 과학적인 합의가 시작되고 있다. 2007년의 UN 기후회의(Climate Conference)에 참가한 과학자들은 온실기체 배출량이 2020년에 최고치에 도달하고, 그 이후에 2050년까지 현 수준의 반 이하로 감축할 필요가 있다고 결론을 내렸다. 절대량으로 표현하면 이것은 매년 지구 배출량을 약 90억 톤 줄여야 한다는 것을 의미한다. 이 목표의 크기를 잴 수 있는 저울을 준다면, 10억 톤의 배출량을 줄이기 위해서 다음 변화 중 하나를 시행하여야 한다.

- 세계 건물의 에너지 사용을 평상 사용량의 20~25% 절감
- **모든** 자동차의 연비가 30 mpg(갤런당 마일)이 아닌 60 mpg
- 석탄을 사용하는 발전소 800개가 방출하는 이산화 탄소를 포집하여 격리
- 석탄을 사용하는 발전소 700개를 원자력, 풍력, 태양 발전소로 대체

6.11절에서 질소와 황의 산화물이 야기한 손상에 대하여 자세히 기술한다.

이들 중 어느 하나(그리고 시행해야 할 목표가 90억 톤)도 완전히 자발적으로는 시행하여 달성할 수 없으리라는 것은 명백하다. 미국이나 다른 곳에서도 온실기체 배출을 줄이기 위해 법과 규제가 필요하다는 인식이 급속히 확산되기 시작했다. 한 예는 '상한 설정-거래(cap-and-trade)' 시스템이며, 미국에서 황과 질소 산화물 배출량을 줄이는 데 성공한 시스템이었다. 상한 설정-거래 시스템에서 '거래' 부분은 할당량(allowance) 시스템을 통하여 작동한다. 회사들에게 현재 또는 그 이후 어떤 해까지 일정량의 CO_2 배출을 보장하는 할당량을 제시한다. 매해 말 각 회사들은 실제 배출량을 감당할 수 있는 충분한 할당량을 확보해야만 한다. 만약 회사가 잉여의 할당량을 가지고 있다면 배출량 한도를 초과한 다른 회사에 교환하거나 팔 수 있다. 만약 회사가 할당량이 부족하다면 사야만 한다. '상한 설정'은 매년 특정한 양의 할당량을 설정함으로써 강제할 수 있다.

여기에 상한 설정-거래 시스템이 어떻게 작용하는지에 대한 한 예가 있다. 배출량 제한이 없다면 공장 A는 600톤의 CO_2를, 공장 B는 400톤을 방출한다. 상한 설정에서 이 공장들은 합한 배출량을 300톤(30%) 줄일 것을 요구받고 있다. 이 목표를 달성하는 한 방법은 각 공장이 배출량의 30%를 줄이고 연관된 비용을 각자 감당하는 것이다. 그러나 공장들 중 한 곳(그림 3.31에서 공장 B)은 더 효율적으로 배출량을 감소해 이미 설정

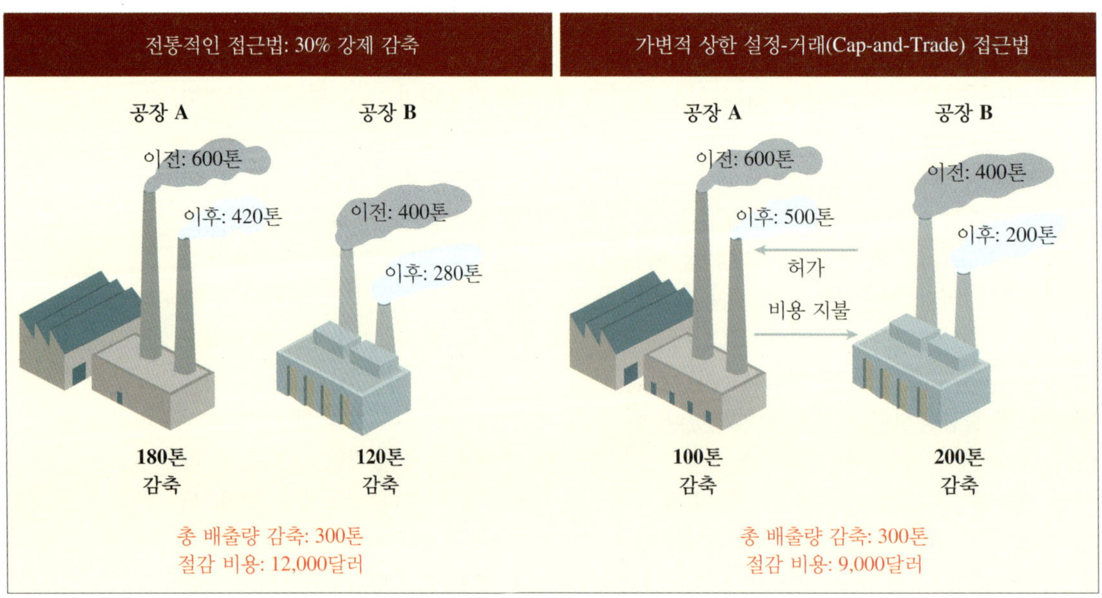

그림 3.31 배출량 상한 설정-거래 개념

출처: *EPA*, Cleaning the Air, The Facts About Capping and Trading Emissions, *2002, page 3.*

된 30% 아래로 배출량을 감소시킬 수도 있다. 이 경우 공장 A는 공장 B로부터 사용하지 않은 배출 허가를 공장 A가 30% 배출량 감소에 맞추기 위해 필요한 비용 이하 가격으로 구입할 수 있다. 이렇게 하면 두 공장 모두에 경제적으로 가장 이득이 되는 방법으로 **총** 배출량 감소를 달성할 수 있다.

상한 설정-거래 시스템은 잠재적으로 과열될 수 있는 배출 허가 시장을 포함하여 몇 가지 단점이 있다. 에너지 공급자들은 상당히 큰, 예상치 못한 에너지 비용 변동을 겪을 수 있다. 이러한 변동은 소비자 비용의 큰 변동으로도 이어질 수 있다. 상한 설정-거래의 대안으로 일부는 상한 설정-거래 프로그램 대신 탄소세를 옹호한다. 배출량을 제한하고 이행하는 데 어떤 것이 '최선' 인지를 시장이 결정하게 놓아두는 대신, 탄소세는 단순하게 화석 연료를 태우는 비용을 증가시킨다. 일정 품질의 연료에 포함된 탄소 양에 기반하여 추가적 비용을 부과하는 것은 가까운 시일에 대체 에너지원의 경쟁력을 높이려는 의도이다. 물론 탄소 연료 또는 배출량에 세금을 부과하는 것은 소비자에게도 마찬가지로 높은 가격을 의미한다.

연구과제 3.33 기후 변화 보험?

기후 변화 완화는 위험-편익 시나리오로 볼 수 있다. 이 경우 미래 효과에 대한 불확실성 때문에 정부는 재정적으로 비용이 많이 드는 행동을 주저할 수 있다. 기후 변화를 대하는 다른 방법은 우리가 보험을 사는 이유와 비슷하게 위험-관리 문제로 보는 것이다. 자동차 보험을 사는 것은 사고가 날 가능성을 줄이는 것은 아니지만 사고가 일어나면 비용을 한정할 수 있다. 기후 변화에 대한 행동과 정책이 보험 유사성에 얼마나 잘 맞는가?

미국 연방 정부는 기후 변화를 제한하는 입법에 느리지만, 각 주는 이 문제를 개별적으로 처리하고 있다. 북부 10개 주는 지역 온실기체 발의(Regional Greenhouse Gas Initiative; RGGI)를 구성하고 이산화 탄소에 대한 첫 번째 미국 상한 설정-거래 프로그램을 승인하였다. 이 프로그램은 배출량 상한을 2009년 현 수준으로 정하는 것으로 시작하여 2019년까지 배출량 10%를 감소하고자 한다. 중서부 지역 온실기체 감소 합의(Midwestern Regional Greenhouse Gas Reduction Accord)에 참여한 주는 현 배출 수준의 60~80%라는 장기 목표를 달성하기 위해 다자간 상한 설정-거래 시스템을 설정하였다. 서부 기후 발의(Western Climate Initiative)에 참여한 주들과 브리티시컬럼비아 주와 매니토바 주(미국 외부에서 처음으로 참여한 주)는 배출량 보고를 의무화하고 지역이 재생 가능한 에너지 기술 발전을 가속화하도록 노력할 것에 합의하였다.

보다 지역적인 것으로 미국 시장 기후 보호 합의(U.S. Mayors Climate Agreement)에 참여한 227개 시가 교토 의정서의 목표를 맞추기 위해 배출량을 줄이기로 하였다. 대표적인 시는 북동부, 5대호 지역, 서부 해안의 대도시 일부를 포함하며, 이 시장들은 약 4400만 명의 시민을 대표한다.

확인문제 3.34 버킷의 물 한 방울?

비판적인 사람들은 개별적인 주나 국가의 행동이 비록 성공적이라 할지라도, 세계적으로 온실기체의 배출에 대한 중요한 효과를 나타낼 수 없다고 말한다. NASA 기후 과학자 한센(James Hansen)과 같은 즉각적인 행동의 옹호자는 다른 접근법을 취한다. '중국과 인도는 통제되지 않은 기후 변화로 가장 많은 것을 잃을 수 있다. 왜냐하면 이 나라들은 해수면 근처에 사는 인구의 수가 막대하기 때문이다. 역으로 말하면 이들 국가는 대기 오염을 감소시키면 가장 많은 것을 얻을 수 있다. 이들은 지구 온난화의 해결에 나서야만 하고 미국과 같은 선진국이 적절한 첫 조치를 취하면 이들 국가들이 그렇게 할 것이라고 믿는다.' 이 장을 공부한 후에 여러분은 어느 편에 동조하는가? 설명하시오.

연구과제 3.35 수정된 이산화 탄소

이 장을 읽은 후 여러분은 이산화 탄소에 대해 어떤 사실을 알게 되었는가? 그것들을 나열하시오. 또한 대기 중 이산화 탄소 발생원의 목록을 작성하시오. 이 목록을 연구과제 3.1의 것과 비교하시오. 목록이 어떻게 변화했는가? 설명하시오.

결론

우리는 침팬지들이 기후 변화가 일어날지, 말지에 대한 논쟁 없이 기후 변화에 적응하려는 시도를 하고 있다는 것을 언급하면서 지구 기후 변화로의 여행을 시작했다. 인류는 기후 변화를 얼마나 인식하고 받아들이고 있는가? 다음의 주장을 살펴보자.

백악관 과학기술정책 담당관 홀드런은 "지구 온난화란 명칭은 그것이 마치 점진적으로, 균일하게, 상당히 점잖은 것일 수 있는 무엇인가를 암시하고 있기 때문에 부적절한 것이다. 우리는 아직 이들 중 어느 것도 경험하지 못하고 있다"라고 몇 차례 언급하였다.

첫 주장은 지구 온난화가 점진적이지 않다는 것이다. 과거와 비교하면 오늘날 우리가 목격하고 있는 기후 변화는 훨씬 빠르게 일어나고 있다. 자연적인 기후 변화는 우리 행성 역사 과거의 한 부분이다. 예를 들어 빙하기가 여러 차례 반복되었고, 지구 온도가 현재 우리가 경험하는 것보다 훨씬 높거나 낮았던 적도 있다. 그러나 빙하기 사건은 과거 이러한 변화가 수천 년에 걸쳐 일어났으며, 오늘날과 같이 수십 년 만에 일어난 적이 없다는 것을 나타낸다. 따라서 홀드런은 옳다. 지구 온난화는 적어도 과거의 지질학적인 시간과 비교하면 점진적인 것이 아니다.

둘째, 그는 지구 온난화는 지구 전체에 걸쳐 균일하게 일어나지 않는다고 주장한다. 홀드런이 옳다. 지금까지 가장 극적인 효과는 극지방에서 나타났다. 빙하의 빠른 감소, 해빙의 후퇴, 영구 동토가 녹는 것 등이 이에 포함된다. 지금까지는 저위도 지역에 더 많은 인구가 몰려 있어 기후 변화의 영향이 적었다.

지구 온난화는 상당히 악성일 수 있다는 그의 세 번째 주장은 평가하기 가장 어려운 것이다. 지구 온난화의 어떤 측면이 어떤 영향을 얼마나 줄 것인지 확실히 예측하기 어렵기 때문에 이 이슈는 복잡한 면이 있다. 왜 미미한 온난화도 큰 재앙으로 이어질 수 있는지에 대해 이해하기 어렵기 때문에 이 문제는 더욱 어렵다.

홀드런이 지적한 것처럼 지구 기후 변화는 극단적으로 복잡한 현상이다. 여러분이 행성 규모의 실험이 진행되는 한가운데에 있고 싶든, 그렇지 않든, 우리는 경제 성장과 환경 모두가 지속 가능할 수 있는지를 시험할 것이다.

요약

이 장을 공부한 후에 다음을 할 수 있어야 한다.

- 지구의 에너지 균형에 참여하는 서로 다른 과정에 대하여 이해한다. (3.1)
- 지구의 자연 온실 효과와 강화된 온실 효과를 비교하고 대조한다. (3.1)
- 온실 효과에서 특정 대기 기체들이 하는 주요 역할을 이해한다. (3.1~3.2)
- 온실기체 농도와 지구 온도의 과거 증거를 모으는 데 사용한 방법을 설명한다. (3.2)
- 분자의 기하학적 구조와 결합각을 결정하는 데 루이스 구조를 이용한다. (3.3)
- 분자 구조와 적외선 흡수와의 관계를 이해한다. (3.4)
- 주요 온실기체를 나열하고, 각 기체가 온실기체가 될 수 있는 적절한 분자 구조를 가지는 이유를 설명한다. (3.4)
- 탄소 순환과 기후 변화에 작용하는 자연적인 과정의 역할을 설명한다. (3.5)
- 인간 활동이 탄소 순환과 기후 변화에 어떻게 기여하는지를 평가한다. (3.5)
- 몰질량을 정의하고 사용하는 방법을 이해한다. (3.6)
- 아보가드로수를 이용하여 원자의 평균 질량을 계산한다. (3.6)
- 화학적 몰의 유용성을 설명한다. (3.7)
- CO_2 이외의 온실기체 배출원, 상대적 배출량, 효율성을 평가한다. (3.8)
- 자연적, 인위적 기후 강제 요인의 역할을 추산한다. (3.9)
- 기후 변화를 예상하는 데 컴퓨터에 기반을 둔 모형화의 성공과 한계를 인식한다. (3.9)
- 기후 변화의 주요 결과와 가능성을 관련짓는다. (3.10)
- 제안된 온실기체 규제의 장점과 단점을 평가한다. (3.11)

- 기후 완화와 기후 적응 전략의 예를 든다. (3.11)
- 기후 변화에 대한 뉴스 화제를 분석하고, 번역하고, 평가하고, 비평한다. (3.1~3.12)
- 기후 변화를 둘러싼 주제에 관하여 정보에 근거하여 입장을 정한다. (3.1~3.12)

연습문제

기본문제

1. 이 장은 홀드런의 인용문으로 시작하였다.

   "지구 온난화란 명칭은 그것이 마치 점진적으로, 균일하게, 상당히 점잖은 것일 수 있는 무엇인가를 암시하고 있기 때문에 부적절한 것이다. 우리는 아직 이들 중 어느 것도 경험하지 못하고 있다." 예를 이용하여 다음에 답하시오.

   a. 기후 변화가 균일하지 않은 이유를 설명하시오.

   b. 적어도 사회와 환경 시스템이 얼마나 빨리 적응하는지 비교하여 기후 변화가 점진적이지 않은 이유를 설명하시오.

   c. 기후 변화가 상당히 점잖은 것일 수 없는 이유를 설명하시오.

2. 금성과 지구의 표면 온도는 태양으로부터의 거리를 기반으로 예상하는 것보다 더 따뜻하다. 설명하시오.

3. 지구의 에너지 복사를 이해하기 위하여 온실에 비유하면 지구라는 온실의 '창'은 무엇으로 만들어졌는가? 어떤 면에서 이 비유가 정확하게 일치하지 않는가?

4. CO_2와 H_2O가 포도당($C_6H_{12}O_6$)과 O_2를 형성하는 광합성에 대하여,

   a. 균형 반응식을 쓰시오.

   b. 반응식 양쪽의 원자의 종류와 수는 같은가?

   c. 반응식 양쪽의 분자의 수는 같은가? 설명하시오.

5. 기후와 날씨의 차이를 기술하시오.

6. **a.** 매일 29 MJ/m^2의 에너지가 태양으로부터 우리 대기의 꼭대기에 도달하지만 단지 17 MJ/m^2만 표면에 도달하는 것으로 추산된다. 나머지는 어떻게 된 것인가?

   b. 정상 조건에서 대기 상층부에서 나가는 에너지는 얼마인가?

7. 그림 3.9를 생각해 보자.

   a. 대기 중의 CO_2의 현재 농도는 2만 년 전의 농도에 비해 어떠한가? 12만 년 전의 농도에 비해 어떠한가?

   b. 현재 대기 온도는 1950~1980년의 평균 온도와 비교하면 어떠한가? 2만 년 전 온도와 비교하면 어떠한가? 각 수치는 12만 년 전과 비교하면 어떠한가?

   c. **a**와 **b**의 답은 인과 관계, 상관관계 또는 아무런 관계가 없다 중 어느 것을 의미하는가? 설명하시오.

8. 지구 에너지 균형을 이해하는 것은 지구 온난화 문제를 이해하는 데 핵심적이다. 예를 들어 지구 표면을 때리는 태양 에너지는 평균 168 W/m^2이지만 지구 표면에서 방출하는 에너지는 평균 390 W/m^2이다. 지구는 왜 빠르게 냉각되지 않는가?

9. 다음 관찰을 설명하시오.

   a. 맑은 날 양지에 주차한 자동차는 충분히 뜨거워 차내의 애완동물이나 어린이의 목숨을 위태롭게 할 수도 있다.

   b. 맑은 날의 겨울밤은 흐린 날보다 더 추운 경향이 있다.

   c. 사막은 습한 환경보다 일교차가 더 크다.

   d. 여름철에 어두운 색의 옷을 입은 사람은 하얀 옷을 입은 사람에 비하여 일사병에 걸릴 위험성이 높다.

10. 분자 모형 키트(또는 원자를 나타내는 스티로폼 공이나 젤리와 결합을 나타내는 이쑤시개)를 이용하여 메테인 분자(CH_4)를 만드시오. 수소 원자는 정사면체 배열일 때가, 모두가 같은 평면에 있을 때(평면 사각 배열)보다 서로 더 멀리 떨어져 있음을 보이시오.

11. 다음 각 분자의 루이스 구조를 그리고, 기하 구조의 이름을 쓰시오.

    a. H_2S

    b. OCl_2 (산소가 중심 원자)

    c. N_2O (질소가 중심 원자)

12. 다음 각 분자의 루이스 구조를 그리고, 기하 구조의 이름을 쓰시오.

    a. PF_3

    b. HCN (탄소가 중심 원자)

    c. CF_2Cl_2 (탄소가 중심 원자)

13. a. 메탄올(나무 알코올) H_3COH의 루이스 구조식을 그리시오.

    b. 이 구조에 기초하여 H-C-H의 결합각을 예측하시오. 그 이유를 설명하시오.

    c. 이 구조에 기초하여 H-O-C의 결합각을 예측하시오. 그 이유를 설명하시오.

14. a. C=C 이중 결합을 한 개 가지고 있는 작은 탄화수소 에텐(에틸렌) H_2CCH_2의 루이스 구조식을 그리시오.

b. 이 구조에 기초하여 H−C−H의 결합각을 예측하시오. 그 이유를 설명하시오.

c. 예측된 결합각을 보여 주는 분자를 그리시오.

15. 다음은 물 분자의 세 가지 다른 진동 방식을 나타낸 것이다. 어떤 진동 방식이 온실 효과에 기여하는가? 설명하시오.

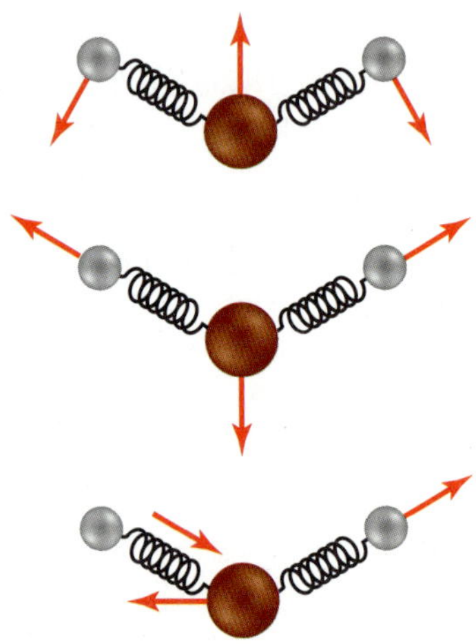

16. 만약 이산화 탄소 분자가 IR 영역의 특정 광자와 반응하면 분자의 진동 운동이 증가할 것이다. 이산화 탄소의 경우 주요 흡수 파장은 4.26 μm(2350 cm^{-1})와 15.00 μm(667 cm^{-1})이다.

a. 이 IR 광자 각각에 해당하는 에너지는 얼마인가?

b. 진동하는 CO_2의 에너지에 어떤 일이 일어났는가?

17. 수증기와 이산화 탄소는 온실기체이지만, N_2와 O_2는 아니다. 설명하시오.

18. 다음은 지구의 기후 변화와 어떤 관계가 있는지 설명하시오.

a. 화산 폭발

b. 성층권의 CFC

19. 흰개미는 셀룰로스를 포도당($C_6H_{12}O_6$)으로 분해하고 포도당을 CO_2와 CH_4로 대사하는 효소를 가지고 있다.

a. 포도당을 CO_2와 CH_4로 변환하는 대사의 균형 반응식을 쓰시오.

b. 만약 매일 1.0 mg의 포도당을 대사한다면, 흰개미 한 마리가 일 년에 몇 g의 CO_2를 생성하겠는가?

20. 그림 3.21을 생각해 보자.

a. 화석 연료 연소로 인한 주요 이산화 탄소 배출원은 무엇인가?

b. 주요 이산화 탄소 배출원 각각에 대한 대안은 무엇인가?

21. 은(Ag)은 원자 번호가 47이다.

a. 가장 흔한 동위 원소인 Ag-107 중성 원자의 양성자, 중성자, 전자의 수를 말하시오.

b. Ag-109 중성 원자의 양성자, 중성자, 전자의 수는 Ag-107의 수와 비교할 때 어떠한가?

22. 자연에 존재하는 은 동위 원소는 Ag-107과 Ag-109의 두 개뿐이다. 주기율표에서 은의 평균 원자 질량이 단순히 108이 아닌 이유는 무엇인가?

23. a. 은 개별 원자의 평균 질량을 g으로 계산하시오.

b. 10조 개의 은 원자의 질량을 g으로 계산하시오.

c. 은 원자 5.00×10^{45}개의 질량을 g으로 계산하시오.

24. 대기 화학에서 중요한 물질인 다음 화합물의 몰질량을 계산하시오.

a. H_2O

b. CCl_2F_2(프레온-12)

c. N_2O

25. a. CCl_3F(프레온-11)에서 염소의 질량 백분율을 계산하시오.

b. CCl_2F_2(프레온-12)에서 염소의 질량 백분율을 계산하시오.

c. 각 화합물 100 g이 성층권에 배출할 수 있는 염소의 최대 질량은 얼마인가?

d. **c**에서 계산한 질량에 대응되는 염소 원자의 수는 몇 개인가?

26. 생명시스템 중 탄소의 총 질량은 7.5×10^{17} g으로 추산된다. 지구 상 탄소의 총질량이 7.5×10^{22} g으로 주어졌을 때, 지구 상 총 탄소 원자 대비 생명 시스템 탄소 원자의 비는 얼마인가? 백분율과 ppm으로 답하시오.

27. 표 3.3에 제공된 정보에 대해 생각해 보자.

a. 2011년의 농도를 산업화 이전의 농도와 비교할 때 CO_2의 백분 증가율을 계산하시오.

b. CO_2, CH_4, N_2O를 고려할 때 어느 것이 2011년 농도와 산업화 이전의 농도를 비교할 때 가장 큰 백분 증가율을 나타내는가?

28. 대기 중 농도 이외에 잠재적인 지구 온난화를 계산할 때 포함해야 하는 물질의 특성 두 가지는 무엇인가?

29. 1990년에서 2005년까지 미국의 총 온실기체 배출량은 16% 증가하였고, 2000년 이래로 매년 1.3%의 속도로 증가하였다. 같은 기간 CO_2 배출량이 20% 증가하였을 때 어떻게 이것이 가능한가?

힌트: 표 3.3을 보라.

개념문제

30. 이 장의 결론에서 인용했던 홀드런은 **지구 온난화**(*global worming*) 대신 **지구 기후 교란**(*global climate disruption*)이라는 용어를 사용할 것을 주장하였다. 이 장을 공부한 이후 여러분은 그의 주장에 동의하는가? 설명하시오.

31. 북극은 '석탄 광산의 카나리아 새와 같이, 우리에게 영향을 미치는 기후 충격을 먼저 알려 주는 전령'으로 불려왔다.
    a. '석탄 광산의 카나리아 새'가 의미하는 것은 무엇인가?
    b. 북극이 석탄 광산의 카나리아 새처럼 작용하는 이유를 설명하시오.
    c. 툰드라 지방의 해빙은 다른 지역의 변화를 가속화한다. 그 이유를 하나만 제시하시오.

32. 아래 만화의 논평이 정당화될 수 있다고 생각하는가? 이유 한 가지를 제시하시오.

후추 . . . 그리고 소금

"올 겨울은 지구 온난화에 대한 내 걱정을 덜어주었다 . . . ."

출처: *From* The Wall Street Journal . *Permission by Cartoon Features Syndicate.*

33. 지난 수천 년 동안에 걸쳐 직접 지구 대기 온도를 측정한 자료가 없다면, 과학자들은 과거 온도 변동을 어떻게 추산하는가?

34. 친구가 다음과 같은 내용의 신문 기사에 대해 말했다. "온실 효과는 인류에 심각한 위협을 초래하고 있다." 이 기사에 대한 여러분의 반응은 무엇인가? 친구에게 무엇이라고 말할 것인가?

35. 지난 20년 동안 화석 연료로부터 약 1억 2천만 톤의 CO_2가 배출되었으나 아직까지 대기 중 CO_2의 양은 단지 800억 톤만 증가하였다. 설명하시오.

36. 이산화 탄소와 수증기는 적외선을 흡수한다. 일상 경험으로부터 이 화합물이 가시광선을 흡수하지 않는다는 것에 대한 증거를 제시하시오.

37. 만약 탄소와 산소가 이중 결합이 아니라 단일 결합으로 연결되었다면 CO_2에서 IR을 흡수하는 진동을 야기하는 데 필요한 에너지가 어떻게 변하는가?

38. 전자레인지에서 유리컵은 훨씬 늦게 데워지는 반면에, 유리컵 안에 들어 있는 물은 빨리 데워지는지 설명하시오.

39. 에탄올(C_2H_5OH)은 옥수수, 사탕수수와 같은 농작물의 당류와 녹말에서 생산될 수 있다. 에탄올은 휘발유 첨가제로 사용되며 연소할 때 O_2와 결합하여 H_2O와 CO_2를 형성한다.
    a. C_2H_5OH의 완전 연소를 나타내는 균형 반응식을 쓰시오.
    b. 완전 연소된 C_2H_5OH 1몰당 CO_2 몇 몰이 생성되는가?
    c. 10몰의 C_2H_5OH를 연소하는 데 필요한 O_2의 몰수는 얼마인가?

40. 3.9절에서 서술한 각각의 복사 강제 요인이 양의 요인인지, 음의 요인인지 설명하고, 이들을 총 기후 변화 예측에서 중요한 순서대로 나열하시오.

41. 대기에서의 온실기체 수명이 중요한 이유는 무엇인가?

42. 성층권 오존 감소와 기후 변화를 관련 있는 화학종, 관련된 복사선의 종류 및 예상되는 환경적 영향면에서 비교, 대조하시오.

43. 기후 모형화에 익숙하지 않은 사람에게 **복사 강제**(*radiative forcing*) 요인이라는 용어를 설명하시오.

44. 지구 상의 반추 동물인 소와 양 등에 의해서 매년 7300만 톤의 CH_4가 생산된다고 추산된다. 이 CH_4에는 몇 톤의 탄소가 존재하는가?

45. 1880년 이래 가장 따뜻한 10년은 1997년에서 2009년 사이였다. 이 사실이 온실 효과(지구 온난화)가 증가하고 있음을 **증명**하는가? 설명하시오.

46. CFC의 대체 가능한 물질 HFC-152a는 수명이 14년이고, GWP가 120이다. 다른 물질인 HFC-23은 수명이 260년이고, GWP가 12000이다. 두 물질 모두 온실기체로서 교토 조약의 규제를 받는다.
    a. 주어진 정보에 따라 어느 것이 좋은 대체 물질로 보이는가? 지구 온난화의 관점에서만 고려하시오.
    b. 대체 물질을 선택하는 데 고려해야 할 다른 사항은 무엇인가?

47. 화석 연료 연소로부터 배출되는 CO_2는 다른 방식으로 보고되었다. 예를 들어 2007년에 이산화 탄소 정보분석센터(Carbon Dioxide Information Analysis Center, CDIAC)는 중국, 미국, 인도가 세계 국가 중 가장 높은 배출국이라고 보고하였다.

랭킹	국가	CO_2(미터톤)
1위	중국(본토)	2,096,295
2위	미국	1,445,204
3위	인도	539,794

    a. 1인당 기준으로 바꾸면 랭킹이 변하는가? 그렇다면 어느 국가가 첫 번째인가?

b. CDIAC는 미터톤(metric ton) CO_2 대신 인구 1인당 배출 탄소 미터톤으로 보고하고 있다. 카타르는 탄소 12.01미터톤 배출을 나타낸다. 이 값을 배출된 미터톤 CO_2로 나타내면 더 높은가, 낮은가? 설명하시오.

48. 상한 설정-거래와 탄소세를 비교, 대조하시오.

49. 아레니우스가 처음 대기 온실의 역할을 이론화하였을 때 CO_2 농도가 두 배가 되면 평균 지구 온도가 5~6°C 증가할 것으로 계산하였다. 이 수치는 현재 IPCC 모형화의 결과와 얼마나 차이가 나는가?

50. 여러분은 대기 질(1장), 성층권 오존 감소(2장), 지구 온난화(3장)에 대해 공부했다. 단기적으로 어느 것이 가장 심각할 것이라고 보는가? 장기적으로는 어떠한가? 여러분이 생각하는 이유를 다른 사람과 논의하고 이 질문에 대한 간단한 보고서를 작성하시오.

응용문제

51. 전 부통령 고어는 2006년 그의 책과 영화 "불편한 진실"에서 다음과 같이 썼다. "우리는 더 이상 지구 온난화를 정치적 문제로 보는 것을 감당할 수 없다. 오히려 지구 문명이 직면한 가장 커다란 윤리 도전이다."

a. 지구 온난화가 윤리 문제라고 믿는가? 만약 그렇다면 이유는?

b. 지구 온난화가 정치 문제라고 믿는가? 만약 그렇다면 이유는?

52. 중국의 '양날의 칼'로 서술되는 것처럼 중국의 경제 성장은 석탄에 대한 의존도를 높인 것이 중요하게 작용하였다. 석탄은 새로운 경제의 '검은 금'이면서 동시에 '연약한 환경의 어두운 구름'이기도 하다.

a. 황 함유가 높은 석탄에 대한 의존도의 결과는 무엇인가?

b. 중국 발 황 오염은 지구 온난화를 감속시킬 수 있으나 이것은 한시적이다. 그 이유를 설명하시오.

c. 석탄 화력 발전소 건설이 빠르게 증가하고 있고, 2030년까지 중국보다 더 많은 인구를 가지게 될 것으로 예상되고 있는 나라는 어디인가?

53. Quino 암어리표범나비는 북부 멕시코와 남부 캘리포니아의 좁은 서식지를 가진 위협받고 있는 생물 종이다. 2003년에 보고된 증거는 이 종의 서식지는 먼저 생각하였던 것보다 더 좁아졌다.

a. 이 종이 멕시코를 떠나 북쪽으로 밀려나고 있는 이유를 설명하시오.

b. 이 종이 남부 캘리포니아를 떠나 남쪽으로 밀려나고 있는 이유를 설명하시오.

c. 이 종이 더 이상 해를 입지 않도록 할 계획을 제안하시오.

54. 시간 흐름에 따른 자료는 대기에서 이산화 탄소 증가를 보여준다. 산업 혁명 이후, 탄화수소 연소의 큰 증가는 이산화 탄소를 증가시킨 원인으로 인용된다. 같은 기간 동안, 수증기의 증가는 관찰되지 않았다. 탄화수소 연소 반응식을 기억하면서, 위의 두 차이가 인간 활동과 지구 온난화의 관계를 **반증하는가**? 설명하시오.

55. 에너지 산업에서 천연가스 1표준 세제곱피트[standard cubic foot(SCF)]는 15.6°C(60°F)에서 메테인(CH_4) 1196몰을 포함한다. **힌트:** 전환 인자는 부록 1을 참조

a. 천연가스 1SCF가 완전 연소하면 몇 몰의 CO_2가 생성되는가?

b. 몇 kg의 CO_2가 생성될 수 있는가?

c. 몇 톤의 CO_2가 생성될 수 있는가?

56. 기후 변화에 대한 국제 회의는 2009년 12월 코펜하겐에서 개최되었다. 이 회의의 결과에 대한 간략한 개요를 작성하시오.

57. 태양 오븐은 태양빛을 모아 음식을 조리하는 저급 기술, 저비용 기구이다. 태양 오븐이 지구 온난화를 감소시키는 데 어떻게 도움을 줄 수 있겠는가? 이 기술을 사용함으로써 가장 많은 이득을 얻는 지구 상 지역은 어디인가?

58. 2005년에 유럽 연합(EU)은 이산화 탄소 상한 설정-거래 정책을 채택하였다. 경제적 결과의 측면과 유럽의 온실기체 배출에 미친 영향 관점에서 정책의 결과에 대한 짧은 보고서를 작성하시오.

59. 세계 공동체는 2, 3장에서 기술한 대기상의 문제에 다르게 반응하였다. 오존 파괴의 증거는 오존 파괴 화학 물질의 생산을 순차적으로 감축하는 계획인 몬트리올 의정서로 대응하였다. 지구 온난화에 대한 증거는 온실기체의 감소를 요구하는 교토 의정서로 대응하였다.

a. 세계 공동체가 지구 온난화의 문제에 앞서 오존 파괴 문제를 다룬 이유를 제시하시오.

b. 두 가지 대응의 현 상황을 비교하시오. 몬트리올 의정서의 최근 개정이 언제 있었는가? 몇 개 나라가 비준하였는가? 몬트리올 의정서의 결과로 성층권의 염소 수준이 감소하였는가? 몇 나라가 교토 의정서를 비준하였는가? 효력을 발휘한 이래로 어떤 일이 있었는가? 다른 제안이 제안되었는가? 온실기체량이 교토 의정서의 결과로 떨어졌는가?

4장 연소 에너지

역사를 기록하기 시작한 이래로 불은 열, 빛, 안전의 원천이었다.

우리 선조가 불을 사용한 이래로 연소는 사회의 중심이 되어 왔다. 현대 연료—우리가 태우는 물질—는 다양한 형태를 가진다. 전기를 생산하기 위하여 발전소에서는 석탄을 사용한다. 우리는 자동차를 움직이기 위해 휘발유를 사용하며, 집안 난방을 위해 천연가스나 난방유를 사용한다. 여름철 바비큐 음식을 조리하기 위해 프로페인, 숯, 나무를 사용한다. 우리는 낭만적인 저녁 만찬에 빛을 만들기 위해 초를 사용할 수도 있다. 이처럼 연료를 **사용하는** 것은 이들을 **태우는 것(연소)**이다. 이들 물질을 구성하고 있는 분자에 저장되어 있던 에너지가 연소 과정에서 방출되는 것이다.

그러나 이와 같이 연료를 태우는 속도는 지속 가능하지 않다. 아마도 이 주장에 회의적일 수 있다. 새로운 매장원이 계속적으로 발견되고 채굴 기술도 지속적으로 발전하고 있기 때문에 석탄, 석유, 천연가스의 공급은 충분한 것처럼 보인다. 그러나 화석 연료의 공급이 영원하다 할지라도(실제는 그렇지 않지만), 지속 가능성은 단지 가용성이 있다는 것 이상을 포함하고 있다. 0장에서 오늘 우리가 어떻게 행동하느냐가 내일을 살 사람들에게 어떻게 영향을 미치게 될지를 고려할 필요가 있다고 언급하였다. 이 장의 마지막 절에서 우리의 행동을 **세대 간 공정성(intergenerational justice)**을 포함하는 우리의 가치와 연관지어 보고자 한다. 라코타(Lakota) 수(Sioux)족의 속담도 같은 생각을 강조하고 있다. "**우리는 이 땅을 조상으로부터 물려받은 것이 아니라 우리 자손으로부터 빌린 것이다.**" 현재 우리가 사용하고 있는 화석 연료의 영향은 앞으로 다가올 수십 년에 걸쳐 느끼게 될 것이다.

세대 간 공정성은 각 세대의 의무로, 공정하고 따라야 할 방식에 따라 행동하는 것이다.

연구과제 4.1 뉴스 속 연료

a. 최근 뉴스에서 연료에 관한 기사 두 건을 찾으시오. 제목과 저자, 날짜와 취재원을 인용하시오. 찾은 기사에 따르면, 연료의 원래 의도한 사용 목적은 무엇인가?

b. 각 기사를 아메리카 인디언 라코타 수족의 속담에 빗대어 설명하시오. 만약 있다면 우리가 자손으로부터 빌려 온 것은 무엇인가?

에너지를 얻기 위하여 화석 연료를 태우는 것은 두 가지 면에서 지속 가능성의 범주에 들기가 어렵다. 첫째는, 생성되는 데 수억 년이 걸리는 연료 그 자체가 재생 불가능하다는 점이다. 한번 써버리면 대체할 수 없다. 둘째는, 연소에 의해 생성된 폐기물은 오늘날도 미래에도 환경에 부정적인 작용을 한다. 3장에서 대기 중 이산화 탄소 농도가 산업 혁명 초기 이래로 어떻게 극적으로 증가하여 왔는지를 기술하였다. 이 증가 추세는 다음 세대의 환경에도 지속적으로 영향을 미칠 것이다. 석탄을 연소하면 그을음, 일산화 탄소, 수은, 황 산화물 및 질소 산화물을 배출한다. 이들 배출물은 공기의 질을 저하시키고, 비를 산성화하고, 현재의 건강 상태를 악화시켜 전반적인 삶의 질을 저하시키기 때문에 즉시 우리들의 권리에 영향을 미친다.

1장에서 연소와 공기 질 저하 간 연관성을 설명하였다. 3장에서는 온실기체로 이산화 탄소를 다루었다. 6장은 산성비에 초점을 맞췄다.

이 장에서는 연료와 이들의 특징에 대해 기술하고자 한다. 먼저 발전소에서 어떠한 일이 일어나는지부터 살펴보고자 한다. 에너지 변환의 관점에서 에너지는 생성되거나 소멸되지 않는다, 즉 단지 그 형태만 바뀐다는 법칙을 소개한다. 또한 편리한 형태로 에너지를 사용하기 위한 능력의 한 요소인 에너지 변환의 효율성(실제로는 비효율성)을 고려할 것이다. 그러나 연료가 다르기 때문에 어떻게 모든 연료가 동일하게 만들어지지 않았는지를 기술할 필요가 있으며, 이는 어떻게 각각의 연료가 다른 열함량을 가지며, 다른 양의 이산화 탄소를 배출하는지와 연관된다. 이 과정을 이해하기 위해 석탄과 석유의 화학적 조성, 물리적 성질, 각각이 함유하고 있는 분자들의 구조, 사용하기 위하여 다루는 방법 등을 자세히 살펴보고자 한다. 이 분자들이 어떻게 에너지를 저장하는지와, 에너지 방출을 기술하는 화학 반응을 쓰는 방법을 배울 것이다. 더 나아가 바이오 연료도 다루게 되는데, 이러한 재생 가능한 자원의 장단점을 탐구하고자 한다. 이 장은 바이오 연료 생산과 관련된 윤리 원칙과 우리의 미래 에너지 수요를 충족시키고자 하는 노력에 대한 논의로 끝맺게 된다.

4.1 | 화석 연료와 전기

미국에서 발전되는 전기의 약 70%는 화석 연료, 주로 석탄의 연소를 통해 얻는다. 어떻게 전기 발전소가 전기를 '생산하고', 발전소 내부에서 실제로 무엇이 진행되는가? 이 절에서는 발전소에서 일어나는 에너지 변환을 자세히 살펴볼 것이다. 4.3절에서 석탄의 화학을 논의할 것이다.

석탄으로부터 전기를 생산하는 첫 단계는 석탄을 태우는 것이다. 그림 4.1을 보자. 타고 있는 석탄의 열을 느낄 수 있을 것이다! 보일러의 석탄층은 온도가 650°C에 이를 수 있다. 이러한 열을 발생하려면 작은 발전소는 매 몇 시간마다 화차 하나 가득 실은 석탄을 연소시켜야 한다. 1장에서 지적한 바와 같이, **연소(combustion)**는 태우는 화학 과정이며, 이는 열과 빛의 형태로 에너지를 방출하기 위해 연료가 산소와 급속히 결합하는 과정이다. 두 가지 가장 흔한 연소 생성물인 CO_2와 H_2O가 모두 산소를 포함하고 있음에 주목하라.

최대 용량으로 가동하면 큰 발전소 한 곳에서 하루에 10,000톤의 석탄을 태울 수 있다!

전기를 생산하는 두 번째 단계는 연소에 의해 방출된 열을 이용하여 보통 밀폐된 고압 시스템에서 물을 끓이는 것이다(그림 4.2). 상승한 압력은 물의 끓는점을 높이고 생성된 수증기를 압축하는 두 가지 목적으로 사용한다. 고온 고압의 수증기는 증기 터빈으로 향하게 된다.

세 번째와 마지막 단계에서 전기를 생산한다. 증기가 팽창하고 냉각하면서 터빈을 빠르게 지나가며 터빈을 돌린다. 터빈 축은 자기장 내에서 돌아가는 커다란 코일 선에 연결되어 있다. 이 코일의 회전이 전류를 생산한다. 한편, 터빈을 지나온 수증기는 시스템

(a) (b) (c) (d)

그림 4.1 석탄을 연소하는 소규모 발전소
(a) 공장 외부의 석탄 더미
(b) 석탄이 공급되는 일련의 보일러
(c) 사진 (b)의 푸른 문 뒤편
(d) 보일러 바닥에서 연소하고 있는 석탄의 근접 사진

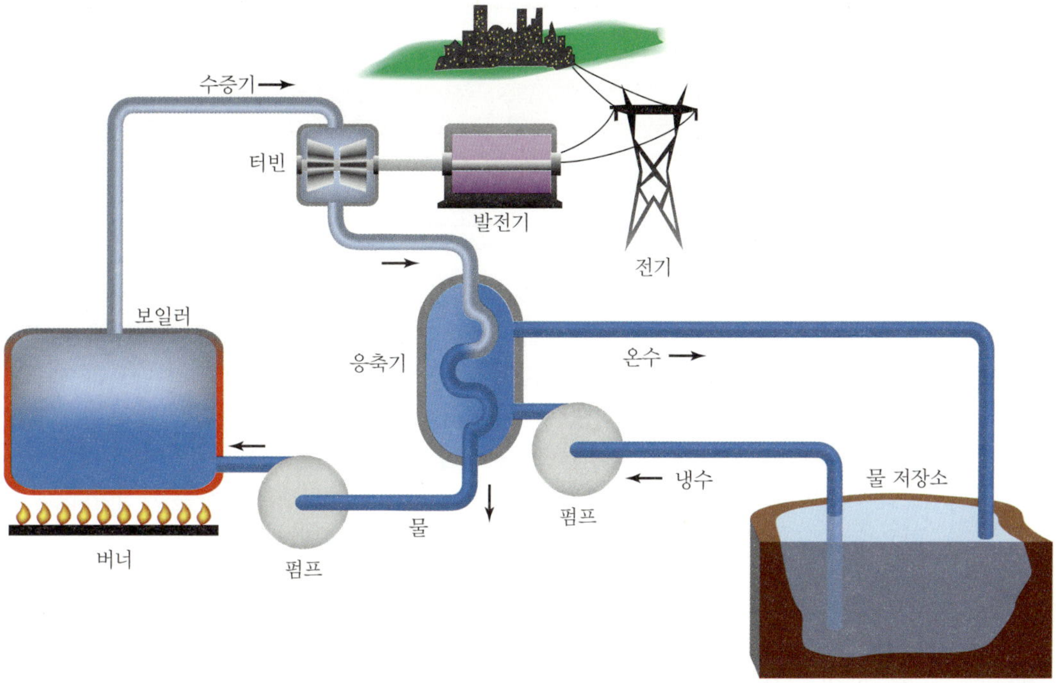

그림 4.2 연료 연소에서 전기로 에너지를 변환하는 전기 발전소 그림

을 따라 순환을 계속한다. 이 수증기는 연료로부터 원래 얻었던 열에너지 중 남아 있는 것을 빼앗는 응축기를 지난다. 응축된 물은 다시 보일러에 들어가고 에너지 전달 순환 과정을 시작하게 된다.

이와 같은 각각의 다른 과정을 더 잘 이해하기 위하여 에너지를 두 종류로 정의하고자 한다. **퍼텐셜 에너지(potential energy)**는 이름이 의미하는 것처럼 저장된 에너지 또는 위치 에너지이다. 예를 들면 중력에 반하여 책의 위치를 들어 올리면 에너지는 저장될 수 있다. 책이 무거울수록, 더 높이 들어 올릴수록 더 많은 퍼텐셜 에너지를 가진다. 반응물 또는 생성물의 퍼텐셜 에너지는 종종 '화학 에너지(chemical energy)'라고도 한다. 4.5설에서 연료 분자에 저장된 화하 에너지를 논의할 것이다. 반면에 **운동 에너지(kinetic energy)**는 움직임의 에너지이다. 물체가 무거울수록, 더 빠르게 움직일수록 물체가 가진 운동 에너지는 더 커지게 된다. 90 mph로 움직이는 야구공에 맞는 것과 90 mph로 움직이는 탁구공에 맞는 것 중 어느 것을 선호하겠는가? 야구공은 질량이 더 크기 때문에 더 많은 운동 에너지를 가진다.

높은 퍼텐셜 에너지를 가진 분자는 좋은 연료가 될 수 있다. 연소 과정을 거쳐 연료 분자의 퍼텐셜 에너지 일부가 열로 변환되고 이 열은 보일러의 물에 의해 흡수된다. 물 분자가 열을 흡수하면 모든 방향으로 더욱 빠르게 움직이게 되고, 이들의 운동 에너지가 증가한다. 우리가 관찰하는 온도는 이들 분자 운동의 평균 속도를 측정한 것에 해당한다. 따라서 분자의 운동 에너지양이 증가하면 온도가 증가한다. 물이 수증기로 증발할 때 물 분자는 상당한 양의 운동 에너지를 얻는다. 이 에너지는 터빈을 돌리는 **역학적 에너지**(*mechanical energy*)로 변환되고, 이후 발전기에서 역학적 에너지가 **전기 에너지**(*electrical energy*)로 변환된다. 이러한 에너지 변환 단계가 그림 4.3에 요약되어 있다.

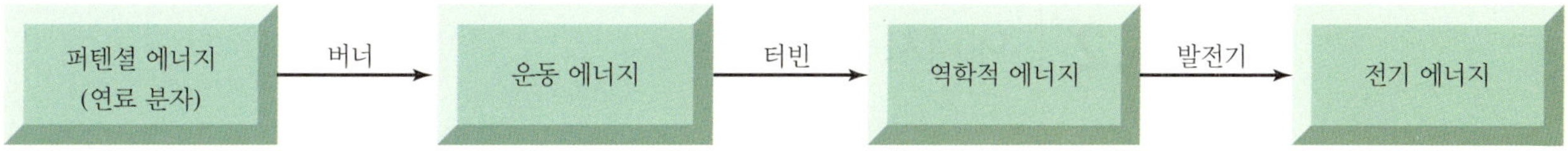

그림 4.3 화석 연료 발전소에서의 에너지 변환

전지는 8.1절에서 설명한다.

연구과제 4.2 에너지 변환

발전소가 퍼텐셜 에너지를 전기 에너지로 변환시키려면 몇 단계가 필요하지만 다른 장치는 이 과정을 더 간단하게 한다. 예를 들면 전지(battery)는 한 단계로 화학 에너지를 전기 에너지로 변환시킨다. 에너지를 한 형태에서 다른 형태로 변환하는 세 가지 장치를 나열하시오. 각각에 대하여 포함되는 에너지 종류를 말하시오.

3.2절에서 세 가지 화석 연료, 즉 석탄, 석유, 천연가스를 소개하였다.

석탄은 연료로 사용 가능하지만 연소 생성물은 그렇지 않다. 좋은 연료는 높은 퍼텐셜 에너지를 가져야 한다고 하였는데, 그렇다면 이들 에너지는 어떤 원천에서 유래한 것인가? 실마리는 '화석 연료'라는 이름 자체에 있다. 화석 연료의 생성은 고대 지구에 번성하였던 녹색 식물이 포집하였던 햇빛에서 시작된다. 앞에서 언급한 바와 같이 **광합성(photosynthesis)**은 녹색 식물(해조류를 포함하여)과 일부 박테리아가 태양 에너지를 포집하여 이산화 탄소와 물에서 글루코스(glucose)과 산소를 생성하는 과정이다. 본질적으로 태양 에너지가 포도당과 산소의 퍼텐셜 에너지로 변환된 것이다.

$$6\,CO_2 + 6\,H_2O \xrightarrow{\text{엽록소}} \underset{\text{글루코스}}{C_6H_{12}O_6} + 6\,O_2 \qquad [4.1]$$

식물은 질소도 함유하고 있다. 6.9절에서 질소 순환에 대해 상세히 설명한다.

살아 있는 유기체가 죽어서 부패할 때, 에너지를 방출하고 CO_2와 H_2O를 생성하는 역반응이 진행된다. 그러나 어떤 조건하에서는 유기체를 구성하는 탄소 함유 화합물이 매우 **부분적으로** 분해된다. 선사 시대에 광대한 양의 식물과 동물이 늪 또는 대양 바닥의 침전물로 묻히는 현상이 일어났다. 부패하는 물질에 산소가 닿지 못하여 분해 과정이 느려졌다. 추가적으로 진흙과 바위 층이 묻힌 잔류물을 덮으면서 온도와 압력이 증가하였고, 추가적인 화학 반응이 일어나게 되었다. 오랜 시간에 걸쳐, 한때 태양광을 포집하였던 식물은 석탄, 석유, 천연가스로 불리는 물질로 변하였다. 실질적으로 이 화석들은 고체, 액체, 기체 상태로 저장된 고대의 태양 에너지(햇빛)이다.

그렇다, 오늘날의 식물은 미래의 화석 연료가 될 것이다. 그러나 이 변환은 인간에게 유용한 시간 규모 범주 내에서는 일어나지 않을 것이다. 자연이 수억 년이 걸쳐 만들어낸 화석 연료를 우리는 수 세기만에 소비해 버릴 것이라는 사실을 알아야 한다. 4.6절에서 분자 수준에서 연료를 자세히 논의할 것이다.

예제 4.3 김이 나는 퇴비

식물과 동물체를 재생하고 재사용하기를 원하는가? 퇴비 더미부터 시작하자. 적당한 기후 조건하에서 퇴비 더미에서 김이 피어나는 것을 볼 수 있을 것이다. 관찰 결과를 설명하시오.

물질과 질량 보존 법칙은 1.9절에 소개하였다.

연소와 광합성 과정을 다시 살펴보자. 연소에서는 에너지가 방출되지만 광합성에서는 에너지가 필요하다. 그림 4.4와 같이 두 과정은 고리 관계를 형성한다. **열역학 제1법칙(first law of thermodynamics)**은 에너지 보존 법칙으로 불리며, 에너지는 창조되지도 소멸되지도 않는다고 말한다. 에너지의 **형태**는 변하지만 어떠한 변환의 전과 후의 총 에너지양은 동일하다. 태양 에너지는 광합성 과정에서 퍼텐셜 에너지로 저장되고, 연소 과정에서 열과 빛의 형태로 방출된다.

4.2 에너지 변환 효율

열역학 제1법칙에 의해 우주의 총 에너지는 보존된다고 확신하고 있다. 만약 이것이 사실이라면 우리는 과연 에너지 위기를 경험할 수 있을까? 확실히 연소 동안 새로운 에

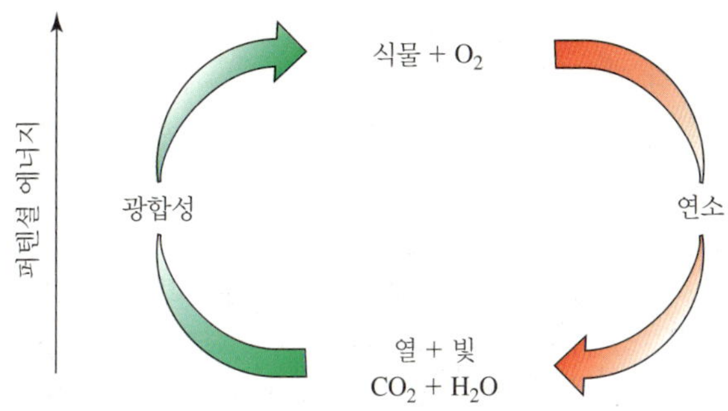

그림 4.4 광합성과 연소 간 에너지 관계

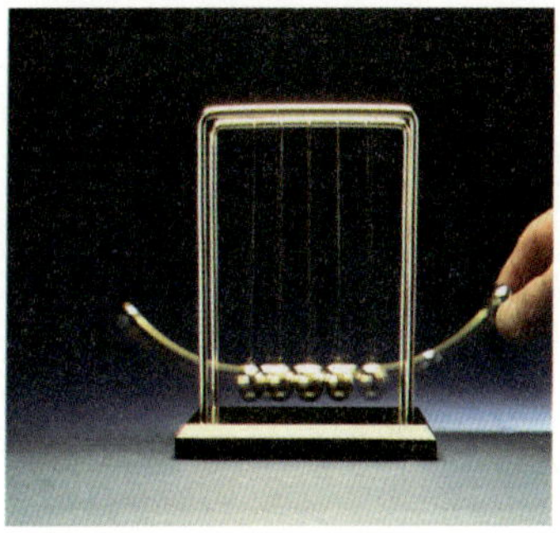

그림 4.5 뉴턴의 요람

너지가 창조되지 않지만, 에너지가 소멸되지도 않는다. 승리할 수는 없지만 적어도 비길 수는 있지 않을까? 이 의문은 생각하는 것처럼 터무니없는 것은 아니다. 사실 우리는 비길 **수가 없다**. 석탄, 천연가스, 석유를 태울 때, 연료의 에너지 중 일부는 우리가 쉽게 사용할 수 없는 형태로 항상 변환된다.

아마도 뉴턴의 요람(그림 4.5)이라는 장난감을 책상 위에서 본 적이 있을 것이다. 이 장치는 에너지를 변환하지만 발전소보다 훨씬 간단하다! 자, 어떻게 작동하는지를 보자.

- 한쪽 끝의 공을 든다. 이 단계에서 공에 퍼텐셜 에너지를 준다.
- 공을 놓으면 처음 지점으로 떨어진다. 퍼텐셜 에너지(위치 에너지)는 운동 에너지(움직임 에너지)로 변환된다.
- 공은 정지되어 있는 일련의 다른 공을 친다. 운동 에너지는 공의 배열을 따라 끝으로 전달된다.
- 반대쪽 끝의 공이 흔들려 올라간다. 공의 위치가 올라가면서 느려지면 운동 에너지는 점진적으로 퍼텐셜 에너지로 변환된다.
- 두 번째 공이 떨어지면서 이 과정은 반복된다.

그러나 반복되는 과정에서 각 공은 앞서 움직인 공처럼 높이 올라가지 않는다. 결국 모든 공은 원래 자리에 머무르게 될 것이다.

왜 움직이던 공은 멈추는 것일까? 공의 에너지는 어디로 간 것인가? 열역학 제1법칙을 위배한 것인가? 다행스럽게도 그렇지 않다. 각각의 충돌에서 에너지 일부는 소리를 내는 데 사용되고 일부는 열을 발생하는 데 사용된다. 우리가 매우 정확하게 측정할 수 있다면, 공들이 약간 가열되었음을 관찰할 수 있을 것이다. 그 다음에 이 열은 주변 대기 중에 원자와 분자로 전이되어 이들의 운동 에너지를 증가시킨다. 에너지 보존 법칙에 따라 운동 에너지 또는 퍼텐셜 에너지는 독립적으로 보존되지 않고, 이 두 에너지의 합으로 보존된다. 따라서 마지막에 모든 공이 정지하였을 때 우주의 에너지는 보존된다. 처음 시스템에 가한 모든 에너지는 주위 대기 중 원자와 분자의 무작위 운동으로 분산되었다. 요컨대 이 장치는 퍼텐셜 에너지를 열(대기의 원자와 분자의 운동 에너지)로 분산시키는 재미있는 방법인 것이다.

전기 발전소가 아무리 잘 설계되었다 할지라도 한 종류의 에너지를 다른 종류로 완전히 변환할 수 없는 이유를 설명하는 데도 같은 원리를 사용할 수 있다. 최고의 기술자와 가장 유능한 그린 화학자의 노력에도 불구하고 비효율성은 피할 수 없다. 이는 에너지가 유용성이 없는 열로 변환되기 때문이다. 전반적으로 알짜 효율은 연료에 의해 공급되는 에너지에 대한 전기 에너지의 생산 비율로 주어진다.

$$\text{알짜 효율(\%)} = \frac{\text{생산되는 전기 에너지}}{\text{연료에서 나온 열}} \times 100 \qquad [4.2]$$

새로운 보일러 시스템과 최신 터빈 기술은 그림 4.3의 각 단계의 효율을 90% 이상으로 밀어 올렸다. 효율은 각 단계의 효율을 곱해야 하므로, 대부분의 화석 연료 발전의 알짜 효율이 35~50%에 불과하다는 것을 안다면 여러분들은 놀랄 것이다. 왜 이렇게 낮은가?

문제는 보일러 내 연료 연소에 의해 생성된 열에너지가 전기 에너지로 모두 변환될 수 없다는 데 있다. 예를 들어 처음 터빈을 돌리는 고온 증기를 생각해 보자. 증기가 터빈에 에너지를 전달하면, 증기의 운동 에너지는 감소하고 냉각되어 그 압력이 떨어진다. 증기가 터빈을 돌릴 수 있을 정도의 에너지를 갖지 못하게 될 때까지는 그리 오래 걸리지 않는다. 그러나 이 '사용하지 않는' 증기 생산에는 아직도 상당한 양의 에너지가 필요하며, 이것이 전기로 변환되지 못하는 에너지이다.

고온 증기(600°C)를 이용하는 발전소의 효율은 언급한 범위 중 높은 쪽 수치이다. 사실 효율은 증기 온도와 발전소 외부 온도의 차가 클수록 증가한다. 물론 여기에도 한계는 있다. 고온 증기를 이용한다는 것은 고압과 이러한 극한적 조건을 견딜 수 있도록 개선된 구조 물질이 필요함을 의미한다.

특수한 예를 논의하기 전에, 에너지 단위에 대하여 살펴볼 필요가 있다. **칼로리(calorie)**는 18세기 후반에 미터 시스템으로 소개되었고, 1 g의 물을 온도 1°C 올리는 데 필요한 열의 양으로 정의되었다. 대문자로 표기한 칼로리(Calorie)는 일반적으로 kcal를 의미한다. 포장 표지와 요리책에 기재된 수치들은 실제로는 kcal이다.

작은 감자 한 개(약 150 g)는 약 100 Cal(100 kcal)를 가진다.

$$1 \text{ kcal} = 1000 \text{ cal} = 1 \text{ Cal}$$

오늘날 단위 시스템에서는 **줄(joule, J)**을 사용하며, 이는 0.239 cal에 해당한다. 1줄(1 J)은 1 kg의 책을 중력에 반하여 10 cm 들어 올리는 데 필요한 에너지와 비슷하다. 좀 더 쉽게, 사람의 심장이 한 번 뛰는 데 약 1 J의 에너지가 필요하다.

1 J = 0.239 cal
1 cal = 4.184 J

가끔 깨끗하고 효율적이라고 광고하는, 전기로 집을 난방하는 경우를 생각해 보자. 석탄을 태우는 발전소(효율 37%)로부터 전기를 받아 집을 난방하는 데 사용한다고 가정하자. 서늘한 지역 도시에서 집을 난방하는 데 연간 3.5×10^7 kJ의 에너지가 필요하다면, 얼마의 석탄을 태워야 하는가?

이 질문에 답하기 위해 석탄의 에너지 함량 수치가 필요하다. 특정한 석탄 1 g을 연소하면 약 29 kJ의 에너지를 방출한다고 가정하자. 석탄을 태울 때 방출하는 에너지의 37%만이 집을 난방하는 데 사용된다는 점을 기억하자. 이제 우리는 석탄을 태워 발전소에서 생산할 수 있는 연간 총 열의 양을 계산할 수 있다.

$$\text{발전소에서 생산한 에너지} \times \text{효율} = \text{집 난방에 필요한 에너지}$$

$$\text{발전소에서 생산한 에너지} \times 0.37 = 3.5 \times 10^7 \text{ kJ}$$

$$\text{발전소에서 생산한 에너지} = \frac{3.5 \times 10^7}{0.37} = 9.5 \times 10^7 \text{ kJ}$$

이 계산에서 % 효율을 소수(decimal form)로 표현한 것에 주목하라. 이제 석탄 1 g을 태우면 29 kJ을 방출한다는 사실을 고려하자.

이 집의 경우 연간 난방을 위해 3.3미터톤(metric ton)의 석탄이 필요하다. 석탄 수송 철도 차량은 한 번에 약 100미터톤의 석탄을 운반한다.

$$9.5 \times 10^7 \text{ kJ} \times \frac{1 \text{ g 석탄}}{29 \text{ kJ}} = 3.3 \times 10^6 \text{ g 석탄}$$

이 계산은 집을 난방하기 위해 필요한 3.5×10^7 kJ의 에너지를 공급하기 위하여, 발전소에서 매년 3.3×10^6 g의 석탄을 태워야 함을 보여 준다.

이 계산은 발전소의 효율을 37%로 가정하였다. 더 높은 효율을 갖는다는 것은 같은 양의 에너지를 생산하기 위해 적은 연료를 태워도 되며, 더 적은 이산화 탄소와 다른 오염 물질이 방출됨을 의미한다. 다음 예제는 이 관계를 보여 준다.

예제 4.4 발전소 비교

매일 5.0 × 10^{12} J의 전기를 생산하기 위해 석탄을 태우는 두 발전소를 생각해 보자. 발전소 A는 전체 알짜 효율이 38%이고, 대체 발전소 B는 더 고온에서 전체 알짜 효율 46%로 작동할 예정이다. 사용하는 석탄은 g당 30 kJ의 열을 방출한다. 석탄은 순수 탄소로 가정한다.

a. 1000 kg의 석탄이 30달러라면, 두 발전소의 연료비 차이는 매일 얼마나 되는가?
b. 완전 연소로 가정하면, 발전소 B에서 매일 방출하는 CO_2의 g 수는 얼마나 적은가?

답

a. 발전소 A에 대한 석탄값 = 13,150달러/일, 발전소 B에 대한 석탄값 = 10,900달러/일

자동차와 트럭은 에너지를 한 형태에서 다른 형태로 변환한다. 내연 엔진은 기체 상태의 연소 생성물(CO_2와 H_2O)을 이용하여 피스톤을 밀어내며, 휘발유 또는 디젤 연료의 퍼텐셜 에너지를 역학적 에너지로 변환한다. 다른 메커니즘은 역학적 에너지를 최종적으로 자동차 움직이는 운동 에너지로의 변환이다. 내연 엔진은 석탄을 때는 발전소보다 비효율적이다. 휘발유의 연소에 의하여 방출되는 에너지의 약 15%만이 자동차를 움직이는 데 사용된다. 에너지의 대부분은 내연 기관 자체에서 손실되는 약 60% 정도를 포함하여 폐열로 흩어져 없어진다.

8.4절과 8.6절에서 더 효율적인 하이브리드 자동차와 연료 전지 자동차에 대해 논의할 것이다.

연구과제 4.5 운반의 비효율성

a. 차를 운전할 때 발생하는 에너지 손실을 나열하시오. 인터넷상 자료를 이용하여 증명하고, 필요하면 손실원을 추가하시오.
b. 연료 연소에서 생성된 에너지 중 단 15%만이 자동차를 움직이는 데 사용한다고 가정하고 승객을 움직이는 데 사용한 %를 추산하시오.

이 절을 마무리하기 위해 뉴턴의 요람을 다시 살펴 볼 것을 권한다. 공이 가만히 있다가 스스로 다른 공과 부딪히기 시작하는 것은 절대 일어날 수 없을 것이다. 이 과정이 일어나려면 공이 충돌할 때 분산된 모든 열에너지가 다시 모여야만 된다. 뉴턴의 요람이 저절로 시작할 수 없다는 것은 다른 개념, 즉 엔트로피와 관련이 있다. **엔트로피(entropy)**는 주어진 과정에서 얼마나 많은 에너지가 분산되는가의 척도이다. **열역학 제2법칙(second law of thermodynamics)**은 많은 해석이 가능한데, 가장 일반적인 것은 우주의 엔트로피는 지속적으로 증가한다는 것이다. 뉴턴의 요람은 열역학 제2법칙의 예를 제공한다. 뉴턴의 요람의 공을 들어 올린다는 것은 퍼텐셜 에너지를 더하는 것이다. 잠시 동안 공들이 부딪히다가 멈추면 이 퍼텐셜 에너지는 무질서한(따라서 더 무작위적이고 분산된) 열에너지의 운동으로 변환된 것이고, 역방향은 일어나지 않는다. 우주의 엔트로피는 증가한다.

어떻게 에너지가 분산되는지 형상화하기가 어려운가? 만약 그렇다면 여기 적절한 비유가 있다. 여러분이 커다란 강당의 중앙에 앉아 있는데, 앞쪽에 앉아 있는 어떤 사람이 향수 한 병을 깨뜨렸다고 생각해 보라. 여러분이 앉아 있는 곳까지 향수 분자가 확산되는 데 시간이 걸리기 때문에 처음에는 아무 냄새도 맡지 못할 것이다. 확산 과정은 열역학 제2법칙으로 예측할 수 있다. 병이라는 작은 부피에서 더 큰 부피로 향수 분자가 분산될 때, 향수 분자의 에너지도 분산될 것이다. 뉴턴의 요람에서와 같이 마지막 결과는 우주의 엔트로피 증가이다. 모든 향수 분자가 갑자기 방 한쪽 구석에 모이는 것은 일어날 가능성이 거의 없다. 오히려 한차례 분산된 후에는 다시 모으기 위해 에너지를 소비하지 않는 한, 분산된 상태로 있게 된다.

같은 방법으로 뉴턴의 요람에 더해진 에너지가 열로 분산된 후에 스스로 다시 움직이

는 것은 근본적으로 불가능하다. 명백하지는 않지만 열역학 제2법칙은 발전소 또는 자동차 엔진이 에너지를 100% 효율로 한 형태에서 다른 형태로 변환할 수 없음을 설명한다.

연구과제 4.6 더 많은 엔트로피의 예

에너지를 투입한다면 '국부적'으로 엔트로피는 감소할 수 있다. 그렇다 하더라도 한 곳에서의 에너지 증가는 우주 어떤 곳에서는 알짜 엔트로피 증가를 유발한다.

a. 석탄 연소에 의한 에너지를 투입하는 과정을 살펴보라. 우주 어떤 곳에서의 엔트로피는 증가하였다. 어떻게 엔트로피가 증가할 수 있는지의 예를 보이시오.
b. 서랍장에 양말을 정리할 때 엔트로피가 감소하는 것을 생각해 보라. 이 엔트로피 감소에 반드시 동반되어야 하는 것은 무엇인가?

답

b. 엔트로피 감소는 반드시 (사람에 의한) 에너지 투입과 우주 어떤 곳에서의 (사람 에너지원처럼 음식물의 연소로부터의) 엔트로피 증가를 동반한다.

4.3 석탄의 화학

약 2세기 전, 산업 혁명으로 화석 연료를 과도하게 사용하기 시작하였으며 이는 오늘날까지 계속되고 있다. 1800년대 초, 나무는 미국에서 주요 에너지원이었다. 석탄은 나무보다 g당 더 많은 열을 내기 때문에 더 좋은 에너지원이 되었다. 1940년까지 석탄은 미국 에너지의 50% 이상을 제공하였다.

1960년대까지 대부분의 석탄은 전기를 발전하는 데 사용되었고, 오늘날 전기 발전 부분이 전체 미국 석탄 소비의 92%를 차지하고 있다. 그림 4.6은 미국의 에너지 소비 역사를 보여 주고 있다.

연구과제 4.7 연료의 변화

그림 4.6을 이용하여

a. 시간에 따른 미국에서의 연료 소비를 두 가지 방식으로 설명하시오. 이들 변화의 이유를 제안하시오.
b. 석탄 연소에 의해 생산되는 에너지의 분율을 추정하시오.

예제 4.4에서 석탄이 순수한 탄소로 구성되어 있다고 가정하였다. 실제로 석탄은 소량의 다른 원소들도 함께 가지고 있다. 하나의 화합물은 아니지만 석탄은 다음 화학식 $C_{135}H_{96}O_9NS$로 근사할 수 있다. 이 화학식은 질량으로 약 85%의 탄소 함량을 갖는다. 더 적은 양의 수소, 산소, 질소, 황은 고대 식물과 그 식물이 묻혔을 때 존재했던 다른 물질로부터 유래하였다. 추가로 일부 석탄은 미량의 실리콘, 소듐, 칼슘, 알루미늄, 니켈, 구리, 아연, 비소, 납, 수은을 함유하고 있다.

예제 4.8 석탄의 계산

a. 석탄의 조성이 화학식 $C_{135}H_{96}O_9NS$로 근사된다고 가정하고, 150만 톤의 석탄에 있는 탄소 질량을 계산하시오(톤으로). 이것이 전형적인 발전소에서 1년간 태우는 석탄의 양이다.
b. 이 질량의 석탄을 태울 때 방출하는 에너지양(kJ)을 계산하시오. 석탄은 30 kJ/g을 방출한다고 가정하라. 1톤 = 2000 lb이고, 1파운드(lb) = 454 g이다.
c. 석탄 150만 톤을 완전 연소시켰을 때 생성되는 CO_2의 질량은 얼마인가?

힌트: 균형 화학 반응식에서, 석탄과 CO_2의 몰비는 1:135이다.

답

a. 석탄의 근사 몰질량을 계산하시오. 각 원소의 아래 첨자가 몰수를 제공한다.

$$135\text{몰 C} \times \frac{12.0\text{ g C}}{1\text{몰 C}} = 1620\text{ g C}$$

$$96\text{몰 H} \times \frac{1.0\text{ g H}}{1\text{몰 H}} = 96\text{ g H}$$

$$9\text{몰 O} \times \frac{16.0\text{ g O}}{1\text{몰 O}} = 144\text{ g O}$$

$$1\text{몰 N} \times \frac{14.0\text{ g N}}{1\text{몰 N}} = 14.0\text{ g N}$$

$$1\text{몰 S} \times \frac{32.1\text{ g S}}{1\text{몰 S}} = 32.1\text{ g S}$$

$C_{135}H_{96}O_9NS$에 대한 각 원소의 기여 합은 1906 g/몰이다. 따라서 석탄 1906 g당 탄소 1620 g을 포함한다. 유사하게 석탄 1906톤은 1620톤의 탄소를 포함한다.

$$\text{탄소의 질량} = 1.5 \times 10^6\text{톤 } C_{135}H_{96}O_9NS \times \frac{1620\text{톤 C}}{1906\text{톤 } C_{135}H_{96}O_9NS} = 1.3 \times 10^6\text{톤 C}$$

b. 4.1×10^{13} kJ

c. 470만 톤

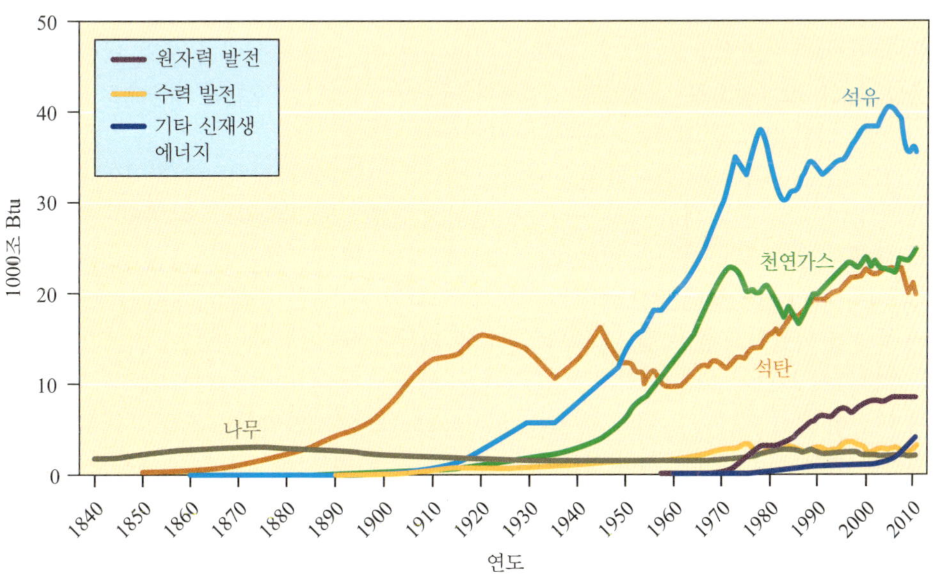

그림 4.6 원천에 따른 미국의 에너지 소비(1840~2010)

출처: *U.S. Energy Information Administration*, Energy Perspectives 2011, *September 27, 2012*.

그림 4.6에는 최근에 나타난 태양, 바람, 지열, 바이오 연료 등의 재생 에너지를 나타내지 않았다.

석탄은 다양한 등급으로 생산되지만 모든 등급의 석탄이 높은 탄소 함량을 가지고 있고 산소 함량은 낮기 때문에 나무보다는 우수한 연료이다. 일반적으로 연료가 더 많은 산소를 가지고 있을수록 연소 시 g당 더 적은 에너지가 방출된다. 다시 말해, 산소를 함유하는 연료는 퍼텐셜 에너지면에서 낮은 등급이 된다. 예를 들면 1몰의 CO를 태워 CO_2를 생성할 때보다 1몰의 C를 태워 CO_2를 생성할 때, 에너지가 약 40% 더 많이 생성된다.

그림 4.7 갈탄(위)과 무연탄(아래)

부드러운 갈탄 또는 갈색 석탄은 가장 낮은 등급이다(그림 4.7). 처음 시작되었던 식

표 4.1 미국 석탄의 에너지 함량

석탄의 종류*	채굴지	에너지 함량(kJ/g)
무연탄	펜실베이니아	30.5
역청탄	메릴랜드	30.7
아역청탄	워싱턴	24.0
갈탄	노스다코타	16.0
이탄	미시시피	13.0

*참고로, 종류에 따라 다르나 나무의 에너지 함량은 10~14 kJ/g이다.

물 물질이 가장 적은 변화를 겪었고, 이들의 화학 조성은 나무나 이탄과 유사하다(표 4.1). 따라서 갈탄이 탈 때 방출하는 에너지양은 나무가 탈 때 방출하는 에너지양보다 약간 많은 정도이다. 무연탄이나 역청탄과 같이 석탄의 품질이 높아질수록 땅 속에서 더 긴 시간 동안, 더 높은 압력과 온도에 노출되었다. 이 과정 동안 더 많은 산소와 수분을 잃어, 식물보다 더 단단해지고 무기질이 많아졌다(그림 4.7). 이 등급의 석탄은 갈탄에 비하여 더 높은 탄소량을 가진다. 무연탄은 상대적으로 높은 탄소량과 낮은 황 함량을 가져 가장 바람직한 등급의 석탄이다. 불행히도 무연탄의 매장량은 상대적으로 작고, 미국에서 공급은 거의 소진된 상태이다.

석탄은 전 세계에 걸쳐 가용하고 가장 널리 사용되는 연료이지만 심각한 단점이 있다. 첫째, 지하에서 채굴하므로 위험하고 비용이 많이 든다. 미국에서 채굴에 대한 안전은 획기적으로 향상되어 왔으나, 1900년 이래 10만 명 이상의 광부가 사고, 낙반, 화재, 폭발, 독성 가스 등으로 사망하였다. 이보다 더 많은 사람들은 호흡기 질환으로 일을 하지 못하게 되었다. 전 세계적으로는 상황이 더 심각하다.

둘째 단점은 석탄 채굴로 환경에 피해를 입히는 것이다. 애팔래치아 지역의 많은 개울과 강이 수십 년간 채굴 작업의 여파로 몸살을 앓고 있다. 지하수가 폐기된 광산의 갱도 내에서 넘치거나, 석탄을 함유하고 있는 황이 풍부한 바위와 접촉하면 산성화가 된다. 이와 같이 산성화된 광산 폐수는 과량의 철과 알루미늄을 용해시켜, 많은 물고기 종의 생존을 위협하고 많은 집단의 음용 수원을 위험에 빠뜨린다.

2009년에 미국 웨스트버지니아 지방 법원은 주의 남부에서 진행되는 새로운 산정 제거 사업을 금지하는 명령을 내렸다. 추가적 입법이 다른 지역에서 가능할 것으로 보인다.

석탄층이 표면에 충분히 가까이 있을 경우, 광부에게 더 안전한 채굴 방식이 가능하나 여전히 환경 비용은 들어야 한다. 산정(mountaintop) 채굴이라는 기술이 웨스트버지니아와 동부 켄터키에서 흔히 사용된다. 이 과정은 위에 서식하고 있는 초목을 걷어내고 산의 정상 수백 피트를 폭파하여 밑에 있는 석탄층을 드러내게 하는 것이다. 산정 채굴은 막대한 양의 잡석(과적된)을 만들고 이를 주변 강이 있는 계곡에 버린다. 2005년 미국 EPA는 애팔래치아 강줄기 700마일 이상이 1985년에서 2001년 사이의 산정 채굴의 결과로 완전히 묻혔다고 추산하였다. 더 나아가 증가한 침전물과 무기질 함량은 주변 수생 생태계에 해로운 영향을 끼쳤다.

토양과 음용수의 오염 물질로서의 수은은 6.5절에서 논의할 것이다.

셋째 단점은 석탄은 더러운 연료라는 점이다. 물론 물리적으로 더럽기도 하지만 여기서 문제가 되는 것은 더러운 연소 생성물이다. 19세기와 20세기 초에 도시의 수많은 석탄불에서 나오는 검댕은 건물과 폐를 검게 만들었다. 질소 산화물과 황산화물은 눈에 보이지 않지만 마찬가지로 손상을 준다. 석탄은 아주 적은 양의 수은(50~200 ppb)을 함유하고 있지만, 이 수은은 입자 물질의 형태로 대기 중으로 유입되어 떠다니는 재에 농축된다. 미국에서 석탄 화력 발전소는 매년 약 48톤의 수은을 주변에 방출하고 있다. 현장에 남은 '바닥재'도 위험을 유도할 수 있다. 그림 4.8은 저장 연못의 옹벽이 무너졌을 때 계곡으로 넘쳐 나온 수백만 갤런의 재 침전물에 의해 야기된 참상을 보여 준다.

예제 4.9 석탄 배출물

미국에서 석탄 화력 발전소는 이산화 황 배출량의 약 2/3와 일산화 질소 배출량의 1/5에 대한 책임이 있다.

힌트: 1장을 참조하라.

a. 왜 석탄 연소가 SO_2를 생성하는가? 대기 중 SO_2의 다른 배출원을 말하시오.
b. 왜 석탄 연소가 일산화 질소를 생성하는가? NO의 다른 배출원을 2개 말하시오.

넷째 단점은 궁극적으로 가장 심각한 것이 될지도 모른다. 즉 석탄의 연소는 온실기체인 이산화 탄소를 생성한다는 점이다. 석탄 연소는 방출하는 열에너지 kJ당 석유나 천연가스보다 더 많은 CO_2를 생성한다. 2012년에 석탄은 다시금 세계에서 가장 빠르게 성장하는 화석 연료가 되었다.

이러한 단점들과 미국에 상대적으로 풍부한 석탄 매장량 때문에 새로운 석탄 기술을 개발하기 위해 상당한 연구가 진행되고 있다. 마치 모순된 것처럼 보이지만 '깨끗한 석탄'이 석유 수입에 대한 의존도를 줄이고 대기 오염을 줄이기 위한 중요한 단계로 지지자들에 의해 추구되고 있다. '깨끗한 석탄 기술(clean coal technology)'이라는 용어는 석탄 화력 발전소의 효율을 증가시킬 것과 해로운 배출물을 줄이는 것을 목표로 하는 다양한 방법을 아우르고 있다. 여기에 이미 몇몇 선정된 발전소에 적용되어 있는 몇 가지 기술을 나열하였다.

- 연소 전에 석탄의 황과 다른 무기질 불순물을 제거하기 위한 '석탄 세척(coal washing)'
- 석탄을 일산화 탄소와 수소(식 4.10)의 혼합물로 변환하는 '가스화(gasification)'. 최종적으로 얻는 기체는 더 낮은 온도에서 연소하여 질소 산화물의 생성이 감소된다.
- 굴뚝으로 나가기 전에 SO_2를 화학적으로 제거하기 위한 '습식 세정(wet scrubbing)'. 이것은 분말 상태의 석회석과 물의 혼합물에 SO_2를 반응시켜 이루어진다.

물론 이 중 어떤 것도 온실기체 배출에 대해서는 언급하지 않았다. 이것은 가장 야심찬 깨끗한 석탄 기술인 탄소 포집과 저장을 필요로 한다. 관련된 기술의 실현 가능성에 대

이산화 탄소 포집과 저장은 격리(sequestration)로도 알려져 있으며, 3.11절에서 설명하였다.

그림 4.8 2008년 12월, 3억 갤런에 달하는 석탄 슬러지가 테네시, 녹스빌 근처 주택을 매몰시켰다.

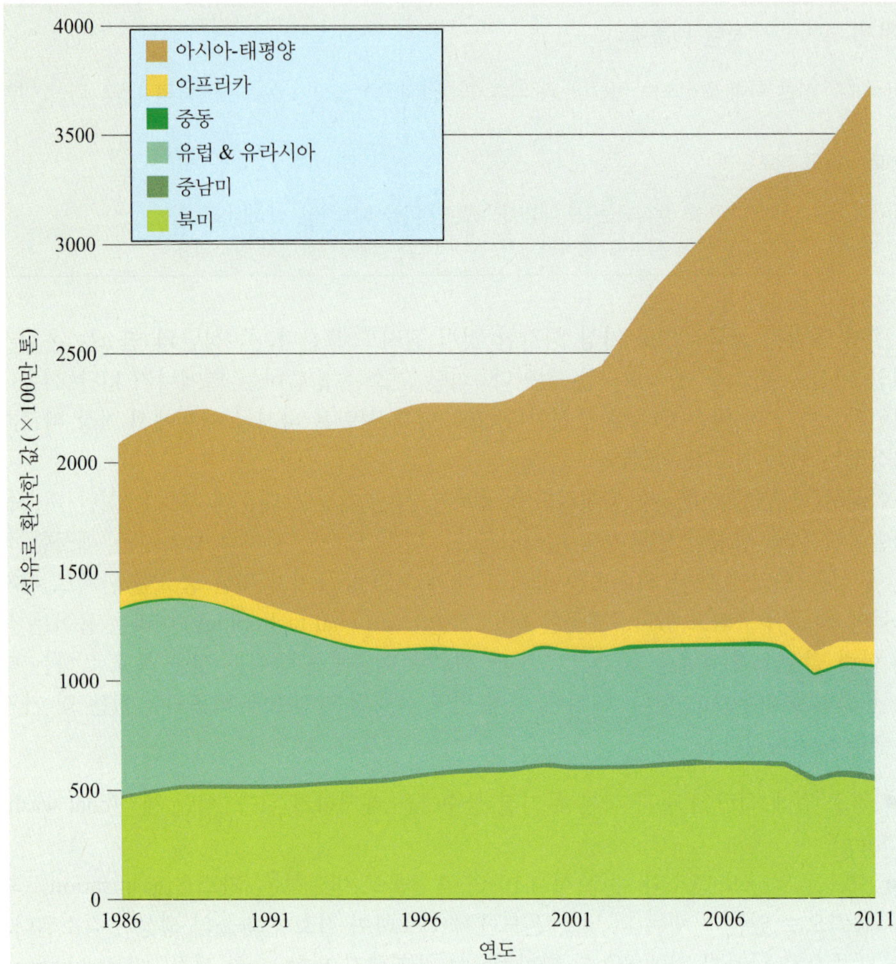

그림 4.9 대륙별 세계 석탄 소비량(1986~2011)

출처: BP Statistical Review of World Energy, *June 2012.*

한 심각한 문제가 남아 있다.

화석 연료로 인한 가장 암울한 미래는 무엇인가? 그 답은 여러분이 어디에 살고 있는가에 달려 있다. 그림 4.9는 1986년에서 2011년까지 세계 대륙별 석탄 수요를 비교하고 있다. 대부분의 대륙에서 완만한 증가를 보여 주고 있지만 아시아에서는 석탄 사용이 치솟고 있다. 일견 중국이 막대한 석탄 매장량을 가지고 있기 때문에 이와 같은 급속한 성장에 이해가 간다. 그러나 다른 한편으로는(어떠한 국가에 의한 것이든지) 석탄 연소는 지속 가능성에 대한 기준은 명백히 충족하지 못하고 있다.

2012년 기준, 중국은 세계 석탄 매장량의 약 12%를 가지고 있다. 미국(28%)과 러시아(18%)만이 더 많은 석탄을 가지고 있다.

연구과제 4.10 깨끗한 석탄(Clean coal)

2011년, 신문 칼럼니스트는 깨끗한 석탄의 아이디어는 "먼 꿈으로 남아 있다."고 말하였다.

a. 석탄을 더러운 연료로 만드는 요인을 세 가지 기술하시오.
b. 몇 년이 흐른 지금은 깨끗한 석탄이라는 꿈을 실현하는 데 가까이 왔는가? 어느 쪽이든 방식을 선택하고 여러분의 생각을 주장하는 데 이용하시오.

4.4 석유 및 천연가스

석유(petroleum)로도 알려진 원유(crude oil)는 유정에서 분출하는 액체이다. 이는 타르 오일샌드(oil sand)와 셰일(shale)로 발견되기도 한다. 출처에 따라 석유는 맑은 금색 오일에서 검은 타르 액체까지 다양하다. 또 석유는 천연가스 매장을 동반하기도 한다.

코카서스 중동 프랑스

1950년경 석유는 석탄을 넘어서 미국의 주요 에너지원으로 자리매김하였다. 그 이유는 비교적 쉽게 이해할 수 있다. 석탄과는 달리, 석유는 액체라는 뚜렷한 장점을 가지는데, 이는 지표면까지 펌프를 통해 끌어올리고, 파이프라인을 통한 정유 공장까지의 이송을 용이하게 한다. 더구나 석탄 대비 석유는 g당 약 40~60% 더 많은 에너지를 얻을 수 있다. 높은 품질의 석탄이 30 kJ/g인 반면, 석유는 일반적인 에너지 함량이 48 kJ/g이다.

석유(원유)는 수많은 다른 화합물들의 혼합물이다. 대다수는 수소와 탄소만으로 구성된 화합물인 **탄화수소(hydrocarbon)**이다. 화학 결합에 대한 몇몇 기본적인 규칙은 혼란스러워 보이는 탄화수소에서 질서를 찾을 수 있을 것이다. 첫 번째는 2장에서 소개한 **팔전자 규칙(octet rule)**으로, 탄화수소에서 탄소는 8개의 최외각 전자를 갖기 위해 공유결합한다. 예를 들어 천연가스의 주성분인 메테인(methane, CH_4)은 중앙의 탄소 원자가 4개의 공유 결합으로 8개의 전자를 가지게 된다.

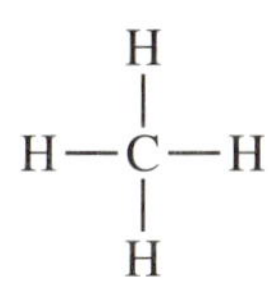

또 다른 유용한 규칙은 탄화수소 화합물에서 탄소 원자가 4개의 결합을 만든다는 것이다. 하나의 가능성은 메테인과 같이 4개의 단일 결합을 갖는 것이다. 다른 가능성은 에텐[ethene, 에틸렌(ethylene)]처럼 1개의 이중 결합과 2개의 단일 결합을 가지므로 전체적으로 4개의 결합을 갖는 것이다.

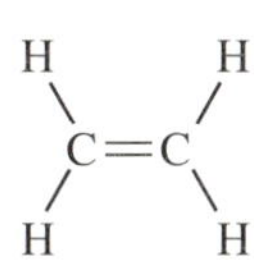

1장에서 설명한 바와 같이, 화학식(chemical formula)은 각 분자에 존재하는 원자의 종류와 개수를 보여 주는 것으로 각각의 원자가 어떻게 연결되어 있는지는 나타내지 않는다. 이와 같은 자세한 정보를 얻기 위해서는 구조식(structural formula)이 필요하다. 예를 들어 라이터 연료 및 캠핑용 스토브에 사용하는 *n*-뷰테인(*n*-butane, C_4H_{10}) 구조식이 있다. 화학 물질명에서 *n*은 노말(normal)을 나타내는 것으로, 탄소 원자가 직쇄(straight chain)상임을 뜻한다.

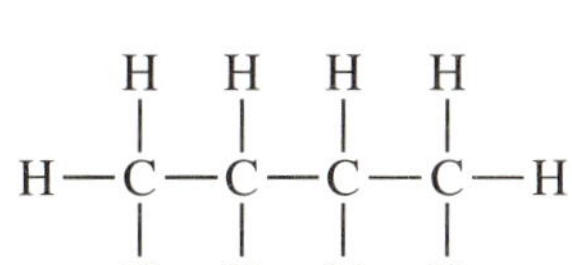

구조식의 단점은 페이지에 많은 공간을 차지한다는 것이다. 동일한 정보를 보다 압축해서 전달하기 위하여 일부 결합을 표기하지 않은 **축약 구조식(condensed structural formula)**을 이용한다. 반면 구조식은 분자 내 모든 결합을 포함하고 있다. 다음은 *n*-뷰

표 4.2 대표적 알케인(기체와 액체)

물질명과 화학식	끓는점(상온에서 물리적 상태)	구조식	축약 구조식
메테인 CH_4	−164°C (기체)	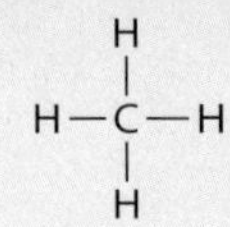	CH_4
에테인 C_2H_6	−89°C (기체)	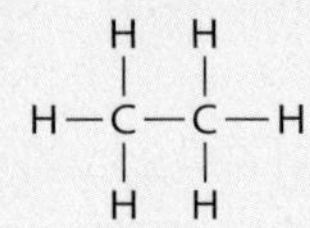	CH_3CH_3
프로페인 C_3H_8	−42°C (기체)	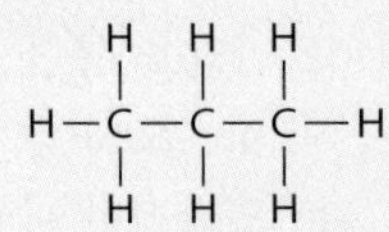	$CH_3CH_2CH_3$
n-뷰테인 C_4H_{10}	−0.5°C (기체)	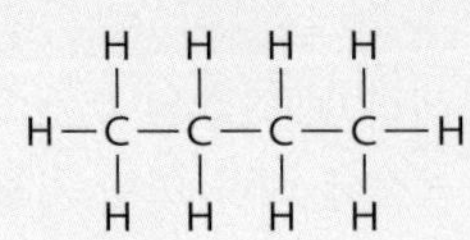	$CH_3CH_2CH_2CH_3$
n-펜테인 C_5H_{12}	36°C (액체)	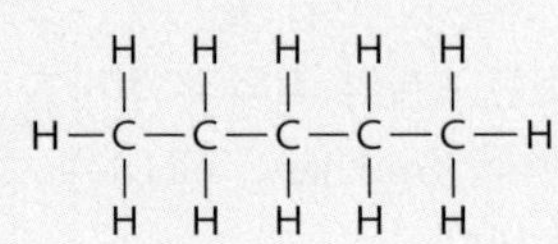	$CH_3CH_2CH_2CH_2CH_3$
n-헥세인 C_6H_{14}	69°C (액체)	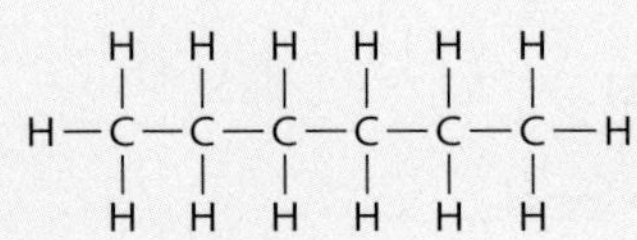	$CH_3CH_2CH_2CH_2CH_2CH_3$
n-헵테인 C_7H_{16}	98°C (액체)	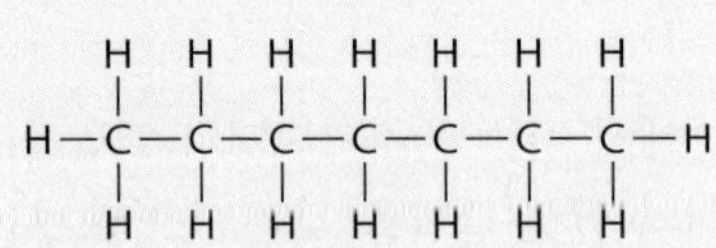	$CH_3CH_2CH_2CH_2CH_2CH_2CH_3$
n-옥테인 C_8H_{18}	125°C (액체)	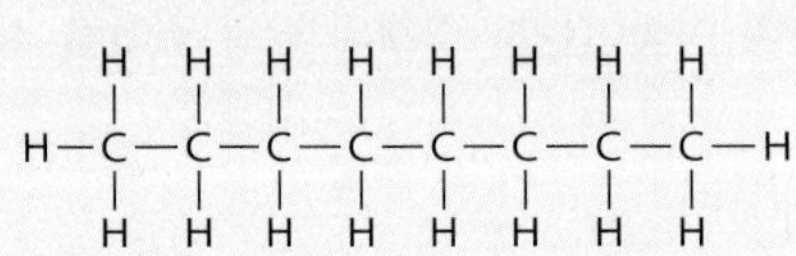	$CH_3CH_2CH_2CH_2CH_2CH_2CH_2CH_3$

비고: *n*-뷰테인, *n*-펜테인, *n*-헥세인, *n*-헵테인, *n*-옥테인은 모두 다른 이성질체를 가진다(4.7절 참조). 여기서 *n*은 직쇄상 이성질체를 의미한다.

테인의 두 가지 축약 구조식이며, 두 번째가 첫 번째보다 더 축소하여 나타낸 것이다.

$$CH_3—CH_2—CH_2—CH_3 \qquad CH_3CH_2CH_2CH_3$$

이들 구조식에서 H 원자가 탄소 사슬의 한 부분인 듯 보이나, 그렇지 않다는 점에 유의해야 한다.

석유를 구성하는 대부분의 탄화수소는 **알케인(alkane)**으로, 탄소 원자 간에 단일 결합만을 가지는 탄화수소이다(표 4.2). 휘발유는 분자당 5~12개의 탄소 원자를 갖는 탄화수소의 혼합물로, 펜테인(pentane), 헥세인(hexane), 헵테인(heptane)을 포함한다. 1800년대 중반 이후부터 생산되었음에도 불구하고 휘발유는 20세기 초 자동차의 출현으로 빛을 보게 된다. 이 장 뒷부분에서 휘발유에 대해 보다 자세히 살펴볼 것이다.

2011년 기준으로 미국에서는 137개의 정유 공장이 가동 중이며, 11개의 유휴 공장이 있다.

원유에서 휘발유와 다른 탄화수소 화합물은 어떻게 생산되는가? 이 과정은 석유 화학 산업의 꽃이라 할 수 있는 정유 공장에서 진행된다(그림 4.10). 석유 정제 과정의 첫 단계는 원유를 휘발유를 포함하는 여러 분획(fraction)으로 분리하는 것이다.

그림 4.10 높은 증류탑이 보이는 정유 공장. 화염에서 보이는 바와 같이 소량의 천연가스가 타오르고 있다.

정유는 **증류(distillation)**를 포함한 몇몇 과정을 거쳐 원유에 마법을 건다. 증류는 용액을 끓는점까지 가열한 후 증기를 응축하여 모으는 분리 공정이다. 그림 4.11의 증류탑에서 보인 바와 같이, 다른 과정에는 촉매 분해(catalytic cracking), 개질(reforming), 코크스화(coking)가 있다. 이들 과정에 대해서는 4.7절에서 설명하고자 한다.

5장에서 정수(water purification) 과정 중 증류(distillation)에 대해 자세히 살펴볼 것이다.

원유를 증류하기 위해서, 먼저 원유를 큰 용기(그림 4.11의 보일러)에 넣고 가열한다.

- 보일러의 온도가 상승함에 따라, 끓는점이 낮은 (분자량이 작은) 화합물이 기화된다.
- 온도가 더 상승하면, 끓는점이 보다 높은 (분자량이 큰) 화합물이 기화된다.
- 기화된 모든 화합물은 증류탑을 따라 위로 이동한다.
- 증류탑 높이가 높아질수록 온도가 낮아지므로, 화합물은 서로 다른 높이에서 응축하여 액체가 된다.

그림 4.11에 증류탑에서 얻을 수 있는 혼합물을 그림으로 표현하였다. 이들 분획에는 메테인과 같은 기체, 휘발유와 같은 액체, 아스팔트와 같은 고체가 있다. 각각의 양은 원유의 종류에 따라 다르다.

가장 '가벼운' 분획을 모은 것이 정제 가스(refinery gases)이다. 이 화합물은 분자당 1~4개의 탄소 원자를 가지며, 메테인, 에테인, 프로페인, 뷰테인을 포함한다. 정제 가스는 가연성으로 종종 정유 공장의 연료로 이용한다. 또한 액화시킨 후 가정용으로 판매하기도 한다. 화학 물질 제조업체에서는 새로운 화합물을 만드는 출발 물질로 정제 가스를 이용할 수도 있다.

메테인을 포함한 정제 가스는 천연가스의 주요 성분이다. 그러나 대부분의 천연가스는 정유 과정 중의 증류보다는 유정이나 가스층에서 직접 얻는다. 가정용 천연가스는

메테인은 폭발성이 있는 무취성 기체이다. 사람들에게 기체가 새고 있다는 것을 알리기 위하여 독특한 냄새가 나는 화합물을 천연가스에 첨가한다.

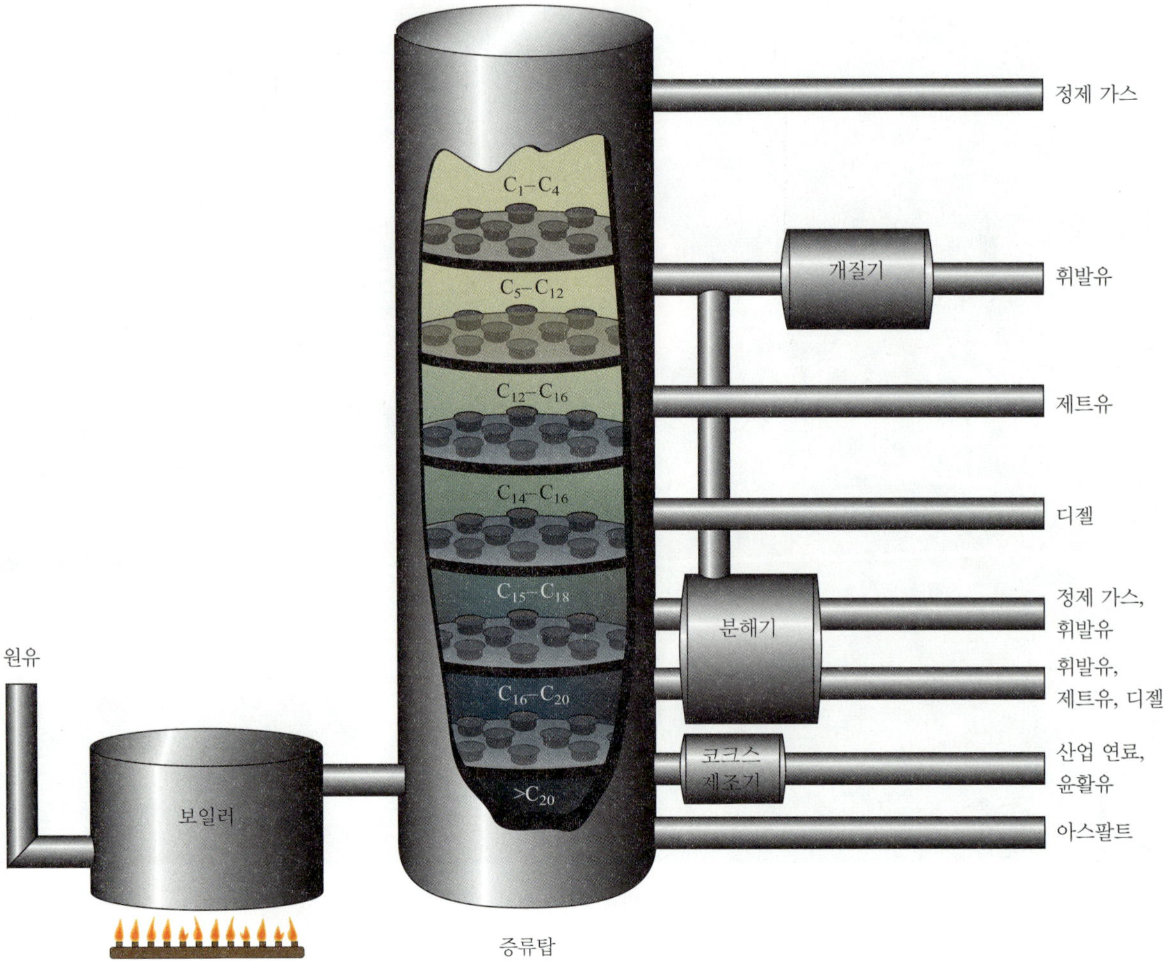

그림 4.11 원유용 증류탑 그림: 분획(fractions)과 대표적 사용처

실제적으로 순수한 메테인이나 에테인(2~6%)과 다른 분자량이 작은 화합물을 포함하고 있다. 천연가스는 소량의 수증기, 이산화 탄소, 황화수소, 헬륨을 함유할 수 있다. 따라서 수송관을 통해 이송하기 전에, 천연가스에서 이와 같은 불순물을 제거하는 단계(scrubbing)를 거쳐야 한다.

수송관을 통해 전달된 천연가스는 각 가정에서 직접 사용되거나 발전소에서 연소되어 생산한 전기의 형태로 미국 내 절반 이상의 가정에 열을 공급하고 있다. 화석 연료 중에서는 천연가스가 상대적으로 깨끗한 에너지원이다. 천연가스는 이산화 황을 배출하지 않으며 상대적으로 적은 양의 입자상 물질, 일산화 탄소, 질소 산화물을 배출한다. 연소 후 남은 재에도 독성 금속은 없다. 비록 천연가스 역시 연소하면 온실기체인 CO_2를 배출하지만 그 단위 에너지당 배출량은 다른 화석 연료에 비해 적다. 예제 4.11에서 그 양을 살펴보자.

예제 4.11 석탄 대 천연가스

천연가스 1 g을 연소하면 50.1 kJ의 열을 방출한다.

a. 천연가스를 태워 1,500 kJ의 열을 생산한다면 이때 방출되는 CO_2 질량을 계산하시오.

b. 표 4.1에서 석탄 한 종류를 선택하시오. 동일하게 1,500 kJ의 열을 생산하기에 충분한 양의 석탄을 태웠을 때 방출되는 CO_2 질량을 계산하고, 비교하시오.

힌트: 석탄을 $C_{135}H_{96}O_9NS$라 가정하라. 예제 4.8에서 석탄 분자량을 계산하였다.

1배럴은 42갤런이다. 원유보다 밀도가 작은(그리고 더 큰 부피를 갖는) 제품이 일부 생산되어, 정제 후 그 부피가 약간 커진다. 밀도는 5장에서 정의되어진다.

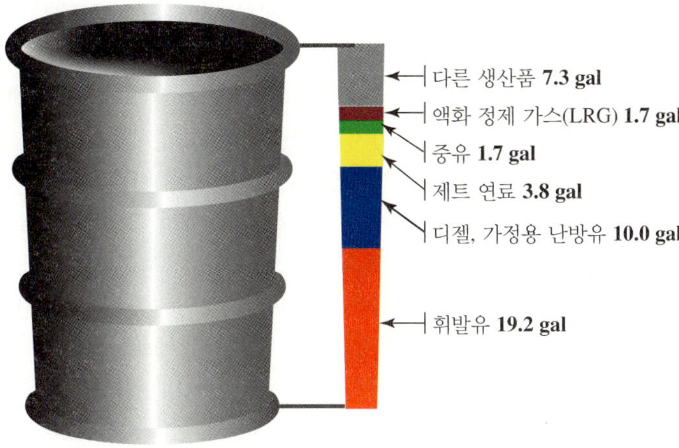

그림 4.12 1배럴의 원유를 정제할 때 나오는 생산품(갤런)

출처: *U.S. Energy Information Administration, 2009.*

정유 과정을 통해 정제 가스와 함께 다양한 화합물이 생산된다(그림 4.12). 1배럴(42갤런)의 원유 중 약 35갤런이 난방과 교통수단용으로 사용한다. 남은 원유는 플라스틱, 제약, 직물 및 다른 탄소 기반 제품 생산을 위한 공급 원료로 사용되는 부분을 포함하여 주로 비연료용으로 이용한다. 이들 탄화수소 공급 원료는 재생 불가능한 자원으로, 원유 제품을 그냥 태워버리기에는 너무 중요한 자원임을 알게 되는 그 날이 오리라는 것을 쉽게 예측할 수 있다.

우리는 지금 석유가 부족한 상태인가? 보다 적절한 질문은 '비교적 쉽게 채취할 수 있는 석유는 언제 부족해질 것인가?'일 것이다. 이는 지구에 남아 있는 화석 연료 양의 문제가 아니라, 우리가 이들을 뽑아 쓰는 속도의 문제이다. 1950년대 중반, 연간 전 세계 석유 소비량은 40억 배럴이었으며, 매년 300억 배럴의 새로운 유정을 발견하였다. 오늘날 그 숫자는 역전되었다. 전 세계적으로 연간 300억 배럴이 소비되고 있으며 그중 67 배럴이 미국에서 소비된다.

2001년 이후 미국은 매일 700만에서 900만 배럴의 원유를 생산하고 있다. 반면 매일 약 2,000만 배럴을 소비하고 있다.

최근 발견된 카스피해 카샤간(Kashagan)의 대형 유전에서는 10억 배럴 이상의 원유를 얻을 것으로 예상된다. 카샤간 유전은 2000년에 발견되었으나, 2013년에서야 생산에 들어갔다. 석유의 발견과 석유의 생산 사이의 지연은 일반적이다. 지금 우리가 사용하는 석유는 수십 년 전에 발견된 유전에서 추출한 것이다.

결국 어떤 시점에서, 우리는 더 이상 미래에 생산을 보장할 유전을 찾을 수 없을 것이다. 이 관점에서 석유 전문가들은 석유 생산이 정점을 찍은 후 감소할 것으로 예측하였다. *Science*에 2011년 게재된 논문, "이미 석유 생산의 정점에 있을 수 있다(Peak Oil Production May Already Be Here)"는 아래 내용을 담고 있다.

> 모두가 동의하듯 종래의 방식으로 석유를 추출하는 데 어려움이 증가하고 있다. 석유를 추출하는 가장 손쉬운 방법은 저절로 또는 펌프로 뽑거나 물로 밀어내는 등 최소한의 도움을 받아 유전에서 원유가 자연스럽게 흘러나오게 하는 것이다. 유정이나 유전에서의 기존 석유 생산은 증가하고, 최고조에 달하고 그리고 감소한다.

같은 논문에서 원유 분석가 로저스(Michael Rodgers, PEC Energy, 쿠알라룸푸르)는 "기존 원유의 지속적인 성장을 이어가기 위한 우리의 논쟁은 매우 어려운 문제다."라고 말한다.

우리가 추출이 용이한 원천을 살펴보았다면, 더 어려운 곳에 위치하고 있는 새로운 유전이 남아 있다. 이는 해수면으로부터 수천 피트 아래에 있으며 심해 굴착기를 이용

그림 4.13 캐나다의 오일샌드는 기존 원유와는 달리 밀도가 큰 혼합물로, 표면으로 분출되지 않는다.

해야만 추출할 수 있다. 캐나다에서는 타르 오일샌드(tarry oil sand)로 발견되며(그림 4.13), 유타, 콜로라도, 와이오밍에서는 오일 셰일(oil shale)이 발견된다. 대략 3조 배럴에 이르는 그 양은 매우 고무적이다. 이들 오일이 쉽게 회수될 수 있었다면 오늘날 이들이 오일샌드나 셰일 형태로 묻혀 있지 않았을 것이다.

그렇다 하더라도 매우 놀라운 사실이 있다. 그 첫 번째로 미국은 땅 속 깊은 저장소에서 천연가스를 생산하고 있다. 이를 추출하기 위하여 수압 파쇄(hydraulic fracturing, fracking)를 이용한다. 1940년대 최초로 시도하였으나, 극히 최근에 와서야 대용량 수압 파쇄 공정을 적용하고 있다. 2004년에 펜실베이니아, 웨스트버지니아 및 인근 주 일부 지역에 걸쳐 분포하고 있는 마셀러스 셰일(Marcellus Shale)을 굴착하였다. 2010년 마셀러스 셰일의 천연가스의 생산은 하루에 1억 입방피트에 달하였다.

수압 파쇄에는 지구 표면으로부터 1에서 2마일 아래에 분포하고 있는 가스를 함유하고 있는 셰일까지의 굴착 과정이 있다. 천연가스가 흐를 수 있는 크랙(crack)을 만들기 위하여 여러 물질이 혼합되어 있는(칵테일, cocktail) 물을 압력을 가해 주입한다. 균열을 더 개방하기 위하여 물은 고운 모래를 운반한다. 다음 연구과제로 수압 파쇄의 세부 내용을 알 수 있을 것이다.

연구과제 4.12 파쇄

a. 셰일의 파쇄는 다이너마이트보다 유압으로 진행된다. **유압**(*hydraulic*)은 무엇을 의미하는가? 다이너마이트를 사용할 수 없는 이유를 생각해 보시오.

b. 유정(well)에는 통상 얼마의 물을 주입하는가? 물에 포함되어 있는 칵테일(cocktail)이라는 성분은 무엇인가?

c. 일부의 물은 폐수(waste water)로 표면으로 돌아온다. 이들 폐수를 처리하는 몇 가지 방법은 무엇인가?

우리 곁을 떠나고 있는 기존 그리고 새로운 연료에 대한 논의는 어디까지 왔는가? 일부는 석유와 가스에 대한 긍정적인 시나리오를 제안하고 있으며, 다른 일부는 더 부정적이다. 이 차이는 전 세계적으로 회수 가능한 매장 자원이 무엇이며, 그리고 대기 중 CO_2의 상승을 일으키는 연소에 부합하는지 정도에 의존한다. 우리가 갑자기 석유와 가스 부족에 직면할 것이라는 예측은 없다. 그보다는 갑작스러운 가격 상승으로 희소성이 증가하여 아마도 석유 생산이 정점에 도달했을 때 새로운 사회적 기준이 그 시기를 특정지을 것이다. 이런 일이 일어난다면, 우리는 더 이상 지금처럼 '검은 황금(black gold)'에 의존하지 않아도 될 것이다.

4.5 에너지 변화의 측정

에너지를 방출하는 능력이 좋은 연료를 결정한다. 이미 본 바와 같이 칼로리와 줄은 식품이나 연료가 지닌 에너지를 표시하기 위하여 사용할 수 있다. 이 절에서는 화학 반응에서 에너지 변화를 정량화하는 것을 배울 것이다. 다음 예제에서 에너지 단위를 실습해 보자.

도넛은 지방과 탄수화물을 포함하고 있으며, 이들에 대해서는 11.3절과 11.5절에서 각각 더 자세히 살펴볼 것이다.

예제 4.13 에너지 계산

a. 도넛이 대사되면 425 kcal(425 Cal)를 방출한다. 이 수치를 kJ로 표시하시오.

b. 도넛 한 개를 대사하여 얻은 에너지로 바닥에서 2 m 높이에 있는 선반 위까지 1 kg짜리 책 몇 권을 들어 올릴 수 있는지를 계산하시오.

답

a. 1 kcal은 4.184 kJ이다.

$$425\ \text{kcal} \times \frac{4.184\ \text{kJ}}{1\ \text{kcal}} = 1.78 \times 10^3\ \text{kJ}$$

b. 앞에서 1줄(joule)은 1 kg의 책을 지구 중력에 반하여 10 cm 높이로 들어 올리는 데 필요한 에너지와 거의 같다고 하였다. 이 정보를 이용하여 2 m까지 들어 올릴 수 있는 1 kg짜리 책의 수를 계산할 수 있다. 먼저 2 m는 200 cm와 같음을 주목하자. 다음 하나의 1 kg 책을 2 m까지 드는 데 필요한 에너지를 줄로 계산한다.

$$200\ \text{cm} \times \frac{1\ \text{J}}{10\ \text{cm}} = 20\ \text{J}$$

이제 이 수치를 kJ로 표시한다.

$$20\ \text{J} \times \frac{1\ \text{kJ}}{10^3\ \text{J}} = 0.020\ \text{kJ}$$

이 값을 이용하여 마지막 계산을 한다.

$$1.78 \times 10^3\ \text{kJ} \times \frac{1\text{개 책}}{0.020\ \text{kJ}} = 8.9 \times 10^4\text{개 책}$$

도넛의 1개 열량을 소진하려면 약 90,000권의 책을 들어야 한다!

확인문제 4.14 가정 확인하기

앞의 예제에서 b를 계산할 때 간단한(그리고 오차가 많은) 가정을 하였다. 가정이 무엇이고, 이 가정이 타당한가? 이 가정에 근거할 때, 답이 너무 높거나, 너무 낮지는 않은가? 그 이유를 설명하시오.

도넛처럼 건강에 그리 좋지 않은 음식을 포함하여 음식의 대사는 우리 몸이 일정한 온도로 유지하는 것을 도와 준다. **온도(temperature)**는 물질에 존재하는 원자 그리고/또는 분자의 평균 운동 에너지를 나타내는 척도이다. 우리 주위의 모든 것은 어떤 온도를 갖는다. 즉 차거나 뜨겁거나 미지근하다. 우리가 특정 물체를 '차갑다'고 느낀다면 이는 그 물체의 원자와 분자가 '뜨겁다'고 느끼는 물체에 비하여 평균적으로 천천히 움직이는 것을 의미한다. 따라서 물체의 온도가 증가하기 위해서는 이 물체의 원자와 분자의 운동 에너지가 증가해야 한다. 이 에너지는 어디에서 온 것인가? **열(heat)**은 더 뜨거운 물체에서 더 차가운 물체로 흐르는 운동 에너지이다. 두 물체가 접촉할 때 열은 높은 온도의 물체에서 낮은 온도의 물체로 흐른다.

비록 온도와 열의 개념이 서로 연관되어 있지만 서로 일치하지는 않는다. 여러분이 가지고 다니는 병 속 물과 태평양이 같은 온도에 있을 수 있으나 대양은 병 속 물보다 더 많은 열을 가지고 있으며 전달할 수 있다. 실제로 물 전체는 열을 흡수하고 전달하는 능력을 가지고 있어 전 지역의 기후에 영향을 줄 수 있다.

해양과 기후의 상관관계는 3.10절, 5.2절, 6.5절에서 자세히 살펴볼 수 있다.

열량계(calorimeter)는 연소 반응에서 방출되는 열에너지의 양을 실험적으로 측정하는 장비이다. 그림 4.14는 열량계의 개략적 구조를 보여 준다. 이것을 사용하기 위해서는 질량을 알고 있는 연료와 과잉의 산소를 두꺼운 벽을 가진 스테인리스강 용기에 주입해야 한다. 그 후 용기를 밀폐하고 물속에 넣는다. 전기 불꽃으로 연소 반응을 시작한다. 반응에 의해 방출된 열은 용기에서 물과 장치의 나머지로 흐른다. 결과적으로 전체 열량계 시스템의 온도가 상승한다. 반응에 의해 방출된 열의 양은 상승한 온도와 열량계와 이를 담고 있는 물의 알려진 열 흡수 성질을 이용하여 계산할 수 있다. 온도 상승이 크면 클수록, 이 반응에서 방출된 에너지의 양도 크다.

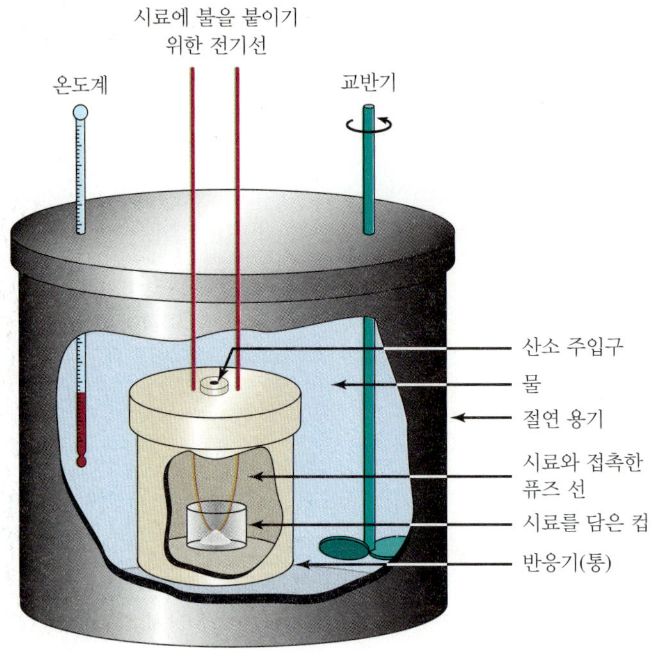

그림 4.14 열량계의 개략적 그림

관습에 따라 연소열은 모든 연소 반응이 열을 방출함에도 양(+)으로 표시한다.

몰(mole)은 3.7절에서 정의되었다.

이러한 종류의 실험적 측정이 표로 나타낸 연소열 수치의 원천이다. 이름이 보여 주듯이 **연소열(heat of combustion)**은 특정한 양의 물질이 산소에서 탈 때 방출하는 열 에너지의 양이다. 연소열은 전형적으로 양(+)의 몰당 kJ(kJ/mol), g당 kJ(kJ/g), 몰당 kcal(kcal/mol), g당 kcal(kcal/g)로 나타낸다. 예를 들면 실험적으로 측정한 메테인의 연소열은 802.3 kJ/mol이다. 이것은 1몰의 $CH_4(g)$이 2몰의 $O_2(g)$와 반응하여 1몰의 $CO_2(g)$와 2몰의 $H_2O(g)$가 생성될 때, 802.3 kJ의 열이 방출됨을 의미한다.

$$CH_4(g) + 2\,O_2(g) \longrightarrow CO_2(g) + 2\,H_2O(g) + 802.3\text{ kJ} \qquad [4.3]$$

이 수치를 이용하여 1몰이 아니라 1 g이 방출하는 kJ의 값을 계산할 수 있다. 탄소와 수소의 원자 질량으로부터 계산한 CH_4의 몰질량은 16.0 g/mol이다.

$$\frac{802.3\text{ kJ}}{\cancel{1\text{ mol CH}_4}} \times \frac{\cancel{1\text{ mol CH}_4}}{16.0\text{ g CH}_4} = 50.1\text{ kJ/g CH}_4$$

연료의 관점에서 이는 높은 연소열이다! 이 수치가 다른 연료의 연소열과 어떻게 비교될 수 있는지 알려면 그림 4.16을 미리 보라.

발열 반응의 경우, $E_{생성물} - E_{반응물} < 0$ 이다.

메테인을 연소하는 것은 폭포 꼭대기에서 떨어지는 물과 비슷하다. 물은 초기의 높은 퍼텐셜 에너지 상태에서 낮은 퍼텐셜 에너지 상태로 떨어진다. 퍼텐셜 에너지는 운동 에너지로 바뀌어 아래의 바위에 물이 부딪칠 때 방출한다. 비슷하게 메테인이 연소할 때, 반응물의 원자들이 생성물을 생성하면서 낮은 퍼텐셜 에너지 상태로 '떨어질' 때 에너지를 방출한다. 그림 4.15에 이 과정을 개략적으로 표현하였다. 아래를 향한 화살표는 1몰 $CO_2(g)$와 2몰 $H_2O(g)$와 관련된 에너지가 1몰 $CH_4(g)$와 2몰 $O_2(g)$와 연관된 에너지보다 적다는 것을 의미한다. 메테인 연소는 **발열(exothermic)**이며, 이 용어는 열의 방출이 동반되는 모든 화학적 또는 물리적 변화에 적용된다. 이 반응에서 에너지 차이는 −802.3 kJ이다. 모든 발열 반응의 에너지 변화에 붙은 음의 부호는 반응물에서 생성물로 갈 때 퍼텐셜 에너지가 감소하였음을 의미한다. 방출하는 에너지양이 연소하는 연료의 양에 의존하는 것은 놀라운 일이 아니다.

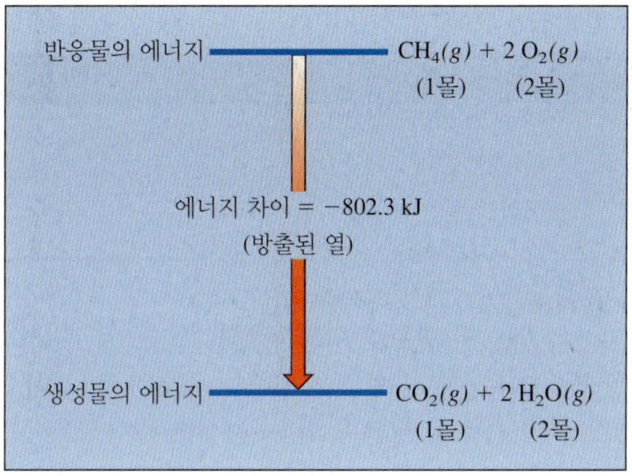

그림 4.15 메테인 연소에서의 에너지 변화—발열 반응

지금까지의 내용으로 볼 때, 좋은 연료는 높은 퍼텐셜 에너지를 가지고 있음은 아마도 명백할 것이다. 연료의 퍼텐셜 에너지가 높으면 높을수록, 연료가 연소하여 CO_2와 H_2O를 생성할 때 방출하는 열이 더 많아진다. 그림 4.16은 몇 가지 다른 연료의 에너지 차이(kJ/g으로)를 비교하고 있다. 여러분은 연료의 화학식에 근거하여 흥미로운 몇 가지의 일반화를 시도할 수 있을 것이다. 첫째, 가장 높은 연소열을 가진 연료는 탄화수소이다. 둘째, 수소 대 탄소 비가 감소할수록 연소열은 감소한다. 셋째, 연료 분자 내 산소의 양이 증가할수록 연소열은 감소한다.

연구과제 4.15 석탄 대 에탄올

화학적 조성에 근거하여, 에탄올과 석탄은 매우 다른 화학식을 가지지만 비슷한 연소열을 보이는 이유를 설명하시오.

자연적으로 일어나는 많은 반응은 발열 반응이 아니라, 일어날 때 에너지를 **흡수**한다. 우리는 앞 장에서 두 가지 중요한 예를 논의하였다. 하나는 O_3가 분해되어 O_2와 O를 생성하는 것이고, 다른 예는 N_2와 O_2가 결합하여 2분자의 NO를 생성하는 것이다. 두 반응은 전기 방전, 높은 에너지의 광자, 고온과 같은 에너지를 필요로 한다. 이들 반응은 **흡열(endothermic)**이며, 이 용어는 에너지를 흡수하는 모든 화학적, 물리적 변화에 사용한다. 화학 반응에서 생성물의 퍼텐셜 에너지가 반응물의 퍼텐셜 에너지보다 **높을** 때, 이는 흡열 반응이다. 흡열 반응의 에너지 변화는 항상 양(positive)이다. 표 4.3에

2.6절에 UV 흡수에 따른 O_3 분해를 설명하였다. 1.9절에 고온에서 NO 형성 과정을 다루었다.

글루코스와 나무에 대한 자세한 내용은 4.9절을 살펴보라.

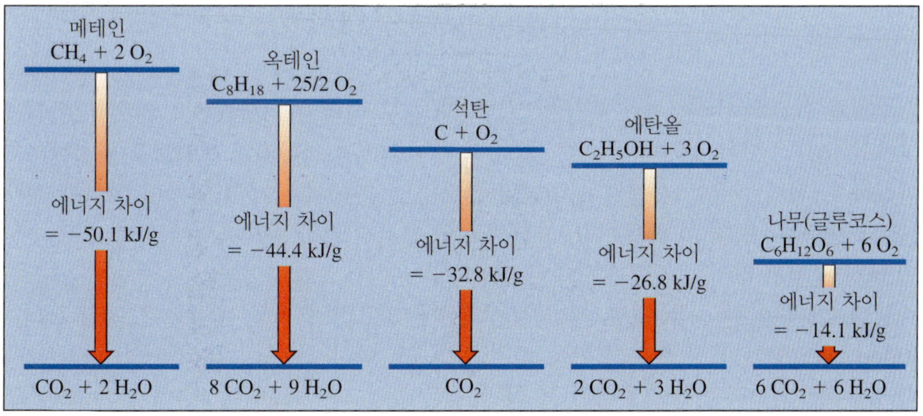

그림 4.16 메테인(CH_4), *n*-옥테인(C_8H_{18}), 석탄(순수 탄소로 가정), 에탄올(C_2H_5OH), 나무(글루코스로 가정)의 연소에 대한 에너지 차이(kJ/g). 생성된 이산화 탄소와 물은 기체 상태이다.

표 4.3 발열 반응 대 흡열 반응

흡열 반응	발열 반응
에너지$_{생성물}$ > 에너지$_{반응물}$	에너지$_{생성물}$ < 에너지$_{반응물}$
알짜 에너지 변화는 양	알짜 에너지 변화는 음
에너지 흡수	에너지 방출

흡열 반응과 발열 반응의 에너지 변화를 비교하였다.

식 4.4와 같이 글루코스가 생성될 때의 15.5 kJ/g의 값을, 글루코스를 연소시켰을 때의 −14.1 kJ/g(그림 4.16) 값과 비교하라. 전자의 경우 글루코스는 CO_2와 물(액체)에서 생성되고, 후자의 경우 글루코스는 연소 후 CO_2와 물(기체)을 만들기 때문에 그 값이 동일하지 않다.

광합성 또한 흡열 반응이다. 이 과정은 생성하는 글루코스($C_6H_{12}O_6$) 1몰당 2800 kJ 또는 1 g당 15.5 kJ의 햇빛 흡수를 필요로 한다. 완전한 광합성 과정은 많은 단계를 포함하고 있지만, 전체 반응은 다음과 같이 기술할 수 있다.

$$2800\text{ kJ} + 6\,CO_2(g) + 6\,H_2O(l) \xrightarrow{\text{엽록소}} \underset{\text{글루코스}}{C_6H_{12}O_6(s)} + 6\,O_2(g) \qquad [4.4]$$

이 반응은 녹색 안료인 엽록소(chlorophyll)을 필요로 한다. 엽록소 분자는 태양 가시광선의 광자(photon)로부터 에너지를 흡수하고, 에너지 관점에서 볼 때 언덕을 올라가는 과정인 광합성을 진행하는 데 이 에너지를 이용한다. 광합성은 대기 중에서 CO_2를 제거하면서 탄소 순환(carbon cycle)에서 중요한 역할을 한다.

각각 화학종의 퍼텐셜 에너지와 이들이 연소에서 방출하는 에너지의 양은 연료 분자 내부의 화학 결합과 연관되어 있다. 다음 절에서 분자 구조에 대한 지식이 연소열을 계산하는 데 어떻게 사용될 수 있는지를 보이고, 연료 사이의 차이를 어떻게 찾아낼 수 있도록 하는지를 보여 주고자 한다.

4.6 | 분자 수준에서의 에너지 변화

화학 반응은 화학 결합의 생성과 파괴를 포함한다. 사슬을 끊거나 종이를 찢을 때처럼, 결합을 끊기 위해서는 에너지가 필요하다. 반대로 결합이 생성될 때는 에너지가 방출된다. 화학 반응에 대한 전체 에너지 변화는 결합의 생성과 파괴의 알짜 변화에 의존한다. 만약 반응물의 결합을 끊는 데 필요한 에너지가 생성물이 생성될 때 방출하는 에너지보다 크면 전체 반응은 **흡열**이고, 에너지를 흡수한다. 반면 생성물의 결합 생성 에너지가 반응물의 결합을 파괴하는 데 필요한 에너지보다 크면 알짜 에너지 변화는 **발열**이고, 반응에 의해 에너지가 방출된다.

8.5절과 8.6절에서 연료로서의 수소에 대해 더 알아보자.

예를 들어 수소의 연소 반응을 살펴보자. 다른 연료와 비교할 때 수소는 연소 시 g당 상당한 에너지를 방출하기 때문에, 수소는 바람직한 연료이다.

$$2\,H_2(g) + O_2(g) \longrightarrow 2\,H_2O(g) + \text{에너지} \qquad [4.5]$$

수소가 연소하여 수증기를 형성하는 과정에 대한 에너지를 계산하기 위해서, 반응물 분자의 모든 결합이 끊어져야 하고 그 후 각 원자들이 재결합되어 생성물을 형성한다고 가정하자. 실제 반응은 이렇게 일어나지 않으나, 여기에서는 세부 과정이 아니라 전체(알짜) 변화가 중요하기 때문이다. 따라서 이와 같은 간단한 방식을 진행시켜 보고 이렇게 계산한 결과 값이 실험값과 얼마나 잘 일치하는지를 보고자 한다.

표 4.4에 주어진 공유 결합 에너지는 계산에 필요한 수치를 제공한다. **결합 에너지(bond energy)**는 특정 화학 결합을 끊기 위해 흡수해야 하는 에너지양이다. 따라서 에너지가 흡수되어야만 하므로 결합을 끊는 것은 흡열 과정이고, 표 4.4에 있는 모든 결합 에너지는 양(positive)의 값이다. 각 값은 끊어지는 결합의 1몰당 kJ로 표시되어 있다. 표의 위쪽과 왼쪽 줄에 나타낸 원자들에 주목하라. 열과 행이 교차하는 지점의 수치가

표 4.4 공유 결합 에너지(kJ/mol)

	H	C	N	O	S	F	Cl	Br	I
단일 결합									
H	436								
C	416	356							
N	391	285	160						
O	467	336	201	146					
S	347	272	—	—	226				
F	566	485	272	190	326	158			
Cl	431	327	193	205	255	255	242		
Br	366	285	—	234	213	—	217	193	
I	299	213	—	201	—	—	209	180	151
다중 결합									
C=C	598			C=N	616		C=O*	803	
C≡C	813			C≡N	866		C≡O	1073	
N=N	418			O=O	498				
N≡N	946								

*CO_2에서

두 원자 사이의 결합 1몰을 끊는 데 필요한 에너지(kJ)이다.

필요한 에너지양은 끊으려는 결합의 수에 의존한다. 결합이 많아질수록 에너지가 더 많이 필요하다. 표 4.4의 각 수치는 결합 1몰당 값이다. 예를 들면 H_2 분자에 있는 1몰의 H−H 결합을 끊는 데 필요한 에너지는 436 kJ이다. 비슷하게 O_2 분자에서 1몰의 O=O 이중 결합을 끊는 데 필요한 에너지는 498 kJ이다.

에너지가 흡수되는지 방출되는지를 추적할 필요가 있다. 이를 위해 양(+)의 부호로 에너지가 흡수됨을 표시한다. 이것은 결합이 끊어질 때 에너지가 흡수됨을 의미한다. 결합이 형성되면 에너지를 방출하고, 이때의 부호는 음(−)이다. 예를 들면 O=O 이중 결합의 결합 에너지는 498 kJ/mol이다. 따라서 1몰의 O=O 이중 결합이 끊어질 때 에너지 변화는 +498 kJ이고, 1몰의 O=O 이중 결합이 생성되면 에너지 변화는 −498 kJ이다.

이제 최종적으로 지금까지의 개념과 방식을 수소 기체(H_2)의 연소에 적용할 준비가 되었다. 다음 식은 반응에 참여하는 연계된 화학종의 루이스 구조식을 보여 주는데, 이를 통해 해리되거나 생성되는 결합을 셀 수 있다.

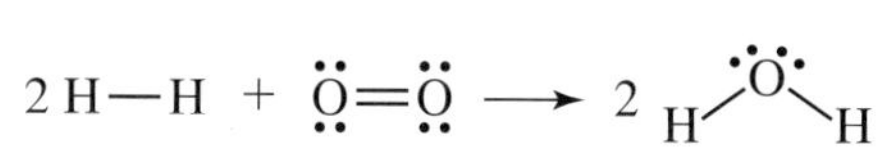

[4.6]

화학 반응식은 몰의 단위로 읽을 수 있음을 기억하기 바란다. 식 4.5와 식 4.6은 '2몰의 H_2 더하기 1몰의 O_2는 2몰의 H_2O를 만든다'를 의미한다. 결합 에너지를 이용하려면, 반응에 포함된 **결합**의 몰(mole)수를 계산해야 한다. 다음은 요약이다.

마지막 열에서, 전체 에너지 변화는 결합이 끊어질 때의 에너지(872 kJ + 498 kJ =

분자	분자당 결합수	반응에서의 몰수	결합의 몰수	결합 과정	결합당 에너지	전체 에너지
H−H	1	2	1 × 2 = 2	파괴	+436 kJ	2 × (+436) = +872 kJ
O=O	1	1	1 × 1 = 1	파괴	+498 kJ	1 × (+498) = +498 kJ
H−O−H	2	2	2 × 2 = 4	생성	−467 kJ	4 × (−467) = −1868 kJ

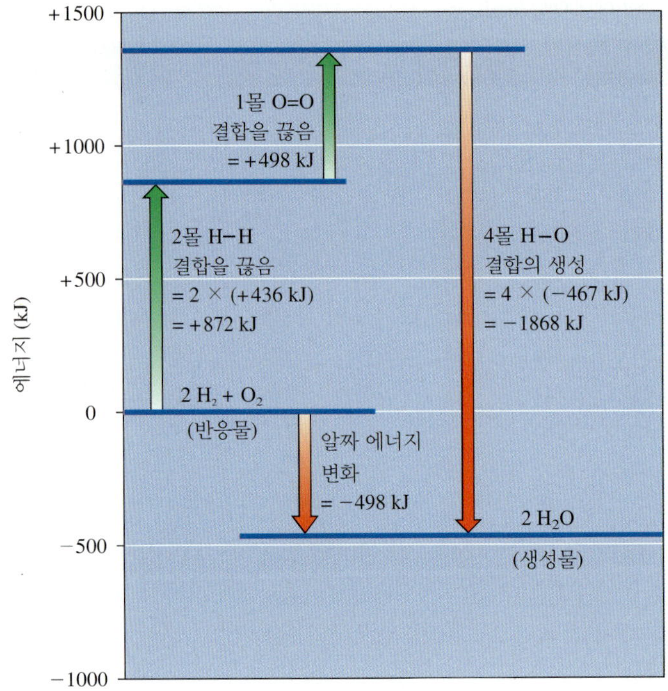

그림 4.17 수소가 연소하여 수증기를 형성하는 과정에서 일어나는 에너지 변화. 이 반응의 에너지 변화에 대한 더 많은 것을 위하여 Figures Alive를 보라.

1370 kJ)와 새로운 결합을 생성될 때의 에너지(−1868 kJ)로부터 알짜 에너지 변화는 −498 kJ임을 알 수 있다.

이러한 계산 방식을 그림 4.17에 나타내었다. 반응물인 2 H_2와 O_2의 에너지는 임의의 값이나 편리한 수치인 0으로 놓는다. 위를 향하고 있는 녹색 화살표는 반응물 분자의 결합을 끊어 4 H 원자와 2 O 원자를 형성하기 위해 흡수하는 에너지를 나타낸다. 오른쪽에 있는 아래를 향하고 있는 빨간색 화살표는 이들 원자가 결합하여 생성물인 2 H_2O 분자를 생성할 때 방출하는 에너지를 나타낸다. 더 짧은 빨간색 화살표는 −498 kJ의 알짜 에너지 변화에 해당하는데, 전체 연소 반응이 강한 발열 반응임을 보여 준다. 생성물은 반응물보다 낮은 에너지를 가지며 이에 따라 에너지 변화는 음(−)의 값이다. 알짜 결과는 대부분 열의 형태인 에너지의 방출이다. 이러한 발열 반응을 다르게 보는 방법은 더 약한 결합을 가지고 있던 반응물이 더 강한 결합을 가진 생성물로 변환된다고 하는 것이다. 이는 일반적으로 출발 물질에 비해 생성물이 더 안정(낮은 퍼텐셜 에너지)하고 반응성은 더 낮아진다.

지금 우리가 결합 에너지를 이용한 에너지 변화(수소 2몰의 연소의 경우 −498 kJ)는 모든 화학종이 기체일 때 실험적으로 결정한 수치와 잘 일치한다. 이러한 일치는 반응물 분자들의 모든 결합이 먼저 끊어지고 난 뒤 생성물의 모든 결합이 형성된다는 다소 비현실적인 가정을 정당화시켜 준다. 화학 반응에 따른 에너지 변화는 특정 과정, 메커니즘 또는 이들을 연결하는 개별적 단계에 의존하는 것이 아니라, 생성물과 반응물의 에너지 **차이**에 의존한다. 이는 반응의 에너지 변화에 관련된 계산을 할 때 매우 강력한 개념이 된다.

그러나 모든 계산을 이 예처럼 쉽고 명확하게 할 수 있는 것은 아니다. 그 이유 중 하나로, 표 4.4의 결합 에너지는 오직 기체에만 적용되므로 이 수치를 이용한 계산이 실험과 일치하는 경우는 모든 반응물과 생성물이 기체 상태일 경우만이다. 더 나아가, 목록화한 결합 에너지는 평균값이다. 결합 세기는 결합이 발견되는 분자의 전체 구조에 의존하는데, 이는 원자가 무엇과 결합하였는지에 의존한다는 말이다. 즉 O−H 결합의 세

실험값은 결합 에너지를 이용하여 계산한 값과 다소 차이가 난다.

기는 HOH, HOOH, CH_3OH에서 약간씩 다르다. 그럼에도 불구하고 여기에 보인 방법은 광범위한 반응에서 에너지 변화를 추산하는 데 유용하다. 또한 이러한 접근법은 결합의 세기와 화학 에너지의 관계를 표현하는 데도 도움을 준다.

이러한 분석은 연소 반응 생성물(H_2O 또는 CO_2)을 연료로 사용할될 수 없는 이유를 명확히하는 데 도움을 준다. 이 화합물들보다 더 강한 결합을 가지거나 더 낮은 에너지를 가진 물질로 변환할 수가 없다. 결론적으로, 배기가스로는 차를 달리게 할 수 없다!

예제 4.16 에타인의 연소열

표 4.4의 결합 에너지를 이용하여 에타인[C_2H_2, 아세틸렌(acetylene)이라 불리기도 함]의 연소열을 계산하시오. C_2H_2 몰당 kJ(kJ/mol)과, C_2H_2 g당 kJ(kJ/g)로 답을 구하시오. 다음은 완결된 화학 반응식이다.

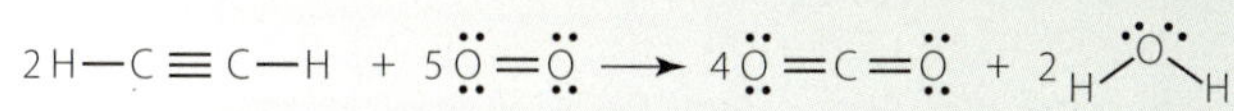

힌트: 화학 반응식에서 아세틸렌의 계수는 2이다. 연소열은 1몰에 대한 것이다.

답

에너지 변화 = −1256 kJ/mol C_2H_2 또는 −48.3 kJ/g C_2H_2

연소열 = 1256 kJ/mol C_2H_2 또는 48.3 kJ/g C_2H_2

예제 4.17 O_2 대 O_3

2장에서 강조한 바와 같이, 오존은 320 nm보다 짧은 파장을 가지는 자외선을 흡수하고, 산소는 242 nm보다 짧은 파장의 전자기 복사선을 흡수한다. 표 4.4의 결합 에너지와 2장의 O_3 공명 구조에 대한 정보를 이용하여 이유를 설명하시오.

4.7 휘발유의 화학

연료의 분자적 성질과 연소와 연관된 에너지 변화를 이해하고, 이제 우리는 석유로 돌아가자. 원유를 증류하여 얻은 화합물의 분포는 상업적 용도의 형태와는 상당한 차이를 보인다. 예를 들면 휘발유의 수요는 높은 끓는점 분획의 수요보다 상당히 많다. 자연적인 분포를 변화시켜 더 고품질의 휘발유를 더 얻기 위하여 화학자들은 몇 가지 공정을 적용한다. 이 공정에 분해(cracking)와 개질(reforming)이 포함된다(그림 4.11 참조).

탄화수소를 높은 온도로 가열하여 큰 탄화수소 분자를 작은 분자로 분해하는 과정인 **열분해(thermal cracking)**가 처음으로 개발되었다. 이 과정에서 가장 무거운 원유 분획을 400에서 450°C 사이로 가열한다. 이 열이 가장 무거운 타르 형태의 원유 분자를 휘발유와 디젤 연료로 유용한 더 작은 분자로 '분해한다(crack)'. 예를 들면 $C_{16}H_{34}$ 분자는 거의 동일한 2개의 분자로 분해될 수 있다.

그림 4.11에서도 보인 바와 같이, 코킹(coking)은 더 무거운 분획을 분해하기 하기 위하여 열을 이용한다. 이 과정은 거의 대부분 순수한 탄소인 코크스의 잔류물을 남긴다.

$$C_{16}H_{34} \xrightarrow{\text{가열}} C_8H_{18} + C_8H_{16} \qquad [4.7]$$

열분해로 다른 크기의 분자도 만들 수 있다.

$$C_{16}H_{34} \xrightarrow{\text{가열}} C_{11}H_{22} + C_5H_{12} \qquad [4.8a]$$

어떤 경우에도 탄소와 수소 원자의 총 수는 반응물에서 생성물로 갈 때 변화하지 않는다. 더 큰 반응물 분자는 단지 더 작고 더 경제적으로 중요한 분자로 부서지는 것이다. 공간 채움 모형(space-filling model)을 이용하여 크기 차이를 더 명확히 보일 수 있다.

C=C 이중 결합 원자의 기하 구조 때문에, $C_{11}H_{22}$의 공간 채움 모형은 '굽은(bent)' 형태를 보인다.

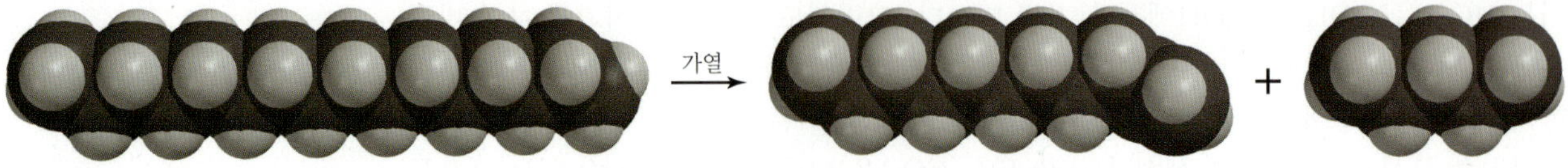

$C_{16}H_{34}$ $C_{11}H_{22}$ C_5H_{12} **[4.8b]**

예제 4.18 분해와 관련된 연습

a. $C_{16}H_{34}$를 열적으로 분해하였을 때 생성되는 한 쌍의 생성물에 대한 구조식을 그리시오(식 4.7을 참고하시오).
힌트: 직쇄(linear chain)와 이중 결합을 포함하고 있는 (단 하나의 생성물만이) 생성물들의 원자들을 그리라.

b. 표 4.2에 나타낸 알케인을 다시 보자. C 원자당 H 원자의 개수에 대한 규칙을 찾아 자세히 살펴보자. 이 방식을 이용하여 일반 화학식을 기술하시오.

c. 하나의 C=C 이중 결합을 가지는 탄화수소의 일반 화학식을 기술하시오.

답

b. C_nH_{2n+2}(n은 정수)

1.11절 자동차용 촉매 변환기에서 촉매를 소개하였다.

열분해와 관련된 문제는 고온을 만들기 위해 필요한 에너지이다. **촉매 분해(catalytic cracking)**는 상대적으로 낮은 온도에서 큰 탄화수소 분자를 더 작은 분자로 분해하는 데 촉매를 사용하는 공정이고, 따라서 에너지 사용을 감소시킨다. 주요 정유 회사의 화학자들은 중요한 분해 촉매를 개발하였고, 계속해서 선택적이면서도 경제적인 공정을 찾고 있다. 촉매가 어떻게 화학 반응 속도에 영향을 주는지는 4.8절에서 논의할 것이다.

작은 분자(단위체, monomer)로부터 매우 큰 분자(중합체, polymer)를 생산하기 위한 촉매 사용은 9.3절에서 논의된다.

가끔 화학자들은 분자를 분해하기보다 결합시키고자 한다. 휘발유에 필요한 중간 크기의 분자를 더 많이 생산하기 위해 촉매 결합(catalytic combination)을 사용할 수 있다. 이 공정에서 더 작은 분자들이 합해진다.

$$4\,C_2H_4 \xrightarrow{\text{촉매}} C_8H_{16} \qquad [4.9]$$

또 다른 중요한 화학 공정은 **촉매 개질(catalytic reforming)**이다. 여기서는 분자 내 원자들이 재배열되는데, 주로 선형(linear) 분자에서 시작하여 더 많은 측쇄(branched)를 가진 분자를 생성한다. 곧 알게 되겠지만, 더 많은 측쇄를 가진 분자일수록 자동차 엔진에서 더 부드럽게 연소한다.

분자가 같은 분자식을 가졌다 하더라도 완전히 동일할 필요가 없는 것으로 밝혀졌다. 예를 들어 옥테인(octane)은 화학식 C_8H_{18}을 가진다. 주의 깊은 분석 끝에 이 화학식을 가진 18개의 다른 화합물을 밝혀냈다. 이처럼 같은 분자식을 가지고 있으나, 서로 다른 화학 구조와 다른 성질을 가진 분자를 **이성질체(isomer)**라고 한다. *n*-옥테인(노말 옥테인)은 탄소 원자들이 하나의 연속적인 사슬(직쇄)로 연결되어 있다(그림 4.18a). *iso*-옥테인(아이소-옥테인)은 탄소 사슬이 몇 개의 측쇄 지점을 가지고 있다(그림 4.18b). 이 두 이성질체의 화학적, 물리적 성질은 비슷하나 동일하지는 않다. 예를 들면 *n*-옥테인의 끓는점은 125°C인 반면 *iso*-옥테인은 99°C이다.

측쇄 탄화수소의 연소는 직쇄 이성질체의 연소보다 2~4% 더 많은 에너지를 방출한다.

n-옥테인과 *iso*-옥테인의 연소열은 거의 동일하지만 자동차 엔진에서 다르게 연소한다. 더 꽉 찬 형태의 *iso*-옥테인 화합물이 더 '부드럽게(smoother)' 연소한다. 잘 정비된 자동차 엔진에서 휘발유 증기와 공기는 실린더에 들어가고 피스톤에 의해 압축되며 전기 불꽃으로 점화된다. 정상적인 연소란, 연료를 소비하는 동안 스파크 플러그가 연료-공기 혼합물을 점화하고 화염이 연소실을 신속히 퍼져 나갈 때 일어난다. 그러나 불꽃

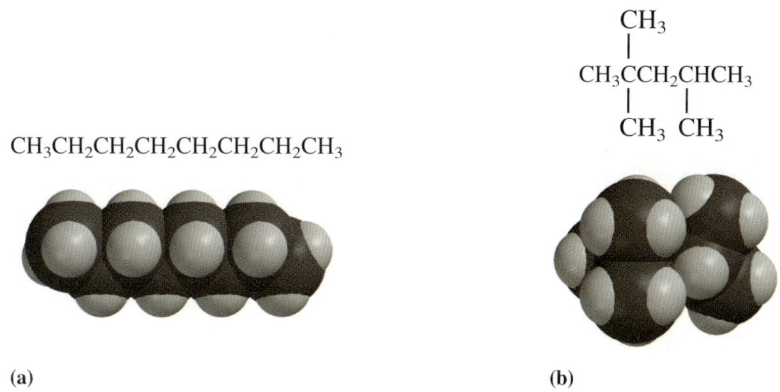

그림 4.18 (a) *n*-옥테인과 (b) *iso*-옥테인의 축약 구조식과 공간 채움 모형

이 터지기 전에 가끔 압축만으로 연료가 점화되기도 한다. 이러한 조숙한 점화를 조기 점화(preignition)라고 한다. 이것은 연소된 기체가 팽창할 때 피스톤이 최적 위치에 있지 않기 때문에 낮은 엔진 효율과 연료 과다 소비를 초래한다. 과격하고 통제되지 않은 반응인 '노킹(knocking)'은 전기 불꽃이 연료를 점화한 후에 일어나는데, 비정상적인 압력 상승과 함께 연소되지 않은 혼합물에 대한 초음속 속도로의 연소를 일으킨다. 노킹은 불쾌한 금속성 소음을 만들며 출력 손실과 과열을 일으키며, 심각할 경우 엔진에 손상을 입힌다.

오늘날 젊은이들은 엔진의 '노킹' 소음을 들어본 적이 없을 것이다. 현재에는 엔진 기술의 발전과 휘발유 혼합으로 이 현상은 거의 발생하지 않는다.

1920년대에 노킹은 휘발유의 화학적 조성에 의존함을 확인하였다. 특정 휘발유의 노킹에 저항하는 정도를 결정하기 위하여 '옥테인가(octane rating)'가 개발되었다. *iso*-옥테인은 자동차 엔진에서 매우 잘 작동하였고, 임의로 옥테인가 100이 할당되었다. *n*-옥테인과 마찬가지로 *n*-헵테인(*n*-heptane)은 직쇄 탄화수소이지만 $-CH_2$가 하나 적다. 이는 노킹이 되는 경향이 크므로 옥테인가를 0으로 할당하였다(표 4.5). 휘발유 주유소로 가서 87 옥테인 휘발유로 자동차를 채웠다면, 이는 87% *iso*-옥테인(옥테인가 100)과 13% *n*-헵테인(옥테인가 0)의 혼합물과 동일한 노킹 특성을 나타내는 휘발유를 구입한 것이다. 더 높은 등급의 휘발유 또한 가용한데, 89 옥테인(특급; regular plus)과 91 옥테인(초특급; premium)이 있다. 이러한 혼합물은 더 높은 옥테인가를 가진 화합물을 더 높은 함량(%)으로 포함하고 있다(그림 4.19).

그림 4.19 다양한 옥테인가의 휘발유가 가용하다.

비록 *n*-옥테인은 낮은 옥테인가를 가지고 있지만, 촉매를 이용하여 *n*-옥테인에서 *iso*-옥테인으로 개질함으로써 그 성능을 크게 향상시킬 수 있다. 이러한 재배열은 *n*-옥테인을 희귀하고 비싼 원소인 백금(Pt), 팔라듐(Pd), 로듐(Rh), 이리듐(Ir) 등으로 구성된 촉매에 통과시킴으로써 만들 수 있다. 노킹 방지 첨가제인 사에틸 납(tetraethyl lead, TEL) 사용을 금지하려는 전국적인 노력 때문으로 옥테인가를 향상시키기 위한 이성질체의 개질은 1970년대 후반 이후 중요하게 되었다.

표 4.5 일부 화합물의 옥테인가

화합물	옥테인가
n-옥테인	−20
n-헵테인	0
iso-옥테인	100
메탄올	107
에탄올	108
MTBE*	116

*MTBE: 메틸 3차-뷰틸 에터(*methyl tertiary-butyl ether*)

미국에서 TEL은 특히 아이들에 대한 납의 독성 효과 때문에 1970년대에 퇴출되었다. 환경에서의 납에 대한 더 자세한 정보는 5.10절을 참조하시오.

연구과제 4.19 납 제거

납 노출에 따른 위험 때문에, 1996년에 미국은 납을 첨가한 휘발유를 완전히 금지하였다. 그러나 납의 다른 발생원이 여전히 존재한다. 인터넷을 이용하여 다음을 확인하시오.

a. 납에 노출되는 직업적 발생원
b. 납에 노출되는 취미
c. 특히 아이들에게 영향을 미치는 납 노출 발생원

옥테인가 개선제로 사용되었던 TEL 퇴출은, 값싸고 생산하기 쉬우며 환경에 유익한 대체 물질을 찾을 필요성을 제기하였다. 옥테인가가 100 이상인(표 4.5 참조) 에탄올과 MTBE(메틸 3차-뷰틸 에터, *m*ethyl *t*ertiary-*b*utyl *e*ther)를 포함한 몇 가지 물질이 시도되었다. 그러나 곧 설명하듯이 MTBE은 예상과는 달리 좋은 결과를 보여 주지 못하였다.

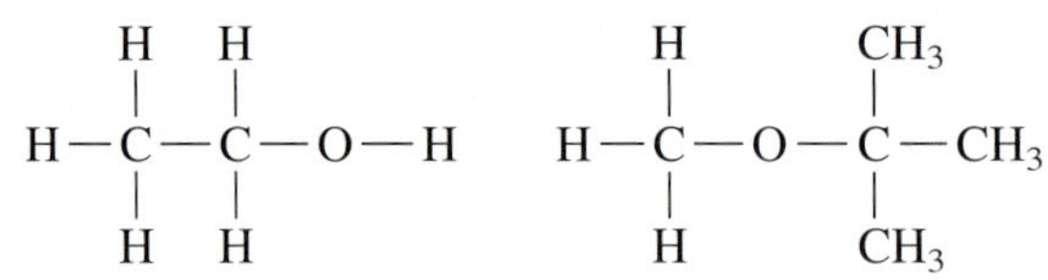

에탄올 MTBE

이러한 첨가제를 가진 연료를 **산소 첨가 휘발유(oxygenated gasoline)**라 하며, 이는 MTBE, 에탄올, 메탄올(CH_3OH)과 같은 산소 포함 화합물을 첨가한, 석유에서 추출한 탄화수소 혼합물이다. 이들은 산소를 가지고 있기 때문에, 이 휘발유 혼합물은 더 깨끗하게 연소하고, 산소를 첨가하지 않은 휘발유에 비해 일산화 탄소를 더 적게 생성한다.

1995년 이후로 지상 오존 수준이 가장 높은 약 90개의 도시와 대도시 지역은, 1990년 깨끗한 대기 법안(the Clean Air Act) 개정안에 의해 강제된 연중 재조합 휘발유 프로그램(Year-Round Reformulated Gasoline Program)을 채택하였다. 이 프로그램은 산소를 첨가하지 않은 재래 휘발유에서 발견되는 특정 휘발성 탄화수소를 더 낮게 함유한 산소 첨가 휘발유인 **재조합 휘발유(reformulated gasoline, RFG)** 사용을 요구하고 있다. RFG는 1% 이상의 벤젠(C_6H_6)을 함유할 수 없으며, 적어도 2%의 산소를 가지고 있어야 한다. 이러한 조성 때문에 재조합 휘발유는 재래 휘발유보다 증기화가 더 어렵고, 일산화 탄소를 더 적게 방출한다.

벤젠(C_6H_6)은 발암 물질로 알려졌다. 분자 구조는 9.6절에 소개하며, 10.2절에서 더 자세히 다룬다.

1장에서 지적한 바와 같이, 재래 휘발유의 휘발성 유기 화합물(VOC)은 높은 교통량이 많은 지역에서 대기권 오존 형성에 영향을 미친다. RFG가 1990년대에 도입되었을 때 MTBE는 선택된 산소 첨가제이었다. 그러나 독성과 휘발유 저장 탱크에서 지하수로의 용출에 대한 우려 때문에 많은 주에서 MTBE를 금지하고 에탄올로 전환하고 있다. 첨가제와 연료로서 에탄올은 4.9절에 더 자세히 설명할 것이다.

휘발성 유기 화합물과 이들의 오존 형성에 대한 역할은 1.12절에 설명하였다.

4.8 구 연료의 새로운 사용

세계적으로 석탄 공급은 몇백 년 지속될 것으로 예상하고 있으며, 이는 남아 있는 가용한 석유 매장량의 현 추산치보다 훨씬 길다. 그러나 불행히도 석탄이 고체라는 사실은 많은 응용, 특히 자동차 연료로서의 응용을 불편하게 한다. 따라서 연구와 개발 프로젝트가 고체 석탄을 석유 제품과 비슷한 특성을 가지는 연료로 전환하는 것을 목표로 진행 중에 있다.

천연가스의 많은 공급원이 발견되고 탐사되기 전에 도시는 일산화 탄소와 수소의 혼합물인 수성가스(water gas)로 불을 밝혔다. 석탄에서 휘발성 성분이 증류되고 남은 깨끗하지 않은 탄소인 코크스(coke) 위로 뜨거운 수증기를 불어 넣어 수성가스를 만든다.

$$\underset{\text{코크스}}{C(s)} + H_2O(g) \longrightarrow \underset{\text{수성가스}}{CO(g) + H_2(g)} \qquad [4.10]$$

같은 반응이 석탄으로부터 합성 휘발유를 생산하는 피셔-트로프슈(Fischer-Tropsch) 공정의 출발점이다. 독일 화학자 피셔(Emil Fischer, 1852~1919)와 트로프슈(Hans Tropsch, 1889~1935)는 1920년대에 이 공정을 개발하였다. 그 당시 독일은 풍부한 석탄 매장량을 가지고 있었으나 석유 매장량은 거의 없었다.

피셔-트로프슈 공정은 다음 일반식으로 표현할 수 있다.

$$n\,CO(g) + (2n + 1)\,H_2(g) \xrightarrow{\text{촉매}} C_nH_{2n+2}(g,l) + n\,H_2O(g) \qquad [4.11]$$

탄화수소 생성물은 메테인, $CH_4(n = 1)$가 같이 작은 분자로부터 휘발유에서 전형적으로 발견되는 중간 크기의 분자(n = 5~8)까지 걸쳐 있다. 이 화학 반응은 일산화 탄소와 수소가 철 또는 코발트를 함유한 촉매 위를 지나면서 진행된다.

촉매의 역할을 더 잘 이해하기 위해 그림 4.20에 나타낸 전형적인 발열 반응을 고려해 보자. 발열 반응이기 때문에 반응물의 퍼텐셜 에너지(왼쪽)는 생성물의 퍼텐셜 에너지(오른쪽)보다 높다. 반응물과 생성물을 연결하는 경로를 조사하여 보자. 녹색 선은 반응이 촉매 없이 진행할 때 에너지 변화를 의미한다. 전체적으로 이 반응은 에너지를 발산하지만 먼저 몇 개 결합이 끊어져야(또는 끊어지기 시작해야) 하므로 초기 에너지는 **증가한다**. 화학 반응을 시작하는 데 필요한 에너지를 **활성화 에너지(activation energy)**라고 하고, 녹색 화살표로 표시하였다. 반응을 시작하려면 에너지가 소비되어야 하지만 낮은 퍼텐셜 에너지 상태로 반응이 진행되면서 에너지는 발산한다. 일반적으로 빠르게 진행되는 반응은 활성화 에너지가 작으며, 느린 반응은 활성화 에너지가 크다. 그러나 활성화 장벽의 높이와 반응에서의 알짜 에너지 변화는 직접적 관계는 없다. 다르게 표현하면, 높은 발열 반응에 대한 활성화 에너지는 클 수도 있고 작을 수도 있다.

온도가 증가하면 반응 속도가 빨라질 수 있다. 분자가 과잉의 에너지를 가질 때 더 많은 충돌 분율이 요구되는 활성화 에너지를 극복할 수 있다. 그러나 가끔 온도를 증가시키는 것이 실질적 해법이 될 수 없는 경우가 있다. 파란색 선은 촉매가 어떻게 다른 반응 경로를 제공할 수 있는지를 보여 주고 따라서 온도를 올리지 않아도 활성화 에너지를 낮추게(파란색 화살표로 표시) 된다.

피셔-트로프슈 공정에서 반응이 진행되려면 강한 C≡O 삼중 결합이 끊어져야 한다. 이 결합을 끊는 것은 활성화 에너지가 너무 커서 반응이 간단히 진행되지 않는다. 이 점

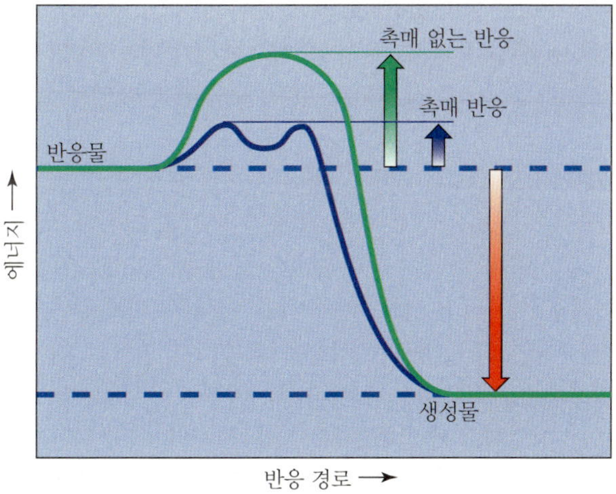

그림 4.20 같은 반응에서, 촉매가 있을 경우(파란색 선)와 없을 경우(녹색 선)에 대한 에너지-반응 경로. 녹색과 파란색 화살표는 활성화 에너지를 나타낸다. 빨간색 화살표는 각 반응 경로에 대한 총에너지 변화를 나타낸다.

이 금속 촉매를 반응에 도입하는 이유이다. CO 분자는 금속 표면과 결합을 형성할 수 있고, 이것이 일어나면 C≡O 결합은 약해진다. 수소 분자도 역시 금속 표면과 결합하며, H-H 단일 결합이 완전히 끊어지게 된다. 나머지 반응은 빨리 진행되어 분자량이 더 큰 탄화수소를 생성한다.

촉매의 미학은, 소비되지 않기 때문에 따라서 아주 작은 양만이 사용된다는 것이다. 녹색 화학자는 단지 작은 양의 촉매를 사용하기 때문만이 아니라 반응이 더 낮은 온도에서 진행될 수 있기 때문에 촉매 반응을 높이 평가한다.

역사적으로 피셔-트로프슈 기술의 상업화는 제한적이었다. 석탄은 풍부하나 석유는 거의 없는 나라인 남아프리카 공화국은 석탄에서 휘발유와 디젤유의 대부분을 합성하는 유일한 나라이다. 석유 가격의 상승과 자국 내 풍부한 석탄 공급이 맞물린다면, 다른 에너지가 부족한 나라들에서 피셔-트로프슈 공정의 사용을 촉진할 수 있을 것이다. 2008년부터 중국은 석탄에서 액체 연료를 생산하는 공장을 내몽고 지역에 건설하고 있다. 미국의 경우, 호주 에너지 회사가 크로(Crow) 인디언 부족의 고향인 몬태나 주 빅혼 카운티(Big Horn County)에 70억 달러의 공장을 세우는 계획을 발표하였다. 그 지역의 석탄 매장량은 거의 90억 톤에 달하는 것으로 추산되고 있다.

고체이건 액체 연료로 전환된 것이건, 여전히 석탄은 연소 후 CO_2를 생성한다. 국립 재생 에너지 연구소(National Renewable Energy Laboratory)의 최근 연구에 따르면, 석탄에 기초하여 액체 연료를 생산할 경우 전체 연료 순환에 있어 온실기체 방출량은 석유에 근거하는 연료의 거의 2배에 이른다고 한다. 분명히 우리는 석탄을 대체할 연료를 찾을 필요가 있다.

4.9 | 바이오 연료 I—에탄올

Donella Meadows 1941~2001

"지속 가능한 사회는 멀리 내다보고 유연하고 현명하게 대처하여 물리적 또는 사회적 부양 시스템을 손상시키지 않는 사회이다." 이는 생물리학자이자 지속 가능성 연구소(Sustainability Institute)의 창실자인 베노우(Donella Meadows)의 말로 0장에서 인용하였다. 이 말을 다시 언급하는 것은 현재의 화석 연료를 태워버리는 빠른 속도가 우리의 물리적, 사회적 부양 시스템을 손상시키고 있음을 환기시키기 위해서이다. 이 속도는 지속 가능하지 **않다**.

대안은 무엇인가? 오늘날 일부 사람들은 더 지속 가능한 에너지, 미래에서는 나무, 풀, 동물 폐기물 또는 농작물과 같은 생물학적 자원으로부터 뽑아낸 재생 가능한 연료의 뜻하는 일반적 용어인 **바이오 연료(biofuel)**의 사용이 늘어날 것이라고 믿는다. 바이오 연료는 원유에서 추출한 휘발유, 디젤유 등을 대체할 수 있다. 비록 현재 대부분의 바이오 연료는 지속 가능한 방식으로 생산되고 있지 않으나, 미래에는 그렇게 될 수 있을 것이다.

화석 연료와 마찬가지로, 모든 바이오 연료는 연소 후 CO_2를 배출한다. 그러나 화석 연료와 비교하여 바이오 연료는 알짜 CO_2 배출량은 적을 것이다. 왜? 바이오 연료의 근원이 되는 식물은 그 식물이 자라는 동안 광합성을 통해 대기로부터 CO_2를 흡수하였기 때문이다. 연료로 태우건 아니건 간에, 이들 식물은 죽은 후에 같은 양의 CO_2를 생태계로 되돌려 내보낸다. 반면 화석 연료는 이들을 추출해서 연료로 태우지 않는다면 땅 속에서 탄소를 '고정시킨' 상태로 있을 것이다. 더 알짜 CO_2 배출량이 적을 것이라는 주장은, 바이오 연료는 생산하고 운반하는 데 사용하는 에너지가 이 혜택을 저해하지 않을 것이라고 가정한다. 다음 절에서 우리가 살펴보게 되듯이, 이 주장이 위협받고 있다.

가장 흔한 바이오 연료인 목재는 요리와 난방을 위해 인류 역사에서 계속 사용되어 왔다. 왜 목재를 태우는 것인지 궁금해한 적이 있는가? 목재는 C, H, O로 이루어진 천연 물질이며 농작물, 관목 그리고 나무의 구조적 강도를 제공하는 **셀룰로스(cellulose)**를 함유하고 있다. 탄화수소와 유사하게 셀룰로스는 탄소와 수소로 이루어져 있다. 그러나 셀룰로스는 산소를 함유하고 있어 이들의 연료로서의 에너지 함량이 낮다. 사실 이 절에서 논의하는 모든 바이오 연료는 산소를 가지고 있다. 산소 함유량이 높을수록 탄화수소 대비 바이오 연료는 태우는 단위 질량당 에너지 배출은 비례하여 줄어든다. 연료 종류별 에너지 함량을 확인하기 위해 그림 4.16을 다시 살펴보기 바란다.

셀룰로스는 글루코스의 천연 중합체로, 글루코스 분자 수천 개가 하나로 연결된 직쇄 화합물이다. 이와 같은 이유로, 그림 4.16에서 목재의 연소를 글루코스의 연소로 가정하였던 것이다. 글루코스를 설탕($C_6H_{12}O_6$)으로 알고 있을 수 있다. 아마도 '검은 설탕(black sugar)'으로 불리는 글루코스를 들어 보았을 수도 있다. 이는 포도와 사탕수수에서 친숙한 단맛을 준다. 여기 우리 몸의 호흡(글루코스의 연소)과 같은 반응인 목재의 연소에 대한 화학 반응식이 있다.

9장에서 셀룰로스와 그 밖의 천연 고분자에 대해 보다 자세히 살펴보자.

$$\underset{\text{글루코스}}{C_6H_{12}O_6} + 6\,O_2 \longrightarrow 6\,CO_2 + 6\,H_2O + \text{에너지} \qquad \textbf{[4.12]}$$

지구 상 대부분의 지역에서 광범위하게 이용하고 있으나, 우리의 에너지 요구량에 맞을 정도로 목재를 공급하기는 어렵다. 그리고 연료로 사용하기 위한 벌목은 대기 중의 CO_2를 효과적으로 흡수하는 숲을 파괴한다. 그래서 나무에 기대는 대신 모든 부분의 사람들은 에탄올과 같은 액체 연료로 눈을 돌리고 있다.

지구의 일부 지역에서 사람들이 조리하고 난방하기 위해 나무를 태움으로써 전체 생태계를 서서히 잃어가고 있다. 3.5절에서 삼림 벌채가 온실기체인 이산화 탄소를 어떻게 방출하는지를 논의하였다.

비싼 가격의 보드카에서 발견되는 알코올과 마찬가지로, 에탄올은 투명하고 무색이며 가연성인 액체이다. 고대 시대부터 사람들은 곡물을 발효시켜 에탄올을 생산하는 법을 알고 있다. 틀림없이 이들의 목적은 자동차 엔진에 연료를 생산하는 것이 아니라 알코올 음료를 양조하는 것이었다.

보드카는 에탄올과 물의 혼합 용액이다. 그 비율은 제조사에 따라 다르다. 또 이들을 차별화하기 위하여 소량의 향료를 포함하고 있다.

어떤 설탕과 곡물이 발효될 수 있는가? 곡물의 경우 공정에 따라 효소가 필요할 수 있지만 거의 대부분은 발효될 수 있다. 선택은 가용성과 정치에 따라 달라진다. 오늘날 미국에서는 거의 모든 에탄올은 옥수수에서 추출한 설탕과 녹말(그림 4.21)을 발효시켜 생산한다. 그러나 인류 역사의 초기에는 옥수수가 널리 이용되지는 않았다. 12장 유전자 조작에서 배우게 되듯이, 신세계 사람들은 야생 품종으로부터 옥수수를 재배하였다.

그림 4.21 옥수수를 포함하여 다양한 곡물에서 생산되는 재생 가능한 연료인 에탄올 광고

사람들은 어디에 살건 간에 쌀과 보리와 같은 경작 가능한 곡물을 이용하여 알코올성 음료를 만들었다. 따라서 에탄올은 곡물 알코올(grain alcohol)이라고도 불린다.

산소 첨가 휘발유에 대한 부분(4.7절)에서 우리는 에탄올을 소개하였다. 여러분의 이해를 돕기 위해 다시 한 번 에탄올의 루이스 구조를 살펴보자.

자동차용 바이오 연료는 새로운 것이 아니다. 포드(Henry Ford)는 에탄올을 Model T의 연료로 선택하였고, 디젤(Rudolph Diesel)은 땅콩유로 첫 엔진을 가동하였다.

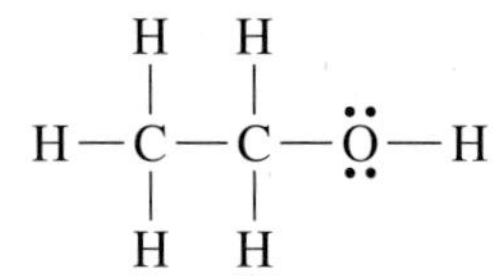

에탄올

에탄올은 알코올의 한 종류로, 탄화수소의 탄소 원자들에 하나 이상의 −OH기(하이드록실기)가 결합된 것이다. 탄화수소와 마찬가지로, 알코올은 가연성이며 연소 후 에너지를 방출한다. 완전 연소 후 CO_2와 H_2O를 생성한다.

$$C_2H_5OH(l) + 3\,O_2(g) \longrightarrow 2\,CO_2(g) + 3\,H_2O(g) + 1240\text{ kJ} \qquad \textbf{[4.13]}$$

알코올은 하나 또는 그 이상의 −OH기를 가지기 때문에 이들의 성질은 탄화수소와는 다르다. 다른 점 하나는 사람은 소량의 에탄올을 와인, 맥주, 그 밖의 알코올성 음료로 안전하게 소비할 수 있다. 반면에 탄화수소는 음료 형태로는 공급되지 않는다. 또 다른 차이점은 이들의 용해도이다. 예를 들어 에탄올은 쉽게 물에 용해된다. 그러나 탄화수소는 물에 녹지 않는다. 다음 장에서 용해도에 대해 더 살펴볼 것이다.

알코올은 **작용기(functional group)**에 대한 개념을 배울 수 있는 기회를 제공하는데, 작용기는 이 기를 가지고 있는 분자의 특성을 부여하는 원자 그룹의 독특한 배열이다. 알코올에 있는 하이드록실기(−OH)를 강조하기 위하여, 화학자들은 에탄올을 C_2H_6O 보다는 일반적으로 C_2H_5OH라고 적는다. 다른 작용기의 예는 C=C, 이중 결합으로 예제 4.18에서 언급하였다. 바이오 연료에 대한 다음 절에서 또 다른 작용기인 에스터(ester)를 보게 될 것이다.

고분자 내 C=C 결합의 화학적 성질을 9장에서 살펴 볼 것이다.

다시 말하지만 미국에서 생산하는 에탄올은 대부분 옥수수로부터 만들어진다. 몇몇 단계가 필요하다. 첫 단계는 옥수수 낟알과 물을 반죽하여 '죽'을 만든다. 두 번째 단계는 효소를 사용하여 반죽 내 녹말 분자의 분해를 촉진하는데, 간단히 표현하면 녹말을 '소화'시켜 글루코스를 만드는 것이다. 셀룰로스처럼 **녹말(starch)**은 옥수수와 밀과 같은 다양한 곡물에서 발견되는 탄수화물이다. 녹말은 글루코스의 천연 중합체이다. 녹말 분자는 셀룰로스 분자처럼 수천 개의 글루코스 분자가 하나로 연결된 사슬이다. 녹말은 그러나 셀룰로스 분자와는 다르게 사슬의 형태로 만들어져 우리 몸 안에서 분해가 가능하다. 따라서 우리는 감자와 쌀과 같은 음식을 통해 흡수한 녹말을 소화할 수 있다. 그러나 상추와 같은 엽채류에서 발견되는 셀룰로스는 소화시킬 수 없어, 우리 식단에서 '거친 음식(roughage)'으로 분류한다.

세 번째 단계(발효)에서 글루코스를 에탄올로 변환한다. 효모균은 다른 효소를 방출하여 이 변환 과정을 촉진한다.

10.4절에서 효소(생물학적 촉매)를 소개한다. 다른 예들은 11장과 12장에 제시할 것이다.

$$\underset{\text{글루코스}}{C_6H_{12}O_6} \xrightarrow{\text{효모 효소}} \underset{\text{에탄올}}{2\,C_2H_5OH} + 2\,CO_2 \qquad \textbf{[4.14]}$$

결과물은 약 10%의 알코올을 함유하고 있는, 그러나 그렇게 맛있지 않은, 알코올성 양조 맥주이다. 에탄올을 분리하기 위하여 마지막 단계에서 혼합물을 증류한다. 정유 공장에서 끓는점을 이용하여 원유의 구성 성분들을 어떻게 분리하였는지를 기억하기 바란다. 같은 원리를 여기에 적용한다. 그림 4.22를 확인하여 에탄올 공장의 높은 증류탑을 찾아보라. 2012년 1월부터 미국 대륙 내 209개 에탄올 공장이 운영되었으나, 몇몇은 건설 중이었다.

그림 4.22 일리노이 주 피오리아에 있는 아처 다니엘스 미들랜드(Archer Daniels Midland) 에탄올 공장

출처: *Biofuels Atlas, NREL (2013).*

연구과제 4.20 … 보다 보는 것이 낫다?

아래 자료는 미국 내 연간 에탄올 생산량(단위: 백만 갤런)이다.

연도	에탄올	연도	에탄올	연도	에탄올
1980	175	1991	950	2002	2,130
1981	215	1992	1,100	2003	2,800
1982	350	1993	1,200	2004	3,400
1983	375	1994	1,350	2005	3,904
1984	430	1995	1,400	2006	4,855
1985	610	1996	1,100	2007	6,500
1986	710	1997	1,300	2008	9,000
1987	830	1998	1,400	2009	10,600
1988	845	1999	1,470	2010	13,230
1989	870	2000	1,630	2011	13,900
1990	900	2001	1,770	2012	13,300

출처: *Renewable Fuels Association.*

a. 최근 연도의 자료를 찾아 이 표를 업데이트하시오.
b. 다른 시각적 방법을 이용하여 이 정보를 여러분이 선택한 일반인에게 설명하시오.

2011년 미국에서 하루에 약 3억 7천 7백만 갤런의 에탄올이 연소되고 있다. 이 양을 에탄올 생산량과 비교하라.

2011년 연간 130억 갤런 이상의 에탄올을 생산하고 있는 미국은 세계 최대의 에탄올 생산국이다. 그 다음이 브라질로, 약 70억 갤런의 에탄올을 생산한다. 이 두 나라는 세계 생산량의 약 85%를 차지한다. 미국에서는 옥수수를 원료로 사용하는 반면, 브라질은 거의 대부분 사탕수수를 발효시켜 에탄올을 얻는다. 왜 차이가 나는가?

이 질문에 답하기 위해서 실제로 설탕이나 곡물을 발효하여 에탄올을 얻고 있음을 다시 언급한다. 발효 물질은 가용성, 경제성, 정치에 의존한다. 사탕수수에는 '설탕(table sugar)'이라고 불리는 슈크로스(sucrose)가 풍부하다. 옥수수 반죽의 녹말로부터 만들어 낸 글루코스 역시 발효시켜 에탄올을 생성한다. 브라질에서 사탕수수는 열대우림 지역에서 자란다. 미국에서 옥수수는 초원과 숲인 중서부 지역에서 자란다. 두 나라 모두 바이오 연료 생산용 토지의 사용에 대한 논쟁이 있다.

그림 5.22에 슈크로스의 구조를 나타내었다. 사탕무에도 슈크로스가 들어 있다. 설탕이 어디에 존재하며, 얼마나 단지 등, 보다 자세한 것은 11장을 보라.

전 세계적으로 다른, 가능하면서도 논쟁이 적은 에탄올 원천은 셀룰로스로, 이는 앞서 언급한 바와 같이 농작물, 관목, 나무의 구조적 강도를 제공하는 화합물이다. **셀룰로**

그림 4.23 북미에 자생하는 다년생 식물인 지팽이풀

스 에탄올(cellulosic ethanol)**은 셀룰로스를 가지고 있는, 일반적으로 사람들이 식용으로 사용하지 않는 옥수숫대, 지팽이풀(switchgrass), 나무 조각, 그리고 다른 원료와 같이 모든 식물을 이용하여 생산한 에탄올이다. 여러분이 지팽이풀이라는 이름에 익숙하지 않더라도, 만약 여러분이 미국 록키 산맥 동쪽이나, 캐나다 혹은 멕시코에 살고 있다면 쉽게 볼 수 있다. 지팽이풀은 야생 식물로, 그림 4.23은 여러 품종 중 하나를 보여준다.

지팽이풀과 같은 비식용성 식물로부터 제조한 셀룰로스 에탄올은 광범위하게 논의되고 있다. 몇 년 동안 화학자들은 실험실에서 소량의 셀룰로스 에탄올을 만들어 내는 데 성공해 왔다. 그러나 백만 갤런 단위의 많은 양의 에탄올을 생산하는 공정으로 옮겨가는 것은 또 다른 문제임을 알게 되었다. 녹말처럼 셀룰로스는 발효되지 않으므로 먼저 이들을 설탕으로 분해하는 과정이 필요하다. 2012년에 셀룰로스를 분해하는 효소가 발견되었으나 가격이 비싸고, 반응의 속도가 느렸다.

연구과제 4.21 비식품류를 이용한 바이오 연료

나무 조각과 지팽이풀과 같은, 셀룰로스 에탄올의 연료로서 바람직한 특성 세 가지를 기술하시오. 답을 찾기 위하여 세 가지 최저선(Triple Bottom Line, 역주-기업 이익, 환경 지속성, 사회적 책임이라는 세 가지 기준으로 기업 실적을 측정하는 비즈니스 원칙)을 이용하시오.

0장에서 세 가지 최저선(Triple Bottom Line)을 소개하였다.

원료와 상관없이 에탄올은, 자동차가 이를 연소시킬 수 있도록 설계되지 않았기 때문에, 바로 차량 주유 탱크에 주입할 수 없다. 그러나 10% 에탄올을 함유하고 있는 휘발유인 '가소홀(gasohol)'로는 자동차 엔진을 움직일 수 있다. 이 혼합유는 그림 4.24에 보인 바와 같이 E10으로 표기된다. E10과 산소 첨가 휘발유(4.7절 참조)는 높은 옥테인가를 가지며 지상 오존의 원인이 되는 자동차 배출 물질을 감소시킨다.

2007년에 규제가 시작된 이후로 미국은 원유 수입 의존성을 줄이고 재생 가능한 연료의 사용을 높이는 방안을 모색하고 있다. 그 결과 E15가 제안되었다. 추측할 수 있는 바와 같이 E15는 15% 에탄올과 85% 휘발유이다. 그러나 만약 여러분이 참여하지 않고 있다면 이는 E10로의 순조로운 전환에 논란의 여지가 있기 때문이다. 일부 선거구는 새로운 혼합 연료로의 전환이 쉽게 조율될 수 있음을 확신하였다. 다른 지역에서는 높은 에탄올 농도가 기존의 연료 탱크 부식에 영향을 줄 수 있는지 사료 가격에 악영향을 주는 것은 아닌지 확인이 필요하다고 하였다. 더구나 잔디 깎는 기계, 보트 및 스노모빌에는 E15를 사용할 수 없다. 2013년에 미국 환경보호국(EPA, Environmental Protection Agency)은 E15의 사용은 승인하였으나, 그 사용을 강제하지는 않았다.

그림 4.24 에탄올은 휘발유와 섞어 E10(가소홀)을 만든다. E10은 90% 휘발유와 10% 에탄올이다.

E10이건 E15건 간에 연비(gas mileage)와 옥테인가를 혼동하지 말라. 옥테인가는 연료의 에너지 함량이 아니라 엔진에서 연료가 얼마나 부드럽게 연소되는가에 관련된다. 에탄올을 첨가함에 따라 휘발유의 옥테인가는 증가한다. 그러나 에탄올 함량이 증가할수록 연비는 다소 감소한다.

왜? 에탄올은 연소한 후 휘발유의 탄화수소가 방출하는 에너지보다 적은 에너지를 방출한다는 사실을 기억하기 바란다. 탄화수소의 대표적 물질로 *n*-옥테인을 가정하고 두 물질의 연소 반응식을 비교해 보자.

$$C_2H_5OH(l) + 3\ O_2(g) \longrightarrow 2\ CO_2(g) + 3\ H_2O(g) + 1240\ kJ \qquad [4.15]$$

$$C_8H_{18}(l) + 25/2\ O_2(g) \longrightarrow 8\ CO_2(g) + 9\ H_2O(g) + 5060\ kJ \qquad [4.16]$$

단위 g당 그 값은 C_2H_5OH의 경우 26.8 kJ/g이고 C_8H_{18}의 경우 44.4 kJ/g(그림 4.16)이다. 에탄올은 산소를 함유하고 있기 때문에 적은 양의 에너지를 방출한다. 연료로서 에탄올은 이미 부분적으로 산소와 반응한(즉 '연소된') 것이다.

이 절의 시작에서 언급한 바와 같이 에탄올은 지구 상 단 하나의 바이오 연료는 아니다. 다음 절에서 바이오디젤과 다른 재생 가능한 연료를 다룬다.

4.10 | 바이오 연료 II—바이오디젤

바이오디젤의 생산은 지난 몇 년 동안 극적으로 증가하였다. 합성이 간단하기 때문에 화학 실험실에도 쉽게 만들 수 있다. 바이오디젤은 학생을 포함하여 일반 소비자가 소량으로 경제적으로 생산할 수 있다는 점은 수송용 연료 중에서 독특하다. 이 절의 뒤에서 설명하겠으나, 상업적으로도 생산하고 있다.

바이오디젤은 주로 식물성 오일을 이용하여 제조하나 동물성 지방도 동일하게 사용할 수 있다. 이미 알고 있듯이, 오일과 지방은 소화 과정에 관여하며 체온 유지를 돕는다. 여러분이 올리브유에 빵을 찍어먹거나 빵에 버터를 바르면서 오일이나 지방을 소비할 준비를 하고 있는 것이다. 올리브유나 버터를 이용하여 바이오디젤을 합성할 수 있으나, 출발 물질로 사용하기에는 둘 다 지나치게 비싸다(그리고 너무 맛있다). 대신 바이오디젤은 콩, 유채, 팜 오일로부터 만든다. 그리고 감자튀김 후에 나오는 폐유(waste cooking oil)를 사용할 수도 있다. 그림 4.25는 식당 튀김용 오일과 폐유를 보여 준다.

(a) (b)

그림 4.25 (a) 식당은 튀김 때문에 다량의 오일을 구매한다. 여기 보이는 것은 35파운드짜리이다. (b) 튀김기에서 나온 뜨거운 오일. 요리사에 따라 다르나, 조리용 오일은 자주(여기 보이듯이) 또는 드물게 교체한다. 후자의 경우 폐기물로 오일색이 검어진다.

왜 지방과 오일을 바이오디젤의 출발 물질로 사용하는지를 이해하기 위해서, 우리는 오일과 지방에 모두 들어 있는 **트라이글리세라이드(triglyceride, 중성 지방)**에 대해 알아야 할 필요가 있다. 버터와 비계와 같은 **지방(fat)**은 상온에서 고체인 트라이글리세라이드이다. 반면 올리브유과 콩기름과 같은 **오일(oil)**은 액체 상태의 트라이글리세라이드이다. 액체든 고체든 트라이글리세라이드는 바이오디젤의 출발 물질이다. 이는 식물과 동물에서 모두 자연적으로 발생한다.

9장까지는 논의하지 않으나, 트라이글리세라이드 구조식은 **에스터(ester)**기에 대한 미리보기의 기회를 준다.

아래는 동물성 지방에서 발견되는 글리세릴 트라이스테아레이트(glyceryl tristearate)의 구조식이다.

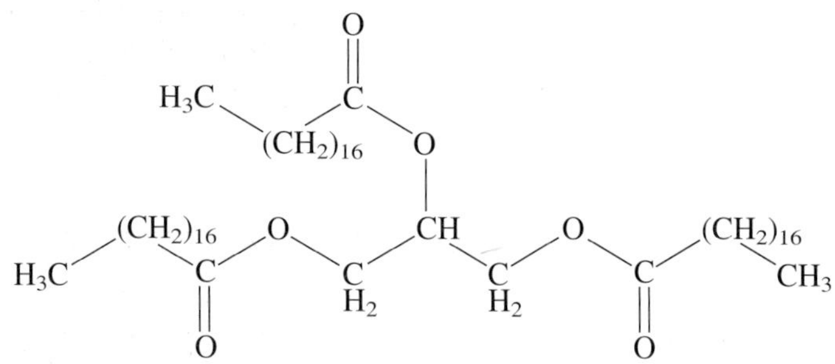

트라이글리세라이드는 공통의 구조적 형태를 가지고 있어 실제로 모든 트라이글레세라이드를 우리 목적에 이용할 수 있다. 영양학적 맥락에서 이것이 나중에 발생하기 때문에 우리는 이 특정한 한 종을 골랐다(11장).

글리세릴 트라이스테아레이트는 복잡한 분자이다! 그렇다 하더라도 세 개의 탄화수소 사슬을 찾을 수 있어야 한다. 탄화수소 연료와 닮은 점이 보이는가? 만약 각각의 탄화수소 사슬은 잘라낸다면, 14개에서 16개의 탄소 원자를 가진 탄화수소 혼합물인 디젤 연료로 사용할 수 있을 것이다(그림 4.11). 우리가 트라이글리세라이드가 들어 있는 음식을 먹었다면, '디젤 같은(diesel-like)' 탄화수소 사슬은 우리 몸에서 서서히 대사가 진행되어 에너지를 방출하고 CO_2와 H_2O를 만든다. 비록 디젤 연료가 엔진에서 더 빠르게 더 높은 온도에서 연소된다 하여도 알짜 결과는 동일하다. 에너지를 방출하고 CO_2와 H_2O를 만든다.

콩기름과 다른 트라이글리세라이드는 연소할 수 있어도 연료 탱크에 바로 주입할 수는 없다. 트라이글리세라이드를 연료로 사용하기 위해서는, 먼저 디젤 연료와 유사한(증발되기 쉽도록) 크기가 되도록 작은 조각으로 잘라야 한다. 이를 수행하는 방법 중 하나는 트라이글리세라이드를 수산화 소듐(NaOH) 촉매하에 메탄올(CH_3OH)과 같은 알코올과 반응시키는 것이다. 글리세릴 트라이스테아레이트를 출발 물질로 사용한 화학 반응식은 아래와 같다.

오일은 점도와 큰 분자량 때문에 추운 날씨에는 굳어져 엔진에 들러붙는다.

$$\underset{\text{(트라이글리세라이드)}}{\text{글리세릴 트라이스테아레이트}} + 3\ CH_3OH \xrightarrow{NaOH} 3\ \underset{\substack{\text{메틸 스테아레이트}\\ \text{(바이오디젤 분자)}}}{CH_3(CH_2)_{16}\overset{O}{\overset{\|}{C}}OCH_3} + \underset{\text{글리세롤}}{C_3H_8O_3} \quad \textbf{[4.17]}$$

글리세릴 트라이스테아레이트 한 분자는 긴 탄소 원자 사슬을 가진 바이오디젤 세 분자를 만든다. 출발 물질로 지방을 사용하였는지 오일을 사용하였는지에 따라 메틸 리니어레이트(methyl lineolate) 같은 다른 바이오디젤도 가능하다.

$$CH_3CH_2CH_2CH_2CH_2CH{=}CHCH_2CH{=}CHCH_2CH_2CH_2CH_2CH_2CH_2CH_2\overset{O}{\overset{\|}{C}}OCH_3$$

일반적으로

- 바이오디젤 분자는 16~20개의 탄소 원자를 가지는 탄화수소 사슬을 가지고 있다.

- 특히 출발 물질로 사용한 트라이글리세라이드가 오일일 경우, 탄화수소 사슬은 통상 하나 또는 그 이상의 C=C 결합을 가진다.
- 탄화수소 사슬과 함께 각각의 바이오디젤 분자는 산소를 포함하고 있다. 추후 9장의 폴리에스터에서 다룰 것이나, 에스터기는 산소 원자 2개를 가진다.
- 글리세릴 트라이스테아레이트에서는 단 하나의 생성물이 만들어지나, 통상 트라이글리세라이드(지방과 오일)는 서로 다른 바이오디젤 분자의 혼합물을 생성한다.

식 4.17에서 메탄올 분자 3개가 참여함을 확인하기 바란다. 메탄올은 $-OCH_3$기를 제공하여 더 큰 트라이글리세라이드 분자에서 잘라낸 각각의 탄소 사슬의 끝부분을 덮는다. 에탄올과 같은 다른 알코올도 동등하게 반응을 한다. 어떤 알코올을 사용하였는지에 상관없이, 알짜 결과는 바이오디젤 3개 분자이다. 다음 예제는 에탄올과 메탄올 같은 알코올에 대한 여러분의 기억을 새롭게 하기 위하여 준비하였다. 또 바이오디젤 합성의 생성물인 알코올, 글리세롤(glycerol)에 대한 내용이기도 한다.

에탄올과 마찬가지로, 메탄올(CH_3OH)은 하이드록실기(-OH)를 가진다. 메테인과 마찬가지로, 메탄올은 단 한 개의 탄소 원자를 가지고 있다.

예제 4.22 알코올에 대해 더 자세히

이 장에서 에탄올과 메탄올이라는 두 알코올을 접하였다.

a. 각각의 구조식을 그리시오.
b. 여기 새로운 알코올 $CH_3CH_2CH_2OH$이 있다. 화합물명을 제안하시오.
c. 동일한 $CH_3CH_2CH_2OH$과 동일한 화학식을 가진 다른 알코올이 있으며, 이는 위 알코올의 이성질체이다. 구조식을 그리시오.

답

b. 3개의 탄소 원자(프로페인처럼)를 가지므로, 프로판올(propanol)이다. 더 정확하게는 *n*-프로판올(*n*-propanol) 또는 1-프로판올이다.

c. 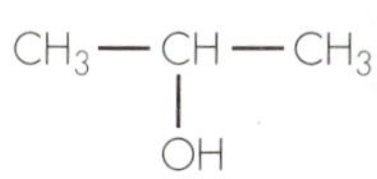

이 화합물은 '소독용 알코올(rubbling alcochol)'로 더 알려져 있는 아이소프로판올(isopropanol, 2-propanol)이다. 1-과 2-프로판올에서 숫자가 붙는 이유는 우리가 논의하고자 하는 범주를 넘어선다.

앞서 배운 내용을 바탕으로, 탄화수소로부터 많은 다른 종류의 알코올을 제조할 수 있을 것이라 예상할 수 있다. 우리가 해야 하는 모든 것은 H 원자 중 하나를 –OH기로 치환하는 것이다. 더 나아가 알코올은 하나 이상의 –OH기를 가질 수 있다. 바이오디젤 합성은 글리세롤과 같은 다중 작용기를 가진 알코올을 만들어 낸다. 식 4.17에서 $C_3H_8O_3$이라는 화학식을 제시하였다. 구조식에서 글리세롤은 '3가' 알코올(triple alcohol)임을 볼 수 있다.

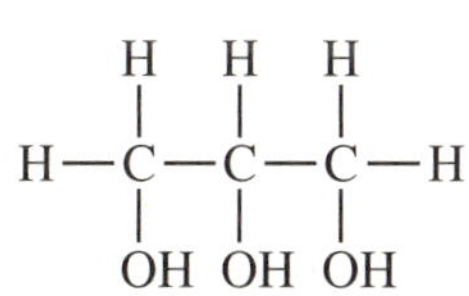

바이오디젤 합성의 부산물인 글리세롤은 다양한 소비자 제품에 사용한다. 화장품과 비누(그림 4.26)의 일반적 성분인 글리세린(glycerin)이란 이름을 들어보았을 것이다. 그러나 바이오디젤 9파운드당 1파운드의 글리세롤을 얻어서, 결과적으로 시장에서 글리세롤의 과잉을 초래하였다. 2006년에 미주리 대학의 수피스(Galen Suppes)와 공동 연구자들은 글리세롤을 다른 알코올인 프로필렌 글라이콜(propylene glycol)로 전환하는 공정을 개발하여 녹색 화학 도전 대통령상을 수상하였다.

그림 4.26 글리세린(글리세롤)은 반투명 비누의 성분 중 하나이다.

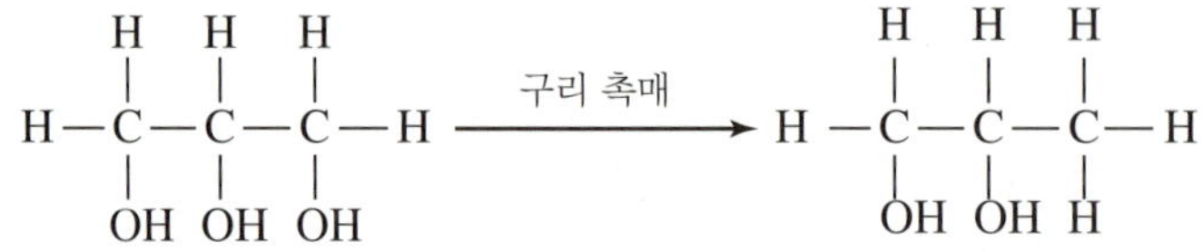

글리세롤 프로필렌 글라이콜 **[4.18]**

FDA는 프로필렌 글라이콜을 '일반적으로 안전한 것으로 인식'하는 화합물로 고지하고 식용 첨가제로 승인하였다. 이 화합물은 화장품용 보습제와 물에 용해되지 않는 일부 약품의 용매로 사용되기도 한다. 자동차용 부동액과 공항에서 제빙제로 사용할 경우, 기존에 사용하고 있는 부동액인 에틸렌 글라이콜(ethylene glycol)보다 그 독성이 훨씬 적다. 이 방법으로 제조된 프로필렌 글리이콜은 재생 가능한 자원에서 얻은 것이며, 원료로 석유가 필요하지 않다. 글리세롤을 부가 가치가 높은 제품으로의 변환은 바이오디젤 생산 비용을 줄여, 석유 기반의 디젤 연료에 대한 경쟁력을 높여 준다.

1.13절에 프로필렌 글라이콜과 에틸렌 글라이콜을 수용성 실내 도료의 부동액으로 나열하였다. 그러나 두 물질 모두 휘발성으로, 낮은 VOC(low VOC) 도료에서는 더 이상 사용하지 않는다.

연구과제 4.23 바이오디젤의 연소열

바이오디젤 분자의 구조식을 다시 살펴보라.

a. 바이오디젤을 연소시켰을 때 g당 방출되는 에너지는 옥테인의 연소열과 비교하여 더 높은지, 더 낮은지 예측해 보시오. 그 이유를 설명하시오. **힌트:** 그림 4.16의 다른 연료의 값을 확인하라.
b. 만약 1몰의 바이오디젤과 1몰의 옥테인을 기준으로 비교한다면, 연소시켰을 때 어느 쪽이 더 많은 에너지를 방출하는가?
c. 연료 몰수당 보다는 연료 g당 비교가 더 유용하다. 설명하시오.

에탄올을 휘발유에 섞는 것처럼, 바이오디젤은 석유계 디젤유와 혼합한다. 예를 들어 B20은 20% 바이오디젤과 80% 디젤유이다(그림 4.27a). 혼합 비율을 20%까지 올려도 중간 및 중량 트럭을 포함한 기존의 모든 디젤 엔진에 완전히 적용 가능하다. 2012년에 미국에서 바이오디젤 혼합유는 인터넷을 통해 쉽게 그 위치를 알 수 있는 1,600개 이상의 소매점에서 구매할 수 있었다. 예를 들어 그림 4.27b는 테네시 주, 녹스빌, 멤피스, 내슈빌 근처의 바이오디젤 주유소 32개의 위치이다.

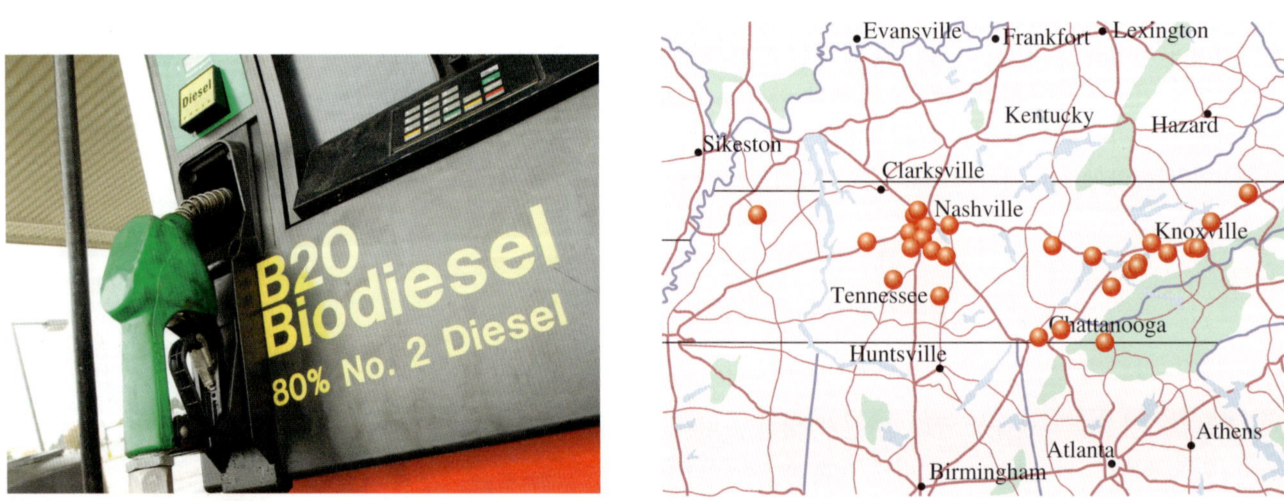

그림 4.27 (a) B20은 80% 석유계 디젤과 20% 바이오디젤 혼합물이다. (b) 테네시 주 내 32개 바이오디젤 주요소의 위치(2012)

출처: *www.biodiesel.org.*

이 절과 앞 절에서 에탄올과 바이오디젤이라는 두 가지 바이오 연료에 대해 논의하였다. 이 과정에서, 복잡하고 논쟁의 여지가 있음을 알았다. 이 장의 마지막 절에서, 우리는 바이오 연료를 살펴볼 뿐만 아니라 더 큰 에너지에 대한 그림을 그려보고자 한다. 앞으로 나아갈 길을 찾아보도록 하자.

4.11 | 바이오 연료와 발전 방향

우리의 연료는 지속 가능한 미래에 부합하는 경로로 나아가고 있는가? 이 마지막 절에서 이 질문에 집중해서 살펴볼 것이다. 바이오디젤의 경제성, 환경지속성, 사회적 비용, 즉 세 가지 최저선(Triple Bottom Line)을 강조한다. 많은 사람들이 신중하게 그리고 정당한 절차에 따라 이 과정을 진행시켜야 한다고 언급해 왔다. 예를 들어 미국화학회의 주간지는 다음과 같이 지적하였다. "바이오 연료의 지속 가능성과 사회적 비용을 고려하여, 정부는 잠시 쉬거나, 한걸음 물러나 생각하거나, 바이오 연료에 대해 더 미묘하고 정교하게 관찰할 필요가 있다"(*Chemical & Engineering News*, August 15, 2011).

현재 에탄올과 바이오디젤은 세계의 최종 에너지 소비(모든 용도로 소비자에게 전달되는 에너지)의 작은 부분만을 차지하고 있다. 바이오 연료의 상황(그림 4.28)에 대한 2010년 보고서에 따르면, 불과 0.6%를 구성하는 바이오 연료를 포함하여 재생 가능한 연료는 에너지 사용량의 20%에 미치지 않는다. 그럼에도 불구하고 바이오 연료 생산은 최근 증가하고 있으며, 이 경향은 지속될 것으로 예측된다. 더 나아가 많은 국가들이 바이오 연료 사용을 장려하기 위한 정치적이며 경제적인 절차를 마련하였다. 그림 4.28은 바이오 연료가 여러 가지 신재생 연료 중 하나임을 보여 준다. 다른 신재생 연료에는 바람(풍력), 물(수력), 태양, 지열 등이 있다. 여기에서는 휘발유와 디젤유와의 관련성 때문에 바이오 연료에 집중한다. 이들은 액체여서 차량과 항공기에 연료로 채우기 용이하기 때문에 중요한 연료이다. 추후 8장에서 태양 에너지에 대해 논의할 것이다.

현재 건전한 이유로 바이오 연료가 논의 중에 있다. 이 논의는 어떤 원칙을 가지고 진행되어야 하는가? 2011년 4월, 너필드 위원회(the Nuffield Council)는 도전을 받아들여 폭넓은 관심을 받았던 보고서, '**바이오 연료**(*Biofuel*): **윤리적 문제**'를 발표하였다. 이 보고서의 서론에 다음 쟁점을 기술하고 있다.

영국을 기준으로, 너필드 위원회는 윤리 문제를 다루는 데 국제적인 명성을 가지고 있다. 독립적인 기관으로서 이 위원회는 바이오 연료에 대한 논쟁 구조에서 유리한 입장에 있다.

> 한창 바이오 연료에 대해 흥분하고 있는 동안, 이들의 대규모 생산이라는 중요한 문제가 등장하였다. 바이오 연료는 화석 연료 대비 매우 낮은 온실기체를 배출한다는 주장으로 경쟁하였다. 바이오 연료가 식량 생산과 경쟁하게 되거나

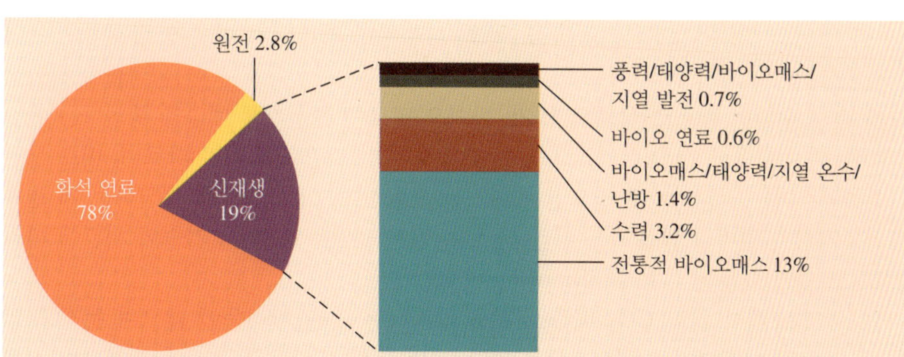

그림 4.28 2008년 세계의 최종 에너지 소비의 재생 가능한 에너지의 점유율. 전통적 바이오매스(biomass)는 목재, 농업 폐기물, 동물 배설물을 포함한다.

출처: *Renewable Energy Policy Network for the 21st Century (2010)*, Renewables 2010: Global Status Report, *Paris, REN21 Secretariat.*

바이오매스(그림 4.28)는 목재와 에탄올을 포함하는 생물 기원의 재생 가능한 연료를 일컫는 일반 용어이다.

이에 따른 식량 확보와 식량 가격에 미치는 영향에 대한 우려가 제기되었다. 더 나아가 많은 이들이 농부, 농장 노동자와 토지 소유자의, 특히 개발 도상국의 취약 인구의 권리 침해에 대해 염려하였다. 또한 대규모 바이오 연료 생산에 따른 오염과, 열대 우림의 파괴로 인한 생물 다양성의 손실과 같은 심각한 환경 변화가 보고되었다.

"바이오 연료의 맥락에서, 결속의 가치는 공유하는 인류애와 공유하는 삶을 가지고 있음을 우리에게 상기시켜 사회 내 가장 취약한 사람들에게 윤리적 관심을 가져야 함을 알려 준다. 그리고 이들 가장 취약한 사람들에게 각별한 관심이 주어져야만 한다." (너필드 보고서에서 인용)

이 보고서는 바이오 연료 사용에 적용할 수 있는 도덕적 가치를 나열하였다. 즉 인권, 결속, 지속 가능성, 관리, 정의. 이들 가치로부터 이 논의, 정책 및 행동에 필요한 윤리적 원칙을 도출하였다(표 4.6). 이들 모든 원칙에 주의하여야 하나, 두 가지는 바이오 연료의 화학에 대한 논의와 직접적인 관련성이 있다. (1) 온실기체 배출의 최종적 감소와 (2) 환경의 지속 가능성의 더 큰 문제. 차례대로 검토할 것이다.

바이오 연료는 온실기체 배출의 순감소에 기여하는가? 이 질문에 대답하기 위하여 화석 연료처럼 에탄올과 바이오디젤도 탄소를 가지고 있으므로, 연소해서 이산화 탄소를 만든다는 것을 기억하자. 다음 예제에서 연소 반응을 적어 보자. 비록 요리에 대한 내용이더라도, 이 화학 반응은 자동차와 트럭 엔진에서도 일어난다.

예제 4.24 체리와 바나나

체리 주빌레(cherries jubilee)와 구운 바나나를 먹어본 적이 있는가? 요리사는 과일을 먼저 브랜디(일종의 술)에 담갔다가 성냥으로 불을 붙인다. 브랜디 속 에탄올이 탄다.

a. 에탄올의 완전 연소에 대한 화학 반응식을 적으시오. 에탄올은 충분한 양의 산소에서 연소하여 일산화 탄소나 검댕을 만들지 않는다.
b. 맛은 없겠지만, 과일을 요리용 오일 또는 바이오디젤에 담겼다가 불에 태우자. 식 4.17의 바이오디젤 생성물인 메틸 스테아레이트($C_{19}H_{38}O_2$)의 완전 연소에 대한 화학 반응식을 적으시오.

'현장에서 탱크(field-to-tank)'에서 에탄올과 바이오디젤은 온실기체 CO_2의 순감소에 기여하는가? 여기서, 비교의 기준은 원유에서 뽑은 휘발유와 디젤유이다. 이들 화석 연료는 **탄소 중립(carbon neutral)**이 아니다. 이는 화석 연료의 연소에 의해 만들어진 이산화 탄소가 광합성과 같은 자연적 과정 또는 인간이 만든 대응 시스템으로 전부 상쇄되지 않는다는 말이다. 화석 연료의 연소는 대기 중 CO_2 알짜 증가를 초래한다.

반면 바이오 연료는 오늘날 농작물, 목초, 나무부터 제조되기 때문에 잠재적으로 더 탄소 중립적이다. 최소한 바이오 연료의 연소에서 배출되는 탄소는 이들 식물이 광합성을 할 때 흡수했던 탄소로 상쇄된다. 자, 바이오 연료는 온실기체 배출을 줄인다는 관점에서 볼 때 어디쯤에 서 있는가? 그 답은 각각의 바이오 연료에 따라 다르며, 비료 생산 및 작물에 물을 공급하는 데 필요한 에너지를 포함하여, 이들 연료를 생산하는 데 필요한 에너지양이 얼마나 많은지에 따라 다르다. 적어도 일부의 경우, 기술이 시간에 따라 향상되고 있기 때문에 이동 표적(moving target)이다.

바이오 연료에서 알짜 CO_2 배출 저감을 정량하는 것은 어려움이 많으며 논쟁도 많다. 왜 그런지 이해하기 위해서 너필드 위원회의 바이오 연료의 윤리에 대한 보고서의 정보를 다시 인용하고자 한다.

■ **토지 사용의 직접적 변경**

이는 삼림 벌채 혹은 습지 배수를 통해, 천연지(natural land)를 농경지로 변경하는

표 4.6 현재와 미래에 바이오 연료 사용에 대한 윤리적 원칙

1. 바이오 연료 개발은 인류의 기본 권리를 침해하지 않아야 한다(충분한 음식과 물을 이용하고, 건강할 권리, 일할 권리와 토지 권한을 포함한다).
2. 바이오 연료는 환경적으로 지속 가능해야 한다.
3. 바이오 연료는 전체 온실기체 배출량의 알짜 감소에 기여해야 하며 세계 기후 변화를 악화시키지 않아야 한다.
4. 바이오 연료는 공정 무역 원칙에 따라 개발해야 하며, 보상받아야 하는 권리를 인식해야 한다(노동권과 지적 재산권을 포함한다).
5. 바이오 연료의 가격과 이익은 공평한 방법으로 배포되어야 한다.
6. 만약 위 다섯 원칙이 지켜지고 만약 바이오 연료가 위험한 기후 변화 변동에 핵심적인 역할을 한다면, 추가적인 주요 고려 사항에 따라 바이오 연료를 개발해야 할 의무가 있다. 이 추가적인 주요 고려 사항은 절대 가격, 대체 에너지원, 기회 비용, 존재하는 불확실성의 정도, 비가역성, 참여 정도, 비례 공공 경영의 개념(proportionate governance)이다.

출처: *Nuffield Council on Bioethics*, Biofuels: Ethical Issues, *2011*, *84*.

것이다. 바이오 연료를 생산하기 위하여 존재하고 있는 천연지를 파괴한다는 것은 대량의 탄소를 효과적으로 격리하고 기존의 토양과 식물을 분해하는 기존 서식지를 제거한다는 뜻이다. 토지 유형에 따라 얼마나 많은 탄소가 격리되고 있는지 결정해야 한다.

- **토지 사용의 간접적 변경**
  이는 기존의 목초지와 농경지를 바이오 연료 생산을 위한 경작용으로 변경하는 것이다. 이 전환은 더 많은 비료, 더 많은 제초제, 더 많은 물의 사용을 동반하며, 이들은 모두 에너지 사용과 추가적인 온실기체 배출을 초래한다. 바이오 연료용 작물의 수명 주기에 걸친 이들 수치를 측정해야 한다.
- **바이오 연료 생산에 따른 폐기물**
  이는 더 이상 식량이나 연료로서의 가치가 없는 농업 및 산업 폐기물이다. 온실기체 배출의 정량뿐 아니라 각 원천에 따른 배출량을 정확하게 할당해야 한다.

본질적인 어려움에도 불구하고, 여러 지지자들이 CO_2 방출에 대한 값을 제안하였다. 2011년 바이오 연료 산업체는 콩을 기반으로 한 에탄올의 경우 10~15% 적은 이산화 탄소를, 콩을 기반으로 한 바이오디젤의 경우 40~45% 적은 이산화 탄소를 배출한다고 추정하였다. 두 값 모두 원유에서 추출한 휘발유와 비교한 것이다. 반면 다른 그룹에서는 토지 이용료와 폐기물 비용 등이 더 큰 비중을 차지한다고 주장하면서, 바이오 연료는 석유계 가솔린에 비해 이산화 탄소의 순증가를 초래한다고 제안하였다. 정확하게 연료 생산 시 배출되는 CO_2를 산출한다면 더 복잡해지겠지만 이 논쟁을 계속될 가능성이 있다.

에탄올과 바이오디젤은 지속 가능한가? 온실기체 배출에 대한 앞의 질문과 마찬가지로, 이 질문은 개략적으로 답할 수는 없다. 더구나 이 질문은 어디서 그리고 어떻게 각 바이오 연료가 생산되는지에 의해 결정된다.

에탄올의 집계보다 좀 더 간단하기 때문에 바이오디젤의 집계에서 시작해 보자. 바이오디젤은 에탄올에 비해 몇몇 고유의 장점을 가지고 있음을 기억하자. 오일을 이용한 이들의 합성이 상대적으로 쉬우며 소량 혹은 대량 합성이 가능하다. 바이오디젤은 기존의 디젤유와 잘 혼합되어 동일한 기반 시설을 이용하여 판매할 수 있다. 에탄올처럼 산소를 함유하고 있으므로, 디젤유보다 더 깨끗하게 연소되어 적은 양의 입자상 물질, 일산화 탄소, 휘발성 유기 화합물을 배출한다. 바이오 연료를 생산하는 지역에서 윤리적 원칙을 따른다고 가정한다면, 아슬아슬하게 바이오디젤이 공공의 건강을 개선한 측면에서 이긴 듯 보인다(표 4.6). 그러나 원칙을 따른다고 가정할 수 있는가? 그림 4.29는 세

(a) (b)

그림 4.29 (a) 말레이시아의 팜 오일 농장(어린 나무), (b) 말레이시아의 팜 오일 공장

계 팜 오일(palm oil) 생산의 한 부분을 맡고 있는 말레이시아의 농장과 공장을 보여 준다. 다음 연구과제에서 팜 오일 생산에 대해 더 살펴보게 될 것이다.

연구과제 4.25 팜 오일, 바이오디젤 그리고 윤리

주의가 필요한 바이오디젤과 관련된 윤리적 문제가 있는가? 2008년 옥스팜(Oxfam) 리포트는 '부유한 나라의 바이오 연료 호황(boom)의 가장 큰 패자는 가난한 사람들로, 이들은 급상승하는 식량 가격에 대한 위험 부담과 토지권, 노동권, 인권을 위협하는 공급 쟁탈에 노출된다'고 지적하였다.

사례로 팜 오일을 적용하자. 팜 오일은 인도네시아와 말레이시아를 포함하여 전 세계 여러 지역에서 생산된다. 친구들을 위해 주요 문제를 정리한 한쪽 분량의 요약 보고(briefing)를 준비해 보시오.

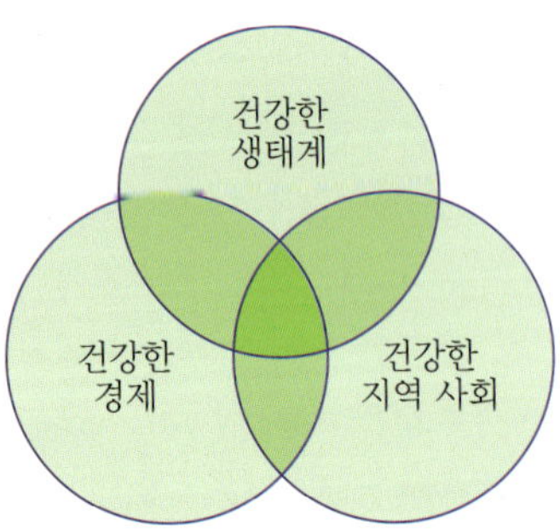

에탄올 생산의 지속 가능성은 평가하기가 훨씬 더 어렵다. 앞서 말한 바와 같이, 에탄올은 옥수수, 사탕수수, 수수와 같은 몇몇 공급 원료에서 유래한다. 당연히 각각에 대한 환경 집계는 별도로 평가해야 한다. 원료가 무엇이건 간에, 과학자들과 시민들은 모두 에탄올 생산의 지속 가능성에 의문을 가진다. 세 가지 최저선, 건강한 경제, 건강한 사회, 건강한 생태계를 떠올려라. 에탄올의 지속 가능한 생산 방법에 대한 더 나은 이해를 제공하기 위해 세부 사항을 살펴보자.

경제 최저선에서 시작하자. 2012년까지 에탄올 1갤런을 생산하는 것은 여전히 휘발유 1갤런을 생산하는 것보다 더 비쌌다. 그렇다면 옥수수에서 생산된 에탄올 시장이 호황인 이유는? 대답은 현장에 따라 다르다. 최근 몇 년 동안, 미국 정부는 에탄올 생산에 세제 혜택을 제공하였다. 보조금으로 연료의 사용을 권장하였으나, 이에 대한 논란이 있었으며, 2011년에 옥수수에서 생산되는 에탄올에 대한 지원이 끝났다.

에너지 가격면에서 좋은 소식은 태양이 무상으로 식물이 자라는 데 필요한 에너지를 공급한다는 것이다. 그러나 나쁜 소식은 옥수수가 성장하는 데 추가적인 에너지 투입이 필요하다는 것이다. 심고 경작하고 수확할 때, 모두 에너지가 필요하다. 작물에 물 주기, 비료를 생산해서 쓰기, 필요한 농기계를 만들고 유지하기, 발효된 곡물에서 알코올을 증류하기도 마찬가지로 에너지를 필요로 한다. 현재 이들 에너지는 상당한 금전적 비용을 지불하며 상당한 이산화 탄소를 배출하는 화석 연료를 연소시켜 공급받는다. 옥수수에서 생산된 에탄올에 대한 전체 에너지 비용은 정량하기 어렵다. 일부 연구는 에탄올 생산에 1 J을 투입할 때마다 1.2 J이 회수된다고 추정하였다. 다른 연구는 투입된 총 에너지가 생산된 에탄올의 에너지양보다 크다고 주장한다.

다음으로 사회적 최저선을 고려해 보자. 호황을 누린 에탄올 수요로 중서부 지역의 많은 농촌 지역 사회는 큰 혜택을 누렸다. 증류소의 건설은 지역 노동자에게 일자리를 제공할 뿐만 아니라 지역에서 재배한 옥수수에 대한 구매자를 창출한다. 가족 농장의 저하된 생산 능력으로 타격을 받았던 일부 지역 사회는 에탄올 수요로 재기의 기회를 잡았다. 물론 문제점도 있다. 옥수수에 대한 수요 증가는 다른 많은 제품(특히 식품)의 가격 상승을 초래하였으며, 그 지역 사회의 모든 사람들이 (그리고 전 세계 많은 사람들이) 그 가격을 지불해야 한다.

마지막으로 환경적 최저선 차례다. 옥수수는 경작할 때 다량의 비료, 제초제, 방충제를 사용해야 한다. 이들 화학 물질을 생산하고 이송하는 데도 이산화 탄소를 배출하는 화석 연료의 연소가 필요하다. 더구나 이들 화학 물질이 땅에 뿌려지면 토질과 수질이 나빠진다. 옥수수 재배자가 책임 실천을 할 수 있고, 한다고 하더라도, 더 많은 옥수수를 생산하라는 요구가 있다면 그들은 반드시 도전에 직면할 것이다.

이제 어디로 가야 하는가? 분명히 선택은 쉽지 않다. 우리는 오일이라는 쉽고 편한 원료를 이용하여 우리 삶을 태워 왔다. 우리 미래의 선택은 복잡하고 절충을 수반한다. 너필드 보고서의 문장으로 돌아가면서 이 장을 마무리하고자 한다. 그들은 행동하기와 위험을 수반하는 행동 안하기를 떠올리는, 이전 장과 연결되는 **사전 예방 원칙(precautionary principle)**을 상기시킨다. 아래 문장이 여러분에게 영감을 줄 뿐만 아니라 여러분이 문제점을 조사하고 적절한 주의를 가지고 행동을 취하는 것으로 이어지기를 바란다.

2장에서 논의한 사전 예방 원칙은 비록 과학적인 자료가 완벽하지 않더라도 건강과 자연에 대한 부작용이 심각해지거나 돌이킬 수 없게 되기 전에 현명하게 행동할 것을 강조한다.

> 물론 생활 습관을 바꿀 수 있도록 사람들에게 권장하는 것도 전체 온실기체 배출을 감소시키는 하나의 방법이 될 것이다. 그러나 이 방법과 바람, 파도, 태양 에너지와 같은 다른 비연료(non-fuel) 기반의 에너지 원천은 가까운 미래의 화석 연료에 대한 전 세계적 의존도를 줄이기에는 충분하지 않다.
>
> 우리는 액체 연료의 새로운 원천과, 보다 효율적으로 바이오 연료 생산할 수 있는 새로운 방법이 필요하며, 유전자 변형을 포함한 첨단 생명공학 기술은 이러한 요구를 해소하는 데 도움이 되는 도구의 중요한 부분을 담당할 수 있을 것이다.
>
> 예방 안전 보장 조치(Precautionary safeguards)에는 이미 첨단 생명공학 기술의 개발이 등재되어 있으며 어떤 새로운 위험도 제시하지 않을 것이다. 실제로 예방적 접근은 균형있고 공평한 방식으로 시행되는 것이 중요하다—우리가 새로운 기술을 개발하는 위험만큼 아무것도 하지 않는 것에 대한 위험에 대해서도 예방해야 한다. (Biofuels: Ethical Issues, Nuffield Council on Bioethics, 2011)

연구과제 4.26 지속 가능한 미래

2002년, 당시 유엔 사무총장이던 코피 아난(Kofi Annan)은 지속 가능성을 "... 특별한 기회—경제적으로 시장을 구축하고, 사회적으로 한계 상황의 사람을 들여오고, 모든 사람들에게 자신의 목소리와 자신의 미래를 결정할 수 있는 기회를 주는 자원에 대한 긴장감을 정치적으로 낮추는"이라고 불렀다. 언급된 각 영역에 대한 세부 사항을 넣어, 사무총장의 발언을 확장해 보시오.

결론

불(*fire*)! 인류 조상에게 불은 안전의 원천이었다. 불은 동물들을 쫓았고, 음식을 조리하고 저장할 수 있는 능력을 주었으며, 질병이 퍼지는 것을 최소화할 수 있는 능력을 주었다. 불은 중요한 사회적 전달체가 되어 공동체가 모여서 의견을 나눌 장소를 제공하였다. 불은 이 지구상 더 추운 지역으로의 탐사가 가능하게 해 주었다.

오늘날 연소는 아직도 인류 공동체의 중심에 자리 잡고 있다. 요리를 하고, 거주지를 데우거나 식히며, 상품과 작물을 만들고, 이 지구의 도로, 철도, 물길, 하늘 길을 따라 여행하기 위해 매일 불을 사용한다. 연료의 연소만큼 우리의 건강, 복지 및 생산성 등 광범위하게 영향을 미칠 수 있는 화학 반응은 거의 없다.

이 장에서 살펴본 바와 같이 연소 과정은 에너지를 덜 유용한 형태로 변환한다. 예를 들어 휘발유와 같은 탄화수소 혼합물을 연소시키면 일부 퍼텐셜(화학) 에너지가 열과 같은 형태로 소멸된다. 비록 에너지의 **형태**는 바뀌어도 변환 전과 후의 전체 에너지는 동일하다.

또한 이 장에서 연소 과정이 물질을 덜 유용하거나 가끔은 바람직하지 않은 형태로 변환하는 것도 살펴보았다. 예를 들어 완전 연소 생성물인 이산화 탄소와 물은 연료로서는 유용성이 없다. 더구나 CO_2는 온실기체로 지구 기후 변화와 연관된다. 불완전 연소 생성물인 일산화 탄소와 검댕은 사람 건강에 영향을 미치기 때문에 바람직하지 않다. 이는 고온의 화염에서 만들어지는 공기 오염 물질인 NO에도 해당된다.

오늘날은 화석 연료가 이 지구를 움직이고 있다. 재생 가능한 연료를 사용하고자 하나 그 규모가 너무 작다. 미래 우리의 에너지 원천으로 무엇을 이용해야 하는가? 에탄올과 바이오디젤과 같은 재생 가능한 바이오 연료는 미래 에너지의 한 부분이 될 것이다. 모든 연료와 같이 책임과 지속 가능성을 포함한 우리 가치와 일치해야 한다. 미래 세대의 증가하는 에너지 요구에 부응하는 또 다른 가능성으로 핵에너지(7장)와 태양 에너지(8장)가 있다.

0장에 논의한 지속 가능성에 대한 정의, '미래 세대가 그들의 수요를 충족시킬 능력을 훼손하지 않으면서 현재 세대의 수요를 충족하는 것'을 떠올려 보기 바란다. 지속 가능한 사회를 만들기 위해서는 각계각층 사람들의 재능과 선의가 필요하다.

요약

이 장을 공부한 후에 다음을 할 수 있어야 한다.

- 화석 연료를 명명하고, 각각의 특성을 기술하며, 얼마나 깨끗하게 연소할 수 있고, 얼마나 많은 에너지를 생성할 수 있는지 비교할 수 있다. (4.1~4.7)
- 화석 연료와 바이오 연료를 포함한 에너지 선택의 논의에 세대 간 형평성에 대한 가치를 적용할 수 있다. (4.0~4.2, 4.9~4.11)
- 화석 연료, 광합성, 태양이 어떻게 연관되어 있는지 설명할 수 있다. (4.1)
- 광합성과 연소 간 에너지 상관관계를 그릴 수 있다. (4.1)
- 화석 연료를 지속 가능한 에너지원으로 평가할 수 있다. (4.1~4.7)
- 각각의 에너지 변환 단계와 연관시켜, 화석 연료의 연소에서 전기를 어떻게 생산하는지 설명할 수 있다. (4.1)
- 거시적 관점과 분자 수준에서 운동 에너지와 퍼텐셜 에너지를 비교하고 대조할 수 있다. (4.1)
- 엔트로피의 개념을 적용하여 열역학 제2법칙을 설명할 수 있다. (4.2)
- 석탄 등급에 대해 언급하고 석탄의 환경적, 경제적, 사회적 생존 가능성과 연관지을 수 있다. (4.3)
- '깨끗한 석탄 기술'을 설명하고 이들의 장·단기 생존 가능성에 대해 언급할 수 있다. (4.3)
- 작용기의 개념에 대해 설명하고 알코올의 세 가지 화합물 예를 들 수 있다. (4.4, 4.9)
- 석유는 어떻게, 왜 정제하는지 설명할 수 있다. (4.4)
- 석유를 증류하여 얻을 수 있는 서로 다른 분획을 나열한다. 화학적 조성, 화학적 성질, 끓는점, 최종 용도의 관점으로 서로 비교하고 대조할 수 있다. (4.4)
- 어떻게 수압 파쇄(fracking)를 진행하며, 무엇이 만들어지며, 왜 논란이 많은지 설명할 수 있다. (4.4)
- 계산과 화학적 직관에 근거하여 **흡열**과 **발열**이라는 용어를 화학 반응에 적용할 수 있다. (4.5)
- 결합 에너지를 이용하여 반응에 수반되는 에너지 변화를 계산할 수 있다. (4.6)
- 어떻게 휘발유 첨가제가 자동차 효율, 배기관 배출, 인간 건강, 환경에 영향을 미치는지 평가할 수 있다. (4.7)
- 활성화 에너지와 촉매를 이해하고, 어떻게 반응 속도와 관련되는지를 설명할 수 있다. (4.8)
- 바이오 연료의 예를 들고 이들의 공통점이 무엇인지 기술할 수 있다. (4.9)
- 셀룰로스, 녹말, 글루코스, 에탄올의 차이점을 기술할 수 있다. (4.9)
- 왜 에탄올 생산에는 여러 방식이 있는지를 설명할 수 있다. 일부 방법은 더 지속 가능하다. (4.9)
- 화학적 조성, 연소 시 방출하는 에너지, 물에 대한 용해도 관점에서 에탄올과 휘발유를 비교하고 대조할 수 있다. (4.9)
- 지방, 오일, 중성 지방, 바이오디젤의 차이점을 기술할 수 있다. (4.10)
- 화학적 조성, 연소 시 방출하는 에너지, 생산하는 데 필요한 에너지의 관점에서 바이오디젤과 디젤유를 비교하고 대조할 수 있다. (4.10)
- 원료, 화학적 조성, 연료로서의 연소 능력, 화석 연료의 대체 가능성의 관점에서 에탄올과 바이오디젤을 비교할 수 있다. (4.11)
- 어느 정도로 에너지를 절약할 수 있는가를 포함하여 여러 가지 에너지 보존 조치에 대한 입장을 정리할 수 있다. (4.11)

연습문제

기본문제

1. a. 5개의 연료를 나열한다. 이들 연료가 공유하는 성질을 두 가지 이상 말하시오.
   b. 나열한 연료 중에서 어떤 것이 화석 연료이며 무엇으로부터 만들어졌는가?
   c. 나열한 연료 중에서 어떤 것이 재생 가능한가?
2. 석탄의 연소로 몇몇 물질이 공기 중으로 배출된다.
   a. 이 물질 중 하나는 다량으로 만들어지는 기체이다. 이 물질의 화학식과 이름을 적으시오.
   b. 반면 배출되는 SO_2(이산화 황) 양은 상대적으로 적다. 그럼에도 불구하고 SO_2는 관심의 대상이다. 그 이유를 설명하시오.
   c. 소량 배출되는 다른 기체는 NO(일산화 질소)이다. 그러나 석탄은 매우 적은 양의 질소를 함유하고 있다. 그렇다면 이 NO 중 질소의 출처는 어디인가?
   d. 석탄을 태우면 검댕이라는 미세 물질이 배출되기도 한다. 이들 중 가장 미세한 $PM_{2.5}$는 건강과 어떻게 관련되는가?
3. 이 장 첫 번째 절에서 가져온 아래 그림은 발전소를 묘사한 것이다.

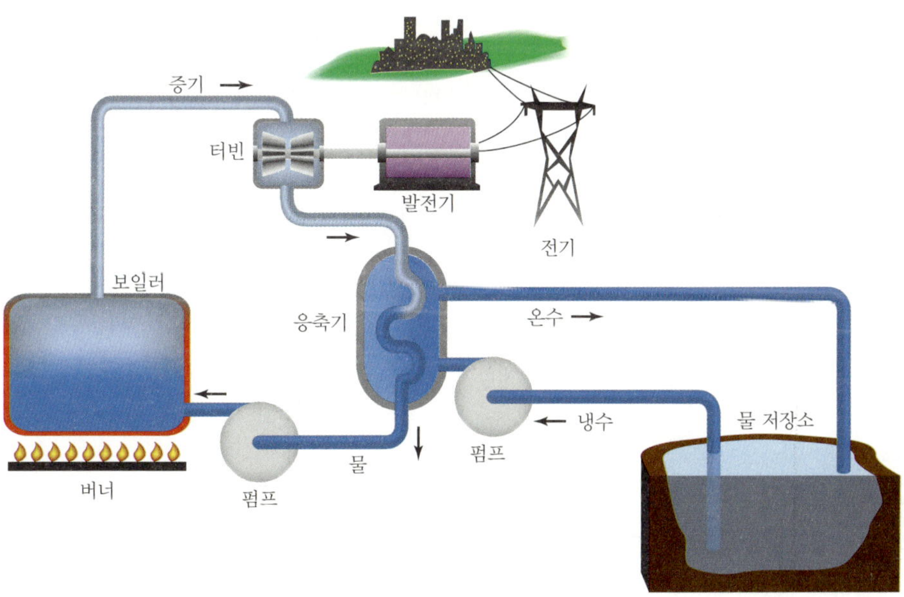

   a. 석탄 화력 발전소의 경우, 석탄은 이 그림 중 어디에서 나타나는가?
   b. 물은 두 개의 분리된 순환 과정에 참여한다. 한 순환 과정은 보일러와 터빈을 연결하고, 통상 압력이 높다. 그 이유를 설명하시오.
   c. 다른 순환 과정은 호수나 강에서 물을 가져온다(그리고 내보낸다). 왜 대량의 물이 필요한지 설명하시오.
4. 자연계에 에너지는 다른 형태로 존재한다. 문제 3의 그림을 보고 위치를 기술하시오.
   a. 연료의 퍼텐셜(화학) 에너지가 열로 변환된다.
   b. 물 분자의 운동 에너지가 역학적 에너지로 변환된다.
   c. 역학적 에너지가 전기 에너지로 변환된다.
   d. 전기 에너지가 열과 빛의 형태로 변환된다.
5. 석탄 화력 발전소가 500메가와트(MW), 즉 5.00×10^8 J/s의 속도로 전기를 발전한다. 이 발전소에서 열을 전기로 변환하는 총 효율은 37.5%(0.375)이다.
   a. 1년간 가동하였을 때 발전되는 전기 에너지(J 단위로)를 계산하고, 이 목적으로 사용한 열에너지를 계산하시오.
   b. 발전소가 30 kJ/g을 방출하는 석탄을 태운다면 1년 동안 가동할 때 태우는 석탄의 질량(g과 t의 단위로)을 계산하시오.
   힌트: 1미터톤 = 1×10^3 kg = 1×10^6 g
6. 햇빛 에너지는 글루코스와 산소의 퍼텐셜(화학) 에너지로 변환될 수 있다.
   a. 이 변환 과정의 이름을 적으시오.
   b. 햇빛에 기원을 둔 연료의 이름을 세 가지 적으시오.
7. 석탄의 등급이 어떻게 다른지 기술하시오. 이 차이는 무엇을 의미하는가?
8. 석탄이 전기를 생산하는 중요한 연료이기는 하나, 단점도 가지고 있다. 단점 세 가지를 적으시오.
9. 석탄에는 50~200 ppb의 범위를 가지는, 미량의 수은(Hg)이 존재한다. 예제 4.8의 발전소에서 연소하는 석탄의 양을 생각해 보자. 가장 낮은 농도(50 ppb)와 가장 높은 농도(200 ppb)에서 석탄 내 수은의 양(톤 단위)을 계산하시오.
10. 모든 탄화수소에 대해 동일하게 적용할 수 있는 두 가지 방법으로 명명하시오. 그들은 구별할 수 있는 두 가지 방법으로 명명하시오.
11. 다음은 두 알케인의 축약 구조식이다.
    CH_3CH_3과 $CH_3(CH_2)_2CH_3$
    a. 두 화합물을 명명하시오.

b. 각각의 화학식과 모든 결합과 원자를 보여 주는 구조식을 그리시오.

c. 화학식, 축약 구조식, 구조식을 편이성과 제공하는 정보면에서의 상대적 장점을 기술하시오.

12. 표 4.2는 1~8개의 탄소 원자를 가지는 직쇄('노멀') 알케인의 구조식이다.

a. *n*-데케인(*n*-decane, $C_{10}H_{22}$)의 구조식을 그리시오.

b. *n*-노네인(*n*-nonane, 9개 탄소)과 *n*-도데케인(*n*-dodecane, 12개 탄소)의 화학식을 예측하시오.

13. 아래는 *n*-뷰테인(*n*-butane, C_4H_{10}) 이성질체 중 하나의 공-막대 표기이다.

a. 이 이성질체의 구조식을 그리시오.

b. 모든 다른 이성질체의 구조식을 그리시오. 중복된 구조에 유의해야 한다.

14. 다음 세 가지 탄화수소의 자료를 살펴보시오.

화합물(화학식)	녹는점(°C)	끓는점(°C)
펜테인(C_5H_{12})	-130	36
트라이아콘테인($C_{30}H_{62}$)	66	450
프로페인(C_3H_8)	-188	-42

실온(20°C)에서 각 물질의 물리적 상태(고체, 액체, 기체)를 예측하시오.

15. 원유를 증류하는 동안, 디젤유로 사용하는 12~18개의 탄소를 갖는 등유(kerosene)와 탄화수소는 다음 그림의 C 지점에서 응축한다.

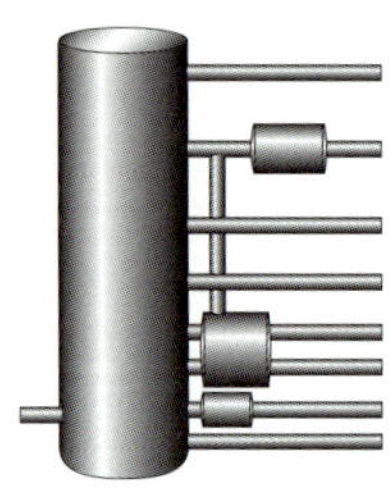

a. 증류에 의한 탄화수소 분류는 특별한 물리적 성질에 의존한다. 그 물성은 무엇인가?

b. C 지점에서 분획된 탄화수소와 비교하여, A, B, D 지점에서 분획된 탄화수소는 몇 개 정도의 탄소를 가지는가? 그 이유를 설명하시오.

c. C 지점에서 분획된 탄화수소와 비교하여, A, B, D 지점에서 각각 분획된 탄화수소의 용도는 어떻게 다른가? 그 이유를 설명하시오.

16. 메테인의 완전 연소가 식 4.3에 주어져 있다.

a. 에테인(C_2H_6)의 연소에 대한 화학 반응식을 유추해 보시오.

b. 루이스 구조를 이용하여 이 반응식을 다시 기술해 보시오.

c. 에테인(C_2H_6)의 연소열은 52 kJ/g이다. 만약 1몰의 에테인이 완전 연소되었다면, 생성되는 열은 얼마인가?

17. a. *n*-헵테인(C_7H_{16})의 완전 연소에 대한 화학 반응식을 기술하시오.

b. *n*-헵테인의 연소열은 4817 kJ/mol이다. 만약 250 kg의 *n*-헵테인이 완전히 연소되어 CO_2와 H_2O가 되었다면, 열이 얼마나 방출되는가?

18. 판매되는 감자칩 한 봉지는 70 Cal(70 kcal)의 열량을 갖는다. 이 감자칩의 에너지가 모두 여러분의 심장 박동을 유지하는 데 이용된다고 가정한다면, 이 한 봉지의 감자칩은 분당 80번인 심장 박동을 얼마나 오래 유지할 수 있는가? (**비고:** 1 kcal = 4.184 J, 인간의 심장 박동은 매회 약 1 J의 에너지를 필요로 한다.)

19. 12온스(Oz)의 청량음료는 92 kcal의 열량을 갖는다. 이 음료가 대사과정을 거치면서 방출하는 에너지는 얼마인가?

20. 다음 과정이 흡열인지, 발열인지 기술하시오.

a. 야외 그릴에서 숯이 탄다.

b. 피부 표면에서 물이 증발한다.

c. 광합성에 의해 나뭇잎에서 글루코스가 합성된다.

21. 표 4.4의 결합 에너지를 이용하여, 다음 반응 각각에 대한 에너지 변화를 계산하시오. 각 반응이 흡열인지, 발열인지 결정하시오. **힌트:** 결합의 종류와 개수를 결정하기 위하여 반응물과 생성물의 루이스 구조를 그리라.

a. $N_2(g) + 3H_2(g) \longrightarrow 2NH_3(g)$

b. $H_2(g) + Cl_2(g) \longrightarrow 2HCl(g)$

22. 표 4.4의 결합 에너지를 이용하여, 다음 반응 각각에 대한 에너지 변화를 계산하시오. 각 반응이 흡열인지, 발열인지 결정하시오.

a. $2H_2(g) + CO(g) \longrightarrow CH_3OH(g)$

b. $H_2(g) + O_2(g) \longrightarrow H_2O_2(g)$

c. $2BrCl(g) \longrightarrow Br_2(g) + Cl_2(g)$

23. 발효에 의해 에탄올을 만들 수 있다. 에탄올을 만드는 또 다른 방법은 수증기와 C=C를 갖는 탄화수소인 에텐(또는 에틸렌)의 반응이다.

$$CH_2CH_2(g) + H_2O(g) \longrightarrow CH_3CH_2OH(l)$$

a. 루이스 구조를 이용하여 위 반응식을 다시 기술하시오.

b. 표 4.4의 결합 에너지를 이용하여 위 반응의 에너지 변화를 계산하시오. 이 반응은 흡열인가, 발열인가?

24. 아래는 에테인, 에텐, 에탄올의 구조식이다.

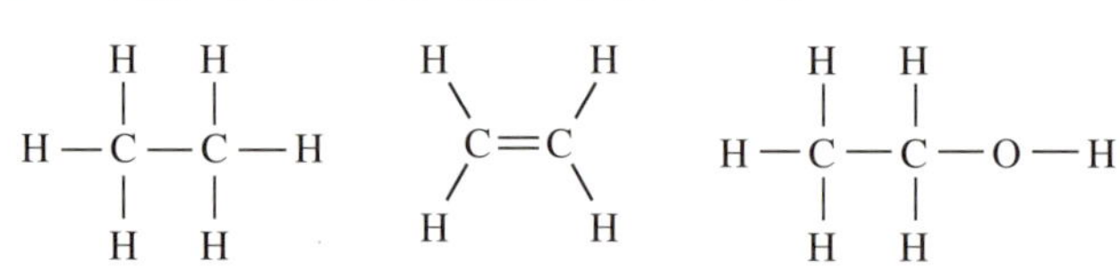

에테인 에텐 에탄올

a. 에테인은 에텐의 이성질체인가, 에탄올의 이성질체인가? 설명하시오.

b. 에텐에는 가능한 다른 이성질체가 있는가? 설명하시오.

c. 에탄올에는 가능한 다른 이성질체가 있는가? 설명하시오.

25. 아래 세 화합물은 모두 C_8H_{18}의 화학식을 갖는다. 간략하게 표현하기 위해 수소 원자와 C–H 결합을 생략하였다.

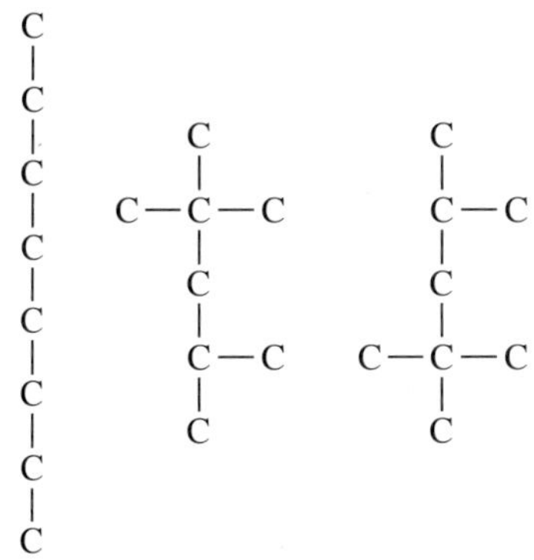

a. 생략된 수소 원자를 보여 주는, 각 화합물의 구조식을 그리시오. 모두 18개의 수소 원자를 가져야 한다.

b. 만약 있다면, 어떤 구조들이 서로 동일한가?

c. 더 가능한 C_8H_{18}의 이성질체 두 개에 대한 구조식을 그리시오.

26. 촉매는 원유 정제 중 분해(cracking) 반응을 가속하여 보다 낮은 온도에서 반응이 일어나게 한다. 이 교재의 첫 세 장에서 촉매를 사용한 두 가지 예를 설명하시오.

27. 원유의 정제에 있어 분해가 필수적인 이유를 설명하시오.

28. 아래의 분해 과정을 살펴보시오.

$$C_{16}H_{34} \longrightarrow C_5H_{12} + C_{11}H_{22}$$

a. 이 반응에서 해리된 결합은 무엇이며, 생성된 결합은 무엇인가? 이 질문에 대답하는 데 도움이 되도록 루이스 구조를 이용하시오.

b. **a**와 표 4.4를 이용하여, 이 분해 반응이 진행되는 동안의 에너지 변화를 계산하시오.

29. 바이오 연료란 무엇인가? 세 가지 예를 드시오.

30. 메탄올, 에탄올, *n*-프로판올(직쇄 이성질체)의 세 가지 알코올을 살펴보시오.

a. 이 화합물들은 공통된 작용기를 가지고 있다. 이름을 말하시오.

b. 이 화합물들은 모두 가연성이다. 생성물의 이름과 화학식을 기술하시오.

c. 이 화합물들 중 끓는점이 가장 낮은 화합물을 예측하시오. 그 이유를 설명하시오.

d. 이 화합물들 중 하나의 화학적 구조가 글리세롤과 다소 유사하다. 어떤 것이며 그 이유는? **힌트:** 글리세롤의 구조는 식 4.18에 보여 준다.

31. 셀룰로스와 녹말은 둘 다 발효되어 에탄올을 생산할 수 있다.

a. 화학적 구조면에서, 녹말과 셀룰로스는 얼마나 유사한가?

b. 인류의 식량 자원면에서, 녹말과 셀룰로스는 얼마나 다른가?

32. 신체 내에서 글루코스($C_6H_{12}O_6$)가 '연소'(대사)되면, 그 생성물은 이산화 탄소와 물이다.

a. 균형 화학 반응식을 기술하시오.

b. 나무를 태우는 과정의 화학 반응식은 글루코스 대사과정의 화학 반응식과 근본적으로 동일하다. 그 이유를 설명하시오.

33. 바이오 연료로서, 바이오디젤과 에탄올은 밀접 비교가 타당하다. 아래 인자를 기준으로 이용하시오.

a. 원천

b. 연료를 생산하는 화학 반응

c. 연소 생성물

d. 물에 대한 용해도(더 자세한 내용은 5장에서)

34. 바이오디젤 분자를 에탄올 분자와 비교하고 대조해 보자. 비교의 기준으로 아래 인자를 이용하시오.

a. 각각 함유하고 있는 원자 종류와 그들의 대략적 상대 비율

b. 각각 함유하고 있는 원자의 개수

c. 각각 함유하고 있는 작용기의 개수

35. 그림 4.16을 이용하여, 1갤런의 에탄올과 1갤런의 휘발유의 연소에서 방출되는 에너지를 비교하시오. 이때 휘발유는 순순한 옥테인(C_8H_{18})이라고 가정한다. 그 차이를 설명하시오.

36. 에너지원으로서 원유와 관련지어 **상용의**(**기존의**, *conventional*)와 **독특한**(*unconventional*)이라는 용어를 설명하시오. 각각에 대한 예를 제시하시오.

개념문제

37. 전기를 생산하는 석탄(그리고 다른 화석 연료) 연소의 지속 가능성은 단순한 석탄의 가용성 이상을 포함한다. 설명하시오.

38. 이 장에서 석탄의 화학식을 $C_{135}H_{96}O_9NS$로 근사하였다. 그러나 저급의 갈탄(역청탄)은 목재와 유사한 화학 조성을 가진다고 언급하였다. 셀룰로스는 목재의 기본 구성 요소이다. 이들로부터 갈탄의 대략적인 화학식을 예측해 보시오.

39. 그림 4.6을 이용하여, 미국 에너지 소비의 원천을 비교하시오. 비율이 감소하는 순으로 이들 원천을 나열하고 상대적 순위를 말하시오.

40. 에너지를 방출하는지, 흡수하는지, 참여하는 화학종, 그리고 대기로부터 CO_2를 제거하는 능력에 따라, 연소와 광합성 과정을 비교하시오.

41. 친구에게 온도(temperature)와 열(heat)의 차이를 어떻게 설명하겠는가? 실질적이며 일상적인 예를 이용하시오.

42. '열역학 제1법칙에 따르면, 에너지 위기는 결코 일어나지 않을 것이다'라는 주장에 대한 반응을 적으시오.

43. 엔트로피와 확률의 개념은 포커와 같은 게임에 사용된다. 어떻게 손에 가진 패의 순위(단순히 높은 카드에서 로열 플러시까지)가 엔트로피와 확률과 관련되는지 설명하시오.

44. 표 4.4에 보인 결합 에너지는 가끔 '역행 반응(working backward)'의 반응열에 의해 발견된다. 반응이 진행되고 흡수되거나 발열되는 열을 측정한다. 이 값과 알려져 있는 결합 에너

지로부터 다른 결합 에너지를 계산할 수 있다. 예를 들어 폼알데하이드(H_2CO)의 연소에 따른 에너지 변화는 −465 kJ/mol이다.

$$H_2CO(g) + O_2(g) \longrightarrow CO_2(g) + H_2O(g)$$

이 정보와 표 4.4의 값들을 이용하여 폼알데히드 내 C=O 이중결합의 에너지를 계산하시오. 계산된 값을 CO_2의 C=O 결합 에너지와 비교하고 왜 차이가 나는지를 추측하시오.

45. 표 4.4의 결합 에너지를 이용하여 왜 클로로플루오로탄소(chlorofluorocarbon, CFC)가 왜 그렇게 안정한지를 설명하시오. 또한 CFC에서 F 원자를 방출하는 데 필요한 에너지보다 Cl 원자를 방출하는 데 더 적은 에너지가 필요한지 설명하시오. 그리고 이 점은 CFC의 대체 물질인 HFC와 연관지어 보시오.

46. 할론(halon)은 CFCs와 유사하나 브로민(bromine)을 함유하고 있다. 할론은 소화(消火)용으로 매우 뛰어난 물질이나 오존 분해에 CFC보다 더 실질적으로 영향을 미친다. 다음은 할론-1211의 루이스 구조이다.

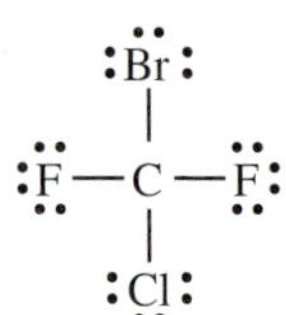

a. 이 화합물 내 어떤 결합이 가장 끊엉지기 쉬운가? 이는 이 화합물의 오존을 분해하는 능력과 어떻게 관련이 있는가?

b. 소화제로, C_2HClF_4는 할론의 가능한 대체 물질 중 하나이다. 이 물질의 루이스 구조를 그리고 가장 끊어지기 쉬운 결합을 결정하시오.

47. 연료의 에너지 함량은 그림 4.16과 같이 kJ/g으로 나타낼 수 있다. 이들 값에서 볼 때, 산소 함유 연료와 그렇지 않은 연료는 어떻게 다른가? 이제 이들 연료 각각의 에너지 함량을 kJ/mol 단위로 계산하시오. 여러분은 어떤 경향성을 관찰하였는가?

48. 한 친구가 더 큰 분자를 가진 탄화수소 연료는 작은 분자를 가진 것 다 단위 질량(g)당 더 많은 열을 방출한다고 말한다.

a. 아래 자료와 적절한 계산을 이용하여 이 주장의 장점을 논하시오.

탄화수소	연소열
옥테인(C_8H_{18})	5070 kJ/mol
뷰테인(C_4H_{10})	2658 kJ/mol

b. **a**의 답에 근거하여 양초 왁스(candle wax, $C_{25}H_{52}$)의 g당 연소열은 옥테인보다 더 클 것인지, 작을 것인지를 예측하시오. 양초의 몰(mol)당 연소열이 옥테인보다 더 클 것인지, 작을 것인지를 예측하시오. 그 예측을 정당화하시오.

49. 수소와 일산화 탄소를 탄화수소와 물로 전환하는 피셔-트로프슈 반응은 식 4.11로 주어진다.

$$n\,CO + (2n + 1)\,H_2 \longrightarrow C_nH_{2n+2} + n\,H_2O$$

a. $n = 1$일 때 이 반응에서 방출되는 열을 결정하시오.

b. 계산을 하지 않고 더 큰 탄화수소($n > 1$)의 형성에서 몰(mol)당 방출되는 에너지가 더 많은지, 적은지를 예측하시오. 그 추론을 설명하시오.

50. 다음은 에탄올(C_2H_5OH 또는 C_2H_6O)의 공-막대 모형이 있다.

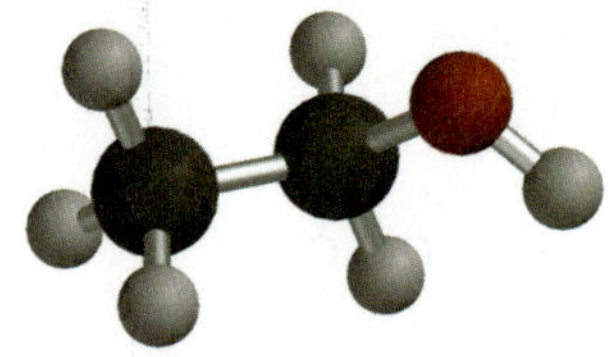

a. 다이메틸 에터(dimethyl ether)는 에탄올의 이성질체이다. 이 화합물의 루이스 구조식을 그리시오.

b. 사람들은 에터를 마취제로 사용하기도 하였다. 이 때 사용한 것은 다이에틸 에터(diethyl ether)였다. 그 구조식을 그리시오.

c. 이 장에서는 에터의 작용기를 설명하지 않았다. 위 두 문제에 대한 답을 바탕으로 한다면, 모든 에터는 공통적으로 어떤 구조를 가지는가?

51. 표 4.5는 몇몇 물질의 옥테인가(octane rating)를 보여 준다.

a. 옥테인가는 휘발유의 에너지 함량을 측정한 것이 아니라는 것에 대해 어떤 증거를 줄 수 있는가?

b. 옥테인가는 노킹(knocking)을 방지하거나 최소화하는 연료의 능력을 측정한 것이다. 이는 왜 중요한가?

c. 높은 옥테인 혼합이 낮은 옥테인 혼합 대비 왜 더 높은 가격을 갖는가?

d. 대부분의 주유소에서 이용 가능한 고급 휘발유는 옥테인가 91을 갖는다. 이는 산소 첨가(oxygenates)된 연료인지에 대해 무엇을 말해 주는가?

52. *n*-옥테인과 *iso*-옥테인은 근본적으로 동일한 연소열을 갖는다. 그렇다면 서로 다른 화학적 구조를 가진 이들이 어떻게 동일한 연소열을 갖는 것이 가능한가?

53. 모든 용어를 연료의 제목 아래에 맞게 배치해 보자.
신재생 연료, 재생 불가능한 연료, 석탄, 석유, 바이오디젤, 천연 가스, 에탄올
다이어그램(도해)을 사용하여 이들 사이의 관계를 보여 주시오. 또한 **화석 연료**와 **바이오 연료**에 나타낼 방법도 찾아보자.

54. 다이어그램을 이용하여 우리의 식품과 관련된 다음 용어의 상관관계를 보이시오.
지방(fat), 비계(lard), 오일(oil), 트라이글리세라이드(triglyceride), 버터(butter), 올리브유, 콩기름
비록 바이오디젤은 식품이 아니라 하여도 이들 용어와 관련되어 있다. 이 관련성을 나타낼 수 있는 방법을 찾으시오

55. 수년이라는 시간 척도에서는, 바이오매스에서 유래한 에탄올의 연소에 따른 대기 중으로의 알짜 CO_2 방출은 원유에서 파생된 가솔린 연소의 경우보다 더 **낮다**. 그러나 사람들은 이것이 사실인지 아닌지를 놓고 의견이 많다. 논제의 주안점은 무엇인가?

56. 이 책의 앞표지 안쪽의 녹색 화학의 6가지 원칙(the Six Key Ideas in Green Chemistry)을 다시 살펴보자. 수피스(Suppes)가 글리세롤에서 프로필렌 글라이콜을 합성한 것은 어느 원칙에 부합하는가? **힌트:** 식 4.18을 보라.

57. 몇 가지 오염 물질의 방출량은 석유 디젤을 사용할 때보다 바이오디젤을 사용하면 더 적다. 바이오디젤의 경우, 다음 물질의 배출량이 더 적은 이유를 설명하시오.
   a. 이산화 황(SO_2)
   b. 일산화 탄소(CO)

응용문제

58. 석탄은 비록 미량의 수은을 함유하고 있을 뿐이나, 석탄의 연소에 의해 방출된 수은 양은 환경에 상당한 영향을 준다. 적절한 증거를 수집하여 이 주장을 옹호하거나 반박하시오.

59. 미국 EPA의 한 발표에 따르면, 차를 운전하는 것이 '일반 시민의 가장 오염적인 일상 활동'이라고 한다.
   a. 차가 배출하는 오염 물질은? **힌트:** EPA에서 제공하는 자동차 배출 물질에 대한 정보(이 책에 실린 정보와 더불어)가 이 문제에 대한 대답에 도움이 될 것이다.
   b. 이 발표의 신뢰도는 어떤 가정에 근거하고 있는가?

60. *Scientific American*의 한 기사는 75와트(watt) 백열전구를 18와트 소형 형광 전구로 교체한다면 약 75% 전기 요금을 절감할 수 있다고 지적하였다. 전기는 일반적으로 킬로와트-시간(kW-h)당 가격을 책정한다. 여러분이 거주하는 곳의 전기 요금을 이용하여, 소형 형광 전구 1개의 수명(약 10,000 h) 동안 얼마나 많은 돈을 절감할 수 있는지 계산하시오. 비고: 표준 백열전구는 약 750시간 동안 작동한다.

61. 과학자이자 작가로 알려진 스노우(C. P. Snow)는 "*The Two Cultures*"라는 영향력 있는 책을 썼으며, 그 책에서 '당신은 열역학 제2법칙을 아는가?'라는 질문은 '당신은 셰익스피어의 작품을 읽어본 적이 있는가?'와 '문화적으로 동등하다'라고 기술하였다. 여러분은 이 비교에 대해 어떻게 생각하는가? 여러분의 교육 경험에 비추어 위 발언에 대해 논의해 보시오.

62. 이 장에서, 심해저 시추, 지구 표면 아래의 깊은 곳의 수압 파쇄, 셰일과 타르 오일샌드에서의 오일 추출을 포함하여, 몇몇 오일과 가스의 새로운 원천을 언급하였다. 이들 중 하나를 선택하여, 세 가지 최저선(경제적 건강, 환경적 건강, 사회적 건강)을 이용하여 기술하고 분석하시오.

63. 화학적 폭발은 심한 발열 반응이다. 폭발에 유리한 반응물과 생성물의 상대적인 결합 강도를 설명하시오.

64. 이 장에서 FDA가 프로필렌 글라이콜을 식품 첨가제로 사용하는 것을 승인하였다고 기술하였다. 어떤 음식에 어떤 목적으로 이 물질을 첨가하는가?

65. 미국은 1926년 최초로 사에틸 납(TEL)의 휘발유 사용을 승인하였다. 금지되는 1986년까지 사용하였다. TEL 사용에서 금지까지의 그 60년간 일어난 4가지 사건을 포함한 연대표를 작성하시오.

66. 사에틸 납(TEL)은 옥테인가가 270이다. 다른 휘발유 첨가제와 비교하면 어떻게 되는가? TEL의 구조를 조사하고 다른 첨가제와 비교하여 TEL 옥테인가가 높은 이유를 제안하시오.

67. 화석 연료의 연소에서 사용하는 또 다른 촉매 종류는, 1장에서 설명한 촉매 변환기(catalytic converter)이다. 이 촉매가 가속하는 반응 중 하나가 NO(g)가 $N_2(g)$와 $O_2(g)$로 변환하는 것이다.
   a. 그림 4.20 중 하나와 유사한 이 반응의 에너지 다이아그램을 그리시오.
   b. 왜 이 반응이 중요한가? **힌트:** 1.9절과 1.11절을 보라.

68. 그림 4.17은 발열 화학 반응인 H_2의 연소 과정에 대한 에너지 차이를 보여 준다. N_2와 O_2과 결합하여 NO(일산화 질소)를 형성하는 것은 흡열 과정의 한 예이다.

$$N_2(g) + O_2(g) \longrightarrow 2\,NO(g)$$

N=O의 결합 에너지는 630 kJ/mol이다. 이 반응에 대한 에너지 다이아그램을 그리고 전체 에너지 변화를 계산하시오. **힌트:** NO는 비공유 전자쌍을 가진다. 가능한 루이스 구조 중 하나가 아래와 같다.

$$:\dot{N}=\ddot{O}:$$

69. 미국은 상당한 천연가스 매장량을 가지고 있기 때문에, 이를 연료로 사용할 방법을 개발하는 데 큰 관심을 가지고 있다. 천연가스를 운송 수단의 연료로 사용할 때의 장점과 단점을 두 가지씩 나열해 보시오.

5장 생명을 위한 물

"물은 모든 천연 자원 중에서 가장 귀하게 되었다."

출처: Rachel Carson, Silent Spring, Houghton Mifflin Co., 1962, p. 39.

Neeru, shouei, maima, aqua. 어떤 언어로 표현해도, 물은 지표면에서 가장 풍부한 화합물이다. 우주에서 찍은 사진을 보면 표면의 70% 이상이 대양, 강, 호수와 얼음으로 뒤덮인 지구에서 우리들이 살고 있음을 상기시켜 준다. 물은 실제로 삶에 중요하다.

과학자들은 행성에 생명체를 탐색할 때 물을 찾는다.

대양은 풍부한 식물과 동물의 서식지이긴 하지만 생물체에게는 알맞지 않다. 카슨(Rachel Carson)이 그의 책 "**침묵의 봄**(*Silent Spring*)"에서 지적한 바와 같이 '지구 표면의 대부분이 바다로 감싸여 있고, 이렇게 풍부한 가운데에서도 우리에게는 부족하다. 희한하게도, 지구에 존재하는 풍부한 물의 대부분은 바다 소금이 너무 많이 들어 있어 농업이나 산업 또는 인간이 소비하는 데 사용될 수 없다.' 육지에 사는 우리들은 담수가 필요하고 이를 강우나 강설과 같은 자연 과정이나 에너지 집약적인 정수 기술을 통해서 얻어야 한다.

과학자이자, 환경보호론자이며, 작가인 카슨은 "침묵의 봄"을 출판하여 환경 운동을 시작하도록 도왔다.

불행하게도, 담수는 지구 상에 무한한 자원은 아니다. 더욱이, 늘어나는 세계 인구의 수요를 충족할 만큼 빠르게 재생되지 못한다. 결과적으로, 물은 전략적인 자원이 되었다. 물 부족은 갈등을 일으키고 누가 물에 접근하고 이용할 권리를 가진 사람들인지에 대하여 문제를 제기한다. UN 총회는 1993년에 물의 중요성을 인식하여 3월 22일을 국제적으로 세계 물의 날(World Water Day)로 선포하였다. 매년마다 주제는 담수원의 지속 가능한 관리를 홍보하면서 물을 사회적 문제에 연결시킨다.

과거 세계 물의 날 주제의 사례

- 2010-수질
- 2009-초국경 물
- 2008-국제 공중위생의 해
- 2007-물 부족
- 1996-목마른 도시들을 위한 물
- 1995-여자와 물

대양이나 호수, 또는 강 어디에서 만나든 물은 고유의 성질을 가진 하나의 화합물이다. 몇 가지 물의 성질들은 날씨와 기후와 같은 지구 상의 광범위한 변화 과정을 이해하는 데 중요하다. 예를 들어 물은 지구의 평균 온도에서 고체, 액체, 기체로 존재할 수 있는 유일하게 흔한 물질이다. 물은 얼음, 액체 물 및 수증기(습기)의 세 가지 형태로 매일매일의 지역 날씨와 장기간에 걸친 기후에 영향을 준다.

생태계를 보호하는 데 도움을 주는 물의 성질도 있다. 예를 들어 대부분의 고체와는 달리, 얼음은 액체인 물보다 덜 조밀하다. 얼음이 물에 뜨기 때문에 호수와 개울의 생태계가 몹시 추운 겨울철 얼음 아래에서 살아남을 수 있다. 물은 대부분의 다른 물질보다 그램당 흡수하는 열량이 더 커서 지구 상의 물 덩어리(body of water)를 열저장소라고 할 수 있다. 결과적으로, 대양과 호수는 온건하게 온도가 변화되도록 온도를 천천히 변화시킨다.

작은 규모의 과정에 중요한 물의 또 다른 성질이 여전히 있다. 예를 들어 물은 많은 물질들을 용해시킨다. 물은 인간을 포함하여 살아 있는 모든 종들의 세포에서 일어나는 생화학 반응의 핵심 매체이다. 인간의 몸은 음식물 없이 몇 주를 버틸 수 있지만, 물 없인 며칠을 못 간다. 인간의 몸에서 물의 함량이 2% 줄어들면 갈증을 느끼게 될 것이고, 5%를 잃게 되면 피곤을 느끼고 두통을 겪게 될 것이며, 10~15%를 잃게 되면 근육 경련이 일어나며 의식이 혼미해지며, 15% 이상 탈수가 되면 죽게 될 것이다.

하루에 사람이 마시는 물의 양은 사람의 체격, 나이, 건강 및 신체 활동 수준에 따라 다르다.

자세한 이야기를 하기 전에, 먼저 일상적으로 여러분의 하루 생활에 물이 얼마나 차지

연구과제 5.1 물 일지 써보기

하루 중 깨어 있는 12시간을 선택하고, 물이 관여하는 개인의 모든 활동들의 시간과 내용을 기록하시오. 다음 내용 또한 기록하시오.

a. 개인 생활에서 물의 역할, 예를 들면, 물을 소비하고 있는가? 몇몇 과정에서 물을 사용하고 있는가? 물은 실외 활동의 일부분인가?
b. 물의 원천과 수질은 어떠하며, 이후 물은 어디로 갔는가?
c. 물이 더러워진 정도

연구과제 5.2 변기를 지나서

화장실 변기에서 물을 내리는 것은 단지 개인의 일상적인 물 사용의 하나이다. 인터넷에서 가용한 물 사용 계산기를 사용하여 실내에서 매일 개인의 물 사용을 더 조사하여 보시오.

a. 무엇 때문에 개인의 물 사용에 대하여 놀랐는가?

b. 이 정보가 앞 과제의 물 일지와 어떻게 연관되는가?

하는지 생각해 보기 바란다. 수도나 물병, 또는 물통을 통해 물을 마실 수도 있고, 약간의 채소를 증기로 찌거나, 빨래를 하거나, 화장실 변기의 물을 내릴 수도 있을 것이다. 또는 그물을 던지며 강가에 앉아 있을 수도 있다. 다음의 활동을 통하여 개인 생활에서 물이 하는 역할을 기록해 보자.

미국 지질조사국(U.S. Geological Survey)에 따르면, 평균적으로 미국 시민의 생활 양식을 지원하기 위해서는 매일 390 L(~100 gal)의 물이 필요하다고 한다. 개인적으로 작성한 물 일지를 통해서 분명히 발견한 것처럼, 다양한 목적으로 물을 사용한다.

1 L는 1000 mL이다. 1 gal은 약 3.8 L이다.

이 장에서는 깨끗한 물이 어디서 오고, 그 물을 어떻게 사용하며, 물을 사용할 때 어떠한 문제들이 연관되는지를 비롯하여 물의 많은 측면을 탐구한다. 아울러 물이 처음 있던 곳에서 더러워지지 않게 해 주는 것과 관련된 녹색 화학의 핵심을 다시 살펴볼 것이다. 물 많은 이 지구 상에서 물이 왜 이처럼 특별한 물질인지를 알아보기 위하여 물의 성질을 자세히 들여다보면서 이 장을 시작해 보자.

5.1 물의 독특한 성질

분명히 물은 우리 생명에 필수적이다. 외견상과는 다르게 물은 특이한 성질을 많이 가지고 있다. 실제로, 이러한 성질들은 매우 특별하고, 그렇기 때문에 우리들은 **매우** 다행이다. 만일 물이 아주 보통의 화합물이라면, 우리가 알고 있는 생명은 존재할 수 없을 것이다.

물의 물리적 상태부터 시작해 보자. 물은 실온(약 25°C, 즉 77°F)과 정상 대기압에서 액체이다. 이 점은 놀라운 것인데, 비슷한 몰질량을 가지는 대부분의 다른 화합물은 이러한 조건하에서 기체이기 때문이다. 대기에서 발견되는 N_2, O_2 및 CO_2의 세 기체를 생각해 보자. 이들의 몰질량은 각각 28, 32, 44 g/mol이며, 물의 몰질량(18 g/mol)보다 크다. 그러나 이들 중 어느 것도 액체가 아니다!

공유 결합 화합물의 경우, 몰질량이 증가할수록 끓는점 또한 일반적으로 증가한다.

물은 이 조건하에서 액체일 뿐만 아니라 이례적으로 끓는점도 100°C(212°F)로 높다. 물은 얼면 팽창한다는 또 다른 좀 특이한 성질을 보여 준다. 대부분의 액체는 고체화될 때 수축한다.

이와 같은 물의 특별한 성질은 다른 특별한 성질과 함께 물의 분자 구조에 기인한다. 먼저, 물의 화학식인 H_2O를 생각해 보자. 이것은 아마도 세계에서 가장 널리 알려진 화학 상식일 것이다. 다음으로, 물은 굽은 형태의 공유 결합 분자임을 상기하자. 3장에서 사용한 바 있는 물 분자의 똑같은 표현들이 그림 5.1에 나타나 있다.

물 분자에 대한 자세한 정보는 2.3절과 3.3절을 참조하라.

이 장에서 새롭게 논의하고자 하는 것은 O–H 공유 결합에서 전자가 동등하게 공유되지 않는다는 사실이다. 실험적 증거가 시사하는 바는 O 원자가 H 원자에 비해 공유

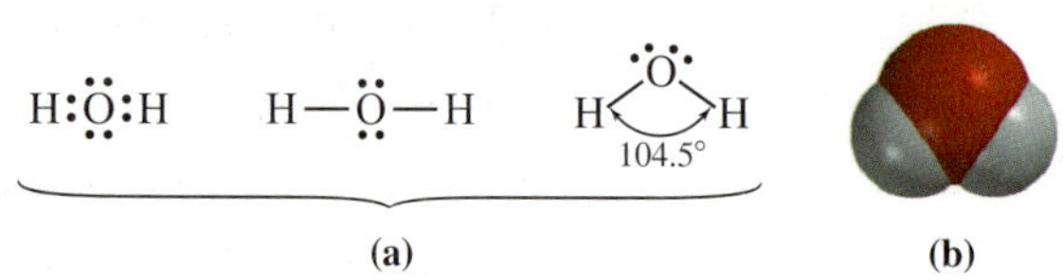

그림 5.1 H_2O의 표현. (a) 루이스 구조와 구조식, (b) 공간 채움 모형

표 5.1 정선된 원소의 전기 음성도 값

1A	2A	3A	4A	5A	6A	7A	8A
H 2.1							He *
Li 1.0	Be 1.5	B 2.0	C 2.5	N 3.0	O 3.5	F 4.0	Ne *
Na 0.9	Mg 1.2	Al 1.5	Si 1.8	P 2.1	S 2.5	Cl 3.0	Ar *

*비활성 기체는 다른 원소들과 거의 결합하지 않는다.

된 전자쌍을 더 강하게 끌어당긴다는 것이다. 화학적 용어로 표현하면, 산소는 수소보다 전기 음성도가 크다고 말한다. **전기 음성도(electronegativity)**는 화학 결합에서 원자가 전자를 끌어 잡아당기는 힘의 척도로서 그 크기는 0.7에서 4.0에 이른다. 이 값은 단위가 없고 서로 상대적으로 설정되어 있다. 전기 음성도가 클수록 화학 결합에서 원자가 자신 쪽으로 전자를 더 많이 끌어당긴다.

전기 음성도값은 화학자이자, 평화 주의자이며 노벨 수상자인 폴링(Linus Pauling, 1901~1994)에 의해서 개발되었다.

처음 18개 원소들의 전기 음성도 값이 표 5.1에 나타내져 있다. 이것을 살펴보면 다음을 알 수 있다.

- 플루오린과 산소는 가장 큰 값을 갖는다.
- 리튬과 소듐과 같은 금속은 작은 값을 갖는다.
- 주기율표의 같은 주기에서는 왼쪽에서 오른쪽으로(금속에서 비금속으로) 갈수록 값이 **증가**하고, 같은 족에서는 아래로 내려갈수록 **감소**한다.

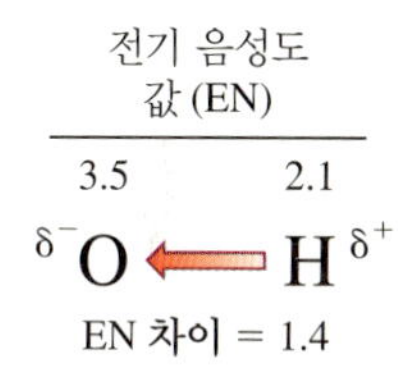

그림 5.2 수소와 산소 원자 사이의 극성 공유 결합의 표현. 전자들은 더 전기 음성적인 산소 원자 쪽으로 끌려간다.

결합된 두 원자의 전기 음성도 차이가 클수록 결합은 더 큰 극성이 된다. 따라서 전기 음성도 값을 사용하여 결합의 극성을 추정할 수 있다. 예를 들어 산소와 수소의 전기 음성도 차이는 1.4이다. O–H 결합에 있는 전자들은 더 전기 음성적인 산소 원자 가까이에 끌린다. 그림 5.2에 나타낸 바와 같이, 균등하지 않은 전자의 공유 때문에 O 원자에게는 부분적인 음전하(δ^-)가, H 원자에게는 부분적인 양전하(δ^+)가 나타난다. 화살표를 사용하여 전자쌍이 움직여가는 방향을 표시한다. 결과적으로 전자가 균등하게 공유되지 않고 오히려 전기 음성도가 더 큰 원자 가까이에 위치하는 공유 결합, 즉 **극성 공유 결합(polar covalent bond)**이 된다. 반면에 **무극성 공유 결합(nonpolar covalent bond)**은 전자들이 원자들 사이에서 균등하게 또는 거의 균등하게 공유되는 공유 결합이다.

두 원자 사이의 전기 음성도 차이가 1.0보다 크면 결합은 극성 공유 결합, 2.0보다 크면 이온 결합이라고 생각할 수 있다. 이 정보는 하나의 규칙이라기보다는 지침으로서 사용하라.

예제 5.3 극성 결합

다음 각 쌍에 대하여 어느 것이 더 큰 극성인가? 선택한 결합에서 전자쌍은 두 원자 중에서 한 원자에 더 강하게 끌린다. 어느 원자인가? 힌트: 표 5.1을 사용하라.

a. H–F 또는 H–Cl
b. N–H 또는 O–H
c. N–O 또는 O–S
d. N–H 또는 Cl–C

답

a. H–F 결합이 더 극성이다. 전자쌍은 F 원자로 더 강하게 끌린다.

결합이 극성이 될 수 있고, 다른 것보다 좀 더 극성이 될 수 있는 경우를 제시하였다. 분자에 대해서는 어떠한가? 분자가 극성인지 여부를 예측하는 데 도움이 되는 다음 두 가지 유용한 일반 사항을 제시할 수 있다.

- 무극성 결합만을 가지고 있는 분자는 무극성이어야 **한다**. 예를 들어 Cl_2와 H_2 분자는 무극성이다.
- 극성 결합을 가지고 있는 분자는 극성이 **될 수도 있고 그렇지 않을 수도** 있다. 극성은 분자의 구조에 달려 있다.

물 분자가 구부러진 이유는 3.3절에서 복습할 수 있다.

예를 들어 물 분자는 두 개의 극성 결합을 가지고 있고, 분자는 극성이다(그림 5.3). 각 H 원자는 부분적으로 양전하(δ^+)를 가지며, 산소 원자는 부분적으로 음전하(δ^-)를 가진다. 이 두 극성 결합과 함께 물의 구조가 굽어져 있기 때문에 물 분자는 극성이다.

물의 독특한 성질 중 많은 것이 이 극성의 결과이다. 물의 이야기를 계속하기 전에 잠시 다음 과제를 풀어보자.

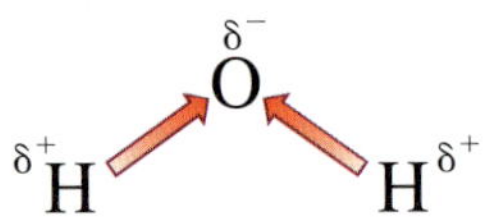

그림 5.3 H_2O, 극성 공유 결합을 가진 극성 분자

연구과제 5.4 이산화 탄소 분자

이산화 탄소 분자를 다시 살펴보자. 그림 3.14에 있는 루이스 구조를 보라.

a. CO_2의 공유 결합은 극성인가, 무극성인가? 표 5.1을 사용하라.
b. 그림 5.3과 유사하게 CO_2의 구조를 그리시오.
c. H_2O 분자와는 대조적으로, CO_2 분자는 극성이 **아니다**. 이를 설명하시오.

5.2 수소 결합의 역할

두 개의 물 분자가 서로 접근할 때 무슨 일이 일어날지를 생각해 보자. 반대 전하는 잡아당기기 때문에 한 물 분자의 H 원자(δ^+)는 이웃한 물 분자의 O 원자(δ^-)에 끌린다. 이것은 **분자간 힘(intermolecular force)**, 즉 분자 사이에서 발생한 힘의 한 예이다.

그러나 두 개 이상의 물 분자의 경우에는 이야기가 더 복잡해진다. 그림 5.4의 각 H_2O를 살펴보고 두 개의 H 원자와 O 원자에 있는 두 개의 비결합 전자쌍에 주목하라. 이것들로부터 많은 수의 분자간 인력이 만들어진다. 분자들 사이에서 이같은 일련의 인력을 '수소 결합'이라고 한다. **수소 결합(hydrogen bond)**은 전기 음성도가 큰 원자(O, N, F)에 결합된 H 원자와 인접한 O, N, F 원자 사이의 정전기적 인력이며, 이들 원자들은 다른 분자에 위치할 수도 있고 같은 분자의 다른 부분에 위치할 수도 있다. 수소 결합은 전형적으로 분자 **내** 원자를 연결해 주는 공유 결합 세기의 약 1/10에 불과하다. 또한 수소 결합을 하고 있는 원자들은 공유 결합을 하는 경우보다 더 멀리 떨어져 있다. 그림 5.4에서 볼 수 있듯이 액체 물에서 물 분자당 서너 개의 수소 결합이 있을 수 있다.

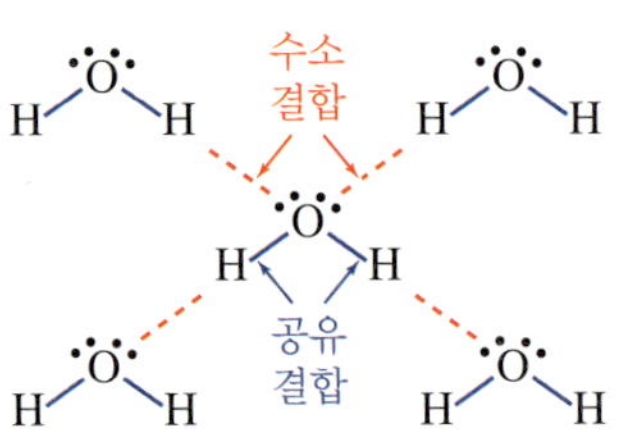

그림 5.4 물에서의 수소 결합 (거리는 실측치가 아님.)

Figures Alive!

예제 5.5 물에서의 결합

a. 그림 5.4에서 물 분자 사이의 점선을 설명하시오.
b. 같은 그림에서, 두 개의 인접한 물 분자의 원자들에 δ^+와 δ^-의 표시를 하시오. 이같은 부분 전하는 분자가 위치하는 방향을 설명하는 데 어떻게 도움을 주는가?
c. 수소 결합은 분자간 힘인가, 분자내 힘인가? 그 이유를 설명하시오.

비교:

- **분자간** 힘은 분자들 사이에서 존재하는 반면, **분자내** 힘은 분자내에 존재한다.
- **대학간** 운동은 다른 대학들 사이에 경기를 하는 반면, **대학내** 운동은 같은 대학에서 경기를 한다.

황은 산소와 질소보다 전기 음성도가 작다. N이나 O 원자에 결합된 H 원자는 수소 결합을 형성할 수 있지만, S 원자에 결합된 H 원자는 수소 결합을 형성할 수 없다.

수소 결합은 공유 결합만큼 강하지는 않지만 다른 종류의 분자간 힘에 비하면 여전히 아주 강하다. 이 주장에 대한 증거로 물의 끓는점을 들 수 있다. 예를 들어 물과 비슷하지만 수소 결합을 하지 않는 H_2S 분자를 생각해 보자. H_2S는 약 −60°C에서 끓으므로 실온에서 기체이다. 반면에, 물은 100°C에서 끓는다. 물은 수소 결합으로 인하여 체온(약 37°C)에서뿐만 아니라 실온에서도 액체이다. 생명체가 이 지구 상에 존재하는 것은 바로 이 사실 때문이다.

연구과제 5.6 물 분자내 결합과 물 분자간 결합

물이 끓을 때 공유 결합이 끊어지는가? 그림을 그려 설명하시오.

힌트: 그림 5.4에 보여 준 것처럼 액체 상태의 물 분자로 시작하시오. 증기상에 있는 물 분자를 보여 주는 둘째 그림을 그리시오.

수소 결합은 또한 얼음 덩어리와 빙산이 왜 뜨는지에 대한 이해할 수 있게 한다. 얼음은 H_2O 분자 한 개당 네 개의 다른 물 분자와 수소 결합을 하고 있는 물 분자의 규칙적인 배열이다. 이 형태는 그림 5.5에 나타나 있다. 육각형 통로 형태의 빈 공간에 주목하라. 얼음이 녹으면 이 형태를 잃고 H_2O 각 분자는 비어 있는 통로에 들어갈 수 있다. 결과적으로, 액체 상태의 분자들은 고체 상태의 분자들보다 더 가깝게 모이게 된다. 따라서 얼음 1 cm^3의 부피보다 액체 물 1 cm^3의 부피에 더 많은 분자가 들어 있다. 결과적으로, 액체 물의 1 cm^3당 질량이 얼음의 질량보다 더 크다. 이를 다르게 말하면, 액체 물의 **밀도(density)**, 즉 단위 부피당 질량이 얼음의 밀도보다 더 크다.

사람들은 종종 밀도와 질량을 혼돈한다. 예를 들어 팝콘의 밀도는 작아 사람들은 팝콘 봉지가 '가볍다'고 느껴진다고 말한다. 비슷하게 납은 '무겁다'라는 말을 들을 수도 있다. 실제로 큰 납덩어리는 꽤 무겁지만, 납은 밀도(11.3 g/cm^3)가 크다고 말하는 것이 더 정확하다.

물의 질량은 보통 그램(g)으로 표시한다. 부피를 표시할 때는 입방센티미터(cm^3)나 밀리리터(mL)를 사용한다. 이때 두 단위는 동일하다. 물의 밀도는 4°C에서 1.00 g/cm^3이고 온도에 따라 약간만 다르다. 따라서 편의상 1 cm^3의 물은 1 g의 질량을 갖는다고 종종 말한다. 반면에 1.00 cm^3의 얼음은 0.92 g의 질량을 가지고 있어 얼음의 밀도는 0.92 g/cm^3이다. 중요한 것은 여러분이 좋아하는 음료수에 들어 있는 각얼음은 가라앉지 않고 뜬다.

어떤 온도에서든 모든 액체에 대하여 1 cm^3 = 1 mL

물과는 다르게, 대부분의 물질은 고체일 때 더 조밀하다. 물이 반대의 거동을 보인다는 것은 겨울에 얼음이 호수에 가라앉지 않고 뜬다는 것을 의미한다. 이러한 뒤바뀐 거동은 가끔 눈 덮힌 표면의 얼음이 절연체로 작용하여 호수의 얼어 있는 고체 얼음 밑

되풀이해서, 물은 4°C에서 가장 조밀하다. 0°C에서는 약간 덜 조밀하다.

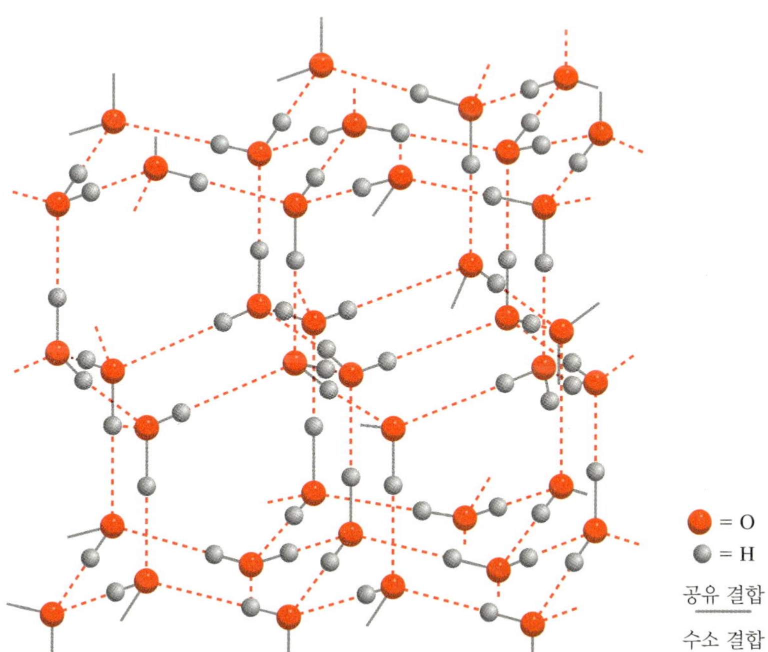

그림 5.5 일반 형태의 얼음에서 수소 결합으로 결합된 격자 구조. 얼음이 물보다 덜 조밀하게 하는 물 분자의 '층(layer)' 사이에 비어 있는 통로에 주목하라.

에 호숫물이 존재하게 한다. 따라서 수생 식물과 물고기는 겨우내 신선한 물의 호수에서 살 수가 있다. 봄이 되어 얼음이 녹으면 녹은 물은 가라앉고, 이는 신선한 물의 생태계에 영양분을 섞이게 도와 준다. 물의 독특한 거동으로 인해 생명과학과 생명 그 자체가 큰 영향을 받는다고 하는 것은 말할 필요도 없다.

수소 결합의 현상은 물에 한정되지 않는다. 이 현상은 O-H 또는 N-H 공유 결합을 가진 다른 분자에서도 나타날 수 있다. 수소 결합은 단백질과 핵산과 같은 커다란 생물학적 분자의 모양을 안정화시키는 데 도움을 준다. 예를 들어 DNA 분자의 이중 나선 구조는 두 개의 DNA 가닥 사이의 수소 결합에 의해서 안정화된 것이다. DNA가 전사(transcription)를 할 때 두 개의 DNA 가닥에 걸쳐 있는 수소 결합이 끊어지면서 DNA가 풀린다. 수소 결합은 생명 과정에서 다시 한 번 중요한 역할을 감당한다.

DNA 분자는 서로 다른 DNA 가닥 사이에서 수소 결합을 형성한다. 반면에, 단백질은 **같은** 분자내에 있는 **다른** 영역에서 수소 결합을 형성할 수 있다. 단백질과 DNA의 구조에 대한 자세한 사항은 12장을 참조하라.

마지막으로 물의 특이한 성질 하나, 즉 유달리 큰 열 흡수 및 방출 능력을 살펴봄으로써 이 절을 마치고자 한다. **비열(specific heat)**은 물질 1 g의 온도를 1°C 만큼 높이기 위해서 흡수해야 하는 열에너지이다. 물의 비열은 4.18 J/g · °C이다. 이것이 의미하는 것은 액체 물 1 g의 온도를 1°C 만큼 높이기 위해서 4.18 J의 에너지가 필요하다는 것이다. 역으로, 물 1 g을 1°C 만큼 냉각하기 위해서는 4.18 J의 열을 제거해야 한다. 물은 가장 큰 비열을 가진 물질 중의 하나이며, 같은 질량의 다른 물질보다 큰 열용량(heat capacity)을 가지고 있다고 말할 수 있다. 이것 때문에 물은 뛰어난 냉매이다. 물이 증발하므로 자동차의 방열판이나 발전소, 또는 인체에서 과잉의 열을 빼앗는 데 물이 사용될 수 있다.

에너지의 단위인 J과 cal는 4.2절에 정의되어 있다. 물의 비열 또한 1.00 cal/g · °C로 나타낼 수 있다.

연구과제 5.7 맨발의 산책

카펫을 깐 바닥을 통과하여 타일이나 석재 바닥을 걸어본 적이 있는가? 만약 없다면 걸어보고 느낀 바를 관찰하시오. 관찰한 것을 근거로 카펫과 타일 중에서 어느 것이 더 비열이 크겠는가?

물의 큰 비열 때문에 거대한 물 덩어리는 지역 기후에 영향을 미친다. 바다, 강 및 호수의 물이 증발하면 열이 흡수된다. 대양과 구름의 물방울은 막대한 양의 열을 흡수함으로써 지구 온도를 조절하는 데 도움을 준다. 물이 땅보다 열을 저장하는 능력이 크기 때문에 날씨가 추워지면 땅은 더 빠르게 식는다. 물은 더 많은 열을 가지고 있고, 물과 경계를 이루는 지역에 오랜 시간 동안 더 따뜻함을 줄 수 있다. 이러한 성질은 커다란 물 덩어리 근처에 여태껏 살고 있는 사람들에게는 친숙한 것이다.

물이 지구 상의 생명체에 영향을 미치는 결정적인 성질 몇 가지를 방금 살펴보았다. 다른 많은 물질들을 녹일 수 있는 물의 능력을 알아보기 전에 물이 어디서 오며, 어떻게 사용되고, 물 사용과 관련되어 어떤 문제들이 있는지에 대하여 폭넓게 살펴보고자 한다.

5.3 음용수와 생활용수

우리에게는 호흡하는 데 깨끗하고 오염되지 않은 공기가 필요한 것처럼, **음용수(potable water)**, 즉 마시고 조리하는 데 안전한 물이 또한 필요하다. 음용수로 목욕을 하고 세탁을 할 수도 있다. 반면에, 비음용수는 오물 입자나, 비소와 같은 독성 금속이나 콜레라를 일으키는 박테리아를 비롯한 오염물이 들어 있다. 비음용수는 마실 수는 없어도 그 사용처는 아직 있다. 예를 들어 강이나 호수의 물을 트럭으로 운반하여(그림 5.6a) 거리를 청소하거나, 도로 먼지를 가라앉히거나 관개에 사용할 수 있다.

하이티의 포르토 프랭스(Port-au-Prince, Haiti)를 강타한 2010년 지진에 이어 지독한 콜레라가 발생하였다.

비음용수를 도시 물 처리 시설에서 처리하고 나면 추가적인 사용처가 생기게 된다. 종종 재생수(recycled water)라고 불리는 재처리된 물이 그림 5.6b에 보여진 '보라색 관(purple pipe)'을 통해서 지역 사회에 공급된다. 이 물은 운동장에 뿌려지기도 하고, 화

정수 처리에 대한 자세한 사항은 5.11절을 참조하라.

(a)

(b)

그림 5.6 (a) 페어뱅크스에 있는 알래스카 대학교의 물 트럭. 마시기에 적합하지 않은 물이란 경고 표시가 있다. (b) 재처리된 물은 보라색 관(purple pipe)으로 투입된다.

장실의 변기에 물을 내리는 데, 또는 화재 진압에도 사용된다. 물을 계속 공급하기 위해서 지역 사회의 물 사업체는 사용처에 가장 적합하도록 물의 형태를 결정한다.

연구과제 5.8 기능에 적절한 형태

어떤 지역 사회에서는 재처리한 물 또는 재생수(비음용수)를 사용하여 세차하고, 정원에 물을 뿌리며, 변기에 물을 내리는 데 사용한다.

a. 비음용수가 사용될 만한 또 다른 세 가지의 활동을 나열하시오.
b. 어떤 조건들이 지역 사회로 하여금 비음용수를 사용하게 할 수 있겠는가?
c. 여러분이 속한 지역 사회는 재처리된 물이나 재생수를 사용하는가? 사용한다면 어떤 목적으로 사용하는지 알아보시오.

담수는 지구 상 어디에 존재하는가? 인간이 가장 편리하게 접근할 수 있는 담수원은 **지표수(surface water)**, 즉 호수, 강 및 개울에서 있는 담수이고(그림 5.7), 덜 편리한 것이 **지하수(groundwater)**, 즉 대수층으로 알려진 지하수원에 있는 담수이다. 전 세계적으로 사람들은 이같은 지하수원에 깊게 구멍을 뚫은 샘으로부터 지하수를 퍼 올린다. 담수는 대기에서 옅은 안개, 짙은 안개 및 습기의 형태로도 존재한다.

그림 5.7 호수와 저수지는 음용수의 대부분을 공급한다. 헤츠헤치(Hetch Hetchy) 호수는 캘리포니아주 샌프란시스코에 물을 공급한다.

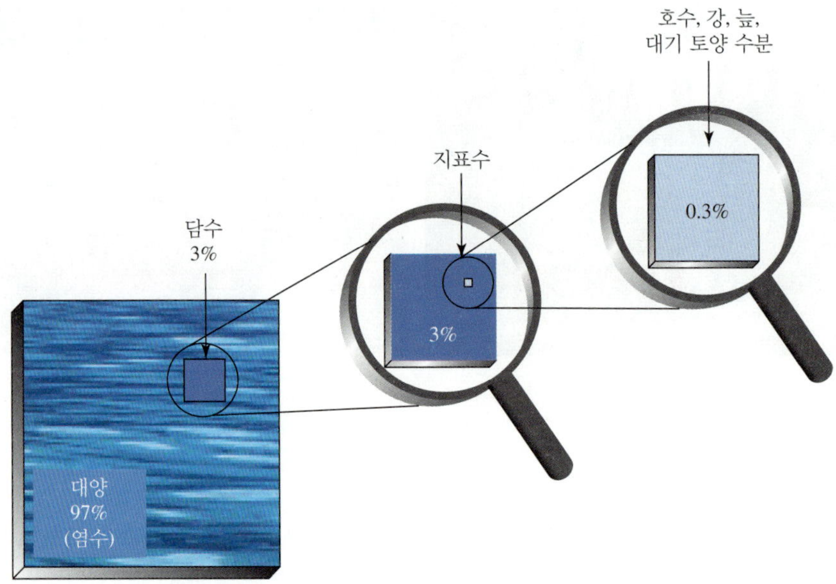

그림 5.8 지구 상 담수의 분포

바닷물은 탈염이란 과정을 통해서 소금을 제거했을 때만 마실 수 있다. 탈염에 대한 자세한 사항은 5.12절을 참조하라.

지구 상에서 얼마나 많은 물이 담수일까? 놀랍게도 단 3%만이고, 나머지는 염수이다. 그림 5.8에는 보여지지 않았지만, 이 담수의 2/3가 빙하, 만년설 및 설원에 갇혀 있다. 덧붙여서, 담수의 약 30%는 지하에 있으며, 이를 사용하기 위해서는 지표로 퍼 올려야 한다. 이를 다음과 같이 생각해 보자.

호수, 강 및 습지대는 담수의 0.3%만을 차지한다. 지구 상의 모든 물을 2 L 병의 용량이라고 한다면 이중 60 mL만이 담수가 될 것이고, 우리가 쉽게 접할 수 있는 호수와 강의 물은 약 네 방울에 불과할 것이다!

확인문제 5.9 한 방울의 마실 물

방금 2 L 중에서 4방울이 우리가 이용할 수 있는 담수의 양에 해당한다고 하였다. 이것이 정확한가? 스스로 판단해 보시오.

힌트: 그림 5.8의 관계를 사용하고 1 mL는 20방울이라고 가정하시오.

어떻게 물이 발전소에서 냉각제로 사용되는지는 4.1절과 7.3절을 참조하라.

어떻게 담수를 이용할 것인가? 예상된 일이지만, 답은 어디에 사느냐에 따라 달라진다. 미국의 지질조사국의 추산을 따르면, 미국의 경우 매일 소비하는 물 4천100억 갤런 중에서 85%는 담수에서 온 것이고, 15%는 염수로부터 온 것이다. 이러한 물을 사용하는 활동 8가지를 그림 5.9에 나타내었으며, 전기를 생산하는 데 물이 가장 많이 사용된다. 매일 약 2천억 갤런, 즉 전체 소비되는 물의 50%가 석탄, 천연가스 및 핵 발전소의 냉각수로 사용된다. 다음으로 많이 사용되는 곳이 농작물을 위한 관개용으로 31%를 차지하고, 가정과 학교와 업무용으로 12%를 차지한다.

생태학적 발자국에 대한 정보는 0.5절을, 탄소 발자국에 대한 정보는 3.9절을 참조하라.

세계적으로 농업이 가장 물을 많이 사용하는데, 그 양은 전 세계 물 소비량의 약 70%를 차지한다. 세계적으로 농부들은 밀, 쌀, 옥수수 및 콩 같은 농작물을 재배하며, 이 농작물마다 1 kg을 생산하는 데 평균적으로 수천 리터의 물이 필요하다. 표 5.2에 제시된 값은 **물 발자국(water footprint)**의 예인데, 물 발자국은 특정 제품을 생산하거나 서비스를 제공하는 데 필요한 추정된 담수의 부피이다.

표 5.2에 나와 있는 값은 전 세계 평균값이다. 물 발자국에 대한 실제 값은 농작물이 재배되고 있는 나라와 그 나라에서도 특정 지역에 따라 다르다. 예를 들어 물 발자국 네트워(Water Footprint Network)에 따르면 미국에서 재배된 옥수수의 평균 물 발자국은

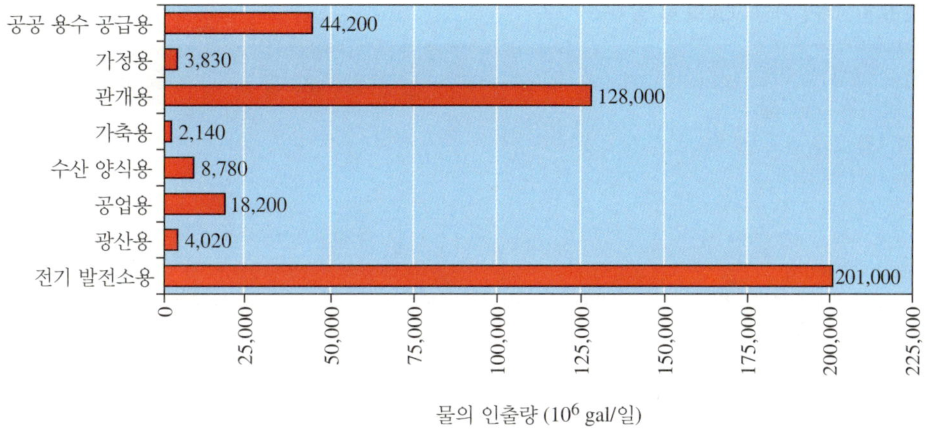

그림 5.9 2005년 미국에서 뽑아 쓴 총 담수와 염수의 양
출처: *USGS.*

표 5.2 육류와 곡류의 물 발자국

식품 (1 kg)	물 발자국 (L, 전세계 평균)
옥수수	1200
밀	1800
콩	2100
쌀	2500
닭고기	4300
돼지고기	6000
양고기	8700
소고기	15,400

출처: *Water Footprint Network, 2012.*

760 L이다. 이에 비해, 중국과 인도의 경우 옥수수에 대한 물 발자국은 각각 1160 L와 2540 L이다. 시간이 지나면서 강우량의 변화가 있거나 농작물 관리에 변화가 있다면 물 발자국은 변한다.

표 5.2에서 또한 육류를 생산하는 데 평균적으로 필요한 물의 양이 곡물에 비하여 큰 차이가 나고 있음을 보여 주고 있다. 물 발자국이 가장 큰 것은 소고기이고, 이는 소가 곡물을 먹는 편임을 반영하고 있다. 여기서의 수치는 전 세계적인 평균값임을 염두에 두라. 어떤 특정의 육류 1 kg당 실제 물 발자국은 그 동물이 어떻게 사육되었고 도축되었는지에 따라 다르다.

"칼로리당 평균 물 발자국은 소고기가 시리얼과 전분질 뿌리보다 20배 크다."
출처: Ecosystems (2012) 15:401- 415.

다른 제품의 물 발자국 역시 추산될 수 있다. 예를 들어 250 mL 한 컵의 우유를 생각해 보자. 이것을 **생산하기** 위해서 필요한 물의 부피는 평균적으로 거의 우유 컵 부피의 1000배에 이른다! 소고기의 경우에서처럼, 여기에는 소를 관리하고 소가 먹는 먹이를 재배하는 데 필요한 물이 포함된다. 아울러 젖소 농장에서 우유를 수집하고, 장비를 세척하는 데 사용하는 물도 포함된다. 이제 다른 음료수, 음식 및 표 5.3에 나열된 소비자 제품을 생산하는 데 필요한 물을 확인할 수 있다.

물 발자국의 수치는 정확하지 않아서 논란의 소지가 있다. 이 수치를 제공하는 의도는 개개의 제품들이 좋고 나쁨을 표시하려는 것이 아니고 오히려 제품을 생산하기 위해 물이 사용된다는 것을 인식시키며 물 사용에 대한 더욱 포괄적인 그림을 제공하려는 것이다. 예를 들어 표 5.3을 처음 보면 면 티셔츠를 버리고 싶을 수도 있다. 실제로 면은 물을 많이 필요로 하는 농작물이고, 관개용으로 끌어들인 물을 사용하여 건조한 기후에서 그동안 재배되어 왔다. 면 섬유를 가공하여 우리가 입는 셔츠를 만들기 위해서 막대한 양의 물이 필요하다. 면의 물 발자국이 크기 때문에 우리로 하여금 더 효과적으로 관개하고 물을 보존하는 산업 체계를 구상하도록 촉진할 수 있다.

면 처리에 적용된 녹색 화학의 해법이 5.12절에서 논의된다.

표 5.3 여러 가지 제품의 물 발자국

제품	물 발자국 (L, 전세계 평균)
커피 1컵 (250 mL)	260
차 1컵 (250 mL)	27
바나나 1개 (200 g)	160
오렌지 1개 (150 g)	80
오렌지 주스 1컵 (200 mL)	200
달걀 1개 (60 g)	200
초콜릿 바 1개 (100 g)	1700
면 티셔츠 1장 (250 g)	2500

출처: *Water Footprint Network, 2012.*

5.4 물 문제

그림 5.10 일부 사람들(모든 사람들은 아님)은 음용수의 안전과 이용은 당연하다고 생각할 수 있다.

몇몇 나라에서 물은 집에 있는 수도꼭지에서 바로 나오는 정말 값싼 제품이다. 예를 들어 미국에서 1000갤런(3800 L)의 수돗물 가격은 평균 2달러로서 너무 싸다. 도로변이나 공공 건물에 있는 음료수대에서는 이 수돗물이 공짜이다(그림 5.10). 마시는 물의 값이 싼 나라의 사람들은 얼마나 자주 마실지, 얼마나 많이 마실지, 어느 수원으로부터 온 물을 마실지를 쉽게 결정을 한다. 비록 편리성이나 개인적인 이유로 꽤 비싼 가격의 병에 든 물을 선택하는 사람들도 있지만 대부분의 경우 이것은 필요성이라기보다는 선택이다.

수돗물을 틀 수 없거나 병에 든 물을 살 수 없다면 어떻게 하겠는가? 어떤 사람들은 수 마일을 걸어야 물이 있는 곳에 도착하여 물통에 물을 채워 집으로 가져오는 곳에 산다(그림 5.11a). 긴급 상황으로 인하여 보통의 물 공급을 못 받는 사람들은 물 차에 의존하여 필요한 물을 공급받아야 한다(그림 5.11b). 어떤 사람들은 여전히 자기 나라의 한 지역에서 그들이 살고 있는 곳으로 물을 옮기는 거대 구조물을 설계할 기술자를 필요로 한다. 예를 들어 미국에서는 수로를 통해 콜로라도 강(Colorado River)의 물을 남서

(a) (b)

그림 5.11 (a) 물동이를 이고 집으로 걸어가는 소녀들. (b) 한 마을에 물을 공급하고 있는 비상 급수차

부로 옮긴다. 나중 절에서 논의하겠지만 주된 물줄기를 바꾸면 종종 의도하지 않은 결과가 동반된다.

불행하게도, 지구 상에 있는 물은 사람들이 사용하려는 곳에 늘 부합하지는 않는다. 지구 기후 변화, 물의 과소비와 비효율적인 사용 및 오염을 포함한 여러 가지 문제들이 물의 활용성을 더 복잡하게 한다. 지금부터 이들을 각각 차례로 논의해 보자.

지구 기후 변화

지구의 이곳저곳으로 탄소가 순환하듯이, 물도 그렇다. 예를 들어 비나 눈은 육지에 내려서 호수와 강의 일부가 된다. 이런 강수의 일부는 토양을 거쳐 대수층에 스며 들어간다. 대양으로 흘러가든지 또는 잠시 눈이나 빙하의 형태로 갇히게 되는 물도 있다. 증발하여 대기의 수증기가 되는 물도 있다. 물은 지구상에서 자연 현상을 통해 계속해서 재활용된다.

탄소 순환은 3장에 기술되어 있다.

날씨는 온도, 압력, 습기 및 바람과 같은 대기의 물리적 조건을 설명해 준다. 반면에 기후는 장기간에 걸친 한 지역의 날씨 패턴을 설명한다.

기후는 물 순환의 시기에 중요한 역할을 하며, 따라서 지구 상의 물 분포에 중요한 역할을 한다. 예를 들어 빙하는 겨울철에는 눈 벌판을 쌓고, 그다음 여름철에는 보통 개울물을 흐르게 한다. 히말라야 산맥의 대빙하는 아시아의 7대강의 젖줄로서, 세계 인구의 거의 1/3에 해당하는 20억 인구에게 믿을 만한 물 공급을 보장해 준다. 기후가 변하여 매년 빙하가 보충되지 않는다면 그 지역의 강을 지탱할 수 없을 것이고, 이는 빙하를 수원으로 삼고 있는 사람들에게 치명적인 결과를 주는 시나리오가 될 것이다.

폭풍과 홍수는 전 세계에 걸친 주기적인 홍수가 입증하듯이, 엄청난 양의 물을 가져온다. 정반대의 경우로, 가뭄은 심한 물 부족을 가져온다. 예를 들어 1997년쯤 초에 밀레니엄 가뭄이 호주의 많은 부분을 뒤덮었다. 호주인에게는 '대가뭄(Big Dry)'으로 알려져 있는 바, 호주 대륙의 많은 지역에 걸쳐 비다운 비가 내리지 않음으로 인하여 광범위한 가축의 폐사, 흉작, 산불, 모래 폭풍 및 서식지 파괴가 일어났다(그림 5.12). 강과 바다가 말라버렸기 때문에 호주 정부는 농부들과 시민들과 함께 물 보존 대책을 실시했고 재활용된 물을 사용할 수 있는 시설을 개발하였다. 호주인들은 기후로부터 좀 더 자유로워지고자 해안 지역의 바닷물을 담수로 전환하기 위한 탈염 시설을 구축하고 있다.

물 순환의 시기는 지구 생태계에서의 갖가지 행사들에 역시 영향을 미친다. 또 다른 예로서, 새가 먹이를 먹을 수 있으려면, 곤충이 수분을 할 수 있으려면, 그리고 식물이 자랄 수 있으려면 곤충, 새 및 식물은 적절한 시기에 나타나야 한다. 봄에 새가 너무 일찍 이동해 온다면 먹이용으로 충분한 곤충이 부화하기 전에 새가 도착할 수 도 있다. 역으로, 새가 잡아먹으러 오기 전에 너무나 많은 곤충이 부화한다면 곤충은 농작물을 초토화시킬지도 모른다. 어느 경우든지, 물은 이들 생명체가 살아가는 생태계를 지지해 주는 중요한 변수이다.

(a)

(b)

그림 5.12 (a) 호주 남동부의 한 마을에 접근하고 있는 모래 폭풍은 바싹 마른 토양이 공급하는 흙 먼지 때문이다. (b) 대가뭄 동안 댐의 물이 줄어들어 수천 마리의 고기가 고립되어 버렸다.

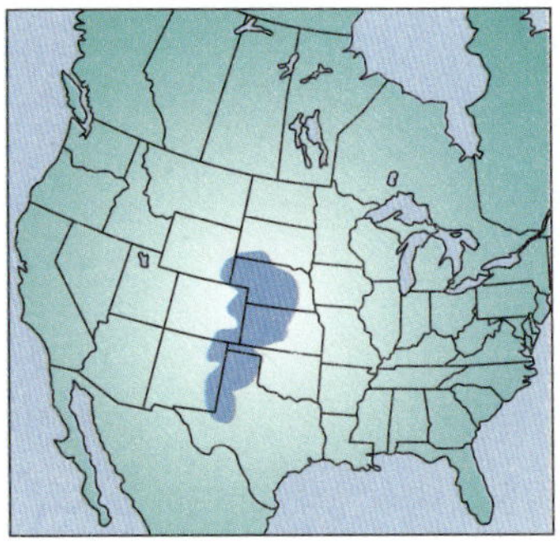

그림 5.13 세계에서 가장 큰 대수층 중의 하나인 고원 대수층이 이 지도에서 어두운 청색으로 표시되어 있다.

연구과제 5.10 날씨와 물

최근에 사람이나 생태계에 또는 둘 다에 수난을 일으켰던 가뭄이나 홍수를 확인하시오. 누가 무슨 고통을 받았는지, 어떻게 대처했는지에 대하여 기술하는 글을 여러분이 선택한 독자를 위해 작성하시오.

과소비와 비효율적인 사용

많은 곳에서, 물이 물 순환에 의하여 자연적으로 보충되는 것보다 더 빠르게 지하로부터 퍼 올려지고 있다. 예를 들어 미국 중부 지방에서의 풍부한 곡물 수확은 고원에 있는 대수층(High Plains Aquifer)의 물을 이용한 결과이다. 이 막대한 대수층은 지난 빙하 시대 때부터 물을 가두었고, South Dakota에서 Texas로 흐른다(그림 5.13). 물을 다시 채우는 것보다 더 빠르게 대수층으로부터 물을 퍼 올리는 것은 지속 가능한 행동이 아니다. 지속적으로 물을 퍼 올리게 되면 해로운 결과를 가져올 수도 있다. 예를 들어 해안 근처의 지질학적으로 불안정한 지역에서 물이 제거되면 염수가 담수 대수층에 유입될 수도 있다.

비축된 지표수를 과도하게 끌어 쓰는 것도 문제를 야기한다. 예를 들어 아랄 해(Aral sea)와 접해 있는 카자흐스탄과 우즈베키스탄을 생각해 보자. 최근까지 이 바다는 세계에서 네 번째로 큰 내륙의 담수호였다. 1960년대에 전 소비에트 연방의 근로자들은 건조한 기후에서 면을 재배하기 위하여 아랄 해에 물을 공급하는 강으로부터 물길을 돌린 운하 망을 건설하였다. 아랄 해에 물을 공급하는 강의 진로가 변경되었을 뿐만 아니라 끌어들인 물도 비효율적으로 사용되었다. 예를 들어 면을 위한 관개 용수가 개방된 운하로 이동하면서 증발을 통해 낭비되었다.

결과적으로 그림 5.14에 보여 준 것처럼 아랄 해는 말라버렸다. 한때 물고기가 풍부한

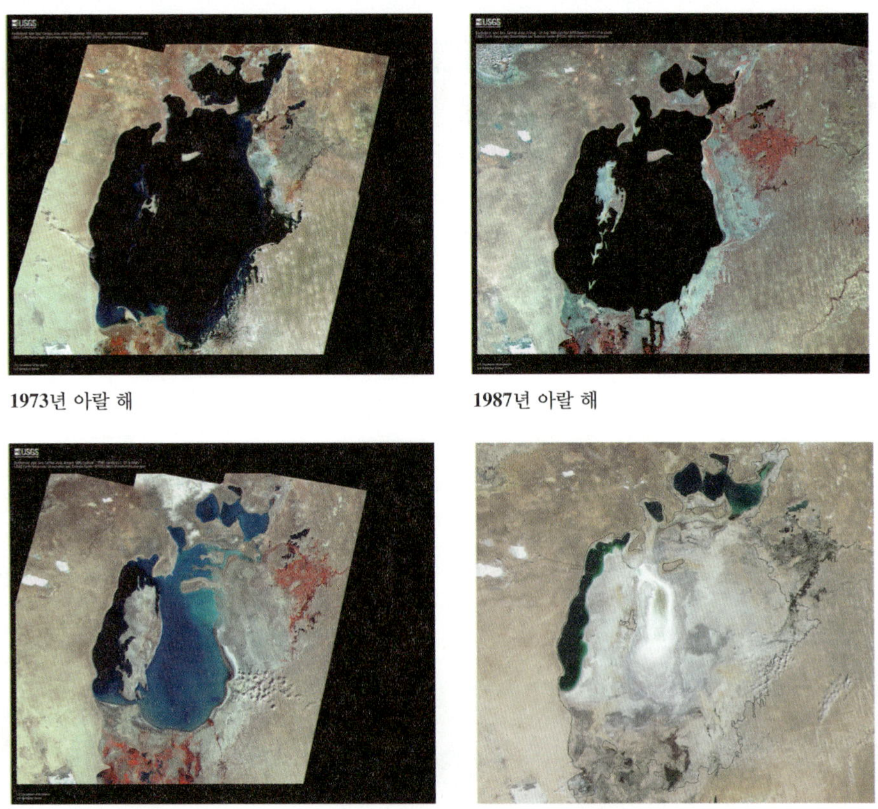

1973년 아랄 해 **1987년 아랄 해**

1999년 아랄 해 **2009년 아랄 해**

그림 5.14 30년에 걸쳐 아랄 해는 80% 이상의 물을 잃었다. 이 호수에 물을 공급하던 강들은 농작물을 관개하기 위하여 그 물길이 바뀌었다.

생태계였지만, 오늘날에는 짠물의 호수 몇 개만이 남아 있다. 유엔은 이를 20세기 최대의 환경 재앙이라 불렀다. 이제는 독성 물질, 살충제 및 소금으로 가득한 먼지가 이 지역에서 날리고 있어, 건강 문제를 야기하고 가난에 일조하고 있다.

물을 전용한 이 두 가지 이야기는 공유에 의한 비극에 대한 사례가 되고 있다. 대수층의 물과 지표수는 공동으로 사용하는 수원이지만, 아직 어느 누구도 이 자원을 사용하는 데 책임을 지지 않는다. 농업용이나 다른 목적으로 물을 과도하게 끌어 사용하면 이 행위는 공동의 필수적인 자원을 사용하는 모든 사람에게 해가 될 수 있다.

대기 질과 관련하여 공유에 의한 비극은 1.12절에서 처음으로 언급되었다.

실제적으로 물을 보존할 수 있는 실천에는 효율적인 방법으로 들판에 관개하는 것, 잔디를 토착 식물로 대치하는 것, 오래된 배수 시설의 물 새는 관을 보수하는 것 등이 포함된다.

오염

우리는 안전한 물, 즉 유해한 화학 물질과 미생물이 없는 물을 사용할 수 있기를 기대한다. 그러나 세계보건기구(World Health Organization, WHO)와 유엔어린이기금(United Nations Children's Fund, UNICEF)이 발간한 2010 합동 보고서가 지적한 바로는, 주로 개발도상국에 사는 거의 10억의 인구에서 안전한 음용수가 부족했다고 한다. 매일 3000명 이상의 유아와 어린이가 오염된 물로 인하여 죽는다. 오염된 물은 종종 겉으로 보면 알 수 있지만 그렇지 않을 때도 있다(그림 5.15).

1980년대 세계적인 물 수요의 일부를 대처하기 위하여 UNICEF는 우물을 파고 지하 대수층의 물을 끌어내기 위한 펌프를 제공하였다. 대수층의 물은 보통 음용이 가능하지만 불행하게도 인도와 방글라데시에서는 그렇지 못했다. 오히려 이 물에는 천연의 비소 이온과 플루오린화 이온이 들어 있었고, 이 두 이온은 둘 다 축적되는 독이다. 음용수에 이들 이온이 들어 있다는 것을 너무 늦게야 발견했기 때문에 수천 명의 사람들이 회복할 수 없게 중독되었다.

비소 이온은 양으로 하전되어 있는 반면, 플루오린화 이온은 음으로 하전되어 있다. 이온에 대한 자세한 사항은 5.6절을 참조하라.

UNICEF가 후원하는 사업에서 의도되지 않은 결과로 중요한 질문을 제기한다. 무엇이 물을 먹는 데 안전하게 하는가? 안전한 물은 순수하지 않고 그 속에 물질들이 녹아 있다. 녹아 있는 물질들 중에 많은 것들이 세계 자연계의 일부이다. 예를 들어 지하수에서 발견되는 이로운 광물이 물에 칼슘과 마그네슘 이온을 공급한다. 우리들이 알고 있

그림 5.15 마시기에 안전하지 않은 물은 오염되어 보이기도 하고 그렇지 않아 보이기도 한다.

방사성 물질은 7장에서 논의할 것이다.

어떻게 녹색 화학이 약 폐기에 적용될 수 있는지는 5.12절에서 기술한다.

듯이, 다른 천연의 물질들은 유해할 수 있다. 미국 환경보호국(U.S. EPA)의 정의에 따르면 물의 오염 물질은 인간 건강에 유해하거나 물맛이나 물의 색을 떨어뜨리는 물리적, 화학적, 생물학적 혹은 방사성의 물질이다. 5.10절에서 살펴보겠지만 EPA는 음용수를 오염시키는 것으로 알려진 90가지 이상의 물질을 규제한다.

물에 들어 있는 오염 물질을 모두 감시하거나 규제하지는 못한다. 예를 들어 화장품, 로션 및 향수 같은 개인 관리 용품은 폐수에 수천 가지의 화학 물질을 더하게 된다. 덧붙여, 아주 소량의 의약품이 폐수로 들어가고, 음용수에도 들어갈 수 있다. 지금은 물에 녹아 있는 이들 물질들의 효과를 이해하기 위한 첫 단계에 불과하다. 연구과제 5.11의 도움을 받아 개인 관리 물품의 사용에 대한 평가를 할 수 있을 것이다.

연구과제 5.11 깨끗하게 하는 것 또는 더럽게 하는 것

우리는 개인 관리 용품의 목적을 염두에 두고 이들을 사용한다. 예를 들어 머리를 감기 위해 샴푸를 사용하고, 피부를 생기 있게 해 주기 위해서 면도용 로션을 바른다든지, 손을 부드럽게 해 주기 위해서 핸드 로션을 바른다. 제품의 목적하는 바를 이루고 난 다음 어떻게 되는가?

a. 매일 사용하는 개인 관리 용품을 나열하시오.
b. 이 개인 관리 물품이 결국 물속으로 사라져버리는 길 몇 가지를 제안하시오.
c. 다시 a로 돌아가 목록을 보고, 매일 개인 관리 품목을 사용할 때 녹색 화학의 주된 생각을 어떻게 적용할 수 있을까? 예를 들어 머리를 감을 때 적은 양의 샴푸를 사용해도 여전히 효과적일까?

답

b. 개인 관리 용품은 목욕을 하고, 옷을 세탁을 하며, 수영하는 것을 비롯한 많은 통로를 통해서 폐수 속으로 들어간다.

이 절을 통해서 물이 어떻게 사용되고, 어떻게 오용되고, 오염 물질이 자연에서 왔든지 인간에서 왔든지 어떻게 그 오염 물질로 오염되는지에 대한 의식이 증대되었기를 바란다. 오염에 대하여 더욱 세심한 관심을 갖게 한다. 무엇 때문에 물의 오염이 아주 쉽게 일어나게 되는가? 물이 매우 많은 물질을 용해시킬 수 있고 그들과 섞일 수 있는 이유를 더 잘 이해하기 위한 주제로 넘어가 보자.

5.5 수용액

물은 엄청나게 다양한 물질을 용해시킨다. 앞으로 알게 되겠지만 염, 설탕, 에탄올 및 공기 오염 물질인 SO_2를 비롯하여 일부의 물질은 물에 **매우** 잘 녹을 수 있다. 이것과 비교해 볼 때 석회석, 산소, 이산화 탄소는 아주 적은 양만 용해된다. 수질에 대한 이해를 하기 위하여, **무엇이** 물에 용해되고, **왜** 용해되며, 용해된 후 만들어지는 용액의 농도를 **어떻게** 표시하는지를 알아야 한다. 이 절에서는 용액의 농도에 대하여, 다음 절에서는 용해도에 대하여 기술할 것이다.

유용한 몇 가지의 화학 용어로 시작해 보자. 물은 **용매(solvent)**인데, 이것은 한 개 이상의 순물질을 녹일 수 있는 물질로서 종종 액체이다. 용매에 용해되는 고체, 액체, 기체를 **용질(solute)**이라고 한다. 결과적으로 만들어진 물질을 **용액(solution)**이라고 하는데, 이것은 하나의 용매와 한 개 이상의 용질로 이루어진 균일한(일정한 조성을 가진) 혼합물이다. 이 절에서는 특히 물이 용매인 **수용액(aqueous solution)**에 관심을 둘 것이다.

물은 아주 좋은 용매이기 때문에 실질적으로 '100% 순수'할 수 없다. 오히려 불순물이 들어 있다. 예를 들어 물이 지구의 바위와 광물 위를 흐를 때 이들에 포함되어 있는 물질들의 아주 작은 양이 물에 녹는다. 이것은 보통 음용수에 해를 끼치지 않지만, 때에 따라서는 물에 용해된 이온들이 독성을 가지는 경우도 있다. 예를 들어 앞 절에서 지적한 바와 같이 물이 비소 이온이나 플루오린화 이온을 함유한 광물과 접촉하게 되면 그 물은 마실 수 없게 될 수도 있다. 지구 상의 물은 대기와도 접촉하고 있다. 물이 대기와 접촉하게 되면, 주로 산소와 이산화 탄소인 대기 내 기체를 매우 조금 용해시킨다. 몇 가지 대기 오염 물질은 물에 **매우** 잘 녹을 수 있다. 그래서 비가 오면 물은 실제로 대기에서 SO_2와 NO_2를 비롯한 몇몇 오염 물질을 씻어낸다. 6장에서 살펴보겠지만, 이때 형성되는 산성 용액은 환경에 심각한 결과를 가져올 수 있다.

인간도 물에 용해된 물질의 수를 늘리는 데 기여하고 있다. 옷을 세탁할 때 사용한 세제뿐만 아니라 우선 옷을 더럽혔던 것이 무엇이든지 물에 더해지게 된다. 변기에 물을 내릴 때 액체 및 고체 폐기물이 물에 더해진다. 폭풍 범람(storm run-off)이 일어나는 동안 도시의 거리로부터 용질들이 빗물에 더해진다. 농업 활동으로부터는 비료 및 다른 용해될 수 있는 화합물이 물에 더해진다.

물이 좋은 용매라고 하는 것은 음용수에 대해서는 무엇을 의미하는 것일까? 수질을 평가하기 위해서 몇 가지를 알아야 한다. 하나는 물질이 **얼마나 많이** 용해되어 있는지를 나타내는 방법이며, 따라서 알고 있는 표준 물질의 값과 비교할 수 있게 된다. 바꾸어 말하면, 농도의 개념을 이해해야 한다. 농도는 공기의 조성과 관련하여 1장에서 처음 소개되었다. 예를 들어 O_2와 N_2는 건조한 대기 중에 각각 21%와 78%가 존재한다. 성층권에서 염소 화합물의 농도와 대류권에서 온실기체의 농도를 살펴보면서 농도를 다시 언급했다. 예를 들어 대기에서 이산화 탄소의 농도는 약 400 ppm이다. 이제 물에 용해된 물질로 이 개념을 살펴보자. 앞으로 알겠지만, 백분율(%)과 백만분율(ppm) 역시 수용액에서 유효한 농도 표현법이다.

먼저 용액의 농도를 살펴보기 위해서 '차 한 잔을 달게하기'라는 친숙한 비유를 사용하여 보자. 차 한 잔에 찻숟가락 한 개 분량의 설탕이 용해되어 만들어진 용액은 잔당 1찻숟가락의 농도를 가진다. 만약 차 세 잔에 세 찻숟가락의 설탕을, 차 반 잔에 반 찻숟가락의 설탕을 용해시켜도 농도가 같을 것임에 주목하라. 양을 세 배 또는 반으로 하였을 때 설탕과 차는 비례하여 맞춘다. 그러므로 **농도(concentration)**, 즉 용액의 양에 대한 용질 양(이 경우, 용액을 만들기 위해 용해시킨 설탕의 양)의 비는 각 경우에 같다.

수용액에서 용질의 농도는 같은 형태를 따르지만 다른 단위로 표현된다. 여기서는 농도를 표현할 때 백분율(%), 백만분율(ppm), 십억분율(ppb), 몰농도(molarity)의 네 가지 방법을 사용한다. 이 중에서 처음 세 가지는 이미 익숙할 것이고, 네 번째의 몰농도는 3장에서 소개한 몰 개념을 사용한다.

백분율(percent, %)은 100개당 한 개를 의미한다. 예를 들어 용액 100 g에 염화 소듐(NaCl) 0.9 g이 들어 있는 수용액은 질량 백분율로 0.9% 용액이다. 이 농도의 염화 소듐 용액은 정맥에 투여할 때 의학적 설정치로 '생리 식염수(normal saline)'라고 한다. 약 상자에 있는 소독용 아이소프로필 알코올이 부피 백분율로 70%의 수용액이라는 것을 발견할 수도 있다. 이 용액은 수용액 100 mL당 아이소프로필 알코올 70 mL를 함유하고 있다. 백분율은 다양한 용액의 농도를 나타내는 데 사용된다.

낮은 농도의 용액의 경우, 용액의 질량은 거의 용매의 질량과 같다.

그러나 음용수에 용해되어 있는 많은 물질의 경우처럼, 농도가 매우 낮을 때에는 **백만분율(parts per million, ppm)**이 더 보편적으로 사용된다. 예를 들어 칼슘 이온 1 ppm이 들어 있는 물은 물 10^6 g에 칼슘(칼슘 이온의 형태) 1 g을 포함한 것과 같다. 우리가 마시는 물에는 ppm 범위의 천연 물질들이 들어 있다. 예를 들어 일부 농업 지역의 우물에서 발견되는 질산 이온의 허용 한계는 10 ppm이고, 플루오린화 이온의 허용 한계는 4 ppm이다.

이같은 플루오린화 이온과 질산 이온의 농도 한계는 미국 표준치를 반영하고 있다. 5.10절을 참조하라.

백만분율이 유용한 농도 단위이기는 하지만 10^6 g의 물을 측정하는 것은 매우 불편하다. L 단위로 바꾸면 일을 더 용이하게 할 수 있다. 물에 들어 있는 어떤 물질 1 ppm은

표 5.4 수돗물에 들어 있는 무기질의 보고서

양이온	mg/L	음이온	mg/L
칼슘 이온	97	황산 이온	45
마그네슘 이온	51	염화 이온	75
소듐 이온	27	질산 이온	4
		플루오린화 이온	1

수용액에서,
1 ppb = 1 μg/L
1 ppm = 1 mg/L

용액 1 L에 그 물질이 1 mg 용해되어 있는 것과 동일하다. 계산은 다음과 같다.

H_2O 1000 g(1×10^3 g)은 1 L의 부피를 갖는다고 취급할 수 있다. 엄밀히 말하자면, 이것은 4°C에서만 옳다.

$$1 \text{ ppm} = \frac{1 \text{ g 용질}}{1 \times 10^6 \text{ g 물}} \times \frac{1000 \text{ mg 용질}}{1 \text{ g 용질}} \times \frac{1000 \text{ g 물}}{1 \text{ L 물}} = \frac{1 \text{ mg 용질}}{1 \text{ L 물}}$$

도시 수도국에서는 수돗물에 용해되어 있는 무기질과 다른 물질들을 보고하기 위해서 아마도 mg/L의 단위를 사용할 것이다. 예를 들어 표 5.4는 미국 중서부 공동체에 공급하는 대수층의 수돗물 분석을 나타낸 것이다.

일부 오염 물질은 ppm보다 낮은 농도에서도 불안하여 **십억분율(parts per billion, ppb)**로서 보고된다. 1 ppm을 약 12일 중 1초에 해당한다고 가정하면, 1 ppb는 33년에서 1초에 해당한다. 다르게 비유하면 1 ppb는 지구 둘레에서 수 cm에 해당한다.

물속에서의 수은은 원소 상태의 Hg가 아닌 용해된 형태(Hg^{2+})로 존재한다.

ppb 범위로 검출되는 오염 물질 중 하나가 수은이다. 인간이 수은에 노출될 수 있는 주요 원천은 음식이며, 주로 물고기와 어류 제품이다. 그렇다 하더라도 물속에서의 수은 농도는 감시해야 한다. 물에 있는 수은 1 ppb는 1 g의 수은이 10^9 g의 물에 용해된 것과 같다. 더 편리한 용어로 표현하면, 이것은 Hg 1 μg(1×10^{-6} g)이 물 1 L에 용해된 것을 의미한다. 음용수에서 수은의 허용 한계는 2 ppb이고, 계산은 다음과 같다.

$$2 \text{ ppb Hg} = \frac{2 \text{ g Hg}}{1 \times 10^9 \text{ g } H_2O} \times \frac{1 \times 10^6 \text{ μg Hg}}{1 \text{ g Hg}} \times \frac{1000 \text{ g } H_2O}{1 \text{ L } H_2O} = \frac{2 \text{ μg Hg}}{1 \text{ L } H_2O}$$

앞의 예제에서처럼 단위들이 상쇄됨을 확인하라.

예제 5.12 수은 이온 농도

a. 물 시료 5 L에 수은 80 μg이 용해되어 있다. 이 용액의 농도를 ppm과 ppb로 표시하시오.
b. a의 답이 연방정부가 규정한 최대 수은 농도 2 ppb를 준수하는가? 이를 설명하시오.

몰농도(molarity, M)는 또 다른 유용한 농도 단위이고, 용액 1 L 속에 들어 있는 용질의 몰수로 표시한 농도 단위로 정의되며, 다음 식으로 나타낼 수 있다.

$$\text{몰농도 (M)} = \frac{\text{용질의 몰수 (mol)}}{\text{용액의 부피 (L)}}$$

몰농도의 가장 큰 장점으로 몰농도가 동일한 용액은 같은 부피에서 용질의 몰수가 같고 같은 수의 용질 분자(이온 또는 원자)를 가진다. 용질의 질량은 용질에 따라 다르다. 예를 들어 설탕 1 mol의 질량은 염화 소듐 1 mol의 질량과 다르다. 그러나 같은 부피를 취하면 모든 1 M 용액(1몰농도 용액이라 부른다)은 같은 몰수의 용질을 가진다.

NaCl의 몰질량(58.5 g)은 소듐의 몰질량(23.0 g)과 염소의 몰질량(35.5 g)을 더함으로써 계산된다. 3.7절에서 몰질량 계산을 설명하였다.

예를 들어 NaCl 수용액을 생각해 보자. NaCl의 몰질량은 58.5 g이다. 따라서 NaCl 1 mol의 질량은 58.5 g이다. NaCl 58.5 g을 약간의 물에 용해시키고 난 후 물을 충분히 가하여 정확히 1.00 L의 용액이 되도록 하면 1.00 M NaCl 수용액이 될 것이다(그

그림 5.16 1.00 M NaCl 수용액 만들기

림 5.16). 즉 1몰농도의 염화 소듐 용액을 만들었다. 이때 표지선까지 채우면 정확한 양의 용액이 담기는 유리 기구의 한 종류인 **부피 플라스크(volumetric flask)**를 사용한다는 것에 유의하라. 그러나 몰농도는 단순히 용질 대 용액의 비율이기 때문에 1.00 M NaCl(*aq*) 용액을 만들 수 있는 방법은 많이 있다. 즉 NaCl 0.500 mol(29.2 g)을 물에 용해시켜 0.500 L 용액이 되게 하면 마찬가지로 1.00 M NaCl(*aq*) 용액을 만들 수 있다. 이때에는 그림 5.16의 1 L 부피 플라스크 대신에 500 mL 부피 플라스크를 사용해야 한다.

(*aq*)는 용매가 물임을 의미하는 수용액(aqueous)의 약자이다.

$$1\ \text{M NaCl}(aq) = \frac{1\ \text{mol NaCl}}{1\ \text{L 용액}}\ \text{또는}\ \frac{1\ 0.500\ \text{mol NaCl}}{0.500\ \text{L 용액}},\ \text{등}$$

1 ppm = 1 mg/L이고 Hg의 몰질량은 200.6 g/mol임을 기억하라.

용해된 수은이 150 ppm인 물 시료가 있다고 하자. 어떻게 이 농도를 몰농도로 나타내겠는가? 다음과 같이 계산할 수 있다.

$$150\ \text{ppm Hg} = \frac{150\ \cancel{\text{mg Hg}}}{1\ \text{L}\ H_2O} \times \frac{1\ \cancel{\text{g Hg}}}{1000\ \cancel{\text{mg Hg}}} \times \frac{1\ \text{mol Hg}}{200.6\ \cancel{\text{g Hg}}} = \frac{7.5 \times 10^{-4}\ \text{mol Hg}}{1\ \text{L}\ H_2O}$$

$$= 7.5 \times 10^{-4}\ \text{M Hg}$$

따라서 수은이 150 ppm 함유되어 있는 물 시료는 7.5×10^{-4} M Hg로도 표시할 수 있다.

예제 5.13 몰과 몰농도

a. 16 ppb Hg란 농도를 몰농도로 표시하시오.

b. 1.5 M과 0.15 M NaCl 용액 500 mL에 존재하는 용질은 각각 몇 mol인가?

c. 0.50 mol NaCl을 충분한 물에 용해시켜 250 mL의 한 용액을 만들었다. 두 번째는 0.60 mol NaCl을 용해시켜 200 mL의 용액을 만들었다. 어느 용액이 더 진할까? 그 이유를 설명하시오.

d. 한 학생이 2.0 M $CuSO_4$ 용액을 만들어 달라는 요청을 받았다. 이 학생은 $CuSO_4$ 결정 40.0 g을 부피 플라스크에 넣고 물을 1000 mL 표지선까지 채웠다. 만들어진 용액이 2.0 M인가? 그 이유를 설명하시오.

이 절에서는 물이 다양한 물질에 대하여 좋은 용매이고, 이 물질의 농도를 수적으로 표시할 수 있다는 점을 언급했다. 약속한 바와 같이, 다음 절에서는 물질이 어떻게, 또 왜 물에 용해되는지를 알아보자.

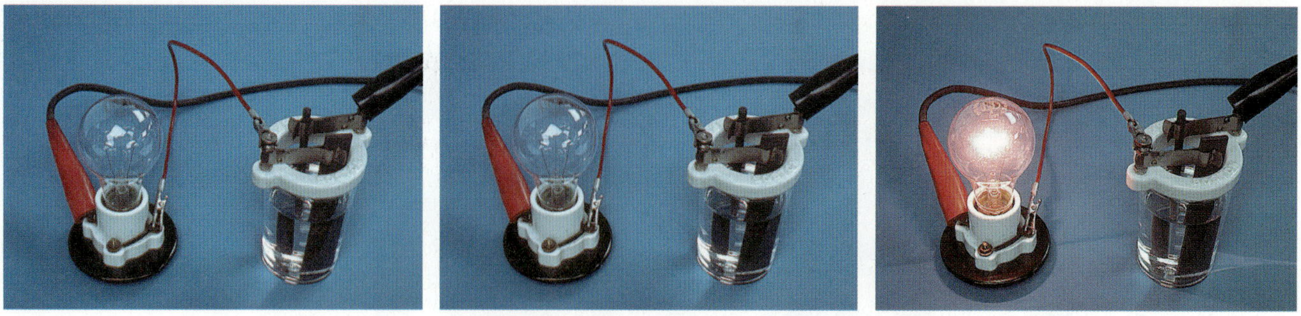

(a) (b) (c)

그림 5.17 전도도 실험. (a) 증류수(전도 못함), (b) 증류수에 녹인 설탕(전도 못함), (c) 증류수에 녹인 소금(전도함)

5.6 | 용질 돋보기

소금과 설탕은 물에 용해된다. 그러나 이 두 용질의 용액은 본질적으로 아주 다르다. 소금 용액은 전기를 전도하지만 설탕 용액은 그렇지 못하다. 전기가 전도되고 있음을 뜻하는 신호 제작 장치인 **전도도계(conductivity meter)**를 사용하여 실험적으로 이 차이를 설명할 수 있다. 그림 5.17에 보여진 전도도계는 전선, 건전지, 전구로 이루어져 있다. 전기 회로가 완성되지 않는 한, 전구에는 불이 들어오지 않는다. 예를 들어 두 개의 전선을 증류수나 증류수로 만든 설탕 용액에 넣으면 전구에 불이 들어오지 않는다. 그러나 분리된 두 전선을 소금 수용액에 넣으면 전구가 켜진다. 불빛은 아마도 실험자의 생각 속으로 사라졌을 것이다!

증류는 물을 정제하는 하나의 과정으로 5.12절에서 논의된다.

증류수는 전기를 전도하지 못한다. 설탕 수용액에서도 마찬가지이다. 설탕은 **비전해질(nonelectrolyte)**, 즉 수용액에서 비전도성 용질이다. 그러나 흔한 식염(NaCl)의 수용액은 전기를 전도하고 전구에 불이 들어온다. 염화 소듐은 **전해질(electrolyte)**, 즉 수용액에서 전기를 전도하는 용질로 분류된다.

전해질이라는 용어는 스포츠 음료와 관련하여 사용된다. 몇몇 스포츠 음료는 소듐염이 들어 있어서 약간 짠맛이 난다.

무엇 때문에 소금 용액의 거동이 설탕 용액이나 순수한 물과 다른가? 용액에서 관찰된 전류의 흐름에는 전하의 이동이 있다. NaCl 수용액이 전기를 전도할 수 있는 능력이 있다고 하는 것은 용액에서 전자를 움직이게 할 수 있는 얼마간의 전하를 띤 화학종이 용액에 있음을 시사한다. 고체 NaCl이 물에 용해되면 $Na^+(aq)$와 $Cl^-(aq)$로 분해된다. **이온(ion)**은 한 개 이상의 전자를 얻거나 잃음으로 인하여 알짜 전하를 갖게 된 원자 또는 원자단을 말한다. 이 용어는 '방랑자(wanderer)'를 나타내는 그리스어에서 유래되었다. Na^+는 양으로 하전된 이온, 즉 **양이온(cation)**의 한 예이다. 유사하게 Cl^-는 음으로 하전된 이온, 즉 **음이온(anion)**의 한 예이다. 공유 결합된 설탕이나 물 분자에서는 두 이온의 분리가 일어나지 않아 이 액체들은 전하를 운반할 수 없게 된다.

(*aq*)를 사용하여 수용액의 이온을 나타낸다는 것을 기억하라.

Na^+와 Cl^-가 소금 결정(소금 용기 속에 들어 있는 것과 같은)과 NaCl 수용액에 모두 존재한다는 것을 알게 되면 놀라울 수 있다. 고체 염화 소듐은 소듐 이온과 염화 이온으로 이루어진 3차원의 정육면체 배열이다. **이온 결합(ionic bond)**은 반대 전하의 이온이 서로 끌어당길 때 형성되는 화학 결합이다. NaCl의 경우, 이온 결합이 결정을 유지하게 한다. 공유 결합을 하고 있는 원자는 없고, 오직 양으로 하전된 양이온과 음으로 하전된 음이온이 전기적 인력에 의해 모여 있다. **이온 결합 화합물(ionic compound)**은 일정한 비율로 존재하는 이온으로 이루어져 있고, 규칙적이고 기하학적인 구조로 정렬되어 있다. NaCl의 경우, 각 Na^+는 반대로 하전된 6개의 Cl^-로 둘러싸여 있다. 마찬가지로 각 Cl^-는 양으로 하전된 6개의 Na^+로 둘러싸여 있다. 그림 5.18에 보여진 배열에서 하나의 작은 염화 소듐 결정도 수조 개의 소듐 이온과 염화 이온으로 구성되어 있다.

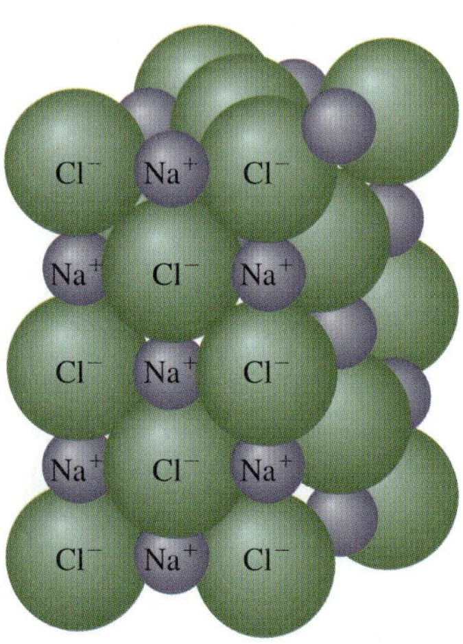

그림 5.18 염화 소듐 결정에서 Na^+와 Cl^-의 배열

지금까지 이온 결합 화합물을 기술하였지만, **왜** 어떤 원자들이 전자를 잃거나 얻어서

표 5.5 양이온 형성에 대한 전자적 수치 정리

소듐 원자	소듐 이온	네온 원자
Na	Na^+	Ne
양성자 11개	양성자 11개	양성자 10개
전자 11개	전자 10개	전자 10개
알짜 전하 0	알짜 전하 1+	알짜 전하 0

이온을 형성하는지에 대하여 여전히 설명할 필요가 있다. 당연히 답은 원자 내 전자의 분포에 있다. 예를 들어 중성 소듐 원자에는 11개의 전자와 11개의 양성자가 있음을 상기하라. 소듐은 1A족의 모든 금속처럼 1개의 원자가 전자(valence electron)를 가진다. 이 전자는 핵에 좀 느슨하게 끌리며 쉽게 잃을 수 있다. 이렇게 되면 Na 원자는 Na^+를 형성한다.

원자가 전자(최외각 전자)에 대해서는 2.2절에서 논의하였다.

$$Na \longrightarrow Na^+ + e^- \qquad [5.1]$$

소듐 이온(Na^+)에는 11개의 양성자가 있지만 전자는 10개만 있으므로 Na^+는 1+의 전하를 가진다. 이것은 Ne 원자처럼 완전한 팔전자를 가진다. 표 5.5에서 Na, Na^+, Ne가 비교되어 있다.

염소는 소듐과 달리 비금속이다. 중성 염소 원자에는 17개의 양성자와 17개의 전자가 있음을 상기하라. 7A족의 모든 비금속과 같이, 염소에는 7개의 원자가 전자가 있다. 8개의 최외각 전자와 연관된 안정성 때문에 염소 원자가 1개의 전자를 얻는 것이 에너지면에서 유리하다.

금속과 비금속에 대한 자세한 내용은 1.6절을 참조하라.

$$Cl + e^- \longrightarrow Cl^- \qquad [5.2]$$

염화 이온(Cl^-)에는 18개의 전자와 17개의 양성자가 있어 알짜 전하는 1−이다(표 5.6).

소듐 금속과 염소 기체는 접촉할 때 격렬하게 반응한다. 반응 결과 염화 소듐으로 알려진 Na^+와 Cl^-의 응집체가 만들어진다. 염화 소듐과 같은 이온 결합 화합물을 형성할 때, 전자는 공유 결합 화합물에서처럼 단지 공유되는 것이 아니라, 실제로 한 원자에서 다른 원자로 전이된다.

순수한 염화 소듐에서 전기적으로 하전된 이온이 있다는 증거가 있는가? 실험을 해보면 염화 소듐 결정은 전기를 전도하지 못한다는 것을 알 수 있다. 결정에서 이온들은 한 곳에 고정되어 있어서 전하를 움직이게 하고 전이시킬 수 없기 때문에 이 실험적인 결과는 이해가 간다. 그러나 이 결정을 용융시키면 이온은 자유롭게 움직이고, 뜨거운 액체는 전기를 전도한다. 이것으로부터 이온이 존재한다는 증거를 얻을 수 있다.

다른 이온 결합 화합물처럼, NaCl 결정은 단단하지만 부스러지기 쉽다. 예리한 충격을 가하면 결정은 납작해지기보다 산산이 부서진다. 이것은 이온 결정 전체에 퍼져 있는 강한 힘의 존재를 시사한다. 엄밀히 말하자면, 분자내 공유 결합에서처럼 특별하게 편재된 '이온 결합'과 같은 것은 없다. 오히려 이온 결합을 통해서 이온들(이 경우, Na^+와 Cl^-)의 커다란 조립체가 서로 붙잡고 있는 것이다.

일반적으로 말하면, 양이온과 음이온을 형성하기 위한 전자 전이는 금속 원소와 비금

표 5.6 음이온 형성에 대한 전자적 수치 정리

염소 원자	염화 이온	아르곤 원자
Cl	Cl^-	Ar
양성자 17개	양성자 17개	양성자 18개
전자 17개	전자 18개	전자 18개
알짜 전하, 0	알짜 전하 1−	알짜 전하 0

속 원소 사이에서 이루어진다. 소듐, 리튬, 마그네슘 및 다른 금속들은 전자를 잃는 경향성이 강하여 양이온을 형성한다. 표 5.1에서 보여 준 것처럼, 이들은 매우 낮은 전기 음성도 값을 가진다. 반면에(또는 주기율표의 반대쪽에서), 염소, 플루오린, 산소 및 다른 비금속은 전자를 강하게 끌기 때문에 쉽게 전자를 받아들여 음이온을 형성한다. 비금속은 상대적으로 높은 전기 음성도 값을 가진다.

예제 5.14 이온 전하의 예상

a. 전기 음성도 값에 근거하여 다음 원자들이 음이온을 형성할 것인지, 양이온을 형성할 것인지를 예측하시오.

Li S K N

b. 다음 각각의 원소가 형성할 이온을 예측하시오. 원자와 이온에 대한 루이스 기호를 그리시오. 이온의 경우, 이온의 전하를 명확하게 표시하시오.

Br Mg O Al

힌트: 최외각 전자의 수에 대한 지침으로 주기율표를 이용하라. 그리고 팔전자의 안정성을 얻기 위하여 잃거나 또는 얻어야 하는 전자가 몇 개인지를 결정하라.

답

b. 브로민(7A족)은 한 개의 전자를 얻는다. 형성된 이온은 염소의 경우와 동일하게 1−의 전하를 가진다. 다음은 전자와 이온에 대한 루이스 기호이다.

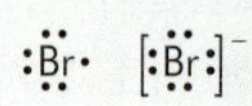

이 절은 소금과 설탕의 논의로 시작하였다. **소금**(*salt*)과 **설탕**(*sugar*)은 둘 다 흔하게 사용하는 이름이고, 이 절에서 무엇을 언급했는지 알았을 것이다. 소금은 프렌치 프라이에 뿌려주는 물질이다. 설탕은 커피에 단맛을 내기 위해 일부 사람들이 사용하는 물질이다. 사실, 일반 식염(NaCl)은 이온 결합 화합물의 중요한 예인데, 화학자들은 다른 이온 결합 화합물들을 간단히 '염(salt)'이라고 말하며, 염은 결정성 이온 고체를 의미한다. 11장에서 살펴보겠지만, '설탕(sugar)'은 또 다른 부류의 중요한 화합물이고 설탕이라고 부르는 것은 실제로 슈크로스(sucrose)란 화합물이다.

수질 문제를 더 조사하기 위해서 다른 염들, 즉 다른 이온 결합 화합물의 이름을 알 필요가 있다. 짐작했겠지만 화학자들은 길고도 사려 깊은 일련의 규칙을 사용하여 이들을 명명했다. 다행히도, 이 모든 규칙을 여기서 논의하지는 않을 것이다. 오히려 수질을 이해하기 위해 필요한 것을 배우는 데 도움이 되는 꼭 필요한 것만 다룰 것이다.

5.7 | 이온 결합 화합물의 이름과 화학식

이 절에서는 이온 결합 화합물을 다루기 위해서 필요한 '용어'를 취급할 것이다. 1장에서 지적한 바와 같이, 원소 기호는 화학의 알파벳이고 화학식은 용어이다. 앞에서, 호흡하는 공기 내 물질들의 화학식과 이름을 정확히 사용함으로써 '화학을 말할 때' 도움을 주었다. 이제, 마시는 물에 들어 있는 물질들에 대하여 같은 일을 하고자 한다.

칼슘과 염소 원소로부터 형성된 이온 결합 화합물인 $CaCl_2$로부터 시작해 보자. Ca와 Cl의 비가 1:2인 것은 두 이온의 전하로 설명된다. 칼슘은 2A족 원소로서 2개의 최외각 전자를 잃고 Ca^{2+}를 형성한다.

$$\mathrm{Ca} \longrightarrow \mathrm{Ca}^{2+} + 2\,\mathrm{e}^- \qquad \textbf{[5.3]}$$

염소는 식 5.2에서 본 바와 같이 1개의 최외각 전자를 얻어 Cl^-를 형성한다. 이온 결합 화합물에서 양전하의 합은 음전하의 합과 같다. 따라서 이 화합물의 화학식은 $CaCl_2$

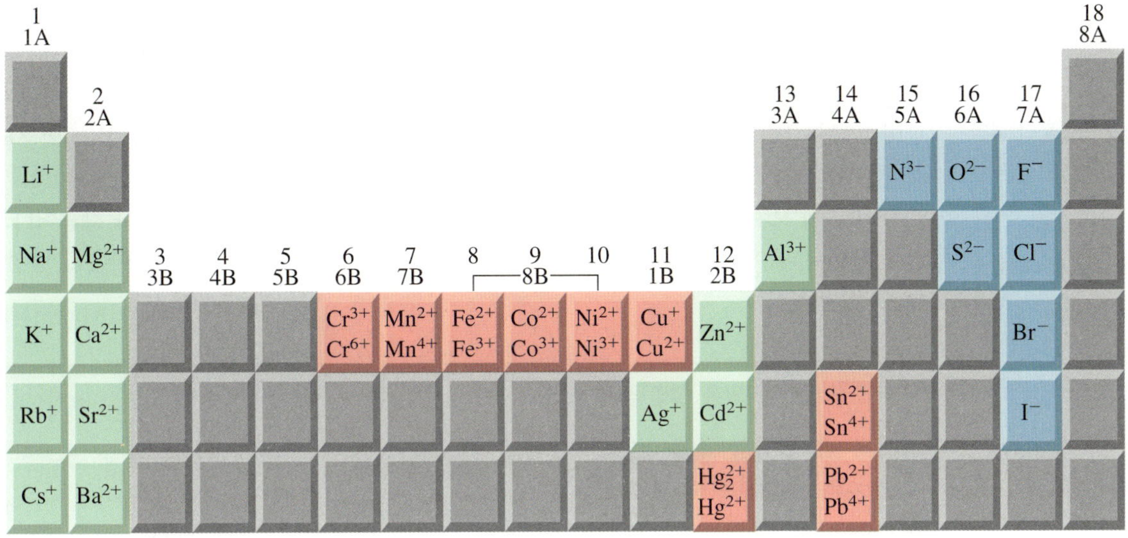

그림 5.19 원소로부터 형성된 일반적인 이온들. 녹색으로 표시된 이온(양이온)과 파란색으로 표시된 이온(음이온)은 오직 한 가지의 전하만을 가진다. 빨간색으로 표시된 이온(양이온)은 두 가지 이상의 이온 전하를 가질 수 있다.

이다.

다른 두 이온 결합 화합물인 MgO와 Al_2O_3에서도 논리는 같다. 두 화합물 모두에 산소가 들어 있지만 그 비율이 다르다. 산소는 6A족 원소로서 6개의 최외각 전자를 가진다. 따라서 중성 산소 원자는 2개의 전자를 받아 O^{2-}를 형성한다. 마그네슘 원자는 2개의 전자를 잃어 Mg^{2+}를 형성한다. 따라서 이 두 이온은 1:1의 비로 결합해야 전체 전하가 0이 된다. **언제나** 각 이온에 대하여 전하를 적어야 하지만 이온 결합 화합물의 화학식에서는 이를 생략한다. 따라서 $Mg^{2+}O^{2-}$라고 화학식을 쓰는 것은 옳지 **않다**. 전하는 화학식에 내포된다.

다른 예를 들 수 있다. 알루미늄은 세 개의 전자를 잃고 Al^{3+}를 형성하는 경향이 있음을 알고 있으므로 Al^{3+}와 O^{2-}로부터 형성되는 이온 결합 화합물의 화학식을 Al_2O_3로 쓸 수 있다.

이 장의 앞에서 염화 소듐, 아이오딘화 소듐 및 염화 포타슘을 비롯한 몇몇 이온 결합 화합물의 이름을 언급하였다. 이름의 형태가 다음과 같음을 관찰해 보라. 원소 이름 뒤에 '**-화**'를 붙여 음이온을 먼저 부른 다음 양이온의 이름을 나중에 부른다(영어 명명에서는, 양이온을 먼저 부른 후 음이온의 어미를 '*-ide*'로 고쳐 음이온의 이름을 부른다). 따라서 $CaCl_2$는 염화 칼슘(calcium chloride)이 되는데, 각 이온은 원소의 이름을 따서 부르되 음이온인 염소는 염소화(줄여서 염화)가 된다. 비슷하게, NaI는 아이오딘화 소듐(sodium iodide)으로, KCl은 염화 포타슘(potassium chloride)으로 명명한다.

지금까지 제시된 원소는 한 가지 이온만을 형성한다. 1A족과 2A족의 원소들은 각각 1+와 2+의 이온만을 형성한다. 할로젠은 1−의 이온만을 형성한다. 브로민화 리튬의 화학식은 LiBr이다. 이때 리튬은 Li^+만을, 브로민은 Br^-만을 형성하므로 1:1의 비를 이해할 수 있다. 이와 같은 이온 결합 화합물을 명명할 때는 **일**-(*mono-*), **이**-(*di-*), **삼**-(*tri-*) 및 **사**-(*tetra-*) 같은 접두사는 사용하지 **않는다**. 따라서 일브로민화 일리튬(monolithium monobromide)이라고 불러서는 안 된다. $MgBr_2$는 브로민화 마그네슘이지, 이브로민화 마그네슘이 아니다. 마그네슘은 Mg^{2+}**만을** 형성하고, 1:2의 비가 이해되므로 이브로민화 마그네슘이라고 불러서는 안 된다.

할로젠 원소에 대해서는 1.6절과 2.9절에서 논의하였다.

그러나 그림 5.19에서 알 수 있듯이, 몇몇 원소들은 두 가지 이상의 이온을 형성한다. 여전히 접두사는 사용하지 않지만 이온의 전하는 로마 숫자로 명시해야 한다. 구리를 일반적으로 이온 결합 화합물의 명명에서는 다이-(*di-*)와 트라이-(*tri-*) 같은 접두사를 사용하지 않는다. 양이온이 두 가지 이상의 전하를 갖는 것이 가능할 경우, 양이온을 명명할 때 로마 숫자를 사용한다.

예로 들어보자. 강사가 시약장에 가서 산화 구리를 가져오라고 하면 어떻게 하겠는가? 원하는 것이 산화 구리(I)이 맞는지, 아니면 산화 구리(II)가 맞는지 물어보아야 한다. 마찬가지로 철은 서로 다른 산화물, 즉 FeO(Fe^{2+}로부터 형성)와 Fe_2O_3(흔히 녹이라 부르며 Fe^{3+}로부터 형성)를 형성할 수 있다. FeO와 Fe_2O_3의 이름은 각각 산화 철(II)와 산화 철(III)이다.

또 비교해 보자. $CuCl_2$의 이름은 염화 구리(II)이지만 $CaCl_2$의 이름은 염화 칼슘이다. 칼슘은 하나의 이온(Ca^{2+})만을 형성하는 반면에, 구리는 Cu^+와 Cu^{2+}의 두 이온을 형성할 수 있다.

예제 5.15 이온 결합 화합물

다음 각 쌍의 원소들은 하나 이상의 이온 결합 화합물을 형성할 수 있다. 각 쌍의 원소로부터 만들어질 수 있는 화합물의 화학식과 이름을 쓰시오.

a. Ca와 S
b. F와 K
c. Mn과 O
d. Cl과 Al
e. Co와 Br

답

e. 그림 5.19로부터 알 수 있듯이 Co는 Co^{2+}와 Co^{3+}를 형성할 수 있다. Br은 Br^-만을 형성한다. 따라서 가능한 화학식과 그 이름은 $CoBr_2$[브로민화 코발트(II)]와 $CoBr_3$[브로민화 코발트(III)]이다.

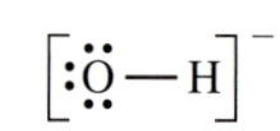

그림 5.20 수산화 이온(OH^-)의 루이스 구조

이온 결합 화합물 내에 있는 한두 개의 이온은 **다원자 이온(polyatomic ion)**일 수 있다. 다원자 이온은 전체적으로 양 또는 음전하를 띠고 서로 공유 결합을 하고 있는 두 개 이상의 원자들이다. 한 예가 수산화 이온, 즉 OH^-인데 이는 산소 원자가 수소 원자에 공유 결합을 하고 있다. 그림 5.20에 보여진 루이스 구조로부터 한 개의 O 원자와 한 개의 H 원자가 제공한 7개의 원자가 전자(valence electron)보다 1개가 더 많은 8개의 전자가 있음이 드러난다. 여분의 전자가 수산화 이온에게 1−의 전하를 준다. 표 5.7에 보통의 다원자 이온들이 나열되어 있다. 음이온이 대부분이지만 암모늄 이온, 즉 NH_4^+처럼 다원자 양이온도 가능하다. 몇몇 원소들(탄소, 황, 질소)은 산소와 두 개 이상의 다원자 음이온을 형성함에 주목하라.

다원자 이온이 포함되어 있는 이온 결합 화합물의 명명 규칙은 이원소 이온 결합 화합물의 경우와 비슷하다. 예를 들어 황산 알루미늄을 생각해 보자. 이 이온 결합 화합물은 많은 정수 공장에서 사용된다. 이 화합물은 Al^{3+}와 SO_4^{2-}로부터 형성된다. $Al_2(SO_4)_3$를 보면 이 화학식을 알루미늄 이온과 황산 이온의 두 이온으로 이루어진 화합물로서 속으로 읽어야 한다. 이 이온들의 비는 2:3이다. 모든 이온 결합 화합물에서 그러하듯이, 양이온의 이름이 사실 나중에 나온다(영어 명명에서는 양이온의 이름이 먼저 나온다).

$Al_2(SO_4)_3$에서 괄호는 다원자 이온을 취급할 때 도움을 주는 의미가 있다. 아래 첨자 3은 괄호로 묶인 SO_4^{2-} **전체**에 적용된다. 따라서 3개의 황산 이온으로 '해석해야' 한다.

표 5.7 보통의 다원자 이온

이름	화학식	이름	화학식
아세트산 이온	$C_2H_3O_2^-$	아질산 이온	NO_2^-
탄산수소 이온	HCO_3^-	인산 이온	PO_4^{3-}
탄산 이온	CO_3^{2-}	황산 이온	SO_4^{2-}
수산화 이온	OH^-	아황산 이온	SO_3^{2-}
하이포아염소산 이온	ClO^-	암모늄 이온	NH_4^+
질산 이온	NO_3^-		

표 5.8 다원자 이온을 포함하고 있는 이온 결합 화합물

화학식	$Al_2(SO_4)_3$	$(NH_4)_2S$	$AlPO_4$	NH_4Cl
양이온	Al^{3+} Al^{3+}	NH_4^+ NH_4^+	Al^{3+}	NH_4^+
음이온	SO_4^{2-} SO_4^{2-} SO_4^{2-}	S^{2-}	PO_4^{3-}	Cl^-

비슷하게, 황화 암모늄(표 5.8)이란 이온 결합 화합물에서 NH_4^+가 괄호로 묶여 있다. 아래 첨자 2는 각 황화 이온당 두 개의 암모늄 이온이 있음을 나타낸다. 화학식에서 전하는 표시되지 않고 거기에 있을 거라고 가정한다는 것을 명심하라. 그러나 다원자 이온이 괄호로 묶여 있지 **않는** 경우도 있다. 표 5.8에 두 가지 예가 있다. 인산 알루미늄의 PO_4^{3-}에는 괄호가 없고, 마찬가지로 염화 암모늄의 NH_4^+에도 괄호가 없다. 다원자 이온의 아래 첨자가 1인 경우에는 괄호를 생략한다. 그럼에도 불구하고, 여전히 $AlPO_4$란 화학식에 인산 이온이 들어 있고, NH_4Cl에 암모늄 이온이 들어 있다고 '해석해야' 한다.

다음 세 개의 예제를 통해 다원자 이온의 사용법을 연습해 보자.

예제 5.16 다원자 이온 I

다음 각 쌍의 이온들로부터 형성된 이온 결합 화합물의 화학식을 쓰시오.

a. Na^+와 SO_4^{2-} b. Mg^{2+}와 OH^- c. Al^{3+}와 $C_2H_3O_2^-$ d. CO_3^{2-}와 K^+

답

a. Na_2SO_4 b. $Mg(OH)_2$

예제 5.17 다원자 이온 II

다음 각 화합물을 명명하시오.

a. KNO_3 b. $(NH_4)_2SO_4$ c. $NaHCO_3$ d. $CaCO_3$ e. $Mg_3(PO_4)_2$

답

a. 질산 포타슘(potassium nitrate) b. 황산 암모늄(ammonium sulfate)

예제 5.18 다원자 이온 III

다음 각 화합물의 화학식을 쓰시오.

a. 하이포염소산 소듐(물 소독에 사용)
b. 탄산 마그네슘(석회석에서 발견, '센물'을 만듦)
c. 질산 암모늄(비료, 빗물이 흘러 지하수를 오염시킬 수 있다)
d. 수산화 칼슘(물에서 불순물을 제거하는 데 사용하는 화학 약품)

답

d. $Ca(OH)_2$. 칼슘 이온(Ca^{2+}) 각각에 대하여 두 개의 수산화 이온(OH^-)이 필요하다.

5.8 | 대양—많은 이온이 들어 있는 수용액

바닷물! 앞에서 지적했듯이 지구에 있는 물의 97%가 바다에 있다. 바닷물에는 단순한 식염(NaCl)보다 훨씬 많은 것들이 용해되어 있다. 이제 여러분들은 왜 그렇게 많은 이온 결합 화합물들이 대양에 용해된 상태로 발견되는지 이해할 시점에 와 있다.

5.1절에서 물 분자가 극성이라고 한 것을 상기하라. 소금 결정을 취하여 물에 용해시

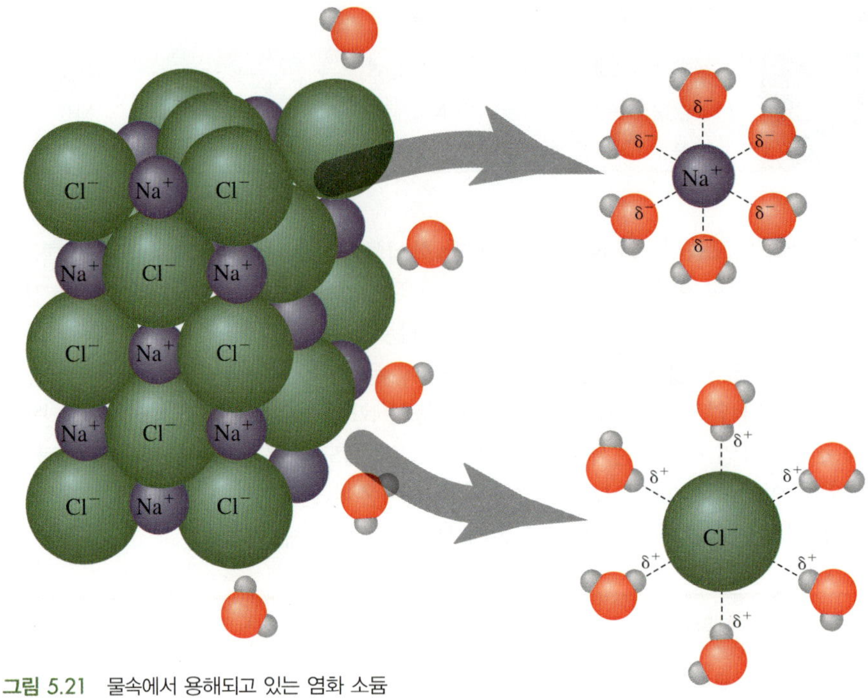

그림 5.21 물속에서 용해되고 있는 염화 소듐

킬 때 극성인 H_2O 분자가 결정에 들어 있는 Na^+와 Cl^-에 끌린다. 물 분자에 있는 O 원자의 부분 음전하(δ^-)는 소금 결정의 양으로 하전된 양이온 Na^+로 끌린다. 동시에 부분 양전하(δ^+)를 가진 H_2O의 H 원자는 음으로 하전된 음이온 Cl^-에 끌린다. 시간이 지나면서 이온들은 분리되고 물 분자에 의해서 둘러싸이게 된다. 식 5.4와 그림 5.21에 수용액이 만들어지는 과정을 나타내었다.

$$NaCl(s) \xrightarrow{H_2O} Na^+(aq) + Cl^-(aq) \qquad [5.4]$$

다원자 이온이 들어 있는 화합물의 용액이 만들어지는 과정도 비슷하다. 예를 들어 고체 황산 소듐이 물에 용해될 때 소듐 이온과 황산 이온이 단순하게 분리된다. 황산 이온은 한 단위로서 함께 붙어 있음을 명심하라.

$$Na_2SO_4(s) \xrightarrow{H_2O} 2\,Na^+(aq) + SO_4^{2-}(aq) \qquad [5.5]$$

많은 이온 결합 화합물은 이러한 방식으로 용해한다. 이를 통해 거의 모든 천연의 물 시료에 다양한 양의 이온들이 들어 있는 이유가 설명된다. 인간 체액에도 상당한 농도의 전해질이 들어 있기 때문에 체액에 대해서도 사실상 같은 설명을 적용할 수 있다.

연구과제 5.19 전기와 물을 섞지 말라

헤어드라이어와 머리 고대기와 같은 소형 가전제품에는 물 가까이에서 이 제품을 사용하지 말라는 경고 표지가 부착되어 있다. 전기를 전도하지 않는데, 물이 왜 문제가 될까? 전원에 연결된 드라이어를 우연히 물이 가득 찬 싱크대에 떨어뜨렸을 때 어떻게 하면 가장 좋을까?

방금 기술한 원리를 **모든** 이온 결합 화합물에 적용한다면, 지구는 곤란하게 될 것이다. 비가 내리면 탄산 칼슘(석회석)과 같은 이온 결합 화합물은 용해하여 결국에는 대양에 머물게 될 것이다! 다행히도 많은 이온 결합 화합물은 약간만 녹거나 극히 낮은 용해도를 가진다. 이온들의 크기와 전하, 이온들이 얼마나 강하게 서로를 잡아당기는지, 그리고 이온이 물 분자에 얼마나 강하게 끌리는지에 따라 용해도의 차이가 생긴다.

표 5.9 물에서 이온 결합 화합물의 용해도

화합물	화합물의 용해도	용해도 예외	예
소듐, 포타슘 및 암모늄 화합물	모두 가용성	없음.	$NaNO_3$와 KBr는 모두 가용성
질산염	모두 가용성	없음.	$LiNO_3$와 $Mg(NO_3)_2$는 모두 가용성
염화물	대부분 가용성	은과 수은(I)의 염화물	$MgCl_2$는 가용성이지만 AgCl은 불용성
황산염	대부분 가용성	스트론튬, 바륨 및 납의 황산염	K_2SO_4는 가용성이지만 $BaSO_4$는 불용성
탄산염	대부분 불용성*	1A족 금속과 NH_4^+의 탄산염은 가용성	Na_2CO_3는 가용성이지만 $CaCO_3$는 불용성
수산화물과 황화물	대부분 불용성*	1A족 금속과 NH_4^+의 수산화물 및 황화물은 가용성	KOH는 가용성이지만 $Al(OH)_3$는 불용성

*불용성이란 화합물이 물에서 극히 낮은 용해도(0.01 M보다 낮음)를 가지고 있음을 뜻한다. 모든 화합물은 아무리 작아도 매우 낮은 용해도를 갖는다.

용해도에 대한 지침이 표 5.9에 있다. 예를 들어 질산 이온이 들어 있는 모든 화합물에서처럼 질산 칼슘, 즉 $CaNO_3$는 물에 가용성이다. 대부분의 탄산염이 그러하듯이 탄산 칼슘, 즉 $CaCO_3$는 불용성이다. 비슷한 이유로 수산화 구리(II), 즉 $Cu(OH)_2$는 불용성이지만 황산 구리(II), 즉 $CuSO_4$는 가용성이다.

예제 5.20 이온 결합 화합물의 용해도

다음 화합물 중에서 물에 가용성인 것은 어느 것인가? 지침으로 표 5.9를 사용하시오.

a. 질산 암모늄(NH_4NO_3) 비료의 한 성분
b. 황산 소듐(Na_2SO_4) 세탁 세제의 한 첨가물
c. 황화 수은(II)(HgS) 무기물 진사로 알려짐
d. 수산화 알루미늄[$Al(OH)_3$] 정수 과정에서 사용

답

a. 가용성, 모든 암모늄염과 모든 질산염은 가용성이다.

지구의 대지는 주로 무기물, 즉 이온 결합 화합물로 구성되어 있다. 이들 대부분은 앞에서 언급한 바와 같이, 물에서의 용해도가 극히 작다. 표 5.10에 몇 가지 용해도의 환경적 결과가 정리되어 있다.

5.9 공유 결합 화합물과 이들의 용액

앞에서 논의할 때 이온 결합 화합물만이 물에 용해된다는 느낌을 가졌을지도 모른다.

표 5.10 용해도의 환경적 중요성

원천	화합물	용해도와 중요성
염의 침전물	소듐 할로젠화물과 포타슘 할로젠화물*	이 염들은 가용성이다. 시간이 지나면 이들은 용해되고 씻기어 바다로 간다. 따라서 바다는 짜며, 비싼 정제 과정 없이는 바닷물을 마실 수 없다.
농업용 비료	질산염	모든 질산염은 가용성이다. 비료를 준 벌판을 흐르는 물은 질산염을 지표수와 지하수로 이동시킨다. 질산염은 어린이에게 특히 유독할 수 있다.
금속 광물	황화물과 산화물	대부분의 황화물과 산화물은 불용성이다. 철, 구리, 아연이 들어 있는 광물은 종종 황화물과 산화물이다. 만일 이 광물이 물에 녹았더라면 이들은 오래 전에 바다로 씻겨 갔을 것이다.
광산 폐기물	수은 화합물, 납 화합물	수은과 납의 화합물은 대부분 불용성이다. 그러나 이들은 광산 폐기물 더미에서 서서히 용출되어 상수원을 오염시킬 수 있다.

*할로젠화물은 Cl^-, I^-와 같은 7A족 원자의 음이온이다.

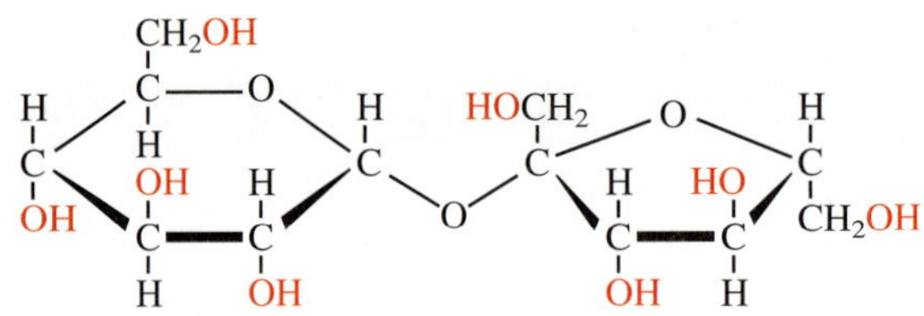

그림 5.22 슈크로스의 구조식. −OH기는 빨간색으로 표시되어 있다.

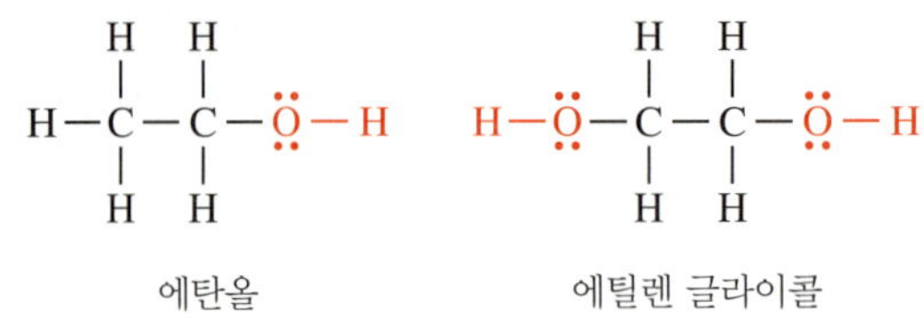

그림 5.23 에탄올과 에틸렌 글라이콜의 루이스 구조. −OH기는 빨간색으로 표시되어 있다.

슈크로스와 그 밖의 당에 대한 자세한 내용은 11장을 참조하라.

그러나 설탕 또한 물에 용해된다는 것을 기억하라. 커피나 차를 달게 하기 위하여 사용하는 설탕(table sugar)의 하얀 알갱이들은 슈크로스로, $C_{12}H_{22}O_{11}$의 화학식을 가진 극성 공유 결합 화합물이다(그림 5.22).

슈크로스가 물에 녹으면 슈크로스 분자는 H_2O 분자 사이에 균일하게 분산된다. 슈크로스 분자는 원래 그대로 남아 있고 이온으로 분리되지 **않는다**. 슈크로스 수용액은 전기를 전도하지 못한다는 사실이 이를 입증한다(그림 5.17b 참조). 그러나 설탕 분자와 물 분자는 모두 극성이며 서로 끌어당기기 때문에, 설탕 분자는 물 분자와 상호 작용을 한다. 더구나 슈크로스 분자에는 8개의 −OH기와 수소 결합에 참여할 수 있는 세 개의 추가적인 O 원자가 들어 있다(그림 5.22 참조). 용해도는 용매 분자와 용질 분자 또는 이온 사이의 인력이 존재할 때 증진된다. 이것은 '**비슷한 것은 비슷한 것을 용해**한다(*Like dissolves like*)'라고 하는 용해도의 일반 규칙을 제시해 준다.

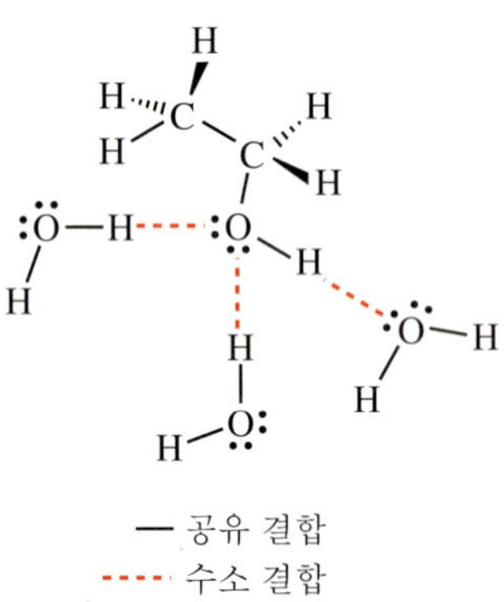

그림 5.24 한 개의 에탄올 분자와 세 개의 물 분자 사이에서 이루어지는 수소 결합

친근한 극성 공유 결합 화합물 두 가지를 더 생각해 보자. 이들은 모두 물에 극히 잘 녹는다. 하나는 부동액의 주된 성분인 에틸렌 글라이콜(ethylene glycol)이고, 다른 하나는 맥주와 포도주에 들어 있는 에탄올, 즉 에틸 알코올이다. 이 분자들은 모두 극성의 −OH기를 가지고 있고 알코올로 분류된다(그림 5.23).

예제 5.21 알코올과 수소 결합

에탄올과 에틸렌 글리콜 분자(그림 5.23 참조)에서 일부 H 원자와 O 원자는 부분 전하를 가진다. 이들을 δ^+와 δ^-로 표시하시오.

힌트: 두 원자 사이의 전기 음성도 차이가 1.0보다 크면 그 결합은 극성으로 볼 수 있다.

에탄올 분자의 −OH기에서 H는 물의 경우(그림 5.24)에서 그랬었던 것처럼 수소 결합을 할 수 있다. 이것 때문에 물과 에탄올이 서로에 대하여 큰 친화성을 가진다. 어떠한 바텐더도 알코올과 물은 모든 비율의 용액을 형성한다고 우리들에게 말할 수 있다. 다시 말하면, 이 두 분자는 극성이고 **비슷한 것은 비슷한 것을 용해**한다.

실내 공기 질과 관련하여 1장에서는 페인트의 결빙 방지제로 사용되는 '글라이콜(glycol)'인 프로필렌 글라이콜에 대해 언급을 하였다.

에틸렌 글라이콜은 알코올의 또 다른 예로서 종종 '글라이콜(glycol)'이라고 부른다. 에틸렌 글라이콜은 자동차의 라디에이터에 들어 있는 물처럼, 물에 첨가되어 라디에이터가 어는 것을 방지해 준다. 이것은 또한 페인트가 어는 것을 방지해 주기 위한 첨가제로서 수성 페인트가 마를 때 방출하는 VOC 중의 하나이다. 그림 5.23에 이 분자의 구조식을 살펴보면 수소 결합에 사용할 수 있는 두 개의 −OH기가 있다는 것을 알 수 있다. 수소 결합이란 분자 사이의 인력을 통해서 에틸렌 글라이콜의 물에 대한 용해도가 크며, 이같은 성질은 어떠한 부동액에 대해서도 필요하다.

그림 5.25 기름과 물은 서로 녹이지 못한다.

'기름과 물은 섞이지 않는다'는 사실을 종종 보아 왔다. 물 분자는 극성이고, 기름의 탄화수소 분자는 무극성이다. 물 분자는 접촉할 때 다른 물 분자를 끌려고 하지만, 반면에 탄화수소 분자는 자기들끼리 붙어 있다. 기름은 물보다 덜 조밀하므로 기름띠가 물 위에 뜬다(그림 5.25).

예제 5.22 탄화수소에 대한 추가 정보

펜테인과 헥세인과 같은 탄화수소 분자에는 C–H와 C–C 결합이 있다. 표 5.1의 전기 음성도 값을 사용하여 이 결합이 극성인지, 무극성인지를 결정하시오.

물은 그리스(grease)와 기름에 대해서는 좋지 않은 용매이므로 이 물질을 씻어 내기 위해서는 물을 사용할 수 없다. 대신에 비누와 세제를 이용하여 손(그리고 의복)을 씻는다. 이러한 화합물이 **계면 활성제(surfactant)**인데, 이 화합물은 극성과 무극성 물질이 섞이도록 도와주며, 종종 '습윤제(wetting agent)'라고 부른다. 계면 활성제 분자에는 극성기와 무극성기가 모두 있다. 극성기는 계면 활성제가 물에 용해되도록 하고, 무극성기는 그리스에 용해되도록 한다.

무극성 분자를 용해시키는 또 다른 방법은 무극성 용매를 사용하는 것이다. 비슷한 것은 비슷한 것을 용해한다! 무극성 용매(종종 '유기 용매'라 부름)는 약, 플라스틱, 페인트, 화장품 및 세탁제를 생산하는 곳을 비롯하여 광범위하게 사용된다. 예를 들어 드라이클리닝 용매는 전형적으로 염소가 들어 있는 탄화수소이다. 한 예로, '퍼크(perc)'가 있으며, 이는 에텐의 사촌이다. C=C 이중 결합을 가지고 있는 화합물로서 에텐(종종 에틸렌이라고 부름)을 취하고, 모든 H 원자를 Cl 원자로 치환하면 퍼클로로에틸렌이라고도 불리는 테트라클로로에틸렌이 얻어진다. 이것의 별명이 퍼크이다.

에틸렌(에텐)에 대한 자세한 내용은 고분자를 다룬 9장을 참조하라.

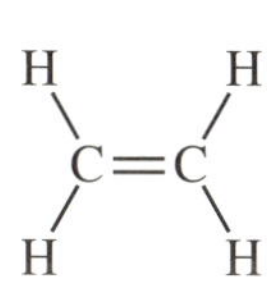

에틸렌

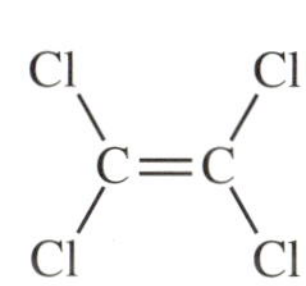

테트라클로로에틸렌 ('퍼크')

퍼크와, 퍼크와 같은 염소가 들어 있는 탄화수소는 발암제이거나 발암제로 의심이 되고 있다. 우리가 일터에서 그들에게 노출되거나, 공기나 물 또는 토양의 오염 물질로서 그들에게 노출되면 건강상 심각한 결과가 초래된다.

녹색 화학자들은 용매가 필요하지 않도록 공정을 재설계하는 데 목적을 두고 있다. 그러나 이것이 가능하지 않다면 퍼크와 같은 해로운 용매를 환경 친화적 용매로 바꾸려고 노력한다. 한 가지 가능성이 있는 물질이 액체 이산화 탄소이다. 고압 조건하에서 CO_2로 알고 있는 기체가 응축하여 액체를 형성한다! 유기 용매와 비교할 때, $CO_2(l)$는 많은 장점을 제공한다. 무독성이고 불연성이며 화학적으로 순하며, 오존을 파괴하지 않고 스모그 형성에 기여하지도 않는다. 그러나 이것은 온실기체라는 사실에 우려할 지도 모르지만, 용매로 사용된 이산화 탄소는 산업 공정으로부터 회수되는 폐생산물로서 보통 재생된다.

드라이클리닝에 액체 CO_2를 응용하는 것은 연구할 과제인데, 액체 CO_2는 더러워진 섬유에서 발견되는 기름, 왁스 및 그리스를 용해시킬 때 그리 좋은 용매가 되지 못하기 때문이다. 이산화 탄소를 더 좋은 용매로 만들기 위해 노스캐롤라이나 대학교 채플 힐(Chapel Hill) 캠퍼스의 화학자이자 화공학자인 드시몬(Joe DeSimone) 박사는 $CO_2(l)$와 같이 사용할 수 있는 계면 활성제를 개발하였다. 이 업적으로 드시몬은 1997년에 녹색 화학 도전 대통령상을 수상하였다. 그의 혁신적인 공정은 현재 사용하고 있는 전통적인 유기 및 물 용매를 대체할 환경적으로 이롭고 값싸며 쉽게 재생 가능한 대체물을 설계하는 길을 닦았다. 드시몬은 그가 개발한 공정을 사용하고 있는 드라이클리닝 체인점인 Hangers Cleaners를 시작하는 데 도움을 주었다.

연구과제 5.23 용매로서의 액체 CO_2

a. 유기 용매를 대체하기 위한 용매로 액체 이산화 탄소를 사용한다는 것은 녹색 화학의 6가지 주 원칙(표지 안쪽 참조) 중 어느 것에 부합하는가? 그 이유를 설명하시오.

b. 다음 진술에 대하여 의견을 말하시오. '유기 용매의 대체물로 이산화 탄소를 사용하는 것은 단순히 환경 문제 한 묶음을 다른 것으로 대체하는 것이다.'

c. 한 지역의 드라이클리닝 업소가 '퍼크'를 이산화 탄소로 바꾸었다면, 이 업소는 서로 다른 세 가지 기준선에 대하여 어떻게 보고할 것인가?

PCB(많은 염소로 치환된 화합물들의 혼합물)는 1977년에 사용 금지될 때까지는 전기 변압기의 냉각제로 널리 사용되었다. CFC처럼 PCB는 쉽게 타지도 않고, 제조, 사용 및 폐기 처리하는 동안에 자연으로 방출된다.

다른 무극성 화합물에 무극성 물질이 용해하는 경향을 통해서 어떻게 물고기와 동물에 PCB(폴리염화 바이페닐, polychlorinated biphenyl)나 살충제인 DDT(폴리클로로다이페닐트라이클로로에테인, dichlorodiphenyltrichloroethane)가 그들의 지방 조직에 축적되는지가 설명된다. 물고기가 이 물질들을 섭취하면 이 분자들은 피(극성)보다는 체지방(무극성)에 저장된다. PCB는 1 L당 10^{-12} g의 농도에서도 인간을 비롯한 다양한 동물의 정상적 성장과 발달을 방해한다.

먹이 사슬의 위로 갈수록 DDT와 같은 해로운 무극성 화합물의 농도가 증가한다는 것을 알 수 있다. 이것을 **생물농축(biomagnification)**이라고 하는데, 이것은 먹이 사슬을 따라 높은 단계로 올라갈수록 분해가 잘 되지 않는 어떤 화학 물질의 농도가 증가하는 현상이다. 1960년대에 널리 연구되었던 생물농축 과정이 그림 5.26에 주어져 있다. 그 당시, DDT가 먹이 사슬의 꼭대기에 있는 송골매와 같은 맹금류의 번식을 방해하는 것으로 나타났다. 1962년에 카슨의 저서 **"침묵의 봄"**은 맹금류가 살충제에 노출됨으로써 그들의 개체수가 감소되는 것과도 연결되어 있다.

카슨(Rachel Carson, 1907~1964)

5.10 음용수의 보호: 연방법

이런저런 방법으로 신선한 물에 많은 다른 물질들이 더해진다. 이 물은 마시기에 안전할까? 대답은 물에 **무엇이** 존재하고, **얼마나 많이** 존재하며, 하루에 **얼마나 많이** 마시는가에 달려 있다. 이 절에서는 수질과 관련된 문제를 언급하고자 한다.

개인 우물에서 물을 공급받는 10% 미국 국민에게는 SDWA가 적용되지 않는다.

수돗물을 안전하게 꾸준히 마실 필요성이 오랫동안 인식되어 왔다. 1974년에 미국 의회는 수돗물에 들어 있을지도 모르는 해로운 물질에 대한 대중의 우려를 반영하여 '안전한 음용수 법(Safe Drinking Water Act, SDWA)'을 통과시켰다. 이 법은 1996년에 개정되었고, 이 법의 목적은 공동체의 수돗물에 의존해서 살아가는 사람들에게 음용수

그림 5.26 물속 생물체는 DDT를 섭취하고 저장한다. 이들은 더 큰 생물체에 의해 잡혀 먹히고, 또 더 큰 생물체에 의해 잡혀 먹히는 과정이 계속된다. 먹이 사슬의 정점에 있는 생물체의 DDT 농도가 가장 높다.

출처: *From William and Mary Ann Cunningham. Environmental Science: A Global Concern, 10th ed., 2008. Reprinted with permission of the McGraw-Hill Education.*

를 보장하는 것이다. SDWA가 요구한 바와 같이, 건강에 위해가 될 수 있는 오염 물질은 미국 환경보호국(Environmental Protection Agency, EPA)에 의해서 규제를 받는다. EPA는 오염 물질의 법적 한계를 이들의 독성에 따라 설정하였다(표 5.11). 이 한계에는 가용한 기술로 오염 물질을 제거하기 위해 노력하는 과정에서 수도 사업이 당면하게 될 실제 현실성이 고려되어 있다.

EPA는 각 수용성 오염 물질에 대해 **최대 오염 물질 수준 목표(maximum contami-**

표 5.11 음용수를 위한 MCLG와 MCL

오염 물질	MCLG (ppm)	MCL (ppm)
카드뮴 이온(Cd^{2+})	0.005	0.005
크로뮴 이온(Cr^{3+}, CrO_4^{2-})	0.1	0.1
납 이온(Pb^{2+})	0.0	0.015
수은 이온(Hg^{2+})	0.002	0.002
질산 이온(NO_3^-)	10.0	10.0
벤젠(C_6H_6)	0.0	0.005
트라이할로메테인($CHCl_3$ 등)	다양함	0.080

트라이할로메테인의 더 많은 예는 다음 절을 참조하라.

nant level goal, MCLG)를 설정하였는데, 이것은 인간 건강에 대해 알려지거나 예상되는 나쁜 효과가 나타나지 않을 음용수 내 오염 물질의 최대 농도 수준이다. MCLG는 ppm이나 ppb로 나타내며 안전의 범위를 인정한다. 각 MCLG는 자료 수집에서의 오차와 사람들이 각 오염 물질에 다르게 반응하는 정도를 허용한다. MCLG은 수도 시스템이 반드시 따라야 하는 법적 한계는 **아니고** 오히려 인간 건강을 고려하여 만든 목표이다. EPA는 알려진 발암 물질에 대하여, 조금의 발암 물질에 노출되어도 암의 위험을 주게 된다는 가정하에 이들에 대한 MCLG를 0으로 설정하였다.

EPA는 이차 최대 오염 물질 수준(secondary maximum contaminant level, SMCL)을 추천하였지만 필수화하지는 않았다. 이것들은 맛, 냄새, 색에 영향을 끼칠 수도 있거나, 외관상의 손상을 야기할 수도 있는 물질에 대한 것이다. 예를 들어 망가니즈와 같은 무기질은 세탁물을 더럽힐 수 있고 물이 불쾌한 맛을 내게 할 수도 있다.

오염 물질의 농도가 **최대 오염 물질 수준(maximum contaminant level, MCL)**, 즉 ppm이나 ppb로 표시되는 오염 물질 농도의 법적 한계를 초과하게 되면, 수도 사업에 대한 규제가 취해질 수 있다. EPA는 목표 달성을 어렵게 할 수도 있는 실제 현실을 염두에 두면서 각 오염 물질의 법적 한계를 가능한 한 MCLG에 가깝게 설정하였다. 발암 물질(MCLG가 0으로 설정됨)로 규제받는 오염 물질을 제외하고, 대부분 법적 한계와 건강 목표는 동일하다. MCL이 MCLG보다 덜 엄격한 경우에도 MCL은 실질적으로 공중 건강 보호를 꾸준히 제공한다.

연구과제 5.24 음용수에는 무엇이 들어 있는가?

표 5.11은 음용수에 들어 있는 오염 물질에 대한 가용한 정보의 출발점에 불과하다. EPA의 지하수와 음용수 사무소(EPA Office of Ground Water and Drinking Water)는 수십 가지의 오염 물질에 대하여 소비자 사실 정보지를 제공한다. 일반적 요약(general summary)과 기술적 사실 정보지(technical fact sheet)가 모두 가능하지만 후자를 권한다.

a. 표 5.11에 나열된 오염 물질 중 하나를 선택하시오. 이것이 어떻게 수돗물에 들어가는가?
b. 이 오염 물질이 음용수에 들어 있는지를 어떻게 알 수 있는가? 여러분이 거주하는 주가 이 오염 물질을 최고로 많이 배출하는 주 중의 하나인가?

연구과제 5.25 MCLG와 MCL의 이해

대부분 사람들은 '안전한 음용수 법'에서 나온 MCLG와 MCL이란 용어에 익숙하지 않다. 일반 대중에게 이 용어를 어떻게 설명하겠는가? 설명에 대한 요약을 작성하시오. MCL은 왜 모든 발암 물질에 대해 0으로 설정되지 않았는지를 비롯하여 청중으로부터 예상되는 질문에 답할 준비를 하시오.

힌트: 인터넷을 찾아 출판된 인접 시의 수질 보고서를 찾으라.

물에 대한 법은 계속하여 보완할 필요가 있다. 물을 연구하는 화학자가 물에 들어 있는 것을 검출하는 능력을 계속 향상시키고 있기 때문에, 부분적이지만 이같은 필요성이 생긴다. 그러나 우리의 지식 기반이 성장하고 있기 때문에 역시 보완할 필요가 생긴다. 독성에 대해 더 많은 것을 알게 됨에 따라 MCL의 한계는 높아지거나 낮추어져야 한다. 현재 80개 이상의 오염 물질이 규제를 받고 있다.

- Cd^{2+}, Cr^{3+}, Hg^{2+}, Cu^{2+}, Pb^{2+}와 같은 금속 이온들
- NO_3^-, F^- 및 다양한 비소 함유 이온과 같은 비금속 이온들
- 살충제, 공업 용매 및 플라스틱 제조와 관련된 화합물을 비롯한 잡다한 화합물들
- 우라늄을 비롯한 방사성 동위 원소
- **크립토스포리듐**(*Cryptosporidium*)과 장 바이러스를 비롯한 생물학적 물질

Pb란 화학 기호는 납의 라틴 이름 *plumbum*에서 유래되었다. **배관**(*plumbing*)이라는 단어도 이 라틴어에서 유래되었고, 대부분의 수도관이 납으로 만들어졌던 시대를 회상케 한다.

특별히 오염 물질에 따라 MCL의 범위는 약 10 ppm에서 1 ppb 미만에 이른다. 몇몇 오염 물질은 간과 콩팥의 기능을 방해한다. 다른 것은 지속적으로 법적 한계(MCL) 이상의 수준으로 오랜 기간 지속적으로 섭취하게 되면 신경계에 영향을 줄 수 있다. 예를

들어 납은, 많은 오염 물질과는 다르게 축적되는 독이다. 납관과 땜납은 수도 배관 시스템에서 한때 흔하게 사용되었다. 납은 인간과 동물이 섭취하면 뼈와 뇌에 축적되어 심각하고 영구적인 신경계의 문제를 야기한다. 성인에 있어서 납에 과도하게 노출되면 조급함, 불면증 및 불합리한 행동과 같은 증상을 야기한다. 납은 Pb^{2+}가 Ca^{2+}와 함께 뼈에 신속히 침투할 수 있으므로 아이들에게 특히 문제가 된다. 아이들은 성인보다 뼈의 질량이 적으므로 일부 Pb^{2+}는 피에 남아서 특히 뇌에 있는 세포를 손상시킬 수 있다. 아이들은 납에 노출되면 비교적 낮은 농도에서도 지적 장애와 과잉 행동으로 고생할 수 있다.

다행하게도, 대부분 공공의 수돗물에는 납이 거의 없다. 그러나 공공 수돗물의 1% 미만 정도로 추산되는 양이 허용 한계를 초과하고 있고, 이같은 물은 미국 국민의 3% 미만에 공급되고 있다. 이러한 납의 대부분은 수도관의 부식으로부터 온 것이지, 원수 자체에서 온 것이 아니다. 납이 보고되면, 소비자는 납에 노출을 최소화하기 위한 간단한 조치를 취할 것을 권유받는다. 즉 물을 사용하기 전에 물을 틀어 놓고, 수도 꼭지에서 나온 뜨거운 물로 요리하지 않는 것과 같은 조치이다. 이 두 가지 조치로 용해된 Pb^{2+}를 섭취하는 기회를 최소화하게 된다.

몇몇 납 화합물, 특히 $PbCl_2$는 찬 물보다 뜨거운 물에서 더욱 잘 용해되기 때문에 찬물 사용을 장려한다.

오염 물질에 대한 연구로부터 새로운 정보가 나오면 규제치는 변한다. 예를 들어 한때 음용수에서 Pb^{2+}의 MCL은 15 ppb였다. 그러나 1992년에 EPA는 이를 '행동 수준(action level)'으로 변경하였다. 즉 수돗물 시료 중에서 10%가 15 ppb를 초과할 경우 EPA가 법적 행동을 취한다는 의미이다. 납의 유해성은 매우 크기 때문에, 납이 비록 발암 물질이 아니지만 EPA는 MCLG를 0으로 설정하였다.

예제 5.26 납 함량의 비교

납 이온이 들어 있는 음용수 시료가 두 개 있다. 하나의 농도는 20 ppb이고, 다른 하나는 0.003 mg/L이다.

a. 어느 시료의 납 이온 농도가 더 큰가? 그 이유를 설명하시오.
b. 각 시료를 현재의 허용 한계와 비교할 때 어떠한가?

납과 같은 오염 물질은 만성적으로 장기적인 건강에 문제를 일으키는 반면, 음용수 내 다른 물질은 더 즉각적이고 급성적인 영향을 끼친다. 예를 들어 유아에게 질산 이온(NO_3^-)은 피의 산소 운반 능력을 제한하는 물질인 아질산 이온(NO_2^-)으로 변할 수 있다. 높은 농도 수준의 질산 이온이 들어 있는 물로 만든 유동식을 마신 유아는 호흡 곤란과 산소 결핍으로 인한 영구적 뇌 손상을 겪을 수도 있다. 음용수에서 질산 이온에 대한 최고 오염 물질 수준(MCL)이 설정되어 있지만, 비료나 퇴비를 지나는 빗물이 우물물에 들어가는 등의 다양한 이유 때문에 이 수준을 초과하는 경우가 있을 수 있다. 캘리포니아에서 질산 이온에 대한 수질 자료가 그림 5.27에 있다. 여기서 알 수 있는 바와 같이, 일부 원수는 MCL 10 ppm을 초과하고 있다. 질산 이온은 유아에게 독성을 나타내므로 질산의 농도 수준을 감시하고 어떠한 위반에대해서도 공동체에 알리는 것이 중요하다.

질산염과 함께 비료의 인산염도 수생 생태계에 살고 있는 식물과 동물의 형태와 그 수에 영향을 줄 수 있다.

물은 박테리아, 바이러스 및 원생동물과 같은 생물학적 물질에 의해 오염될 수도 있다. **크립토스포리듐**과 **지아르디아**(*Giardia*)를 예로 들 수 있다. 보통 '총 대장균군(total coliform)'을 위반하게 되면 뉴스 매체들은 '물 끓이기 비상사태'를 경고 방송한다. 대장균군은 인간과 다른 동물의 장에 사는 넓은 부류의 박테리아를 말한다. 대부분 해가 없다. 그러나 물속에 대장균의 농도가 크다는 것은 보통 정수 처리 또는 분배 시스템에서 배설물 오염 물질이 수돗물로 들어갔다는 의미이다. 미생물 관련 병의 증상인 설사, 복통, 어지러움 및 구토는 건강한 성인에게는 일반적으로 심각하지 않지만 매우 어리거나 노인 또는 면역계가 약해진 사람에게는 생명을 위협할 수 있다.

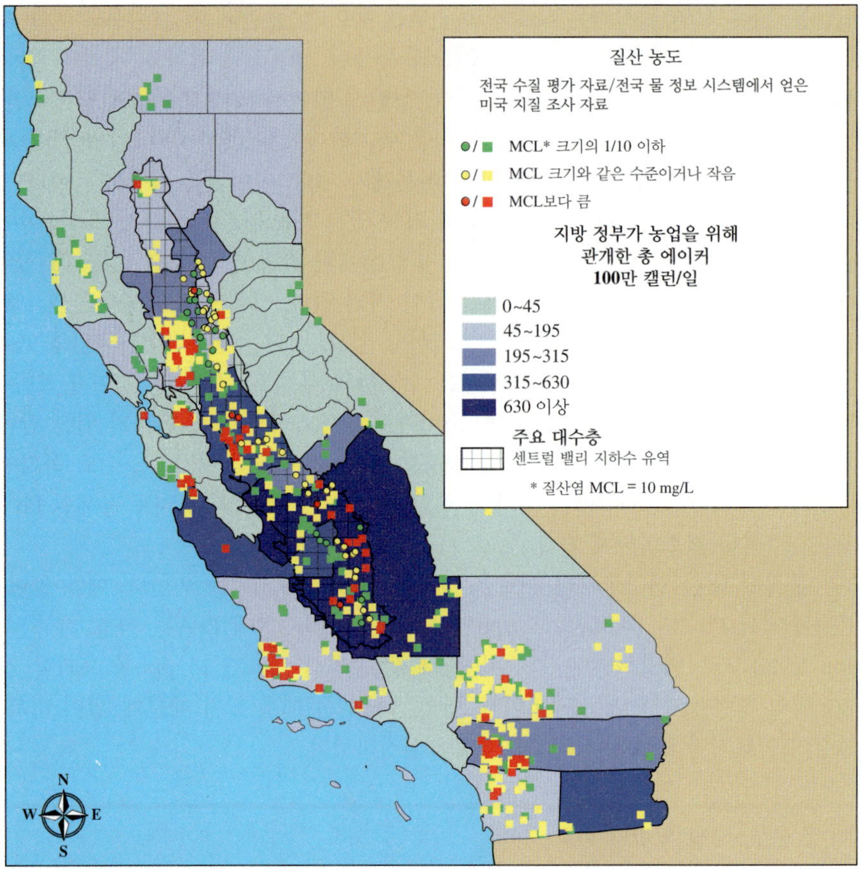

그림 5.27 캘리포니아 가정용 지하수 우물과 농업용 관개로의 질산염 농도를 보여 주는 지도
출처: *Environmental Waikato, 2000.*

1993년에 위스콘신 밀워키의 음용수가 **크립토스포리듐**으로 오염되었다. 이로 인하여 약 100명이 사망하고, 40만 명 이상이 아팠으며, 그 지역 사회의 음용수를 처리하는 방식이 바뀌는 계기가 되었다.

연구과제 5.27 신비로운 미생물

EPA 지표수 정수 처리 규칙에 따르면, 지표수 또는 지표수의 직접적 영향을 받는 지하수를 사용하는 시스템은 99%의 **크립토스포리듐**을 제거하거나 비활성시켜야 한다.

a. **크립토스포리듐**은 무엇이고, 어떻게 음용수에 들어가는가? 이것의 건강에 대한 잠재적 효과는 무엇인가?

b. **크립토스포리듐**에 관련하여 LT2 규칙(장기간 2 지표수 정수 처리 규칙: Long term 2 Surface Water Treatment Rule)은 무엇이고 언제 발효되었는가?

힌트: 인터넷을 사용하여 'Long term 2 Enhanced Surface Water Treatment Rule'을 연구하여 보라.

'안전한 음용수 법'에 추가하여 다른 연방법이 호수, 강 및 해안 지역의 오염을 통제한다. 미국의 '청정수 법(Clean Water Act, CWA)'은 1974년에 의회를 통과하였고, 여러 번 개정되어 지표수 오염 감소의 발판을 마련해 주었다. CWA는 산업계가 버릴 수 있는 오염 물질의 양에 대한 한계를 설정하여 매년 미국의 물에서 독성 오염 물질 10억 파운드 이상을 제거하고 있다. 녹색 화학을 향한 새로운 추세를 유지하기 위해, 산업계는 폐기물질을 유용한 생성물로 변환하고, 독성 물질을 사용하지 않거나 수질을 손상시키지 않는 공정을 설계하는 방법을 모색하고 있다. 지표 수질의 개선은 적어도 두 가지 주요한 이익의 효과를 가져온다. 첫째로, 공공의 음용수 공급에 필요한 청소 양을 절감한다. 둘째로, 수생 생물체에 더 건강한 자연 환경이 제공된다. 결국, 건강한 수생 생태계는 많은 간접적 이득을 인간에게 제공한다.

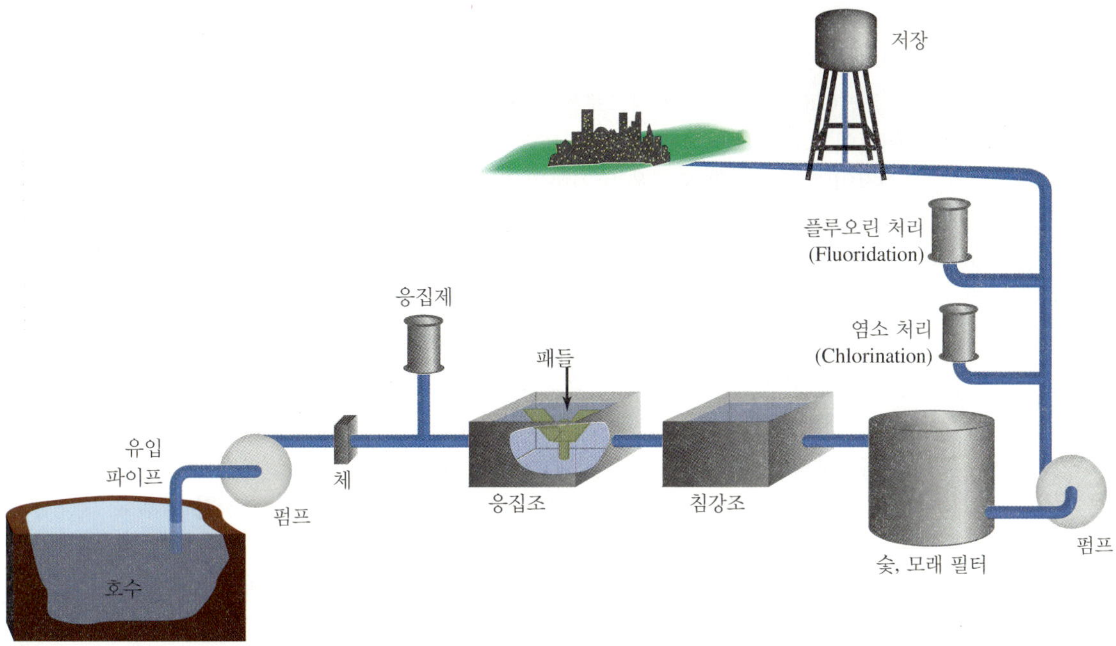

그림 5.28 전형적인 도시 정수 처리 시설

5.11 | 정수 처리

이 절에서는 물을 깨끗하게 하기 위해서 무엇이 일어나고(지역의 음용수 정수장에서), 물이 더럽혀진 후에 무엇이 일어나는지(폐수 처리장에서)를 살펴볼 것이다. 지역 음용수 정수장에서 일어나는 것으로부터 시작해 보자. 정수장에서 물을 대수층이나 호수에서 얻는다고 가정해 보자. 예를 들어 산안토니오(san Antonio)에 산다면, 물은 에드워드 대수층(Edwards Aquifer)으로부터 퍼 올려지고, 또 샌프란시스코에 산다면, 물은 수백 마일 떨어진 헤츠헤치 계곡(Hetch Hetchy Valley)의 수원지에서 오게 된다(그림 5.7).

전형적인 정수 처리 시설(그림 5.28)의 첫 단계는 잡초, 막대 및 음료수 병과 같은 물건을 물리적으로 걸러 내는 체를 물이 통과하도록 하는 것이다. 다음 단계는 황산 알루미늄과 수산화 칼슘을 첨가하는 것이다. 잠시 두 화학 물질을 살펴보자.

예제 5.28 **정수 처리 화학 약품**

a. 다음 이온들의 화학식을 쓰시오. 황산 이온, 수산화 이온, 칼슘 이온, 알루미늄 이온
b. 이 네 가지 이온들로부터 어떤 화합물들이 만들어질 수 있는가? 이들의 화학식을 쓰시오.
c. 하이포염소산 이온은 정수 과정에서 중요한 역할을 한다. 하이포염소산 소듐과 하이포염소산 칼슘의 화학식을 쓰시오.

황산 알루미늄과 수산화 칼슘은 응집제(flocculating agent)이다. 말하자면, 이들은 물에서 작용하여 수산화 알루미늄의 끈끈한 응집물[floc(gel)]을 형성한다. 이 젤은 떠도는 진흙과 먼지 입자를 젤의 표면에 모으게 된다.

$$Al_2(SO_4)_3(aq) + 3\,Ca(OH)_2(s) \longrightarrow 2\,Al(OH)_3(s) + 3\,CaSO_4(aq) \quad \textbf{[5.6]}$$

$Al(OH)_3$ 젤이 서서히 가라앉으면서 물에 떠 있던 입자를 함께 가라앉힌다(그림 5.28 참조). 물을 숯 또는 자갈, 그 다음으로 모래를 통과시켜 걸러 냄으로써 남아 있는 입자들이 제거된다.

가장 중요한 단계, 즉 물을 살균하여 질병을 일으키는 미생물을 죽이는 단계가 다음

염소는 미생물에 접촉할 때만 이들을 죽일 수 있다. 염소는 가는 모래나 진흙 입자 안에 숨은 박테리아나 바이러스를 죽이지는 못한다. 이것 때문에 염소 처리 전에 입자들을 제거해야 한다.

NaClO는 Clorox 및 다른 브랜드의 세탁 표백제에 들어 있다. $Ca(ClO)_2$는 수영장을 살균할 때 흔히 사용한다.

HClO는 원자들이 결합되어 있는 순서를 보여 주기 위해서 가끔 HOCl로 쓴다.

이다. 미국에서는 이 과정이 흔히 염소가 포함되어 있는 화합물에 의해서 대부분 이루어진다. 염소 처리는 염소 기체(Cl_2), 하이포아염소산 소듐(NaClO) 또는 하이포아염소산 칼슘($Ca(ClO)_2$)을 첨가함으로써 이루어진다. 이 화합물들은 모두 항박테리아 물질인 하이포아염소산(HClO)을 발생시킨다. 물이 수도관을 통해 소비자에게 흘러가는 동안 추가적인 박테리아의 오염을 방지하기 위해 0.075~0.600 ppm의 매우 낮은 HClO 농도가 유지된다. **잔류 염소(residual chlorine)**는 염소 처리 단계 이후에 물에 남아 있는 염소를 함유한 화학 물질을 말한다. 여기에는 하이포아염소산(HClO), 하이포아염소산 이온(ClO^-)과 용해된 분자 상태의 염소(Cl_2)가 포함된다.

염소 처리하기 전에는 오염된 물을 통해 전파된 전염병 때문에 수천 명의 사람들이 죽었다. 한 고전적인 연구에서, 영국 의사인 스노우(John Snow)는 1800년대 중반 런던에서 발생한 콜레라 전염병을 추적하여 콜레라 환자의 배설물로부터 오염된 물이 원인인 것을 밝힐 수 있었다. 또 다른 예가 전쟁으로 파괴된 이라크에서 2007년에 발생하였다. 그 해 초에 극단주의자들이 자살 폭탄 트럭에 염소 탱크를 부착한 이후로, 당국에서는 염소를 엄격하게 통제하였다. 수백 명의 사람들을 공포에 떨게 하고, 숨을 헐떡이게 한 유독한 염소 기체를 퍼뜨리며 여러 차례 공격함으로써 염소로 인하여 20여 명의 사람들이 죽었다. 한때 안전하게 이라크를 통과할지에 대한 두려움 때문에 10만 톤의 염소가 요르단 국경에서 1주일간 선적 보류되었었다. 물 관련 기반 시설이 파괴되고 수질과 공중위생이 열악한 가운데 배설물에 의한 대장균군 박테리아의 수준이 극도로 상승한 결과, 수천 명의 이라크인들이 콜레라에 감염되었다.

염소 운반이 비교적 안전한 평화 시에도, 염소 처리에는 단점이 있다. 잔류 염소의 맛과 냄새는 불쾌할 수 있고, 이것 때문에 사람들이 병에 든 생수를 마시거나 잔류 염소를 제거하기 위하여 필터를 사용한다. 더 심각한 단점으로, 잔류 염소가 물에 있는 다른 물질과 반응하여 독성을 낼 수 있을 만큼의 농도로 부산물을 형성하는 것이다. 가장 널리 알려진 **트라이할로메테인(trihalomethane, THM)**은 $CHCl_3$(클로로폼), $CHBr_3$(브로모폼), $CHBrCl_2$(브로모다이클로로메테인), $CHBr_2Cl$(다이브로모클로로메테인)과 같은 화합물로, 염소나 브로민이 음용수 내 유기 물질과 반응하여 형성된다. HClO와 같이 온천 욕조를 살균하는 데 사용하는 하이포아브로민산(HBrO)은 트라이할로메테인을 발생시킬 수 있다.

예제 5.29 한눈에 보는 THM

a. 임의의 두 가지 THM 분자에 대하여 루이스 구조를 그리시오.
b. 화학 조성에서 THM은 CFC와 다르다. 어떻게 다른가?
c. 화학 성질에서 THM은 CFC와 다르다. 어떻게 다른가?

답

c. CFC는 화학적으로 반응성이 없고 무독성이다. 반면에 THM은 화학적으로 반응성이 크고 매우 독성이 크다.

유럽의 많은 도시와 미국의 몇몇 도시들은 오존을 사용하여 용수를 살균한다. 1장에서 심각한 대기 오염 물질로 대류권의 O_3를 논의하였다. 그러나 정수 처리에 있어서 O_3의 독성은 이득이 된다. 한 가지 장점은 염소보다 오존이 더 낮은 농도에서 박테리아를 죽일 수 있다는 것이다. 더구나 오존은 수인성 바이러스를 제거하는 데 염소보다 더 효과적이다.

그러나 오존 처리에도 단점이 따른다. 한 가지는 비용이다. 오존 처리는 대규모 정수 처리장에서만 경제적일 수 있다. 또 다른 단점으로, 오존은 빨리 분해되어 물이 도시 수도관을 통과해 갈 때 가능한 오염으로부터 물을 보호해 주지 못한다. 결과적으로, 오존 처리된 물이 정수장을 떠날 때 묽은 농도의 염소를 첨가해 주어야 한다.

자외선(UV)을 이용하여 물을 살균하는 것도 인기를 얻고 있다. 여기서 UV라 함은 UV-C를 의미한다. 높은 에너지의 자외선 복사선은 박테리아를 비롯한 미생물의 DNA를 파괴할 수 있다. UV-C로 살균하는 것은 빠르고 어떠한 잔류 부산물도 남기지 않으며, 안전하지 않은 우물물을 가진 시골집을 비롯한 소규모 정수 장치에는 경제적이다. 그러나 오존처럼 UV-C는 정수장을 떠난 물을 보호하지 못한다. 다시 묽은 농도의 염소를 첨가해 주어야 한다.

자외선과 DNA에 대한 자세한 내용은 2장과 12장을 각각 참조하라.

지역적 필요에 따라, 정수 처리 시설의 살균 단계 이후에 추가적으로 하나 또는 그 이상의 정수 단계가 덧붙여질 수 있다. 종종 물을 대기 중에 뿌려 불쾌한 냄새와 맛을 내는 휘발성 화학 물질을 제거할 수 있다. 공급되는 용수에 플루오린화 이온이 자연적으로 거의 존재하지 않으면, 몇몇 도시에서는 충치를 방지하기 위해서 플루오린화 이온(~1 ppm NaF)을 첨가한다. 다음 연구과제를 통해 플루오린 처리에 대하여 더 알아보자.

플루오린화 소듐은 물에서 용해되어 $Na^{+}(aq)$와 $F^{-}(aq)$를 형성한다.

연구과제 5.30 치아 보존

최근까지는, 나이가 들면서 이가 빠지는 것은 흔한 일이다. 원인은 충치로, 박테리아가 치아의 에나멜 질을 공격하여 감염을 일으키는 질병이다.

a. 공동체 물에 플루오린 처리를 하는 것이 미국질병통제예방센터로부터 20세기의 10대 공중 건강 성과 중의 하나로 선정되었다. 그 이유를 설명하시오.
b. 물에 플루오린 처리를 하는 것이 모든 공동체에 중요하지만, 특히 저소득층의 공동체에게 중요하다. 그 이유를 설명하시오.

2011년에 미국 보건복지부는 어린이의 치아 변색을 줄이기 위하여 플루오린화 이온의 농도를 0.7 mg/L로 줄이도록 권고하였다. 플루오린화 이온의 MCL은 4 mg/L이다.

수도꼭지에서 물을 받아 마시기 전에 물이 어떻게 처리되는지를 방금 기술하였다. 그러나 일단 수도꼭지를 열면 물을 더럽게 하는 과정을 다시 시작하는 것이다. 변기의 물을 내림으로써 화장실을 떠날 때마다, 비누로 샤워를 한 후 배수구로 물이 내려갈 때마다 또는 설거지를 하고 싱크대에서 물이 내려갈 때마다 폐기물을 물에 더하는 것이다. 가능한 한 적은 물을 사용하는 것은 분명히 합리적이다. 왜냐하면 물을 더럽히면 그 물을 자연환경으로 방출하기 전에 다시 정수해야 하기 때문이다. 녹색 화학을 기억하라. 폐기물이 생긴 후에 처리 또는 정화하는 것보다 폐기물 생성을 방지하는 것이 더 낫다.

물에서 폐기물을 어떻게 없앨까? 집에서의 배수구가 도시 하수 시스템으로 연결된다면 폐수는 폐수 처리 시설로 흘러갈 것이다. 거기에 도착하면 정수 처리에서 하였던 것과 비슷한 정수 과정을 거치게 되지만 이때는 자연환경으로 방출되기 전에 마지막 단계에서의 염소 처리 단계는 제외된다.

그런데 하수에는 유기 화합물과 질산 이온의 형태로 폐기물이 들어 있기 때문에 하수를 정수하는 것은 더 복잡하다. 많은 수생 생물체에게 이 폐기물은 식량 자원이다! 이 생물체가 먹이를 먹으면서 지표수의 산소를 고갈시킨다. **생물학적 산소 요구량(biological oxygen demand, BOD)**은 미생물이 물에 들어 있는 유기 폐기물을 분해하면서 미생물이 소모해 버리는 용존 산소량의 척도이다. 낮은 BOD는 좋은 수질을 나타내는 하나의 지표이다.

전형적인 BOD 값은 다음과 같다. 원시 상태의 강의 경우 1 mg/L이고, 도시 하수 처리 시설의 배출물의 경우 20 mg/L, 처리되지 않은 하수의 경우 200 mg/L이다.

질산염과 인산염은 수생 생물의 중요한 영양분이기 때문에 이들은 모두 BOD에 기여한다. 각 이온들의 과잉 존재는 영양분의 정상적인 흐름을 교란할 수 있고 수초의 번성을 초래해 물길을 막을 수가 있고 물의 산소를 고갈시킬 수 있다. 결국, 감소된 산소는 많은 물고기의 폐사로 이어질 수 있다. 물속의 산소가 감소했다는 문제는 우선 물에서 산소의 용해도가 아주 낮다는 사실로 더 심해진다.

홍수 및 질산염과 인산염이 들어 있는 농업용 배수는 미시시피 삼각주의 생태계를 교란한다. 11장(그림 11.15)에서 놀랄 만한 사진 한 장을 보여 준다.

일부 처리 시설은 물이 지표수로 되돌아가거나 지하수를 다시 채우기 전에 질산염과 인산염과 같은 영양물질을 제거하기 위해서 습지를 이용하고 있다. 습지 지역(늪, 수렁)의 식물과 토양 미생물은 영양 물질의 재활용을 용이하게 하여, 물에서 영양 물질로 인한 부담을 쉽게 줄여 준다.

처리된 하수로부터 얻어진 물이 충분히 깨끗하다면 이를 음용수로서 바로 사용하지 못할 이유가 있겠는가? 싱가포르에서는 늘어나는 인구 때문에 여러 음용수원이 필요하다. 이 중 하나가 NEWater로, 폐수를 정제한 물이다. 다음 연구과제를 통해서 논란이 되고 있는 정화된 물의 이같은 사용에 대해 탐구할 수 있는 기회를 가져보자.

연구과제 5.31 **변기에서 수도꼭지까지**

공동체들이 정화된 물을 음용수원으로 사용하는 것을 고려하고 있다. 하수 처리 과정에서 생산된 물의 수질이 현재 음용수 시스템에서 물의 수질에 견줄 수 있다면, 처리된 하수물을 음용수로 받아들일 수 있는가? 찬반 의견을 말하시오.

5.12 | 물의 해법을 위한 세계적 도전

이 장의 서두에서 지적했듯이, 세계 물의 날에는 담수 문제에 대한 관심이 집중된다. "물은 자연환경을 보존하고 가난과 기아의 해소를 비롯하여 지속 가능한 발전에 매우 중요하다. 물은 인간 건강과 복지에 필수 불가결한 요소이다." (UN 웹사이트)

여기 마지막 절에서는 지속 가능한 물의 사용을 보여 주는 네 가지의 노력을 선보일 것이다. 첫째는 바닷물에서 담수를 생산하는 것과 관련되어 있다. 둘째는 개발 도상국의 개개인들이 자신의 음용수를 정수하는 방법에 대하여 기술한다. 셋째와 넷째의 노력은 녹색 화학적 해법을 채택하는 것으로, 하나는 면 생산에서이고, 또 하나는 약 폐기에서이다.

바닷물에서 담수를

"물, 물은 어디에나 있지만 마실 물은 한 방울도 없다". "**고대 선원의 시**(*The Rime of the Ancient Marine*)"에서 인용한 이 말은 콜리지(Samuel Taylor Coleridge)가 책을 쓸 때인 1798년과 마찬가지로 오늘날에도 사실이다. 바닷물의 높은 소금 함량(3.5%)은 인간이 소비하기에는 적합하지 않다. 고대 선원이나 오늘날 해변에 사는 사람도 바닷물을 마시고는 생존할 수가 없다.

오늘날에는 농업과 음용수용 원수로서 바다를 활용할 수 있다. **담수화(desalination)**는 바닷물에서 염화 소듐과 다른 무기 염류를 제거하여 음용수를 만드는 공정이다. 2011년 국제 담수화 협회(international Desalination Association)의 보고에 따르면, 전 세계적으로 거의 16,000개의 담수화 공장이 매일 600억 톤 이상의 물을 생산했다고 한다. 담수에 대한 요구가 계속 증가하고 있어서 우리는 지금 중동, 스페인, 미국, 중국, 북아프리카 및 호주를 비롯하여 세계적으로 많은 담수화 시설이 새롭게 건설되고 있음을 목도하고 있다. 세계에서 제일 큰 담수화 공장 중 하나가 아랍 에미리트 연방에 위치하고 있고, 이를 그림 5.29에 나타내었다.

이 장을 열면서 언급한 것처럼 미국 시민은 하루에 평균 약 390 L의 물을 직간접으로 사용한다는 것을 상기하라.

담수화의 한 방법으로 **증류(distillation)**가 있으며, 이는 액체에 열을 가하고 증기를 응축시켜 모으는 분리 공정이다. 더러운 물에 열을 가하고, 물이 증발하면서 물에 용해된 대부분의 불순물들이 남게 된다. 증류에는 에너지가 필요하다! 이 에너지를 분젠 버너에 의해서 공급해 주는 경우와 태양에 의해서 공급되는 경우를 그림 5.30에 보여 주고 있다. 5.2절에서 언급한 것처럼, 물은 큰 비열을 가지고 있고 증기로 전환하는 데 특

증류와 비슷한 과정이 자연의 물 순환에서 일어난다. 물이 증발하고, 응축하여 비 또는 눈으로 내린다.

그림 5.29 아랍 에미리트 연방, 제벨 알리(Jebel Ali, United Arab Emirates)에 위치한 담수화 공장

이하게 큰 열량을 필요로 하고 있음을 상기하라. 두 성질 모두 물의 강한 수소 결합에 기인한다.

대규모 증류 공정에는 다단계 순간 증발 방식(multistage flash evaporation)과 같은 멋진 이름의 새로운 기술을 채택한다. 이 기술은 그림 5.30a에서 보여 준 기본적인 증류 과정에 걸쳐 에너지 효율을 높였지만 여전히 높은 에너지가 필요하고 이 에너지도 보통 화석 연료를 태워서 얻는다. 하나의 대안으로, 그림 5.30b에서 보여 준 것처럼, 보다 작은 태양 증류 장치를 사용하여 물을 정제하는 것이다.

다른 담수화 방법도 있다. 예를 들어 **삼투 현상(osmosis)**을 통해서 덜 진한 용액에서 더 진한 용액으로 반투막을 통해서 물이 이동한다. 물은 이 막을 통해서 확산하고 용질은 그렇지 못하다. 이렇기 때문에 이 막을 '반투막'이라고 부른다.

화학 실험실 증류수 꼭지에서 나오는 '증류수(distilled water)'는 대부분 역삼투 현상에 의해 생산된 탈이온화된 물이다.

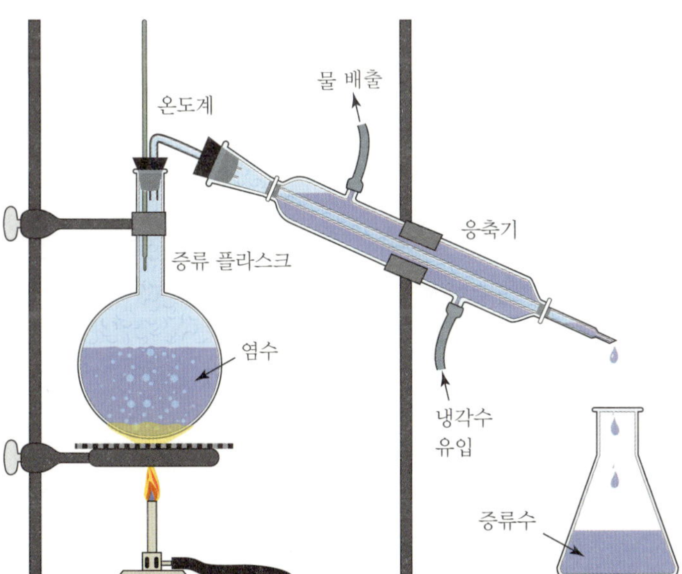

(a)

(b)

그림 5.30 (a) 실험실 증류 장치. (b) 탁상용 태양 증류기

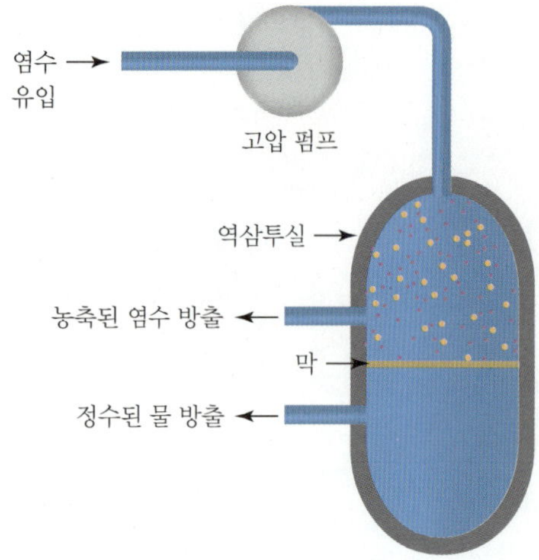

그림 5.31 역삼투 현상에 의한 물의 정수

그림 5.32 바닷물을 음용수로 전환해 주는 소형 역삼투 장치

그러나 에너지를 가하면 삼투 현상은 뒤집힐 수 있다. **역삼투 현상(reverse osmosis)**에서는 더 진한 용액에서 덜 진한 용액으로 반투막을 통해서 물이 이동하도록 하는 압력을 사용한다. 이 과정을 통해서 정수하려면 바닷물 쪽에서 압력을 가하여 소금과 다른 불순물을 뒤에 남겨 두고 반투막을 통해서 물이 나가도록 한다(그림 5.31). 예상한 것처럼 압력을 만드는 것은 에너지 집약적이다. 역삼투 기술은 일부 병에 담긴 물을 만들고 마이크로 전자업체나 제약업체에서 사용하는 초순수를 만드는 데 사용될 수 있다. 휴대용 제품은 항해할 때 사용하기에 적합하다(그림 5.32).

확인문제 5.32 얼마의 가격으로

한 인터넷 블로거가 다음과 같이 발표하였다: '담수화를 통해서 물을 가지고 오면 정수하는 것이 가능해질 것이다. 이것은 우리의 물 부족을 해결해 줄 것이다' 녹색 화학의 핵심의 도움을 받아 이 주장을 반박하시오.

생명빨대의 사용 현장

지난 세기에 걸쳐 공중위생과 수인성 질병의 관리에서 발전을 보임으로써 많은 개발 도상 국가들이 일정한 표준에 적합한 양질의 음용수를 이용하게 되었다. 그러나 콜레라, 장티푸스 및 정수 처리되지 않은 물속의 세균으로 야기된 다른 질병으로 인하여 전세계적으로 10억 명의 사람이 매년 병들고 죽는다. 베스터가드 프랑젠(Vestergaard Frandsen)이라는 한 유럽 회사가 생명빨대(LifeStraw)를 개발하였는데, 이것은 물에서 거의 모든 박테리아와 원생 기생충을 제거해 준다. 생명빨대는 자연 재해 후 비상시를 비롯하여 세계 여러 곳에서 사용된다.

그림 5.33 개인용 생명빨대로 물을 마시는 어린이들

적절하게 이름 붙여진 개인용 생명빨대는 그림 5.33에서 보여 주듯이 파이프필터 타입인데, 이를 통해서 물을 빤다. 이 장치를 사용하여 냇가, 강 또는 호수에서 물을 마신다. 이것은 약 1년간 지속적으로 1000 L의 물을 정수할 수 있다. 보다 큰 생명빨대 제품에는 박테리아를 제거하는 다른 필터가 들어 있고, 수질이 더욱 개선된다. 이 제품은 약 3년간 18,000 L까지 물을 정수한다.

개인용 생명빨대에는 한계가 있다. 이것은 음용수 부족에 대한 장기적 해법이 아니다. 뿐만 아니라 비소나 플루오린화 이온과 같은 화학 물질이나 설사를 일으키는 바이러스성 세균을 제거하지 못한다. 두 형태의 생명빨대는 담수가 세균으로 오염된 지역에서 임시적인 해결책이 된다.

확인문제 5.33 종종 일어나는 실수

생명빨대를 생산하는 회사는 인터넷상에 일련의 FAQ를 갖고 있다. 질문은 다음과 같다. "생명빨대가 비소와 철, 플루오린화 이온 같은 중금속을 거릅니까?" 회의적인 화학자의 입장에서 다음 답변의 글귀에 대하여 뭐라고 말할 수 있을까? "아닙니다. 현재 필터로는 어떠한 중금속도 거르지 못합니다."

그림 5.34 원면에는 제거해야 할 왁스 형태의 상피가 있다.

면 산업

면 티셔츠를 입은 사람이 있는가? 그렇지 않다면 혹시 면 바지나 면 양말 또는 면 야구 모자를 쓴 사람이 있는가? 세 번째로 언급하려고 하는 것은 면과 연관된 물 사용을 대상으로 한다. 이렇게 매우 인기 있는 물질이 매년 400억 lb 이상이 세계적으로 생산된다. 현재 미국은 세계 공급량의 거의 50%를 수출한다. 면은 의류용뿐만 아니라 많은 다른 소비제품용 섬유로서 역할을 한다. 연구과제 5.34에서 이를 탐구해 보자.

연구과제 5.34 티셔츠의 물 발자국 내용

표 5.2에 250 g인 티셔츠 한 장의 물 발자국이 2500 L라고 기록되어 있다.

a. 티셔츠를 생산하는 데 사용되는 물의 용도를 나열하시오.
b. 의류 외에도 면은 다른 많은 곳에서 사용되고 있다. 예를 세 가지 드시오.
c. 이런 사용처에 대한 물 발자국이 면 의류에 비하여 더 큰지, 작은지, 아니면 거의 같은지를 예측하시오.

답

b. 커튼, 실내 장식 재료, 그물, 거즈 붕대와 면봉에 면이 사용된다.
c. 이들은 모두 큰 물 발자국을 가지고 있으리라 예상한다. 왜냐하면 면화를 키우고 세탁하는 데 모두 물이 사용되기 때문이다.

면은 자연 섬유이지만 면을 생산하려면 환경에 상당한 발자국을 남긴다. 5.3절에서 언급하기를, 면은 자랄 때 목말라하는 작물이라고 했다. 원면이 일단 생산되면, 표백이나 건조되기 전에 면의 상피, 즉 가장 바깥층을 제거하기 위한 처리를 해야 한다(그림 5.34). 면을 '벗겨내기(scouring)'하는 과정에서 다량의 부식성 화합물, 물 및 에너지가 필요하다. 생성된 폐수는 처리하지 않은 하수와 같은 BOD를 가진다! 뿐만 아니라 폐수는 면 섬유를 약하게 한, 상당량의 부식성 화학 물질로 오염되어 있다.

5.11절에서 언급한 것처럼 낮은 BOD(biological oxygen demand)는 좋은 수질을 의미한다는 것을 상기하라.

2001년에 노보자임스(Novozymes)는 왁스 형태의 면 상피를 제거하는 다른 과정을 개발하여 녹색 화학 도전 대통령상을 수상하였다. 더 온화한 조건의 '생제조(biopreparation)' 과정에서 상피 조직을 깨뜨리는 효소를 사용한다. 결과적으로 면의 환경 발자국은 향상되었다. 폐수의 BOD는 20% 이상 감소되었고, 부식성 화학 물질은 제거되었으며, 필요한 물, 에너지 및 시간이 상당히 감소되었다. 녹색 화학의 원칙 중 하나인 '**독성이 없는 물질을 사용하거나 생성하는 것이 더 좋다**'를 상기하라.

예제 5.35 행동하는 녹색 화학

노보자임의 '생제조' 공정을 통하여 구현된 녹색 화학의 6가지 원칙 중의 하나를 말하였다. 다른 어떤 원칙이 또한 적용되는가?

이것은 녹색 화학이 세 가지 기준선(경제, 사회, 환경)을 어떻게 향상시키는지를 보여주는 또 다른 예로서 우리로 하여금 지속 가능한 행동을 향하여 움직여가도록 한다. 독성 폐기물을 줄이고 덜 사용하면 환경에 이익이 된다. 에너지와 물질을 더 적게 사용하면 비용이 줄어든다. 사회는 더 강한 면 섬유를 얻고 물을 보존하게 된다. 물을 깨끗하게 유지하는 다른 응용 사례를 하나 보자.

'물을 내리지 말라'

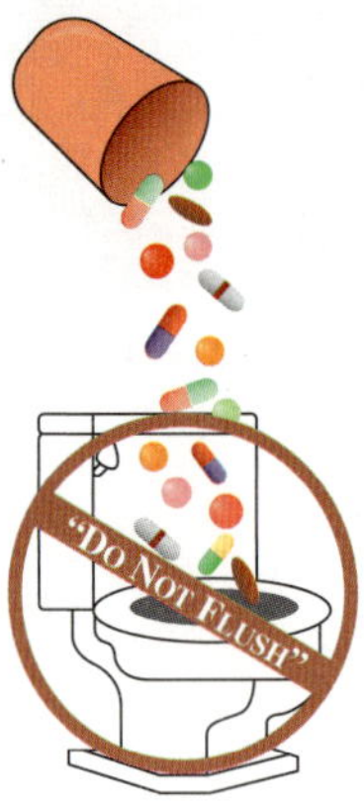

과거에는 원치 않는 약을 없애는 빠른 방법으로 싱크대나 변기에 이들을 간단히 흘려보냈다. 그러나 물을 내림으로써 이 약들은 결국 우리들이 이용하는 수로로 들어가서 약의 농도가 낮은 강 하류에서 드러날 수 있다. 이러한 행동은 해로운가? 이 시점에서의 대답은 확실하지 않다.

좋은 소식이 있다! 미국 식품 의약품 안전청(US Food and Drug Administrator FDA)과 함께 많은 공동체가 약을 반품하는 프로그램을 시작하였다. 예를 들어 2012년 전국 처방약 반품일(National Prescription drug Take-back Day) 동안 미국 전역에 걸쳐 5000곳 이상에서 원치 않는 의약품 50만 lb가 회수되었다. 이것은 녹색화학의 또 다른 적용이다. **폐기물 생성 후 이를 처리하거나 제거하는 것보다 폐기물 생성을 방지하는 것이 더 좋다.**

연구과제 5.36 물의 미래

a. 이 책의 표지 안쪽에 나열된 녹색 화학의 핵심 두 가지를 선택하시오. 각각에 대하여 물을 깨끗하게 유지하는 데 도움을 줄 수 있는 생각에 대하여 충분히 토론하시오.

b. 세계적으로 중요한 물 문제 하나를 정하고, 이것이 중요하게 된 원인 두 가지를 제시하시오. 사람들이 현재 이 문제를 말하고 있는 두 방식에 이름을 붙이시오.

결론

우리가 호흡하는 공기와 마찬가지로, 물은 우리 생명에 필수적이다. 물은 세포를 감싸고, 몸에 영양분을 전달하며, 몸무게의 대부분을 차지하고, 증발할 때 우리를 시원하게 한다. 물은 또한 우리 **삶의 방식**의 중심이다. 물을 마시고, 물로 요리하며, 물속에서 물건을 세척하고, 물을 이용하여 작물에 물을 대며, 물로 상품을 제조한다. 이러한 일들을 하면서 우리는 물에 폐기물을 추가한다. 비록 담수는 증발과 응축의 순환을 통하여 담수 자체를 정수하지만, 자연이 깨끗한 물로 재생하는 것보다 더 빠르게 우리 인간은 물을 더럽히고 있다.

녹색 화학의 첫 번째 핵심, '**폐기물 생성 후 이를 처리하거나 제거하는 것보다 폐기물 생성을 방지하는 것이 더 좋다**'를 상기하라. 따라서 빗물을 그냥 흘러가게 하여 오염 물질을 싣고 시냇물에 합치게 하기보다는, 빗물을 모아 정원에 사용하라. 쓰레기 처리기를 이용하여 음식 쓰레기를 갈아서 버리는 대신 퇴비로 모아서 수돗물을 절약하라. 양치할 때 수도꼭지를 잠그고, 샤워 시간을 제한하며, 물이 새는 수도꼭지와 변기를 고쳐라.

이러한 노력이 아주 큰 통 속의 한 방울의 물에 불과하다고 생각할지도 모른다. 실제로 그렇지만, 지구의 날 포스터 수상작(오른쪽)에 보이는 빗방울처럼, 여러분의 노력이 이 지구의 더 큰 물 그림에 있어서 일부분이 된다(그림 5.35).

담수는 재생 가능한 자원이지만, 인구 성장에 따른 수요, 증가하는 풍요로움과 다른 전세계적 문제로 인하여 이 필수품의 부족이 증폭된다. 지속 가능성을 달성하고자 한다면 물을 생각해야만 한다! 물을 생각하자! 여러분의 생명과 다른 생명체의 생명이 물에 달려 있다.

그림 5.35 지구의 날 포스터 수상작, 2008.

요약

이 장을 공부한 후에 다음을 할 수 있어야 한다.

- 물이 어떻게 지구 상의 생명과 연결되는지를 기술할 수 있다. (서론)
- 원자들의 전기 음성도를 이들로부터 형성된 결합의 극성과 연관지을 수 있다. (5.1)
- 수소 결합을 기술할 수 있고, 수소 결합과 물의 성질을 연관지을 수 있다. (5.2)
- 얼음과 물의 밀도를 비교할 수 있고, 그 차이를 설명할 수 있다. (5.2)
- 물의 비열과 지구에서 물이 하는 역할을 연관지을 수 있다. (5.2)
- 물의 성질과 분자 구조의 관계를 논의할 수 있다. (5.2)
- 사람들이 지구 상의 물을 이용하는 주된 방법을 기술할 수 있다. (5.3)
- 물 발자국 개념이 물 사용에 대한 우리들의 견해를 어떻게 형성하는지 논의할 수 있다. (5.3)
- 세계적 기후 변화를 물의 공급 및 수요와 연결지을 수 있다. (5.4)
- %, ppm, ppb, 몰농도라는 농도 단위를 사용할 수 있다. (5.5)
- 물이 많은(모두는 아님) 이온 결합 화합물과 공유 결합 화합물의 아주 훌륭한 용매가 되는 이유를 논의할 수 있다. (5.5)
- **양이온**, **음이온** 및 **이온 결합 화합물**이란 용어를 연관지을 수 있다. (5.6)
- 일반적인 다원자 이온의 이온 결합 화합물을 비롯한 이온 결합 화합물의 이름과 화학식을 적을 수 있다. (5.7)
- 이온 결합 화합물이 물에 용해할 때 무슨 일이 일어나는지를 기술할 수 있다. (5.8)
- 어떤 용액은 전기를 전도하고, 다른 용액은 그렇지 못한 이유를 설명할 수 있다. (5.9)
- 가용화제로서 계면 활성제의 역할을 기술할 수 있다. (5.9)
- '비슷한 것은 비슷한 것을 용해한다'란 말을 설명할 수 있고, 이를 생물 농축과 연관지을 수 있다. (5.9)
- 안전한 음용수를 보호하기 위한 연방법의 역할을 이해할 수 있다. (5.10)
- EPA가 수질을 보호하기 위해 설정한 최대 오염 물질 수준 목표(MCLG)와 최대 오염 물질 수준(MCL)을 대조할 수 있다. (5.10)
- 음용수가 마시기에 안전하도록 어떻게 만들어질 수 있는지를 논의할 수 있다 (5.11)
- 하수 처리의 기본 과정을 기술할 수 있다. (5.11)
- 음용수를 생산하기 위한 증류 과정과 역삼투 현상을 이해할 수 있다. (5.12)
- 녹색 화학과 그 응용이 깨끗한 물에 어떻게 기여할 수 있는지를 기술할 수 있다. (5.9, 5.12)
- 세계적으로 물에 대한 도전의 가능한 해법을 적어도 두 가지 요약할 수 있다. (5.12)

연습문제

기본문제

1. 이 장은 다음과 같은 글귀로 시작하였다.
   "*Neeru, shouei, maima, aqua*. 어떤 언어로 표현해도, 물은 지표면에서 가장 풍부한 화합물이다."
   a. **화합물**이라는 용어를 설명하고, 또한 물이 원소가 **아닌** 이유를 설명하시오.
   b. 물의 루이스 구조를 그리고, 물의 분자 모양이 굽은 이유를 설명하시오.

2. 우리는 자연이 우리를 위해 물을 정화해줄 수 있는 것보다 더 빠르게 더러운 물을 만들어 내고 있다.
   a. 매일 물을 더럽히는 활동 5가지의 이름을 쓰시오
   b. 오염 물질이 자연적으로 물에서 제거되는 방법 두 가지의 이름을 쓰시오.
   c. 물을 처음 있던 곳에서 더 깨끗하게 보존하기 위하여 취할 수 있는 5가지 단계의 이름을 쓰시오.

3. 지구의 생명은 물에 달려 있다. 다음 각각을 설명하시오.
   a. 물 덩어리는 열저장소로 작용하여 기후를 조절한다.
   b. 얼음은 가라앉기보다는 뜨기 때문에 호수의 생태계를 보호한다.

4. 물을 가득 채운 파이프를 장기간에 걸친 매우 추운 날씨에 놓아두면 왜 깨질 수가 있는가?

5. 네 쌍의 원자들이 아래에 주어져 있다. 표 5.1을 참고하여 다음 물음에 답하시오.

   N과 C　　N과 H
   S와 O　　S와 F

   a. 원자들 간 전기 음성도 차이는 얼마인가?
   b. 각 쌍의 원자 사이에 단일 공유 결합이 형성된다고 하자. 어느 원자가 결합에 있는 전자쌍을 더 강하게 끌어당기겠는가?
   c. 극성이 증가하는 순서대로 결합을 정렬하시오.

6. 암모니아(NH_3) 분자에 대하여 다음 물음에 답하시오.
   a. 루이스 구조를 그리시오.
   b. NH_3 분자에는 극성 결합이 있을까? 그 이유를 설명하시오.
   c. NH_3 분자는 극성인가? **힌트:** 암모니아 분자의 기하 구조를 참조
   d. NH_3가 물에 녹을 것으로 예상하는가? 그 이유를 설명하시오.
7. 어떤 경우에는 물질의 끓는점이 몰질량에 따라 증가한다.
   a. 이 말이 탄화수소에 대하여 적용되는가? 예를 들어 설명하시오. **힌트:** 4.4절 참조
   b. 몰질량에 근거하여 H_2O, N_2, O_2, CO_2 중에서 어느 것의 끓는점이 가장 낮을 것으로 예상하는가?
   c. 물은 N_2, O_2, CO_2와 달리 실온에서 액체이다. 그 이유를 설명하시오.
8. 메테인(CH_4)과 물은 둘 다 탄소와 다른 비금속으로 이루어진 화합물이다.
   a. 비금속의 예를 네 가지 드시오. 일반적으로 비금속의 전기 음성도 값은 금속의 것과 비교할 때 어떠한가?
   b. 탄소, 산소 및 수소의 전기 음성도 값을 비교하면 어떠한가?
   c. C–H 결합과 O–H 결합 중 어느 결합이 더 극성인가?
9. 다음 그림은 액체 상태의 물 분자 두 개를 보여 주고 있다. 화살표는 어떤 종류의 결합력을 표시하는가?

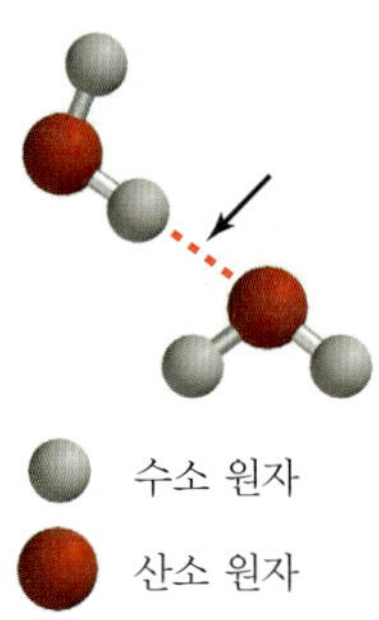

10. 물의 밀도는 0°C에서 0.9987 g/cm³이고, 얼음의 밀도는 이 온도에서 0.917 g/cm³이다.
   a. 액체 물 100.0 g과 얼음 100.0 g이 0°C에서 차지하는 부피를 각각 계산하시오.
   b. 물 100.0 g이 0°C에서 얼 때 부피 증가 퍼센트를 계산하시오.
11. 다음 액체에 대한 질문에 답하시오.

액체	밀도(g/mL)
식기 세척제	1.03
단풍나무 시럽	1.37
식물성 기름	0.91

   a. 250 mL 눈금 실린더에 위의 세 가지 액체를 같은 부피만큼 부을 때 어떤 순서로 액체를 부어야 세 개의 층으로 분리되겠는가? 그 이유를 설명하시오.
   b. 다른 액체와 동일한 부피의 물을 **a**의 실린더에 붓고 내용물을 마구 섞으면 어떤 일이 일어날지를 예상하시오.
12. 500 L 드럼통에 가득 들어 있는 물을 전세계에 존재하는 물이라고 하자. 마시기에 적합한 물은 몇 L나 되겠는가? **힌트:** 그림 5.8 참조
13. 경험에 근거하여, 다음 각 물질이 물에 얼마나 잘 녹을까? **매우 잘 녹음**, **부분적으로 녹음** 또는 **녹지 않음**과 같은 용어를 사용하시오. 그렇게 생각할 수 있는 근거를 제시하시오.
   a. 농축 오렌지주스
   b. 가정용 암모니아수
   c. 닭기름
   d. 액체 세제
   e. 치킨 수프
14. a. 한 보고서에 따르면 2011년 미국에서 '병에 들어 있는 물'의 소비는 1인당 29갤런이었다고 한다. 2010년 미국 인구 조사에 의하면 미국의 인구는 3.1×10^8명이었다. 이 자료를 사용하여 병에 든 물의 전체 소비량을 예측하시오.
   b. **a**에서 구한 답을 L 단위로 변환하시오.
15. NaCl은 이온 결합 화합물이지만, $SiCl_4$는 공유 결합 화합물이다.
   a. 표 5.1을 사용하여 염소와 소듐 사이, 염소와 규소 사이의 전기 음성도 차이를 각각 구하시오.
   b. 결합된 원자 사이의 전기 음성도 차이와 이온 결합 또는 공유 결합을 형성하는 경향성 사이에 어떠한 상관관계를 도출할 수 있는가?
   c. **b**에서 얻은 결론을 분자 수준에서 어떻게 설명할 수 있는가?
16. 다음 각 원자의 루이스 구조를 그리시오. 또한 각 원자로부터 형성될 수 있는 이온의 루이스 구조도 그리시오. **힌트:** 표 5.5와 5.6 참조
   a. Cl
   b. S
   c. Ne
   d. Ba
   e. Li
17. 다음 각 쌍의 원소들로부터 형성될 수 있는 이온 결합 화합물의 화학식을 쓰고 명명하시오.
   a. Na와 Br
   b. Cd와 S
   c. Ba와 Cl
   d. Al과 O
   e. Rb와 I
18. 다음 각 화합물의 화학식을 쓰시오
   a. 탄산수소 칼슘
   b. 탄산 칼슘
   c. 염화 마그네슘
   d. 황산 마그네슘
19. 다음 각 화합물을 명명하시오.
   a. $KC_2H_3O_2$
   b. LiOH
   c. CoO
   d. ZnS
   e. $Ca(ClO)_2$
   f. Na_2SO_4
   g. $MnCl_2$
   h. K_2O
20. $CoCl_2$는 염화 코발트(II)라고 명명하는 반면, $CaCl_2$는 염화 칼슘이라고 명명하는 이유를 설명하시오.

21. 음용수 속 Hg의 MCL은 0.002 mg/L이다.
    a. 이 값은 2 ppm Hg에 해당하는가, 2 ppb Hg에 해당하는가?
    b. 이 수은은 원소 상태의 수은(quicksilver)인가, 수은 이온 (Hg^{2+})의 형태인가?

22. 농경 지역에 있는 우물에서 종종 검출되는 질산 이온의 허용 한계는 10 ppm이다. 한 물 시료에 350 mg/L의 질산 이온이 들어 있다면, 이는 질산 이온의 허용 한계를 충족시키는가?

23. 한 학생이 NaCl 5.85 g을 달아 0.10 M NaCl 용액을 만들었다. 이 학생은 어떤 크기의 부피 플라스크를 사용해야 하는가?
    힌트: 그림 5.16 참조

24. 다음 그림과 같은 장치를 사용하여 용액의 전도도를 시험할 수 있다.

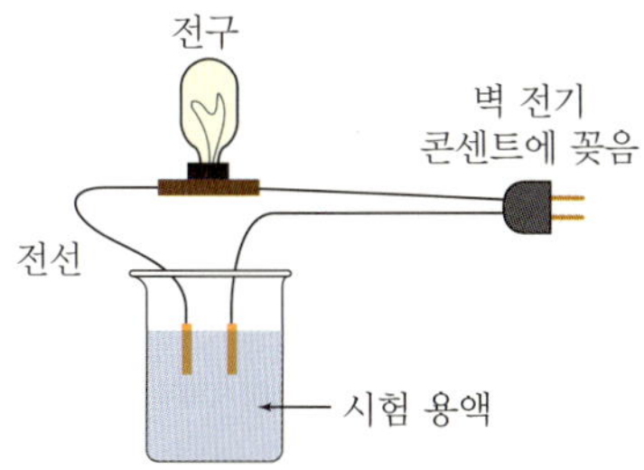

다음 각각의 묽은 용액의 전도도를 시험할 때 어떤 일이 일어날지 예측하고, 그 이유를 간단히 설명하시오.

a. $CaCl_2$*(aq)* **b.** C_2H_5OH*(aq)*
c. H_2SO_4*(aq)*

25. KCl 수용액은 전기를 전도하지만 슈크로스 수용액은 그렇지 못하다. 그 이유를 설명하시오.

26. 표 5.9의 일반화한 규칙에 근거하여 다음 화합물 중에서 물에 가용성일 것 같은 화합물은 어떤 것들인가?
    a. $KC_2H_3O_2$ b. LiOH
    c. $Ca(NO_3)_2$ d. Na_2SO_4

27. 2.5 M $Mg(NO_3)_2$ 용액에 존재하는 각 이온의 농도는 얼마인가?

28. 가루 시약과 필요한 유리 기구를 사용하여 다음 용액을 어떻게 만들지를 설명하시오.
    a. 1.50 M KOH 용액 2 L
    b. 0.050 M NaBr 용액 1 L
    c. 1.2 M $Mg(OH)_2$ 용액 0.10 L

29. a. 5분 샤워를 하는 데 약 90 L의 물이 필요하다. 샤워를 짧게 하면 분당 얼마의 물을 절약할 수 있는가?
    b. 양치하는 동안 물이 흐르게 하면 1 L의 물을 낭비할 수 있다. 양치질하는 동안 수도꼭지를 잠그면 일주일 동안 얼마의 물을 절약할 수 있는가?

30. 인터넷을 조사하여 100 g의 초콜릿 바와 16 oz의 맥주 한 잔 중에서 어느 것의 물 발자국이 더 큰지를 결정하고 그 차이를 설명하시오.

개념문제

31. 물을 종종 **만능 용매**(*universal solvent*)라 부르는 이유를 설명하시오.

32. '순수(pure)' 음용수라고 하는 것이 존재할까? 이 용어가 의미하는 것을 논의하시오. 그리고 이 용어의 의미가 세상 지역에 따라 어떻게 변할 수 있는지 논의하시오.

33. 일부 바이타민은 수용성인 반면에, 또 다른 것은 지용성이다. 극성 분자라고 예상할 수 있는 것은 둘 중 어느 하나일까 아니면 둘 다일까? 그 이유를 설명하시오.

34. 인기 있는 낚시터 모서리에 '주의: 이 호수에 사는 고기에는 1.5 ppb 이상의 Hg가 들어 있을 수 있다.'라고 적힌 새로운 표지가 붙어 있었다. 이 농도 단위가 의미하는 것과, 왜 이 주의 표지에 유의해야만 하는지를 낚시 친구에게 설명하시오.

35. 다음 주기율표에 숫자로 구분된 네 개의 원소가 있다.

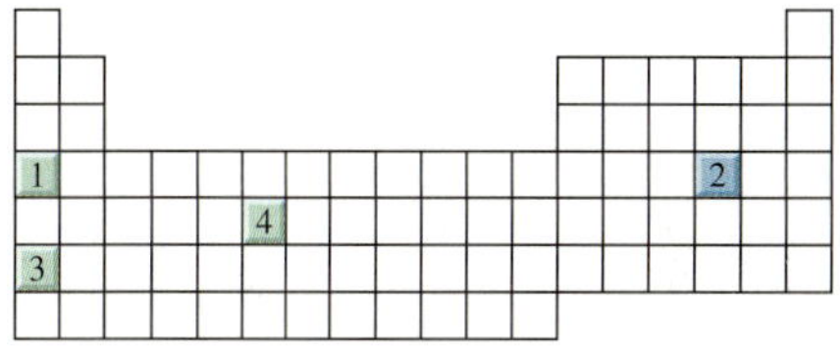

a. 주기율표 내에서의 경향성을 바탕으로, 네 원소 중에서 전기 음성도가 가장 큰 원소는 어느 것으로 예상하는가? 그 이유를 설명하시오.
b. 주기율표 내에서의 경향성을 바탕으로, 나머지 세 원소를 전기 음성도 값이 작아지는 순서로 나열하고, 그 이유를 설명하시오.

36. 극성 결합을 하고 있는 이원자 분자 XY는 **반드시** 극성 분자이어야 한다. 그러나 삼원자 분자 XY_2는 극성 분자를 **반드시 형성하는 것은 아니다.** 몇 가지 실제 분자를 예로 사용하여 이 차이를 설명하시오.

37. 수증기가 응축하는 것을 분자 수준에서 바라보고 있다고 가정하자.

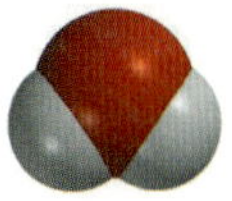

a. 공간 채움 모형을 이용하여 위의 그림과 비슷한 네 개의 물 분자를 그리시오. 기체 상태에서, 그 다음 액체 상태에서 이들을 각각 그리시오. 수증기가 액체로 응축할 때 네 개의 물 분자 덩어리들은 어떻게 변하는가?
b. 물이 액체에서 고체로 변할 때 분자 수준에서 어떠한 일이 일어나는가?

38. H_2O와 같이 NH_3도 특이하게 비열이 크다는 사실을 설명해 보시오.
    힌트: 그림 3.12에 있는 NH_3의 Lewis 구조와 결합 기하 구조를 참조

39. a. 어떠한 형태의 결합이 수소 분자 H_2에서 두 수소 원자를 함께 잡고 있는가?

b. **수소 결합**이란 용어가 H_2 내의 결합에는 적용되지 **않는다**. 그 이유를 설명하시오.

40. 화학식이 C_2H_5OH인 알코올, 즉 에탄올에 대하여 다음 질문에 답하시오.

a. 에탄올의 루이스 구조를 그리시오.

b. 고체 에탄올 덩어리는 액체 에탄올에 뜨기보다는 가라앉는다. 이 거동을 설명하시오.

41. 특이하게도 물의 높은 비열 덕분에 나이나 활동이나 환경의 요인에도 불구하고 우리의 체온은 정상 범위에서 유지된다. 몸이 열을 얻고 내놓는 방법 몇 가지를 생각해 보시오. 이들은 물이 낮은 비열을 가지고 있다고 가정한 경우와 어떻게 다른가?

42. 음용수 내 오염 물질의 건강 목표는 MCLG, 즉 최대 오염 물질 수준 목표로서 표시된다. 법적 한계는 MCL, 즉 최대 오염 물질 수준으로 주어진다. 주어진 오염 물질의 MCLG와 MCL은 어떤 관계인가?

43. 음용수 내 THM(트라이할로메테인)의 양이 정상치보다 높은 지역이 일부 있다. 이 지역으로 이사를 갈까 생각 중이라고 해 보자. 지방 수도국으로 보낼 음용수에 대한 관련 질문 편지를 한 통 쓰시오.

44. 유아의 소화관 내 박테리아는 질산 이온을 독성이 훨씬 큰 아질산 이온으로 변환시키기 때문에 유아는 높은 질산 수준에 매우 민감하다.

a. 질산 이온과 아질산 이온의 화학식을 쓰시오.

b. 아질산 이온은 혈액의 산소 운반 능력을 방해한다. 호흡 시 산소의 역할을 설명하시오. **힌트:** 호흡에 대한 더 많은 사항은 1.1절과 3.5절을 참조

c. 질산염이 들어 있는 물을 끓이면 질산 이온이 없어질 것이다. 그 이유를 설명하시오.

45. 검사 결과, 건물 내 음용수대의 물에서 용해된 납의 수준이 '안전한 음용수 법'에서 설정된 수준보다 높게 나타났기 때문에 학교 구내 화학과 건물 내 수질을 지속적으로 감시하고 있다고 하자.

a. 음용수에서 납의 가능한 원천은 무엇인가?

b. 이 화학과 건물에서 수행하고 있는 연구 활동이 음용수에서 발견된 높은 납 수준을 설명할 수 있는가? 그 이유를 설명하시오.

46. 입증된 기술의 유용성에도 불구하고 담수화 기술들은 음료수를 생산하는 데 널리 사용되지 못하고 있는 이유를 설명하시오.

응용문제

47. 2005년에 오대호-세인트로렌스강 유역 지속 가능 수자원 합의(Great Lakes-St Lawrence River Basin Sustainable Water Resources Agreement)에서는 물 관리를 관장하고 외부 지역에서의 물 사용을 막기 위한 준비를 했다.

a. 이 특별한 다국적 경유 하천에 관한 합의에 관여한 주를 나열하시오.

b. 이들 하천을 보호하는 데 있어 이면의 원동력은 무엇이었었는가?

48. 액체 CO_2는 여러 해 동안 커피에서 카페인을 빼는 데 성공적으로 사용되어 왔다. 어떻게 이 일이 이루어지며, 왜 하는지에 대하여 설명하시오.

49. 하이킹을 하고 있을 때 마실 물을 어떻게 정화할 수 있는가? 가능한 방법 두세 가지의 이름을 대시오. 가격과 유용성면에서 이들 방법을 서로 비교하시오. 이 중에서 도시 수돗물을 정수할 때 사용하는 방법과 비슷한 것이 있는가? 그 이유를 설명하시오.

50. 수소 결합의 세기는 약 4~40 kJ/mol 정도로 다양하다. 물 분자 사이의 수소 결합 세기가 이 범위의 최곳값으로 주어진다고 할 때, 물 분자 사이의 수소 결합 세기는 물 분자 내 H-O 결합의 세기와 비교할 때 어떠한가? 얻어진 값이 '수소 결합의 세기는 공유 결합의 약 1/10 정도'라고 한 5.2절의 주장을 뒷받침해 주는가? **힌트:** 공유 결합 에너지에 대한 표 4.4 참조

51. 지표수에 자연적으로 들어 있는 수은의 수준은 보통 0.5 μg/L보다 작다.

a. 물에 Hg^{2+}(무기 수은)를 첨가하는 인간의 활동 세 가지의 이름을 대시오.

b. 유기 수은은 무엇인가? 유기 수은 형태의 수은은 고기의 지방 조직에 축적되는 경향이 있다. 그 이유를 설명하시오.

52. 우리 몸에는 모두 아미노산인 글리신이 들어 있다. 이것의 구조식은 다음과 같다.

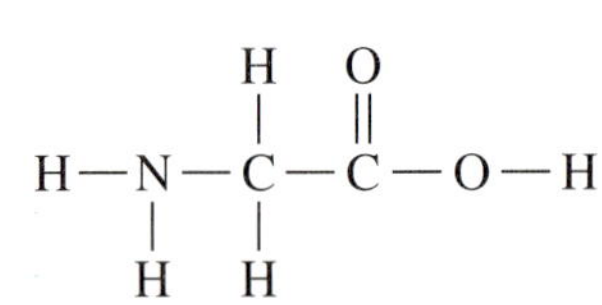

a. 글라이신은 극성 분자인가, 무극성 분자인가? 그 이유를 설명하시오.

b. 글라이신은 수소 결합을 나타낼 수 있는가? 그 이유를 설명하시오.

c. 글라이신은 물에 가용성인가? 그 이유를 설명하시오.

53. 센물에는 Mg^{2+}와 Ca^{2+}가 들어 있다. 물을 연수하는 과정을 통해서 이들 이온이 제거된다.

a. 여러분의 거주 지역에서 물은 얼마나 센가? 이 질문에 답하는 한 가지 방법으로 여러분이 사는 지역에 물을 연수하는 공장의 수를 구하시오. 지역 신문과 광고 책자의 광고뿐만 아니라 인터넷을 이용하여 여러분의 거주 지역이 물 연수 장치 판매 대상인지 알아보시오.

b. 센물을 처리하기로 했다면 어떤 방법으로 처리하겠는가?

54. 여러분이 거주 지역에서 어떤 농약 제조회사를 통제하는 일을 담당하고 있다고 해 보자. 이 회사가 환경적으로 필요한 규제를 지키는지 어떻게 판단할 것인가? 어떠한 기준이 이 회사의 성공에 영향을 주는가?

55. 미국 EPA가 1979년에 PCB의 제조를 금지하기 전에는 PCB가 유용한 화학 물질로 간주되었었다. 어떠한 성질이 이들을 바람직하다고 여기게 만들었는가? PCB는 자연 환경에 오래 남아 있는 것을 제외하고도 동물의 지방 조직에 생물 농축된다. 전기 음성도 개념을 사용하여 PCB 분자가 무극성이고 따라서 지용성인 이유를 밝히시오.

56. PUR '정수기'는 사용할 수 있는 시스템이다.

a. 이 시스템은 어떻게 작동하는가?

b. PUR 정수기와 개인용 생명빨대가 갖는 각각의 장점을 나열함으로써 두 시스템을 비교하시오.

57. 미국에서, EPA는 음용수 내 건강에 위협을 주지 않는 물질에 대하여 SMCL(2차 최대 오염 물질 수준)을 마련하였다. EPA 웹을 방문하여 이들 물질 중 하나에 대하여 자세하게 알고 알게 된 것을 요약하시오.

58. EPA는 규제 물질의 목록에 오염 물질들을 추가하기 위하여 하나의 집중 과정을 이용한다. 미규제 오염 물질 감시(Unregulated Contaminant Monitoring, UCM) 프로그램에 대한 정보를 인터넷에서 검색하시오.

a. UCM은 무엇이고 언제 생기는가?

b. 오염 물질 후보 목록(Contaminant Candidate List, CCL)의 중요성은 무엇이며, 사전 예방 원칙과 어떠한 연관이 있는가?

c. CCL에 포함된 물질에 대하여 최신 목록에서 하나의 특별한 물질을 포함시켜 몇 가지 일반적 분류를 하시오.

59. 세계 물의 날의 최근 주제를 나열하시오. 자유 양식으로 이 주제에 대한 짧은 발표를 준비하시오.

6장 산성비와 해양 산성화의 위협을 중화하기

"나는 아들에게 지금 가서 산호를 보라고 말할 것이다. 안 그러면 너무 늦을 것이기 때문이다."
프랑스 기후와 환경 과학 연구소, James Orr.

출처: *New Scientist*, August 5, 2006. Ocean Acidification : the *Other* CO_2 Problem.

산호초는 얕은 바닷물 속에 있는 거대한 구조체이다. 종종 '바다의 열대 우림'이라 불리는 산호초는 수많은 해양 생물체 종들에게 서식처를 제공한다. 해면, 연체동물, 조개, 게, 새우, 성게, 바다 지렁이, 해파리 및 많은 종류의 물고기가 산호초에 붙어 있거나 산호초 근처 바닷물에 살고 있을 수 있다. 산호초는 인간에 도움이 되는 것으로, 강력한 바다의 파도로부터 부서지기 쉬운 해안선을 보호한다. 몇몇 나라에서는 산호초만으로 관광 산업을 유지하기도 한다.

산호초는 살아 있다. 산호초는 mm씩 자라지만 수십만 년을 살면서 수천 km까지 자랄 수 있다. 산호초를 형성하는 작은 동물은 바닷물에 용해되어 있는 영양분과 다른 필수 화학 물질을 이용하여 성장하고 발달한다. 오르(James Orr)가 아들에게 산호초를 보라고 한 이유는 무엇일까? 간단히 해석하면, 오늘의 산호초는 내일 존재하지 않을 수 있다는 것이다. 과학자들은 적어도 산호초의 ¼은 오늘날 없어졌을 것으로 추산하고 있고, 원시 시대의 산호초는 거의 존재하지 않는 것으로 보고 있다. 세계적으로 에너지 사용이 늘어나면서 대기의 온도와 화학 조성에 변화가 일어났고, 이제는 바다에서도 변화가 일어났다. 이러한 변화는 최선을 다할 경우 산호초의 성장을 늦추게 하지만, 최악의 경우는 산호초 내에 형성된 생태계에 심각한 손상을 준다. 여기서 공유지의 비극에 대한 또 다른 예를 볼 수 있다.

시간이 가면 건강한 산호초는 스스로 회복한다. 따라서 원래 산호초가 얼마나 건강하였는지가 부분적으로 문제가 될 수 있다.

공유지의 비극은 1장에서 논의되었다.

앞 장에서 알게 된 것처럼, 에너지를 활용하기 위하여 연료를 태운다. 연소할 때 이산화 탄소, 산화 질소 및 이산화 황이 나온다. 이 기체들 중 특히 질소와 황 산화물은 바다의 염수를 비롯한 물에 용해된다. 이들은 용해되어 산을 생성한다. 결과적으로 물은 더 산성이 된다. 예를 들어 바다는 인간 활동에 의해 배출되는 이산화 탄소의 25~40%를 시간을 두고 흡수한다. 더 많은 이산화 탄소가 배출될수록 더 많은 이산화 탄소가 바다에 용해된다. 바닷물이 이렇게 변화를 하면 바다 생태계에 상당한 영향을 끼친다. 예를 들어 산도가 증가하면 산호초를 만들고 유지하는 데 필요한 탄산 이온의 양이 감소하게 된다.

해양 산성화는 산호초에 피해를 입히는 여러 요인 중의 하나이다. 폭풍이나 바다의 온도 상승으로 물리적 손상이 일어나고, 해양에 버려지는 폐기물로 인하여 화학적 손상이 일어난다.

연소로 인한 배출물은 바다뿐만 아니라 대기권의 비, 눈 및 안개를 비롯한 지구 상 어느 곳의 물에도 용해될 수 있다. 예를 들어 SO_2와 NO_x가 빗물에 용해되면 산성비의 형태로 다시 지구로 떨어지게 된다. 이런 요인으로 인한 산도의 증가는 해양 생태계에 손상을 줄 뿐만 아니라 강과 호수의 생태계에도 손상을 주게 된다.

1장에서 기술한 것처럼, NO_x는 NO와 NO_2의 간략한 표시임을 상기하라.

물의 특별한 성질, 어떤 목적으로 물을 사용하는지, 어떻게 더러워지는지, 어떻게 정수하는지에 대하여 5장에서 알게 되었다. 이 장에서는 어떻게 특정한 물질이 물에 녹아 산성 또는 염기성 용액을 생성하는지를 알게 될 것이다. 산과 염기는 상황에 맞게 사용하면 매우 유익한 화합물이다. 많은 농업과 산업 공정은 산과 염기에 의존한다. 산 또한 우리가 먹는 식품의 풍미를 좋게 한다. 그러나 맞지 않는 시기와 맞지 않는 지역에서 산은 엄청난 피해를 줄 수 있다. 예로서, 해양 산성화와 산성비 두 가지가 있다. 이 장에서는 무엇이 일어나고 그 이유는 무엇인지를 이해하도록 도와준다는 생각으로 두 가지 현상에 대한 이야기를 할 것이다. 그러나 이 이야기는 염기와 pH에 대해 논의하지 않고는 말할 수 없다. 따라서 이러한 주제도 함께 다루게 될 것이다.

5장에서 기술한 것처럼, 물은 극성 화합물임을 상기하라. CO_2 같은 무극성 물질은 아주 적은 양만 물에 용해된다. 반면에 SO_2는 극성 화합물이므로 물에 매우 잘 녹는다.

사람들은 염기보다는 산에 더 익숙한 경향이 있기 때문에 산과 산의 성질을 먼저 논의해 보자. 어떤 상황에서 산을 만나게 되었는가? 다음 절에서 산에 대하여 살펴보기 전에 다음 예제를 잠시 풀어 보자.

그림 6.1 감귤에는 시트르산(구연산)과 아스코브산(비타민 C)이 모두 들어 있다.

예제 6.1 경험해본 산

a. 어떤 화합물이든지 산 화합물 세 가지를 나열하시오.
b. 어떤 상황에서 이러한 산들을 알게 되었는가? 예를 들어 식품의 성분 표지에서 읽었는가? 몇몇 운동이나 활동에서 우연히 이 산들을 보았는가? 뉴스 기사에서 이 산들에 대하여 읽었는가?

6.1 산이란 무엇인가?

관찰 가능한 산의 성질들을 나열하거나 산의 거동을 분자 수준에서 기술함으로써 산을 알아볼 수 있다. 어떤 방법에 대한 정보든 논의에 유익하므로 두 가지 접근법을 모두 사용한다.

역사적으로 화학자들은 신맛과 같은 성질로 산을 확인하였다. 맛으로 화학 물질을 확인하는 것은 좋은 방법이 아니지만 식초 속의 아세트산이 신맛을 가지고 있음을 분명히 알고 있다. 레몬의 신맛도 역시 산에서 기인한다(그림 6.1). 산은 리트머스와 같은 지시약의 색 변화를 특징적으로 보여 준다.

리트머스란 식물성 염료는 산에 들어가면 파란색에서 빨간색으로 변한다. **리트머스 시험**(*litmus test*)이라는 용어는 정치인들의 견해를 재빨리 밝혀주는 어떤 것을 언급할 때도 사용된다.

산을 확인하는 또 다른 방법은 화학적 성질에 의한 것이다. 예를 들어 특정한 조건하에서 산은 대리석, 달걀 껍데기 또는 해양 생물의 껍질과 반응하여 이들을 녹일 수 있다. 이러한 물질들은 모두 탄산 칼슘 또는 탄산 마그네슘의 형태로 탄산 이온(CO_3^{2-})을 가지고 있다. 산은 탄산 이온과 반응하여 이산화 탄소를 생성한다. 이 기체는 탄산 이온이 들어 있는 제산제가 위의 산과 반응할 때 나오는 '트림'의 성분이다. 다음 절에서 알게 되겠지만 산호초와 같은 탄산 이온을 기초로 한 해양 생물들의 골격이 산성화된 바다 속에서 용해되는 현상도 설명해 준다.

양성자(*proton*)라는 용어는 8장(양성자 교환막)과 10장(약품 분자의 양성자첨가형)에서 다시 볼 것이다.

분자 수준에서 **산(acid)**은 수용액에서 수소 이온(H^+)을 내놓는 화합물이다. 수소 원자는 전기적으로 중성이고 한 개의 전자와 한 개의 양성자로 구성되어 있음을 기억하라. 만약 전자를 잃으면 원자는 양으로 하전된 이온인 H^+가 된다. H^+는 양성자만 남아 있기 때문에 종종 양성자(proton)라고 말한다.

실온에서 기체 화합물인 염화 수소(HCl)를 예로 들어 보자. 염화 수소는 HCl 분자로 구성되어 있다. 이것은 물에 쉽게 용해되어 염산이라는 용액을 생성한다. 극성 HCl 분자가 용해되면 극성 물 분자가 이들을 둘러싼다. 일단 이들 분자가 용해되면 두 개의 이온, 즉 $H^+(aq)$와 $Cl^-(aq)$로 분리된다. 이 반응을 다음 두 단계의 반응식으로 나타낼 수 있다.

*(aq)*란 기호는 수용액을 나타내는 약어이다. 한 용질이 물에 용해될 때의 이온 형성을 보여 주는 식 5.4와 5.5를 다시 살펴보라.

$$HCl(g) \xrightarrow{H_2O} HCl(aq) \longrightarrow H^+(aq) + Cl^-(aq) \quad [6.1]$$

HCl은 H^+와 Cl^-로 **해리**된다고 말할 수도 있다. HCl 분자는 완전히 해리되기 때문에 어떠한 HCl 분자도 용액에 남아 있지 않는다. 염산은 **강산(strong acid)**, 즉 수용액에서 완전히 해리되는 산이다.

수용액에서 H^+(양성자)를 내놓는 물질을 산이라고 정의하는 데에는 약간 복잡함이 있다. H^+는 너무 반응성이 크기 때문에 H^+ 자체로는 존재할 수 없다. 오히려 물 분자와 같은 다른 것에 달라붙는다. HCl 분자가 물에 용해되면 각 HCl 분자는 하나의 H_2O 분자에 하나의 양성자(H^+)를 제공하여 H_3O^+, 즉 하이드로늄 이온을 생성한다. 전체 반응은 다음과 같이 나타낼 수 있다.

다음은 하이드로늄 이온의 루이스 구조식이다.

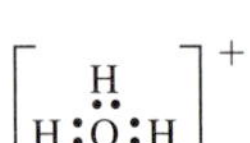

이것은 팔전자 규칙을 따른다.

$$HCl(aq) + H_2O(l) \longrightarrow H_3O^+(aq) + Cl^-(aq) \quad [6.2]$$

식 6.1과 6.2의 생성물 쪽에 있는 용액을 염산이라 부른다. 이것은 H_3O^+가 존재하기 때문에 산의 특성을 가진다. 종종 화학자들은 산을 언급할 때 단순히 H^+로 쓰지만 (예를 들어 식 6.1) 이것은 수용액에서 H_3O^+(하이드로늄 이온)를 의미하는 것으로 볼 수 있다.

예제 6.2 산성 용액

다음 강산이 물에 각각 용해되었을 때 수소 이온(H^+)이 방출된다는 것을 보여 주는 화학 반응식을 쓰시오.

힌트: 이온은 전하를 가지고 있다는 것을 기억하라. 화학 반응식 양쪽의 알짜 전하는 같아야 한다.

a. $HI(aq)$, 아이오딘화수소산 b. $HNO_3(aq)$, 질산 c. $H_2SO_4(aq)$, 황산

답

c. $H_2SO_4(aq) \longrightarrow H^+(aq) + HSO_4^-(aq)$

연구과제 6.3 모든 산은 해로운가?

산이라 하면 마음 속에 모든 경우를 떠올릴 수 있지만 매일 다양한 산을 먹고 마신다. 식품과 음료의 성분 표지를 확인하고 거기서 찾은 산의 목록을 쓰시오. 각 산을 넣은 목적을 생각해 보시오.

염화 수소는 물에 용해되어 산성 용액을 생성하는 여러 기체 중 하나에 불과하다. 이산화 황과 이산화 질소는 또 다른 두 가지 예이다. 두 기체들은 열과 전기를 생산하기 위해 특정한 연료(특히 석탄)를 연소하는 동안 배출된다. 이 장의 도입부에서 언급하였듯이, SO_2와 NO_2는 비와 안개에 용해된다. 이들이 용해될 때 산이 생성되고 지구 표면에 비와 눈으로 다시 떨어지게 된다. 인류에 의한 배출물(anthropogenic emission) 때문에 지구에 있는 물의 산도가 증가한다는 것이 이 장의 중심 주제이다.

그러나 산화 질소와 이산화 황에 의해 만들어진 비의 산도에 집중하기 전에 이산화 탄소에 초점을 맞추어 보자. 2013년에 대기 내 이산화 탄소의 농도는 약 400 ppm이었고, 계속 증가하여 이산화 탄소의 농도는 이산화 황과 이산화 질소보다 훨씬 높다. 물에 대한 고체의 용해도가 변하는 것처럼 기체도 마찬가지이다. SO_2와 NO_2와 같은 더 극성인 화합물과 비교할 때 이산화 탄소는 물에 훨씬 덜 녹는다. 그렇다 하더라도 이산화 탄소는 용해되어 약한 산성 용액을 생성한다.

5장의 용해도를 살펴보라. 일반적으로 '비슷한 것은 비슷한 것을 용해한다'.

이때 회의론적 화학자 입장에서 중요한 질문을 제기해야 한다. 물에서 수소 이온을 내놓는 물질로서 산을 정의하면 어떻게 이산화 탄소가 산으로 작용할 수 있는가? 이산화 탄소에는 수소 원자가 없다! 이에 대한 설명은 CO_2가 물에 용해될 때 탄산, 즉 $H_2CO_3(aq)$가 생성된다는 것이다. 다음은 이 과정을 나타낸다.

$$CO_2(g) \xrightarrow{H_2O} CO_2(aq) \qquad [6.3a]$$

$$CO_2(aq) + H_2O(l) \longrightarrow H_2CO_3(aq) \qquad [6.3b]$$

탄산은 해리되어 수소 이온과 탄산수소 이온을 생성한다.

$$H_2CO_3(aq) \longrightarrow H^+(aq) + HCO_3^-(aq) \qquad [6.3c]$$

이 반응은 제한된 정도로만 일어나 단지 작은 양의 H^+와 HCO_3^-를 생성한다. 따라서 탄산은 **약산(weak acid)**, 즉 수용액에서 작은 정도만 해리되는 산이라고 말할 수 있다.

이산화 탄소는 물에 약간만 녹고 또 용해된 탄산의 아주 작은 양만이 해리되어 H^+를 생성함에도 불구하고 이 반응은 지구 전체에 걸쳐 대규모로 일어나고 있다. 이산화 탄소는 대류권의 물에 (산성비로 떨어질 산을 만들고) 또는 지구의 바다, 호수 및 시냇물에 용해될 수 있다. 염기를 소개한 후에 이 주제로 되돌아오자.

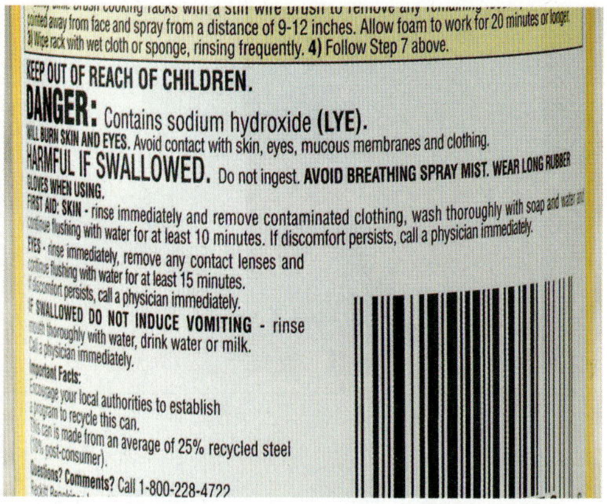

그림 6.2 오븐 청소 제품에는 흔히 양잿물이라고 부르는 NaOH가 들어 있다.

6.2 | 염기란 무엇인가?

산에 대한 논의를 완성하려면 산과 화학적으로 상대가 되는 염기를 논의해야 한다. 논의의 목적상, **염기(base)**는 수용액에서 수산화 이온(OH^-)을 내놓는 화합물이다. 염기의 수용액은 $OH^-(aq)$의 존재 때문에 나타나는 특징을 갖는다. 산과 달리, 염기는 일반적으로 쓴맛을 가지며 음식에 풍미를 주지는 못한다. 염기의 수용액은 미끄럽고 비누 같은 느낌을 준다. 염기의 흔한 예는 가정용 암모니아(NH_3의 수용액)와 종종 양잿물이라 부르는 NaOH가 있다. 오븐 청소제의 주의 표지(그림 6.2)에서 양잿물은 눈, 피부 및 의복에 심각한 손상을 줄 수 있다고 경고한다.

염기는 피부에 있는 기름과 반응하여 소량의 비누를 형성하기 때문에, 묽은 염기성 용액은 미끈거리는 느낌을 준다.

많은 일반 염기는 수산화 이온을 가진 화합물이다. 예를 들어 수용성 이온 결합 화합물인 수산화 소듐(NaOH)은 물에 용해되어 소듐 이온(Na^+)과 수산화 이온(OH^-)을 생성한다.

$$NaOH(s) \xrightarrow{H_2O} Na^+(aq) + OH^-(aq) \qquad [6.4]$$

수산화 소듐은 물에 매우 잘 녹지만 수산화 이온을 포함하는 대부분의 화합물은 그렇지 않다. 표 5.9에는 특별한 종류의 음이온을 가진 화합물의 용해도 경향이 요약되어 있다. NaOH와 같이 물에 완전히 해리되는 염기를 **강염기(strong base)**라고 한다.

예제 6.4 염기성 용액

다음 고체들은 물에 용해되어 수산화 이온을 내놓는다. 각각에 대한 균형 화학 반응식을 쓰시오.

a. KOH(*s*), 수산화 포타슘
b. LiOH(*s*), 수산화 리튬
c. $Ca(OH)_2(s)$, 수산화 칼슘 **비고:** 수산화 칼슘은 약염기이다. 반응은 작은 정도만 일어날 것이다.

그러나 일부 염기는 수산화 이온, 즉 OH^-를 가지지 않지만 물과 반응하여 OH^-를 생성한다. 한 예가 독특한 자극성 냄새를 가진 암모니아 기체이다. 이산화 탄소와 다르게 암모니아는 물에 매우 잘 녹는다. 암모니아는 빠르게 물에 용해되어 수용액을 형성한다.

일부 산업적 응용에서, 암모니아(HCFC 대신에)는 냉각 기체로 사용된다. 암모니아 기체는 축축한 폐 조직에 용해하여 손상을 주거나 죽음에 이르게 할 수 있기 때문에 근로자는 암모니아에 노출되지 않도록 많은 주의가 필요하다.

$$NH_3(g) \xrightarrow{H_2O} NH_3(aq) \qquad [6.5a]$$

슈퍼마켓 진열대에서 '가정용 암모니아'라고 불리는 5%(질량 퍼센트) 암모니아 수용액을 찾을 수 있다. 이 청소제는 불쾌한 냄새를 가지고 있으며, 피부에 묻으면 다량의 물로 씻어내야 한다.

암모니아 수용액의 화학적 거동은 단순화하기가 어렵지만 화학 반응식으로 최선을 다하여 이를 나타낼 것이다. 암모니아 분자가 물 분자와 반응할 때 물 분자는 NH_3 분자에 H^+를 전달하여 암모늄 이온[$NH_4^+(aq)$]과 수산화 이온[$OH^-(aq)$]을 형성한다. 그러나 이 반응은 작은 정도만 일어난다. 즉 아주 작은 양의 $OH^-(aq)$만 생성된다.

$$NH_3(aq) + H_2O(l) \xrightarrow{\text{아주 작은 정도만}} NH_4^+(aq) + OH^-(aq) \quad [6.5b]$$

암모늄 이온(NH_4^+)은 하이드로늄 이온(H_3O^+)과 유사한데, 중성 화합물에 양성자(H^+)를 추가함으로써 각 이온이 형성되기 때문이다.

가정용 암모니아에서 수산화 이온이 나오는 것은 이제 확실하다. 암모니아가 물에 용해하면 적은 양의 수산화 이온과 암모늄 이온을 내놓는다. 암모니아 수용액은 **약염기(weak base)**의 한 예이며, 약염기는 수용액에서 아주 작은 정도만 해리되는 염기이다.

암모니아 수용액이 염기임을 명확히 보여 주기 위하여 $NH_4OH(aq)$라는 표현을 사용하는 사람도 있다. 만약 원자(그리고 이들의 전하)를 전부 더하면 $NH_4OH(aq)$는 식 6.5b의 왼쪽과 동일하다는 것을 알 것이다. 그러나 암모니아 수용액에서 이 화학종이 이렇게 존재할 것 같지는 않다.

6.3 | 중화: 염기는 제산제이다

산과 염기는 서로 반응하며 종종 매우 빠르게 반응한다. 이 반응은 실험실 시험관에서뿐만 아니라 가정에서 그리고 지구의 거의 모든 생태적 지위(ecological niche)에서도 일어난다. 예를 들어 생선에 레몬을 뿌리면 산-염기 반응이 일어난다. 레몬에 들어 있는 산은 '비린내'를 내는 암모니아와 비슷한 화합물을 중화한다. 비슷하게, 옥수수 밭의 암모니아 비료가 근처 발전소의 산성 배출물과 접촉하게 되면 산-염기 반응이 일어난다.

먼저 염산과 수산화 소듐 수용액의 산-염기 반응을 조사해 보자. 두 물질이 섞일 때 생성물은 염화 소듐과 물이다.

$$HCl(aq) + NaOH(aq) \longrightarrow NaCl(aq) + H_2O(l) \quad [6.6]$$

5.8절에서 기술한 것처럼, NaCl은 물에 용해되어 $Na^+(aq)$와 $Cl^-(aq)$를 형성하는 이온 결합 화합물임을 상기하라.

이 반응은 **중화 반응(neutralization reaction)**의 한 예이며, 중화 반응은 산의 수소 이온과 염기의 수산화 이온이 결합하여 물 분자가 생성되는 화학 반응이다. 물의 생성은 다음과 같이 나타낼 수 있다.

$$H^+(aq) + OH^-(aq) \longrightarrow H_2O(l) \quad [6.7]$$

소듐 이온과 염화 이온은 어떻게 되는가? 식 6.1과 6.4로 나타낸 것처럼, 물에 용해될 때 $HCl(aq)$과 $NaOH(s)$는 완전히 해리됨을 기억하라. 식 6.6을 다음과 같이 다시 써서 이 사실을 보여줄 수 있다.

$$H^+(aq) + Cl^-(aq) + Na^+(aq) + OH^-(aq) \longrightarrow Na^+(aq) + Cl^-(aq) + H_2O(l) \quad [6.8]$$

$Na^+(aq)$나 $Cl^-(aq)$는 어느 것도 중화 반응에 참여하지 않고, 변화하지 않는다. 식의 양쪽에서 이 이온들을 소거하면 식 6.7이 되고, 이 식은 산-염기 중화 반응에서 일어나는 화학적 변화를 요약한 것이다.

예제 6.5 중화 반응

다음 각 산-염기 쌍에 대한 중화 반응을 쓰시오. 그리고 이온 형태의 반응식으로 다시 쓰고, 양쪽에서 공통 이온을 소거하시오. 각 경우의 최종적으로 간소화된 단계에는 어떤 관련성이 있는가?

a. $HNO_3(aq)$와 $KOH(aq)$ b. $HCl(aq)$와 $NH_4OH(aq)$ c. $HBr(aq)$와 $Ba(OH)_2(aq)$

답

c. $2\ HBr(aq) + Ba(OH)_2(aq) \longrightarrow BaBr_2(aq) + 2\ H_2O(l)$

$2\ H^+(aq) + \cancel{2\ Br^-(aq)} + \cancel{Ba^{2+}(aq)} + 2\ OH^-(aq) \longrightarrow \cancel{Ba^{2+}(aq)} + \cancel{2\ Br^-(aq)} + 2\ H_2O(l)$

$2\ H^+(aq) + 2\ OH^-(aq) \longrightarrow 2\ H_2O(l)$

마지막 반응식을 2로 나누어 간단히 하면 다음과 같다.

$H^+(aq) + OH^-(aq) \longrightarrow H_2O(l)$

각 경우의 마지막 단계는 반응을 요약한 것이다. 즉 산의 수소 이온과 염기의 수산화 이온이 서로 반응하여 물을 생성한다.

'순수한' 물이란 것은 없다. 5장에서 기술한 것처럼, 물에는 언제나 불순물이 들어 있음을 기억하라.

중성 용액(neutralization solution)은 산성도 염기성도 아니다. 즉 이 용액에서 H^+와 OH^-의 농도는 같다. 순수한 물은 중성 용액이다. 고체 NaCl을 물에 용해시켜 만든 용액과 같이, 몇몇 염의 용액도 중성이다. 반면에 산성 용액에서는 H^+의 농도가 OH^-의 농도보다 높고, 염기성 용액에서는 OH^-의 농도가 H^+의 농도보다 높다.

산성과 염기성 용액이 수산화 이온과 수소 이온을 모두 가지고 있다고 한 것이 이상하게 보일 수 있다. 그러나 물이 관련될 때 OH^- 없이 H^+를 가지는 것(역도 마찬가지)은 불가능하다. 어떠한 수용액에서도 수소 이온과 수산화 이온의 농도 사이에 단순하고 유용하며 매우 중요한 관계가 존재한다.

$[H^+][OH^-]$란 곱은 온도에 따라 다르다. 25°C에서 이 값은 1×10^{-14}이다.

$$[H^+][OH^-] = 1 \times 10^{-14} \qquad \textbf{[6.9]}$$

대괄호는 이온의 농도가 몰농도로 표시됨을 의미하고, $[H^+]$는 '수소 이온 농도'라고 읽는다. $[H^+]$와 $[OH^-]$를 곱할 때 그 곱은 수학식 6.9와 같이 1×10^{-14}의 값을 갖는 상수이다. 이 식이 나타내는 것은 H^+와 OH^-의 농도가 서로 의존한다는 것이다. $[H^+]$가 증가할 때 $[OH^-]$는 감소하고, $[H^+]$가 감소할 때 $[OH^-]$는 증가한다. 수용액에서 두 이온은 항상 존재한다.

H^+의 농도를 알면 식 6.9를 이용하여 OH^-의 농도를 계산할 수 있다(역도 마찬가지). 예를 들어 빗물 시료의 $[H^+]$가 1×10^{-5} M이면 $[H^+]$에 1×10^{-5} M을 대입함으로써 $[OH^-]$를 계산할 수 있다.

$$(1 \times 10^{-5}) \times [OH^-] = 1 \times 10^{-14}$$
$$[OH^-] = \frac{1 \times 10^{-14}}{1 \times 10^{-5}}$$
$$[OH^-] = 1 \times 10^{-9}$$

수산화 이온의 농도(1×10^{-9} M)가 수소 이온의 농도(1×10^{-5} M)보다 작기 때문에 이 용액은 산성이다.

정의상, 두 농도의 곱은 단위가 없다.

순수한 물 또는 중성 용액에서 수소 이온과 수산화 이온의 몰농도는 둘 다 1×10^{-7} M로 같다. 식 6.9를 적용하여 계산하면 $[H^+][OH^-] = (1 \times 10^{-7})(1 \times 10^{-7}) = 1 \times 10^{-14}$임을 알 수 있다.

산성 용액	$[H^+] > [OH^-]$
중성 용액	$[H^+] = [OH^-]$
염기성 용액	$[H^+] < [OH^-]$

예제 6.6 산성 및 염기성 용액

a와 c에 대해서는 $[OH^-]$를, b에 대해서는 $[H^+]$를 계산하고, 다음 각 용액들을 산성, 중성, 염기성으로 분류하시오.

a. $[H^+] = 1 \times 10^{-4}$ M
b. $[OH^-] = 1 \times 10^{-6}$ M
c. $[H^+] = 1 \times 10^{-10}$ M

답

a. $[H^+][OH^-] = 1 \times 10^{-14}$. $[OH^-]$에 대하여 풀면 $[OH^-] = 1 \times 10^{-10}$ M이다. 이 용액은 $[H^+] > [OH^-]$이므로 산성이다.

예제 6.7 산성과 염기성 용액에서의 이온

다음 용액은 강산이거나 강염기이다. 각 용액을 산성 또는 염기성으로 분류하시오. 그리고 각 용액의 모든 이온을 상대적 양이 감소하는 순으로 나열하시오.

a. $KOH(aq)$
b. $HNO_3(aq)$
c. $H_2SO_4(aq)$
d. $Ca(OH)_2(aq)$

답

d. 수산화 칼슘이 해리되면 칼슘 이온 하나당 수산화 이온 두 개가 나온다. 염기성 용액에는 H^+보다 OH^-가 더 많다.

$$OH^-(aq) > Ca^{2+}(aq) > H^+(aq)$$

바닷물과 빗물의 산도가 우려할 만한 원인이 되는지, 아닌지를 어떻게 알 수 있는가? 이를 판단하기 위해, 용액이 얼마나 산성인지 또는 염기성인지를 기록할 편리한 방법이 필요하다. pH 척도가 바로 그 도구인데, 이것은 용액의 산도를 H^+ 농도와 관련시키기 때문이다.

6.4 | pH 소개

pH란 용어는 아마도 이미 익숙할 것이다. 예를 들어 토양 또는 수영장과 수족관의 물에 대한 산도를 측정하는 키트는 산도를 pH의 형태로 표시해 준다. 탈취제와 샴프의 pH는 균형 잡혔다고 주장한다(그림 6.3). 그리고 산성비에 대한 기사에서는 pH를 언급한다. pH의 표현은 언제나 소문자 p와 대문자 H로 쓰며 '수소의 힘(power of hydrogen)'을 나타낸다. 간단히 말하자면, **pH**는 보통 0에서 14 사이인 숫자로 용액의 산도(또는 염기도)를 나타낸다.

척도의 중간점인 pH 7을 기준으로 산성과 염기성 용액을 구분한다. pH가 7보다 작은 용액은 산성이고, pH가 7보다 큰 용액은 염기성(알칼리성)이다. pH 7인 용액(순수한 물 같은)에서는 H^+와 OH^-의 농도가 같으며 중성이라고 말한다.

흔히 볼 수 있는 물질의 pH 값을 그림 6.4에 나타내었다. 아마도 매우 많은 산을 먹고 마시는 것에 놀랄 것이다. 식품에는 자연스럽게 산이 생기고, 산은 식품에 독특한 맛을 준다. 예를 들어 미국산 빨간 사과(McIntosh apple)의 새콤한 맛은 말산(malic acid; 사과산)에 기인한다. 요구르트의 신맛은 락트산(lactic acid; 젖산)에서 오며, 콜라에는 인산을 포함한 여러 산이 들어 있다. 토마토는 산성이라고 잘 알려져 있으나 실제로 pH는 약 4.5로서 다른 많은 과일보다 덜 산성이다.

그림 6.3 이 샴푸는 'pH-균형 맞춘'것이라고 주장한다. 즉 pH가 중성에 가깝게 맞추어져 있다. 비누는 염기성이며, 피부를 자극할 수 있다.

용액의 pH를 빠르게 예측하는 한 방법으로 만능 지시약 종이를 사용한다. 더 정확한 결과를 위해서는 pH 미터가 사용된다.

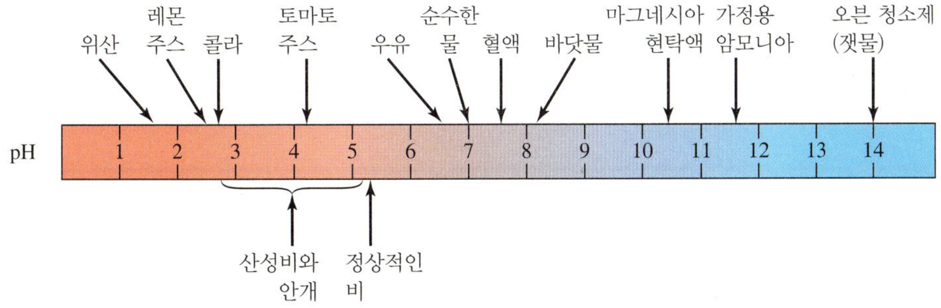

그림 6.4 몇 가지 주변에서 접할 수 있는 물질과 이들의 pH 값

아주 강한 산성 용액이나 염기성 용액의 pH는 0에서 14의 범위 밖에 있을 수 있다.

연구과제 6.8 식품의 산도

a. 토마토주스, 레몬주스, 우유, 콜라 및 순수한 물을 산도가 증가하는 순으로 나열하시오. 그림 6.4와 반대 순서임을 확인하시오.
b. 다른 식품 5개를 선택하여 비슷하게 순서를 정하시오. 인터넷을 조사하여 이들의 실제 pH값을 찾으시오.

지구의 물은 산성일까, 염기성일까, 중성일까? 물의 pH가 7.0일 것으로 예상하지만 그림 6.4가 보여 주듯이 물의 pH는 그 물이 어디에 있느냐에 따라 달라진다. '정상적'인 비는 pH 값이 5에서 6 사이인 약간 산성이다. 용해된 이산화 탄소에 의해 형성된 산은 약산임에도 불구하고 충분한 H^+가 생성되어 비의 pH를 낮춘다. 바닷물은 pH가 약 8.2인 약염기성이다.

수학적 관계식은 다음과 같다.

$$pH = -\log[H^+]$$

더 많은 정보가 부록 3에 있다.

예상할 수 있듯이, pH 값은 수소 이온 농도와 관련이 있다. $[H^+] = 1 \times 10^{-3}$ M이라면 pH는 3이다. 마찬가지로, $[H^+] = 1 \times 10^{-9}$ M이라면 pH는 9이다.

식 6.9로부터 수소 이온 농도에 수산화 이온 농도를 곱하면 상수인 1×10^{-14}이 된다. H^+의 농도가 클 때(pH가 낮을 때) OH^-의 농도는 작다. 마찬가지로, pH 값이 7.0 이상으로 증가하면 수소 이온의 농도는 **감소**하고 수산화 이온의 농도는 **증가**한다. pH 값이 감소하면 산도가 증가한다. 예를 들어 pH가 5.0인 물 시료는 pH가 4.0인 물 시료보다 10배 덜 산성이다. 왜냐하면 pH 4인 용액의 $[H^+]$는 0.0001 M을 의미하는 반면에, pH 5인 용액의 $[H^+]$는 더 희석되어 0.00001 M이기 때문이다. pH 5인 용액은 수소 이온 농도가 pH 4인 용액의 1/10에 불과하므로 **덜** 산성이다. 그림 6.5에 pH와 수소 이온 농도 사이의 관계를 나타내었다.

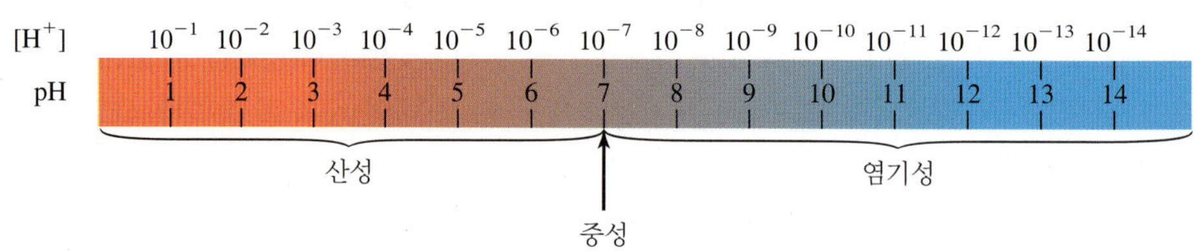

그림 6.5 pH와 H^+ 농도(mol/L, M)와의 관계. pH가 증가할수록 $[H^+]$는 감소한다.

예제 6.9 작은 변화, 큰 효과

다음 시료쌍을 비교하시오. 각 쌍에서 어느 것이 더 산성인가? 두 pH 값 사이에 수소 이온 농도의 상대적 차이를 함께 나타내시오.

a. 빗물 시료(pH = 5)와 호숫물 시료(pH = 4)
b. 바닷물 시료(pH = 8.3)와 수돗물 시료(pH = 5.3)
c. 토마토주스 시료(pH = 4.5)와 우유 시료(pH = 6.5)

답

c. pH 값이 단지 2만큼 다르지만 토마토주스 시료는 우유 시료보다 100배 더 산성이므로 (같은 부피에서), 100배 더 많은 H^+를 가진다.

연구과제 6.10 기록

미국 중서부의 한 국회 의원이 빗물의 pH를 0까지 끌어내리도록 하여야 한다고 흥분하며 주장한 주의 환경 정책을 연설 기록이 있다. 여러분이 이 의원의 보좌관이라고 가정하자. 의원이 추가적으로 공개적인 망신을 당하지 않게 하기 위한 재치 있는 메모를 작성하시오.

6.5 해양 산성화

비가 자연적으로 산성인데 어떻게 바닷물이 염기성이 될 수 있는가? 그림 6.4에서 보여 준 것 같이, 이것은 실로 사실이다. 바닷물에는 바닷물의 pH가 약 8.2로 유지되는 데 중요한 역할을 하는 작은 양의 세 가지 화학종이 들어 있다. 세 가지 화학종은 탄산 이온, 탄산수소 이온 및 탄산이며, 이들은 서로 상호 작용을 잘한다. 세 가지 화학종 모두 용해된 이산화 탄소로부터 생성된다(식 6.3a, b, c) 이 화학종들은 또한 혈액의 pH가 약 7.4로 유지되는 데 도움을 준다.

바닷물의 pH는 위도와 지역에 따라 ±0.3만큼 변할 수 있다.

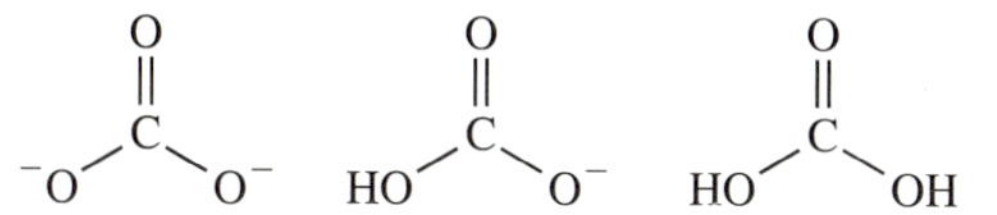

탄산 이온 (CO_3^{2-})　　탄산수소 이온 (HCO_3^-)　　탄산 (H_2CO_3)

탄산수소 이온과 탄산 이온에 대한 공명 형태 하나만이 나타나 있다. 공명에 대한 자세한 내용은 2.3절을 참조하라.

연체동물, 성게 및 산호 같은 많은 생물체는 탄산 칼슘($CaCO_3$)으로부터 껍질을 만들기 때문에 해양 화학과 관련이 된다. 바다에서 한 화학종(탄산 같은 것)의 양을 변화시키면 다른 화학종의 농도에 영향을 줄 수 있고, 결국 해양 생물에 영향을 줄 수 있다.

인간의 산업 활동으로 지난 200년 동안 대기로 배출한 이산화 탄소의 양이 급격하게 증가되었다. 결과적으로 더 많은 이산화 탄소가 바다에 용해되어 탄산을 형성한다. 결국 1800년대 초 이후로 바닷물의 pH는 0.1만큼 떨어졌다. 이 수치는 작은 것처럼 들릴 것이다. 그러나 1 pH 단위마다 H^+의 농도에 있어서 10배의 차이가 난다는 것을 기억하라. pH가 0.1만큼 감소한다는 것은 바닷물에서 H^+의 양이 26% 증가한다는 것과 같다. 증가한 대기의 이산화 탄소로 인하여 해양의 pH가 낮아지는 현상을 **해양 산성화(ocean acidification)**라고 한다.

최근 10년 동안 대기의 CO_2 농도는 매년 수 ppm씩 꾸준히 증가하였음을 상기하라(3.2절).

이렇게 작은 pH의 변화가 어떻게 해양 생물체에 위험을 줄 수 있을까? $CO_3^{2-}(aq)$, $HCO_3^-(aq)$ 및 $H_2CO_3(aq)$ 사이의 화학적 상호 작용에 답의 일부가 있다. 탄산의 해리에 의해 생성된 H^+는 바닷물의 탄산 이온과 반응하여 탄산수소 이온을 형성한다.

$$H^+(aq) + CO_3^{2-}(aq) \longrightarrow HCO_3^-(aq) \qquad [6.10]$$

알짜 효과로서 바닷물 내 탄산 이온의 농도가 감소된다. 바다 생명체 껍질의 탄산 칼슘은 바닷물에서 탄산 이온의 농도를 유지하기 위해 용해되기 시작한다.

$$CaCO_3(s) \xrightarrow{H_2O} Ca^{2+}(aq) + CO_3^{2-}(aq) \qquad [6.11]$$

탄산, 탄산수소 이온 및 탄산 이온의 상호 작용이 그림 6.6에 요약되어 있다. 바닷물에 이산화 탄소가 용해됨에 따라 탄산이 형성된다. 그 다음, 탄산은 해리되어 H^+의 화학적 형태로 '과잉' 산도를 띠게 한다. H^+는 탄산 이온과 반응하여 제거되고 더 많은 탄산수소 이온을 생성한다. 이어서 탄산 칼슘은 용해되어 없어진 탄산 이온을 보충해 준다.

해양 과학자들은 앞으로 40년 안에 탄산 이온의 농도가 바다 표면 근처의 바다 생명체의 껍질이 용해되기 시작하기에 충분할 정도로 낮아질 것으로 예상하고 있다. 실제로, 한 연구는 호주 연안에서 떨어져 있는 대 보초(Great Barrier Reef)가 이미 점점 더 느린 속도로 성장하고 있음을 보여 주었다. 그러나 다른 요소도 원인이 될 수 있다. 예를 들어 해양 온난화 역시 산호초의 건강을 해치는 데 일조하고 있다. 산호의 시편에서 나무의 나이테를 보는 것과 마찬가지로 나이테를 조사할 수 있다(그림 6.7).

오늘날까지, 소수의 연구자들만이 바다 생명체의 얇아진 껍질의 효과에 초점을 맞추고 있다. 그러나 전체 생태계에 대한 부정적 효과가 예상되고 있었다. 예를 들어 약한(또는 없어진) 산호초는 험한 바다의 파도로부터 해안선을 보호할 수 없다. 산호초는 또한 물고기 종에 서식처를 제공하므로 산호초의 손상은 해양 생명체의 손실로 해석될 수

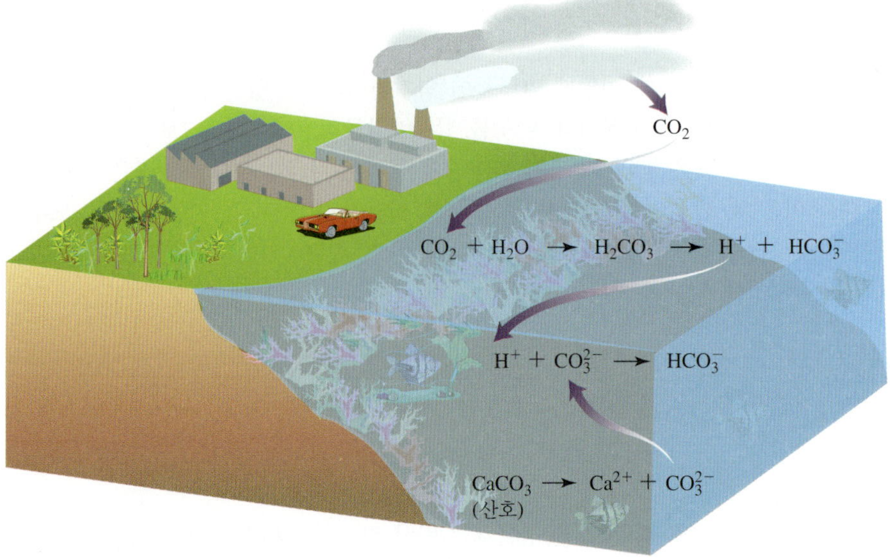

그림 6.6 해양에서 CO_2의 화학

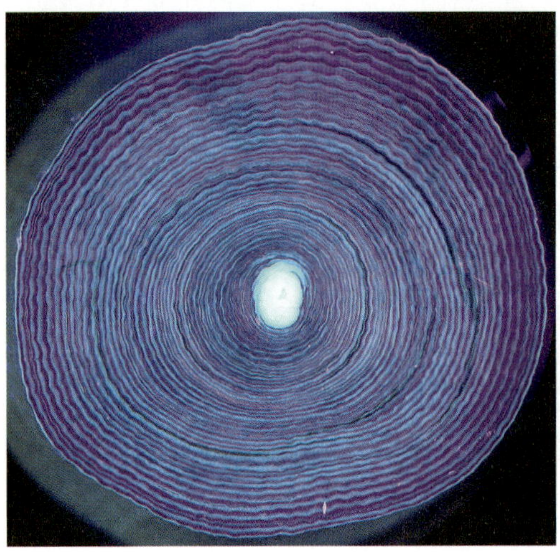

그림 6.7 산호의 얇은 시편. 특수 조명이 나이테를 보여 준다. 최근 연구에 따르면, 일부 산호가 지난 20년 동안에 걸쳐 성장 속도가 급격히 감소하였다.

있다. 마지막으로 산호초의 약화는 폭풍과 포식자로부터 산호초에 대한 추가적인 손상을 쉽게 받을 수 있게 할 것이다.

바다가 스스로 치유할 수 있을까? 확실한 답을 알지 못하지만, 그래도 지난 일에 대하여 알고 있는 것으로부터 짐작해 볼 수 있다. 바다에서 pH의 변화가 매우 긴 시간 동안 일어난다면 바다는 보완할 수 있다. 이것이 일어날 수 있는 이유는 오래 전에 죽은 해양 생물체의 껍질에서 대부분 만들어진 막대한 양의 탄산 칼슘이 해양의 해저에 많은 침전물 속에 들어 있기 때문이다. 이 침전물은 장기간에 걸쳐 용해되어 과잉의 H^+와 반응하므로 잃은 탄산 이온을 보충한다. 그러나 오늘날의 바다에서 pH 변화는 지질학적 시간 척도로 보아 빠르게 일어나고 있다. 단지 200년 안에 바다의 pH는 지난 4억 년 동안 보지 못하였던 수준으로 떨어졌다. 상대적으로 짧은 시간에 걸쳐 표면에 가까운 물에서 산성화가 일어나고 있기 때문에 침전물 비축량이 용해되어 증가된 산도의 효과를 상쇄할 시간이 없다.

대기의 이산화 탄소 양이 즉각적으로 떨어진다 할지라도 해양이 산업화 이전의 시대에 측정된 pH로 돌아가는 데 수천 년이 걸릴 것이다. 산호초는 재생되는 데 더욱 긴 시간이 걸릴 것이며, 멸종되어 없어진 다른 생물 종은 당연히 되돌아오지 못할 것이다.

연구과제 6.11 해양 산성화에 대한 국제적인 반응

2008년에 한 과학자 집단이 모나코에서 만나 해양 산성화의 경각심을 제기하였다. 그들은 모나코 선언을 발표하여 세계 각국에 2020년까지 이산화 탄소 배출량 추세를 역전시킬 것을 요구하였다. 최근에 더 많은 과학자와 협상자들의 모임에서 해양 산성화의 문제를 해결할 세계적 정책을 만들었는가? 자신의 연구를 진행하고, 이로부터 발견한 것을 요약하시오.

6.6 | 비의 pH 측정 문제

5장에서 본 바와 같이, 지구는 습기가 많은 행성이다. 이산화 탄소는 바다뿐만 아니라 비와 곳곳에 있는 담수에 용해될 수 있다. 결과는 같다. 즉 CO_2가 용해될 때 탄산의 생성 때문에 pH는 약간 떨어진다. 비의 경우, 결과적으로 나타나는 pH는 5에서 6 사이이다. 그러나 때때로 비의 pH는 이보다 낮을 수 있다. 이러한 종류의 강우를 **산성비(acid rain)**라 하며, 산성비는 pH가 5 이하인 비이다.

미국 본토, 알래스카, 하와이 및 푸에르토리코에 걸친 비의 산도 수준은 얼마나 되는가? 세계 어떤 지역에서든지 산도 수준을 측정하려면 pH 미터라는 분석 장비가 필요하다. 다양한 종류의 pH 미터가 이용될 수 있다. 대부분 사용되는 pH 미터에는 H^+에 민감한 막이 씌워진 특별한 탐침(probe)이 있다. 탐침을 시료에 넣을 때 용액과 탐침 간 H^+ 농도의 차이가 막을 통하여 전압을 발생시킨다. pH 미터는 이 전압을 측정하여 pH 값으로 변환시킨다(그림 6.8).

수소 연료 전지는 막 사이에서 어떻게 전압을 만드는지에 대하여 8.5절에서 기술한다.

빗물 시료의 pH를 측정하는 것은 간단하지만 정확한 결과를 보장하기 위해서는 특정 순서가 필요하다. 예를 들어 pH 미터의 전극은 주의 깊게 보정할 필요가 있다. 다른 문제는 빗물 시료를 오염시키지 않고 모아서 측정하는 것이다. 빗물 수집 용기는 꼼꼼하게 세척되어야 하고 세척에 필요한 물에는 무기질이 없어야 한다. 수집 용기의 자리를 잡을 때는 바닥이나 주위 물체로부터 오염이 튀는 것을 방지할 만큼 충분히 높게 설치하여야 한다. 높이 올려 설치하더라도 근처의 식물 꽃가루, 곤충, 새의 배설물, 나뭇잎, 흙먼지나 심지어 불의 재에 의한 오염이 여전히 일어날 수 있다.

오염을 최소화하는 한 방법으로 빗물 수집 물통에 뚜껑과 비가 오기 시작할 때 이 뚜껑이 열리도록 하는 습기 센서를 장치하는 것이다. 이 방법이 미국의 전국 대기 침강물 프로그램/전국 추세 망(National Atmospheric Deposition Program/National Trends Network; NADP/NTN) 내 약 250개 지역에서 시료를 모으는 방법이다. 그림 6.9a는 지난 30여 년간 가동되고 있는 일리노이 주 NADP/NTN 감시국의 센서와 두 개의 수집

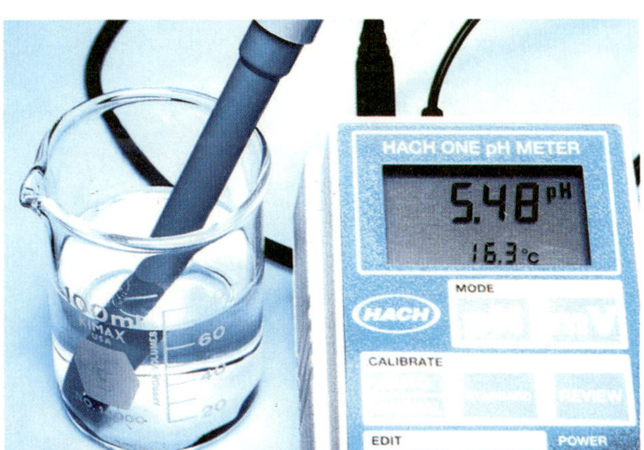

그림 6.8 디지털 pH 미터

(a)

(b)

그림 6.9 (a) 중앙 일리노이 주 본드빌(Bondville, Illinois) 감시국(IL 11)은 1979년부터 가동 중에 있다. 탁자 왼쪽에 연결되어 있는 검은 습도 센서는 어느 수집통을 열 것인지를 통제한다. 비가 내리지 않으므로 오른쪽에 있는 젖은 침강물용 수집통은 닫혀 있다. (b) 본드빌에 있는 IL 11을 비롯하여 일리노이 주 안에서 가동 중인 5개의 NTN 강수 감시 장소들. 삼각형으로 표시한 장소는 가동하지 않는 곳이다.

출처: *National Atmospheric Deposition Program 2009. NADP Program Office, Illinois State Water Survey.*

통을 나타낸 것이다. 한 수집통은 건조한 침강물을 위한 것(비가 오지 않을 때 열림)이고, 다른 것은 닫혀 있다. 센서는 비가 올 때 이 수집통을 연다(다른 것은 닫는다).

수집 지점을 어디로 할 것인가를 결정하는 것도 문제이다. 예산상의 제한 때문에 시험 장소는 연구자가 원하는 만큼의 많은 지역으로 갈 수가 없다. 널리 장소를 분산시키는 것과 특별 생태계(국립 공원 같은 곳) 내에 몇 군데를 가까이 놓은 것 사이에서 상대적 이득을 저울질할 필요가 있다. 현재는 미국 동부에 더 많은 수집 장소가 있다. 왜냐하면 주로 석탄 화력 발전소 때문에 역사적으로 동부 지역에 내리는 비 산도 수준이 더 높았기 때문이다.

빗물 시료는 약 1970년 이래로 미국과 캐나다에서 정기적으로 수집되고 있다. 1978년부터 NADP/NTN은 25만 개 이상의 시료를 모았고 이들 시료에 대하여 pH와 이온분석, 즉 SO_4^{2-}, NO_3^-, Cl^-, NH_4^+, Ca^{2+}, Mg^{2+}, K^+, Na^+를 분석하였다. 일리노이 주에서 가동 중인 5개의 NADP/NTN 장소를 그림 6.9b에 나타내었다. 여러분이 사는 주에 얼마나 많은 시험 장소가 있는지를 찾기 위하여 연구과제 6.12를 완성하라.

연구과제 6.12 메인 주 . . . 오리건 주 또는 플로리다 주의 비

NADP/NTN 덕분에 거의 모든 주와 푸에르토리코와 버진 제도에는 1개 이상의 강수 감시 장소가 있다.

a. 그림 6.9a에서, 빗물 시료를 온전하게 보존하기 위하여 취하여야 한다고 생각하는 주의 사항을 명시하시오.
b. 여러분이 사는 주에는 얼마나 많은 감시 장소가 있는가?
c. 여러분이 사는 주의 수집 장소의 수와 위치가 산성 침강물을 잘 대변한다고 생각하는가?
d. 여러분이 사는 주(또는 인접 주)에서 인터넷으로 사진이 제공되는 수집 장소 하나를 택하고 택한 사진을 그림 6.9a에 있는 것과 비교하시오. 오염을 최소화하기 위한 어떤 추가적인 조치(예를 들어 담장을 치는 것 또는 경고 표시를 하는 것)를 있다면 지적할 수 있는가?

답

a. 수집통은 바닥과 떨어진 지상에 위치하게 하고, 수집통에는 비가 오면 열리는 뚜껑을 장치하며, 설치 장소는 잔디를 깎고, 사람과 도로에서 멀리 떨어지게 한다.

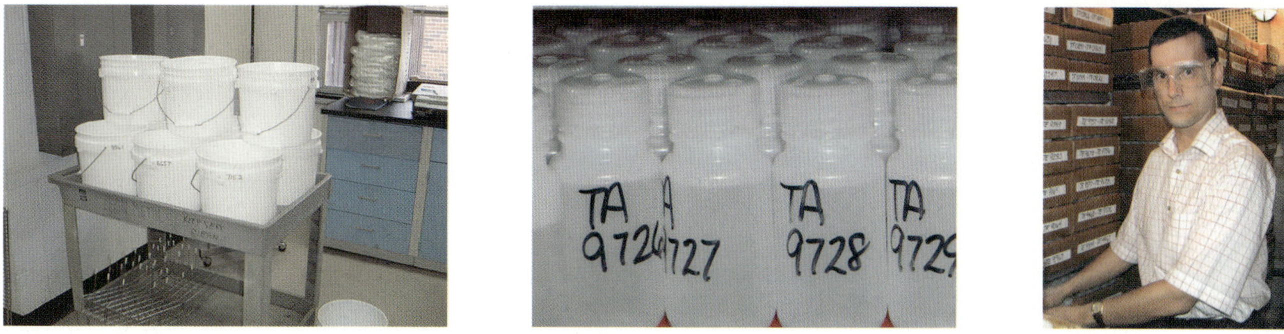

그림 6.10 일리노이 주 샴페인(Champaign, Illinois)에 있는 중앙 분석 연구소(CAL)에서의 사진. 왼쪽: 세척을 기다리는 시료 수집통. **가운데:** 분석할 차례를 기다리는 빗물 시료. **오른쪽:** CAL 연구소장 리먼

일리노이 주 샴페인(Champaign, Illinois)에 있는 중앙 분석 연구소(Central Analytical Laboratory)의 연구자들은 매주 수백 개의 빗물 시료를 받는다. 그림 6.10의 사진은 작업량을 보여 준다. 왼쪽 사진에는 수집 장소로 다시 보내지기 전에 세척을 기다리는 시료 수집통이 있다. 가운데 사진은 분석할 차례를 기다리는, 알파벳과 숫자 표지가 부여된 빗물 시료 세트를 보여 준다. 각 시료마다 약간의 양을 분석 후에 챙겨 냉장 상태로 저장한다. 오른쪽 사진은 시료가 보관된 냉장실 안에 서 있는 연구소장 리먼(Chris Lehmann)이다.

매년 중앙 분석 연구소의 연구자들은 분석 자료를 이용하여 그림 6.11과 같은 지도를 만든다. 이 지도에서 모든 비가 약한 산성임을 관찰할 수 있다. 비에는 적은 양의 용해된 이산화 탄소가 들어 있고 빗물에 용해된 이산화 탄소는 약한 산성 용액을 만든다는 것을 기억하라.

본래 비의 pH는 5에서 6임을 상기하라. 그림 6.11을 보면 비 시료의 pH가 미국 동부 1/3 지역, 특히 오하이오 강(Ohio River) 계곡에서 정상보다 상당히 낮다. 이산화 탄소가 빗물에 있는 H^+의 유일한 원천은 아니다. 빗물의 화학 분석을 통해 수소 이온을

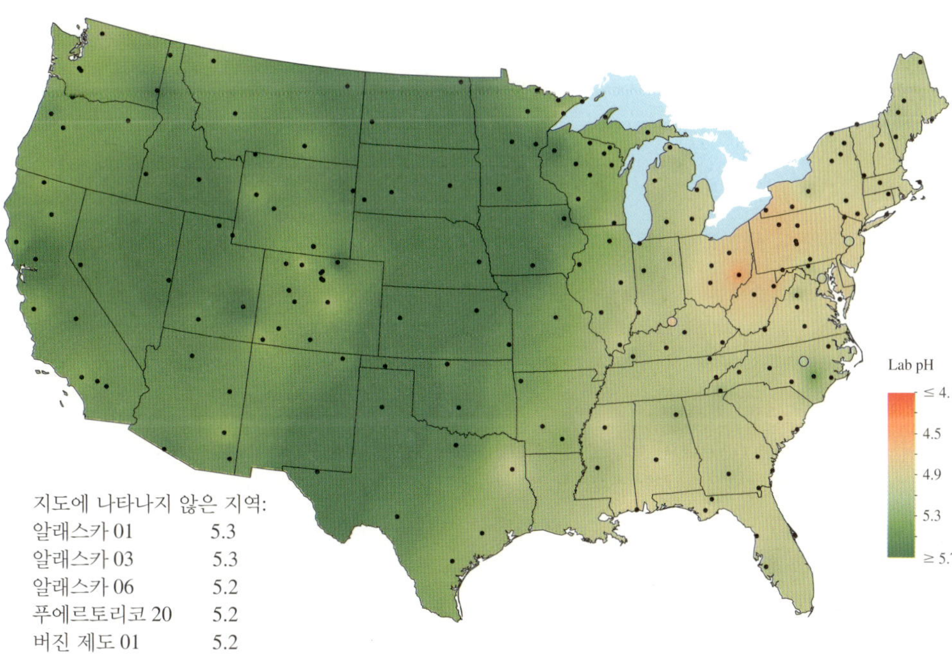

그림 6.11 빗물 시료의 pH. 2008년에 중앙 분석 연구소에서 이루어진 측정. 알래스카, 푸에르토리코 및 버진 제도의 각 기지에서의 수치는 왼쪽 아래에 주어져 있다. 하와이 데이터는 이용 가능하지 않다.

출처: *National Atmospheric Deposition Program/National Trends Network.*

형성하는 다른 물질의 존재를 확인한다. 이산화 황(SO_2), 삼산화 황(SO_3), 일산화 질소(NO) 및 이산화 질소(NO_2)가 이 물질들이다. 이 화합물들은 'Nox와 Sox'로 잘 알려져 있다. 화학적으로 SO_x와 NO_x로 쓰며, 이때 SO_x의 경우 $x = 2$ 또는 3이며, NO_x의 경우 $x = 1$ 또는 2이다.

SO_x와 NO_x를 차례로 조사하여 보자. 먼저 삼산화 황이 물에 용해되어 황산을 형성하는 과정을 다음의 식으로 나타낼 수 있다.

식 6.12는 CO_2와 물과의 반응과 유사하다.

$$SO_3(g) + H_2O(l) \longrightarrow \underset{\text{황산}}{H_2SO_4(aq)} \qquad [6.12]$$

물에서 황산은 수소 이온의 공급원이다.

$$H_2SO_4(aq) \longrightarrow H^+(aq) + \underset{\text{황산수소 이온}}{HSO_4^-(aq)} \qquad [6.13a]$$

황산수소 이온 역시 해리되어 또 다른 수소 이온을 만든다.

식 6.13b와 6.13c는 더욱 복잡한 반응식을 간단하게 나타낸 것이다.

$$HSO_4^-(aq) \longrightarrow H^+(aq) + \underset{\text{황산 이온}}{SO_4^{2-}(aq)} \qquad [6.13b]$$

식 6.13a와 6.13b를 더함으로써 황산이 해리하여 두 개의 수소 이온과 한 개의 황산 이온(SO_4^{2-})을 만든다는 것을 보여 주고 있다.

$$H_2SO_4(aq) \longrightarrow 2\,H^+(aq) + SO_4^{2-}(aq) \qquad [6.13c]$$

황산 이온은 빗물에서 검출될 수 있고, 이는 빗물의 추가적인 산도의 원천에 대한 단서를 제공한다.

예제 6.13 아황산

이산화 황은 물에 용해되어 아황산(H_2SO_3)을 생성한다. 황산에 대한 식 6.13a, 6.13b 및 6.13c와 비슷하게 아황산에서 $2H^+(aq)$가 생성되는 반응식을 쓰시오. 일련의 산과 염기와 관련한 쌍방향 활동을 위한 생생 그림(Fuigures Alive)을 살펴보시오.

이제 NO_x 차례이다. 산화 질소도 물에 용해되어 산을 생성하지만 화학 반응은 더 복잡하다. 왜냐하면 O_2도 반응물이기 때문이다. 예를 들어 NO_2는 습한 대기에서 반응하여 질산을 형성한다. 이 반응은 단순한 대기 화학으로서 다음 식으로 나타낼 수 있다.

$$4\,NO_2(g) + 2\,H_2O(l) + O_2(g) \longrightarrow \underset{\text{질산}}{4\,HNO_3(aq)} \qquad [6.14]$$

질산은 물에서 해리되어 H^+를 내놓는다.

$$HNO_3(aq) \longrightarrow H^+(aq) + \underset{\text{질산 이온}}{NO_3^-(aq)} \qquad [6.15]$$

이 반응에서 만들어진 질산 이온이 빗물에서 검출될 수 있다.

비는 산이 지구 지표수로 전달될 수 있는 여러 가지 방법 중에서 하나의 방법에 불과하다. 눈과 안개도 분명히 또 다른 방법이다. **산성 침강(acid deposition)**이란 용어는 산을 대기권에서 지구 표면으로 옮겨주는 습한 형태와 건조한 형태 모두를 일컫는다. 습한 침강의 예는 비, 눈, 안개이다. 미세한 물방울을 포함하고 있는 구름과 직접 접촉하여 생긴 습한 침강에 산꼭대기는 특히 영향을 받기 쉽다. 미세한 물방울의 산은 보다 큰 빗방울에서보다 더 농축되어 있기 때문에 종종 산성비보다 더 산성이므로 더 큰 손상을 준다. 만약 SO_x와 NO_x가 미국 동부 지역에 내리는 비의 증가된 산도에 정말 책임이 있다면, 이 지역의 빗물에서 SO_x와 NO_x로부터 각각 기인한 황산 이온과 질산 이온의 수준이 상승하였음을 보여 주어야 한다. 실제로 이것은 사실이다. 그림 6.12는 습한 침강에 있어 질산과 황산 이온의 함량을 나타내고 있다.

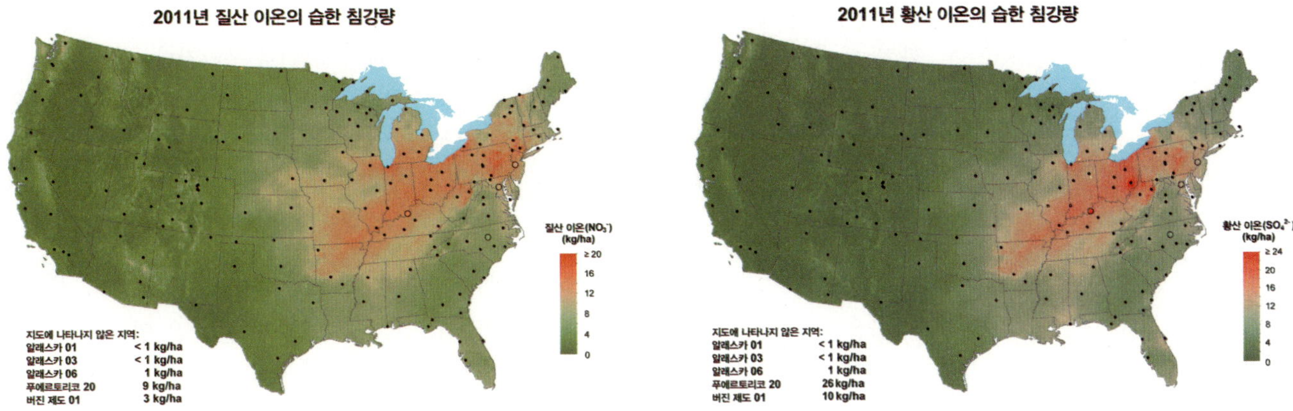

그림 6.12 (a) 2011년 질산 이온의 습한 침강량(kg/ha), (b) 2011년 황산 이온의 습한 침강량 (kg/ha)

출처: *National Atmospheric Deposition Program/National Trends Network.*

산성 침강은 땅과 물에 내리는 '건조한' 형태의 산도 포함한다. 예를 들어 건조한 날씨 동안 질산 암모늄(NH_4NO_3)과 황산 암모늄[$(NH_4)_2SO_4$]의 작은 고체 입자(에어로솔)가 내리게 된다. 건조한 침강은 비, 눈, 안개에서 산의 습한 침강만큼 심각할 수 있다. 6.12절에서 볼 수 있듯이, 이러한 에어로솔 역시 안개의 원인이 된다.

에어로솔은 대기에서 부유한 채로 남아 있는 작은 입자로 이루어져 있고(1.11절), 지구를 냉각시키는 효과를 줄 수 있다(3.9절).

황과 질소의 산화물이 산성비의 원인이라는 것을 알았으므로 이제 이 산화물이 어떻게 대기로 배출되었는지를 더 자세히 살펴볼 필요가 있다. 다음 절에서 SO_2의 화학 및 이것과 석탄 연소와의 관계를 조사할 것이다. 이어지는 두 개의 절에서는 NO와 NO_2의 화학을 비롯한 질소 화학을 살펴볼 것이다.

6.7 이산화 황과 석탄의 연소

이제 석탄과 석탄의 연소 생성물에 대하여 더 자세히 살펴보자. 언뜻 보기에, 석탄은 숯이나 검댕과 크게 달라 보이지 않는다. 숯과 검댕은 둘 다 근본적으로 순수한 탄소이다. 탄소가 다량의 산소와 함께 타면 이산화 탄소를 형성하고 많은 양의 에너지를 방출한다. 물론 에너지 방출이 탄소를 태우는 이유이다.

$$C(\text{석탄에 있는}) + O_2(g) \longrightarrow CO_2(g) + \text{에너지} \quad [6.16]$$

석탄에는 다양한 양의 황이 들어 있다. 어떻게 황이 석탄에 들어가게 되었는가? 석탄은 수억 년 전, 늪 또는 이탄 습지에서 발견되는 식물과 같은 썩은 식물에서 생성되었다. 다른 생명체와 같이 식물에도 황이 들어 있어, 석탄의 일부 황은 고대 식물에서 온 것으로 추적할 수 있다. 그러나 석탄에 들어 있는 대부분의 황은 바닷물에 원래 존재하던 황산 이온(SO_4^{2-})에서 왔다. 해저에 있는 박테리아는 황산 이온을 산소 공급원으로 사용하면서 산소를 소모하고 황화 이온(S^{2-})을 배출한다. 과거에, 황화 이온은 바닷물과 접촉한 고대 암석(석탄을 포함)에 섞이게 되었다. 반면에 담수 이탄 습지에서 형성된 석탄은 황 함량이 낮다. 따라서 석탄에서 황의 함량은 질량비로 1% 미만에서 6%까지 다양할 수 있다.

생물권을 통한 황의 움직임은 3.5절에서 기술한 탄소 순환을 떠오르게 한다.

석탄의 조성을 대략 $C_{135}H_{96}O_9NS$란 화학식으로 나타낼 수 있다. 공기 속에서 황을 연소하면 이산화 황이 생성되며, 이산화 황은 숨이 콱 막히는 냄새를 가진 독성 기체이다(그림 6.13).

그림 6.13 황은 공기 중에서 연소하여 SO_2를 생성한다. 이 기체는 물에 용해할 때 산성 용액을 형성한다. 고대에는 황(sulfur)이 유황(brimstone)으로 알려졌었고, '불과 유황'에 대한 성서의 훈계도 있다.

$$S(s) + O_2(g) \longrightarrow SO_2(g) \quad [6.17]$$

석탄의 황 함량이 다양하기 때문에 석탄을 태우면 다양한 양의 이산화 황을 생성하게 된다. 이 사실이 산성비 이야기의 중심이다. 석탄이 연소될 때 생성된 이산화 황은 이산화 탄소, 수증기 및 적은 양의 금속 산화물 재와 함께 굴뚝 위로 올라간다. 배출 통제 대책을 통해 SO_2 양을 줄일 수 있다. 따라서 석탄 화력 발전소 부대 시설이 어떻게 갖추어졌느냐에 따라 SO_2 배출량의 수치가 달라진다.

일단 SO_2가 대기로 배출되면 SO_2는 산소와 반응하여 삼산화 황, 즉 SO_3를 생성한다.

6.12절에서 살펴보겠지만 삼산화 황은 에어로솔을 형성하는 역할을 한다.

$$2\ SO_2(g) + O_2(g) \longrightarrow 2\ SO_3(g) \qquad [6.18]$$

이 반응은 극히 느리지만, SO_2와 함께 굴뚝 위로 올라가는 재 같은 작은 입자에 의해서 촉진된다. 일단 SO_3가 생성되면, 대기에 있는 수증기와 급속히 반응하여 황산을 생성한다(식 6.12 참조). 둘째, 중요한 경로에는 햇빛에서 오존과 물로부터 생성된 하이드록실 라디칼(•OH)이 포함된다. 하이드록실 라디칼은 SO_2와 반응하고, 이 생성물은 산소와 반응하여 SO_3를 형성한다. 이 반응은 강한 햇빛에서 더 빠르게 일어나므로, 이 반응은 여름과 한낮에 더욱 중요하다.

하이드록실 라디칼은 1.1절에서 처음으로 소개되었다.

비록 SO_2가 산소와 반응하여 SO_3를 생성하는 여러 경로들이 존재하지만, 대기 내 대부분의 SO_2는 아황산, 즉 H_2SO_3를 생성함으로써 산성비의 직접적인 원인이 된다. 화학적으로 계산을 하면 석탄 화력 발전소에서 생성된 SO_2의 양이 막대하다는 것을 인식하는 데 도움이 될 것이다. 이러한 시설은 일 년에 1백만 tonne의 석탄을 태울 수 있는데, 이때 1 tonne은 1000 kg과 동일하다.

배출량 자료는 메트릭 톤(metric ton, 1000 kg, 2200 lb)과 쇼트 톤(short ton, 907 kg, 2000 lb)의 두 단위로 주어진다. 더욱 혼란스럽게도, 쇼트 톤을 보통 간단하게 ton이라고 한다. (메트릭 톤은 tonne이라 함—역자 주)

$$\frac{1 \times 10^6\ \cancel{\text{tonne 석탄}}}{\text{yr}} \times \frac{1000\ \cancel{\text{kg 석탄}}}{\cancel{\text{tonne 석탄}}} \times \frac{1000\ \text{g 석탄}}{\cancel{\text{kg 석탄}}} = 1 \times 10^{12}\ \text{g 석탄/yr}$$

이 논의에서 석탄에 2.0% 황이 포함되어 있다고 가정한다. 말하자면 석탄 100 g당 2.0 g의 황이 들어 있다. 먼저 석탄 1백만 tonne(1×10^{12}g)의 석탄에서 매년 연소된 황의 g 수를 계산할 수 있다.

$$\frac{1 \times 10^{12}\ \cancel{\text{g 석탄}}}{\text{yr}} \times \frac{2.0\ \text{g S}}{100\ \cancel{\text{g 석탄}}} = \frac{2.0 \times 10^{10}\ \text{g S}}{\text{yr}}$$

몰 계산을 살펴보려면 3.7절을 참조하라.

다음으로, 1 mol의 황이 산소(O_2)와 반응하여 1 mol의 SO_2를 생성한다는 사실을 이용한다(식 6.17 참조). 황의 몰질량은 32.1 g이고, SO_2의 몰질량은 64.1 g, 즉 32.1 g + 2(16.0 g)이다. 따라서 32.1 g의 황이 연소되면 64.1 g의 SO_2를 생성한다.

$$\frac{2.0 \times 10^{10}\ \cancel{\text{g S}}}{\text{yr}} \times \frac{1\ \cancel{\text{mol S}}}{32.1\ \cancel{\text{g S}}} \times \frac{1\ \cancel{\text{mol SO}_2}}{1\ \cancel{\text{mol S}}} \times \frac{64.1\ \text{g SO}_2}{1\ \cancel{\text{mol SO}_2}} = \frac{4.0 \times 10^{10}\ \text{g SO}_2}{\text{yr}}$$

이 SO_2 질량은 각 발전소들의 연간 배출량인 4×10^4 tonne 또는 8.8×10^7 lb의 SO_2와 동일한 양이다. 황 함유량이 높은 석탄을 태우는 발전소는 이 양의 2배 이상 되는 SO_2를 배출할 수 있다!

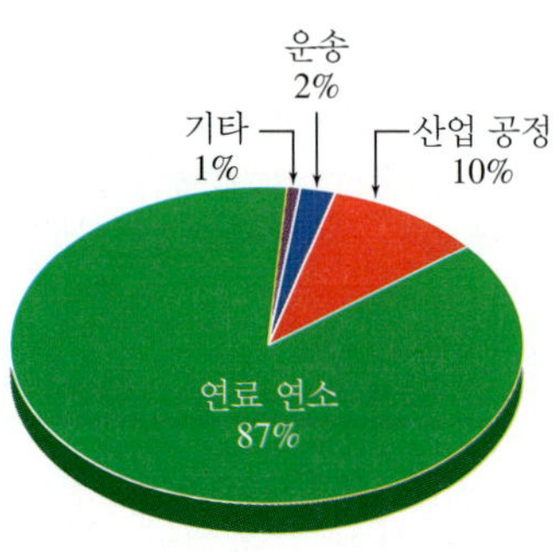

그림 6.14 2011년 미국 내 이산화 황 배출원

출처: *EPA, National Emission Inventory, Air Pollution Emissions Trends Data.*

미국에서 석탄을 태우는 것과 이산화 황 배출량 사이의 관계는 그림 6.14에서 명백하다. 대부분의 배출량은 발전소('연료 연소')에서 생기며, 발전소에서는 석탄 또는 다른 화석 연료들을 연소시켜 공공 또는 산업적 소비를 위한 전기를 발전한다. 휘발유와 디젤은 비교적 적은 양의 황을 포함하고 있기 때문에 운송으로 인한 이산화 황 배출량은 작은 퍼센트에 불과하다. 금속을 해당 광석으로부터 생산하는 산업 공정이 나머지 배출량을 차지한다. 예를 들어 구리와 니켈 광석은 황화물이다. 제련소에서 황화 니켈을 고온으로 가열하면 광석이 분해되고 이산화 황이 배출된다. 마찬가지로 황화 구리를 제련하면 SO_2가 배출된다. 니켈과 구리를 대규모로 생산하더라도 총 배출량에는 단지 몇 퍼센트만 기여를 하지만 일부 지역에서는 막대한 양의 SO_2가 만들어진다.

서드베리 굴뚝은 뉴욕 시에 있는 엠파이어스테이트 빌딩만큼 높다.

그림 6.15 온타리오 주 서드베리(Sudbury, Ontario)의 굴뚝 높이는 1250 ft(381 m)로서 세계에서 가장 높은 것 중의 하나이다.

온타리오 주 서드베리(Sudbury, Ontario)에 위치한 세계에서 가장 큰 제련소 중의 하나인 이곳에서는 황이 들어 있는 광석에서 니켈을 생산한다. 공장 근처의 황량하고 생명력 없는 풍경은 과거 통제되지 않은 채로 SO_2를 배출하였음을 그대로 말없이 증명해주고 있다. 1993년에 대규모로 보수한 이후, 이 지역에 있는 두 개의 제련소가 이산화 황의 배출량을 실질적으로 줄였다. 굴뚝을 충분히 높여서 여전히 남아 있는 배출물이 불어오는 바람에 의해 서드베리에서 휩쓸려 나가게 하였다(그림 6.15). 딱 꼬집어 말할 수는 없어도 캐나다 사람들은 캐나다 동부 지역의 산성 침강의 반 이상이 미국에서 오는 것으로 말하고 있다. 국경을 넘어 북쪽으로 이동하여 캐나다로 들어가는 이산화 황의 양은 연간 4×10^6 tonne으로 추산되고 있다.

예제 6.14 석탄 계산

a. 석탄의 화학식을 $C_{135}H_{96}O_9NS$라고 가정하자. 석탄에서 황의 분율과 질량 백분율을 계산하시오.
b. 어떤 발전소는 매년 1.00×10^6 ton의 석탄을 태운다. a에서 계산한 황의 함량을 가정할 때 매년 배출하는 황의 ton수를 계산하시오.
c. 이 만큼의 황에서 생성되는 SO_2의 ton수를 계산하시오.
d. SO_2는 일단 대기로 배출되면 산소와 반응하여 SO_3를 형성하기 쉽다. 만약 SO_3가 물방울을 만나면 다음에 무엇이 일어날 수 있겠는가?

답

a. 0.0168, 1.68%
b. 1.68×10^4 ton S

지금까지 SO_2의 화학을 살펴보았으므로, 이제 NO와 NO_2의 화학 차례이다. 다음 절에서 NO 배출과 자동차와 발전소와의 관계를 기술할 것이다. 이어지는 절에서 질소 화학의 더 큰 이야기와 관련시켜 볼 것이다.

6.8 | 산화 질소와 휘발유의 연소

남부 캘리포니아에 사는 사람들은 높은 수준의 산성 침강을 경험하였다. 예를 들어 1982년 1월에 패서디나의 로즈볼(Rose Bowl, Pasadena) 주위의 안개는 pH가 2.5나 되었다. 이 안개를 호흡하는 것은 아마도 미세한 식초 방울을 들이마시는 것과 같을 것이다! 이 안개의 산도는 정상 침강의 산도를 적어도 500배 초과하였다. 같은 해 로스앤젤레스의 남부 해안에 있는 코로나델마르(Corona del Mar)의 안개는 로즈볼 근처의 안개보다도 10배나 산도가 높아 pH 1.5를 기록하였다. 그러나 SO_2의 농도는 두 지역에서 모두 비교적 낮았다. 명백히 다른 물질이 원인이었다.

무엇인가를 알아보기 위해, 로스앤젤레스의 고속 도로를 꽉 메우고 있는 자동차와 트럭에 관심을 돌릴 필요가 있다. 언뜻 보기에, 수천 대의 자동차가 산성 침강에 어떻게 기여하는지가 명확하지 않을 수 있다. 휘발유는 연소하여 적은 양의 CO, 불연소 탄화수소와 검댕과 함께 CO_2와 H_2O를 생성한다. 그러나 휘발유에는 황이 별로 들어 있지 않으므로 SO_2는 범인이 아니다. 따라서 무엇이 산도의 원인이 될 수 있을까?

휘발유는 탄화수소의 혼합물이다. 4.4절을 참조하라.

산화 질소는 이미 산성비의 기여 물질로 확인되었으나 휘발유에는 질소가 들어 있지 않다. 따라서 휘발유가 연소될 때 산화 질소가 생성될 수 없다고 논리적으로, 화학적으로 주장할 수 있다. 사실상 이것은 옳은 말이다. 그러나 공기의 78%가 N_2로 구성되어 있음을 기억하라. 이 원소는 매우 안정하고 대부분 반응성이 없다. 그럼에도 불구하고, 온도가 충분히 높으면 질소는 몇 개의 원소와 반응할 수 있다. 이 원소들 중의 하나가 산소이다. 1장에서 논의했듯이, 충분한 에너지가 있으면 질소와 산소는 결합하여 일산화 질소(산화 질소)를 형성할 수 있다.

'질소 강화(nitrogen-enriched)' 휘발유를 '질소 강화 세척 시스템(nitrogen-enriched cleaning system)'이라고 한 유류 회사의 광고를 본적이 있을 것이다. 이 휘발유 첨가제에 들어 있는 질소의 양은 매우 적다.

$$N_2(g) + O_2(g) \xrightarrow{\text{높은 온도}} 2\,NO(g) \qquad [6.19]$$

자동차에서 휘발유와 공기는 실린더로 빨려들어가고 압축되어져 N_2와 O_2 분자가 가까워진다. 일단 휘발유가 점화되면 급속히 연소한다. 배출된 에너지는 자동차를 구동한다. 그러나 불행한 사실은 이 에너지 때문에 식 6.19도 촉진된다는 것이다.

N_2와 O_2의 반응은 자동차 엔진에만 국한되지 않는다. 석탄 화력 발전소의 연소로에서 공기가 가열될 때에도 동일한 반응이 일어나 이 발전소가 전체적으로 엄청난 양의 NO_x를 배출하게 된다. 미국에서, 발전소에서의 화석 연료(특히 석탄) 연소가 산화 질소 배출량의 1/3 이상을 차지한다(그림 6.16). 자동차, 비행기 및 기차와 같은 운송 수단이 전체의 반 이상을 차지한다. 도시 환경에서는 자동차로 인한 NO_x의 비율이 더 크다.

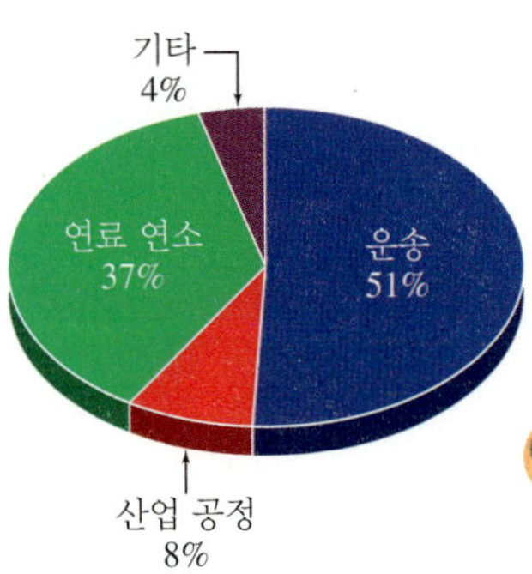

그림 6.16 2011년 미국 내 산화 질소(NO_x) 방출원

출처: *EPA, National Emission Inventory, Air Pollution Emissions Trends Data.*

1990년대 초에 NO 배출과 에너지 소비를 줄이자는 녹색 화학 해법이 뉴욕 주 태리타운(Tarrytown, NY)의 유리 제조 회사인 프렉스에어 사(Praxair Inc.)에 의해 도입되었다. 이 기술에 의하면 유리를 녹이고 재가열하는 데 사용하는 큰 가열로 안의 공기를 100% 산소로 대체하였다. 공기(78% 질소)를 순수한 산소로 대체함으로써 더 낮은 온도에서 작동 가능하여져 NO 생성을 90% 감소시키며 에너지 소비를 50% 넘게 줄였다. 프렉스에어 사의 산소-연료(Oxy-Fuel) 기술을 사용하는 유리 제조 업자들은 100만 명의 미국인이 매일 필요로 하는 충분한 에너지를 매년 절약한다.

일산화 질소는 일단 생성되면 반응성이 크다. 1장에서 지적한 바와 같이, NO는 일련의 단계를 거치면서 산소, 하이드록실 라디칼, 휘발성 유기 화합물(VOC)과 반응하여 NO_2를 생성한다.

식 6.20에 대한 더 자세한 내용은 1.11절을 참조하라.

$$VOC + \cdot OH \longrightarrow A + O_2 \longrightarrow A' + NO \longrightarrow A'' + NO_2 \qquad [6.20]$$

반응성이 큰 중간체 화학종 A, A′, A″는 미량 존재하고 VOC 분자로부터 합성된다. NO_2에서 산성비가 생성되려면 대기 내 미량의 VOC가 필요하다.

이산화 질소는 반응성이 높고, 유독성이며, 불쾌한 냄새를 내는 적자색의 기체이다. 목적상, NO_2의 가장 중요한 반응은 이것을 질산, 즉 HNO_3로 변환하는 것이다. 앞에서 식 6.14는 이 변환을 단순화한 것이다. 실제로 일련의 반응이 햇빛이 있을 때 일어난다. 이 반응들은 로스앤젤레스, 피닉스, 댈러스 및 햇살비치는 다른 대도시 지역을 둘러싼 대기에서 일어난다. 주요한 화학종은 하이드록실 라디칼이다. 일단 하이드록실 라디칼이 대기에서 형성되면 이산화 질소와 빠르게 반응하여 질산을 생성한다.

$$NO_2(g) + \cdot OH(g) \longrightarrow HNO_3(aq) \quad [6.21]$$

식 6.15에서 이미 본 바와 같이, HNO_3는 물에서 완전히 해리되어 수용성 H^+와 NO_3^-를 내놓는 강산이다. 결과적으로 로스앤젤레스 같은 도시의 비와 안개에서 놀랍게도 낮은 pH 값이 종종 관측되었다.

이 절에서 기술한 NO_x 화학의 일부는 농업, 식품 및 지구의 모든 생태계를 포함하는 더 큰 그림에 적합하다. 다음 절에서 더 자세히 살펴보자.

6.9 | 질소 순환

우리는 매일매일 이런저런 음식을 섭취한다. 확실히, 생존하기 위해서는 먹어야 한다. 이 글을 읽을 때, 지구 전역의 남자와 여자들은 밭에 파종하고, 트럭 단위로 과일과 채소를 수확하며, 심지어 해가 잘 드는 창턱에 꽃박하(허브의 일종)나 골파(채소의 일종)를 키우면서 식품을 생산한다. 기특하게도, 인간은 식물과 동물을 키우는 데 전문가가 되었다. 그러나 식품을 생산하면서 NO_x를 배출하고 자연의 산도를 증가시킨다. 인간 활동은 질소 화합물이 어디에 있고, 어떻게 지구의 공기, 물 및 땅을 통하여 이동하는지에 영향을 미치고 있다.

'탄소 순환'(3장)이 있는 것처럼 '질소 순환'도 있다. 계속 주시하라.

식품 생산과 NO_x 배출간의 연결 관계는 질산염이 비료로 작용하여 식물 성장을 촉진하기 때문에 나타난다. 식물은 탄소, 수소, 인, 황, 포타슘을 비롯하여 다른 원소도 필요로 한다. 대부분의 이들 원소들은 자연 환경에서 식물에 의해 섭취가 수월하다. 그러나 사용 가능한 형태의 질소는 부족하기 때문에 비료의 형태로 질소를 식물에게 공급할 필요가 있다.

식물뿐만 아니라 살아 있는 모든 것은 질소를 필요로 한다.

N_2가 대기의 대부분을 구성하고 있지만, 토양에서는 질소의 수준이 어찌 그렇게 낮을 수 있는지를 궁금해할 수도 있다. 비록 질소 분자는 풍부하지만 대부분 식물이 사용할 수 있는 화학적 형태가 **아니다**. N_2는 O_2보다 훨씬 반응성이 작다.

예제 6.15 반응성이 없는 질소

N_2에서 삼중 결합의 결합 에너지는 다른 결합 에너지와 비교할 때 어떠한가?

힌트: 표 4.4 참조

식물은 성장하는 데 암모늄 이온이나 암모니아, 질산 이온과 같은 보다 쉽게 반응할 수 있는 형태의 질소가 필요하다. 생물권을 통하여 순환하고 서로 상호 교환하는 질소 화합물을 **반응성 질소(reactive nitrogen)**라 하며, 직전에 언급한 화합물과 다른 형태의 질소 화합물이 있다. 몇 가지 반응성 질소 형태가 표 6.1에 나열되어 있다. 상상할 수도

표 6.1 몇 가지 반응성 질소의 형태

이름	화학식
일산화 질소	NO
이산화 질소	NO_2
아산화 질소(산화 이질소)	N_2O
질산 이온	NO_3^-
아질산 이온	NO_2^-
질산	HNO_3
암모니아	NH_3
암모늄 이온	NH_4^+

출처: 여기에 주어진 질소의 형태들은 모두 자연적으로 발생하고 있다.

그림 6.17 콩과식물의 뿌리혹에는 질소 고정 박테리아가 들어 있다.

있듯이, 대기 오염 물질 NO와 NO_2도 이 목록에 들어 있다. 이러한 형태의 질소는 모두 자연적으로 발생하고 비교적 적은 양만이 지구 상에 존재한다. 반응성 질소의 다른 형태도 존재하는데, $-NH_2$기를 갖는 '아민(amine)'으로 알려진 화합물류 같은 것이 있다.

예제 6.16 반응성 질소

표 6.1에 있는 화합물 중 하나를 선택하시오. 이 화합물이 반응성이 있다는 증거를 관찰 사실이나 화학 반응식의 형태로 제시하시오.

힌트: 1장과 2장을 다시 살펴보라. 또한 개인적인 지식으로도 맞추어 보라.

일반적으로 N_2를 반응성이 없다고 분류하였지만, 질소 분자를 포함하는 한 반응으로서 생물학적 질소 고정(biological nitrogen fixation)은 매우 중요하다. 목초, 콩 및 완두콩과 같은 식물은 대기에서 N_2를 '고정'(제거)한다(그림 6.17). 더 정확히 말하면, 이것은 식물 자체가 아니고 질소를 고정하는 식물의 뿌리 표면 또는 근처에 사는 박테리아다. **질소 고정 박테리아(nitrogen fixing bacteria)**는 대사 과정의 일부로서 대기로부터의 질소 기체를 암모니아로 변환시킨다. 암모니아가 물에 용해되면 암모늄 이온, 즉 NH_4^+를 생성한다. 이 반응이 식 6.5a와 6.5b에 있다. 이 이온은 대부분 식물이 흡수할 수 있는 두 가지 형태의 반응성 질소 중 하나이다. 5장에서 기술한 것처럼, 암모늄 이온이 들어 있는 화합물은 물에 잘 녹는 경향이 있다는 것을 상기하라. 다음은 이 변환 과정의 경로이다.

이 표시는 질소가 들어 있는 화학종들 사이의 상호 변환을 일으키는 박테리아를 나타낸다.

$$N_2 \xrightarrow[\text{질소 고정}]{} NH_3 \xrightarrow{H_2O} NH_4^+ \qquad [6.22]$$

식물이 흡수할 수 있는 다른 형태의 반응성 질소는 질산 이온이다. 질산 이온 화합물 또한 가용성의 경향이 있다. **질산화(nitrification)**는 토양의 암모니아를 질산 이온으로 변환하는 과정이다. 두 단계의 과정에서 박테리아가 관여한다.

$$NH_4^+ \xrightarrow[\text{토양 내 박테리아}]{} NO_2^- \xrightarrow[\text{토양 내 박테리아}]{} NO_3^- \qquad [6.23]$$

마지막으로, 완전한 순환을 만들기 위하여 박테리아는 질산염을 질소 기체로 변환하는 과정인 **탈질산화(denitrification)**를 돕는다. 이렇게 될 때, 안정한 N_2 분자가 형성되면서 방출되는 에너지를 이용한다. 이들 박테리아가 4장에서 기술한 것처럼, 실로 매우 안정한 분자인 질소 분자 내 삼중 결합을 형성할 때 많은 양의 에너지가 방출된다는 사실을 상기하라!

자연 상태에서 질소 산화물 중에서 N_2O의 배출량이 가장 많다. 이 기체는 강력한 온실기체이다. 3.8절을 참조하라.

반응 경로는 토양의 상태에 따라 NO와 N_2O가 포함된 단계로 일어나기도 한다. 따라서 이러한 반응성 질소의 형태는 N_2로 변환되어 토양으로부터 배출될 수 있다.

$$NO_3^- \xrightarrow[\text{토양 내 박테리아}]{} NO \xrightarrow[\text{토양 내 박테리아}]{} N_2O \xrightarrow[\text{토양 내 박테리아}]{} N_2 \qquad [6.24]$$

이 모든 경로는 **질소 순환(nitrogen cycle)**의 일부이며, 질소 순환은 질소가 생물권을 통하여 움직이는 일련의 화학 경로이다. 그림 6.18은 식 6.22, 6.23, 6.24가 나타내는 경로를 합하여 질소 순환을 단순화시킨 것이다. 이 순환에서, N_2를 제외한 모든 화학종들은 반응성 질소들이다.

반응성 질소의 형태가 식물 성장에 필요함을 기억하라. 토양에 있는 박테리아는 식물 성장에 적절히 필요한 양의 암모니아, 암모늄 이온, 질산 이온을 공급할 수 없기 때문에 농부들은 비료를 사용한다. 수십 년 전에, 칠레의 사막에서 초석(질산 암모늄)의 침전물을 채굴하거나, 페루의 새와 박쥐 배설물로부터 질소가 풍부한 침전물인 구아노(guano)

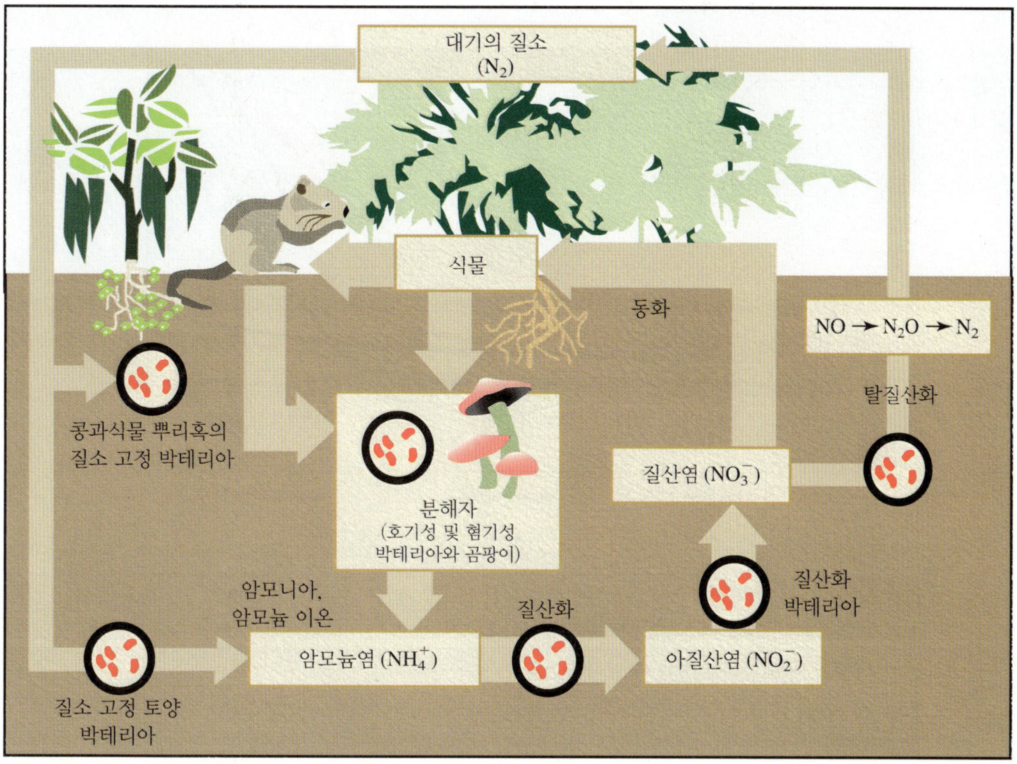

그림 6.18 (단순화한) 질소 순환

를 모아서 비료로 사용하였다. 그러나 어떠한 자원도 늘어나는 세계 인구의 수요를 맞추기에는 충분하지 않았다. 질산염의 공급에서 화약이나 TNT 같은 다른 폭발물을 생산하는 데 추가적으로 소모되었다. 1900년대 초까지, 대기의 풍부한 N_2에서 반응성 질소 화합물을 합성하기 위한 방법을 계속 찾았다.

어떻게 오늘날 농업이 필요로 하는 막대한 양의 비료를 얻게 되었나? 답은 N_2의 두 번째 중요한 반응, 즉 공기에서 실제로 N_2를 포집하여 암모니아를 합성하는 반응에 있다.

$$N_2(g) + 3\,H_2(g) \longrightarrow 2\,NH_3(g) \qquad [6.25]$$

이 유명한 화학 반응은 하버-보슈(Haber-Bosch) 공정으로 알려져 있다. 이 반응으로 경제적인 암모니아 생산이 가능하게 되었고, 이같은 암모니아 생산은 비료 및 질소 기반 폭발물의 대규모 생산을 가능하게 하였다. 암모니아는 비료로서 토양에 직접 적용될 수 있고 또는 질산 암모늄 또는 인산 암모늄의 형태로 활용될 수 있다. 그림 6.19의 1910년 부근에서 시작하는 녹색 선은 하버-보슈 공정으로 인하여 세계적으로 반응성 질소가 크게 증가함을 나타낸다.

1918년에 하버(Fritz Haber)는 N_2와 H_2로부터 NH_3를 합성한 공로로 노벨 화학상을 수상하였다. 1931년에 보슈(Carl Bosch)는 이 합성을 상업적으로 활용한 공로로 노벨상을 수상하였다.

이 그래프에서 화석 연료를 연소시킴에 따라 생성되는 반응성 질소의 양을 의미하는 주황색 선도 주목하라. 고온에서 연소될 때 N_2와 O_2는 반응하여 NO가 형성됨을 상기하라. 그래프의 보라색 선은 모든 원천에서의 반응성 질소, 즉 주황색, 파란색 및 녹색 선의 합을 나타낸다. 인구를 나타내는 위쪽의 빨간 선은 놀랍지 않다. 화석 연료의 연소(에너지 생산)로부터 반응성 질소가 증가하므로, 비료(식품 생산)의 증가는 세계 인구의 증가(사람 생산)와 평행하다.

비료와 대규모 농업 장비의 사용 증가로 인해 1945년 무렵 세계적으로 시작된 녹색 혁명이라고 부르는 유래 없는 농업의 팽창이 가능하게 되었다. 녹색 혁명에 대한 더 자세한 내용은 11.12절에서 찾으라.

이 순환에서 반응성 질소의 형태는 계속해서 화학적 형태를 바꾼다. 따라서 비료로 시작한 암모니아는 최종 산물로 NO가 되어 결국 대기의 산도를 증가시킬 수 있다. 또 NO는 최종 산화물로 N_2O가 될 수가 있으며, N_2O는 대기 내 농도가 현재 증가하고 있

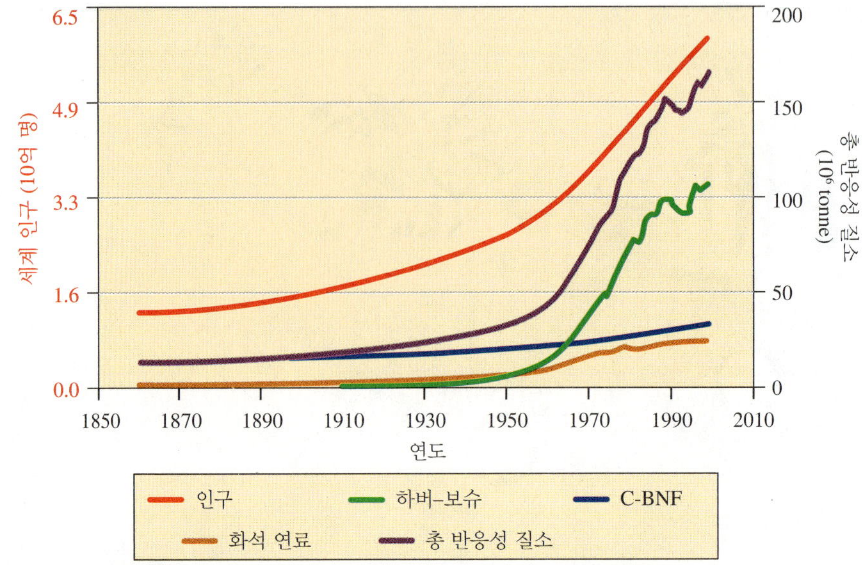

그림 6.19 다양한 공급원으로부터 만들어진 반응성 질소의 세계적 변화 (10^6 tonne, 오른쪽 좌표 눈금). 가장 위의 선은 2000년 세계 인구이다(10억 명, 왼쪽 좌표의 눈금).

비고: C-BNF는 콩, 쌀 및 사탕수수의 재배로 인해 만들어진 반응성 질소이다.

출처: Bioscience by American Institute of Biological Sciences, *April 2003, Vol.53, No.4, p.342. Copyright © 2003 by University of California Press-Journals. Reproduced with permission of University of California Press-Journals via Copyright Clearance Center.*

온실기체는 3.1절에 소개하였고, 3.8절에서 추가적으로 기술하였다.

농업에서 과량으로 사용된 질소 화합물로 오염된 담수가 11.6절에서 논의된다.

는 일종의 온실기체이다. 또 암모늄 이온은 토양에 단단히 붙어 있는 대신 아질산 이온이나 질산 이온으로 변해서 씻겨나가 급수를 오염시킬 수도 있다.

이제, NO 배출이 자연환경에 주는 전체 효과를 이해시킬 수 있게 되었다. 첫째로, 질소 산화물은 햇빛이 있을 때 지표 수준의 오존을 생성하여, 1장에서 살펴보았던 것처럼, 광화학적 스모그의 원인이 된다. 둘째로, NO_x 배출물은 식품 생산에 사용된 비료와 똑같이 반응성 질소의 형태이다. NO는 연료가 연소될 때 반응성 없는 대기의 N_2로부터 생성된다. 더 많은 연료가 탈수록 더 많은 N_2가 반응성 질소의 형태로 변한다. NO_x와 비료는 지구의 질소 순환 내 균형에 영향을 준다. 마지막으로, NO_x 배출은 하늘에서 떨어지는 강수의 산도를 증가시킨다.

6.10 | SO_2와 NO_x—이들은 어떻게 쌓이는가?

SO_2와 NO_x를 산성 침강의 두 가지 주범으로 확인하였으므로, 이제 시간에 따른 이들의 생산과 인간에 의한 배출을 통제하는 전략을 조사해 보자. 이 산화물들은 인간에 의해 배출될 뿐만 아니라 자연적으로도 생성된다. 일부 화산은 지속적으로 SO_2를 배출하고, 특별한 조건하에서는 원소 상태인 황의 아름다운 결정을 생성하기도 한다(그림 6.20). 화산이 분출할 때, 많은 양의 SO_2를 배출할 수 있다. 1991년 6월 필리핀에 있는 피나투보 산(Mount Pinatubo)의 분출은 성층권에 1500~3000만 ton의 이산화 황을 배출한 미국에 있는 세인트헬렌스 산(Mount St. Helens)의 분출보다 10배나 컸다.

하와이 킬라우에아(Kilauea, Hawaii) 같은 활화산의 SO_2 배출량은 일정하지 않다. 배출량은 매일 수백 tonne에 달한다.

해양은 자연적으로 황을 배출하는 두 번째의 배출원이다. 해양 생물체는 부산물로서 황화 다이메틸을 만들어 낸다. 황화 다이메틸은 대류권으로 들어가 •OH와 반응하여 SO_2를 형성한다. NO는 질소와 산소 기체가 고온에서 반응할 때마다 생성된다. 자연에서 벼락이 치거나 산불이 타는 동안에 이 반응이 일어난다. 토양의 박테리아에 의해서 공기 중에 있는 질소 기체가 식물의 몸을 키우는 데 사용될 수 있는 산화 질소로 변환된다.

그림 6.20 하와이 화산 국립 공원에 자연적으로 생긴 원소 상태의 황(노란색)

인간에 의한 SO_2와 NO_x 배출은 자연이 배출하는 것을 능가한다. 인간에 의해 대기에 더해지는 황의 양은 화산, 해양 및 다른 자연 배출원에 의한 배출량의 두 배이다. 인간에 의해 NO_x의 형태로 더해지는 질소의 양은 번개와 토양에서 발견되는 박테리아와 같은 자연 배출원에 의한 양의 거의 네 배나 된다. 미국에서, 매년 인간에 의해 배출되는 SO_2와 NO_x는 각각 800만 ton과 1200만 ton의 규모이다. 그림 6.14와 6.16을 참고하여 이 배출의 배출원을 다시 살펴보라.

1 ton(쇼트 톤) = 2000 lb
= 0.9072 tonne
(메트릭 톤)

이 두 오염 물질은 시간이 지남에 따라 크게 변화하였다. 1950년 전에는 비교적 적은 양의 NO_x가 비, 안개, 눈에 존재하였다. 이 두 오염 물질은 1970년대에 최고 수준에 이르렀다. 그림 6.21은 1970년 이후 미국에서의 NO_x와 SO_2 배출량을 보여 주고 있다. 지난 20년 동안 미국에서의 NO_x와 SO_2 배출량은 1990년에 '개정 청정 대기법'을 비롯한 여러 가지의 노력 덕분에 상당히 감소하였다. 이 장의 마지막 절에서는 비용, 통제 전략 및 정책이 어떻게 미국에서 SO_2와 NO_x 배출에 영향을 주었는지를 알아볼 것이다.

예제 6.17 SO_2와 NO_x 배출

그림 6.21은 40년에 걸쳐 미국에서의 NO_x와 SO_2 배출량을 그린 것이다. 이 시기에 어떤 오염 물질이 감소되었는가? 감소의 원인을 제시하시오.

세계적으로, SO_2와 NO_x의 수준은 시간에 따라 변하고 있다. NO_x 배출은 수백만의 작고, 규제되지 않으며, 움직이는 배출원으로부터 이루어지기 때문에 추적하기가 어렵다. 반면에 SO_2의 배출은 합리적으로 정확히 추산할 수 있다. 이것은 화석 연료 소비와 황을 포함하고 있는 금속 광물의 제련에 대한 국가적 자료에 의해 가능하다. 추산치를 얻기 위하여, 연구자들은 한 나라에서 생산된 화석 연료의 양(황 함량과 함께)을 일단 구하고, 화석 연료의 수입한 양을 더하고, 마지막으로 수출된 양을 뺀다. 금속 제련으로부터의 추산은 약간 까다로운데, 왜냐하면 배출되는 황의 양이 사용한 기술(이것은 언제나 알려지는 것은 아님)에 따라 달라지기 때문이다. 그럼에도 불구하고, 이러한 종류의 자료를 이용하여 결론에 이르게 하는 것은 가능하다.

2011년에 발행된 이같은 추산치에 따르면 지난 20년에 걸쳐 전 세계 SO_2의 배출량이 감소세에 있다는 반가운 소식이다. 1970년대에는 서유럽과 북미가 세계 최대 SO_2의 배출국이란 칭호를 함께 받았다. 환경 규제 결과 미국과 서유럽에서 이산화 황의 배출 수준은 급감하였다.

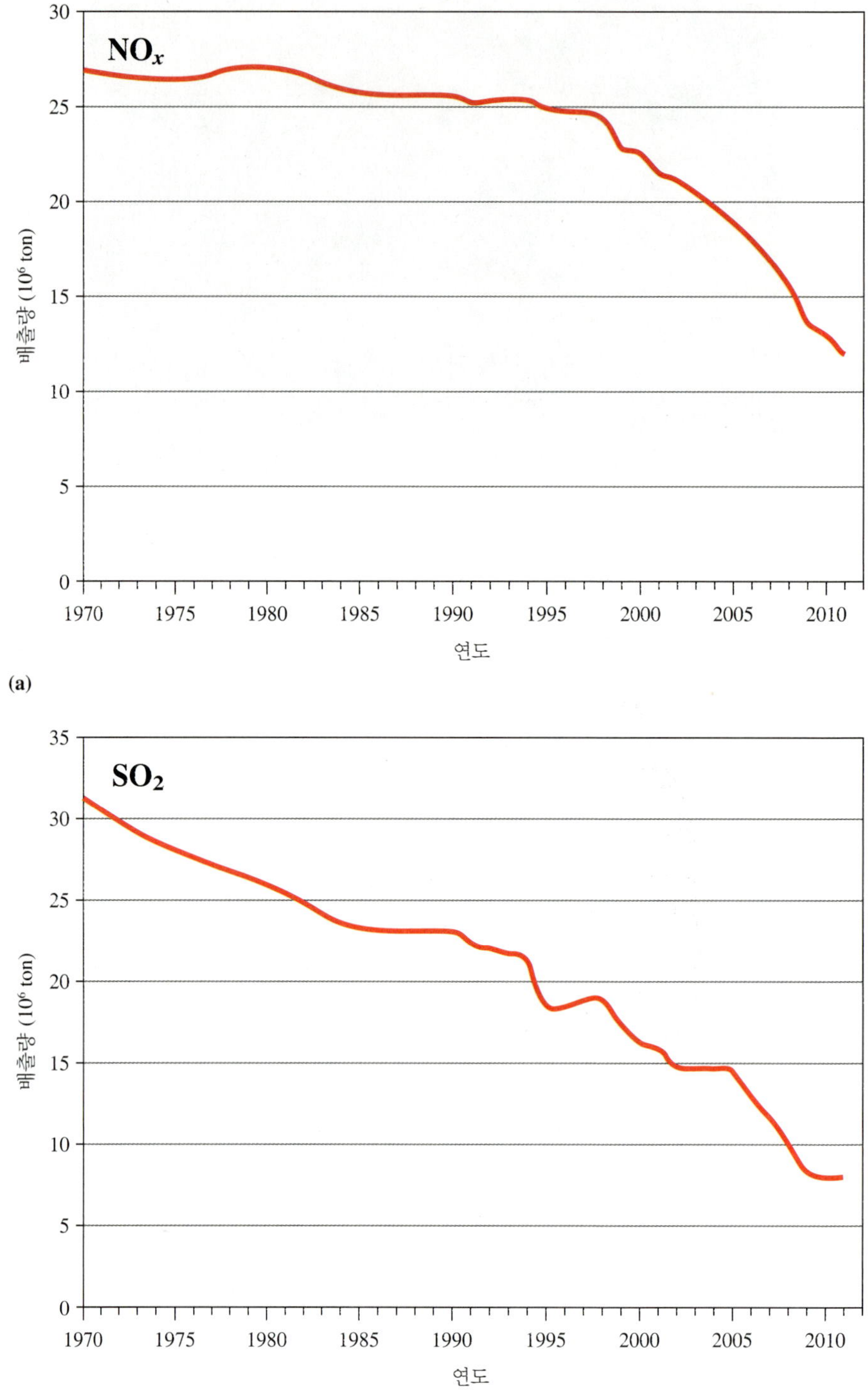

그림 6.21 1970~2011년 동안 미국에서 배출한 (a) 산화 질소 배출량, (b) 이산화 황 배출량. 두 그래프에서의 자료는 연료 연소, 운송 및 산업 공정으로 인한 배출량의 합이다.

출처: *EPA National Emission Inventory.*

오늘날에는, 아시아 대륙이 SO_2 배출에서 수위를 달리고 있다. 1970년대에 미국은 약 3천만 ton, 중국은 약 7백만 ton의 이산화 황을 배출하였다. 2000년이 시작되면서 중국은 분명히 세계 SO_2 배출 수위 국가로 부상하였다. 그러나 중국은 몇몇 낡은 비효율적인 석탄 발전소의 문을 닫고 SO_2 배출을 줄이는 기술을 장착하고 있다. 중국의 연간 SO_2 배출은 2006년 이후 감소하게 되었다.

중국 경제는 값싼 공산품에 대한 선진국의 입맛에 부분적으로 힘을 얻어 현저한 속도로 성장을 계속하고 있다. 중국의 석탄 산출량은 막대한 전기 수요를 맞추기 위하여 21세기 첫 10년간 2배가 넘었다. 인도도 에너지 수요가 경제 성장을 저해하고 있으므로 같은 길을 향해 가는 것 같다. 2011년에 중국의 석탄 소비는 세계 전체 소비량의 50%였고, 미국은 14%, 인도는 8%를 차지하였다. 인구를 합하면 세계 인구의 1/3을 차지하고 있는 중국과 인도에서 자동차 수의 엄청난 성장을 보이고 있다. 만일 중국 단독으로 미국과 같은 1인당 차량 수를 가진다면 세계적으로 차량의 수는 현재 도로를 달리는 차량 수 10억 대보다 더 많을 것이다. 분명히, 제한되지 않은 성장의 형태는 지속 가능하지 않다. 결과적으로 많은 나라들이 바람, 지열 및 태양에 의해 발전되는 전기를 모색하고 있다. 보존이라는 것과 연결하여, 훨씬 적은 SO_2와 NO_x를 생성하는 이러한 기술은 우리 지구의 현재와 미래를 위해 필수적이다.

'녹색' 기술조차도 약간의 SO_2와 NO_x를 생기게 한다. 이 기체들은 풍력 터빈, 태양 전지 및 전기 송전선의 제조, 설치 및 서비스 과정에서 배출된다.

6.11 산성 침강과 물질에 대한 이들의 영향

이미 살펴본 바와 같이, 미국에서의 많은 비, 안개, 눈은 이산화 탄소의 용해만으로 인하여 예상되는 것보다 훨씬 산성이다. 최악의 경우, 비, 안개, 이슬의 pH가 3.0 이하일 수도 있다. 이것이 정말 중요한 일인가? 이 질문에 답하기 위하여, 산성 침강의 영향과 이것들이 실로 얼마나 심각한지에 대한 중요한 내용을 알 필요가 있다.

전국적인 연구를 통하여 도움을 받을 수 있다. 1980년대 미국 의회는 국가 산성 강수 평가 프로그램(National Acid Precipitation Assessment Program, NAPAP)이라 부르는 전국적 연구 활동에 자금을 지원하였다. 2000명이 넘는 과학자들이 참여하였으며, 총비용은 5억 달러에 달하였다. 이 연구 과제는 1990년에 완료되었고, 참가한 과학자들은 28권의 과학과 기술의 상황이라고 하는 기술 보고서(NADAP, *State of the Science and Technology*, 1991)를 작성하였다. 남은 이 장에서 다룬 몇 가지 소재는 NAPAP 보고서에서 발췌한 것이다. 다른 정보는 "산성비: 이 문제가 해결되겠는가?"란 제목으로 환경정보센터(Center for Environmental Information)가 후원하여 개최된 2001년 학술 대회의 발표 논문집에서 발췌한 것이다. 이 학술 대회의 목적은 '산성비 문제를 공공 의제의 전면에 분명하게 다시 내놓은 것'이었다.

그리고 합의하기를 산성비는 공공 의제로 남아야 한다는 것이다. 첫째 이유는 산성비가 일으키는 손상 때문이다. 둘째 이유는 산성비 형성을 줄임으로써 얻게 되는 것 때문이다(표 6.2). 이 절에서는 금속, 조각상 및 건물에 미치는 산성비의 영향을 기술할 것이다. 생물체에 대한 산성 침강의 영향은 다음 절에서 살펴볼 것이다.

1장에서 살펴본 것처럼 주기율표상의 원소들 중 약 80%는 금속임을 상기하라. 이 금속들 중 대부분은 산성 침강으로 인한 손상에 취약하다. 금속은 전형적으로 반짝이며 은빛이 난다. 그러나 이런 모습은 변색되거나 녹슬기 전이다.

예제 6.18 **금속과 비금속**

주기율표의 도움을 받아 다음 원소들을 금속 또는 비금속으로 분류하시오. 각 원소의 원소 기호를 제시하시오.

a. 철	b. 알루미늄	c. 플루오린
d. 칼슘	e. 아연	f. 산소

금속과 비금속은 1.6절에서 정의되었다.

산성비(pH 3~5)가 모든 금속에 영향을 미치는 것은 아니지만, 불행히도 철은 산성비가 영향을 미치는 한 원소이다. 다리, 철도 및 온갖 종류의 자동차는 재료인 철과 강철에 의존한다. 강철 막대는 콘크리트 빌딩과 도로를 강화하기 위해 사용된다. 미국의 많

보석으로 사용하는 금속(금, 은, 백금)은 산성 침강물과 반응하지 않는다.

표 6.2 산성비의 영향 및 산성비 절감의 이득

영향	복구 혜택
물질 산성 침강으로 인하여 건물, 문화적 상징물 및 자동차가 부식되고 황폐화되어, 이들의 가치가 떨어지고 훼손된 것을 고치고 수선하는 데 비용이 증가한다.	건물, 문화적 상징물 및 자동의 훼손 감소. 이러한 훼손을 고치고 수선해야 할 미래의 비용 절감. 6.11절 참조
인간 건강 대기 중의 이산화 황과 산화 질소는 천식과 기관지염으로 인한 사망을 증가시킨다.	응급실 방문자 수 감소, 병원 입원자 수 감소, 사망자 수 감소. 6.12절 참조
시정 대기에서 이산화 황과 질소 산화물은 황산과 질산 에어로솔을 형성하고, 시정을 악화시키고, 국립 공원의 재미와 다른 풍광 좋은 경치에 영향을 끼친다.	안개 감소, 아주 먼 거리의 경치를 더 선명하게 보는 것이 가능. 6.12절 참조
지표수 산성 지표수는 호수와 하천의 동물 생명을 해친다. 더 심각한 경우로서 일부 또는 전체 물고기와 다른 수생 생물체가 죽는다.	지표수의 산도 수준을 낮춤. 매우 심하게 훼손된 호수와 하천에서 동물과 식물의 생명 복원. 6.13절 참조
산림 산성 침강은 나무 성장을 악화시키고 한해(winter injury), 곤충 창궐, 가뭄에 취약하게 함으로써 산림 황폐화에 일조한다. 산림 토양의 천연 영양분이 씻겨나가고 고갈되는 원인이 된다.	나무의 스트레스 감소와, 이로 인한 한해, 곤충 창궐, 가뭄의 영향 감소, 토양의 영양분이 적게 씻겨나가 전체적인 산림 건강을 향상시킴.

출처: *Adapted from* Emission Trends and Effects in the Eastern U.S. *United States General Accounting Office, Report to Congressional Requesters, March, 2000.*

이 반응은 산화-환원 반응이다. 이 형태의 반응에 대한 자세한 내용은 8장에서 찾으라.

은 곳에서, 장식 있는 철 담장과 격자 세공들로 도시와 시골 주택을 꾸미고 보호한다.

철의 문제는 녹이 스는 것이며 다음 화학 반응식으로 표현된다.

$$4\,Fe(s) + 3\,O_2(g) \longrightarrow 2\,Fe_2O_3(s) \qquad \textbf{[6.26]}$$

녹이 스는 것은 느린 과정이다. 불꽃이 튀는 것(sparkler)이나 불꽃(firework)으로 철을 가열하거나 점화하였을 때는 급속도로 산소와 결합한다. 그러나 실온에서 철이 녹스는 것은 수소 이온의 존재가 필요한 두 단계 과정이다. 식 6.26은 이 과정의 전체 반응식이다. H^+의 역할은 이 과정의 첫 단계인 식 6.27에서 명백하다. 이 단계에서 금속 철이 용해된다.

$$4\,Fe(s) + 2\,O_2(g) + 8\,H^+(aq) \longrightarrow 4\,Fe^{2+}(aq) + 4\,H_2O(l) \qquad \textbf{[6.27]}$$

순수한 물(pH = 7)조차도 느리게 녹스는 것을 촉진할 만큼 충분한 H^+를 가진다. 산의 존재 하에서 녹스는 과정은 크게 가속된다. 둘째 단계에서, Fe^{2+} 수용액은 산소와 추가적으로 반응하게 된다.

$$4\,Fe^{2+}(aq) + O_2(g) + 4\,H_2O(l) \longrightarrow 2\,Fe_2O_3(s) + 8\,H^+(aq) \qquad \textbf{[6.28]}$$

두 단계를 함께 합하면 식 6.26이 된다. 고체 생성물인 Fe_2O_3는 녹(rust)이라 부르는 친숙한 적갈색의 물질이다.

예제 6.19 녹 생성

식 6.27과 식 6.28을 함께 더하여 녹 생성에 대한 전체 반응(식 6.26)을 쓰시오.

예제 6.20 전하를 다룰 때 주의하기

지구 상에서 원소 철은 서로 다른 여러 가지 화학적 형태로 존재한다. 이 절에서는 Fe, Fe^{2+} 및 Fe^{3+}의 세 가지만 언급하였다.

a. 이 중에서 어느 것이 은색 철 금속인가?
b. 금속 철과 비교하여 Fe^{2+} 또는 Fe^{3+}는 최외각 전자(원자가 전자)를 얻었는가? 얻었다면 어느 것이 전자 몇 개를 얻었는가?
c. 원자가 전자를 잃은 것이 있는가? 있다면 어느 것이 전자 몇 개를 잃었는가?

답

b. Fe와 비교하여 Fe^{2+}와 Fe^{3+} 어느 것도 최외각 전자를 얻지 못하였다.

철은 자연 환경에 노출되면 본질적으로 불안정하기 때문에, 다리, 자동차, 건물 및 배의 노출된 철과 강철을 보호하기 위해 연간 수십억 달러가 소요된다. 페인트는 가장 흔한 보호 방법이지만 페인트조차도 특히 산성비와 산성 기체에 노출될 때는 분해된다. 크로뮴(Cr)이나 아연(Zn)과 같은 이차 금속의 박막으로 코팅한 철은 또 다른 보호 방법이다.

자동차 페인트는 산성 침강으로 인해 얼룩이 생기거나 파일 수 있다. 이러한 손상을 방지하기 위하여 지금은 자동차 제조사들이 항산성(acid-resistant) 페인트를 사용한다. 자동차가 자동차에 사용된 페인트를 훼손시키는 바로 그 화학 물질을 배출하는 것은 이율배반적이다. 차의 배기관에서 나온 NO를 따라가 보면 이 물질의 반응 생성물(질산)이 궁극적으로 차의 앞 덮개를 때리는 빗방울에 들어가 있음을 발견하게 될 것이다.

산성비는 또한 대리석으로 만든 조각상이나 기념비에 손상을 준다. 예를 들어 게티스버그 국립 전장(Gettysburg National Battlefield)에 있는 조각상이나 기념비가 복구할 수 없을 정도로 손상되었다. 그림 6.22에 보인 것처럼 뉴욕 시의 조지 워싱턴 조각상은 겨우 알아볼 수 있을 정도로 매우 황폐화되어 있다. 주로 탄산 칼슘, 즉 $CaCO_3$로 이루어진 대리석 석회암은 수소 이온 존재하에서 서서히 용해된다.

대리석과 석회석은 산성 조건하에서 용해된다. 이것은 해양 산성화 동안 조개류에 일어나는 것과 유사하다(6.5절).

$$CaCO_3(s) + 2\,H^+(aq) \longrightarrow Ca^{2+}(aq) + CO_2(g) + H_2O(l) \qquad \textbf{[6.29]}$$

예제 6.21 대리석 손상

대리석에는 탄산 마그네슘과 탄산 칼슘이 모두 들어 있을 수 있다.

a. 식 6.29와 비슷하게 산성비와 탄산 마그네슘의 반응을 나타내는 화학 반응식을 쓰시오.
b. 대리석에는 탄산수소 소듐이 전혀 들어 있지 않다. 그 이유를 설명하시오.
힌트: 물에 대한 이온 결합 화합물의 용해도를 설명한 5.8절을 참고하라.

예제 6.22 SO_2에 의한 손상

식 6.29에서 $H^+(aq)$로 나타내는 산이 황산이라 가정하자. 황산과 대리석의 반응에 대한 균형 화학 반응식을 쓰시오

워싱턴 D.C.의 링컨 기념관을 방문하는 방문객들은 기념관 밑의 방에서 자라는 커다란 종유석은 대리석, 즉 탄산 마그네슘이나 탄산 칼슘(또는 둘 다)이 들어 있는 물질이 산성비에 의해 침식된 결과라는 것을 알게 된다. 미국 동부의 다른 기념비도 비슷한 운명에 처해 있다. 일부 대리석 비석은 더 이상 읽을 수가 없다. 세계적으로, 값을 따질 수 없고 복원도 불가능한 많은 대리석 조각상과 건물들이 대기에 있는 산의 공격을 받고

1944년

현재

그림 6.22 산성비가 조지 워싱턴 석회암 조각상을 훼손시켰다. 이 조각상은 1944년에 뉴욕 시에 세워진 것이다.

있다(그림 6.23). 그리스의 파르테논 신전(Parthenon), 인도의 타지마할(Taj Mahal), 치첸이트사(Chichén Itzá)의 마야 유적 모두가 산의 침식의 흔적을 보여 주고 있다. 이율배반적으로, 이 지역 산성 침강의 일부는 최소 배출 통제 장치를 장착한 관광버스 및 다른 자동차에서 만들어진 NO_x 때문에 발생한 것이다.

연구과제 6.23 황폐화와 손상

그림 6.22를 다시 살펴보라. 산성비에 의한 손상이라고 비난하고 싶지만 다른 요인도 작용할 수 있다. 미국 지질 탐사(U.S. Geological Survey)에서 제공하는 산성비에 대한 웹 사이트의 도움을 받아 미국 수도를 사진으로 보면서 다른 가능한 요인을 찾으시오. 사진들은 어떤 종류의 손상을 보여 주는가? 무엇이 산성비에 의한 손상을 촉진하는가? 다른 무엇이 황폐화의 원인이 되었는가?

연구과제 6.24 지구 전체의 산성비

산성비에 대한 우려는 지구 전체에 걸쳐 다양하다. 북아메리카와 유럽의 많은 국가는 산성비를 다루는 웹 사이트를 가지고 있다. 한 나라를 골라 그 나라의 문제가 무엇인지 쓰시오. 산성 침강이 이 나라 경계 밖에서 연유된 것인가? 이것이 공유에 의한 비극과 어떻게 연결되는가?

그림 6.23 산성비는 지리적이거나 정치적인 경계를 알지 못한다. 멕시코 치첸이트사의 마야 유적도 산성비에 의해 침식되었다.

6.12 | 산성 침강, 연무 및 인간의 건강

연무! 산성 침강의 징후라고 종종 생각하는 이 현상은 작은 액체 방울 또는 공기에 떠 있는 고체 입자들 때문이다. 교통이 혼잡한 도시 지역에 살고 있다면 긴 거리를 따라 서 있는 건물들을 단지 바라만 보아도 종종 연무를 볼 수 있다. 농촌 지역에 살고 있다면 농지 위에 때때로 피어나는 여름 연무에 익숙할 수도 있다. 비행기 승객들은 운항 고도에서 아래를 응시하면 경치의 특징과 색이 흐려지는 것을 종종 알게 된다. 이율배반적으로, 무한히 볼 수 있을 것 같은 맑은 날에 종종 연무를 더 많이 인식하게 된다.

연무의 원인은 잘 알려져 있지만 지역마다 다르다. 중국 베이징(그림 6.24) 같은 대도시에서 석탄 화력 발전소는 연기와 입자 물질을 생성하고 이것들이 연무를 만들게 된다. 농촌 지역에서는 흙먼지와 목탄 난로의 검댕을 비롯한 다른 무리의 입자들이 연무를 증가시킨다.

동쪽에 있든 서쪽에 있든 발전소는 NO_x와 SO_2를 배출한다. 두 물질 모두 연무를 일으키지만 산성 침강을 나타내는 목적으로 후자에 초점을 맞추고자 한다. 앞에서 언급한 바와 같이, 석탄에는 몇 퍼센트의 황이 들어 있고, 석탄이 타면 지속적으로 이산화 황을 배출한다. 이산화 황은 무색이며, 따라서 이 기체는 '연무' 같은 것을 통해 보여지는 것은 아니다. 오히려 SO_2는 이 연무 형성의 전구체이다.

석탄 화력 발전소의 높은 굴뚝을 빠져 나오는 SO_2 분자에 초점을 맞추어 보자. 아래쪽으로 움직이면서 일련의 단계를 거쳐 이 분자는 황산 에어로솔을 형성한다. 첫 번째

비슷하게, 질산의 산성 에어로솔은 NO_x로 인하여 만들어진다.

그림 6.24 중국 베이징의 자금성, 각기 다른 날에 본 광경

단계로, 식 6.18에서 이미 보았듯이, SO_2가 산소와 반응하여 SO_3를 형성한다. 삼산화 황도 무색 기체이지만 **흡습성(hydroscopic)**을 가진다. 즉 삼산화 황은 대기에서 물을 쉽게 흡수하여 물을 머금는다. 두 번째 단계로, SO_3 분자가 물 분자와 즉시 반응하여 황산을 형성한다(식 6.12 참조).

예제 6.25 산의 작은 방울들

앞에서 기술한 황의 화학을 살펴보면서, 석탄 내 원소 황으로부터 시작하여 궁극적으로 황산이 형성되는 일련의 화학 반응식을 쓰시오.

수많은 황산 분자들이 작은 방울들을 형성하고, 이 작은 황산 방울들은 뭉쳐서 더 큰 방울을 형성한다. 이러한 방울들로부터 지름이 약 1 μm(1 μm = 10^{-6} m)인 방울로 이루어진 에어로솔이 형성된다. 이러한 황산 방울은 햇빛을 흡수하지 못한다. 오히려 햇빛을 산란(반사)시켜 시정을 감소시킨다. 황산 에어로솔은 며칠 동안 지속될 수 있다. 수백 마일을 바람 따라 날아갈 수 있으며, 이로 인하여 연무가 매우 광범위하게 퍼질 수 있다. 덧붙여, 산의 미세한 방울은 매우 안정하여 건물 안으로 들어와서 우리가 실내에서 호흡하는 공기의 일부가 되기도 한다.

또한 황산염 에어로솔에 대하여 들어보았을 수도 있다. 황산, 즉 H_2SO_4는 이온화하여 H^+, HSO_4^-, SO_4^{2-}가 생성됨을 상기하라. 각 이온의 농도는 에어로솔에서 측정될 수 있다. 그러나 이 산성 에어로솔은 염기와 반응하여 황산 이온을 함유하는 염을 형성할 수 있다. 전형적으로, 이때 염기는 암모니아 또는 수용액의 형태인 수산화 암모늄이다. 따라서 에어로솔의 입자 또는 방울은 황산, 황산 암모늄[$(NH_4)_2SO_4$] 및 황산수소 암모늄(NH_4HSO_4)의 혼합물일 수 있다. 황산 이온과 황산수소 이온의 농도(단순히 pH가 아니라)를 기록하는 것이 얼마나 많은 황산이 최초에 존재하였는지를 더 잘 나타내 준다.

예제 6.26 황산염 에어로솔

방금 기술한 산-염기 화학을 살펴보면서, 에어로솔에서 어떻게 황산염이 형성되는지를 보여 주는 균형 화학 반응식을 쓰시오. 이온으로 해리된 것이 아닌, 수용액 상태의 반응물과 생성물을 쓰시오. 예를 들어 황산을 $H_2SO_4(aq)$로 표시하시오.

a. 황산이 수산화 암모늄과 반응하여 황산수소 암모늄과 물을 형성한다.
b. 황산이 수산화 암모늄과 반응하여 황산 암모늄과 물을 형성한다.
힌트: b 경우에는 2 mol의 염기가 필요하다.

여름 햇빛은 대기에서 하이드록실 라디칼을 생성하는 역할을 하며, 이 라디칼은 SO_2에서 SO_3로의 변환을 촉진한다.

연무는 여름에 가장 심한데, 여름날에는 충분한 햇빛에 의해 광화학 반응이 촉진되어 황산이 만들어지기 때문이다. 결과적으로, 미국 동부에서의 평균 시정은 현재 약 20마일이고 종종 1마일까지 낮아지기도 한다. 반면에 서부 주에서의 시정은 200마일에서 100마일 이하의 자연 시정 범위로부터 지금은 줄어들었다. 이전에는 100마일 밖에 있는 산을 볼 수 있었던 지역에서 지금은 산이 연무 속으로 없어졌을 수도 있다. 옐로스톤(Yellowstone), 그랜드캐니언(the Grand Canyon), 그레이트스모키 산맥(the Great Smoky Mountains)을 비롯한 많은 국립 공원에서의 시정이 영향을 받아 왔다.

뜨겁고 건조한 계절의 산불도 연무에 일조한다.

1970년 미국의 '청정대기법'과 이어지는 이것의 개정법에는 국립 공원에서의 시정을 향상시키는 조항이 들어 있었다. 비록 기준은 연방법으로 설정되었지만 주는 그 기준을 이행할 책임이 있었다. 국립 공원에서의 시정은 계속하여 떨어졌다. 클린턴(Bill Clinton) 대통령은 임기 마지막 며칠 동안 EPA가 책임지고 국립 공원과 야생 지역의 하늘을 맑게 하는 데 도움을 줄 규제를 발의하도록 하는 법안에 서명하였다. '지역 연무

규칙(Regional Haze Rule, 1999)'으로 불리는 이 규제는 막대한 양의 SO_2, NO_x 및 입자 물질을 배출하는 수백 개의 노후화된 발전소가 오염을 통제하는 운영 방식으로 개선되기를 요구하였다. '청정 대기 시정 규칙(Clean Air Visibility Rule)'이라는 최종 개정안이 2005년 6월 15일 당시 부시(George W. Bush) 대통령에 의해 공표되었다.

연구과제 6.27 레이너 산(Mount Rainer)의 연무

인터넷으로 생중계되는 레이너 산의 연무를 직접 보라. 수십 곳의 다른 지역에서도 웹캠이 설치되어 있고, EPA는 이들의 목록을 게시하고 있다.

a. 낮 시간 동안 몇 개의 웹캠을 살펴보고 레이너 산에 무엇이 있는지 알아보시오.
b. 선택한 지역의 현재 대기질을 확인하시오. 몇몇 웹캠은 웹캠 사진과 함께 이런 정보를 제공하고 있다. 다른 지역에 대해서는 EPA의 AIRNow 웹사이트를 통해 자료를 얻을 수 있다.
c. 대기질과 시정은 얼마나 좋은 상관관계를 맺고 있는가?

지평선에서 연무를 볼 수 있다면 아마도 연무를 호흡할 가능성이 매우 높다. 일단 들이마시면, 산성의 물방울은 폐의 민감한 조직을 공격하게 된다. 천식, 폐기종 및 심혈관 질환을 앓고 있는 사람들은 매우 민감하다. 기관지염과 폐렴을 앓고 있는 사람들에게는 특히 치사율이 증가할 수 있다. 그러나 건강 상태가 좋은 사람조차도 산성 에어로솔의 자극적인 영향을 느낄 수 있다. 따라서 황산염과 황산 에어로솔로 오염된 공기를 호흡하면 의료비가 들게 된다! 석탄을 태워 전기를 얻는 비용이 적다고 하는 것은 NO_x와 SO_2 배출이 공동체의 건강에 영향을 끼친 비용을 감안하지 않은 것이다.

산성 에어로솔 수준의 감소는 많은 사람들에게 실질 비용과 삶의 질면에서 이득을 주게 될 것이다. 문제는 비용과 절약이 같은 집단에서 직접 발생하지 않는다는 것이다. 산업계는 청결하게 하는 데 비용을 지불해야 하고, 사람들은 의료비를 지불해야만 한다. 정부는 물론 이 모든 것을 지불하는 데 개입되어 있다.

2005년 EPA의 '청정 대기 시정 규칙'으로 말미암아 '대략적으로 1600건의 조기 사망, 2200건의 치명적이지 않은 심장 발작, 960건의 입원과 100만 일 이상의 학교와 직장 결근을 방지함으로써 매년 84억에서 98억 달러 범위의 실질적인 건강 이득'을 가져올 것으로 기대하고 있다. 따라서 비용 대비 이득 비율은 매우 유리하다. 일부 사람들에게는 누가 비용을 지불하고 누가 이득을 챙기느냐 하는 문제가 있다. 배출량을 줄이고자 애쓰는 기업에서 오래된 장치를 보수하는 것에는 분명히 비용이 따른다. 그러나 이득도 또한 있다. 더 적은 배출량은 더 건강한 공동체(종업원을 포함)와 더 낮은 의료비와 줄어든 직장 결근일로 해석할 수 있다. 세 가지 최저선의 관점에서, 감소한 배출량은 더 건강한 생태계, 더 건강한 공동체, 더 건강한 경제로 해석할 수 있다.

세 가지 최저선은 건강한 경제, 건강한 생태계 및 건강한 공동체이다. 세 가지 최저선에 대한 자세한 내용은 0장을 참조하라.

역사적으로 오염된 공기는 막대한 비용을 강요하였다. 오염과 관련된 호흡기 질병 중 최악으로 기록된 예의 하나가 1952년에 런던에서 일어났다. 공장 굴뚝에서 연기가 대기로 수백 년 동안 내뿜어졌기 때문에, 뿌연 나쁜 공기는 영국 사람들에게 이상한 것이 아니었다. 그러나 1952년 12월, 날씨는 평상시보다 더 추웠고, 사람들은 황이 많이 들어 있은 석탄을 가정집 난로에서 많이 태우고 있었다. 평상시와 다른 날씨 때문에 두꺼운 안개 층이 만들어졌고, 이는 연기와 오염 물질을 5일 동안 붙잡아 두게 되어 실질적으로 시정을 0으로 떨어뜨렸다. 치명적인 에어로솔로 인해 4000명 이상이 사망하였고, 최고에 달할 때는 하루 900명이 사망하였다.

1948년에도 비슷한 사건이 피츠버그(Pittsburgh) 남쪽에 위치한 제철 도시, 펜실베이니아 주 도노라(Donora, Pennsylvania)에서 일어났다. 또 다시 안개 층이 산업 오염 물질을 지상 가까이에 붙잡아 놓았다. 정오까지, 숨이 막히는 안개와 연기의 에어로솔 때문에 하늘은 컴컴하였다(그림 6.25). 피해자들에게 산소를 문까지 배달하였던 81세의

(a)

(b)

그림 6.25 (a) 1948년 펜실베니아 주 도노라의 뉴스 머리기사, (b) 1948년 살인적인 스모그 동안 도노라의 낮 풍경

한 소방관은 "극적이고 과장된 것처럼 들리겠지만, 거의 볼 수가 없었다"고 진술하였다. 높은 농도의 황산과 다른 오염 물질로 인하여 곧바로 광범위한 질병이 발생하였다. 안개가 낀 기간 동안 17명이 사망하였고, 후에 4명이 더 희생되었다. 도노라와 런던은 과거의 극단적이고 흔하지 않은 사건이었지만, 오늘날 사람들도 크게 오염된 공기를 여전히 호흡하고 있다. 미국 EPA와 세계보건기구(World Health Organization, WHO)는 화석 연료를 태움에 따라 배출되는 SO_2의 유해한 수준에 현재 6억 2500만 명의 사람들이 아직도 노출되어 있다고 추산하고 있다. 실제로 중국 석탄 채굴의 중심지인 다통(Datong, China)의 현재 거주민들은 겨울철 대기질이 너무 나빠 "낮인데도 사람들은 불을 켠 채로 차를 운전한다"고 진술하였다.

산성 안개가 사람의 건강에 즉각적인 위협이 될 수 있지만, 산성 침강의 간접적인 효과에 대한 대중의 우려도 점차 증가하고 있다. 예를 들어 납, 카드뮴 및 수은을 비롯한 특정 독성 금속 이온의 용해도는 산의 존재하에서 상당히 증가한다. 이 원소들은 지구상에 자연적으로 존재하고 토양과 바위를 구성하는 광물에 종종 단단히 결합되어 있다. 이 금속들은 산성화된 물에 용해되어 공공의 급수에까지 전달되면 심각하게 건강을 위협할 수 있다.

화석 연료의 연소, 산성 강수 및 인간 건강 사이에 명백한 연결 고리가 있다. 2001년에 "**사이언스**(*Science*)"지에 게재된 국제 팀으로 구성된 저자들의 논문에서 다음과 같이 상황을 단도직입적으로 평가하였다. "화석 연료의 연소 배출량을 줄이기 위한 정책이 하루 연기될 때마다 대기 오염과 관련된 사망과 질병은 증가할 것이다." 이 말은 2001년과 마찬가지로 오늘날에도 사실이다. 우리가 호흡하는 공기가 깨끗하다면 건강 관리 비용은 줄어들게 될 것이다.

마찬가지로, EPA에 의한 연구에 따르면 1990년 '개정 청정 대기법'이 요구하는 SO_2와 이와 관련된 산성 에어로솔 오염의 감소는 시간이 지남에 따라 건강 관리 비용에 있어 수십 억 달러를 절감할 수 있을 것으로 추산하고 있다. 이러한 절감은 원칙적으로 천식과 기관지염과 같은 폐 관련 질병을 치료하는 비용 감소와 조기 사망 감소로부터 올 것이다.

6.13 | 호수와 하천에 대한 훼손

인간만이 산성 강수의 비용을 치르는 유일한 생명체는 아니다. 세계 지표수 내 생물체는 산성 강수가 호수와 하천을 채울 때 환경 변화를 겪게 된다. 건강한 호수의 pH는 6.5 또는 이보다 약간 높다. 만약 pH가 6.0 미만으로 내려가면 물고기와 다른 수생 생물은

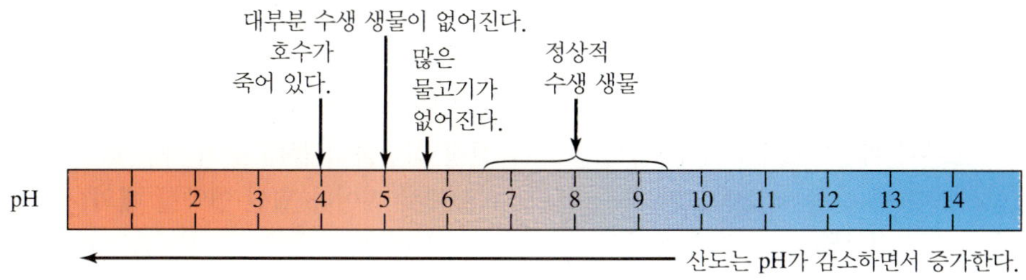

그림 6.26 수생 생물과 pH

영향을 받게 된다(그림 6.26). 오직 강건한 몇 종만이 pH 5.0 미만에서 생존할 수 있다. 호수는 pH 4.0에서 기본적으로 죽은 생태계가 된다.

많은 연구들에 따르면, 특정 지역의 호수와 강에서 물고기 수의 감소와 함께 점진적 산성화가 진행되고 있다. 이 문제가 처음 관찰된 노르웨이 남부와 스웨덴에서 전체 호수들 중 1/5에는 더 이상 물고기가 존재하지 않고, 전체 강의 절반에는 누런 송어가 없다. 온타리오 남동부에 있는 호수의 평균 pH는 현재 5.0으로서, 건강한 호수에서 요구되는 pH보다 훨씬 낮다. 버지니아에서는, 송어가 살고 있는 하천의 1/3 이상이 일시적으로 산성이거나 또는 그렇게 될 위험성이 있다.

비록 미국의 중서부가 산성 강수의 주요 근원지임에도 불구하고 이곳의 많은 지역의 호수와 하천은 산성화 문제를 가지고 있지 않다. 이같은 명백한 역설은 아주 간단히 설명될 수 있다. 산성 강수가 호수에 떨어지거나 호수로 흘러 들어갈 때, 산이 중화되지 않거나 주위 식생에 의해 어느 정도 사용되지 않는다면 호수의 pH는 떨어지게 된다(더욱 산성화가 된다). 어떤 지역에서는 주위 토양에 산을 중화시킬 수 있는 염기가 들어 있을 수 있다. 호수나 물 덩어리가 pH의 감소에 저항하는 능력을 **산 중화 능력(acid-neutralizing capacity)**이라 한다. 중서부의 대부분 표면 지질은 석회석($CaCO_3$)이다. 결과적으로, 중서부의 호수는 산 중화 능력이 높으며, 이는 앞서 대리석 조각상과 기념비에서 본 바와 같이, 석회석이 산성비와 서서히 반응하기 때문이다(식 6.29).

더욱 중요한 것은 이곳 호수 및 하천의 칼슘 이온과 탄산수소 이온의 농도가 비교적 높다는 것이다. 이것은 석회석이 이산화 탄소와 물과 반응한 결과로서 일어난다.

$$CaCO_3(s) + CO_2(g) + H_2O(l) \longrightarrow \underset{\text{칼슘 이온}}{Ca^{2+}(aq)} + 2\ \underset{\text{탄산수소 이온}}{HCO_3^-(aq)} \qquad [6.30]$$

산은 탄산 이온과 탄산수소 이온에 의해 소모되므로 호수의 pH는 다소간 일정하게 유지된다.

예제 6.28 탄산수소 이온

식 6.30에서 생성된 탄산수소 이온은 수소 이온을 받아들일 수 있다.

a. 이 반응에 대한 화학 반응식을 쓰시오.
b. 탄산수소 이온은 산으로 작용하는가, 염기로 작용하는가?

답

a. $HCO_3^-(aq) + H^+(aq) \longrightarrow H_2CO_3(aq) \longrightarrow CO_2(g) + H_2O(l)$

중서부와는 대조적으로, 뉴잉글랜드와 뉴욕 북부(노르웨이와 스웨덴에서도 마찬가지)의 많은 호수들은 단단하고 물이 스며들지 않으며 훨씬 반응성이 작은 화강암으로 둘러싸여 있다. 다른 국지적 반응이 일어나지 않으면 이 호수들의 산 중화 능력은 매우 작다. 결과적으로 많은 호수는 점진적으로 산성화를 띠게 된다.

밝혀진 바와 같이, 호수의 산성화를 이해하는 것은 단순히 pH와 산 중화 능력을 측정하는 것보다 훨씬 복잡하다. 복잡함을 더하는 것 중의 하나가 연간 변화이다. 예를 들어 어떤 해는 겨울의 많은 눈이 봄까지 지속적으로 내리다 갑자기 녹는다. 결과적으로, 녹아 흐르는 물에는 겨울 눈에 묻혀 있던 모든 산성 침전물이 들어 있기 때문에 이 물은 평상시보다 더 산성이다. 물고기가 산란하거나 알에서 깨어나 훨씬 연약할 때의 시기에 맞추어 물길의 산도가 급하게 높아질 수 있다. 뉴욕 북부의 애디론댁 산맥(Adirondack Mountains)에서는, 민감한 호수의 약 70%가 일시적 산성화의 위험에 처해져 있다. 이와 비교하여 장기간에 걸쳐 영향을 받는 호수는 훨씬 작은 비율이다(19%). 애팔래치아 산맥(Appalachian Mountains)에서는, 일시적으로 영향을 받는 호수의 수(30%)가 장기간에 걸쳐 영향을 받는 호수의 수에 비하여 7배나 된다.

가능하다면, 언제 호수가 회복될 것인가? 좋은 소식은 미국의 SO_2 배출량이 최근에 감소하고 있고, 애디론댁 산맥의 호수에서 황산 이온의 농도도 따라서 감소하고 있음을 보았다는 것이다. 그러나 NO_x의 배출량이 꽤 일정하게 유지됨에도 불구하고, 애디론댁 산맥에서 질산염의 농도가 증가하고 있는 호수가 그렇지 않은 호수보다 더 많다. 따라서 주위 식생에서 질소 포화가 나타나 호수의 산도가 증가하고 마는 것 같다. 이 호수 지역의 토양은 산 중화 능력의 일부를 잃어버린 것으로 보인다.

최근 관찰에 따르면 희망과 절망이 섞여 있다. 2011년에 EPA는 1994년 이래 '중앙 애팔래치아 산맥 지역의 하천 중에서 추가적으로 10%만이 산성 침강으로부터 오는 생태계의 피해를 막는다'고 의회에 보고하였다. 그러나 EPA는 또한 몇 가지 개선된 점을 인정한다. 예를 들어 산성 침강이 토양의 산 중화 능력을 초과하는 애디론댁 산맥 내 호수의 수가 1991년과 2008년 사이에 1/3로 줄었다.

결론

이산화 탄소, 이산화 황 및 질소 산화물과 같은 산성 산화물의 배출은 전 세계 해양, 강우, 호수 및 강의 산도에 영향을 끼치고 있다. 미국에서 '산성비'는 한때 환경론자와 언론인들에 의해 기술되었던 무서운 역병이 아니다. 그러나 무시할 일도 아니다. 1990년의 '개정 청정 대기법' 같은 연방법이 산성 침강의 전구체인 SO_2와 NO_x 배출량을 줄이기 위해 발효될 정도로 매우 심각하다.

만약 이 장에서 무엇인가를 배웠다면, 복잡한 문제들은 간단한 또는 지나치게 단순화한 전략으로는 풀 수 없다는 인식이 있었기를 희망한다. 석탄과 휘발유의 연소와 탄소, 황 및 질소 산화물의 생성, 그리고 바닷물, 안개 및 강수의 감소된 pH를 비롯하여 복잡하게 얽힌 관계를 인정하지 않는다면 몇 가지 화학의 근본적인 사실을 부정하는 것이다. 여러 분야의 전문가들이 협동할 것을 요구하는 과제로서, 전체 생태계의 상황에서 산성 침강을 이해할 수 있도록 생태계와 생물계에 대한 지식도 필요하다.

공중 보건도 문제이다. 경제 분석에 따르면 황과 질소 배출량을 줄이는 데 기금을 배분하는 것은 더 낮은 사망률, 더 적은 발병, 더 높아진 생활의 질로 큰 보답을 할 것으로 밝혀졌다.

해양 산성화와 산성 강수의 문제에 대하여 개인으로서 그리고 하나의 사회로서 우리가 행할 수 있는 한 가지 조치는 에너지를 절약하고 연소하지 않는 에너지 공급원으로 전환하는 것인데, 이는 이 장에서 거의 언급되지 않았으나 잠재적으로 가장 강력한 것 중의 하나가 될 것이다. 이산화 탄소, 이산화 황 및 질소 산화물은 특히 전기와 운송을 위한 탐욕스러운 에너지 수요의 부산물이다. 화석 연료에 대한 개인적, 국가적, 그리고 전지구적 수요가 통제되지 않은 채로 지속적으로 성장한다면, 우리들의 환경은 상당히 더워지게 될 것이고 더욱 더 산성화될 것이다. 뿐만 아니라 석유와 적은 양의 황이 함유된 석탄의 공급이 감소하고 황이 많이 함유된 석탄에 대한 의존도가 더 증가함에 따라 문제는 심화될 것이다.

핵 분열, 물과 바람, 재생 가능한 바이오매스 및 태양 자체와 같은 다른 에너지 공급원이 있다. 모두 현재 이용되고 있고 이들의 이용은 의심할 여지없이 증가할 것이다. 다음 장에서는 핵 분열을 살펴볼 것이다. 그러나 다양한 이유로, 산업과 개인 집단의 에너지 절약이 우리 환경에 굉장한 이득이 되는 효과를 줄 것이라는 신중한 제안으로 이 장의 결론을 맺고자 한다.

요약

이 장을 공부한 후에 다음을 할 수 있어야 한다.

- **산**과 **염기**라는 용어를 정의할 수 있고, 이 정의를 사용하여 산과 염기를 구별하는 방법을 알 수 있다. (6.1~6.3)
- 화학 반응식을 사용하여 산과 염기의 해리(이온화)를 표시할 수 있다. (6.1~6.2)
- 산과 염기의 중화 반응을 쓸 수 있다. (6.3)
- 용액을 pH 또는 H^+와 OH^-의 농도에 근거하여 산성, 염기성 또는 중성으로 분류할 수 있다. (6.3~6.4)
- 수소 이온 또는 수산화 이온의 농도를 1×10^n (n: 정수)로 주어졌을 때 pH 값을 계산할 수 있다. (6.4)
- 순수한 물의 pH, 보통 빗물의 pH, 산성비의 pH, 바닷물의 pH를 비교할 수 있다. (6.4)
- 화학 반응식을 사용하여 바닷물에서 탄산이 증가하는 수준과 탄산 칼슘 껍질의 용해를 연관지을 수 있다. (6.5)
- 미국에서 가장 산성인 비가 내리는 곳을 지도에 표시할 수 있다. (6.6)
- 산성비를 야기하는 황 산화물과 질소 산화물의 역할을 설명할 수 있다. (6.7~6.8)
- 해양 산성화와 산성 강수의 원인을 비교할 수 있다. (6.5~6.8)
- N_2가 비교적 반응성이 없는 원소라는 이유를 설명할 수 있다. 다른 형태의 반응성 질소와 이들이 인간과 자연에 의해서 어떻게 생성되는지를 기술할 수 있다. 질소 순환을 이용하여 반응성 질소의 단계적인 효과를 설명할 수 있다. (6.9)
- 암모니아의 산업적 생산과 질산염의 산성 침강이 모두 지구 상에서 반응성 질소의 증가에 어떻게 기여를 하는지를 기술할 수 있다. (6.9)
- NO_x의 공급원과 SO_2의 공급원을 나열하고 지난 30년간 이 오염 물질의 수준 변화를 설명할 수 있다. (6.10)
- 산성 에어로솔의 생성을 기술할 수 있고, 건축 재료와 인간 건강에 대한 이들의 영향을 기술할 수 있다. (6.12)
- 산성비 통제가 인간 건강에 이득이라는 관점에서 현명한 투자인 이유를 설명할 수 있다. (6.12)
- 호수에서 질소 포화와 이것의 결과를 기술할 수 있다. (6.13)

연습문제

기본문제

1. 이 장은 해양 산성화를 논의하면서 시작하였다
   a. 바닷물에는 염화 소듐을 비롯한 많은 염이 들어 있다. 염화 소듐의 화학식을 쓰시오.
   b. 염화 소듐은 물에 가용성이다. 고체 염화 소듐이 물에 용해하면 어떠한 화학 과정이 일어나는가? **힌트:** 5.8절 참조
   c. 염화 소듐은 전해질인가? 그 이유를 설명하시오.
2. 탄산 칼슘도 염이다. 이것의 화학식을 쓰시오. 탄산 칼슘이 물에 용해될지, 용해되지 않을지를 예상해 보시오. **힌트:** 5.8절 참조
3. 이산화 탄소는 대기에 있는 한 기체이다.
   a. 대략 농도는 얼마나 될까?
   b. 왜 대기 내 이산화 탄소의 농도가 증가하는가?
   c. CO_2 분자의 루이스 구조를 그리시오.
   d. 이산화 탄소는 바닷물에 매우 잘 녹을 것으로 예상하는가? 그 이유를 설명하시오.
4. 이 장의 서론 부분에서 인류에 의한 **배출물**(*anthropogenic emission*)이란 용어가 사용되었다. 이 용어의 의미를 설명하시오.
5. a. 물 분자의 루이스 구조를 그리시오.
   b. 수소 이온과 수산화 이온의 루이스 구조를 각각 그리시오.
   c. 문제 **a**와 **b**에 있는 세 개의 구조를 연관 짓는 화학 반응식을 쓰시오.
6. a. 다섯 가지 산을 선택하여 이들을 명명하고 이들의 화학식을 쓰시오.
   b. 일반적으로 산과 관련하여 관찰할 수 있는 성질 세 가지의 이름을 대시오.
7. 다음 각 산의 분자 하나에서 하나의 수소 이온을 내놓는 과정을 보여 주는 화학 반응식을 쓰시오.
   a. $HBr(aq)$ (브로민화수소산)
   b. $H_2SO_3(aq)$ (아황산)
   c. $HC_2H_3O_2(aq)$ (아세트산)
8. **a.** 다섯 가지 염기를 선택하여 이들을 명명하고 이들의 화학식을 쓰시오.
   b. 일반적으로 염기와 관련하여 관찰할 수 있는 성질 세 가지의 이름을 쓰시오.
   c. 식 6.5b에 있는 각 화학종의 루이스 구조를 그리시오.
9. 다음 각 염기가 물에 용해될 때 수산화 이온을 내놓는 과정을 보여 주는 화학 반응식을 쓰시오.
   a. $KOH(s)$ (수산화 포타슘)
   b. $Ba(OH)_2(s)$ (수산화 바륨)
10. 무슨 기체가 물에 용해될 때 다음 각 산을 생성하겠는가?
   a. 탄산 (H_2CO_3)　　b. 아황산 (H_2SO_3)

11. 질산 이온, 황산 이온, 탄산 이온, 암모늄 이온에 대한 질문에 답하시오.
    a. 각 이온의 화학식을 쓰시오.
    b. 각 이온(수용액 형태)이 생성물이 되는 화학 반응식을 쓰시오.
12. 다음 각 산–염기 반응에 대한 균형 화학 반응식을 쓰시오.
    a. 수산화 포타슘이 질산에 의해 중화된다.
    b. 염산이 수산화 바륨에 의해 중화된다.
    c. 황산이 수산화 암모늄에 의해 중화된다.
13. 다음 각 쌍의 $[H^+]$가 다르다. 10의 몇 제곱만큼 다른가?
    a. pH = 6과 pH = 8
    b. pH = 5.5와 pH = 6.5
    c. $[H^+] = 1 \times 10^{-8}$ M과 $[H^+] = 1 \times 10^{-6}$ M
    d. $[OH^-] = 1 \times 10^{-2}$ M과 $[OH^-] = 1 \times 10^{-3}$ M
14. 다음 수용액을 산성, 중성, 염기성으로 분류하시오.
    a. HI(*aq*)
    b. NaCl(*aq*)
    c. NH_4OH(*aq*)
    d. $[H^+] = 1 \times 10^{-8}$ M
    e. $[OH^-] = 1 \times 10^{-2}$ M
    f. $[H^+] = 5 \times 10^{-7}$ M
    g. $[OH^-] = 1 \times 10^{-12}$ M
15. 문제 14의 **d**와 **f**에 대하여 주어진 $[H^+]$에 따른 $[OH^-]$를 계산하시오. 마찬가지로 **e**와 **g**에 대하여 $[H^+]$를 계산하시오.
16. 다음 중 수소 이온의 농도가 가장 **작은** 것은 어느 것인가? 그 이유를 설명하시오.
    0.1 M HCl, 0.1 M NaOH, 0.1 M H_2SO_4, 순수한 물
17. 그림 6.13에서 보여 준 원소 황의 반응에 대한 균형 화학 반응식을 쓰시오.
18. 석탄의 화학식을 $C_{135}H_{96}O_9NS$라고 할 때 물음에 답하시오.
    a. 석탄 내 질소의 질량 퍼센트는 얼마인가?
    b. 석탄 3 ton이 탈 때 발생하는 NO의 질량은 얼마나 될까? (단, 석탄 내 모든 질소가 NO로 변환된다고 가정한다.)
    c. 실제로 NO는 방금 계산한 것보다 더 많이 생성된다. 그 이유를 설명하시오.
19. 2010년에 미국에서는 10억 ton의 석탄을 태웠다. 석탄에 질량 퍼센트로 2%의 황이 들어 있다고 가정할 때 배출된 이산화 황의 질량을 ton으로 계산하시오.
20. 산성비는 대리석 조각상과 석회석 건축 재료를 훼손할 수 있다. 하나의 산을 선택하여 이 반응에 대한 균형 화학 반응식을 쓰시오.
21. SO_2 1.00 ton과 완전히 반응하는 데 필요한 $CaCO_3$의 ton 수를 계산하시오.
22. 백운석 석회(dolomite lime)라고 하는 정원 제품은 탄산 칼슘과 탄산 마그네슘이 모두 들어 있는 작은 석회석 조각으로 이루어져 있다. 이 제품은 '칼슘과 마그네슘의 중요한 공급원'이긴 하지만 '정원사에게 산성 토양의 pH를 조절하도록 도와 줄 의도'로 만들어졌다.

    a. 이때 '칼슘'은 칼슘 이온의 형태인가, 칼슘 금속인가?
    b. 왜 석회석이 산성 토양의 pH를 조절해 주는지를 보여 주는 화학 반응식을 쓰시오.
    c. 백운석 석회를 토양에 뿌리면 pH가 올라갈까, 내려갈까?
    d. 철쭉, 진달래 나무, 동백나무와 같은 식물에는 백운석 석회를 뿌리지 말아야 한다. 그 이유를 설명하시오.

개념문제

23. 산성비의 전문가인 갤러웨이(James Galloway) 교수는 "인간 활동은 세계를 산성으로 만들고 있는 것이 아니라 세계를 **더** 산성으로 만들고 있다"라고 썼다.
    a. 왜 세계는 자연적으로 산성인가를 설명하시오.
    b. 어떻게 인간이 세계를 더 산성으로 만들고 있는지를 설명하시오.
    c. 지구의 커다란 영역 하나는 염기성이다. 어느 영역인가? **힌트:** 그림 6.4 참조
24. 한 뉴스 기자는 해양은 현재 얼마나 산성인지에 대하여 그리고 해양은 심지어 더욱 산성화되어 가고 있다고 말하였다. 여러분이라면 뉴스 방송국에 어떠한 전자메일 메시지를 보내겠는가?
25. 해양이 지난 200년에 걸쳐 산성화가 진행되어 왔던 속도와 같은 속도로 산성화가 지속된다면, 해양이 실제로 산성화되기까지 얼마나 걸리겠는가?
26. 새로운 산악 자전거 하나를 구입하였는데 우연히 탄산 콜라 한 캔을 금속 핸들과 페인트 위에 엎질렀다고 생각해 보자.
    a. 청량음료는 산성비보다 더 산성이다. 대략 몇 배나 더 산성인가? **힌트:** 그림 6.4 참조
    b. 청량음료의 산도가 더 크더라도 이 음료를 쏟는 것은 자전거의 핸들과 페인트를 훼손시키지 못할 것 같다(아마도 설탕이 기어 위엔 많지 않겠지만). 그 이유를 설명하시오.
27. a. 샴푸 병 표식에 쓰여 있는 'pH 균형 맞춘'이란 문구가 의미하는 것은 무엇인가?
    b. 'pH 균형 맞춘'이란 문구가 특정 샴푸를 구입하는 결정에 영향을 끼치는가? 그 이유를 설명하시오.
28. 맛으로 판단할 때, 오렌지 주스 한 컵과 우유 한 컵 중에서 어느 것에 수소 이온이 더 많이 들어 있다고 생각하는가?

29. 식초에 들어 있는 산으로서 아세트산의 화학식을 보통 $HC_2H_3O_2$로 적는다. 하지만 많은 화학자들은 이것의 화학식을 CH_3COOH로 적는다.

a. 아세트산의 루이스 구조를 그리시오.

b. 두 화학식 모두 아세트산을 나타내고 있음을 증명하시오.

c. 각 화학식의 장점과 단점은 무엇인가?

d. 아세트산 분자당 수소 이온으로서 수소 원자 몇 개가 나오는가? 그 이유를 설명하시오.

30. 텔레비전과 잡지 광고는 제산제의 이점을 과대 선전한다. 한 친구가 빨리 부자가 되는 한 가지 좋은 방법으로 '제염기(anti-base)' 파는 것을 권한다. 제산제의 목적을 친구에게 설명하고 '제염기' 알약의 잠재적 성공에 대한 몇 가지 충고를 하시오.

31. 예제 6.7에서, 산, 염기 및 일반 염의 수용액에 존재하는 이온을 열거하였다. 열거된 이온에 분자 화학종인 물을 추가한다.

a. 1.0 M의 NaOH 수용액에 들어 있는 모든 분자성 및 이온성 화학종을 농도가 감소하는 순으로 나열하시오.

b. 1.0 M의 HCl 수용액에 들어 있는 모든 분자성 및 이온성 화학종을 농도가 감소하는 순으로 나열하시오.

32. CO, CO_2, O_3, NO, NO_2, SO_2, SO_3를 비롯한 많은 기체는 제트 엔진으로부터 나오는 배기물과 관련되어 있다.

a. 이 기체들 중 어느 것이 제트 엔진에서 직접 배출되는 것인가?

b. 문제 **a**로부터 이차적으로 만들어진 기체는 어느 것인가?

33. 그림 6.14는 연료 연소(주로 발전에 의한 연소)와 운송에 의한 SO_2 배출에 관한 정보를 제공한다. 그림 6.16은 연료 연소(주로 발전에 의한 연소)와 운송에 의한 NO_x 배출에 관한 정보를 제공한다. 연료 연소와 운송과 관련하여 SO_2와 NO_x의 배출이 어떻게 다른지를 설명하시오.

34. 미국에서는 인간 활동으로 거의 같은 **질량**의 SO_2와 NO_x가 발생한다.

a. 발생량을 mol 단위로 비교하면 어떠한가? (단, 모든 발생한 NO_x는 NO_2의 형태라고 가정한다.)

b. 전 세계에 비하여 미국에서의 배출량 백분율은 SO_2보다 NO_x가 더 큰데, 그 이유를 제시하시오.

35. 반응성 질소 화합물은 이들에 의해서 형성되는 다른 화학 물질을 통해 직간접적으로 생물권에 영향을 끼친다.

a. 이익이 되는 반응성 질소 화합물의 직접적인 영향 한 가지를 쓰시오.

b. 인간 건강에 해로운 반응성 질소 화합물의 직접적인 영향 두 가지를 쓰시오.

c. 오존 형성은 간접적인 유해 영향이다. 반응성 질소 화합물과 오존 형성 사이의 연관을 설명하시오.

36. 원래 비는 산성이지만 모든 비가 '산성비'로 분류되는 것이 아닌 이유를 설명하시오.

37. 일부 지방 신문에서는 꽃가루, 자외선 지수 및 대기질에 대한 예보를 한다. 왜 산성비에 대한 예보를 하지 않는다고 생각하는가?

38. 산성비를 줄이기 위해 개인적으로 취할 수 있는 예가 다음에 있다. 각 경우, 산성비 생성과의 연관성을 설명하시오.

a. 빨래를 걸어 말린다.

b. 도보로, 자전거로, 대중 교통을 타고 일하러 간다.

c. 적은 양일 때 식기 세척기와 세탁기를 가동하지 않는다.

d. 온수용 히터와 파이프에 추가적인 단열재를 붙인다.

e. 근처에서 재배한 생산물과 식품을 구입한다.

39. 6.6절에서 언급한 것처럼, 빗물 시료의 산도를 분석할 때 이제는 현장으로 나가기보다는 일리노이 주에 있는 중앙 분석 실험실(Central Analytical Laboratory)에서 한다.

a. 현장에서보다는 실험실에서의 pH 값이 약간 높은 경향이 있다. 산도가 증가했는가, 감소했는가?

b. pH 증가의 원인을 분석하시오.

40. 현장 측정에 대하여 말하면, 2006년 1월에 세인트루이스(metropolitan St. Louis) 시 지역 거주민들은 우박을 동반한 폭풍을 심하게 겪었다. 사진에서 보는 바와 같이, 다음 날에도 여전히 우박이 남아 있었다. 한 여성 화학 교수가 우박 시료를 가져가 그녀의 실험실에서 분석하여 pH가 4.8이라고 보고하였다.

a. 이 pH와 세인트루이스 지역에 내리는 정상 강수의 pH를 비교하면 어떠한가? 세인트루이스의 더 먼 동쪽과 서쪽 지역에서의 산도 수준과 비교하면 어떠한가?

b. 세인트루이스 지역에 내리는 산성비는 어떤 요인에 의한 것인가?

41. 켄터키 주에 있는 매머드 케이브 국립 공원은 오하이오 계곡에 있는 석탄 화력 발전소와 인접한 지역에 위치하고 있다. 국립 공원 보존 협회(National Parks Conservation Association, NPCA)는 이 국립 공원이 미국 내 어느 지역보다 시정이 가장 나쁜 곳이라고 발표하였다.

a. 석탄 화력 발전소와 나쁜 시정 사이에는 어떤 관련성이 있는가?

b. NPCA는 "매머드 케이브 국립 공원에 내리는 평균 강우는 자연 상태의 강우보다 10배 더 산성이다"라고 발표하였다.

이 정보와 교재 내용으로부터 공원 내 강수의 pH를 예측하시오.

42. 미국에서는 과거 수십 년에 걸쳐, 비록 서부 지역보다는 동부 지역에서 덜하지만, 농업용 암모니아의 배출이 급격히 증가하였다.
   a. 암모니아가 빗물에 용해하여 염기성 용액을 형성함을 화학 반응식으로 보이시오.
   b. 암모니아와 질산을 모두 포함하는 빗물에 대한 중화 반응을 쓰시오.
   c. 황산 암모늄도 빗물에 들어 있다. 어떻게 이것이 생길 수 있는가를 보여 주는 화학 반응식을 쓰시오.

43. 대류권에서의 오존은 바람직하지 못한 오염 물질이지만 성층권의 오존은 유익하다. 산화 질소(NO)도 대기권의 이 두 영역에서 비슷하게 '이중성(dual personality)'을 갖겠는가? 그 이유를 설명하시오. **힌트:** 2장 참조

44. 연소 반응이 일어나는 동안 배출되는 CO_2의 질량은 NO_x나 SO_2의 질량보다 훨씬 크지만, 산성비에 미치는 CO_2에 대한 염려는 다른 두 산화물에 의한 것보다 덜 하다. 이같은 일견 모순성에 대한 이유를 두 가지 제시하시오.

45. 뉴햄프셔와 버몬트 주에는 비교적 차량의 수가 얼마 안 되고 많은 양의 오염 물질을 배출하는 산업이 없음에도 불구하고, 이 지역 강수의 평균 pH는 낮다. 이 낮은 pH를 어떻게 설명하겠는가?

46. 인정하건대, 전 세계 황 배출량은 추산하기 어렵고 문헌에 나와 있는 값 정도를 알 수 있을 것이다. 다음 그래프는 1850~2005년의 한 세트의 자료를 보여 주고 있다. 이들은 2011년에 출판된 한 논문으로부터 추산한 것이다. Gg는 기가그램, 즉 1×10^9 g을 나타낸다.

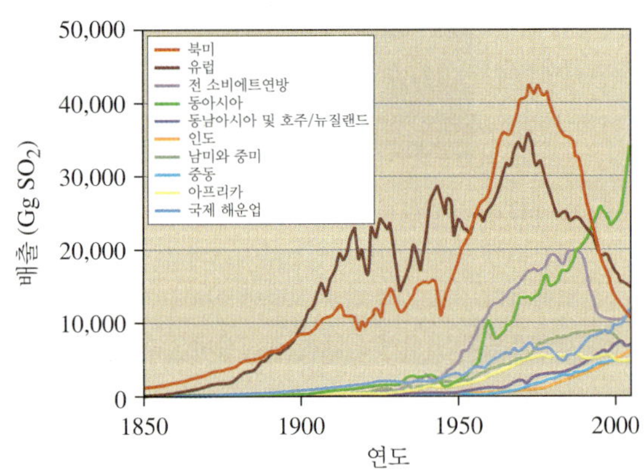

출처: *S. J. Smith, J. van Aardenne, Z. Klimont, R. J. Andres, A. Volke, and S. Delgado Arias,* Atmos. Chem. Phys., *2011, 3: 1101–16.*

   a. 그래프에서, 황의 배출량이 최고점에 이르렀던 해는 언제인가?
   b. 최근에 들어 감소하는 것에 대한 이유를 나열하시오.
   c. 2005년 황의 배출량의 수준에 세계 어느 지역이 최고로 많이 영향을 미쳤는가?
   d. 1970년대 초에는 어느 지역이 가장 크게 영향을 미쳤는가?

47. 대기에서 NO 화학은 복잡하다. 2장에서 본 것처럼 NO는 오존을 파괴할 수 있다. 그러나 1장에서 기술한 것처럼 NO는 O_2와 반응하여 NO_2를 형성할 수 있다는 사실을 기억하라. 이어서 NO_2는 햇빛에서 반응하여 오존을 생성할 수 있다. 각 반응이 대기의 어느 영역에서 일어나는지를 주목하면서 이 반응들을 요약하시오.

48. a. 입자와 먼지의 배출을 제한함으로써 대기 오염을 조절하려는 노력은 종종 빗물의 산도를 증가시키는 데 일조할 수 있다. 이런 관찰에 대한 가능한 설명을 제안하시오. **힌트:** 입자들에는 칼슘, 마그네슘, 소듐, 포타슘의 염기성 화합물이 있을 수 있다.
   b. 2장에서 언급한 것처럼, 남극에 있는 성층권의 얼음 결정이 오존 파괴를 가져오는 순환 과정에 포함되어 있었다. 이 같은 영향이 문제 **a**에서의 관찰과 관련이 있는가? 그 이유를 설명하시오.

응용문제

49. 다음 진술의 타당성에 대하여 논의하시오. '광화학적 스모그는 국지적(local) 문제이고, 산성비는 지역적(regional) 문제이며, 증가된 온실 효과는 전세계적(global) 문제이다'. 각 문제에 숨겨져 있는 화학을 기술하시오. 문제의 크기는 범위에서 정말로 이처럼 다르다고 하는 것에 동의하는가?

50. 맛, pH와 용해되어 있는 기체의 양에 있어서, 탄산수는 용해된 이산화 탄소가 들어 있은 빗물과 어떻게 다른가?

51. 화합물 $Al(OH)_3$는 화학식에 OH가 들어 있다. 그러나 식 6.4와 유사한 반응식을 쓰지 않는다. 그 이유를 설명하시오. **힌트:** 용해도 표 참조

52. 예제 6.7에서 산, 염기 및 일반 염의 수용액에 존재하는 이온들을 열거하였다. 문제 31에서 열거된 이온에 분자 화합물을 추가하였다. 열거된 것들을 정량화하기 위하여, 다음 물음에 답하시오.
   a. 1.0 M NaOH 용액에 들어 있는 모든 분자 화학종과 이온 화학종의 몰농도를 계산하시오.
   b. 1.0 M HCl 용액에 들어 있는 모든 분자 화학종과 이온 화학종의 몰농도를 계산하시오.

53. 대기에서 NO가 반응하여 NO_2를 형성하는 화학 반응(식 6.20 참조)에는 중간체 화학종 A′와 A″이 들어가 있다. 이들에 대한 가능한 구조는 다음과 같다.

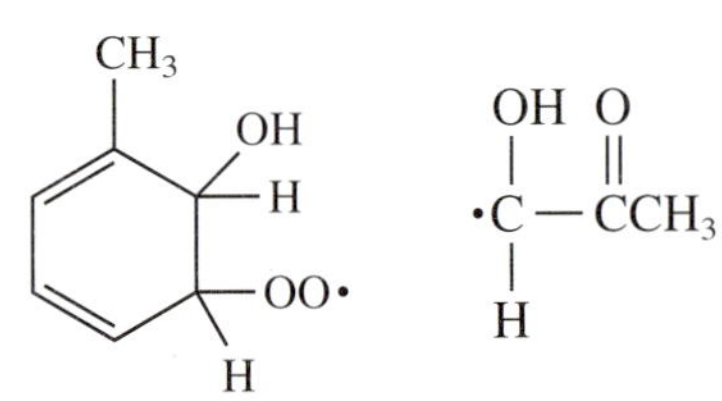

A′ A″

   a. 각 물질에서 점(•)은 무엇을 나타낸 것인가? 점을 가진 원자에서 모든 원자가 전자, 결합 및 비결합 전자쌍을 볼 수 있

도록 다시 그리시오. **힌트:** 이 원자는 8개의 전자를 가지고 있지 않다.

b. A′과 A″이 공통으로 가지는 화학적 성질 하나를 드시오.

54. 식 6.19는 N_2와 O_2가 반응하여 NO를 형성하기 위하여 에너지(뜨거운 엔진 형태나 다른 열 공급원에서)가 가해져야 한다는 것을 보여 주고 있다. 한 학생이 이 주장을 확인하고 어느 정도의 에너지가 필요한지 구하고자 한다. 이 일을 어떻게 할 수 있는지를 학생에게 보이시오. **힌트:** NO의 전자수는 짝수가 아님을 인식하고, 반응물과 생성물의 루이스 구조를 그리시오(단, N=O 이중 결합의 결합 에너지는 607 kJ/mol이다).

55. 이 장에서는 유리 제조 업자에게 NO 배출량을 줄이도록 녹색 화학적 해법을 기술하고 있다.

a. 이 전략을 확인하시오.

b. 이 녹색 화학 전략을 비슷하게 활용할 만한 산업으로 어떤 것들이 있겠는가?

56. 서로 다른 물질들의 산 중화 능력을 비교하기 위한 한 가지 방법은 수소 이온(H^+) 1 mol을 중화하는 데 필요한 물질의 질량을 계산하는 것이다.

a. $NaHCO_3$와 H^+의 반응에 대한 균형 화학 반응식을 쓰시오. 이를 활용하여 $NaHCO_3$의 산 중화 능력을 계산하시오.

b. $NaHCO_3$의 가격이 9.50달러/kg이라면 1 mol의 H^+를 중화하는 데 드는 비용을 구하시오.

7장 핵분열에 의한 불

미국 위스콘신 주 매디슨에 위치한 Madison Area Technical College (MATC, 지금은 Madison College라 불림)의 길거리 광고판.

이 광고판의 경고에 주의를 기울여야 할까? 절대적으로 그래야 한다. 적어도 조금의 주의라도 기울여야 한다. 햇빛의 자외선이 강할 때는 양산이나 옷으로 자외선을 차단하거나 그늘로 물러나는 것이 좋다. 2장에서 알아본 바와 같이, 어떤 파장의 빛들은 사람을 포함해서 지구에서 살아가는 생명체에게 해롭다. 특히 자외선은 백내장, 피부의 노화와 손상을 일으키고 궁극적으로는 피부암의 원인이 된다.

7.4절에서 설명하는 대로, 'Radiation'이라는 영어 단어는 2장에서 사용된 것과 같이 전자기파(빛)의 방출을 의미할 수도 있고, 여기서 사용되고 있는 것과 같이 핵물질이 방출하는 고에너지 전자기파 또는 입자를 의미할 수도 있으므로 문맥을 고려하여 이해해야 한다.

그러나 모든 종류의 빛을 다 피해야 하는 것은 아니다. 우리가 모든 종류의 빛을 차단하려고 해도 실제로는 불가능한 일이다! 예를 들면 우리가 열의 형태로 감지하는 적외선은 우리를 따뜻하게 해 준다. 무지개를 통해서 그 색들을 확인할 수 있는 가시광선은 낮 동안 세상을 가득 채운다.

역시 빛의 한 종류인 방사선은 피해야 할까? 말처럼 쉬운 일을 아니지만, 일반적으로 말해서 그렇다. 방사선을 방출하는 물질은 원래 지구의 자연계에 존재하고 있고, 우리는 이 방사성 물질과 매일 만나게 된다. 게다가 우리 몸은 이들 방사성 동위 원소를 감지할 수 있는 감각 기관이 없다. 예를 들면 수소의 방사성 동위 원소인 삼중수소가 포함되어 있는 방금 막 내린 한 잔의 커피가 만지기 어려울 정도로 뜨거운 이유는 삼중수소 때문이 아니라 단순히 더운 커피가 가지고 있는 열에너지 때문인 것이다! 여러분이 그 뜨거운 커피를 마시면 커피의 카페인이 주는 특유의 강한 느낌을 느끼겠지만, 커피를 어두운 곳에 두었다고 해서 그 커피가 달아올라 발광 현상을 보이며 방사선이 방출되지는 않을 것이다. 또한 이 커피가 방사성 동위 원소인 삼중수소를 포함하고 있다고 해서, 삼중수소가 고유한 반감기를 가지고 붕괴하는 과정에서 시계의 째깍거리는 소리를 내지도 않을 것이다. 게다가 이 커피를 마셔본다고 해서 맛을 통해서 방사능이 있는지 알 수도 없다. 그래서 대부분의 사람들은 나무의 뿌리를 볼 수 있으므로 뿌리에 걸려 넘어지지 않고, 구급차의 사이렌 소리를 들을 수 있으며, 피부에 와 닿는 햇살의 따스함을 느낄 수 있지만, 어떤 물질이 방사능을 갖는지 그렇지 않는지에 대한 단서는 느낄 수 없다. 실제로 사람들은 1900년대 초까지도 방사능에 대해서 전혀 알지 못하였다.

삼중수소(tritium)는 수소의 방사성 동위 원소로 수소-3, 또는 ^{3}H로 표기한다. 수소의 다른 두 동위 원소 ^{1}H와 ^{2}H는 방사능을 갖지 않는다.

우리가 오감을 통해서 느끼지 못하는 방사능을 감지하기 위해서 또 다른 감각 능력이 필요한 것일까? 방사능을 감지하는 능력은 큰 도움이 될 수 있다. 예를 들면 우리 모두는 라돈에서 방출되는 방사선을 감지하는 기술로부터 큰 혜택을 받을 수 있다. 라돈은 비활성 기체로 냄새, 색깔, 맛이 없고, 그 존재를 알려 주는 화학적 특성을 나타내지 않는다. 그러나 1장에서 언급한 바와 같이 라돈은 폐암의 원인이 된다. 우리가 라돈의 존재를 감지할 수 있다면, 폐암의 위험으로부터 우리 자신을 보다 쉽게 지킬 수 있을 것이다.

우리가 사는 곳 주변에 있는 원자력 발전소의 방사성 동위 원소에 대해서도 생각해 보자. 이 방사성 동위 원소도 감지할 수 있다면 도움이 될까? 당연히 그럴 것이다. 또한 이 감지 기술을 통해서 보다 중요한 문제에 접근해 볼 수 있다. 원자로에는 어떤 방사성 동위 원소가 존재하는가? 이들 방사성 동위 원소들 가운데 어떤 것이 원자력 발전소 밖으로 배출되고 있는 것은 아닌가? 만약 그렇다면 어떤 것이 얼마나 배출되고 있는가? 이들 가운데 우리가 주의를 기울여야 하는 것은 어떤 것인가?

이와 같은 질문들에 대해서는 방사성 물질의 특성, 핵분열이라는 현상, 원자력 발전소에 대한 지식에 근거해서 답을 찾으려는 노력이 필요하다. 원자력 발전은 앞으로 더 많이 사용될 가능성이 있고, 온실가스나 이산화 황이나 일산화 질소와 같은 대기 오염 물질을 배출하지 않기 때문에 오늘날 원자력은 중요한 뉴스거리 가운데 하나이다.

오늘날 원자력 발전을 지지하는 사람들이나 반대하는 사람들 모두 그들의 주장을 뒷

'요람에서 요람으로'라는 용어는 0장에서 소개된 적이 있다. 원자력 발전의 경우 이와 같은 개념의 분석이 보다 유용할 수 있는데, 아직 핵폐기물들은 다른 어떤 것의 '요람'으로 연결되지 못하고 있는 실정이다.

수명이 다 된 원자력 발전소를 적절하게 폐쇄하는 것은 매우 복잡한 일이다. 모든 부품들에 대해서 방사성 동위 원소에 의해 오염되었는지를 조사해야 하고 엄격한 기준에 따라 해체되어야 한다.

받침하기 위한 근거를 마련하는 데 좋은 도구들을 가지고 있다. 예를 들면 **'요람에서 요람으로(Cradle-to-cradle)'**라는 분석 기법은 원자력 발전과 관련된 경제적, 환경적, 사회적 비용을 고려한 보다 포괄적인 전망을 할 수 있도록 해 준다. 이를 위해서 이 분석법은 우라늄 광석이 채굴될 때부터 사용 후 핵연료가 될 때까지의 모든 상황을 고려한다. 또한 원자로를 건설하는 데 소요되는 높은 경제적 비용뿐만 아니라 사용 기간이 만료되어 해체하는 데 소요되는 비용까지도 고려한다.

우리는 더 많은 원자력 발전소를 건설해야 하는가? 이 질문에 대한 대답은 누구에게 질문하는가, 그리고 언제 그들에게 질문하는가에 따라서 달라질 수 있다. 과거 오랜 기간 동안 원자력 발전에 반대해 온 몇몇 사람들은 오늘날 찬성 쪽으로 의견을 바꾸기도 한다. 마찬가지로 그동안 원자력 발전을 지지해 왔던 어떤 사람들은 지금 우리가 지불해야 할 비용뿐만 아니라 미래 세대가 지불해야 할 사회적 비용이 막대할 것을 예감하고 회의적인 입장으로 선회하기도 한다.

시민들과 정치인들이 원자력 발전을 지지하건 반대하건 간에, 그들은 현실적으로 우리를 압박해 오는 문제를 직시해야 한다. 원자력 발전에 의존하지 않는다면, 앞으로 어떤 다른 방법으로 전기 에너지를 생산해 낼 것인가? 원자력 발전의 혜택은 그 비용과 위험성에 비해 충분히 큰가? 어떻게 원자로가 배출하는 폐기물을 적절히 처리할 수 있을까? 원자력 발전 과정에서 생겨나는 핵물질이 핵무기를 만드는 데 사용되는 것을 방지할 수 있는가? 원자력은 지속 가능한 에너지원인가?

앞의 장들에서의 경우와 마찬가지로 과학, 경제, 사회적 문제들은 서로 밀접하게 관련되어 있다. 다음 절에서는 원자력에 대한 현재 상황을 살펴볼 것이다. 그전에 다음 연구과제에 대해서 생각해 보라.

연구과제 7.1 **원자력에 대한 나의 의견**

a. 원자력 발전소에서 생산된 전기와 석탄을 연료로 사용하는 화력 발전소에서 생산된 전기 가운데 선택해서 구매할 수 있다면 무엇을 선택하겠는가? 그 이유를 설명하시오.
b. 만약 어떤 조건이 충족된다면 전기 생산을 위해 원자력을 사용하는 것에 대한 자신의 의견이 바뀔 수 있겠는가?

이 장이 끝날 때 같은 질문에 답을 해 보게 될 것이다. 지금 자신의 답을 잘 기억해 두라.

7.1 | 원자력과 관련된 전 세계적인 상황

대부분의 사람들은 전등이 빛을 만드는 에너지원에 대한 아무런 생각 없이 그 스위치를 켠다. 그러나 자연재해나 정전 사태 등으로 인해 전력을 공급받지 못하게 된 사람들은 전기 에너지의 존재를 당연하게 생각하지 못한다. 그들은 어둠 속에서 전기 스위치를 켤 때와 전기 에너지가 다시 공급되기를 기다리는 경험을 잊지 못할 것이다.

우리는 전기 에너지에 대한 수요가 높다. 물론 커피도 마찬가지다.

커피를 내리기 위해 커피 포트의 스위치를 켜는 상황을 생각해 보자. 만약 여러분이 미국에 살고 있다면, 약 1/5의 전기 에너지는 원자력 발전소로부터 공급될 것이다. 만약 여러분이 프랑스, 벨기에, 또는 스웨덴에 살고 있다면, 원자력 발전소로부터 공급되는 전기 에너지의 비율은 더 높을 것이다. 어떤 방법으로 생산되었건 간에 우리는 전기 에너지만 있으면 커피를 마실 수 있다!

전 세계적으로 국가마다 전기 에너지를 생산하기 위해 사용하는 원자력 발전의 비율이 다르다. 예를 들면 미국의 경우 전기 에너지의 20%를 원자력 규제 위원회(Nuclear Regulatory Commission)로부터 허가를 받은 100여 기 이상의 원자로를 이용하여 생산하고 있다. 2012년 현재 이 원자로는 31개 주의 65개 지역에서 작동되고 있다. 그림 7.1

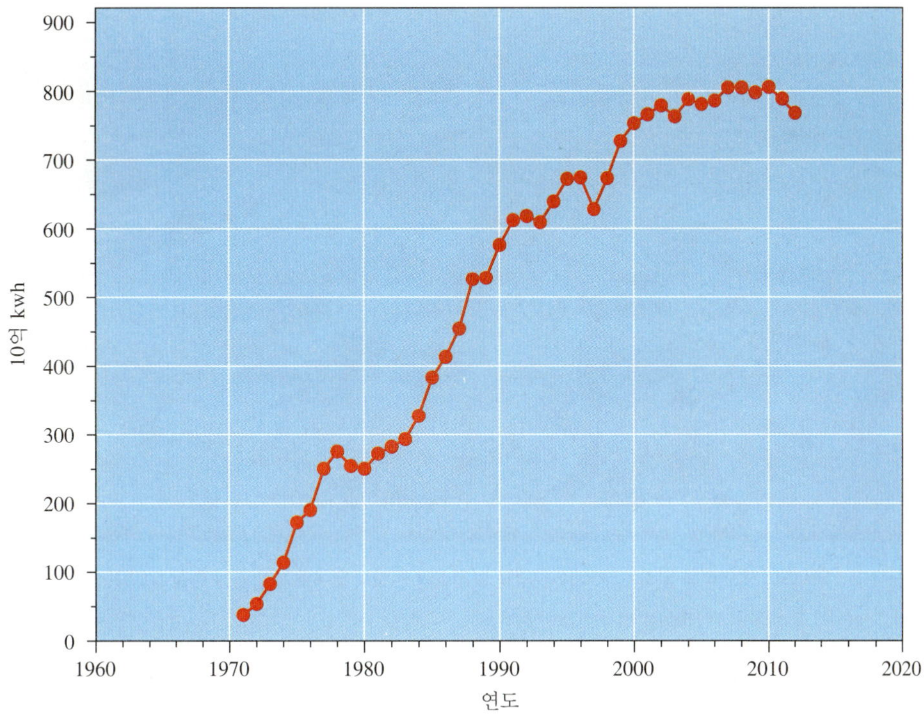

그림 7.1 미국의 원자력 발전량(1971~2012)

출처: *Energy Information Administration (EIA).*

그림 7.1에서 볼 수 있는 원자력 발전에 의한 전기 에너지 생산량의 증가는 원자로의 작동 효율 향상과 원자로 부품 기술의 발전에 의한 것이다.

을 보면, 1990년을 지나면서 112기로 최대가 되었던 작동 중인 원자로 수가 감소하였음에도 불구하고, 이들 원자력 발전소에서 생산되는 전기 에너지의 양이 꾸준히 증가해 온 것을 알 수 있다.

지금으로부터 10년 후쯤 되면 우리가 커피를 내릴 때 사용하는 전기 에너지는 어디로부터 공급될 것인가? 원자력 발전소는 틀림없이 전기 에너지 공급원들 가운데 하나일 것이다. 1978년 이래로 미국에서 새로운 원자력 발전소가 건설되지 않았음에도 불구하고, 몇몇 원자로들이 기존에 존재하는 원자력 발전소 내에 현재 건설되고 있는 중이다. 2013년 현재 두 기의 원자로가 조지아 주의 Vogtle 발전소에 새로 건설 중에 있는데, 이 원자로들이 완성되면 이 발전소는 미국에서 가장 규모가 큰 원자력 발전소가 될 것이다. 두 기의 원자로가 추가로 사우스캐롤라이나의 Virgil C. Summer 원자력 발전소에 건설되고 있다. 테네시 주에서는 중단되었던 Watts Bar unit 2 원자로 건설이 재개되었다.

많은 원자력 발전소들에서 Vogtle 발전소처럼 전력을 생산하는 데(그림 7.2) 여러 기의 원자로가 가동되고 있다. 다른 예로, 연구 과제 7.11에 소개되고 있는 Palo Verde 발전소는 세 기의 원자로를 보유하고 있다.

연구과제 7.2 미국의 원자력 발전 현황

다음 미국 지도에 원자력 발전소가 위치하는 주를 파란색으로 표시하였다.

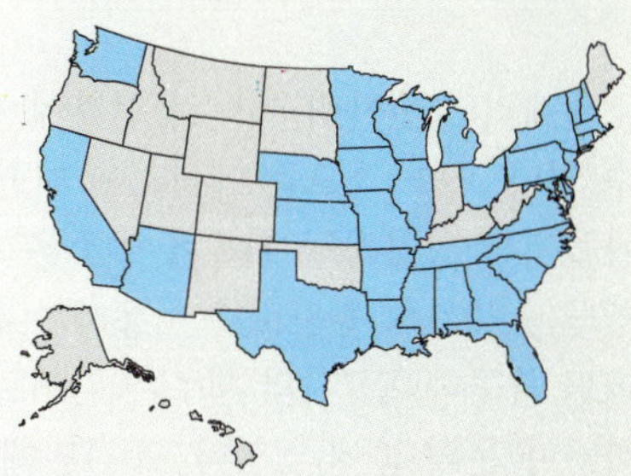

a. 하나의 주를 선택하여 그 주의 원자력 발전소와 그들로부터 생산되는 에너지 현황, 향후 예상되는 변화에 대해 조사하시오.

b. 2011년 현재 버몬트 주는 원자력 발전에 대한 의존도(72.5%)가 가장 높은 주이다. 인터넷 검색을 통해서 버몬트 주 이외에, 최소 전체 에너지 생산량의 1/3 이상을 원자력 발전에 의존하는 주를 둘 이상 찾아보시오.

c. 이 지도를 보고 원자력 발전소가 없는 주를 하나 골라서 그 주는 어떻게 전기 에너지를 생산하는지 조사해 보시오.

그림 7.2 550에이커 면적에 달하는 Vogtle 원자력 발전소의 원자로 3, 4호기의 건설 현장 (2012년 3월).

출처: *Southern Company, Inc. Reprinted with permission.*

새로운 원자력 발전소들의 건설 부지는 매우 광대하다. 그 면적이 수백 에이커에 달하고 수천 명의 건설 관련 인력이 동원되어 그 자체가 하나의 도시 규모에 맞먹는다. 그림 7.2의 Vogtle 발전소의 건설 현장에 대한 사진을 보면 자체 철도까지 건설되어 있음을 알 수 있다!

상업용 원자력 발전소의 건설과 가동을 지속할 것인지에 대한 문제는 에너지의 수요와 공급뿐만 아니라 사회적인 합의와 밀접한 관련을 가지고 있다. 여러분의 나이에 따라서 몇몇 원자력 발전소들을 둘러싼 사회적 논쟁에 대한 기억들이 다를 수 있지만, 이와 같은 사회적 논쟁에 대한 기억은 1970년대까지 거슬러 올라간다. 사람들의 의견은 지금까지 원자력 발전에 대한 찬성과 반대 두 가지로 갈라져 왔다. 여러분은 어느 쪽인가?

연구과제 7.3 원자력 이정표

오른쪽 사진은 1977년 뉴햄프셔 주의 Seabrook 원자력 발전소의 건설 기간에 촬영된 것이다. 사진에 보이는 피켓은 원자력 발전에 대한 한 편의 의견을 나타내고 있다. 만약 원자력 발전소가 오늘 여러분이 살고 있는 지역에 건설된다고 한다면, 여러분은 어떤 피켓을 준비할 것인지 간단히 그려 보시오.

세계적인 원자력 에너지 현황에 대해 생각해 보자. 한 마디로 변화하는 중이라고 할 수 있다. 어느 정도는 에너지에 대한 수요 증가가 그 변화의 원인이 되고 있다. 많은 국가들에서 상업적인 원자력 발전은 사회적 논의의 주요 주제이다. 예를 들면 2011년에 인도는 20기의 원자로를 이용하여 전체 전기 에너지 생산량의 3.7%를 충당하고 있었음에도 불구하고, 7기의 새로운 원자로를 건설 중에 있었으며, 추가로 원자로 건설을 계획하거나 논의 중에 있었다. 2011년에 중국은 가동 중인 16기의 원자력 발전소에 26기의 원자로를 건설 중에 있었으며, 마찬가지로 추가로 원자로를 더 건설할 것을 계획하거나 논의하고 있었다.

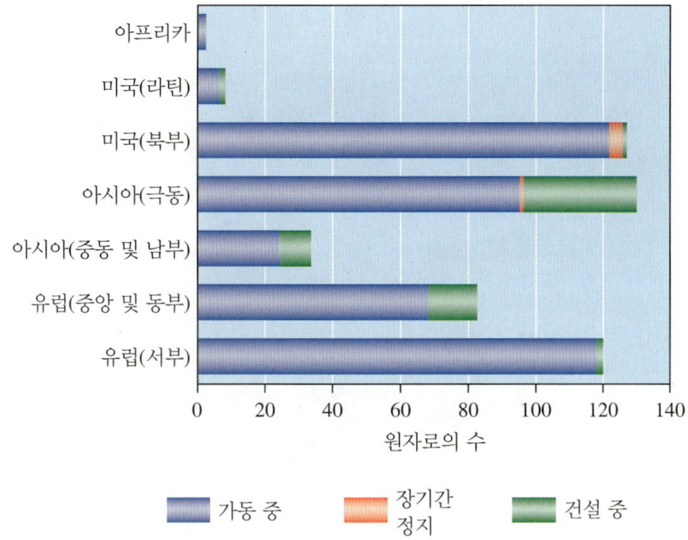

그림 7.3 현재 건설 중인 발전소를 포함한 세계적인 원자력 발전소 분포 현황(2012년 8월).

출처: *International Atomic Energy Agency.*

그런데 몇몇 국가들이 원자력 발전의 비중을 늘리는 방향을 추구하고 있는 동안, 또 다른 나라들에서는 원자력에 대한 의존도를 줄이거나 그로부터 벗어나기 위해 노력하고 있다. 최근 이와 같은 경향은 2011년에 일본 도호쿠(Tohoku) 지방에서 일어난 지진과 이로 인해 생긴 쓰나미에 기인하여 발생한 후쿠시마 다이치(Daiichi) 원자력 발전소의 네 기의 원자로 붕괴 사건의 영향을 받은 것으로 볼 수 있다.

7.5절에 후쿠시마 다이치 원자력 발전소에 대한 보다 자세한 설명이 있다.

연구과제 7.4 원자력 발전소와 함께 살기

a. 원자력 발전소는 주로 어디에 위치하고 있는가? 그림 7.3의 현황을 소개하는 한 문단 정도의 요약문을 작성하시오.
b. 현재 상업용 원자로를 가지고 있지 않은 세 나라의 이름을 쓰시오.
c. 왜 어떤 나라들은 다른 나라들에 비해서 원자력 발전에 대한 의존도가 높은지 적당한 이유를 제시하시오.

아직 우리는 원자력 발전소가 전기 에너지를 어떻게 생산하는지에 대해서는 알아보지 않았다. 다음 절에서는 핵분열이라는 현상에 대해서 알아봄으로써 핵에너지를 이해하고 그것을 우리 생활에 필요한 에너지원으로 사용하는 것에 대한 논쟁을 과학적으로 다루기 위한 첫 번째 발걸음을 뗄 것이다.

7.2 핵분열을 통한 에너지 생산

핵분열을 이해하는 가장 중요한 열쇠는 아마도 자연과학에서 가장 유명한 공식인 $E = mc^2$일 것이다. 이 공식의 발견은 20세기 초로 거슬러 올라가는데, 아인슈타인(Albert Einstein, 1879~1955)의 많은 과학적 업적들 가운데 하나이다. 이 식은 에너지(E)와 물질 또는 질량(m)이 서로 동등하여 전환될 수 있다는 것을 나타낸다. 위 식에서 기호 c는 빛의 속도인 3.0×10^8 m/s이므로 c^2은 9.0×10^{16} m^2/s^{2}과 같다. 이와 같이 c^2의 값이 매우 크기 때문에 아주 작은 양의 물질로도 막대한 양의 에너지를 얻을 수 있음을 알 수 있다. 이 에너지는 발전소에서 전기 에너지를 생산하는 데에도 사용될 수 있고 핵무기로도 사용될 수 있다.

아인슈타인의 식은 30년 이상 호기심의 대상이었다. 과학자들은 이 식을 이용하여 태양 에너지의 근원을 설명할 수 있다고 믿었다. 그러나 지구 상에서 이 식으로 설명할 수 있는, 물질에서 에너지로의 전환 현상은 그때까지 아무도 알지 못하였다. 그러나 1938

그림 7.4 1946년 1월 마이트너가 미국 뉴욕에 막 도착한 직후 촬영한 사진

년에 독일의 두 과학자 한(Otto Hahn, 1879~1968)과 슈트라스만(Fritz Strassmann, 1902~1980)은 지구 상에서 일어나는 이와 관련된 현상을 발견하였다. 그들은 중성자를 우라늄에 충돌시키는 실험을 하던 중에, 그 충돌에 의한 생성물 가운데 바륨(Ba)으로 추정되는 원자를 관찰하였다. 원자 번호가 56이고 원자 질량이 약 137인 Ba를 관찰하게 되리라고는 예상하지 못했었다. 우라늄의 원자 번호와 원자 질량은 각각 92와 238이다. 처음 이 결과를 얻었을 때 이 과학자들은 그 원자를 주기율표에서 바륨과 같은 족에 속하는 라듐(Ra, 원자 번호 88)으로 결론지으려 하였다. 그러나 충돌에 의한 생성물이 바륨이라는 것을 보여 주는 화학적 증거가 한과 슈트라스만에게는 너무나 명확해 보였다.

이 독일인 과학자들에게는 우라늄으로부터 바륨이 만들어지는 현상이 잘 이해되지 않았다. 그래서 실험 결과의 사본을 동료 과학자인 마이트너(Lise Meitner, 1878~1968)에게 보내 그녀의 의견을 물었다(그림 7.4). 마이트너 박사는 한, 슈트라스만과 관련된 주제로 공동 연구를 수행하고 있었는데, 1938년 3월에 독일의 나치 정부의 박해를 피해 피신하였다. 그녀가 그들의 편지를 받았을 때는 스웨덴에 살고 있었다. 그녀는 그 이상하게 보이는 실험 결과에 대해서 그녀의 조카인 물리학자 프리쉬(Otto Frisch, 1904~1979)와 눈 내린 곳을 걸으며 토론하였다. 그때 순간적인 영감이 떠올라 그녀는 그 실험 결과를 이해하게 되었다. 중성자와의 충돌의 영향으로 우라늄 원자가 바륨과 같은 더 작은 원자핵으로 쪼개지고 있었던 것이다. 그 무거운 우라늄 원자핵은 마치 생물 세포와 같이 둘로 나누어지고 있었다.

1939년 2월 11일 영국의 과학 잡지 *Nature*에 출판된 마이트너와 프리쉬의 짧은 논문에서는 이 물리학적 현상을 일컫는데 생물학에서 사용되고 있던 '**분열**(*fission*)'이라는 단어를 이용하였다. "Disintegration of Uranium by Neutrons: A New Type of Nuclear Reaction"이라는 제목을 붙인 이 논문에서 저자들은 다음과 같이 서술하였다.

> 한과 슈트라스만은 우라늄과 중성자의 충돌 결과, 바륨의 동위 원소가 만들어진다고 결론지을 수밖에 없었다. 처음 이 결과를 받아보았을 때는 이해하기가 매우 어려워 보인다... 그러나 현재 우리가 가지고 있는 무거운 원자핵의 특성에 관한 아이디어에 의하면... 새로운 붕괴 현상이 일어나고 있음을 알 수 있다... 우라늄 원자핵은 중성자를 포획한 뒤, 대략 크기가 비슷한 두 개의 원자핵으로 나누어진다고 설명할 수 있다... 따라서 이 전체 '분열' 과정은 고전적인 물리학적 방법으로 설명될 수 있다.

이 논문의 전체 분량은 한 페이지에 불과하지만, 이 과학적 발견의 중요성을 잘 전달하고 있다. 실제로 이보다 더 중요한 과학적 발견을 보고하는 논문을 찾기란 쉽지 않은 일이다. 뛰어난 덴마크 물리학자인 보어(Niels Bohr, 1885~1962)는 프리쉬로부터 이 소식을 직접 들었고, 이 논문의 사본을 가지고 논문이 출판되기 며칠 전, 바다 건너 미국으로 갔다. 마이트너와 프리쉬의 논문이 Nature지에 출판되고 몇 주 되지 않아서, 세계 여러 연구실의 과학자들은 우라늄의 핵분열 과정에서 방출되는 에너지를 아인슈타인의 식으로 잘 설명할 수 있음을 확인하였다. 마이트너가 핵분열 현상을 발견한 데 기여한 공로를 기념하여 원자 번호 109번 원소의 이름을 마이트너륨(Meitnerium)이라고 붙였다.

핵분열(nuclear fission)은 큰 원자핵이 에너지를 방출하면서 작은 원자핵들로 나누어지는 현상이다. 핵분열 생성물의 전체 질량이 핵분열 전 물질의 전체 질량보다 조금 **작기** 때문에 그만큼 에너지가 방출된다. 이 원리에 따르면 질량도 에너지도 독자적으로 보존되지 않는다는 것을 알 수 있다. 물질이 사라지면 그에 상응하는 양의 에너지가 발생한다. 마찬가지로 우리는 물질을 에너지가 매우 집중되어 있는 것으로 볼 수 있다. 원자핵보다도 더 에너지가 집중되어 있는 대상은 없다. 원자는 거의 대부분이 빈 공간이라는 것을 우리는 알고 있다. 만약 수소 원자핵이 야구공 정도 크기라고 한다면, 수소 원자가 가지고 있는 하나의 전자는 야구공의 중심으로부터 반지름이 800 m 이내인 공간에서 발견될 수 있다. 원자는 거의 대부분의 질량이 원자핵에 집중되어 있기 때문에 핵의 밀도는 매우 높다. 실제로 주머니에 넣고 다닐 수 있는 크기의 성냥갑에 원자핵을 가득 담으면 그 무게는 25억 톤이 될 것이다! 아인슈타인의 에너지-질량 등가 법칙을 이용하여 이 원자핵들의 에너지를 계산해 보면 실로 어마어마한 값을 얻게 된다.

단지 몇몇 원소들의 원자핵만이 특별한 조건이 충족될 때 핵분열 현상을 보인다. 어떤 원자핵이 분열할 것인지는 다음 세 가지 요인에 의해서 결정된다. 원자핵의 크기, 원자핵이 가지고 있는 양성자와 중성자의 수, 핵분열을 일으키기 위해 충돌시키는 중성자의 에너지가 그 요인들이다. 예를 들면 산소, 염소, 철과 같은 비교적 가볍고 안정한 원자핵들은 분열하지 않는다. 극단적으로 큰 원자핵들은 자발적으로 분열한다. 우라늄, 플루토늄과 같이 큰 원자핵들은 중성자를 이용하여 충분히 세게 때리면 분열시킬 수 있다. 우라늄의 한 동위 원소는 그다지 빠르지 않은 속도의 중성자와 충돌에 의해서도 분열하는데, 이를 이용하여 원자력 발전소에서 전기 에너지를 생산하고 있다.

우라늄에 대해서 좀 더 자세히 알아보자. **모든** 우라늄 원자들은 92개의 양성자를 가지고 있다. 만약 이들 원자가 전기적으로 중성이라면 92개의 양성자와 함께 92개의 전자를 가지고 있을 것이다. 자연계에서 우라늄은 주로 두 가지 동위 원소의 형태로 존재한다. 이 둘 중 99.3%로 보다 더 많이 존재하는 동위 원소는 146개의 중성자를 갖는다. 그래서 이 우라늄 동위 원소의 질량수는 238이 된다. 이 동위 원소를 우라늄-238 또는 간단히 U-238로 표기한다. 보다 적은 비율(0.7%)로 존재하는 동위 원소는 143개의 중성자와 92개의 양성자를 갖고 U-235로 표기한다.

다음 두 용어, '**질량수**(*mass number*)'와 '**동위 원소**(*isotope*)'는 2.2절에 소개되어 있다.

예제 7.5 우라늄의 또 다른 동위 원소

미량으로 존재하는 우라늄의 세 번째 동위 원소 U-234가 자연계에서 발견된다. U-234는 U-238과 비교해서 양성자수와 중성자수가 어떻게 다른가?

보다 일반적으로는 동위 원소를 질량수와 원자 번호를 둘 다 이용하여 표시한다. 질량수는 위 첨자로, 원자 번호는 아래 첨자로 하여 원소 기호의 왼쪽에 쓴다. 이 방법으로 이용하면 우라늄-238은 다음과 같이 표시할 수 있다.

$$\text{질량수} = \text{양성자수} + \text{중성자수} \longrightarrow \ ^{238}_{92}U \quad \text{원자 번호} = \text{양성자수}$$

마찬가지로 U-235는 $^{235}_{92}U$로 쓴다. $^{235}_{92}U$와 $^{238}_{92}U$는 단지 중성자 세 개의 차이밖에 없지만, 이것이 원자핵의 성질에 큰 차이를 가져온다. 원자로 안에 존재하는 조건에서 $^{238}_{92}U$ 핵은 분열하지 **않지만**, $^{235}_{92}U$ 핵은 분열한다.

핵분열 과정은 중성자가 있어야 시작되고, 또한 핵분열의 결과 중성자를 방출한다. 이 과정은 다음 식으로 나타낼 수 있다.

$$^{1}_{0}n + ^{235}_{92}U \longrightarrow [^{236}_{92}U] \longrightarrow ^{141}_{56}Ba + ^{92}_{36}Kr + 3\,^{1}_{0}n \qquad [7.1]$$

위 식에 등장하는 기호들을 하나씩 왼쪽에서부터 오른쪽으로 하나씩 살펴보자. 맨 처음 중성자가 U-235 원자핵과 충돌한다. 이 중성자 기호 $^{1}_{0}n$은 아래 첨자 0을 갖는다. 이것은 중성자가 양전하를 가지고 있지 않음을 의미한다. 위 첨자 1은 중성자의 질량수가 1이라는 뜻이다. $^{235}_{92}U$ 원자핵은 중성자를 포획해서 더 무거운 동위 원소인 $^{236}_{92}U$가 된다. 이 동위 원소 기호는 대괄호 안에 표기하여 $^{236}_{92}U$은 매우 짧은 순간만 존재함을 나타낸다. 우라늄-236은 생성되자마자 즉시 중성자 세 개를 방출하면서 더 작은 두 원자들로 나뉜다(Ba-141, Kr-92).

핵반응식은 화학 반응식과 비슷하지만 정확히 똑같은 방식으로 쓰는 것은 아니다. 핵반응식의 균형을 맞추기 위해서는 화학 반응식을 쓸 때처럼 반응식에 등장하는 원자들의 종류별로 그 개수가 반응 전후에 같아지도록 하는 것이 아니라, 양성자와 중성자 수가 일정하도록 해야 한다. 그래서 핵반응식의 균형이 맞다면 위 첨자의 숫자들의 합이 반응 전후에 같고, 또한 아래 첨자의 숫자들의 합이 반응 전후에 같게 된다. 식 7.1의 $^{1}_{0}n$ 기호 앞 숫자 3과 같은 계수는 화학 반응식에서의 계수와 같이 그 다음에 오는 항에 곱하는 방식으로 취급하면 된다. 예를 들어 아래 계산식을 살펴보면 식 7.1의 핵반응식이 왜 균형이 맞추어져 있는지 알 수 있다.

	왼쪽	**오른쪽**
위 첨자:	1 + 235 = 236	141 + 92 + (3 × 1) = 236
아래 첨자:	0 + 92 = 92	56 + 36 + (3 × 0) = 92

U-235의 원자핵이 중성자와 충돌하면 많은 다른 핵분열 생성물이 생성된다. 예제 7.6을 통해서 다른 핵분열 생성물이 만들어지는 과정에 대해서도 생각해 보자.

예제 7.6 핵분열의 다른 예

주기율표를 이용하여 아래에서 설명하는 두 핵반응식을 쓰시오. 두 핵반응 모두 중성자 하나와의 충돌에 의해서 시작된다.

a. U-235가 Ba-138, Kr-95, 중성자들로 핵분열하는 과정
b. U-235가 원자 번호 52, 질량수 137인 원소와 원자 번호 40, 질량수 97인 원소 및 중성자들로 핵분열하는 과정

답

a. $^{1}_{0}n + ^{235}_{92}U \longrightarrow ^{138}_{56}Ba + ^{95}_{36}Kr + 3^{1}_{0}n$

식 7.1의 핵반응식을 다시 살펴보면, 반응 전과 후에 모두 중성자가 있다. 반응 전, 후에 등장하는 중성자는 반응식을 쓸 때 상쇄해야 하지 않을까? 식을 쓸 때는 그렇게 해

야겠지만 핵반응식을 쓸 때는 다르다. 핵반응식의 양쪽에 있는 중성자들은 모두 매우 중요한 정보를 말해 주고 있다! 왼쪽에 있는 하나의 중성자는 핵반응을 **촉발시키는** 역할을 한다. 오른쪽에 있는 중성자는 핵반응에 의해서 **생성된** 것이다. 생성된 중성자는 각각 또 다른 U-235 원자핵과 충돌해서 그것을 분열시키고 더 많은 중성자를 생성시킨다. 이것은 **연쇄 반응(chain reaction)**의 한 예이다. 연쇄 반응이란 생성물 중 하나가 다시 반응물로 작용하는 반응을 지칭하는 용어인데, 이와 같은 반응은 반응물이 소모되지 않고 계속 생성되기 때문에 특정한 조건이 만족되면 스스로 지속되는 특징을 갖는다. 연쇄 반응의 특수한 경우로 빠르게 여러 경로로 진행되는 핵 연쇄 반응은 스스로 지속될 수 있고, 1초도 되지 않아 여러 반응 경로로 진행 방향이 나뉜다(그림 7.5). 바로 이 연쇄 반응을 이용해서 1942년에 세계 최초로 과학자들에 의해서 제어된 핵반응이 시카고 대학에서 일어났다.

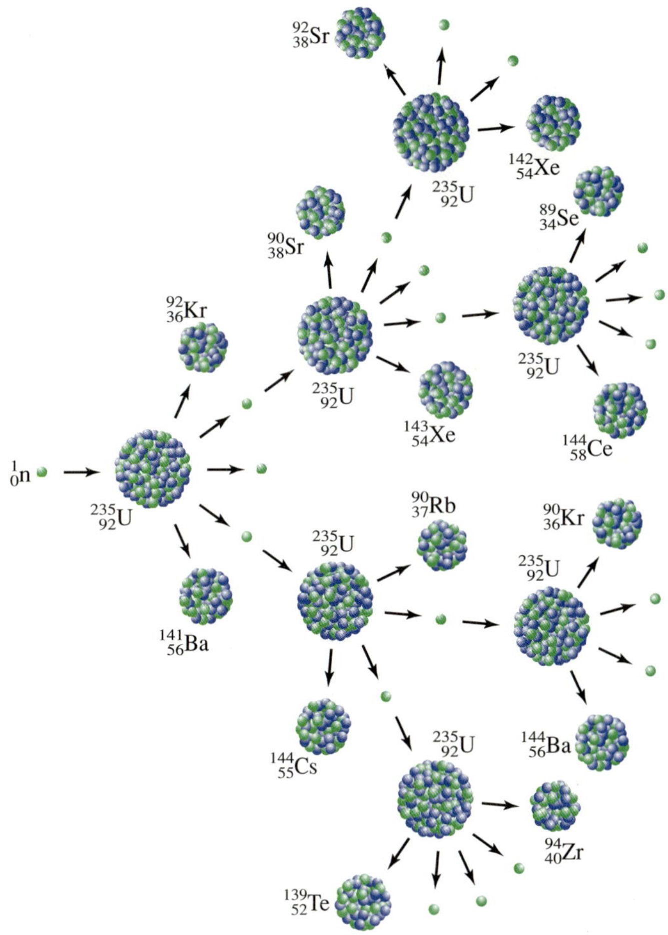

그림 7.5 중성자 한 개가 우라늄-235의 핵분열을 촉발시켜 연쇄 반응이 시작된다.

임계 질량(critical mass)은 연쇄 반응을 지속하는데 필요한 핵분열 연료 물질의 양을 말한다. 예를 들면 U-235의 임계 질량은 약 15 kg(33 lb)이다. 만약 이 만큼의 순수한 U-235를 한 장소에 모아둔다면, 핵분열 반응이 자발적으로 시작될 것이다. 그리고 이 질량을 지속적으로 한 곳에 모아둘 수 있다면 이 핵반응은 계속 지속될 것이다. 핵무기의 경우, 폭발하면 방출되는 에너지에 의해서 핵연료 물질들이 빠르게 흩어져 핵분열 반응이 곧 멈추게 되지만, 기본적으로 이 원리를 이용해서 만들어졌다. 그러나 원자력 발전소의 우라늄 연료는 순수한 U-235와는 거리가 멀고 핵폭탄처럼 폭발할 수도 없다. 원자력 발전소의 원자로 내부에는 핵폭발에서처럼 우리가 제어할 수 없을 정도로 연쇄 반응이 일어나게 될 만큼 충분한 중성자나 그 중성자와 충돌할 핵 연료가 들어 있지 않다.

앞에서 이미 핵분열이 일어날 때, 핵분열 생성물의 전체 질량이 핵 반응 전 물질의 전체 질량보다 조금 줄어들기 때문에 그만큼 에너지가 방출된다는 것을 언급하였다. 그런데 우리가 방금 검토해 본 핵반응식을 통해서는 질량이 줄어든다는 사실을 알 수 없다. 왜냐하면 핵반응 전과 후 각각의 질량수의 합이 서로 같기 때문이다. 실제로 질량은 아주 조금 감소한다. 실제로 일어나고 있는 현상을 이해하기 위해서는 질량수가 실제 질량을 의미하지는 않는다는 것을 염두에 두고 있어야 한다. 질량수는 단지 양성자와 중성자의 수를 합한 정수일 뿐이다. 실제 원자핵의 질량은 소수점 이하 여러 자리수에까지 이르는 수를 가지는 측정값이다. 예를 들면 우라늄-235의 무게는 235.043924 원자 질량 단위(atomic mass unit)이다. 소수점 이하 여섯째 자리에 이르는 숫자들까지 모두 고려하여 U-235의 핵분열 반응식을 검토한다면, 핵분열 반응 후 전체 질량은 약 0.1%, 즉 1/1000 정도 감소하는 것을 알 수 있다. 그 결과 생성물의 에너지는 반응물의 에너지보다 낮아진다. 이 차이에 해당하는 에너지가 방출되는 것이다.

1원자 질량 단위는 C-12 원자 질량의 1/12로 정의하며 그 값은 1.66 × 10^{-27} kg에 해당한다. 이 단위는 각각의 원자 질량을 나타내는 데 편리하게 사용된다.

만약 1.0 kg(2.2 lb)의 순수한 U-235가 모두 분열한다면 얼마만큼의 에너지가 방출될까? 이 방출될 에너지의 양을 우리는 $E = mc^2$와 밀접한 관련이 있는 식 $\Delta E = \Delta mc^2$을 이용하여 계산할 수 있다. 이 식에 등장하는 그리스 문자 델타(Δ)는 '변화량'을 의미한다. 그래서 이제 질량의 변화량을 에너지의 변화량으로 환산할 수 있게 되었다. 전체 질량의

1/1000이 감소하므로 위 식에서 Δm은 1.0 kg의 1/1000, 즉 1.0 g 또는 1×10^{-3} kg이다. 이제 이 값과 빛의 속도 $c = 3.0 \times 10^8$ m/s를 아인슈타인의 식에 대입한다.

$$\Delta E = \Delta mc^2 = (1.0 \times 10^{-3}\ \text{kg}) \times (3.0 \times 10^8\ \text{m/s})^2$$
$$\Delta E = (1.0 \times 10^{-3}\ \text{kg}) \times (9.0 \times 10^{16}\ \text{m}^2/\text{s}^2)$$

이 계산을 하면 다음과 같은 값을 얻게 되는데, 단위가 쉽게 이해되지는 않을 것이다.

$$\Delta E = (9.0 \times 10^{13}\ \text{kg}\cdot\text{m}^2/\text{s}^2)$$

4.2절에서 설명한 대로, 줄(J)은 에너지의 단위이다. $1\ \text{J} = 1\ \text{kg}\cdot\text{m}^2/\text{s}^2$

주어진 단위 $\text{kg}\cdot\text{m}^2/\text{s}^2$는 줄(J)과 같은 것이다. 따라서 순수한 우라늄-235 1 kg의 핵분열로 방출되는 에너지는 9.0×10^{13} J, 즉 9.0×10^{10} kJ에 달한다.

9.0×10^{13} J의 에너지양은 22,000톤의 TNT가 폭발할 때 방출되는 에너지와 같다고 하면 실감할 수 있을 것이다. 그리고 1945년에 히로시마와 나가사키에 투하된 원자 폭탄의 에너지의 두 배에 해당하는 양이다. 이 에너지는 단지 1 kg의 U-235의 핵분열에 의한 것이며 약 1 g, 즉 0.1%의 질량이 에너지로 변환된 것이다.

예제 7.7 석탄으로부터 얻을 수 있는 동일한 양의 에너지

표 4.1을 보고 석탄의 등급을 하나 고르시오. U-235 1 kg의 핵분열을 통해서 얻을 수 있는 것과 같은 양의 에너지를 얻으려면 석탄이 얼마나 필요하겠는가?

1 kg 또는 2 kg의 순수한 U-235를 단번에 분열시킬 수는 없다. 예를 들면 원자 폭탄에서 방출되는 에너지는 핵분열 연료 물질을 흩뜨려 버리기 때문에 모든 원자핵들이 분열하기 전에 연쇄 반응이 멈춰버리게 된다. 그럼에도 불구하고 방출되는 에너지는 막대하다. 1945년에 히로시마에 투하된 원자 폭탄의 경우 TNT 10,000톤의 에너지를 가지고 있었다. 그림 7.6은 미국 네바다의 핵무기 시험장에서 원자 폭탄이 폭발하는 장면을 찍은 사진을 나타낸 것이다. Priscilla라는 암호명으로 불린, 1957년에 수행된 이 핵무기 시험에서 방출된 에너지는 1945년에 히로시마와 나가사키에 사용되었던 원자 폭탄의 두 배 이상이었다고 한다.

그림 7.6 'Priscilla'라고 불리는 핵무기 시험이 1957년 6월 24일 네바다 주 라스베이거스 북서쪽 물이 없는 호수의 바닥에서 수행되었다.

그럼에도 불구하고 핵분열 에너지는 기술적으로 제어될 수 있다는 점을 알아야 한다. 그리고 그것이 바로 원자력 발전소에서 수행되는 일이다. 원자력 발전소에서는 핵분열 에너지를 기술적으로 잘 제어하여 천천히 그리고 **연속적으로** 방출시킨다. 다음 절에서 이 내용을 보다 자세히 알아보도록 하자.

7.3 원자로에서 전기 에너지가 생산되는 과정

4장에서 석탄, 석유, 또는 다른 종류의 연료를 사용하는 전통적인 방식의 발전소들이 전기 에너지를 생산하기 위해 열을 얻는 과정을 설명하였다. 이 열은 물을 끓이는 데 사용되어, 물을 높은 압력의 증기로 바꾸어 발전기의 터빈을 돌리도록 한다. 터빈의 회전축은 자기장 안에서 회전할 수 있도록 되어 있는 커다란 전선 코일에 연결되어 있어서 전기 에너지를 발생시킨다. 원자력 발전소도 물을 끓이는 방식만 다를 뿐, 매우 비슷한 방식으로 전기 에너지를 생산한다. 원자력 발전소에서는 물을 끓이는데 석탄, 석유와 같은 전통적인 연료를 연소시켜 발생하는 열에너지를 이용하는 것이 아니라 U-235와 같은 핵 '연료'의 분열로부터 방출되는 열에너지를 이용한다. 다른 방식의 발전소와 마찬가지로 원자력 발전소의 에너지 변환 효율도 열역학 제2법칙의 지배를 받는다. 열에너지를 일로 변환하는 데 있어서 이론적 효율은 발전소가 작동하는 최대 온도(고온부의 온도)와 최소 온도(저온부의 온도)의 차이에 의해서 결정된다. 이 이론적 열역학적 효율은 일반적으로 55~60%인데, 실제 작동 시에는 원자력 발전소의 기계적, 열적, 전기적 작동 부분들이 최대 효율을 발휘하지 못해 이보다 상당히 낮은 효율을 보이게 된다.

열역학 제2법칙은 여러 가지 형태로 표현된다. 그중 여기서 설명하는 발전소의 효율과 관련된 것은 다음과 같다. 바로 순환 과정에서 열에너지를 전부 다 일로 변환하는 것은 불가능하다는 것이다. 자세한 내용은 4.2절을 참고하라.

원자력 발전소의 전체 시설은 핵물질과 관련된 부분과 그렇지 않은 부분으로 나누어 볼 수 있다(그림 7.7). 원자로는 원자력 발전소의 가장 뜨거운 핵심 시설이다. 원자로는 한 개 또는 그 이상의 증기 발생 장치와 연결되어 있고, 그 주변은 1차 냉각 장치로 둘러싸여 있다. 이 부분은 강철 용기 안에 들어 있고, 전체적으로 강화 콘크리트로 건설된

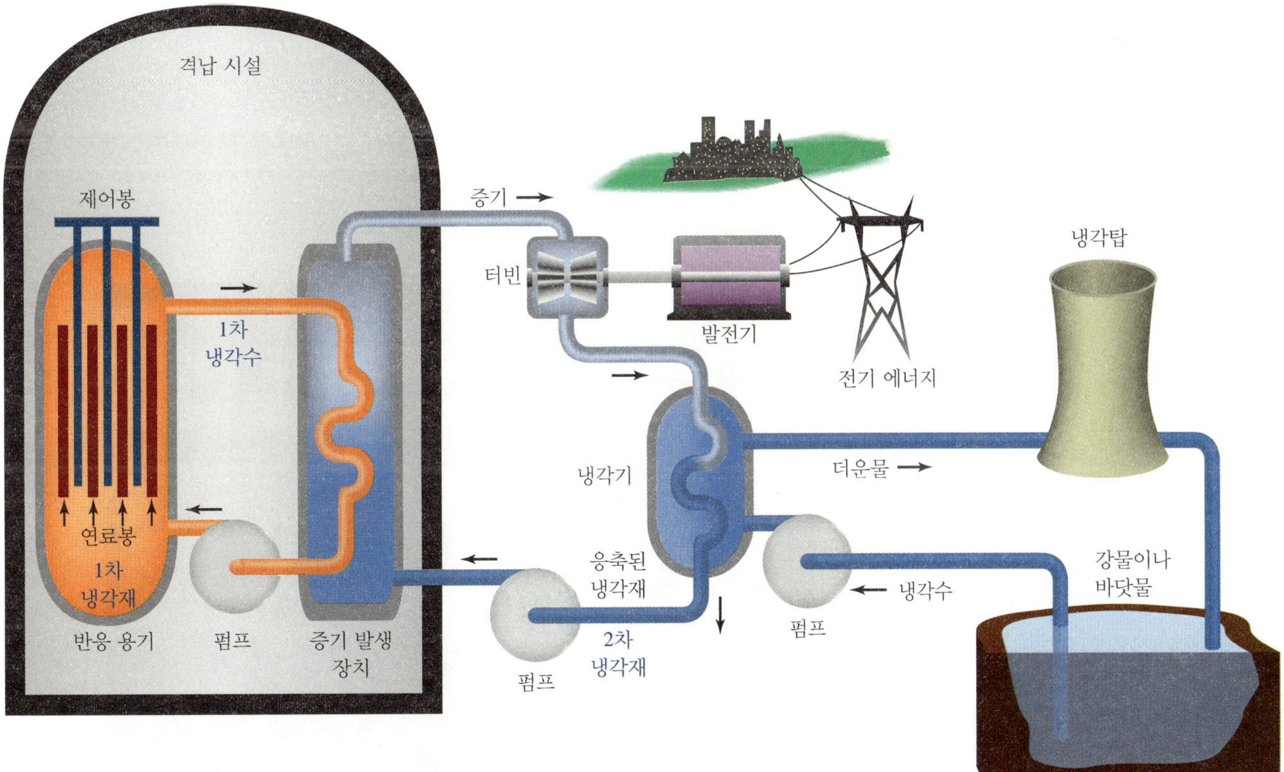

그림 7.7 원자력 발전소 시설의 개략도. 각각의 부분들이 실제 크기 비율대로 표시된 것은 아니다.

그림 7.8 핵연료 펠릿과 미국의 10센트짜리 동전

돔 형태의 격납 건물 안에 설치된다. 비핵 부분은 전기 발전기를 돌리는 터빈을 포함하고 있다. 또한 2차 냉각 시스템도 가지고 있다. 추가적으로 비핵 부분에는 고온의 냉각수로부터 열에너지를 방출시키기 위한 몇 가지 장치들이 연결되어 있다. 따라서 하나의 원자력 발전소는 하나 또는 그 이상의 냉각탑을 가지고 있다. 이 냉각탑은 상당한 규모의 수량을 보유하고 있는 큰 강이나 바다 근처에 위치한다. 화석 연료를 사용하는 발전소 시설의 개략도를 보여 주는 그림 4.2를 다시 보자. 이 발전소 역시 냉각수 증기로 표시된 것과 같은 열을 제거하는 장치들이 필요한 것을 알 수 있다.

원자로 노심의 우라늄 연료는 이산화 우라늄(UO_2)의 펠릿 형태로 되어 있다. 각각의 펠릿의 높이는 그림 7.8에서 볼 수 있듯이 10센트짜리 동전의 지름과 비슷한 정도이다. 이 펠릿은 지르코늄과 다른 금속들의 합금으로 만들어진 튜브에 차례로 채워진 후, 스테인리스강 피복을 둘러싼 다발 형태로 사용된다(그림 7.9). 각각의 튜브에는 최소 200개의 펠릿이 들어간다. 핵분열 반응은 한 번 시작되면 연쇄 반응을 통해서 스스로 지속될 수 있지만, 일단 시작되기 위해서는 중성자가 필요하다(식 7.1과 그림 7.5 참조). 이 중성자를 공급하는 방법들 가운데 한 가지는 베릴륨-9와 플루토늄과 같은 무거운 원소를 함께 사용하는 것이다. 이 무거운 원소가 알파 입자(^4_2He)를 방출한다.

$$^{238}_{94}Pu \longrightarrow ^{234}_{92}U + \underset{\text{알파 입자}}{^4_2He} \quad [7.2]$$

감마선은 2.4절에서 처음 소개되었다. 알파 입자와 감마선은 7.4절에서 보다 자세히 설명할 것이다.

이 알파 입자들은 베릴륨 원자핵에 충돌하여 중성자, 탄소-12, 감마선 $^0_0\gamma$을 방출한다. 이 과정에 대한 핵반응식은 다음과 같다.

$$^4_2He + ^9_4Be \longrightarrow ^{12}_6C + ^1_0n + \underset{\text{감마선}}{^0_0\gamma} \quad [7.3]$$

이와 같은 방식으로 만들어진 중성자는 원자로 노심에 주입된 U-235의 핵분열이 시작되도록 한다.

예제 7.8 Poo-Bee와 Am-Bee

Pu와 Be로 만들어진 중성자 공급원을 PuBe, 일명 '푸비(poo-bee)' 공급원이라고 부른다. 마찬가지로 AmBe, 즉 '암비(am-bee)' 공급원은 아메리슘과 베릴륨으로 만들어진다. PuBe 공급원에서처럼, AmBe 공급원으로부터 중성자를 얻는 과정에 대한 핵반응식들을 써 보시오. Am-241로부터 이 핵반응식들을 시작하시오.

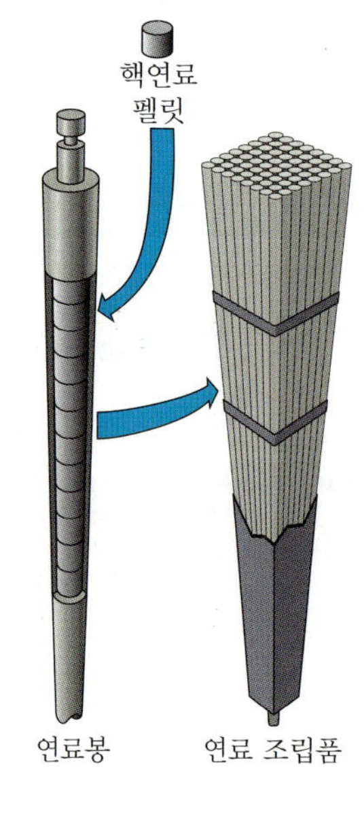

그림 7.9 원자로의 노심을 구성하는 연료 펠릿, 연료봉, 연료 조립품(왼쪽). 연료 조립품이 원자로 노심의 물속에 담겨 있다(오른쪽).

한 번의 핵분열이 둘 또는 세 개의 중성자를 만들어 낸다는 것을 잊어서는 안 된다. 따라서 핵분열 반응 속도를 감당할 수 있는 수준으로 제어하기 위해서는 여분의 중성자들을 '흡수'해서 제거할 수 있는 방법이 필요하다. 아주 정교하게 반응이 멈춰 버리지 않게 하면서도 그 속도가 충분히 느리게 유지되어야 한다. 중성자들이 너무 많으면 원자로의 온도가 너무 높아지고 중성자들이 모자라면 연쇄 반응이 멈추고 원자로가 식어버리게 된다. 이 사이에서 균형을 유지하기 위해서는 한 번 핵분열 반응이 일어날 때, 하나의 중성자만을 취하여 그다음 반응을 일으킬 수 있어야 한다.

핵 연료 사이사이에 배치된 금속봉이 여분의 중성자를 흡수하는 '스펀지'로서 역할을 한다. 이들을 **제어봉(control rod)**이라고 하는데, 카드뮴이나 붕소 같은 중성자를 아주 잘 흡수하는 물질로 주로 구성된다. 이 제어봉의 위치를 조절하면 중성자를 더 많이 또는 더 적게 흡수하도록 할 수 있다. 제어봉을 연료봉 사이에 충분히 깊이 배치하면 핵분열 반응은 스스로 지속하지 못하고 멈추게 된다. 그러나 제어봉을 연료봉 사이에서 점점 빼내면 핵분열 반응은 '임계 조건을 넘어서' 스스로 지속할 수 있는 단계에 이르게 된다. 이 단계에서는 제어봉의 위치를 조절하여 핵분열 반응 속도를 제어할 수 있다. 시간이 지남에 따라 핵분열 반응의 생성물이 축적되고 이 핵분열 반응 생성물이 중성자를 흡수하므로 이렇게 소모되는 중성자를 보충하기 위해서 제어봉을 연료봉 사이에서 더 빼낼 수 있다. 결국에는 핵연료가 다 소모되고 새로운 핵연료로 교체되어야 한다.

예제 7.9 지진!

그림 7.16을 미리 보라. 이 그림으로부터 원자로가 설치된 곳 근처에서 지진이 일어날 수 있다는 것을 알 수 있다. 진앙지 주변의 원자로는 지진이 발생하면 자동으로 멈추도록 설계되어야 한다. 이렇게 하려면 지진 발생시 제어봉을 원자로 노심에 완전히 집어 넣도록 프로그램을 짜야 할까, 완전히 빼내도록 해야 할까? 설명해 보시오.

연료봉과 제어봉은 1차 냉각재 안에 담겨 있다. **1차 냉각재(primary coolant)**는 이들 연료봉, 제어봉들과 직접 접촉하여 그들로부터 열을 제거하는 역할을 한다. 그림 7.10의 Byron 원자로를 비롯하여 다른 많은 원자로에서 1차 냉각재로 붕산(H_3BO_3) 수용액을 사용한다. 붕소 원자는 중성자를 흡수하여 핵분열 반응의 속도와 원자로의 온도를 제어

그림 7.10 일리노이 주의 Byron 원자력 발전소. 이 사진에서 가장 눈에 띄는 시설은 두 개의 냉각탑이다. 한 냉각탑에서는 응축된 증기가 배출되어 구름을 만드는 것을 볼 수 있다. 원자로는 이 냉각탑에 비해 훨씬 작다. 사진에서 냉각탑 앞쪽에 흰색 지붕을 가진 원통 모양의 두 격납 건물을 볼 수 있다. 이것들이 원자로이다.

한다. 제어봉과 마찬가지로, 이 수용액은 중성자의 속도를 줄이는 **감속재(moderator)**로서 역할을 수행한다. 이렇게 하면 중성자들이 주변에 있는 핵연료 물질에 보다 효과적으로 충돌할 수 있는 조건이 된다. 1차 냉각재로 사용되는 이 용액의 압력은 대기압의 150배에 달하기 때문에 끓지 않는다. 따라서 이 용액은 정상 끓는점보다 훨씬 더 높은 온도까지 가열될 수 있다. 원자로의 반응 용기와 증기 발생 장치 사이에 설치된 순환 경로를 따라 1차 냉각재가 계속해서 흐른다. 이 1차 냉각재의 경로는 원자력 발전소의 다른 시설로부터 차단되어 용액이 흘러나갈 수 없고, 열교환을 위한 연결만 되어 있다(그림 7.7 참조).

열은 1차 냉각재에서 **2차 냉각재(secondary coolant)**로 전달된다. 증기 발생 장치에 있는 2차 냉각재는 원자로와 직접 접촉하지 않는다. Byron 원자력 발전소(그림 7.10 참조)에서는 분당 30,000갤런(약 11만 3천 리터)의 물이 증기로 변환된다. 이 뜨거운 증기의 에너지가 발전기와 연결되어 있는 터빈의 날개를 회전시킨다. 열 이동 순환을 계속하기 위해 수증기는 냉각되어 액체로 다시 응축되어 증기 발생 장치로 되돌아간다. 많은 핵 발전 시설에서 냉각은 거대한 냉각탑을 이용하는데, 이 냉각탑은 종종 원자로와 혼동된다. 원자로 건물은 실제로 냉각탑의 규모에 비해 작다.

냉각탑은 석탄을 태우는 발전소에서도 사용된다.

예제 7.10 구름(버섯 구름이 아님)

언젠가 그림 7.10과 같은 원자력 발전소의 냉각탑에서 피어나는 구름을 볼 수 있을 것이다. 이 구름이 생기는 이유는 무엇인가? 이 구름은 U-235의 핵분열에 의해서 생성된 방사성 동위 원소를 포함하고 있을까?

또한 원자력 발전소는 호수, 강, 또는 바다의 물을 이용하여 응축 장치를 냉각시킨다. 예를 들면 New Hampshire의 Seabrook 원자력 발전소에서는 바다 밑 100피트(약 30.5 m)의 암반을 통과하는 지름 19피트(약 5.8 m), 길이 3마일(약 4.8 km)의 거대한 튜브를 통해서 분당 약 400,000갤런(약 150만 리터)의 바닷물을 끌어들인다. 또한 비슷한 규모의 튜브를 통해서 이번에는 끌어들일 때보다 22°C 더 온도가 높아진 물을 다시 바다로 배출한다. 특별한 노즐을 이용해서 뜨거운 물은 바다에 넓게 퍼뜨려 배출하기 때문에 더운물이 배출되는 바다의 온도 상승은 2°C 정도로 나타난다. 이 바닷물은 원자력 발전소 시설 안에서 핵분열 반응과 그 산물들이 존재하는 부분과는 물질이 교환되지 않도록 격리되어 순환한다. 붕산을 포함하는 물을 사용하는 1차 냉각재는 격리된 건물의 원자로의 노심을 통과에서 순환한다. 그러나 이 1차 냉각재의 순환 경로는 다른 부분과 완전히 차단되어 있어서 1차 냉각재의 방사능이 2차 냉각재로 전이되지 않도록 한다. 마찬가지로 바닷물도 2차 냉각재와 그 순환경로가 서로 격리되어 있어서 방사능에 의한 오염으로부터 보호받도록 되어 있다. 확실히, 원자력 발전소에서 생산된 전기 에너지는 화석 연료를 이용하는 화력 발전소에서 생산된 전기 에너지와 같은 것이다. 따라서 원자력 발전에 의한 전기 에너지는 방사능을 갖지 않는다. 그리고 그럴 수도 없다.

연구과제 7.11 Polo Verde 원자로

미국에서 가동 중인 가장 출력이 높은 원자력 발전소들 가운데 하나는 아리조나 주에 위치한 Polo Verde 발전소이다. 이 발전소가 보유하고 있는 세 기의 원자로들로부터 얻을 수 있는 최대 발전 용량은 매 초당 12억 4천 3백만 줄의 전기 에너지에 달한다. 그렇다면 하루 동안 생산되는 전기 에너지는 얼마이며, 이때 일어나는 U-235의 질량 감소는 얼마인지 계산해 보시오.

힌트: 먼저 하루에 생산되는 에너지의 양을 계산하는 것으로 풀이를 시작하라. 그리고 나서 $\Delta E = \Delta mc^2$ 식을 이용하여 질량의 변화 Δm를 계산하라. 질량 감소량을 그램 단위로 표시하라.

지금까지 설명한 핵분열, 우라늄, 핵연료, 핵무기 등은 모두 방사능에 대한 지식을 갖추고 있어야 이해할 수 있는 주제들이다. 이제 방사능에 대해서 좀 더 자세히 알아보도록 하자.

7.4 | 방사능이란 무엇인가?

그림 7.11 마리 퀴리(Marie Sklodowska Curie)는 방사성 원소들에 대한 연구를 통해서 화학, 물리학 분야에서 각각 한 번씩 모두 두 번 노벨상을 수상하였다.

우리는 방사성 물질에 대해서 불과 100여 년 전쯤 처음 알게 되었다. 1896년에 프랑스 물리학자 베크렐(Antoine Henri Becquerel, 1852~1908)이 방사능을 발견하였다. 그는 사진 건판을 이용하여 연구를 진행하고 있었다. 당시에는 아직 필름이 발명되기 전이어서 사진 건판을 이용하였다. 아직 사용하지 않은 사진 건판은 검은색 종이로 싸서 보관하여 빛에 노출되는 것을 막았다. 그는 우연히 어떤 광물을 검은색 종이로 싼 사용되지 않은 사진 건판 주변에 놓아 두었다. 그리고 그 사진 건판의 감광 유제가 마치 빛에 노출된 것처럼 검게 변한 것을 발견하였다. 베크렐은 사진 건판 주변에 놓아 둔 광물에서 빛을 차단하는 검은색 종이를 투과하는 강한 방사선들이 방출되는 것을 알아챘다.

폴란드 과학자 퀴리(Marie Sklodowska Curie, 1867~1934)(그림 7.11)는 방사선에 대한 보다 자세한 연구를 수행하여, 그 방사선이 광물의 한 성분인 우라늄으로부터 나온다는 것을 밝혀냈다. 1899년에 마리 퀴리(Marie Curie)에 의해서 어떤 물질이 자발적으로 높은 에너지의 전자기파와 입자를 방출하는 현상을 일컫는 용어로 **방사능(radioactivity)**이 처음으로 사용되었다. 이어서 러더퍼드(Ernest Rutherford, 1871~1937)의 연구를 통해서 방사능의 두 가지 종류가 규명되었다. 러더퍼드는 이들 두 방사능의 종류를 각각 그리스 알파벳을 따서 알파(α)와 베타(β)로 이름 붙였다.

이들 두 종류의 방사능은 완전히 다른 성질을 갖는다. **베타 입자(beta particle)**는 원자핵으로부터 방출되는 속도가 매우 빠른 전자로 음전하(1−)를 가지며, 질량은 양성자 또는 중성자의 1/2000 정도로 매우 작다. 원자핵으로부터 전자가 어떻게 방출될 수 있는지는 뒤에서 설명할 것이다.

반면에 **알파 입자(alpha particle)**는 원자핵으로부터 방출되는 양전하를 갖는 입자이다. 알파 입자는 양성자 두 개와 중성자 두 개로 이루어져 있으며(He의 원자핵), He의 원자핵에는 전자가 없으므로 2+의 전하를 띤다.

감마선은 알파 입자나 베타 입자가 원자핵으로부터 방출될 때 종종 함께 방출된다. **감마선(gamma ray, γ)**은 원자핵으로부터 방출되나 전하와 질량은 없으며, 아주 큰 에너지를 갖는 파장이 짧은 광자이다. 감마선은 적외선(IR), 가시광선, 자외선(UV)과 같이 전자기파 스펙트럼의 한 파장 영역을 차지하며, X선과 비슷한 에너지를 갖는다. 표 7.1에 이들 세 가지 종류의 방사능의 성질에 대해서 요약해 두었다.

그림 2.7에 전자기 복사 스펙트럼에 대한 정보가 있다.

'*Radiation*'이라는 영문 용어는 종종 전자기 복사를 의미하는 것인지, 원자핵으로부터 방사선의 방출을 의미하는 것인지 명확한 정의 없이 사용되기 때문에 쉽게 이해하기 어려운 경우가 많다. 영어로 '*electromagnetic radiation*'이라고 하면 라디오파, 마이크로파, 적외선, 가시광선, 자외선, X선, 감마선까지 모든 종류의 빛에 해당하는 용어이다. 예를 들면 가시광선 영역에 해당하는 빛(visible light)은 가시광선 영역의 전자기파의 복사(visible radiation)라고 할 수 있다. 영어로 '*nuclear radiation*'이라고 하면 원자핵으로부터 방출되는 알파 입자, 베타 입자, 감마선을 의미한다. 혼동의 여지가 있는 또 다른 용어가 있다. 감마선은 전자기 복사이면서 또한 방사선의 한 종류이다. 방사성 물질의 원자핵으로부터 감마선이 방출될 때는 방사선으로 취급하지만, 감마선이 은하계 건너편에서 방출되어 지구에 도달할 경우는 전자기 복사로 취급한다.

표 7.1 방사능의 종류

이름	기호	성분	전하	원자핵이 방출했을 때 일어나는 변화
알파	^4_2He 또는 α	양성자 2개와 중성자 2개	2+	질량수 4 감소, 원자 번호 2 감소
베타	$^{0}_{-1}e$ 또는 β	전자	1−	질량수는 변하지 않고, 원자 번호만 1 증가
감마	$^0_0\gamma$ 또는 γ	광자	0	질량수와 원자 번호 모두 변화 없음.

예제 7.12 'Radiation'

다음 각각의 영어 문장들에서 사용되고 있는 'radiation'이라는 용어가 방사선의 방출을 의미하는 것인지, 전자기 복사를 의미하는 것인지 문맥을 고려하여 밝히시오.

a. 가시광선보다 파장이 짧은 'radiation'의 종류를 쓰시오.
b. 코발트 60에서 나온 감마 'radiation'은 종양을 파괴한다.
c. UV 광선을 주의하라. 만일 피부가 하얗다면, 이 'radiation'은 일광 화상을 일으킬 수 있다.
d. 러더퍼드는 우라늄에서 방출된 radiation을 검출하였다.

답

a. 전자기 복사 b. 방사선의 방출(방사능)

원자핵이 알파 입자나 베타 입자가 방출할 때는 중요한 변화가 일어난다. 즉 이 입자들을 방출한 원자핵은 종류가 다른 것으로 변환된다. 언급했던 PuBe 중성자원이 좋은 예이다(식 7.2 참조). 플루토늄 원자핵이 알파 입자를 방출하면 우라늄 원자핵으로 변환된다. 마찬가지로 우라늄이 알파 입자를 방출하면 토륨이 된다. 다음 핵반응식이 우라늄-238에 대해서 이 과정을 보여 준다.

$$^{238}_{92}U \longrightarrow ^{234}_{90}Th + ^{4}_{2}He \quad [7.4]$$

위 식의 좌변과 우변 각각의 질량수의 합은 서로 같다(238 = 234 + 4). 원자 번호에 대해서도 마찬가지다(92 = 90 + 2).

방사성 동위 원소가 방사선을 방출하고 붕괴하여 생성된 새로운 원자핵도 방사성 동위 원소인 경우도 있다. 예를 들면 토륨-234는 우라늄-238이 알파 붕괴하여 생성되는데, 이 역시 방사성 동위 원소에 해당한다. 따라서 토륨-234는 계속해서 베타 붕괴하여 프로트악티늄(Pa)이 된다.

$$^{234}_{90}Th \longrightarrow ^{234}_{91}Pa + ^{0}_{-1}e \quad [7.5]$$

알파 입자의 방출과 달리, 원자핵이 베타 입자를 방출하면 원자 번호가 1만큼 **증가**하고 질량수는 변하지 않는다. 표 7.1에 베타 입자의 방출과 알파 입자의 방출 결과 원자핵에서 일어나는 변화를 요약하였다.

베타 입자 방출 결과 원자핵의 원자 번호가 1만큼 증가(양성자가 1개 증가)하는 현상은 쉽게 이해하기 어렵다. 그러나 중성자를 양성자와 전자의 조합으로 본다면 쉽게 이해할 수 있을 것이다. 베타 입자의 방출은 중성자의 분열로 볼 수 있다. 식 7.6이 바로 어떻게 중성자로부터 전자가 방출될 수 있는지를 보여 준다.

$$^{1}_{0}n \longrightarrow ^{1}_{1}p + ^{0}_{-1}e \quad [7.6]$$

베타 입자의 방출이 일어나는 동안 원자핵의 질량수(중성자와 양성자 수의 합)는 변함없이 유지된다. 왜냐하면 중성자 한 개의 손실은 양성자 한 개의 생성으로 보충되기 때문이다. 예를 들면 토륨 원자핵의 중성자는 프로트악티늄의 양성자가 '되는' 것이다. 이렇게 생겨난 양성자 한 개 때문에 원자 번호는 1 만큼 증가하는 것이다. 이 모형을 이용해서 원자핵으로부터 베타 입자의 방출이 일어나는 과정을 잘 이해하는 데 도움을 받을 수 있지만 실제로 원자핵에서 일어나는 정확한 현상은 아닐 수도 있다.

예제 7.13 알파 붕괴와 베타 붕괴

a. 루비듐-86(Rb-86)은 U-235의 핵분열 생성물 중 하나이다. Rb-86의 베타 붕괴 과정에 대한 핵반응식을 쓰시오.

b. 플루토늄-239는 폐암을 일으키는 독성이 있는 동위 원소이다. 플루토늄-239의 알파 붕괴에 대한 핵반응식을 쓰시오.

답

a. ${}^{86}_{37}\mathrm{Rb} \longrightarrow {}^{86}_{38}\mathrm{Sr} + {}^{0}_{-1}\mathrm{e}$

앞에서 설명한 것처럼, 원자핵은 분열하여 또 다른 방사성 원자핵을 만들 수 있다. 어떤 경우에는 핵분열에 의해서 방사성 동위 원소가 생성될 것인지를 미리 예상할 수도 있다. 왜냐하면 원자 번호가 84(폴로늄) 이상인 **모든** 원소의 **모든** 동위 원소들이 방사성을 갖기 때문이다. 따라서 우라늄, 플루토늄, 라듐, 라돈의 모든 동위 원소들은 방사성이다. 왜냐하면 이 원자들은 모두 원자 번호가 83보다 크기 때문이다.

원자 번호가 83번 이하인 작은 원소들에 대해서도 생각해 보자. 이들 가운데 몇몇은 방사성을 갖는다. 탄소-14, 수소-3(삼중수소), 포타슘-40 등이 그 예이다. 동위 원소가 방사성이어서 붕괴하는지, 아니면 안정하게 존재하는지는 그 원자핵이 포함하는 중성자와 양성자 수의 비율에 의해서 결정된다. 각각의 알파 붕괴와 베타 붕괴는 이 양성자에 대한 중성자 수의 비율에 변화를 가져 온다. 이러한 일련의 알파 또는 베타 붕괴를 거쳐서 양성자 대 중성자 수 비율은 안정한 값에 도달하게 되고 불안정한 방사성 동위 원소는 결국 안정한 원자핵으로 변한다. 지구 상에 존재하는 대부분의 원자들은 방사성이 **아닌** 안정한 것들이다. 오늘 이런 안정한 원자들이 여기서 발견되었다면, 완전히 같은 위치에서는 아니더라도 내일도 변함없이 발견될 것이다(여러분의 자동차 열쇠를 구성하는 원자들이 그 예이다).

방사성 동위 원소들이 안정한 동위 원소로 변하기 위해서 붕괴 과정을 여러 번 거쳐야 하는 경우도 있다. U-238과 Th-234의 붕괴(식 7.4와 7.5 참조)는 14회에 걸친 일련의 붕괴 과정의 처음 두 단계에 해당한다! 그림 7.12에서 볼 수 있는 것처럼 납-206은 이 과정의 최종 생성물이다. 비슷하게 납-207은 U-235에서 시작되는 11단계 붕괴 과정의 최종 생성물이다. 이와 같은 방사성 동위 원소의 일련의 붕괴 과정을 **방사성 붕괴 계열(radioactive decay series)**이라고 한다. 이것은 방사성 동위 원소에서 붕괴가 시작되어 일련의 단계를 거쳐서 궁극적으로는 안정한 동위 원소를 생성하는 방사성 붕괴의 특징적인 경로이다. 기체 상태로 존재하는 방사성 동위 원소인 라돈은 U-238과 U-235가 붕괴하는 과정에서 만들어지는 중간 생성물이다. 따라서 우라늄이 존재하는 곳에는 늘 라돈이 존재한다.

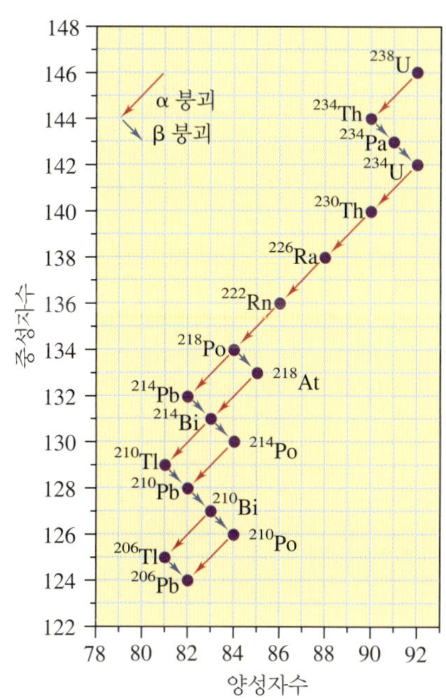

그림 7.12 자연에서 일어나는 U-238의 일련의 붕괴 과정

7.5 앞으로 나아가기 위해 과거를 돌아보자

우리는 지금 과거로부터 배울 점들을 찾기 위해 원자력의 유산들을 검토하고 있다. 모든 원자력 발전소는 에너지를 생산하기 위해서 핵분열의 과정을 이용한다. 따라서 필연적으로 방사성 동위 원소를 부산물로 만들어 낸다. 이 원자력 발전의 부산물이 과거에 우리에게 위험을 가져다 준 적이 있는가? 이 절에서는 사고에 의해 원자력 발전의 방사

우라늄 광석의 채굴이 작업자와 우라늄 광산 주변의 환경에 미치는 영향도 원자력 발전이 남긴 유산의 한 부분이다. 핵폐기물의 저장은 다음 절의 주제로 다루어질 것이다.

그림 7.13에서 볼 수 있는 노란색 바탕에 검은색으로 표시한 삼엽형 기호는 국제적으로 사용되는 방사능 경고 표지이다. 미국에서는 검은색 대신 자홍색을 사용한다.

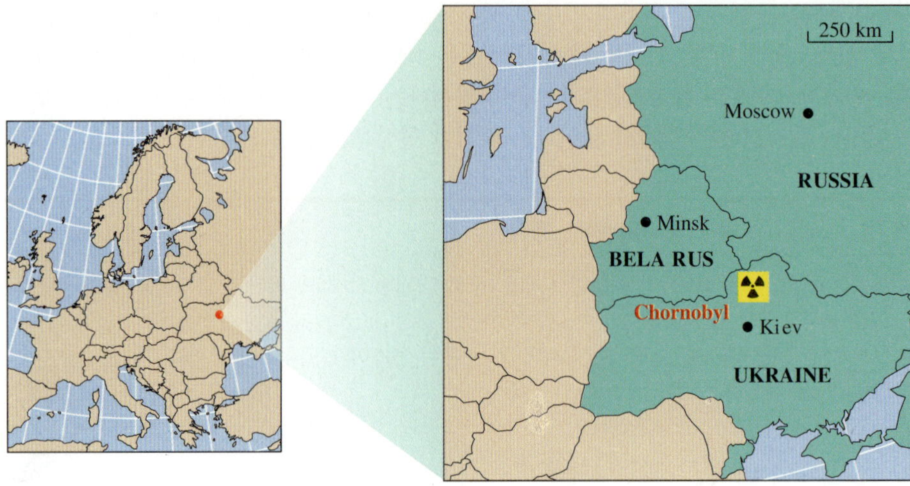

그림 7.13 과거 소련 연방에 포함되어 있었던 우크라이나의 체르노빌

성 동위 원소 생성물이 자연계로 방출될 가능성에 대해서 검토해 볼 것이다. 이 위험성이 원자력 발전이 남긴 유산의 전부는 아닐지라도 매우 중요한 부분을 차지하는 것은 사실이다.

1979년, **차이나 신드롬**(*The China Syndrome*)이라는 영화는 미국을 배경으로 거의 핵 재앙에 가까운 상황을 그렸다. 가상의 원자력 발전소에서 열을 발생시키는 핵분열 반응이 임계점에 도달하여 곧 원자로가 녹아 내릴 지경에 처한다. 반응이 제어되지 않았다면 아마도 중국까지 이어지는 암반이 녹아 내릴 수도 있을 것이라고 하였다. 그러나 알맞은 시기에 안전장치가 가동되어 재앙을 막을 수 있었다는 내용이다.

7년 뒤, 1986년 4월 26일에 실제로 그 당시 소련 연방에 속해 있었던 우크라이나의 체르노빌(Chornobyl) 원자력 발전소의 기술자들은 그다지 운이 좋지 못하였다(그림 7.13). 이 발전소에는 네 기의 원자로가 있었는데, 둘은 1970년대에, 나머지 둘은 1980년대에 건설한 것들이었다. 주변의 Pripyat 강에서 물을 끌어들여 이 원자로를 냉각시키는 데 사용하였다. 이 원자력 발전소 주변에는 사람들이 많이 살고 있지 않았지만 대략 12만 명의 주민들이 원자력 발전소로부터 반경 30 km 안의 지역에 거주하고 있었다. 이 지역에는 체르노빌 시(인구 12,500명)와 Pripyat 시(인구 40,000명)가 포함되어 있었다.

일본의 후쿠시마 원자력 발전소에서의 방사성 물질 유출을 고려한다 하더라도, 체르노빌은 여전히 세계 최악의 원자력 발전소 사고이다. 우크라이나에서 어떤 문제가 있었는가? 체르노빌 원자로 4호기의 전기 안전 점검을 실시하는 동안, 작업자는 의도적으로 노심으로 흘러 들어가는 냉각수의 흐름을 차단하였다. 그러자 원자로의 온도는 빠르게 상승했고, 게다가 그 작업자는 부족한 수의 제어봉들을 원자로 안에 넣어 둔 상태였다. 원자로의 온도를 제어하기 위해서 빨리 나머지 제어봉을 원자로 안으로 넣어야 했으나 충분히 빨리 이 작업을 수행할 수 없었다. 더구나 증기의 압력이 너무 낮아 냉각재 공급이 원활하지 못하였다. 결국 사고의 원인은 작업자의 실수와 원자로 설계의 문제에 있었던 것이다.

일련의 실수들이 이어지면서 재앙을 만들어 냈다. 불가항력적으로 출력 상승이 일어나 열이 발생했고, 핵연료가 모두 녹아 내렸으며, 핵연료 물질이 외부로 방출되었다. 이렇게 방출된 물질은 냉각수와 접촉하여 폭발했고, 수초 만에 원자로 노심이 파괴되었다. 방출된 열로 인해 원자로에서 중성자의 속도를 느리게 하는 감속재로 사용되었던 흑연에 불이 붙으면서 물과 흑연이 반응하여 수소 기체를 만들어 냈다.

그림 7.14 폭발 직후 하늘에서 내려다 본 체르노빌 원자로 4호기의 모습

$$2\,H_2O(l) + C(\text{흑연}) \longrightarrow 2\,H_2(g) + CO_2(g) \quad [7.7]$$

이렇게 만들어진 수소 기체는 공기 중의 산소와 반응하여 폭발하였다.

$$2\,H_2(g) + O_2(g) \longrightarrow 2\,H_2O(g) \quad [7.8]$$

이 폭발은 원자로를 둘러싸고 있는 4000톤 규모의 강철판을 날려버렸다(그림 7.14). 실제로 '핵' 폭발은 일어나지 않았지만, 화재와 수소의 폭발은 막대한 양의 방사성 물질을 원자로 밖의 대기 중으로 날려 보냈다.

체르노빌에서의 재앙은 폭발적으로 일어난 화학 반응에 의한 것이다. 즉 수소 기체의 연소 반응 때문인데, 이로 인해 발생한 화재는 원자력 발전소와 원자로를 구성하는 물질을 태웠다. 실제로 이 사고는 핵폭발에 의한 것은 아니었다.

폭발 후 남은 건물의 잔해에서 불길이 치솟았다. 순식간에 건물은 폐허가 되었다. 사고 발생 당시 원자력 발전소 직원들 가운데 책임자는 현장에서 목격한 것들에 대한 보고서에서 다음과 같이 진술하였다. "마치 세상의 종말이 온 것 같았다... 내가 눈으로 본 사실을 믿을 수 없었다. 원자로가 폭발로 인해 폐허가 되는 것을 보았다. 내가 그것을 본 세계 최초의 인간일 것이다. 그것은 핵 지옥이었다. 나는 공포에 사로잡혔다." (*Scientific American*, 1996년 4월호, 44쪽).

재앙은 계속되었다. 원자로를 사로잡은 화재는 열흘 동안 계속되면서 공기 중에 많은 양의 방사성 물질들을 날려 보냈다. 원자력 발전소로부터 반경 60 km 이내에 거주하던 사람들은 모두 영구적으로 그곳을 떠나 대피하였다. 공기 중으로 유출된 방사성 물질은 우크라이나에서 벨로루시를 지나 스칸디나비아까지 할퀴고 지나갔다. 이로 인해서 그 원자력 발전소로부터 단 한번도 혜택을 받아 본 적이 없는 사람들이 피해를 당해야 하였다.

인명 피해는 즉각적으로 나타났다. 그 원자력 발전소에서 일하던 여러 명의 사람들은 사망했고, 31명의 소방관들은 사고 처리 중에 급성 방사선 질환으로 사망하였다. 이 병증에 대해서는 뒤에 보다 자세히 다루기로 한다. 2억 5천만 명으로 추산되는 사람들이 궁극적으로 질병을 유발할 수 있는 수준의 방사능에 노출되었다.

갑상선은 티록신을 만들기 위해 아이오딘화 이온(I^-)의 형태를 띠는 아이오딘 원소가 필요하다. 티록신은 성장과 대사를 위해 필수적인 호르몬이다.

방출된 가장 위험한 방사성 동위 원소 중 하나는 아이오딘-131이다. 이것은 감마선과 함께 베타 입자를 방출하는 물질이다.

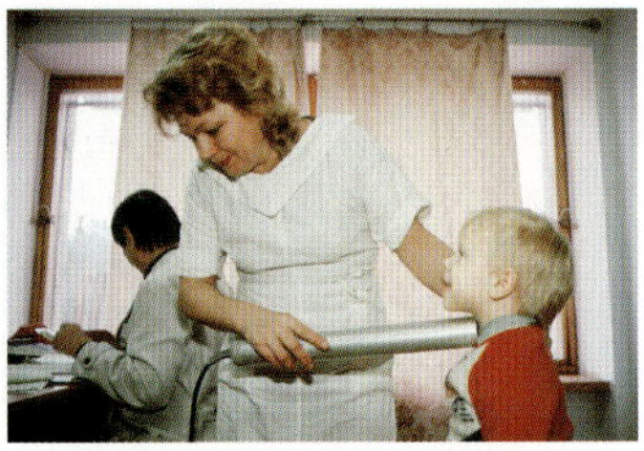

그림 7.15 Minsk 북부에 있는 병원에서 한 어린이의 갑상선 부위의 방사선량을 조사하고 있다. 이 어린이는 체르노빌에서 발생한 방사능 오염 물질이 지나가는 경로에 살았다.

$$^{131}_{53}\mathrm{I} \longrightarrow {}^{131}_{54}\mathrm{Xe} + {}^{0}_{-1}\mathrm{e} + {}^{0}_{0}\gamma \qquad [7.9]$$

만약 I-131을 섭취하게 되면 갑상선 암에 걸릴 수 있다. 체르노빌 근처의 핵물질에 의해 오염된 지역에서는 특히 15세 이하 어린이들에게서 갑상선 암 환자 수가 빠르게 증가하였다(그림 7.15). 2001년 현재, 우크라이나에 이웃한 국가인 벨로루시에는 700명 이상의 어린이가 갑상선 암 치료를 받고 있다. 다행히도 갑상선 암은 치료를 통해서 회복될 가능성이 높아 대부분의 환자들이 살 수 있었다. 벨로루시에서 갑상선 암으로 고통 받는 어린이 환자들을 치료하는 데 자원 봉사자로 참여한 일본인 Akira Sugenoya 박사는 다음과 같이 언급하였다. "그 끔찍한 사태의 마지막 장은 아직도 다 쓰여지지 않았다."

예제 7.14 아이오딘!

아이오딘이라는 용어를 사용할 때, 이 용어는 문맥에 따라서 아이오딘 원자를 의미할 수도 있고, 아이오딘 분자 또는 아이오딘 이온을 의미할 수도 있다.

a. 이 화학종들의 루이스 구조를 각각 그리고 차이점을 보이시오.
b. 이들 가운데 어느 것이 화학적으로 가장 반응성이 큰 것인가? 그 이유는 무엇인가?
c. 갑상선 암은 이것들 가운데 어느 화학종과 관련이 있는가?

답

c. 방사성 동위 원소인 I-131을 포함하는 아이오딘 원소는 우리 몸의 갑상선 부위에 I^- 이온의 형태로 모인다.

United Nations Scientific Committee on the Effects of Atomic Radiation

체르노빌 사태에 대한 가장 최근의 연구 결과를 알아보기 위해 UNSCEAR(United Nations Scientific Committee on the Effects of Atomic Radiation)의 보고서를 참고해 보자. UNSCEAR은 2011년에 체르노빌 사태가 사람들의 건강에 미친 영향에 대한 조사 결과를 발표하였다.

> 방사능에 노출된 어린이들에게서 발생한 갑상선 암 발병의 급증과 원자력 발전소에서 근무했던 사람들에게서 주로 나타난 백혈병과 백내장의 발병의 징후를 제외하고는 방사능에 노출이 그 원인이라고 확실히 말할 수 있는 암이나 백혈병의 증가는 확인된 것이 없다. 방사능과 관련된 악성이 아닌 다른 장애들에 대한 증거도 발견된 것이 없다. 하지만 그 사태에 대한 광범위한 생리학적 반응들이 있었는데, 그것들은 방사능에 대한 공포에 의한 것이었고 실제 방사능 노출에 의한 것은 아니었다.

2012년에 원자력 발전소의 폐허를 격리시킬 목적으로 체르노빌 한가운데 자유의 여신상이 세워져 있는 대학 축구 경기장을 둘러쌀 만큼 충분히 큰 강철돔 건설이 시작되었다. 이 강철돔이 완성되면 로봇을 투입하여 방사능에 오염된 시설들을 해체하고 나머지는 영구적으로 봉인하는 것이 가능하게 될 것이다. 체르노빌의 문제가 우크라이나에 국한된 것이 아니라 국제적인 영향을 미친다는 것을 알게 되어 29개 국가에서 29억 달러를 이 프로젝트에 투자하였다. 오늘날까지도 원자로 주변은 사람이 거주할 수 없는 지역으로 남아 있다.

체르노빌 사태에 깔려 있는 보다 침통한 사실은 다음과 같은 질문에 잘 나타나 있다. '비슷한 사태가 재발할 수 있을 것인가?' 가장 비슷한 사례는 1979년 3월에 미국에서 발생하였다. 펜실베이니아주의 Harrisburg 근처의 스리마일 섬(Three Mile Island) 원자력 발전소에서 냉각재 부족으로 부분적인 원자로의 용융 사태가 발생하였다. 이 사건으로 인해 약간의 방사능 기체가 누출되었으나, 사망자는 발생하지 않았다. 2002년에 종결된 20년에 걸친 조사 결과에 따르면, 방사능에 노출된 사람들 가운데 암 사망자 수는 그렇

그림 7.16 2011년에 리히터 척도 9.0의 Tohoku 지진에 이어 발생한 쓰나미로 인해 해일이 발생하였다.

지 않은 일반적인 경우에 비해 높지 않은 것으로 나타났다. 원자력 분야의 기술자들은 미국의 상용 원자로들 가운데 체르노빌 사태의 원인이 되었던 원자로 설계의 문제는 없다는 데에 동의하고 있다.

원자력 발전소 사고를 예방하기 위해서는 원자로의 안전 조치 이외에도 더 많은 것들을 고려해야 한다. 사고는 작업자의 실수, 자연재해, 정치적인 불안정 등 복합적인 원인에 의해 발생할 수 있다. 2011년에 지진과 지진으로 인한 해일로 인해 일본의 원자력 발전소의 원자로 세 개에서 노심 용융이 발생하였다.

후쿠시마 원자력 발전소에는 6기의 원자로가 있었다. 원자로 1, 2, 3 호기에서는 노심 용융이 발생하였다. 원자로 4호기와 사용 후 핵연료를 둘러싸고 있는 건물에서는 수소 폭발이 발생하였다. 그때 원자로 5호기와 6호기가 폐쇄되었다.

다시 한 번 과거를 돌아보자. 그러나 이번에는 이 책의 전 판의 저자들이 서술했던 내용으로부터 배울 점을 찾아보자. "오늘날 전 세계 원자로의 약 20%가 태평양 연안과 같은 지진 활동이 진행되고 있는 지역에 위치하고 있다. 따라서 테러의 위협이 있기 전이라도 원자로는 충격에 견딜 수 있도록 건설되었어야 하였다. 원자로에 지진계를 설치하여 지진이 발생할 경우 즉각적으로 원자로가 폐쇄되도록 한다." (*Chemistry in Context*, 7판, 302쪽). 이미 증명된 바와 같이 지진은 사태의 원인 중 일부분에 불과하였다. 보다 심각했던 것은 이어진 지진 해일이었다(그림 7.16).

지진 해일은 연속적으로 두 번의 타격을 가하였다. 먼저 거대한 파도에 의해 후쿠시마 원자력 발전소의 냉각수 펌프 작동에 필요한 발전기가 파괴되었다. 그 결과 원자로의 냉각 시스템이 작동하지 못하였다. 원자로 1호기, 2호기, 3호기의 온도가 빠르게 상승했고 이로 인한 열은 수소 기체를 발생시키는 화학 반응이 시작되도록 하였다. 폭발을 두려워한 발전소의 엔지니어들은 수소 기체를 외부로 배출시켰다. 동시에 이 조치로 인해 I-131을 포함한 방사능을 띤 핵분열 생성물이 주변의 자연 환경으로 배출되었다. 이 수소 기체 배출 조치에도 불구하고, 몇몇 원자로에서 폭발이 일어났다.

예제 7.15 수소!

식 7.8은 수소의 연소 과정을 보여 준다. 즉 수소가 산소와 결합하여 수증기를 만드는 과정이다. 4장에서 이 화학 반응에 나오는 화학종들의 루이스 구조를 보여주었다.

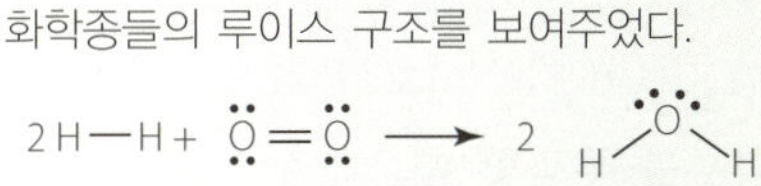

끊어지고 생성되는 결합의 결합 에너지를 이용하여 이 화학 반응 전후의 에너지 차이를 계산하시오. 그림 4.17에서 볼 수 있는 것처럼 H_2 2몰이 연소할 때 발생하는 열은 −498 kJ이다.

a. H_2의 몰당 에너지 변화와 그램당 에너지 변화량을 계산하시오.
b. 그림 4.16에 제시된 연료 중 메테인은 그램당 방출하는 연소열이 가장 크다. 그런데 수소는 메테인보다도 더 많은 열을 방출한다. 대략 몇 배의 에너지를 방출하는가?

연료 전지에 관해 설명하는 8장에서 H_2와 O_2의 반응에서 방출되는 에너지에 대해서 보다 자세한 내용을 찾아볼 수 있다.

연구과제 7.16 지르코늄!

이 절에서 설명한 대로 체르노빌 원자력 발전소에서 수소는 물과 뜨거운 흑연의 반응에 의해서 발생되었다. 후쿠시마에서 수소의 발생은 연료봉을 감싸고 있던 합금의 한 성분이었던 지르코늄과 물의 반응에 의한 것이었다.

a. 지르코늄은 몇 가지 이유로 원자로에 사용하기 위한 금속 재료로 선택된다. 그 이유 중 하나는 지르코늄이 중성자를 흡수하지 않는다는 것이다. 이 성질이 왜 지르코늄을 원자로에서 사용될 수 있도록 해 주는가?

b. 지르코늄은 원자로 사고 등으로 인해 고온으로 가열될 경우 다음과 같은 두 가지 부적절한 성질을 나타낸다. (1) 부풀어 오르고 균열이 발생함. (2) 물과 반응하여 수소를 발생시킴. 이 성질로 인해 발생할 수 있는 위험에 대해서 설명하시오.

오늘날 원자력 발전소들과 이들의 지금까지의 가동에 대한 철저한 조사가 진행되고 있다. 따라서 이 절의 제목도 '앞으로 나아가기 위해 과거를 돌아보자'이다. 정말 우리는 앞으로 더 나아가기 위해서 과거를 돌아보고 지혜를 구해야 한다. 의심의 여지 없이 원자력 발전에 의한 에너지는 우리 미래의 일부분이 될 것이다. 그러나 어느 정도를 차지하게 될 것인지는 현재 분명하지 않다.

7.6 | 방사능과 나

과거의 사례들로 미루어 보아, 방사능을 무해한 것으로 취급하는 것은 적절하지 않을 것이다. 예를 들면 마리 퀴리는 그녀 자신이 방사능에 노출되어 발생한 것으로 보이는 혈액 질환으로 사망하였다. 지하 우라늄 광산에서 일했던 많은 사람들이 폐암으로 고통받았다. 우연히 또는 사고로 인해 방사성 물질을 흡입한 다른 사람들도 질병에 시달리거나 방사선 병으로 사망하였다.

그렇다 하더라도 방사능의 발암성은 강하지 않다. 게다가 방사선에 의해 세포나 조직이 손상되었을 때, 우리의 몸은 여러 가지 방법을 동원하여 그 손상을 상당한 수준으로 복구해 낸다. 우리가 사는 지구는 자연 그대로의 상태에서도 이미 방사성 물질들을 포함하고 있다. 그리고 우리는 대부분 잘 살아가고 있다. 우리 몸의 복구 체계가 방사선에 의한 손상의 발생을 감당하지 못하여 손상이 누적되면 우리는 우리 몸에 대해 관심을 기울여야 한다.

무엇이 세포나 조직을 손상시키는가? 이 질문에 대한 답은 바로 방사성 동위 원소가 방출하는 알파 입자, 베타 입자, 감마선이다. 이 방사선들은 모두 이들이 충돌하게 되는 분자를 이온화시키기에 충분한 에너지를 가지고 있다. 다시 말해서 이 방사선들과의 충돌에 의해 분자는 비결합 전자쌍이나 결합에 사용된 전자쌍으로부터 전자들을 방출하게 된다. 의료 진단용 인체 사진 촬영에 사용되는 X선의 경우에도 마찬가지이다. 이러한 이유로 우리는 X선과 방사선을 함께 일컬어 원자나 분자에 충돌하여 전자를 제거해 낼 수 있는 **이온화 방사선(ionizing radiation)**이라고 한다. 우주로부터 오는 우주선(cosmic ray)들도 역시 이온화 방사선이다. 반면에 자외선, 가시광선, 적외선은 더 작은 에너지를 갖기 때문에 원자나 분자들을 이온화 시킬 수 없는 복사선에 해당한다.

X선과 감마선은 그 근원이 서로 다르다. X선 발생 장치는 큰 에너지 차이를 보이는 전자 배치의 변화를 일으켜 X선을 발생시킨다. 반면에 감마선은 원자핵으로부터 방출된다.

이온화 방사선이 우리 피부를 투과할 때, 이로 인해 일련의 연쇄적인 사건들이 시작된다. 방사선에 의해 물 분자가 이온화되는 과정을 생각해 보자.

11.2절에서 우리 몸의 약 60%를 물이 차지하고 있다는 점을 언급하였다. 따라서 이온화 방사선에 노출되면 방사선은 우리 몸 속에 있는 물과 반응하게 될 것이다.

$$H_2O \xrightarrow{\text{이온화 방사선}} H_2O^+ + e^- \quad [7.10]$$

생성물인 H_2O^+는 양전하를 가지고 있다. 게다가 이 화학종은 홀전자를 가지고 있다. 다음 연구과제를 통해서 보다 자세한 내용을 알아보자.

연구과제 7.17 자유 라디칼

홀전자를 가지고 있는 화학종을 자유 라디칼이라고 한다. 다음 식은 홀전자를 점으로 표시하여 식 7.10을 다시 쓴 것이다.

$$H_2O \xrightarrow{\text{이온화 방사선}} [H_2O\cdot]^+ + e^-$$

앞선 장들에서 설명한 것처럼, 자유 라디칼은 매우 반응성이 크다. 다음 식은 이 자유 라디칼이 또 다른 물 분자와 반응하여 또 다른 하이드록실 라디칼 •OH를 만드는 과정을 보여 준다.

$$[H_2O\cdot]^+ + H_2O \longrightarrow H_3O^+ + HO\cdot$$

a. 위의 두 반응식에 있는 모든 반응물과 생성물의 루이스 구조를 그리시오.
b. 어느 것이 자유 라디칼인지 표시하시오.
c. 이 루이스 구조를 보고 왜 자유 라디칼은 반응성이 큰지 설명하시오.

다른 장에서 자유 라디칼에 대한 내용들을 더 찾아보라.

1장: •OH: NO_2의 생성과 대류권 오존
2장: Cl•, ClO•, •NO: 성층권의 오존층 파괴
6장: •OH: 산성비에서 SO_3의 생성
9장: R•: 에틸렌의 고분자 합성 반응

연구과제 7.17에서 알아본 것처럼, 하나의 자유 라디칼은 화학 반응을 거쳐서 또 다른 자유 라디칼을 만들어 낼 수 있다. 그리고 이렇게 생긴 자유 라디칼은 또 다른 자유 라디칼을 만들어 낼 수 있다! 하이드록실 라디칼은 우리 몸 속에서 계속해서 다른 분자들과 반응하는데 만약 DNA가 주변에 있다면 바로 DNA와도 반응을 하게 된다. DNA 분자가 얼마나 자유 라디칼에 의해 손상되느냐에 따라서 그 DNA를 가지고 있던 세포는 죽을 수도 있고, 그 손상을 복구해 낼 수도 있고, 아니면 돌연변이를 일으킬 수도 있다. 암 세포를 포함해서 빠르게 분열하는 세포들은 보다 더 이온화 방사선에 의해 손상되기 쉽다. 그 결과 방사성 동위 원소에 의한 방사선이나 X선은 어떤 종류의 암들을 치료하는 데 사용될 수 있다.

12장에서 DNA에 대해서 알아볼 것이다.

이온화 방사선은 다른 종류의 질병들을 치료하는 데에도 사용될 수 있다. 예를 들면 그레이브스병(Graves' disease) 환자들은 갑상선 기능이 지나치게 활성화되어 대사를 촉진하는 호르몬을 과도하게 만들어 내므로 여러 가지 문제가 발생한다. 방사능을 갖는 알약을 삼키는 것은 그다지 기분 좋은 일은 아니지만, 아이오딘화 포타슘의 형태로 방사성 동위 원소인 I-131을 포함하는 알약을 복용하여 이 병을 치료할 수 있다.

연습문제 51번은 I-131의 섭취를 최소화하기 위해 아이오딘화 포타슘(KI) 알약을 복용하는 것과 관련된 문제이다.

방사능을 갖지 않는 아이오딘이 우리 몸 속에 들어오면 갑상선에 모이는 것처럼, 이 방사성 동위 원소인 아이오딘도 마찬가지로 갑상선에 모인다. 이렇게 갑상선에 모인 I-131은 활성화된 갑상선 조직을 모두 또는 부분적으로 파괴한다(그림 7.17). 그리고 나면 대사 작용을 정상으로 돌아오게 하기 위해서, 대부분의 환자들은 갑상선에서 분비되어야 하는 아이오딘을 포함하는 호르몬인 합성 티록신을 복용하여 보충한다.

방사능은 우리 몸을 치료할 수도 있고 해칠 수도 있다. 문제는 암 세포뿐만 아니라 분열 속도가 빠른 모든 세포들이 다 방사능에 영향을 받기 쉽다는 것이다. 건강한 세포들 가운데 골수, 피부, 모낭, 위, 장의 세포들은 빠르게 분열하는 특징이 있다. 방사선 치료를 받은 암환자들은 이들 **건강한** 세포들이 손상되는 부작용을 경험하게 된다. 총괄해서 이 부작용을 **방사선 병(radiation sickness)**이라고 부른다. 이 병의 초기에는 빈혈, 메스꺼움, 불쾌감 등이 증상이 나타나며 많은 양의 방사선에 노출되었을 경우 다른 질병에 감염될 위험이 높아지는 특징이 있다. 많은 양의 방사선에 노출되면 방사선 병에 걸릴 가능성이 높아진다. 예를 들면 체르노빌 사고 현장에 가까운 곳에 살았거나 일본에 원자 폭탄이 투하되었을 때 초기 핵 폭풍에서 살아남은 사람들이 이 방사선 병을 경험하였다.

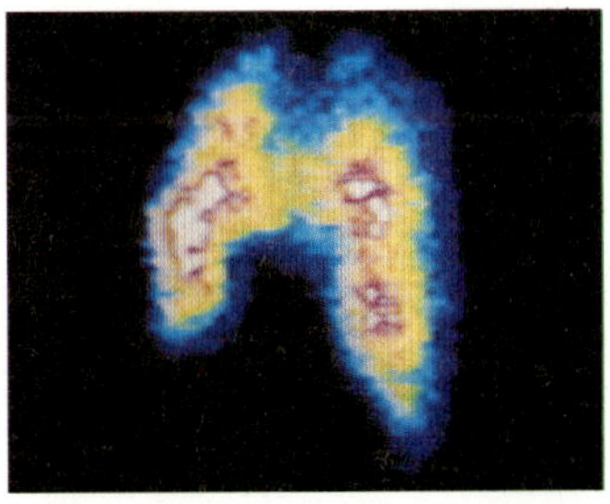

그림 7.17 갑상선에서 I-131의 분포를 보여 주는 사진. 방사성 아이오딘이 빨간색과 노란색으로 표시된 영역에 집중되어 있다.

우리가 사는 세계는 자연 상태에서도 이미 방사성 물질을 포함하고 있다. 그래서 우리가 아예 방사선에 노출되지 않고 살 수는 없다. 과학자들은 어떤 지점에서의 평균적인 방사선량의 수준을 말할 때 **배경 방사(background radiation)**라는 용어를 사용한다. 배경 방사는 두 가지 원천, 즉 자연 상태에 존재하는 방사성 물질과 인간이 만들어 낸

방사선원으로부터 발생한다. 자연 상태에 존재하는 방사선원 가운데 가장 큰 비중을 차지하는 것은 라돈이다. 라돈은 방사성 기체로 우라늄의 붕괴 과정에서 만들어진다. 여러분이 라돈에 노출되는지는 여러분이 살고 있는 지역의 암석과 흙에 포함되어 있는 우라늄의 양에 의해서 결정되며, 또한 여러분이 거주하고 있는 집이 생활 공간으로 라돈 기체의 침투를 얼마나 허용하는지에 달려 있다. 다음 예제를 통해서 라돈과 폐암의 관계를 알아보자.

라돈에 의한 실내 공기 오염에 대한 보다 자세한 내용은 1.13절을 보라.

예제 7.18 라돈과 나

U-238의 붕괴 과정에서 만들어지는 라돈-222는 알파 입자를 방출한다.

a. 라돈-222의 붕괴에 대한 핵반응식을 쓰시오.
b. 이 핵반응의 생성물은 고체 상태로 존재하며 방사능을 가질 것을 예상할 수 있다. 왜 그런지 설명하시오.
c. 라돈과 라돈의 붕괴 생성물은 폐암을 유발할 수 있다. 그 이유를 설명하시오.

답

b. 폴로늄-218은 방사능을 갖는다. 왜냐하면 원자 번호가 84 이상인 원소의 모든 동위 원소들은 방사능을 갖기 때문이다.

의료 진단 시 CT 스캔을 점점 더 많이 사용하여 방사선 노출량이 증가하는 것에 대해서 많은 의사들이 우려하고 있다. 반면, CT 스캔을 통해서 보다 고품질의 의료 영상을 얻어 진단과 치료에 활용할 수 있는 것도 사실이다.

그림 7.18을 보면 자연 상태에서 발생하는 방사성 동위 원소인 라돈은 우리가 가장 많이 노출되는 이온화 방사선원 중 하나인 것을 알 수 있다. 수십 년 전에는 우리가 노출되는 거의 **모든** 방사선의 원천이 자연 상태에 존재하는 것들이었다. 그러나 최근에는 CT나 X선, 그리고 진단 방사성 추적자와 같은 의료용 방사선의 원천이 추가되었다. 그 결과 오늘날 우리가 노출되는 이온화 방사선량의 약 반 정도가 의료 진단용 장비 또는 약품과 관련이 있는 것이다. 현재 어떤 환자들의 경우 이와 같은 노출량은 자연 방사선 노출량을 크게 넘어서고 있다.

방사선에 노출되었을 때, 얼마만큼의 방사선량을 흡수했는지 그 양을 다음과 같이 표시할 수 있다. 그림 7.18에 연간 방사선 노출량을 두 가지 단위 **렘(rem)**과 **시버트(sievert, Sv)**로 제시하였다. 두 가지 단위 모두 인체 조직이 방사선에 노출되었을 때 받게 되는 손상을 고려하여 그 노출량을 나타내는 단위이다. 1시버트는 100렘과 같다. 방사선 노출량을 나타내기 위해서 이 두 가지 단위가 모두 사용되고 있지만, 렘이 더 오래된 것이고 현재 국제적으로 대부분의 과학자들은 시버트를 사용하고 있다.

1마이크로시버트 = 0.1밀리렘

그런데 1시버트는 매우 큰 양의 방사선에 노출되었다는 것을 의미한다. 대부분의 방사선 노출은 1시버트나 1렘보다도 작기 때문에 마이크로시버트(μSv), 밀리렘(mrem)과 같은 보다 작은 양의 단위가 필요하다.

$$1\text{마이크로시버트}(\mu Sv) = 1\text{시버트의 } 1/1{,}000{,}000 = 1 \times 10^{-6}\ Sv$$

그림 7.18에 표시된 인체 내 방사선에는 원래 우리 몸에 포함되어 있는 매우 작은 양의 탄소-14, 포타슘-40과 같은 방사성 동위 원소들이 포함된다.

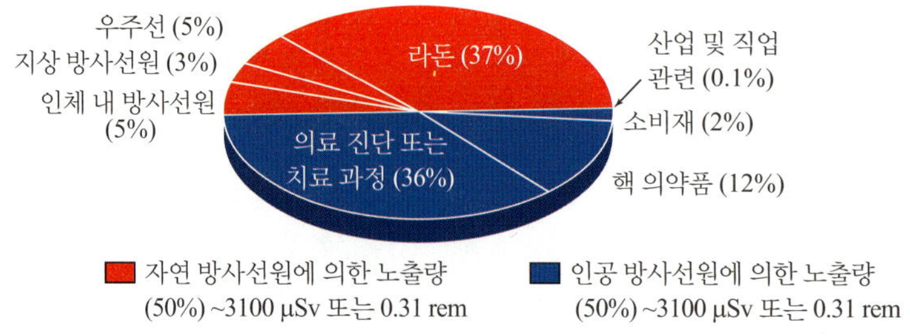

그림 7.18 2009년 미국에 사는 사람들의 이온화 방사선 노출원

출처: *National Council on Radiation Protection and Measurements (NCRP) Report No. 160*, Ionizing Radiation Exposure of the Population of the United States, *2009.*

$$1밀리렘(mrem) = 1렘의 1/1000 = 1 \times 10^{-3} rem$$

약을 먹는 경우를 생각해 보자. 이 경우에는 양을 먹는 사람의 몸무게를 고려하여 양의 복용량을 쉽게 나타낼 수 있다. 이것은 간단히 알약에 포함되어 있는 약의 양과 몸무게의 함수로 나타낼 수 있다. 이온화 방사선의 경우에는 조사량을 계산하는 것이 간단하지 않다. 한 가지 이유는 방사선의 종류가 달라지면 그 노출 선량도 달라지기 때문이다. 예를 들면 알파 입자는 입자 하나가 우리 몸에 전해 주는 노출 선량이 매우 크다. 왜냐하면 알파 입자들은 다른 종류의 방사선들에 비해서 입자의 크기가 크고 인체 조직에 충돌했을 때 더 많은 에너지를 전달하기 때문이다. 주어진 수의 알파 입자들이 인체 조직에 주는 손상과 같은 손상을 주기 위해서는 20배 더 많은 수의 베타 입자들이 필요하다.

또 다른 이유는 같은 종류의 방사선도 인체 조직에 전달하는 에너지가 다를 수 있다는 점이다. 예를 들면 파장이 다른 X선은 서로 다른 에너지를 전달한다. 그래서 시버트와 렘은 모두 또 다른 단위인 **라드(rad)**에 근거해서 만들어진 것이다. 이 'rad'는 '방사 흡수 조사량(radiation absorbed dose)'에 해당하는 영문 단어들의 앞 글자를 딴 것이다. 라드는 생체 조직에 축적된 에너지의 척도인데, 1 kg의 생체 조직이 0.01 J의 방사능 에너지를 흡수했을 때 그 양을 1 rad로 정한다. 따라서 만약 몸무게가 70 kg인 사람이 0.70 J의 에너지를 흡수하였다면 1 rad의 조사량이 인체에 축적된 것이다. 이것은 그다지 큰 에너지는 아니지만 방사선이 조사되는 부위에 집중된다.

이 간단한 논의가 모든 방사선이 똑같이 만들어지는 것이 아니라는 것을 이해하는 데 도움이 될 것이다. 우리 몸이 받게 되는 방사선 조사량은 우리 몸 내부에 방사선원이 있는지, 외부에 있는지뿐만 아니라 그 방사선의 종류에 따라서 달라진다.

그림 7.18에 제시된 연간 방사선 조사량을 좀 더 자세히 살펴보자. 표 7.2에 미국 중서부에 거주하는 비흡연자를 기준으로 연간 방사선 조사량 계산의 예를 제시하였다. 만약 이 사람이 의료 진단 또는 치료로부터 최소의 조사량에 노출된다면 연간 조사량은 3581 μSv이고 이 결과는 그림 7.18에서 볼 수 있는 연간 조사량 6200 μSv와 비슷하다. 연구과제 7.19를 통해서 자신의 연간 조사량을 계산해 보자.

연구과제 7.19 나의 연간 방사선 조사량

인터넷에서 연간 방사선 조사량을 검색해 보면, 이 양을 계산해 볼 수 있는 웹사이트를 찾을 수 있을 것이다. 그 웹사이트가 누구에 의해서 만들어졌느냐에 따라서 의료 진단 및 치료 과정에서의 방사선 조사량을 고려할 수도 있고 그렇지 않을 수도 있다. 연간 방사선 조사량을 계산할 수 있는 웹사이트를 하나 골라서 자신의 경우에 해당하는 값을 넣고 실행해 보시오. 이렇게 해서 얻게 된 결과가 위에서 예로 제시된 경우와 얼마나 가까운 지 검토해 보시오. 차이가 있다면 그 이유를 설명하시오.

확인문제 7.20 더 추가해야 할 방사선원이 있을까?

표 7.2의 연간 방사선 조사량 계산은 하나의 예일 뿐이다. 종종 몇 가지 중요한 방사선원들이 빠져 있는 것을 알 수 있다. 인터넷 검색을 통해서 추가로 더 고려해야 하는 방사선원에는 어떤 것이 있을 수 있는지 알아보시오. 표 7.2에 제시되어 있지 않은 개인 방사선 조사량에 추가해야 할 적어도 두 가지 이상의 방사선원을 찾아보시오. 어떤 경우에 이 방사선원을 고려하는 것이 중요해지는지 설명하시오.

원자력 발전소로부터 추가되는 방사선 조사량에 대해서 생각해 보자. 표 7.2를 자세히 검토해 보면, 정상적으로 작동되는 원자력 발전소에 의한 방사선 조사량은 무시할 수 있을 만큼 작다는 것을 알 수 있다. 이 조사량은 자연 상태에서 우리 몸 안에 존재하

표 7.2 연간 방사선 조사량 (예)*

방사선원	(μSv/yr)
1. 우주선	
a. 해수면 (미국 평균)	260
b. 해수면보다 높은 곳인 경우 추가되는 조사량	
해수면에서 1000 m(3300 ft)까지는 20 μSv 추가	20
1000~2000 m(6600 ft)는 50 μSv 추가	
2000~3000 m(9900 ft)는 90 μSv 추가	
3000~4000 m(13,200 ft)는 150 μSv 추가	
4000~5000 m(16,500 ft)는 210 μSv 추가.	
2. 거주하는 건물에 사용된 자재의 영향	
돌, 벽돌, 콘크리트의 경우 70 μSv 추가	
목재 또는 다른 자재인 경우 20 μSv 추가	20
3. 암석, 흙	460
4. 식품, 물, 공기(K, Rn)	2400
5. 핵무기 시험에 의한 낙진	10
6. 의료 및 치과용 X선	
a. 흉부 X선은 매회 촬영당 100 μSv 추가	0
b. 위장 추적 X선 매회 촬영 당 5000 μSv 추가	0
c. 치과용 X선은 매회 촬영당 100 μSv 추가	100
7. 비행기를 이용한 여행	
고도 30,000피트에서 5시간 비행한 경우 매회 비행당 30 μSv 추가	300
8. 그 밖의 방사선원들	
a. 원자력 발전소로부터 50마일(약 80.5 km) 이내에 거주하는 경우 0.09 μSv 추가	0.09
b. 화력 발전소로부터 50마일(약 80.5 km) 이내에 거주하는 경우 0.3 μSv 추가	0.3
c. 컴퓨터 단말기를 사용하는 경우 1 μSv 추가	1
d. TV를 시청하는 경우 10 μSv 추가	10
총 연간 방사선 조사량	**3581**

* 이 예는 미국 중서부에 거주하는 비흡연자인 성인을 대상으로 한 것이다.
만약 하루에 담배 한 갑을 피우는 경우 10,000 μSv를 더하시오.

출처: *Adapted from information provided by the U.S. Environmental Protection Agency and the American Nuclear Society.*

는 방사성 동위 원소에 의한 조사량보다도 작다. 예를 들면 우리 몸에 양은 전체 포타슘 이온(K^+) 가운데 0.01%를 차지하는 K-40은 방사성 동위 원소다. 이 방사성 동위 원소에 의해서 우리는 연간 200 μSv의 방사선 조사량에 노출되는데, 이 양은 원자력 발전소로부터 50마일(약 80.5 km) 이내에 거주함으로써 받게 되는 방사선 조사량의 약 2000배이다. 바나나에는 포타슘(K^+)이 매우 풍부함에도 불구하고, 우리는 바나나를 먹을 때 방사선 조사량이 증가할 것을 걱정할 필요는 없다. 왜냐하면, 포타슘 이온은 우리 몸 속에 들어오자마자 체내에 축적되지 않고 배출되기 때문이다.

탄소-14는 자연 상태에서 식품 속에 들어 있는 또 다른 방사성 동위 원소다. 이 방사성 동위 원소는 지구 대기의 상층에서 우주선과 질소의 상호 작용에 의해 만들어진다. 이렇게 만들어진 탄소-14는 산소와 이산화 탄소 분자를 만들고, 이 이산화 탄소 분자는 우리가 살고 있는 대류권으로 확산되어 내려온다. 많은 저작을 남긴 고(故) Isaac Asimov 박사는 인체는 약 3.0×10^{26}개의 탄소 원자를 가지고 있고, 그 가운데 3.5×10^{14}개가 C-14라는 점을 지적하였다. 매번 숨을 들이쉴 때마다 우리는 이산화 탄소가 포함된 공기를 들이마시게 되는데, 여기에는 350만 개의 C-14를 포함하는 이산화 탄소가 들어 있다. 이 원자 수는 표 7.2에 공기 중의 C-14를 연간 방사선 조사량의 한 근원으로 포함시키기에는 너무 작다. 다음 예제를 통해서 이 내용을 검토해 보자.

예제 7.21 **방사성 동위 원소 탄소와 나**

Asimov 박사가 제시한 우리 몸 속에 있는 3.0 × 10^{26}개의 탄소 원자들 가운데 3.5 × 10^{14}개가 방사능을 갖는다는 것이 정확하다고 가정하고 C-14의 양이 몇 퍼센트인지 계산하시오.

연간 이온화 방사선 조사량이 우리 몸에 어떤 영향을 미치게 될까? 이 질문에 대해서 개개인마다 정확한 진단을 내려줄 수 있는 사람은 아무도 없다. 그렇다 하더라도 이 질문에 대한 답을 하는 데 도움이 될 만한 몇 가지 사실들이 있다.

첫 번째는, 의료 진단에 의한 방사선 조사량보다 연간 전체 방사선 조사량은 더 작을 것으로 예상된다. 단지 방사선에 쉽게 노출될 수 있는 위험한 장소와 시간을 경험한 사람이나 심각한 질병을 가지고 있는 사람만이 보다 큰 방사선 조사량을 받게 된다. 예를 들면 핵무기 시험 후 방사능 낙진이 일어나는 지역에 있었거나 심각한 원자력 발전소 사고에 의해 오염된 지역에 있었던 사람들이 큰 방사선 조사량을 받게 될 것이다. 골수 이식을 받는 것 역시 높은 방사선 조사량을 받는 경우에 해당된다.

체르노빌에 있었던 사람들이 받은 방사선 조사량:

120 mSv – 530,000명의 피해 복구 작업자

30 mSv – 115,000명의 대피 주민

출처: United Nations Scientific Committee on the Effects of Atomic Radiation (UNSCEAR)

두 번째로, 과학자들은 1회에 한해서 방사선에 노출되는 경우 인체에 일어나는 영향에 대해서는 믿을 만한 자료를 가지고 있다. 표 7.3에서 볼 수 있는 것처럼, 평균 연간 방사선 조사량은 대략 6200 μSv 수준이다. 이 만큼의 방사선에 한 번에 노출된다고 하더라도 즉각적인 생리적 영향은 없을 것이다. 반면에 이보다 더 큰 양의 경우에는 방사선병에 걸리거나 사망할 수 있다. 그 원인은 우리가 살아가는 데 필요한 골수나 위장의 관에 있는 빠르게 분열하는 세포들이 받게 되는 손상이다.

세 번째 사실은, 여러분의 연간 이온화 방사선 조사량이 낮음에도 불구하고 그것이 인체에 영향을 미칠 수 있다는 점이다. 가장 가능성이 높은 것이 암이다. 예를 들면 라돈은 두 번째로 폐암의 발생에 큰 영향을 미치는 원인으로 미국에서 연간 2만 명이 이 때문에 사망하는 것으로 추정된다. 의료 진단 과정에서 받게 되는 방사선은 암 발생에 추가적인 영향을 미치는 것으로 보인다. 의료 진단 과정에서의 방사선 노출량에 대해서 보다 구체적으로 알아보기 위해서 그림 7.19에 전형적인 수치를 제시하였다. 실제 방사선 조사량은 진단 기기 제조사와 모델, 피검진자의 몸무게에 따라서 달라질 수 있다는 점을 고려하자. CT 촬영에 의한 암 발생 가능성은 낮지만 예상과 달리 암이 발생하는 경우가 있다는 것은 중요한 사실이다.

마지막으로 낮은 방사선 조사량이 긴 시간이 지난 후 미칠 수 있는 영향은 여전히 논란의 대상이다. 이 문제에 대한 답을 찾는 데 있어서 어려운 점은 높은 양의 방사선이 미치는 영향을 낮은 수준의 방사선량의 경우에 대해 외삽해서 적용하는 것이 쉽지 않다는 것이다. 사람을 대상으로 관련된 실험을 할 수 없기 때문에 외삽의 과정은 필수적이

표 7.3 방사선에 1회 노출되었을 때 발생할 수 있는 영향

조사량 (Sv)	조사량 (rem)	발생 가능한 영향
0~0.25	0~25	발견될 만한 수준의 영향 없음.
0.25~0.50	25~50	백혈구수가 약간 감소
0.50~1.00	50~100	백혈구수가 상당한 수준으로 감소, 병변 발생
1.00~2.00	100~200	메스꺼움, 구토, 탈모
2.00~5.00	200~500	출혈, 궤양, 사망 가능
5.00	>500	사망

연간 방사선 조사량 6200 μSv는 0.0062 Sv (0.62 rem)와 같다.

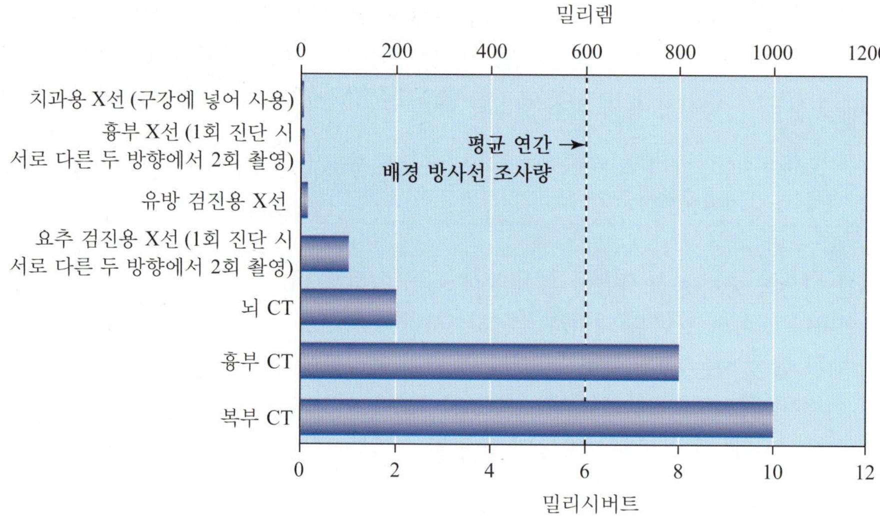

그림 7.19 이온화 방사선을 이용하는 의료 진단으로부터 받게 되는 방사선 조사량. 비교를 위해서 미국의 평균 연간 배경 방사선 조사량(6200 μSv 또는 6.2 mSv)을 함께 표시하였다.

출처: *Michael G. Stabin*, Health Physics Society, *2011*.

다. 게다가 낮은 수준의 방사선 조사량의 영향은 매우 긴 시간에 걸쳐서 나타나며 매우 작을 것이다.

지금까지의 논의를 마무리하기 위해서 방사능을 측정하는 데 사용하는 단위에 대해서 좀 더 살펴볼 필요가 있다. 이제 초점을 방사선에 의해 손상을 받는 인체 조직으로부터 방사선을 방출하는 방사성 동위 원소로 옮겨보자.

물질의 방사능은 주어진 시간 동안 일어나는 붕괴의 횟수를 측정하여 나타낸다. **베크렐(Becquerel, Bq)**은 1초당 1회 붕괴(알파, 베타, 감마 붕괴)에 해당하는 국제적으로 사용되는 방사능의 단위이다. 1베크렐은 너무 작은 양이라 그다지 널리 사용되지 않으며, 대신에 마리 퀴리를 기리기 위해서 그녀의 이름을 딴 **퀴리(curie, Ci)**라는 단위를 사용한다. 1퀴리는 1 g의 라듐의 방사능과 대략 같은 정도의 방사능을 나타낸다.

밀리
1×10^{-3}
1/1000
마이크로
1×10^{-6}
1/1,000,000
나노
1×10^{-9}
1/1,000,000,000
피코
1×10^{-12}
1/1,000,000,000,000

$$1\text{퀴리 (Ci)} = 3.7 \times 10^{10}\ \text{붕괴/초}$$
$$= 3.7 \times 10^{10}\ \text{Bq}$$

라듐은 방사능이 매우 강하기 때문에 1퀴리는 매우 큰 방사선량을 나타낸다. 따라서 일반적인 수준의 방사선량을 나타낼 때에는 **밀리**퀴리(mCi), **마이크로**퀴리(μCi), **나노**퀴리(nCi), 심지어 **피코**퀴리(pCi) 등의 단위를 사용하게 된다. 예를 들면 집안의 라돈을 측정할 때에는 예제 7.27에서 볼 수 있는 것처럼 피코퀴리 단위를 사용한다. 실험실에서 방사성 동위 원소를 다루는 화학자들은 일반적으로 밀리퀴리나 마이크로퀴리 수준의 양을 취급한다. 만약 실험실에서 일하던 사람이 100 mCi에 해당하는 양의 방사성 물질을 바닥에 흘렸다면 심각한 사고로 판단하고 정화 작업을 수행한다. 반면에 100 μCi 정도의 방사성 물질 누출은 위험하지 않는 것으로 여긴다.

체르노빌 원자력 발전소 폭발 당시 대기 중으로 배출된 방사능 물질의 양이 1~2억 퀴리였다는 점에 비추어 보면, 이 방사선량들이 어느 정도인지 가늠해 볼 수 있을 것이다. 방사능만 따진다면 1~2억 퀴리는 1~2억 그램의 라듐에 해당한다. 사고 후 수 개월이 지난 후, 체르노빌 인근 지역의 방사능 수준은 1 km^2당 5~40 Ci를 조금 넘는 수준이었다. 나가사키와 히로시마에서 폭발한 원자 폭탄이 배출한 방사능 물질은 이 양의 대략 1/100 수준이었다.

연구과제 7.22 방사성 방출 평가

단지 방사능의 양만을 보고하는 것은 충분하지 않다. 방사능의 원인이 되는 방사성 동위 원소가 무엇인지도 함께 알려주어야 한다. 핵분열 생성물들인 I-131, Sr-90, Cs-137을 예로 들어서 그 이유를 설명해 보시오.

답

방사능을 띠는 Cs-137은 특별히 위험한 동위 원소다. 왜냐하면 이것은 Cs^{+}의 형태로 쉽게 먹이 사슬을 통해서 동식물에 축적될 수 있기 때문이다. 마찬가지로 Sr-90도 Sr^{2+}의 형태로 먹이 사슬을 통해 축적될 수 있다. 이 원소는 칼슘과 화학적 성질이 매우 유사하다. I-131은 갑상선에 축적된다. Cs-137과 Sr-90은 수십 년 정도의 반감기를 갖는다는 점에서도 위험하다. 7.8절을 보면 반감기에 대해서 보다 자세한 내용을 알아볼 수 있다. Sr-90에 대한 보다 자세한 내용은 연구과제 7.28을 통해서 알아보도록 하자.

개인 이온화 방사선 조사량 계산 결과가 제시된 표 7.2의 내용을 다시 살펴보면서 이 절의 결론을 내리도록 하자. 확인문제 7.20에서 확인했던 것처럼 이와 같은 계산의 결과는 계산에 고려하는 인자들에 따라서 달라진다. 적어도 어떤 계산에서는 **핵연료 주기**(*nuclear fuel cycle*)를 추가로 고려할 수도 있다. 핵연료 주기에 대해서는 다음 절에서 알아보기로 하자. 이 방사선원으로부터 우리가 받게 되는 연간 방사선 조사량은 작지만(0.1%), '핵연료'는 우리가 특별히 관심을 가지고 다루어야 할 주제이다. 다음 절에서는 핵연료와 핵무기 사이의 관계에 대해서 알아볼 것이다. 그 다음 절에서는 핵폐기물 처리 문제를 다루는 데 필수적인 지식인 핵물질의 반감기에 대해서 보다 자세히 알아볼 것이다.

7.7 무기와의 연결 고리

원자력 발전소와 원자 폭탄은 모두 핵분열 현상을 이용하여 에너지를 방출하지만 에너지를 방출하는 속도는 크게 다르다. 원자력 발전소에서는 에너지를 잘 제어하여 느리게 방출한다. 반면에 원자 폭탄은 빠르고 제어되지 않는 방식으로 에너지를 방출한다. 두 가지 경우에서 모두 같은 핵분열 반응을 이용한다. 따라서 모두 **농축 우라늄(enriched uranium)**을 연료로 사용한다. 농축 우라늄이란 U-235의 비율이 자연 상태에서의 비율인 0.7%보다 높은 우라늄을 말한다. 원자력 발전과 원자 폭탄의 차이는 농축의 **정도**가 다르다는 데에 있다. 상용 원자력 발전소는 일반적으로 3~5%의 U-235를 가진 우라늄 연료를 이용한다. 반면에 원자 폭탄은 90% 정도로 U-235가 농축된 우라늄을 이용한다. 이런 우라늄을 고농축 우라늄 또는 무기급 우라늄이라고도 한다.

수소 폭탄은 핵분열에 의해서 촉발되기는 하지만, 이 폭탄이 방출하는 에너지는 주로 핵융합에 의한 것이다. 핵융합에 대해서는 이 장에서 다루지 않는다.

세계적으로 대부분의 상용 원자로는 농축 우라늄을 연료로 사용한다. 그러나 영국과 캐나다의 몇몇 원자로는 자연 상태의 농축되지 않은 우라늄을 그대로 연료로 사용할 수 있도록 설계되어 있다.

예제 7.23 농축 우라늄

원자력 발전소에서 사용하는 연료 펠릿은 3~5%로 농축된 우라늄-235를 포함하고 있다.

a. 이 펠릿에 포함된 다른 우라늄 동위 원소의 비율은 몇 %인가? 그리고 이것은 어느 동위 원소인가?
b. 이 동위 원소는 원자로 안의 조건에서 핵분열을 할 수 있는가?
c. 원자로에서 사용되고 난 후 핵연료 펠릿은 스트론튬, 바륨, 크립톤, 아이오딘과 같은 많은 종류의 원소를 포함하고 있다. 이 방사성 동위 원소들이 어떻게 만들어졌는지 설명하시오.

원자로 안에서는 핵분열을 할 수 있는 동위 원소인 U-235의 농도가 낮다. U-235의 핵분열에 의해서 방출된 중성자의 대부분은 핵연료 펠릿의 U-238이나 제어봉의 카드듐, 붕소에 의해서 흡수된다. 그 결과, 중성자는 핵폭발을 일으킬 정도로 충분한 수가 만들어지지 않는다. 반대로 핵무기는 고농축 우라늄을 사용하는데, 고농축 우라늄에서는 중성자가 또 다른 U-235 원자핵과 충돌할 가능성이 훨씬 높다. 앞에서 살펴본 바와 같이 폭발적으로 일어나는 핵분열 반응은 U-235의 양이 그것의 임계 질량(33 lb)만큼 한 곳에 모여 있어야 가능하다. 원자 폭탄은 이와 같은 조건이 충족되면 폭발한다.

우라늄을 농축하는 것은 쉽지 않다! U-235와 U-238은 화학적 성질이 똑같아서 그들의 화학 반응도 동일하게 일어난다. 그래서 화학적인 방법을 통해서는 이들을 분리할 수 없다. 이들을 분리하기 위해서는 이 두 동위 원소의 미세한 질량의 차이를 이용하는 수밖에 없다. 어떻게 미세한 질량의 차이를 분리에 이용할 수 있을까? 평균적으로 가벼운 기체 분자들이 무거운 것보다 빠르게 움직인다. 따라서 U-235를 포함하는 기체 분자는 U-238을 포함하는 같은 종류의 분자보다 약간 더 빠르게 움직일 것이다. 분자들을 분리하는 방법 중에 **기체 확산(gaseous diffusion)**을 이용하는 것이 있는데, 이 방법을 이용할 때 무게가 서로 다른 기체들을 여러 장의 투과성 막을 통과하도록 한다. 가벼운 기체 분자들은 무거운 것들에 비해 더 빠르게 확산한다.

그러나 우라늄 광석은 기체가 아니라 UO_3와 UO_2의 형태로 우라늄을 포함하는 고체 상태의 무기물이다. 게다가 대부분의 다른 우라늄 화합물들도 고체 상태로 존재한다. 그러나 헥사플루오린화 우라늄(UF_6)은 좀 다른 성질을 보인다. '헥스(hex)'라고 알려진 UF_6는 상온에서 고체 상태로 존재하지만 56°C(135°F)로 가열하면 쉽게 기화시킬 수 있다. 헥스를 얻기 위해서 우라늄 광석으로부터 먼저 UF_4를 만들고, 이어서 UF_4와 플루오린 기체를 반응시킨다.

식 7.11은 핵반응식이 아니라 화학 반응식이다.

$$UF_4(g) + F_2(g) \longrightarrow UF_6(g) \quad [7.11]$$

평균적으로 $^{235}UF_6$ 분자가 $^{238}UF_6$ 분자보다 약 0.4% 더 빠른 속도로 움직인다. 여러 장의 투과성 막을 겹쳐 놓은 긴 장치를 통해서 기체 확산 과정을 여러 번 반복할 수 있다면 상당한 양의 $^{235}UF_6$와 $^{238}UF_6$를 분리할 수 있다. 제2차 세계 대전 전과 냉전 시대 동안 미국의 과학자들은 테네시 주의 오크리지(Oak Ridge) 국립연구소에서 기체 확산을 이용하여 우라늄 동위 원소들을 분리하였다.

프랑스와 미국을 포함하여 몇몇 나라의 상용 원자력 발전소에서는 우라늄 농축을 위해서 기체 확산을 이용하는 방법이 사용되고 있다. 그러나 지금은 농축을 위해서 대형 기체 원심분리기를 더 많이 사용한다. 기체 원심분리 과정은 기체 확산과 마찬가지로 $^{235}UF_6$와 $^{238}UF_6$의 미세한 질량의 차이를 이용한다. 이 방법은 같은 수준의 농축을 수행한다고 했을 때 기체 확산에 비해서 더 적은 양의 에너지를 소모하는 장점이 있다. 이런 이유로 보다 최근에 만들어진 상용 농축 시설은 원심분리법을 이용한다. 예를 들면 2006년에 Nuclear Regulatory Commission은 미국과 유럽의 에너지 회사 컨소시엄에 최첨단의 원심분리 시설을 New Mexico의 Eunice 인근에 건설할 수 있도록 허가하였다(그림 7.20). 2010년에, 이 시설의 공식적인 개소식이 있었고, 2015년까지 최대 가동률에 도달할 수 있을 것으로 기대되고 있다.

농축하는 방법에 관계없이 일단 U-235가 분리되고 나면, 남아 있는 U-238은 '열화'되었다고 말한다. DU라고 부르는 **열화 우라늄(depleted uranium)**은 거의 대부분 U-238로 이루어져 있다(~99.8%). 왜냐하면, 자연 상태에서 포함되어 있던 U-235의 많은 양이 제거되었기 때문이다. 추정에 의하면 십억 톤의 DU가 현재 미국에 저장되어 있다고 한다. 최근에는 군사적인 목적으로 DU를 장갑을 관통할 수 있는 탄환을 만드는 데 사용하고 있다. 다음 연구과제를 통해서 DU에 대해서 좀 더 알아보도록 하자.

그림 7.20 상용 원자로에 연료를 공급하기 위한 최첨단 우라늄 농축 시설이 미국의 뉴멕시코, Eunice 인근에 위치하고 있다. 이 시설은 국제 핵연료 회사인 URENCO에 의해서 건설되었다.

출처: *URENCO.*

연구과제 7.24 열화 우라늄

열화 우라늄은 대전차 포탄의 탄두로 사용된다. 이것은 1991년에 걸프 전쟁에서 처음 사용되었고 이후 쿠웨이트, 보스니아, 아프가니스탄, 이라크에서의 무력 분쟁에서 사용되었다. DU의 성질을 조사하여 DU가 왜 장갑을 뚫을 수 있는지 설명하시오. 또한 DU와 관련된 논쟁을 요약하시오.

3~5% 수준으로 농축하여 사용되는 핵연료봉은 실제 원자 폭탄을 만드는 데 사용될 수 없다. 그러나 우라늄 광석을 약 90%의 U-235를 포함하는 무기급 우라늄으로 변환하는 과정은 원자로에 사용되는 핵연료를 만드는 과정과 같다. 이런 사실 때문에 1968년에 발효된 핵확산 금지 조약에 따라 단지 몇몇 나라들만 농축 우라늄을 생산할 수 있도록 하고 있다. 이 조약에 서명한 국가들은 원자력을 평화적인 목적으로 이용할 수 있는 권리를 부여받는다. 이 조약에 서명한 국가인 이란은 미국과 다른 나라들의 반대에도 불구하고 2005년 여름에 우라늄 농축 프로그램을 재개하였다.

전통적인 방식의 원자로에서 U-238로부터 만들어지는 플루토늄-239를 이용하여 보다 비밀리에 핵무기를 제조하는 시나리오가 가능하다. 식 7.1의 U-235와 마찬가지로 U-238은 중성자를 흡수하여 불안정한 U-239를 만들 수 있다. 이 경우에 핵분열은 일어나지 **않지만** 몇 시간 내에 U-239는 베타 붕괴를 하게 된다.

$$ {}^{1}_{0}\mathrm{n} + {}^{238}_{92}\mathrm{U} \longrightarrow [{}^{239}_{92}\mathrm{U}] \longrightarrow {}^{239}_{93}\mathrm{Np} + {}^{0}_{-1}\mathrm{e} \qquad \textbf{[7.12]} $$

이때 만들어지는 넵튜늄-239도 역시 베타 입자를 방출하는데, 그 결과 플루토늄-239가 만들어진다.

$$ {}^{239}_{93}\mathrm{Np} \longrightarrow {}^{239}_{94}\mathrm{Pu} + {}^{0}_{-1}\mathrm{e} \qquad \textbf{[7.13]} $$

이 핵변환은 1940년 초에 발견되었다. 플루토늄의 화학적, 물리적 성질들은 현미경으로도 거의 볼 수 없을 정도로 적은 양의 시료를 이용하여 연구되었다. 워싱턴 주 Hanford의 콜롬비아 강에 건설된 핵반응 시설에서 나온 사용 후 핵연료 펠릿으로부터 플루토늄을 추출하기 위해서 아주 적은 양의 시료로부터 고안된 화학 공정의 규모를 십억 배로 키웠다. 플루토늄은 화학적인 방법을 이용해 우라늄으로부터 분리되었고, New Mexico

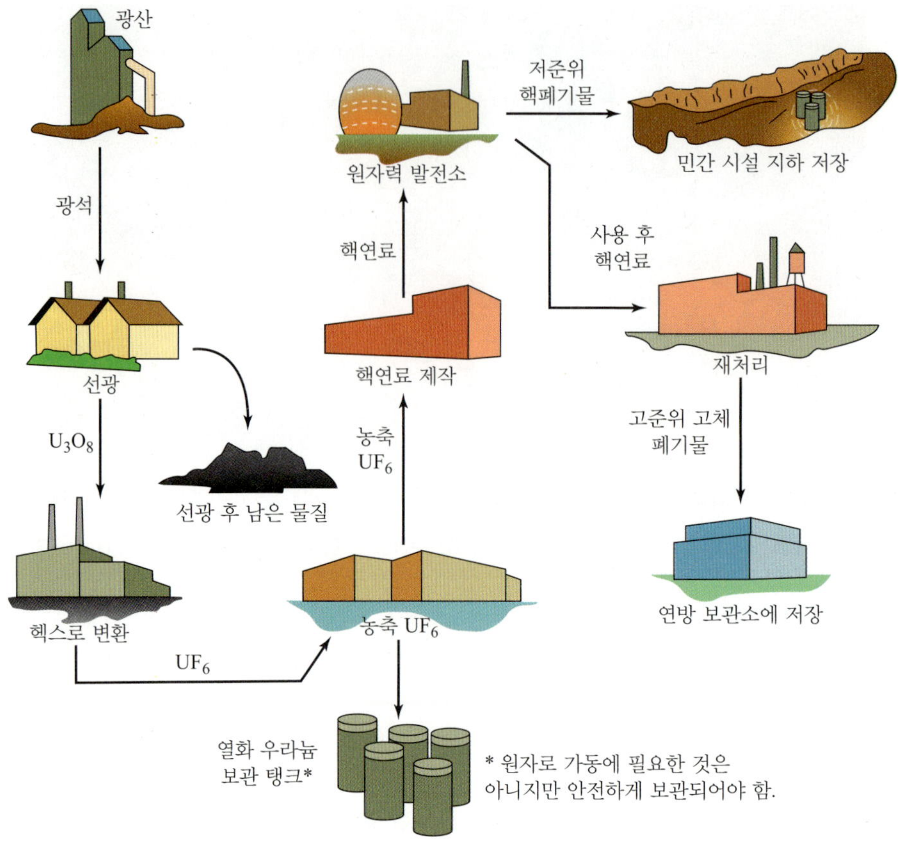

노란색 케이크와 핵연료 주기의 각각의 부분들에 대한 보다 자세한 내용은 7.10절에 나와 있다.

그림 7.21 핵연료 주기에 대한 한 가지 표현. 현재 이 핵연료 주기의 여러 단계들 가운데 몇몇은 가동되지 않고 있다. 참고: U_3O_8는 '노란색 케이크'라고 불리는 산화 우라늄이다. 우라늄 광석을 정제하는 과정에서 만들어진다.

출처: *W. Cunningham and M. Cunningham*, Environmental Science: A Global Concern, *12th ed., McGraw-Hill, 2012.*

의 Alamogordo 근처에서 1945년 7월 16일, 최초로 시험 폭발에 사용되었다. 이로부터 한 달도 되지 않아 나가사키에 떨어뜨려진 폭탄은 플루토늄을 이용한 것이었다.

열화 우라늄, 농축 우라늄, 플루토늄은 모두 **핵연료 주기(nuclear fuel cycle)**를 구성하는 성분들이다. 여기서 '핵연료 주기'란 우라늄 광석이 채굴되고, 가공되고, 원자로에서 연료로 사용되고, 폐기물로 처리되기까지의 전체 과정에 등장하는 모든 단계들을 개념화하는 방법이다. 그림 7.13을 자세히 살펴보면 플루토늄과의 관계를 알 수 있다. 식 7.12와 7.13이 보여 주는 것처럼 플루토늄-239는 원자로 안에서 만들어진다('증식된다'). 따라서 플루토늄-239는 사용 후 핵연료의 한 성분이다. 원자로는 플루토늄을 더 많이 또는 더 적게 증식시킬 수 있도록 설계될 수 있다. 이 장의 뒷부분에서 핵연료 주기에 대해서 다시 한 번 살펴볼 것이다.

증식로에 대해서 더 알아보려면 7.9절을 찾아보라.

원자로에서 생산된 플루토늄은 핵폭탄을 만드는 데 사용될 수 있기 때문에 플루토늄-239는 국제적인 안전 보장의 문제를 제기한다. Pu-239, U-235와 관련하여 국가 기구와 국제 기구들이 이 동위 원소의 공급 상황과 분포를 전 세계적으로 주의 깊게 감시하는 것은 매우 중요하다. 냉전이 종식되고 구 소련 연방이 해체된 이후 남아 있는 핵물질에 대한 감시는 새로운 의미를 갖게 되었다. 이 문제 가운데 한 부분은 러시아의 핵무기고에 있는 플루토늄과 고농축 우라늄이다(약 2만 개의 핵탄두). 냉전 시대로부터 내려오는 러시아의 유산에서 비롯된 또 다른 문제는 약 600톤에 이르는 고농축 우라늄 비축분이다. 이 두 가지는 모두 세계의 안전에 위협이 되고 있다(그림 7.22). 구 소련 연방의 영토 전체에 걸쳐서 실험실, 연구 센터, 조선소 등에 보관되어 있는 핵분열 가능 물질은 도난의 위험에 노출되어 있다. 이 600톤의 핵분열 가능 물질을 이용하면 약 4만 개의

그림 7.22 독일에서 압수된 군사적으로 사용될 수 있는 수준의 Pu-239가 담긴 밀거래 용기

새로운 핵무기를 만들 수 있다.

세계 공동체는 핵물질 밀거래의 위험성과 효과적인 감시의 필요성을 잘 알고 있다. 이와 관련된 국제적인 위협의 심각성을 인식하여, 2005년 노벨 평화상은 국제원자력기구(International Atomic Energy Agency, IAEA)와, 이 기구를 이끌고 있던 엘바라데이(Mohamed ElBaradei)에게 수여되었다. 노벨 위원회는 노벨 평화상 수여의 이유를 "... 원자력 에너지가 군사적인 목적으로 사용되는 것을 막고 평화적인 목적으로 가장 안전한 방식으로 사용되는 것을 보장하기 위한 그들의 노력" 때문이라고 밝혔다. 향후 세계의 안전은 플루토늄과 고농축 우라늄을 감시하고 궁극적으로 재활용하는 능력에 달려 있다고 할 수 있다.

7.8 | 핵 시간: 반감기

방사성 물질은 얼마나 오래 존재할 수 있을까? 이 질문에 대한 답은 방사성 동위 원소에 따라 달라진다. 어떤 방사성 동위 원소는 매우 짧은 시간 내에 붕괴한다. 다른 것들은 훨씬 더 천천히 붕괴하기도 한다. 각각의 방사성 동위 원소는 고유한 **반감기(half-life, $t_{1/2}$)**를 갖는다. 반감기란 방사능이 처음의 절반으로 줄어드는 데 걸리는 시간을 말한다. 예를 들면 알파 입자를 방출하는 플루토늄-239는 원자로 안에서 우라늄으로부터 만들어지는데 약 24,110년의 반감기를 갖는다. 따라서 Pu-239의 방사능 수준이 절반으로 감소하려면 24,110년이 걸릴 것이다. 두 번째 반감기가 지나면(또 한 번의 24,110년), 방사능 수준은 처음의 1/4이 될 것이다. 그리고 세 번째 반감기가 지나면(72,330년), 방사능 수준은 1/8로 줄어들 것이다(그림 7.23). 이로부터 플루토늄의 양이 줄어드는 데에는 매우 긴 시간이 필요하다는 것을 알 수 있다.

원자로에서 Pu-239가 U-238로부터 어떻게 만들어지는지 알아보려면 핵반응식 7.12와 7.13을 참고하라.

심지어 플루토늄보다도 더 느리게 붕괴하는 방사성 동위 원소도 있다. 예를 들면 U-238의 반감기는 45억 년이다. 우연히도 이 시간은 지구 상에 존재해는 가장 오래된 암석의 나이와 거의 같다. 암석의 나이는 바로 우라늄 농도를 측정하여 결정된다. 각각의 동위 원소의 반감기는 변하지 않는 상수이고, 그 동위 원소의 물리적, 화학적 형태에 영향을 받지 않는다. 게다가 온도와 압력이 변해도 동위 원소의 붕괴 속도는 달라지지 않는다. 표 7.4를 보면 동위 원소의 반감기가 수밀리 초에서 수천 년까지 넓은 범위에서

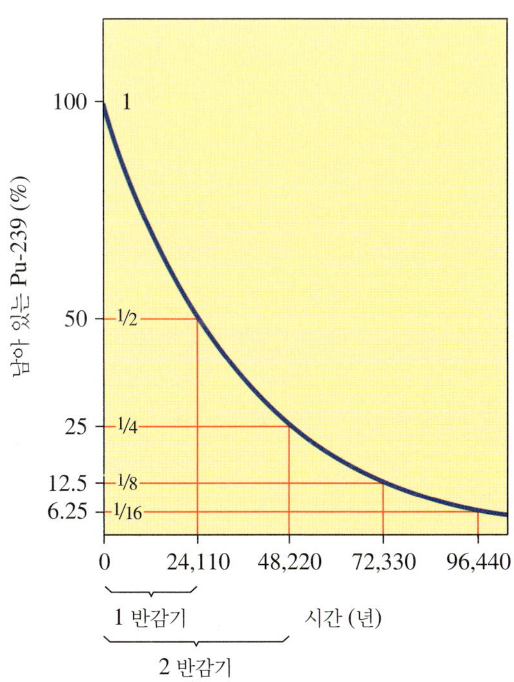

그림 7.23 시간의 흐름에 따른 Pu-239 시료의 붕괴

표 7.4 몇 가지 방사성 동위 원소의 반감기

방사성 동위 원소	반감기 ($t_{1/2}$)	원자로에서 사용된 핵연료봉에서 발견되는가?
우라늄-238	4.5×10^9년	발견됨. 사용 전 핵연료 펠릿에 원래 들어 있었음.
포타슘-40	1.3×10^9년	발견되지 않음.
우라늄-235	7.0×10^8년	발견됨. 사용 전 핵연료 펠릿에 원래 들어 있었음.
플루토늄-239	24,110년	발견됨. 식 7.13 참조
탄소-14	5715년	발견되지 않음.
세슘-137	30.2년	발견됨. 핵분열 생성물
스트론튬-90	29.1년	발견됨. 핵분열 생성물
토륨-234	24.1일	발견됨. 자연 상태에서 U-238의 붕괴에 의해 적은 양이 만들어짐.
아이오딘-131	8.04일	발견됨. 핵분열 생성물
라돈-222	3.82일	발견됨. 자연 상태에서 U-238의 붕괴에 의해 적은 양이 만들어짐.
플루토늄-231	8.5분	발견되지 않음. 반감기가 너무 짧음.
폴로늄-214	0.00016초	발견되지 않음. 반감기가 너무 짧음.

나타난다는 것을 알 수 있다.

또한 표 7.4로부터 Pu-239와 Pu-231이 서로 다른 반감기를 가지고 있다는 것을 알 수 있다. 플루토늄의 다른 동위 원소들 역시 이들과 다른 반감기를 갖는다. 예를 들면 1999년에 Carola Laue, Darleane Hoffman, 그리고 Lawrence Berkeley 국립 연구소의 연구팀이 플루토늄-231의 성질을 알아 내었다. 이들은 Pu-231의 반감기가 수 분밖에 되지 않기 때문에 실험을 매우 빠르게 수행해야 하였다. 일반적으로 같은 원소에 속하는 동위 원소들까지도 포함해서 각각의 방사성 동위 원소들은 그 나름의 고유한 반감기를 갖는다.

우리는 방사성 동위 원소의 반감기($t_{1/2}$)를 이용하여 시간이 지남에 따라 방사성 동위 원소 시료의 양이 원래 양으로부터 얼마나 줄어들었는지 알아 낼 수 있다. 예를 들면 일단 Pu-231이 실험실에서 만들어지고 나서 25분 후에는 원래 양의 몇 %가 **남아 있는지** 알아보자. 이 문제를 풀기 위해서 먼저 25분이라는 시간은 대략 Pu-231의 반감기의 세 배 정도 되는 시간(3 × 8.5분)이라는 점에 주목하자. 한 번의 반감기가 지나면 시료 가운데 50%는 붕괴하고 50%가 남는다. 두 번째 반감기가 지나면 75%의 시료가 붕괴하고 25%가 남는다. 세 번째 반감기가 지나면 87.5%의 시료가 붕괴하고 12.5%가 남는다. 25분이 정확히 반감기의 세 배는 아니기 때문에 이 계산도 정확한 것은 아니다. 그렇지만 이와 같이 반감기를 이용하여 간단히 대략적인 결과를 계산해 볼 수 있다는 점은 유용하다.

이 질문을 다음과 같이 조금 바꾸어 보자. '25.5분이 지나면 몇 %의 Pu-231 시료가 **붕괴**했을까?' 이 질문에 답을 하기 위해서는 한 가지 계산을 더 해야 한다. 붕괴한 양을 알아내기 위해서는 남은 시료의 양에 해당하는 % 값을 100%에서 빼면 된다. 만약 12.5%가 남았다면 100% − 12.5% = 87.5%가 붕괴한 것이다. 표 7.5에 방사성 동위 원소의 붕괴가 진행되면서 남은 양과 붕괴한 양에 해당하는 % 값을 반감기로 표시한 시간에 대해 정리하였다.

예제 7.25 오늘 여기에 . . .

. . . 내일이면 사라질까? 종종 10번의 반감기가 지나면 방사성 동위 원소는 거의 다 붕괴해서 사라진 것으로 간주되곤 한다. 10번의 반감기 후에는 원래 시료의 몇 %가 남게 되는가? 표 7.5에 칸을 더 만들어서 값을 채워 보시오. 이 계산을 하는 과정을 제시하시오.

표 7.5 반감기 계산

시간(지나간 반감기 수)	붕괴한 양(%)	남은 양(%)
0	0	100
1	50	50
2	75	25
3	87.5	12.5
4	93.75	6.25
5	97.88	3.12
6	98.44	1.56

다른 방사성 동위 원소에 대해서 간단한 계산을 한 가지 더 해 보도록 하자. 예를 들어서 우리가 반감기가 45억 년인 U-238($t_{1/2}$ = 4.5 × 10^9년) 시료를 가지고 있다고 하자. 25분이 지나면 남아 있는 양은 얼마나 될까? 이 질문에 답하기 위해서 몇 분, 몇 일, 심지어 몇 개월 정도의 시간조차도 45억 년이라는 시간에 비해서는 찰나에 불과하다는 점에 주목하자. 따라서 모든 우라늄-238이 그대로 남아 있게 될 것이다. 다음 두 예제를 통해서 반감기를 이용한 계산을 더 연습해 보기로 하자.

예제 7.26 반감기를 이용한 삼중수소의 양 계산

수소-3(삼중수소, H-3)는 원자로의 1차 냉각수에서 종종 만들어진다. 삼중수소는 베타 입자를 방출하며 붕괴하고 그 반감기는 12.3년이다. 주어진 양의 삼중수소 시료가 붕괴하여 처음 있었던 양의 12%가 남으려면 몇 년이 지나야 하겠는가?

예제 7.27 반감기를 이용한 라돈의 양 계산

라돈-222는 자연 상태에서 암석 속에 존재하는 라듐의 붕괴에 의해 생성되는 방사성 기체이다.

a. 암석에 라듐이 존재하는 가장 큰 원인은 무엇인가?
   힌트: 그림 7.12를 보라.
b. 라돈의 방사능은 일반적으로 피코퀴리(pCi) 단위로 나타낼 수 있는 정도의 수준이다. 여러분이 살고 있는 곳의 암석에서 Rn-222의 방사능을 측정한 결과 16 pCi였다고 하자. 추가로 라돈의 유입이 없다면 방사능이 0.50 pCi로 감소하려면 얼마의 시간이 지나야 하는가?
   힌트: 16 pCi에서 1 pCi로 방사능이 감소하려면 네 번의 반감기에 해당하는 시간이 지나야 한다. 16 → 8 → 4 → 2 → 1.
c. 추가로 라돈의 양이 더 늘어나지 않는다고 가정하였는데, 이 가정이 틀린 이유를 설명하시오.

원자로에서 배출되는 폐기물과 관련해서 풀어야 할 마지막 난제는 핵분열 산물의 처리 문제이다. 만약 이것들이 자연 상태로 배출된다면 우리 몸으로 들어와 축적되어 치명적인 피해를 줄 수 있다. 한 예가 스트론튬-90이다. 이 방사성 핵분열 생성물은 대기 중 핵무기 시험으로 인해서 1950년대에 자연계로 유입되었다. 스트론튬과 칼슘은 모두 주기율표에서 2A족에 속하는 원소로, 스트론튬 이온은 칼슘 이온과 화학적 성질이 비슷하다. 따라서 Ca^{2+}처럼 Sr^{2+}도 우유와 뼈에 축적된다. 그 결과 우리 몸 속에 한 번 들어오면 반감기가 29년인 방사성 동위 원소 스트론튬은 평생 동안 인체에 위협을 가하게 된다. I-131처럼 Sr-90도 체르노빌의 원자로 근처의 지역에 배출된 해로운 핵분열 생성물 중 하나이다.

예제 7.28 스트론튬-90

Sr-90은 표 7.4에 나와 있는 것처럼 U-235의 핵분열 생성물 중 하나이다. 이 동위 원소는 세 개의 중성자와 또 다른 원소가 만들어지는 핵반응을 통해서 만들어진다. Sr-90이 만들어지는 이 핵반응식을 쓰시오.

힌트: U-235의 분열을 일으키는 중성자를 반응식에 포함하라.

탄소-14의 활용과 관련된 방사성 동위 원소의 긍정적인 면을 언급하면서 이 절을 마치고자 한다. 탄소-14는 반감기가 5715년으로 베타 입자를 방출하고 붕괴하여 질소-14가 된다. 대기 중에 있는 이산화 탄소는 안정한 동위 원소인 C-12 10^{12}개당 한 개의 비율로 일정한 양의 C-14를 포함하고 있다. 즉 C-14의 양과 관련하여 정상 상태를 유지하고 있다. 살아 있는 식물과 동물들은 이 비율로 C-14를 흡수한다. 그런데 생명체가 죽으면 주위 환경과의 CO_2 교환도 멈추게 된다. 따라서 붕괴해서 없어지는 C-14를 보충하기 위한 새로운 탄소들이 더 이상 공급되지 않는다. 그 결과 한때 살아 있었던 생명체 내의 C-14의 농도는 5715년마다 반으로 줄어들게 된다.

정상 상태의 정의는 2장에 나와 있다.

1950년대에 리비(W. Frank Libby, 1908~1980)는 시료에 들어 있는 C-14의 양과 C-12의 양의 비를 실험적으로 측정하여 이 사실을 처음으로 발견하였다. 이 C-14/C-12 비는 이 동위 원소들을 포함하고 있는 생명체가 언제 죽었는지를 알려준다. 사람들이 살았던 유적과 유물에는 탄소가 포함되어 있고, C-14의 붕괴 속도를 이용하면 선사 시대 유적과 유물의 연대 측정을 쉽게 할 수 있다. 선사 시대 동굴에서 발견된 숯, 고대 파피루스 문서, 미라 유적, 위조가 의심되는 예술품 등은 모두 이 방법을 이용해서 실제로 이것들이 만들어진 시대를 알아 낸다. C-14를 이용하는 이 방법을 통해서 알아 낸 연대는 역사적인 기록과 비교했을 때 10% 오차 이내에서 일치한다. 이 사실은 방사성 동위 원소를 이용한 연대 측정이 믿을 만한 방법이라는 것을 알려준다.

탄소-14를 이용한 연대 측정법을 통해서 유명한 Turin의 수의의 연대는 약 서기 1300년인 것으로 밝혀졌다.

확인문제 7.29 고대의 수의

탄소-14를 이용한 연대 측정법을 통해서 무덤에서 출토된 수의가 100,000년 전의 것으로 밝혀졌다. 탄소-14의 반감기가 5715년인데, 이 결과는 타당해 보이는가?

힌트: 10번 이상의 반감기가 지나면 방사성 동위 원소는 얼마나 남게 될 것인가? 예제 7.25를 다시 보고 확인해 보라.

원자핵의 붕괴 과정은 우리가 제어할 수 없다. 다시 말해서 붕괴의 속도를 빠르게도 느리게도 할 수 없다. 방사성 동위 원소를 이용한 연대 측정은 바로 절대로 변하지 않는 탄소-14를 시계로 이용하는 것이다. 핵폐기물에도 똑같은 원리가 적용된다. 다음 절에서 살펴보겠지만, 우리는 어떤 방사성 동위 원소의 붕괴도 더 빠르게 하지 못한다. 그래서 우리는 우리가 가지고 있는 핵폐기물을 아마도 수천 년 동안 안전하게 관리해야 할 것이다.

7.9 | 핵폐기물: 오늘도 여기에, 내일도 여기에

원자력을 둘러싼 여러 가지 숙제들 가운데, 가장 골치 아픈 문제가 핵폐기물을 적절하게 처리하는 것이다. 이 문제를 해결하는 데 있어서 특별한 묘책은 없다. *Physics Today* 1997년 6월호에 실린 기사에서 미국 Nuclear Regulatory Commission의 의장이었던 John Ahearne는 다음과 같이 말하였다. “죽음이나 세금처럼, 방사성 폐기물은 우리와 함께 있다. 그것은 사라지기를 기대해 볼 수 있는 것이 아니다.”

핵폐기물 처리를 위해 선택할 수 있는 방법들에 대해서 논의하기 전에 먼저 핵폐기물의 종류에 대해서 알아보도록 하자. **고준위 방사성 폐기물(high-level radioactive waste, HLW)**은 이름에서도 알 수 있는 것처럼 방사능이 강하고 반감기가 긴 방사성 동위 원소들을 포함하고 있기 때문에 생물권으로부터 영구적인 격리가 필요한 것이다. HLW는 다양한 화학 종의 형태로 만들어지는데, 매우 산성이 강한 것도 있고 염기성이 강한 것도 있다. 또한 독성 금속을 포함하기도 한다. 따라서 HLW는 화학 물질과 방사능 모두 위험하기 때문에 종종 '혼합 폐기물'이라는 이름을 붙인다. 게다가 7.7절에서 언급한 대로 이 폐기물은 핵무기를 만드는 데 사용할 수 있는 플루토늄을 포함하고 있기 때문에 국가 안전 보장 문제와도 관련된다. 냉전 시대에 원자로의 핵연료를 재처리해서 핵탄두를 만들기 위한 플루토늄을 생산했기 때문에 막대한 양의 HLW가 만들어졌다. 이 군사적 목적의 활동 결과로 만들어진 폐기물은 처리하기 쉽지 않은 용액, 현탁액, 슬러리, 대형 또는 보다 작은 저장용 통, 지하 탱크 등에 든 염 덩어리의 형태로 존재한다.

반면에, **저준위 방사성 폐기물(low-level radioactive waste, LLW)**은 HLW에 비해서 더 적은 양의 방사성 물질을 포함하고 있다. 특히 사용 후 핵연료는 LLW가 아니라 HLW로 취급한다. LLW에는 다양한 물질들이 포함된다. 오염된 실험복, 장갑, 방사성 동위 원소를 사용하는 의료 진단 및 치료 과정에서 사용된 세척 도구, 심지어 버려진 연기 감지기(화재 경보기) 등이 LLW로 취급된다. 예상할 수 있는 것처럼, LLW의 위험성은 HLW에 비해서 현저히 낮다. 핵폐기물 가운데 거의 90%의 부피를 차지하는 것이 LLW이다.

연구과제 7.30 압축하라! 소각하라!

새로 선출된 주의 대표가 방사성 폐기물이 보내져 매립될 예정인 어떤 지역의 학교에 방문에서 화학 수업 시간에 학생들의 질문에 답하였다. 그녀는 폐기물의 방사능을 줄이기 위해서 부피를 작게 만든 후 소각하는 방법을 제안하였다. 그녀의 관점에서는 방사능 폐기물을 매립하는 것보다는 이렇게 처리하는 것이 더 나아 보였다. 사실 그녀의 이런 관점에는 문제가 있다. 여러분이 그녀의 보좌관 가운데 한 명이라고 가정하고 그녀에게 전달할 보다 정확한 정보를 메모해 보시오.

상업용 그리고 군사용 원자력 발전소는 HLW의 주된 배출원이다. 예를 들어 미국에 있는 100기 이상의 상업용 원자로 각각은 매년 20톤의 사용한 핵연료를 배출한다. **사용 후 핵연료(spent nuclear fuel, SNF)**는 원자로에서 전기를 생산하기 위해 사용된 연료봉인데, 그 안에는 방사능 물질이 남아 있다. 핵연료봉은 원자로에서 다 사용된 후, 꺼내어졌을 때에도 여전히 온도도 높고 방사능도 강하다. 이 연료봉은 주로 U-238와 약 1%의 분열하지 않은 U-235를 포함하고 있다. 또한 아이오딘-131, 세슘-137, 스트론튬-90을 비롯한 많은 방사능이 강한 동위 원소를 포함하고 있다. 게다가 사용 후 핵연료봉에는 플루토늄도 들어 있다. 앞의 식 7.13에서 알 수 있는 것처럼, Pu-239는 U-238로부터 만들어진다. 표 7.4를 보고 사용 후 핵연료에 들어 있는 몇몇 방사성 동위 원소의 반감기를 확인해 보라.

해마다 미국에 있는 각각의 원자로에서 사용되는 핵연료봉의 약 30%를 번갈아 가면서 교체한다. 다 사용된 핵연료봉을 원자로에서 꺼내면, 그것들은 임시 저장용 수조에 넣어 둔다(그림 7.24). 수조의 물은 연료봉을 식혀 주고 방출되는 알파 입자와 베타 입자를 흡수하여 주변에서 일하는 작업자들을 보호해 준다.

이 수조는 사용 후 핵연료의 영구적 보관을 위한 것은 아니다. 이 시설을 운영하는 것은 매우 많은 비용이 들고, 사용 후 핵연료봉을 수조 속에서 장기간 보관할 경우 금속봉이 부식될 수도 있다. 게다가 미국에 설치된 이 사용 후 핵연료봉 임시 저장용 수조의 대부분은 추가로 저장할 수 있는 용량이 거의 남아 있지 않은 상태이다. 따라서 새로 배

그림 7.24 사용 후 핵연료가 들어 있는 통을 깊은 수조 안으로 넣고 있다. 이 사용 후 핵연료 임시 저장 시설은 미국 사우스캐롤라이나 주의 Aiken의 Savannah 강변에 위치하고 있다.

출처: *U.S. Department of Energy, Office of Civilian Radioactive Waste Management.*

출되는 사용 후 핵연료봉을 저장하기 위해서 현재 보관 중인 것들을 다른 곳으로 옮겨야 하는 상황이다. 이와 같은 여러 가지 이유로 사용 후 핵연료봉을 수조 속에서 1년 정도 저장한 후, 꺼내서 건조시키고 저장 용기에 담는다.

건조된 상태로 사용 후 핵연료봉을 보관하는 용기는 밀봉형 강철 실린더로 만들어진다. 그리고 그 바깥을 강철이나 콘크리트로 추가로 더 둘러싸 방사선을 차폐시킨다. 이 저장 용기들은 콘크리트로 건설된 저장고에 보관된다. 수조와 마찬가지로 이와 같은 방식도 사용 후 핵연료봉의 임시 저장을 위한 것이다. 따라서 지속적인 관리가 필요하다(그림 7.25).

현재 거의 대부분의 원자로에서 발생한 핵폐기물은 그것들이 배출된 곳에 저장되고 있다. 이 저장 시설들은 장기 저장에 적합하도록 건설되지 않았다. 1950년대와 1960년대 초반, 사용 후 핵연료를 재처리하여 플루토늄과 우라늄을 추출하여 핵연료로 재활용하고자 하는 계획이 있었다. 원자로가 있는 곳과 같은 장소에 사용 후 핵연료를 저장하는 시설을 설계했던 것도 이 재처리를 염두에 두었기 때문이다. 그러나 계획되었던 여러 재처리 시설들 가운데 단 한 곳에서만 가동이 이루어진 적이 있고, 그것도 잠시 동안뿐이었다(1967~1975). 따라서 재처리는 매년 2000톤에 달하는 사용 후 핵연료봉 배출 속도를 절대로 따라 잡을 수 없었다. 원자력 공학자였고, 1977년 당시 미국 대통령이었던 카터(Jimmy Carter)는 사용 후 핵연료의 재처리 공정의 실패를 선언했고, 이 상태는 오늘날까지도 이어지고 있다.

나라마다 제약 조건은 다르다. 프랑스, 영국, 독일, 일본은 모두 그들이 보유하고 있는 SNF를 재처리하고 있다. 점점 더 관심을 끌고 있는 방식은 **증식형 원자로(breeder reactor)**를 사용하는 것이다. 이 원자로는 Pu-239를 비롯하여 핵분열이 가능한 연료를, 소모되는 U-235보다 더 많이 생산하도록 설계된 것이다. 이것은 에너지 부족에 시달리고 있는 우리에게 꿈이 실현된 것과 같은 소식이다. 자동차가 달릴수록 휘발유를 만들어 낸다고 생각해 보라! 영국과 다른 나라의 과학자들은 증식형 원자로에서 사용된 핵연료로부터 플루토늄을 얻어내는 방법을 알아 내었다. 1970년대에 몇 가지 이유로 인

그림 7.25 원자로가 위치한 장소에 건설된 핵폐기물의 건식 저장 용기

출처: *U.S. Nuclear Regulatory Commission.*

해서 미국은 증식형 원자로 기술 개발을 멈추고 플루토늄 재처리와 이를 위해서 필요한, 보다 복잡한 원자로의 설계에 반대하는 입장을 갖게 되었다. 이 장의 마지막 절에서는 다 사용 후 핵연료 재처리 기술의 가능한 미래에 대해서 보다 자세한 내용을 살펴보도록 할 것이다.

재처리를 하지 않는다면, HLW 처리를 위해 선택할 수 있는 방법으로 다음 두 가지를 고려해 볼 수 있다. 하나는 지표면 근처에 저장해 두고 지속적으로 관리하는 것이며, 다른 하나는 지질학적인 수준에서 지하 매우 깊은 곳에 저장하는 것이다. 이 두 가지 방법들은 **능동적 관리**(*active management*) 가능성이라는 측면에서 크게 다르다(그림 7.26). 지표면 근처에 저장하는 경우, 우리는 수천 년에 걸쳐서 저장된 핵폐기물 전체를 지속적으로 관리해야 한다. 지질학적 수준에서 지하 깊은 곳에 저장하는 경우, 쉽지는 않겠지만 핵폐기물에 접근할 수 있고 다시 꺼낼 수도 있는 방식을 취할 수도 있고,

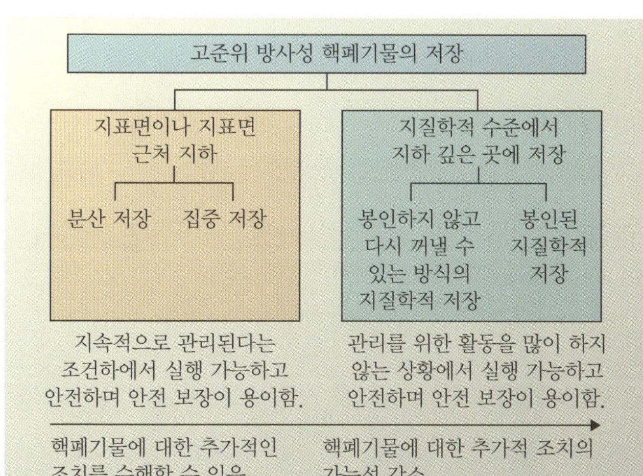

그림 7.26 고준위 핵폐기물 저장 전략

출처: Disposition of High-Level Wastes and Spent Nuclear Fuel, *National Academy Press, 2000.*

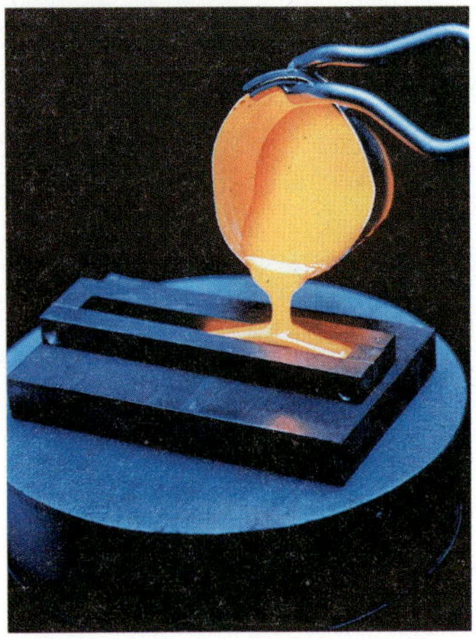

그림 7.27 LW를 유리 용기에 봉인하는 과정(유리화)

인간의 관리를 최소화하여 '영구적으로' 봉인할 수도 있다. 2000년에 출판된 National Academies의 보고서에 따르면, 미래 사회가 지표면 근처의 핵폐기물 저장 시설을 충분히 신중하게 관리할 수 있다고 가정하고, 지하 깊은 곳에 저장하는 방식이 더 선호된다고 하였다.

HLW의 두 가지 저장 전략에서 모두 방사능이 상당히 감소하는 데 필요한 시간인 최소 1만 년 동안 지하수와의 격리가 필요하다. 이를 위해서 **유리화(vitrification)**라는 방법을 사용하기도 하는데, 이 방법에서는 사용 후 핵연료나 다른 혼합 폐기물을 세라믹이나 유리로 둘러싼다. 먼저 폐기물을 건조시키고, 분쇄하여 가루로 만든 후, 유리 분말과 섞어서 약 1150°C로 가열하여 녹인다. 이렇게 얻은 용융 상태의 유리와 폐기물을 스테인리스강 재질의 용기에 부어 식히고, 뚜껑을 덮어 원자로가 위치한 현장에 보관한다. 백만 파운드(1 lb = 0.453592 kg) 이상의 폐기물이 이미 이 방식으로 처리되었고, 장기적으로 지하 저장소의 개발을 기다리고 있다(그림 7.27). 이와 같이 처리하면 방사능을 줄일 수는 없지만 핵물질을 고체 상태 유리에 붙잡아두어 흩어지는 것을 막을 수 있다.

핵폐기물의 물리적인 형태가 무엇이건 간에, 현재 이 폐기물을 최종적으로 처분할 적절한 장소는 아직 정해지지 않았다. 1997년 Nuclear Waste Policy Amendments Act는 네바다 주의 유카(Yucca) 산을 고준위 핵폐기물의 장기 처분을 위해 연구가 수행되어야 할 유일한 장소로 지정하였다(그림 7.28). 그 후로 수 년간 수십 억 달러의 예산으로 개발이 수행되었다. 그러나 2010년 현재, 유카 산 저장고가 실제로 사용될 것 같지는 않은 상황이다.

의회는 우리가 지금 만들어 낸 플루토늄-239의 **첫 번째** 반감기가 지나는 지금부터 24,110년이 지난 후에도 이 문제에 대해서 논쟁을 하고 있을지도 모른다. 지질학적 수준의 지하 저장이 아닌 다른 처분 방법들은 더 실행 가능성이 없어 보인다. 심해 점토 퇴적물 아래 3000~5000미터 지하에 처분하는 방법도 조사되었다. 방사성 폐기물을 남극의 얼음층 아래 처분하거나 로켓을 이용해 우주로 쏘아 보내자는 제안도 대체로 좋은 평을 얻지 못하였다. 그러나 한 가지 확실한 사실은 어떤 처분 방법을 최종적으로 선택한다 하더라도 그 방법은 매우 긴 시간 동안 효과적이어야 한다는 점이다. 원자력 공학자인 William Kastenberg와 Luca Gratton은

(a)

(b)

그림 7.28 (a) 네바다 주 유카 산 지도. (b) 남쪽의 사막을 향해서 바라 본 유카 산

출처: (a) *U.S. Department of Energy.*

그들이 1997년에 *Physics Today*에 기고한 기사에서 오늘날까지도 우리에게 경종을 울려 주는 결론을 제시하였다.

> 유카 산과 같은 장소에 고준위 핵폐기물을 처분하면 자연 상태에서 폐기물이 천천히 흩어질 것이라는 점은 분명하다. 현재의 핵폐기물 처분 시설 설계는 최악의 경우 최종적 폐기물이 보다 위험한 방사성 원자핵의 수명이 다했을 때, 안정한 자연 상태의 광물들과 비슷한 형태가 되도록 하는 데 그 초점이 맞추어져 있다. 아마도 이것이 우리가 바랄 수 있는 최선일 것이다.

연구과제 7.31 **핵폐기물 경고 표지**

2007년 2월 15일, International Atomic Energy Agency(IAEA)는 방사선의 위험을 사람들에게 경고하는 오른쪽 그림에서 보여 주고 있는 표지를 제작하였다. 이 표지와 관련하여 IAEA의 웹사이트에서 보다 자세한 내용을 찾아볼 수 있다.

a. 이 표지가 전달하고 있는 메시지는 무엇인가?

b. 여러분이 지하 핵폐기물 저장소 근처에 설치될 표지판을 디자인해야 한다고 가정하자. 이 표지판은 미래의 세대에게 그곳에 핵폐기물이 있고 최소 10,000년 동안 잘 보관되어야 한다는 것을 알려 주어야 한다(10,000년은 이집트 피라미드 나이의 네 배보다도 긴 시간이다). 이 메시지는 미래의 지구인들이 이해할 수 있어야 한다. 지난 10,000년 동안 호모 사피엔스에게 있었던 변화를 고려하여 다음 1만 년 간 일어날 변화를 예상하여 적절한 표지판을 디자인해 보시오.

7.10 원자력의 위험과 혜택

앞의 절들에서 우리는 국가들마다 전기 에너지의 생산을 위해 원자력에 의존하는 정도가 크게 다르다는 점을 알아보았다. 어떤 나라가 원자력 원자로를 많이 가지고 있는지, 아니면 소수의 원자로만 가지고 있는지와 상관없이, 원자력 발전을 하고 있는 나라들은 모두 그 위험과 혜택의 경중을 따져 보아야 한다.

위험과 혜택을 분석하는 일은 어떻게 해야 하는 것인지 막막해 보일 수 있지만, 실제로 우리는 매일 이와 같은 분석을 하면서 살아가고 있다. 위험에는 여러 가지 종류가 있다. 자진해서 감수하는 위험도 있다. 윈드서핑, 번지 점프 같은 것이 그것들이다. 반면에 간접 흡연과 같은 원치 않게 감수해야 하는 위험도 있다. 자동차를 운전할 때 우리는 방어 운전 기술을 사용하여 몇 가지 위험들을 제어할 수 있다. 그러나 Toledo나 Tokyo로의 비행기 여행과 같은 경우, 고도가 높아짐에 따라 방사선에 노출되는 위험이 증가하게 되는데, 이와 같은 위험은 우리가 제어할 수 없다. 위험 요인들을 적절한 수준으로 제어하는 것은 여러 가지 면에서 도움이 된다. 이를 통해서 건강을 증진시키거나 편의성 또는 삶의 질을 향상시킬 수 있고, 비용을 절감하고 생태적 발자국을 저감시켜 환경을 보호할 수 있다.

19세기의 시인 워즈워스(William Wordsworth)는 기술의 위험과 혜택을 분석하는 것에 대해서 '약속된 이득을 동반하는 피해의 양을 가늠하는 것'이라고 말하였다. 그는 그가 살던 시대의 새로운 기술이었던 기차에 대해서 이와 같이 말하였다.

연구과제 7.32 **많이 아는 시민**

"원자력 발전소는 아무 문제가 없다! 나는 비행기를 타고 5시간 비행을 할 때, 원자력 발전소에서 일할 때보다 더 많은 양의 방사선에 노출된다. 원자력 발전소에서 일하는 사람들 가운데 목숨을 잃은 사람은 없다."

a. 어떤 맥락에서 이 진술이 유효한가?

b. 어떤 맥락에서 이 진술을 한 사람은 중요한 점을 놓쳤는가?

힌트: 이 질문에 답하는 데 표 7.2가 도움이 될 것이다. 방사능에 대해서 다룰 때에는 방사성 동위 원소의 종류와 그것이 우리 몸 안에 있는 것인지, 밖에 있는 것인지도 고려해야 할 중요한 요인이다.

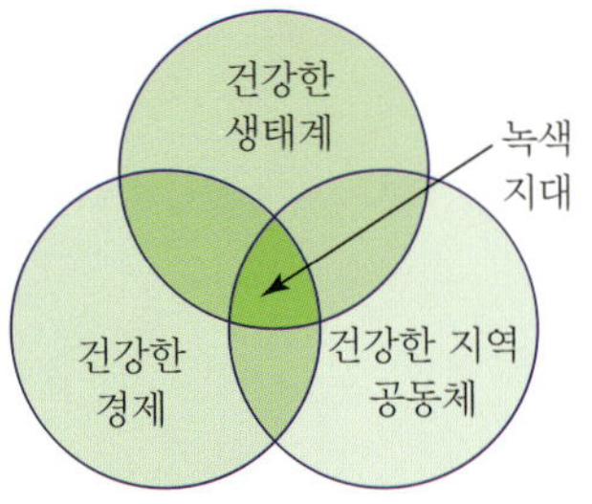

그림 7.29 '녹색 지대'에서는 건강한 생태계, 건강한 경제, 건강한 지역 공동체가 이루어진다.

세상에 위험을 전혀 감수하지 않아도 되는 것은 없다. 하루하루 살아가는 것 자체가 위험의 감수와 그로 인한 혜택을 취하는 것의 연속이다. 차도를 건너는 것, 오토바이를 타는 것, 자동차 운전을 하는 것, 요리를 하거나 식사를 하는 것, 심지어 아침에 일어나는 단순한 행동들이 그것이다. 우리가 하는 모든 행위에는 위험 요소가 있기 때문에, 우리는 늘 행동에 앞서서 우리가 감수해야 할 위험의 수준을 가늠하게 된다. 대부분의 사람들은 의도적으로 자신을 높은 수준의 위험에 노출시키지 않는다. 반면에 우리가 무슨 일을 하던지 위험이 전혀 없으리라 예상되는 경우는 없다.

확실한 것은 원자력으로부터 취할 만한 혜택은 전기 에너지이다. 우리는 이 전기 에너지를 취하면서 지역 및 세계 경제와 핵연료 주기의 모든 부문에 종사하는 사람들(그림 7.21 참조), 그리고 환경에 대한 위험을 최소화하기를 원한다. 이것은 다음 세 가지 전제를 우리에게 상기시켜 주는 듯하다. 즉 원자력 산업은 우리의 (1) 경제와 (2) 지역 공동체, (3) 생태계를 더욱 건강하게 하는 데 기여해야 한다는 것이다. 본질적으로 우리는 이 세 가지가 모두 충족되는 '녹색 지대'에서 원자력 산업이 가동되기를 원한다(이 책의 0장의 내용으로부터 다시 그린 그림 7.29).

원자력 발전을 다른 대안들에 견주어 어떻게 평가할 수 있을까? 이것은 결코 쉽지 않다! 그러나 그렇다 하더라도 우리는 최소한 부분적인 답이라도 찾고 있다. 예를 들어 우라늄의 원자로에서 태우는 것 대신 전통적인 화력 발전소에서 석탄을 태울 수 있다. 아래에 석탄을 연료로 사용하는 화력 발전소와 관련된 위험 요소들 몇 가지를 정리하였다. 이들 가운데 몇몇은 이미 4장에서 설명한 것들이다.

■ **광부의 안전**

1900년 이래로 100,000명 이상의 광부들이 미국의 탄광에서 숨졌다. 이들 가운데 대부분은 높은 수준의 안전 규정이 도입된 1950년대 이전에 사망하였다. 일단 채굴되고 나면 석탄은 추가로 정련할 필요는 없다. 광부들은 광산에서의 사고뿐만 아니라 진폐증으로도 사망한다. 미국에서 광부 사망자의 수는 감소하고 있지만 여전히 사망자 수는 연간 수백 명에 달한다.

■ **온실기체 배출**

석탄 화력 발전소는 연소 폐기물로 이산화 탄소를 배출한다. 1000 MW급 화력 발전소 하나는 연간 450만 톤의 CO_2를 배출한다. 미국 전체적으로 연간 20억 톤 수준의 CO_2가 석탄의 연소에 의해 배출된다.

■ **대기 오염 물질 배출**

1000 MW급 화력 발전소는 일반적으로 하루에 10,000톤 이상의 석탄을 태우고 300톤의 SO_2와 100 톤 정도의 NO_x를 배출한다. 대기 오염으로 인한 사망자 수는 연간 수만 명 수준이다.

■ **석탄 연소 후 남는 재의 발생**

1000 MW급 석탄 화력 발전소는 1년에 99,000 m^3의 버려야 할 재를 만들어 내는데, 이것은 상당한 부피이다. 그림 4.8을 다시 보면 테네시 주에서 수백만 갤론의 재가 화력 발전소로부터 비산되어 발생한 큰 피해 사례를 알 수 있다(왼쪽에 그림이 다시 제시되어 있다).

■ **수은 누출**

석탄은 미량의 수은을 포함하고 있다. 석탄이 연소될 때 수은이 원소 형태로 공기 중으로 배출된다. 수은 배출량은 천천히 감소하고 있지만 매년 배출되는 양은 여전히 수백 톤 수준이다. 미국에서는 매년 약 50톤의 수은이 배출되고 있다.

■ **우라늄과 토륨 배출**

석탄에는 미량의 우라늄이 최대 10 ppm 정도 포함되어 있고, 토륨은 일반적으로 우라늄보다 더 많이 포함되어 있다. 연간 11억 톤 이상의 석탄을 소비하는 미국에서는 1300톤 이상의 우라늄과 2600톤 이상의 토륨이 환경으로 배출되고 있다. 이것은 원자력 발전소에서 연료로 소모되는 양보다 많다. 많은 양의 방사성 금속들이 비산 재와 함께 포집되지만, 방사능 물질이므로 역시 잘 처리되어야 한다.

그림 7.30 U_3O_8인 노란색 케이크 시료. 이 생성물은 정제되어 우라늄 금속으로 만들어진다. 이어서 U-235가 농축된다(7.7절 참조).

아래에는 반대로 원자력 발전소와 관련된 위험 요인들이 제시되어 있다. 이 가운데에는 석탄 화력 발전소의 위험 요인과 겹치는 것들도 있다.

- **광부의 안전**
  우라늄 광석은 채굴된 후 '노란색 케이크'로 만들기 위해서 제분 공장에서 화학적 처리를 한다(그림 7.30). 광부와 제분 공장 작업자들은 우라늄 먼지와 우라늄에서 만들어진 라돈으로 인해 암의 위험에 노출되어 있다(특히 폐암). 제2차 세계 대전 후 미국에서 대부분의 우라늄 채광은 콜로라도 고원에서 행해졌다. 수백 명의 작업자들이 폐암으로 사망하였다. 또한 이 작업자들이 가정으로 우라늄 먼지를 묻혀 왔기 때문에 가족들도 영향을 받았다. 오늘날에는 환기와 방사선 노출에 관한 보다 엄격한 안전 규정이 시행되고 있다.
- **온실기체 배출**
  우라늄 광석의 채굴, 제분, 농축, 운송과 사용한 핵연료의 처리 과정에서 이산화 탄소가 배출되기는 하지만 원자력 발전소를 가동시키는 데에서는 이산화 탄소가 배출되지 않는다. 또한 원자력 발전소를 건설하는 데 사용되는 시멘트 제조 과정에서 CO_2가 배출된다.

1파운드의 시멘트를 제조하는 과정에서 약 1파운드의 CO_2가 발생한다.

- **고준위 핵폐기물 배출**
  1000 MW급 원자력 발전소는 1년에 약 2 m^3의 HLW를 배출한다(앞 절의 내용 참조). 미국 전체적 배출되는 HLW는 연간 2000톤 수준이다.

7.9절을 다시 보면 고준위 방사성 폐기물은 생물권으로부터 영구적으로 격리되어야 한다는 것을 알 수 있다.

- **핵분열 생성물 배출**
  거의 모든 원자력 발전소들에서 배출된 핵분열 생성물의 양은 지금까지 미미하였다. 표 7.2를 보면 원자로로부터 50마일(약 80.5 km) 이내에 거주하는 것이 연간 방사선 노출 양에 얼마를 추가하는지 알 수 있다. 그러나 2011년에 일본의 후쿠시마 원자로에 일어났던 사건은 핵분열 생성물의 누출로 인해 넓은 지역에 걸쳐 대대적인 피해 발생이 가능하다는 것을 우리에게 상기시켜 준다.
- **우라늄 광산과 우라늄 광석 제분 공장에서 발생하는 폐기물**
  우라늄 광석의 채굴과 제분 과정에서 방사성 폐기물이 발생한다. 이 암석 폐기물들은 우라늄을 포함하고 있고 또한 라돈을 방출하므로 봉인되어야 한다. 1979년에 미국 뉴멕시코 주의 Church Rock에서 광산 폐기물이 누출되었다. 이 지역은 오늘날까지도 막대한 예산을 들여서 정화 작업을 해야 하는 장소로 남아 있다.

이 장의 앞 부분에서 살펴본 바와 같이, 원자력 에너지는 사람들에게 감정적 동요를 불러일으킨다. 부분적으로 이것은 무지와 오해, 그리고 버섯 구름 사진의 강한 부정적 이미지 때문이다. 대재앙의 가능성은 분명 가까이 있는 것은 아니겠지만 우리의 의식 속에 크고 흐릿한 이미지로 자리하고 있다. 체르노빌과 후쿠시마의 사고는 사람들이 격렬하게 원자력 에너지의 사용에 반대하게 되는 계기가 되었다. 우리는 전폭적으로 기술을 신뢰하지는 않는다. 심지어 사람에 대한 신뢰는 기술에 대한 신뢰보다 더 낮을 것이다. 원자력 발전소의 설계, 건축, 운영과 관련해서 사람의 실수를 우려하지 않을 수 없다. 결국 미리 잘 준비된 안전 규정과 사고 대응 매뉴얼을 가지고 있다 하더라도 인간의 실수와 기술자의 대응이 약점이 될 수 있다. 이로 인해 스리마일 섬과 체르노빌에서 사고가 발생했던 것이다.

풍력, 태양, 지열과 같은 다른 에너지원들과 비교했을 때 원자력 에너지의 사용이 감수해야 할 위험의 정도는 어떤가? 다음 확인문제는 이 책에서 다루지 않는 주제인 풍력

태양 에너지에 대한 자세한 내용은 8장에서 찾아보라.

발전의 위험 요인과 혜택에 대해서 몇 가지를 알아 볼 수 있는 기회가 될 것이다.

확인문제 7.33 **풍력 발전의 안전**

풍력과 원자력 에너지를 비교한 2009년 논문의 저자는 다음과 같이 기술하였다. '반면에 풍력 발전기 터빈 산업은 상당히 믿기 어려운 과거의 기록을 가지고 있다.'

a. World Nuclear Association의 2009년 자료는 원자력 발전이 전 세계 전기 에너지 생산량의 15%를 담당하고 있다고 밝혔다. 이것과 비교하여 풍력 발전량은 얼마를 차지하는가?
b. 풍력 발전기를 설치하는 것과 관련된 위험 요인들의 목록을 작성하시오.
c. 이제 풍력 발전의 혜택을 나열하시오. 어떤 결론을 내릴 수 있는가?

원자력 발전을 통해서 전기 에너지를 생산하는 것이 갖는 위험 요인들은 다른 형태의 발전이 갖는 위험 요인들과 명백히 다르다. 그럼에도 불구하고 기억해야 할 것은 위험 요인이 전혀 없는 에너지원은 존재하지 않는다는 것이다. 확실히 천연 자원과 에너지를 보존하고 효율적으로 사용하는 것이 무엇보다 가장 중요하다. 이 점을 염두에 두고, 이제 우리가 과연 미래에도 지속 가능한 원자력 발전소를 설계할 수 있는지에 대해서 생각해 보도록 하자.

7.11 원자력의 미래

지구 상의 모든 사람들은 미래에도 지속 가능하고 오염 물질을 배출하지 않는 청정한 에너지원을 원한다. 이 바램 속에 핵에너지도 포함되는가? 만약 그렇다면 우리는 이 꿈을 이루기 위해서 더 많은 원자력 발전소를 건설해야 할까? 이 질문에 대한 답은 누구에게, 그리고 어느 시기에 물어보느냐에 따라 달라진다.

만약 여러분이 이 질문을 1960년대 초 미국에서 누군가에게 하였다면, 그 대답은 아마도 긍정적이었을 것이다. 그 당시는 미국의 원자력 산업이 괄목할 만한 성장을 경험하던 시기였다. 이 성장은 1979년까지 이어졌는데, 이 해에 스리마일 섬의 원자력 발전소 사고가 있었다. 이 사고와 관련된 공포는 확실히 원자력 산업의 성장 시대의 막을 내리는 데 일조하였다. 이 시기에 보다 중요한 일은 핵에너지와 관련된 경제적 상황의 변화였다. 화석 연료의 가격은 떨어진 반면, 원자력 에너지의 경우 1980년대에 안전 시설 및 규정이 강화되고 감독이 시행되어 가격이 상승하였다. 그 결과 새로운 원자력 발전소를 건설하는 것이 경제적으로 수지가 맞지 않는 상황이 되었다.

그렇다면 오늘날 원자력 발전과 관련된 경제적 상황은 어떠한가? 또 다시 이 질문에 대한 대답은 누구에게, 그리고 언제 그들에게 묻느냐에 따라 달라진다. 그러나 두 가지 분명한 사실이 있는데, 하나는 새로 건설될 모든 원자로는 일본에서 원자로를 파괴했던 지진과 쓰나미에 대비할 수 있는, 보다 향상된 구조와 장치를 갖도록 설계될 것이라는 점이고, 다른 하나는 이와 같은 설계상의 진보는 결국 가격 상승으로 이어질 것이라는 점이다.

설계의 관점에서, 특히 미국에서 가까운 미래의 원자력 산업의 방향은 후쿠시마 원자력 발전소에서 일어났던 것과 같은 이례적인 자연 재해에 현재 가동 중인 원자로들이 잘 준비되어 있는지를 확인하는 데 초점이 맞추어져 있다. 미국의 Nuclear Regulatory Commission(NRC)은 보고서에서 다음과 같이 기술하였다. "일본의 후쿠시마에서와 같은 사건은 미국에서는 일어나기 힘들 것이다." 그러나 "원자로 노심의 손상과 건강에 심각한 영향을 주지 않는 수준이라 하더라도 제어할 수 없는 방사능 물질의 누출은 결코 용납될 수 없다."

NRC는 일본에서와 같은 사고에 대비하기 위해 세 가지 지시 사항을 미국의 원자력 시설에 전달하였다. 이 지시 사항들은 다음을 요구하고 있다.

- 모든 시설은 그 시설이 한 장소에 보유하고 있는 모든 원자로와 사용 후 핵연료 저장 수조들의 문제를 동시에 해결하는 데 필요한 장비들을 충분히 확보할 것. 이것은 자연재해에 의해 여러 기의 원자로가 동시에 영향을 받을 수 있는 상황에서 이들을 확실히 보호할 수 있도록 하기 위한 것이다.
- 몇몇 시설은 원자로에서 끓는물을 배출하는 시스템을 개선하여 스팀의 역류로부터 원자로를 보호하고 온도를 제어할 수 있도록 할 것.
- 각각의 사용 후 핵연료 저장 수조에는 수위를 모니터링하기 위한 새 장비를 설치할 것. 이것은 전체 발전소에 걸쳐서 수조의 수위를 파악할 수 있도록 하기 위한 것이다.

이 지시 사항들은 2016년 12월까지 이행되어야 한다. 이러한 변화는 현재의 핵에너지 기술의 다른 요인들뿐만 아니라 가격에 영향을 미칠 것이다. 관련된 몇 가지 내용을 아래에 기술하였다.

*Chemical & Engineering News*의 2011년 5월 9일자 사설에서 편집장 Rudy Baum은 다음과 같이 진술하였다. "일본에서의 심각한 상황에도 불구하고, 핵에너지는 중장기적으로 우리가 가지고 가야 할 몇 가지 에너지원들 가운데 하나로 남아 있다. 왜냐하면 핵에너지는 전지구적 기후 변화로 인한 최악의 상황을 피하는 데 도움을 줄 것이기 때문이다." 여러분은 이 진술에 동의하는가? 핵에너지에 반대하는 사람들은 핵폐기물의 처분과 관련된 현재의 문제점들을 제시한다. 지구 상에서 핵폐기물의 처분에 대한 장기적인 계획을 가지고 있는 나라는 핀란드 단 한 국가밖에 없다. 또한 우라늄 채광에 의한 환경 파괴, 원자로 건설에 필요한 막대한 비용(새로운 원자력 발전소를 건설하는 데에는 약 120억 달러 소요), 사람들이 핵에너지에 대해 가지고 있는 공포, 대체 에너지 개발의 필요성도 제시된다. 풍력과 태양 에너지는 그림 7.31a와 7.31b에서 보여 주는 것과

(a)

(b)

그림 7.31 (a) 핵에너지에 대한 현재의 많은 논쟁의 주제들을 보여 주는 사진. (b) 핵에너지, 풍력, 태양 에너지에 대한 생각을 보여 주는 만화

같이 끊임없이 논쟁과 유머의 주제가 되고 있다.

Baum은 핵폐기물 문제를 인정하면서도 이런 주장들을 다음과 같이 진술하며 반박한다. "최소한 핵폐기물은 임시 저장소에 보관되어 있고 인간의 통제 아래 있다. 이러한 상황은 화석 연료를 연소시켰을 때 발생하는 폐기물의 상황보다는 나은 상황이다." 그는 또한 우라늄 채굴과 관련된 우려에 대해서도 현재의 우라늄 채굴 기술을 화석 연료와 비교하여 반박하고 있다. 화석 연료 채굴과 관련해서 원유의 누출, 석탄 채굴, 천연가스 추출의 문제점들을 제시하였다. 마지막으로 Baum은 다음과 같이 진술하면서 또 다른 문제점들에 대해서 다루고 있다. "앞으로 올 다음 50년 정도의 시간 동안, 대체 에너지원들은 인간 문명에 충분한 에너지를 공급할 수 없는 상황이다. 핵에너지는 기후 변화에는 기여하지 않으면서 에너지 공급에는 기여할 수 있다."

연구과제 7.34 미래로

앞에서 우리는 핵에너지를 에너지원으로 사용하는 것에 찬성하는 의견의 근거와 반대하는 의견의 근거를 분석해 보았다.

a. Baum의 사설에 나온 내용을 다시 읽고 핵폐기물, 우라늄 채굴, 기후 변화, 비용, 인간의 공포에 대한 여러분의 생각을 설명하시오.
b. 위의 그림에서 왼쪽 만화는 미래 에너지에 대한 어떤 우려를 나타내고 있는가?
c. 핵에너지의 미래는 어떠할 것이라고 생각하는가?

그래서 결론은 무엇인가? 쉽게 알 수 있듯이 원자력과 관련된 문제는 쉬운 답이 없다. 전 세계적으로 에너지에 대한 수요는 날마다 증가하고 있다. 그리고 우리가 처분하고 관리해야 하는 원자력 발전소에서 배출되는 방사성 폐기물의 양도 증가하고 있다. 기후 변화의 시대가 시작되었다. 여전히 방사능, 우라늄의 채굴과 농축, 핵무기와 관련된 실재하고 감지되는 위험이 남아 있다. 이것은 고전적인 위험 요인과 혜택을 분석해야 하는 문제이다. 그러나 아직 최종적인 결론에 도달하지 못하였다. 현재 원자력이 전 세계적인 에너지 문제에 대한 만병통치약이 아닌 것은 확실하다. 이것은 환경 문제이자 사회적인 문제이기 때문이다. 그렇다고 하더라도 원자력은 다가오는 미래에도 에너지원의 한 부분을 차지할 것이다.

연구과제 7.35 차선책 조사

이제 원자력에 대한 공부가 거의 마무리 단계에 이르렀다. 자신의 의견을 묻는 연구과제 7.1로 돌아가서 질문에 다시 답해 보자. 앞서 한 답과 지금의 답을 비교해 보자. 자신의 의견에 크게 달라진 점이 있는가? 그렇다면 무엇이 어떻게 자신의 의견을 달라지게 했는가?

결론

미국에서 첫 번째 상업용 원자로가 전기 에너지를 생산한 지 50년이 지났다. 우라늄 원자핵으로부터 전기 에너지를 무한히 얻을 수 있을 것이라는 빛나는 약속은 환상에 불과하였다는 것이 증명되었다. 그러나 우리나라와 세계의 안전하고 충분하며 가격이 저렴한 에너지에 대한 요구는 1957년 당시보다 오늘날 훨씬 높다. 그래서 과학자들과 공학자들은 계속해서 원자력 기술을 개발하고 있다.

원자력과 에너지원에 대한 이와 같은 탐색이 어떤 결론에 도달하게 될지 알 수 없지만, 확실한 것은 시민들과 정치인들은 주된 여론을 결론으로 삼을 것이다. 가까운 그리고 먼 미래에 지구에 살 세대들에 대한 존중과 우리의 이성이 우리의 행동을 결정해야만 한다. 아마도 다음과 같이 말한 Homer Simpson이 옳았을지도 모른다. "신이시여, 몽상에 불과한 태양 에너지를 제외하면 가장 깨끗하고 안전한 에너지원인 원자력을 주셔서 특히 감사합니다." 다음 장에서는 그 몽상과 다른 대안적인 에너지원들 뒤에 감추어져 있는 타당성에 대해서 알아보려고 한다.

요약

이 장을 공부한 후에 다음을 할 수 있어야 한다.

- 미국 또는 각자가 선택한 다른 나라에서 과거와 현재의 원자력 이용의 전반적 상황을 설명할 수 있다. (7.1)
- 전 세계적으로 전기 에너지 생산을 위해 원자력을 얼마나 사용하고 있는지 보고할 수 있다. (7.1)
- 핵분열 과정에 대해서 설명할 수 있다. 중성자가 연쇄 반응을 지속시키게 위해 어떤 역할을 하는지, 그리고 핵분열 과정에서 방출되는 에너지의 원천은 무엇인지 설명할 수 있다. (7.2)
- 원자력 발전소와 다른 전통적인 발전소에서 전기 에너지를 생산하는 방법을 비교하고 그 차이점을 설명할 수 있다. (7.3)
- 알파, 베타, 감마 붕괴가 일어날 때 그 방사성 원자의 원자핵에서 일어나는 변화에 초점을 맞추어 이 붕괴 과정을 설명할 수 있다. (7.4)
- '*Radiation*'이라는 영어 단어는 그 문맥에 따라서 어떤 의미들로 사용될 수 있는지 설명할 수 있다. (7.4)
- 우라늄-238이 붕괴하여 일련의 방사성 동위 원소가 생성되는 과정을 설명할 수 있다. 또한 왜 자연 상태에서 발견되는 탄소-14와 수소-3과 같은 원자핵은 이 동위 원소에 포함되지 **않는지** 설명할 수 있다. (7.4)
- 체르노빌 원자력 발전소 사고에 대해서 설명할 수 있다. 그리고 왜 방사성 동위 원소 아이오딘이 배출되었는지 설명할 수 있다. 이 방사성 아이오딘이 사람들에게 해로운 이유를 설명할 수 있다. (7.5)
- 자연 방사선원과 인간이 만들어 낸 방사선원을 포함하여 연간 방사선 노출량에 기여하는 원천들의 순위를 제시할 수 있다. (7.6)
- 핵 방사선을 **이온화 방사선**(*ionizing radiation*)이라고도 하는 이유를 설명할 수 있다. 우리 몸 속에서 이온화 방사선과 자유 라디칼의 생성 사이의 연관 관계를 설명할 수 있다. (7.6)
- 퀴리(curie), 라드(rad), 렘(rem)을 이용하여 어떤 측정 단위는 방사성 시료에 초점이 맞추어져 있고, 다른 것들은 손상을 입는 생체 조직에 초점이 맞추어져 있음을 보일 수 있다. (7.6)
- 비전문가인 사람들이 쉽게 그 유사점과 차이점을 이해할 수 있도록 **농축 우라늄**과 **열화 우라늄**에 대해서 설명할 수 있다. (7.7)
- 시간이 지난 후 얼마나 많은 양의 방사능 시료가 남는지 쉽게 알 수 있도록 간단한 반감기 계산을 제시할 수 있다. (7.8)
- 핵폐기물의 저장에 반감기의 개념을 적용할 수 있다. (7.8)
- 반감기, 방사성 붕괴의 종류, 체내에 유입되었을 때의 영향, 체내 유입 경로 등을 고려하여 방사성 동위 원소를 그들이 건강에 미치는 위험성의 관점에서 평가할 수 있다. 예를 들어 라돈-222, 아이오딘-131, 스트론튬-90을 이와 같은 관점에서 비교할 수 있다. (7.8)
- 사용 후 핵연료를 포함하여 고준위 방사성 폐기물의 배출 및 저장과 관련된 문제들을 설명할 수 있다. (7.9)
- 고준위 방사성 폐기물이 어떻게 다루어지고 저장되어야 하는지 적절한 정보에 바탕을 두고 자신의 입장을 설명할 수 있다. (7.9)
- 자신이 이해할 수 있는 관련된 과학적 원리에 근거해서 원자력과 핵폐기물에 대한 신문 기사를 비평할 수 있다. (7.9~7.11)
- 원자력과 핵무기 확산 사이의 연관 관계를 설명할 수 있다. (7.9)
- 원자력의 사용에 대해서 위험 요인과 혜택을 평가할 수 있다. (7.10)
- 적절한 정보에 근거해서 전기 에너지 생산을 위해 원자력을 사용하는 것에 대한 자신의 입장을 설명할 수 있다. (7.11)
- 다음 10년간 핵에너지의 사용을 늘리는 데 호의적인 요소들과 부정적인 요소들을 제시할 수 있다. (7.11)

연습문제

기본문제

1. 어떤 탄소 원자가 다른 탄소 원자와 다를 수 있는 두 가지 방법을 제시하시오. 그리고 **모든** 탄소 원자들이 **모든** 우라늄 원자들과 다른 점을 세 가지 제시하시오.
2. 원소 기호 N보다 ^{14}N, ^{15}N은 더 많은 정보를 준다. 무엇을 더 알 수 있는지 설명하시오.
3. **a.** 플루토늄 동위 원소 $^{239}_{94}U$에는 양성자가 몇 개 포함되어 있는가?
   b. 우라늄의 모든 원자들은 92개의 양성자를 그 핵 속에 포함하고 있다. 93개의 양성자와 94개의 양성자를 핵에 포함하는 원소는 각각 무엇인가?
   c. 라돈-222의 핵 속에는 몇 개의 양성자가 들어 있는가?
4. 다음 원자핵에 있는 양성자와 중성자의 수를 쓰시오.
   a. 자연 상태에서 발견되는 탄소의 방사성 동위 원소인 ^{14}C
   b. 자연 상태에서 발견되는 탄소의 안정한 동위 원소인 ^{12}C
   c. 자연 상태에서 발견되는 수소의 방사성 동위 원소인 ^{3}H
   d. 의료용으로 사용되는 방사성 동위 원소인 Tc-99

5. $E = mc^2$는 20세기에 발견된 가장 유명한 공식 중 하나이다. 이 식에 사용된 각각의 기호들의 의미를 설명하시오.

6. 핵반응식과 화학 반응식의 예를 각각 하나씩 드시오. 어떤 점에서 이 두 종류의 반응식은 같은가? 그리고 다른가?

7. 다음 식은 플루토늄 표적에 알파 입자를 충돌시켰을 때 일어나는 핵반응을 나타내고 있다. 위 첨자로 나타낸 숫자들의 합이 각각 식의 좌변과 우변에서 같음을 보이시오. 또한 아래 첨자로 나타낸 숫자들에 대해서도 마찬가지임을 보이시오

$$^{239}_{94}\text{Pu} + ^{4}_{2}\text{He} \longrightarrow [^{243}_{96}\text{Cm}] \longrightarrow ^{242}_{96}\text{Cm} + ^{1}_{0}\text{n}$$

8. 문제 7의 핵반응식에 대해서 다음 물음에 답하시오.
   a. $^{4}_{2}$He은 어디에서 오는가?
   b. $^{1}_{0}$n은 생성물이다. 이 기호는 무엇을 나타내는가?
   c. 퀴륨-243은 왜 대괄호 안에 쓰여져 있는가? **힌트:** 식 7.1을 보라.

9. 원자 번호가 98인 캘리포늄은 고체 표적 물질에 알파 입자를 충돌시켜 인공적으로 만들어 낸 최초의 원소이다. 이 핵반응의 생성물은 캘리포늄-245와 중성자였다. 이 핵반응에서 반응물로 사용된 고체 표적 물질을 이루는 동위 원소는 무엇이었겠는가?

10. 핵분열 반응이 시작되도록 하고 지속되게 하는 데 중성자의 역할의 중요성을 설명하시오. 답안을 작성하는 데 먼저 **연쇄 반응**이라는 용어를 정의하고 이 용어를 사용하시오.

11. 핵분열은 서로 다른 여러 경로를 통해서 일어난다. 중성자에 의해서 촉발되는 U-235의 핵분열에 대해서 다음 생성물이 만들어지는 핵반응식을 쓰시오.
    a. 브로민-87, 란타넘-146, 그리고 더 많은 수의 중성자
    b. 56개의 양성자를 갖는 핵과 중성자와 양성자를 합쳐서 94개의 핵자들을 갖는 핵, 그리고 두 개의 중성자

12. 다음은 원자력 발전소의 원자로 노심의 개략도이다.

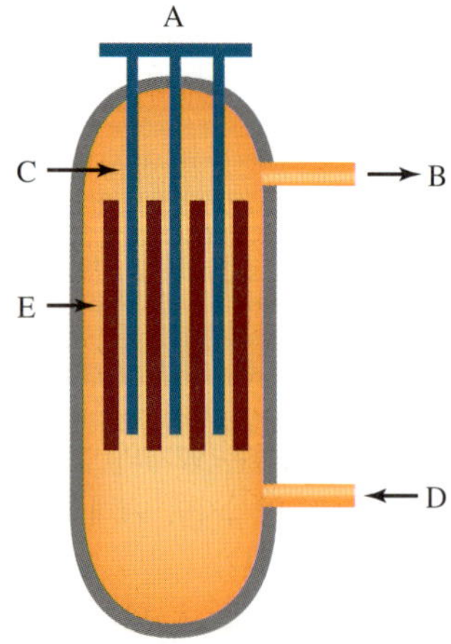

아래 제시된 원자로의 각 부분을 나타내는 영문자를 그림에서 찾아 괄호 안에 쓰시오.

연료봉 ( )
노심으로 흘러 들어가는 냉각수 ( )
노심에서 흘러 나오는 냉각수 ( )
제어봉들의 전체 조립품 ( )
제어봉 ( )

13. 그림 7.7에 제시된 원자력 발전소의 개략도를 보고 방사성 물질을 포함하는 부분과 그렇지 않은 부분들을 구분하여 제시하시오.

14. 1차 냉각수와 2차 냉각수의 차이점을 설명하시오. 2차 냉각수는 격납용 돔 건물 안에 격리되어 있지 않는다. 그 이유는 무엇인가?

15. 붕소는 중성자를 흡수한다.
    a. 붕소-10이 중성자 한 개를 흡수하여 리튬-7과 알파 입자를 만드는 핵반응식을 쓰시오.
    b. 붕소는 카드뮴과 함께 제어봉으로 사용될 수 있는 물질이다. 그 이유는 무엇인가?

16. 알파 입자란 무엇인가? 그리고 이 입자를 어떻게 표시하는가? 베타 입자와 감마선에 대해서도 같은 물음에 답하시오.

17. 플루토늄-239는 알파 입자를 방출하며(감마선 방출은 하지 않음) 붕괴하고, 아이오딘-131은 감마선과 함께 베타 입자를 방출하며 붕괴한다.
    a. 각각의 붕괴 과정에 대한 핵반응식을 쓰시오.
    b. 플루토늄은 미세 먼지 형태로 호흡기를 통해 체내에 들어오게 되면 인체에 매우 해로운 영향을 미친다. 그 이유를 설명하시오.
    c. 아이오딘-131은 체내에 흡수되었을 경우 위험할 수 있다. 아이오딘의 모든 동위 원소들은 인체의 어느 부위에 축적되는가?
    d. 플루토늄-239와 아이오딘-131 각각의 시료의 방사능이 배경 방사능 수준으로 감소하기 위해서는 어느 정도의 시간이 필요할지 설명하시오. **힌트:** 표 7.4를 참고하라.

18. 방사성 동위 원소가 붕괴할 때 원자핵의 질량수가 변하거나, 원자 번호가 변하거나, 또는 질량수와 원자 번호가 모두 변하거나, 아무것도 변하지 않을 수도 있다. 다음 방사성 동위 원소의 붕괴의 종류에 대해서 어떤 변화가 일어날 것인지 설명하시오.
    a. 알파 입자 방출
    b. 베타 입자 방출
    c. 감마선 방출

19. 그림 7.12는 U-238의 일련의 붕괴 과정을 보여 준다. 마찬가지로 U-235도 다음 일련의 단계들(α, β, α, β, α, α, α, β, α, β, α)를 거쳐 붕괴하여 안정한 동위 원소 납이 된다. 이 붕괴 과정의 처음 6단계의 핵반응식들을 쓰시오. 이들 가운데 몇몇 단계에서는 감마선의 방출도 일어난다. 그러나 핵반응식에는 나타내지 않았을 수 있다. **힌트:** 여섯 번째 단계의 생성물은 라돈이다.

20. 평균적으로 미국 시민은 연간 3600 μSv의 방사선에 노출된다. 표 7.2의 자료를 이용하여 다음에 제시되는 방사선원으로부터 받게 되는 방사선 노출량은 몇 %나 되는지 계산하시오.

a. 식품, 물, 공기

b. 치과 진단용 X선

c. 원자력 산업

21. 두 번, 네 번, 여섯 번의 반감기가 지나고 나면 각각 몇 %의 방사성 동위 원소가 남게 되는가? 또한 각각의 반감기 횟수만큼 시간이 지났을 때 붕괴된 방사성 동위 원소는 몇 %인가?

22. 다음 그래프를 이용하여 방사성 동위 원소 X의 반감기를 계산하시오.

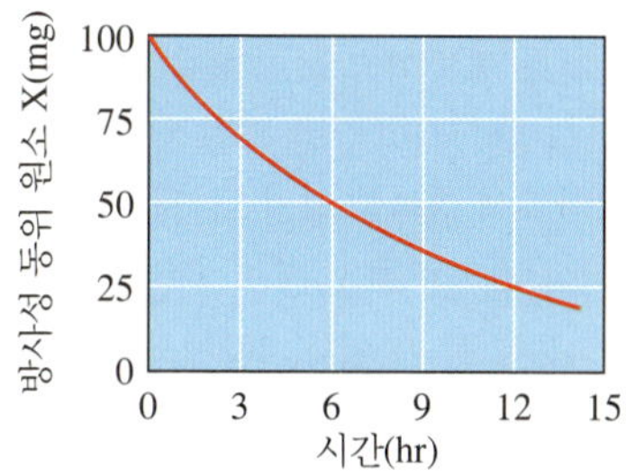

23. a. 열화 우라늄(depleted uranium, DU)은 방사능을 갖는가? 답을 제시하고 그 이유를 설명하시오.

b. 사용 후 핵연료(spent nuclear fuel, SNF)는 방사능을 갖는가? 답을 제시하고 그 이유를 설명하시오.

개념문제

24. 중세의 연금술사들은 납과 같은 염기성 금속을 금이나 은과 같은 귀금속으로 바꾸고자 하였으나 성공하지 못하였다. 그들은 왜 성공하지 못했는가? 오늘날에는 납을 금으로 바꿀 수 있는가? 답을 제시하고 그 이유를 설명하시오.

25. 최소 12가지 중요한 사건을 표시할 수 있도록 원자력 기술의 연대표를 작성하시오. 예를 들어, 이 연대표는 1896년 베크렐의 방사능 발견으로부터 시작될 수 있다. 또한 체르노빌, 히로시마, 후쿠시마에서의 사건들을 넣을 수 있고, 최초의 상업용 원자로의 작동, 방사성 동위 원소의 의료 분야에서의 응용, 불투명한 유약을 바른 주물 오지 그릇에 우라늄 유리 사용, 핵 실험 금지 조약 등을 넣을 수 있다.

26. U-235와 U-238은 둘 다 방사능을 갖는다. 그러나 자연 상태에서 이들의 존재 비율은 매우 다르다. 이들의 자연 상태에서 존재 비율을 제시하고, 왜 이렇게 존재 비율이 다른지 설명하시오.

27. 상업용 원자로에 사용되는 우라늄 연료 펠릿에 대해서 생각해보자.

a. U-235와 U-238을 분리할 수 있는 한 가지 방법에 대해서 설명하시오.

b. 이 우라늄 연료 펠릿은 농축 우라늄을 사용하여 만들어야 하는지 설명하시오.

c. 우라늄 연료 펠릿은 80~90%가 아니라 단지 수% 정도 수준에서 농축된다. 왜 이렇게 하는지 세 가지 이유를 들어보시오.

d. 화학적인 방법으로는 U-235와 U-238을 분리하는 것이 불가능한 이유를 설명하시오.

28. a. 왜 몇 년에 한 번씩 원자로 안의 연료봉을 교체해야만 하는가?

b 연료봉을 원자로에서 꺼내고 난 후, 어떤 변화가 일어나는가?

29. Palo Verde 원자력 발전소의 각각의 원자로들은 최대 발전 용량으로 작동할 때 단지 몇 파운드의 우라늄으로 1243 MW의 전력을 생산한다. 같은 양의 전력을 생산하는 데 전통적인 화력 발전소의 경우 석유는 약 2백만 갤론, 석탄은 약 10,000톤이 필요하다. 전통적인 발전소와 비교해서 Palo Verde 발전소에서는 이 에너지를 어떤 방법으로 생산하는지 설명하시오.

30. 체르노빌의 원자로와 미국의 원자로 사이의 중요한 차이점은 체르노빌의 경우 흑연을 중성자 감속재로 사용한 반면, 미국의 원자로는 물을 사용한다는 점이다. 안전의 관점에서 감속재로 물을 사용하는 것이 더 좋은 두 가지 이유를 제시하시오.

31. 이 책이 아닌 다른 문헌이나 자료에서는 핵반응식을 쓸 때 아래 첨자를 생략하기도 한다. 예를 들어 아래와 같이 핵반응식을 쓸 수 있다.

$$^{235}\text{U} + {}^{1}\text{n} \longrightarrow [^{236}\text{U}] \longrightarrow {}^{87}\text{Br} + {}^{146}\text{La} + 3\ {}^{1}\text{n}$$

a. 생략된 아래 첨자가 얼마인지 어떻게 알 수 있는가? 이 아래 첨자들을 생략할 수도 있는 이유는 무엇인가?

b. 반면에 위 첨자는 생략하지 **않는** 이유는 무엇인가?

32. 식 7.6에 제시된 중성자 모형을 이용하여 원자핵이 베타 붕괴할 때 어떻게 고속의 전자가 방출될 수 있는지 설명하시오.

33. 석탄은 미량의 우라늄을 포함할 수 있다. 그렇다면 석탄에서 왜 토륨이 발견될 수 있는가?

34. 누군가가 여러분에게 방사성 동위 원소는 10번의 반감기만큼 시간이 흐르면 없어진다고 말하였다고 하자. 이 진술은 시료의 양이 적은 경우에는 그럴 듯 하지만, 시료의 양이 많은 경우에는 틀릴 수도 있다. 이런 관점에서 이 진술의 타당성을 검토해보시오.

35. "바나나는 방사능을 가지고 있다!" 원자력 발전 회사의 부사장이 대중 강연 중에 사람들이 노출될 수 있는 여러 가지 방사선원들을 비교하다가 이렇게 말하였다.

a. 그는 왜 이런 주장을 했을까?

b. 같은 내용을 더 잘 전달할 수 있는 다른 방법을 제시하시오.

c. 바나나가 방사능을 가지고 있으므로 먹지 말아야 할까? 답을 제시하고 이유를 설명하시오.

36. X선 사진 촬영 과정을 설명하는 웹사이트는 다음과 같이 보고하고 있다. "부정적인 영향이 있을지도 모르지만, 사람들은 매일 그들이 실제로 알아차리는 것보다 더 많은 양의 전자기파와 방사선에 노출된다. 예를 들면 많은 양의 열이 있는 곳으로부터 늘 적외선이 방출된다. 태양은 자외선을 방출하는데 자외선에 조금만 노출되어도 피부가 검게 그을려진다. 게다가 우리 몸은 자연 상태에서 존재하는 방사성 동위 원소를 포함하고 있다." 이 설명에 제시된 세 가지 예를 검토해 보시오. 이들은 핵방사선의 방출에 의한 것인가, 전자기 복사인가?

37. 가이거(Geiger) 계수기라고도 불리는 다음 가이거·뮐러(Geiger-Muller) 계수기의 그림을 생각해 보자. 이 기기는 이온화 방사선을 검출하는 데 많이 쓰인다. 이 기기의 검출부는 낮은 압력의 기체를 포함하고 있다.

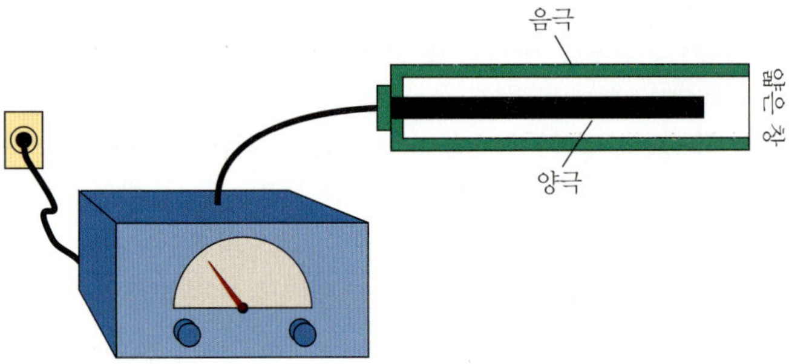

a. 방사선이 어떻게 가이거·뮐러 계수기로 들어가게 되는가?
b. 왜 이 기기는 검출부에 있는 기체를 이온화시킬 수 있는 방사선만을 검출하는가?
c. 이온화 방사선을 검출하는 데 사용되는 다른 방법에는 어떤 것들이 있는가?

38. 성인의 인체에는 빠르게 분열하는 세포들이 존재하는 부분들이 몇 군데 있다. 바로 피부, 머리카락의 모낭, 위, 창자, 입 안의 피부, 골수 등이 그런 부분이다. 표 7.3에 제시된 각각 증상들과 관련 있는 방사선에 노출된 세포의 종류를 제시하시오.

39. 이온화 방사선에 노출되면 암에 걸릴 수 있다. 또한 이온화 방사선 빔은 몇몇 종류의 암을 치료하는 데에 사용될 수 있다. 원리를 설명하시오.

40. 플루오린은 자연 상태에서 단 하나의 동위 원소 F-19만 발견된다. 만약 플루오린이 자연 상태에서 F-18의 형태로도 존재한다면, $^{238}UF_6$와 $^{235}UF_6$의 분리가 반드시 더 어렵게 될까? 답을 제시하고 이유를 설명하시오.

41. 일반적으로 테러리스트들은 U-235보다는 증식형 원자로로부터 회수한 Pu-239를 이용하여 원자 폭탄을 만들 것으로 예상된다. 여러분의 핵 화학 지식을 동원하여 왜 그런지 설명해 보시오.

42. 핵무기 제조에 사용될 수 있는 플루토늄은 거의 순수한 Pu-239로 이루어져 있다. 반면에 일반적인 수랭식 원자로에서 만들어지는 플루토늄은 더 무거운 Pu-240, Pu-241과 같은 동위 원소의 농도가 더 높다. 이와 같은 현상이 나타나는 이유를 설명하시오.

43. a. 고준위 방사성 폐기물(HLW)의 특징을 설명하시오.
b. 저준위 방사성 폐기물(LLW)이 HLW와 다른 점을 설명하시오.

응용문제

44. 연구과제 7.1을 통해서 원자력 발전에 대한 의견을 제시해 보았다. 같은 질문을 적어도 나보다 한 세대 더 나이가 많은 사람과 더 나이가 적은 사람에게 물어 보자. 자신의 의견과 비교해서 그들의 의견은 어떤 점이 비슷하고 어떤 점이 다른가?

45. 영화 *King Corn*은 Virginia 대학의 교수이자 과학수사 화학자인 Stephen Macko 교수가 등장하는 장면으로 시작된다. 그는 두 대학생의 머리카락을 분석해서 그들의 몸에 있는 탄소의 대부분이 옥수수에서부터 왔다고 보고하였다. 그의 분석은 탄소-13에 근거한 것이다.
a. 이 탄소의 동위 원소는 안정한 것인가? 아니면 방사성 동위 원소인가?
b. 머리카락 시료를 분석함으로써 우리의 식생활에 대해서 무엇을 알 수 있는가?

46. '원자력 발전소 해체'와 같이 말했을 때 사용된 '**해체**'라는 용어에 대해서 설명하시오. 어떤 기술적인 어려움이 있는가? 인터넷 검색을 통해서 정보를 얻어 답하시오.

47. 아인슈타인의 식 $\Delta E = \Delta mc^2$은 핵반응식은 물론이고 화학 반응식에도 적용해 볼 수 있다. 4장에서 다루었던 중요한 화학 반응들 가운데 하나인 메테인의 연소 반응을 생각해 보자. 이 반응을 통해서 메테인 1 g이 연소될 때 50.1 kJ의 에너지가 방출된다.
a. 50.1 kJ에 해당하는 질량 감소는 얼마인가?
b. 이만큼의 에너지를 만들어 내기 위해서 연소된 메테인의 질량은 질량 감소를 통해 $\Delta E = \Delta mc^2$의 공식을 따라 에너지로 전환된 질량의 몇 배나 되는가?
c. **a**와 **b**의 결과를 이용하여 아인슈타인의 공식이 화학 반응과 핵반응에 모두 적용될 수 있지만 대부분 핵반응에만 적용되는 이유를 설명하시오.

48. 태양에서 4.00 g의 수소 원자핵이 핵융합을 통해서 헬륨이 될 때, 질량의 변화는 0.0265 g이고 에너지는 방출된다. 아인슈타인의 공식 $\Delta E = \Delta mc^2$을 이용하여 이 질량 변화에 해당하는 에너지를 계산하시오.

49. 태양에서와 같은 조건에서, 수소는 헬륨과 핵융합을 통해서 리튬을 만들 수 있다. 그리고 이 리튬은 처음과는 다른 헬륨과 수소의 동위 원소들로 나누어질 수 있다. 아래 핵반응식에 각각의 동위 원소 1몰의 질량을 함께 제시하였다.

$$\underset{2.01345\ g}{{}^{2}_{1}H} + \underset{3.01493\ g}{{}^{3}_{2}He} \longrightarrow [{}^{5}_{3}Li] \longrightarrow \underset{4.00150\ g}{{}^{4}_{2}He} + \underset{1.00728\ g}{{}^{1}_{1}H}$$

a. 반응물과 생성물 사이의 질량 차이는 몇 그램인가?
b. 반응물이 각각 1몰 있다고 하면 에너지가 얼마나 방출될 것인지 줄 단위의 값으로 제시하시오.

50. 마이트너와 마리 퀴리는 모두 방사성 물질을 이해하는 데 기여한 개척자들이다. 마리 퀴리와 그녀의 업적에 대해서는 많이 들어보았을 것이다. 하지만 마이트너에 대해서는 그만큼 잘 알려져 있지 않다. 이 두 여성 과학자들은 시대와 그들의 과학적 업적면에서 어떤 관련이 있는지 설명해 보시오.

51. 아이오딘화 포타슘 알약을 복용하는 것은 갑상선이 방사성 아이오딘에 노출되는 것으로부터 보호해 줄 수 있다. 그 결과 갑상선 암에 걸릴 위험이 줄어든다.
a. 아이오딘화 포타슘의 화학식을 쓰시오.
b. 어떤 원리에 의해서 아이오딘화 포타슘이 우리 몸을 보호해

주는가?

c. 아이오딘화 포타슘에 의한 보호는 얼마나 지속되는가?

d. 이 약은 가격이 비싼가? **힌트: b**와 **c**의 문제에 답하는 데에는 FDA 웹사이트를 참고하라.

52. 냉전 시대 군비 경쟁으로 많은 핵무기를 만들었고 이 핵무기의 탄두를 해체한 결과 약 50톤의 플루토늄이 미국에 비축되어 있다. 이 플루토늄은 앞으로 어떻게 처분될 것으로 예상하는가? **힌트:** '**플루토늄 처분**(*plutonium disposal*)'을 검색어로 하여 인터넷이 이용해 검색해 보라. 검색어에 '미국(*United States*)'과 '에너지성(*Department of Energy*)'도 추가해 보라.

a. 어떤 사람들은 플루토늄을 다시 원자력 발전소로 보내어 연료로 사용하자고 제안한다. 이와 같이 할 경우 장점은 무엇이고, 단점은 무엇인가?

b. 다른 사람들은 플루토늄을 저장고에 영원히 저장해 두자고 제안한다. 이 제안의 장점과 단점을 나열하시오.

53. Swiss Army 시계의 광고 문구에는 이 시계가 삼중수소를 사용하고 있음을 강조하고 있다. "시계 바늘과 숫자는 스스로 에너지를 공급하는 삼중수소 기체로 비추어진다. 다른 시계들의 야광 다이얼보다 10배 더 밝다." 또 다른 광고는 다음과 같이 뽐내고 있다. "삼중수소 바늘과 눈금은 밝게 빛나서 한밤중에도 시간을 확인하는 것이 매우 쉽도록 해준다." 인터넷 검색을 해 본 다음, 이 시계에 사용된 삼중수소의 화학적인 행태는 무엇이며 이것의 역할을 토론하여 이 광고 문구들에 대해서 비평을 해 보시오.

54. 핵무기만이 유일한 위협은 아니다. 'dirty bomb'에 대해서도 생각해 보자. 이 무기는 방사성 물질을 퍼뜨리기 위해서 전통적인 폭약을 사용한다. 이 무기는 핵분열과는 무관하고 단지 화약만 필요하다.

a. 이 무기에는 어떤 방사성 동위 원소들이 사용될까?

b. 핵무기를 이용한 테러에 대한 소책자에 다음과 같은 주장이 나와 있다. "핵무기는 그것이 폭발하면 그 무기에 원래 들어 있던 것보다 더 많은 양의 방사성 물질을 만들어 낸다. 반면에, dirty bomb은 원래 들어 있던 양과 같은 양의 방사성 물질을 퍼뜨린다." 이 진술은 정확하다. 왜 그런지 설명하시오.

55. 표 7.2에 따르면 하루에 1.5갑의 담배를 피우면 연간 방사선 노출량이 15,000 μSv만큼 더 증가하게 된다.

a. 폴로늄-210은 이 현상에 주로 기여하는 방사성 원소이다. 폴로늄-210은 어떤 형태의 붕괴를 하며, 반감기는 얼마인가?

b. 적은 양이지만 폴로늄-210이 담배에서 발견되는 이유는 무엇인가?

56. MRI, 즉 핵자기 공명 영상 진단은 의료 분야에서 유용하게 사용되고 있다.

a. MRI의 과학적 원리는 복잡하다. 그러나 MRI 영상을 얻는 데 이온화 방사선을 이용하는지, 그렇지 않은지는 전체 원리를 이해하지 못해도 알 수 있을 것이다. MRI는 이온화 방사선을 이용하는가?

b. MRI는 이 진단이 만들어 내는 영상과 방사선 사용 여부의 관점에서 CT(컴퓨터 단층 촬영)와 어떻게 비교될 수 있는가?

c. MRI의 원리는 NMR(핵자기 공명)에 근거하고 있다. 그런데 이 의료 진단 기기의 이름이 NMR을 사용하지 않고 MRI를 사용하고 있는지 생각해 보시오.

57. 어느 지역에 원자력 발전소를 건설할 것인지 결정하기 위해서는 원자력 발전소와 관련된 위험과 혜택을 분석하는 작업이 필요하다. 만약 여러분이 전력 공급 회사의 CEO이고 여러분의 회사의 담당 지역에 원자력 발전소 건설 허가를 신청할 것인지 여부를 고려하고 있다면, 여러분은 어떤 위험과 혜택을 따질 것인가?

58. 원자력 발전소(그림 7.7)와 화력 발전소(그림 4.2) 사이의 비슷한 점과 다른 점을 각각 두 가지 이상 제시하시오.

8장 전자의 이동으로부터 얻는 에너지

'이 실험을 지속해 오면서, 아름답지만 곧 부숴버려야만 하는 얼마나 많은 장치들을 만들었는가! 만약 전기의 다른 용도가 발견되지 않았다면, 전기는 허영심 많은 한 인간을 미천하게 만드는 무엇인가로 여겨졌을 것이다.'

프랭클린(Benjamin Franklin)(정치가, 과학자, 발명가, 외교관, 1706–1790)

우리는 여러분이 폭풍우 속에서 열쇠를 꼬리에 달고 연을 날리는 것처럼 목숨을 건 모험을 절대로 하지 않기를 바란다. 프랭클린이 번개가 자연에서 발견되는 전기라는 것을 알아냈지만, 그는 결코 열쇠를 하늘 높이 올려 보내지 말았어야 했다. 프랭클린 그 자신도 언급하였다시피, 전기의 힘은 '허영심 많은 인간을 보잘것없이 만드는 것'이다. 실제로 번개가 한 번 번쩍이는 것은 자연이 전기 에너지의 힘을 가장 볼 만하게 과시하는 것이다. 여러분은 번개가 번쩍이는 순간 깜짝 놀라 움찔해 본 적이 있을지도 모른다. 이때 여러분의 몸 안에서는 이로 인한 세포 대사작용의 한 결과인 전자들이 전달되어 깜짝 놀라는 반응을 하도록 할 것이다. 따라서 번개와 번개에 대한 우리 몸의 생리학적 반응에는 모두 전자의 흐름이 관련되어 있다. 확실히 자연은 전기적인 것이다.

세포의 대사작용에 대해서는 식품에 대해서 다루는 11장을 찾아보라.

자연에서 전기를 발견할 수 있을 뿐만 아니라 사람도 전기와 관련된 장치들을 만들었다. 집이나 일터에서 난방과 냉방을 위해서, 그리고 독서를 위한 조명이나 TV를 보기 위해서 전류라고 부르는 전자의 흐름을 이용한다. 우리 대부분은 화석 연료를 사용하는 화력 발전소(4장)나 핵분열이 가능한 동위 원소들을 연료로 사용하는 원자력 발전소(7장)에서 생산된 전기 에너지를 받아 사용한다. 그리고 적은 양이지만 수력 발전과 함께, 풍력, 태양 에너지, 지열을 이용해서 생산되는 전기 에너지를 이용하기도 한다.

또한 우리는 배터리라고 하는 편리한 크기의 휴대형 전기 에너지원을 만들어 내었다. 이 오래 사용할 수 있고 성능이 좋은 장치는 특별한 에너지 수요를 충족시켜 준다. 우리가 사용하는 핸드폰, MP3 플레이어, 노트북 컴퓨터, 그리고 아마도 심지어 보청기와 전동 휠체어까지도 배터리를 이용한다. 이제 개인 전자 기기용 배터리의 사용에 대해서 생각해 보기 위해 다음 연구과제의 질문에 답해 보자.

연구과제 8.1 개인용 전지 용도

많은 전자 기기에는 크건 작건 간에 '배터리'라고 하는 전기 화학 전지가 들어 있다. 세로줄이 네 개인 표를 준비하고, 각각의 줄의 맨 위에 '장치', '배터리 사용', '재충전 가능 여부', '재활용 가능 여부'라고 써 보자.

a. '장치'라고 제목을 붙인 줄에 적어도 네 개의 배터리로 작동되는 장치들을 써 넣으시오.
b. 어떤 장치들은 배터리를 주에너지 공급원으로 사용하고, 다른 것들은 배터리를 보조 에너지 공급원으로 사용한다. 여러분의 표에 나열된 장치들을 이 두 가지 종류로 구분해 보시오.
c. 어떤 배터리들은 재충전이 가능하고 다른 것들은 그렇지 않다. 표에 나열된 장치들을 재충전 가능 여부에 따라 구분해 보시오.
d. 배터리의 수명이 다하면, 그것을 버리는가? 아니면 직접 재활용하는가? 또는 그것을 판매한 사람에게 보내서 재활용하도록 하는가? 이 내용으로 자신이 만든 표의 마지막 세로 줄을 채워 보시오. 이 장의 뒤 부분에서 배터리와 관련된 이 문제점들에 대해서 탐색해 볼 것이다.

만약 여러분이 우리가 알고 있는 다른 많은 학생들과 같다면, 여러분은 휴대폰(리튬-이온 배터리, 재충전 가능)을 가지고 다니며, 손목 시계(수은 전지)를 차고, 디지털 카메라(니켈-카드뮴, 즉 Ni-Cd 배터리, 재충전 가능)로 사진을 찍고, 과제를 하기 위해 계산기(알칼리 전지)를 이용할 것이다. 또한 여러분은 재충전이 가능한 리튬-이온 배터리를 사용하는 노트북 컴퓨터를 가지고 있고 아마도 납-산 축전지가 들어 있는 자동차를 운전할 수도 있다.

지구 상의 모든 사람들이 이런 제품들을 가질 수 있는 것은 아니다. 실제로 2009년에 국제 에너지 기구(International Energy Agency)는 전 세계 인구의 약 1/5인 13억 명의 사람들이 전기를 사용하지 못하고 있다고 추산하였다. 전 세계적으로 가전제품과 개인용 전자 기기의 수요는 계속해서 증가하고 있다. 2011년에 미국 에너지 정보청(Energy Information Administration)은 전기 에너지가 세계에서 증가하는 총 에너지 수요에 많은 부분을 공급할 것이라고 내다 보았으며 가장 빠르게 증가하는 형태의 에너지라고 하였다.

이 전기 에너지 사용의 증가는 천연자원에 대한 수요의 멈출 줄 모르는 증가로 이어질 것이다. 배터리를 충전하는 데 필요한 화석 연료와 금속의 매장량은 한정되어 있다. 핵분열이 가능한 동위 원소들은 사용할 수 있지만 얻기 어려운 연료 물질들이다. 게다가 모든 연료들은 우리에게 환경 오염이나 기후 변화와 관련된 비용과 사회적 비용을 지불할 것을 요구하고 있다. 이러한 비용들은 종종 '외적 비용'이라고 불려진다. 석탄, 원유로부터 얻어지는 연료 물질들, 천연가스 등의 연소는 막대한 양의 이산화 탄소를 배출한다. 이것은 지구 온난화의 주된 원인이다. 화석 연료의 연소는 또한 이산화 황과 산화 질소를 배출한다. 이것은 대기 질을 떨어뜨리고 건강을 위한 비용을 증가시킨다. 우라늄의 재처리나 증식형 원자로에서 플루토늄을 얻는 것은 모두 저준위, 고준위 핵폐기물들을 만들어 낸다. 사용한 핵연료는 또 다른 고준위 핵폐기물로 매우 긴 시간 동안 안전하게 보관되어야 한다(7장 참조).

결론은 명확해 보인다. 만약 우리가 지구에서 계속 살기를 원하고 미래 세대들이 필요한 에너지를 쓸 수 있게 하려면, 우리는 대체 에너지원을 개발하고 사용해야 한다. 또한 현재의 배터리와 다른 전기 에너지원들을 적재적소에 더 효과적으로 쓸 수 있도록 해야 한다. 녹색 화학의 핵심 아이디어들과 요람에서 요람으로 관리한다는 개념을 통해서 하루하루 우리가 해야 할 일뿐만 아니라 국가적인 과제가 무엇인지도 알아 볼 수 있다.

전자 이동! 이 장에서 우리는 전자 이동과 관련된 기술을 통해서 작동하는 에너지원에 대해서 알아보려고 한다. 이와 같은 에너지원에는 휴대형 전자 기기, 자동차를 위한 배터리들과 연료 전지, 태양광 전지들이 포함된다. 먼저 배터리에 대한 기초적인 내용부터 알아보자.

8.1 배터리, 갈바니 전지, 전자

배터리가 필요한 소비재에 대한 수요가 지속적으로 증가하고 있기 때문에 배터리 산업 또한 매우 규모가 크고 현재 성장하고 있는 중이다(그림 8.1). 수많은 개인용 전자 기기들은 배터리를 필요로 하고 이것은 배터리 산업의 성장에 박차를 가하고 있다. 우리는 **배터리**(*battery*)라는 단어를 자주 사용하는데, 손전등에 사용되는 배터리는 사실 배터리

Frank and Ernest

그림 8.1 배터리 산업이 장난감이나 개인 휴대형 전자 기기들과 같은 소비재들과 어떤 관련이 있는지 보여 주는 웃기지만 눈여겨볼 만한 만화

가 아니라 **갈바니 전지(galvanic cell)**라고 부르는 것이 정확한 표현이다. 갈바니 전지는 자발적으로 일어나는 화학 반응을 통해 방출되는 에너지를 전기 에너지로 바꾸어 주는 전기 화학 전지의 한 종류이다. 여러 개의 갈바니 전지를 전선으로 연결하면 그것이 배터리가 된다.

배터리를 관련된 것들의 '묶음'으로 생각해 보라. 여러 번 치른 시험들의 점수들을 모아서 한 번의 성적을 내는 것처럼, 여러 대의 대포들을 모아서 한 부대의 포병대를 구성하는 것처럼, 배터리는 여러 개의 전지들의 묶음이다.

모든 갈바니 전지들은 한 물질에서 다른 물질로 전자가 이동하는 현상을 이용하여 유용한 에너지를 만들어 낸다. 이 전자 이동을 수반하는 과정에 대해서 우리는 전체 화학 반응식을 쓸 수 있다. 또한 필요하다면 이 전체 화학 반응식을 두 개의 반응식으로 나눌 수도 있다. 하나는 화학종이 전자를 잃는 과정인 **산화(oxidation)** 과정을 나타내고, 다른 하나는 화학종이 전자를 얻는 **환원(reduction)** 과정을 나타낸다. 이 두 반응은 각각 갈바니 전지에서 일어나는 전체 반응의 절반에 해당하는 과정을 나타내기 때문에 '**반쪽 반응(half-reaction)**'이라고 한다. 다시 말해서 반쪽 반응은 반응물이 잃거나 얻는 전자들을 직접적으로 보여 주는 화학 반응식의 한 종류이다.

산화 = 전자를 잃음
환원 = 전자를 얻음

반쪽 반응은 이 책의 앞 부분에서 써 왔던 화학 반응식들과는 조금 다르다. 첫 번째는 반쪽 반응은 항상 둘씩 짝을 지어서 일어난다는 점이고, 두 번째는 반응식에 전자가 등장한다는 점이다. 전자를 반응이 일어나는 플라스크에 붓지 않았지만, 반응식에 전자를 표시하는 것은 실제로 일어나는 현상을 이해하는 데 큰 도움이 된다. 전자들은 반쪽 반응식의 왼쪽 또는 오른쪽에 등장할 수 있다. 오른쪽에 전자가 표시된 경우는 반응물이 전자를 잃어 버렸다는 것을 나타낸다. 이것은 산화 반쪽 반응이다. 반면에 전자가 왼쪽에 표시된 경우는 반응물이 전자를 얻었다는 것을 나타낸다. 이것은 환원 반쪽 반응이다.

일례로 니켈-카드뮴(Ni-Cd 또는 '니카드') 배터리 안에서 일어나는 반응의 간단한 표현에 대해서 생각해 보자.

Ni-Cd는 화학식이 아니라 니켈-카드뮴(nickel-cadmium) 배터리의 약자이다. 영문을 읽을 때 '나이-캐드(NYE-cad)'라고 발음한다.

$$\text{산화 반쪽 반응:} \quad Cd \longrightarrow Cd^{2+} + 2\,e^- \qquad [8.1]$$

$$\text{환원 반쪽 반응:} \quad 2\,Ni^{3+} + 2\,e^- \longrightarrow 2\,Ni^{2+} \qquad [8.2]$$

이 경우, 두 개의 전자가 산화 반쪽 반응을 통해서 방출된다. 그러면 이 전자들은 어디로 가는가? 이 전자들은 환원되는 이온 쪽으로 이동한 것을 볼 수 있다. 전체 반응식의 균형을 맞추기 위하여 산화 과정을 통해서 방출된 전자의 수와 환원 과정을 통해서 이온이 얻은 전자의 수는 같아야 한다. 이런 이유로 환원 반쪽 반응에 화학량론 계수 '2'가 주어졌다(식 8.2).

이제 위의 두 반쪽 반응을 더해서 전체 반응식을 만들어 보자.

$$Cd + 2\,Ni^{3+} + \cancel{2\,e^-} \longrightarrow Cd^{2+} + \cancel{2\,e^-} + 2\,Ni^{2+} \qquad [8.3]$$

카드뮴 금속이 '잃은' 전자들은 니켈 이온들이 얻으므로 식 8.3의 양변에 등장하는 전자들은 상쇄된다. 그래서 전체 전지 반응식은 다음과 같이 다시 쓸 수 있다.

$$\text{전체 전지 반응:} \quad Cd + 2\,Ni^{3+} \longrightarrow Cd^{2+} + 2\,Ni^{2+} \qquad [8.4]$$

예제 8.2 반쪽 반응에 등장하는 전자

다음 각 반쪽 반응을 산화 반쪽 반응과 환원 반쪽 반응으로 구분하고, 그렇게 구분한 이유를 설명하시오.

a. $Al^{3+} + 3\,e^- \longrightarrow Al$

b. $Zn \longrightarrow Zn^{2+} + 2\,e^-$

c. $Mn^{7+} + 3\,e^- \longrightarrow Mn^{4+}$

d. $2\,H_2O \longrightarrow 4\,H^+ + O_2 + 4\,e^-$

e. $2\,H^+ + 2\,e^- \longrightarrow H_2$

답

a. 환원. 알루미늄 이온이 전자 세 개를 얻어서 전하를 갖지 않는 알루미늄 금속이 되었다.

외부 회로를 통한 전자의 이동은 **전류(electricity)**를 발생시킨다. 이것은 전위차에 의 위치 에너지는 4.1절에서 처음 소개되었다.

한 한 곳에서 다른 곳으로의 전자들의 흐름이다. 전기 화학 반응은 전원 코드가 없는 전기 면도기, 전동 공구, 배터리로 구동되는 셀 수 없이 많은 다른 장치들에 에너지를 공급한다. 이 전지 안에 들어 있는 산화되는 물질과 환원되는 물질은 산화 과정에서 방출된 전자가 적절한 경로를 통해서 환원될 반응물로 전달되도록 연결되어 있어야 제대로 그 역할을 할 수 있다.

애노드 = 산화
캐쏘드 = 환원

전극(electrode)은 전지 안에 들어 있는 전기 전도체들인데, 전자의 이동을 용이하게 해 주어 화학 반응이 일어나는 장소의 역할을 한다. **애노드(anode)**라고 불리는 전극에서는 산화가 일어나 반응물로부터 배출된 전자들을 모아서 흐르도록 한다. **캐쏘드(cathode)**라고 불리는 전극에서는 환원이 일어난다. 캐쏘드는 애노드로부터 외부 도선을 통해서 흘러오는 전자를 받아서 환원 반응이 일어나도록 한다. 이렇게 전기 회로가 구성되면 전지의 두 전극 사이의 **전압(voltage)**을 측정할 수 있게 된다. 전압이란 두 전극 사이의 전기 화학적 위치 에너지 차이를 말한다. 전압의 단위는 볼트(V)이다. 이 두 전극 사이의 전기 화학적 위치 에너지 차이가 클수록 전압도 커지고 전자 하나가 이동할 때 발생하는 에너지도 커진다. 예를 들면 Ni-Cd 전지의 최대 전기 화학적 위치 에너지 차이는 1.2 V이다. 반면에 알칼리 전지는 1.5 V, 수은 전지는 1.35 V, 리튬-이온 전지는 4 V 이상의 위치 에너지 차이를 가질 수 있다! 전동 공구나 자동차 점화 플러그와 같은 보다 큰 장치들에 에너지를 공급하기 위해서는 더 높은 전압이 필요하고, 이렇게 높은 전압을 얻기 위해서는 여러 개의 전지들을 연결해야 한다(그림 8.2).

'볼트(volt)'라는 단위는 이탈리아의 물리학자 볼타(Alessandro Volta, 1745~1827)의 이름에서 따온 것이다. 그는 1800년에 처음으로 전기 화학 전지를 발명한 것으로 알려져 있다.

Ni-Cd 전지에서 실제로 일어나는 화학 반응은 식 8.1~8.4에 나타낸 것들보다 더 복잡하다. 애노드의 카드뮴 금속은 Cd^{2+}로 산화되는 카드뮴 원자를 가지고 있다. 이어서 이 Cd^{2+} 이온들은 OH^-와 결합해서 $Cd(OH)_2$를 만든다. 동시에 니켈 캐쏘드 표면에 수화된 형태인 NiO(OH)로 존재하는 Ni^{3+}는 $Ni(OH)_2$ 형태의 Ni^{2+}로 환원된다. 강한 염기인 NaOH나 KOH의 진한 수용액이 들어 있는 물 기반 전해질 반죽이 두 전극이 직접 접촉하지 못하도록 갈라놓고 있으면서 전하를 띤 이온들은 이 반죽을 통해서 흐를 수 있도록 한다.

전해질은 5.6절에서 처음 소개되었다.

산화 반쪽 반응(애노드):

$$Cd(s) + 2\,OH^-(aq) \longrightarrow Cd(OH)_2(s) + 2\,e^- \qquad [8.5]$$

환원 반쪽 반응(캐쏘드):

$$2\,NiO(OH)(s) + 2\,H_2O(l) + 2\,e^- \longrightarrow 2\,Ni(OH)_2(s) + 2\,OH^-(aq) \qquad [8.6]$$

전체 전지 반응 (두 반쪽 반응의 합):

$$Cd(s) + 2\,NiO(OH)(s) + 2\,H_2O(l) \longrightarrow 2\,Ni(OH)_2(s) + Cd(OH)_2(s) \qquad [8.7]$$

그림 8.2 이 7.2 V 휴대용 전동 드릴을 구입하면 두 개의 Ni-Cd 배터리와 충전기를 함께 받게 된다.

이 세 반응식은 앞의 식 8.1~8.4에서와 정확히 똑같은 전자 이동의 과정을 보여 준다. 그러나 물질의 상태와 화학종이 더 자세히 표시되어 있다. 그림 8.3은 Ni-Cd 전지(배터리)의 내부를 보여 준다.

예제 8.3 화학식의 균형과 전하의 균형 맞추기

화학 반응식과 반쪽 반응식을 나타내고 있는 식 8.1~8.7을 보고 다음 물음에 답하시오.

a. 각각의 반응식은 질량과 물질 보존 법칙에 따라서 균형이 맞추어져 있는가? 반응식 양변에 등장하는 원자의 종류와 수를 확인해 보시오.
b. 각각의 반응식은 식의 양변에 같은 양의 전하를 가지고 있는가?
c. 반쪽 반응식으로부터 전체 반응식을 빠르게 구분할 수 있는 방법을 설명하시오.

Ni-Cd '베터리'는 여러 개의 전지로 이루어진 배터리가 아니라 실제로 하나의 갈바니 전지이다. 그러나 전지임에도 불구하고 지금까지 '배터리'라고 불리어 왔기 때문에 지금부터 이 책에서도 배터리라고 부르도록 한다.

Ni-Cd 배터리는 재충전이 가능하여 여러 가지 용도로 사용하기 좋다. 재충전이 가능한 배터리는 정반응과 역반응이 비교적 모두 잘 일어날 수 있는 전기 화학 반응을 이용한다. 전자의 이동은 방전 과정인 정반응과 충전 과정인 역반응에서 모두 일어난다.

$$\mathrm{Cd}(s) + 2\,\mathrm{NiO(OH)}(s) + 2\,\mathrm{H_2O}(l) \underset{\text{충전}}{\overset{\text{방전}}{\rightleftharpoons}} 2\,\mathrm{Ni(OH)_2}(s) + \mathrm{Cd(OH)_2}(s) \quad \textbf{[8.8]}$$

어떤 성질이 배터리를 재충전이 가능하게 해 주는가? 중요한 점은 반응물과 생성물이 모두 고체여야 한다는 점이다. 그리고 고체 상태 생성물은 배터리 안에 분산되어 있는 것이 아니라 스테인리스강으로 되어 있는 그물망에 달라붙어 있다. 이 그물망에 전압이 걸리면 이 생성물은 다시 반응물로 전환될 수 있다. 이와 같은 방법으로 배터리를 재충전한다. 재충전이 가능한 배터리는 여러 번 방전과 충전을 거듭할 수 있지만, 점차로 불순물이 축적되고 두 전극을 분리해 주는 물질이 분해되거나 원치 않는 부반응의 생성물들이 만들어져 결국 더 이상 사용할 수 없게 된다.

배터리들은 각각의 용도에 맞추어 여러 가지 모양과 크기로 만들어진다. 예를 들면 보청기와 같은 경우 전지의 크기와 무게는 매우 중요하다. 반면에 자동차용 배터리는 수 년 동안 작동할 수 있어야 하며 넓은 온도 영역에서 제 성능이 발휘되어야 한다. 오늘날 소비자들에게 성공적으로 잘 사용되기 위해서는 배터리의 가격이 너무 비싸지 않아야 하고, 적당한 기간 동안 사용할 수 있어야 하며, 안전하고, 재충전이 가능해야 한다. 궁극적으로 미래에도 배터리 기술이 성공적이기 위해서는 지속 가능한 방식으로 배터리를 만드는 데 사용되는 물질들이 재활용될 수 있어야 한다.

대부분의 전기 화학 전지들은 약 90%의 효율로 화학 에너지를 전기 에너지로 변환시킨다. 석탄 화력 발전소의 효율이 30~40%인 점에 비추어 보면 전기 화학 전지는 에너지 변환 효율이 매우 높은 것을 알 수 있다. 그러나 재충전이 가능한 배터리를 충전하는 데 바로 이 석탄 화력 발전소에서 생산된 전기가 사용된다는 점에 주목하라. 이 사실은 여전히 재생 가능한 새로운 에너지원을 개발해야 할 많은 필요성들 가운데 하나이다.

자동차 점화 플러그 전원으로 사용되는 납-산 배터리를 예외로 하면 수용액은 배터리에 사용하기에는 너무 위험하다. 왜냐하면 언젠가 배터리 용기 밖으로 새어나올 수 있기 때문이다. 예를 들면 우리는 손전등이나 어린이 장난감 안에 녹슨 물질들이 있는 것을 본 적이 있을 것이다. 그러나 화학 실험실에서는 수용액을 이용하여 갈바니 전지를 안전하게 만들 수 있다. 수많은 반쪽 전지들의 조합을 만들어 볼 수 있다! 예를 들어 다음 예제에 제시된 구리-아연 전지를 만들어볼 수 있는지 화학 실험실 조교 선생님께 물어보라.

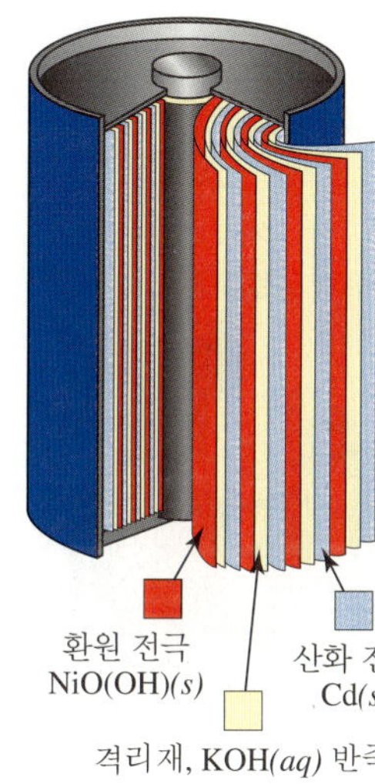

그림 8.3 Ni-Cd 갈바니 전지를 구성하는 두 전극의 표면적을 넓게 하기 위한 내부 구조를 보여 주는 그림

예제 8.4 실험실에서 만드는 갈바니 전지

이 전지가 작동하는 동안 구리 금속의 불그스름한 막이 구리 환원 전극 표면에 생기기 시작한다. 전체 화학 반응식은 다음 그림 아래에 제시되어 있다.

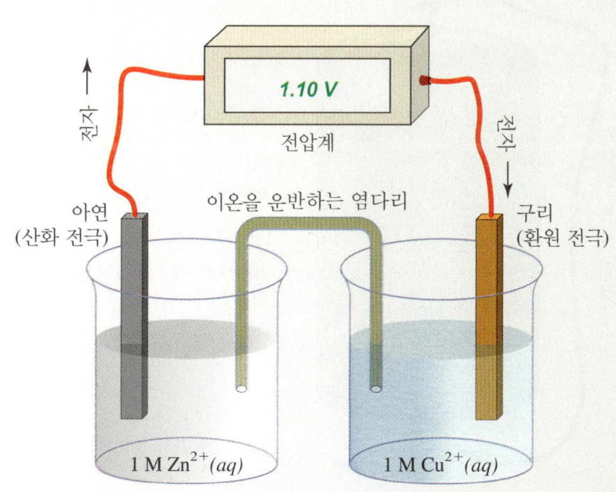

$$\mathrm{Zn}(s) + \mathrm{Cu^{2+}}(aq) \longrightarrow \mathrm{Zn^{2+}}(aq) + \mathrm{Cu}(s)$$

a. 산화 전극에서 일어나는 산화 반쪽 반응식을 쓰시오.
b. 환원 전극에서 일어나는 환원 반쪽 반응식을 쓰시오.
c. 이 실험실에서 만든 갈바니 전지는 재충전이 불가능하다. 왜 그런지 설명하시오.

이 절에서 갈바니 전지에 대해 간략하지만 전반적인 내용을 살펴보았다. 이것은 더 길고 복잡한 이야기의 시작에 불과하다. 다음 절에서 계속 알아보도록 하자.

8.2 또 다른 갈바니 전지

6.4절을 보면 알칼리(염기성) 용액에 대한 내용을 다시 찾아볼 수 있다.

암페어(Andre Ampere, 1775~1836)의 이름을 따서 전류의 단위는 암페어(amps, A)로 정해졌다. 그는 혼자서 공부한 프랑스의 수학자로 전류와 자성에 대해서 연구하였다.

그림 8.4 이 알칼리 전지들은 AAA에서 D까지 크기는 다르지만 모두 1.5 V의 전압을 만들어 낸다.

거의 모든 사람들이 손전등, 계산기, 디지털 카메라에 알칼리 배터리를 넣어 본 적이 있을 것이다. 여러분은 그림 8.4에서 볼 수 있는 알칼리 전지에 익숙할 것이다. 이 배터리들의 한쪽 끝은 + 표시가 되어 있고, 다른 쪽 끝은 −로 표시되어 있다. 이 표시들은 전자가 이동할 수 있음을 나타낸다. 알칼리 전지는 각각 1.5 V의 전압을 만들어 내지만, 더 큰 것은 더 많은 전류를 만들어 낼 수 있어서 작은 것보다 상대적으로 더 오래 사용할 수 있다. **전류(current)**, 즉 전자 흐름의 속도는 암페어(amps, A)라는 단위를 이용하여 표시한다. 보다 작은 전지에 대해서는 밀리암페어(mA)가 사용된다.

배터리의 전압은 배터리를 만드는 데 사용된 화학 물질의 종류에 의해서 결정된다. 알칼리 전지는 아연과 망가니즈로 만들어지며 이들이 일으키는 화학 반응을 이용한다(그림 8.5). 이 전지가 '알칼리' 전지라고 불리는 이유는 산성이 아니라 염기성 조건에서 작동하기 때문이다. 이 전지의 반쪽 반응은 다음과 같다.

산화 반쪽 반응(산화 전극):

$$\mathrm{Zn}(s) + 2\,\mathrm{OH}^-(aq) \longrightarrow \mathrm{Zn(OH)_2}(s) + 2\,\mathrm{e}^- \qquad [8.9]$$

환원 반쪽 반응(환원 전극):

$$2\,\mathrm{MnO_2}(s) + \mathrm{H_2O}(l) + 2\,\mathrm{e}^- \longrightarrow \mathrm{Mn_2O_3}(s) + 2\,\mathrm{OH}^-(aq) \qquad [8.10]$$

전체 전지 반응(두 반쪽 반응의 합):

$$\mathrm{Zn}(s) + 2\,\mathrm{MnO_2}(s) + \mathrm{H_2O}(l) \longrightarrow \mathrm{Zn(OH)_2}(s) + \mathrm{Mn_2O_3}(s) \qquad [8.11]$$

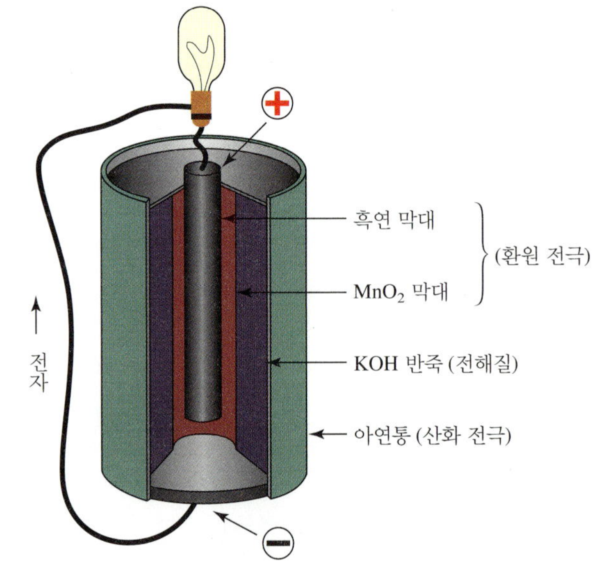

그림 8.5 알칼리 전지의 구조

표 8.1 몇 가지 많이 사용되는 갈바니 전지

전지의 종류	전압 (V)	재충전 가능 여부	용도
알칼리	1.5	불가능	손전등, 소형 가전 제품, 몇 가지 계산기
리튬-아이오딘	2.8	불가능	심장 박동 조율기
리튬-이온	3.7	가능	노트북 컴퓨터, 핸드폰, 디지털 음악 재생 장치, 전동 공구
납-산	2.0	가능	자동차용 배터리
니켈-카드뮴(Ni-Cd)	1.3	가능	장난감, 디지털 카메라, 전동 공구 등 휴대용 전자 기기
니켈-금속 수소화물 (NiMH)	1.3	가능	많은 경우 Ni-Cd 배터리 대체용, 하이브리드 자동차 배터리
수은	1.3	불가능	카메라, 시계, 보청기 등에 널리 사용된 적이 있었음. 지금은 사용 금지됨.

전지의 전압은 전지의 크기와는 무관하다는 것을 명심하라. 모든 알칼리 전지는 가장 작은 AAA에서 가장 큰 D까지 모두 똑같이 1.5 V의 전압을 만들어 낸다. 그러나 더 큰 전지는 더 많은 양의 물질을 가지고 있어서 한 번에 더 많은 양의 전자를 흘려 보낼 수 있거나 더 오랫동안 전자들을 흘려 보낼 수 있다.

그러나 전압은 전지를 만드는 데 사용된 물질의 종류에 의해서 결정된다. 표 8.1에 제시된 예로부터 알 수 있듯이 다른 종류의 물질들이 사용되면 전압도 달라진다. 하나의 갈바니 전지는 단지 수 볼트 정도의 전압밖에는 만들어 내지 못한다. 그러나 앞 절에서 알아보았듯이 전지들을 연결하여 더 높은 전압을 얻을 수 있다. 예를 들면 14.4 V 또는 19.2 V의 전압으로 작동하는 드릴의 용도로 제조사들은 여러 개의 전지들이 들어 있는 '배터리 팩'을 판매한다.

작고 오래 사용할 수 있는 전지들은 우리 몸 속에 들어가는 장치들에 사용하기 적합하다. 예를 들면 심장 박동 조율기가 널리 사용될 수 있게 된 것은 심장 박동 조율기 자체보다는 이 장치에 사용되는 전기 화학 전지의 성능 향상에 의한 것이다. 리튬-아이오딘 전지는 안정적이고 오래 작동될 수 있어서 심장 박동 조율기에 많이 사용된다. 이 전지는 10년 정도 교체할 필요 없이 사용될 수 있다.

리튬 배터리에 사용된 리튬 금속은 밀도가 작고 산화 전위가 크기 때문에 이런 장점을 이용하여 무게가 가볍고 에너지를 많이 만들어 낼 수 있다.

연구과제 8.5 망치를 사용할 줄 아시나요?

0장에서 소개된 '상식이 바뀐다'라는 생각은 사람들이 정상적인 것으로 생각했던 것들이 시간이 지남에 따라 변한다는 것이다. 이것은 특히 지구의 생태계에 대한 사람들의 생각에서 잘 드러난다. 그리고 다음 예에 대해서도 잘 적용된다.

a. '요즘 목수들은 더 이상 망치를 어떻게 사용하는지 모른다!' 물론 훌륭한 목수는 여전히 한 번에 나사 못을 돌려서 박아 넣을 수 있을 것이다. 그러나 이 불평은 어느 정도 진실을 말하고 있다. 오늘날 전동 공구가 널리 사용되고 있다. '상식이 바뀐다'라는 관점에서 전동 공구를 사용하기 전 목수의 작업 방식에 대해서 말해줄 수 있는 어른들을 인터뷰하고 그 내용을 간단히 요약해 보시오.
b. 전동 공구는 표 8.1에 제시된 배터리를 사용하는 많은 도구들 가운데 하나이다. 전동 공구 외에 다른 것 하나를 골라서 그것이 배터리를 사용하게 되면서 그것과 관련된 상식이 어떻게 변화하였는지 최소 세 가지를 제시해 보시오.

주차 요금 정산기는 1935년 이전까지는 없었다.

차의 앞 부분에 장착되어 있는 납-산 배터리는 오늘날 재충전이 가능한 배터리의 주력 상품이다. 이것은 100년 전 사람들이 '정상'이라고 생각했던 것을 바꾼 좋은 사례이다. 납-산 배터리는 자동차 산업이 시작될 수 있도록 해 준 여러 가지 기술적 진보들 가

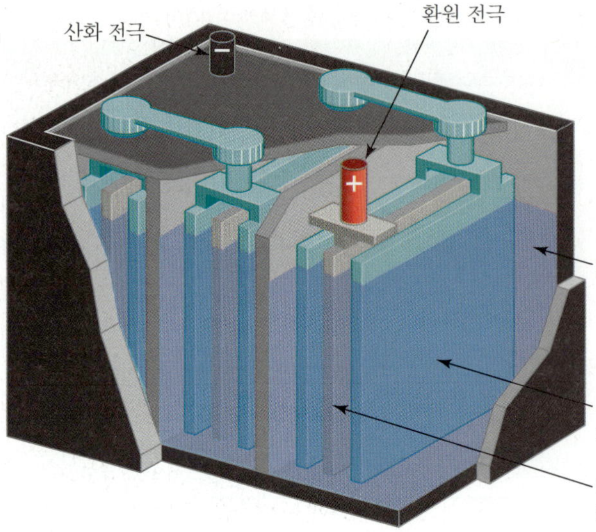

그림 8.6 납-산 배터리의 내부 구조

오래된 납-산 배터리는 물을 넣어주어야 한다. 그래서 뚜껑을 열 수 있도록 되어 있다.

운데 하나였다. 자동차는 실제로 우리가 사는 세상을 바꾸어 놓았다! 예를 들면 주차장이나 주차 요금 정산기는 100년 전에는 없었던 것들이다. 또한 유아용 카시트나 자동차의 창유리 세정액은 그 당시에는 존재하지도 않았다. 주유소 또한 마찬가지이다. 휘발유의 연소 결과 발생하는 오염 물질들이 우리가 숨쉬는 공기를 더럽히지도 않았고 지구 온난화도 자동차가 등장하기 전에는 없었다.

그러나 오늘날 우리는 납-산 배터리에 의존하고 있다. 예전에는 자동차에 시동을 걸기 위해 수동 발전기를 사용했는데 이제는 전기 모터를 사용하고 있고 배터리는 이 전기 모터에 에너지를 공급한다. 납-산 배터리는 진짜 배터리이다. 왜냐하면 6개의 전기화학 전지로 구성되기 때문이다. 각각의 전지는 2.0 V의 전압을 만들고 전체 배터리는 12.0 V의 전압을 만든다(그림 8.6). 다음은 두 반쪽 반응의 합인 전체 화학 반응식이다.

이산화 납은 산화 납(IV)보다 널리 쓰이는 이름이다. 이 장에서는 보다 널리 쓰이는 이산화 납을 사용한다.

$$\underset{\text{납}}{Pb(s)} + \underset{\text{이산화 납}}{PbO_2(s)} + \underset{\text{황산}}{2\,H_2SO_4(aq)} \underset{\text{충전}}{\overset{\text{방전}}{\rightleftharpoons}} \underset{\text{황산 납(II)}}{2\,PbSO_4(s)} + \underset{\text{물}}{2\,H_2O(l)} \qquad \textbf{[8.12]}$$

식 8.12의 화살표가 가리키는 것처럼, 화학 반응이 오른쪽으로 진행할 때 배터리는 방전된다. 예를 들면 자동차에 시동을 걸면 배터리가 방전된다. 엔진이 작동하지 않는 상태에서 전조등이나 라디오를 켜도 배터리가 방전된다. 그러나 일단 엔진이 작동하고 있으면 엔진에 의해서 회전하도록 되어 있는 교류 발전기가 배터리가 방전될 때 일어나는 화학 반응의 역반응이 일어날 수 있도록 전류를 제공하여 배터리를 충전시킨다. 이 배터리는 교체되기 전까지 아주 여러 번 충전과 방전을 거듭할 수 있다. 품질이 좋은 납-산 배터리는 5년 이상 작동할 수 있다!

예제 8.6 자동차용 배터리

주로 자동차용 배터리로 사용되는 납-산 축전지에 대해서 좀 더 자세히 알아보자. 식 8.12를 보고 다음 질문에 답하시오.

a. 이 식에서 납은 모두 고체인 Pb, PbO_2, $PbSO_4$의 형태로 나타난다. 이 가운데 납이 이온 형태로 있는 것은 어느 것인가? 이들 이온 결합 화합물에서 납은 어떤 이온으로 존재하는가? 또한 납이 금속의 형태로 존재하는 것은 어느 것인가?
b. 납이 금속에서 이온으로 바뀔 때, 전자를 잃는가, 얻는가? 이것은 산화인가, 환원인가?
c. 배터리가 방전될 때 금속 상태의 납은 산화되는가, 환원되는가?

답

a. Pb(*s*)는 납이 원소 상태, 즉 금속 상태로 존재하는 것을 나타낸다. 반면에 $PbO_2(s)$와 $PbSO_4(s)$는 각각 Pb^{4+}와 Pb^{2+}인 납 이온을 포함하고 있다.

납-산 배터리는 재충전이 가능하다는 장점이 있고 가격이 저렴하여 풍력 발전기에도 사용될 수 있을 것이다. 풍력 발전기는 바람이 많이 불 때 배터리를 충전하고, 바람이 불지 않을 때는 배터리가 방전될 것이다. 납-산 배터리는 내연 기관을 사용하기에 부적절한 곳에서도 사용된다. 창고에서 사용되는 지게차, 공항에서 사용되는 승객용 카트, 슈퍼마켓에서 사용되는 전동 휠체어는 일반적으로 납-산 배터리를 에너지 공급원으로 하여 작동된다. 이때 납-산 배터리의 무거운 무게는 이 도구들을 안정적으로 움직이게 하는 데 도움이 된다.

그러나 자동차에서는 납-산 배터리의 무거운 무게는 단점이 된다. 자동차에 사용하는 데 있어서 또 다른 단점은 납-산 배터리가 독성 물질로 만들어진다는 점이다. 납 금속으로 되어 있는 산화 전극, 이산화 납으로 되어 있는 환원 전극, 황산 수용액인 전해질 용액은 독성이 있거나 부식성이 있어 처리하는 데 주의가 필요하다. 이 배터리를 환경 파괴 없이 지속적으로 잘 사용하려면 이 독성 또는 부식성 물질들의 처리 문제를 해결해야 한다. 다음 절에서는 배터리의 성분 물질과 다 사용한 배터리의 처리 문제에 대해서 알아볼 것이다.

8.3 배터리의 구성 물질: 요람에서 요람으로

여러분이 배터리를 사용하는 도구들 없이 지냈던 마지막 날을 기억할 수 있는가? 배터리로 인해서 휴대폰, MP3 플레이어, 노트북 컴퓨터, 휴대용 계산기들이 흔히 사용되는 도구들이 되었고, 우리는 그것을 당연한 것으로 여기게 되었다. 기술의 발전 또한 배터리에 크게 의존하고 있다. 예를 들면 배터리는 하이브리드 자동차의 핵심 부품이다. 태양 에너지를 이용한 발전 장치도 야간에 에너지를 공급하도록 하기 위해서 배터리가 필요하다.

그러나 여러분의 휴대폰, 자동차 또는 태양 에너지를 이용한 발전 시설에 사용되는 배터리들은 여러분이 그 물건을 사기 위해 지불했던 금액보다도 더 많은 비용이 든다. 또한 환경 가격표가 있는데 그것은 우리 모두가 부담해야 하는 '외적 비용'이다. 이 외적 비용 가운데 일부는 배터리의 구성 물질에서 비롯되는데 한두 가지의 금속들 때문이다. 이 금속들은 지구의 지각에서 광석의 형태로 채굴되어 그 광석을 제련하여 얻어야 한다. 광석의 채굴 과정은 에너지가 많이 들고 광물 잔여물과 폐기물을 만들어 낸다. 제련 과정 또한 에너지가 필요하고 오염 물질을 배출한다. 예를 들면 많은 금속들이 자연 상태에서 황화물 형태로 존재하기 때문에 금속을 제련하면 종종 이산화 황이 배출된다. 예제 8.7을 통해서 금속의 제련 과정에 대해 보다 자세한 내용을 조사해 보도록 하자.

제련은 광석을 가열하여 화학적으로 처리하는 과정이다. 황화물 광석의 제련에 대해서는 대기 오염과 관련해서 1.11절에서 설명하였고, 산성비와 관련해서 6.7절에서 설명하였다.

예제 8.7 **금속의 제련**

디지털 카메라에 들어가는 Ni-Cd 배터리를 만들기 위해서는 니켈과 카드뮴, 두 가지 금속이 필요하다. 이 금속들은 NiS와 CdS와 같은 황을 포함하는 광석들로부터 제련을 통해 얻어진다.

a. 금속을 비금속과 구별할 수 있는 특징을 세 가지 나열하시오.
   힌트: 1.6절과 5.6절을 참고하라.
b. 원소 상태의 니켈을 얻기 위해서 NiS로 표시되는 니켈과 황으로 이루어진 광석과 산소 기체를 반응시킨다.

$$NiS(s) + O_2(g) \rightarrow Ni(s) + SO_2(g)$$

광석에 들어 있는 Ni는 산화되는가, 환원되는가?

c. 카드뮴에 대해서도 마찬가지의 화학 반응식을 쓰시오. 그리고 Cd가 산화되는지, 환원되는지 답하시오.

d. SO_2 배출이 심각한 문제가 되는 이유는 무엇인가? **힌트:** 1장과 8장을 참고하라.

답

b. NiS는 Ni^{2+} 이온의 형태로 니켈을 포함하고 있다. 이것은 주어진 화학 반응을 통해서 환원된다. 이 이온은 전자 두 개를 얻어서 Ni 금속이 된다.

환경 가격표에는 수명이 다한 배터리를 처리하는 데 필요한 비용도 포함된다. 재충전이 가능한 배터리라 하더라도 시간이 지남에 따라 전압이 점점 감소하여 어느 순간에는 사용할 수 있는 최저 전압 이하로 떨어지게 되어 더 이상 전류를 얻을 수 없게 되면 교체해 주어야 한다. 배터리는 수명이 다하였다 해도 그 안에 들어 있는 화학 물질은 유해할 수 있다. 따라서 배터리들이 부적절하게 버려진 쓰레기 매립장에서 유해한 물질을 제거하는 데 비용을 지불해야 하거나 배터리를 적절하게 재활용하기 위한 비용을 지불해야 한다.

1장에서 우리가 예방의 논리에 대해서 언급했던 것을 기억해 보라. 우리가 숨쉬는 공기를 오염시키지 않는 것이, 공기를 오염시킨 후에 다시 정화하는 것보다 낫다. 흙 묻은 장화를 벗어버리는 것이 더럽혀진 카펫을 세탁하는 것보다 근본적인 해결책이다! 따라서 배터리 문제에 대해서도 이와 같은 논리를 적용해 보기 바란다. 기업은 어떤 제품을 만들기 위해서 지구의 지각으로부터 자원을 추출하는 순간부터 그 제품의 수명이 다하여 '폐기하는' 순간까지 그 제품에 대해서 책임을 져야 한다. 수은, 납, 카드뮴이 들어 있는 배터리를 쓰레기통에, 궁극적으로는 쓰레기 매립장에 버리는 것은 적절한 시나리오가 아니다. 버려지는 배터리의 수를 줄이는 쉬운 방법 가운데 하나는 재충전이 가능한 배터리를 사용하는 것이다. 배터리 충전기에 투자하는 것은 그것이 적절히 작동하기만 한다면 쉽게 해 볼 만한 일이다.

요람에서 요람으로, 이 용어는 0.4절에 소개되어 있다.

버려지는 배터리의 수를 줄일 수 있는 또 다른 방법은 폐배터리 처리 문제를 '요람에서 요람으로'의 관점에서 생각해 보는 데 있다. 어떤 제품의 사용 주기의 끝은 또 다른 제품의 사용 주기의 시작과 맞추어져야 한다. 그래서 모든 것이 폐기되기보다는 재사용될 수 있도록 한다. 만약 각각의 배터리들이 새로운 제품의 재료로 사용될 수 있다면 이 배터리들이 포함하고 있는 금속들은 매립장에 버려지지 않을 것이다. 이것을 '닫힌 순환 구조의 재활용'이라고 부를 수 있다.

특히 버려지는 배터리 등으로부터 금속을 추출하여 재사용하는 것이 새로운 광석을 채굴하고 제련하는 것보다 비용이 덜 든다면 경제적 측면에서 중요한 의미를 갖는다. 요람에서 요람으로의 관점에서 이 문제에 접근해 보자. 재활용할 제품들을 수집하여 필요한 금속을 추출하는 업체로 보낸다. 금속들이 추출되면 실제로 제품을 만들 제조사로 넘겨주자. 불행하게도 아직은 전 세계적으로 이와 같은 방법으로 재활용되는 배터리의 양은 매우 미미하다.

납의 독성은 페인트와 관련해서 1.13절에, 그리고 수질과 관련해서 5.10절에 언급되어 있다.

독성 물질들이 환경에 배출되지 않도록 격리시키는 것도 해 볼 만한 일이다. 예를 들면 금속 상태의 납, 이산화 납(PbO_2), 황산 등 자동차용 배터리의 성분들은 독성이나 부식성이 있다. 카드뮴과 수은을 포함해서 배터리에 공통적으로 사용되는 다른 금속들도 마찬가지다. 이 배터리들을 쓰레기 매립장에 버리는 것은 점차로 그 땅과 지표수, 그리고 궁극적으로는 지하수를 이 금속들로 오염시키게 된다. 게다가 이 금속들은 다시 채굴하여 사용하기에는 어려운 상태로 자연계로 배출된다. 연구과제 8.8을 통해서 우리가 이런 방식으로 배터리를 처리할 경우 어떤 결과를 얻게 될지 알아보도록 하자.

연구과제 8.8 금속이 사라질 수 있었다면?

2009년에, 미국 화학회의 주간지인 *Chemical & Engineering News*의 '금속들의 미래(Future of Metals)'라는 기사에서 바로 이 질문이 제기되었다.

a. 왜 금속은 사라질 수 없을까?
b. 그럼에도 불구하고 이 기사의 저자들이 제기하는 질문에는 시사점이 있다. 그것을 설명해 보시오.
c. 이 기사의 저자들은 구리, 아연, 백금을 현재 멸종 위기에 처한 금속들로 제시하였다. 이들 가운데 어떤 것이 현재 배터리에 사용되고 있는가?

납-산 배터리는 이 문제에 대해서 성공적인 사례를 보여 준다. 오늘날 미국의 대부분의 주의 법은 납-산 배터리를 판매하는 소매상들이 재활용을 위해서 그것을 다시 수집하도록 규정하고 있다. EPA(미국 환경보호국)의 보고서에 따르면 미국에서 1988년 이래로 90% 이상의 납-산 배터리들이 재활용되었다. 다음 연구과제를 통해서 납-산 배터리의 재활용에 대해서 더 자세히 알아보도록 하자.

연구과제 8.9 배터리 재활용

배터리에 사용된 금속들이 쓰레기 매립장에 버려지지 않도록 하기 위해서 여러분은 어떤 일을 할 수 있는가? 이 질문에 대한 답은 배터리의 종류에 따라 달라진다. 인터넷 검색을 이용하여 다음 질문에 답하시오.

a. 현재 가장 많이 재활용되고 있는 배터리는 재충전이 가능한 것인가, 1회용 배터리인가?
b. Ni-Cd 배터리의 재활용이 알칼리 전지보다 더 중요한 이유는 무엇인가?
c. 가정에서 사용된 배터리의 재활용이 자동차용 배터리의 재활용보다 효과적이지 못한 몇 가지 이유를 나열하시오.

리튬 (석유 속에 보관)

소듐 (석유에서 꺼내어 자르고 있음.)

포타슘 (유리관 안에 밀봉)

루비듐 (유리관 안에 밀봉)

그림 8.7 1A족 원소들 가운데 몇 가지

금속의 미래에 대한 같은 기사에서 예일 대학교의 산업 생태학자인 그래델(Thomas Graedel)은 '금속도 원유나 깨끗한 물처럼 한계가 있는 자원'이라는 점을 지적하였다. 그는 좋은 지적을 하였다. 미래에도 금속들이 여전히 사용 가능한 자원으로 남아 있도록 하기 위해서는 배터리에 포함되어 있는 금속들의 보다 효과적인 재활용을 가능하게 해주는 더 지능적인 배터리의 디자인이 필요하다. 카드뮴, 수은, 니켈, 납을 쓰레기 매립장에 매립하여 처분하는 것은 이런 관점에서 부적절하다. 차라리 이것들을 재활용해서 새로운 배터리를 만드는 것이 더 나을 것이다.

금속을 재활용해야 하는 또 다른 중요한 이유를 앞에서 언급하였다. 1장을 보면 촉매 변환 장치는 대부분 백금을 포함하고 있다는 것을 알 수 있다. 화학 산업이나 정유 산업은 이미 이 백금 촉매를 재활용하는 프로토콜을 가지고 있다. 재활용되어야 하는 제품은 백금을 추출하는 업체로 보내고 여기서 추출된 백금은 재사용을 위해 다른 제조업체로 보내진다. 재충전이 가능한 배터리는 재활용할 수 있고 현재 재활용이 진행되고 있지만 1회용 배터리의 경우에는 아직 상황이 그렇지 못하다.

이런 점에 있어서 리튬의 재활용은 흥미로운 사례이다. 2장을 보면 알 수 있듯이 리튬은 소듐, 포타슘과 함께 주기율표에서 1A족에 속하는 알칼리 금속이며(그림 8.7), Li, Na, K는 모두 최외각에 전자를 한 개만 가지고 있는 매우 반응성이 큰 금속이다. 마지막으로 5장을 보면 알 수 있듯이 이 금속들은 모두 자연계에서 Li^+, Na^+, K^+의 이온으로 존재한다.

그런데 리튬은 다른 1A족 원소들과는 몇 가지 중요한 다른 점이 있다. 소듐이나 포타슘 원자들과 비교해서 리튬 원자는 더 작고 더 가볍다. 질량이 작다는 것은 휴대용 배터리를 만드는 데 매우 좋은 장점이 된다. 그리고 더 작다는 것은 Na^+, K^+는 너무 커서 사

그림 8.8 리튬 매장량이 가장 많은 여러 곳 가운데 한 곳인 칠레의 사막 지역에 위치한 소금 호수. 리튬은 물에 잘 녹는 염화물(LiCl)과 탄산염(Li_2CO_3) 형태로 존재한다.

용할 수 없는 특별한 종류의 전극 물질에 리튬 이온은 잘 들어 맞을 수 있다는 장점으로 작용할 수 있다. 리튬은 또한 지구 지각에서 쉽게 구할 수 있는 소듐이나 포타슘보다 희귀하다. 게다가 리튬은 그림 8.8에서 볼 수 있는 것과 같은 오지에서 발견되는 경향이 있다. 현재 리튬은 과거에 바다였던 소금 호수에서 주로 채취되고 있다.

미래에 리튬의 사용 가능성은 논의의 핵심적인 주제이다. 다음 절에서 알아보겠지만, 현재 개발 중인 차세대 하이브리드 전기 자동차용 배터리 내부에는 리튬이 들어갈 예정이다. 배터리 팩 하나당 약 4.5 kg의 리튬이 들어가게 되는데, 이런 배터리를 수백만 대의 자동차에 탑재하는 것은 리튬을 제조업체에 안정적으로 공급할 수 있는지 우리의 능력에 대한 시험이 될 것이다. 바로 지금, 우리가 이런 능력이 있는지에 대해서 논쟁하고 있다. 한편에서는 지구에 있는 리튬은 우리의 수요를 충족시킬 수 있을 만큼 충분한 양이라고 주장한다. 다른 한편에서는 지구에 있는 리튬 가운데 극히 일부분만이 적당한 비용을 들여 추출해 낼 수 있는 상태라고 주장한다.

이 책의 앞 표지 안쪽에 인쇄되어 있는 녹색 화학의 핵심 아이디어 3번과 5번을 확인하라.

우리가 지금 그리고 미래에 배터리를 만들 때 녹색 화학의 핵심 아이디어를 따르는 것은 확실히 모든 사람들의 최대의 관심사일 것이다. 이 아이디어를 따른다면 배터리를 만드는 데 독성 물질의 사용은 피하거나 최소화하고 배터리의 디자인을 잘 해서 금속을 효율적으로 재활용할 수 있도록 해야 한다. 어떻게 하면 배터리를 보다 더 지속 가능한 에너지라는 큰 그림의 한 부분이 되도록 할 수 있는가라는 문제를 염두에 두고, 이제 하이브리드 자동차라는 주제로 옮겨가도록 하자.

8.4 하이브리드 자동차

휘발유의 가격과 지속적인 사용 가능성에 대한 걱정과 휘발유를 연료로 하는 자동차가 배출하는 오염 물질들에 대한 우려 때문에 더 많은 사람들이 **하이브리드 전기 자동차 (hybrid electric vehicle, HEV)** 구입을 고려하고 있다. 하이브리드 전기 자동차를 영어로 간단히 'hybrids'라고 부르기도 한다. 이 자동차는 전통적인 휘발유를 사용하는 엔진과 배터리로 구동되는 전기 모터를 함께 이용하여 움직인다. 혼다와 토요타는 하이브리

(a)

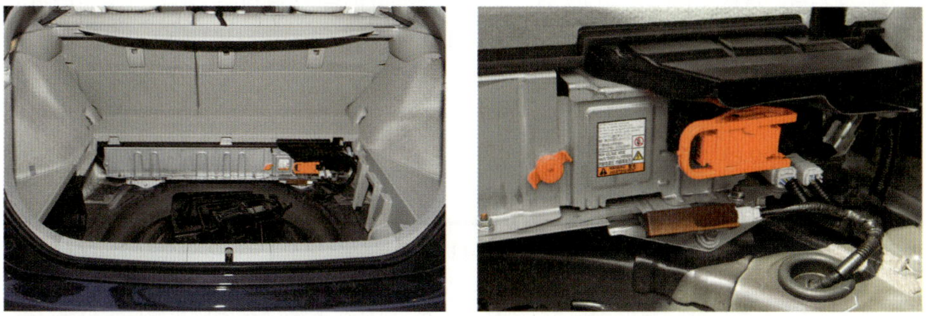

(b)

그림 8.9 (a) 2010 Toyota Prius, 휘발유 엔진과 전기 모터 하이브리드 자동차. (b) 뒤 좌석 아래와 트렁크 쪽에 있는 NiMH 배터리들

드 자동차 개발을 이끌어 왔다(표 8.2). 1999년에 혼다 사의 2인승 소형차인 Insight는 미국에서 처음 판매된 하이브리드 자동차이다. 도요타 사의 Prius(그림 8.9)는 1997년에 일본에서 판매되었고 3년 뒤 미국에 출시되었다. 오늘날 다른 자동차 업체들도 하이브리드 승용차, SUVs, 트럭, 그리고 심지어 고급형 모델까지 생산하고 있다.

라틴어로 *prius*는 '앞서가다'라는 뜻이다.

연구과제 8.10 NiMH 배터리

2010년 현재, 휘발유 엔진과 전기 모터를 함께 사용하는 하이브리드 자동차인 Prius는 두 개의 배터리를 장착하고 있다. 하나는 전통적인 납-산 배터리이고, 다른 하나는 니켈-금속 수소화물(NiMH)이다.

a. NiMH 배터리가 납-산 축전지보다 성능이 우수한 것은 어떤 특징 때문인가?

b. 인터넷 검색을 통해서 최근에 생산되는 리튬-이온 배터리는 NiMH 배터리에 비해서 하이브리드 자동차에 사용되는 데 있어 어떤 장점이 있는지 찾아보시오.

Prius는 1갤런의 휘발유로 50마일을 달릴 수 있는데, 같은 거리를 달리는 데 휘발유 엔진을 사용하는 자동차에 비해서 절반 정도의 휘발유를 사용하므로 이산화 탄소 배출량도 절반으로 줄어든다. Prius는 1.8 L 휘발유 엔진과 니켈-금속 수소화물 배터리, 전기 모터, 발전기를 함께 이용한다. 전기 모터는 배터리로부터 에너지를 공급받아서 차

표 8.2 연비가 좋은 2010년 모델

순위	제조사/모델	마일/갤런 (도심/고속도로)
1	Toyota Prius (하이브리드)	51/48
2	Ford Fusion 하이브리드 FWD Mercury Milan 하이브리드 FWD	41/36
3	Honda Civic 하이브리드	40/45
4	Honda Insight (하이브리드)	40/43
5	Lexus HS250h (하이브리드)	35/34

출처: *미국 EPA.*

휘발유를 연료로 사용하는 전통적인 자동차와 달리, 많은 하이브리드 자동차는 고속 도로에서보다 도심에서 더 높은 연비를 보인다.

운동 에너지는 4.1절에 처음 소개되었다.

를 출발하게 하고 저속 주행시 차를 구동한다. 재생 제동(regenerative braking)이라는 방식을 이용하여 자동차의 움직임으로 인해 발생하는 에너지가 교류 발전기로 전달되고, 이 교류 발전기는 감속과 제동 시 배터리를 충전한다. 휘발유 엔진은 일반적인 주행 시 전기 모터를 보조한다. 추가로 가속이 필요할 때는 배터리로부터 에너지를 더 얻는다.

1갤런의 휘발유를 연소시키면 18파운드의 CO_2가 발생하여 대기 중으로 배출된다. 일반적인 자동차는 연간 6~9톤의 CO_2를 배출한다. NO, CO와 같은 다른 자동차 배출 오염 물질과 달리, 현재의 오염 물질 배출량 저감 기술로는 CO_2 배출량을 줄이지 못하고 있다. 차라리 연료 사용량을 줄이거나 H_2와 같이 탄소를 포함하지 않는 연료를 사용해야 할 것이다. 연간 1갤런당 5마일을 더 달릴 수 있도록 자동차의 성능이 향상된다면 (예를 들면 1갤런당 주행 거리가 20마일에서 25마일로 증가한다면) CO_2 배출량은 자동차를 폐차시킬 때까지 약 18톤을 줄일 수 있다. 이 계산은 자동차가 폐차될 때까지 200,000마일로 가정하고 한 것이다. 그러면 1갤런당 5마일의 주행 거리 향상은 2000갤런의 휘발유 사용량 절감으로 이어진다.

확인문제 8.11 CO_2 수 톤이 방출되다!

자동차 한 대가 정말 1년에 7톤의 이산화 탄소를 배출할 수 있을까? 실제로 그런지 계산을 통해서 증명해 보시오. 계산하는 과정에서 사용된 가정들을 모두 제시하시오.

자동차 제조업체들은 지금 효과적인 연료 사용과 이산화 탄소 배출 저감을 위해 몇 가지 선택 사항을 제시하고 있다. 소비자들은 자신들에게 필요한 이동 수단을 고려하여 선택할 수 있다. 이 선택 사항 중 하나는 **탈착식 하이브리드 전기 자동차(plug-in hybrid electric vehicle, PHEV)**이다. 이 자동차는 근거리 출퇴근 시에는 재충전이 가능한 배터리로 구동되는 전기 모터를 사용하고, 장거리 여행 시에는 휘발유 연소에 의해 구동되는 엔진으로 동력원을 바꾼다. 배터리로부터 공급받는 전기 에너지는 이산화 탄소 배출량을 줄인다. 추가로 이 자동차를 선호하는 사람들은 PHEV가 1마일당 2~4센트의 비용으로 주행이 가능하여 일반적인 자동차의 1마일당 8~20센트에 달하는 비용에 비해 매우 저렴하다고 주장한다. 그런데 미국의 National Research Council의 2009년 연구 결과에 의하면, PHEV를 대량 생산하여 미국 자동차 시장에 공급하기까지는 아직도 수십 년이 더 필요하다.

2010년을 기준으로 PHEV 한 대를 제작하는 데 동급의 휘발유를 사용하는 엔진으로 구동되는 자동차에 비해서 약 $18,000이 더 소요된다. 커다란 리튬-이온 배터리가 가격을 상승시키는 요인들 가운데 하나이다. 현재의 휘발유 가격을 고려했을 때, PHEV의 비싼 가격을 우수한 연비를 통해서 상쇄하기 위해서는 수십 년이 걸릴 것으로 예상된다. 그 결과 PHEV는 현재의 조건이 바뀌기 전에는 휘발유 소비를 줄이거나 탄소 배출량을 감소시키는 데 그다지 효과적이지 않다고 할 수 있다. 그런데 거의 모든 주요 자동차 제조업체들이 현재 PHEV에 대한 연구 개발을 활발히 수행하고 있다. 이 업체들 대부분은 배터리 기술이 꾸준히 발전하고 적절한 경제적인 인센티브가 제공된다면 미래의 미국 도심 거리에서 수백만 대의 PHEV를 쉽게 볼 수 있을 것이라는 데 동의하고 있다. 그러나 그렇다 할지라도 다음 숫자는 우리를 기죽게 만든다. 전체 자동차의 숫자가 계속해서 증가하는 현실을 감안하면, 수백만 대의 PHEV 숫자는 지금으로부터 수십 년 뒤 미국의 고속 도로에서 보게 될 3억 대의 전체 자동차들에 비하면 미미해 보인다.

HEV와 PHEV의 장점으로 인해서 미국의 운전자들은 하이브리드 자동차로 선호하는 차종을 바꾸어 왔는가? 이 질문에 대한 답은 거의 확실히 '아니오'이다. 2012년 HEV의 연간 판매 대수가 380,000대를 돌파했음에도 불구하고, 이것은 아주 미미한 연료 소비량 감소로 이어졌을 뿐이다. 지난 5년간 매년 미국의 소비자들은 대략 1300만 대의 승용차, 밴, SUV, 소형 픽업 트럭을 구매하였다. 미국은 가장 많은 대수의 HEV를 보유하고 있지만, 이것은 전체 보유 자동차의 2~3%에 불과하다. 반면에 일본의 신차 시장에서 HEV는 20% 이상을 차지하고 있다. 2012년 현재, 전 세계적으로 450만 대 이상의 하이브리드 자동차가 팔렸다. 이 가운데 220만 대가 미국에서, 150만 대가 일본에서 팔렸다.

연구과제 8.12 **전기 자동차**

지난 10년간 사람들은 완전히 전기로만 구동되는 자동차를 상상해 왔다. 전기 자동차의 설계도를 만들었고 몇몇 자동차 쇼룸에서 시험 모델이 전시되기도 하였다.

a. 완전히 전기로만 구동되는 전기 자동차(electric vehicle, EV)가 HEV나 PHEV에 비해서 어떤 장점이 있는지 세 가지를 제시하시오.
b. 오늘날 아직 EV가 보편화되지 못하는 이유는 무엇인지 세 가지를 제시하시오.
c. 인터넷 검색을 통해서 가장 최근의 연료 시장 분석 자료를 찾아보자. 이 자료에서 EV는 얼마나 중요하게 다루어지고 있는가?

현 시점에서 EV, HEV, PHEV 기술 발전을 제한하는 주된 요인은 배터리 기술과 배터리 개발의 경제성 및 자동차 가격에 있다. 하이브리드 자동차가 우리의 교통 수단을 얼마나 변화시킬지는 좀 더 두고 보아야 한다. 다음 절에서는 자동차의 또 다른 에너지원이 될지도 모르는 수소 연료 전지에 대해서 알아볼 것이다.

8.5 | 연료 전지의 기초

연료 전지를 통해서 오염 물질 배출량은 줄이면서 더 많은 에너지를 내는 연료를 찾고자 하는 우리의 여행에 또 다른 한 걸음을 내딛게 된다. 4장에서는 석탄, 탄화수소, 그리고 다른 연소 가능한 연료들의 연소 시 방출되는 에너지를 연료 1 g을 기준으로 비교해 보았다. 그 비교를 통해서 알아본 바와 같이, 메테인이 가장 많은 에너지를 방출한다. 연소 반응의 생성물을 $CO_2(g)$와 $H_2O(g)$로 가정하면, 석탄(무연탄 또는 역청탄), 휘발유의 주성분인 *n*-옥테인[$C_8H_{18}(l)$]의 연소열은 각각 연료 1 g당 30 kJ과 45 kJ이다. 메테인의 연소열 50 kJ/g과 비교해 보라.

그러나 수소에 비하면 메테인의 연소열도 큰 것이 아니다. 다음 식에서 볼 수 있는 것처럼 수소의 연소열은 매우 크다.

$$H_2(g) + 1/2\ O_2(g) \longrightarrow H_2O(g) + 249\ kJ \qquad [8.13]$$

식 8.13에서 H_2 1몰당 연소열은 249 kJ이다. 이것은 H_2 1 g당 124.5 kJ과 동등한 값이다.

수소는 메테인에 비해 1 g당 연소열이 거의 세 배에 달한다! 수소는 이 탁월한 에너지 방출 능력 외에 또 다른 가능성을 가지고 있다. 그것은 수소를 연료로 사용할 경우 그 자동차는 연소 생성물로 오직 물만 만들어 낸다는 것이다. 엔진의 상태나 온도에 따라서 약간의 NO는 만들어질 수 있지만, CO나 CO_2는 만들어지지 않는다.

확인문제 8.13 **수소 대 메테인**

수소는 정말 좋은 연료인가? 표 4.4에 제시된 결합 에너지를 이용하여 이 질문에 답하시오. 표에 제시된 값을 이용하여 계산하는 과정을 제시하고, 계산을 하는 데 도입한 가정도 함께 제시하시오. 이렇게 계산한 값이 식 8.13의 값과 일치하는가?

힌트: 4.6절에 제시된 계산을 참고하라. 이 계산은 1 g당이 아니라 1몰당 에너지를 계산한다는 점만 다르다.

수소도 메테인이나 휘발유 같은 가연성 연료들처럼 산소와 직접 혼합하고 스파크만 제공해 주면 폭발을 일으킬 수 있다. 7백만 입방피트의 수소 가스를 채운 비행선 힌덴부르크(Hindenburg)는 바다에서 타이타닉(Titanic)과 같은 사고를 하늘에서 맞이 하였다. 1937년에 이 비행선에서 화재가 발생하고 승객들과 승무원들이 사망했을 때, 수소는 우리의 의식 속에 폭발할 수 있는 연료로 지울 수 없는 기억을 남겼다.

그러나 어떤 사람이 H_2와 O_2를 폭발적인 연소를 일으키지 않고 결합하여 H_2O를 만드는 방법을 제안하였다고 생각해 보자. 게다가 이 사람은 자신이 제안한 방법은 이 반응을 수소와 산소를 직접 접촉시키지 않고 일으킬 수 있다고 주장한다고 하자. 의심 많은 화학자는 이 주장을 가능성이 전혀 없는 순전히 말도 안 되는 이야기로 무시할 수 있다. 그러나 연료 전지는 바로 이와 같은 방식으로 작동한다. **연료 전지(fuel cell)**는 연료 물질을 연소시키지 않고 연료의 화학 에너지를 직접 전기 에너지로 전환시키는 전기 화학 전지이다. 1839년에 영국의 물리학자인 그로브(William Grove)는 연료 전지를 발명하였다. 그러나 이 전지는 우주 개척의 시대가 시작되기 전까지는 단순한 호기심의 대상으로 남아 있었다. 연료 전지가 공공의 목적으로 사용되기 시작한 것은 미국의 우주 왕복선이 각각 32개의 수소 연료 전지로 이루어진 세 개의 배터리를 싣고 운행되기 시작한 1980년대에 들어와서의 일이다. 이 연료 전지들은 우주 왕복선에 설치된 전등, 모터, 컴퓨터를 구동하는 데 사용되었다.

손전등, 자동차, 노트북 컴퓨터 등에 사용되는 것과 같은 전통적인 배터리들과 달리, 연료 전지가 작동하기 위해서는 외부에서 연료를 공급해 주어야 한다. 이 연료는 연료 전지 안에서 전기 화학적으로 산화된다. 연료 전지는 또한 외부에서 공급되는 산소나 '산화제'로 사용될 수 있는 물질이 필요하다. 이 물질은 연료 물질이 내어 주는 전자를 받아 간다. 연료와 산화제를 끊임없이 흘려 보내주면 이 연료 전지는 전기를 생산한다. 그래서 연료 전지를 영어로 'flow battery'라고도 한다. 이 전지는 연료와 산화제가 공급되는 한, 다른 전지들처럼 방전되거나 재충전이 필요하지 않다. 그림 8.10은 연료 전

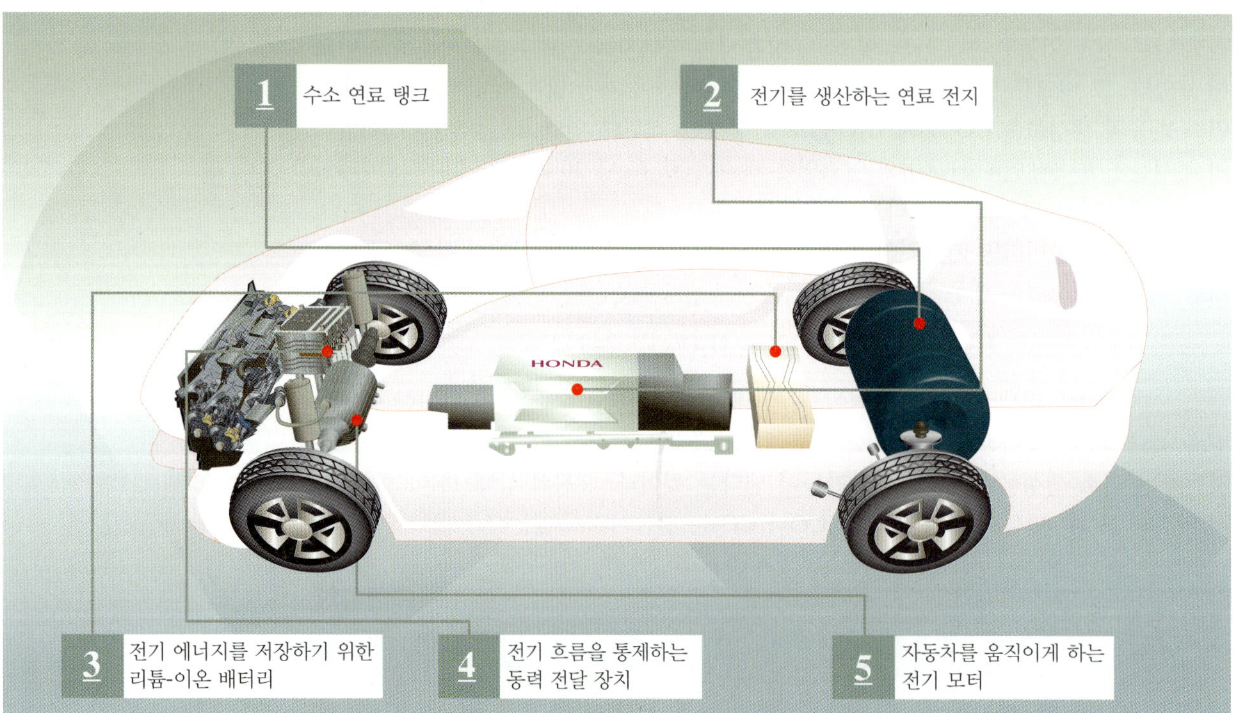

그림 8.10 연료 전지로 구동되는 Honda FCX의 개략도. 연료 전지와 수소 연료 탱크, 리튬-이온 배터리의 위치를 볼 수 있다.

출처: *American Honda Motor Company.*

지를 사용하는 자동차(fuel cell vehicle, FCV)의 개략도이다. 이 그림에서 수소 연료가 공급되는 위치를 찾아보시오. 수소 연료가 들어 있는 탱크의 압력은 5000 psi(pounds/inch^2)에 달한다. FCV는 한 번 연료를 채우면 최대 200마일을 운행할 수 있다.

연료 전지에 대한 놀랄 만한 사실은 산화되는 물질과 환원되는 물질이 물리적으로 분리되어 있다는 것이다. 다시 말해서 이 두 물질이 직접 접촉하지 않는다는 것이다. 산화는 산화 전극에서, 환원은 환원 전극에서 일어난다. 그런데 산화 전극이 직접 전자를 내어 보내 주는 역할을 하는 것이 아니라 단지 전지에서 연료의 산화가 일어나는 물리적인 장소만 제공해 주는 전기 전도체일 뿐이다. 마찬가지로 환원 전극도 산소의 환원이 일어나는 전기 전도체일 뿐 직접 반응에는 참여하지 않는다.

전통적인 다른 전기 화학 전지에서는 같은 목적으로 전해질이 산화 전극과 환원 전극을 분리시켜 준다. 그래서 이온이 전해질을 통해서 흐르게 되고, 그 결과 전자의 이동이 가능해진다. 가장 먼저 상용화된 연료 전지는 강한 부식성 산인 H_3PO_4를 전해질로 사용하였다. 따라서 이 연료 전지는 알칼리 배터리와 같은 모양이 아닌 액체로 채워진 밀폐 용기에 담겨 있었다. 현재 연료 전지는 끊임없이 연료와 산화제가 흘러들어가 공급될 수 있도록 열린 구조를 가지고 있으며, 보다 복잡하고 가격도 비싸다.

고분자에 대한 내용은 9장을 참고하라.

오늘날 다양한 용도로 사용하기 위해서 여러 가지 서로 다른 종류의 전해질 물질을 이용한 연료 전지들이 개발되었다. 이 중 한 가지는 고체 고분자 전해질을 이용하여 산화 전극과 환원 전극에서 일어나는 반응을 서로 분리시킨다. 여기서는 이 종류의 연료 전지를 이용하여 연료 전지의 일반적인 작동 원리를 설명하고자 한다. 고분자 전해질 막, 또는 양성자 교환 막(PEM)이라고 하는 이 막은 H^+ 이온을 통과시킬 수 있는데, 백금 기반 촉매가 양쪽 면에 코팅된다. 이 전해질은 70~90°C 정도의 저온에서 작동하며, 빠른 전력 공급을 위해 전자들을 이동시킨다. 그 결과 PEM 연료 전지는 새로운 연료 전지 자동차와 개인용 전자 제품의 시제품에 현재 많이 사용되고 있다. PEM 연료 전지의 일반적인 구조를 그림 8.11에서 볼 수 있다.

H^+ 이온은 가장 간단한 양이온이자 양성자이다(6.1절).

연료 전지에서 수소는 산소에 의해 산화되는 연료이다. 식 8.14와 8.15에 산화 반쪽 반응과 환원 반쪽 반응을 나타내었다. 수소 분자(H_2)가 그 막을 통과할 때, 산화되어 전자 두 개를 잃고 두 개의 수소 이온이 된다.

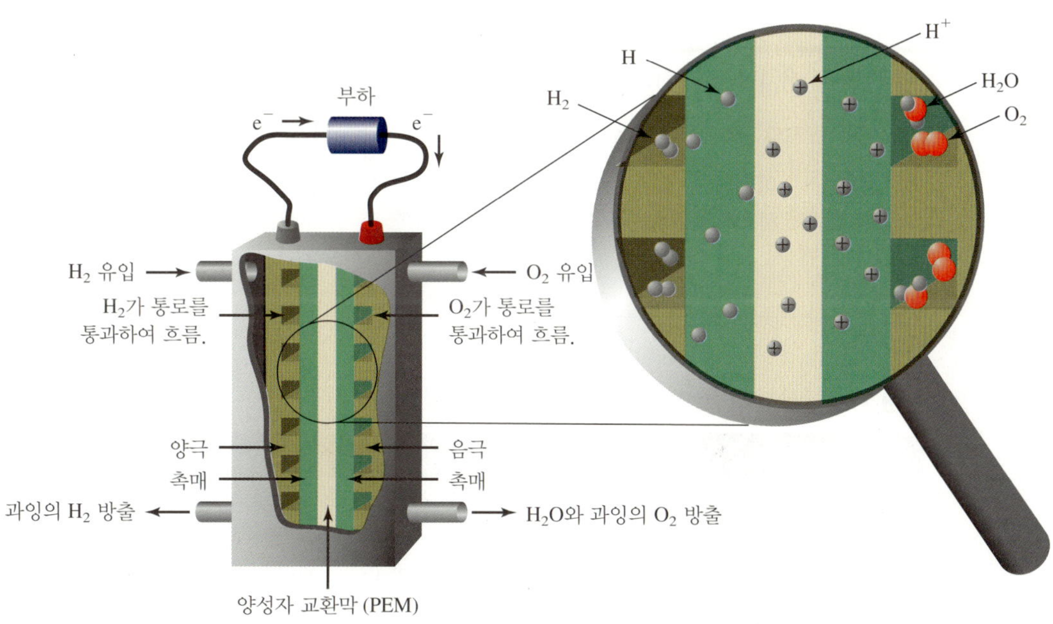

그림 8.11 연소 반응 없이 H_2와 O_2가 결합하여 물을 만드는 PEM 연료 전지

$$\text{산화 반쪽 반응(산화 전극):} \quad H_2(g) \longrightarrow 2\,H^+(aq) + 2\,e^- \qquad [8.14]$$

이 수소 이온 H^+는 양성자 교환막을 통과해 흘러가서 산소(O_2)와 결합한다. 동시에 이들은 두 개의 전자들과 결합하여 물을 만든다.

$$\text{환원 반쪽 반응(환원 전극):} \quad 1/2\,O_2(g) + 2\,H^+(aq) + 2\,e^- \longrightarrow H_2O(g) \qquad [8.15]$$

갈바니 전지에서와 마찬가지로 전체 전지 반응식은 이 두 반쪽 반응식의 합이다.

$$H_2(g) + 1/2\,O_2(g) + 2\,H^+(aq) + 2\,e^- \longrightarrow 2\,H^+(aq) + H_2O(g) + 2\,e^- \qquad [8.16]$$

전체 반응식의 양변에 등장하는 2 e^-와 2 H^+는 상쇄시킬 수 있다.

$$\text{전체 전지 반응식(두 반쪽 반응식의 합):} \quad H_2(g) + 1/2\,O_2(g) \longrightarrow H_2O(g) \qquad [8.17]$$

4장과 7장에서 우리는 화학 반응식은 자연수인 화학량론 계수를 갖는다는 점을 배웠다.
$2\,H_2(g) + O_2(g) \rightarrow 2\,H_2O(g)$

전자들은 일을 하기 위해서 연료 전지의 산화 전극에서 환원 전극 쪽으로 외부 도선을 통해 흐른다. 따라서 연료 전지에서 전자는 H_2에서 O_2로 이동한다. 이 과정은 불꽃을 수반하지 않으며, 비교적 적은 열을 방출하고, 어떤 빛도 내지 않으며 진행된다. 이런 특징으로 인해 이 반응은 연소 반응으로 분류되지 않는다. 만약 에너지를 생산하는 단계만 고려한다면(에너지의 전체적인 그림에서 다른 부분들은 생략하고), 수소 연료 전지는 석탄 화력 발전소나 원자력 발전소보다 전기를 생산하는 보다 친환경적인 방법이라고 할 수 있다. 탄소를 포함하는 온실기체를 만들지도 않고 대기 오염 물질을 배출하지도 않으며, 처분하기 곤란한 사용 후 핵 연료도 만들어 내지 않는다. 물은 수소를 연료로 사용했을 때 만들어지는 유일한 생성물이다. 우주 왕복선에서 수소 연료 전지를 사용할 경우 우주 비행사들은 이렇게 만들어지는 물을 이용할 수 있다.

수소 연료를 사용하기 위해서는 먼저 수소를 포함하는 물질로부터 H_2를 만들어야 한다는 점에 주목하라.

전체 전지 반응식(식 8.17)을 보면 물 1몰이 만들어질 때마다 249 kJ의 에너지가 방출되는 것을 알 수 있다. 그러나 연료 전지는 이 에너지를 모두 열의 형태로 방출하지 않고 이 중 45~55%를 전기 에너지의 형태로 방출한다. 열의 형태를 거치지 않는 이와 같은 직접적인 전기 에너지의 생산은 열을 이용하여 일을 함으로써 전기를 생산하는 전통적인 방식에 비해 효율이 높다. 내연 기관은 단지 20~30%의 효율로 화석 연료가 가진 에너지를 자동차의 운동 에너지로 활용하도록 해 준다. 표 8.3에 연료의 연소와 연료 전지의 에너지 생산 방식을 비교하였다.

연구과제 8.14 PEM 연료 전지에 대해서 다시 생각해 보기

PEM 연료 전지의 구조와 작동하는 과정을 다시 공부하고, 다음 질문에 답하시오.

a. 연료 전지가 이 장의 앞에서 설명한 다른 종류의 배터리들과 어떤 점에서 다른가?
b. PEM 연료 전지는 재충전될 수 있는가? 답하고 그 이유를 설명하시오.
c. 연료 전지에서 일어나는 H_2와 O_2의 결합은 왜 연소로 분류되지 않는가? 답하고 그 이유를 설명하시오.

표 8.3 연소와 수소 연료 전지 기술의 비교

방법	연료	산화제	생성물	다른 고려할 사항들
연소	탄화수소, 알코올, H_2, 나무 등	공기 중의 O_2	H_2O, CO/CO_2, 열, 빛, 소리	매우 빠른 과정, 불꽃 발생, 낮은 효율, 열을 얻는 데 가장 유용함
수소 연료 전지	H_2	공기 중의 O_2	H_2O, 전기, 약간의 열	느린 과정, 불꽃을 동반하지 않음, 조용함, 효율이 더 높음, 전기 에너지를 얻는 데 가장 유용함.

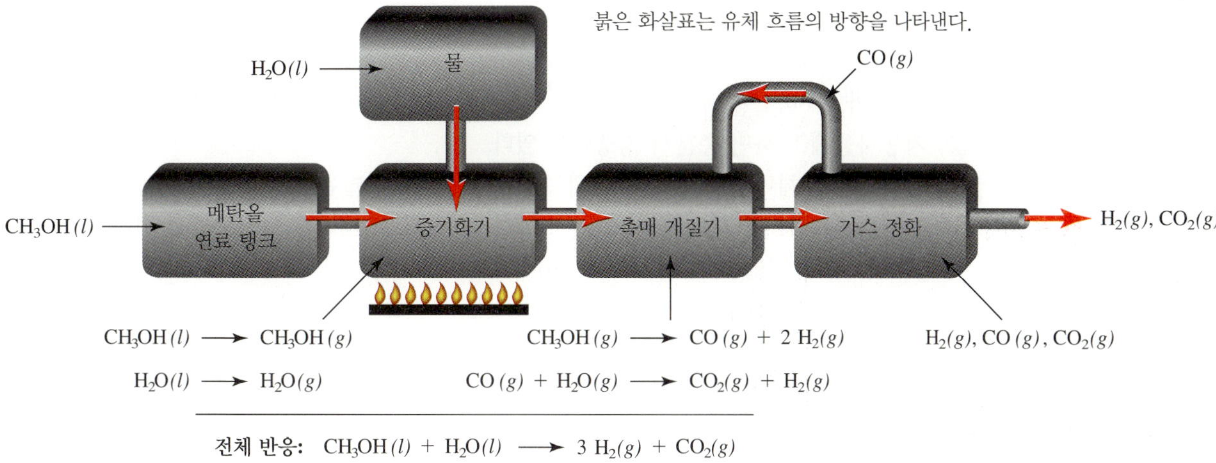

그림 8.12 메탄올을 개질하여 수소 연료를 얻는 과정

배터리, 모터, 발전기들이 다양한 크기와 종류로 만들어지는 것처럼, 연료 전지의 크기와 종류도 다양하다. 연료와 작동 원리는 같다 하더라도 전해질이 달라지면 연료 전지의 특징이 달라지고 그에 따라 용도도 달라진다. 많은 자동차 회사들이 연료 전지를 이용하는 자동차를 시험하고 있다. EV처럼 연료 전지 자동차(FCV)도 전기 모터로 구동된다. 그러나 EV가 차체에 실린 별도의 전기 에너지원으로부터 에너지를 공급받는 것과 달리, FCV은 직접 차체에서 에너지를 생산한다.

수소 연료 전지의 연료로 수소 기체 대신 수소 원자를 많이 포함하는 메테인이나 천연가스를 사용할 수 있다. 이 연료들은 사용되기 전에 먼저 수소로 개질되어야 한다. 이 연료의 개질을 위해서 열, 압력, 촉매를 이용하여 생성물 중 하나가 수소가 되는 화학 반응을 진행시킨다(그림 8.12). 액체 상태로 존재하는 연료인 메탄올과 에탄올은 전통적인 방식의 주유소에서 공급이 가능하다. 그러나 차체에 별도의 연료 개질 장치를 설치해야 하므로 그만큼 비용이 상승하고 유지 보수의 부담이 늘어난다. 또한 이 연료의 개질을 위한 화학 반응은 온실기체를 배출하고 다른 대기 오염 물질도 발생시킨다.

4.7절에서 조금 다른 맥락에서 개질에 대해서 설명하였다. *n*–옥테인을 보다 쉽게 연소되는 이성질체인 *iso*–옥테인으로 개질하는 과정이었다.

전기 에너지원으로서의 연료 전지는 많은 영역에서 사용될 수 있다. 병원, 공항, 은행, 경찰서, 그리고 군용 기기 및 시설물에서 연료 전지를 비상시 에너지원으로 사용하고 있다. 연료 전지는 **분산 발전(distributed generation)**의 한 형태이다. 분산 발전이란 전기를 그 전지가 사용될 장소에서 바로 생산하여, 먼 거리를 송전하면서 발생할 수 있는 손실을 피하는 방식이다. 그래서 분산 발전은 집중식 발전소의 대안이 될 수 있다. 또한 핸드폰이나 노트북 컴퓨터와 같은 휴대형 전자 기기를 소형 연료 전지를 이용하여 충전하는 기술이 현재 개발되고 있는 중이다. 이런 장치는 시간이 많이 소요되는 전기 충전 방식을 취하지 않고 단지 연료를 다시 공급하거나 간단히 연료 카트리지를 공급하기 때문에 전통적인 배터리들에 비해서 선호될 수 있다.

우리 사회가 수소 연료 전지를 본격적으로 사용하기 위해서는 과학자들과 기술자들이 해결해야 할 기술적인 문제들이 아직 남아 있다. 첫 번째는 수소 연료를 저장, 운반, 그리고 소비자에게 공급하는 방식과 관련된 기술이다. 두 번째는 필요한 만큼의 수소 연료를 생산하는 것이다. 다음 절에서는 이 두 가지 도전에 대해서 보다 자세히 알아보도록 할 것이다.

8.6 | 연료 전지 자동차용 수소

주유소에 가서 연료 전지 자동차에 수소 기체 연료를 넣어야 하는 상황을 상상해 보라. 현재 연료 전지 자동차에 연료를 공급받을 수 있는 곳은 그 숫자가 매우 적고 또 서로 멀리 떨어져 있다. 2013년 현재 미국의 에너지성에 따르면 미국에는 약 50곳의 허가 받은 연료 전지 자동차를 위한 연료 공급소가 있다고 한다. FCV는 한 번 연료를 공급 받으면 약 300마일을 주행할 수 있다. 이 주행 거리는 전통적인 휘발유 엔진을 사용하는 자동차들에 비하면 충분히 경쟁력이 있다.

비교로써, 휘발유 12 L는 9 kg이다.

수소는 기체이기 때문에, 저장과 운반을 하는 데 휘발유와는 다른 시스템이 필요하다. 기체인 수소는 큰 부피를 차지한다. 예를 들어 해수면과 같은 고도에서 상온이라고 하면 1 g의 H_2 기체는 11 L(거의 4 gal)의 부피를 차지한다! 어마어마한 크기의 연료 탱크를 사용할 수 없으므로, 연료 전지 자동차는 수소를 저장하기 위해 고압의 가스 실린더를 가지고 있어야 한다. 이 실린더에 수소 기체를 다시 채우기 위해서는 그림 8.13에서 볼 수 있는 것처럼 높은 압력을 견딜 수 있는 호스를 통해서 공기가 새지 않도록 된 연결부를 가진 장치를 이용해야 한다. 이 연료 공급 과정은 휘발유 펌프와는 다른 시스템이지만, 노즐이 있고, 손잡이를 움켜쥐면 수소 기체가 흘러 들어가기 시작한다는 점에서는 비슷하다.

그림 8.13 수소 연료를 이용하는 Honda FCX Clarity에 연료를 채우는 모습

H_2를 무겁고 상당히 다루기 힘든 금속 실린더에 압축하는 대신, 화학공학자들은 H_2를 저장하고 수송하는 다른 방법을 찾고 있다. 이 새로운 방법은 수소 연료 저장 용기의 크기와 높은 압력으로 압축해야 하는 필요를 줄일 수 있는 것이어야 한다. 한 가지 성공 가능성이 높은 기술은 마치 스펀지가 물을 흡수하는 것처럼 수소 기체를 고압으로 가할 경우 수소 분자들을 흡수할 수 있는 물질을 이용하는 것이다. 이렇게 수소 분자들을 흡수하게 한 후, 필요에 따라서 수소 기체의 압력을 낮추거나 온도를 올리면 H_2를 그 물질로부터 다시 나오도록 할 수 있다(그림 8.14). 예를 들면 금속 수소화물을 이와 같은 방식으로 이용할 수 있다. 이런 용도로 사용될 수 있는 한 가지 물질이 리튬 수소화물(LiH)이다. 화학식 LiH는 좀 이상하게 보일 수도 있는데, 그것은 리튬 이온(Li^+) 때문이 아니라 수소화 이온(H^-) 때문일 것이다. 음이온인 수소화 이온은 우리에게 익숙한 수소 이온(H^+)과 매우 달라 보인다. 수소화 이온은 중성의 수소 원자가 하나의 전자를 갖는 것과 달리 두 개의 전자를 갖는다. 수소화 이온은 H^+와 달리 수용액에서 안정하지 않기 때문에 물과 관련된 화학을 설명하는 앞선 장에서 언급할 필요가 없었다.

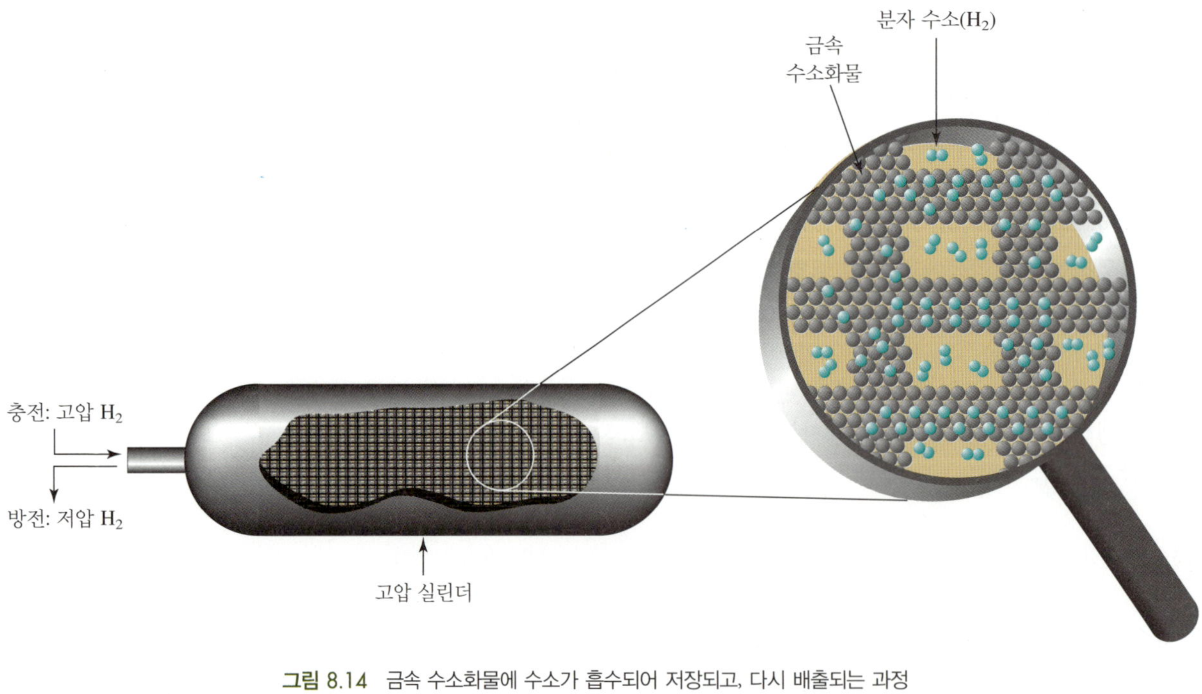

그림 8.14 금속 수소화물에 수소가 흡수되어 저장되고, 다시 배출되는 과정

금속 수소화물을 저장 물질로 사용하는 방법은 고순도의 수소를 필요로 하는 PEM 연료 전지에 적합하다. 금속 수소화물은 CO, CO_2, O_2와 같은 큰 기체 분자들은 흡수하지 못하고 매우 작은 수소 분자만을 선택적으로 흡수하기 때문에 저장 물질로 역할을 함과 동시에 수소가 아닌 다른 기체들을 걸러내는 역할도 한다. 새로운 연료 저장 기술은 보다 장거리 운행을 위해 더 많은 연료를 저장할 수 있어야 하며, 동시에 사람과 짐을 싣기 위한 공간을 연료 탱크가 차지하지 않도록 부피가 작아야 한다는 요구 사항을 만족시켜야 한다.

두 번째 해결해야 할 문제는 필요한 수소 연료를 지속적으로 확보하는 것이다. 수소는 어디에서 얻을 수 있는가? 수소는 우주에서 가장 많이 존재하는 원소이므로 이 문제의 해결 가능성은 상당히 높아 보인다. 우주에 존재하는 전체 원자들 가운데 93% 이상이 수소 원자이다! 수소는 지구에서는 이 정도로 많지 않지만, 여전히 막대한 양이 존재한다. 그런데 다른 한편으로 생각해 보면, 지구에 존재하는 모든 수소는 H_2가 아닌 다른 형태로 존재한다. 수소 기체는 너무 반응성이 커서 이와 같은 형태로 오래 존재할 수 없다. 그래서 주로 산화된 형태인 물(H_2O)로 존재한다. 그러므로 연료로 사용하기 위해 수소를 얻기 위해서는 물이나 다른 수소를 포함하는 화합물로부터 수소 연료를 H_2의 형태로 얻어내야 하는데 이 과정은 에너지를 필요로 한다.

천연가스와 석탄을 포함해서 화석 연료들은 기본적으로 탄화수소이다. 이것들은 수소를 얻을 수 있는 원천이 될 수 있다. 특히 천연가스의 주성분인 메테인은 현재 수소를 얻을 수 있는 가장 주된 원천이다. 수소는 CH_4와 수증기의 흡열 반응을 통해서 얻을 수 있다.

$$165\ \text{kJ} + CH_4(g) + 2\ H_2O(g) \longrightarrow 4\ H_2(g) + CO_2(g) \qquad \textbf{[8.18]}$$

메테인으로부터 수소를 얻는 또 다른 가능한 방법은 이산화 탄소와의 반응을 이용하는 것이다.

$$247\ \text{kJ} + CO_2(g) + CH_4(g) \longrightarrow 2\ H_2(g) + 2\ CO(g) \qquad \textbf{[8.19]}$$

이 반응식의 아래에 나와 있는 내용으로부터 알 수 있는 것처럼, 이 반응을 일으키기 위해서는 상당한 에너지가 투입되어야 한다. 그러나 Hydrogen Energy Corporation 사는 현재 이 반응의 반응물인 CO_2와 CH_4에 열에너지를 공급하기 위해서 많은 수의 거울을 이용해서 태양광을 집속시키고 있다. 이 기술을 이용하면 수소를 생산할 수 있을 뿐만 아니라 이 수소를 쓰레기 매립장에서 발생하는 폐가스를 이용하여 얻을 수 있다는 장점이 있다.

예제 8.15 **다시 결합 에너지에 대해서 생각해 보자.**

a. 표 4.4에 있는 평균 결합 에너지 값들을 이용하여 식 8.18과 식 8.19에 제시된 화학 반응이 일어날 때 필요한 에너지의 양을 확인해 보시오. 계산 과정을 제시하시오.
b. 이 화학 반응은 흡열 반응인가, 발열 반응인가?
c. 이 예제의 a에서 계산한 값은 위의 식에 있는 값과 잘 일치하는가? 결과를 비교하고 차이가 있다면 설명하시오.
   힌트: 4.6절을 참고하라.

답

a. 식 8.18에서 4몰의 C–H 결합과 4몰의 O–H 결합이 끊어진다.
   = 4 mol (416 kJ/mol) + 4 mol (467 kJ/mol)
   = 1664 kJ + 1868 kJ
   = 3532 kJ

식 8.18에서 4몰의 H−H 결합과 2 몰의 C=O 결합이 만들어진다.
= 4 mol (436 kJ/mol) + 2 mol (803 kJ/mol)
= 1744 kJ + 1606 kJ
= 3350 kJ
전체 반응식을 고려하면, (+3532 kJ) + (−3350 kJ) = 182 kJ.
식 8.19에 대해서도 마찬가지로 계산하면 252 kJ을 얻는다.

여전히 각각의 화학 반응은 이미 설명한 결점을 가지고 있다. 즉 이산화 탄소나 일산화 탄소가 만들어진다. 우리 주변에 수소를 얻을 수 있는 또 다른 원천이 있는가? 베른(Jules Verne)의 1874년 소설 '신비한 섬(*Mysterious Island*)'을 보면 항해 중에 조난 당한 공학자가 석탄이 고갈되었을 때 사용할 수 있는 새로운 에너지원에 대해서 생각하는 내용이 나온다. 그 공학자가 생각해 낸 원천은 '물'이었다. 그 소설에 등장하는 공학자는 다음과 같이 단언한다. "나는 언젠가 수소와 산소로 이루어져 있는 물이 연료로 사용될 날이 올 것이라고 믿는다. 물은 그 자체로 연료로 사용되거나 아니면 다른 물질과 함께 연료로 사용될 것이다. 물은 열과 빛의 고갈되지 않는 원천이 될 것이다."

이 이야기는 단순한 공상과학 소설인가? 아니면 에너지 측면과 경제적인 측면에서 물을 그 성분 원소들로 분해하는 것이 실제로 해 볼 만한 것인가? 베른의 소설에 등장하는 공학자의 주장의 신빙성을 확인하기 위해서는 이 화학 반응이 일어나는 데 필요한 에너지를 조사해 볼 필요가 있다. 8.4절에서 수소와 산소로부터 1몰의 물이 만들어질 때 249 kJ의 에너지가 방출된다는 것을 언급하였다(식 8.13 참조). 이 반응을 역방향으로 일으켜 수소를 만들기 위해서는 바로 같은 양의 에너지가 흡수되어야 한다.

$$249\ \text{kJ} + H_2O(g) \longrightarrow H_2(g) + 1/2\ O_2(g) \qquad \textbf{[8.20]}$$

물을 수소와 산소로 분해하는 가장 편리한 방법은 **전기 분해(electrolysys)**를 이용하는 것이다. 이 방법은 물을 H_2와 O_2로 분해하기 위해서 물에 충분한 전압을 걸어서 직류 전류를 통과시킨다(그림 8.15). 이 과정은 **전해 전지(electrolytic cell)**에서 일어난다. 전해 전지는 일종의 전기 화학 전지로, 전기 에너지를 화학 에너지로 바꾸어 주는 장치이다. 물이 전해 전지에서 분해될 때, 발생되는 수소의 부피는 발생되는 산소 부피의 두 배가 된다. 이것은 식 8.20에서 확인할 수 있다. 이 사실로부터 물 분자는 그 분자가 가

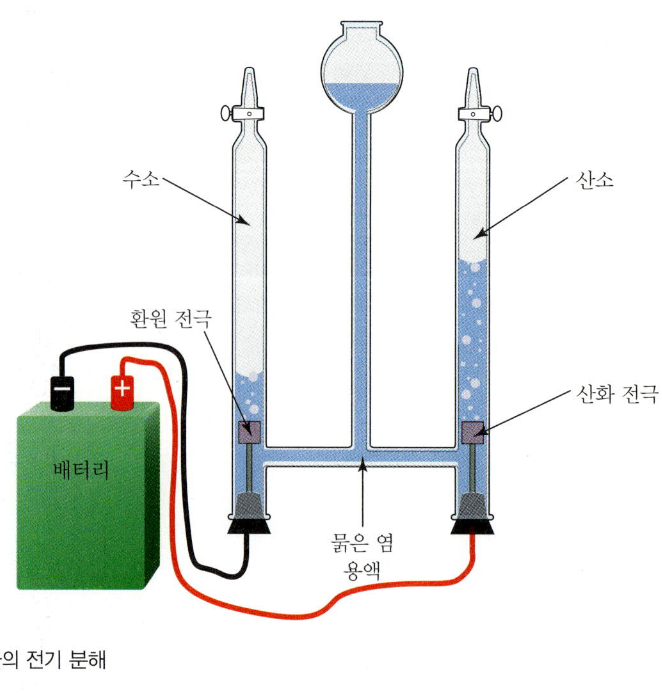

그림 8.15 물의 전기 분해

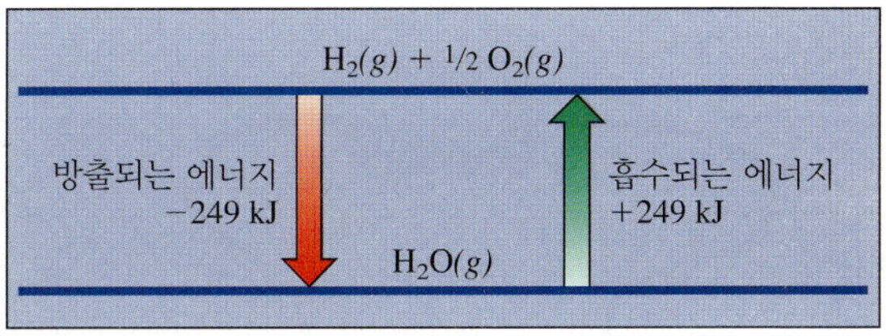

그림 8.16 수소-산소-물 시스템의 에너지 차이

지고 있는 산소 원자 수의 두 배의 수소 원자를 가지고 있다는 것을 의미한다. 이것이 물 분자의 화학식이 H_2O인 이유이다.

물의 전기 분해는 생성되는 H_2 1몰을 기준으로 메테인을 이용하여 수소를 만드는 과정에 비해 약 반 정도의 에너지가 필요하다. 그리고 CO_2를 발생시키지 않는다(식 8.19 참조). 열역학적인 관점에서 물을 산소와 수소로 쪼개기 위해서는 에너지가 필요하다. 그림 8.16은 이 과정에 관련된 에너지 차이를 보여 준다.

물론 다음과 같은 의문점이 남아 있다. 즉 수소를 대량 생산하기 위한 대규모 전기 분해 시설을 위한 전기를 어떻게 생산하고 공급할 것인가? 미국의 대부분의 전기 에너지는 화석 연료를 태우는 전통적인 방식의 발전소에서 생산된다. 만약 우리가 열역학 제1법칙만 고려해야 한다고 가정하면, 우리가 할 수 있는 최선은 전기 분해를 통해서 수소를 생산하는 데 필요한 에너지와 같은 양의 에너지를 얻을 수 있는 양의 화석 연료를 태우는 것이다. 그러나 우리는 또한 열역학 제2법칙도 고려해야 한다. 열을 일로 바꾸는 데 있어서 피할 수 없는 효율 저하로 인해서 발전소가 발휘할 수 있는 최대 효율은 63%이다. 마찰, 불완전한 열 전달, 전선을 통해 전기를 공급할 때의 손실 등을 고려하면, 우리가 얻은 수소를 연소시켜서 얻을 수 있는 에너지의 최소 두 배에 달하는 에너지가 필요하게 된다. 이것은 달걀을 하나에 10센트를 지불하고 사서 5센트를 받고 파는 것과 같다. 수지가 맞지 않는 사업이 분명하다.

열역학 제1법칙과 제2법칙에 대해서 더 알아보려면 4.1절과 4.2절을 다시 보라.

수소를 생산하는 또 다른 방법은 물을 분해하는 데 열을 이용하는 것이다. 단순하게 물을 가열하여 물을 H_2와 O_2로 분해하는 것은 경제적인 관점에서 해 볼 만한 일이 못된다. 쓸 만큼의 수소와 산소를 얻기 위해서는 5000°C 이상의 온도로 가열해야 한다. 물을 이 정도의 온도에 도달하도록 하는 것은 매우 어려운 일일 뿐만 아니라 또한 막대한 양의 에너지가 필요하다. 최소한 수소를 태웠을 때 방출되는 에너지만큼의 에너지가 필요할 것이다. 따라서 우리는 또 다시 많은 시간, 노력, 돈, 에너지를 투자해서 기껏해야 우리가 투자한 에너지와 같은 양의 에너지를 얻을 수 있는 정도의 양의 수소 연료를 얻을 수 있는 상황에 도달하였다. 많은 노력을 했으나 실제로 얻어지는 에너지는 노력보다 적다.

물을 분해하는 데 필요한 막대한 양의 열을 얻기 위해서 화석 연료를 태우는 대신에 시도해 볼 수 있는 다른 방법은 지속 가능한 에너지원인 태양 복사 에너지를 이용하는 것이다. 가시광선은 물을 분해하기에 충분한 에너지를 가지고 있다. 그러나 불행하게도 물은 가시광선 파장 영역의 빛을 흡수하지 않는다. 그래서 물은 색깔이 없다. 물의 분해를 일으키는 데 태양 에너지를 사용하기 위해서 새로운 물질을 개발하는 중이다. 그중에 한 가지는 갈바니 전지의 일종인 광전기 화학 전지이다. 이것은 Pt 환원 전극과 TiO_2 나노 입자로 표면이 입혀지고 색소 분자들로 입혀진 산화 전극을 가지고 있다. 색소 분자들은 태양광 스펙트럼에서 가장 세기가 강한 빛을 흡수할 수 있도록 만들어진 것이다. 이 물질을 전해질 수용액에 담그고 빛에 노출시키면 색소 분자의 몇몇 전자들이 높은 에너지 상태로 들뜨게 된다. 이 에너지는 충분히 커서 들뜬 전자들은 빠르게 TiO_2로 이동한다. 일단 TiO_2로 이동한 전자들은 전극을 떠나서 외부 도선을 통해서 흐를 수 있게 된다(그림 8.17).

그림 2.9는 분자의 결합을 끊는 자외선을 보여 준다.

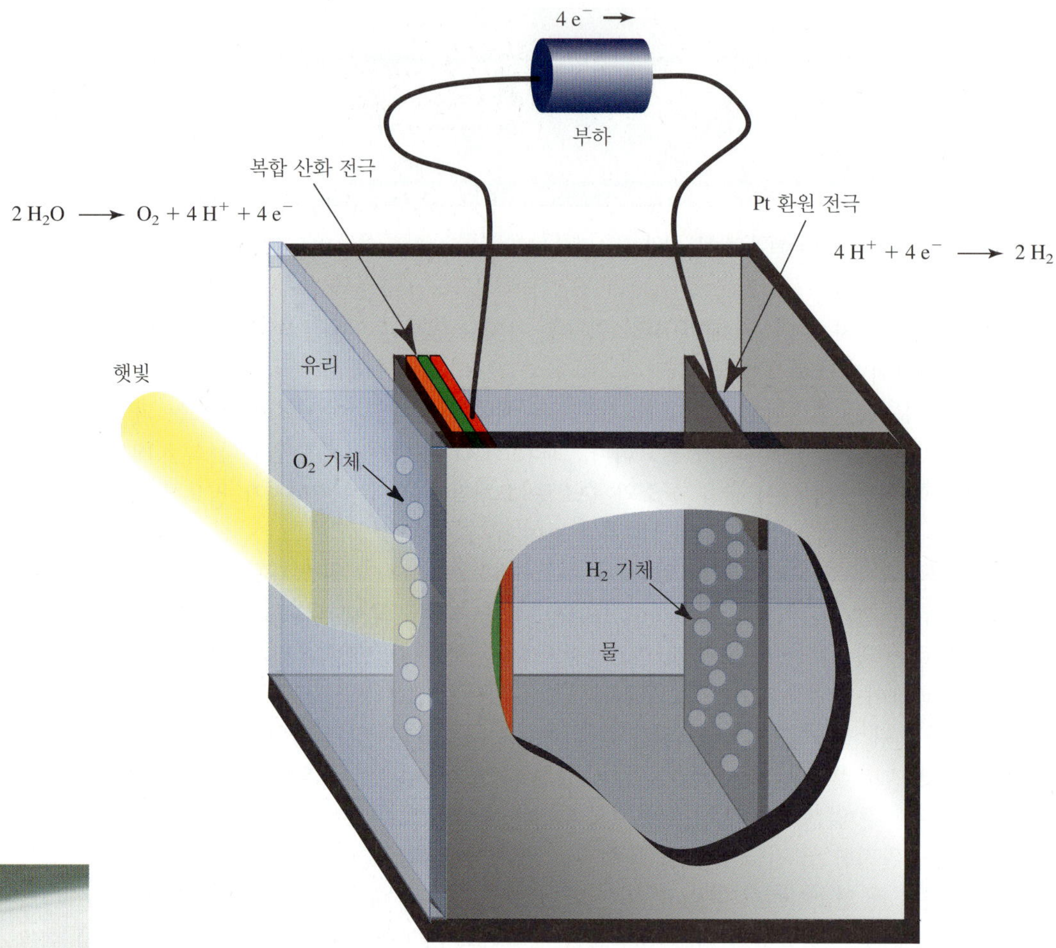

그림 8.17 물을 분해하는 데 사용되는 광전기 화학 전지의 개략도

그림 8.18 광합성을 통해서 수소를 만들어 낼 수 있는 종류의 조류

앞에서 배운 대로, 전자를 잃는 것은 산화에 해당한다. 이 경우에는 물을 구성하는 산소가 산화되어 O_2가 된다. 외부 도선을 통해서 흐른 전자는 백금 환원 전극에 도착하는데, 그 곳에서 수소를 환원시켜 H_2를 만든다. 현재 이 장치의 효율은 10% 미만이지만 앞으로 더 향상될 것으로 기대된다.

연구과제 8.16 물을 분해하는 빛

식 8.20의 반응에 필요한 에너지에 해당하는 빛의 파장은 420 nm이다.

a. 이 파장은 전자기 스펙트럼에서 어느 영역에 해당하는가?
   힌트: 그림 2.7을 참고하라.

b. 태양으로부터 얻는 열에너지를 이용하여 물을 분해하는 것보다 빛을 직접 이용하는 것이 더 장점이 될 수 있다. 왜 그런지 설명하시오.

녹색 화학 분야의 생생한 실례로, 과학자들은 현재 수소를 만들어 낼 수 있는 미생물을 찾고 있다. 단세포 녹조류의 어떤 종은 광합성 과정에서 수소 기체를 만들어 낸다(그림 8.18). 이 방법의 장점은 화석 연료의 연소가 아닌 태양광으로부터 에너지를 얻는 다는 것이다. 현재 상업적으로 사용하기에는 효율이 너무 낮다. 그러나 태양광을 보다 높은 효율로 이용하는 새로운 종을 찾는다면 경제적인 면에서 시도해 볼 만할 것으로 기대된다. 지금 연구는 조류의 유전자 조작을 통해서 이와 같은 목적을 달성하고자 하는 방향으로 진행되고 있는데, 전망이 있다고 여겨지기도 하고 다른 한편으로는 논란의 대상이 되기도 한다.

조류를 포함해서 녹색 식물들은 태양 에너지를 이용하여 성장하고 개체를 늘려간다. 그러나 인간은 식물들이 이렇게 하는 것처럼 효과적이지 못하다. 다음 절에서는 인간이 개발한 태양광을 이용하여 전기 에너지를 생산하는 성공적인 기술인 태양 전지(photovoltaics 또는 solar cell)에 대해서 알아보도록 하자.

8.7 | 태양 전지: 기초

끊임없이 재생 가능한 에너지원인 태양광을 이용하는 것은 확실히 해 볼 만한 일이다. 한 시간 동안 태양이 지구에 보내오는 에너지는 전 세계가 1년 동안 필요한 에너지의 양과 맞먹는다! 그러나 현재 미국에서는 1% 미만의 에너지만이 태양 에너지를 직접 이용하는 방식으로 만들어지고 있다. 왜 태양 에너지는 전체 에너지 생산량에서 이렇게 작은 부분밖에 차지하지 못하고 있는 것일까?

매일 상당한 양의 에너지가 태양에서 지구로 보내지고 있지만, 이 태양광을 하루 24시간 동안 1년 365일 지속적으로 받는 장소는 없다. 게다가 지구에는 태양 에너지를 모으기에는 도달하는 햇빛의 세기가 너무 작은 곳들도 있다. 이 차이는 지정학적 위치 때문이기도 하고 구름, 에어로솔, 스모그, 안개, 연무 등 지역에 따라 달라지는 요인들 때문이기도 하다. 예를 들어 그림 8.19의 지도를 살펴보자. 이 지도에 표시된 값들은

1 kWh = 3,600,000 J

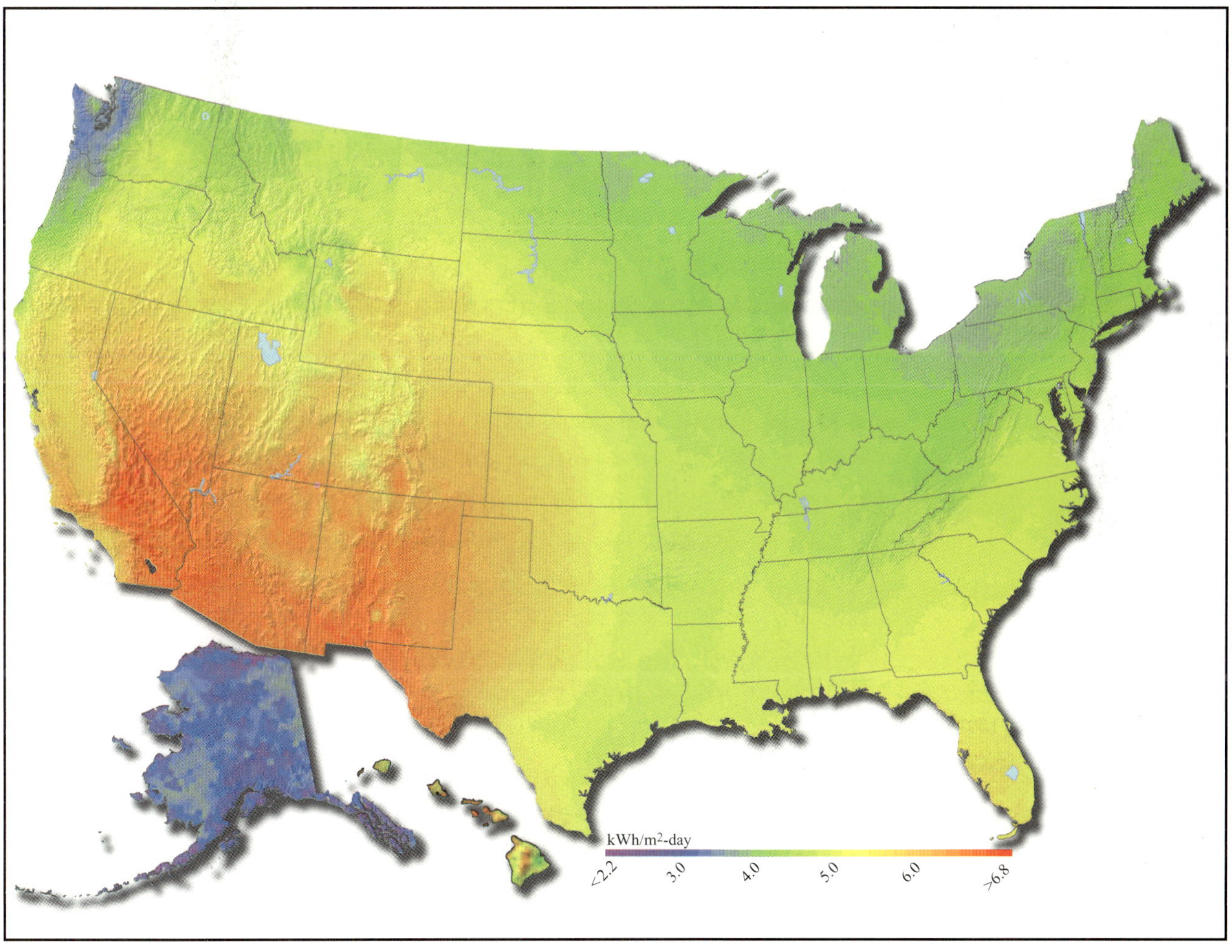

그림 8.19 남쪽으로 태양 전지 판을 고정시키고 하루 동안 모을 수 있는 평균 태양 에너지양

출처: *Billy Roberts, National Renewable Energy Laboratory (NREL) for the U.S. Department of Energy, 2008.*

만약 태양 전지 판이 고정되어 있지 않고 태양의 움직임에 따라 움직일 수 있다면 그림 8.19의 에너지 값은 더 커질 수 있다.

1제곱미터당 하루 동안 고정된 태양 전지 평판으로 수집되는 에너지를 kWh(에너지 단위)로 표시한 것이다. 다음 연구과제를 통해서 1년 동안 지구에 도달하는 태양 에너지가 하루하루 어떻게 달라지는지 알아볼 수 있다.

연구과제 8.17 태양 에너지 지도

미국의 국립 신재생 에너지 연구소(National Renewable Energy Laboratory)의 웹사이트에서 미국의 서로 다른 지역의 태양 에너지 지도를 볼 수 있다.

a. 하나의 주를 선택하고 1월부터 12월까지의 데이터를 보시오. 1년간 에너지의 변화에 대해서 무엇을 알 수 있는가?

b. 캘리포니아 주, 아리조나 주, 뉴멕시코 주, 텍사스 주가 미국의 평균 연간 태양 에너지 복사량에 주된 기여를 하고 있다는 점을 쉽게 발견할 수 있다. 이 주들의 어떤 부분은 다른 부분들에 비해서 더 높은 값을 갖는 이유는 무엇인가?

그림 8.20 보안 및 안전, 보행자와 자동차를 위한 교통 신호를 위해 사용되는 태양

이제 해야 할 일을 태양 에너지의 평균 입사량이 높은 지역을 찾아내서 이 에너지를 전기를 생산할 수 있을 만큼 충분히 모으는 것이다. 한 가지 방법은 태양광을 직접 전기로 전환하는 것인데, 이 절에서 알아보자. 또 다른 방법은 태양 복사에 의해서 발생하는 열을 모으는 것이다. 이 주제는 다음 절에서 다루도록 하자.

태양 에너지에 좀 더 다가가는 방법은 **태양 전지(photovoltaic cell, PV)**를 이용하는 것이다. 이것은 태양광 에너지를 직접 전기 에너지로 전환시키는데 종종 영어로는 'solar cell'이라고도 불린다. 전자 계산기나 디지털 시계에 필요한 전기 에너지를 공급하는 데에는 몇 개의 PV 전지만 있어도 된다. 이 밖에도 통신용 인공위성, 고속 도로 표지판, 안전용 조명(그림 8.20), 자동차용 배터리 충전소, 해상 등부표 등에 태양 전지를 이용하고 있다. 이를 통해서 상당한 비용 절감을 이룰 수 있다. 예를 들면 U.S. Costal Guard는 해상 등부표에 배터리 대신 태양 전지를 이용하여 유지 보수와 수리 작업의 빈도를 줄여 연간 수백만 달러를 절감하고 있다.

만약 더 많은 전력이 필요하면, 그림 8.21에서 볼 수 있는 것처럼 여러 태양 전지들을 모아 모듈이나 판으로 만들어 태양 전지 패널을 만들어 사용할 수 있다. 오늘날 많은 사람들이 그들의 집과 일터에 이와 같은 태양 전지 시스템을 이용하여 에너지를 얻고 있다. 집의 크기에 따라서 12개 또는 그 이상의 태양 전지 패널을 이용할 수 있다. 이 패널들은 보통 정남향을 향하도록 설치된다. 이 패널들을 태양의 궤적을 따라서 회전하는 시스템에 설치할 수도 있는데, 이렇게 하면 태양광에 대한 노출을 최대화할 수 있고, 효율도 최적화된다. 그러나 초기 설치 비용은 증가한다. 전기 에너지 생산 설비용이나 산업용으로 사용하기 위해서는, 독일의 바바리아 벌판에 있는 것(그림 8.21)과 같은 수백 개의 태양 전지판을 서로 연결하여 대규모 PV 시스템을 구축한다.

1839년에 프랑스 물리학자 베크렐(A. E. Becquerel)은 고체 물질에 태양 빛을 쪼이면 전류가 발생하는 현상을 발견하였다.

태양 전지는 어떻게 전기 에너지를 만들어 낼까? 이 질문에 대한 답을 하기 위해서는 태양 전지를 이루고 있는 물질 안에서 전자의 거동을 이해해야 한다. 빛이 태양 전지를 비추면, 빛의 일부는 전지 내부로 투과해 들어가고, 일부는 반사되며, 또 일부는 흡수될 것이다. 흡수된 빛은 전지를 구성하는 원자에 있는 전자들을 들뜨게 만들 수 있다. 이 들뜬 전자들은 자신이 점유하고 있던 자리를 벗어나서 전류를 형성하게 된다.

이온성 수용액에서 전기의 전도도에 대해서는 5.6절에서 다루었다. 준금속(반금속)은 1.6절에 소개되었다.

단지 특정 물질만이 빛에 노출될 경우 이와 같은 현상을 보일 수 있다. 태양 전지는 바로 **반도체(semiconductor)**라고 불리는 종류의 물질로 만들어진다. 이 종류의 물질은 제한된 전기 전도성을 갖는다. 대부분의 반도체는 준금속인 실리콘 결정으로 만들어진다. 태양 전지에서 전압을 발생시키기 위해서 두 층의 반도체 물질을 직접 붙여둔다. 이 가운데 ***n*형 반도체(*n*-type semiconductor)**는 전자가 많은 층이다. 다른 층으로는 ***p*형 반도체(*p*-type semiconductor)**를 이용하는데 전자가 부족한 층이다. 이 층은 종종

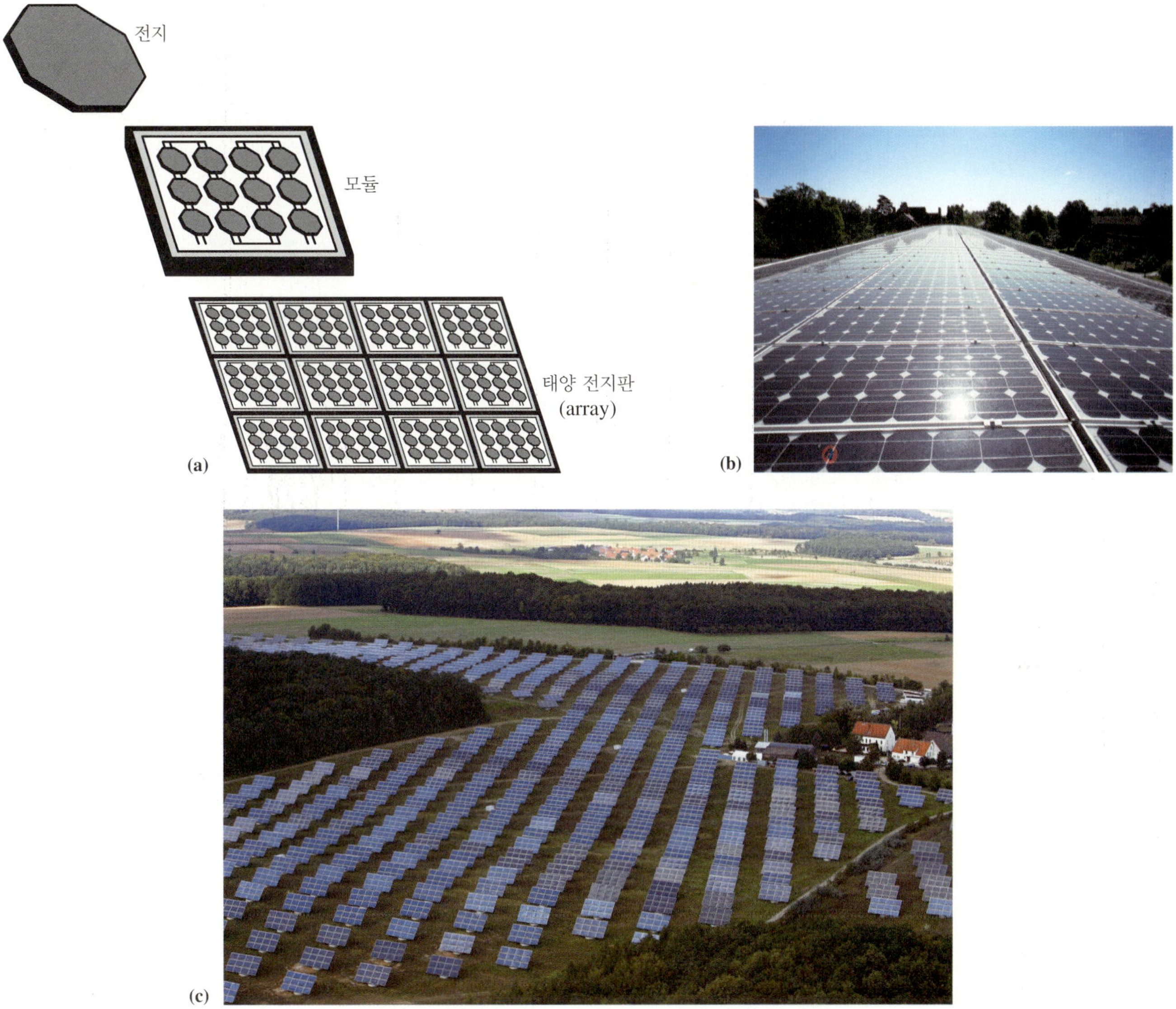

그림 8.21 (a) 태양 전지를 모듈과 판으로 구성하는 모습. (b) 지붕 위에 설치된 실리콘 태양 전지판. (c) 위에서 내려다 본 독일 바바리아의 Solarpark Gut Erlasee. 최대 용량으로 가동될 때 12 MW의 전력을 생산할 수 있다. 일반적인 원자력 발전소는 1000 MW를 생산한다.

출처: *NREL.*

'정공 또는 양공(hole)'이 많은 층이라고 불린다. 전류를 만들기 위해서, 먼저 *n*형 반도체로부터 *p*형 반도체 쪽으로 회로를 통해서 전자가 이동할 수 있도록 하기에 충분한 에너지의 빛이 PV 전지에 쪼여져야 한다. 이 전자의 이동을 이용해서 여러 가지 일을 하도록 회로를 꾸밀 수 있다. 물론 이 전자들을 이용해서 나중에 필요할 때 일을 하기 위해 배터리에 저장해 둘 수도 있다. 전지가 빛에 노출되는 동안에는 전류가 끊임없이 흐르게 되며, 태양 에너지에 의해서만 구동된다.

하나의 태양 전지는 최대 0.5 V의 전압을 발생시킨다.

실리콘 원소는 컴퓨터와 PV 전지에 사용하기 위해 개발된 최초의 반도체 물질들 가운데 하나이다. 실제로 반도체를 개발했던 많은 첨단 기술 산업들이 캘리포니아의 '실리콘 밸리'에 모여 있었다. 실리콘 결정은 실리콘 원자들이 반복되어 연결된 것인데, 각각의 원자는 네 개의 다른 원자와 전자를 공유하는 방법으로 결합하고 있다(그림 8.22a). 이들 공유된 전자들은 원자와 원자 사이의 결합이 있는 부분에 국한되어 위치하고 있으며, 결정을 통해서 이동할 수는 없다. 그 결과 실리콘은 일반적인 조건에서는 좋은 전기 전도체가 아니다. 그러나 최외각 전자가 충분한 에너지를 흡수하게 되면 들뜨게 되

결정 구조는 NaCl에 대해서 그림 5.18에서 보인 바와 같이, 원자나 이온들이 규칙적으로 반복되는 배열을 갖는다.

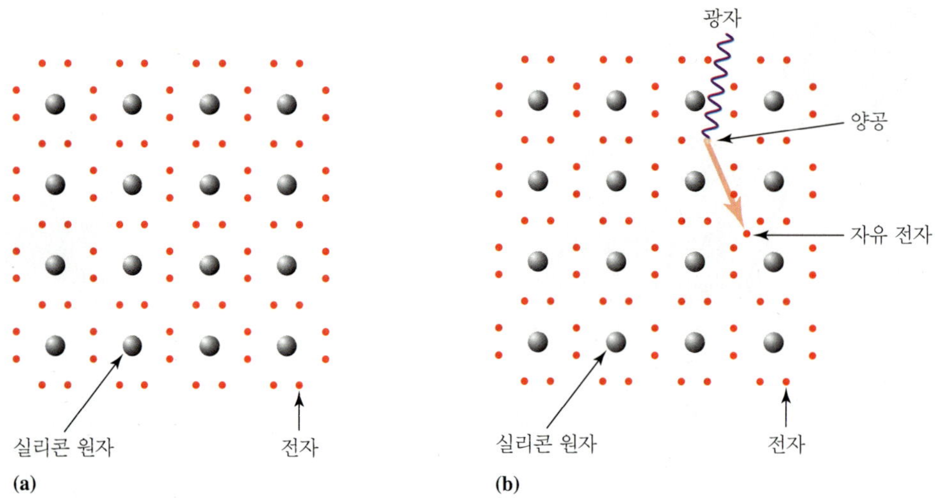

그림 8.22 (a) 실리콘 원자들 사이의 결합을 보여주는 개략도. (b) 실리콘 반도체에서 일어나는 광자에 의한 결합 전자의 방출

고 결합이 있는 부분을 벗어나게 된다(그림 8.22b). 일단 이렇게 자유 전자가 되면 결정 격자를 통해서 흐를 수 있게 되어, 실리콘은 전기 전도체가 된다.

Ga은 3A족 원소이다.
Si은 4A족 원소이다.
As는 5A족 원소이다.

실제로 순수한 실리콘 반도체는 불순물이 첨가되지 않으면 전류를 만들지 못한다. **도핑(doping)**은 순수한 실리콘에 불순물 원소를 의도적으로 첨가하는 과정이다. 이 불순물 원소를 영어로는 'dopant'라고 쓴다. 이 불순물 원소는 전자의 이동을 촉진할 수 있는 것들로 선택된다. 예를 들면 약 1 ppm 정도의 갈륨(Ga)이나 비소(As)를 실리콘에 도핑하기 위한 불순물 원소로 이용한다. 이 두 원소를 포함해서 주기율표에서 이 원소들과 같은 족에 속하는 원소들이 이와 같은 목적으로 사용될 수 있는데, 그 이유는 이들이 실리콘에 비해 최외각 전자 수에서 1개의 차이를 보이기 때문이다. 실리콘은 최외각에 4개의 전자를 가지고 있고, 갈륨은 3개, 비소는 5개를 갖는다. 따라서 실리콘 결정 격자에서 Si 대신 As 원자 한 개가 도입되면 여분의 전자 한 개를 더 넣어준 셈이 된다. Si 원자 하나를 Ga으로 치환하면 이 결정은 하나의 전자가 부족한 상태가 된다. 그림 8.23은 이렇게 도핑된 *n*형과 *p*형 반도체의 개략도를 보여 준다. 이 두 가지 종류의 도핑 방법 모두 실리콘의 전기 전도도를 향상시키는 결과를 가져다 준다. 왜냐하면 전자는 전자가 많은 곳에서 전자가 부족한 곳으로 흐를 수 있기 때문이다.

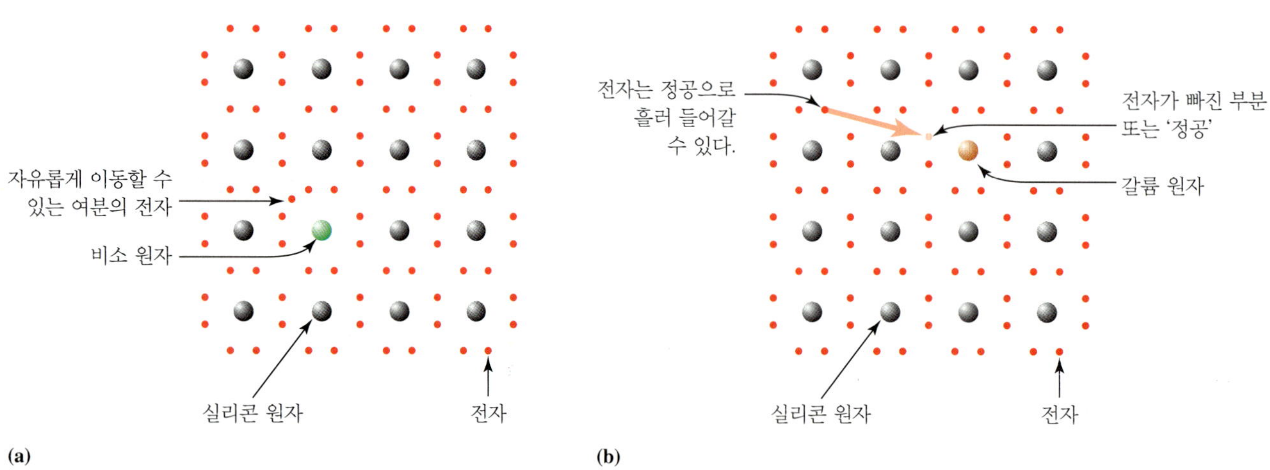

그림 8.23 (a) 비소 불순물이 첨가된 *n*형 실리콘 반도체. (b) 갈륨 불순물이 첨가된 *p*형 실리콘 반도체

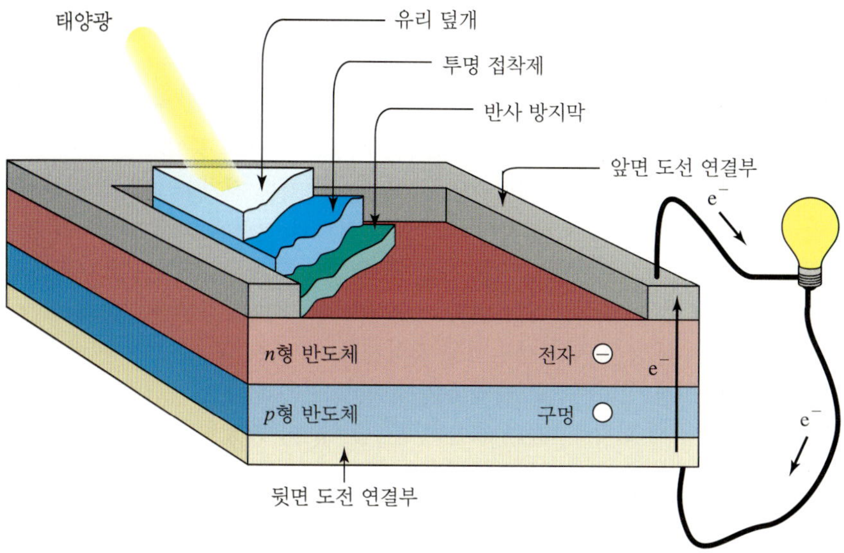

그림 8.24 n형과 p형 반도체 층과 함께 태양 전지를 구성하는 여러 가지 기능을 하는 층을 보여 주는 개략도

n형 반도체 층과 p형 반도체 층을 겹치는 방식은 트랜지스터를 비롯해서 다른 여러 작은 전자 부품에 사용되어 통신과 컴퓨터 기술을 혁명적으로 발전시켜 왔다.

예제 8.18 실리콘 반도체에 첨가되는 다른 불순물들

어떤 태양 전지들은 인이나 붕소를 실리콘 결정에 불순물로 첨가하여 만들어진다.

a. 어느 것이 n형 반도체가 되는가? 이유를 설명하시오.
b. 어느 것이 p형 반도체가 되는가? 이유를 설명하시오.

일반적으로 태양 전지에는 여러 겹의 *n*형과 *p*형 반도체 층들이 가깝게 겹쳐져 있다(그림 8.24). 이 *p-n* 접합부는 반도체 물질이 전기 전도도를 가질 수 있도록 할 뿐만 아니라 전지 내부에서 전자가 흐르는 방향을 정해 준다. 충분한 에너지를 갖는 빛을 비추어 주어야만 불순물 원자들로부터 전자가 자유롭게 흐를 수 있도록 떼어 낼 수 있다. 이렇게 된 전자들은 전기 회로의 한 부분이 된다. 태양 전지가 태양으로부터 받은 빛에너지를 가능한 한 많이 전기 에너지로 전환시키기 위해서는 반도체 물질이 이 빛에너지를 최적의 효율로 사용할 수 있도록 설계되어야 한다. 그렇지 않으면 태양으로부터 받은 에너지는 열로 손실되거나 반도체 물질에 의해 이용되지 못한다.

실리콘으로 만드는 모든 태양 전지들에는 불순물이 첨가되어 있다.

태양 전지를 만드는 데 있어서 몇 가지 어려운 점이 있다. 첫 번째는 실리콘이 지구의 지각에서 두 번째로 많은 원소이기는 하지만 이들 대부분은 산소와 결합된 이산화 실리콘(SiO_2)의 형태로 존재한다는 점이다. 사람들이 모래나 석영 모래라고 부르는 물질이 바로 SiO_2이다. 좋은 점은 실리콘을 얻기 위한 원료 물질이 매우 가격이 저렴하고 많이 있어서 구하기 쉽다는 점이다. 반면에 그다지 좋지 않은 점은 실리콘을 추출하고 정제하는 과정이 비용이 많이 든다는 것이다. 많은 초기 태양 전지들은 99.999%의 초고순도 실리콘을 이용하도록 설계되었다.

두 번째 문제점은 태양광을 직접 전기 에너지로 변환시키는 과정은 효율이 높지 않다는 것이다. 이론적으로 태양 전지는 빛에너지의 최대 31%를 전기 에너지로 바꿀 수 있다. 그러나 빛에너지 중 일부는 전지에 의해 반사되거나, 흡수된다 하더라도 전기 에너지로 변환되지 않고 열로 방출된다. 일반적으로 상용 태양 전지의 현재 효율은 15%에 불과하다. 그러나 이것도 1950년대의 초창기 태양 전지의 효율이 4% 미만이었다는 점을 고려하면 대단한 발전이라고 할 수 있다. 4장에서 우리는 전통적인 방식의 발전소에서 열을 일로 전환시키는 효율이 35~50%에 불과하다는 점을 안타까워하였다. 그런데 태양 전지의 더 낮은 효율은 우리를 더 실망시킬 수도 있을 것이다. 그런데 태양 전지가 최초로 사용된 것은 NASA의 우주선에 전기를 공급하기 위한 것이었다는 점을 기억해야 한다. 이 목적으로 사용하는 데 있어서, 태양 복사 에너지는 매우 커서 낮은 효율은 심각한 문제가 되지 않았고 비용 또한 가장 중요한 문제가 아니었다. 지구에서 상업적인 목적으로 태양 전지를 사용하기 위해서는 비용과 효율이 중요한 문제가 된다. 태양은 기본적으로 고갈되지 않는 에너지원이고, 이 에너지를 전기 에너지로 변환하는 것은 심지어 그 효율이 매우 낮다고 하더라도 화석 연료의 연소에 의해 발생하는 많은 환경 문제와 원자력 발전소에서 배출되는 사용 후 핵연료의 처리와 같은 어려운 문제로부터 자유롭다. 이와 같은 상황은 태양 전지 기술의 연구 개발에 강한 동기가 되고 있다.

상업적인 용도의 태양 전지의 생명력을 강하게 하기 위한 한 가지 접근 방법이 결정성 실리콘을 비결정성 실리콘으로 대체하는 것이다. 빛은 보다 덜 규칙적으로 배열되어 있는 Si 원자들에 의해 보다 더 높은 효율로 흡수된다. 이 현상을 이용하면 실리콘 반도체의 두께를 지금까지의 1/60 또는 그 이하로 줄일 수 있다. 그 결과 태양 전지 제작에 필요한 원료를 준비하는 비용을 상당히 줄일 수 있게 된다.

다른 연구자들은 여러 층으로 이루어진 태양 전지를 개발하고 있다. *p*형 실리콘 반도체와 *n*형 실리콘 반도체의 얇은 막을 번갈아가면서 겹쳐 두면, 각각의 전자들은 다음 *p-n* 접합에 도달하기까지 아주 짧은 거리만 이동하면 된다. 이렇게 해서 태양 전지의 내부저항을 줄이고 효율을 향상시킬 수 있다. 두 개의 접합을 이용하면 효율을 50%까지 향상시킬 수 있으며 세 개의 접합을 이용하면 56%까지 향상시킬 수 있다는 것이 이론적으로 예측되었다. 2007년 현재, 이 다접합 태양 전지가 실제로 보여 준 최대 효율은 40.7%이다. 그림 8.25는 이 다접합 태양 전지가 어떻게 만들어지는지를 보여 준다. 하나의 태양 전지를 사용하는 것에 비해, 이 기술은 더 적은 양의 실리콘은 사용하고 제작 과정은 자동화할 수 있다.

박막형 태양 전지는 비결정성 실리콘이나 텔루르화 카드뮴(CdTe)과 같은 실리콘이 아닌 물질을 이용하여 만든다. 이 얇은 막의 두께는 단지 수 마이크로미터에 불과하다.

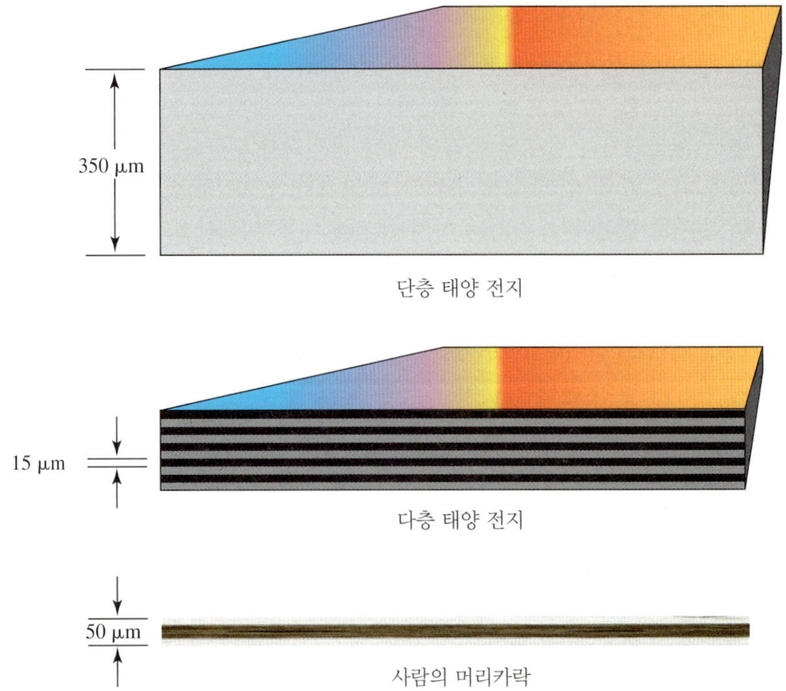

그림 8.25 단층 태양 전지와 다층 태양 전지의 태양 전지 층 두께를 사람의 머리카락 직경과 비교하였다.

참고: 1 μm = 10^{-6} m

사람의 머리카락 두께도 약 50 μm나 된다! 박막형 태양 전지는 전통적인 전지들에 비해 유연성이 좋기 때문에 지붕의 덮개나 타일의 일부로 사용될 수 있고, 건물의 벽면 또는 채광창으로 사용될 수 있다(그림 8.26). 전통적인 인쇄 기술과 태양광을 흡수할 수 있는 색소, 전도성 플라스틱을 결합하여 만드는 태양 잉크와 같은 새로운 물질들을 이용해서 다른 종류의 태양 전지들이 만들어지고 있다. 태양 전지 모듈 개체는 플라스틱 렌즈나 거울을 이용하여 크기는 작지만 아주 효과적으로 태양광을 전기 에너지로 전환시키는 물질에 집속시킨다. 이 새로운 물질을 주택과 산업 시설에서 시험적으로 사용해 본 결과, 이 물질의 높은 비용에도 불구하고 적은 양의 물질로 보다 높은 효율을 얻을 수 있었기 때문에 가격 면에서 경쟁력이 있다고 판단되었다.

그림 8.26 지붕 위의 박막 태양 전지

출처: *NREL.*

예제 8.19 태양 전지의 용도

오늘날 사람들은 태양 전지를 어떻게 이용하고 있을까? 인터넷 검색을 통해서 아래 나열된 항목에 해당하는 예를 찾아보시오.

a. 농업, 축산업　　b. 소규모 자영업　　c. 주거용 주택

답

a. 농업과 축산업 분야에서는 가축들을 위한 물을 퍼 올리는 펌프와 전기가 들어오지 않는 지역에서 조명을 위해서 태양 전지를 사용한다. 전기가 공급된다 하더라도 태양 전지를 사용함으로써 농장과 목장에서는 전기 요금을 절감할 수 있다.

장기적으로 봤을 때 태양 전지 기술은 전망이 있다. 화석 연료를 이용하여 전기 에너지를 생산하는 비용은 증가하는 반면, 태양 전지를 이용해서 전기 에너지를 생산하는 비용은 감소하고 있다. 현재 얻을 수 있는 작동 효율에서 미국에서 필요한 전기 에너지를 생산하는 데 필요한 태양 전지 시설은 대략 가로 85마일, 세로 85마일의 면적을 덮은 규모이어야 하는 것으로 예상된다. 이것은 대략 뉴저지 주 면적에 해당한다. 태양 전지를 이용한 발전량이 꾸준히 증가하고 있지만, 여전히 전체 에너지 생산량의 아주 미미한 부분을 담당하고 있을 뿐이다.

연구과제 8.20 만약 뉴저지가 아니라면…

마지막으로 우리가 들은 것은 뉴저지는 미국의 다른 주에 전기를 공급하기 위한 태양광 발전 단지 유치를 원하지 않는다는 것이다.

a. 뉴저지의 위치는 태양광 발전을 하기에 적당한가? **힌트:** 그림 8.19를 다시 보라.
b. 미국에서 어느 곳이 태양 에너지를 모으기에 가장 좋을 것으로 예상되는가?
c. 위치가 전부는 아니다. 태양 에너지를 효과적으로 모으는 데 영향을 미치는 다른 두 가지 요인을 더 제시하시오.

연구과제 8.21 100만 개의 태양 전지 지붕

분산 발전! 인터넷 검색을 이용해서 지역에서 사람들이 태양 에너지를 어떻게 이용하는지 알아보시오. 예를 들면 100만 개의 태양 전지 지붕(Million Solar Roof) 프로젝트가 있다. 그리고 나서 자신이 사는 지역에서 선택할 수 있는 태양 에너지 프로젝트를 제안해 보시오. 그 프로젝트를 추진하기 전에 고려해야 할 요인을 최소 5가지 나열해 보시오.

그림 8.27 태양 전지를 이용하여 전기를 사용할 수 없는 오지에서 펌프를 작동시켜 물을 길어 올릴 수 있다.

출처: *NREL.*

태양광은 집중되지 않고 흩어지는 속성을 가지고 있기 때문에 태양 전지 기술은 분산 발전용으로 적합하다. 분산 발전에 대해서는 연료 전지를 다루는 부분에 먼저 설명하였다(8.5절 참조). 발전소 건설 및 시설의 유지 보수, 연료 공급 관련 비용으로 인해서 지구 전체 인구의 1/3 이상이 전기 에너지를 공급 받지 못하고 있다. 태양 전지는 일단 설치되면 유지 보수 비용은 다른 발전소에 비해 거의 들지 않기 때문에 오지에서 전기 에너지를 직접 생산하는 방법으로 상당히 매력적이다. 예를 들면 알래스카의 전기가 공급되지 못하는 어느 지방의 고속 도로 신호등은 태양 에너지를 이용하여 작동된다. 비슷하지만 보다 의미 있는 태양 전지의 용도는 개발 도상국가들의 오지에 전기 에너지를 공급하는 것이다. 최근에 200,000개 이상의 태양 전지를 이용한 조명 시설이 콜롬비아, 도미니카 공화국, 멕시코, 스리랑카, 남아프리카 공화국, 중국, 인도의 주거지에 설치되었다. 태양 전지는 현재 지구 전체적으로 수백만 명의 생활에 영향을 미치고 있다(그림 8.27).

낮 동안 태양 전지가 생산한 전기 에너지는 밤에 사용하기 위해서 배터리에 저장되어야 한다. 그럼에도 불구하고 태양광을 전기로 직접 전환하는 것은 많은 장점이 있다. 화석 연료에 대한 의존도를 낮추는 것뿐만 아니라 태양 전지로 생산된 전기를 이용하면 이 화석 연료를 채굴하고 운반하는 과정에서 환경에 미치는 좋지 않은 영향을 줄일 수 있다. 게다가 황 산화물이나 질소 산화물과 같은 대기 오염 물질의 배출을 줄이는 데에도 도움이 된다. 또한 대기 중으로 배출되는 이산화 탄소의 양을 줄여서 지구 온난화의 위험을 피하는 데에도 도움이 될 것이다. 화석연료는 어떤 용도로는 확실히 선호되는 에너지원으로 계속해서 남아 있을 것이다. 그러나 장기적으로 보았을 때, 우리는 여러 가지 재생 가능한 에너지원을 개발할 수 있다. 이 재생 가능한 에너지원 중 많은 것들은 태양으로부터 직접적으로 얻어지는 것이거나 태양이 대기나 물을 가열한 결과 얻어지는 것들이다. 다음 절에서는 이들 지속 가능하고 재생 가능한 에너지원들로부터 어떻게 전기 에너지를 얻을 수 있는지 간단히 살펴볼 것이다.

8.8 재생 (지속) 가능한 에너지원으로부터 얻는 전기

단 한 가지 에너지원으로 우리가 필요로 하는 에너지를 모두 얻을 수는 없다. 또한 채굴, 오염, 온실기체, 분배를 위한 네트워크의 구축과 같은 비용을 지불하지 않고 에너지를 얻을 수 있는 원천도 없다는 것을 알고 있다. 계속해서 화석 연료와 원자력에 의존하는 것보다는 재생 가능한 에너지원을 더 개발하고 사용하는 것이 확실히 도움이 되는 일이다. 4장에서 바이오 연료, 에탄올, 바이오디젤, 쓰레기, 생물 자원(biomass)과 같은 재생 가능한 에너지원들에 대해서 알아보았다. 이 절에서는 태양열, 풍력, 수력, 지구 중심의 핵으로부터 전달되어 오는 열을 에너지원으로 사용하는 것에 대해서 알아보도록 하자.

태양열

태양은 빛을 비추기도 하지만 열을 방출하기도 한다. 태양 에너지를 집속하여 물을 데

(a)

(b)

그림 8.28 (a) 위에서 내려다 본 스페인의 Solar Millennium Andasol project 단지. 이 시설은 약 150 MW의 에너지를 태양열을 이용하여 생산할 것이다. (b) 가까이에서 본 태양열 에너지 수집용 거울들

출처: Chemical & Engineering News, *February 1, 2010.*

우는 과정을 태양열 과정이라고 할 수 있다. 또한 이것은 태양 에너지를 집중시키는 과정(concentrating solar power, CPS)이다. 반도체로부터 전류를 만들 수 있는 자유 전자를 얻기 위해서 태양광을 이용하는 태양 전지 기술과 달리, CPS는 그림 8.28에서 볼 수 있는 것과 같은 태양열 집열 장치를 이용한다. 이 거울들은 태양으로부터 오는 빛을 볼록렌즈를 이용하여 종이를 태울 때와 마찬가지 방법으로 한 곳에 집속시킨다.

예제 8.22 태양열 집열 장치 1

다음 그림은 그림 4.2를 다시 그린 것이다. 이 그림은 화석 연료의 연소로부터 얻는 에너지를 전기 에너지로 바꾸는 발전소의 개략도이다.

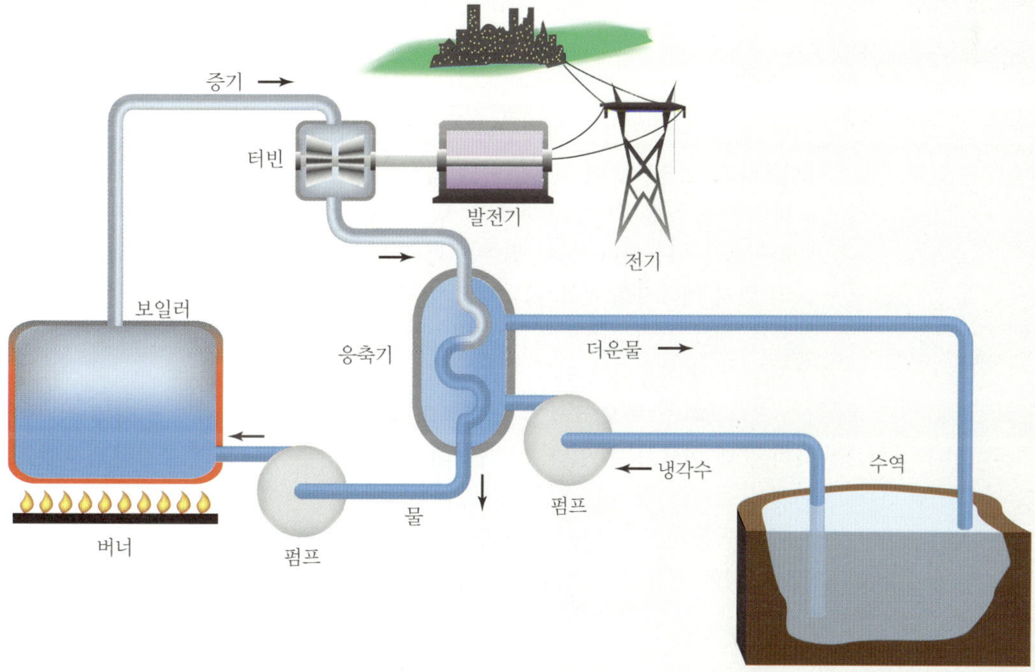

a. 만약 태양열 에너지를 사용한다면 이 그림에서 어느 부분이 바뀌어야 할까?

b. 중앙 집중식 발전소에 비해서 태양열 에너지를 이용하는 분산 발전이 주는 두 가지 장점을 제시하시오. 또한 반대로 태양열 에너지를 이용하는 분산 발전에 비해 중앙 집중식 발전 방식이 갖는 장점도 두 가지 제시하시오.

연구과제 8.23 **태양열 집열 장치 2**

모든 태양열 집열 장치들은 태양 광선을 한곳에 집중시켜 열에너지를 만들어 낸다. 그러나 이렇게 하는 데에는 몇 가지 다른 방법들이 있다.

a. 태양열 집열 장치의 세 가지 다른 종류의 디자인을 찾아서 설명하시오.
   힌트: 인터넷 검색을 이용하라.
b. 각각의 디자인은 그것의 용도와 잘 맞는가? 각각의 태양열 집열 장치가 사용되는 규모도 함께 답하시오. 즉 주택 한 채용인지, 주거 공동체용인지, 사업용인지를 밝히시오.
c. 각각의 디자인에 대해서 단점을 적어도 하나씩 제시하시오.

풍력

그림 8.29 2007년에 완공된 Pakini Nui 풍력 발전 단지. 이 풍력 발전 단지는 2013년에 20.5 MW의 에너지를 공급하였다.

태양열은 지구 상에 발생하는 큰 규모의 공기 흐름의 원인이 된다. 우리는 이것을 '바람'이라고 부른다. 수 세기 동안 인간은 다양한 형태의 풍차를 이용해 왔다. 풍차는 바퀴를 돌려서 곡식을 빻거나 물을 길어 올렸다. 이렇게 바람의 에너지를 기계적인 운동 에너지로 바꾸어주는 터빈으로 오늘날에는 대형 날개깃을 만들어 사용한다. 이 장치는 종종 '바람개비'라는 별명으로도 불리는데, 이 장치가 설치된 지역에서는 매우 눈에 잘 띄는 시설물이 된다. 바람에 의해서 이 터빈이 회전하면 터빈의 축은 발전기에 연결되어 결국 바람의 운동 에너지를 터빈의 기계적인 운동 에너지를 거쳐서 전기 에너지로 변환시킨다. 풍력 발전 단지는 바람을 효과적으로 이용할 수 있는 전 세계의 여러 장소에 위치하고 있다. 하와이의 Big Island의 Ka Lae(South Point)라는 곳에 이와 같은 풍력 발전 단지가 조성되어 있다(그림 8.29).

수력

수 세기 동안 인간은 물레방아와 같은 장치로 물의 흐름을 이용해 왔다. 물이 물레방아를 타고 흐를 때, 이 물레방아는 곡식을 빻아 가루로 만들 수 있는 맷돌을 포함한 다른 바퀴들을 돌릴 수 있다. 유사한 방식으로, 소규모 또는 대규모 수력 발전용 댐은 물의 움직임을 이용한다. 물이 떨어질 때 터빈의 날개를 돌리게 하여 저수지에 가두어 둔 물의 위치 에너지를 운동 에너지로 바꾸고, 이것을 다시 전기 에너지로 바꾼다. 전 세계적으로 새롭게 건설되고 있는 댐이 많지는 않지만, 대부분의 큰 저수지들은 이미 수력 발전 사업에 이용되고 있다.

조류, 해류, 파도와 같은 바닷물의 움직임도 다양한 원리에 의해 전기 에너지를 생산하는 데 이용될 수 있다. 이 가운데 몇몇 방법은 바닷물의 움직임을 이용하여 터빈의 날개를 돌리는 것이고, 다른 방법들은 터빈을 통하여 압축 공기를 만들도록 하는 것이다. 이 방법들은 모두 바닷물의 움직임이 갖는 운동 에너지를 이용하여 발전기를 돌려 전기 에너지를 생산하는 것이다.

지열

또 다른 재생 가능한 에너지원은 지구의 중심으로부터 방출되는 열에너지이다. 글자의 뜻 그대로 '지구의 열'인 지열은 지구로부터 열을 끌어내는 뜨거운 물이나 수증기를 담고 있는 지하 저수지까지 닿도록 시추하는 방법을 이용한다. 이 뜨거운 물은 전기 에너지를 생산하기 위해 발전기를 돌리거나 직접 주택의 난방에 사용될 수 있다. 지열은 뜨거운 암석으로 이루어진 화산 활동이 알려진 지역에서 유용하게 사용될 수 있다. 하와이와 같은 곳은 전체 에너지의 25%를 지열을 이용해서 생산한다.

연구과제 8.24 에너지가 넘치는 미래

우리는 태양과 생물 자원뿐만 아니라 바람, 바다, 지열 등의 에너지원으로부터 재생 가능한 에너지를 얻을 수 있다. 이 재생 가능한 에너지원 가운데 한 가지를 골라서 그 에너지원을 사용하는 데 필요한 기술에 대해서 조사해 보시오.

a. 그 에너지원을 사용하는 데 지역적인 제한이 있다면 그 제한 조건을 나열하시오.
b. 이 기술을 지지하는 이유를 목록으로 작성하시오. 또한 이 기술을 싫어하는 사람들이 제시하는 이유를 목록으로 작성하시오.
c. 이 기술이 여러분이 사는 곳의 에너지 생산 능력에 어떤 영향을 미칠 것인지 예상해 보시오.

이 절에서는 간단히 몇몇 재생 가능한 에너지원에 대해서 소개하였다. 여기서 소개한 재생 가능한 에너지원과 다른 지속 가능한 에너지원에 대한 전 세계적인 현황과 전망은 소개하지 않았다. 전 세계 에너지 생산량에서 재생 가능한 에너지원이 차지하는 비율을 높이기 위해서는 관련된 경제적인 비용이 낮아지고, 더 쉽게 자원을 확보할 수 있고 사용할 수 있어야 한다.

결론

우리가 필요한 에너지를 얻기 위해 사용하는 많은 다른 방식의 전자 이동을 살펴보았다. 배터리는 화학 에너지를 저장하였다가 여러 가지 용도로 사용하기 위해 그것을 전류로 바꾸어 공급할 수 있다. 하이브리드 자동차는 연료 효율을 높이기 위해 내연 기관과 결합된 새로운 배터리 기술을 이용한다. 연료 전지는 전기 에너지를 생산하는 가장 효과적인 방법 중 하나이며 아마도 미래에 개인 동력원, 교통 수단, 심지어 대규모 전기 에너지 생산의 주된 에너지원이 될 것으로 예상된다.

태양 전지를 이용하면 태양 에너지를 저장할 수 있다. 기술의 발달과 세계 경제 상황의 변화로 인해서 경제적으로나 에너지 생산 효율면에서 물이나 수소를 포함하는 다른 화합물에서 수소 연료를 얻는 데 태양 에너지를 사용하는 것이 해 볼 만한 일이 되고 있다. 따라서 가까운 미래에 이 태양 에너지를 이용하는 기술들이 더욱 더 향상되어 우리 세대뿐만 아니라 다음 세대의 지속 가능한 에너지 사용에 기여할 것으로 기대된다.

이 책에서 다룬 에너지에 대한 내용들이 우리가 직면하고 있는 에너지 문제의 복잡한 상황에 대해 이해하고 전망을 갖는 데 도움이 되기를 바란다. 또한 여러분이 현재의 상황을 조사할 수 있고 미래를 내다볼 수 있는 능력을 갖출 수 있었기를 바란다. 몇몇 사실들은 논쟁의 대상이 되지 않는다. 우리 사회가 에너지에 목말라하는 상황은 앞으로 완화되지 않고 더 심각해질 것이다. 게다가 지금 우리가 에너지를 생산하는 방식은 지속 가능한 것이 아니다. 우리가 필요한 에너지의 대부분을 얻는 석탄, 석유, 천연가스는 머지 않은 미래에 매우 희귀한 것이 되거나 채굴하기 어려운 지역에만 남아 있게 될 운명이다. 게다가 이 연료들은 환경 오염이라는 값을 지불하지 않고는 사용할 수 없다. 핵에너지는 온실기체와 산성비의 원인이 되는 기체들의 배출에 직접적인 원인을 제공하지는 않지만 장기적인 에너지 문제의 해결책이 되기에는 그 자신만 가지고 있는 심각한 문제점이 있다. 이제 변화가 필요한 시점이 되었다.

그러나 열역학 법칙들과 인간의 본성으로 인해 변화는 쉽게 일어나지 않을 것이다. 지속 가능한 대안 에너지원으로의 전환과 사용은 우리의 자본, 시간, 지적인 능력을 투자하고 집중적으로 노력하지 않으면 기대할 수 없다. 화석 연료로부터 벗어나기 위한 희생과 타협은 오늘날 우리가 선택하기 나름이다. 우리는 전 세계적, 국가적, 개인적인 우선 순위를 정할 필요가 있다. 그리고 용감하게 실행에 옮기고 꾸준히 실천해야 한다.

우리는 지금까지 지구의 풍부한 자원의 혜택을 누려 왔다. 이제는 우리가 미래 세대를 위해 에너지원을 보존해야 할 의무를 다해야 하는 시점이다.

요약

이 장을 공부한 후에 다음을 할 수 있어야 한다:

- 산화와 환원 과정을 포함하여 갈바니 전지에서 전자의 이동에 관한 원리를 설명할 수 있다. (8.1)
- 산화 반쪽 반응과 환원 반쪽 반응을 구분하고, 어떤 화학종이

산화되고 환원되는지를 구분할 수 있다. (8.1)

- 서로 다른 종류의 배터리의 구조, 작동 원리, 사용처, 장점을 설명할 수 있다. (8.1~8.3)
- 하이브리드 자동차의 생산과 사용에 있어서 원리, 장점, 해결해야 할 문제점을 설명할 수 있다. (8.4).
- 일반적인 연료 전지의 구조, 작동 원리, 사용처, 장점을 설명할 수 있다. (8.5)
- 수소를 생산하고 연료로 사용할 때 얻는 이득과 비용을 설명할 수 있다. (8.6)
- 태양 전지의 작동 원리와 현재 및 미래의 사용처에 대해서 설명할 수 있다. (8.7)
- 재생 가능한 에너지원들이 전통적인 에너지원들에 비해서 어떤 장점이 있는지, 전자 이동에 어떻게 이용될 수 있는지 설명할 수 있다. (8.8)

연습문제

기본문제

1. a. **산화**(*oxidation*)와 **환원**(*reduction*)의 정의를 쓰시오.
   b. 이 두 과정은 왜 항상 함께 일어나야 하는가?
2. 다음 반쪽 반응 중 어느 것이 산화 반응이고, 어느 것이 환원 반응인지 쓰고, 이유를 설명하시오.
   a. $Fe \longrightarrow Fe^{2+} + 2\,e^-$
   b. $Ni^{4+} + 2\,e^- \longrightarrow Ni^{2+}$
   c. $2\,Cl^- \longrightarrow Cl_2 + 2\,e^-$
3. 다음 전체 반응식에서 산화되는 화학종은 무엇이고, 환원되는 화학종은 무엇인가?
   $$2\,Zn(s) + O_2(g) \longrightarrow 2\,ZnO(s)$$
4. 갈바니 전지와 실제 배터리의 차이는 무엇인가? 예를 들어 설명하시오.
5. 전기와 관련해서 흔히 쓰는 단위로 볼트와 암페어가 있다. 각각의 단위는 무엇을 측정한 값을 나타내는가?

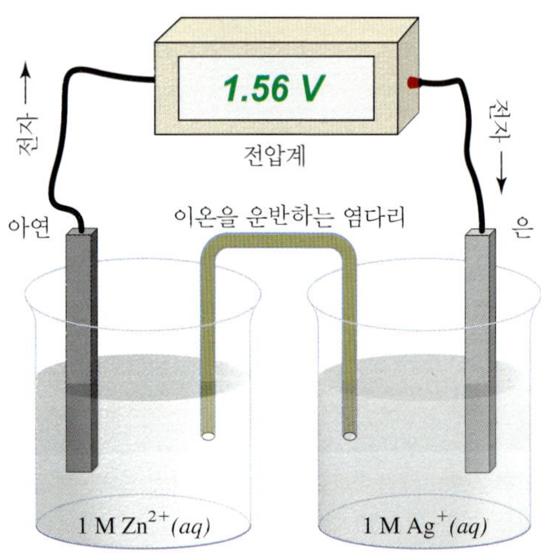

6. 위의 갈바니 전지 그림을 보고 물음에 답하시오. 전지가 방전됨에 따라 은 전극 표면에 순수하지 않은 은 금속이 덮이기 시작한다.
   a. 산화 전극이 어느 것인지 찾고, 산화 반쪽 반응을 쓰시오.
   b. 환원 전극이 어느 것인지 찾고, 환원 반쪽 반응을 쓰시오.
7. 리튬-아이오딘 전지에서 Li는 Li^+로 산화되고 I_2는 $2I^-$로 환원된다.
   a. 이 전지에서 일어나는 산화 반쪽 반응과 환원 반쪽 반응을 쓰시오.
   b. 전체 전지 반응을 쓰시오.
   c. 산화 전극과 환원 전극에서 일어나는 반응은 각각 어느 것인가?
8. a. 작은 AAA 크기의 알칼리 전지의 전압과 큰 D 크기의 알칼리 전지의 전압을 비교하고, 왜 그런지 설명하시오.
   b. 서로 크기가 다른 이 두 알칼리 전지는 같은 시간 동안 전류를 공급할 수 있는가? 물음에 답하고 그 이유를 설명하시오.
9. 다음 개인 휴대용 전자 기기에 주로 사용되는 갈바니 전지의 종류를 쓰시오(단, 태양 전지는 사용되지 않는다고 가정하시오).
   a. 노트북 컴퓨터　　b. MP3 플레이어
   c. 디지털 카메라　　d. 전자 계산기
10. 수은 전지는 그동안 의료용과 산업용으로 널리 사용되어 왔다. 이 전지의 전체 반응식은 다음과 같다.
    $$HgO(l) + Zn(s) \longrightarrow ZnO(s) + Hg(l)$$
    a. 산화 반쪽 반응을 쓰시오.
    b. 환원 반쪽 반응을 쓰시오.
    c. 수은 전지가 더 이상 사용되지 않는 이유는 무엇인가?
11. a. 갈바니 전지에서 전해질의 역할은 무엇인가?
    b. 알칼리 전지에 사용되는 전해질은 무엇인가?
    c. 납-산 축전지에 사용되는 전해질은 무엇인가?
12. 다음은 두 개의 **완성되지 않은** 납-산 축전지의 반쪽 반응이다. 이 반쪽 반응들에는 잃거나 얻게 되는 전자들이 표시되어 있지 않다. 이 반응들은 좀 복잡하지만 어떤 일이 일어나는지 알아볼 수는 있다.
    $$Pb(s) + SO_4^{2-}(aq) \longrightarrow PbSO_4(s)$$
    $$PbO_2(s) + 4\,H^+(aq) + SO_4^{2-}(aq) \longrightarrow PbSO_4(s) + 2\,H_2O(l)$$
    a. 두 식의 균형을 맞추시오. 전하의 균형을 맞추기 위해서 필요하면 전자를 더하시오.
    b. 어느 반쪽 반응이 산화 과정을 나타내고, 어느 반쪽 반응이 환원 과정을 나타내는가?

c. 전지의 두 전극들 가운데 하나는 납으로 만들어지고, 다른 하나는 이산화 납으로 만들어진다. 산화 전극과 환원 전극은 각각 어느 것인가?

13. 연료 전지에서 $O_2(g)$가 $H_2O(l)$로 변환되는 동안(식 8.13 참조), 다음 반쪽 반응이 일어난다.

$$1/2\ O_2(g) + 2\ H^+(aq) + 2\ e^- \longrightarrow H_2O(l)$$

이 반쪽 반응은 산화 과정을 나타내는가? 아니면 환원 과정을 나타내는가? 답하고 설명하시오.

14. 연료 전지에서 일어나는 수소와 산소의 반응은 수소와 산소의 연소 반응과 어떻게 다른가?

15. 다음 그림은 초기 몇몇 우주 탐사에서 사용된 수소 연료 전지의 구조를 나타낸 것이다.

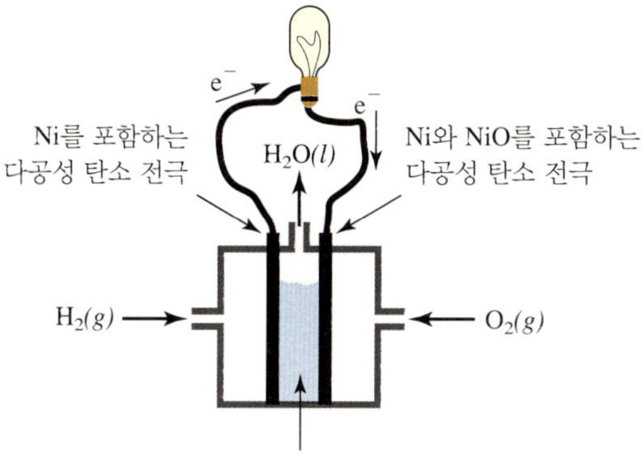

수소-산소 연료 전지에서 일어나는 화학 반응은 다음 두 반쪽 반응으로 나타낼 수 있다.

$$H_2(g) \longrightarrow 2\ H^+(aq) + 2\ e^-$$
$$1/2\ O_2(g) + 2\ H^+(aq) + 2\ e^- \longrightarrow H_2O(l)$$

산화 전극과 환원 전극에서 일어나는 반쪽 반응을 각각 쓰고 이유를 설명하시오.

16. PEM 연료 전지란 무엇인가? 이 연료 전지가 문제 15에 소개된 연료 전지와 다른 점은 무엇인가?

17. 수소뿐만 아니라 메테인도 PEM 연료 전지의 연료로 사용할 수 있는지 연구 대상이 되어 왔다. 다음에 주어진 산화 반쪽 반응과 환원 반쪽 반응의 균형을 맞추고, 메테인을 연료로 사용하는 연료 전지의 전체 반응식을 쓰시오.

산화 반쪽 반응:

$$\_\_\ CH_4(g) + \_\_\ OH^-(aq) \longrightarrow \_\_\ CO_2(g) + \_\_\ H_2O(l) + \_\_\ e^-$$

환원 반쪽 반응:

$$\_\_\ O_2(g) + \_\_\ H_2O(l) + \_\_\ e^- \longrightarrow \_\_\ OH^-(aq)$$

18. 내연 기관을 가지고 있는 자동차에 비해서 수소 FCV가 갖는 두 가지 장점을 제시하시오.

19. 포타슘과 리튬은 반응성이 큰 1A족 금속 원소이다. 이들은 모두 반응성이 매우 큰 수소화물을 만든다.

a. 포타슘은 H_2와 반응하여 수소화 포타슘(KH)을 만든다. 이 화학 반응식을 쓰시오.

b. KH는 물과 반응하여 H_2와 수산화 포타슘을 만든다. 이 화학 반응식을 쓰시오.

c. 연료 전지에 사용하기 위한 H_2를 저장하는 기술에 KH가 아니라 LiH가 제안된 이유를 제시하시오.

20. 자동차의 주 에너지원으로 수소 연료 전지를 사용하는 데 어떤 문제점이 있는가?

21. 매년 5.6×10^{21} kJ의 에너지가 태양으로부터 지구로 보내진다. 이 에너지로 우리가 필요한 에너지를 모두 충족시키지 못하는 이유는 무엇인가?

22. 다음 **균형이 맞추어지지 않은** 반응식은 태양 전지에 사용될 순수한 실리콘을 생산하는 과정의 마지막 단계를 나타낸 것이다.

$$\_\_\ Mg(s) + \_\_\ SiCl_4(l) \longrightarrow \_\_\ MgCl_2(l) + \_\_\ Si(s)$$

a. 순수한 실리콘 원자 한 개가 만들어질 때 몇 개의 전자가 이동하는가?

b. $SiCl_4(l)$ 안의 Si는 $Si(s)$를 만들기 위해서 산화되는가, 환원되는가? 물음에 답하고 설명하시오.

23. 기호 •는 전자를 나타내고, 기호 ●는 실리콘 원자를 나타낸다. 아래 그림의 가운데 있는 진한 자주색 공은 갈륨이나 비소 원자를 나타낸다. 이 그림은 갈륨 불순물이 첨가된 *p*형 실리콘 반도체를 나타내는가? 아니면 비소 불순물이 첨가된 *n*형 반도체를 나타내는가? 물음에 답하고 이유를 설명하시오.

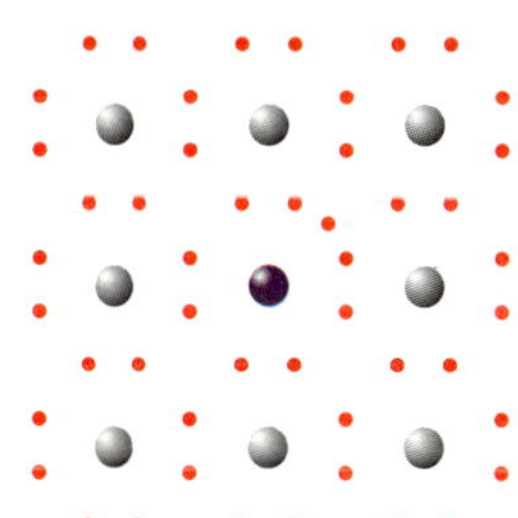

24. 태양 전지의 에너지 변환 효율이 왜 이론적인 값인 31%보다 낮은 원인들을 설명하시오.

개념문제

25. 이 장의 제목인 '전자의 이동으로부터 얻는 에너지'의 중요성을 설명하시오.

26. 다음 세 가지 빛을 얻을 수 있는 방식들 각각에 대해서 질문에 답하시오. 양초, 배터리를 이용한 손전등, 백열전구

a. 빛이 발생하는 원인은 무엇인가?

b. 빛으로 전환되기 바로 직전의 에너지는 어떤 형태인가?

c. 빛으로 드러나는 가장 근본적인 에너지원은 무엇인가? **힌트:** b의 답으로부터 최대한 거슬러 올라가라.

d. 각각의 방식을 사용했을 때 최종 생성물은 무엇이며 부산물은 무엇인가?

e. 각각의 방식을 사용함으로써 발생하는 환경 비용에는 어떤 것들이 있는가?

f. 각각의 방식의 장점과 단점은 무엇인가?

27. 재충전 가능한 배터리와 한 번 쓰고 버려야 하는 배터리의 차이점을 설명하시오. 예로서 Ni-Cd 배터리와 알칼리 배터리의 차이점을 비교하시오.

28. 전해 전지와 연료 전지의 차이점을 예를 들어 설명하시오.

29. 납-산 축전지와 연료 전지의 차이점을 나열하시오.

30. *Chemical & Engineering News* 2009년 6월호 기사에서 지질학자인 Woods Hole Oceanographic Institution의 Maurice A. Tivey는 다음과 같이 주장하였다. "지구는 금속이 풍부한 암석으로 이루어져 있다. 우리가 새로운 광산을 개발하거나 자원을 재활용하거나 또는 단순히 소비량을 줄이기만 해도 결코 금속 자원이 모자라게 되는 일은 없을 것이다. 아마도 우리가 금속이 모자라는 문제에 부딪히기 전에 지구 온난화나 다른 환경 문제로 인해 지구에 살 수 없게 될 것이다."

a. 금속 자원은 고갈되지 않을 것이라는 위의 주장에 동의하는가? 여러분의 의견에 대한 근거를 설명하시오.

b. 배터리 재활용 양을 늘리기 위해서 해결해야 할 두 가지 문제점을 제시하시오.

31. ZPower라는 회사는 노트북 컴퓨터와 휴대폰에 사용되는 리튬-이온 배터리를 대체할 수 있는 은-아연 배터리를 개발하여 광고하고 있다.

a. 은-아연 배터리는 현재 사용되고 있는 리튬-이온 배터리에 비해서 어떤 장점이 있는가?

b. 다음 전체 전지 반응을 보고 산화 반쪽 반응과 환원 반쪽 반응을 쓰시오. 각각 어떤 반응물이 산화되고, 환원되는지 표시하시오.

$$Zn + Ag_2O \longrightarrow ZnO + 2\,Ag$$

32. 휴대폰을 사용하면 그 안에 들어 있는 배터리가 방전된다. 어느 제조사가 새로운 에너지 사용 효율 향상 시스템을 평가하여 다음 데이터를 제시하였다.

시간(분:초)	전압(V)
0:00	6.56
1:00	6.31
2:00	6.24
3:00	6.18
4:00	6.12
5:00	6.07
6:35	6.03
8:35	6.00
11:05	5.90
13:50	5.80
16:00	5.70
16:50	5.60

a. 위의 데이터를 이용하여 그래프를 그리시오.

b. 제조사의 목표는 15분 동안 계속해서 사용한 후에 초기 전압의 90%를 유지하는 것이다. 이 목표가 달성되었는가? 위에서 그린 그래프를 이용하여 설명하시오.

33. 자신이 사는 지역에서 HEV를 구입할 수 있다고 가정하고 HEV 구입을 결정하기 전에 자동차 판매원에게 물어볼 것들을 적어도 세 가지 준비하시오. 그리고 자신의 선택에 대한 타당한 이유를 제시하시오.

34. Toyota의 휘발유-배터리 하이브리드 자동차의 배터리는 별도로 재충전할 필요가 없다. 왜 그런지 설명하시오.

35. 가끔 전기를 사용할 수 없는 정전이 발생한다. 우리가 전기를 상당히 긴 시간 동안 사용할 수 없을 때 HEV, PHEV, EV는 휘발유로 작동하는 자동차와 다른 영향을 받는가?

36. 인터넷을 이용해서 '*the tragedy of the commons*'를 검색해 보고 그 뜻을 조사해 보시오. 이 개념을 수은과 카드뮴과 같은 금속을 배터리에 사용했던 사례에 적용해 보시오.

37. 수소는 산소와 반응하여 연소되었을 때 물만 배출하는 친환경적인 연료로 여겨지고 있다. 수소 연료를 널리 사용하게 되었을 때 도시의 대기에 미치는 두 가지 긍정적인 영향을 제시하시오.

38. 연료 전지는 1839년에 발명되었으나 이후 1960년대에 미국이 우주 개발 사업을 시작하기 전까지는 실용적인 목적으로 사용되지 않았다. 연료 전지가 이전부터 사용되어 온 에너지원들에 비해서 갖는 장점은 무엇인가?

39. 수소와 메테인은 모두 연료 전지 안에서 산소와 반응할 수 있다. 이 연료들은 직접 탈 수도 있다. 이 두 연료 중 어느 것이 탈 때 더 많은 열을 방출하는가? 1.00 g의 H_2인가? 1.00 g의 CH_4인가? **힌트:** 각각의 균형 맞춘 연소 반응을 쓰고 표 4.4의 결합 에너지를 이용하여 답하라.

40. 기술자들이 휘발유를 수소와 일산화 탄소로 변환시키는 시험용 연료 전지를 개발하였다. 이렇게 만들어진 일산화 탄소는 촉매를 이용하는 조건에서 뜨거운 수증기와 반응하여 이산화 탄소와 수소를 추가로 더 만들어 낸다.

a. 관련된 반응식들을 쓰고 이 시험용 연료 전지의 기능을 설명하시오(단, 휘발유의 탄화수소를 옥테인(C_8H_{18})이라고 가정하라).

b. 이 시험용 연료 전지가 미래에 경제적으로 성공할 수 있을지 전망해 보시오.

41. 배터리, 태양 전지, 연료 전지의 새로운 기술을 개발하는 데 녹색 화학의 핵심 아이디어들이 어떻게 적용될 수 있는가? 세 가지 구체적인 예를 들어 보시오.

42. 다음 그림은 액체 물속에 존재하는 두 개의 물 분자를 보여 주고 있다.

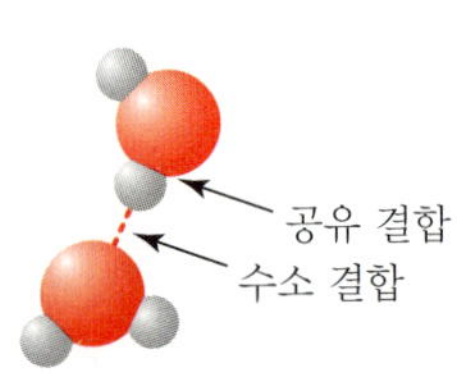

a. 물이 끓을 때 어떤 일이 일어나는가? 이때 분자 내 공유 결합이 끊어지는가? 아니면 분자간 수소 결합이 끊어지는가? **힌트:** 5장을 참고하라.

b. 물이 전기 분해될 때 어떤 일이 일어나는가? 이때 분자 내

공유 결합이 끊어지는가? 아니면 분자간 수소 결합이 끊어지는가?

43. 물을 전기 분해하는 것이 수소 기체를 얻는 가장 좋은 방법이 되지 못하는 이유는 무엇인가?

44. 적은 양의 수소 기체는 다음 반응식과 같이 실험실에서 소듐 금속과 물을 반응시켜 얻을 수 있다.

$$2\ Na(s) + 2\ H_2O(l) \longrightarrow H_2(g) + 2\ NaOH(aq)$$

a. 1.0몰의 수소 기체를 얻는 데 몇 그램의 소듐이 필요한가?

b. 미국인 한 사람이 하루 동안 소비하는 에너지, 1.1×10^6 kJ에 해당하는 수소 기체를 생산하려면 몇 그램의 소듐이 필요한가?

c. 만약 소듐의 가격이 1 kg당 165달러라면, 1.0몰의 수소 기체를 생산하는 데 드는 비용은 얼마나 될까? (단, 물의 가격은 무시할 수 있다고 가정하라.)

45. a. 수소는 연료로 사용하는 데 있어서 장점도 있고 단점도 있다. 수소를 교통 수단과 전기 에너지를 생산하기 위한 연료로 사용하는 데 있어서 장점과 단점을 나란히 비교하는 목록을 만드시오.

b. 수소를 교통 수단과 전기 에너지 생산을 위한 연료로 사용하는 것에 대해서 찬성하는가? 자신의 의견을 학생 신문에 게재하기 위한 짧은 기사로 작성해 보시오.

46. 화석 연료는 '태양이 고대에 지구에 해 둔 투자'라고 불려 왔다. 이 강의를 수강하지 않는 친구에게 이 비유를 설명해 보시오.

47. 태양열 에너지를 이용하여 전기를 생산하는 비용은 화석 연료를 태워 전기를 생산하는 비용보다 크다. 이 경제적인 상황을 고려하여 태양 전지로부터 환경적으로 보다 깨끗한 전기를 사용하는 것을 장려하기 위한 두 가지 전략을 제안해 보시오.

48. 전기가 공급되지 않는 오지에서 전기 에너지를 생산하는 것 **이외에** 현재 태양 전지의 용도를 두 가지 더 제시하시오.

응용문제

49. 1800년에 볼타(Alessandro Volta)가 처음으로 배터리를 발명하였다고 알려져 있지만, 어떤 사람들은 이것은 재발견이라고 주장한다. '바그다드 배터리(Baghdad battery)'에 대해서 조사해 보고 이 주장의 신빙성에 대해서 논의하시오.

50. 산소 기체가 존재하는 조건에서 연료가 타는 연소 반응 중에도 산화와 환원이 일어난다. 연소 반응 중에는 금속 전극이 존재하지 않기 때문에 전자의 이동을 추적하기가 더 어렵다. 이 경우에 수소 원자를 잃거나 산소 원자를 얻는 화학종이 산화된다. 반대로 수소 원자를 얻거나 산소 원자를 잃는 화학종이 환원된다.

a. 다음 수소의 연소 반응에 대해서 어떤 화학종이 산화되고, 어떤 화학종이 환원되는지를 결정하는 이 새로운 방법을 적용해 보시오. 그리고 제시한 답을 설명하시오.

$$H_2(g) + {}^1/_2\ O_2(g) \longrightarrow H_2O(g)$$

b. 다음 각각의 연소 반응에 대해서 어느 화학종이 산화되고, 어느 화학종이 환원되는지를 결정하고 이유를 설명하시오.

$$C + O_2 \longrightarrow CO_2$$
$$2\ C_8H_{18} + 17\ O_2 \longrightarrow 16\ CO + 18\ H_2O$$

51. 만약 현재 존재하는 화석 연료의 연소에 의존하는 모든 기술들이 수소 연료 전지로 대체된다면, 지금보다 매우 더 많은 양의 H_2O가 자연계로 배출될 것이다. 이것은 우려할 만한 일이 될 것인가? 이외에도 수소 경제라고 부르는 수소를 이용하여 에너지를 생산하여 공급하는 사회로 전환하는 것이 가져올 다른 결과들에 대해서도 논의해 보시오.

52. 아이슬란드는 화석 연료에 대한 의존도를 줄이기 위한 결단을 내리고 그것을 실행 중이다. 이 계획 중 하나는 대중 교통 수단 및 개인용 교통 수단에 에너지를 공급하기 위한 수소를 생산하고, 저장하고, 분배하는 체계를 구축하는 것이다.

a. 아이슬란드가 화석 연료에 대한 의존도를 크게 줄이기로 결정하게 된 동기를 세 가지 제시하시오.

b. 현재까지 아이슬란드가 실제로 얻은 성과는 무엇인지 조사하여 제시하시오.

c. 아이슬란드의 사례로부터 자신이 살고 있는 곳에서 배울 점이 있는지 설명하시오.

53. 기술의 첨단에서는 과학과 공상과학 소설의 경계가 종종 모호해진다. 지구 궤도에 거울을 놓아 더 많은 태양 에너지를 모아 집속시켜 전기 에너지 생산에 이용한다는 공상 과학 소설에 나올 법한 이 아이디어에 대해서 조사해 보시오.

54. 태양 전지를 만드는 데 사용되는 실리콘은 지구의 지각에 가장 많이 존재하는 원소 중 하나이지만 광물들로부터 이 원소를 추출하는 것은 비용이 많이 드는 일이다. 태양 전지의 수요가 증가하면서 몇몇 회사들은 실리콘 부족을 걱정하게 되었다. 실리콘을 정제해 내는 방법에 대해서 조사하고 태양 전지 생산 기업들이 어떻게 이 증가하는 원자재 가격 문제를 해결하고 있는지 알아보시오.

55. 그림 8.21은 독일의 바바리아 지방의 Solarpark Gut Erlasee에 설치된 태양 전지들을 보여 준다.

a. 자신이 거주하는 국가에서 현재 태양 전지를 이용하는 가장 큰 발전소는 어느 곳에 위치하고 있는가?

b. 다른 두 곳의 대규모 태양광 발전 시설이 설치된 지역을 제시하시오.

c. 개별 건물의 지붕에 설치하는 태양 전지 시설보다 중앙 집중식 태양광 발전 시설을 설치하는 것이 장점이 될 수 있는 요인을 두 가지 제시하시오.

9장 중합체와 플라스틱의 세계

황금무당거미와 거미줄(Golden orb spider and web)

“”자연은 설계 문제가 없다. 사람은 있다.”

William McDonough Michael Braungart, *Cradle-to-Cradle*, 2002

이 책의 표지에 거미줄의 이미지를 나타내었다. 동일한 거미줄 문양이 **환경과 생활 속의 화학**(*Chemistry in Context*)의 이전 판에 제시되었었다. 모든 거미줄은 어떻게 생겼을까? 단어 *context*는 라틴어에서 유래하였는데, '실을 짠다'는 의미이다. 거미줄은 화학과 사회 사이에서 각 장에서 짜인 복잡한 연결 상태의 예가 된다.

그러나 이 장에서 거미줄은 천연 중합체의 한 가지 예를 제공하기 때문에, 거미줄을 한 단계 더 깊이 다룰 것이다. 거미에게, 이 중합체는 강도, 늘어나는 능력, 먹이를 걸려들게 하기에 충분한 끈끈함을 포함한 매우 유용한 특성들을 제공한다. 우연히 거미줄로 걸어들어간 사람은 누구나 이들 특성들을 입증할 수 있다.

이 장 시작부의 그림에 나타낸 것처럼 무당거미는 악명 높은 까다로운 건설가로 매일 새 거미줄을 뽑아낸다. 이러한 매일 거미줄 만들기는 거미에게 필요한 자원을 쉽게 소진시킬 수 있다. 그러면 무당거미는 그렇게 많은 거미줄을 어떻게 뽑아낼 수 있으며 여전히 살아 있을까? 매우 간단하다, 재활용이다! 무당거미는 헌 거미줄을 소화할 수 있는 능력이 있으며 원료 물질을 재생하여 만들어 낸다. 실질적인 화학 공정이 완전히 파악되지는 않았지만, 사용된 거미줄의 3분의 2 정도가 새 거미줄로 만들어진다.

거미줄같이 일부 중합체는 천연 물질이거나, 폴리에스터와 같은, 다른 중합체는 합성 물질이다. 각 경우 모두 많은 작은 분자로 만들어진 거대 분자이다. 중합체라는 용어는 다음 절에서 정의할 것이다.

인류는 거미줄만큼 강하고 다용도의 섬유를 만드는 능력을 오랫동안 갈구해 왔다. 강철의 강도에 필적하는 중합체를 합성하는 데 긴 여정을 거쳐 왔다. 그러나 무당거미가 뽑아내는 명주처럼 계속해서 사용할 수 있는 중합체를 설계하지는 못하고 있다. 이 장을 열었던 인용구 '**자연은 설계 문제가 없다. 사람은 있다**'를 다시 보자. 중합체 설계 과정을 이해하기 위해서, 먼저 우리는 중합체를 어떻게 인지하고, 어디에서 발견하며, 어떻게 만들고, 그리고 중합체의 물성의 일부에 대해 알아야 할 필요가 있다. 자, 시작해 보자!

9.1 | 우리 주변의 중합체

중합체는 스포츠 세계의 혁명을 가져왔다. 인조 잔디 구장에서 축구를 하고, 선수들은 플라스틱 헬멧을 쓴다. 테니스공은 합성 중합체로 만든다. 탄소 섬유(carbon fiber)는 플라스틱 수지에 삽입되어 자전거, 낚싯대, 요트 선체 제조에 필요한 강도, 유연성, 중량 감소를 제공한다. 하키 선수들은 테플론 또는 고밀도 폴리에틸렌 링크 위에서 경기를 한다. 여전히 목재 카누가 있으나, 오늘날 대부분의 카누는 중합체로 만든다.

인조 잔디는 재활용된다. 사실상 인조 잔디는 재활용 플라스틱으로 만든다. 특정 기후 조건에서 인조 잔디는 물 사용량을 낮춘다.

앞 문단에서 우리는 **중합체**(*polymer*)와 **플라스틱**(*plastic*)을 언급하였다. 이 두 용어는 관련이 있으며 가끔은 교체되어 사용된다. **중합체**라는 용어는 천연 및 합성 중합체를 모두 포함하는 경향을 가진다. 거미줄은 전자의 예이며, 폴리에틸렌은 후자의 예이다. 반면 합성(인공) 중합체는 때때로 플라스틱이라 불리기도 한다. 다음 연구과제를 살펴보자.

연구과제 9.1 누구나의 테니스?

사진의 테니스 선수를 살펴보라. 옷, 라켓, 공, 네트 모두는 직물의 섬유이건 큰 조각이건 간에 중합체를 가진다. 사진을 보고 세 가지 중합체를 고르시오. 필요한 용도에 잘 맞도록 하기 위해서 필요한 물성을 설명하시오.

중합체는 어디에나 존재한다 하더라도, 이를 인지하기 위해서는 우리의 눈(그리고 화

학적 관점)을 훈련할 필요가 있다. 고무오리 인형을 보고 느껴보라! 일부는 음식을 덮는 플라스틱 랩처럼 투명하고, 다른 일부는 세탁용 액체 세제 용기처럼 불투명하다. 일부는 자동차의 나일론처럼 딱딱하고 다른 일부는 플라스틱 숟가락처럼 유연하다. 의류나 카펫을 짜기 위하여 일부 중합체는 섬유로 만들어지고, 다른 중합체는 고무오리 인형처럼 서로 다른 형상으로 성형된다.

일부 중합체는 이들 이름이 폴리프로필렌, 폴리스타이렌처럼 **중합**(*poly*)으로 시작하기 때문에 쉽게 알 수 있다. 다른 일부 중합체는 고어텍스(Gore-Tex), 케블라(Kevlar), 스타이로폼(Styrofoam)처럼 별도의 이름을 가지기 때문에 다소 어려운 경우도 있다. 일반적으로 에폭시(epoxides)나 아크릴(acrylics)로 불리는 도장(coating)이나 수지(resin)는 다른 중합체이다. 다음 연구과제에서 중합체를 알아보자.

연구과제 9.2 야외 활동을 위한 중합체

땅, 수중, 공중에서의 야외 활동 중 좋아하는 것 하나를 선택하시오. 선택한 야외 활동에 필요한 의류 및 장비를 판매하는 회사를 인터넷을 이용해서 찾으시오. 그 웹 사이트에서는 어떤 종류의 중합체를 언급하고 있는가? 품목, 사용하는 중합체, 요구 물성을 표로 만들어 보시오.

원소 주기율표를 제안한, 위대한 러시아 화학자인 멘델레예프(Dmitri Mendeleev)는 연료로 석유를 태우는 것은 '부엌 난로에서 지폐를 태우는 것과 같다'고 말하였다.

이론적으로 중합체는 서로 다른 많은 종류의 출발 물질로 만들 수 있다. 그러나 실제적으로는 대부분 원유(crude oil)라는 하나의 출발 물질을 갖는다. 앞서 배운 바와 같이 석유는 더 이상 이 지구에서 과거처럼 구하기가 용이하지 않다. 오늘날 원유는 많은 플라스틱, 의약품, 섬유, 다른 탄소 기반 생산품의 출발 물질이다. 중합체는 재생 가능한 물질로부터도 만들 수 있다. 이는 이 장의 마지막 부분에서 다루고자 한다.

중합체의 출처와 운명은 우리의 관심사이다. 무당거미를 떠올려 보자. 무당거미는 오래된 거미줄을 섭취하여 새로운 거미줄을 재생한다 할지라도, 인간은 이렇게 효율적인 과정을 설계하지 못한다. 2010년 미국에 버려진 플라스틱의 단지 8%이 재활용되었다. 중합체의 원천과 궁극적인 운명을 둘러싼 복잡성을 이해하기 위해서, 먼저 중합체의 화학적 구조와 어떻게 만들어지는지에 대한 지식이 필요하며, 이들은 다음 절에서 다룬다.

9.2 중합체: 길고 긴 사슬

레이온(인조견; Rayon), 나일론, 폴리유레테인, 테플론(Teflon), 라이크라(신축성이 좋은 인조 섬유; Lycra), 스타이로폼(Styrofoam), 포마이카(열경화성 합성 수지; Formica). 보기에 다른 이들 물질들은 모두 합성 중합체이다. 이들이 공통적으로 가지고 있는 것은 분자 수준에서 매우 쉽게 드러난다. **중합체(polymer)**는 공유 결합된 원자들의 긴 사슬 또는 사슬들로 이루어진 큰 분자들이다. 중합체의 분자는 수천 개의 원자를 가질 수 있고 백만 그램 이상의 몰질량을 가질 수 있다.

단위체(monomer)(*mono*는 '하나'를, *meros*는 '단위'를 의미한다)는 중합체를 합성하는 데 사용되는 작은 분자들이다. 각 단위체는 사슬에서 연결 고리와 유사하다. 중합체(*poly*는 '많다'는 의미이다)는 한 가지 단위체 또는 둘 또는 그 이상의 다른 단위체들의 조합으로 만들어질 수 있다. 그림 9.1에 나타낸 긴 사슬은 동일한 단위체(즉 사슬에서 동일한 연결 고리)로 만들어진 폴리머를 이미지화하는 데 도움을 준다.

그림 9.1 단위체(하나의 고리)와, 한 종류의 단위체로 만들어진 중합체(긴 사슬)의 표현

그림 9.2 참나무 통나무와 잔디는 천연 중합체인 셀룰로스를 가지고 있다. 글루코스는 단위체이다.

화학자들이 중합체를 발명하지 않았다는 것을 명심하라. 예를 들면 글루코스의 천연 중합체인 **셀룰로스(cellulose)**와 **녹말(starch)**을 바이오 연료와 관련하여 앞에서 기술하였다(4장). 다른 천연 중합체로는 목재, 면, 비단, 천연 고무, 피부, 머리카락이 있다. 합성 중합체와 같이, 천연 중합체는 놀라울 만큼 다양한 특성들을 보여 준다. 이들은 참나무에 강함을, 거미줄에 섬세함을, 거위 깃털에 부드러움을, 잔디에 유연성을 부여한다(그림 9.2).

몇 가지 초기 합성 중합체들은 비단이나 고무와 같은 고가이거나 희귀한 천연 중합체의 대체재로 개발되었다. 다른 것들은 낮은 중량으로 상당한 강도를 전달하기 위하여 개발되었다. 예를 들면 강철의 밀도가 약 8 g/cm^{3}인 반면, 플라스틱은 1~2 g/cm^{3}이다. 결과적으로, 플라스틱으로 만들어진 자동차 차체는 강철 재료보다 무게가 덜 나가므로 움직이는 데 더 작은 연료를 필요로 한다. 유사한 방식으로, 플라스틱 포장은 무게를 줄이고 운반하는 동안 연료를 절감하는 데 도움이 된다.

밀도의 개념은 5.2절에 소개하였다.

합성 중합체는 종종 플라스틱이라고도 불리는데, 이 용어는 폭 넓은 성질과 응용성을 갖는 재료에 적용된다. **플라스틱**(*plastic*)이라는 단어는 형용사로 '성형될 수 있는'이라는 뜻을 가지며, 명사로 쓰이면 '성형될 수 있는 물질'이라는 뜻을 가진다. **메리엄-웹스터 대학생용 사전 11판**(*Merriam-Webster Collegiate Dictionary*, 11th)에 따르면, 플라스틱은 '대부분... 높은 분자량의 중합체이며, 성형, 주조, 사출, 잡아 늘이거나 박판화하여 물체, 필름, 가는 실이 될 수 있는 수많은 유기 합성 또는 가공한 물질'로 정의하고 있다. 또한 일부 금속들은 '성형, 사출 및 잡아 늘림'이 가능하기 때문에 플라스틱 같은 성질들을 갖는다. 단어 **플라스틱**은 합성 중합체를 나타내는 용어 이상으로 많은 응용처들을 가지고 있기 때문에, 이 장에서는 단어 **중합체**를 주로 사용할 것이다.

9.3 단위체 더하기

어떻게 단위체를 결합하여 중합체를 만드는가? 앞 절에서는 사슬을 이용하여 중합체를 나타내었지만, 어떻게 형성되었는지 언급하지 않았다. 이 절에서는 화학적 공유 결합이 단위체들을 연결시키는 방법에 대한 세부 내용을 제공할 것이다.

먼저 폴리에틸렌(polyethylene)을 예로 들어보자. 이름이 의미하듯이, 폴리에틸렌은 에틸렌($H_2C{=}CH_2$)으로 된 중합체이다. 에틸렌은 에텐(ethene)의 관용명이다. 에텐은 하나의 C=C 이중 결합을 갖는 탄화수소 족 중에서 가장 작은 분자이다. 중합 반응에서 n개의 에틸렌 단위체 분자들이 결합하여 폴리에틸렌을 형성한다.

영국에서 폴리에텐(polyethene) 또는 폴리텐(polythene)라고도 불리는 폴리에틸렌은 에텐(ethene, not ethylene)이 체계적인 이름이라는 사실을 반영한다. 'Eth'는 탄소 원자가 2개이고, '-ene'는 C=C 결합을 보여 준다.

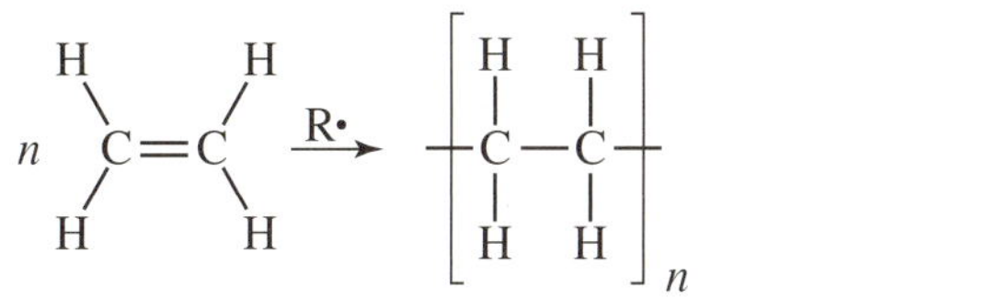

[9.1]

(a) (b)

그림 9.3 (a) 폴리에틸렌으로 만든 병. (b) 액화 에틸렌을 운송하는 철도 탱크차에 부착된 표지. 숫자 '1038'은 에틸렌임을 말해주고, 빨간색 마름모꼴은 가연성이 매우 크다는 것을, 표지의 맨 아래 숫자 '2'는 반응성이 중간 정도임을 의미한다.

에틸렌 단위체 앞의 계수 n은 반응하는 분자의 수를 의미한다. 다시 말해서 이것이 이 중합체의 분자량을 결정하고, 일반적으로 10,000에서 100,000 g/mol의 범위에 있지만, 수백만에 이르기도 한다. 오른쪽에서도 n이 생성물의 아래 첨자로서 나타나는데, 이는 각 단위체가 긴 사슬의 부분이 되고 있음을 나타낸다. 대괄호는 중합체의 반복 단위를 묶음으로 표시한다.

폴리에틸렌이 유일한 생성물이다. 단위체들이 서로 더해져 n개 단위의 긴 사슬을 형성한다. 결과적으로, 이것을 **첨가 중합(addition polymerization)**이라고 한다. 첨가 중합 반응은 중합체가 단위체의 모든 원자들을 포함하도록 단위체들이 자라는 사슬에 더해지는 중합 반응의 일종이다. 다른 생성물은 만들어지지 않는다.

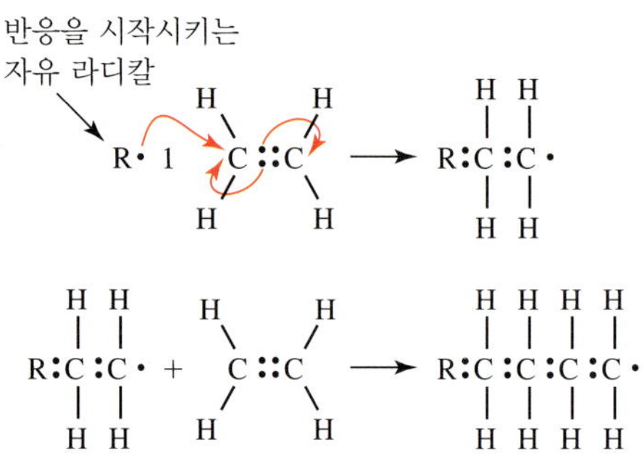

그림 9.4 에틸렌의 중합 반응

Figures Alive!

식 9.1의 화살표 위에 R•을 주목하라. 이것의 중요성을 인식하기 위해서 에틸렌 단위체에 대해서 좀 더 알아볼 필요가 있다. 에틸렌은 정유 공장에서 생산될 때, 약간 휘발유 비슷한 냄새가 나는 가연성이며 무색의 가스이고, 이와는 달리 폴레에틸렌은 냄새가 나지 않는 고체이다(그림 9.3a). 비록 대기 오염 물질로 분류되지는 않지만, 여전히 VOC(휘발성 유기 화합물) 중 한 가지이다. 1장에서 배웠듯이, 대기 중의 VOC는 광화학 스모그를 발생시키는 전구 물질이다. 따라서 에틸렌을 정유 공장에서 폴리에틸렌 생산 공장까지 운송할 때에는 안전 예방책이 필요하다. 공간을 절약하기 위하여, 에틸렌 가스를 가압하고 냉동시켜 액화시킨다. 이 형태로, 에틸렌은 그림 9.3b에 보여 준 것과 같은 표지를 부착한 탱크차로 운송된다.

하이드록실 자유 라디칼(•OH)은 1.11절, 2.8절, 6.7절에서 설명하였다.

액체 에틸렌은 탱크차 내에서 중합될 것인가? 다행스럽게도 그렇지는 않다. 에틸렌의 마지막 사용자는 고체 폴리에틸렌으로 가득 찬 탱크차가 도착한다면 분명히 실망할 것이다! 중합 반응을 시작하기 위해서는, 식 9.1에서 화살표 위에 나타낸 것과 같은 자유 라디칼(R•)이 필요하다. 이 자유 라디칼은 홀전자를 가진 모든, 다양한 화학종 중의 하나를 나타낸다.

중합체 사슬을 형성하는 과정을 시작하기 위해서는, R•이 $H_2C=CH_2$에 붙는다(그림 9.4). 다음에 어떤 일이 일어나는지를 이해하기 위해서, 에틸렌의 이중 결합은 **네 개**의 전자로 이루어져 있음을 상기하라. 에틸렌 분자가 R•과 반응한 후에 이들 전자 중 **두 개**만 C–C 결합에 남게 된다. 다른 **두 개**의 전자는 이동하여(빨간색 화살표로 나타냄) 하나는 R•과, 다른 하나는 에틸렌 분자와 두 개의 새로운 결합을 형성하여, 또 다른 단위체가 사슬에 더해지게 된다. 사슬 끝의 홀전자는 또 다른 단위체가 붙을 수 있는 자리를 제공한다.

각각의 에틸렌 단위체가 더해질 때, 새로운 C–C 결합이 형성되고 사슬은 길어진다. 이 과정이 많이 반복된다. 가끔, 두 개의 중합체 사슬의 끝이 결합하여 사슬의 성장을 멈춘다. 이 과정은 단위체의 공급이 중단되어야 멈춘다. 이 모든 화학 과정의 결과가 기체 상태의 에틸렌이 고체 상태의 폴리에틸렌으로 바뀐 것이다.

산업체 화학자들은 폴리에틸렌을 생산하기 위하여 몇몇 합성 과정을 이용한다. 가장 흔한 과정은 온화한 온도 조건에서 금속 촉매를 이용한다.

비록 식 9.1에서 화살표 위에 R•을 써놓았지만, 이 반응을 다음과 같이 표시할 수 있다.

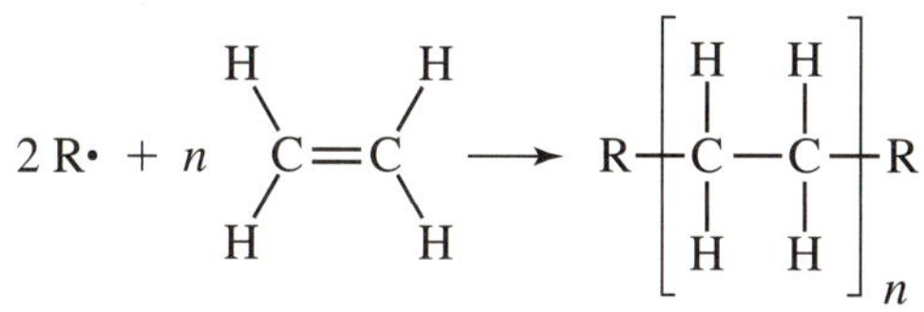

[9.2]

분자의 각 끝부분에 씌워 놓은 R기는 훨씬 더 긴 사슬의 작은 부분이기 때문에, 식 9.1에서처럼 실질적으로는 반응물로서 R•을 계속 생략할 것이다.

*n*의 숫자 값과 사슬의 길이는 달라질 수 있다. 제조 과정 동안, *n*을 조절하여 중합체의 특정 성질을 얻어낼 수 있다. 더구나 단일 제품 내에서도 중합체의 각 분자들은 다양한 길이를 가진다. 그러나 모든 경우에 분자들은 탄소 원자로 된 사슬을 가진다. 본질적으로 폴리에틸렌 분자들은 이들이 훨씬 더 길다는 것을 제외하고는 옥테인(octane)과 같은 탄화수소 분자들과 유사하다.

예제 9.3 에틸렌의 중합 반응

에틸렌의 중합 반응을 보여 주는 식 9.1에서, $n = 4$라고 하자.

a. 이러한 변화를 나타내도록 식 9.1을 다시 적으시오.
b. 괄호를 사용하지 말고 생성물의 구조식을 적으시오. 사슬의 양쪽 끝에 R기를 놓는다는 것을 기억하시오.
c. 분자식의 관점에서, 생성물은 옥테인과 어떻게 다른가?

답

c. 옥테인은 C_8H_{18}이다. 비록 생성물 분자가 유사하게 8개의 탄소 원자를 가지지만, 분자의 양쪽 끝에 수소 원자가 두 개 적고, 두 개의 R기가 붙어 있다.

9.4 | 폴리에틸렌: 자세히 살펴보기

폴리에틸렌은 플라스틱 우유병, 세제 용기, 작은 봉지 등 많은 포장재에서 찾아볼 수 있다(그림 9.5). 그러나 앞 절에서 살펴본 것처럼, 모든 폴리에틸렌은 단위체 에틸렌으로부터 만들어진다. 폴리에틸렌은 어떻게 이렇게 많은 다른 성질들을 가질 수 있을까?

예제 9.4 폴리에틸렌 추적

이 절에서 기술한 바와 같이, 폴리에틸렌 용기, 봉지, 포장 재료에는 저밀도(LDPE)나 고밀도(HDPE)라고 표기되어 있다. 이 재활용 표지를 지침으로 사용하여 각 재료로 만들어진 물건들을 찾으시오. LDPE와 HDPE는 유연성이 다른가? 어떤 것이 더 투명한가? 하나가 다른 것보다 안료로 착색된 것이 더 많은가? 찾은 내용들을 간단한 보고서로 요약해 보시오.

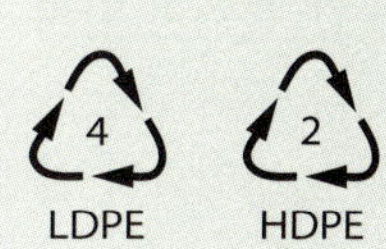

그림 9.5 폴리에틸렌으로 만들어진 포장재와 용기

폴리에틸렌의 다른 성질들은 대부분 긴 분자 사슬에서의 차이로부터 기인한다. 상대적으로 말하면, 이들 분자들은 정말 매우 길다. 폴리에틸렌 분자가 스파게티 면 한 가닥의 폭만큼의 두께를 갖는다고 상상해 보자. 만약 이럴 경우 이 분자는 길이가 거의 반 마일 정도가 될 것이다! 비유를 계속하면, 비닐봉지를 만드는 데 사용한 폴리에틸렌은 접시 위에 요리된 스파게티와 같이 어느 정도 배열된 분자 사슬들로 되어 있다. 비록 일부 영역에서는 분자 사슬이 가지런하지만 폴리에틸렌 분자 가닥들은 잘 정렬되어 있지 않다. 더구나 스파게티 면발처럼 폴리에틸렌 사슬은 서로 공유 결합되어 있지 않다.

5.2절에서 물의 독특한 성질 중 하나인 수소 결합을 설명하였다.

5장에서 액체 상태에서 물 분자들 **사이의** 인력을 기술하기 위해서 수소 결합의 개념을 이용하였다는 것을 상기하라. 수소 결합은 공유 결합이 아니다. 수소 결합은 분자들 사이의 인력 또는 반발력인 **분자간 힘(intermolecular force)**이다. 분자간 힘은 공유된 전자쌍에서 기인하는 분자 **내에** 존재하는 공유 결합과 다르다. 비록 분자간 힘은 공유 결합보다 훨씬 약하지만, 이들은 여전히 측정할 수 있는 효과를 갖고 있다. 예를 들면 물에서 이들 힘은 분자들이 서로 가깝게 유지하고, 물이 흐를 때 서로의 주변에서 미끄러지게 한다. 이와는 달리 증기에서는 물 분자들이 멀리 떨어져 있고 서로 부딪힘이 덜하다.

HDPE, LDPE, 폴리프로필렌과 같은, H와 C 원자만으로 이루어진 중합체는 수소 결합을 하지 못한다. 대신에 다른 형태의 분자간 인력이 분자들을 서로 가까이 유지하게 한다. 이 힘은 긴 중합체 사슬을 이루는 각각의 원자들이 모두 자신의 전자들을 가지고 있기 때문에 발생한다. 이들 전자들은 이웃하는 사슬들의 원자들에 의해 인력이 작용한다. 폴리에틸렌의 가닥들 사이의 인력의 크기는 관여하는 많은 수의 원자들에 의해 결정된다. 이 인력은 두 개의 찍찍이(Velcro, 벨크로) 사이의 결합력과 어느 정도 닮았다. 한쪽 찍찍이의 표면적이 넓을수록 다른 쪽 찍찍이를 더 잘 붙잡는다. 폴리에틸렌 분자들을 붙잡는 분자간 인력을 **분산력(dispersion force)**이라고 하며, 이 분자들 간의 인력은 음전하의 불균등한 분포를 야기하는 전자구름의 일그러짐에서 발생한다. 분산력은 중합체와 같은 큰 분자들에서 중요하다.

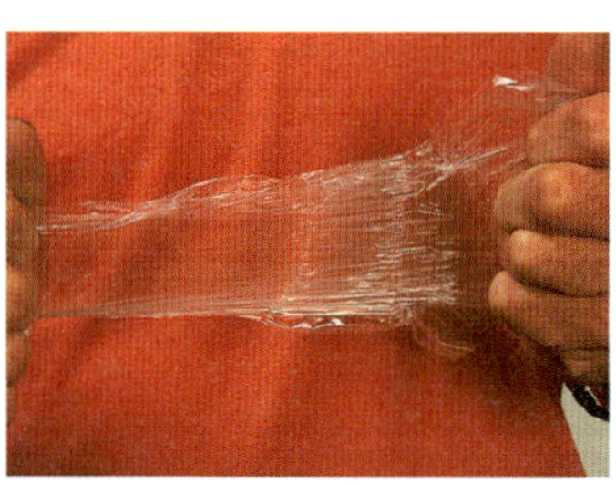

(a)

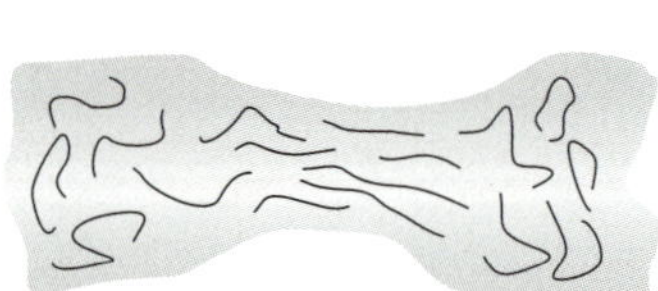

(b)

그림 9.6 (a) 넥킹 현상을 보일 정도로 잡아당겨진 플라스틱 봉지. (b) 분자 수준으로 표현한 넥킹 현상

폴리에틸렌의 분자 배열에 대한 증거를 간단한 실험을 통해 얻을 수 있다. 튼튼하고 질긴 폴리에틸렌 봉지에서 한 조각을 잘라내고, 이 조각의 양쪽 끝을 붙잡고 잡아당겨 보자. 이 플라스틱 조각이 늘어나기 시작하기까지 상당히 강한 힘이 필요하지만, 일단 늘어나기 시작하면 계속 늘이는 데는 힘이 덜 든다. 플라스틱 조각의 폭과 두께가 줄어들면서 길이는 크게 늘어난다(그림 9.6a). 조각의 넓은 부분에는 작은 어깨가 형성되고 중간 부위는 마치 좁은 목이 '넥킹(necking)'이라고 하는 과정에서 형성되는 것처럼 보인다. 고무줄을 당겼을 때와 달리 넥킹 효과는 가역적이지 않다. 사실 플라스틱은 찢어지는 지점까지 점점 얇아진다.

그림 9.6b는 분자적 관점에서 폴리에틸렌의 넥킹 현상을 나타낸 것이다. 폴리에틸렌

조각이 좁아짐에 따라 분자 사슬들이 이동하고, 미끄러지고, 잡아당겨지는 방향으로 서로 평행하게 늘어선다. 일부 플라스틱에서는, 고체상에서 사슬들의 삼차원 배열을 변화시키기 위하여 제조 과정의 한 부분으로 이와 같은 늘림[때로는 '냉연(cold drawing)'이라 부름]을 수행한다. 힘주어 늘림을 계속하면, 중합체는 가닥이 더 이상 평행하게 재배열될 수 없는 지점에 이르게 되어 플라스틱이 끊어진다. 천연 중합체 물질인 종이는 종이가닥들(섬유들)이 단단히 제자리에 붙어 있고 폴리에틸렌의 긴 분자들과 같이 자유롭게 미끄러지지 못하기 때문에 잡아당기면 찢어진다.

연구과제 9.5 **폴리에틸렌의 '넥킹' 현상**

넥킹 현상은 폴리에틸렌 조각의 성질을 영구적으로 변화시킨다.

a. 넥킹 현상은 보통의 중합체에서 단위체 수 *n*에 영향을 주는가?
b. 넥킹 현상은 중합체 사슬에서 단위체 사이의 결합에 영향을 주는가?

중합체의 물리적 성질의 차이는 중합체 사슬의 가지치기 정도에서 발생한다. 이는 그림 9.7에 나타낸 것과 같이 고밀도 폴리에틸렌(HDPE)과 저밀도 폴리에틸렌(LDPE)의 경우에 해당된다.

예제 9.4를 통해서 발견했겠지만, 슈퍼마켓의 농산물 코너에서 제공하는 플라스틱 봉지는 주로 LDPE이다. 이 봉지는 잘 늘어나고 투명하며, 그다지 강하지 않다. 이들 분자들은 대략 500개 단위체로 구성되어 있으며, 중심 중합체 사슬은 나무의 중앙 몸통에서 뻗어 나온 가지들처럼 많은 가지를 가지고 있다(그림 9.7a를 보라).

이 저밀도 형태가 제조된 폴리에틸렌의 첫 번째 형태였다. LDPE가 발견된 지 20년이 지나서, 화학자들은 가지가 생기지 못하도록 반응 조건을 제어할 수 있었으며, HDPE가 탄생하였다. 지글러(Karl Ziegler, 1898~1973)와 나타(Giulio Natta, 1903~1979)는 약 만 개의 단위체로 이루어진 선형의(가지가 없는) 폴리에틸렌 사슬을 만들기 위한 촉매를 개발하였고, 이 연구로 노벨상을 받았다. 이들 긴 사슬들은 곁가지가 없기 때문에 LDPE에서 중합체 사슬이 불규칙하게 엉킨 형태와 달리 평행하게 배열된다(그림 9.7b를 보라). HDPE는 보다 더 규칙적인 분자 구조로 인해, LDPE보다 밀도가 크고, 단단하며, 질기고, 녹는점이 높다.

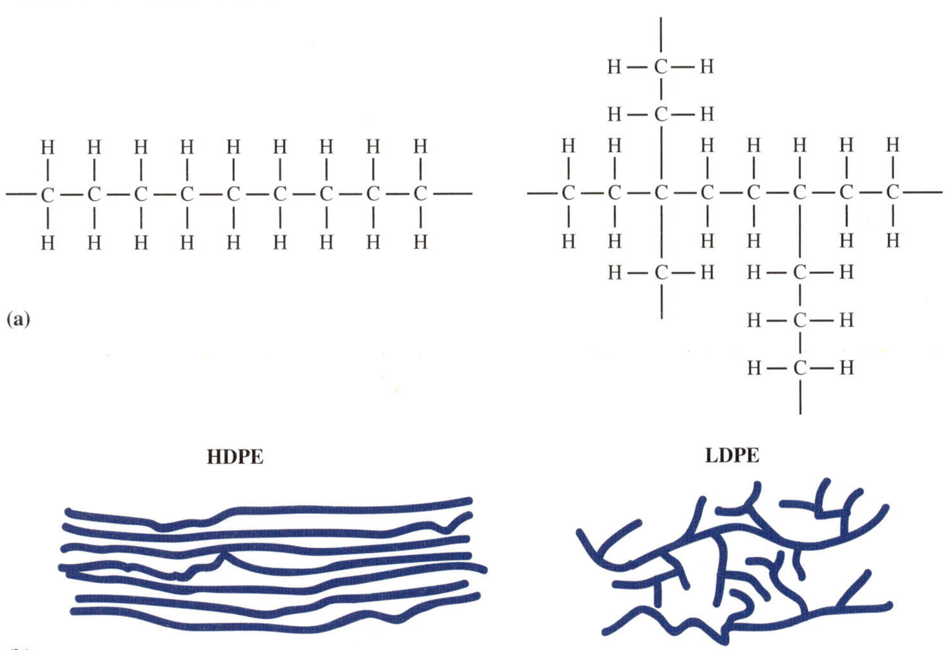

그림 9.7 고밀도(선형) 폴리에틸렌과 저밀도(가지형) 폴리에틸렌. (a) 결합의 세부 형태, (b) 개략적 그림

연구과제 9.6 HDPE와 LDPE

HDPE와 LDPE의 밀도는 각각 0.96 g/cm^3와 0.93 g/cm^3이다. 그림 9.7을 이용하여 밀도에서의 약간의 차이를 설명하시오.

예상하는 바와 같이 HDPE와 LDPE는 다른 용도로 쓰인다. HDPE는 많은 다른 형태의 플라스틱 물병, 장난감, 뻣뻣하고 바스락거리는 플라스틱 봉지 그리고 질기고 튼튼한 파이프를 만드는 데 사용한다. HDPE의 새로운 용도는 HIV/AIDS와 같은 혈액 매개 질병을 가진 수술 환자들에 의해 촉진되었다. 적절한 보호가 없으면, 외과의사는 감염의 위험에 시달릴 것이다. 얼라이드시그널 사(AlliedSignal Inc.)는 스펙트라(Spectra)라고 부르는 선형 폴리에틸렌 섬유를 생산하여 외과수술용 장갑의 안감을 만들 수 있었다. 이 장갑은 중간 중량의 가죽 작업 장갑보다 절단 저항력이 15배 이상 크다고 알려져 있지만 두께가 매우 얇아 예민한 접촉감을 유지할 수 있게 한다. 날카로운 수술용 메스로 장갑 위를 긋는다 해도 섬유에 아무런 손상을 미치지 않는다. 이러한 강도는 의료 종사자들이 사용하는 일상적인 플라스틱 장갑의 특성과는 현저히 대비된다.

1999년에 얼라이드시그널(AlliedSignal)과 하니웰(Honeywell)이 합병하여 하니웰 인터내셔널(Honeywell International)을 설립하였다.

연구과제 9.7 중합체 쇼핑

매크로갤러리아(*Macrogalleria*)는 미국화학회를 포함한 많은 후원자들의 지지를 받아 설립되었다.

a. 인터넷에서 **매크로갤러리아**를 검색하고 가상 쇼핑몰을 찾아보시오. 상점들을 방문하여 LDPE 또는 HDPE로 만들어진 물품들을 적어도 6개를 찾으시오. 찾은 것들을 열거하시오.

b. 이 사이트가 **매크로갤러리아**로 명명된 이유가 무엇이라고 생각하는가? **힌트:** 11장에서 다량 영양소(macronutrient)와 소량 영양소(micronutrient)에 대해 알아보기 위해 미리 읽어보라.

답

b. *Macro*는 크다는 의미이다. 이 사이트는 큰 분자들의 전시장이다. 유사하게, 다량 영양소는 많은 양으로 섭취하는 음식들이다.

폴리에틸렌이 곁가지가 아주 많은 형태와 엄격한 선형 형태의 극단적인 두 가지에 국한된다고 결론짓는 것은 잘못이다. LDPE에서 곁가지의 수와 위치를 조절함으로써, LDPE의 성질을 우유팩의 부드럽고 왁스 같은 코팅제에서, 잘 늘어나는 음식물을 싸는 랩에 이르기까지 변화시킬 수 있다. HDPE는 플라스틱 우유병에 사용할 만큼 충분히 단단하다. 식기세척기의 뜨거운 물은 HDPE 또는 LDPE 어떤 것도 녹이지 못하지만, 뜨거운 프라이팬 또는 가열 기구 근처에 두면 녹을 수도 있다.

폴리에틸렌은 관심 있는 특성이 더 있는데, 좋은 전기 부도체이다. 2차 세계 대전 중에 연합군은 비행기의 레이더를 설치할 때에 폴리에틸렌을 이용하여 전기 케이블을 코팅하였다. 레이더를 개발한 와트 경(Sir Robert Watt)은 폴리에틸렌의 결정적 중요성을 다음과 같이 설명하였다. "폴리에틸렌을 사용할 수 있게 되면서, 비행기용 레이더의 설계, 제작, 설치, 유지 문제가 거의 해결 불가능한 것에서 편하게 관리할 수 있는 것으로 바뀌었다.... 폴리텐이 없었으면 달성할 수 없었을 전 영역의 안테나와 배전선의 설계가 모두 가능하게 되었고, 전체적으로 속출하는 감당할 수 없는 항공기 유지와 관련된 문제들이 없어졌다. 이러하듯 폴리텐은 레이더 때문에 가능했던 하늘과 바다와 땅에서의 수많은 일련의 승리들에서 없어서는 안 될 역할을 담당하였다"(*Polythene—The Technology and Uses of Ethylene Polymers*(2nd ed., edited by A. Renfrew, London: Iliffe and Sons, 1960) 중 "The History of Polythene"에서 J. C. Swallow가 인용).

연구과제 9.8 다른 종류의 폴리에틸렌

LDPE와 HDPE 이외에도, 폴리에틸렌은 MDPE와 LLDPE 형태로도 만들어진다. 인터넷을 이용하여 이들 및 다른 형태의 폴리에틸렌을 찾아보시오. 이들의 성질은 어떻게 다른가?

9.5 | 대표적인 6가지 중합체: 주제 및 변형들

오늘날 6만 가지 이상의 합성 중합체들이 알려져 있다. 비록 중합체들이 많은 특수 용도로 개발되었지만, 6가지 형태가 유럽과 미국에서 사용되는 것들의 거의 75%를 차지하고 있다. 우리가 매일 생활 속에서 접하는 이 중합체들을 '대표적인 6가지 중합체(Big Six)'라고 하며 표 9.1에서 이들을 볼 수 있다. 즉 폴리에틸렌(polyethylene: 저밀도와 고밀도), 폴리염화 바이닐(polyvinyl chloride), 폴리스타이렌(polystyrene), 폴리프로필렌(polypropylene), 폴리에틸렌 테레프탈레이트(polyethylene terephthalate)이다.

표 9.1에는 이들 6가지 중합체의 성질도 열거되어 있다. 이들 모두 고체이고 염료로 착색할 수 있다. 이들 모두는 물에 녹지 않지만, 일부는 탄화수소, 지방, 오일 존재하에

표 9.1 대표적인 6가지 중합체

중합체	단위체	중합체의 성질	중합체의 용도
저밀도 폴리에틸렌 (LDPE) 4 LDPE	에틸렌 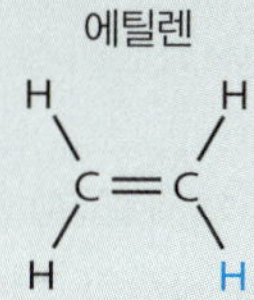	안료를 넣지 않으면 반투명함. 부드럽고 유연하고, 약간 질김. 산, 염기와 반응하지 않음. 일부 오일 및 용매에서 부드러워짐.	봉지, 필름, 시트, 버블랩(뽁뽁이), 장난감, 전선 피복
고밀도 폴리에틸렌 (HDPE) 2 HDPE	에틸렌 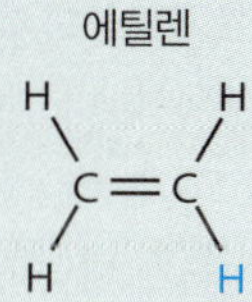	LDPE와 유사하나 더 단단함. 보통 불투명하고, 더 질기며, 약간 더 밀도가 높음.	우유, 주스, 세제, 샴푸통과 같은 용기. 양동이, 상자, 울타리와 같은 저가의 플라스틱 물품
폴리염화 바이닐 3 PVC 또는 V	염화 바이닐 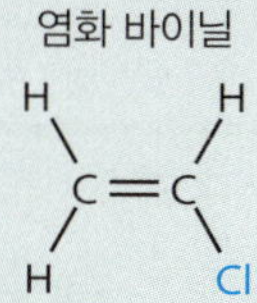	다양함. 가소제로 부드럽게 하지 않으면 단단함. 맑고 반짝거리나 종종 착색됨. 오일, 산 및 염기를 포함한 대부분의 화학 물질에 대한 저항이 있음.	단단한 PVC: 배관용 관, 건물용 판자, 신용 카드, 호텔 방 열쇠 부드러운 PVC: 정원 호스, 방수 부츠, 샤워 커튼, 정맥 혈관 튜브
폴리스타이렌 6 PS	스타이렌 	다양함. '결정 형태'는 투명하고, 반짝거리며, 다소 깨지기 쉬움. '팽창 형태'는 가벼운 폼 형성. 두 가지 모두 단단하고 여러 가지 유기 용매에 녹음.	'결정 형태': 식품 랩, CD 케이스, 투명 컵 '팽창 형태': 폼 컵, 단열 용기, 식품 포장 접시, 달걀 담는 상자, 패킹 피넛
폴리프로필렌 5 PP	프로필렌 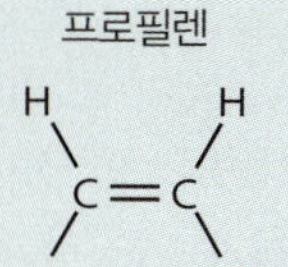	불투명하고, 질기고, 내후성이 좋음. 녹는점이 높음. 대부분의 오일, 산과 염기에 저항성이 있음.	병뚜껑, 요구르트, 크림 및 마가린 용기. 카펫, 가정용 가구, 여행용 가방

표 9.1 (계속)

중합체	단위체	중합체의 성질	중합체의 용도
폴리에틸렌 테레프탈레이트 1 PETE 또는 PET	에틸렌 글라이콜 $HO—CH_2CH_2—OH$ 테레프탈산 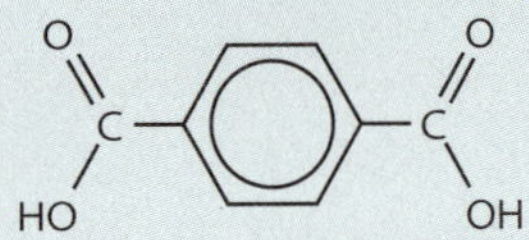	투명하고, 강하고, 잘 부스러지지 않음. 산과 대기 중 기체에 대한 불침투성. 6가지 중 가장 고가	청량음료 병, 투명한 식품 용기, 음료수 잔, 플리스 섬유(양털 같이 부드러운 직물), 카펫 직물, 섬유를 채운 절연체

비고: 처음 5가지 단위체의 구조는 파란색으로 나타낸 원자단만이 다르다.

열가소성과는 달리, 일부 플라스틱은 열경화성(thermosetting)이다. 여기서 'set'은 열에 대해 비가역적이다. 그 예로는 그림에 보인 멜라민(melamine) 접시와 베이클라이트(Bakelite) 오븐용 그릇이 있다.

서 녹거나 부드러워진다. 6가지 모두 **열가소성 중합체(thermoplastic polymer)**이며, 이는 열을 가하면 녹을 수 있고 계속해서 다시 재성형할 수 있다는 것을 의미한다. 그러나 이 중합체들은 제조 경로에 따라 일정 범위의 녹는점을 나타낸다. 6가지 대표 중합체 중에서 폴리에틸렌이 가장 낮은 녹는점을 가지며, LDPE와 HDPE는 각각 약 120°C와 130°C에서 녹는다. 반면에 폴리프로필렌(PP)은 160~170°C에서 녹는다.

중합체는 분자들의 배열에 따라 다양한 강도를 갖는다. 미시적인 수준에서 살펴보면, 중합체의 어떤 부분에서는 분자들이 결정성 고체에서 발견할 수 있는 것과 같이 질서 정연하게 반복되는 패턴을 가진다. 이러한 **결정성 영역(crystalline region)**에서는 긴 중합체의 분자들이 규칙적인 패턴으로 균형 있고 단단하게 배열된다. 같은 중합체의 다른 부분에서는 **비결정성 영역(amorphous region)**을 찾을 수 있다. 여기에서는 긴 중합체의 분자들이 임의적이고, 무질서한 배열로 존재하고 훨씬 더 느슨하게 쌓인다. 구조적인 규칙성 때문에, 결정성 영역은 HDPE와 PP에서와 같이 강도와 마모에 대한 저항성을 부여한다. 일부 중합체는 결정성이 매우 크지만, 대부분의 중합체는 여전히 비결정성 영역을 갖고 있다. 이들 영역이 유연성을 부여한다. 예를 들면 PP에서 비결정성 영역은 끊어지지 않고 구부러질 수 있는 능력을 갖게 해 준다. 중합체에서 다양한 성질들은 이들을 고유한 용도에 따라 다르게 적용할 수 있다는 것을 의미한다. 다음 예제는 중합체를 이들의 용도와 연결시키는 기회를 제공한다.

연구과제 9.9 대표적인 6가지 중합체의 용도

표 9.1과 대표적인 6가지 중합체들에 대해 제공되는 다른 정보를 이용하여 다음 물음에 답하시오.

a. 오일에 의해 부드러워지기 때문에 마가린 통으로 적합하지 않는 중합체는 어느 것인가?
b. 어느 중합체들이 투명한가? 어느 중합체가 청량음료 병으로 사용되는가?
c. 어느 중합체가 질기고 병뚜껑 용도로 사용되는가? 질김이 주요한 다른 응용 예를 말해 보시오.
d. 산에 반응성이 없는 중합체를 나열하고, 어느 중합체가 오렌지 주스와 같은 산성 음료용 용기로 사용할 수 있는가?

표 9.1에서 6개의 단위체들이 6개의 다른 중합체를 만들기 위해 사용된다는 것을 볼 수 있지만, 아마도 여러분이 예상한 방식은 아닐 것이다. PET는 **두 개**의 단위체를 사용한다. 다음 절의 설명을 살펴보라. HDPE와 LDPE는 앞 절에서 언급한 것과 같이 **같은** 단위체인 에틸렌을 사용한다. 여기에서 에틸렌과 밀접하게 관련된 **세 개**의 단위체(염화바이닐, 프로필렌, 스타이렌)를 살펴보자.

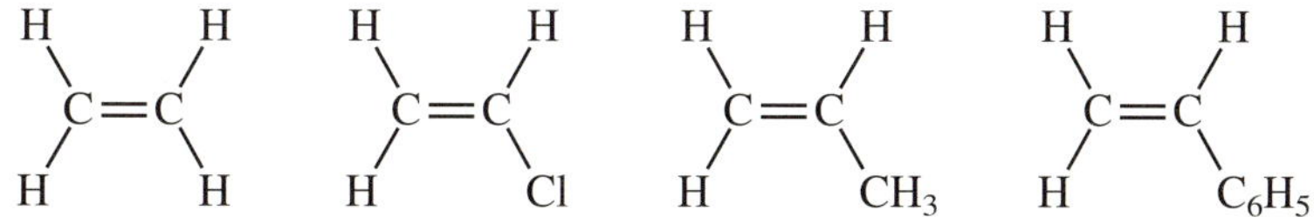

에틸렌　　염화 바이닐　　프로필렌　　스타이렌

이러한 단위체에 대해 더 많은 것을 배우려면 Figures Alive!를 방문하라.

염화 바이닐의 경우, 에틸렌의 수소 원자들 중 한 개가 염소 원자로 치환되어 있다. 유사하게 프로필렌의 경우, 에틸렌의 수소 원자들 중 한 개가 메틸기($-CH_3$)로 치환되어 있다.

스타이렌의 경우, 페닐기($-C_6H_5$)가 수소 원자들 중 한 개를 치환하고 있다. 페닐기는 6개의 탄소 원자로 구성되어 있으며, 이 탄소 원자들은 육각형을 형성한다.

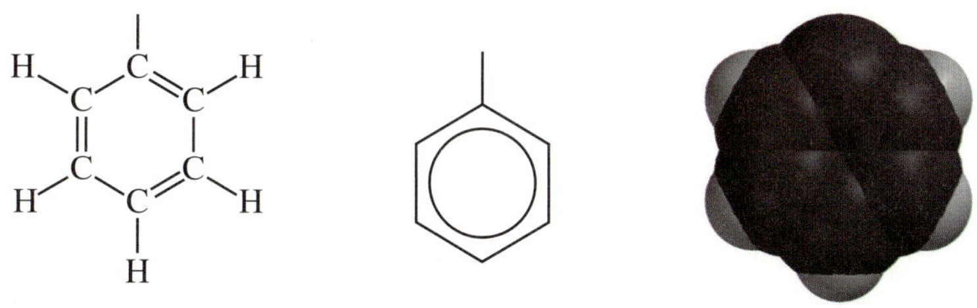

페닐기에 대한 첫 번째 구조식은 그리는 데 오래 걸리므로, 때때로 두 번째로 나타낸 것과 같이 원으로 간략화한다. 세 번째로 나타낸 것은 페닐기에 대한 공간 채움 모형이다.

예제 9.10 벤젠과 페닐

페닐기($-C_5H_6$)와 화합물인 벤젠(C_6H_6)의 차이는 단지 수소 원자 한 개이다.

a. 페닐기와 벤젠 모두 두 가지 공명 구조를 갖는다. 이들을 그리시오.
  힌트: 공명은 2.3절에서 소개하였다.

b. 이들 공명 구조가 주어졌을 때, 육각형 안에 원을 그린 약식 기호가 페닐기와 벤젠 모두의 표현에서 특히 좋은 이유는 무엇인가?

답

b. 두 개의 동등한 공명 구조는 전자들이 고리 주위에 균일하게 분포되어 있음을 나타낸다. 모든 C–C 결합은 세기와 길이가 동일하다. 안쪽의 원은 고리에서 이들 6개의 결합이 균일함을 의미한다.

예상하듯이, 염화 바이닐, 프로필렌, 스타이렌은 에틸렌과 마찬가지로 첨가 중합 반응을 한다. 그러나 결과는 다소 다르다. 이유를 알기 위해서, 염화 바이닐 분자 n개가 중합하여 폴리염화 바이닐(PVC)을 생성할 때 무슨 일이 일어나는지 살펴보자.

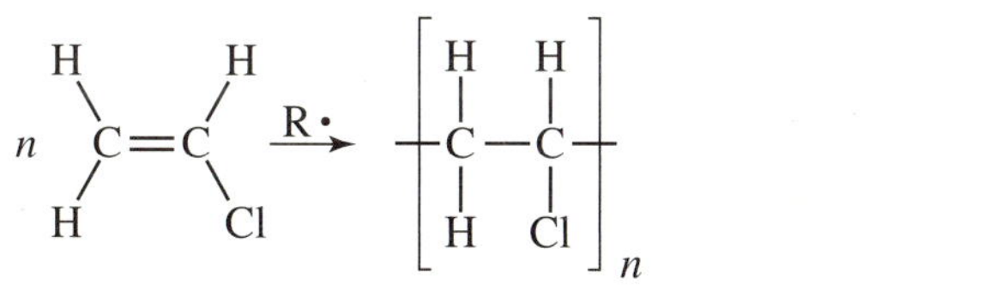
[9.3]

식 9.3에서, Cl 원자는 염화 바이닐 단위체에 있는 4개의 탄소의 어떤 위치에라도 그릴 수 있다. 분자의 대칭성 때문에 이들은 동등하다.

Cl 원자는 단위체에서 비대칭성을 만든다. 임의로, 두 개의 수소 원자를 가진 탄소 원자를 '꼬리(tail)'로, 염소 원자를 가진 탄소 원자를 '머리(head)'로 생각하자.

염화 바이닐 단위체들이 첨가되어 폴리염화 바이닐을 생성할 때, 그림 9.8에 나타낸 것처럼 세 가지 방식 중 한 가지로 배열된다.

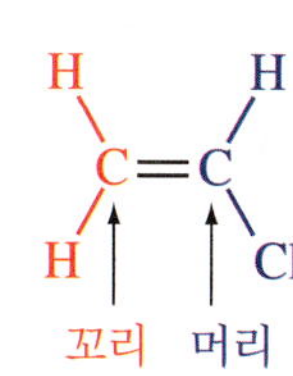

- 머리-꼬리 배열, 탄소 원자 한 개씩 건너 염소 원자가 배열

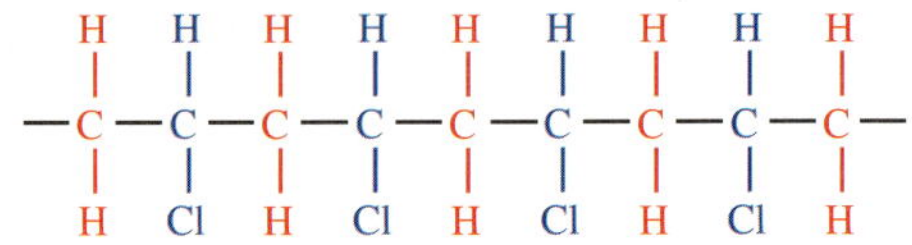

머리-꼬리, 머리-꼬리

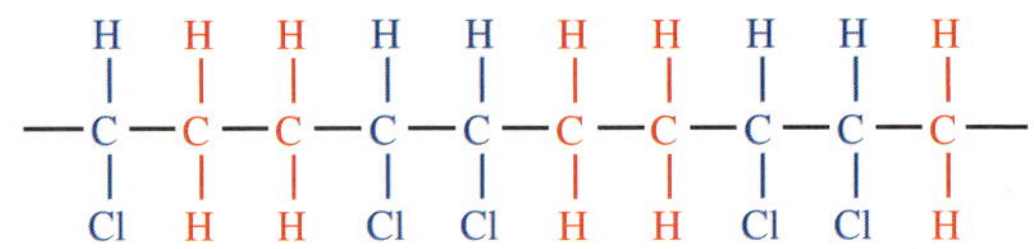

꼬리-꼬리, 머리-머리

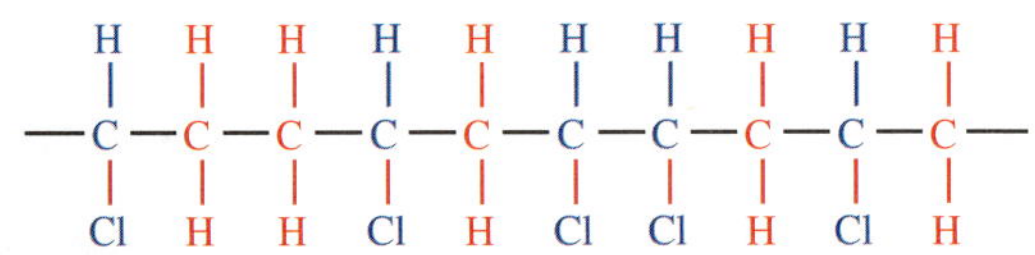

무작위

그림 9.8 PVC에서 단위체들의 세 가지 가능한 배열

- 머리-머리/꼬리-꼬리의 반복 배열, Cl 원자 옆에 같은 것이 오도록 배열
- 앞의 두 가지 배열의 무작위 혼합

머리-꼬리 배열이 폴리염화 바이닐의 일반적인 생성물의 형태이다.

사슬에서 단위체들의 배열은 중합체의 유연성에 미치는 한 요소이다. 따라서 PVC의 각 배열은 약간씩 다른 성질을 가진다. 머리-꼬리가 반복되는 가장 규칙적인 배열은 분자들이 보다 쉽게 함께 쌓여 결정성 영역을 형성하기 때문에 가장 딱딱하다. 딱딱한 PVC는 배수관이나 하수관, 신용 카드, 건물 판자벽, 가구 및 다양한 자동차 부품에 사용된다. 무작위 배열은 여전히 딱딱하지만 좀 덜하다.

PVC는 **가소제(plasticizer)**에 의해 더 부드러워질 수 있다. 가소제는 중합체에 소량을 첨가하여 중합체를 더욱 부드럽고 유연하게 만드는 화합물이다. 가소제는 중합체의 큰 분자들 사이에 끼어들어감으로써 분자들이 규칙적으로 쌓이는 것을 방해한다. 가소제가 들어 있는 유연한 PVC는 샤워 커튼, '고무' 장화, 정원용 호스, 수혈용 투명한 정맥 혈관 튜브, 인공 가죽('에나멜 가죽') 및 전기선의 유연한 절연 코팅제로 친숙하다. 플라스틱에 대한 첨가물들은 9.11절에서 살펴보는 것과 같이 몇 가지 이유에서 논란이 많다.

에틸렌(ethylene)이 에텐(ethene)이라고 불리는 것처럼, 프로필렌(propylene)은 프로펜(propene)이라고도 한다.

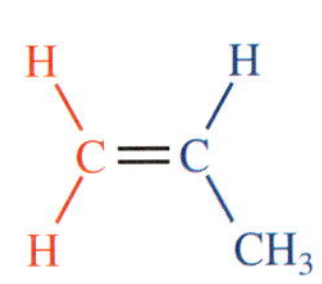

다음으로, 프로필렌이 폴리프로필렌을 생성하는 중합 반응을 살펴보자. 단위체의 비대칭성으로 인하여 또다시 몇 가지 배열이 가능하다. 폴리프로필렌의 특별히 유용한 형태는 머리-꼬리, 머리-꼬리가 반복되는 배열이다. 이 규칙성은 높은 결정성을 부여하여 이 중합체를 강하고 질기게 하며, 고온에서도 견딜 수 있게 한다. 이 같은 성질들이 용도에 반영된다. 예를 들면 실내-실외용 카펫은 종종 폴리프로필렌의 강한 섬유들을 이용하여 만들어진다.

연구과제 9.11 '질긴 중합체'

많은 폴리프로필렌 제품이 재활용 표지가 되어 있지 않기 때문에, 폴리프로필렌은 부분적으로 폴리에틸렌 또는 PET만큼 여러분에게 친숙하지 않을 수 있다.

a. 언급한 것과 같이, 폴리프로필렌은 실내-실외용 카펫에 사용한 것들과 같이 섬유에 사용될 수 있다. 질긴 성질이 요구되는 폴리프로필렌 섬유의 두 가지 다른 용도를 제시하시오.

b. 비록 HDPE가 많은 식품 용기에 사용되고 있지만, 폴리프로필렌은 마가린 용기로 사용된다. 질긴 성질은 주요 사항이 아니다. 그보다 어떤 성질이 중요한가? **힌트:** 표 9.1을 참조하라.

마지막으로, *n*개의 스타이렌 분자들이 값싸고 널리 사용되는 플라스틱인 폴리스타이렌(PS)을 생성하는 중합 반응을 살펴보자. 여기에 첨가 중합 반응을 나타내었다.

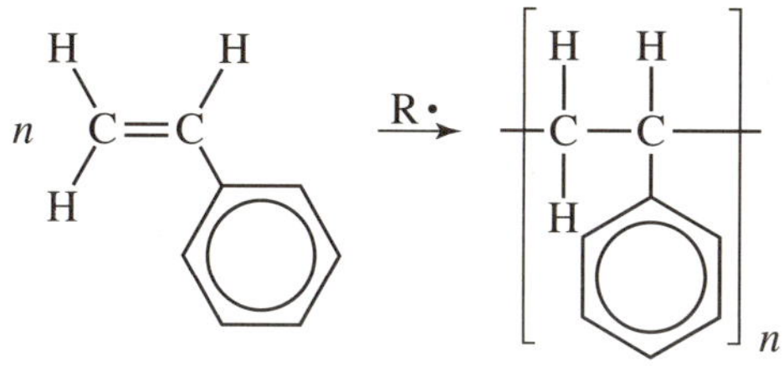

[9.4]

또 다른 부가 중합체에 대해 더 많은 것을 배우려면 Figures Alive!를 방문하라.

폴리스타이렌은 유연성이 작은 딱딱한 플라스틱이다. 다른 대표적인 6가지 중합체와 같이 열을 가하면 녹고(열가소성), 주형에서 주조된다. DVD용 투명 케이스나 투명한 파티용 플라스틱 잔 및 접시 또한 폴리스타이렌으로 만든다. 따라서 많은 랩톱 컴퓨터 및 휴대폰의 외장이 폴리스타이렌으로 만들어진다.

대부분의 상업용 폴리스타이렌은 그림 9.9a에 보여진 것처럼 무작위 배열을 하고 있다. 이 형태는 가끔 범용으로 '결정성(crystal)' 폴리스타이렌으로 부르는데, 이 중합체는 단단하고 깨지기 쉽다. 투명한 파티용 플라스틱 잔을 손으로 꽉 쥐어 깨뜨려 본 적이 있는가? 아마도 그 잔은 폴리스타이렌이었을 것이다(그림 9.9b를 보라).

친숙한 뜨거운 음료수용 발포컵, 달걀용 발포 상자 및 고기 포장용 발포 접시는 가끔 팽창형 폴리스타이렌(expandable polystyrene, EPS)이라고 하는 폴리스타이렌으로 만들어진다. 이 제품들은 작고 단단한 팽창형 폴리스타이렌 비드로 만든다. 이 비드는 발포 플라스틱을 제조하기 위한 기체 또는 기체를 만들어 낼 수 있는 **발포제(blowing agent)**가 4~7% 들어 있다. PS에 대하여, 발포제는 보통 펜테인과 같은 끓는점이 낮은 액체이다. 만약 비드를 주형에 넣고, 스팀이나 뜨거운 공기로 가열하면, 펜테인이 기화된다. 이어서, 팽창한 기체가 중합체를 팽창시킨다. 팽창한 입자들은 용융되어 주형에서 결정된 모양이 된다. 많은 거품을 포함하고 있기 때문에 이 발포 플라스틱은 가벼울 뿐만 아니라 훌륭한 단열재이기도 하다.

CFC로 더 잘 알려진 클로로플루오로탄소(chlorofluorocarbon)는 한때 발포제로 사용된 화합물이었다. CFC는 오존층을 파괴하기 때문에(2장 참조), 이 화합물은 1990년에 퇴출되었다. 기체 상태의 펜테인(C_5H_{12})과 이산화 탄소는 두 가지 가능성이 있는 대체제이다. 예를 들면, 다우 케미칼 사(Dow Chemical Company)는 순수한 이산화 탄소를 사용하여 포장재용 스타이로폼(Styrofoam)을 만드는 공정을 개발하였다. 다우 사의 100% CO_2 기술을 사용함으로써 발포제로 CFC-12 사용을 없앴다. 사용되는 CO_2는 시멘트 생산 및 천연가스와 같은 기존의 상업용 및 천연 공급원에서 나오는 부산물이다. 따라서 이 공정은 온실기체인 CO_2를 대기 중으로 추가 배출하지 않는다. 다우 사는 이러한 대체 반응 조건을 개발한 데 대하여 1996년에 녹색 화학 도전 대통령상을 수상하였다.

스타이로폼은 다우 케미칼 사에서 생산하는 폴리스타이렌폼 단열재의 제품명이다.

발포제로 CFC 대신 CO_2를 사용하는 것은 이 책의 표지 안쪽에 있는 녹색 화학의 핵심 아이디어 3번을 보여 준다. **독성이 없는 물질을 사용하고 만들어내는 것이 더 낫다.**

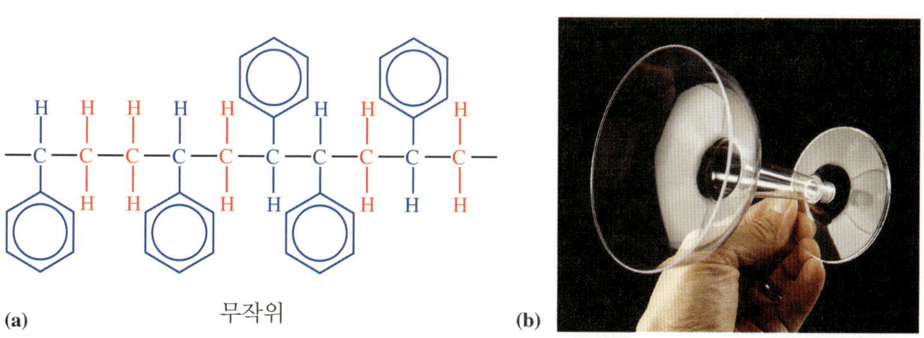

그림 9.9 (a) 폴리스타이렌 단위체의 무작위 배열. (b) 결정성(범용) 폴리스타이렌으로 만든 파티용품

예제 9.12 폴리스타이렌의 가능성

반복되는 머리-꼬리 배열을 갖는 폴리스타이렌 사슬에서 원자들의 배열을 그리시오. 이 배열이 머리-머리 배열보다 선호되는 이유를 설명하시오.

9.6 단위체들의 축합

4장과 10장에서 각각 바이오 연료와 의약용 분자의 작용기를 보여 준다.

단위체들이 중합체를 만든다! 앞 절에서 본 것처럼, 단위체의 변화가 중합체의 성질 변화를 일으킨다. 단위체들의 차이를 이해하기 위하여, **작용기(functional group)**의 개념을 재논의할 필요가 있다. 작용기는 이들이 포함된 분자에 특정의 화학적 성질을 부여하는 독특하게 배열된 원자단이다(표 9.2). 예를 들면 하이드록실기(−OH)는 바이오 연료인 에탄올에 대한 내용에서 앞서 소개되었다(4장). 이 작용기는 알코올로 분류되는 모든 화합물에 존재하며, 이 장에서 관심 있는 에틸렌 글라이콜이 포함된다.

이제 몇 가지 새 작용기들을 소개할 것인데, 카복실기(carboxylic acid group)에서 시작한다.

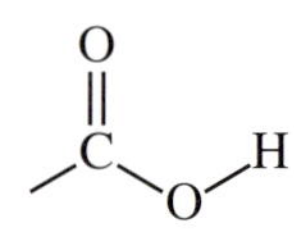

비록 카복실기는 −OH기를 포함하고 있지만, 알코올이 **아니다**. 이보다는 −COOH를 하나의 단위로 고려해야 한다.

표 9.3은 카복실기가 식초와 치즈와 같은 음식에서 자연적으로 발생한다는 것을 보여 준다. 만약 표에 있는 화합물들을 자세히 살펴본다면, 분자에는 한 개 이상의 카복실기가 포함할 수 있다는 볼 수 있다. 예를 들면 테레프탈산과 아디프산이 있다. 마지막 열에 있는 락트산과 같이, 한 분자가 두 개의 다른 작용기를 가질 수 있다.

카복실산은 새로운 작용기인 에스터(ester)와 밀접한 관계를 가진다. 에스터는 다음 구조식으로 표현할 수 있다.

표 9.2 몇 가지 작용기들

명칭	화학식	구조식
하이드록실기(hydroxyl) (알코올에서)	−OH	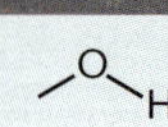
카복실기	−COOH	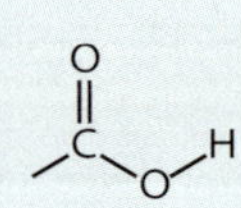
에스터기	−COOC−	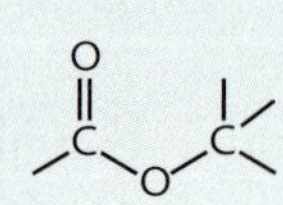
아민기	$-NH_2$	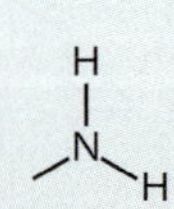
아마이드기	$-CONH_2$	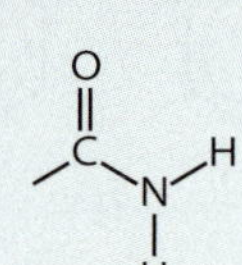

표 9.3 몇 가지 카복실산

명칭	구조식	설명
에탄산	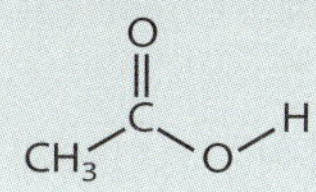	식초에서 천연 발생. 아세트산으로 불림.
프로판산	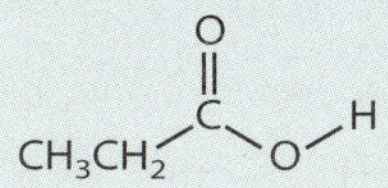	일부 자극적인 맛이 나는 치즈에서 천연 발생, 프로피온산이라고도 함.
벤조산	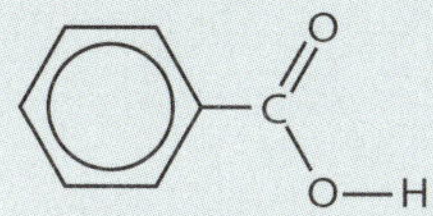	카복실산에서 천연 발생. 식품 보존제로 사용
테레프탈산	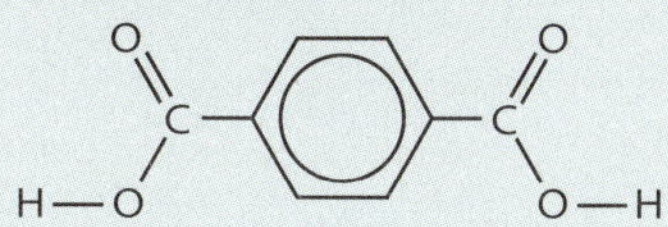	PET 제조용 단위체 중 하나
아디프산	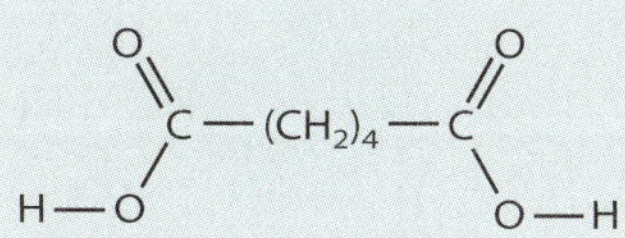	나일론의 한 종류를 생산하는 데 사용되는 단위체 중 하나
락트산	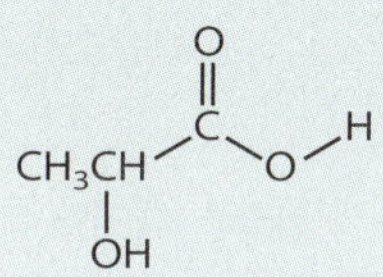	생물 기반 중합체인 PLA의 단위체

그림 9.10 PET로 만든 2L 청량음료 병

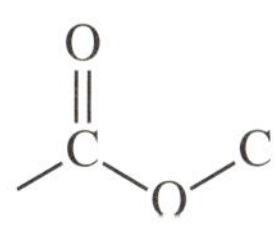

알코올, 카복실산, 에스터에 대한 이해를 하였다면, 이를 이 절의 주제인 폴리에스터를 살펴볼 준비가 되었다.

폴리에스터의 정점은 PETE라고 적기도 하는 PET이다. 두 약어는 폴리에틸렌 테레프탈레이트 에스터(polyethylene terephthalate ester)를 뜻하는 것으로, 왜 사람들이 약어를 사용하는지를 설명해 준다. PET는 반감성(semirigid)이며, 투명하고, 상당한 공기 밀폐력(그림 9.10)을 가졌기 때문에, 음료수 병으로 가장 많이 사용된다. 폴리에스터는 판상 또는 섬유로도 제조할 수 있다. 예를 들어 마일라(Mylar)는 얇은 PET 플라스틱 판의 상품명으로, 반짝이는 축제용 풍선을 만드는 데 사용한다. 이 풍선을 헬륨으로 채우면, 폴리에스터가 기체를 통과시키지 않으므로 이 풍선은 몇 시간 동안 공중에 떠 있다. 그러나 결국에는 작은 헬륨이 빠져나가 풍선이 오므라든다.

폴리에틸렌과는 달리, PET는 첨가 중합이 **아니다**. 이 중합체는 **축합 중합(condensation polymerization)**으로 만들어지는데, 이 과정은 단위체가 중합될 때 작은 분자(일반적으로 물 분자)를 제거(방출)하면서 일어난다. 따라서 축합 중합은 항상 중합체 그 자체와 함께 두 번째 생성물을 가진다. 셀룰로스, 녹말, 양모, 거미줄, 단백질 등 많은 천연 중합체는 축합 중합을 통해 만들어진다. 합성 중합체는 데이크론(Dacron), 케블라(Kevlar)와 서로 다른 나일론류를 포함한다.

또 폴리에틸렌과는 달리, PET는 하나의 단위체에서 만들어지는 것이 **아니다**. PET는 **공중합체(copolymer)**로 두 개 이상의 서로 다른 단위체의 조합을 통해 만든다. 두 개의 단위체를 이용할 경우, 여러분이 현상을 어떻게 보느냐에 따라 문제가 두 배가 되거나 재미가 두 배가 된다. 한 단위체는 에틸렌 글라이콜($HOCH_2CH_2OH$)로, 각각의 탄소

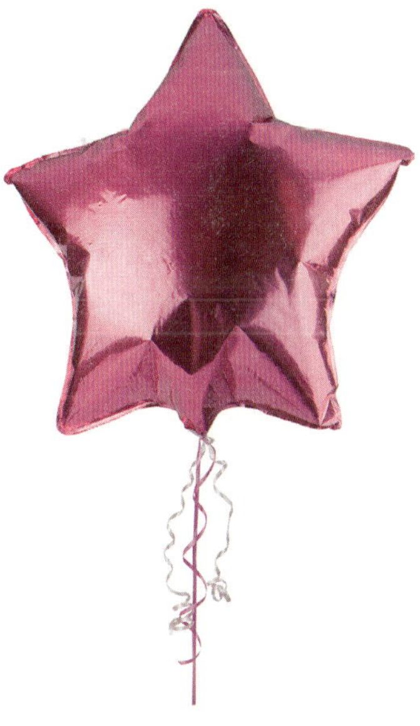

폴리에틸렌 테레프탈레이트는 폴리에틸렌은 함유하지 않으므로, 가끔 poly(ethylene terephthalate)라고 적는다. 이는 최소한 이름을 읽을 때의 혼선을 줄인다. 말할 때 두 이름은 여전히 발음이 같다.

원자에 한 개씩, 총 두 개의 하이드록실기를 갖는 알코올이다. 다른 한 단위체는 테레프탈산으로, 벤젠 고리의 양 극단에 한 개씩, 총 두 개의 카복실기를 갖는다. 요약하자면 각 단위체는 두 개의 작용기를 가지고 있다. 두 단위체 각각의 구조를 확인하기 위해 표 9.1을 다시 보시오.

어떻게 공중합체가 만들어지는지를 이해하기 위하여, 각 단위체별로 분자 한 개씩을 가지고 공부해 보자. 다음은 이들 단위체가 어떻게 결합되는지를 보여 준다.

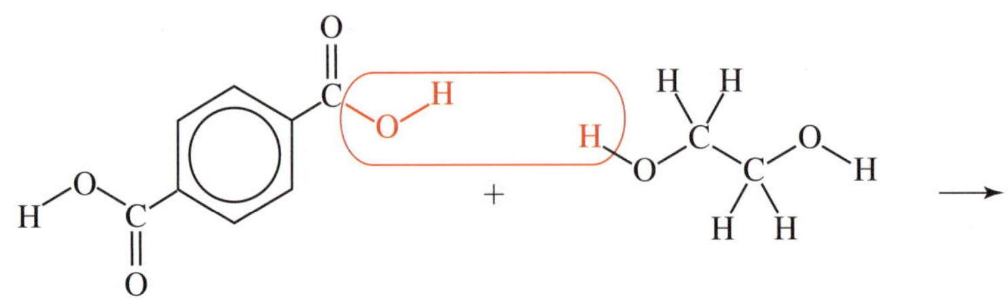

테레프탈산 에틸렌 글라이콜 **[9.5]**

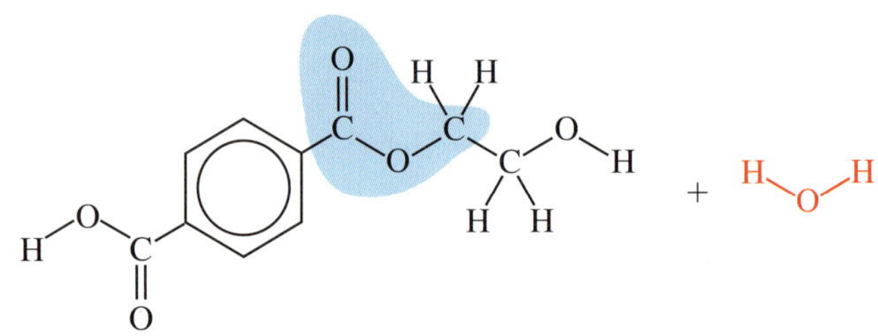

붉은색으로 표시한 부분에서, 카복실산 작용기의 −OH와 하이드록실기의 H 원자가 반응하여 물(HOH)이 생성된다. 푸른색으로 표시한 바와 같이 알코올과 카복실산의 남은 부분이 결합하여 에스터 작용기를 만든다.

생성물이 추가적인 사슬 성장이 일어날 수 있는 작용기(왼쪽 끝 −COOH와 오른쪽 끝 −OH)를 가지고 있음에 주목하기 바란다. 전자는 다른 에틸렌 글라이콜의 −OH와 반응할 수 있으며, 후자는 다른 테레프탈산의 −COOH와 반응할 수 있다. 에스터기가 생성될 때마다 물 분자가 방출된다. 폴리에틸렌 테레프탈레이트를 생성하기 위하여 그림 9.11에 나타낸 과정이 여러 차례 일어난다. 그 결과물이 폴리에스터이며, 이는 에스터기가 각 단위체를 연결하고 있기 때문에 붙여졌다.

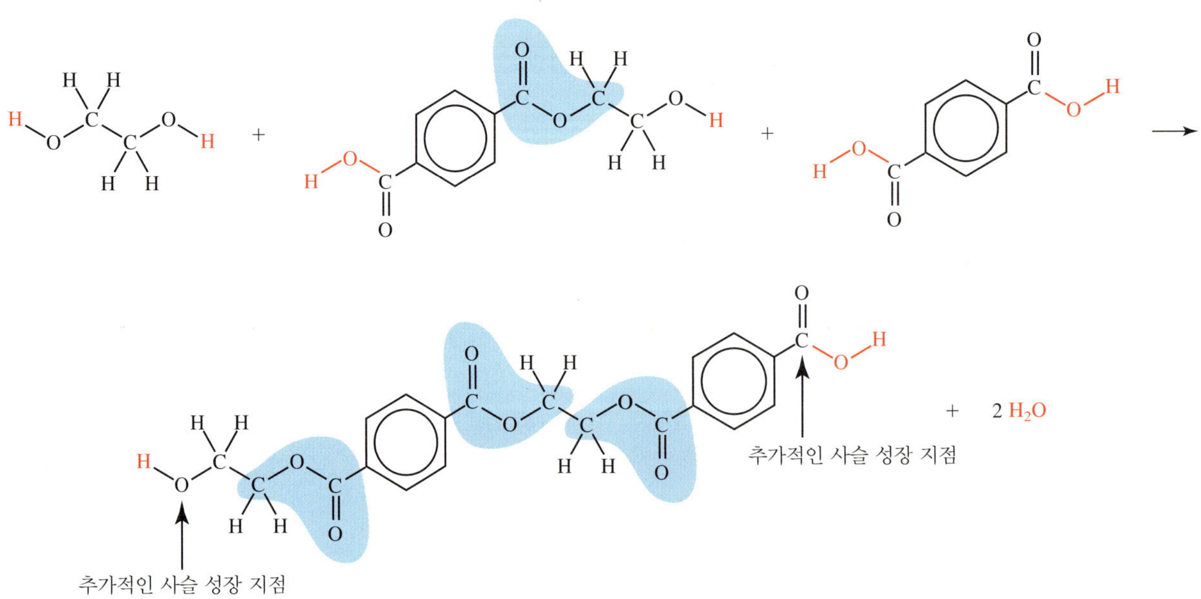

그림 9.11 더 성장한 PET(폴리에스터)를 만들기 위해, 식 9.5의 생성물에 두 개의 다른 단위체를 부가한다. 에스터 작용기는 푸른색으로 나타내었다.

연구과제 9.13 에스터와 폴리에스터

테레프탈산과 에틸렌 글라이콜의 반응을 살펴보았다. 이제 에탄산(아세트산)과 에탄올(에틸 알코올)을 고려해 보자.

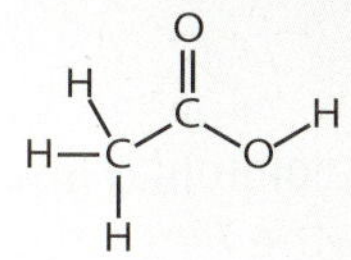

에탄산

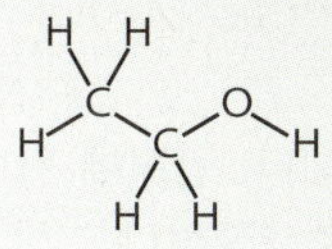

에탄올

a. 어떻게 카복실산과 알코올이 반응하여 에스터를 형성하는지 보이시오. 힌트: 물 분자가 생성물의 하나로 만들어진다.
b. 에탄산과 에탄올이 반응하여 폴리에스터를 형성할 수 있는가? 그 이유를 설명하시오.

PET는 우리 주변에서 있는 단 하나의 폴리에스터는 아니다! 단위체의 탄소 원자의 개수와 종류를 달리하여, 화학자들은 데이크론(Dacron), 폴라텍(Polartec), 포트렐(Fortrel), 폴라가드(Polarguard)와 같은 제품명을 갖는 다른 폴리에스터를 합성하였다. 폴리에스터는 쉽게 섬유상으로 갈라지므로 세탁이 쉽고 건조가 빠르다. 또한 폴리에스터는 면 또는 모와 혼합된다. 연구과제 9.14는 PET보다 온도 저항성이 좋은 폴리에스터인 폴리에틸렌 나프탈레이트(polyethylene naphthalate, PEN)를 보여 준다.

연구과제 9.14 PET에서 PEN까지

PET와 PEN은 모두 알코올 단위체는 에틸렌 글라이콜이지만 유기산 단위체는 다소 다르다. 다음은 PEN의 유기산 단위체인 나프탈산이다.

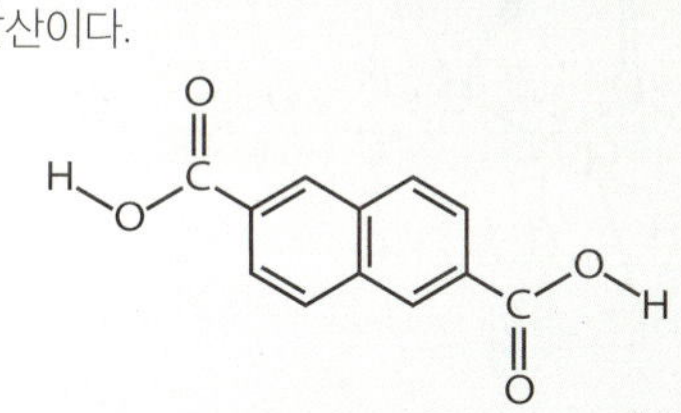

나프탈산 두 분자와 에틸렌 글라이콜 두 분자의 반응을 보이기 위하여 구조식을 이용하시오.

9.7 | 폴리아마이드: 천연 중합체와 나일론

축합 중합의 논의는 다른 두 종류의 중합체를 살펴보지 않는 한 완료할 수 없다. 첫 번째는 단백질로, 우리 몸의 근육, 손톱, 머리카락과 같은 천연 중합체이다. 두 번째는 나일론으로, 천연 단백질인 명주의 일부 물성을 영리하게 복제한 합성 대체물이다. 2011년 화학 헤리티지 재단(Chemical Heritage Foundation)에 따르면, 전 세계적으로 제조업체는 약 800만 파운드의 나일론을 생산한다고 하며, 이는 전체 합성 섬유의 대략 12%에 해당한다.

아미노산(amino acid)은 우리 신체가 단백질을 만드는 단위체이다. 각 아미노산 분자는 두 개의 작용기, 즉 아미노기($-NH_2$)와 카복실기(−COOH)를 가진다. 20개의 다른 아미노산은 자연적으로 얻어지고, 각 아미노산은 중앙 탄소 원자에 붙어 있는 작용기의 하나가 다르다. 이러한 곁사슬은 아미노산의 일반적 구조식에서 R로 표시된다.

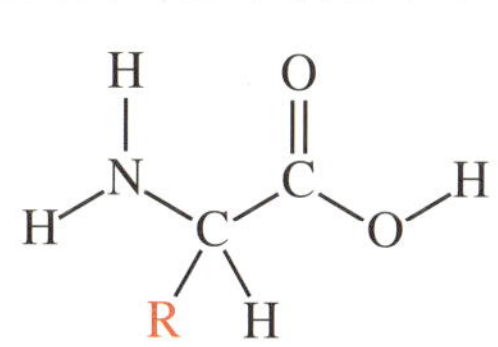

아미노산과 단백질에 대한 자세한 내용은 11.7, 12,4, 12.5절을 보라.

화학자는 **R**을 분자의 빠져 있는 부분을 대신하는 기호(place holder)로 사용한다. 아미노산의 경우, **R**은 20개의 곁사슬 중 하나를 표시한다. 이 장의 앞에서, R•은 C• 또는 •OH과 같은 자유 라디칼을 표현하는 데 사용하였다.

일부 아미노산에서 R은 탄소와 수소 원자만으로 구성된다. 다른 것에서 R은 산소, 질소와 심지어 황 원자를 포함할 수 있다. 일부 R기는 산성이며 다른 것들은 염기성이다.

단위체로서 아미노산은 축합 중합을 통하여 결합하여 긴 사슬을 형성한다. 그러나 PET와 같은 축합 중합체와 임의의 단백질 사이에는 네 가지 중요한 차이점이 있다는 것을 명심하라.

아마이드 작용기는 표 9.2에 제시하였다.

- PET는 폴리에스터이다. 반면에 단백질은 **폴리아마이드(polyamide)**, 즉 아마이드 작용기를 가진 축합 중합체이다.
- PET는 에틸렌 글라이콜과 테레프탈산 두 가지 단위체들이 1:1 비율로 되어 있다. 반면에 단백질은 20개의 다른 아미노산 단위체들이 임의의 비율로 구성되어 있다.
- 단백질에서, 각 아미노산은 두 가지 **다른** 작용기인 $-NH_2$와 -COOH를 가지고 있다.
- PET에서 두 가지 단위체는 두 개의 **동일한** 작용기, 즉 -OH 또는 -COOH를 가진다.

이러한 차이점들이 어떻게 작용하는지 보기 위해서는, 두 가지 아미노산 사이에서의 이 반응을 살펴보자. 하나의 아미노산은 곁가지 R을 가지며, 다른 아미노산의 곁가지를 R′으로 표시한다.

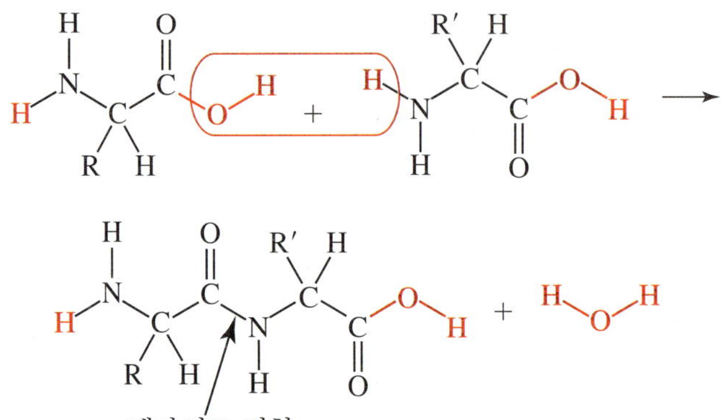

[9.6]

단백질 분야에서만 C-N 결합을 펩타이드 결합이라고 한다.

이 반응에서, 아마이드가 형성되고 물 분자가 제거된다. 이 아마이드는 C-N 결합을 가지고 있으며, **펩타이드 결합(peptide bond)**이라고 한다. 펩타이드 결합은 한 아미노산의 -COOH기가 다른 아미노산의 $-NH_2$기와 반응하여 두 가지 아미노산이 연결될 때 형성되는 공유 결합이다. 모든 유기체의 세포라는 복잡한 화학 공장에서, 이 축합 반응이 많이 반복되면서 단백질로 부르는 긴 중합체 사슬이 만들어진다. 자연에 존재하는 20개의 다른 아미노산에서 다양한 단백질들이 합성된다. 일부 단백질은 수백 개의 아미노산을 가지고 있는 반면, 다른 단백질들은 단지 몇 개의 아미노산을 갖는다.

그림 9.12 나일론 발명자인 캐러더스

화학자들은 때때로 자연에서 일어나는 화학 반응들을 복제하려고 시도한다. 예를 들면 듀폰 사에서 일하던 유능한 화학자인 캐러더스(Wallace Carothers, 1896~1937)는 펩타이드 결합 생성을 포함한 많은 중합체화 반응을 연구하고 있었다(그림 9.12). 캐러더스는 아미노산을 사용하는 대신에, 아디프산(adipic acid)과 헥사메틸렌다이아민(hexamethylenediamine)을 결합시키려고 노력하였다.

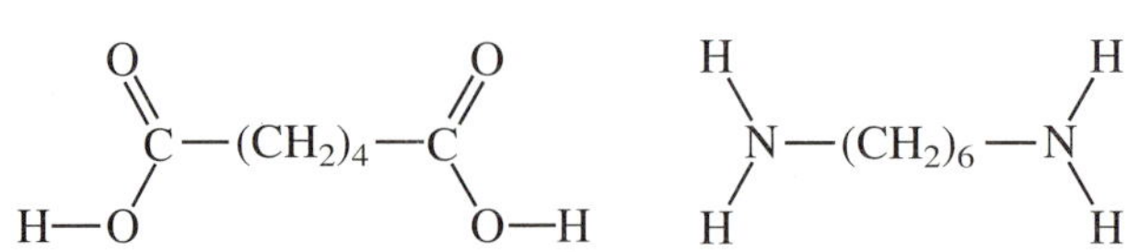

아디프산　　　헥사메틸렌다이아민

아디프산은 분자의 양쪽 끝에 카복실산을 가지고 있다는 것을 주목하라. 마찬가지로 헥

그림 9.13 나일론 스타킹이 상업적으로 처음 출시되었을 때인 1940년에 나일론 스타킹을 구입하기 위해 열광적으로 줄 서 있는 소비자들

사메틸렌다이아민은 양쪽 끝에 아민기를 가지고 있다. 단백질 합성에서와 같이 카복실산과 아민기가 반응하여 아마이드가 만들어지고 물이 배출된다. 그러나 단백질 합성과 달리, 나일론으로 더 잘 알려져 있는 최종 중합체는 두 가지 단위체들만 만들어진다. 여기에 단위체들이 결합하는 방법을 나타내었다.

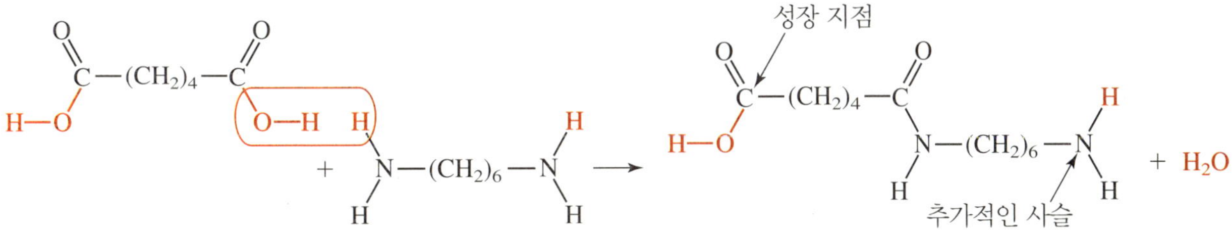

[9.7]

듀폰 사의 경영진은 나일론이 전망이 있다고 결정하였다. 특히 회사의 과학자들이 이 중합체를 가는 실로 뽑아낼 수 있게 된 후에 특히 그러하였다. 이 실은 질기면서도 부드러우며, 누에고치에서 뽑아내는 실크와 매우 비슷하였다. 따라서 나일론은 실크의 대체 재료로 세상에 소개되었다. 나일론은 최초의 **생체모방 재료(biomimetic material)**, 즉 인간이 사용하기 위한 용도로 생물학적 재료의 특정한 성질을 복제하려고 한 재료 중 하나였다. 세상은 나일론을 맨발로 환영하였고 지갑을 열었다. 나일론 스타킹은 출시 첫날인 1940년 5월 15일에 뉴욕에서 400만 켤레가 팔렸다(그림 9.13). 그러나 '나일론'에 대한 소비자들의 열광에도 불구하고 나일론이 양말류에서 낙하산, 로프, 옷감 및 다른 수백 종의 전시 용품으로 전용됨에 따라 민간 공급은 곧 고갈되었다. 1945년 제2차 세계 대전의 종식으로 나일론은 다시금 그 강도, 안정성, 내구성이 입증되었다. 오늘날 이 중합체는 다양한 변형을 통해 카펫, 스포츠 의류, 캠핑 장비, 주방과 실험실에서 광범위한 응용 사례를 넓혀가고 있다.

연구에 따르면, 무당거미의 거미줄은 가장 질긴 생물학적 물질 중 하나에 속한다. 그 강성은 비슷한 케블라 조각보다 더 크다.

예제 9.15 케블라(Kevlar)

방탄 조끼를 만드는 데 사용하는 케블라는 폴리아마이드이다. PET와 비슷하게, 단위체 중 하나는 테레프탈산이다. 다른 단위체는 두 개의 아민기를 가진 페닐렌다이아민이다.

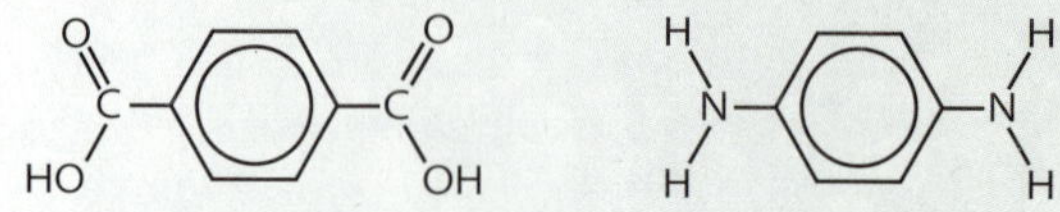

각 단위체들 두 개로부터 만들 수 있는 케블라 분자의 부분을 그리시오.

케블라는 우리가 다룰 축합 중합체의 마지막 부분이다. 케블라는 누에나 거미가 만들어 내는 견방사 직물처럼 폴리아마이드임을 기억하기 바란다. 거미에 대해 언급했으니 이제는 이 장을 열었던 이야기로 돌아가자.

9.8 | 고체 폐기물의 취급: 4R

앞에서 말한 바와 같이, 무당거미는 자원이 고갈되는 것을 피하기 위하여 거미줄의 물질을 재활용한다. 우리의 자원이 고갈되지 않도록, 그리고 처리할 수 없을 정도로 엄청난 양의 쓰레기를 만들지 않도록 인류는 이 거미를 모방할 필요가 있다. 여러 유럽 플라스틱 업체는 2010년 보고서에서 '플라스틱은 그냥 버려지기에는 너무 가치가 크다'고 지적하였다.

정말로 우리 인간은 많은 플라스틱을 생산하고 있다! 1950년에 그 숫자는 전 세계적으로 단 2백만 미터톤이었다. 해가 지남에 따라 플라스틱 생산량은 꾸준히 증가하여, 2012년에는 전 세계적으로 2억 6천 5백만 미터톤에 이르렀다. 의문의 여지없이 우리는 어떻게 플라스틱 폐기물을 처리할 것인가에 대한 지속 가능한 해결책이 필요하다.

대부분의 경우 우리는 쓰레기를 수거용 통에 넣는다. 트럭이 가져간 쓰레기를 아마도 다시 보지 못한다(적어도 여러분의 경우). 플라스틱은 이런 쓰레기의 한 부분이며, 플라스틱을 매립하는 것은 이상적인 해결책에서는 거리가 멀다. 재활용은 좋은 생각이기는 하나, 더 나은 방안이 있다. 바람직한 순서에 따라 배열한 4R(Four Rs)이 여기 있다.

- 사용하는 물질의 양을 **감소(Reduce)** (예: 병을 생산하는 데 더 적은 플라스틱의 이용)
- 물질의 **재사용(Reuse)** (예: 식료품 가게에 플라스틱 봉지를 다시 사용)
- 물질의 **재활용(Recycle)** (예: 음료수 병을 버리지 않고 재활용)
- 물질, 또는 재활용하지 못하는 물질로부터의 에너지 **회수(Recover)** (예: 에너지 함량이 높은 플라스틱의 연소)

우리는 플라스틱을 얼마나 사용하고 재활용하는가? 다음 예제는 기록에 대해 묻는다.

연구과제 9.16 여러분이 버리는 플라스틱: Part I

여러분이 구매한 음식과 다른 생산품의 포장재를 포함하여, 한 주일 동안 여러분이 버리거나 재활용하는 모든 플라스틱에 관한 일지를 적어 보시오.

a. 그 플라스틱의 질량을 추정하시오. 이는 몇 그램인가? 킬로그램인가? 그 이상인가?
b. 버리는 플라스틱 질량과 재활용하는 플라스틱 질량 중 어느 것이 더 큰가?

이 일지를 다시 살펴볼 것이기 때문에 일지를 휴대하면서 계속 작성하시오.

이제 플라스틱을 취급하는 방안으로서 4R 각각을 살펴보자.

감소(Reduce)! 원천 감소는 항상 선택의 문제이다. 이 말은 물질을 적게 사용하고 나중에 폐기물을 적게 만든다는 뜻이다. 원천 감소는 자원을 보존하고 오염을 줄이며, 폐기물 흐름 중 독성 물질을 최소화한다. 예로서 음료 병을 생각해 보자. 2 L 탄산음료 병은, 1970년 생산될 당시 대비, 디자인 개선을 통하여 이제 약 1/3 적은 플라스틱을 사용한다. 비슷하게, 1갤런 우유병의 현재 무게는 몇십 년 전의 병 무게보다 줄어들었다.

11장(식품에 관한 장!)은 왜 가당 음료수의 소비를 줄이는 것이 타당한지에 대한 시각을 제공한다. 결과적으로 이는 플라스틱 사용을 줄인다.

포장재 감소도 이 방정식의 일부이다. 회사는 포장재 감소가 선적 비용을 낮추고 폐기물 매립 비용을 낮추는 경제적 장려금을 가져올 수 있음을 인식하고 있다. 예를 들어 2011에 출판된 책, **자연의 힘**(*Force of Nature*)은 월마트가 2008년을 기준으로 하여 2013년까지 진열하는 329,000개의 제품 포장재를 5% 감축하겠다는 포장재 감축 목표를 기술하였다. 저자는 회사 대표가 '지속 가능성은 단지 더 깨끗하거나 더 효율적인 길만이 아니었다. 이는 혁신도 이끌 수 있었다'는 것을 실현하였다고 언급하였다.

포장을 언급할 때, 혁신에 대한 눈을 가져야 한다. **지속 가능한 포장재(sustainable packing)**는 환경 영향성을 줄이고 모든 플라스틱의 지속 가능성을 향상시키는 포장재의 설계와 사용이다. 지속 가능한 패킹연합(Sustainable Packing Coalition)이 2011년 수립한 기준은 다음의 포장재를 포함한다.

- '제품의 수명 주기 동안 개개인과 사회에 이롭고 안전하고 건강한'
- '깨끗한 생산 기술과 최선의 실천을 통해 제조한'
- '효과적으로 복구되고 이용되는'

예상할 수 있듯이, 중합체 화학자와 공학자들이 이 노력의 주요 선수이다.

재사용(Reuse)! 무언가를 재사용한다는 것은 한번 사용한 것을 그냥 버리지 않는다는 뜻이다. 한때 슈퍼마켓 계산대에서 점원은 손님에게 '종이 또는 플라스틱 봉지?'라고 물었다. 그러나 오늘날 그들은 장바구니를 가지고 왔느냐고 물을 것이다. 연구과제 9.16은 장바구니 재사용에 대한 아이디어를 확장한다.

연구과제 9.17 종이, 플라스틱... 어느 것도 아니다?

사람들이 플라스틱 봉지와 종이 봉지의 사용에 대해 다시 생각해 보게 되는 장소가 식료품 가게만은 아니다. 다른 가능한 장소를 세 가지를 기술하시오. 각각에 대해서 여러분은 봉지 사용에 대한 습관을 바꿀 수 있는지, 그리고 기존 봉지를 재사용할 용의가 있는지를 말하시오.

다른 예로 땅콩 모양의 포장재인 폴리스타이렌을 어떻게 재사용할 수 있을지 생각해 보자. 쓰레기 흐름의 작은 부분을 차지할 뿐이나 의도했던 용도에서 벗어나게 되면 이 포장재는 매우 골칫거리가 된다. 물길, 도로, 들판을 포함한 어디에서든 버려진다. 중량 기준으로 단지 5%가 폴리스타이렌이기 때문에 거의 재활용 가치가 없다. 이 땅콩 모양 포장재를 재사용하는 것은 분명히 선택의 한 방안이다. 실제로 포장재로 사용되는 모든 폴리스타이렌 폼에서도 마찬가지다. 만약 소매점이나 판매 계산대에서 일한다면, 내부 재사용 또는 재활용의 사례를 볼 수 있는 기회가 있다.

포장재로 사용되는, '팽창된(expanded)' 폴리스타이렌은 9.5절에서 설명하였다.

재활용(Recycle)! 이제 여러분은 학내 건물, 스포츠 센터, 공항, 호텔 어디에서 재활용 용기를 볼 수 있다. 재활용의 이유는 아래를 포함한다.

- 매립지와 소각로의 쓰레기를 줄인다.
- 제조 과정 중 공기, 물, 토양의 오염을 방지한다.
- 제조 중 온실기체 배출을 줄인다.
- 석유, 수목, 물, 광물과 같은 천연자원을 보존한다.

얼마나 우리가 잘 할 수 있는가? 좋은 소식 하나. 2010년 환경보호국(Environmental Protection Agency, EPA)은 평균적으로 미국 내 개개인은 매일 1.1파운드의 물질을 재

소각과 매립은 재활용 프로그램과 비교하면 상대적으로 많지 않은 일거리를 제공한다. 재활용 향상에 전념한다면 지역 사회에 도움이 될 것이다.

활용하였다고 보고하였다. 더 나아가 재활용되는 폐기물의 비율이 증가하고 있다. 사람들이 쓰레기통이나 길가에 모으는 품목은 알루미늄캔, 사무실 종이, 판지, 유리, 플라스틱 용기이다. 덧붙여 1인당 0.4파운드를 차지하는 정원 손질 쓰레기와 음식물 쓰레기 등이 퇴비화된다. 덧붙여, 매일 에너지를 생산하기 위하여 1인당 0.5파운드의 쓰레기가 소각된다. 이와 같은 저감 노력으로 매립지로 보내지는 쓰레기양은 현재 평균적으로 매일 1인당 2.3파운드이다.

그러나 이제 나쁜 소식이다. 다음 절에서 보게 될 것이나, 우리가 버리는 것의 약 12%가 플라스틱이다. 플라스틱의 종류에 따라 재활용 효율은 변하며, 다음 연구과제는 이를 보여 준다.

연구과제 9.18 플라스틱 재활용 평가표

EPA에 따른 2010년 미국 재활용 평가표이다. 내구성 제품은 여행용 가방, 플라스틱 가구, 정원용 호스와 같은 물품을 포함한다. 비내구성 제품은 플라스틱 펜과 안전면도기를 포함한다.

플라스틱 용도	생성 중량(백만 톤)	회수 중량(백만 톤)
내구성 제품	10.65	0.40
비내구성 제품	6.65	무시할 수준
용기/포장재	12.53	1.72

a. 각 플라스틱 종류에 따라 생성된 쓰레기 대비 회수된 플라스틱의 비율(%)을 계산하시오.
b. 비내구성 제품과 내구성 제품은 낮은 재활용 비율을 갖는 경향이 있다. 각각에 대한 다른 예를 세 가지 기술하고 그 이유를 제안하시오.

만약 계산을 해 보았다면, 여러분은 우리가 놀랍게도 낮은 비율로 플라스틱을 재활용하고 있음을 알았을 것이다. 이는 여러분이 지역 공동체에서 보았던 모든 우유병이나 플라스틱 병과는 맞지 않는다. 확실히 여러분이 옳다. 어떤 플라스틱은 다른 플라스틱보다 더 지속적으로 재활용된다. 예를 들어 미국에서 폴리에틸렌 우유 용기는 29%, 투명한 PET 청량음료 병은 약 28% 비율로 재활용된다. 이 숫자가 높은 듯 보이나, 여전히 이들 용기의 70% 이상이 여전히 버려지고 있다.

확인문제 9.19 여러분이 버리는 플라스틱: Part II

앞서 연구과제 9.16에 따라 한 주일 동안 여러분이 버리는 모든 플라스틱에 대한 일지를 적었을 것이다. 작성한 것을 다시 살펴보라. 방금 인용한 재활용 수치가 사실처럼 들리는가? 바꿔 말해서 여러분은 재활용하는 것보다 더 많은 플라스틱을 버리는가? 전국 평균과 비교하여 여러분이 얼마나 플라스틱을 사용하는지 간략히 보고하시오. 일지가 장기간에 걸친 내구성, 비내구성 제품 사용을 보이는 것은 아닐 수 있음을 기억하라.

회수(Recover)! 소각의 경우 연료로 플라스틱을 연소하면 플라스틱의 에너지는 무엇으로 회수되는가? Big Six와 대부분의 다른 중합체는 탄화수소 연료와 매우 유사하기 때문에 소각은 매립지에 대한 요구를 줄이면서 플라스틱을 처리하는 탁월한 방법처럼 보인다. 연소의 주된 생성물은 이산화 탄소, 수증기, 그리고 다량의 에너지이다. 사실상 플라스틱은 석탄과 똑같이 높은 에너지 함량을 갖는다. 미국에서 2010년 지자체 고체 폐기물 중량의 단지 약 12%를 플라스틱이 차지함에도 불구하고, 이들의 에너지 함량은 약 30%에 이른다.

그러나 소각은 문제점이 있다. 거듭 연소는 물질을 파괴하지 않는다는 1~4장의 내용을 여기에 적용한다. 연소에 의해 생성된 기체는 아마도 눈에서는 멀어지나, 마음에서 멀어지지 않은 것이 가장 좋을 것이다. 플라스틱의 연소는 온실기체인 CO_2를 생성한다.

폴리염화 바이닐과 같이 염소를 함유한 중합체는 연소하는 동안 염화 수소(HCl)를 방출하므로 소각에 각별한 유의가 필요하다. 굴뚝 배기가스가 산성비에 지대한 영향을 미치는 것처럼, 염화수소는 물에 용해되어 염산을 만든다. 염소를 함유한 플라스틱의 연소는 다른 유독 기체를 만들어 낼 수 있다. 에너지를 포함하여 전체적인 이익 관점으로 볼 때 재활용이 소각보다 항상 바람직하다.

예제 9.20 플라스틱의 연소

완전 연소 조건하에서 폴리프로필렌은 연소하여 이산화 탄소와 수증기를 생성한다.

a. 완결된(균형 맞춘) 화학 반응식을 적으시오. 2,500개 단위체를 가진 평균 사슬 길이로 가정하시오.
b. 만약 불완전 연소라면, 다른 생성물을 만든다. 가능한 물질 두 가지를 말하시오.

답

b. 불완전 연소는 CO와 입자 물질(그을음)을 만들며, 둘 다 공기 오염 물질이다.

우리가 재사용, 재활용, 회수하지 않는 플라스틱은 결국 매립지 신세가 되거나(눈에서 멀어지면 마음에서도 멀어진다는 접근) 환경 쓰레기가 된다. 둘 다 문제가 있다. 여전히 매립할 공간을 구할 수 있다 하더라도 매립은 문제점이 있다. 이는 과밀 지역에 많은 공간을 차지하며, 건설과 유지에 비용이 들어가며, 새고, 해충을 끌어들이며, 온실기체인 메테인을 방출한다.

매립지(혹은 어디에서나)에 묻힌 플라스틱의 대다수는 생분해되지 않는다. 대부분의 박테리아와 곰팡이는 합성 중합체를 분해하는 데 필요한 효소가 결핍되어 있다. 그러나 일부 미생물은 셀룰로스와 같은 천연 발생 중합체를 분해하는 효소를 갖는다. 예를 들어 3장에서 여러분은 소의 메테인(methane) 방출에 대해 읽었다. 실제로 소 반추위에서 박테리아가 셀룰로스를 분해 과정에서 에너지를 얻을 때 메테인이 생성된다. 같은 장에서 박테리아 활동의 다른 결과로 매립지 내 유기 물질의 자연 분해에 의해 메테인이 생성됨도 배웠다.

천연 중합체라 할지라도 매립지에서 완전 분해되지 않는다. 현대 폐기물 처리 시설은 폐기물과 폐기물의 부산물이 주변 땅으로 빠져나가지 못하도록 엄폐하고 막을 만든다. 매립지 막과 덮개는 또한 혐기성(무산소) 조건을 형성하는데, 이는 이들 폐기물의 분해를 지연시킨다. 그 결과, 아마 많은 생분해성 물질은 천천히 또는 조금만 분해된다. 오래된 매립지를 파면, 아직도 읽을 수 있는 오래된 신문(그림 9.14)과 먹을 수는 없으나 최소한 알아볼 수 있는 5년 지난 핫도그가 나온다.

이상적인 매립지 막은 영원히 지속되어야 한다. 그러나 시간이 지남에 따라 분해되거나 파열된다.

그림 9.14 일부 매립된 쓰레기는 장시간 동안 온전하게 남을 수 있다. 1952년의 신문이 37년 뒤에 발굴되었다.

연구과제 9.21 매립지 막(liners)

매립지 막은 천연 점토와 인공 플라스틱을 포함한다. 예를 들어 고밀도 폴리에틸렌의 두꺼운 시트를 사용할 수 있다. 그러나 가장 좋은 HDPE 막도 갈라지고 분해될 수 있다.

a. 표 9.1에서 어떤 화학 물질이 HDPE를 부드럽게 하는가?
b. 시간이 지남에 따라 HDPE 막을 분해할 수 있는, 매립지로 보내지는 5가지 물질의 이름을 말하시오.

답

b. 두서너 가지만 예를 들며, 요리용 기름, 구두약, 알코올

천연 및 합성 중합체의 매립 처리 그리고 소각과 관련된 문제 때문에, **재활용**은 중요한 역할을 한다. 그러나 중합체 재활용은 소각과는 달리 에너지 투입이 필요하다. 더구나 만약 폐기물 중합체가 더럽거나 품질이 떨어진다면, 이를 재활용하기 위해서는 새로운 플라스틱으로 만드는 것보다 더 많은 에너지가 필요하다. 그럼에도 불구하고, 재활용은 매립지와 소각로에서 플라스틱을 다른 데로 돌리는 몇몇 방법 중 하나이다. 다음 절에서 쓰레기의 큰 그림을 살펴본다.

9.9 | 플라스틱 재활용: 큰 그림

다른 폐기물과 함께, 버린 플라스틱은 큰 그림의 일부분이다. 미국에서 환경보호국(EPA)은 30년 이상 쓰레기로 더 잘 알려져 있는 도시 고체 폐기물에 대한 통계를 작성해 오고 있다. **도시 고체 폐기물(municipal solid waste**, MSW)은 음식물 쓰레기, 잔디 찌꺼기, 낡은 가전제품을 포함하여 쓰레기통에 버리거나 던져 넣은 모든 것을 포함한다. MSW는 산업체, 농업, 광산, 건축 현장에서 나오는 폐기물과 같은 것들은 포함하지 않는다. 미국에서 MSW는 평균적으로 연간 약 2억 5천만 톤이었다. 가장 많이 차지하는 폐기물은 어떤 것일까? 그림 9.15에서 알 수 있는 것처럼 종이이다. 종이, 나무, 음식물 쓰레기, 잔디 찌꺼기와 같은 생물학적 원천의 폐기물들이 MSW로 분류되는 폐기물의 대부분을 구성한다. 이들 모두를 4R[절약(Reduce), 재사용(Reuse), 재활용(Recycle), 재생(Recover)] 중 하나로 처리할 수 있다.

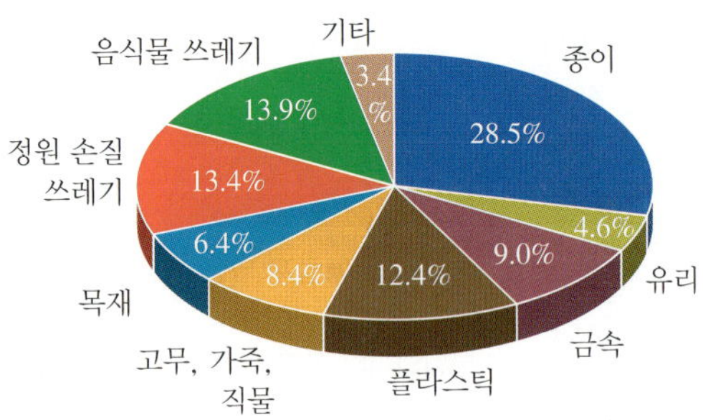

그림 9.15 우리가 버리는 쓰레기에는 어떤 것들이 있는가? 재활용되기 전 MSW의 무게 비율(2010년, 2억 5천만 톤)

출처: *U.S. Environmental Protection Agency, EPA-530-F-11-005, November 2011.*

MSW 중 플라스틱은 얼마나 많이 차지하는가? 그림 9.15를 살펴보면 플라스틱이 미국 시민이 버리는 쓰레기의 약 12%를 차지한다. 미국 환경보호국은 세 가지 형태의 플라스틱에 대한 자료를 발표한다.

- 플라스틱 가구, 통, 정원 호스와 같은 내구재
- 플라스틱 컵, 접시, 쓰레기봉지, 펜 및 안전면도기와 같은 비내구재
- 음료수 병, 음식물 용기와 같은 포장재

2010년에 이들 플라스틱은 모두 합쳐 약 2천 1백만 톤, 즉 생성된 MSW 2억 5천만 톤의 12.4%를 차지하였다.

이들 플라스틱 중 재활용되는 양은 얼마인가? 그림 9.16a의 그래프는 플라스틱에 대해서만이 아닌 미국에서 재활용된 **전체** MSW의 양을 백만 톤 단위로 여러 해에 걸쳐 보여 준다. 최근의 MSW 재활용 비율은 34%에 달한다(그림 9.6b).

비례 방식으로 보면, 2010년 미국에서 플라스틱의 7.6%만이 재활용되었다. 그렇게 작은 이유는 무엇일까? 사소한 곳에 문제가 늘 존재한다! 일부 폐기물들은 쉽게 재활용할 수 있는 반면, 다른 폐기물들은 물류 악몽과 다름 없는 문제가 있다. 더불어, 일부 형태

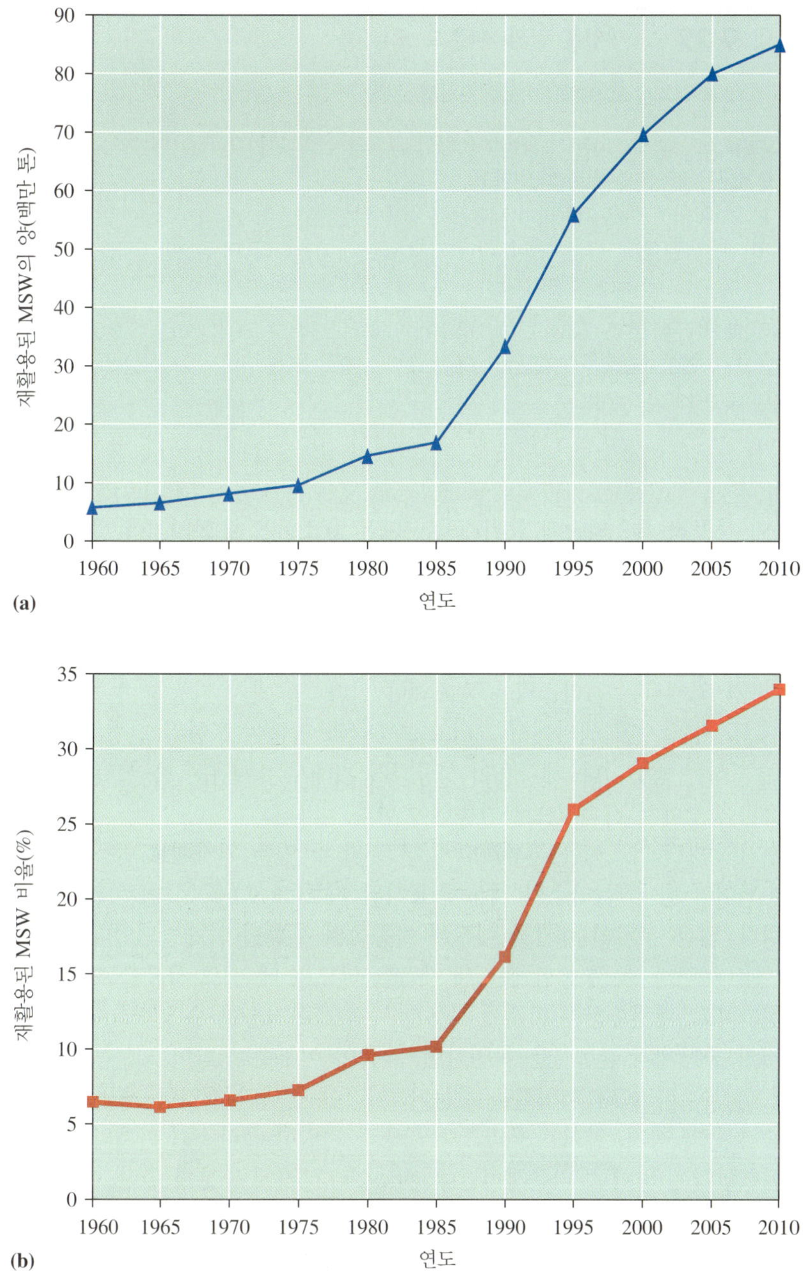

그림 9.16 (a) 1960~2010 기간 동안 재활용된 MSW 양(단위: 백만 톤), (b) 1960~2010 기간 동안 재활용된 MSW 백분율(단위 %)

출처: *U.S. Environmental Protection Agency, EPA-530-F-11-005, November 2011*.

표 9.4 2010년 재활용 플라스틱 병

플라스틱	2010년 재활용 양(백만 파운드)	재활용률
PET	1557.0	29.1%
HDPE	984.0	29.9%
PVC	1.4	2.0%
PP	35.4	18.3%
LDPE	1.0	1.9%

출처: *American Chemistry Council*, National Post-Consumer Plastic Bottle Recycling Report, 2010.

의 플라스틱은 준비된 시장이 있지만, 다른 것들은 그렇지 못하다. 표 9.4는 전체 플라스틱의 7.6% 재활용률과 비교할 때 플라스틱 병에 대해 달성한 최근의 상대적으로 높은 성과를 보여 준다.

확인문제 9.22 **재활용 단위: 파운드 또는 톤**

미국 화학 협회(ACC)에서 표 9.4의 값들을 조사해 보라.

a. 이들 값들을 연구과제 9.18에서 EPA가 인용한 값들과 견줄 만한가? 인용한 톤은 미국식 톤(short ton)으로 1톤은 2000파운드로 가정한다.
b. EPA는 한 단위(백만 톤)를 사용하여 재활용된 양을 작성하였으며, ACC는 다른 단위(백만 파운드)를 사용하여 재활용된 양을 작성하였다. 여러 가지 설명이 가능하다. 이 중 한 가지를 제시해 보시오.

답

a. 재활용된 폐기물은 1557 + 984 + 1.4 + 35.4 + 1.0 = 25억 7천 9백만 파운드 또는 129만 톤이다. 이 값은 특히 ACC 자료에는 폴리스타이렌에 대한 자료가 빠져 있다는 것을 고려하면, EPA가 인용한 172만 톤과 대략 비슷하다.

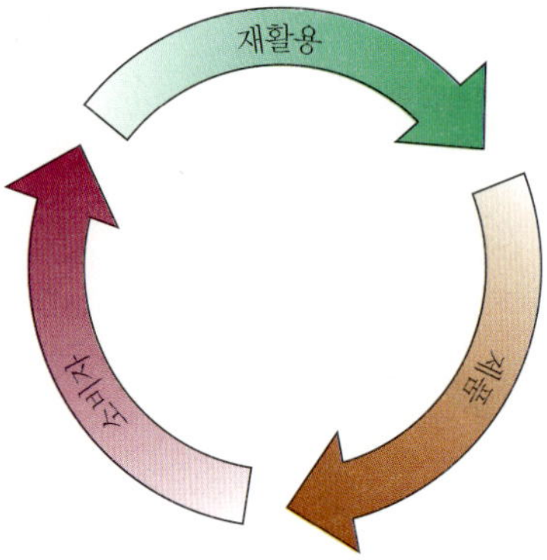

그림 9.17 이상적인 재활용은 끝없는 폐회로를 형성하는 것이다.

출처: *Reprinted by permission of the National Association for PET Container Resources.*

재활용이 성공적이며 지속되기 위해서는 많은 요소들을 조화시켜야 한다. 이들은 과학과 기술뿐만 아니라 경제와 특히 국지적 수준에서는 때로 정치를 수반해야 한다. 가장 좋은 재활용은 플라스틱을 수집하고 분류하며, 소비자들이 구매하고, 사용하고 난 후에 재활용하는 제품으로 전환하는 폐회로로 만드는 것이다(그림 9.17).

재활용하기 위해서는 플라스틱을 수거해야 한다. 몇 가지 가능한 방법은 다음과 같다. 길가에서, 지역 수거 센터에서 그리고 보증금과 환불이 포함된 빈병 회수 프로그램을 통해 수거하는 방법이다. 재활용이 성공하기 위해서는 사용한 플라스틱의 확실한 공급이 지정된 장소에서 지속적으로 가능해야 한다.

일단 수거되면, 플라스틱을 분류하고 일부는 팔 수 있는 원자재로 만들 수 있는 공장으로 수송되어야 한다. 플라스틱 제품에 표시된 기호(표 9.1을 보라)는 분류 과정을 용이하게 한다. 많은 부피의 폐기물 때문에 자동화된 분류법이 개발되었다. 분류되고 나면, 중합체를 녹인다. 녹은 중합체는 새 제품을 만드는 데 바로 사용할 수 있다. 이와는 달리 고형화하고, 펠릿화하여 미래에 사용할 목적으로 저장할 수 있다.

여러 가지 중합체의 혼합물을 녹인다면, 제품이 어두운 색상이 되는 경향이 있으며, 혼합물의 성질에 따라 다른 성질을 갖는다. 이러한 형태의 재가공 제품은 일반적으로 주차장 충격 완화 장치, 일회용 플라스틱 꽃병과 저렴한 플라스틱 판재와 같은 저급 용도로 전환하였다는 의미로 '다운사이클(downcycle)'하기에 충분히 좋다. 이와 같은 혼합 재료는 순수하고 균일한 재활용 중합체만큼 값어치는 없다. 이는 플라스틱 분류의 중요성을 강조해 준다. 비슷한 이유로 제조업자들은 분류의 필요성을 없애기 위하여 한 제품에 한 가지 중합체만 사용하기를 선호한다.

플라스틱의 공급(이상적으로는 깨끗하고 분류가 된)이 이루어지면, 제조업자들은 작업에 들어갈 수 있다. 생산한 제품들은 다양한 비율과 형태의 재활용 재료를 포함하고 있다. 용어가 혼란스럽다. **재활용 소재 제품(recycled-content product)**이란 재활용되지 않았으면 폐기물 대열에 있었을 재료로 만든 제품을 말한다. 이들은 버려진 플라스틱뿐만 아니라 재충전하여 사용하는 플라스틱 토너 카트리지와 같은 재사용 제품으로 만들어진 제품들을 포함한다. 쓰레기 봉지, 세탁 세제통과 카펫천은 재활용 소재 제품으로 적합한 일반적인 플라스틱 제품이다. 일부 놀이터 장비와 공원 벤치 또한 버려진 플라스틱으로 만들어진다.

재활용 제품은 이제 재활용 재료의 원천을 제공하기 시작하고 있다. **소비 후 소재(postconsumer content)**란 이전에 개별적으로 재활용되었던 재료로, 재활용되지 않았으면 폐기물로 버려졌을 재료를 말한다. 이러한 폐기물 재활용은—사무용 종이, 폼 포장재 및 음료수 병—매립 쓰레기를 줄이는 한 가지 방법이다. **소비 전 소재(preconsumer content)**란 남은 자투리와 남겨진 폐기물과 같은 생산 공정 자체에서 남겨진 폐기물을 말한다. 의류 산업에서의 폴리에스터 섬유 자투리와 같은 소비 전 섬유들은 버려지는 것보다는 재활용될 수 있다.

재활용 가능 제품(*recyclable product*)이란 용어는 단순히 제품이 재활용될 수 있다는 것을 의미한다. 이 용어는 재활용 공정이 존재할 수 없기 때문에 오인될 수 있다. 재생 가능 제품이 반드시 재생 소재를 포함할 필요는 없다.

예제 9.23 재활용 가능 제품과 재활용 제품

여러분이 구매할 수 있고 재활용할 수 있는 제품 예를 세 가지 기술하시오. 또한 재활용 소재 제품의 예를 세 가지 기술하시오. 두 범주에 모두 해당되는 제품은?

그림 9.17에 나타낸 사이클을 완성하기 위하여, 재활용품들이 시장에 출시되고 (이상적으로는) 소비자들이 구입한다. 제품과 구매자 없이는, 재활용 프로그램은 실패하여 없어질 것이다. 사실 많은 도시에서 재활용 법률이 시행되거나 강제되지 못한 상태였다. 왜냐하면 공급, 수거, 분류, 가공, 제조, 판매의 중합체적 사슬 고리 중 하나가 빠져 있기 때문이다.

표 9.4를 참조하여 소비자로서 우리가 PET 음료수 병을 재활용 통에 던져 넣는 데 상당히 능숙하다는 것을 알 수 있다. 10억 파운드 이상의 PET가 미국에서 재활용된다! PET는 대부분의 다른 플라스틱보다 훨씬 더 성공적으로 재활용되기 때문에, 더 자세히 살펴보는 것은 당연하다. PET 청량음료 병은 녹이고 재사용하기 전에 특수한 처리가 필요하다. 병들은 보통 분류하여 PVC와 같은 다른 플라스틱을 제거한다. 만약 PET 더미에 PVC가 잔류하면, PVC가 최종 제품을 약화시킬 수 있다. 모든 라벨, 병뚜껑, 또는 플라스틱에 붙어 있는 음식물도 분리되거나 문질러 없애야 한다. 예를 들면 병뚜껑은 보통 더 질긴 폴리프로필렌으로 만들어진다. 다음 연구과제는 PET를 다른 중합체들로부터 밀도를 이용하여 분리될 수 있는 방법을 보여 준다. 이 방법은 PVC와 섞여 있는 PET의 경우에 유용하다. 왜냐하면 이들은 유사하게 보일 수 있기 때문이다.

연구과제 9.24 뜰까, 가라앉을까?

PET에 대한 밀도 값과 재활용에서 볼 수 있을 것 같은 세 가지 다른 플라스틱의 밀도 값들이 있다.

플라스틱	밀도(g/cm^3)
PET	1.38~1.39
HDPE	0.95~0.97
PP	0.90~0.91
PVC	1.18~1.65

액체에 담그면, 플라스틱은 액체 밀도에 따라 뜨거나 가라앉을 것이다. 위에 열거한 네 가지 플라스틱을 용해하지 않는 여러 가지 액체의 밀도 값이 있다.

액체	밀도(g/cm^3)
메탄올	0.79
42% 에탄올/물 혼합물	0.92
38% 에탄올/물 혼합물	0.94
물	1.00
$MgCl_2$ 포화 용액	1.34
$ZnCl_2$ 포화 용액	2.01

HDPE, PP, PVC로 오염된 PET 시료가 있을 때, PET를 다른 세 가지 플라스틱에서 분리하는 방법을 제시하시오. 모든 밀도 값은 같은 온도에서 측정하였다고 가정한다.

비고: 1 cm^3 = 1 mL

그림 9.18 PET 음료수 병들은 재활용 범위가 넓다.

(a)

(b)

그림 9.19 (a) 재활용 PET로 만든 운동복. (b) 재활용 PET 병으로 만든 항공기 승무원 유니폼

PET 음료수 병을 재활용하면, 또 다른 음료수 병의 일부분이 되어 우리 삶으로 되돌아올 수 있다. 매우 유사하게, 폴리에스터는 다운사이클되어 순도가 낮은 제품을 생산한다. 예를 들면 PET를 녹여서 폴리에스터 카펫, 티셔츠, 인조 양모(fleece)(그림 9.19), 침대 깔개 그리고 조깅 슈즈용 섬유 덮개를 직조할 수 있다. 재활용된 2 L 병 5개를 티셔츠나 스키 재킷용 단열재로 변환시킬 수 있다. 약 450개의 병으로 9 × 12피트 거실용 폴리에스터 카펫을 만든다.

이 시점에서 합리적인 요청 질문은 재활용 PET로 만든 이들 제품 모두에 적용할 수 있는 것이 무엇인가 하는 것이다. 쇼 사(Shaw Industries)는 EcoWork 광폭 카펫과 카펫 타일 개발에 대한 답을 제공한 공로로 2003년에 녹색 화학 도전 대통령상을 받았다. PVC를 이들 카펫의 안감에서 제거함으로써, 이 제품은 다른 제품으로 100% 재생 가능하게 되었다. 이 카펫의 추가적인 환경적 이점은 카펫 타일이 무게가 더 가볍기 때문에 VOC 배출이 작고, 수송 비용이 저렴하다. 2012년에, 이 카펫은 40% 재활용 소재를 포함하였으며, '우리는 이것을 돌려받기를 원해요(We want it back.)'라는 라벨을 포함하고 있다. 이 카펫을 더 많이 사용하고, 재활용하고, 다시 재활용함에 따라, 이 비율은 높아질 것으로 예상된다. 이것은 '요람에서 요람으로' 개념의 또 다른 예이다. 사실 이러한 종류의 카펫은 MBDC(McDonough Braungart Design Chemistry)로부터 요람에서 요람으로(Cradle-to-cradle) 은상을 수상하였다.

건축가 윌리엄(William McDonough)과 화학자 마이클(Michael Braungart)은 10장에서 언급된 책 *Cradle-to-Cradle*(제품 수명 주기)의 저자이다.

CM
CERTIFIED
cradletocradle
SILVER

이 절은 재활용의 복잡성을 살펴보았다. 그러나 재활용은 도시에서만 할 수 있는 것이 아니라는 것을 기억하라. 플라스틱 폐기물 또는 더욱 일반적으로 **모든** 고체 폐기물 문제에 대한 유일하고, 최고의 해법은 없다. 소각, 재사용, 재활용, 원천적 절감 모두 이점을 제공하며 모두 비용이 든다. 그러므로 가장 효과적인 방법은 복수의 전략을 사용하는 종합적인 폐기물 관리 시스템일 것이다. 궁극적으로 이러한 시스템은 효율을 최적화하고, 에너지와 재료를 보전하고 비용과 환경 손실을 최소화할 것이다.

연구과제 9.25 근처 가게에서

만약 사람들이 재활용 플라스틱으로 만든 제품을 구입하지 않는다면, 제조업자들은 이들을 생산하는 데 있어 재정적 보상을 거의 받지 못할 것이다. 판매할 수 있는 재활용 소재 제품을 5개 찾아보시오.

a. 각각에서 중합체를 알아보고, 가능하다면 재활용 소재의 비율을 알아보시오.

b. 여러분이 그 제품을 구입할 것인지, 아닌지를 포함하여 그 제품에 대한 소비자 요구 사항을 기술하시오.

9.10 | 식물에서 플라스틱까지

앞서 언급한 바와 같이 대부분의 중합체는 재생 불가능한 자원인 원유에서 제조한다. 그렇다 하더라도 일부 중합체는 목재, 면섬유, 밀짚, 녹말, 설탕과 같은 재생 가능한 물질에 기원을 두기도 한다. 이들 식물 기반 중합체와 석유 기반 중합체의 다른 점은 무엇인가?

- 이들은 **퇴비화(compostable)** 물질로, 가정용 퇴비기 또는 산업체용 퇴비기의 특정 조건하에서 생물학적 분해가 가능하여 식물의 성장에 독성이 있는 물질을 포함하지 않는 재료(퇴비)를 만든다.
- 일부 중합체는 '압축 해제(unzipped)'되어 단위체로 되돌리는 것이 가능하여 본래의 중합체로 다시 만들 수 있다.
- 이들 합성은 일반적으로 보다 적은 자원을 필요로 하며, 결과적으로 석유 기반 중합체보다 폐기물을 적은 양 배출하며 적은 에너지를 소모한다.
- 테플론, 사란(Saran), PVC와 같은 석유 기반 중합체와는 달리 이들은 염소나 플루오린을 함유하지 않는다.

위와 같은 특성 때문에 이들 중합체를 '환경 친화적'이라고 한다. 그러나 이 용어를 사용하는 데는 주의가 필요하다. 곧 알게 되겠지만, 생체 중합체(biopolymer)의 퇴비화는 말처럼 간단하지 않다. 더구나 다른 중합체와 비교하기 위해서는 제조, 사용, 제품이 수명을 다하는 동안에 필요한 에너지 비용과 폐기물 모두를 고려해야 한다. 또 다시 최적의 해결책은 플라스틱을 어떤 종류로 바꾸는 것이 아니라 우리의 소비를 **줄이는** 것이다.

폴리락트산(polylactic acid, PLA)은 식물에서 생산하는 단 하나의 플라스틱은 아니나, 환경 친화적 플라스틱의 대표 주자로 알려져 있다. Big Six와 마찬가지로, PLA는 열가소성 중합체로 가열에 의해 연화되고 성형이 가능하다. PLA는 폴리에스터로 PET와 유사한 외관과 감촉을 가지고 있어 두명하고 반짝이는 병, 투명한 음식 포장새, 의류용 섬유, 플라스틱 식기(그림 9.20)를 포함한 PET 재질의 제품과 동일한 제품을 생산하는 데 이용한다. PLA는 종이컵과 접시의 내수성 코팅에 이용한다.

PET와는 달리, PLA는 약 140°F(60°C)에서 연화된다. 그 결과, 만약 여러분이 화창한 날 차 내에 PLA로 만든 물건을 두고 내렸다면, 돌아왔을 때 아마도 그 물건이 녹아내린 것을 발견할 것이다. 따라서 열적 안정성을 향상시킬 수 있는 다른 수지와 혼합하지 않는 한, PLA는 저온에서만 사용할 수 있다.

(a) (b) (c)

그림 9.20 (a) PLA컵은 PET처럼 무색 투명하고, 내수성이 있다. (b) PLA는 PET처럼 착색할 수 있다. (c) PLA를 입힌 종이컵

락트산은 생태계에 천연으로 존재한다. 이는 우유의 신맛을 내며, 격렬한 운동 후 근육통을 일으키는데 일부 책임이 있다.

이름에서 알 수 있듯이, 폴리락트산은 락트산 중합체이다. 이 단위체는 카복실산과 하이드록실기라는 두 개의 작용기를 가지고 있다. 다음은 락트산의 구조식이다.

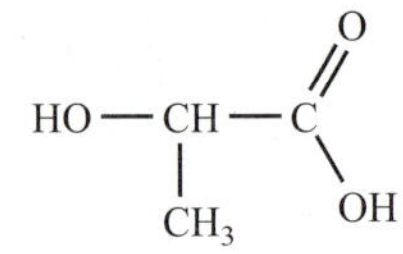

PET처럼 폴리락트산은 축합 중합체이며, 중합체 사슬에서 공유 결합 한 개를 만들 때마다 물 분자 한 개를 내어놓는다.

예제 9.26 PLA의 화학

락트산에서 PLA를 합성하는 과정은 단일 단계로 진행되는 것이 아니고 복잡하기 때문에, 이에 대한 화학 반응식을 보여 주지 않았다. 비록 그렇다 하더라도 PLA의 화학식을 적는 것은 가능할 것이다.

a. 단위체인 락트산에 있는 작용기에 동그라미를 그리고 표기하시오.
b. 락트산을 중합할 때, 이 반응은 부가 반응인가, 축합 반응인가? 설명하시오.
c. PLA의 반복 단위는 무엇인가?

답

b. 축합 반응. 카복실기의 OH와 하이드록실기의 H가 생성물인 물 분자를 형성한다.

2012년에 PLA는 Cargill의 자회사인 NatureWorks 사에 의해 주로 미국에서 제조되었다. 또한 네덜란드의 PURAC Biomaterials 사와 일본과 중국의 몇몇 제조업체에 의해 생산되었다.

환경 친화성 중합체로서, PLA는 논쟁을 공유하고 있다. 하나는 이들 중합체를 옥수수로부터 합성한다는 점에서 기인한다. 에탄올처럼 옥수수에서 생산하기 때문에(4장), PLA는 동물 사료로서의 옥수수와 경쟁하게 된다. 더구나 옥수수 밭을 흐르는 물은 영양이 풍부한 수로를 만들 수 있으며(11장), 옥수수는 해충에 저항하도록 유전자 설계를 할 수 있다(12장). PLA는 옥수수 대신 탄화수소를 가진 다른 식물에서도 제조할 수 있다. 예를 들어 네덜란드 회사는 사탕수수를 이용하고, 일본 제조업체는 타피오카(tapioca) 뿌리를 이용한다. 미국은 '옥수수 플라스틱(corn plastic)'이라는 별명의 유래가 된, 옥수수 알맹이의 전분으로부터 대량의 PLA를 제조한다.

석유 기반 중합체와는 달리 PLA는 퇴비화되지만, 그 과정은 산업용 퇴비기에서 열을 공급받지 않는 한 매우 느리게 진행된다. 얼마나 느린가? 이 과정은 뒤뜰 퇴비 더미에서 1년 정도가 소요된다. 반면 산업용 퇴비기에서는 이 과정이 3~6개월에 진행된다. 그러나 많은 지역 사회는 적어도 현재에는 이와 같은 퇴비기를 갖고 있지 않다. 매립지에 PLA를 던져 넣는 것은 생태학적 이익이 없다는 것에 유의하라. 그림 9.14를 다시 보면, 매립된 것들의 실제 분해는 매우 느리다는 것을 알 수 있을 것이다.

(도시 고형 폐기물의 일부로서) 바이오 폐기물 스트림에서, PLA는 단지 약 1% 정도이다. 정원 쓰레기와 음식물 쓰레기가 주요 품목이다.

PLA는 재활용할 수 있는가? 이론적으로는 가능하나 현재로서는 아니다. 실제로 재활용 스트림에서 PLA는 PET를 재활용하는 사람들에게, 한 재활용가가 풍자한 것처럼 '물과 기름처럼 두 가지 혼합물'이기 때문에 관심사가 되고 있다. 재활용가는 PET 병을 모아서 뭉친 후, 궁극적으로 새로운 용기, 인조섬유 솜, 카펫을 만드는 플라스틱을 제조한다. PLA가 만약 소량보다 더 존재한다면, 이를 PET 재활용 스트림에서 분리할 필요가 있다.

연구과제 9.27 교정에서 수사

매일 수 천 인분의 식사가 대부분의 대학 교정에서 제공된다. 대부분의 경우, 교정 식품 서비스 전문가는 사용하는 컵, 접시, 포크, 숟가락, 젓가락, 냅킨에 대해 심각한 생각을 하고 있다. 수사관이 되어 우리 교정을 지속 가능하게 할 방법에 대해 알아보자. 접시, 컵, 식기에 무엇이 변해야 하는가? 이들을 씻어서 재사용하는가? 만약 그렇다면 어떤 것이 PLA로 만들어졌는가? 논쟁거리는 무엇인가? 예를 들어 뜨거운 음료 컵과 같은, 특정 품목에 대하여 한 페이지 브리핑을 만들어 보시오.

9.11 | 기준선의 이동

이 교재의 첫 장에서 **기준선의 이동**의 개념을 설명하였다. 이는 지구 상에서 사람들이 '정상적'이라고 기대하는 것들이 시간에 따라 변한다는 생각이다. 플라스틱 사용이 좋은 사례이다. 플라스틱의 발견 이전에 원래 생활 모습을 기억하는 사람이 여전히 다수 생존해 있다. 오늘날 그들은 아마도 흰머리의 노인이 되었을 것이며, 이들의 유년 시절은 1930년대 초일 것이다. 1950년대의 베이비붐 세대도 2센트의 보증금을 받기 위해 그림 9.21b에 보인 유리병을 모았던 것을 기억할 것이다.

(a) (b)

그림 9.21 (a) 1970년대의 추가적인 지지를 위하여 아래에 컵을 가진 2 L 병, (b) 1960년대의 반환할 수 있는 10온스 유리병

플라스틱 펜을 예로 들어보자. 50년 전까지는 초등학교 어린이를 포함하여 대부분의 사람들이 리필 만연필로 글을 적었다. 푸른색 또는 검은색 잉크병은 단단히 뚜껑을 덮어 나무 책상 속에 늘 가까이 두어야 하는 물품이었다. 수학 문제는, 지우개가 달린 노란색 No. 2 연필로 풀었다. 일회용 볼펜과 젤리펜은 아직 쓰기에 등장하지 않았다.

플라스틱 음료수 병에서도 생각해 보자. 1970년대에 최초로 슈퍼마켓 선반에 2리터(64온스) 병이 등장하였다. 초창기 모델은 PET로 만들었으며 강도를 주기 위하여 불투명한 아래 컵으로 받쳤다(그림 9.21a). 펩시코(PepsiCo)가 처음으로 2 L 병에 청량음료를 팔았으며, 다른 음료업체들이 재빨리 따라 하였다.

플라스틱의 등장 전에는 대부분의 음료를 유리병에 담았다. 1970년대 후반까지도 우유는 각 가정에 유리병에 담겨 배달되었으며, 그 다음 배달에서 빈병을 회수하였다. 1인분 크기는 그만큼 더 작았다. 예를 들어 코카콜라 병은 한 번에 10온스를 담았다(그림 9.21b). 반면 오늘날 알루미늄 캔은 12온스를 담으며 플라스틱 병은 그 양이 더 많다. 과거 캔 자동판매기에서는 캔을 제공하는 대신에 빈 캔을 받을 수 있는 목재 받침대를 세워두었다. 그러나 유리병은 플라스틱 병보다 더 친화경적이고 더 지속 가능해야 할 필요가 없다. 다음 예제는 두 선택을 살펴볼 기회를 제공한다.

예제 9.28 유리 또는 플라스틱?

a. 유리병에 든 우유를 판매하는 것이 다시 유행할 수는 있겠지만, 플라스틱 항아리나 플라스틱이 코팅된 종이팩이 여전히 대부분의 장소에서 사용된다. 유리병을 사용할 때의 장점과 단점을 각각 두 가지씩 기술하시오. 플라스틱 병에 대해서도 동일하게 수행하시오.

b. 오늘날 알루미늄 캔에 판매되지는 않으나, 청량음료는 플라스틱 병에 담겨 판매되고 맥주는 유리로 만들어진 병에 담겨 판매된다. 이 차이점에 대한 두 가지 이유를 조사하고 보고하시오.

알루미늄 캔을 제공하는 자동판매기는 1965년에 발명되었다.

플라스틱 쓰레기! 플라스틱의 사용이 일반화될 뿐만 아니라 어느 곳—거리, 뒤뜰, 개울, 해변, 심지어 자연 보호 구역—에서나 플라스틱 쓰레기를 발견하는 것도 일반화되고 있다. 문제는 플라스틱이 오래간다는 것이다. 지역 환경에서 한 조각의 플라스틱을 발견하였다면, 이는 적어도 인지할 수 있는 속도로는 용해되지도, 햇빛에 부서지지도 분해되지도 않는다. 차라리 이는 더욱 더 작은 조각으로 부서져 넓게 흩어지는 경향을 갖는다. 처음에 너무 유용하도록 만든 플라스틱의 특성은 그 플라스틱의 조각은 수 년 동안 지속되는 것이라는 것을 의미한다. 이 말이 익숙한가? 다음 예제는 기억을 되살리는 데 도움이 될 것이다.

연구과제 9.29 냉장고 과거에서의 교훈

CFC로 잘 알려진 클로로플루오로탄소(chlorofluorocarbon)는 한때 냉장고, 에어로솔 스프레이, 폼, 의료용 흡입기에 널리 사용되었다.

a. 왜 CFC는 단계적으로 금지되었는가?
b. 일부 CFC는 대기 중에 100년 또는 그 이상 남을 것이다. 이것이 단계적으로 금지된 사실과 CFC의 이런 성질이 어떻게 연관되는지 설명하시오.
c. CFC와 공유되어지는 HDPE, LDPE, PVC, PS와 같은 중합체의 일부 물성을 말하시오.
d. CFC와는 달리, 플라스틱이 단계적으로 금지되는 것은 일어날 가능성이 매우 없는 듯하다. 왜 그런지 몇몇 이유를 기술하시오.
e. 그렇다 하더라도 현재 우리의 플라스틱 사용을 유지할 수는 없다. 이 주장을 뒷받침하는 증거를 찾으시오.

플라스틱 쓰레기! 이것은 우리 주변에서 볼 수 있는 단순한 플라스틱 병, 그리고 포장지만이 아니다. 그리고 플라스틱에서 용출되는 눈에 보이지 않는 물질은 우리 몸을 포함한 자연 어디에서나 모습을 나타낸다. 환경수학을 해 보자. 중합체에 첨가된 것을 시간이 지남에 따라 천천히 빠진다. 왜? 가소제는 플라스틱에 화학적으로 결합된 것이 아니다. 이들은 혼합되어 플라스틱을 더 부드럽고 더 유연하게 만든다. 시간에 따라 가소제는 천천히 생태계로 용출되어 나온다. 다음 예제에서 논란이 많은 가소제인 DEHP를 소개한다.

예제 9.30 DEHP를 만나다

DEHP는 **프탈레이트**(*phthalate*)라 불리는 가소제의 한 종류이다. 프탈레이트는 PET를 합성할 때 단위체의 하나인 테레프탈산(terephthalic acid)의 이성질체인 프탈산(phthalic acid)의 에스터 화합물이다.

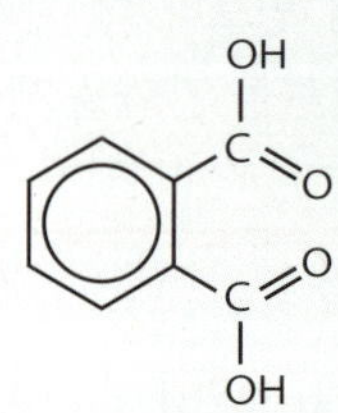

프탈산

a. **에스터**(*ester*) 단어의 뜻을 설명하시오.
b. 다음은 DEHP의 구조식이다. 이 분자에 있는 두 개의 에스터기에 동그라미를 그리시오.

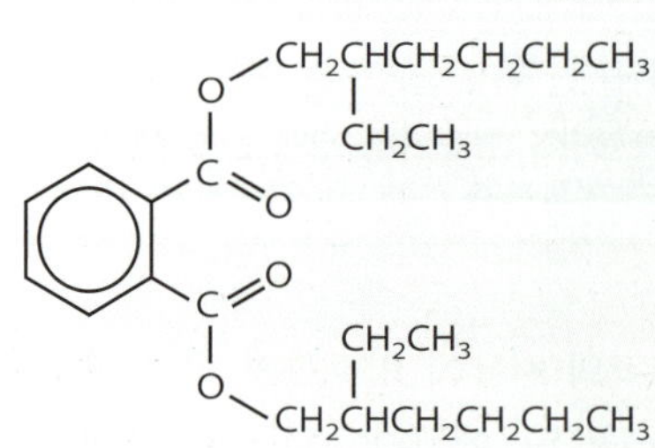

DEHP

c. 테레프탈산과 반응하여 이 에스터를 형성하는 알코올의 구조식을 그리시오.

앞 예제에서 살펴본 바와 같이 DEHP 분자는 벤젠 고리에 연결되어 있는 두 개의 긴 물 결모양의 곁사슬을 갖는다. 만약 DEHP를 대략 중량의 30% 정도로, 반복되는 머리-꼬리 배열을 갖는 PVC와 혼합하면 어떤 일이 일어날지 상상해 보라. 이 배열을 가진

PVC는 분자가 서로 잘 채워져 결정 영역을 가지므로 뻣뻣해지는 경향을 가진다. 그러나 DEHP가 첨가되면 PVC 중합체 사슬의 규칙적 충전이 붕괴되어 중합체는 더욱 더 유연해진다.

논란이 존재하는 이유는 무엇인가? 다른 프탈레이트와 같이 DEHP는 의심 가는 **내분비 교란 물질(endocrine disrupter)**이다. 이것은 생식 및 성 발달 관련 호르몬을 포함한 인체의 호르몬계에 영향을 주는 화합물을 말한다. 에스트로젠은 이와 같은 호르몬 가운데 하나이며, 불행하게도 DEHP는 에스트로젠과 유사한 생물학적 거동을 갖는 듯하다. DEHP는 또한 의심 가는 인체 발암 물질이다.

약에 대한 다음 장에서, 에스트로젠의 화학적 구조와 생물학적 거동을 살펴볼 것이다.

그리고 논란을 해소하기 어려운 이유는 무엇인가? 비록 DEHP에 대한 증거가 수십 년간 증가되어 왔지만, 연구 결과들을 연결하기가 어려웠다. 어려움의 일부는 낮은 농도(ppb)와 관련되어 있기 때문이다. 그럼에도 불구하고, 2011년에 미국 식품의약국은 식용수에서 DEHP에 대한 허용 범위를 0.006 mg/L, 즉 6 ppb로 설정하였다. DEHP가 식용수에 존재할 수도 있다는 바로 그 사실이 여러분에게는 놀랍지 않은가! 그러나 앞서 언급한 것을 기억해 보자. 플라스틱에서 기원하는 화합물들은 우리 몸을 포함하여 환경에서 거의 모든 곳으로 확산되고 있다.

논란을 해소하기 어려운 또 다른 이유는 하나가 아니라, 많은 내분비 교란 물질이 우리 환경에 존재한다는 것이다. 일부는 자연적으로 존재하고, 다른 것들은 인류에 의해 추가되었다. 후자의 한 예로서, 에스트로젠을 모방한 화합물인 BPA에 대해 들어보았을 것이다. BPA는 일부 플라스틱 병을 포함하여 여러 가지 원천들로부터 환경으로 전파되었다.

Bisphenol A(BPA)는 1930년대 이후로 에스트로젠의 효과를 모방한다고 알려져 있다. 약에 관한 장인 10장에서 에스트로젠에 대해 더 많이 살펴보자.

세 번째 어려움은 BPA와 같은 화합물을 인체에 시험하는 것이 비윤리적이라는 사실에 있다. 비록 이러한 연구가 빠르게 논란을 해결할 수는 있지만, 가능하지도 않고 바람직하지도 않다. 이를 설득시키는 한 가지 방법은 우연히 BPA에 노출되어 있는 사람을 연구하는 것이다.

이러한 어려움에도 불구하고, 일부의 경우에는 잠재적으로 유해한 물질들을 법으로 금지하여 왔다. 예를 들면 아기들은 유아용 젖꼭지를 빨면서 반복적으로 노출되고, 동물들에 대한 연구에서 DEHP가 남성의 성 발달에 영향을 끼친다는 것을 보여 주었기 때문에 유아용 젖꼭지에 DEHP를 금지하는 것은 합당하였다. 유사하게 DEHP와 다른 관련 가소제들이 어린이용 장난감에 사용 금지되었다. 이러한 규제는 2장에서 앞서 언급한 **사전 예방 원칙(precautionary principle)**의 한 예이다. 이러한 원칙은 인체 건강 또는 환경에 대한 부정적 효과가 주요하거나 확정되기 전에 완전한 과학적 자료가 없을 때조차도 법률 제정의 타당함을 강조한다.

대부분의 다른 경우들에서, 선택 가능성들이 여전히 논의되고 있다. 화학 물질을 완전히 금지하는 것부터 무제한적인 사용을 허용하는 데까지 광범위하다. 극단적으로 현재에는 현실적이지 않다. 따라서 이제는 허용 가능한 용도에 대한 합의에 이르는 문제가 되었다. 미국 화학 협회의 주간 뉴스 잡지인 *Chemical & Engineering News*에 실린 BPA에 대한 한 보고서는 여러분과 모든 시민들이 직면한 어려움들을 다음과 같이 평가하였다.

> 이러한 논의가 공개적으로 드러남에 따라, 대중들은 BPA에 관한 연구들, 보고서, 반대 주장, 이해의 충돌, 소송, 그리고 의회 조사의 끊임없는 흐름에 폭격당하고 있다. 토론의 상대방들은 언론과 대중에게 자신들의 관점을 알리는 데 혈안이 되어 있다. 그리고 상대방들은 흡연과 기후 변화에 대해 진행된 사회과학적 토론과 같이, BPA에 대한 불확실성을 만들어 내는 그럴듯한 의견 제시 전략을 이용하여 서로를 고소한다(2011. 06. 06, p.13).

이 장을 책 *Cradle-to-Cradle*의 서문에 있는 문장으로 다음과 같이 마감하고자 한다. '자연은 설계 문제가 없다. 사람은 설계 문제가 있다.' 우리는 1세기 전에는 꿈꿀 수 없었던 방식으로 기능하는 놀라운 플라스틱을 설계하였다. 동시에 우리는 이들 재료를 전 수명 주기에 걸쳐 부드럽고, 안전하고, 환경 친화적으로 운반할 수 있는 시스템을 설계하지 못하였다.

결론

합성 중합체는 현대 생활의 핵심에 있으나 이들의 존재는 우리가 소모하고 있는 원유라는 귀중한 자원에 의존하고 있다. 우리들은 합성 중합체에 의존할 뿐만 아니라 많은 경우에 소모하는 것을 당연하게 여기고 있다. 다시 한 번, 우리의 생활 방식과 지속 가능성의 문제를 다시 살펴볼 수 있도록 영감을 줄 잠재력이 있는 화학적 주제를 만나게 된다.

오랜 시간에 걸쳐 화학자들은 우리의 생활을 더 안락하고 더 편리하게 만들어 준 새로운 물질인 중합체와 플라스틱을 창조해 왔다. 많은 경우에서 이들 플라스틱은 플라스틱이 대체한 천연 중합체를 뛰어넘는 상당한 개선을 가져왔다. 더구나 오늘날 사용하는 많은 제품들인 DVDs, 휴대폰, 통기성 콘택트렌즈, 플리스(fleece) 의류, 신장 투석 장비, 인공 심장은 합성 중합체가 없었다면 불가능하였을 것이다. 우리는 중합체에 의존하게 되었으며 이들을 사용하지 않는 것은 불가능에 가깝다.

화학 산업은 소비자들이 원하는 것을 제공하고 있다. 그러나 지금은 우리가 바라는 것과 우리가 책임 있게 처리할 수 있는 것보다 더 많은 플라스틱 제품을 생산하고 있다. 업체에서 일하는 사람들과 함께, 미래를 위해 에너지와 물질을 절약함과 동시에 플라스틱 폐기물에 대처하는 방법을 배워야만 한다. 새로운 플라스틱과 중합체의 세계를 창조하기 위해서는 정책 입안자, 입법 의원, 경제학자, 제조업자, 소비자, 그리고 마땅히 화학자의 지혜와 노력을 필요로 한다. 이 장은 감소(reducing), 재사용(reusing), 재활용(recycling), 복구(recovering)에 대한 노력이 잘 진행되고 있음을 보여 주었다.

앞 장에서 보인 바와 같이 그리고 이 장을 열었던 무당거미의 거미줄과 같이 모든 것은 연결되어 있다. 이 장에서, 중합체와 원료 물질—석유 또는 식물—과의 연관성 그리고 환경 폐기물(또는 퇴비)과의 연관성을 살펴보았다. 이 장은 환경으로 배출되며 에스트로젠과 유사한 약물과 같은 특성을 가지는 플라스틱 첨가제의 예기치 않은 관련성으로 마무리를 지었다. 정확하게 약이란 무엇인가? 자연적이건 인공적이건 간에, 환경에서 약학적으로 활성인 어떤 화합물이 발견되는가? 이 질문들은 다음 장으로 우리를 연결한다.

요약

이 장에서 알아야 할 화학적 원리:

천연 중합체 대 합성 중합체(9.1, 9.7)
중합체와 단위체의 구조(9.2)
중합 반응(9.3, 9.6)
분자간 힘(9.3)
분자 배열과 관찰 물성(9.4)
작용기와 반응성(9.5, 9.6)
아미노산과 단백질(9.7)
환경 지속성과 물질 설계(9.8~9.11)

이 장을 공부한 후에 다음을 할 수 있어야 한다.

- 천연, 석유 기반, 식물 기반 합성 중합체의 예를 들 수 있다. (9.1, 9.10)
- 중합체와 이들을 합성하는 단위체와의 관계를 알 수 있다. (9.2)
- 첨가 중합과 축합 중합을 비교하고 대조할 수 있다. (9.3, 9.6)
- 분자 구조와 관찰 물성의 관점에서 저밀도 폴리에틸렌과 고밀도 폴리에틸렌을 비교하고 대조할 수 있다. (9.4)
- Big Six(대표적 6가지) 중합체를 단위체와 중합체의 분자 구조뿐 아니라, 용도와 물성 관점에서 인식하고 설명할 수 있다. (9.4~9.6)
- 가소제의 용도를 설명하고 이를 둘러싼 논쟁에 대해 기술할 수 있다. (9.5, 9.10, 9.11)
- 단위체와 중합체에서 작용기를 확인할 수 있다. (9.6)
- 몇몇 다른 카복실산의 구조식을 그리고 명명할 수 있다. (9.6)
- 알코올과 카복실산에서 어떻게 에스터가 제조되는지 보일 수 있다. (9.6)
- 구조식을 이용하여 중합 반응에 대한 화학식을 기술할 수 있다. (9.6, 9.7)
- 아미노산과 단백질의 관계를 설명할 수 있다. (9.7)
- 나일론과 단백질의 구조와 근원을 비교하고 대조할 수 있다. (9.7)

- 4R(Reduce, Reuse, Recycle, Recover)의 예를 들 수 있다. (9.8)
- 4R이 우선 순위를 가지는 이유를 설명할 수 있다. (9.8)
- 재활용 소재 제품, 소비 후 소재 함량, 소비 전 소재 함량의 차이점을 기술할 수 있다. (9.9)
- 10년간 플라스틱 재활용의 동향을 해석할 수 있다. (9.9)
- 재활용과 관련된 다양한 활동과 이들의 내재된 복잡성에 대해 논할 수 있다. (9.9)
- 도시 고형 폐기물(MSW)의 출처와 구성 요소에 대해 논할 수 있다. (9.9)
- 식물 기반 및 석유 기반 중합체의 환경 친화성과 한계를 비교하고 대조할 수 있다. (9.10)
- 플라스틱을 사용할 때, 기준선의 이동과 사전 예방 원칙의 예를 들 수 있다. (9.11)
- 환경 지속성 때문에 발생하는 문제 관점에서 플라스틱과 CFC를 비교하고 대조할 수 있다. (9.11)

연습문제

기본문제

1. 천연 중합체와 합성 중합체의 예를 각각 두 가지 제시하시오.
2. 여러분이 가지고 있을 법한 전문성과 경험에 대해 생각해 보자. 여러분은 어떻게 고체 폐기물을 줄이는 데 의미가 있는 방식으로 기여할 수 있는가? 세 가지 방법을 제안하시오. **힌트:** 4R(Four Rs)을 검토하면 도움이 될 것이다.
3. 식 9.1은 양쪽에 n을 가지고 있다. 왼쪽의 n은 계수이고 오른쪽의 n은 아래 첨자이다. 설명하시오.
4. 식 9.1에서 화살표 위에 표기된 R•의 기능을 설명하시오.
5. 다음 각 전략이 어떻게 폴리에틸렌의 성질에 영향을 미칠 것으로 예상되는지 기술하시오. 또한 각 영향에 대한 분자 수준에서의 설명을 제시하시오.
   a. 중합체 사슬의 길이 증가
   b. 중합체 사슬의 다른 사슬과의 정렬
   c. 중합체 사슬의 가지(branching) 증가
6. 그림 9.3a는 폴리에틸렌으로 만든 두 종류의 병을 보여 준다. 두 병은 분자 수준에서 어떻게 다른가?
7. 에틸렌(에텐)은 탄화수소이다. 에틸렌처럼 단위체로 작용할 수 있는 2개의 다른 탄화수소의 이름과 구조식을 제시하시오.
8. 에틸렌의 경우 머리-꼬리 배열의 반복이 왜 가능하지 않는가?
9. 분자량이 40,000 g인 폴리에틸렌 한 분자에서 $H_2C{=}CH_2$ 단위체 단위의 수 n을 결정하시오. 이 분자에는 몇 개의 탄소 원자가 있는가?
10. 표 9.1에 스타이렌의 구조식이 주어져 있다.
    a. 존재하는 모든 원자를 보일 수 있도록 다시 그리시오.
    b. 스타이렌의 화학식을 구하시오.
    c. 5,000개의 단위체로 이루어진 폴리스타이렌 분자의 몰질량을 계산하시오.
11. 염화 바이닐(Vinyl chloride)은 그림 9.8과 같이 몇 가지 다른 배열을 갖는 PVC를 합성한다. 아래 예는 어떤 배열에 해당하는가?

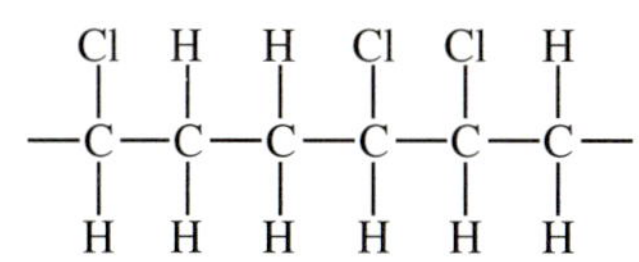

12. 다음은 큰 PVC 분자의 두 부분이다. 이 두 구조는 동일한 배열을 나타내는 것인가? 각각의 배열의 방향을 파악하여 답을 설명하시오. **힌트:** 그림 9.8을 보라.

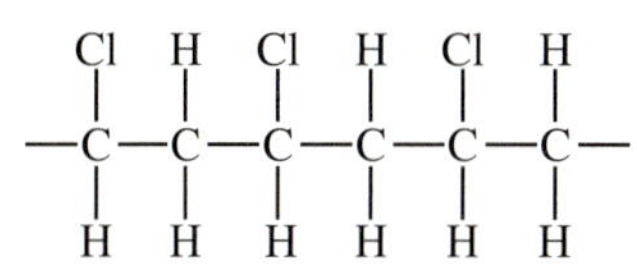

와

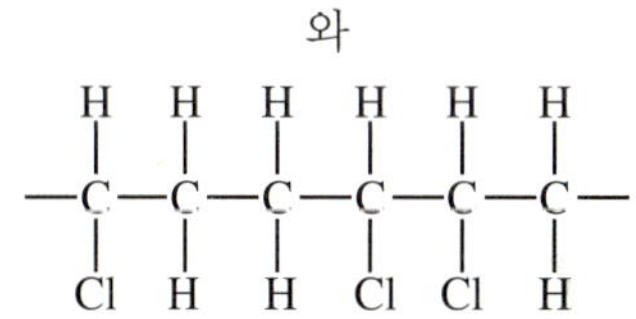

13. 뷰타다이엔($H_2C{=}CH{-}HC{=}CH_2$)을 중합하여 합성 고무를 만들 수 있다. 이것은 부가 중합과 축합 중합 중 어느 것인가?
14. 다음 각 응용은 'Big Six' 중 어떤 항목을 사용하였는가?
    a. 투명한 탄산음료 병
    b. 불투명한 세탁용 세제 병
    c. 투명하고 반짝이는 샤워 커튼
    d. 튼튼한 실내-실외용 카펫
    e. 음식용 플라스틱 봉지
    f. 땅콩 모양 포장재
    g. 우유 용기
15. a. 식 9.3과 유사하게, n개의 프로필렌 단위체가 중합하여 폴리프로필렌을 만드는 중합에 대한 반응식을 쓰시오.
    b. 그림 9.8과 유사하게, 폴리프로필렌 한 부분에서 단량체의 임의적 배열을 보이시오.
16. 플라스틱을 이용하여 많은 용기를 만든다. 여러분이 선택한 10개의 용기에서 재활용 코드(표 9.1)를 확인하라. 선택한 용기 중 가장 많은 중합체는 무엇인가?

17. 다음 각 단위체들이 가지고 있는 작용기(들)를 명명하시오.
   a. 스타이렌
   b. 에틸렌 글라이콜
   c. 테레프탈산
   d R=H인 경우에서 아미노산
   e. 헥사메틸렌다이아민
   f. 아디프산

18. 다음 분자의 모든 작용기에 동그라미를 그리고 확인하시오.

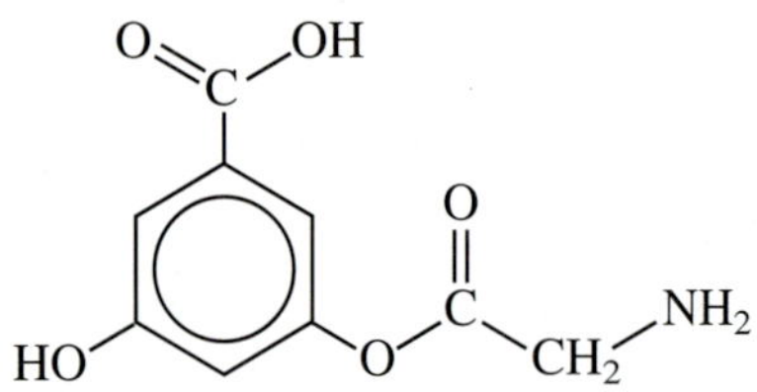

19. 케블라(Kevlar)는 **아라미드**(*aramid*)라 불리는 나일론의 한 종류이다. 이것은 벤젠 고리와 비슷한 고리를 가지고 있다. 큰 기계적 강도 때문에 케블라는 라디알(radial) 타이어와 방탄 조끼에 사용된다. 예제 9.15에 두 개 단위체(테레프탈산과 페닐렌다이아민)의 구조가 주어졌다. 두 개 단위체와 중합체에서의 작용기의 이름을 말하시오.

20. 표 9.3에 에탄산과 프로판산의 구조식이 있다. 이 두 물질의 이름으로부터 명명 규칙을 유추할 수 있을 것이다.
   a. 5개의 탄소 원자를 가진 카복실산의 이름은 어떻게 되겠는가?
   b. 메탄산은 가장 간단한 카복실산이다. 이는 폼산이라고도 하며, 개미에게 물렸을 때 통증을 일으키는 물질 중 하나이다. 메탄산의 구조식을 그리시오.
   c. 프로판산과 비슷하게 뷰탄산도 자극적인 냄새가 난다. 뷰탄산의 구조식을 그리시오.

21. 명주(silk)는 천연 중합체 중 하나이다. 명주에 요구되는 물성 세 가지를 말하시오. 어떤 합성 중합체가 명주를 모델로 한 화학 구조를 가지는가?

22. 다우 케미칼 사는 스타이로폼 포장재를 제조하기 위한 발포제로서 CO_2를 사용하는 과정을 개발하여 미국 녹색화학 도전 대통령상을 받았다.
   a. 발포제란 무엇인가?
   b. 이 과정에서 CO_2로 대체된 화합물은 무엇이며, 이 대체가 왜 환경적으로 유리한가?

23. 폐기물을 줄이는 방안에는 (1) 대용량 그리고/또는 경제적 규모로 구매하고 (2) 개별 포장을 피하는 방법이 있다. 아래 경우를 이에 따라 연습한다고 가정해 보자. 어떤 플라스틱을 적게 사용해야 하는가? 또 어떤 물질을 더 사용하는가?
   a. 냉장고에 보관하기 위해 2쿼터(quart) 용기 대신 1/2갤런(gallon) 플라스틱 용기의 우유를 산다.
   b. 손님맞이용으로 개별 소포장 병 대신 2 L 용기의 레모네이드를 구매한다.
   c. 더 작은 용기에 담긴 더 많이 농축된 세제를 구매한다.

24. 최근 재활용 제품에 대한 재활용 물질의 출처를 제공하기 시작하였다.
   a. 소비 후 함량과 소비 전 함량의 예를 보이시오.
   b. 재활용이 가능한 제품은 재활용 물질을 포함하는가?

개념문제

25. 다음 용어들의 관계를 나타내는 그림을 그리시오. **천연**, **합성**, **중합체**, **나일론**, **단백질**. 필요하다면 다른 용어를 추가하시오.

26. 최근에는 폴리프로필렌 뚜껑을 가진 PET 재질의 2 L 음료용 병을 많이 생산한다. 병뚜껑으로 폴리프로필렌이 좋은 이유는 무엇인가? 폴리프로필렌 사용이 PET 병의 재활용에 어떤 어려움을 주는가?

27. 옥수수에서 얻은 글루코스는 몇몇 새로운 생물 기반 중합체 물질의 원천이다. 글루코스는 셀룰로스의 단위체이다. 이 책의 앞에서 광합성의 화학 반응에서 글루코스를 만났다. 광합성은 무엇이고, 어디에서 글루코스가 생성되는가?

28. 중합체의 물성은 부분적으로 함유하고 있는 화학 원소에 의존한다. 어떤 중합체의 물성에 영향을 미치는 세 가지 추가적인 것들을 말하시오.

29. 많은 단위체는 C=C 이중 결합을 포함하고 있다. 하나를 선택하여 구조식과 이에 대응하는 중합체를 그리시오. 단위체와 중합체의 유사성과 차이점을 기술하시오.

30. 첨가 중합이 일어나는 단위체의 구조적 특징은 무엇인가? 예를 들어 설명하시오. 축합 중합에 대해서도 동일하게 수행하시오.

31. 다음 반응식은 염화 바이닐의 중합을 나타낸다. 분자 수준에서 볼 때, 반응이 진행됨에 따라 Cl−C−H의 결합각은 어떻게 변하는가?

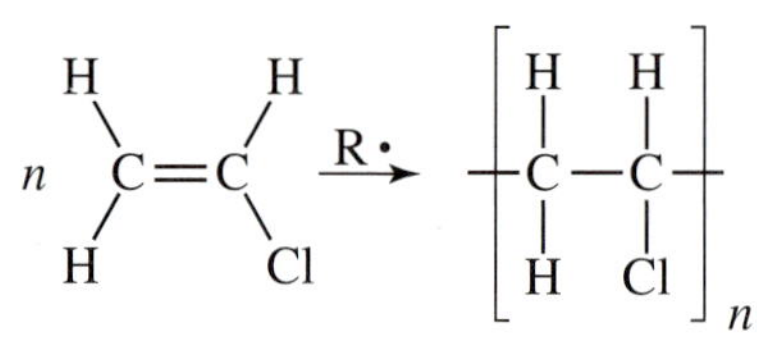

32. 폴리아크릴로나이트릴은 아크릴로나이트릴(CH_2CHCN) 단위체로부터 만들어진 중합체이다.
   a. 이 단위체의 루이스 구조를 그리시오. **힌트**: N 원자는 삼중 결합으로 연결된다.
   b. 폴리아크릴로나이트릴은 양탄자와 실내 장식용 직물에 널리 사용하는 아크릴란(Acrilan) 섬유를 만드는 데 사용한다. 이 섬유는 연소하면 유독 기체를 방출한다. 화재가 발생했을 때, 이 중합체로 만든 양탄자와 실내 장식은 어떤 위험이 있을 수 있는가?

33. 듀폰 사의 화학자인 플렁킷(Roy Plunkett)은 기체 상태의 테트라플루오로에틸렌을 가지고 실험하는 도중에서 테플론을 발견하였다. 다음은 단위체이다.

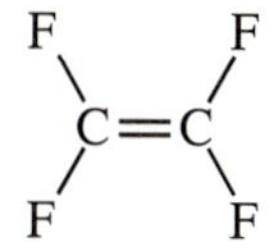

a. 식 9.1과 유사하게, 테트라플루오로에틸렌 분자 n개가 중합하여 테플론을 합성하는 것에 대한 화학 반응식을 기술하시오.

b. 이 중합체에서 반복되는 머리-꼬리 배열이 가능하지 않은 이유는 무엇인가?

c. 테플론은 고체이고, CFC-12(CCl_2F_2)는 기체이다. 그럼에도 불구하고, 이들 둘 다 C−F 결합을 포함한다. 이 외에 테플론과 CFC-12는 공통적으로 어떤 특성을 가지고 있는가?

34. 식 9.1은 에틸렌의 중합을 보여 준다. 표 4.4의 결합 에너지로부터, 이 반응은 흡열인가, 발열인가?

35. 만약 테트라플루오로에틸렌을 단위체로 사용하였다면, 그 답은 문제 34의 답과 달라지는가? 단위체 구조는 문제 33번을 보라.

36. 수소, 석탄, 옥테인(C_8H_{18})의 연소열(kJ/g 단위)과 비교할 때, 폴리에틸렌의 연소열(kJ/g 단위)은 어느 것과 유사할 것으로 예상하는가? 그 예상을 설명하시오.

37. 재활용(recycling)은 폐기물 방지와 같지 않다. 이를 설명하시오.

38. 여기 대부분의 플라스틱 용기에 사용되는 표준 기호보다 더 색채가 풍부한 재활용 기호가 있다.

a. PLA란 무엇인가?

b. 기호의 중앙에 있는 옥수수는 왜 그렸는가?

c. 짐작컨대 이 중합체가 '친환경(green)'임을 보이기 위해 이 기호는 녹색 잉크로 인쇄된다. PLA가 환경 친화적인 중합체로 간주되는 이유를 두 가지 말하시오.

d. 위 이유의 각각에 대해, 여러분의 주장에 대한 정보를 제공하시오.

39. 에틸렌 분자 1,000개가 중합하여 폴리에틸렌의 거대한 부분을 형성함을 고려하자.

$$1000\ CH_2{=}CH_2 \xrightarrow{R\cdot} \left(CH_2CH_2\right)_{1000}$$

a. 이 반응의 에너지 변화를 계산하시오. **힌트:** 표 4.4의 결합 에너지를 이용하라.

b. 이 반응을 수행하기 위해서는 중합 용기에 열이 공급되어야 하는가, 혹은 제거되어야 하는가? 설명하시오.

40. 아래는 축합 폴리에스터의 하나인 데이크론의 구조식이다.

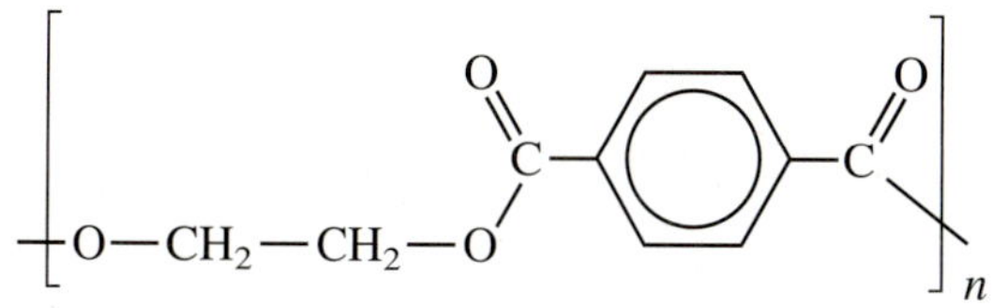

데이크론은 두 가지 단위체로부터 만들어진다. 하나는 2개의 하이드록실기(−OH)를, 다른 하나는 2개의 카복실산(−COOH)을 갖는다. 각 단위체의 구조식을 그리시오.

41. 플라스틱 봉지 조각을 잡아당기면 길이는 급격하게 늘어나고 그 두께는 줄어든다. 종잇조각을 잡아당기면 같은 현상이 일어나는가? 그렇다면 또는 그렇지 않다면 그 이유는? 분자 수준에서 설명하시오.

42. 수술용 장갑의 라이너(liner)로 사용하는 스펙트라(Spectra, AlliedSignal사의 HDPE 섬유)를 살펴보자. 흥미롭게도 스펙트라는 일반적으로 뻣뻣하고 신축성이 없는 성질을 갖는 선형 HDPE이다.

a. 이 용도로 LDPE를 사용하지 않는 이유를 제안하시오.

b. 스펙트라로 만든 섬유의 이용 가능한 다른 두 가지 용도를 말하시오.

43. 4R(Four Rs)은 reduce(저감), recycle(재활용), reuse(재사용), recover(복구)이다.

a. 관련된 플라스틱을 명명하고 각각에 대한 예를 드시오.

b. 가능한 다섯 번째 R은 'rethink(재고)'이다. 예를 들어 플라스틱 폐기물은 공중 보건의 이익이라는 관점에서 다시 생각할 수 있다. 폐기물 감소와 공중 보건의 연관성에 대한 예를 드시오.

44. 모든 Big Six 중합체는 물에 불용성이다. 그러나 일부는 탄화수소(표 9.1)에 용해되거나 적어도 부드러워진다. 분자 구조와 용해도에 대한 지식을 이용하여 이 거동을 설명하시오.

45. 땅콩 모양 포장재인 폴리스타이렌 폼을 아세톤(일부 매니큐어 제거제 용매)에 담그면 녹는다. 만약 아세톤이 휘발되도록 방치하면, 고체가 남는다. 이 고체는 무엇인가? 어떤 일이 일어났는지 설명하시오. **힌트:** 폴리스타이렌 폼은 발포제를 이용하여 제조하였음을 기억하라.

46. 오늘날 포장재는 폴리스타이렌 폼 대신 식물 기반 물질로 제조한다.

a. 녹말은 이들 물질 중 하나이다. 녹말이란 무엇이며 원천은 무엇인가?

b. 녹말 포장재의 장점과 단점을 각각 두 가지씩 기술하시오.

c. 녹말 포장재를 처리하는 방법 중 하나를 말하시오.

47. 기준선의 이동(shifting baseline) 개념을 설명하시오. 아래 항목에 대하여 각각 2개의 예를 기술하시오.
   a. 포장에 사용하는 플라스틱 제품
   b. 물길을 오염시키는 플라스틱 제품

48. 프탈산의 에스터인 프탈레이트의 한 예인 DEHP는 가소제 중 하나이다.

   a 가소제란 무엇인가?
   b. PVC에 DEHP 같은 가소제를 첨가하는 이유는 무엇인가?
   c. DEHP는 일부의 경우 사용이 금지되었다. 두 가지 경우를 들고 그 이유를 설명하시오.

응용문제

49. a. 이 장에서 논의하지 않은 작용기를 2개 기술하시오. 각각 하나를 포함하는 분자의 예를 기술하시오. **힌트:** 10장을 미리 살펴보라.
   b. 문제 45에서 언급한 아세톤 분자의 구조식을 찾으시오. 이 분자가 가지고 있는 작용기는 무엇인가?

50. 면(cotton), 고무(rubber), 명주(silk)와 모(wool)는 천연 중합체들이다. 각 중합체의 단위체를 확인하기 위하여 다른 원천을 살펴보라. 어느 것이 첨가 중합체이고, 어느 것이 축합 중합체인가?

51. 태평양 거대 쓰레기 지대[the Great Pacific Garbage Patch, '플라스틱 쓰레기 소용돌이(Plastic Trash Vortex)']는 상상하건대 작은 조작으로 깨어진 플라스틱으로 구성되어 있다. 이는 해저 표면 아래 위치하며 해양 생물과, 인간을 포함한 이를 먹는 생명 종을 사정없이 파괴한다. 2011년 플라스틱 업체의 높은 지위의 사람이 비공식적으로 이 교재의 저자에게 의견을 제시하였다. '개인적으로 나는 이것은 사기라고 생각한다'라고 말하였다. 그가 옳은 것인가, 혹은 그 사실에 대해 잘못 알고 있는 것인가? 여러분 사례에 대해 잘 검증된 자료를 사용하시오.

52. 테플론 귀뼈, 나팔관 또는 심장 판막? 안면 또는 탈장을 치료하기 위한 고어텍스 보형물? 일부 중합체는 생체 적합성을 가지고 있어 신체 일부를 대체하거나 치료하는 데 현재 사용되고 있다.
   a. 인체 **내에** 사용되는 중합체에서 바람직한 성질 네 가지를 나열하시오.
   b. 콘택트렌즈처럼 일부 다른 중합체는 인체 **외부에** 사용하고 있으나 인체에 밀착되어 있다. 콘택트렌즈는 무엇으로 만드는가? 바람직한 성질은 무엇인가?

53. '바이닐'로 알려져 있는 PVC는 논란이 있는 플라스틱이다. 소비자 또는 바이닐 산업의 근로자의 관점에서 이 논란에 대해 의견을 개진하시오.

54. 케블라(Kevlar) 발견에 대한 이야기에서 배워 보자. 이 중합체는 원래 라디얼 타이어에 사용하기 위해 노력했는데 다른 응용처가 발견되었다. 출처를 인용한 짧은 보고서를 작성하시오.

55. 아이소프렌은 천연고무를 형성하는 단위체이다. 다음은 탄소에 숫자를 붙인 구조식이다.

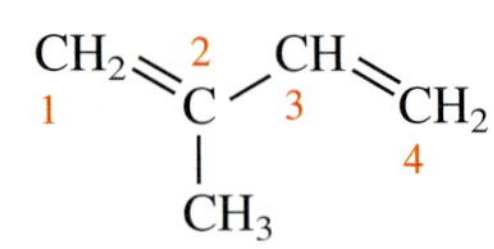

아이소프렌 단위체가 첨가되어 만들어진 폴리아이소프렌은 탄소 원자 2와 3 사이에 C=C 이중 결합을 가지게 된다. 어떻게 이 이중 결합이 형성되는가? **힌트:** 각각의 C=C는 4개의 전자를 가지고 있다. 새로운 C–C 결합이 2개 단위체 사이에 형성될 때는 2개의 전자만이 필요하다. 각 단위체에서 온 전자 한 개씩을 받아 새로운 결합을 형성한다.

56. 합성 고무는 보통 첨가 중합에 의해 형성된다. 중요한 예외가 실리콘 고무인데, 이것은 다이메틸실레인다이올(dimethylsilanediol)의 축합 중합에 의해 만들어진다. 다음은 이 반응을 나타낸 것이다.

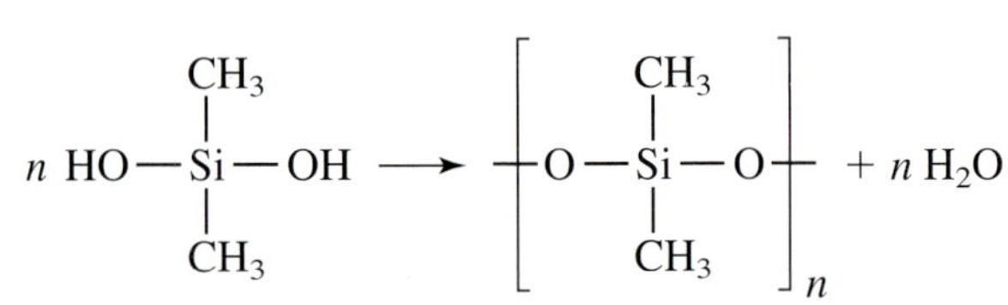

   a. 이 중합체의 두 가지 성질을 예측하시오. 예측의 근거를 설명하시오.
   b. 실리 퍼티(Silly Putty)는 실리콘 고무의 인기 있는 형태이다. 실리 퍼티의 성질을 두 가지 기술하시오.
   c. 실리콘 고무의 다른 가정용 용도를 두 가지 기술하시오.

57. 오늘날 사용 중인 개인용 컴퓨터의 수를 감안한다면 매립지로부터 키보드, 모니터, '마우스'를 가지고 있어야 할 이유가 있다.

a. 컴퓨터 및 그 주변 장치는 어떤 중합체를 가지고 있는가?

b. 컴퓨터에 있는 플라스틱의 재활용 방안은 무엇인가?

58. 미국의 일부 지역에서는 일부 또는 모든 용기에 보증금을 요구하는 병 법안(bottle bill)을 가지고 있다. 일부 식료품, 음료 회사, 병 협회(bottle association)는 병 법안에 대해 강력하게 반대하고 있다. 반면 일부 소비자 단체 및 환경 단체에서는 이를 강력하게 찬성하고 있다. 병 법안에 찬성하는지, 반대하는지에 한 페이지 연설문 초안을 작성하시오.

59. 카길(Cargill)은 폴리올을 생산하기 위하여 석유 대신 콩을 사용한 것으로 2007년 녹색 화학 도전 대통령상을 수상하였다. 폴리올은 무엇인가? '콩 플라스틱(soybean plastic)'을 생산하는데 폴리올을 어떻게 사용하는가?

10장 분자 조작과 약 디자인

고대 약초인 Ephedra sinica, 마황(위)으로 불리는 약초를 색조, 가는 가지, 가루, 건조된 뿌리 형태로 그림으로 나타내었다.

약(*Drugs*). 이 말은 희망, 안도, 두려움, 음모, 분노 또는 단순히 경멸을 연상케 한다. 조제된 약들은 질병을 예방하거나 완화하거나 치료하기 위한 물질들이다. 의약 화학은 새로운 치료제용 화학 물질의 발견이나 디자인, 그리고 이들을 유용한 약품으로 발전시키는 것을 다루는 과학이다.

현대 약리학은 민속학에 그 뿌리를 두고 있으며, 약의 역사는 약초와 민간요법으로 가득하다. 질병의 완화를 위한 풀과 뿌리, 딸기류, 나무껍질의 사용은 고대 중국, 인도, 근동(아라비아, 북동아프리카, 발칸 지역) 문명에서 기록된 문건들에 나타나 있듯이 고대까지 거슬러 올라갈 수 있다. Rig-Veda(BCE 4500~1600년 사이에 인도에서 편찬된 인도 최고의 성전)는 인류 지식의 가장 오래된 창고로서 약초의 사용을 언급하고 있다. 5000년 전에 중국 황제 신농(Shen Nung)도 풀에 대한 책을 만들었다. 그 책에서 그는 마황[현재는 에페드라 시니카(*Ephedra sinica*)라고 일컬음]이라는 식물을 심장 자극제로 사용했다고 기술하고 있다. 이 식물은 우리가 이 장 후반부에서 다룰 에페드린이라는 약을 포함하고 있다.

좀 더 최근에는 화학자들이 다양한 종류의 처방약 및 처방전 없이 살 수 있는 약들을 디자인하고 합성하고 특성을 파악해 왔다. 오늘날 환자들은 약의 도움으로 혈당, 혈압, 콜레스테롤, 알레르기를 조절하고 있다. AIDS 환자들은 과학자들이 치료제를 찾고 있는 동안 약의 도움으로 살고 있다. 효과적인 항암제와 강력한 진통제가 현재 사용 중이며, 한때 치료가 불가능하다고 생각되어 왔던 정신 이상도 약으로 조절할 수 있다.

반면에, 사람들은 인식과 기분을 전환하려는 목적으로 오랫동안 약을 복용해 왔다. 유명한 철학자인 니체(Nietzsche)는 예술이 중독 없이는 존재할 수 없다고 말하기도 했다. 많은 작가와 예술가들은 약이 그들의 생애와 작업 동안 창조적 힘이자 파괴적 힘으로 작용한다는 것을 발견하였다. 사람들은 주로 순간적인 진통 효과나 쾌락, 그리고 의식이 증진될 가능성 때문에 약을 남용한다. 약 남용과 관련된 오늘날의 문제가 단순히 최근의 현상이라고 가정하는 것은 흔한 오해이다. 현실은 인류 역사가 약의 사용과 남용으로 점철되어 왔다는 것이다.

약을 논하는 데 있어서 우리는 다음과 같은 질문을 생각해 볼 것이다. 새로운 약을 개발하는 아이디어와 방법은 어디서 얻을 수 있을까? 어떠한 절차로 약품들이 시장에 나오게 될까? 왜 어떤 약은 특정 효과를 가질까? 그 분자 구조의 어떠한 모양이 생물학적 활성에 기여하는 것일까? 어떻게 처방전이 있어야 살 수 있었던 약들이 처방전 없이 판매되게 되는 걸까? 약초의 장점과 위험성은 무엇이며, 생약은 과연 합성 제약보다 안전한가? 어떤 약들이 가장 흔하게 남용되고 있는가? 이와 같은 질문에 대답하기 위한 화학적인 중요 개념이 이 장에서 다루어질 것이다. 몇 가지 기초 화학을 이해하는 것이 오늘날의 복잡한 세계에서 건강하게 살아가도록 도와줄 것이다.

연구과제 10.1 오늘날의 약

a. 오늘날 미국에서 처방되고 있는 현대 약품들을 생각해 보자. 가장 자주 처방되고 있는 약 5가지를 적어 보시오.
b. 가장 흔하게 남용된다고 생각되는 약 5가지를 적어 보시오.
c. 소그룹의 학생들과 위에서 적은 자료들을 함께 비교해 보자. 여러분과 다른 사람들이 적은 약들 중 a와 b 양쪽에 모두 포함된 것이 있는가?

10.1 | 고전적인 불가사의 약

그림 10.1 하얀 버드나무, *Salix alba*, 기적의 약 원료

고금을 걸쳐 가장 유명한 의사로 여겨지는 히포크라테스(Hippocrates)는 BCE 4세기에 버드나무 껍질을 물에 끓여서 만든 '차'를 제안했다. 그 음료는 열을 내리는 데 효과가 있는 것으로 알려졌다. 수 세기가 지나면서 다른 많은 문화권에서도 공통적으로 쓰인 이 민간요법은 궁극적으로 수백만 명에게 혜택을 주어왔던 실제 '불가사의 약'의 합성을 이끌었다.

버드나무 껍질(그림 10.1)에 대한 첫 번째 체계적 연구자 중의 한 사람은 영국 목사인 스톤(Edmund Stone)이었다. Royal Society(1763)에 기고한 그의 보고서로 더욱 진보한 일련의 화학적 의약적 고찰 단계가 수립되었다. 이어서 화학자들은 버드나무 껍질 추출물로부터 노란색 바늘 모양의 결정 물질을 소량 분리해 낼 수 있었다. 나무 종의 이름이 *Salix alba*이었기 때문에 이 새로운 물질을 살리신(salicin)이라 명명하였다. 실험을 통하여 살리신은 두 화합물로 화학적 분리가 가능하였다. 임상 실험으로부터 이들 구성 요소 중 하나만이 열을 내리고 염증을 완화한다는 증거를 얻었다. 또한 그 활성 요소는 체내에서 산으로 전환된다는 것도 밝혀졌다. 불행히도, 임상 실험은 몇 가지 문제점 있는 부작용들도 제시하였다. 활성 성분은 아주 불쾌한 맛을 가졌을 뿐만 아니라, 산도 측면에서도 몇몇 개인의 경우 심한 위장 장애를 겪게 하였다.

이와 같은 활성을 가진 산성 화합물은 고통과 열 및 염증 치료에 사용되었다. 그러나 심각한 부작용 때문에 화학자들은 활성 산의 구조를 변형하여 약효는 그대로이면서 바람직하지 않은 냄새 및 위장 장애가 없는 관련 화합물을 만들고자 하였다. 첫 번째 변형 시도는 아주 단순한 접근 방법을 취했다. 산을 수산화 소듐이나 수산화 칼슘과 같은 염기로 중화시켜 산의 염을 형성하는 것이었다. 결과적으로 생성된 염은 원래 화합물보다 부작용이 적다는 것이 밝혀졌다. 이러한 발견에 기초하여 화학자들은 분자의 산성 부분이 바람직하지 않은 특성을 갖게 하는 것이라고 옳게 결론지었다. 결과적으로 다음 단계는 약효를 파괴하지 않으면서 화합물의 산도를 줄이는 구조적 변형을 추구하는 것이었다.

산-염기 중화 반응은 6.3절에서 논의하였다.

이 문제를 연구하던 화학자 중의 한 사람이 독일의 주요 화학 회사에서 일하던 호프만(Felix Hoffmann)이었다. 호프만의 동기는 단순한 과학적 호기심이나 부과된 일을 하는 것 이상이었다. 그의 아버지는 관절염 치료제로 산성 화합물을 정기적으로 먹곤 했다. 치료 효과는 있었지만, 그의 아버지는 구토로 고통 받았다. 젊은 호프만은 원래 화합물을 일단 혈류에 들어가면 활성 산으로 되돌아갈 수 있는 다른 고체 물질로 전환시키는 데 성공하였다. 이 분자 변형으로 구토와 다른 유해한 증세들이 많이 감소되었다. 즉 새로운 약이 발견된 것이다(1898년).

호프만의 화합물에 대한 병원에서의 광범위한 실험이 잘 알려진 제약 회사에 의한 대량 생산 준비와 동시에 시작되었다. 새로운 약 그 자체는 이미 화학 문헌에 나와 있는 것이라 특허를 낼 수 없었다. 그러나 회사는 제조 과정을 특허화하여 투자를 회수하고자 희망하였다. 임상 실험으로 그 약이 비중독성임이 입증되었다. 약을 복용하면서 발생하는 독성은 낮게 분류되었으나, 한 번에 20~30 g 복용은 치명적이 될 수도 있다. 4시간마다 325~650 mg의 제안된 복용량은 효과적인 해열제이자 진통제이며, 소염제로 작용한다. 임상 실험으로부터 표 10.1에 적힌 부작용도 밝혀내었다. 이 약은 혈액 응고를 방해하여 약 70%에 해당하는 사용자들에게서 적어도 소량이어서 의학적으로 중요하진 않지만, 위출혈을 유발하는 것으로 나타났다.

연구과제 10.2 기적의 약

미국에서 약의 최종 승인 단계는 약품에 대한 모든 임상 테스트 결과들을 식품 의약국(Food and Drug Administration, FDA)에 제출하여 그 약을 시장화하기 위한 면허를 따는 것이다.

표 10.1 '불가사의 약'의 부작용

증상	빈도	심각성*
메스꺼움, 구토, 복부 통증	보통	2
속쓰림	보통	4
귀울림	보통	5
검은 구토 혹은 혈액 구토	드묾	1
혈액이 섞인 소변	드묾	1
뾰루지, 두드러기, 가려움	드묾	3
시력 감퇴	드묾	3
황달	드묾	3
호흡 곤란	드묾	3
졸음	드묾	4

* 심각성 척도는 즉각적인 응급 치료를 요하는 생명 위협 수준인 1에서부터, 약을 지속적으로 복용하고 다음 방문에 의사에게 이야기하기를 요하는 5까지이다.

출처: *H. W. Griffith*, The Complete Guide to Prescription and Non-Prescription Drugs, *1983*, *HP Books*, *Tucson*, *Arizona*.

a. 만약 여러분이 표 10.1에 있는 '기적의 약'의 부작용 정보가 제시된 FDA 심사원이라면 이 약으로 통증과 열 및 염증을 치료하도록 승인하는 데 찬성하겠는가?
b. 만약 승인된다면, 이 약을 처방전 없이 살 수 있도록 하겠는가, 아니면 처방을 받아야 하는 약으로 사용을 제한하겠는가? 여러분의 입장을 변호하는 한 쪽짜리 보고서를 쓰시오.

아마도 여러분은 이미 버드나무 껍질 차와 관련된 기적적인 약의 정체를 짐작했을 것이다. 이 약의 화학명인 2-아세트옥시벤조산(2-acetyloxybenzoic acid) 또는 좀 더 상용화된 이름인 아세틸살리실산(acetylsalicylic acid)은 별로 도움이 되지 않을 것이다. 그러나 광고 효과는 매우 커서, 우리는 이 약을 최초로 시장화한 회사가 파르벤(I. G. Farben)의 바이에(Bayer) 지사였다는 것을 알았다면 약병으로부터 알약을 꺼냈을 것이다. 그 질문의 약은 발견 이후로 1세기 동안 세계에서 가장 널리 사용된 약이다. 미국인들은 해마다 이 기적의 약을 거의 800억 정씩 소비한다. 여러분은 이 약을 아스피린(aspirin)으로 알고 있다.

인정컨대, 우리는 아스피린의 역사 중 주요 사건 부분만을 다루었다. 아스피린에 대한 대부분의 개발이나 시험, 그리고 디자인은 18~19세기에 걸쳐 이루어졌다. Royal Society에 보낸 스톤의 편지는 1763년에 쓰였고, 살리실산을 아스피린으로 만든 호프만의 변환 과정은 1898년에 완성되었다. 더욱이 아스피린의 임상 시험은 우리의 설명이 의미하는 것보다 다소 덜 체계적이었다. 그러나 기초적 사실과 아스피린의 완전한 개발을 이끈 단계들은 기본적으로 옳았다. 우리는 아주 중요한 사실 하나를 더 해야 한다. 아스피린은 시장에 나오기 전에 약 승인을 받지 않아도 되었다. 그러한 입증 과정이 그 당시에는 존재하지 않았다. 임상 시험 결과에 기초한 그러한 승인이 필요하였다면, 아스피린은 단지 처방에 기초해서만 사용되었을 가능성이 매우 높다.

연구과제 10.3 약이 갖추어야 할 요건

여러분이 생각하기에, 약이 갖추어야 할 특성에 대한 목록을 작성하시오. 그리고 그 목록을 친구들과 비교해 보시오. 유사점과 차이점을 찾아보시오.

a. 여러분이 생각하기에 포함시켜야 했었는데 목록에서 빠진 항목이 있는가?
b. 여러분이 생각하기에 삭제했어야 했는데, 목록에 있는 항목이 있는가?

10.2 탄소를 포함한 분자에 대한 연구

스타트랙(*Star Trek*) 재방송을 시청한 분들은 탄소가 우리 행성의 생명체의 기초임을 알 것이다. 이 원소는 자연에 널리 분포되어, 탄소 화합물에 대해 연구하는 **유기 화학(organic chemistry)**이라고 하는 화학의 가장 큰 분야를 구축하였다. **유기**(*organic*)라고 하는 이름은 역사적이고 생물학적 근원을 가짐을 암시하지만 이것이 반드시 맞는 것은 아니다. 실질적으로 대부분의 유기 화학자들은 생물학적 기원을 가지고 있든, 인간이 디자인한 것이든, 탄소가 상대적으로 적은 종류의 다른 원소들(수소, 산소, 질소, 황, 염소, 인, 브로민)과 결합한 화합물만을 다룬다. 이러한 제한을 가지고도 2700만 개의 알려진 화합물 전체 중에서 1200만 개가 넘는 물질들이 유기 화합물로 분류된다.

무수한 가능성 가운데서 특정 유기 화합물 하나를 지적하려면 이름을 정확히 지을 수 있어야 한다. 국제 순수 및 응용화학 연합(International Union of Pure and Applied Chemistry, IUPAC)이라 불리는 국제 위원회에 의해 수립되고 주기적으로 갱신된 공식적 명명 체계를 사용하여 알려진 화합물 각각에 고유한 이름을 붙인다. 그러나 이들 화합물의 다수를 오랫동안 알코올, 설탕, 모르핀과 같은 관용명으로 불러 왔다. 두통이 생기면 화학자들조차도 2-아세틸옥시-벤조산(2-acetyloxybenzoic acid)이라고 부르지 않고, 단순히 '아스피린 좀 줘!'라고 말한다. 마찬가지로 처방전에는 3,3-dimethyl-7-oxo-6-(2-phenylacetamido)-4-thia-1-azabicyclo[3.2.0]heptane-2-carboxylic acid 대신에 페니실린-G(penicillin-G)라고 적는다. 이와 같이 긴 단어들은 화학자들을 비꼬기 좋아하는 사람들에게 큰 즐거움을 주는 원인을 제공한다. 그럼에도 불구하고, 화학명은 중요하고 체계를 아는 사람에게는 명확하다. 여러분은 이 장에서 우리가 거의 모든 경우에 관용명을 사용할 것이므로 쉽게 받아들일 수 있다.

유기 분자에 존재하는 결합에 대한 몇 가지 기본 규칙은 수백만의 유기 화합물들에서 질서를 찾는 데 도움을 준다. 2장에서 이미 팔전자 규칙을 배웠다. 결합되어 있을 때, 각각의 탄소 원자는 8개의 전자, 즉 팔전자를 공유한다. 공유 결합 각각이 한 개의 전자쌍을 공유하므로 8개의 전자는 4개의 결합을 형성하도록 배열된다. 4장에서 탄소는 거의 대부분의 경우 네 개의 결합을 형성하는 두 번째 유용한 규칙을 소개하였다. 탄소 원자 주위로 이들 4개의 결합에 대한 가능한 구조는 (a) 4개의 단일 결합, (b) 단일, 이중, 삼중 결합의 몇 가지 조합이다. 이런 가능한 구조들이 그림 10.2에 나와 있다.

팔전자 규칙은 2.3절에서 논의하였다.

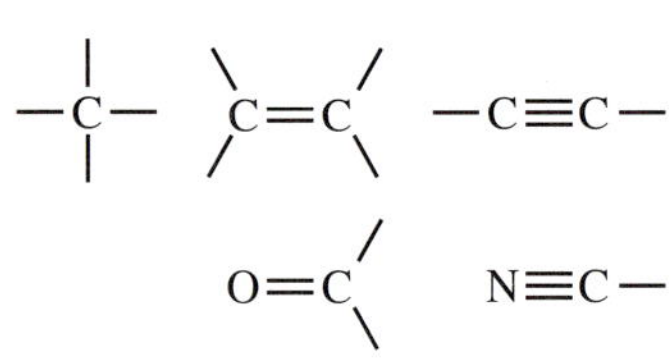

그림 10.2 탄소에 대한 일반적인 결합 배열

예제 10.4 팔전자 규칙 만족하기

a. 그림 10.2의 탄소 원자들을 검사해 보시오. 이들 각각은 팔전자 규칙을 만족하는가?

b. 탄소가 네 개의 결합을 형성하지 않는 분자를 생각할 수 있겠는가?

힌트: 이 분자는 1장에서 논의된 공기 오염 물질 중의 하나이다.

다른 원소들은 유기 화합물에서 다른 결합 형태를 나타낸다. 수소 원자는 항상 단일 공유 결합에 의해 다른 원자와 결합한다. 산소 원자는 전형적으로 두 개의 단일 결합(두 개의 다른 원자와 결합)이나 한 개의 이중 결합(한 원자와 결합)으로 연결된다. 질소 원자는 보통 세 개의 단일 결합(3개의 다른 원자와 결합)을 형성하지만, 삼중 결합(한 개의 다른 원자와 결합)이나 단일 및 이중 결합을 각각 하나씩 형성할 수도 있다.

같은 종류 및 같은 수의 원자들도 다른 방법으로 배열될 수 있다. 이는 유기 화합물이 그렇게 많은 이유를 설명하는 데 도움을 준다. **이성질체(isomer)**는 같은 화학식(같은 수, 같은 종류의 원자)을 가지지만, 다른 구조와 성질을 가지는 분자들이다. 여러분들은 이미 4장에서 *n*-옥테인(직선 사슬)과 *iso*-옥테인(가지 달린 형태), 즉 C_8H_{18}의 두 가지 이성질체를 접해 보았다.

이성질체는 4.7절에서 설명하였다.

이 장에서는 이성질체의 개념을 C_4H_{10}을 사용하여 다시 생각해 본다. C_8H_{18}와 유사하게 직선형 사슬과 가지 달린 이성질체로 나타낼 수 있다. 아래에 구조식을 나타내었다. 여기에서는 *n*-뷰테인(*n*-butane)을 좀 더 실제적인 지그재그형으로 나타내었다.

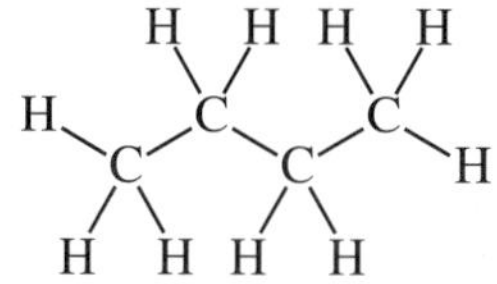

n-뷰테인

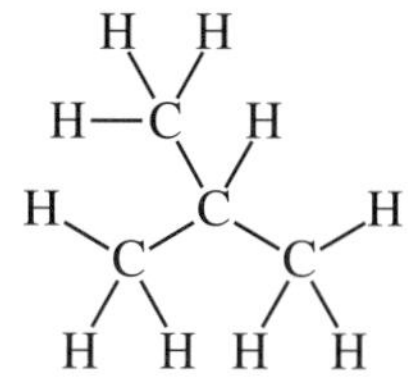

아이소뷰테인

이들 두 화합물은 같은 화학식을 가지나 원자들이 서로 연결되어 있는 방식이 다를 뿐이다.

선형 이성질체와 마찬가지로 더 복잡한 아이소뷰테인(*iso*butane)은 축약 구조식을 사용하여 나타낼 수 있다. 여기에서 아이소뷰테인을 나타낼 수 있는 몇 가지 방법을 제시하였다.

사슬의 맨 왼쪽 끝의 CH_3기는 H_3C–로 나타낼 수 있으나 결합은 H 원자가 아닌 C 원자에 있음을 이해하고 그냥 쉽게 CH_3–로 순서를 바꾸어 나타낸다.

$$CH_3{-}\underset{}{\overset{\displaystyle CH_3\atop |}{CH}}{-}CH_3 \qquad CH_3CH(CH_3)CH_3 \qquad CH_3CH(CH_3)_2$$

이 같은 축약 구조식들은 해석하기 좀 어려운 점이 있다. CH_3기 주변의 괄호는 그들이 그들 왼쪽에 있는 탄소에 붙어 있다는 것을 의미한다. 중심 탄소(C) 원자에 붙어 있는 세 개의 CH_3는 분자에 '가지(branch)'로 도입되었다는 것을 명심하라.

그림 10.3은 *n*-뷰테인과 아이소뷰테인의 세 가지 표현 방법을 나타낸 것이다. 첫 번째 열은 단순한 구조식을 보여 주고, 두 번째 열은 공-막대 모형을 나타낸 것이다. 세 번째 열에서는 분자 모양에 대한 보다 더 실제적인 모습을 나타내는 공간 채움 모형을 볼 수 있다.

C_4H_{10}은 두 가지의 이성질체만이 존재한다. 탄화수소의 원자 수가 증가할수록 가능한 이성질체의 수도 증가한다. C_8H_{18}은 *n*-옥테인과 아이소옥테인에 추가하여 16개의 또 다른 이성질체를 나타낼 수 있다. $C_{10}H_{22}$는 여러분이 참을성만 있다면 75개의 이성질체를 그릴 수 있다. 주어진 화학식만으로 이성질체의 수를 단순하게 계산해 낼 수는 없다.

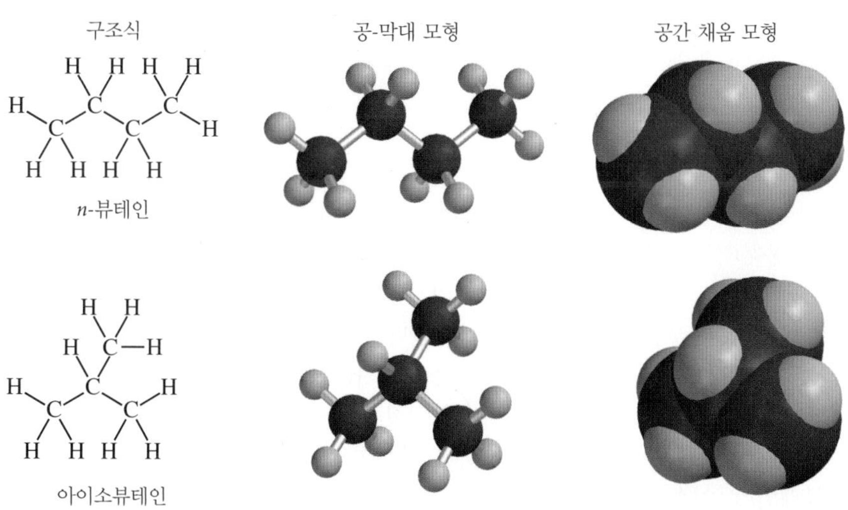

그림 10.3 이성질체인 *n*-뷰테인과 아이소뷰테인의 세 가지 표현 방법

표 10.2 분자 표현식

화합물	화학식	구조식	선-각 그리기
n-뷰테인	C_4H_{10}	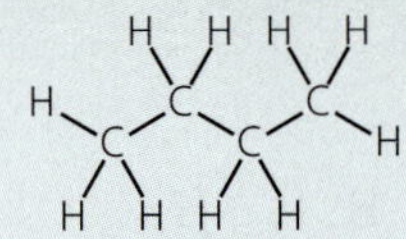	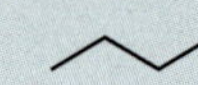
iso-뷰테인	C_4H_{10}	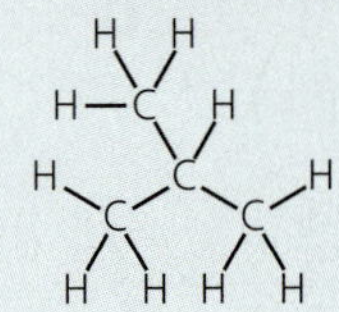	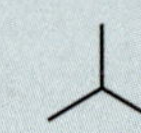
n-헥세인	C_6H_{14}	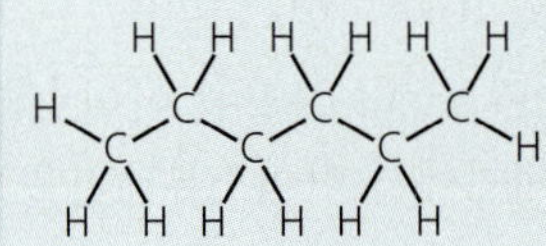	
사이클로헥세인	C_6H_{12}	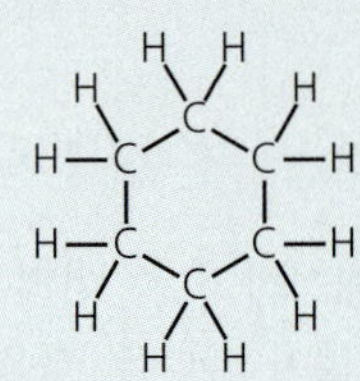	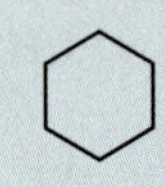

예제 10.5 표현 방식의 전환

아래의 각 축약 구조식을 구조식으로 나타내시오.

a. $CH_3CH_2CH_2CH(CH_3)_2$
b. $CH_3CH(CH_3)CH_2CH_3$
c. $CH_3CH_2C(CH_3)_3$
d. $CH_3CH(CH_2CH_3)CH_3$

답

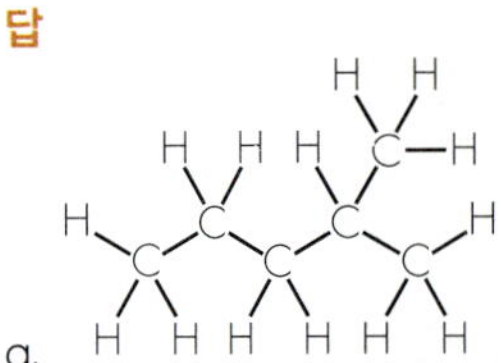

a.

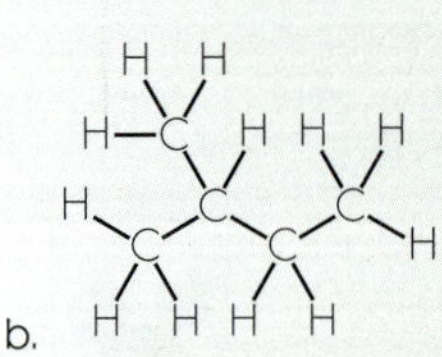

b.

화학자들은 통상적으로 **선-각 그리기(line-angle drawing)**라고 하는 구조식의 또 다른 형태를 사용하여 분자의 구조를 나타낸다. 이것은 커다란 분자들을 나타내는 가장 유용한 구조식의 단순화된 방식이다. 선-각 그리기는 탄소 원자들을 골격의 중점에 둔다. 한 탄소 원자가 각 꼭짓점을 점유한다고 가정한다. 골격으로부터 연장된 선은 다른 원소 기호가 적혀 있지 않는 한, 모두 또 다른 탄소 원자(실질적으로는 $-CH_3$기)를 의미한다. 수소 원자들은 선-각 그리기에 나타나지 않지만 팔전자 규칙에 의해 수소 원자를 함축한다. 각 탄소 원자는 네 개의 결합을 갖고 전체적으로 8개의 전자를 공유함을 기억하라. *n*-뷰테인, 아이소뷰테인, 그리고 두 가지 다른 단순 분자들의 선-각 그림이 표 10.2에 나와 있다.

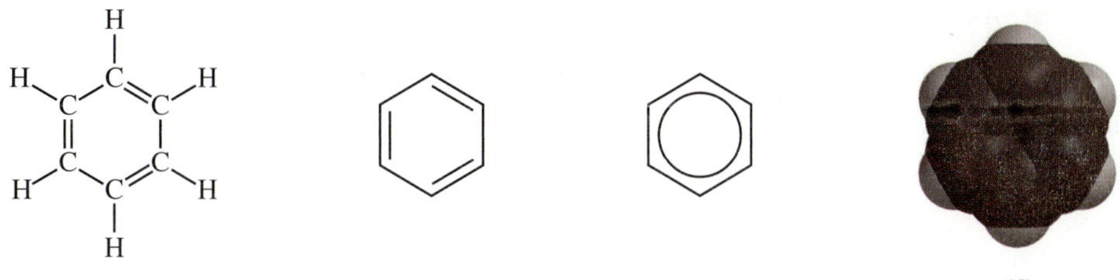

그림 10.4 벤젠(C_6H_6)의 표현 방식들

예제 10.6 **선-각 그리기 연습**

예제 10.5의 화합물을 모두 선-각 그리기 방법으로 나타내시오.

답

a. 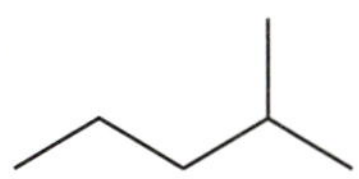

b. 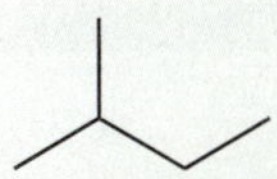

예제 10.7 **구조 이성질체**

a. *n*-뷰테인과 아이소뷰테인은 이성질체인가? 답에 대한 이유를 쓰시오.
b. *n*-헥세인과 사이클로헥세인은 이성질체인가? 답에 대한 이유를 쓰시오.
c. 화학식이 C_5H_{12}인 물질은 세 가지 이성질체를 가진다. 각각에 대하여 구조식과 축약 구조식, 선-각 그리기 방법으로 그리시오.

아스피린을 포함하여 많은 분자들은 고리에 배열된 탄소 원자들을 가지고 있다. 예를 들어 표 10.2의 사이클로헥세인(C_6H_{12})의 구조를 조사해 보자. 사이클로헥세인의 고리는 6개의 탄소를 가지는데, 고리들은 대부분 5개나 6개의 탄소 원자를 포함한다. 그러나 아스피린은 사이클로헥세인이 아닌 벤젠(C_6H_6)에 기초한 육각 고리를 가진다. 벤젠의 구조식은 그림 10.4a에 나타나 있다.

그림 10.4의 구조 (b)는 벤젠에 대한 선-각 그림이다. 이 구조는 이웃하고 있는 탄소들 사이에 단일 결합과 이중 결합이 교대로 있지만, 실험적 증거에 입각해 볼 때 벤젠의 실제 구조는 모든 탄소-탄소 결합이 같은 길이임을 알 수 있다. C−C 단일 결합이 C=C 이중 결합보다 길다는 것을 감안하면 벤젠은 단일 결합과 이중 결합을 교대로 가질 수 없다. 오히려 전자들이 고리 주변에 균일하게 분포되어 있어야 한다. 구조 (c)의 육각형 안에 있는 원은 이러한 개념을 내포한 노력의 흔적이다. 구조 (c)와 (d) 모두는 공명 이론에서 설명하는 바와 같이, 고리 주변에 균일하게 분포되어 있는 전자를 나타낸다(2.3절 참조). 이와 같은 육각 구조는 스타이렌과 폴리스타이렌을 포함한 수많은 분자들의 일부분인 $-C_6H_5$ 페닐기에서도 발견된다(9.5절).

C−C 단일 결합 길이는 0.154 nm이고 C=C 이중 결합 길이는 0.134 nm이다. 벤젠에서 탄소와 탄소 사이의 결합 길이는 0.139 nm이다.

10.3 | 작용기

신약 개발과 이들의 상호작용을 연구하는 중심이 되는 것이 작용기이다. **작용기(Functional group)**란 그들을 포함하고 있는 분자들에 특징적인 물리적, 화학적 성질을 부여하는 원자들의 독특한 모임 배열이다. 실제로 이들 작용기는 아주 중요해서, 우리는 종종 이들을 구조식에 나타내고, 분자의 나머지 부분은 단순히 'R'로 표현한다. R은 일반적으로 적어도 하나의 탄소 또는 수소를 포함한다고 가정한다. 여러분들은 이미 9장에서 몇 가지 작용기를 접했다. 메탄올(CH_3OH, 나무 퇴화 시 나오는 알코올)과 에탄올(CH_3CH_2OH, 곡식이나 설탕의 발효 시 나오는 알코올)과 같이, 알코올의 일반식은 ROH이다. 탄소에 붙어 있는 −OH기의 존재로 그 화합물은 알코올이 된다.

알코올은 분자의 다른 부분과 공유 결합한 −OH기를 가진다. 이는 양이온에 이온 결합하는 수산화 이온인 OH^-와는 다르다.

마찬가지로, 산성은 통상 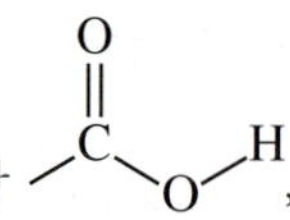, −COOH, $-CO_2H$로 표시되는 카복실기에 의해 부여된다. 수용액에서 H^+ 이온(양성자)이 −COOH기로부터 H_2O 분자로 이동하여 하이드로늄 이온인 H_3O^+를 형성한다. 우리는 유기산의 일반적인 화학식으로 RCOOH, 또는 RCO_2H라고 표시한다. 식초 속의 산인 아세트산(CH_3COOH)에서 R기는 $-CH_3$, 즉 메틸기이다.

표 10.3 몇 가지 중요한 유기 작용기들

작용기	일반식	예		
		이름*	구조식	축약 구조식
하이드록실기	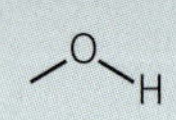	에탄올(에틸 알코올)	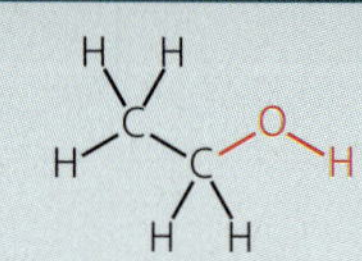	CH_3CH_2OH
에터기	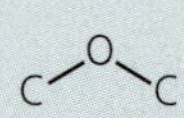	다이메틸 에터	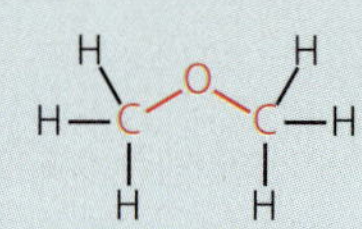	CH_3-O-CH_3 또는 CH_3OCH_3
알데하이드기	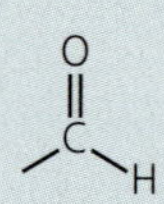	프로판알	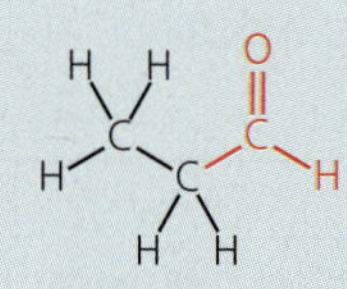	$CH_3CH_2-C(=O)-H$ 또는 CH_3CH_2CHO
케톤기	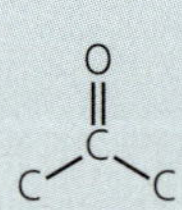	2-프로판온 (다이메틸 케톤, 아세톤)	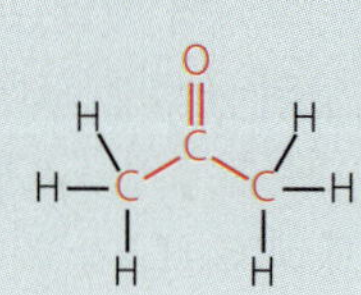	$CH_3-C(=O)-CH_3$ 또는 CH_3COCH_3
카르복실기	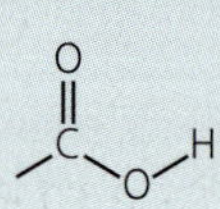	에탄산 (아세트산)	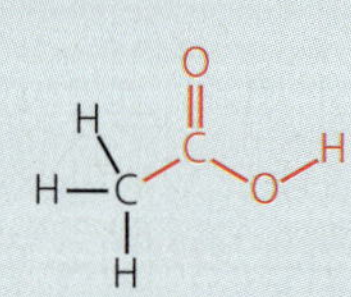	$CH_3-C(=O)-OH$ 또는 CH_3CO_2H 또는 CH_3COOH
에스터기	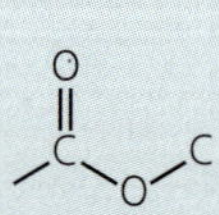	에탄산 메틸 (아세트산 메틸)	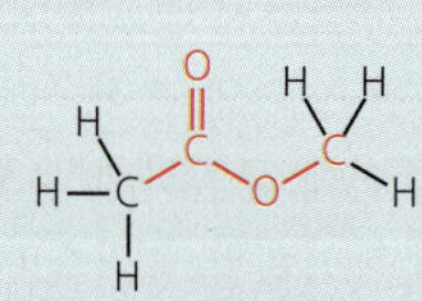	$CH_3-C(=O)-OCH_3$ 또는 CH_3COOCH_3
아민기	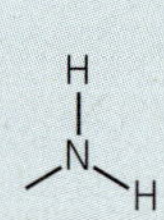	에틸아민	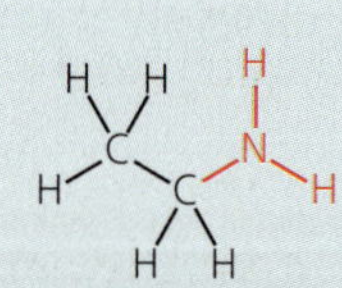	$CH_3CH_2NH_2$
아마이드기	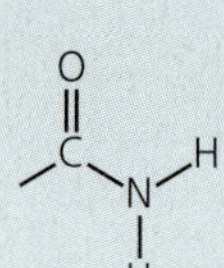	프로판아마이드	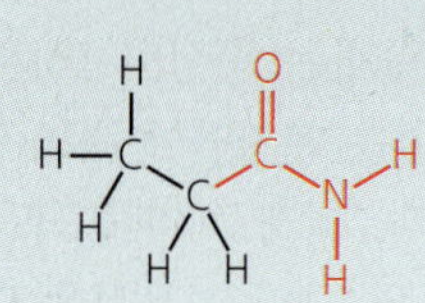	$CH_3CH_2-C(=O)-NH_2$ 또는 $CH_3CH_2CONH_2$

*IUPAC 이름, 괄호는 관용명

표 10.3에는 약이나 다른 유기 화합물에서 발견되는 8개의 작용기가 나열되어 있다. 각 작용기는 화합물에서 중요한 집단 특성이다.

예제 10.8 선-각 그리기

다음 축약 구조식 각각에 대하여 선-각 그림을 그리시오. 각각의 경우에 발견되는 작용기의 이름을 쓰시오.

a. $CH_3CH_2CH_2COCH_3$
b. $CH_3CH_2CH(CH_3)CH_2OH$
c. $CH_3CH(NH_2)CH_2CH_3$
d. $CH_3COOCH_2CH_3$
e. CH_3CH_2CHO

답

a. 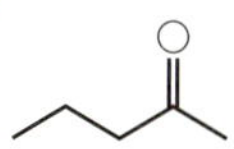 (케톤기)

b. 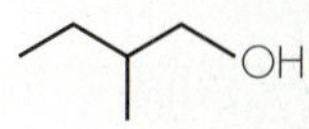 (하이드록실기)

작용기는 모든 약의 활동을 담당한다. 아스피린은 그림 10.5에 나와 있듯이 3개의 작용기를 가지고 있다. 녹색 부분은 벤젠 고리를 포함하고 있다는 것을 알 수 있다. 이 고리의 존재는 아스피린이 중요한 세포막 구성원인 지방질 화합물에 용해되도록 한다. 다른 두 작용기는 약의 활성을 책임지고 있다. 파란 부분은 −COOH기를 나타내고, 노란 부분은 에스터(ester)이다.

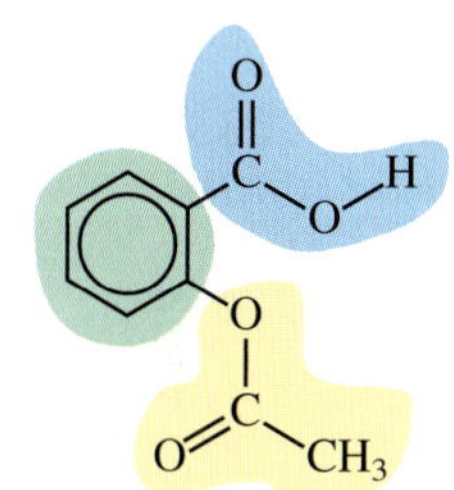

그림 10.5 아스피린의 구조식

축합 중합체에서의 에스터 형성은 9.6절에서 다루었다.

호프만은 살리실산의 구조를 변형하여 아스피린을 만들었다. 그러나 그는 분자에 있는 카복실기를 변형하지 않았다. 살리실산은 또한 −OH기를 포함하며, 호프만은 반응식 10.1에서 제시된 것처럼 분자 안의 이 부분을 아세트산과 반응시켰다. 생성물은 아세트산과 살리실산의 에스터이며, 이는 아스피린 이름 중의 하나인 아세틸살리실산을 설명하는 것이다.

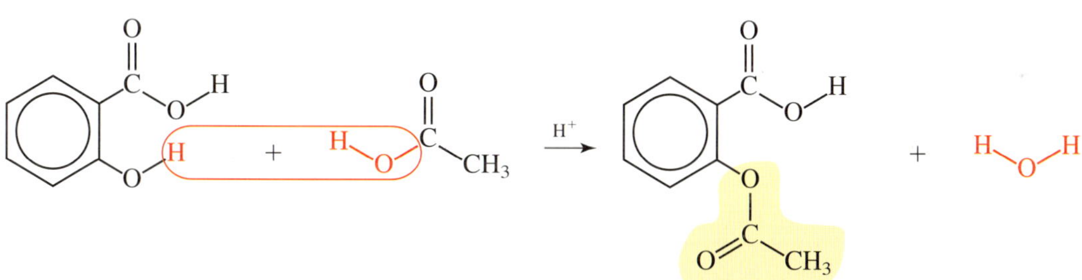

[10.1]

살리실산 아세트산 아세틸살리실산 물

아스피린은 원래 살리실산의 −COOH기를 유지하기 때문에 여전히 모체 화합물의 원하지 않던 산성 성질을 약간 지닌다. 그러나 에스터기(그림 10.5에서의 노란 부분)가 화합물의 맛을 좋게 할 뿐만 아니라 위 점막에 자극을 덜 일으키게 한다. 일단 아스피린이 섭취되어 화학 작용이 일어나는 부위에 도달하면 반응 10.1의 역반응이 일어난다. 에스터는 아세트산과 살리실산으로 분해되고, 이 중 살리실산이 해열제와 진통제의 성질을 발휘한다.

예제 10.9 에스터 형성

다음 산과 알코올 쌍이 반응할 때 형성되는 에스터의 구조식을 쓰시오.

a. 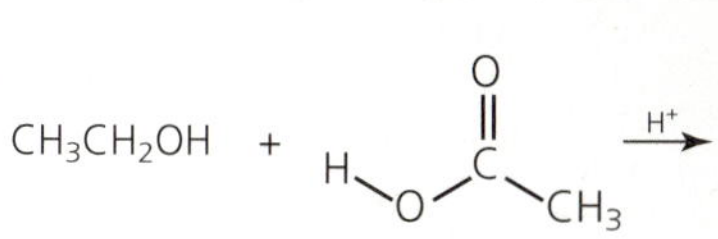

b. 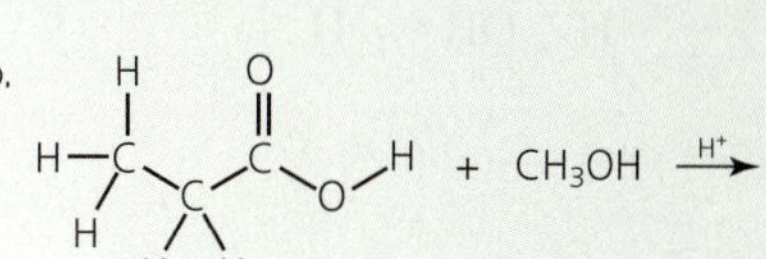

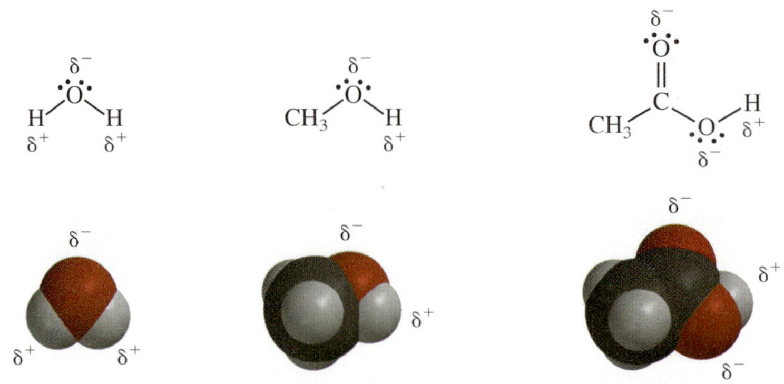

물 메탄올(알코올) 아세트산(카복실산)

그림 10.6 극성 분자의 예

'같은 것은 같은 것을 녹인다'라는 개념은 5.9절에 소개되었다.

작용기는 인체 내에서 약의 흡수, 작용 속도, 잔류 시간면에서 중요하게 고려해야 하는 화합물의 용해도에서 중요한 역할을 담당한다. '같은 것은 같은 것을 녹인다'라는 개념은 용해도의 일반 규칙은 시험관뿐만 아니라 인체 내에서도 적용된다. 극성 분자는 비대칭의 전하 분포를 갖는다. 이는 부분 음전하가 분자의 한 부분에서 생기는 반면에, 분자의 다른 부분은 부분 양전하를 띤다는 의미이다. 물은 극성 분자의 좋은 예이다. 상대적으로 말해서, 산소 원자는 약간의 음전하를 띠고 수소 원자는 약간의 양전하를 갖는다. 분자가 구부러져 있기 때문에 물은 비대칭적 전하 분포를 가진다. 이것이 그림 10.6에 나와 있다. δ^+와 δ^- 기호는 부분 전하를 뜻한다. 산소와 질소 원자를 포함하는 작용기들은(예를 들어 −OH, −COOH, $-NH_2$) 대개 분자의 극성을 증가시킨다. 결과적으로 이것은 물과 같은 극성 물질에서의 용해도를 증가시키고, 이는 약 분자에게 이롭게 작용한다.

반대로 이와 같은 작용기를 포함하지 않은 탄화수소들은 전형적으로 무극성이므로 극성 용매에 녹지 않을 것이다. 예를 들어 옥테인[*n*-octane, C_8H_{18}]은 무극성이므로 물에 녹지 않는다. 하지만 이것은 헥세인(hexane, C_6H_{14})과 다이클로로메테인(CH_2Cl_2)과 같은 무극성 용매에는 녹는다. 이와 같은 이유 때문에 상당한 무극성 성질을 지닌 약은 주로 탄화수소이며, 무극성인 세포막과 지방 조직에 축적되는 경향이 있다.

물에 대한 산성 또는 염기성인 약의 용해도를 향상시키는 또 다른 방법은 약을 중화시켜 염의 형태로 변화시키는 것이다. 예를 들어 많은 약들이 질소를 포함하고 있어, 염기성을 지닌다. 이와 같은 약들이 HCl이나 H_2SO_4로 중화되면 질소는 산으로부터 H^+를 받는다. 결과적으로 질소는 양전하를 띠게 되고, 염화 이온이나 황산 수소(HSO_4^-) 이온의 음전하와 쌍을 이룬다. 추가적인 H^+를 받기 전에 화합물은 전기적으로 중성이며, 자유 염기 형태라고 부른다. **자유 염기(freebase)**란 고립 전자쌍을 가진 질소를 포함하고 있는 분자이다.

약국에서 일반적인 감기약으로 판매되는 흔한 울혈 제거제인 유사 에페드린(pseudo-ephedrine)이라고 하는 약을 생각해 보자.

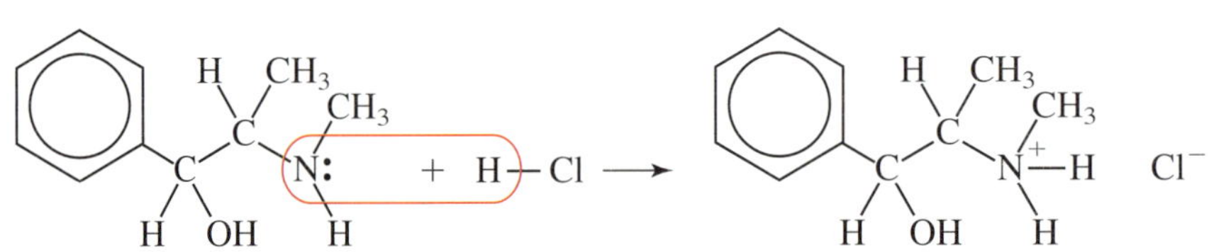

[10.2]

유사 에페드린(자유 염기) 유사 에페드린 염산염

유사 에페드린 내에 있는 아미노기의 질소는 염산과 반응하면 염기로 작용한다. 유사

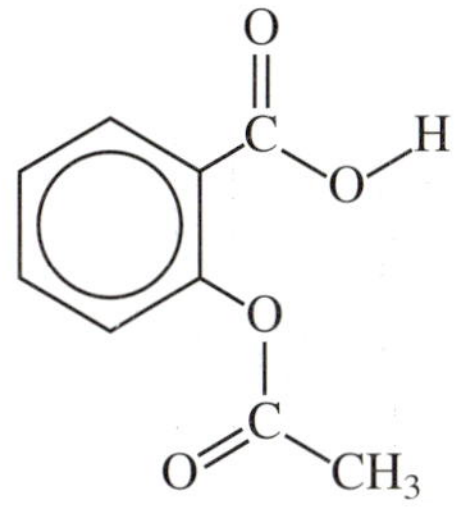

아스피린

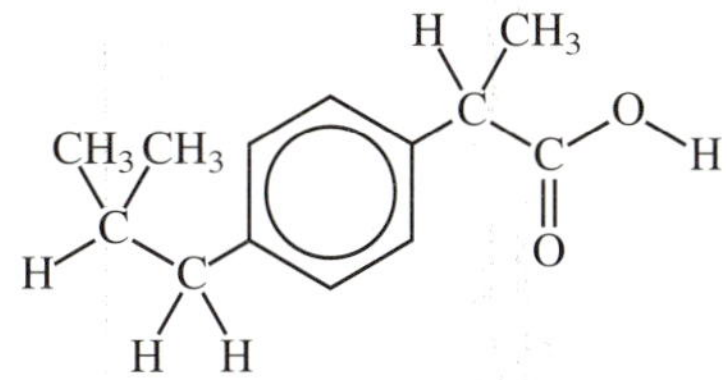

이부프로펜

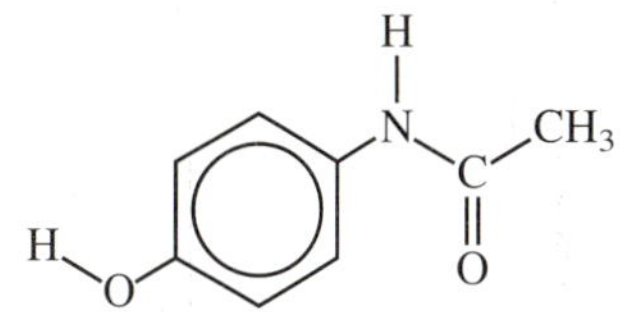

아세트아미노펜

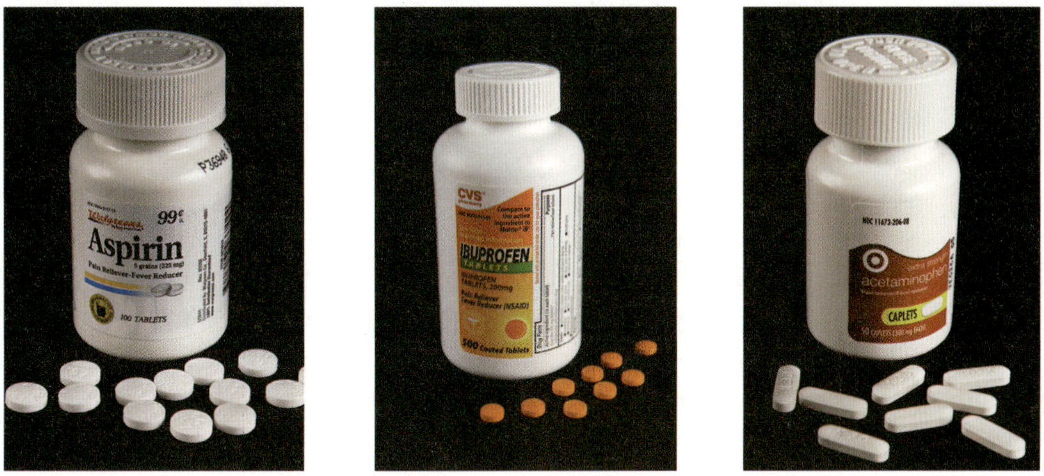

그림 10.7 몇 가지 흔한 진통제의 구조식과 예

에페드린의 질소는 양전하를 가지고 염화 이온은 음전하를 가진 염산염(이온 결합 화합물)으로 변환된다. 유사 에페드린의 염 형태가 더 안정하고, 냄새도 덜 나며, 수용성이라 약으로 선호된다. 의학에서 사용되는 약 분자들의 거의 절반 정도가 수용성과 안정성(보관 수명을 증가시킴)면에서 월등한 염의 형태로 승인된다. 염은 NaOH와 같은 염기로 처리하여 자유 염기 형태로 다시 변환할 수 있다.

비슷한 생리적 성질을 지닌 약들은 종종 같은 몇 개의 작용기를 포함하여 유사한 분자 구조를 갖는다. 아스피린의 대안으로 생산된 약 40개의 대체 화합물 중에서 이부프로펜(ibuprofen)과 아세트아미노펜(acetaminophen)이 가장 잘 알려진 것들이다. 그림 10.7에 대표적인 3개의 진통제의 구조식을 나타내었다. 이들은 모두 두 개의 치환체(수소 원자를 **치환**한 원자 또는 작용기)를 지닌 벤젠 고리에 기초하는데, 치환체들이 서로 다르다. 예제 10.10에서 이들 진통제의 구조적 유사성과 차이점을 판별할 기회를 갖게 된다.

예제 10.10 진통제의 일반적인 구조 특성

그림 10.7에 있는 구조식을 보라. 아스피린, 이부프로펜, 아세트아미노펜이 공통으로 가지고 있는 구조 특성과 작용기를 지적하시오.

이부프로펜 생산을 위한 현재 상업적 방법은 녹색 화학의 매우 훌륭한 응용이다. 이부프로펜 생산의 재래적 방법은 많은 양의 용매와 상당한 양의 쓰레기를 방출하는 6단계가 요구되었다. 용매로도 작용하는 촉매를 사용함으로써 1997년 녹색 화학 도전 대통령상 수상자인 BHC 사는 최소한의 용매와 쓰레기를 내는 3단계만으로 이부프로펜을 생산하였다. BHC의 과정에서는 실제적으로 모든 반응물들이 이부프로펜이나 다른 유용한 부산물로 전환된다. 반응을 하지 않은 출발 물질들은 다시 모아져 재활용된다. 200 mg 알약 180억 개를 만들기에 충분한 거의 800만 파운드의 이부프로펜이 해마다 이 약의 상업적 생산을 위하여 특별히 건립된 BHC 시설인 텍사스의 Bishop에서 생산된다.

10.4 아스피린의 작용: 분자 구조와 활성의 연관성

아스피린의 작용을 이해하기 위해서는 신체의 화학적 전달 체계를 알아야 할 필요가 있다. 우리는 보통 내부 전달이 신경망을 통하여 퍼지는 전기적 충격에 의한 것으로 생각한다. 이와 같은 생각이 운동, 호흡, 심장 박동 및 반사 작용을 일으키는 체계에 대해서는 물론 사실이다. 그러나 신체에서 대부분의 메시지 전달은 전기적 충격에 의한 것이 아니라 화학적 과정을 통해 일어난다. 실제로 여러분들이 여러분의 어머니와 한 맨 처음 교신은 '나 여기 있어요, 나를 위해서 더 건강한 몸을 준비하세요'라고 하는 화학적 신호였다. 각 개체 세포를 신경 말단으로 배선하는 것보다, 화학적 전령(messenger)들을 혈류에 방출하여 이것을 적절한 체세포로 순환시키는 것이 더 효과적이다.

이러한 신체의 내분비선에 의하여 생산되는 화학적 전령을 **호르몬(hormone)**이라고 한다. 그림 10.8은 이와 같은 화학적 전달을 나타낸 것이다. 호르몬은 상당히 광범위한 작용을 하고 유사할 정도로 광범위한 화학적 성분 및 구조를 포함한다. 갑상선에서 분비되는 호르몬의 일종인 티록신(thyroxine)은 대사 조절 작용에 필수적이다. 에너지를 내기 위해 인체가 포도당(혈당)을 사용하는 능력은 인슐린에 의해 좌우된다. 이 호르몬은 단지 51개의 아미노산 고분자로 구성된 작은 단백질로서 췌장에서 분비된다. 당뇨병으로 고생하는 환자는 종종 매일 인슐린 주사를 맞아야 한다. 잘 알려진 또 다른 호르몬으로 아드레날린(에피네프린)이 있는데, 이는 신체가 위험에 직면할 때에 대항하거나 도망치게 하는 작은 분자이다. 또한 청춘기에 있는 이들을 어쩔 수 없게 하는 호르몬 메시지도 뒤에 설명할 성적 분자 집합인 일련의 스테로이드들에 의하여 실행된다.

12.7절에서 박테리아로부터 인간의 인슐린을 얻는 유전 공학에 대해 설명하였다.

생리 활성이 있는 아스피린 및 다른 약들은 신체의 화학적 전달 체계를 변경시키는데 거의 항상 관련된다. 하나의 중요한 문제는 이 체계가 매우 복잡하며, 동시에 한 가지 이상의 메시지를 보내기 위하여 많은 화합물들이 사용되도록 허용한다는 것이다. 아

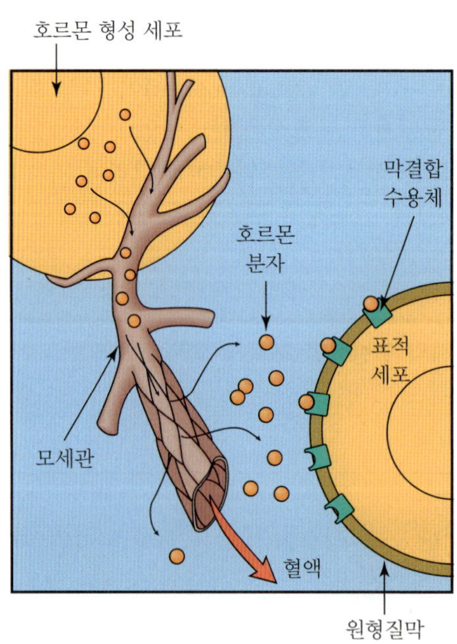

그림 10.8 신체의 화학적 통신. 호르몬 분자들이 그들이 만들어진 세포를 떠나 혈액을 통하여 표적 세포로 이동한다.

스피린의 광범위한 치료 성질은 이의 부작용과 마찬가지로 약이 여러 개의 화학적 전달 체계에 영향을 미친다는 분명한 증거이다. 아스피린은 두뇌에서 열과 고통을 줄이는 작용을 하고, 근육과 관절에서 염증을 경감시키고, 뇌졸중과 심장 마비의 가능성을 줄이는 작용을 하는 것으로 보인다. 심지어는 결장암, 위암 및 직장암의 가능성까지 줄일 수 있다.

크게 보아서, 아스피린과 유사한 비스테로이드성 항염증 약(nonsteroidal anti-inflammatory drug, NSAID)의 융통성은 다른 분자의 작용을 차단하는 이들 분자의 놀라운 능력과 관련이 있다. 아스피린의 활성에 관한 연구로 이것의 작용 방식 중의 하나가 사이클로옥시제네이스(cyclooxygenanse; COX) 효소를 방해하는 것임을 알아내었다. **효소(enzyme)**는 화학 반응의 속도에 영향을 미치는 생화학적 촉매로 작용하는 단백질이다. 대부분의 효소는 반응을 빠르게 하며, 단지 한 가지 생성물(또는 일련의 연관된 생성물들)만을 만들도록 반응을 이끈다. 사이클로옥시제네이스는 아라키돈산(arachidonic acid)으로부터 프로스타글란딘(prostaglandin)이라고 하는 일련의 유사 호르몬(hormone-like) 화합물들을 합성하는 반응의 속도를 빠르게 한다(그림 10.9).

스테로이드는 10.7절에서 다루었다.

여러분은 자동차 배기 조절(1.11절), 석유 정제(4.7절), 첨가 중합 반응(9.3절) 등의 몇 가지 다른 내용에서도 촉매에 대해 접하였을 것이다.

프로스타글란딘은 여러 가지 효과를 내는데, 열을 내게 하고 몸을 붓게 할 뿐만 아니라 고통 감각 기관의 감도를 증가시키며 혈관 확장을 억제하고, 위에서 산과 점액의 생산을 조절하며, 신장의 작용을 돕는다. 아스피린은 프로스타글란딘의 생산을 막아 열을 내리고 몸이 붓는 것을 줄인다. 또한 고통 감각 기관을 진압하여 진통제로 작용한다. 벤젠 고리는 지방 용해도를 높이므로 아스피린이 세포막으로도 흡수되도록 한다. 특정하게 분화된 세포 속에서 약은 염증을 일으키는 화학적 신호의 전달을 방해한다. 이 과정도 또한 진통제로서 아스피린의 효능과 관련 있는 것으로 보여지며 매일 아스피린 복용 시 몇 가지 형태의 암을 감소시키는지에 대해서도 설명해 준다.

NSAID는 정도의 차이는 있지만, 모두 이와 같은 성질을 나타낸다. 예를 들어 아세트아미노펜은 COX 효소를 막아주지만 분화된 세포에는 영향을 끼치지 못하기 때문에, 해열 작용은 있지만, 항염증 작용은 거의 없다. 한편, 이부프로펜은 더 좋은 효소 차단제이며, 분화된 세포 억제제이다. 결과적으로 이부프로펜은 아스피린보다 더 좋은 진통제이자 해열제이다. 이부프로펜은 아스피린보다 극성 작용기를 덜 가지고 있어서 지방에 더 잘 용해되며, 항염증 활성도는 아스피린의 5~50배이다.

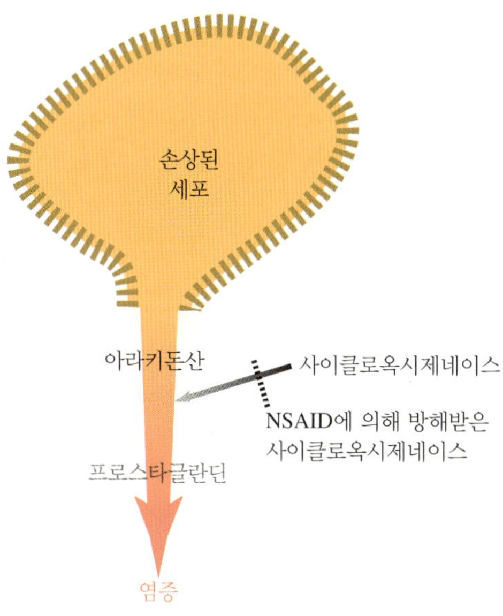

그림 10.9 아스피린 작용 기작

흥미롭게도 이들 세 개의 화합물 가운데 아스피린만이 혈액 응고를 억제시키는 효능을 가지고 있다. 이 성질이 아스피린을 규칙적으로 조금씩 복용하면 뇌졸중이나 심장마비를 예방하는 데 도움이 될 수 있다는 제안을 하게 만든다. 물론 이 항응혈 성질은 아스피린이 수술 환자나 궤양 환자, 혈액 응고 문제를 가진 환자들에게는 좋은 진통제가 아니라는 뜻도 된다. 아스피린의 또 다른 결점은 드문 경우에 특정 바이러스의 존재하에, 특히 15세 이하의 어린이에게 라이(Reye's) 증후군이라고 알려진, 때로는 치명적인 반응을 유발할 수 있다는 점이다. 더욱이 몇몇 환자들에게는 아스피린이 심한 천식 증상을 유발할 수도 있다.

연구과제 10.11 COX-2 억제제

1992년에 연구자들은 COX-1과 COX-2라는 두 가지 다른 형태의 COX 효소를 발견하였다. COX-2 효소는 염증, 통증 및 열을 조절하여 이러한 증상을 완화시키는 프로스타글란딘의 생성을 담당한다. COX-1 효소는 적절한 신장 기능과 위 내벽을 완전하게 하는 프로스타글란딘의 생성 반응을 촉매화한다. 아스피린은 이 두 가지 COX 효소의 작용을 방해하여 위장 장애와 출혈을 야기하는 원하지 않는 부작용을 가진다.

이와 같은 발견 후에 COX-1 효소에만 영향을 미치는 '슈퍼 아스피린'을 개발하였다. 이 약은 장내 문제가 거의 없는 약으로 팔리며 시장에 큰 선전을 하며 진입했다. 이들은 해마다 수십 억 달러의 약이 팔리면서 즉각 대히트를 친 약이 되었다. 인터넷을 사용하여 이러한 약들 중 두 가지의 이름을 찾아보시오. 이들은 왜 제약 레이다 망에서 사라진 것일까?

NSAID에 관한 몇 가지 최종적 설명을 해야 할 때이다. 이것은 특별한 화학 물질이기 때문에 제조자가 누구이든지에 상관없이 아스피린(aspirin)은 아스피린, 즉 아세틸살리실산이다. 정말로 미국에서 생산되는 모든 아세틸살리실산의 대략 70%가 한 제조업체에서 만들어진다. 하지만 모든 아스피린 분자가 동일할지라도 모든 아스피린 정제가 같은 것은 아니다. 상업 제품은 비활성의 증량제와 정제를 서로 끌어당기는 결합제를 포함하여 여러 가지 성분의 혼합물이다. 완충제로 처리된 아스피린 정제 역시 아스피린의 자연 산성을 중화시키는 약염기를 포함한다. 코팅된 아스피린은 정제가 위를 떠나 장으로 들어갈 때까지 녹지 않고 그대로이다. 처방 조제에서의 이러한 차이점들이 약의 흡수 속도, 즉 작용하는 빠르기와 위 자극의 정도에 영향을 미칠 수 있다. 더구나 아무리 품질 관리의 기준이 높아도 많은 아스피린 개체는 순도에서 약간씩 다를 수 있다. 또한 아스피린은 시간이 경과하면 분해되며, 식초 냄새로 이 과정이 시작되었음을 알 수 있다. 다행히도 이들 중 어느 것도 건강에 중대한 위험을 나타내지 않으며, 대다수의 사람들에게 아스피린의 이로운 점은 위험성보다 훨씬 크다.

연구과제 10.12 큰 병 속의 아스피린

의사가 심장 질환으로 고통 받는 친구에게 하루에 아스피린 한 알을 복용하라고 말했다. 돈을 절약하기 위해 친구는 300알이 담긴 커다란 아스피린 약병을 사곤 한다. 여러분은 아스피린을 거의 먹지 않지만, 싼 가격을 무시할 수 없어 여러분도 큰 병을 산다.

a. 친구한테는 좋은 방법인 '경제적인 커다란 크기'의 아스피린 병이 왜 여러분한테는 그만큼 좋은 방법이 아닐까?
b. 어떠한 화학적 증거가 여러분의 의견을 지지하는가?

10.5 | 현대의 약제 설계

'버드나무 껍질 차'에서 아스피린으로의 진화, 그리고 약의 이점은 증가시키고 부작용을 줄이기 위한 이 진통제 구조의 변형은 역사적인 약제 설계의 단계들을 나타낸다. '천연' 원료가 공급원인 기적의 약으로서 또 하나의 예가 페니실린(penicillin)이다. 곰팡이는 이들의 효과가 예측 불가능하고 때로는 독성을 지니기도 하지만 2500년간 감염을 치료하는 데에 사용되어 왔다. 페니실린의 이야기는 1928년에 영국 박테리아학자인 플레밍(Alexander Fleming)에 의한 우연한 발견으로 시작된다. 플레밍의 호기심은 박테리아 군체를 담는 병에서 곰팡이인 **페니실륨 노타툼**(*Penicillium notatum*)에 의해 오염된 부분에는 박테리아가 없다는 우연한 관찰에 의해 촉발되었다(그림 10.10). 그는 곰팡이가 박테리아의 성장을 방해하는 물질을 만들어 낸다고 결론 내렸고 이러한 생물학적 활성 물질을 페니실린이라 명명하였다.

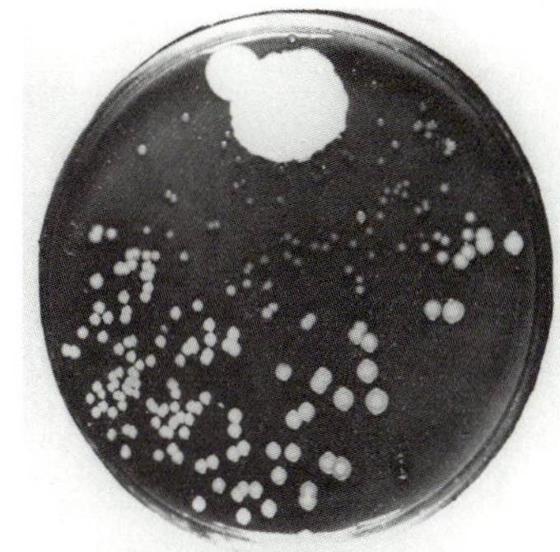

그림 10.10 페니실륨 노타툼균의 최초 배양판의 그림. 이 모습은 페니실린에 관한 1929년의 논문용으로 플레밍 경이 직접 찍은 것이다. 12시 방향의 커다란 흰 부분은 페니실륨 노타툼 곰팡이이며, 더 작은 하얀 점들은 박테리아의 성장 영역들이다.

신중한 재고찰은, 결정적이지만 예기치 않은 일련의 사건들이 이와 같은 발견을 이루기 위해 일어나야 했음을 말해 준다. 이웃 실험실에서 행한 실험의 일부인 곰팡이의 포자가 플레밍의 실험실로 흘러 들어와 우연하게도 영양분이 풍부한 데에서 자라는 **포도상구균**(*Staphylococcus*, 박테리아)를 포함한 페트리 접시 일부를 오염시켰다. 이어서 실험실 청소 불량, 휴가 및 날씨의 영향으로 발생한 일련의 기회적 사건들이 이어졌다. 플레밍은 운 좋게도 더러운 유리 기구 더미에서 포도상구균이 죽어 있는 접시를 보았다. 예전의 경험을 이용하여 그는 **페니실륨**(*Penicillium*)에 의해 생긴 미지의 물질이 잠재적 항박테리아제라는 것을 깨닫고 이 현상을 옳게 해석하였다. 플레밍이 쓴 "페니실린 이야기" 책에서 그는 그것 내부에 어떤 로맨스가 있어, (각자의 경력에서 여러분이 부르는 대로) 기회, 행운, 운, 또는 운명의 양을 나타내는 것을 도와준다고 하였다. 그러나 물론 플레밍의 관찰력과 통찰력이 없었다면 이러한 발견은 가능하지 않았을 것이다. 이 사건은 유명한 프랑스의 과학자인 파스퇴르(Louis Pasteur)의 종종 인용되는 금언인 '관찰 분야에서 기회는 오직 준비된 마음에만 온다'를 보여 준다. 이 유명한 금언에 대한 대부분의 해석은 '오직'이란 단어를 무시하고 있다. 플레밍이 이 가능할 것같지 않은 기회의 사슬을 잡은 것은 오직 플레밍의 마음이 준비되었기 때문이었다.

페트리 접시로부터 페니실린을 취하여 약학에 적용하는 과정은 오늘날 이루어지는 것과 별로 다르지 않았다. 첫 번째 단계는 페니실륨 노타툼에 의해 생산된 활성 물질을 분리해 내는 체계적 노력이었다. 일단 확인이 되면, 그 물질은 새로운 정교한 기술로 정제, 농축되어야 했다. 또한 인류를 치료하는 데 대한 페니실린의 효능도 증명해야 했다. 제2차 세계 대전은 이 연구와 페니실린의 대량 생산을 위한 새로운 방법 개발에 큰 자극을 부여했다. 과학자들이 이에 성공했기에 전쟁 중에 수천 명의 생명을 구하였고, 이후로도 수백만 명을 구할 수 있었다(그림 10.11).

한때 치료가 불가능하리라 여겨졌던 폐렴, 성홍열, 파상풍, 괴저, 매독과 같은 감염 치료가 플레밍의 발견에 의해 대변혁을 일으켰다. 페니실린의 발견이 우연이었을지 몰라도, 이 분야에서 다음의 몇 가지 항생제 '세대'들은 체계적이고 신중한 연구의 산물이다. 약의 제조에 작은 변화를 도입하고 결과적으로 만들어진 물질을 최적의 효능과 감소된 부작용을 목표로 하여 검사하였다. 12개 이상의 다른 페니실린들이 현재 임상에서 사용 중이다. Penicillin G(플레밍에 의해 최초로 발견되었고, 20%의 인구에서 알레르기 반응을 유발하는 형태), ampicillin, oxacillin, cloxacillin, penicillin O 및 amoxicillin(분홍색의 풍선껌 향을 지닌 어린이용 조제약). Amoxicillin은 캡슐형으로도 시판되고 있다. 이들은 대개 광범위한 영역의 박테리아에 대항하여 효과적이어서 처방되고 있고, 대개는 꽤 내성이 있다.

그림 10.11 제2차 세계 대전 동안 페니실린을 생산하는 새로운 시설 입구에 게시되었던 표지

연구과제 10.13 우연히 발견된 약

약 발견의 현대적 방법들은 다른 기술들 중에서 구조의 작은 변화만을 주고 컴퓨터 모델링하는 화합물의 체계적인 연구와 관련되어 있다. 때로는 약의 부작용이 다른 병을 치료하는 데 유용한 약 개발에 문을 열어주기도 한다. 새로운 약이 '우연'에 의해 발견된 많은 예들이 있다. 인터넷 정보를 이용하여 색다른 환경에서 발견된 약의 한 가지 예를 찾아보시오.

페니실린의 효과는 불행히도 과도한 남용을 야기시켰다. 결과적으로 교활한 박테리아 균들은 다른 항생제들과 함께 페니실린을 쓸모 없게 하는 메커니즘을 개발하였다. 우리는 플레밍이 1945년에 예언한 현상인, 저항하는 박테리아의 변형들 혹은 '슈퍼버그(superbug)'를 목격하고 있다. 박테리아는 페니실린 분자들이 작용하기 전에 그 구조를 파괴하는 효소를 분비하여 페니실린에 저항하는 법을 개발하고 있다. 더 새로운 항생제들은 특정 박테리아를 죽이는 효율성에서 다르고 유기체가 생산하는 효소의 민감도면에서도 다르다. 페니실린과 밀접하게 관련된 것으로서, 박테리아의 저항적 변형에 대항하는 데 특히 효과적인 세팔로스포린(cephalosporin)[세팔렉신(cephalexin) 또는 Keflex]이 있다. 구조 변형에 대한 신중한 연구로 조직거부 방지용 약인 사이클로스포린(cyclosporine)과 같은 중요한 약들을 탄생시켰다. 이의 개발은 장기 이식 수술의 혁명적인 성공을 일으켰다.

그렇다면 화학자들은 어떤 구조적 형태가 약의 작용에 중요한지 어떻게 알 수 있을까? 화학 요법과 약 설계에 대한 현대적 접근 수단은 아마도 20세기 초에 수행된 에를리히(Paul Ehrlich)의 연구로 거슬러 올라가는데, 그의 연구는 환자에게는 심한 손상을 주지 않으면서 매독을 치료하는 비소 화합물에 관한 것이다. 그의 탐구는 다만 오로지 병에 걸린 부위에만 작용하는 '마법의 탄환(magic bullet)'에 관한 것이었다. 그는 체계적으로 많은 비소 화합물의 구조를 변화시키고, 동시에 개개의 새로운 화합물의 활성도와 독성을 동물 실험을 통해 시험하였다. 마침내 그는 아르스페나민[arsphenamine (Salvarsan 606)]으로 성공을 거뒀는데, 이는 606번째 연구된 화합물이라 붙여진 이름이다. 그 이후로 의약화학자들은 화학적 구조와 약 활성도를 신중하게 연관시키는 에를리히의 전략을 따랐다. 약 분자에 체계적인 변화를 주고 결과적으로 생기는 활성 변화의 평가는 **구조 활성 관계(structure-activity relationship, SAR) 연구**로 알려졌다.

약은 대체로 두 부류로 분류할 수 있다. 인체 내에서 생리적 반응을 일으키는 약과 감염을 일으키는 물질의 성장을 억제하는 약이 그것이다. 여러분은 이미 아스피린이 첫 번째 부류에 속하는 것을 배웠다. 합성 호르몬과 심리적 효능을 가진 약들도 여기에 속한다. 이 화합물들은 전형적으로 신경 충격이나 단백질 합성과 같이 세포 감응을 일으키는 화학 작용을 개시하거나 방해한다. 항생제는 외부 침입자의 복제를 막는 약의 좋은 예가 된다. 이는 감염 유기체에서 필수적인 화학적 과정을 방해함으로써 일어난다. 그런 까닭에 이들은 박테리아에 특히 효과적이다.

연구과제 10.14 친구 또는 적?

크게 두 부류로 분류된 약(원하는 생리 반응을 일으키는 약과 외부 침입자를 죽이는 약)의 목록을 각각 작성하시오. 이 절에서 주어지지 않은 예를 사용하여 각 목록에 세 가지 약들을 제안하시오.

비록 약들이 다방면에서 서로 다르지만, 그들 중 많은 것이 특별한 병이나 감염에만 작용한다. 이런 특이성은 약의 화학적 구조와 이의 치료 성질 사이에 나타나는 관계와 일치한다. 분자의 일반적 형태와 분자 내 작용기의 본질과 위치 모두가 약의 생리적 효력을 결정하는 중요한 요인이다. 형태와 작용 사이의 상호 관계는 생물학적으로 중요한 분자간 상호 작용으로 설명될 수 있다. 비록 이 분자들의 대부분은 매우 크고 수백 개의 원자로 구성되며, 개개의 분자는 종종 분자의 생화학적 작용에서 결정적인 중요한 비교적 작은 활성 자리(active site) 또는 수용체 자리(receptor site)를 포함한다. 약은 때로 수용체 자리와 반응함으로써 이 작용을 시작하거나 방해하도록 설계된다.

세포막이 어떤 화학 물질을 투과할 수 있는지를 조절하는 수용체 자리에 대한 예를 들어보자. 사실상 이런 부위는 세포 문의 자물쇠처럼 작용한다. 이 자물쇠에 대한 열쇠는 호르몬이나 약 분자가 될 수 있다. 약이나 호르몬은 세포벽을 통하는 경로를 열거나 닫는 수용체 자리와 결합한다. 경로가 열렸거나 닫혔거나 하는 것은 세포 안에서 일어나는 화학에 중대한 영향을 끼칠 수 있다. 실제로 어떤 환경에서는 유기체에 유익하거나 말거나 세포는 죽게 된다.

이 자물쇠-열쇠 비유는 종종 약과 수용체 자리의 상호 작용을 설명하는 데 이용된다. 특정 열쇠가 특정 자물쇠에만 맞는 것처럼, 약과 이의 수용체 자리 사이의 분자 어울림이 생리적 작용에 필수적이다. 이 과정이 그림 10.12에 나와 있다. 만일 인체 내에서 완벽한 열쇠-자물쇠 어울림이 요구된다면, 이는 무수한 생리적 작용 하나하나가 모두 유일한 수용체 자리를 가지며, 또 이에 맞는 특정 분자 조각(segment)을 가져야 한다는 의미이다. 간단한 논리로, 이와 같은 엄정한 요구는 효율적이지 않은 것 같다. 결과적으로 열쇠-자물쇠 모형은 비록 제한된 수의 경우에는 영향을 끼치는 좋은 출발점이지만, 반드시 수정되어야 한다.

자물쇠-열쇠 비유는 1894년에 생화학자 피셔(Emil Fischer)가 최초로 제안하였다.

그림 10.12 생물학적 상호 작용의 자물쇠-열쇠 모형

또 다른 비유는, 수용체 자리는 모래 위에 있는 크기 9(약 270 mm의 신발 크기)의 오른쪽 발자국과 같다. 오로지 한 개의 발만이 이에 정확히 맞으며, 많은 다른 발들(모든 왼쪽 발과 크기 9보다 더 큰 오른쪽 발들)은 이에 전혀 맞지 않는다. 그러나 다른 많은 오른쪽 발들은 발자국 속에 적당히 맞을 수 있다. 수용체 자리와 이에 결합한 분자(또는 이의 작용기)도 마찬가지이다. 몇몇 활성 자리는 약을 포함하여 여러 가지 분자들을 수용할 수 있다. 실제로 대부분의 약 작용 방식은 침입하는 유기체 속에 정상 단백질, 호르몬 또는 다른 기질들을 대체하는 것이다. 일반적인 용어인 **기질(substrate)**은 효소에 의해 반응이 빨라지는 물질을 의미한다. 효소 활성에 대한 이러한 기질 방해 모형에서 약 분자의 존재는 효소로 하여금 요구되는 화학을 수행하지 못하도록 한다. 결과적으로 침입하는 박테리아의 성징을 저해하거나 특징한 분자 합싱을 막는다(그림 10.13).

일반적으로 말하면, 수용체 자리에 가장 잘 맞는 약이 가장 높은 치료 활성을 갖는다. 그러나 어떤 경우에는 약 분자가 수용체 자리에 특별히 잘 맞아야 할 필요는 없다. 약의 작용기와 수용체 자리와의 결합이 가끔은 약의 형태나 수용체 자리, 또는 둘 모두를 변경하기도 한다. 종종 약에 있어 중요한 것은 적당한 자리에 적절한 극성의 작용기를 가져야 한다는 것이다. 그래서 약을 설계하는 데 한 가지 중요한 전략은 그것의 **약리작용단(pharmacophore)**을 결정하는 것인데, 약리작용단이란 약 분자의 생물학적 활성을 책임지는 원자나 원자단의 삼차원 배열이다. 의약화학자들은 특정 활성 부위와 더 간단한 비활성 잔여 부분을 갖는 분자를 합성한다. 이 연구자들은 수용체 자리의 필수 조건을 충족시키는 분자를 맞춤 설계한다. 실제로 그들은 발자국에 맞는 발을 설계한다.

약리작용단(*pharmacophore*)이라는 용어는 100년 전에 에를리히에 의해 제시되었다. 에를리히는 그의 면역 연구로 1908년 생리학 및 의학분야 노벨상을 수상한 독일의 내과의사이자 생화학자이다.

그림 10.13 수용체 자리에 있는 천연 기질을 대체하는 약 분자

이와 같은 연구법의 탁월한 예로 모르핀(morphine)과 같은 마취약을 들 수 있다. 매우 복잡한 분자인 모르핀은 합성하기 어렵다. 그러나 마취 능력을 나타내는 약리작용단이 확인되었고, 그림 10.14에 강조되어 있다. 평면의 벤젠 고리는 이에 상응하는 수용체의 평면 부위에 맞으며, 질소 원자는 약 분자를 수용체 자리에 결합시킨다. 이 특별한 부분을 메페리딘[meperidine, 상표명 데머롤(Demerol)로 더 잘 알려짐]처럼 좀 덜 복잡한 다른 분자 속에 짜 넣음으로써 마취 능력을 낼 수 있다. 메페리딘은 모르핀보다 중독성이 덜하지만, 그만큼 효능이 좋지 않다.

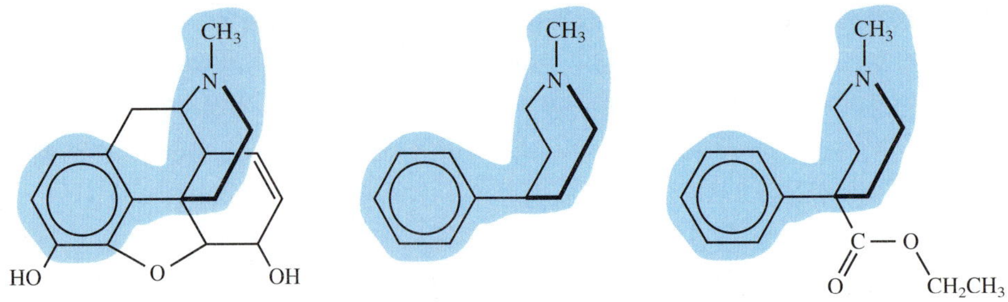

그림 10.14 모르핀과 메페리딘의 분자 구조. 강조된 '활성 영역' 또는 약리작용단은 수용체와 상호 작용하는 분자의 부분을 의미한다. 진한 선들은 이러한 결합이 고리의 앞부분 또는 페이지면의 앞으로 튀어나와 있음을 나타낸다.

연구과제 10.15 3D 약

3Dchem.com을 방문하여 약 분자들의 형태를 여러분 스스로 찾아보시오. 화면 상에서 여러분은 아목시실린(amoxicillin), 리피토(lipitor) 및 이부프로펜과 같은 잘 팔리는 약들의 3차원 표현을 회전시켜 볼 수 있다.

a. 몇 가지 약을 선정하여 이들의 삼차원 구조를 확인하시오. 이들 컴퓨터 표현이 이 장에서 제시한 약의 구조식과 어떻게 다른가?

b. 컴퓨터 표현이 이차원 그림에 비해 갖는 장점이 무엇인가? 컴퓨터 표현이 실제 분자에 비하여 갖는 제한점은 무엇인가? 단점도 있는가?

특정 작용기만이 의약 분자들의 치료 성질에 원인이 됨을 발견한 것은 약 설계에 중요한 돌파구가 되었다. 지금은 정교한 컴퓨터 그래픽이 잠정적 약과 수용체 자리의 모형을 설계하는 데 사용된다. 삼차원적 특성을 가진 이러한 표현의 결과로 의약화학자들은 어떻게 약이 수용체 자리와 상호 작용을 하는가를 볼 수 있다. 그 다음에 컴퓨터는 활성 약과 유사한 구조를 가진 화합물을 찾는 데 사용될 수 있다. 화학자들은 또한 컴퓨터 모형에서 구조를 변경하고, 이 새로운 화합물이 어떻게 작용할 것인가를 구상할 수 있다.

선도 화합물(*lead compound*)이란 용어는 다르게 발음하면 납(Pb) 원소를 포함한 화합물을 언급한다.

이와 같은 기술은 승인된 약(또는 약의 변형)이 될 수 있는 큰 기대를 보여 주는 소위 **선도 화합물(lead compound)**을 제조하기 위하여 걸리는 비용과 시간을 단축시키는 데 도움이 된다. 중요한 새로운 방법론은 새로운 약으로의 생물학적 작용과 가능성을 실험실에서 빠르게 검사하는 '서고(library)'의 많은 수의 분자들의 체계적인 창조물인 **조합 화학(combinatorial chemistry)**이다. 제약 회사는 '엽총(shotgun)' 접근 방법으로 거대한 수의 분자 혹은 서고를 창조하였다. 서고의 완전한 대량 화합물들은 선도 화합물이 발견될 가능성을 증가시킨다. 자동화, 로봇 공학, 컴퓨터 프로그래밍의 진보는 어떤 제약 회사들도 무시할 수 없는 이 하나의 기술을 세련화하였다(그림 10.15).

그림 10.15 과학자가 조합 합성 기기를 다루고 있다.

비록 조합 화학의 복잡한 프로토콜이 존재하지만, 간단한 형태로 이의 개념을 살펴보자. 그림 10.16에서 보여지는 것처럼 세 가지 다른 작용기를 가진 분자를 생각해 보자. 이 화합물의 시료를 몇 가지 시약과 반응시키면(1단계) 일련의 생성물이 형성된다. 두 번째 시약을 첨가한 후(2단계) 많은 화합물들이 급속하게 형성되는 것을 쉽게 관찰할 수 있다. 또 다시 다양한 시점에서 생성물을 쪼개는 것과 관련된 다른 프로토콜이 있지만, 간단한 통계학은 수많은 새로운 화합물이 짧은 순서로 만들어질 수 있음을 보여 준다. 이 과정은 여러 번 반복될 수 있으며, 각 단계에서 추구하는 활성에 대해 생성물을 검사한다. 가망이 없는 반응들은 빨리 가려낼 수 있다. 컴퓨터와 함께 사용되면, 조합

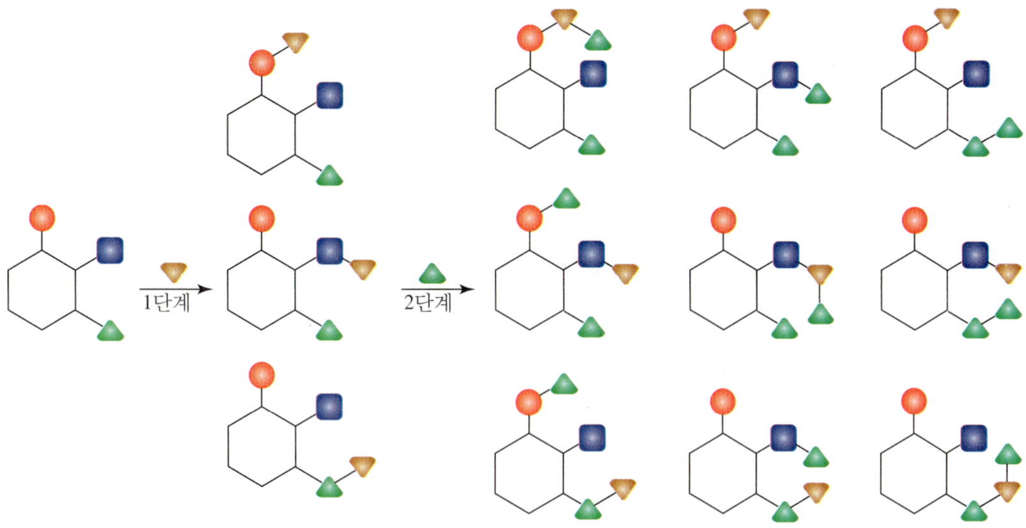

그림 10.16 조합 합성 과정의 예시. 다른 색깔을 띤 모양은 다른 작용기를 나타낸다.

화학은 전망과 지출의 시행착오를 최소화하여 약 설계와 개발을 가속화한다. 전통적인 방법을 사용하면, 의약화학자는 아마도 한 달에 4개의 선도 화합물 각각을 대략 7000 달러의 비용으로 제조할 수 있다. 조합 화학적 방법으로 화학자는 같은 시간 동안 거의 3,300개의 화합물을 각각 12달러의 비용만으로 제조할 수 있다.

10.6 분자의 손잡이성

약-수용체 상호 작용이 광학 이성질 현상, 즉 카이랄성이라고 하는 흔히 일어나는 진기한 현상을 포함하면 약 설계가 한층 더 복잡해진다. **카이랄(chiral)** 또는 **광학(optical) 이성질체(isomer)**는 같은 화학식을 가지지만 삼차원 분자 구조가 달라서 편광과의 상호 작용도 다르다. 카이랄성은 대부분 4개의 다른 원자나 원자단이 중심 탄소에 연결되었을 때 가장 흔히 일어난다. 이와 같은 탄소 원자를 가진 화합물은 두 가지 다른 서로 겹쳐질 수 없는 거울상의 분자 형태로 존재한다. 한 광학 이성질체는 편광을 시계 방향으로 회전시킬 수 있으며, 이것은 dextro 또는 (+) 이성질체라 부른다. 다른 한 이성질체는 levo 또는 (−) 이성질체로 불리며 편광을 시계 반대 방향으로 회전시킨다.

편광 파동은 한 면으로만 움직인다. 비분극성 빛의 파동은 어떤 면으로도 움직일 수 있다.

서로 겹쳐지지 않는 거울 상들은 전혀 생소한 것이 아니다. 여러분은 항상 주위에 이 둘을 지닌다. 즉 여러분의 손이 그것이다. 손을 펴서 손바닥을 서로 마주 보게 하면 이들이 거울상이 됨을 알 수 있을 것이다. 예를 들면 엄지손가락은 왼손의 왼쪽과 오른손의 오른쪽에 각각 있다. 당신의 왼손은 거울에 비친 오른손의 영상같이 보인다. 그러나 여러분의 두 손은 같지 않다. 그림 10.17은 양쪽 손과 분자들의 이와 같은 관계를 설명한다.

중심 탄소 원자에 결합된 4개의 원자나 원자단이 사면체(tetrahedral) 배열을 한다는 것에 주목하라(그림 10.18). 이 4개의 원자 위치는 정삼각형의 면을 가진 삼차원 입체형의 모서리에 해당한다. 이 분자들의 '손잡이성(handedness)'은 손이라는 뜻의 그리스어로부터 **카이랄**(*chiral*)이라는 용어를 유래하였다.

화학자들은 중심의 카이랄 탄소 원자를 표현할 때 종종 쐐기-대시 그리기법(wedge-dash drawing)이라 불리는 형식을 사용한다. 예를 들어 그림 10.17의 분자는 왼쪽에서와 같이 그릴 수 있다. 여기서 Cl과 H는 페이지면에 있다. Br까지의 대시선은 Br 원자가 보는 사람으로부터 멀어지는 페이지의 뒤에 존재함을 알려 준다. F로의 굵은 쐐기는 F 원자가 보는 사람 방향으로 향하는 페이지의 앞에 놓여 있음을 말해 준다. 선-각 그리

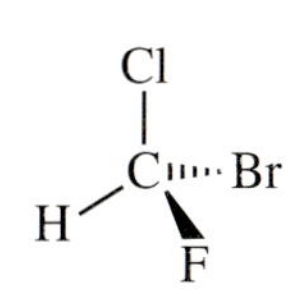

그림 10.17의 한 분자의 쐐기-대시 그리기법

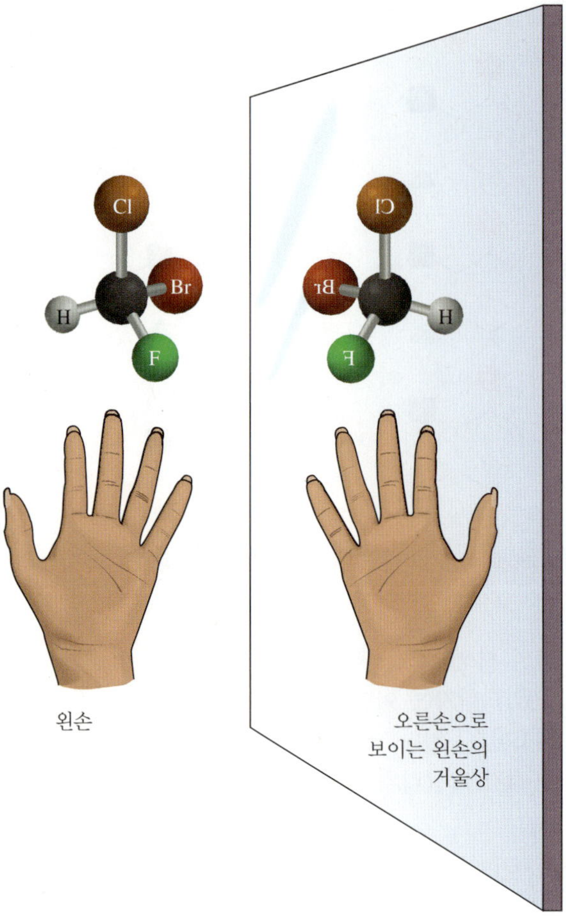

그림 10.17 분자 모형과 손의 거울상. CHBrClF 분자는 카이랄이고 사면체 모양을 갖는다.

그림 10.18 사면체는 네 개의 정삼각형 면을 갖는다.

기법과 유사하게 중심 탄소 원자는 함축되어 그려지지 않을 수 있다.

당이나 아미노산을 포함한 생물학적으로 중요한 많은 분자들은 카이랄성을 나타낸다. 이는 비록 광학 이성질체 한 쌍은 대부분의 화학적, 물리적 성질은 거의 동일하지만, 이들의 생물학적 작용이 크게 다르기 때문에 중요하다. 일반적으로 이 차이에 대한 설명은 분자와 이의 수용체 자리 사이에 좋은 분자 적합성의 필요와 관계 있다. 아마도 캐럴(Lewis Carroll)의 앨리스(Alice)는 "**거울 나라의 앨리스**(*Through the Looking Glass*)"에서 그녀의 고양이에게 '아마 보이는 유리 우유는 마시기에 좋지 않아'라고 이야기할 때, 이를 눈치챘을 것이다.

당과 아미노산은 11.5절과 11.7절에서 논의된다.

예제 10.16 카이랄 분자들

아래의 분자들의 카이랄 탄소를 별표를 사용하여 확인하시오. 다음으로 두 가지 카이랄 이성질체를 쐐기-대시 그리기법을 사용하여 그리시오. 카이랄 탄소를 중심 원자로 하라.

a. 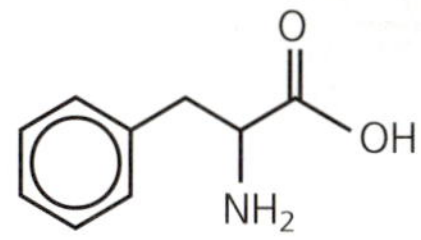

페닐알라닌(phenylalanine, 필수 아미노산)

b. $CH_3CH(OH)CH_2CH_3$ 2-뷰탄올(알코올)

c. $CHClFCH_3$ 1-클로로-1-플루오로에테인(하이드로클로로플루오로탄소)

d. 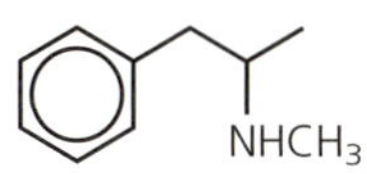

메탐페타민(methamphetamine, 악명 높은 위험한 거리의 약)

답

a. 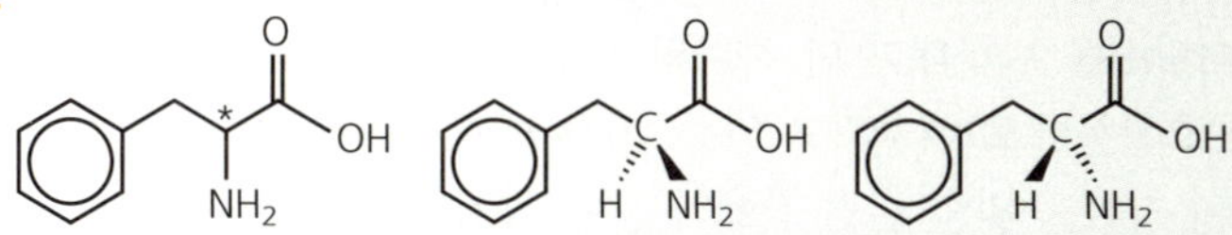

여러분은 카이랄성과 생물학적 활성 사이의 관계를 자신의 손에 물건을 잡는 것으로 설명할 수 있다. 여러분의 오른손은 오른손 장갑만 맞으며, 왼손 장갑과는 맞지 않는다. 마찬가지로 오른손잡이 약 분자는 이를 보완 수용하는 수용체 자리에만 맞게 될 것이다. 4개의 다른 원자나 원자단이 결합된 중심 탄소 원자를 포함하는 약은 광학 이성질체를 가질 것이며, 보통 그중의 하나만이 특별한 비대칭 수용체 자리와 맞을 것이다(그림 10.19).

카이랄성으로 말미암아 발생하는 극단적인 분자 특이성은 약을 합성하는 의약화학자의 일을 더 복잡하게 한다. 약 분자는 적절한 작용기를 반드시 포함하며, 이 작용기들은 반드시 원하는 생물학적 활성을 갖는 삼차원 모양으로 배치되어야 한다. 많은 화학 반응에서 종종 '오른손잡이성'과 '왼손잡이성' 광학 이성질체가 동시에 형성된다. 이런 경우는 각 광학 이성질체가 같은 양으로 이루어진 **라셈 혼합물(racemic mixture)**이 된다. 그러나 종종 오직 하나의 광학 이성질체만이 약학적으로 활성을 나타낸다. 예를 들면 많은 마취약들이 광학 이성질체로 존재하지만, 그중의 하나만이 마취 능력을 갖는다. 그림 10.20에 있는 메토르판(methorphan)의 왼손잡이성(levo 또는 -) 이성질체인 레보메토르판(levomethorphan)은 중독성 마취약이다. 한편, 이것의 오른손잡이성(dextro 또는 +) 거울상은 비중독성 기침 억제제이다. 이 사실은 처방전 없이 약국에서 살 수 있는 기침 치료약으로서의 덱스트로메토르판(dextromethorphan)의 사용을 허가케 한다. 그러나 이 오른손잡이성 이성질체는 반드시 순수한 덱스트로 형태로 합성되거나 이것

가게에서 판매하는 비타민 E는 일반적으로 (+)와 (-) 이성질체의 라셈 혼합물이다. 상당히 높은 가격으로 살 수 있는 순수한 형태의 (+) 이성질체가 생리 활성을 가지는 것이다.

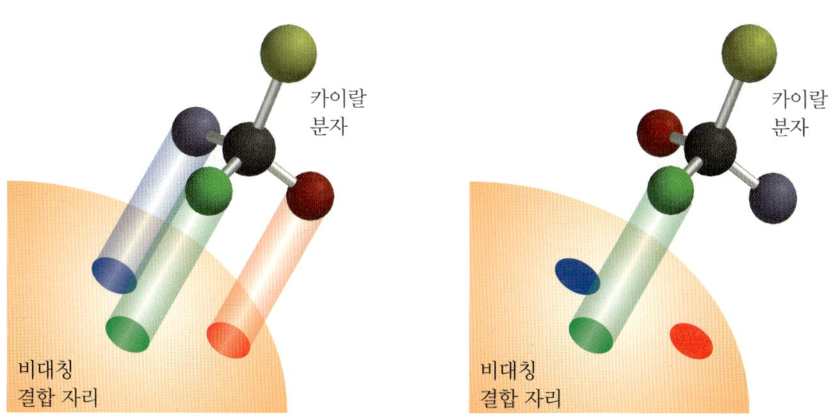

그림 10.19 비대칭성 자리와 카이랄 분자의 결합(왼쪽)과 비결합(오른쪽)

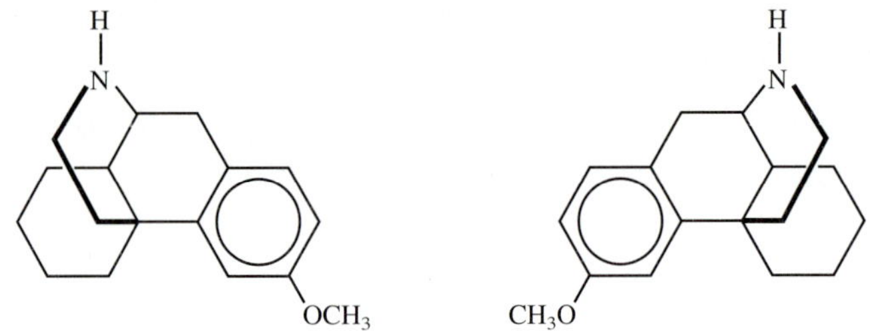

그림 10.20 레보- 및 덱스트로메토르판

의 레보(levo) 이성질체와 함께 생긴 혼합물로부터 완전히 분리되어야 한다. 이 분리 작업은 이성질체들의 물리적 성질이 동등하므로 매우 어렵다.

다른 많은 약들도 카이랄성을 나타내며 단 하나의 이성질 형태에서만 특효를 나타낸다. 이는 몇몇 항생제나 호르몬에도 해당되고 염증, 심장 혈관 질환, 중추 신경계 질환, 암 및 높은 콜레스테롤 수치와 주의력 결핍 장애와 같은 광범위한 상태를 치료하는 데 사용되는 특정한 약에 대해서도 사실이다. 널리 사용되는 카이랄 약으로는 이부프로펜, 기관 이식에서 거부 반응을 방해하는 데 사용되는 약인 사이클로스포린, 지방 감소제인 아토바스타틴(리피토)[atorvastatin(Lipitor)]이 있다. 이부프로펜은 (+)와 (−) 이성질체의 라셈 혼합물로 판매된다(그림 10.21에서 (+) 이성질체를 나타내었다). 오직 (−) 이부프로펜만이 진통제로 작용하고 (+)-이부프로펜은 진통제로 작용하지 않는다. 그러나 신체 내에서 (+) 이성질체가 (−) 이성질체로 전환된다. 그러므로 이부프로펜을 먹을 때는 더 비싼 (−)-이부프로펜을 먹는 것보다는 라셈 혼합물을 먹는 것이 더 낫다.

일반 진통제인 나프록센(naproxen)은 하나의 이성질체가 선호되거나 요구되는 많은 경우의 한 예이다. 나프록센의 한 형태는 통증을 없애주지만, 다른 하나는 간에 손상을 일으킨다. 마지막 예는 파킨슨 병(Parkinson's disease)의 치료에 관계된 것이다. 이 병의 치료에 라셈 도파(dopa)의 초기 사용은 식욕 부진, 메스꺼움, 구토와 같은 부작용을 야기했다. 단일 이성질체인 (−)-도파(dopa)의 사용은 이러한 부작용을 현저히 감소시키고 초기 복용량의 반만을 사용하여 원하는 효과를 얻을 수 있게 되었다.

예제 10.17 (+)-이부프로펜과 (−)-도파

그림 10.21에 주어진 (+)-이부프로펜과 (−)-도파의 구조식을 주의 깊게 관찰해 보자.

a. 각각의 경우에서 어느 것이 카이랄 탄소 원자인가?
b. 두 가지 약에 존재하는 작용기를 모두 지적하시오.
c. (−)-이부프로펜과 (+)-도파의 구조식을 그리시오.

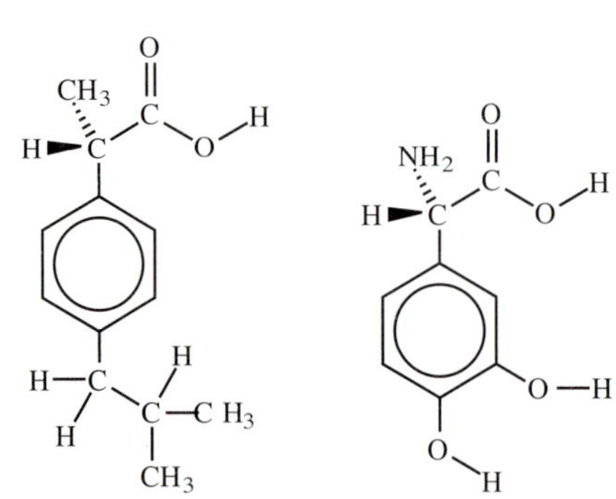

그림 10.21 두 가지 카이랄 약 분자

결론적으로 제약 회사들은 단일 카이랄 형태로 약의 유익한 이성질체만 가지도록 카이랄성이 '순수한' 약을 창조하기 위하여 고안된 활발한 연구 프로그램을 가지고 있다. 비록 적절한 하나의 이성질체를 만드는 것이 화학자들에게는 흥미를 위한 수행으로만 보일지 모르지만, 이는 큰 사업이다. 세계적으로 팔리는 가장 성공적인 처방 약들 중 대부분은 연 총 판매량이 500억 달러에 달하고 의심할 여지없이 증가하는 추세에 있는 단일 이성질체 약이다. 여기에 해마다 전세계적으로 판매되는 판매량이 10억 달러가 넘는 카이랄 '대박' 약인 리피토(lipitor), simvastatin(Zocor), esomeprazole(Nexium)과 sertraline(Zoloft)가 해당된다.

놀스(William Knowles), 샤플리스(Barry Sharpless) 및 료지(Ryoji Noyori)는 카이랄 약을 합성하기 위한 새로운 촉매 방법을 개발한 그들의 연구로, 2001년 노벨 화학상을 공동 수상하였다.

스타틴(statin)으로 분류되는 카이랄 약인 리피토는 간에서 콜레스테롤 합성을 억제하여 콜레스테롤을 낮추어준다. 이 약은 연간 세계적 판매량이 100억 달러가 넘는 굉장한 베스트셀러이다. 리피토의 생산은 또 다른 카이랄 분자인 수산화 나이트릴(HN) 합성을 필요로 한다. 최근까지 HN은 오직 라셈 혼합물로만 생산되어 왔다. 결과적으로 이 두 이성질체를 분리해야 한다. 더 나쁜 것은 이 과정은 많은 양의 브로민화 수소와 사이안화물이 관련되어 있다. 이 화학 약품들은 줄잡아 말하더라도 독성을 지니고 이 과정은 어마어마한 양의 원하지 않는 부산물을 생산한다.

코덱시스(Codexis) 사는 2006년 녹색 화학 도전 대통령상을 수상하였다. 코덱시스의 화학자들은 매우 특정한 반응을 수행하기 위해 효소를 사용하여 HN 중간체로의 훌륭한 친환경 경로를 개발하였다. 이들의 친환경 과정은 수득률을 높이고, 부산물의 형성을 감소시키며, 폐기물 발생과 용매의 사용을 줄이고, 정제 장비 사용을 줄이고 노동자의 안전을 향상시켰다. 리피토의 광범위한 사용은 대략 HN 중간체 200톤의 연 수요를 야기하였다. 이는 정말로 대통령상의 가치를 지닌 발명이다.

새로운 카이랄 약은 큰 사업이고 제약 회사는 최근에 이 분야에서 수익을 증가시키기 위해 새로운 전략을 고안해 왔다. 이전에 라셈 혼합물로 판매되었던 몇 가지 증명된 약들은 '카이랄 스위치' 로 알려진 전략으로 단일 이성질체로 재평가되고 재판매되었다. 이에 대한 경제적인 이유들은 분명했다. 제약 회사들은 그들의 베스트셀러 약들에 대한 특허 보호를 연장할 수 있고 일반 경쟁에 대한 제한을 두게 하였다. 이 스위치의 치료 원리는 단일 이성질체가 안전, 작은 부작용들, 체내에서 더 간단한 상호 작용과 같은 더 많은 이익들을 제공한다는 것이다. 상표명 리탈린(Ritalin)으로 판매된 메틸페니데이트(methylphenidate)는 주의력 결핍 과잉 행동 장애(ADHD)를 치료하는 데 사용하는 약이다. 이전에 라셈체(라셈 혼합물)로 처방되었던 약이 카이랄 스위치로 만들어지고, 지금은 단일 이성질체로 시장에 판매된다. 라셈체와 비교했을 때 복용량의 반만으로 똑같이 효과적으로 알려졌고 부작용도 향상되었다고 보고되었다.

연구과제 10.18 카이랄 스위치

원칙적으로 카이랄 스위치 전략은 라셈 혼합물에 비해 단일 이성질체 약이 치료적인 이익을 제공해야 한다. 하지만 모든 경우에서 이러한가? 인터넷을 이용하여 카이랄 스위치가 만들어지고 라셈 혼합물에 비해 단일 이성질체의 상대적인 장점이 보고된(리탈린을 제외한) 한 가지 약을 찾아보시오.

10.7 스테로이드

콜레스테롤, 피임약, 근육량 향상제에 대해 생각해 보자. 이들은 화학적으로 어떤 공통점을 갖는가? 이에 대한 놀라운 대답은 이들 모두 자연적으로 발생하거나 합성된 네 개 고리에 배열된 공통적인 탄소 골격을 지닌, 지방을 용해시키는 유기 화합물인 **스테로이드(steroid)**라는 것이다.

스테로이드는 형태와 작용과의 관계를 가장 잘 보여 주는 일종의 화합물이다. 그 어

표 10.4 스테로이드 기능

기능	예
이차 성징 조절	에스트라다이올(에스트로젠), 테스토스테론(안드로겐)
여성 생식 주기 조절	프로게스테론, RU-486(임신 중절약)
대사 조절	코르티솔, 코르티손 유도체
지방의 소화	담즙산
세포막 구성 성분	콜레스테롤
근육과 뼈 성장 촉진	게스트리논, 트렌볼론

떤 화학 물질도 스테로이드보다 더 논쟁의 대상이 된 것도 없다. 왜냐하면 스테로이드는 피임약부터 허영 증진제에 이르기까지 이들의 일반적으로 잘 알려진 용도 때문이다. 도처에 흔한 이 물질들 중에서 자연적으로 발생하는 종류로는 구조 세포 구성 단위, 대사 조절 인자, 이차 성징 및 생식 작용에 원인이 되는 호르몬 등이 있다. 합성 스테로이드 중에는 산아 제한, 인공 유산, 육체미 조형을 위한 약들이 있다. 표 10.4에 이들의 기능을 목록으로 작성하였다.

이들의 생리적 작용이 엄청난 범위임에도 불구하고 모든 스테로이드는 같은 분자 골격으로 되어 있다. 그래서 이들 화합물은 생체 기관이 여러 많은 목적을 위하여 특정 기본 구조 단위를 사용하고 재사용하는 훌륭한 경제의 실례를 제공한다. 스테로이드의 공통되는 특성은 네 개의 고리 안에 배열된 17개의 탄소 원자로 구성된 분자 골격 구조이다. 이 스테로이드 골격 구조가 아래 그림에 나와 있다.

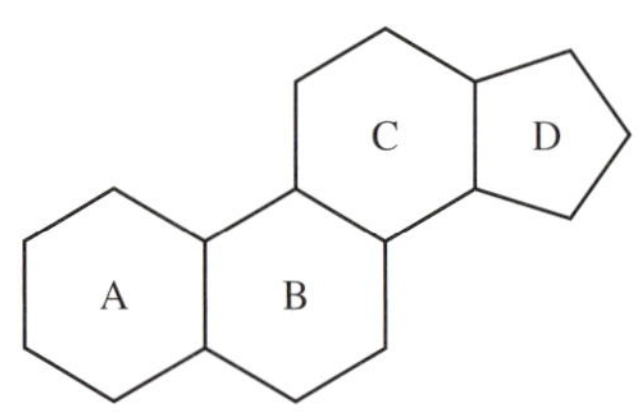

이와 같은 (선-각 그리기) 표시에서 탄소 원자는 고리의 각 꼭짓점을 차지하는 것으로 가정하고, 명시하지는 않았음을 상기하라. 스테로이드 골격에서 3개의 육원자 탄소 고리는 A, B, C로, 오원자 고리는 D로 표시하였다. 스테로이드 핵이 평평하게 그려져 있지만, 실제로 이것은 삼차원의 모양을 갖는다. 수십 개의 천연 스테로이드와 합성 스테로이드들은 모두 이 주제에서의 변화들이다. 이들은 세부 구조에서 약간 다르지만, 생리적 작용에서는 크게 달라질 수 있다. 고리의 결정적인 위치에 결합된 여분의 탄소 원자 또는 작용기들이 이와 같은 변화의 원인이 된다.

스테로이드 콜레스테롤은 세포막의 주요 구성 성분이고 그림 10.22에 나와 있다. 왼쪽에 있는 그림은 분자 안에 있는 모든 원자들을 포함하는 데 비해, 오른쪽에 있는 그림은 선-각 그리기를 이용한 골격을 보여 준다.

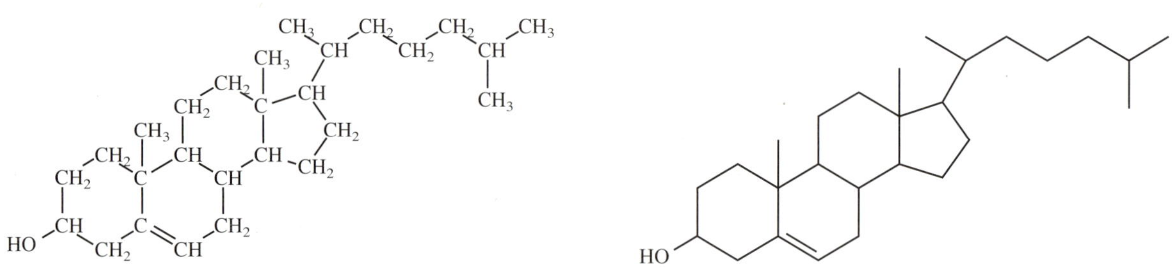

그림 10.22 Figures Alive! 콜레스테롤 그림

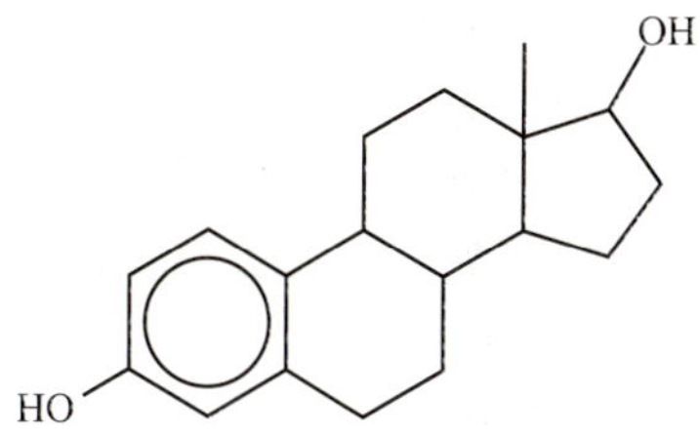

에스트라다이올

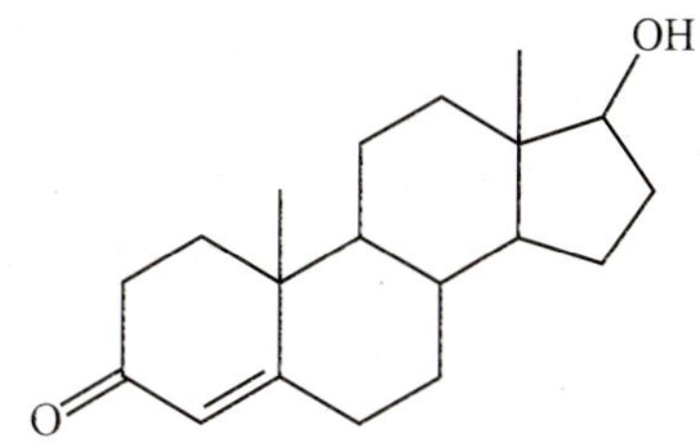

테스토스테론

그림 10.23 에스트라다이올과 테스토스테론

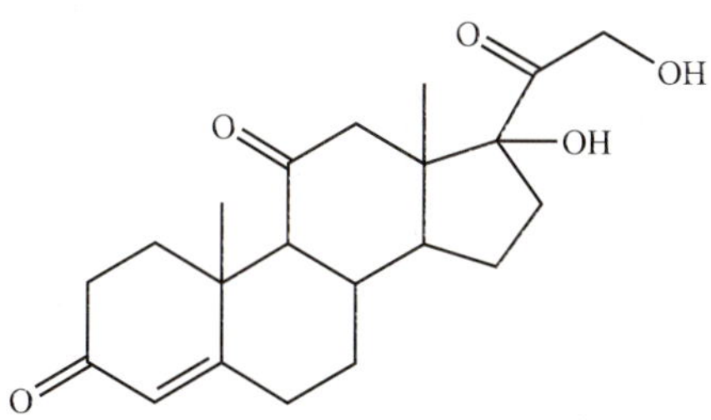

코르티손

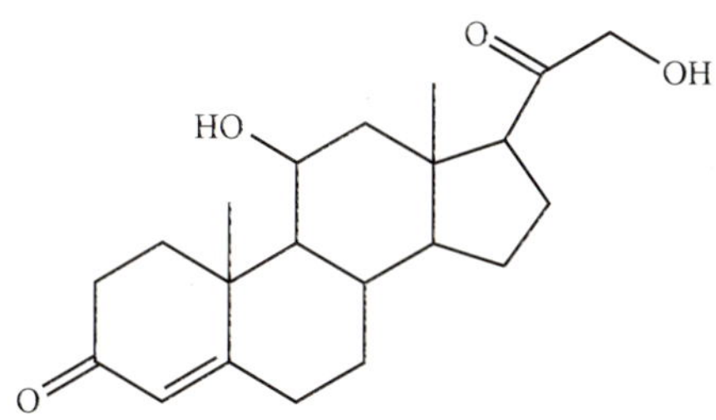

코르티코스테론

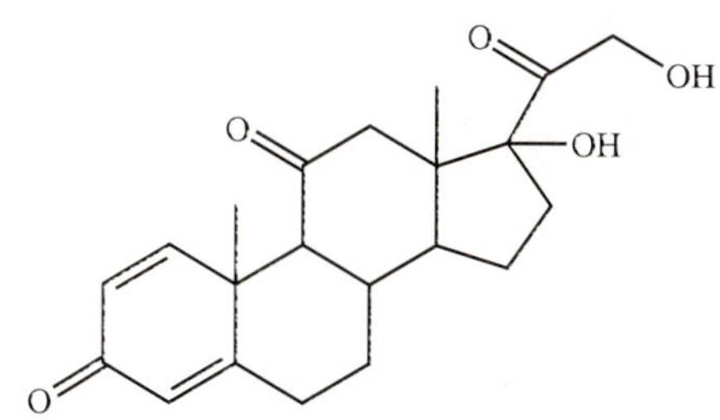

프레드니손

그림 10.24 코르티손, 코르티코스테론 및 프레드니손

그림 10.23을 조심스럽게 살펴보면 미묘한 분자 차이가 엄청난 생리적 성질 변화를 일으킬 수 있다는 것을 알려 준다. 에스트라다이올(estradiol) 분자와 테스토스테론(testosterone) 분자의 차이는 고리 한 개에서 나타난다. 남성과 여성 간의 유일한 차이점은 하나의 탄소 원자와 몇 개의 수소 원자들 때문인가? 여러분이 판단해 보라.

몇 가지 다른 일반적인 자연 스테로이드는 코르티손(cortisone)과 코르티코스테론(corticosterone)이다(그림 10.24). 여러분은 아마도 뾰루지나 중요하지 않은 피부 질환을 치료하기 위해 코르티손 조제의 몇 가지 형태를 사용했을 것이다. 코르티코스테로이드(corticosteroid)는 부신 피질에서 생산되고 염증 조절, 면역 반응, 스트레스 반응 및 탄수화물 대사와 같은 광범위한 역할을 담당한다. 스테로이드성 항염제는 천식이 있는 사람들의 치료로 가장 자주 사용된다. 합성 약은 프레드니손(prednisone)이다.

예제 10.19 **스테로이드들의 구조적 유사성**

스테로이드 각 쌍을 나타내었다. 이들의 구조는 이 교재에서 제시되었거나 Connect의 Figures Alives! 에 제시되었다.

a. 각 쌍의 구조에서 비슷한 점을 지적하시오.

에스트라다이올과 프로게스테론
에스트라다이올과 테스토스테론
프레드니손과 코르티손
콜산(cholic acid)과 콜레스테롤
코르티코스테론과 코르티손

b. a에서 제시된 약들 중 5가지의 화학식을 쓰시오.

10.8 | 처방약, 일반약, 처방 없이 팔리는 약

소비자들이 약사에게 처방전을 주면 '상표명인가, 일반 약인가'의 물음을 받는다. 이 시나리오는 전국적으로 매일 몇 천이나 되는 약국에서 매일 일어나는 일이다. 개인이 어떻게 결정하는가? 비록 모든 승인된 약이 일반 형태로 제공되지는 않지만, 수백만의 미국인들에게는 더 싼 일반 약이 필요한 약물을 얻는 것과 이를 살 수 없는 것의 차이를 의미할 수 있다.

이 두 가지 형태는 다소 간단하게 구분될 수 있다. 개척자(pioneer) 약은 항불안제 또는 진정제인 자낙스(Xanax)와 같이 상표명으로 판매된 첫 번째 약이다. **일반 약**은 개척자 약과 화학적으로 동등하지만, 개척자 약의 특허 보존이 20년 만기가 될 때까지 판매될 수 없는 것이다. 낮은 가격의 약은 일반적으로 이의 일반명으로, 이 경우, 자낙스 대신 알프라졸람(alprazolam)이란 이름으로 판매된다. 개척자 약에 대한 20년 특허 보호는 이것을 시장에 처음 내어 놓을 때가 아니라 특허를 얻을 때부터 시작된다. 승인 전에 장기간의 시간이 요구되는 경우에는 실제 판매 기간은 비교적 짧아 심지어 6년 미만이 될 수도 있다. 이런 경우 제약 회사는 일반 경쟁약이 제조되기 전에 이것의 연구 개발 비용을 되찾기에 별로 시간이 없다. 그러나 일반 약의 거의 80%는 브랜드 이름의 회사에 의해 생산된다(그림 10.25). 개척자 약처럼 일반 약도 반드시 FDA 승인을 받아야 한다.

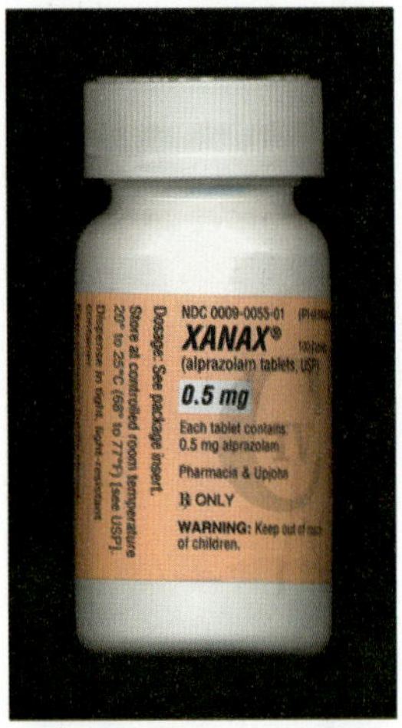

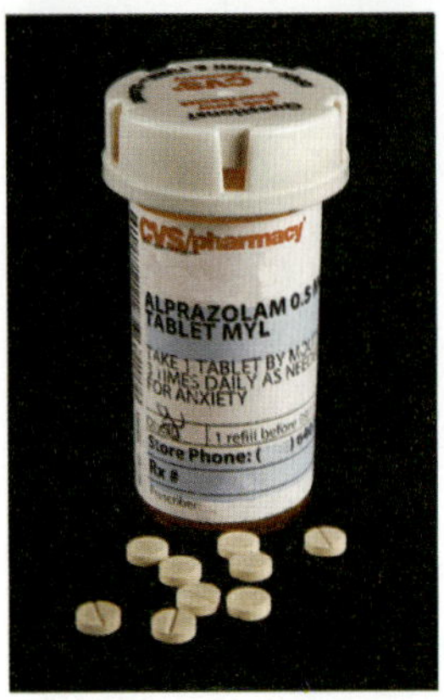

그림 10.25 브랜드 이름 약 자낙스와 이것의 일반 대응물 알프라졸람

1984년에 미국 국회는 일반 자격이 있는 약의 수를 크게 늘이는 the Drug Price Competition and Patent Restoration 법안을 통과시켰다. 이 법안은 개척자 약에 관해 대응 물질에 행해진 효능과 안전 검사를 일반 약에 대하여 이중으로 할 필요를 없앴다. 이렇게 함으로써 제약 업자들은 상당한 시간과 경비를 절약하게 되었다. 또한 FDA도 개척자 약에 필적하는 일반 약에 대한 특수한 지침을 발표하였다. FDA의 명령에 의하여 일반 약과 개척자 약은 복용 형태, 안전성, 강도, 투약 경로, 질, 작용 특징, 그리고 사용 의도 등에서 생물학적으로 동등해야 한다. 다시 말해서, 약이 같은 속도로 환자의 혈류에 같은 양의 활성 성분을 전달해야 한다는 것이다. 일단 일반 약이 생물학적으로 동등하다고 증명되면 회사들은 높은 가격의 브랜드 약의 가격을 경쟁을 통해서 내릴 수 있게 된다.

연구과제 10.20 여러분 지역의 약사

일반 약에 있어서 약사들은 선두에 있다. 같은 반 학생들과 함께 일반 약에 관계된 두세 가지 짧은 질문을 작성하시오. 그리고 나서 지역 약사와 인터뷰하여 여러분이 알게 된 것들을 학우들과 공유하시오. **비고:** 만약 약학 대학이 근처에 있다면 약대 학생들과 인터뷰할 수도 있다.

처방전 없이 살 수 있는(over-the-counter, OTC) 약은 사람들로 하여금 많은 괴로운 증상들을 완화시키고 의사에게 보일 필요 없이 몇몇 병을 치유할 수 있게 한다. 비처방 투약이 현재 미국 내에서 사용 중인 모든 투약의 약 60%를 차지하고 있다. 여드름 약부터 체중 조절용 약에 이르기까지 OTC 약에 대해 80개 이상의 치료 분류가 존재한다. 표 10.5는 OTC 생산품과 그들의 주요 성분에 대한 몇 가지 주요 범주를 포함하고 있다. 미국에서 지켜지는 법과 규제에 따르면, OTC 약을 포함하는 약들은 판매와 공공 사용을 위해 승인되기 전에 집중적이고 광범위하며, 비싼 심사 과정을 거친다. 처방 약의 경우와 마찬가지로 OTC 약에 대한 궁극적인 질문은 '혜택이 위험보다 많은가?'하는 것이다. OTC 약에 대한 이 질문의 답은 소비자가 그 약을 적절히 사용하는가에 달려 있다. 그러므로 FDA와 약 제조사들은 반드시 OTC의 안전성과 효능을 균형 맞추기 위해 노력해야 한다.

또 다른 안전 주제, 원하지 않는 약의 폐기에 관한 토론은 5.12절을 다시 살펴보라.

앞서 OTC 진통제와 NSAID, 그리고 이들의 작용 모드를 설명하였다. 이들의 부작용으로는 위출혈의 증가(아스피린), 위장 장애(아스피린, 이부프로펜), 천식 악화(아스피린), 고용량이나 만성적으로 사용 시 신장이나 간의 손상(아세트아미노펜)을 들 수 있다.

100개 이상의 바이러스가 평범한 감기의 고통에 책임이 있다. 전체 감기 치료제들은

표 10.5 처방전 없이 살 수 있는(OTC) 약의 예

진통제와 소염제	기침약
아스피린	구아이페네신, 거담제
이부프로펜(Advil)*	덱스트로메토르펜, 반응 억제제
나프록센(Aleve)	벤조나테이트, 반응 억제제
아세트아미노펜(Tylenol)	
제산제와 소화불량 보조제	**항히스타민제**
알루미늄과 마그네슘 염(Maalox)	브롬페니라민
탄산 칼슘(Tums)	클로르페니라민
칼슘과 마그네슘 염(Rolaids)	다이펜하이드라민

*이름은 화학명으로 나타내었고 괄호안의 이름은 관용명 혹은 브랜드명이다.

대부분 복합 성분으로 구성되어 있는데 고통 받는 사람들을 돕기 위해 디자인되어 있다. 소염제는 바이러스가 점막을 침범할 때 붓는 것을 감소시키지만, 역효과로 신경질이나 불면증 등이 일어나기도 한다. 코에 뿌리는 스프레이는 부은 코 조직을 완화시키지만, 3일 제한을 지나 사용하게 되면 반발 효과로 콧물이 다시 흐르게 된다.

항히스타민제들은 알레르기와 관련된 콧물과 재채기를 완화시키지만, 졸음과 가벼운 두통을 유발한다. 이 약들은 졸음을 유발하기 때문에, 승인된 수면 유도제들은 때때로 항히스타민제들이다. 그러나 이 약들을 복용한 어린이들에게는 종종 활동 과다와 불면증이 나타난다.

기침은 폐로부터 과도한 분비물을 제거하는 자연적 방법이다. 거담제는 가래를 묽게 하여 더 쉽게 기침하게 만들고, 기침 억제제는 완화와 편한 수면을 제공한다. 대부분의 기침 치료제를 만드는 데 이 두 가지를 모두 사용하는 것은 의미 없어 보인다. 코데인과 덱스트로메토르펜은 동일하게 좋은 기침 억제 능력을 가지고 있지만, 전자는 몇몇 주에서 OTC 시판을 제한하게 만드는 습관성이란 악명을 가지고 있다.

속쓰림, 소화불량, 그리고 '산성' 위는 제산제 및 관련된 약의 공략 목표이다. 제산제는 과량의 위산을 중화시킬 수 있는 수산화 알루미늄, 수산화 마그네슘, 수산화 칼슘(또는 이들의 조합)을 포함하는 염기성 화합물이다. 칼슘을 포함한 대체물의 인기는 젊거나 늙은 성인이 뼈의 퇴화(골다공증)를 예방하기 위한 식이 칼슘을 규칙적으로 공급해야 하는 필요성에 부응하여 증가하였다.

연구과제 10.21 상식의 사용

많은 사람들은 단지 특정한 병에 대해 지시된 약을 먹는 것이 가장 좋다는 의견을 가지고 있다. 이는 평범한 상식이다. 하지만 몇몇 회사들은 그들의 생산물에 일종의 '부가 가치' 기능을 바라면서 OTC 조제를 파는 것은 모든 것을 '부엌의 개수대'에 던져버리는 것처럼 보인다고 한다. 여러분의 지역 약국이나 식료품점에서 발견한 (또는 같은 정보를 찾기 위해 인터넷에 접속하시오.) 여러 가지 감기 치료제의 내용물을 확인하시오. 특히 여러 가지 기침 치료 제제들을 자세히 살펴보시오. 한 가지 제품에서 구아이페네신(guaifenesin)과 덱스트로메토르판 모두의 사용을 발견하였는가? 이 둘을 포함한 제품의 목록을 작성하고, 왜 한 가지 제품이 이 두 가지 약을 모두 함유하는 것이 이치에 맞지 않는지 설명하시오.

지난 몇십 년간의 자가 관리 혁명은 안정하고 효과적인 OTC 약의 유용성을 촉진하였고 많은 처방약들을 OTC 상태로 재분류하도록 추가적인 압력을 제공하였다. 소비자

건강 식품 조합(the Consumer Healthcare Products Association)에 따르면 1976년 이래로 약의 대략 80개의 구성 성분들 또는 감소된 복용량이 OTC 전환을 하도록 하였다. 최근 처방에서 OTC 전환된 것에는 loratidine, cetirizine(2002년과 2008년 각각의 항히스타민인 Claritin과 Zyrtec), omeprazole(2003년에 산 감소제인 Prilosec), orlistat(Alli, 2007년 체중 감소)가 포함된다. 지금은 700가지 이상의 OTC 생산물이 처방에 의해서만 구할 수 있었던 구성 성분을 함유하고 있다. 이러한 전환을 일으킨 추가적인 압력은 건강 보험 산업으로부터 왔다. 광범위하게 사용된 처방약들의 OTC 상태로의 변화는 보험 회사들의 비용 부담을 현저하게 줄였다. 처방된 약의 조건은 반드시 일반적이고 생명을 위협하지 않으며 평균 소비자들이 자가 진단이 가능해야만 한다. FDA는 만약 중대한 안전 문제가 밝혀지면 OTC 약의 상태를 처방 상태로 다시 바꿀 수 있다.

약 제조업자의 입장에서 처방에서 OTC로 생산물의 상태를 변화시키는 것은 제조업자로 하여금 일반 경쟁 없이 몇 년 동안 생산물을 판매하는 것을 허용한다. 생산물이 OTC 상태로 재분류되면 판매량 역시 증가한다. 몇몇의 경우는 소수의 제3자 건강 보험 지불자가 OTC 생성물의 변상을 제공하므로 OTC 치료법으로 소비자의 직접 비용은 실제로 증가할 수도 있다. 하지만 전체적으로 처방에서 OTC 전환으로 인해 해마다 미국 국민들이 2000만 달러를 절약하는 것으로 추정된다.

10.9 약초

전 세계에서 예방과 치료 목적으로 약초 생산품을 사용하는 사람들이 수가 증가하고 있다. 약초 치료와 민간 약품들이 대부분의 문화권에 널려 있다. 이것은 놀랍거나 기절할 일이 아니다. 자연은 아주 훌륭한 화학자이다. 식물이나 단순 유기체에서 발견되는 몇몇 (그러나 모두는 아닌) 화합물들은 인간에게 좋은 생리학적 효과를 가지고 있는 것 같다. 그러한 인기 있는 치료 약초[은행 추출물, 고추나물(St. John's wort), 에키네시아(echinacea), 인삼, 마늘, 카와(kava kava)]의 미국 내 판매는 지난 십 년간 꾸준히 증가하여 2010년에 50억 달러에 달하였다. 표 10.6에 몇 가지 풀과 식물, 그리고 이들을 섭취하는 이유를 나타내었다.

많은 사람들이 고추나물을 보고된 기분 향상 활성으로 인해 섭취해 왔다(그림 10.26). 초본 연구 재단은 23개의 임상 연구에서 2000명 이상의 환자들로부터 식물인 고추나물이 표준 항우울제만큼 가볍거나 중간 정도의 우울증에 효과가 있는 것으로 일관성 있게 발견된다는 자료를 보고하였다. 그러나 2001년 4월에 *Journal of the American Medical Association*에 출판된 연구는 고추나물이 심각한 우울증에는 효과가 없다고 발표하였다.

표 10.6 흔한 약초들과 그들이 쓰이는 이유

약초 혹은 식물	경감되는 증상들
발레리안, 시계꽃	불안
리커리스, 야생 체리 껍질, 사향초	기침
에키네시아, 마늘, 골든실 뿌리	감기, 독감
고추나물	우울증
카밀레, 서양박하, 생강	구역질, 소화 문제
발레리안, 시계꽃, 홉, 레몬 밤	불면증
은행나무잎	기억 상실
발레리안, 시계꽃, 건조시킨 카와 뿌리, 시베리아 인삼	스트레스, 긴장

그림 10.26 고추나물(St. John's wort) 식물(*Hypericum perforatum*)과 알약 형태의 추출물

이 약초는 심각한 우울증으로 진단된 200명 이상의 성인에게서 위약보다 좋은 결과를 내지 못하였다. 이 연구는 부분적으로 National Institute of Mental Health로부터 지원받았고, 또 부분적으로는 미국 내에서 가장 흔하게 처방되어 해마다 수십억 달러가 판매되는 항우울증 약인 세르트랄린(Zoloft)을 만드는 파이저(Pfizer) 사로부터 지원받았다. 이 새로운 연구의 공동 저자인 밴더빌트(Vanderbilt) 대학의 스켈턴(Richard Skelton) 박사는 가벼운 우울증을 위한 약초 사용에 대한 추가적인 연구를 다음과 같이 독려하였다. "나는 가벼운 우울증을 가진 사람들이 연구되는 것을 보고 싶다. 그리고 이 약초가 그들에게 성공적으로 작용하는지 알고 싶다. 만약 이것이 작용하면, 그건 정말 좋은 일이다." 그는 더 깊은 연구가 행해질 때까지 약초의 사용에 반대하는 것을 추천하였다.

중국 약초인 마황(*ma huang*)뿐 아니라 다른 식물 공급원으로부터 얻어질 수 있는 천연 물질인 에페드라(ephedra)(그림 10.27)를 고려해 보자. 에페드라가 오랫동안 전통 중국 약에서 특정 호흡기 증상을 치료하는 데 사용되어 왔지만, 최근에는 체중 감량, 스포츠 능력 향상, 에너지 증가를 도와 주는 목적으로 사용이 매우 증진되었다.

그림 10.27 에페드라의 공급원과 일반적인 조제

굵은 쐐기는 기가 여러분 쪽으로 튀어나오는 것을 의미한다. 대시 선은 기가 여러분으로부터 멀어지는 것을 가리킨다. 이와 같은 표기법은 3.3절에 처음으로 소개되었다.

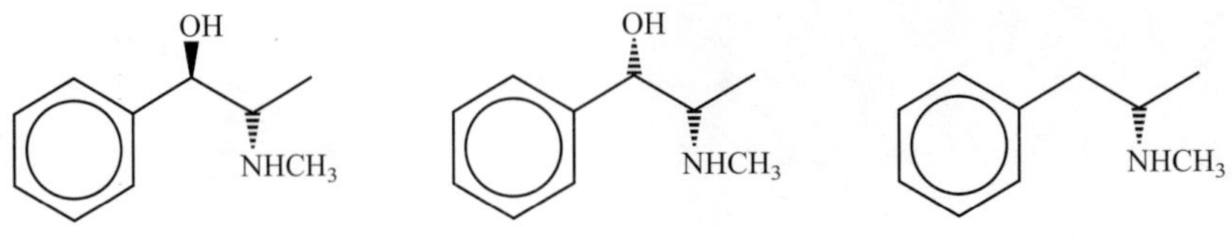

에페드린 유사 에페드린 메탐페타민

그림 10.28 에페드린 및 이와 관련된 두 가지 약의 화학 구조

에페드라는 에페드린(ephedrine)과 유사 에페드린(pseudoephedrine)을 비롯한 6개의 암페타민(amphetamine)과 같은 알칼로이드를 포함하고 있다. 에페드린은 주요 성분으로서 기도를 열어 주는 기관지 확장제이며, 교감 신경계를 자극한다. 이 물질은 점막이 부풀어 오르는 것을 완화시켜서 공기가 지나가는 데 작용하는 중요한 경련 방지 성질을 가진다. 유사 에페드린(Sudafed)은 코의 울혈 제거제이며, 심장과 혈압을 자극하는 효과가 작다.

이 물질의 합성된 형태로서 이들 약은 OTC 약으로 규제되며, 폐의 공기 출입 길을 열어줌으로써 코 흘림, 천식, 기관지염, 알레르기 반응의 단기간 치료를 위한 울혈 제거제로 사용되었다. 그림 10.28은 세 가지 관련된 구조를 보여 준다. 메탐페타민(methamphetamine)이 그려져 있는데, 이는 여러분들이 에페드라 약들과 이 효능 있고 위험한 자극제 사이의 구조적 유사성을 보는 데 도움을 준다. 에페드라는 메탐페타민을 포함하고 있지 않다.

2003년에 에페드라를 포함한 식이 보조 식품이 대서특필되었다. 유명한 운동 선수의 죽음이 드물지만, 심각한 에페드라의 부작용과 연관되어 있었다. 에페드라 사용자에 의해 보고된 부작용으로는 메스꺼움, 구토, 흥분이나 불안과 같은 정신적 혼란, 고혈압, 불규칙한 심박동, 그리고 드물지만 발작이나 심장 마비, 뇌졸중과 심지어는 죽음 등이 있다.

현재, 그 어떤 증거도 에페드라가 운동 능력을 향상시킨다는 주장을 뒷받침하지 않는다. 그리고 단지 예비 증거는 에페드라가 미약하고 일시적인 체중 감소를 돕는다고 제안한다. 그러나 에페드라가 치명적인 것을 비롯한 부작용의 위험 증가와 연관되어 있다는 것을 나타내는 증거가 있다. 2003년 부로 유효하게, 국제 올림픽 위원회, 국립 축구 연맹, 국립 운동선수 협회, 마이너 리그 야구, 그리고 미국 군대에서 모두 에페드라 사용을 금지하였다.

2003년 12월에 FDA는 에페드라를 포함하는 식이 보조 식품의 안전성에 소비자 경고를 발행하였다. 소비자들은 에페드라 생산물의 구매와 사용을 즉각적으로 중지할 것을 권고 받았다. 2004년 2월에 FDA는 에페드라를 포함하는 식이 보조 식품이 질병과 상해의 비합리적인 위험을 나타낸다고 주장하는 최종 규정을 발표하였다. 이 규정은 출판된 지 60일 후에 효력을 나타내어 효과적으로 이들 생산품의 판매를 금지시켰다. FDA의 금지는 에페드라를 함유하는 차(이들은 음식으로 규제됨)와 전통 중국 의사가 처방한 전통적인 중국 약초 치료에는 적용되지 않았다.

고추나물과 에페드라의 예는 약초학에 대한 몇 가지 문제를 지적한다. 이들은 효과가 있는가? 이들은 안전한가? 정신과 의사들은 우울증을 앓는 환자들 대부분이 의료적 도움을 찾기에 앞서 고추나물을 시도해 봤다는 보고를 한다. 어떤 사람의 추정으로는 미국에서만도 수백만의 사람들이 고추나물을 시도해 보거나 사용하고 있다고 한다. 추정의 정확성과는 관계없이 많은 수의 미국인들이 의료 감독이 없거나 적은 상황에서 명백하게 약초들을 사용하고 있다.

약초 치료법은 FDA에 의해 단지 느슨하게 규제되고 있다. 1994년 식이 보조 식품의 건강과 교육령(the Dietary Supplement Health and Education Act, DSHEA)은 약초의 분류를 '음식이나 약'에서 '식이 보조 식품'으로 바꿨다. **식이 보조 식품**의 정의는 바이타민, 미네랄, 아미노산, 효소, 그리고 풀(herb)과 다른 식물성 약재를 포함한다. 많은 식이 보조 식품들이 역효과를 나타내지 않아 왔고 사실상 건강에 유익한 것으로 입증되었다. 하지만 에페드라와 같은 다른 경우에는 문제가 있다고 지적되고 있다.

DSHEA하에서 FDA는 식이 보조 식품들이 시판되기 전에 안전성과 효능에 대해 검토하지 않는다. 오히려 법은 FDA가 만약 식이 보조 식품이 '심각하고 비합리적인 상해의 위험'이 있다면 식이 보조 식품의 판매를 금지하도록 한다. FDA가 보조 식품에 반하여 강제적 행동을 취하고자 할 때, (에페드라 경우처럼) 해로움을 보여 주는 증거의 중압감이 정부에게 떨어진다. 처방약이나 OTC 약과는 달리, 만드는 과정에서의 순도나 활성 성분의 농도, 세트의 양, 전달 계획안 등의 평가가 없다. 더구나 약초들 간의 또는 약초와 전통적 의약 사이의 상호 작용에 대한 연구를 요구하지도 않는다. 약초 치료법의 제조사들에게 시판에 앞서 FDA에 안정성과 효능에 대한 증거를 제출하도록 요구하지 않기 때문에, 약초 치료법과 다른 약들 사이의 상호 작용에 관한 정보는 대개 알려져 있지 않다.

2001년 봄에 미국 마취학회는 수술을 받고 있는 환자가 수술 2주 전에 특정 풀을 먹었을 경우 예기치 않은 출혈의 위험을 겪을지도 모른다는 우려를 보고하였다. 이 시점에서 출혈과 특정 풀 사이를 연결시켜 주는 과학적 연구는 발표된 바 없다. 미국 마취학회 회장인 John Neeldt 박사에 의하면, 친숙한 질문인 '무슨 약 드시는 거 있어요?'라고 묻는 것이 '그 어떤 약풀 치료법이라도 하고 계신가요?'라고 확대되어야 한다는 것이다.

연구과제 10.22 천연은 더 안전하다는 것을 의미하는가?

'심각하거나 비합리적인 위험'의 법적 표준은 가장 잘 이용되는 과학적 증거에 기초한 위험-혜택 계산을 의미한다. 이는 이용 가능한 과학적 증거에 기초해 봤을 때, FDA가 생산품의 알려지거나 가정된 위험이, 알려져 있거나 의심되는 혜택을 능가하는가를 결정해야 한다고 제안한다. 이는 생산품이 의료 감독 없이 소비자에게 직접 팔리는 것을 인지하여 제조업자들이 만든다는 주장에 비춰볼 때 반드시 행해져야 한다.

소비자가 어떤 약을 복용하기로 결정했을 때 소비자는 이를 인식 못해도 위험-혜택 분석을 한다. 이러한 분석의 한 요소는 **인식된** 위험이다. 여러분은 일반 대중이 천연 약을 합성 약에 비해 더 안전한 것으로 인식한다고 생각하는가? 여러분의 선택을 예를 들어 설명해 보시오.

10.10 | 약의 남용

약의 세계로의 우리의 진출을 결론짓기 전에 약의 남용에 대해 검토해 볼 필요가 있다. 약의 사용과 건강에 대한 조사(the National Survey on Drug Use and Health, NSDUH)에 따르면 하나 또는 그 이상의 약들을 불법적으로 사용하는 수많은 사람들이 다수를 차지한다. 2010년에 인구의 8.9%, 즉 2260만 명에 이르는 12세 이상의 미국인이 조사 기간 전 달에 불법 약을 사용하였다고 보고하였다. 2010년 조사의 자세한 사항은 다음을 포함한다.

불법 약이란 법이나 세관에 의해 허가받지 않은 것을 말한다.

- 마리화나는 가장 흔히 사용되는 불법 약으로, 사용자가 1,740만 명으로 추산된다. 사용 비율은 젊은이(18~25세)가 특히 높고, 2008년에 16.5%에서 2010년 18.5%로 계속해서 증가하고 있다.
- 두 번째로 높은 불법 약의 사용은 사용자가 7백만으로 추정되는 처방 형태의 약(진통제, 신경 안정제, 각성제, 진정제)의 비의학적 사용이다. 이것 역시 18세에서 25세에 이르는 젊은이들의 남용 비율이 2010년 5.9%로 주목할 만하다.

- 최근에 코카인과 메탐페타민 모두를 함께 사용하는 것이 증가하기는 했지만 150만으로 추정되는 사람들(인구의 0.6%)이 코카인 사용자로 보고되었다.
- 2010년 동안에 1,060만 명으로 추정되는 사람들이 불법 약의 영향 아래 운전을 했다고 보고되었다. 2010년에 18세에서 25세의 젊은이들 사이에 12.7%로 최고의 비율을 나타냈다.

연구과제 10.23 결과

합법적이든 불법이든지, 인간이 사용하는 약은 결과를 나타낸다. 사람들은 집이나 직장에서 파괴적인 약을 손가락질할 수 있다. 어떤 약을 고르겠는가? 선택을 하고 집단 토론에서 이를 지지할 수 있도록 준비하시오.

미국에서 담배와 알코올은 불법은 아니지만 이들의 사용 역시 NSDUH에 포함되어 있다.

- 대략 12세 이상 인구의 25%가 지난 달 최소 한 번 이상, 한 번에 다섯 잔 이상의 술을 소비한다고 보고되었다.
- 18세에서 25세의 젊은이들 사이에 과음 비율은 40.6%이다.
- 5800명의 궐련(cigarette) 흡연자를 포함하여 약 7,000만 명이 담배(tobacco)를 사용한다. 담배 사용의 전체 비율은 인구의 약 27%이다.

1970년에 포괄적인 약 남용 예방과 조절 법안(the Comprehensive Drug Abuse Prevention and Control Act)이 법으로 통과되었다. 이 법의 제목 II는 조절된 물질 법안(the Controlled Substance Act)으로서 미국에서 마약에 대한 강제성의 법적 기반이다. 이 법안은 약의 제조와 유통을 관할하고 모든 약을 5개의 스케줄 중 하나로 분류한다(표 10.7).

표 10.7 약 스케줄

분류	최근 승인된 의학적 사용	남용 가능성	예시
스케줄 I	승인 안 됨	높음	헤로인 LSD 대마초*, 하시시 메스칼린 MDMA ('엑스터시')
스케줄 II	승인됨	높음	옥시코돈 (옥시콘틴과 퍼코셋의) 모르핀, 아편 메타돈 코카인(국소 마취제로서) 메탐페타민
스케줄 III	승인됨	중간	아세트아미노펜과 하이드로코돈(비코딘) 아세트아미노펜과 코데인 단백동화 스테로이드
스케줄 IV	승인됨	낮음	알프라졸람(자낙스) 프로폭시펜과 아세트아미노펜(Darvocet) 다이아제팜 (발륨)
스케줄 V	승인됨	가장 낮음	소량의 코데인과 기침 억제제 다이페녹실레이트와 아트로핀(로모틸) 프로메타진 (Phenergan)

*연방법과 주의 법이 다르기 때문에 대마초의 법적 상태는 현재 복잡하다.

연구과제 10.24 남용의 낮은 가능성?

진정제인 다이아제팜(바륨)과 알프라졸람(자낙스)은 현재 스케줄 IV 약으로 분류되어, 이들 남용의 가능성이 낮음을 의미하고 있다. 인터넷을 사용하여 이 강력한 진정제 약들에 대한 중독에 관한 정보들을 찾아보시오. 여러분은 현재 스케줄 구분에 동의하는가? 설명하시오.

스케줄 I 약의 한 예인 마리화나는 미국에서 가장 흔하게 사용되는 불법적인 약이다. 대마 식물[*Cannabis sativa* (그림 10.29)]의 말린 잎, 줄기, 씨, 꽃의 혼합물이다. 이 약은 대개 담배처럼 피우며 가끔 먹기도 한다. 첫 번째로 알려진 마리화나 사용 기록은 말라리아, 가스로 인한 통증, 그리고 얼빠지도록 멍한 병의 치료를 위해 이 식물의 사용을 처방한 중국 황제 선농시대(기원전 2737)까지 거슬러 올라간다.

대마는 식물학적 이름이 *Cannabis sativa*인 식물이다. 다른 식물들은 대마(hemp)라 불리는데, *Cannabis* hemp가 이들 식물들 중 가장 유용하다. 섬유는 가장 잘 알려진 생산품이고 대마란 단어는 단지 이를 생산하는 식물의 줄기일 뿐만 아니라 대마 식물로부터 만들어진 줄이나 꼰 실을 의미할 수 있다. *Cannabis sativa* 내에서 주요 정신 활성 약은 대마 식물의 잎과 꽃에 농축되어 있어, 대마 로프를 피우거나 대마 섬유로부터 짠 옷을 입는 것으로는 흥분할 수 없다.

*Cannabis sativa*는 유용한(*sativa*) 대마(*cannabis*)를 의미한다.

그림 10.29 대마 식물

마리화나의 추출물은 1800년대 초에 강장제 및 도취약의 목적으로 의사들에 의해 도입되었다. 그러나 1937년에 생긴 마리화나 세금 법은 마취제로서의 마리화나 사용을 금지하였고, 이에 대한 의료적 사용도 이의 사용에 대한 국가적 우려가 발생함에 따라 규제되었다. 마리화나 세금 법은 의료 목적으로 마리화나를 생산하거나 유통 또는 사용하는 사람들로 하여금 모두 등록하여 세금을 내도록 요구함으로 이 약의 비의료적 사용을 효과적으로 금지하였다. 비록 이 법이 마리화나의 의료적 사용을 불법화하지는 않았지만 마리화나를 비싸고 사용하기 불편하도록 만들었다.

1942년에 마리화나는 정신 이상, 정신 쇠약, 격렬한 행동 등을 유발하는 유해하고 중독적인 약으로 믿어져 정부의 공식적 약 일람표인 미국 약전으로부터 제명되었다. 현재 마리화나의 법적 위치는 1970년에 통제되는 물질법(the Controlled Substances Act)의 통과로 수립되었다.

마리화나의 주요 정신 활성 화학 물질은 그림 10.30에 제시된 Δ^9-테트라하이드로카나비놀(tetrahydrocannabinol) 또는 THC이다. THC의 농도는 대마가 어떻게 자랐는지, 즉 온도, 햇빛의 양, 토양의 습도와 비옥한 정도에 따라 다르다. 마리화나의 고효능 변종들은 THC 수위가 7%나 되며, 미국 전역에서 자란다. 하시시(hashlish), 또는 hash는 대마초의 압축된 말린 꽃과 송진인데, THC의 농도가 12%까지 진할 수 있다.

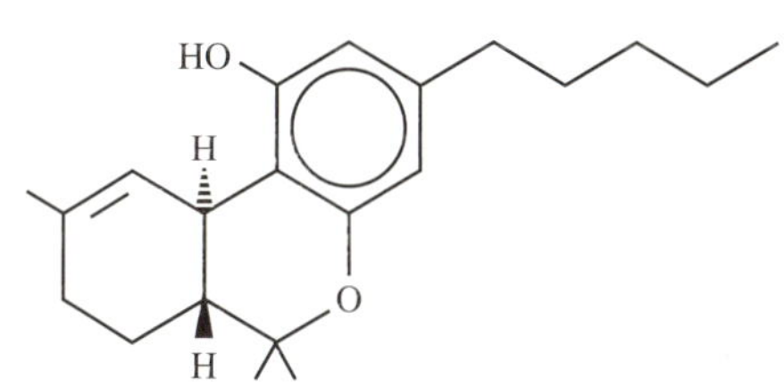

그림 10.30 THC의 분자 구조

마리화나 연기를 들이마시면, THC가 빠르게 폐를 통과한 후, 뇌를 비롯한 신체 전반의 장기로 화학 물질을 운반하는 혈류로 들어간다. 뇌에서 THC는 신경세포의 카나비노이드(cannabinoid) 수용체라고 하는 특정 위치에 연결되어 이들 세포의 활성에 영향을 준다. 몇몇 뇌 영역은 카나비노이드 수용체를 많이 가지고 있고, 다른 영역은 카나비노이드 수용체가 소수이거나 없는 곳도 있다. 많은 카나비노이드 수용체들이 즐거움과 기억, 생각, 집중, 감각, 시간 지각 그리고 조화된 행동에 영향을 주는 뇌의 부분에서 발견된다. THC는 대사 작용을 통해 빠르게 피를 떠나서 조직으로 흡수된다. 이 화학 물질은 오랜 기간 동안 체지방에 저장되어 남아 있을 수 있다. 단 한번의 복용이 완전히 없어지는 데 30일까지 걸릴 수 있다는 연구가 보고된 바 있다. 마리화나 사용의 단기간 효과는 기억과 학습에의 문제점, 일그러진 지각, 사고와 문제 해결에서의 어려움, 조화의 실종, 혈압 감소 및 심장 박동 증가 등을 포함한다.

의료적 마리화나는 구토, 녹내장, 통증 조절, 식욕 증진에 대한 치료를 위해 쓰일 수 있다. 그러한 치료는 백혈병과 AIDS 같은 질병을 치료하는 데 화학 요법을 수 주간 받는 동안에 수반되는 끊임없는 구역질과 구토와 같이 모든 다른 약물 치료들이 실패했을 때 마지막 위안처로만 가능하다. 마리화나의 유용성에 대한 임상 연구는 여러 장벽이 연구자들을 방해함에 따라 수행하기 어렵다. 예를 들어 연방 및 주 기관들에 의해 강제되는 복잡한 규제와 더불어 재정적 지원의 어려움은 이 분야의 연구를 주춤하게 한다.

마리화나의 의학적 사용에 관한 논쟁의 근원은 이것의 사용에 따르는 위험 대비 이익에 관한 논쟁이다. 이 논쟁 기저에는 미국의 약 통제 정책과 연관된 복잡한 도덕적이고 사회적인 판단이 존재한다. 의료적 마리화나 사용 지지자들은 마리화나가 현재 사용되는 몇몇 약들보다 훨씬 덜 위험하고 다른 약들이 실패한 불쾌한 증상들을 완화시키는데 성공적일 수 있다고 주장한다. 반대자들은 마리화나는 위험하고 불필요하며 또한 이의 사용은 다른 약들을 사용하게 만든다고 주장한다.

미국 국립 보건원(the Institute of Medicine of the National Academies)은 이 사안을 신중히 고려하였다. 1999년에 이 기관에서 마리화나는 '화학 요법이 야기한 구역질과 구토 및 AIDS로 쇠약해진 특정 상황에 적당하게 적절할 수 있음을 발견한 보고서를 출판하였다. 2013년에 18개 주와 컬럼비아 특별구가 의료적 목적의 마리화나 합법적 사용을 허용하였고 두 개 주는 기분 전환 사용을 승인하였다.

연구과제 10.25 합법적 형태의 THC

마리화나의 합법적인 형태는 처방 약 형태인 dronabinol (Marinol)로 존재한다. 이것은 THC의 합성 형태이다.

a. Marinol은 피우기보다는 삼킨다. 미국 의학 연구소(The Institute of Medicine)의 1999년 보고서는 '초기 약 전달 체계'를 피우는 것으로 이름하였다. 마리화나와 같은 약을 (삼키는 것에 반해) 피우는 것의 불이익은 무엇일까?

b. 비록 원시적이라 할지라도 약을 들이마시는 것은 구역질이나 구토를 치료하는 데에 주요한 이익을 가진다. 최소한 한 가지라도 제안하시오.

옥시코돈(oxycodone)은 이의 의존과 남용을 야기하는 높은 성향으로 통제되는 물질 법(the Controlled Substances Act)에 따르면 스케줄 II 약이다.

옥시콘틴(OxyContin)은 스케줄 II 약의 한 예이다(그림 10.31). 거리에서 'oxy'로 알려진, 옥시콘틴은 모르핀계 마약의 일종인 옥시코돈 염산(oxycodone hydrochloride)의 상표명이다. 옥시콘틴 알약은 시간 방출 메커니즘(time release mechanism)을 가진 옥시코돈(oxycodone) 80 mg까지 포함한다. 심각하고 장기간의 고통을 오랜 기간 견디어 온 사람들에게 이 약은 정말 필요한 안도를 준다. Percocet와 Percodan도 같은 화학 물질

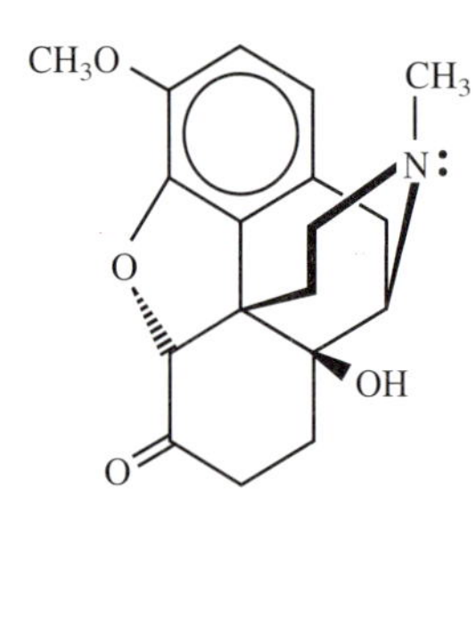

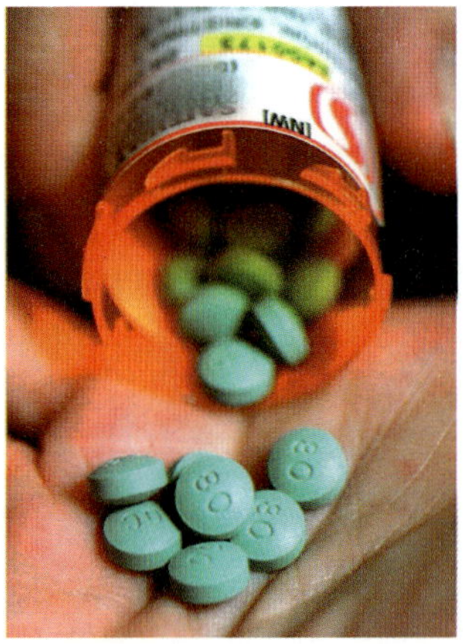

그림 10.31 옥시코돈의 분자 구조와 옥시콘틴 알약

출처: *Photo © 2004, Publishers Group.*

을 포함하고 있으나, 훨씬 더 적은 양(알약 1개당 5~7.5 mg)만을 포함한다.

옥시콘틴의 남용자들은 알약을 부수어 코로 흡입하거나 물에 녹여 용액으로 주사하는 방법으로 시간 방출 메커니즘을 우회할 수 있다. 이의 효과는 헤로인을 사용해서 얻어지는 것과 유사하다. 명백히, 이 강력한 마취제 다량의 흡수는 매우 자주 과량 복용에 의한 응급실 방문의 극적인 결과를 나타낼 수 있다.

문제는 첫 번째로 켄터키, 버지니아, 웨스트버지니아와 메인 주의 시골 지역에서 발견되었다. 따라서 속어 이름 'hillbilly heroin'과 '가난한 자의 헤로인'이라는 경멸적인 속어로 이름이 붙여졌다. 그러나 이후 이것이 미국의 다른 지역으로 퍼져 나갔고 2002년 3월에 18세 여성이 옥시콘틴으로 인한 영국의 첫 번째 사상자가 되었다.

이 제품의 제조사인 Purdue Pharma는 약의 남용에 관해 점차 증가하는 보고서를 고의적으로 외면한 것으로 추정되어 비난을 받았다. 약 제조사는 이들 위험에 관해 건강 관리 제공자들을 교육시키는 노력으로, '건강 관리 전문가님들께'란 편지의 형태로 경고를 내어 놓았다. 회사의 다른 노력은 가장 강력한 알약인 160 mg 형의 약을 생산 금지케 하였고, 당국이 불법 공급을 추적하는 데 도움이 되도록 멕시코와 캐나다로부터의 약에 도장을 찍었으며, 의사에게는 부정하게 조작할 수 없게 되어 있는 처방 패드를 나누어주었고, 또한 애팔래치아 지역에 특별한 초점을 맞춘, 잠재적 남용자뿐만 아니라 의사들까지 대상으로 하는 교육 프로그램을 마련하였다.

예제 10.26 옥시코돈 제제

옥시콘틴(OxyContin) 알약에서 옥시코돈은 자유 염기 상태가 아니라 염으로 조제되어 있다. 어떤 산이 이 염을 형성하는 데 사용되는가? 이 약의 구조식을 염의 형태로 그리시오.

모르핀, 옥시코돈, 하이드로코돈(hydrocodone)(Vicodin, Lortab, Lorcet에서 발견되는), 그리고 코데인(codeine)은 아편으로 알려진 약 부류에 속한다. 모르핀과 코데인은 *Papaver somniferum*, 아편이 채취되는 양귀비에서 추출된다. 다른 아편들은 모르핀으로부터 합성된다. 이들은 다양한 강도를 지니고 결과적으로 이들의 스케줄도 다르다. 그러나 이들은 모두 같은 작용 모드를 가지고 있다. 이들 약은 척수에서 고통 전달을 방해하는 *mu*라고 불리는 화학 수용체에 결합된다. 아편은 또한 보상, 즉 엔돌핀 경로라고 불리는 즐거움과 관계되어 있는 뇌의 영역을 자극한다. 정상적인 뇌에서 화학 물질 도파민(dopamine)은 즐거운 감정을 생산하는 보상 경로에 있는 뇌 세포 사이를 지난다. 아편은 뇌를 자극하여 더 높은 수위로 도파민을 방출함으로써 보상 신호를 강화하여 강한 행복감을 만들어 낸다. 아편의 반복되는 사용은 사용자의 뇌가 과잉 자극된 보상 경로에 익숙해지게 한다. 이것은 다시금 내성 현상을 야기한다. 즉 사용자가 한번 경험했던 도취감에 다시 도달하기 위해서 더 많은 양의 아편이 필요하다.

연구과제 10.27 House!

인기 있는 TV 시리즈에서 의사인 Gregory House, MD는 몇몇 에피소드에서 Vicodin에 중독되었다. ABC 뉴스 인터뷰는 'TV의 Dr. House를 시청하면 그의 중독은 그의 의학적 판단에만 영향을 미치고 다른 어떤 결과도 없는 것 같은 인상을 갖는다'고 보고하였다.

a. Vicodin 남용 효과에 대해 연구해 보시오. 그리고 나서 이 시리즈를 시청한 수백만의 사람들 중 한 명과 인터뷰하시오. Dr. House에 대한 그들의 인상이 Vicodin 남용의 현실에 대해 여러분이 발견한 것들과 일치하는가?

b. Vicodin과 청력 상실이 연결되어 있는가? 여러분이 발견한 것들을 보고하시오.

방금 설명한 약들은 단지 오늘날 흔히 남용되는 물질들 중 몇 가지일 뿐이다. 과잉으로 먹었을 때 아마도 모든 약들 중에 가장 손상을 주는 알코올을 포함하여 더 많은 것들이 있다. 처방약과 꼭 마찬가지로 불법 약을 복용하는 선택은 위험-혜택 분석을 포함한다. 모든 약 사용자들은 선택을 하기에 앞서 이 기본적 정보를 가지고 있어야 한다.

결론

화학자에 의한 분자 조작은 우리 나날들의 수와 질을 상당히 향상시키는 명약의 광대하고 새로운 약전을 창조하였다. 페니실린 이전에 감염은 사형 선고를 의미하였다. 현재 페니실린, 설파제, 그리고 다른 항생제들 덕분에 박테리아 감염의 상당히 많은 부분이 꽤 쉽게 통제되었다. 장티푸스, 콜레라, 폐렴 같은 매우 무서운 살인자는 적어도 세계의 많은 나라에서 거의 없어졌다. 약 발견의 새로운 방법은 방대한 새로운 화합물의 서고를 만들도록 허용하였다. 이들은 지금까지 상상도 하지 못한 평가 방법으로 미래에 있을 분석을 위해 보관될 수 있다.

그러나 그 어떤 약도 완전히 안전할 수 없으며, 대부분의 약들도 잘못 사용될 수 있다. 이러한 문제들은 FDA가 처방약에서 OTC 약으로 약의 상태를 바꾸도록 요청 받을 때 관심의 초점이 된다. 약물 치료를 받는 것은 (일반명의 약이든 브랜드 약이든지) 약으로부터 얻어지는 혜택과 이의 부작용 및 안정성 한계로 생기는 위험 사이의 분별 있는 선택이다. 대부분의 약이 매우 광범위하고 신중하게 안정성의 한계를 수립해 왔기 때문에 일반인들에게 이들의 혜택은 이들의 위험보다 훨씬 우수하다. 그러나 어떤 약에 대해서 유효함과 안정성 사이의 흥정은 다른 균형을 포함한다. 심각한 부작용을 동반한 약이 생명을 위협하는 병에 대해서 유일한 치료가 될 수도 있다. HIV/AIDS나 수술할 수 없는 말기 암 환자는 감기 환자보다 약의 위험과 혜택에 대하여 확실히 다른 전망을 갖는다. 임상 약 시험과 관계된 평균의 비인간적인 익명은 사랑하는 사람의 침대 옆에서 새로운 의미를 갖게 된다.

약초학과 대체 의학은 새로운 질문들을 제기하였다. 약의 효능을 정의하고, 이들의 순도를 감시하며, 다른 약과의 사용 금기(contraindication)를 발전시키는 것은 누구인가? 의사는 반드시 환자들이 복용하는 약초 치료를 포함한 모든 약들에 대한 정보를 얻어야 한다. 약초와 합성 약의 남용은 우리 사회 전반에 주요한 문제들을 지속적으로 야기한다. 이 분야 전반에 발전이 이루어졌다. 화학이 약에 적용될 때 과학은 반드시 도덕에 의해 이끌려야 하고, 이성은 깊은 동정이 가미되어야 한다.

요약

이 장을 공부한 후에 다음을 할 수 있어야 한다.

- 아스피린의 발견, 개발과 생리학적 성질을 설명할 수 있다. (10.1)
- 탄소 포함(유기) 화합물에서 결합을 이해할 수 있다. (10.2)
- 유기 분자들에 이성질 현상 개념을 적용할 수 있다. (10.2)
- 탄소 포함 화합물의 화학식을 구조식, 축약 구조식, 선-각 그리기 방법으로 변환할 수 있다. (10.2)
- 작용기와 이를 포함하는 유기 화합물의 종류를 인식할 수 있다. 즉 다양한 작용기를 지닌 유기 분자의 구조식을 그릴 수 있다. (10.3)
- 분자의 성질을 변화시키기 위해 작용기가 화학적으로 변형될 수 있음을 이해한다. (10.3)
- 에스터 형성 반응의 생성물을 예측하고 어떻게 아민이 이들의 염의 형태로 변환될 수 있는지 설명할 수 있다. (10.3)
- 아스피린과 다른 진통제들의 분자 구조를 연관시킬 수 있다. (10.3)
- 아스피린과 다른 진통제들의 효능 작용 방식을 이해할 수 있다. (10.4)
- 페니실린의 발견을 설명할 수 있다. (10.5)
- 약 효능 작용에 대한 자물쇠-열쇠 메커니즘을 설명할 수 있다. (10.5)
- 어떻게 조합 합성이 이전 방법보다 낮은 비용으로 새로운 약들의 거대한 수집 창조에 적용되었는지 설명할 수 있다. (10.5)
- 카이랄(광학) 이성질체 간에서 분자 구조의 차이점을 이해할 수 있다. (10.6)
- 카이랄 약들의 경제적인 효과를 인식할 수 있다. (10.6)
- 스테로이드의 기본 탄소 골격 배열을 확인할 수 있다. (10.7)
- 스테로이드 구조의 작은 변화가 생물 작용에서 큰 변화를 야기할 수 있음을 인식한다. (10.7)
- 상표명과 일반명의 약들을 비교하고 대조할 수 있다. (10.8)
- 몇 가지 처방이 필요 없는 약(OTC)의 분류와 이들의 사용을 식별할 수 있다. (10.8)
- 처방약에서부터 OTC 약의 과정을 이해할 수 있다. (10.8)
- 약초의 잠재적인 혜택과 위험 몇 가지를 설명할 수 있다. (10.9)
- 처방 약들의 스케줄을 설명할 수 있다. (10.10)
- 마리화나와 옥시코돈의 사용을 이들의 생리적인 효과와 사회적 효과의 용어로 논의할 수 있다. (10.10)

연습문제

기본문제

1. 아래 각각의 약들이 의도한 효과는 무엇인지 나타내시오. 한 가지 약이 이들 효과 모두를 나타낼 수 있겠는가?
   a. 해열제
   b. 진통제
   c. 항염증제
2. 화학 분야에는 많은 하위 구분들이 있다. 유기 화학자들은 무엇을 연구하는가?
3. 예제 10.7에 보여 준 C_5H_{12}의 3개의 이성질체의 축약 구조식과 선-각 그림을 그리시오.
4. C_6H_{14}의 각기 다른 이성질체의 구조식과 선-각 그림을 그리시오. **힌트**: 중복 구조를 유의하라.
5. C_4H_{10}의 이성질체들을 고려해 보자. 한 개의 수소 원자를 −OH기로 치환함으로써 몇 개의 다른 이성질체들이 형성되겠는가? 각각의 구조식을 그리시오.
6. 다음 각 화합물에 존재하는 각 작용기를 지적하시오.

a. 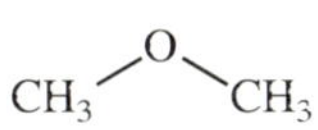

b. 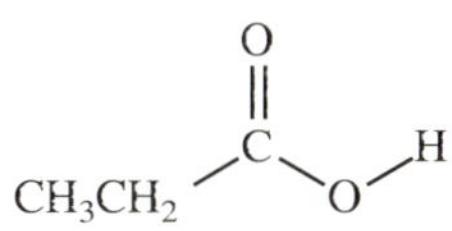

c. 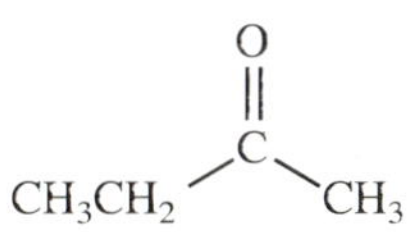

d. 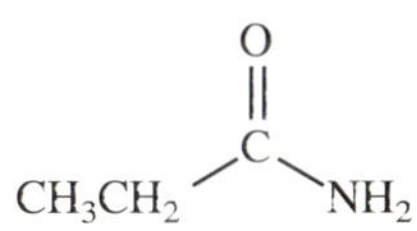

e. 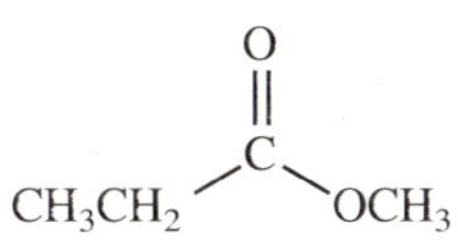

7. 다음 각각의 작용기를 가진 가장 간단한 화합물을 그리시오. 몇 가지 경우, 한 개의 탄소 원자만 필요하지만, 다른 경우에는 두 개의 탄소가 필요하다.
   a. 알코올
   b. 알데하이드
   c. 카복실산
   d. 에스터
   e. 에터
   f. 케톤
8. 다음 각 물질에 대하여 작용기를 지적하시오. 그리고 다른 작용기를 가진 이성질체를 그리시오.

a. $CH_3CH_2—OH$

b. 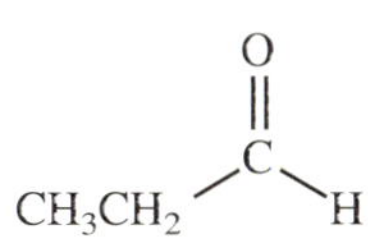

c. 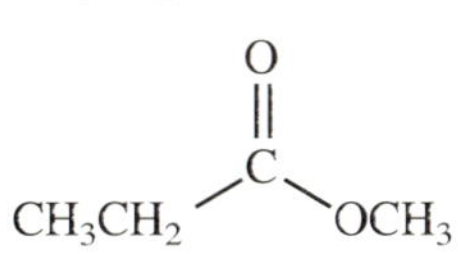

9. 히스타민은 알레르기 환자들에게 콧물, 충혈된 눈 및 다른 증상들을 일으킨다. 히스타민의 구조식은 다음과 같다.

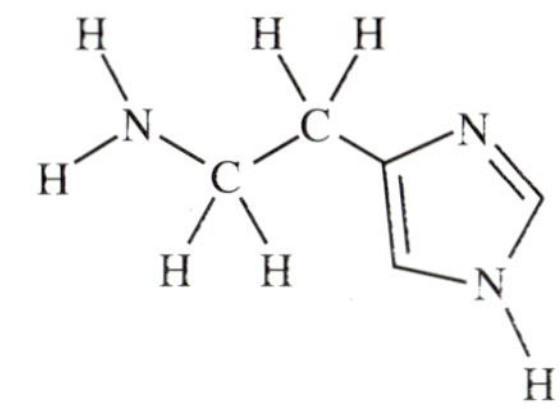

   a. 이 화합물의 화학식을 쓰시오.
   b. 히스타민에서 아민 작용기에 동그라미를 치시오.
   c. 분자의 어느 부분(또는 부분들)이 화합물을 물에 녹게 하는가?
10. 그림 10.7은 타이레놀의 활성 성분인 아세트아미노펜에 대한 축약 구조식을 보여 준다.
   a. 아세트아미노펜에 대한 모든 원자들과 모든 결합을 나타내는 완전 구조식을 그리시오.
   b. 이 화합물의 화학식은 무엇인가?
   c. 어린이용 타이레놀은 맛을 가미한 아세트아미노펜 수용액이다. 분자의 어느 부분 또는 부분들이 아세트아미노펜을 물에 녹게 하는지를 예측하시오.
11. 다음 각각의 약에서 작용기를 지적하시오.
   a. Barbital (진정제)

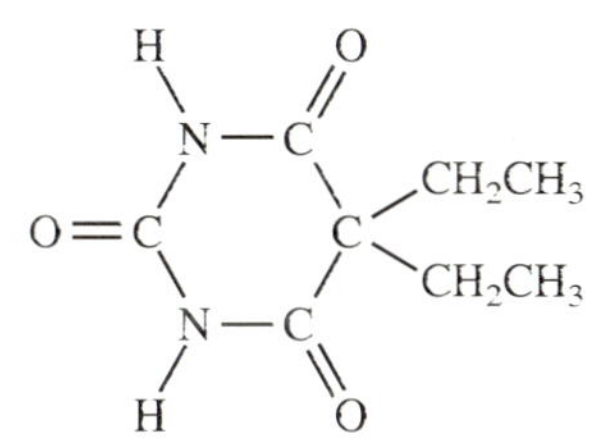

   b. 페니실린-G (항생제)

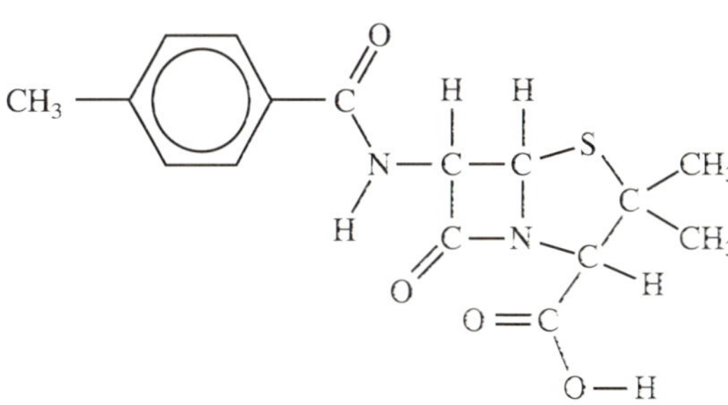

   c. Amyl dimethylaminobenzoate (썬스크린의 한 가지 성분)

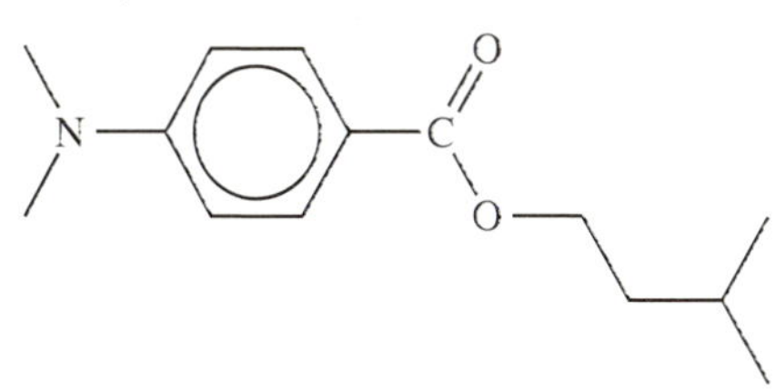

12. 이부프로펜은 비교적 물에 불용성이지만, 대부분의 유기 용매에는 쉽게 녹는다. 이것의 구조식을 토대로 이것의 용해도 행동을 설명하시오. **힌트:** 그림 10.7을 보라.

13. 다음은 Valium에서 발견되는 안정제인 다이아제팜의 구조식이다.

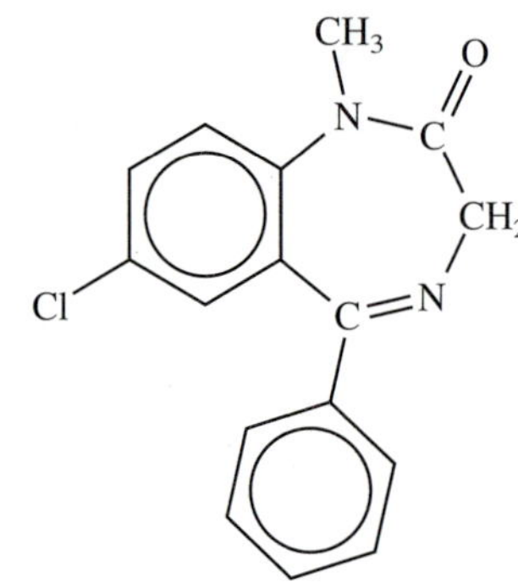

이 구조로 판단해 보건대, 여러분은 이것이 지방이나 수용액 중 어디에 더 잘 용해되리라고 예상하는가? 그 이유를 설명하시오.

14. 아세트산이 다음 알코올과 반응할 때 형성되는 각각의 에스터의 구조식을 그리시오.

a. *n*-프로판 $CH_3CH_2CH_2OH$

b. 아이소프로판올 $(CH_3)_2CHOH$

c. *t*-뷰탄올 $(CH_3)_3COH$

15. 각 두문자어의 의미와 진술된 효과의 설명을 가지고 'NSAIDs는 COX 효소에 대한 효능을 가지고 있다'란 문장을 해석하시오.

16. 탄소는 보통 4개의 공유 결합을, 질소는 보통 3개의 공유 결합을, 산소는 보통 2개의 공유 결합을, 수소는 단지 1개의 공유 결합을 한다. 이 정보를 사용하여 다음 화합물의 구조식을 그리시오.

a. 1개의 탄소 원자, 1개의 질소 원자와 필요한 만큼의 수소 원자를 포함하는 화합물

b. 1개의 탄소 원자, 1개의 산소 원자와 필요한 만큼의 수소 원자를 포함하는 화합물

17. 아스피린이 만약 COX 효소의 활성을 방해시키기보다 오히려 프로스타글란딘과 직접 상호 작용하게 된다면 더 활성을 띠겠는가? 여러분의 답을 설명하시오.

18. 그림 10.16에 도표로 제시된 조합 합성 과정을 살펴보라. 만약 여러분이 두 개의 활성 작용기를 가진 분자로 출발하였다면, 각 단계에 하나의 작용기를 가진 분자가 추가되는 두 번의 합성 단계 후에 얼마나 많은 생성물이 형성되겠는가? 만약 첫 번째 단계의 시약이 스스로 반응하는 두 개의 반응 작용기를 가졌다면 얼마나 많은 생성물이 형성되겠는가?

19. 한 해에 800억 개의 아스피린 알약이 미국에서 소비된다고 본문에 적혀 있다. 만약 평균 알약이 500 mg의 아스피린을 함유한다면, 이러한 소비는 아스피린 몇 파운드를 의미하는가?

20. 모르핀과 메페리딘(meperidine)에서 작용기를 지적하시오. 이 분자들은 특별한 종류의 화합물로 분류될 수 있는가? (즉 알코올, 케톤, 아민 등) 설명하시오. **힌트:** 그림 10.14에 나타낸 구조식을 보라.

21. *Pharmacophore*라는 용어의 의미는 무엇인가?

22. 설파닐아마이드(Sulfanilamide)는 항생제 형태의 가장 간단한 설파제이다. 이는 박테리아에 필수 영양소인 파라-아미노벤조산 를 설파닐아마이드로 대치함으로써 박테리아에 대항하는 것으로 보인다. 다음 구조식을 이용하여 왜 이 치환이 일어날 것 같은지를 설명하시오.

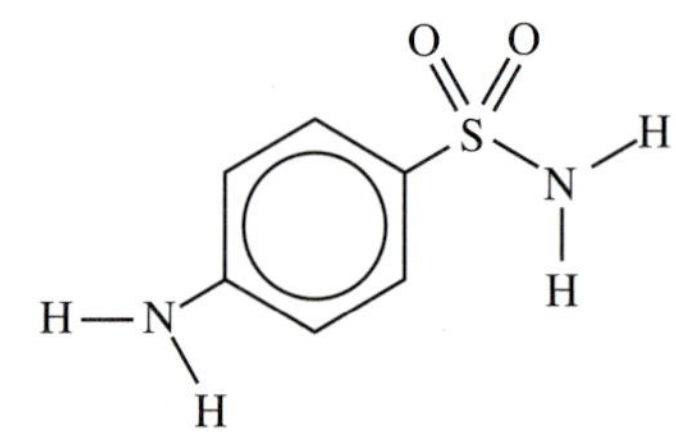

설파닐아마이드

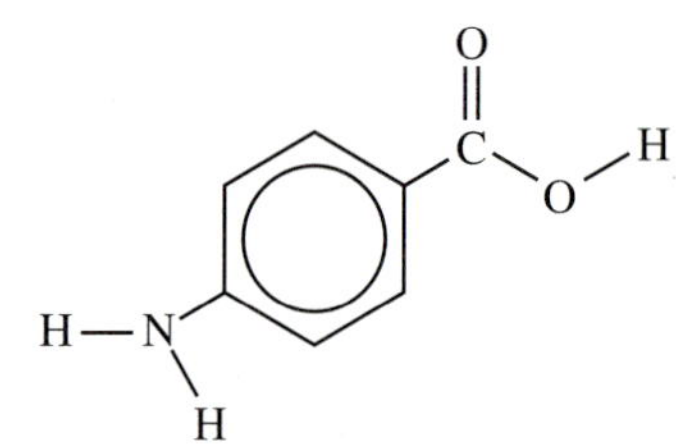

파라-아미노벤조산

23. 다음 화합물 중 어느 것이 카이랄 형태로 존재할 수 있는가?

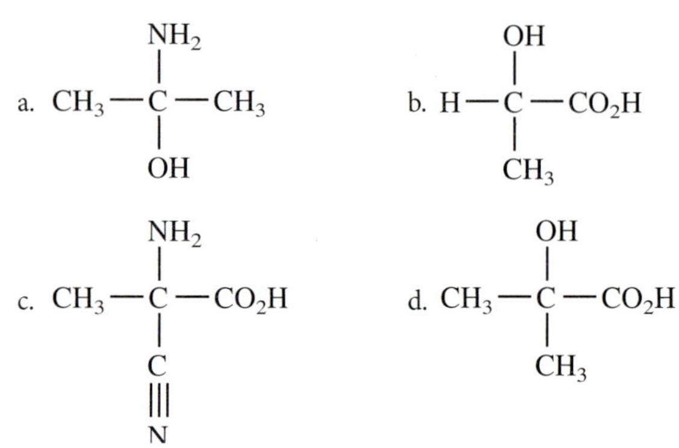

24. 다음 화합물 중 어느 것이 카이랄 형태로 존재할 수 있는가?

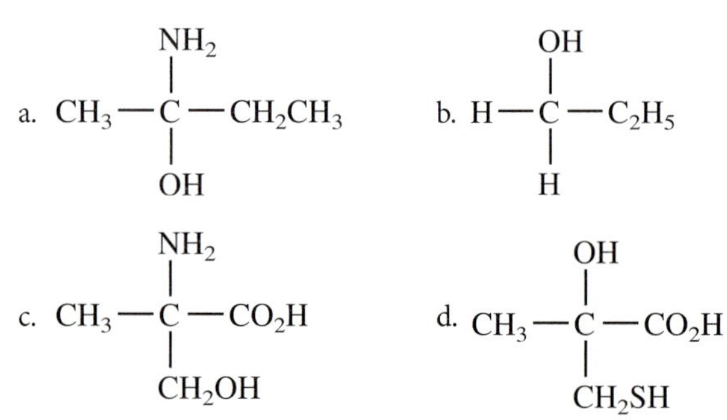

25. 메탐페타민 염산(methamphetamine hydrochloride)은 위험하고 매우 중독성 있는 강력한 자극제이다. 이 약은 거리에서 'crystal', 'crank', 또는 'meth'라고 불린다. 이것의 구조식은 염의 형태로 나타낸다.

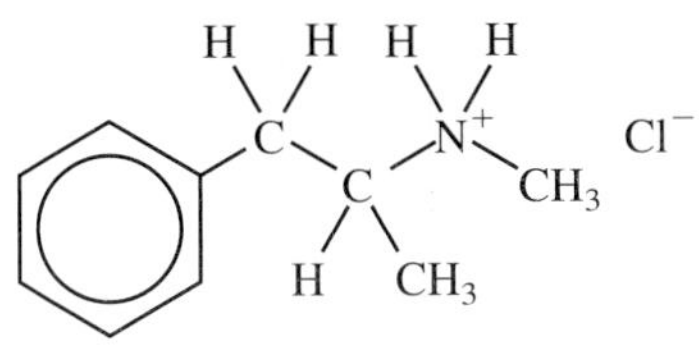

이 약의 자유 염기 형태는 'ice'라고 불리는데, 이 또한 남용된다. '**자유 염기**(*freebase*)'의 의미는 무엇이고, 이 약이 어떻게 자유 염기 형태로 변환될 수 있는가?

26. 레보- 및 덱스트 메토르판의 구조를 살펴보라(그림 10.20). 카이랄 탄소를 지적하고 존재하는 작용기를 나열하시오.

27. 콜레스테롤, 성호르몬, 코르티손 같은 다양한 분자들이 모두 공통의 구조적 요소를 포함한다. 선-각 그리기법을 이용하여 이들이 공통으로 갖는 구조를 보이시오.

개념문제

28. 본문에서 초기 문명의 약물 치료에 기초를 둔 어떤 치료들은 병에 대하여 효과적이 될 수 있으며, 다른 것들은 비효과적이지만 해롭지는 않고, 그러나 또 다른 어떤 것들은 잠재적으로 해로운 화학 물질을 포함한다고 설명되어 있다. 최근에 발견되는 물질을 어떻게 이 세 개의 범주 속에 적합하게 분류되도록 결정할 수 있는가를 설명하시오.

29. 다음 각 분자의 구조식을 그려서 각 탄소 원자에 대하여 사용된 결합의 수와 형태(단일, 이중, 삼중)를 결정하시오.

    a. H_3CCN(아세토나이트릴, 한 형태의 플라스틱 제조에 사용됨)

    b. $H_2NC(O)NH_2$(요소, 중요한 비료)

    c. C_6H_5COOH(벤조산, 식품 보존에 사용됨)

30. 아스피린의 생리학적 효과를 아세트아미노펜과 이부프로펜의 효과와 비교하시오. 이 차이점들을 분자와 세포 수준에서 각 화합물의 성질에 연관시키시오.

31. 예제 10.7에서 여러분들에게 C_5H_{12}의 이성질체 3개의 구조식을 각각 쓰도록 하였다. 한 학생이 6개의 이성질체를 발견하였다는 메모와 함께 아래에 있는 이성질체들의 한 세트(참조: 수소 원자들은 명확성을 위해 생략되었다)를 제출하였다. 이 학생을 도와서 이 답 중 어떤 것이 왜 틀렸는지 알도록 하시오.

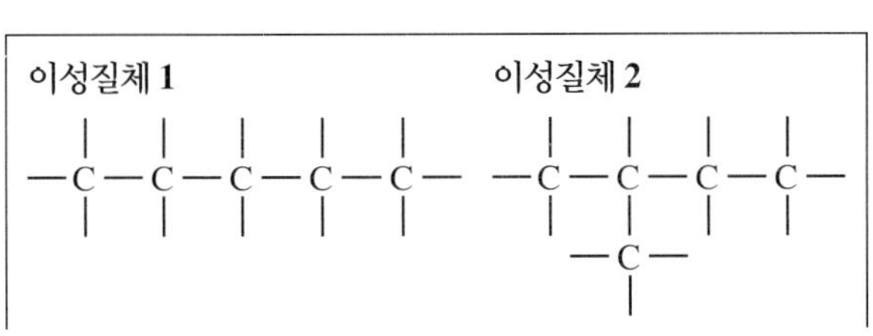

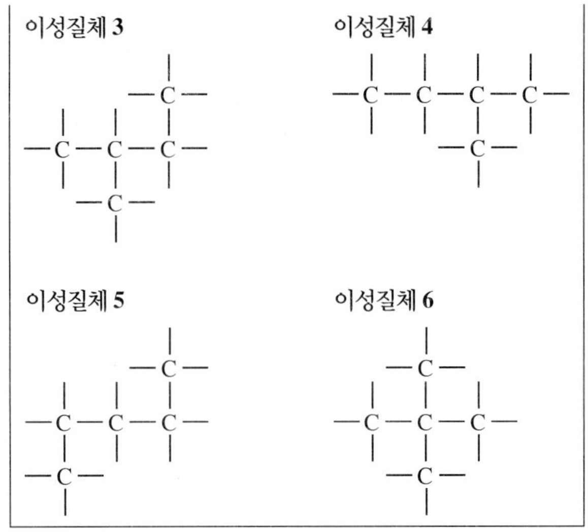

32. 스타이렌 $C_6H_5CH{=}CH_2$는 9장에서 설명한 페닐기($-C_6H_5$)를 가진 폴리스타이렌의 단위체이다. 벤젠처럼 이 분자도 공명 구조를 갖는 것을 보여 주는 스타이렌의 구조식을 그리시오.

33. 아스피린은 특정 화합물이다. 그렇다면 무엇이 한 가지 상표의 아스피린 정제로 하여금 다른 것들보다 우월하다는 주장을 정당화할 수 있는가?

34. 그림 10.8은 인체 내에서의 화학적 전달을 나타낸다. 화학적 전달을 설명하는 데 있어서 여러분에게 도움이 되기 위하여 이 그림이 어떤 의미를 갖는지 한 문단으로 쓰시오.

35. 다음 진술을 생각해 보자. '약은 크게 두 부류로 분류될 수 있다. 인체에서 생리학적 반응을 낼 수 있는 것들과 감염을 일으키는 물질의 성장을 억제하는 것들이다.' 다음의 약들은 어떤 부류에 해당하는가?

    a. 아스피린

    b. 모르핀

    c. (Keflex) 항생제

    d. 에스트로젠

    e. 암페타민

    f. 페니실린

36. 그림 10.14에 있는 모르핀의 구조를 생각해 보자. 또 다른 마취 작용을 가진 강한 진통제인 코데인도 벤젠 고리에 붙어 있는 $-OH$기가 $-OCH_3$기로 치환된 매우 비슷한 구조를 가진다.

    a. 코데인의 구조식을 그리고 작용기를 표시하시오.

    b. 코데인의 진통 작용은 모르핀의 효과의 겨우 약 20%이다. 그러나 코데인은 모르핀보다는 중독성이 덜하다. 이 부류의 약에서 $-OH$기를 $-OCH_3$기로 치환시킨 것이 항상 이런 식으로 성질을 바꿀 수 있다는 결론을 내리는데, 이것이 충분한 증거가 되는가? 설명하시오.

37. 도파민은 뇌에서 자연적으로 발견된다. (−)-도파약이 파킨슨씨 병과 관련된 떨림과 근육 경직에 효과적인 것으로 알려졌다. (−)-도파에서 카이랄 탄소를 확인하고 왜 (−)-도파는 효과적인데, (+)-도파는 효과적이 아닌지 밝히시오.

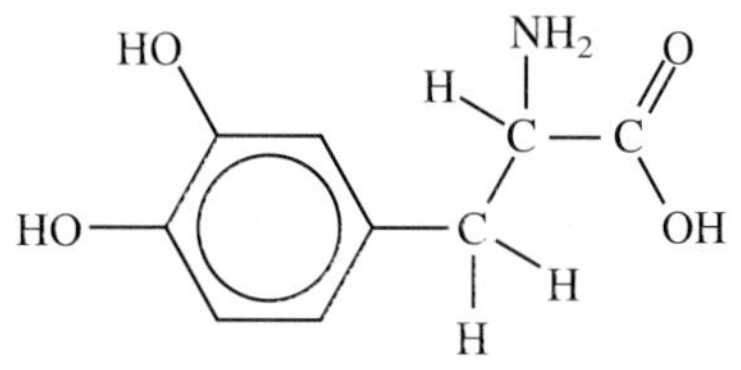

(−)-도파

38. 바이타민 E는 가끔 (+)와 (−) 이성질체의 라셈 혼합물로 판매된다. 인터넷을 사용하여 아래 질문에 답하시오.
   a. 어느 것이 생리학적으로 활성이 더 큰 이성질체인가?
   b. 라셈 혼합물의 가격을 생리학적으로 활성인 순수한 이성질체의 가격과 비교한다면 어떻게 되겠는가?

39. 레보메토르판은 중독성 아편이지만, 덱스트로메토르판은 의사의 처방 없이 팔리는 기침 치료제로 충분히 안전하다. 이것이 분자의 관점에서 어떻게 가능한가를 설명하시오.

40. 약과 수용체 자리 사이의 상호 작용에 대한 열쇠-자물쇠 비유를 설명하시오. 여러분이 친구에게 이것을 설명하는 것처럼 이 비유를 사용하여 논의하시오.

41. 신약을 분리하거나 합성하기 위한 많은 연구 과제가 이 나라에서 진행되고 있지만, 실제로 일반 사용에 대해 FDA 승인을 얻은 것이 그리 많지 않은 이유는 무엇인가?

42. 19세기 초기까지 유기 화합물은 그 어떤 형식의 '생명 힘'을 가지며 살아 있는 유기체에서만 생성된다고 믿어졌다. 이것이 생기론(vitalism)이라고 불리는 개념의 기초이다. 이 관점은 1800년대 후반에 없어졌다. 인터넷을 사용하여 무엇이 그 의견을 바꾸게 했는지 찾아보시오.

응용문제

43. 성공적인 약 발견을 위한 한 가지 방법은 유사체라 불리는 비슷한 다른 화합물의 개발을 위한 원형으로 초기 약을 사용하는 것이다. 본문에서 장기 이식 수술에 사용된 중요한 항거부 반응 약인 사이클로스포린이 이 방법으로 발견된 약의 한 예이다. 이 진술을 입증하기 위해 이 약의 발견에 대해 연구하시오. 여러분의 조사 결과를 인용해서 간단한 보고서를 쓰시오.

44. 호지킨(Dorothy Crowfoot Hodgkin)은 자연적으로 발생하는 페니실린 화합물의 구조를 처음으로 결정하였다. 그녀가 이 발견을 하도록 준비하게 만든 배경은 무엇인가? 여러분의 조사 결과를 인용해서 간단한 보고서를 쓰시오.

45. 벤젠의 고리 구조가 결정되기 전에(그림 10.4) 이 화합물에서 원자들이 어떻게 배열되었는지에 대하여 상당한 논쟁이 있었다.
   a. C_6H_6에서 C와 H의 최외각 전자의 수를 계산하고, 가능한 선형 이성질체에 대한 구조식을 그리시오.
   b. **a**의 답에 대한 축약 구조식을 그리시오.
   c. 여러분의 구조를 다른 친구가 그린 구조와 비교하시오. 이들이 모두 같은가? 왜 혹은 왜 아닌가?

46. 항히스타민은 히스타민 화합물에 대한 반응으로 생기는 알레르기 증상을 치료하기 위하여 널리 사용되는 약이다. 이 부류의 약은 세포에서 정상적으로 히스타민이 차지한 수용체 자리를 차지하면서 히스타민과 경쟁한다. 특정한 항히스타민의 구조가 아래에 있다.

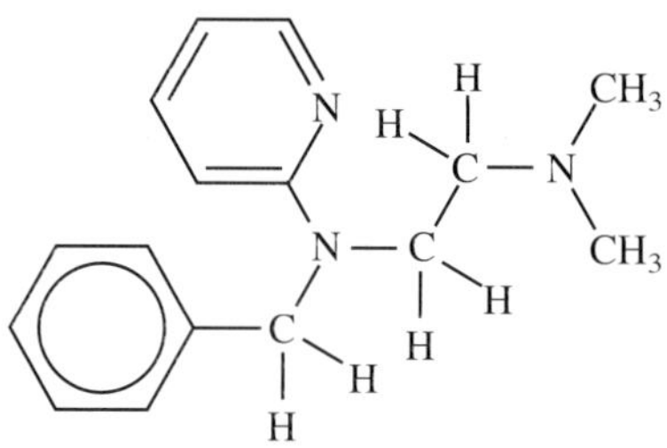

   a. 이 화합물의 화학식은 무엇인가?
   b. 이 구조와 (문제 9에 있는) 히스타민의 구조에서 항히스타민이 히스타민과 경쟁하도록 허용하는 유사성이 무엇인가?

47. 앞으로 몇 년 동안 FDA는, 거의 지난 10년 동안 이미 처방전 없는 판매를 승인해 온 만큼인 12개 이상의 약의 인허가 규제 철폐를 고려할지도 모른다. 이런 추세를 선도한 생산품이 속쓰림에 대하여 널리 선전되었던 약이다.
   a. 약의 인허가 규제 철폐를 하기 전에 어떤 질문에 답해야 하는가?
   b. 만약 여러분이 FDA, 제약 회사 또는 소비자로서의 관점에서 각각 이 요구를 고려한다면, 이 물음이 바뀔 것인가?

48. 2006년 녹색 화학 도전 대통령상을 받은 리피토(Lipitor)의 선구 물질인 수산화 나이트릴(HN)의 새로운 제조 과정에 대하여 더 알아보라. 이 과정이 HN을 제조한 초기 방법과 어떻게 다른가? 참고 문헌을 제시하면서 여러분의 연구에 대한 간단한 보고서를 쓰시오.

49. 테스토스테론과 에스트론 스테로이드들은 처음에 동물 조직으로부터 분리되었다. 1톤의 황소 고환이 5 mg의 테스토스테론을 얻는 데 필요했으며, 4톤의 돼지 난소가 12 mg의 에스트론을 생산하기 위하여 처리되었다.
   a. 완전한 호르몬 분리가 달성되었다고 가정하고 원래 조직 속에 있는 각 스테로이드의 질량 백분율을 계산하시오.
   b. 그럴듯한 계산 결과가 왜 틀렸는지를 설명하시오.

50. 약초 치료제가 슈퍼마켓, 약국과 할인점에 눈에 띄게 진열되었다.

    a. 이 치료제들 중에 하나를 사려고 하는 여러분의 결정에 무엇이 영향을 주는가?

    b. 이 치료제의 하나를 선택하여, 활성 성분, 비활성 성분, 예상되는 부작용, 제시된 복용량, 1회 복용당 가격들에 대한 정보를 알려 주는 이의 상표를 면밀히 조사하시오.

    c. 이들 치료제의 안전성과 효능이 확실한지 여러분은 얼마나 확신하는가? 여러분의 대답을 설명하시오.

51. Habitrol은 현재 빠르게 50% 이상의 판매율을 가진 bupropion (Zyban)이 1997년에 소개될 때까지 가장 성공한 금연 처방약이었다. 약 치료에 있어서 이 두 약의 접근 방법은 어떻게 다른가?

52. OTC 약들은 소비자의 무수한 증상과 병들을 치료하게끔 한다. 장점은 사용자가 의사에게 상담하는 비용이나 노력 없이 치료제를 사고 투약한다는 것이다. 이들 상황에 대해 안전성의 더 큰 여지를 제공하기 위하여 OTC 판매용의 약은 종종 더 낮은 복용량들로 투약된다. 이부프로펜(Motrin)과 같은 진통제와 nizatidine(Axid)와 famotidine(Pepcid) 같은 속쓰림 치료제의 OTC 약과 처방약에 대한 정보를 찾아 이것이 사실인지 확인해 보시오. 여러분의 발견을 보고하시오.

53. 약초 또는 대체 의약들은 처방약이나 OTC 약과 같은 방법으로 규제되지 않는다. 특히 약초 요법이 또 다른 대체 의약이나 처방약과 연계되어 사용될 때에는 활성 성분, 제조상의 질 조정(quality control) 및 부작용의 확인과 정량화에 있어서 우려의 목소리가 높다. 이들 문제를 접근하는 약초 보조 식품 제조사의 증거를 찾아보고, 참고 문헌을 제시하면서 발견한 것을 보고서로 쓰시오.

54. RU-486(Mifeprex, 낙태 알약)을 생산하는 미국 회사인 Danco Laboratories는 이스피린과의 비유를 포함하여 이 스테로이드 약의 안전에 대해 주장하였다. RU-486에 대해 연구하고 이의 구조, 작용 모드 및 안전 기록을 포함하여 이 약에 대해 짧은 보고서를 작성하여 보시오.

55. 항생제인 ciprofloxacin hydrochloride(Cipro)는 신체의 아주 많은 부위의 박테리아 감염을 치료한다. 이 약은 2001년에 anthrax의 흡입 형태의 감염에 노출된 환자들에게 사용되어 대서특필되었다. 인터넷이나 또 다른 출처로부터 Cipro의 구조를 찾으시오. 그 구조를 그리고 작용기를 지적하시오.

56. 처방약을 소비자에게 직접 호소하는(direct-to-consumer) 광고는 제약 회사들에게 성공적인 홍보 도구임이 증명되었다. Ipsos-NPD 홍보 연구 기관에 의한 소비자 행동의 환자 수준 특약 추적 연구 PharmTrends에 의하면 소비자의 25%는 광고로 인해 이 약에 대해 논의하기 위해서 이들의 의사들에게 전화하거나 방문한다고 말한다. 환자와 의사의 관점에서 이러한 홍보 형태의 장단점을 목록으로 작성하시오.

57. 2003년에 FDA와 미국 관세 및 국경 보호대에 의해 행해진 미국 소비자들에 대한 외국 약의 우편 선적(shipment)에 대한 일련의 현장 조사는, 이들 선적이 종종 심각한 안전 문제를 가진 미승인되거나 위조약들을 포함한다는 것을 밝혔다. 비록 외국 공급원들로부터 얻어진 많은 약들이 FDA 승인 약품과 똑같이 보이도록 꾀해졌을지 모르지만, 이들에 대한 조사는 많은 수가 미확인 품질이나 근원이라는 것을 보여 주었다. 수입된 약 생산품 1153가지를 조사한 결과, 압도적인 다수인 1019(88%)개가 미승인된 약을 포함하였기 때문에 불법이었다. 이들 수입된 약들 대부분은 명백한 안전 문제를 내포할 수 있다. FDA 웹 사이트를 찾아 어떤 약들이 가장 흔하게 위조되고 그 원천이 되는 나라는 어느 곳인지 알아보시오.

58. 탈리도마이드(thalidomide)는 1950년대 후반에 유럽에서 처음 판매되었다. 이것은 수면 유도제로 사용되었고, 임신 중에 입덧을 치료하는 데에도 사용되었다. 그 당시에는 그 어떤 역효과를 유발하는지 알지 못했다. 그러나 이것이 임신 초기에 이를 복용한 여성들의 아이들에서 불구의 팔다리를 유발하는 일종의 기형 발생 물질이라는 것이 밝혀진 이후 1960년대 후반에 이 약은 사용 금지되었다. 인터넷으로부터 정보를 찾아 탈리도마이드의 광학 이성질체와, 왜 FDA가 미국 내에서 탈리도마이드의 사용을 결코 승인할 수 없었는지, 그리고 어떤 목적으로 FDA가 최근에 탈리도마이드의 사용을 승인했는지에 관해 설명하는 짧은 글을 쓰시오.

59. 전통적인 여드름 치료제는 관리 요법이다. 테트라사이클린(tetracycline)과 에리트로마이신(erythromycin)과 같은 항생제는 일단 이 여드름이 멈춰도 장기간의 개선이 될 거라고 기대되지 않는다. 몇몇 개인들은 여드름에 대한 그 어떤 전통적인 치료에도 반응하지 않을지도 모른다. 이러한 환자들에게 가능한 해결 방법이 isotretinoin(Accutane)으로 알려진 바이타민 A의 유도체이다. 그러나 Accutane은 결코 최첨단의 치료요법은 아니다. 인터넷을 사용하여 Accutane의 사용이 수반하는 심각한 부작용을 찾아보시오.

측정을 위한 측정

측정에서의 접두사, 환산 인자, 그리고 상수

측정에서의 접두사

접두사	기호	값	과학적 표기
pico	p	1/10^{12} or 0.000000000001	10^{-12}
nano	n	1/10^{9} or 0.000000001	10^{-9}
micro	μ	1/10^{6} or 0.000001	10^{-6}
milli	m	1/1000 or 0.001	10^{-3}
centi	c	1/100 or 0.01	10^{-2}
deci	d	1/10 or 0.1	10^{-1}
deka/deca	da	10	10^{1}
hecto	h	100	10^{2}
kilo	k	1000	10^{3}
mega	M	1,000,000	10^{6}
giga	G	1,000,000,000	10^{9}
tera	T	1,000,000,000,000	10^{12}

환산 인자

길이

1 centimeter (cm) = 0.394 inches (in.)

1 meter (m) = 39.4 inches (in.) = 3.28 feet (ft)
= 1.08 yards (yd)

1 kilometer (km) = 0.621 miles (mi)

1 inch (in.) = 2.54 centimeters (cm) = 0.0833 feet (ft)

1 foot (ft) = 30.5 centimeters (cm) = 0.305 meters (m)
= 12 inches (in.)

1 yard (yd) = 91.44 centimeters (cm) = 0.9144 meters (m)
= 3 feet (ft) = 36 inches (36 in.)

1 mile (mi) = 1.61 kilometers (km)

부피

1 cubic centimeter (cm^3) = 1 milliliter (mL)

1 liter (L) = 1000 milliliters (mL)
= 1000 cubic centimeters (cm^3)
= 1.057 quarts (qt)

1 quart (qt) = 0.946 liter (L)

1 gallon (gal) = 4 quarts (qt) = 3.78 liters (L)

질량

1 gram (g) = 0.0352 ounces (oz) = 0.00220 pounds (lb)

1 kilogram (kg) = 1000 grams (g) = 2.20 pounds (lb)

1 pound (lb) = 454 grams (g) = 0.454 kilograms (kg)

1 tonne or metric ton (t) = 1000 kilograms (kg)
= 2200 pounds (lb)
= 1 long ton (t) = 1.10 tons (T)

1 ton (T) = 909 kilograms (kg)
= 2000 pounds (lb)
= 1 short ton (T)
= 0.909 tonnes (t)

시간

1 year (yr or y) = 365.24 days (d)

1 day (d) = 24 hours (hr or h)

1 hour (hr or h) = 60 minutes (min)

1 minute (min) = 60 seconds (s)

에너지

1 joule (J) = 0.239 calories (cal)

1 calorie (cal) = 4.184 joules (J)

1 exajoule (EJ) = 10^{18} joules (J)

1 kilocalorie (kcal) = 1 dietary Calorie (Cal)
= 4184 joules (J)
= 4.184 kilojoules (kJ)

1 kilowatt-hour (kWh) = 3,600,000 joules (J)
= 3.60×10^{6} J

상수

Speed of light (c) = 3.00×10^{8} meters per second (m/s)

Planck's constant (h) = 6.63×10^{-34} joule-seconds (J · s)

Avogadro's number = 6.02×10^{23} objects per mole (objects/mol)

Unified atomic mass unit (u) = 1 Dalton (Da)
= 1.66×10^{-24} grams (g)

부록 2

지수승

과학적 (또는 실험적) 표기법은 매우 큰 수나 매우 작은 수를 쓸 때 함축적이고 편리한 방법을 제공한다. 요점은 '10'이라는 수에 대하여 양의 또는 음의 지수를 사용하는 것이다. 양의 지수는 큰 수를 나타낼 때 사용된다. 위 첨자로 쓰여지는 지수는 10이라는 수 자체가 얼마나 많이 곱해졌는지를 가리킨다. 예를 들어,

$$10^1 = 10$$
$$10^2 = 10 \times 10 = 100$$
$$10^3 = 10 \times 10 \times 10 = 1000$$

양의 지수는 1과 소수점 사이의 '0'의 개수와 같다는 것을 기억하라. 따라서 10^6은 '1'이란 숫자 뒤에 여섯 개의 '0'이 오거나 1,000,000이라는 수와 같다. 이와 같은 규칙이 10^0에도 적용되어 이는 '1'과 같다. 10억, 1,000,000,000이라는 수는 10^9이라고 쓰여진다.

'10' 위에 음의 지수가 올라가면, 이 수는 항상 1보다 작음을 나타낸다. 이는 음의 지수가 역수를 의미하기 때문이다. 이는 10분의 1이라는 역수에서 양의 지수가 올라가는 것과 같다. 예를 들어,

$$10^{-1} = 1/10^1 = 1/10 = 0.1$$
$$10^{-2} = 1/10^2 = 1/100 = 0.01$$
$$10^{-3} = 1/10^3 = 1/1000 = 0.001$$

더 큰 음의 지수는 더 작은 수를 나타낸다. 음의 지수는 항상 소수점과 '1' 사이에 하나 적은 수의 '0'을 가진다. 따라서 1×10^{-4}는 0.0001과 같다. 반대로 0.000001은 과학적 표기법으로 1×10^{-6}이다.

물론 화학에서 사용되는 대부분의 양이나 상수는 단순히 '10'에 정수로 된 지수를 가지는 것은 아니다. 예를 들어 아보가드로수는 6.02×10^{23}, 또는 6.02에 '1' 다음에 23개의 '0'이 있는 수를 곱해야 한다. 이의 전제 수는, 6.02 × 100,000,000,000,000,000,000,000 또는 602,000,000,000,000,000,000,000이다. 이산화 탄소가 흡수하는 적외선의 파장과 같은 매우 작은 수는 4.257×10^{-6} m이다. 이 수는 4.257 × 0.000001 또는 0.000004257 m와 같다.

예제 과학적 표기법

이들 수를 과학적 표기법을 사용하여 나타내시오.

a. 10,000
b. 430
c. 9876.54
d. 0.000001
e. 0.007
f. 0.05339

답

a. 1×10^4
b. 4.3×10^2
c. 9.87654×10^3
d. 1×10^{-6}
e. 7×10^{-3}
f. 5.339×10^{-2}

예제 소수점 표기법

이들 수를 소수점 표기법으로 나타내시오.

a. 1×10^6
b. 3.123×10^6
c. 25×10^5
d. 1×10^{-5}
e. 6.023×10^{-7}
f. 1.723×10^{-16}

답

a. 1,000,000
b. 3,123,000
c. 2,500,000
d. 0.00001
e. 0.0000006023
f. 0.0000000000000001723

로그잼 없애기

당신은 아마도 수학시간에 대수학(log)을 배웠을 테지만 이것들을 사용할지는 궁금했을 것이다. 사실 대수학(또는 축약해서 'log')은 과학의 여러 분야에서 굉장히 유용하다. 주요한 것은 대수학이 매우 큰 범위의 수들을 쉽게 다룰 수 있게 하는데, 예를 들어 0.0001부터 1,000,000과 같은 수들에 대한 10의 지수를 움직이게 한다.

이는 당신이 대수학을 당연히 알아야 하지 않더라도 대수학을 만나게 되는 것과 같다. 지진의 크기를 표현하는 리히터 단위는 하나의 예이다. 이 단위에서 진도 6의 지진은 진도 5의 지진보다 10배 더 강력하다는 것을 의미한다. 진도 8의 지진은 진도 6보다 100배 더 강할 것이다. 또 다른 예는 데시벨(dB) 단위이다. 각 10 단위의 증가는 소리 크기에서 10배 증가를 나타낸다. 따라서 1 m 거리에서 두 사람의 평상적인 대화(60 dB)는 같은 거리에서의 조용한 음악(50 dB)보다 10배 더 크다. 시끄러운 음악(70 dB)과 매우 시끄러운 음악(80 dB)은 평상적인 대화보다 10배 그리고 100배 더 크다.

휴대용 계산기를 사용한 단순한 예는 log를 배우기 위한 좋은 방법이다. 당신은 log를 수행할 수 있고 '과학적 표기' 기능을 가진 계산기가 필요할 것이다. '10'에 대한 대수학을 찾아 보면서 시작하자. 단순히 '10'을 기입하고 'log' 단추를 눌러보자. 답은 '1'이 된다. 다음은 '100'에 대한 로그 값과 '1000'에 대한 로그 값을 구해 보자. 답을 써 보자. 어떤 유형을 볼 수 있는가? (만일 당신이 '100'을 10^2 그리고 '1000'을 10^3으로 썼다면, 그 유형은 명백해질 것이다.) '10,000'의 로그 값을 예측하고 확인하라. 그리고 나서 '0.1' 또는 10^{-1}, 그리고 '0.01' (10^{-2})의 로그 값을 구해 보라. '0.0001'의 로그 값을 예측하고 확인해 보라.

여기까지는 괜찮았지만, 우리는 아직 '10'에 대한 지수가 정수가 아닌 수는 고려하지 않았다. 이는 어떤 수의 로그함수의 값을 구하는데 도움을 줄 것이다. 다시 한 번 당신의 휴대용 작은 계산기가 해결할 수 있도록 도와 줄 것이다. '20'과 '200'의 로그 값을 구해보고, '50' (5×10^1)과 '500' (5×10^2)의 로그 값을 구해 보라. 5×10^3 또는 '5000'의 로그 값을 예측해 보라. 자 이제는 '0.05'의 로그 값을 구하는 것이 편해 졌다. 마지막으로 '2473'과 '0.000404'의 로그 값을 계산해 보시오. 이들 각각의 경우는 야구장의 오른편에 있는 것처럼 정확하게 답이 구해지는가? 당신의 계산기는 당신에게 어떤 의미보다 많은 여러 자리의 수들을 행복하게 제공할 것이고, 당신은 합당한 반올림을 할 필요가 있다는 것을 기억하라.

6장에서 pH의 개념이 어떤 물질의 산도를 표현하기 위한 양적인 방법으로 소개되어진다. pH 값은 대수학적인 관계의 단순하고 특별한 경우이다. 이것은 몰 농도(M)로 표현되는 H^+의 농도를 대수학적으로 계산했을 때, 음의 값으로 정의된다. 대괄호는 몰농도를 의미하는 것으로 사용된다. 수학적인 관계는 pH = −log [H^+]로 주어진다. 음의 표시는 역수의 관계를 나타낸다; 따라서 H^+의 농도가 감소하면 pH는 증가한다. 0.000546 M의 수소 이온의 농도를 가지는 음료수의 pH를 계산하기 위해 이 식을 사용해 보자. 먼저 수학적인 식을 세우고 수소 이온의 농도를 대입힌다.

$$\text{pH} = -\log [\text{H}^+] = -\log (5.46 \times 10^{-4}\ \text{M})$$

위 식을 계산하기 위해 계산기에 수소 이온의 농도를 입력하고 'log' 버튼을 누른다. 그리고 부호를 바꾸기 위해 '+/−' 버튼을 누른다. 이 과정은 음료수의 pH가 3.26이라는 결과를 준다. (아마도 당신이 자릿수를 설정해 놓지 않았다면, 계산기는 '3.262807357'이라는 수를 나타낼 것이다. 그러나 일반적으로는 나타난 수를 반올림한다.) 2.20×10^{-7} M의 수소 이온 농도를 가지는 우유의 pH를 계산하기 위해 같은 과정을 적용해 보자.

만일 우리가 수소 이온의 농도를 pH로 바꿀 수 있다면 역으로 어떻게 계산하면 될까? 즉 어떻게 pH를 수소 이온의 농도로 바꿀 수 있을까? 만일 계산기가 '10^x'이란 버튼을 가지고 있다면, 가능하다. (다른 방법으로, 먼저 'Inv'의 버튼을 사용하고 그리고 'log' 버튼을 사용한다.) 이 과정을 설명하기 위해서 pH가 7.40인 사람의 혈액 속 수소 이온의 농도를 구한다고 생각해 보자. 과정은 다음과 같다: 계산기에 7.40을 누르고 '+/−' 버튼을 눌러 부호를 바꾼다. 그리고 '10^x' 버튼을 누른다(또는 당신의 계산기에 맞는 과정을 따른다). 화면은 3.98×10^{-8} M이라는 수소 이온의 농도를 보여 줄 것이다. 자 이제는 3.6의 pH를 가지는 산성비의 수소 이온 농도를 구하기 위해 같은 과정을 적용해 보자.

예제 pH

각 예들에 대한 pH 값을 계산하시오.

a. 수돗물, [H^+] = 1.0×10^{-6} M
b. 마그네시아유, [H^+] = 3.2×10^{-11} M
c. 레몬주스, [H^+] = 5.0×10^{-3} M
d. 타액(침), [H^+] = 2.0×10^{-7} M

답

a. 6.0 b. 10.5
c. 2.3 d. 6.7

예제 H^+ 농도

각 예들에 대한 H^+ 농도를 계산하시오.

a. 토마토 주스, pH = 4.5
b. 산성 안개, pH = 3.3
c. 식초, pH = 2.5
d. 혈액, pH = 7.6

답

a. 3.2×10^{-5} M b. 5.0×10^{-4} M
c. 3.2×10^{-3} M d. 2.5×10^{-8} M

부록 4

예제에 대한 답

Chapter 0

0.3 **c.** Search the Internet for "aluminum can recycling" to find some amazing statistics. Sites that you might wish to explore include Earth 911 and the Aluminum Association.

0.5 **a.** In 2012, the population of the United States was about 315 million.

c. Doing the math, 2.5 billion hectares divided by 12 billion hectares is about 0.21, or 21% of the biologically productive land available. For purposes of reference, the United States has about 4.5% of the world's population.

Chapter 1

1.7 **b.** Yes. Judging by Table 1.2, $PM_{2.5}$ must have more serious health consequences than PM_{10} because the concentrations are set at lower limits.

1.8 **a.** $\frac{44\ \mu g\ SO_2}{0.625\ m^3} = \frac{70\ \mu g\ SO_2}{1\ m^3}$

She would not exceed the 1-hr limit of 210 $\mu g/m^3$.

b. At the same inhalation rate, she would not surpass the 1-hr or the 3-hr rates of 210 $\mu g/m^3$ or 1300 $\mu g/m^3$.

1.9 Examples of preventing air pollution include (1) not burning leaves (produces smoke and particulate matter), but rather letting them compost or otherwise decompose, (2) burning low-sulfur coal rather than high-sulfur coal, using a scrubber to remove SO_2 if burning high-sulfur coal, or conserving so as to burn less coal of any type, (3) choosing methods of transportation, such as bicycling or walking, that do not release air pollutants.

1.11 **a.** Hydrogen (H_2) and helium (He) are elements.

b. Other substances found in the air include nitrogen, N_2 (element), oxygen, O_2 (element), argon, Ar (element), carbon dioxide, CO_2 (compound), and water vapor, H_2O (compound).

c. Hydrogen (0.54 ppm, or 0.000054%), helium (5 ppm, or 0.0005%), and methane (17 ppm, or 0.0017%).

1.13 **b.** SO_2 is sulfur dioxide; SO_3 is sulfur trioxide.

1.14 **a.** The *eth-* in ethanol indicates 2 C atoms in the chemical formula.

c. The *prop-* in propanol indicates 3 C atoms in the chemical formula.

1.15 **b.**

Balanced equation: $N_2 + 2\ O_2 \longrightarrow 2\ NO_2$

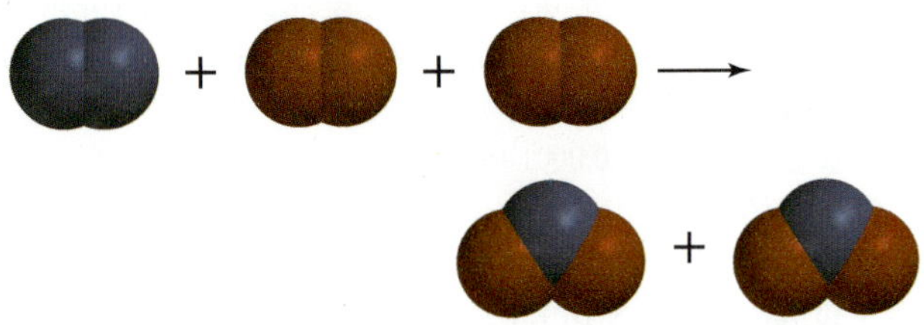

1.17 Equation 1.7 contains 16 C, 36 H, and 34 O on each side.

1.19 Your list should include: O_2, N_2, CO_2, CO, H_2O, NO, soot (particulate matter), and VOCs. The exhaust also contains tiny amounts of Ar and even tinier amounts of He, but we usually omit these gases as they are inert and at low concentration.

1.20 **b.** $CuS + O_2 \longrightarrow Cu + SO_2$

1.21 **a.** Other gasoline-powered machines or vehicles include some lawn mowers, leaf blowers, forklifts, chain saws, snow blowers, and electrical generators.

b. One example is lawn and garden equipment, such as mowers and blowers. The U.S. EPA set emissions reductions for 2012. The regulations will reduce both fuel evaporation and exhaust gas pollutants. For the latter, emissions control technology will be used, just as currently done for larger engines.

1.27 **a.** A concentration of 1193 μg of particulate matter per cubic meter of air exceeds the National Ambient Air Quality Standards for both PM_{10} and for $PM_{2.5}$.

b. Breathing fine particles at this level is hazardous for everybody. The primary danger is to the cardiovascular system, as the particles, when inhaled, pass into the bloodstream and cause or further aggravate heart disease.

1.28 Indoor activities that generate pollutants include burning incense, cigarette or cigar smoking, frying foods (especially when something burns), operating a faulty furnace or space heater, painting or varnishing (except low-VOC paints), using some cleaning products such as ammonia or spray oven cleaner, using aerosol hair sprays and some hair-coloring products, using some furniture polishes, using spray insecticides, and many others.

1.30 The green chemistry key ideas met by the new coalescents include that it is better to prevent waste than to treat or clean up waste after it is formed (i.e., not to put VOCs into the air), to use renewable materials (i.e., produced from vegetable oils), and to use materials that degrade into innocuous products at the end of their useful life. Those met by the new undercoat include that it is better to prevent waste than to treat or clean up waste after it is formed (i.e., not to put VOCs into the air) and that it is better to use less energy (i.e., to cure the undercoat without using heat).

1.32 **b.** No, it wouldn't be more valid. The additional digits would not provide any real information, as the meter is not able to determine values with this level of precision. Compare this to dividing \$20 evenly among seven people. Even if your calculator displayed the result of \$2.857142857, each person would not receive this amount because we have no coins in the United States smaller than pennies.

Chapter 2

2.2 **b.** The maximum is 12,000 ozone molecules per billion molecules and atoms of all gases that make up the stratosphere (see paragraph that precedes this activity).

c. The EPA limit is 0.075 ppm for an 8-hr average, equivalent to 75 ppb, or 75 ozone molecules per billion molecules and atoms of all gases that make up the troposphere (see Table 1.2).

2.4 **c.** 17 protons, 17 electrons

d. 24 protons, 24 electrons

2.5 **c.** Group 5A; 5 outer electrons

d. Group 8A; 8 outer electrons

2.6 **b.** Beryllium (Be), magnesium (Mg), calcium (Ca), strontium (Sr), barium (Ba), and radium (Ra) all have two outer electrons and are members of Group 2A.

2.7 **c.** 53 protons, 78 neutrons

2.8 **b.** 2 Br atoms (:Br·) × 7 outer electrons per atom = 14 outer electrons

Here is the Lewis structure for Br_2.

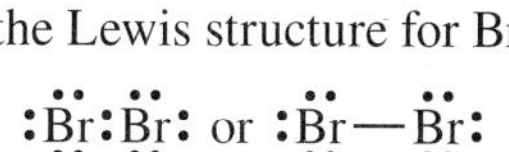

2.9 **b.** 1 C atom (·C·) × 4 outer electrons per atom = 4 outer electrons

2 Cl atoms (:Cl·) × 7 outer electrons per atom = 14 outer electrons

2 F atoms (:F·) × 7 outer electrons per atom = 14 outer electrons

Total = 32 outer electrons

Here is the Lewis structure for CCl_2F_2.

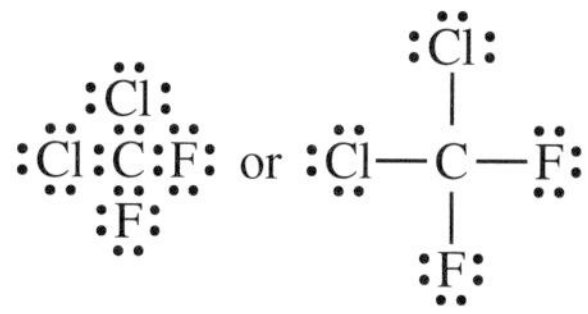

2.10 **b.** 1 S atom (·S·) × 6 outer electrons per atom = 6 outer electrons

2 O atoms (·O·) × 6 outer electrons per atom = 12 outer electrons

Total = 18 outer electrons

Here are two resonance forms for the Lewis structure of SO_2.

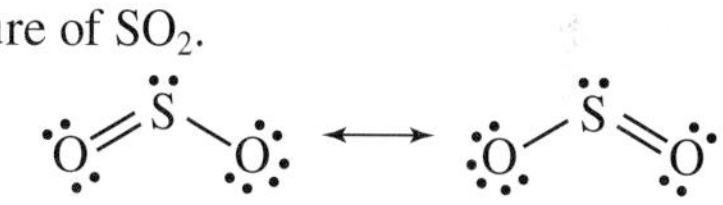

2.12 **b.** Radio waves have an average wavelength of about 10^1 m. In contrast, the average wavelength for an X-ray is about 10^{-9} m, thus making a radio wave approximately 10^{10} times longer.

2.14 **a.** UV-C < UV-B < UV-A

b. No, the order is not the same. Rather, it is reversed because wavelength and energy are inversely proportional.

2.16 **a.** O_3 forms from O and O_2.

$$O + O_2 \longrightarrow O_3$$

b. The source of the O atoms is the breakdown of the oxygen molecule (naturally occurring in the atmosphere) in the presence of UV light.

$$O_2 \longrightarrow 2\,O$$

c. O_3 molecules in the stratosphere break down by several mechanisms, both part of the Chapman cycle. One is that they decompose into O_2 and O.

$$O_3 \longrightarrow O_2 + O$$

The other is that they combine with atomic oxygen to form 2 molecules of O_2.

$$O_3 + O \longrightarrow 2\,O_2$$

2.23 **a.** 1 H atom (H·) × 1 outer electron per atom = 1 outer electron

1 O atom (·O·) × 6 outer electrons per atom = 6 outer electrons

Total = 7 outer electrons

Here is the Lewis structure for the ·OH radical.

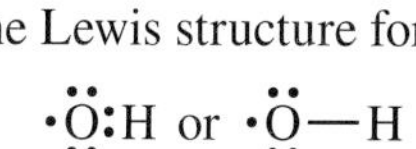

2.23 **b.** 1 N atom (•N̈•) × 5 outer electrons per atom = 5 outer electrons

1 O atom (•Ö•) × 6 outer electrons per atom = 6 outer electrons

Total = 11 outer electrons

Here is the Lewis structure for the •NO radical. Note the unpaired electron on the N atom.

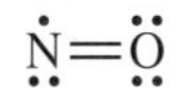

c. 2 N atoms (•N̈•) × 5 outer electrons per atom = 10 outer electrons

1 O atom (•Ö•) × 6 outer electrons per atom = 6 outer electrons

Total = 16 outer electrons

Here is one possible Lewis structure for N_2O.

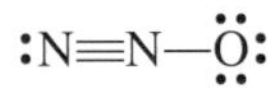

2.24 **a.** The chemical equations with bromine, analogous to equations 2.10 and 2.15 are

$$2\ Br\cdot + 2\ O_3 \longrightarrow 2\ BrO\cdot + 2\ O_2$$

$$Br\cdot + O_3 \longrightarrow BrO\cdot + O_2$$

2.28 **a.** Sulfur dioxide (SO_2) mainly causes respiratory ailments in humans. The SO_2 can react with water vapor in the lungs to form an acid.

2.29 **a.** Halon-1301 and HFC-23 have chemical formulas of $CBrF_3$ and CHF_3, respectively. Halon-1301 would be expected to deplete ozone because it contains bromine. Since HFC-23 contains neither bromine nor chlorine, it does not deplete ozone.

c. Figure 2.21 shows that HFC-23 has a high global warming potential. For this reason, it is unlikely to be used in future years.

Chapter 3

3.2 **b.** infrared, visible, ultraviolet

3.3 **a.** 25% of energy from the Sun is reflected from the atmosphere, 6% is reflected from the surface, 9% is emitted from the surface, and 60% is emitted from the atmosphere. These percents add up to 100%.

b. 23% of the incoming radiation is directly absorbed in the atmosphere, and an additional 37% is absorbed in the atmosphere after the Earth radiates longer wavelength heat energy. These values add up to 60%, the total energy emitted from the atmosphere.

c. The colors differentiate the wavelengths of light emitted from the Sun and Earth. Yellow represents a mixture of all incoming wavelengths, blue represents the shorter wavelength (higher energy) UV radiation, and red represents the longer wavelength (lower energy) IR radiation.

3.5 **a.** The atmospheric CO_2 concentration in 1962 was about 318 ppm; in 2012 it was about 393 ppm. The percent increase is

$$\frac{393\ \text{ppm} - 318\ \text{ppm}}{318\ \text{ppm}} \times 100 = 23.6\%$$

b. Within a given year, the atmospheric CO_2 concentration varies by 6–7 ppm.

3.8 **b.** Total outer electrons: 4 + 2(7) + 2(7) = 32. Eight go around the central C atom to form four single bonds, one to each Cl atom and one to each F atom. The other 24 outer electrons are nonbonding pairs on the Cl or F atoms. The CCl_2F_2 molecule is tetrahedral, the same shape as CH_4 and CCl_4.

Lewis structure: Molecular shape:

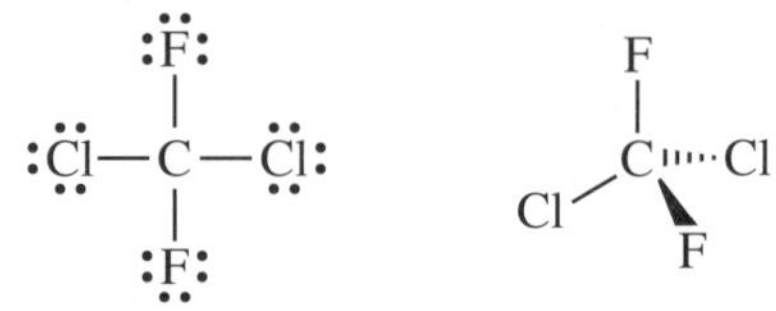

c. Total outer electrons: 2(1) + 6 = 8. These eight all go around the central S atom to form two single bonds, one to each H atom, and two nonbonded pairs. The H_2S molecule is bent, like H_2O.

Lewis structure: Molecular shape:

3.9 SO_2, total outer electrons: 6 + 2(6) = 18. Eight go around the central S atom to form one single bond to an O atom, one double bond to an O atom, and one nonbonded pair. The other 10 outer electrons are nonbonding pairs on the O atoms. The SO_2 molecule is bent, just as the O_3 molecule is bent. Only one resonance form is shown.

Lewis structure: Molecular shape:

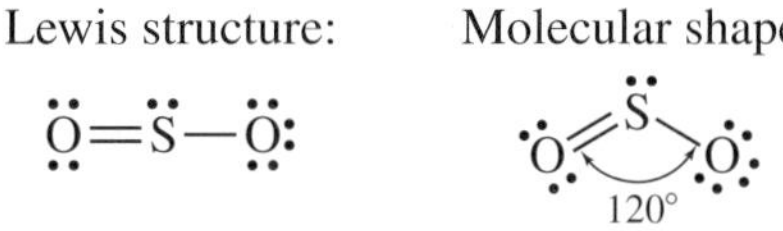

3.11 **a.** The processes that add carbon to the atmosphere include emissions from oceans, respiration, burning fossil fuels, and deforestation.

b. Photosynthesis, absorption in oceans, and reforestation are processes that remove carbon from the atmosphere.

c. The two largest reservoirs of carbon are fossil fuels and carbonate minerals.

d. The parts of the carbon cycle most influenced by human activities are burning fossil fuels and deforestation. The extra anthropogenic atmospheric CO_2 also increases the rate of CO_2 absorption into the oceans.

3.12 **a.** The atomic number of N is 7 and the atomic mass is 14.01.

b. A neutral N-14 atom has 7 protons, 7 neutrons, and 7 electrons.

c. A neutral N-15 atom has 7 protons, 8 neutrons, and 7 electrons. Only the number of neutrons differs.

d. N-14 is the most abundant natural isotope, given that the atomic mass is 14.01.

3.14 **b.** $5 \times 10^{12} \text{ N atoms} \times \frac{2.34 \times 10^{-23} \text{ g N}}{1 \text{ N atom}} = 1.17 \times 10^{-10} \text{ g N}$

c. $6 \times 10^{15} \text{ N atoms} \times \frac{2.34 \times 10^{-23} \text{ g N}}{1 \text{ N atom}} = 1.40 \times 10^{-7} \text{ g N}$

3.15 **b.** 1 mol N_2O = 44.0 g N_2O

c. 1 mol CCl_3F = 137.4 g CCl_3F

3.16 **c.** The mass ratio compares the molar mass of N to the molar mass of N_2O.

$$\frac{1.0 \text{ mol } N_2O}{44.0 \text{ g } N_2O} \times \frac{2 \text{ mol N}}{1 \text{ mol } N_2O} \times \frac{14.0 \text{ g N}}{1 \text{ mol N}} = \frac{0.636 \text{ g N}}{1 \text{ g } N_2O}$$

To find the mass percent of N in N_2O, multiply the mass ratio by 100.

$$\frac{0.636 \text{ g N}}{1.00 \text{ g } N_2O} \times 100 = 63.6\% \text{ N in } N_2O$$

3.17 **b.** The mass ratio of S to SO_2 is known from Your Turn 3.16.

$$142 \times 10^6 \text{ t } SO_2 \times \frac{32.1 \times 10^6 \text{ t S}}{64.1 \times 10^6 \text{ t } SO_2} = 7.11 \times 10^7 \text{ t S}$$

3.19 For CO_2: $\frac{396 \text{ ppm} - 270 \text{ ppm}}{270 \text{ ppm}} \times 100 = 47\%$

For CH_4: $\frac{1.816 \text{ ppm} - 0.70 \text{ ppm}}{0.70 \text{ ppm}} \times 100 = 159\%$

For N_2O: $\frac{0.324 \text{ ppm} - 0.275 \text{ ppm}}{0.275 \text{ ppm}} \times 100 = 18\%$

Order: $CH_4 > CO_2 > N_2O$

3.23 Infrared, visible, and ultraviolet radiation are the main types of solar radiation striking the Earth. Visible light accounts for the largest percentage.

3.25 **b.** Increases in greenhouse gas concentration and changes in the Earth's albedo are additional forcings required to accurately recreate the temperature data for the 20th century.

3.30 $(5 \times 10^6 \text{ metric tons}/6 \times 10^9 \text{ metric tons}) \times 100\% = 0.08\%$.

3.31 **a.** $19 \text{ tons } CO_2 \times \frac{2000 \text{ lb } CO_2}{1 \text{ ton } CO_2} \times \frac{1 \text{ tree}}{25 \text{ lb } CO_2} = 1520 \text{ trees}$

If 50 lb per tree is used, the answer is 760 trees.

b. Using 50 lb CO_2 per tree:

$$12 \times 10^9 \text{ trees} \times \frac{50 \text{ lb } CO_2}{1 \text{ tree}} \times \frac{1 \text{ ton } CO_2}{2000 \text{ lb } CO_2} = 3.0 \times 10^8 \text{ tons } CO_2 \text{ absorbed}$$

$$\frac{3.0 \times 10^8 \text{ tons } CO_2 \text{ absorbed}}{6.0 \times 10^9 \text{ tons } CO_2 \text{ emitted}} \times 100\% = 5.0\%$$

Chapter 4

4.3 During the composting process, one of the compounds produced is water. The process also gives off heat that may convert the water from a liquid to a gas. On a cool day, the water vapor may come in contact with the chilly air and condense to form "steam." *Note:* The "steam" that you can see is actually condensed water vapor, such as in fog or a cloud. Water vapor itself is invisible.

4.4 **b.** When coal combusts, 12 g of carbon produces 44 g of carbon dioxide. Plant A burns 4.4×10^8 g of coal per day, creating 1.6×10^9 g of CO_2. Plant B burns 3.6×10^8 g of coal per day, creating 1.3×10^9 g of CO_2. Therefore, Plant B emits 3.0×10^8 fewer grams of CO_2 each day than Plant A.

4.9 **a.** Coal contains small amounts of sulfur that combine with oxygen during combustion to produce SO_2. Volcanoes are a natural source of SO_2 in the atmosphere.

b. Although coal does contain small amounts of nitrogen that combine with oxygen during combustion, the major portion of NO is formed from the reaction of N_2 and O_2 from the air in the high temperatures produced in the combustion process. Other sources of NO include engine exhaust, lightning, and grain silos.

4.11 **a.** $1500 \text{ kJ} \times \frac{1 \text{ g } CH_4}{50.1 \text{ kJ}} \times \frac{1 \text{ mol } CH_4}{16 \text{ g } CH_4} \times \frac{1 \text{ mol } CO_2}{1 \text{ mol } CH_4} \times \frac{44 \text{ g } CO_2}{1 \text{ mol } CO_2} = 82 \text{ g } CO_2$

b. For bituminous coal from Maryland, which releases 30.7 kJ/g, 150 g of CO_2 is released when 1500 kJ of heat is produced.

4.17 From Section 2.3, here are the resonance forms for ozone:

And here is the Lewis structure for oxygen:

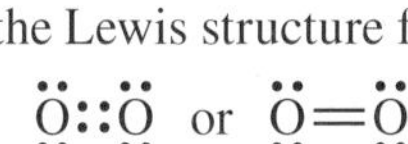

The bond energy for O_3 is *intermediate* between the O–O single bond (146 kJ/mol) and the O=O double bond (498 kJ/mol) values, that is, it is less than the bond energy for the O=O double bond in O_2 (498 kJ/mol). Energy is inversely proportional to wavelength. Therefore, the *higher* bond energy of O_2 requires radiation of *shorter* wavelength to break its bonds.

4.18 **a.** One possible pair of products is C_8H_{18} and C_8H_{16}. Their structural formulas are:

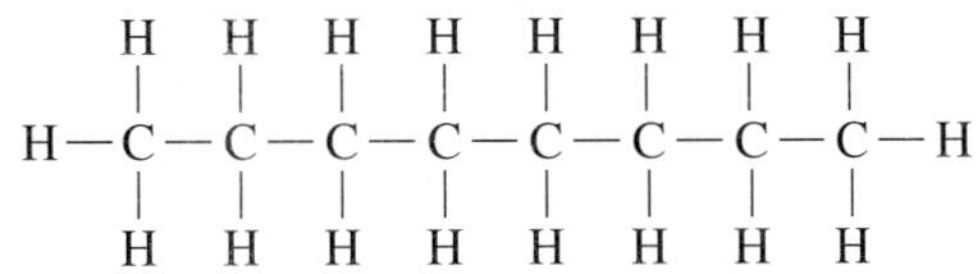

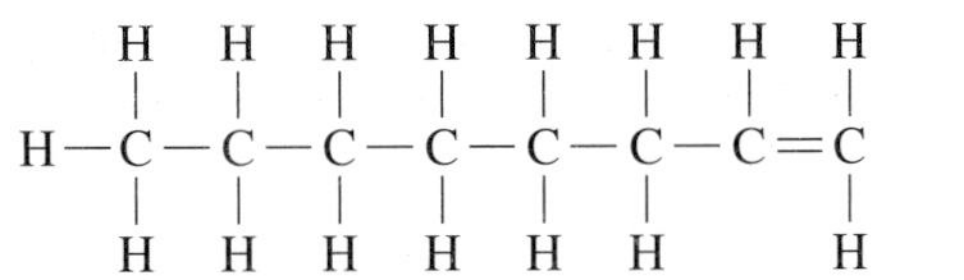

c. The generic chemical formula is C_nH_{2n}, where n is an integer.

4.22 **a.** Structural formulas for methanol and ethanol

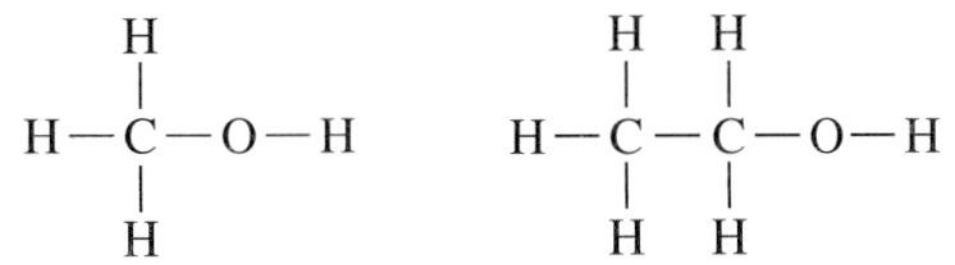

methanol ethanol

4.24 **a.** $C_2H_5OH + 3\ O_2 \longrightarrow 2\ CO_2 + 3\ H_2O$ (Note that this chemical equation is shown in Figure 4.16.)

b. $2\ C_{19}H_{38}O_2 + 55\ O_2 \longrightarrow 38\ CO_2 + 38\ H_2O$ (*Hint*: Balance the C and H atoms first.)

Chapter 5

5.3 **b.** The O–H bond is more polar. The electron pair is more strongly attracted to the O atom.

c. The O–S bond is more polar. The electron pair is more strongly attracted to the O atom.

d. The Cl–C bond is more polar. The electron pair is more strongly attracted to the Cl atom.

5.5 **a.** The dashed lines represent hydrogen bonds, that is, a weak attraction between a H atom bonded to an electronegative atom (F, N, or O) and a neighboring electronegative atom on another molecule.

b. Any of the H atoms on the water molecules could be labeled δ^+. Similarly, any of the O atoms could be labeled δ^-. The molecules are oriented so that the opposite charges are in close proximity.

c. Hydrogen bonds are intermolecular forces because they occur *between* two molecules.

5.12 **a.** 1.6×10^{-2} ppm; 16 ppb

b. No, the mercury concentration is eight times higher than the standard of 2 ppb.

5.13 **a.** 8.0×10^{-8} M

b. A 500 mL sample of 1.5 M NaCl contains 0.75 mol of solute. A 500 mL sample of 0.15 M NaCl contains 0.075 mol of solute.

c. The solution made from 0.60 mol NaCl is more concentrated. Converting to molarity, it has a concentration of 3.0 M compared with 2.0 M for the other solution.

d. No, the resulting solution is not 2.0 M. When 40.0 g of $CuSO_4$ is dissolved in a 1.0 L of water, the solution contains only 0.25 mol of solute.

5.14 **a.** Li and K form cations; S and N form anions.

b. Mg^{2+}, Lewis structures: •Mg• (atom) and Mg^{2+} (ion)

O^{2-}, Lewis structures: $\cdot\ddot{\underset{\cdot\cdot}{O}}\cdot$ (atom) and $[:\ddot{\underset{\cdot\cdot}{O}}:]^{2-}$ (ion)

Al^{3+}, Lewis structures: $\cdot\dot{Al}\cdot$ (atom) and Al^{3+} (ion)

5.15 **a.** CaS, calcium sulfide

b. KF, potassium fluoride

c. From Figure 5.19, Mn can form two ions: Mn^{2+} and Mn^{4+}. O forms the oxide ion, O^{2-}. The possible chemical formulas are MnO, manganese(II) oxide and MnO_2, manganese(IV) oxide.

d. $AlCl_3$, aluminum chloride

5.16 **c.** $Al(C_2H_3O_2)_3$ **d.** K_2CO_3

5.17 **c.** Sodium hydrogen carbonate or sodium bicarbonate

d. Calcium carbonate **e.** Magnesium phosphate

5.18 **a.** NaClO **b.** $MgCO_3$ **c.** NH_4NO_3

5.20 **b.** Soluble. All sodium salts are soluble.

c. Insoluble. Most sulfides are insoluble (except those with Group 1A or NH_4^+ cations).

d. Insoluble. Most hydroxides are insoluble (except those with Group 1A or NH_4^+ cations).

5.21 All of the oxygen atoms should be labeled δ^-. Only the hydrogen atoms attached to the oxygen atoms should be labeled as δ^+. The hydrogen atoms bonded to carbon atoms do not carry a partial positive charge, as the C–H bond is nonpolar. The carbon atom bonded to the oxygen atom is slightly positive.

5.22 C–C bonds are nonpolar. C–H bonds are also nonpolar, as the electronegativity difference between C and H is small.

5.26 **a.** The sample with a concentration of 20 ppb lead ion (20 μg/L) is higher than that of 0.003 mg/L lead (3 μg/L or 3 ppb).

b. A concentration of 20 ppb Pb^{2+} is greater than the 15 ppb standard, and 3 ppb Pb^{2+} is less than the 15 ppb standard.

5.28 **a.** Sulfate ion is SO_4^{2-}, hydroxide ion is OH^-, calcium ion is Ca^{2+}, and aluminum ion is Al^{3+}.

b. Calcium sulfate, $CaSO_4$; calcium hydroxide, $Ca(OH)_2$, aluminum sulfate, $Al_2(SO_4)_3$; aluminum hydroxide, $Al(OH)_3$

c. Sodium hypochlorite NaClO, calcium hypochlorite $Ca(ClO)_2$

5.29 **a.** Possibilities include $CHCl_3$, $CHBr_3$, $CHBrCl_2$, and $CHBr_2Cl$. The Lewis structures for these are analogous to the one shown here for $CHClF_2$.

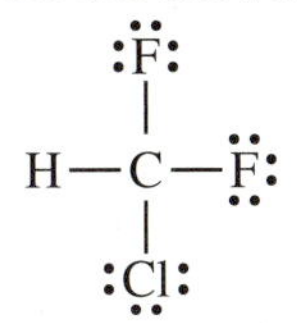

b. THMs do not contain fluorine atoms.

5.35 Here are three other green chemistry key ideas that apply: (1) It is better to prevent waste than to treat or clean up waste after it is formed, (2) It is better to minimize the amount of materials used in the production of a product, and (4) It is better to use less energy.

Chapter 6

6.1 **a.** Possibilities include hydrochloric acid, sulfuric acid, acetic acid, nitric acid, phosphoric acid, lactic acid, and citric acid.

b. Possibilities include having used any of these acids in chemistry experiments, having heard about lactic acid buildup in muscles, and having seen phosphoric acid or citric acid listed as an ingredient in soft drinks.

6.2 **a.** $HI(aq) \longrightarrow H^+(aq) + I^-(aq)$

b. $HNO_3(aq) \longrightarrow H^+(aq) + NO_3^-(aq)$

6.4 **a.** $KOH(s) \xrightarrow{H_2O} K^+(aq) + OH^-(aq)$

b. $LiOH(s) \xrightarrow{H_2O} Li^+(aq) + OH^-(aq)$

c. $Ca(OH)_2(s) \xrightarrow{H_2O} Ca^{2+}(aq) + 2\ OH^-(aq)$

6.5 **a.** $HNO_3(aq) + KOH(aq) \longrightarrow KNO_3(aq) + H_2O(l)$

$$H^+(aq) + NO_3^-(aq) + K^+(aq) + OH^-(aq) \longrightarrow K^+(aq) + NO_3^-(aq) + H_2O(l)$$

$$H^+(aq) + OH^-(aq) \longrightarrow H_2O(l)$$

b.

$$HCl(aq) + NH_4OH(aq) \longrightarrow NH_4Cl(aq) + H_2O(l)$$

$$H^+(aq) + Cl^-(aq) + NH_4^+(aq) + OH^-(aq) \longrightarrow NH_4^+(aq) + Cl^-(aq) + H_2O(l)$$

$$H^+(aq) + OH^-(aq) \longrightarrow H_2O(l)$$

6.6 **b.** The solution is basic because $[OH^-] > [H^+]$.

$[H^+][OH^-] = 1 \times 10^{-14}$

Solving, $[H^+] = 1 \times 10^{-8}$ M.

c. The solution is basic because $[OH^-] > [H^+]$.

$[H^+][OH^-] = 1 \times 10^{-14}$

Solving, $[OH^-] = 1 \times 10^{-4}$ M.

6.7 **a.** When potassium hydroxide dissociates, one hydroxide ion is released for each potassium ion. The basic solution contains much more OH^- than H^+. $OH^-(aq) = K^+(aq) > H^+(aq)$

b. When nitric acid dissociates, one hydrogen ion is released for each nitrate ion. The acidic solution contains much more H^+ than OH^-. $H^+(aq) = NO_3^-(aq) > OH^-(aq)$

c. When sulfuric acid dissociates, two hydrogen ions are released for each sulfate ion. The acidic solution contains much more H^+ than OH^-. $H^+(aq) > SO_4^{2-}(aq) > OH^-(aq)$

6.9 **a.** Although the pH values differ only by 1, the lake water sample is 10 times more acidic and (for an equal volume) would have 10 times more H^+ than the rain sample.

b. Although the pH values differ only by 3, the tap water sample is 1000 times more acidic and (for an equal volume) would have 1000 times more H^+ than the ocean water sample.

6.13

$$H_2SO_3(aq) \longrightarrow H^+(aq) + HSO_3^-(aq)$$
$$HSO_3^-(aq) \longrightarrow H^+(aq) + SO_3^{2-}(aq)$$
$$H_2SO_3(aq) \longrightarrow 2\ H^+(aq) + SO_3^{2-}(aq)$$

6.14 **c.** $1.68 \times 10^4 \text{ tons S} \times \dfrac{64 \text{ tons } SO_2}{32 \text{ tons S}} = 3.36 \times 10^4 \text{ tons } SO_2$

d. The SO_3 can react with water to form sulfuric acid: $SO_3(g) + H_2O(l) \longrightarrow H_2SO_4(aq)$

6.15 It requires 946 kJ of energy to break a mole of triple bonds between nitrogen atoms. This is one of the highest bond energies in Table 4.4.

6.16 Nitrogen monoxide (NO) is a gas that forms in automobile combustion engines. As you saw in Chapter 1, once released in the exhaust, it reacts in the atmosphere to produce NO_2.

$$N_2 + O_2 \xrightarrow{\text{high temperature}} 2\ NO$$

$$2\ NO + O_2 \longrightarrow 2\ NO_2$$

NO also reacts with ozone to form nitrogen dioxide (NO_2).

$$NO(g) + O_3(g) \longrightarrow NO_2(g) + O_2(g)$$

Nitrogen dioxide (NO_2) is a toxic brown gas. One indication of its reactivity is the damage it does to your lungs if you breathe it. If NO_2 were inert, it would not be such a health hazard. Ammonia (NH_3) is a gas that you may have encountered in the context of "household ammonia," an aqueous solution of ammonia. One indication of the reactivity of NH_3 is that it is a good cleaning agent. In addition, ammonia is a base that reacts quickly with acids.

6.17 SO_2 decreased more than NO_x, both in the actual amount and in the % reduction. The most likely reason for the decrease is the cap and trade component of the EPA's Acid Rain Program.

6.18 **a.** Iron (Fe) is a metal.

b. Aluminum (Al) is a metal.

c. Fluorine (F) is a nonmetal.

d. Calcium (Ca) is a metal.

e. Zinc (Zn) is a metal.

f. Oxygen (O) is a nonmetal.

6.19 $4\,Fe(s) + 2\,O_2(g) + \cancel{8\,H^+(aq)} \longrightarrow 4\,\cancel{Fe^{2+}(aq)} + \cancel{4\,H_2O(l)}$

$\cancel{4\,Fe^{2+}(aq)} + O_2(g) + \cancel{4\,H_2O(l)} \longrightarrow 2\,Fe_2O_3(s) + \cancel{8\,H^+(aq)}$

$4\,Fe(s) + 3\,O_2(g) \longrightarrow 2\,Fe_2O_3(s)$

6.20 **a.** Fe is the metal form of iron.

c. Fe^{2+} and Fe^{3+} have lost two and three valence electrons, respectively.

6.21 **a.** $MgCO_3(s) + 2\,H^+(aq) \longrightarrow Mg^{2+}(aq) + CO_2(g) + H_2O(l)$

b. Sodium bicarbonate is soluble in water. Section 5.8 does not contain this information explicitly, but any experience using baking soda (i.e., sodium bicarbonate) in cooking will show that it is indeed soluble in water.

6.22 $CaCO_3(s) + H_2SO_4(aq) \longrightarrow CaSO_4(s) + CO_2(g) + H_2O(l)$

6.25 $S(s) + O_2(g) \longrightarrow SO_2(g)$

$2\,SO_2(g) + O_2(g) \longrightarrow 2\,SO_3(g)$

$SO_3(g) + H_2O(l) \longrightarrow H_2SO_4(aq)$

6.26 **a.** $H_2SO_4(aq) + NH_4OH(aq) \longrightarrow NH_4HSO_4(aq) + H_2O(l)$

b. $H_2SO_4(aq) + 2\,NH_4OH(aq) \longrightarrow (NH_4)_2SO_4(aq) + 2\,H_2O(l)$

6.28 **b.** The hydrogen carbonate ion is acting as a base because it is reacting with an acid, that is, a hydrogen ion.

Chapter 7

7.5 U-234 has 92 protons and 142 neutrons compared to 92 protons and 146 neutrons for U-238.

7.6 **b.** ${}^{1}_{0}n + {}^{235}_{92}U \longrightarrow {}^{137}_{52}Te + {}^{97}_{40}Zr + 2\,{}^{1}_{0}n$

7.7 For anthracite coal:

$$9.0 \times 10^{10}\ \text{kJ} \times \frac{1.0\ \text{g anthracite coal}}{30.5\ \text{kJ}} \times \frac{1\ \text{kg}}{1000\ \text{g}} = 3.0 \times 10^{6}\ \text{kg anthracite coal}$$

The equivalent masses for the other grades are calculated in the same way: bituminous coal, 2.9×10^6 kg; subbituminous coal, 3.8×10^6 kg; lignite (brown coal), 5.6×10^6 kg; peat, 6.9×10^6 kg.

7.8 ${}^{241}_{95}Am \longrightarrow {}^{237}_{93}Np + {}^{4}_{2}He$

${}^{9}_{4}Be + {}^{4}_{2}He \longrightarrow {}^{12}_{6}C + {}^{1}_{0}n + {}^{0}_{0}\gamma$

7.9 In an emergency such as an earthquake, the fuel rods should be inserted in preparation for shutdown in order to slow the nuclear fission reaction in the reactor core.

7.10 The cloud is tiny droplets of condensed water vapor. People sometimes call this "steam," but technically this is not correct. Steam (water vapor) is invisible until it condenses. The cloud does not contain any nuclear fission products.

7.12 **c.** "Radiation" refers to UV radiation, a region of the electromagnetic spectrum.

d. "Radiation" refers to the nuclear radiation (alpha particles) emitted by uranium nuclei.

7.13 **b.** ${}^{239}_{94}Pu \longrightarrow {}^{235}_{92}U + {}^{4}_{2}He$

7.14 **a.** $:\!\ddot{\underset{..}{I}}\cdot$ $\quad :\!\ddot{\underset{..}{I}}\!:\!\ddot{\underset{..}{I}}\!:$ $\quad [:\!\ddot{\underset{..}{I}}\!:]^-$

atom molecule ion

b. The iodine atom is the most reactive here because it has one unpaired electron, that is, it is a free radical.

7.15 **a.** -249 kJ per mol H_2 and -125 kJ per gram H_2, both energy released.

b. From Figure 4.16, methane releases -50.1 kJ per gram when burned. Using the value calculated in part **a** as the basis for comparison, H_2 releases two and a half times more!

7.18 **a.** ${}^{222}_{86}Rn \longrightarrow {}^{218}_{84}Po + {}^{4}_{2}He$

c. Polonium-218 and the other decay products of radon are all solids. These may lodge in the lungs, continually emitting radiation as one product decays into the next. Nuclear radiation is weakly carcinogenic, so although exposure may cause cancer, it does not always cause cancer.

7.21 $$\frac{3.5 \times 10^{14}\ \text{C-14 atoms}}{3.0 \times 10^{26}\ \text{all C atoms}} \times 100 = 1.17 \times 10^{-10}\ \%\ \text{of carbon-14}$$

7.23 **a.** The other isotope is U-238. A trace amount of U-234 is present as well.

b. U-238 is not fissionable under the conditions present in a nuclear reactor.

c. These other radioisotopes are fission products. U-235 splits in many different ways, so many radioisotopes are formed.

7.25 After 10 half-lives, 0.0975% of the original sample remains.

# of half-lives	% decayed	% remaining
0	0	100
1	50	50
2	75	25
3	87.5	12.5
4	93.75	6.25
5	96.88	3.12
6	98.44	1.56
7	99.22	0.78
8	99.61	0.39
9	99.805	0.195
10	99.9025	0.0975

7.26 After 36.9 years (3 half-lives), 12.5% of the original tritium will remain.

7.27 **a.** Radium is a product in the natural decay series of uranium-238, the isotope of uranium of highest natural abundance. Therefore if uranium is present in the rocks and soils, radium will be present as well.

b. Five half-lives (5×3.8 days $= 19$ days) are required for the level of radioactivity to drop from 16 pCi to 0.5 pCi.

c. Radon will continue to enter your basement because the uranium in the soils and rocks underneath your home continuously produces it. See part **a**.

7.28 $^{1}_{0}n + {}^{235}_{92}U \longrightarrow {}^{143}_{54}Xe + {}^{90}_{38}Sr + 3\,{}^{1}_{0}n$

Chapter 8

8.2 Equations **c** and **e** are reduction half-reactions because electrons are gained, appearing on the reactant side of the equations. Equations **b** and **d** are oxidation half-reactions because electrons are lost, appearing on the product side.

8.3 **a.** Each equation is balanced from the standpoint of number and type of atoms.

b. Each equation is balanced from the standpoint of charge, but the total charge does not have to be zero on each side, just the same.

c. Electrons do not appear in the overall cell reaction, but are shown in half-reactions.

8.4 **a.** $Zn \longrightarrow Zn^{2+} + 2\,e^-$

b. $Cu^{2+} + 2\,e^- \longrightarrow Cu$

c. To be rechargeable, the products need to remain near the reactants rather than dispersing. In the case of this cell, the ions formed are mobile and disperse throughout the solution rather than staying near the electrodes.

8.6 **b.** Metallic lead, $Pb(s)$ loses two electrons to form aqueous lead ion, $Pb^{2+}(aq)$. Metallic lead is oxidized.

c. The battery discharge is the forward reaction of equation 8.12. As in part **b**, metallic lead, $Pb(s)$, is oxidized to form lead ion, $Pb^{2+}(aq)$.

8.7 **a.** Metals are elements that are good conductors of electricity and heat. They have a shiny appearance. In contrast, nonmetals are poor conductors of electricity and heat and are not shiny. See Section 1.6. Metals have low electronegativity values in comparison to nonmetals. This explains why metals tend to lose electrons to form cations (while nonmetals tend to gain electrons to form anions). See Chapter 5 for more information about electronegativity.

c. $CdS(s) + O_2(g) \longrightarrow Cd(s) + SO_2(g)$

In $CdS(s)$, the cadmium ion (Cd^{2+}) gains 2 electrons to form $Cd(s)$ and is reduced.

d. Sulfur dioxide released from smelting containing ores contributes to air pollution. The EPA monitors the level of SO_2 as part of ambient air quality standards due to the serious nature of this air pollutant as a respiratory irritant.

8.15 **b.** The reactions are endothermic. More energy is required to break bonds than is released in bond formation.

c. Although there is general agreement (+182 kJ vs. +165 kJ), remember that Table 4.4 gives *average* bond energies, not specific energies associated with the bonds in these compounds (with the exception of CO_2).

8.18 **a.** Doping with phosphorus forms an *n*-type semiconductor. Phosphorus is in Group VA and has one more electron per atom than a silicon atom does.

b. Doping with boron forms a *p*-type semiconductor. Boron is in Group IIIA and has one fewer electron per atom than a silicon atom.

8.19 **b.** Uses include providing electricity to power lighting, heating, and other electrical needs in a building or in a process used by the business. For example, PVs have been used to generate enough electricity to power the electrical needs of a small microbrewery.

c. Uses include supplying electricity to part or all of a home. At present, some homes that have a PV system are even able to sell electricity back to electric power companies. A PV system also can be used for electrical back-up in locations in which storms occur that disrupt the power.

8.22 **a.** A solar collector with a heat exchange fluid system would replace the burner/boiler systems.

b. Advantages of distributed generation for collecting solar energy include (1) a distributed generation system does not require a condenser and does not generate thermal pollution, and (2) it is suitable for locations not reached by power lines. Advantages of a centralized location for conventional energy generation include (1) the efficiency of scale—a concentrated energy source servicing many users, and (2) the user is not required to install the energy generation equipment.

Chapter 9

9.3 **a.**

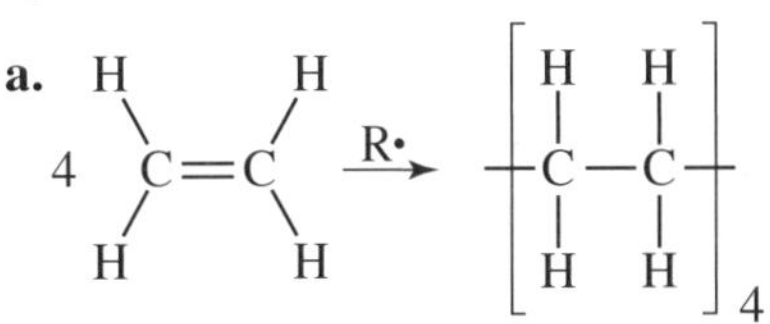

b.

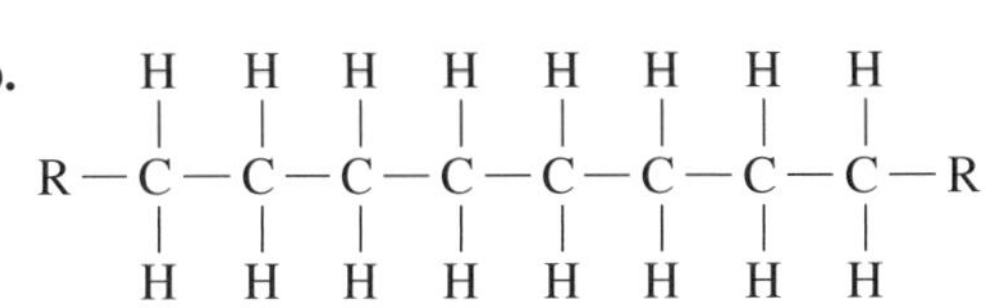

9.4 Items typically made of HDPE include pearly shampoo bottles, brightly colored detergent bottles, opaque or translucent milk jugs, and squeeze glue bottles. HDPE containers are often used for soaps and nonoily food items. In contrast, you are more likely to find LDPE as a plastic packing material or plastic baggie. Yes, HDPE and LDPE differ in flexibility. LDPE is usually softer and more flexible. They also differ in that HDPE is usually opaque or translucent, whereas some forms of LDPE are transparent.

9.10 **a.**

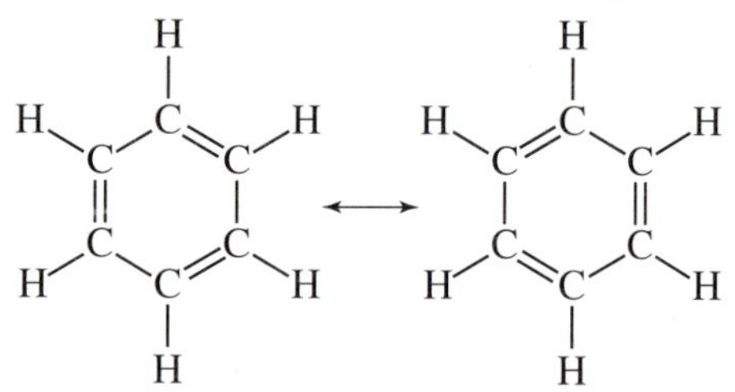

benzene

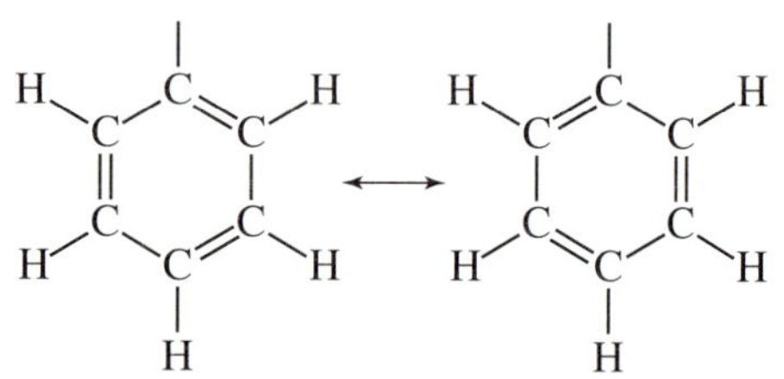

phenyl group

9.12

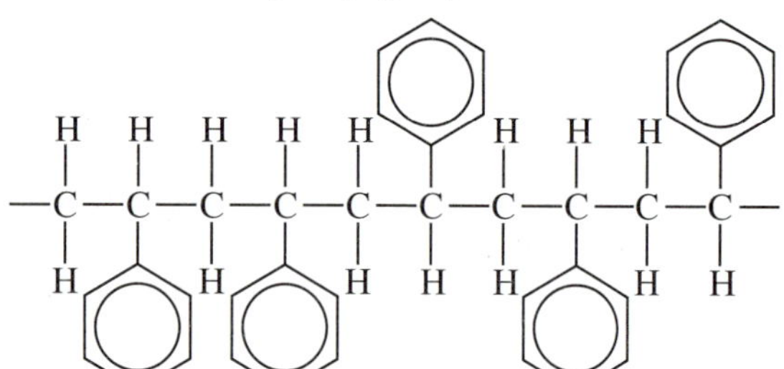

The head-to-tail arrangement is favored because this spaces the benzene rings as far apart as possible, minimizing repulsions between them. In the head-to-head, tail-to-tail arrangement, the rings would fall on carbons that are right next to each other.

9.15

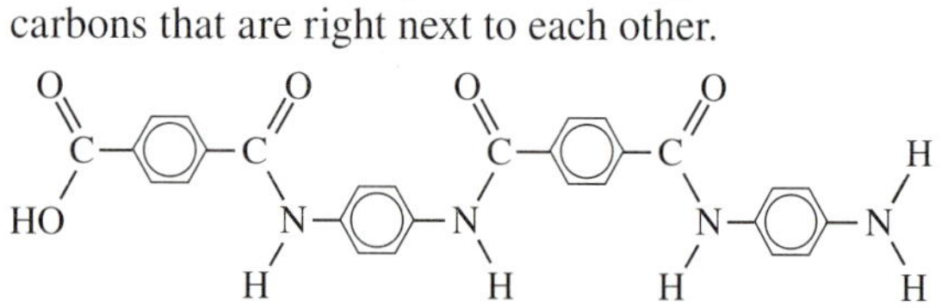

9.20 **a.** Propylene is $H_2C{=}CHCH_3$ or C_3H_6.

$$2500\ C_3H_6 + 11250\ O_2 \longrightarrow 7500\ CO_2 + 7500\ H_2O$$

9.23 Recyclable items that you might purchase include many plastic containers and jugs, beverages in aluminum cans, and newspapers. Examples of recycled-content items include paper products (some paper napkins, towels, toilet paper) and plastic items (some outdoor picnic tables, park benches, lumber, and even railroad ties). Yes, in theory, anything that contains postconsumer waste can be recycled again. In practice, however, this depends on local recycling services.

9.26 **a.**

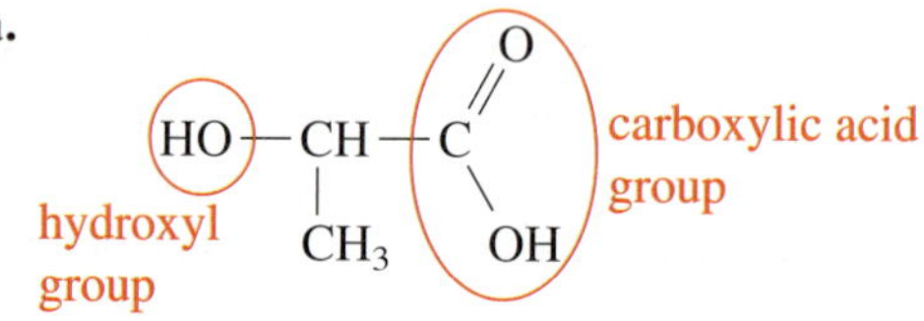

c. Here is a way to represent the polymer (with its repeating unit).

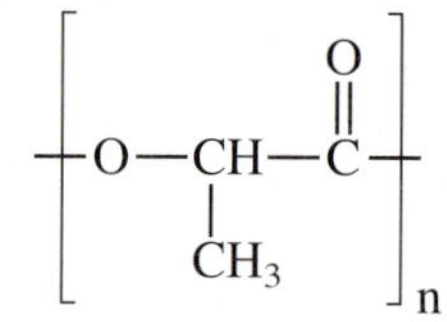

9.28 **a.** Advantages of glass bottles include that they are reusable, attractive, and relatively inexpensive. Disadvantages include that they are heavy and breakable. Advantages of plastic bottles include that they are light-weight, recyclable, inexpensive, and nonbreakable. Disadvantages include that they are petroleum based (a nonrenewable resource) and eventually make their way to the landfill.

b. Beer is occasionally sold in plastic bottles when glass would be unsafe (for example at sporting events), but consumer acceptance has been low. PET, the clear plastic bottle of choice, is slightly permeable to oxygen, which may chemically react with beer and change its taste.

9.30 **a.** Esters are a functional group, that is, a characteristic arrangement of atoms that impart certain properties to the molecule. The ester functional group was introduced in Chapter 4 and also shown in Table 9.2. Here is the structural formula for an ester.

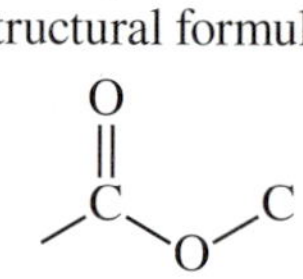

b.

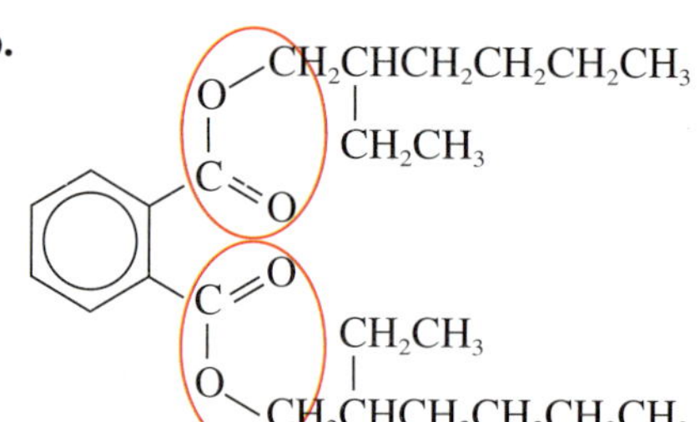

DEHP

c.

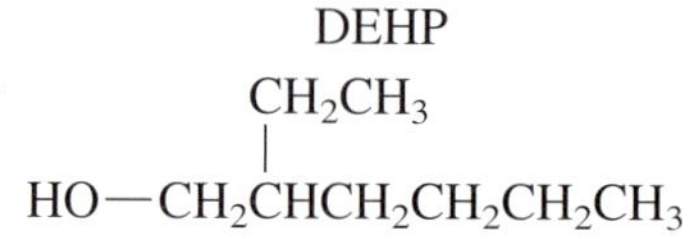

Chapter 10

10.4 **a.** Each carbon atom in Figure 10.2 is surrounded by 8 electrons (4 bonds), so the octet rule is followed.

b. Carbon monoxide, CO. Carbon only has three bonds in this molecule.

10.5 c. 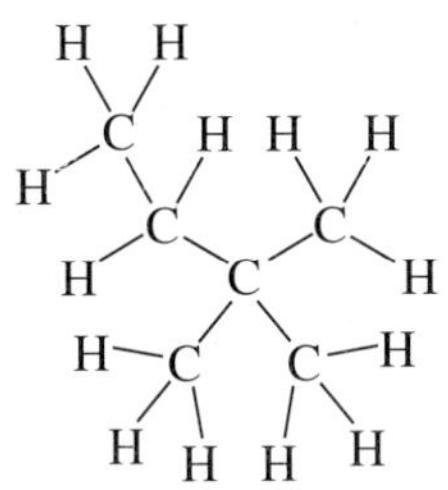

d. 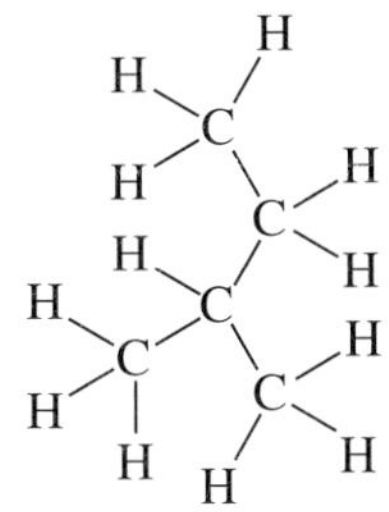

10.6 c. 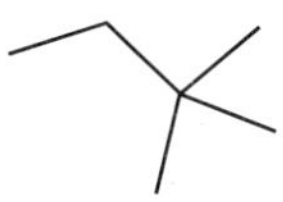

d. 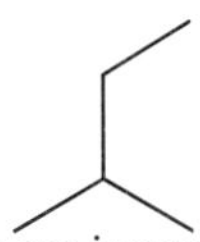

10.7 a. Yes, *n*-butane and *iso*butane are isomers. They have the same formula, C_4H_{10}, but different structures.

b. No, *n*-hexane (C_6H_{14}) and cyclohexane (C_6H_{12}) are not isomers. They have different formulas as well as different structures.

c.

Structural Formula	Condensed Structural Formula and Line-Angle Drawing
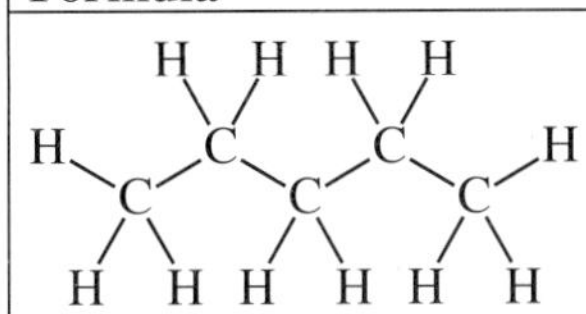	$CH_3CH_2CH_2CH_2CH_3$ 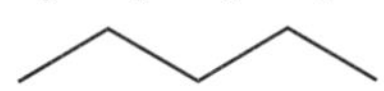
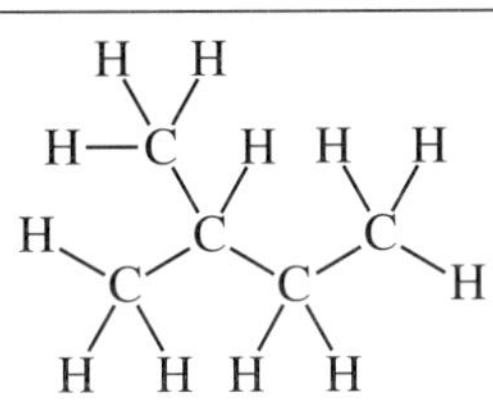	$CH_3CH(CH_3)CH_2CH_3$ 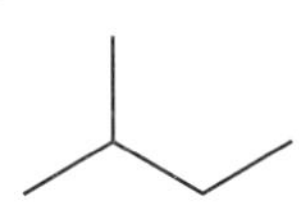
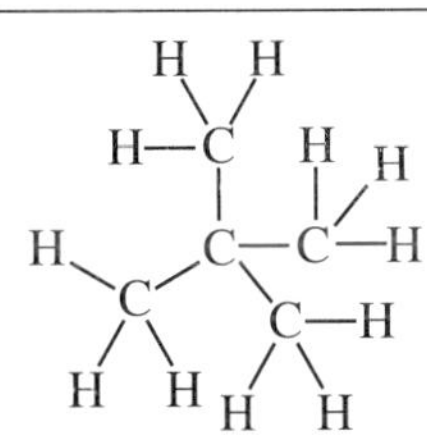	$C(CH_3)_4$ 

10.8 c. 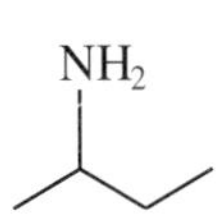 amine

d. 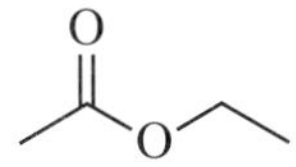 ester

e. 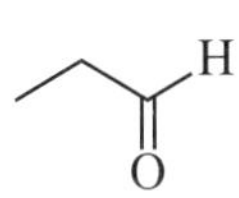 aldehyde

10.9 a. 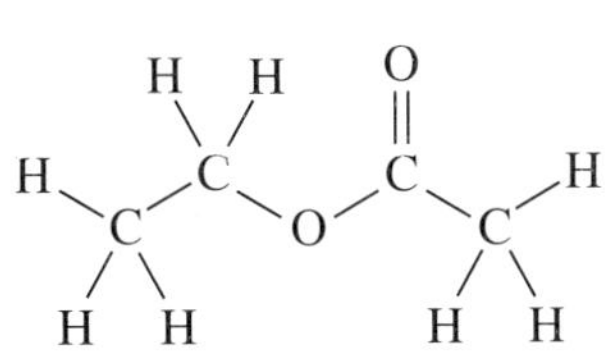

b. 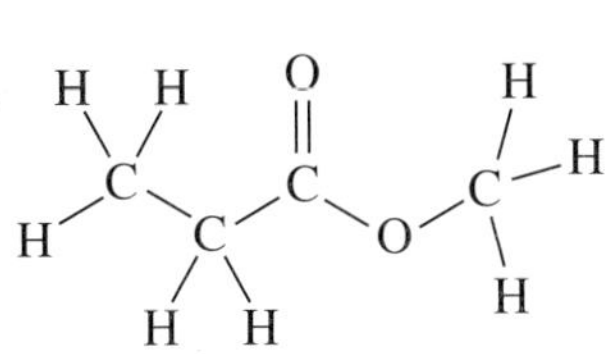

10.10 All three molecules have a benzene ring with attached functional groups that can form hydrogen bonds with water. Both aspirin and ibuprofen have a carboxylic acid group attached.

10.16 b. 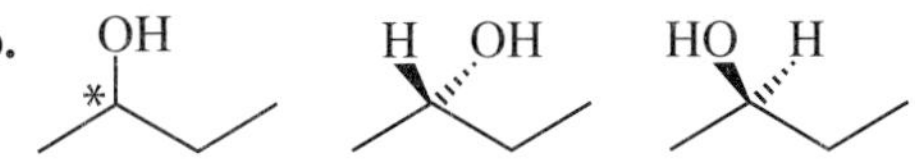

c. *$CHClFCH_3$ 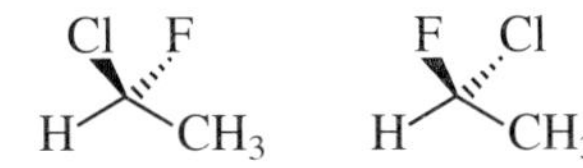

d. 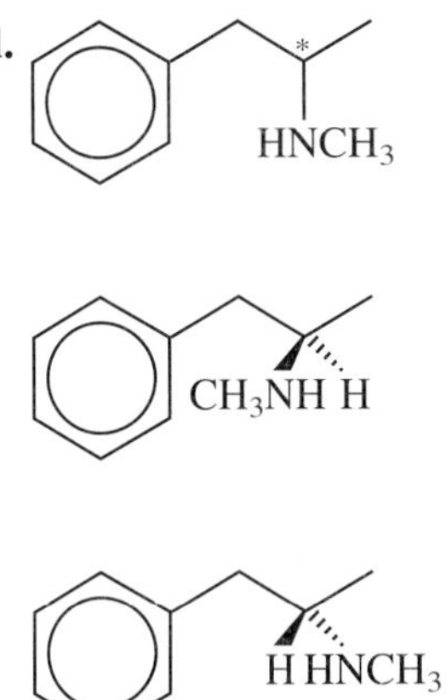

10.17 a. The chiral carbons are indicated with an asterisk in these structures. *Note:* Enantiomers are drawn here for part c—the chiral carbon is the same for both enantiomers.

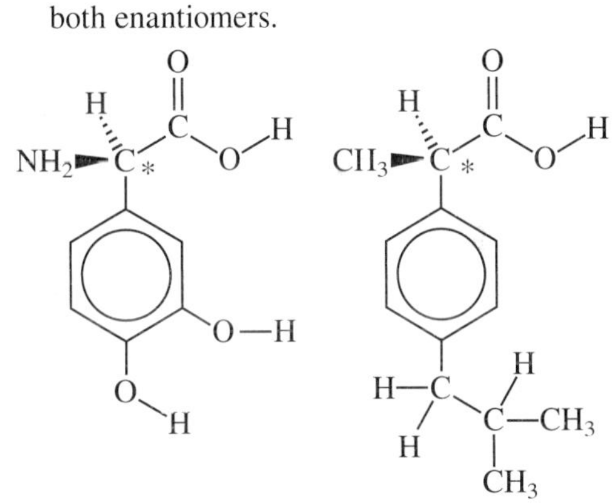

(+)-dopa (−)-ibuprofen

b. Ibuprofen has a phenyl ring and a carboxylic acid group. The dopa molecule has a phenyl ring, two hydroxyl groups, an amine, and a carboxylic acid group.

c. Drawings are given in part **a.**

10.19 a.

estradiol	**progesterone**
–OH group on the D ring	C=O group off the D ring
$-CH_3$ group on CD ring intersection	C=O and C=C on the A ring
	$-CH_3$ groups on CD and AB ring intersections

estradiol	**testosterone**
–OH group on the D ring	–OH group on the D ring
$-CH_3$ group on CD ring intersection	$-CH_3$ groups on CD and AB ring intersections
	C=O and C=C on the A ring

cholic acid	**cholesterol**
–OH groups on the A, B, and C rings	–OH group on the A ring
carboxylic acid group on D ring side chain	double bond in A ring
$-CH_3$ groups on CD and AB ring intersections	$-CH_3$ groups on CD and AB ring intersections

corticosterone	**cortisone**
C=O and C=C on the A ring	C=O and C=C on the A ring
–OH group on C ring	C=O group on C ring, and also on D ring side chain
–OH group on D ring side chain	–OH groups on D ring and D ring side chain
$-CH_3$ groups on CD and AB ring intersections	$-CH_3$ groups on CD and AB ring intersections

prednisone	**cortisone**
C=O and 2 C=C bonds on the A ring	C=O and C=C on the A ring
–OH group on C ring	C=O group on C ring, and also on D ring side chain
–OH group on D ring side chain	–OH groups on D ring and D ring side chain
$-CH_3$ groups on CD and AB ring intersections	$-CH_3$ groups on CD and AB ring intersections

b.

estradiol	$C_{18}H_{24}O_2$	testosterone	$C_{19}H_{28}O_2$
progesterone	$C_{21}H_{30}O_2$	cholic acid	$C_{24}H_{40}O_5$
prednisone	$C_{21}H_{26}O_5$	corticosterone	$C_{21}H_{30}O_4$
cortisone	$C_{21}H_{28}O_5$	cholesterol	$C_{27}H_{46}O$

10.26 Hydrochloric acid, HCl(*aq*), is used to form the salt of oxycodone. This is the structure for the salt. The N atom no longer has a lone pair of electrons, which is what characterizes the freebase form.

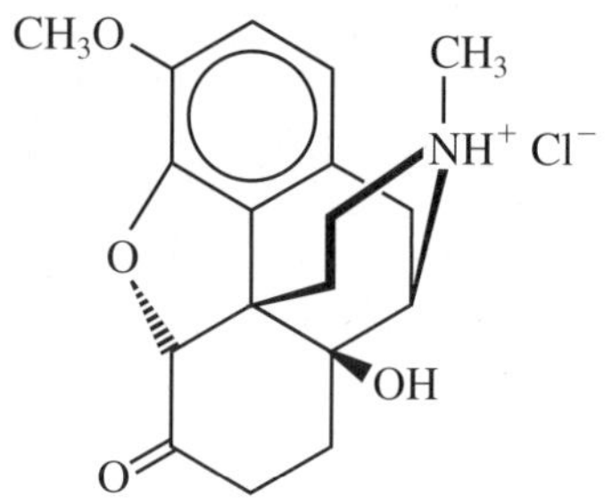

Chapter 11

11.7 b. Biodiesel is the methyl ester of a fatty acid. Fats and oils are triglycerides, that is, triple esters of glycerol.

11.10 The process of interesterification allows food producers to use fats and oils for food without *trans* fats. This follows green chemistry key idea #3: It is better to use and generate substances that are not toxic.

11.11 a. Sweetness is related to the molecular structure (and shape). Since the sugars have different structures, they will interact with the receptors on your tongue in a different manner, resulting in a different degree of sweetness.

b. Although these sugars differ in their chemical structures, their chemical composition is essentially the same. Fructose and glucose have the same chemical formula, and sucrose is nearly the same. With the same chemical formula, the same amount of heat is liberated when these sugars are metabolized (or burned).

11.14 GlyGlyGly, GlyGlyAla, GlyAlaAla, GlyAlaGly, AlaAlaAla, AlaAlaGly, AlaGlyGly, AlaGlyAla

11.18 Processed food tends to be "heavy" in salt, that is, have a sodium content per serving that is relatively high compared with the daily requirement. For some people, this tastes quite normal. But for others, this is noticeably salty. For example, a can of soup can be 800 mg or more of sodium per serving. The low salt choices have less sodium but still include some salt.

11.21 a. No. Males require more calories than females.

b. As males and females grow through their teens and into their 20s, their estimated calorie requirement increases. After age 30 and beyond, the calorie requirement declines.

11.25 a. $2000 \text{ g C} \times \frac{1 \text{ mol } CO_2}{12 \text{ g C}} \times \frac{44 \text{ g } CO_2}{1 \text{ mol } CO_2} \times \frac{1 \text{ lb } CO_2}{454 \text{ g } CO_2}$

= about 16 pounds of CO_2 emitted per gallon of gas.

11.25 b. Let's assume that your car gets 30 miles to the gallon. 1000 miles would then translate to 33 gallons of gas burned.
33 gallons × 16 pounds CO_2 per gallon
= 530 pounds of CO_2

11.26 a. From Chapter 5, "like dissolves like." In this case, both ammonia and water are polar molecules. Substances that are polar dissolve well in each other.

b. From Chapter 6, here is the chemical equation 6.5a that shows that ammonia gas dissolves in water.

$$NH_3(g) \xrightarrow{H_2O} NH_3(aq)$$

Small amounts of the hydroxide ion are released when ammonia dissolves in water, as shown in equation 6.5b, reproduced here.

$$NH_3(aq) + H_2O(l) \xrightarrow{\text{only to a small extent}} NH_4^+(aq) + OH^-(aq)$$

c. From Figure 11.26, the nitrate ion is assimilated by plants.

d. From Figure 11.26, the ammonium ion (NH_4^+) is first converted to the nitrite ion (NO_2^-) by microbes and then to the nitrate ion (NO_3^-), a form that plants can utilize. Here is a representation from Chapter 6.

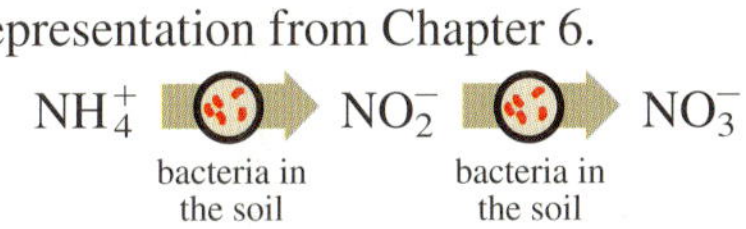

11.27 Here is the structural formula for methyl bromide:

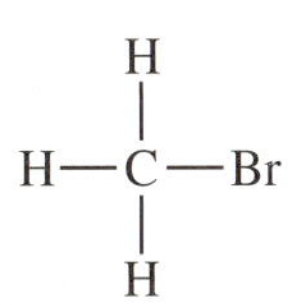

Methyl bromide contains a C–Br bond. This bond will split in the presence of UV light in the stratosphere to release bromine atoms that in turn react with ozone molecules, thus destroying them.

Chapter 12

12.2 a. Carbohydrate is a general term for all three of the other terms. Glucose is a monosaccharide or simple carbohydrate. Both cellulose and starch are polysaccharides or complex carbohydrates. Both are, in fact, structurally different polymers using the same monomer of glucose.

b. Triglycerides are a class of molecules that include both fats and oils. Fats are solid at room temperature as they contain more saturated fatty acids; oils are liquid at room temperature as they contain more unsaturated fatty acids.

12.3 a. A protein is a large molecule (a polymer) built from amino acids (smaller molecules, monomers). Protein molecules are characterized by features such as their composition, their distinctive shape, and their biological function.

b. A carbohydrate is a molecule composed of only C, H, and O in the ratio of CH_2O. Many carbohydrates, such as starch and cellulose, are large molecules (polymers) built from smaller molecules (sugar monomers).

12.6

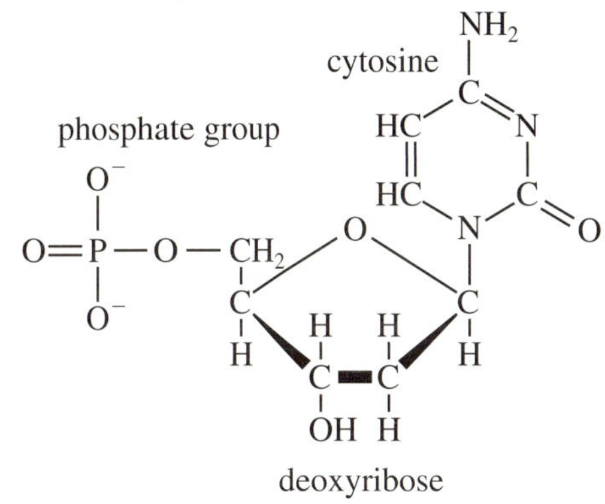

12.7 b. CTAGGAT

12.10 b. The chromosome must be condensed over 1000-fold to go from the extended double helix length of 4.6 cm (4.6×10^{-2} m) to approximately 4 μm (4×10^{-6} m).

c. This level of compaction is necessary to fit in an organized manner within the cell.

12.12 If several codons represent the same amino acid, then changes in single base pairs are less likely to result in a change to the amino acid sequence the gene encodes. The redundancy in the genetic code makes it more robust.

12.13 a. Nylon and proteins (such as those in meat) both contain the amide functional group.

c. Both nylons and proteins are condensation polymers. When they form, a small molecule (all proteins, but only some nylons) is released.

12.15 a. An ion is an atom or group of atoms with a positive or negative charge. Examples include the hydroxide ion (OH^-) and the sodium ion (Na^+).

b. ·OH and H· are examples of species with an unpaired electron.

c. When radiation of high enough energy collides with a molecule, it knocks out an electron, producing an ion with an unpaired electron.

d. In some cases, the ions produced by ionizing radiation are highly reactive because they have unpaired electrons. For example, this occurs when the water molecule is ionized (see Chapter 7). Random mutations occur in DNA because these reactive species damage the strand of DNA at random locations.

부록 5

연습문제 중 색 번호 문제에 대한 답

Chapter 0

9. These representations are similar in that they both contain the same elements: the economy, the society, and the environment. Both also depict these elements as overlapping. They differ in how these three elements overlap. As drawn for this question, the environment encompasses both the economy and society. Some would argue that this is essential, as without the environment, the other two cannot exist. Others, however, represent the environment, the economy, and the society as equally important (with the same area), as is the case with Figure 0.1.

13. When you are riding the bus, your footprints are reduced in the sense that your feet don't hit the pavement. In addition, your ecological footprint is lower, because you are using public transportation rather than your own vehicle. Of course, if you normally would walk rather than take the bus, you are "reducing your footprints" only in the first sense.

22. For example, as a teacher you could work with students and administrators in your school to conserve energy (power down computers when not in use) or produce less waste (compost coffee grounds and food scraps). As a gardener, you might want to consult with those who practice sustainable gardening in your local community. For example, one way to prevent fertilizers from getting into lakes and rivers is to reduce the runoff from lawns and gardens by catching rain in rain barrels. This water can then be released when the soils dry out, reducing the need to use municipal water systems.

Chapter 1

1. a. $\frac{0.5\text{ L}}{1\text{ breath}} \times \frac{15\text{ breaths}}{1\text{ min}} \times \frac{60\text{ min}}{1\text{ hr}} \times 8\text{ hr} = 3600\text{ L}$

b. Possibilities include burning less (wood, vegetation, cooking fuels, gasoline, incense), using products that pollute less (low-emission paints), and using motor-less appliances and tools (hand-operated lawnmower, egg beater, broom, rake).

3. a. $Rn < CO < CO_2 < Ar < O_2 < N_2$

b. CO and CO_2

5. Like the other noble gases, radon is colorless, tasteless, odorless, and relatively unreactive. However, radon is radioactive and the others are not.

6. a. 0.9 parts per hundred $\times \frac{1{,}000{,}000\text{ parts per million}}{100\text{ parts per hundred}}$ = 9000 parts per million
(Move the decimal 4 places to the right.)

7. a. Compound (2 molecules of one compound made up of two different elements)

b. Mixture (2 atoms of one element plus 2 atoms of another)

c. Mixture (three different substances, two elements and one compound)

d. Element (4 atoms of the same element)

10. a. 85,000 g **b.** 210,000,000 gallons

11. a. $2.2 \times 10^{-4}\text{ g/m}^3$

b. No, because CO is odorless.

13. a. Group 1A and Group 7A

b. 1A: lithium, sodium, potassium, rubidium, cesium, francium
7A: fluorine, chlorine, bromine, iodine, astatine

16. a. The chemical formula CH_4 indicates two types of atoms (C and H). A molecule of methane consists of 1 carbon atom and 4 hydrogen atoms. Similarly, SO_2 indicates two types of atoms (S and O). A molecule of sulfur dioxide consists of 1 sulfur atom and 2 oxygen atoms. The chemical formula O_3 indicates only one type of atom. A molecule of ozone consists of 3 oxygen atoms.

b. CH_4 (methane), SO_2 (sulfur dioxide), O_3 (ozone)

18. a. $N_2(g) + O_2(g) \longrightarrow 2\,NO(g)$
(occurs at high temperature)

b. $O_3(g) \longrightarrow O_2(g) + O(g)$
(occurs in the presence of UV light)

c. $2\,S(s) + 3\,O_2(g) \longrightarrow 2\,SO_3(g)$

24. a. platinum (Pt), palladium (Pd), rhodium (Rh)

b. All three metals are in Group 8B on the periodic table. Platinum is directly under palladium, and rhodium is just to the left of palladium.

c. These metals are solids at the temperature of the exhaust gases, so they must have relatively high melting points. Also, they do not undergo permanent chemical change when catalyzing the reaction of CO to CO_2 in the exhaust stream.

26. The Hilo photograph shows a wall, presumably built by humans (requiring fuel to be burned in the process of moving the stones). If the stones are cemented, the cement also emits gases as it dries. The cut lawn implies that a lawn mower was used, probably a power one, given the size of the lawn. The vegetation may have herbicides or pesticides applied, all of which can be carried by the air. The airport photograph is easier. The jet engines and the vehicles on the tarmac both leave air prints as they burn fuel. Any spilled fuel may evaporate into the air. The haze is most likely the result of emissions from vehicles and industry.

31. a. Normally, the exhaust gases are released to the atmosphere through the tailpipe and don't find their way back into the interior of the car. The tailpipe does not have a connection to the interior. However, if the gases are released into an enclosed space like a snow bank, they may seep back into the car as there is no easy escape path into the wider environment.

b. CO is an odorless, colorless, and tasteless gas.

34. CO is termed the "silent killer" because your senses cannot detect this colorless, tasteless, and odorless gas. The same term cannot be applied to pollutants such as O_3 or SO_2 because each has a distinctive odor that can be detected at concentrations below the level of toxicity.

37. Ozone up high is "good" because it protects us by absorbing incoming ultraviolet radiation from the Sun. Ozone nearby is "bad" because it can be dangerous to breathe and damages vegetation and materials such as rubber.

38. a. The elderly, the young, and people with respiratory diseases such as asthma and emphysema are most affected by ozone.

b. 3 days

c. Ozone is highly reactive, thus does not persist long in the atmosphere. Since no ozone is produced at night when the Sun isn't shining, its concentration falls.

d. Answers will vary. Possibilities include overcast skies, rain, or high winds. It could be a day when fewer people are driving or that industries are shut down.

e. Ozone levels in Atlanta, Georgia, are lower in December because there is less daylight in the winter months.

40. a. 15 ppm is 0.0015% and 2% is 20,000 ppm. 15 ppm is roughly 1300 times smaller than 20,000.

47. CO is a hazard when present at the part per million level, and instruments can easily detect CO at this concentration. In contrast, radon levels are much lower, on the order of parts per 10^{20}. Most radon detection kits sample the air over a period of time in order to get a high enough reading.

Chapter 2

3. a. Yes, this is over the detection minimum of 10 ppb.

$$\frac{0.118 \text{ parts } O_3}{1{,}000{,}000 \text{ parts air}} = \frac{118 \text{ parts } O_3}{1{,}000{,}000{,}000 \text{ parts air}} \text{ or } 118 \text{ ppb}$$

b. Yes, this is well over the detection minimum of 10 ppb.

$$\frac{25 \text{ parts } O_3}{1{,}000{,}000 \text{ parts air}} = \frac{25{,}000 \text{ parts } O_3}{1{,}000{,}000{,}000 \text{ parts air}} \text{ or } 25{,}000 \text{ ppb}$$

8. a. A neutral atom of oxygen has 8 protons and 8 electrons.

b. A neutral atom of nitrogen has 7 protons and 7 electrons.

10. a. helium, He　**c.** copper, Cu

b. potassium, K

11. c. 92 protons, 146 neutrons, and 92 electrons

f. 88 protons, 138 neutrons, and 88 electrons

12. c. $^{222}_{86}Rn$

13. a. •Ca•　**c.** :C̈l̤•

b. •Ṅ̤•　**d.** He:

14. b. There are 2(1) + 2(6) = 14 outer electrons. The Lewis structure is

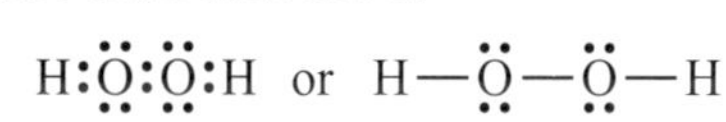

c. There are 2(1) + 6 = 8 outer electrons. The Lewis structure is

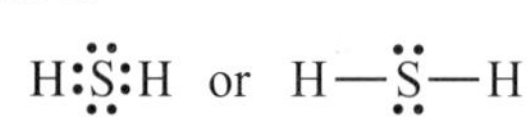

16. a. Wave 1 has a longer wavelength than wave 2.

b. Wave 1 has lower frequency than wave 2.

c. Both waves travel at the same speed.

19. In order of increasing energy per photon: radiowaves < infrared < visible < gamma rays

21. a. In order of increasing wavelength: UV-C < UV-B < UV-A

b. In order of increasing energy: UV-A < UV-B < UV-C

c. In order of increasing potential for biological damage: UV-A < UV-B < UV-C

25. a. methane, CH_4

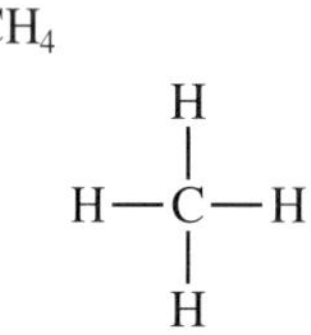

ethane, C_2H_6

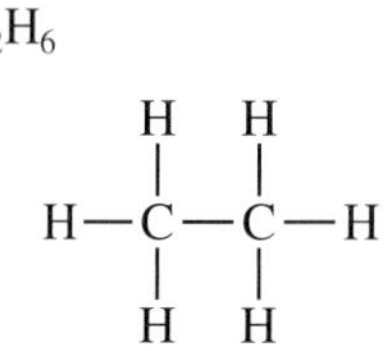

b. Three different CFCs are based on methane. They are: $CClF_3$, CCl_3F, and CCl_2F_2.

26. **a.** Cl• has 7 outer electrons. Its Lewis structure is :C̈l•

•NO_2 has 5 + 2(6) = 17 outer electrons. Its Lewis structure is

Ö::Ṅ:Ö: or Ö=Ṅ—Ö:

ClO• has 7 + 6 = 13 outer electrons. Its Lewis structure is

:C̈l:Ö• or :C̈l—Ö•

•OH has 6 + 1 = 7 outer electrons. Its Lewis structure is

•Ö:H or •Ö—H

b. They all contain an unpaired electron.

29. The message is that ground-level ozone is a harmful air pollutant. Ozone in the stratosphere, on the other hand, is beneficial because it can absorb harmful UV-B before it reaches the surface of the Earth.

31. **a.** The most energetic fraction is the UV-C light.

b. Up in the stratosphere where the air is very thin, UV-C splits oxygen molecules, O_2, into two oxygen atoms, O. These in turn react with other oxygen molecules to produce ozone, O_3. See the reactions of the Chapman cycle. Without the UV-C light (which does not reach the surface of our planet), the ozone layer would not form.

41. Although UV-C radiation causes damage to both animals and plants, it is completely absorbed by the O_2 in our atmosphere before it can reach the surface of the Earth.

44. Cl• acts as a catalyst in the series of reactions in which stratospheric O_3 molecules react to produce O_2 molecules. As it is not consumed in the reaction, Cl• can continue to catalyze the breakdown of O_3.

52. O_2, O_3, and N_2 all have an even number of valence electrons. In contrast, N_3 would have 15 valence electrons. Molecules with odd numbers of electrons cannot follow the octet rule and are more reactive.

53. **a.** 90 + 12 = 102. The compound contains one carbon atom, no hydrogen atoms, and two fluorine atoms. The chemical formula for CFC-12 is CCl_2F_2.

b. CCl_4 contains 1 carbon atom, 0 hydrogen atoms, and 0 fluorine atoms. Therefore, the code number for CCl_4 is 100 or 90 + 10. The name is CFC-10.

c. Yes, the "90" method will work for HCFCs. 90 + 22 = 112, so HCFC-22 would be composed of 1 carbon atom, 1 hydrogen atom, and 2 fluorine atoms, and its chemical formula would be $CHClF_2$.

d. No, this method will not work for halons as there is no guideline for handling bromine.

Chapter 3

4. **a.** $6\ CO_2 + 6\ H_2O \longrightarrow C_6H_{12}O_6 + 6\ O_2$

b. The number of atoms of each element on either side is the same. C = 6, O = 18, H = 12.

c. No, the number of molecules is not the same. There are 12 on the left, but only 7 on the right. The glucose molecule on the product side contains 24 atoms!

6. **a.** The rest of the Sun's energy is absorbed or reflected by the atmosphere.

7. **a.** As of 2013, the atmospheric concentration of CO_2 was about 400 ppm; however, 20,000 years ago, the concentration was only about 190 ppm. Looking back to 120,000 years ago, the concentration was about 270 ppm, still ~40% below current levels.

b. The mean atmospheric temperature at present is somewhat above the 1950–1980 mean atmospheric temperature. The mean atmospheric temperature 20,000 years ago was lower by about 15 °F. However, 120,000 years ago the mean atmospheric temperature was higher than the present temperature by only about 6 °F.

c. Although there appears to be a *correlation* between mean atmospheric temperature and CO_2 concentration, this graph does not prove *causation* of either factor by the other.

11. **a.** H—S̈—H bent

b. :C̈l—Ö—C̈l: bent

c. :N̈=N=Ö: or :N≡N—Ö: or :N̈—N≡O: linear

13. **a.** 3(1) + 4 + 6 + 1 = 14 outer electrons. This is the Lewis structure.

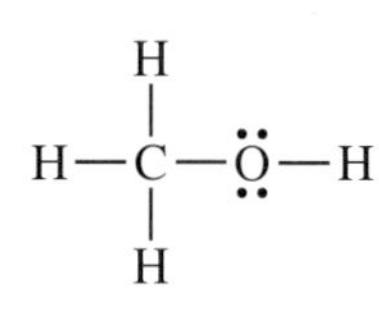

b. The geometry around the C atom is tetrahedral, and there are no lone pairs. A H–C–H bond angle of about 109.5° is predicted.

c. There are four pairs of electrons around the O atom, two of which are bonding pairs and two are nonbonded pairs. Repulsion between the two nonbonded electron pairs and their repulsion of the bonding pairs is predicted to cause the H–O–C bond angle to be less than 109.5°.

15. All can contribute to the greenhouse effect. In each case, the atoms move as the bond stretches or bends, and therefore the charge distribution changes. Unlike the linear CO_2 molecule, the water molecule is bent and so its polarity changes with each of these modes of vibration.

16. **a.** Use $E = \frac{hc}{\lambda}$ to calculate the energies.

The value of h is in Appendix 1.

$$E = \frac{(6.63 \times 10^{-34}\ \text{J} \cdot \text{s}) \times (3.00 \times 10^{8}\ \text{m} \cdot \text{s}^{-1})}{4.26\ \mu\text{m} \times \frac{1\ \text{m}}{10^{6}\ \mu\text{m}}} = 4.67 \times 10^{-20}\ \text{J}$$

$$E = \frac{(6.63 \times 10^{-34}\ \text{J} \cdot \text{s}) \times (3.00 \times 10^{8}\ \text{m} \cdot \text{s}^{-1})}{15.00\ \mu\text{m} \times \frac{1\ \text{m}}{10^{6}\ \mu\text{m}}} = 1.33 \times 10^{-20}\ \text{J}$$

19. **a.** $C_6H_{12}O_6 \longrightarrow 3\ CO_2 + 3\ CH_4$

b. in one day:

$$1.0\ \text{mg glucose} \times \frac{1\ \text{g}}{1000\ \text{mg}} \times \frac{1\ \text{mol glucose}}{180\ \text{g glucose}} \times \frac{3\ \text{mol}\ CO_2}{1\ \text{mol glucose}} \times \frac{44\ \text{g}\ CO_2}{1\ \text{mol}\ CO_2} = 7.3 \times 10^{-4}\ \text{g}\ CO_2$$

in one year: 7.3×10^{-4} g CO_2/day $\times$ 365 days/year = 0.27 g CO_2/year

21. **a.** A neutral atom of Ag-107 has 47 protons, 60 neutrons, and 47 electrons.

b. A neutral atom of Ag-109 has 47 protons, 62 neutrons, and 47 electrons. Only the number of neutrons has changed.

24. **a.** 2(1.0) g/mol + 16.0 g/mol = 18.0 g/mol

b. 12.0 g/mol + 2(19.0) g/mol + 2(35.5) g/mol = 121.0 g/mol

28. Properties include the estimated atmospheric lifetime of the substance and its ability to absorb infrared radiation.

33. Scientists have several ways of estimating the past temperatures of the Earth. For example, they can analyze the deuterium-to-hydrogen ratio in ice cores and recreate the temperatures in the distant past. They also can analyze drilled ocean cores for the number or type of microorganisms present. Another correlating piece of evidence is the changing alignment of the magnetic field in particles in the sediment over time.

39. **a.** $C_2H_5OH + 3\ O_2 \longrightarrow 3\ H_2O + 2\ CO_2$

b. 2 mol CO_2

c. 30 mol O_2

44. 73×10^{6} metric tons $CH_4 \times \frac{12\ \text{metric tons C}}{16\ \text{metric tons}\ CH_4} = 5.5 \times 10^{7}$ metric tons C

Chapter 4

2. **a.** CO_2, carbon dioxide

b. SO_2 is an air pollutant. Although sulfur is present in low concentration in coal, large amounts of coal are burned, and correspondingly large amounts of SO_2 are released.

c. The nitrogen present in air reacts with O_2 (also present in air) at high temperatures to form NO.

$$N_2 + O_2 \xrightarrow{\text{high temperature}} 2\ NO$$

d. Revisit Chapter 1 for the details. From the EPA website: "Particle exposure can lead to a variety of health effects. For example, numerous studies link particle levels to increased hospital admissions and emergency room visits and even to death from heart or lung diseases. Both long- and short-term particle exposures have been linked to health problems. Long-term exposures, such as those experienced by people living for many years in areas with high particle levels, have been associated with problems such as reduced lung function and the development of chronic bronchitis and even premature deaths."

9. A typical power plant burns 1.5 million tons of coal each year. The first calculation is for coal with 50 ppb mercury; the second is for 200 ppb mercury.

$$\frac{x\ \text{ton Hg}}{1.5 \times 10^{6}\ \text{ton coal}} = \frac{50\ \text{ton Hg}}{1 \times 10^{9}\ \text{ton coal}} \qquad x = 0.075\ \text{ton Hg}$$

$$\frac{x\ \text{ton Hg}}{1.5 \times 10^{6}\ \text{ton coal}} = \frac{200\ \text{ton Hg}}{1 \times 10^{9}\ \text{ton coal}} \qquad x = 0.30\ \text{ton Hg}$$

Assuming mercury concentrations in the range of 50–200 ppb, the plant releases between 0.075 and 0.30 ton Hg per year.

10. Hydrocarbons are alike in many ways. These include that they all consist only of the elements carbon and hydrogen. Furthermore, they all are flammable. When burned, they produce carbon dioxide, carbon monoxide, and/or soot plus water vapor. They all are insoluble in water. Hydrocarbons differ in many ways, including in the number of C and H atoms they contain. They also differ in their boiling or melting points. Some hydrocarbons are saturated; others are unsaturated.

13. **a.**

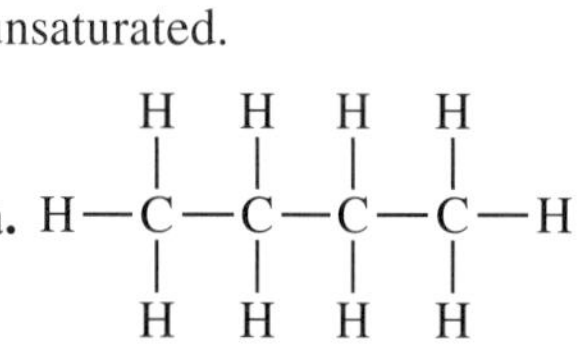

b.

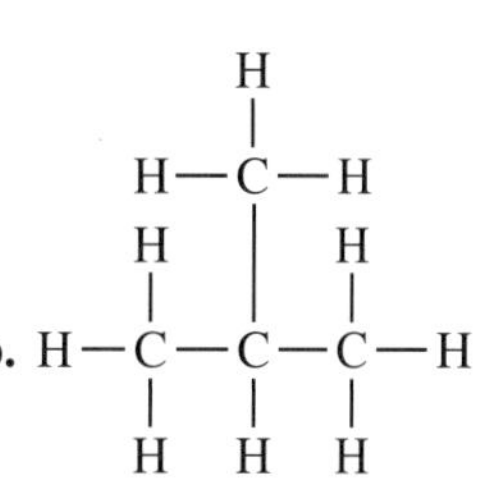

14. Pentane should be a liquid because room temperature (20 °C) is below its boiling point (36 °C) but above its melting point (−130 °C). Triacontane should be solid at room temperature because room temperature is below its melting point (66 °C). Propane should be a gas because room temperature is above its boiling point (−42 °C).

16. **a.** $2\ C_2H_6 + 7\ O_2 \longrightarrow 4\ CO_2 + 6\ H_2O$

b.

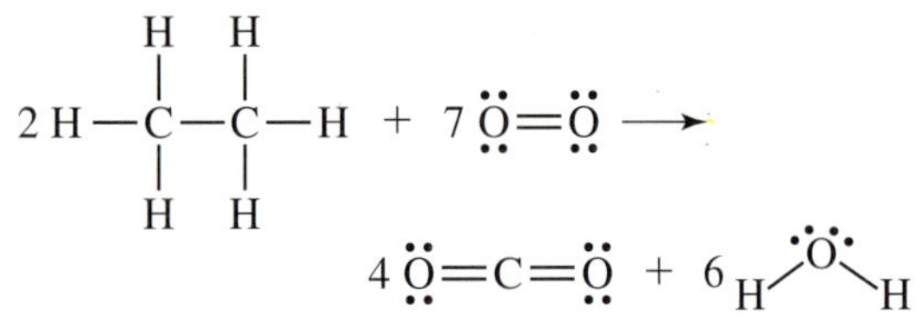

c. $$1.0 \text{ mol } C_2H_6 \times \frac{30 \text{ g } C_2H_6}{1 \text{ mol } C_2H_6} \times \frac{52.0 \text{ kJ}}{\text{mol } C_2H_6} = 1560 \text{ kJ/mol } C_2H_6$$

21. **a.** Bonds broken in the reactants
1 mol N≡N triple bonds = 1(946 kJ) = 946 kJ
3 mol H–H single bonds = 3(436 kJ) = 1308 kJ
Total energy *absorbed* in breaking bonds = 2254 kJ

Bonds formed in the products
6 mol N–H single bonds = 6(391 kJ) = 2346 kJ
Total energy *released* in forming bonds = 2346 kJ

Net energy change is (+2254 kJ) + (−2346 kJ) = −92 kJ

The overall energy change is negative, characteristic of an exothermic reaction.

24. **a.** None of these are isomers. All have different chemical formulas.

b. No other isomers are possible for ethene.

c. One other isomer is possible, although it is not like anything that you have encountered in this textbook. Here is its condensed structural formula: CH_3–O–CH_3.

26. Section 1.11 described the catalytic converters in automobiles. Section 2.9 described the catalytic destruction of ozone by chlorine free radicals.

33. **a.** The source of biodiesel is a triglyceride (a fat or an oil). In contrast, the source of ethanol is usually cellulose, a starch, or a sugar.

b. Biodiesel is produced by a one-step reaction (transesterification). In contrast, ethanol is produced by fermentation, which requires several steps followed by distillation to separate the ethanol.

c. On complete combustion, both produce CO_2 and H_2O.

d. Ethanol mixes with water in any proportion (as any bartender knows). In contrast, biodiesel is insoluble in water. This difference is important because ethanol has to be blended with gasoline with care, so as not to introduce any water into the fuel mixture.

43. A royal flush is an ace, king, queen, jack, and ten of the same suit. It is a highly improbable hand in poker (1 in about 650,000 five-card hands). It exhibits a higher degree of order (low entropy) and is more highly valued than a simple high card hand (a higher degree of entropy). The hand with the least entropy wins!

46. **a.** To break the bond, the C–F bond requires 485 kJ/mol, the C–Cl bond requires 327 kJ/mol, and the C–Br single bond requires 285 kJ/mol. The C–Br bond is the weakest. Thus, when Halon-1211 absorbs UV radiation, bromine atoms are likely to form and react with ozone.

b.

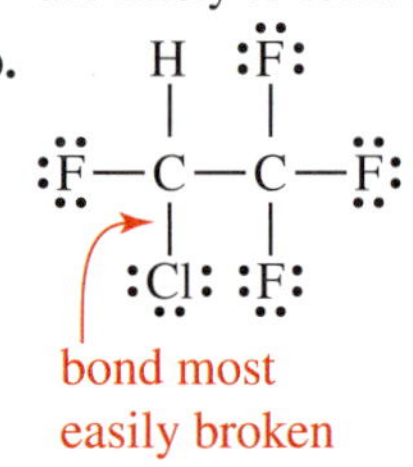

In this molecule, the C–Cl bond has the lowest bond energy and thus is the most easily broken.

Chapter 5

5. **a.** N and C, 3.0 − 2.5 = 0.5
O and S, 3.5 − 2.5 = 1.0
N and H, 3.0 − 2.1 = 0.9
S and F, 4.0 − 2.5 = 1.5

b. N more strongly than C
O more strongly than S
N more strongly than H
F more strongly than S

6. **a.** The Lewis structure for ammonia is

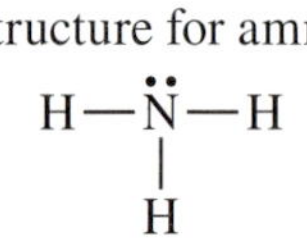

b. Each N–H bond is polar. The difference in electronegativity between N and H is 3.0 − 2.1 = 0.9.

c. The ammonia molecule is triangular pyramidal. This geometry, together with the polarity of the N–H bonds, causes the molecule to be polar.

8. **a.** Examples of nonmetals include C, H, O, S, Cl, and N. Nonmetals generally have higher electronegativity values than metals.

13. **a.** Partially soluble. Orange juice concentrate contains some solids (pulp) that do not dissolve in water.

b. Very soluble. Note that ammonia is a gas. If you ever have seen a lecture demonstration involving ammonia and water (e.g., "the ammonia fountain"), you know that ammonia dissolves almost instantly in water. Ammonia dissolves in water in any proportion.

d. Very soluble. When you add laundry detergent to your load of wash, it dissolves in the water (or at least it should dissolve—sometimes solid laundry detergent cakes together).

16. **a.** A chlorine atom gains one electron to form a chloride ion with a charge of 1−. The octet rule is satisfied.

$:\ddot{\underset{\cdot\cdot}{Cl}}\cdot$ and $[:\ddot{\underset{\cdot\cdot}{Cl}}:]^-$

d. A barium atom loses two electrons to form a barium ion, with a charge of 2+. The octet rule is satisfied.

$\cdot Ba \cdot$ and $[Ba]^{2+}$

17. **a.** NaBr sodium bromide

d. Al_2O_3 aluminum oxide

18. **a.** $Ca(HCO_3)_2$

b. $CaCO_3$

19. **a.** potassium acetate

e. calcium hypochlorite

24. **a.** The solution will conduct electricity and the bulb will light. Based on Table 5.9, $CaCl_2$ is a soluble salt and therefore releases ions (Ca^{2+} and Cl^- when it dissolves). These ions carry the current.

b. The solution will not conduct electricity. Although ethanol (C_2H_5OH) is soluble in water, it is a covalent compound and does not form ions.

27. The concentration of Mg^{2+} is 2.5 M, and the concentration of NO_3^- is 5.0 M.

28. **a.** To prepare 2 liters of 1.50 M KOH, weigh out 168 g of KOH and place it into a 2-L volumetric flask. Add distilled (or deionized) water to fill the flask to the mark. *Note:* If you don't have a 2-L volumetric flask, you will need to repeat the procedure twice with a 1-L flask with 84 g KOH in each.

b. To prepare 1 liter of 0.050 M NaBr, weigh out 5.2 g of NaBr and place it into a 1-L volumetric flask. Add water as in part **a**.

30. Chocolate requires 1700 L of water to produce a 100-gram bar. This includes the water necessary to grow and process the cacao and the sugar used to sweeten it. A pint of beer requires about 140 L of water, mainly for growing and producing the malted barley. These are average global values given on the Water Footprint Network (http://www.waterfootprint.org).

35. **a.** The electronegativities of the elements generally increase from left to right across a period (until Group 8A is reached) and from bottom to top within any group. Thus, the element in position 2 is predicted to have the highest electronegativity.

b. Ranking the other elements is not straightforward. Element 1 is expected to be more electronegative than element 3, based on their relative positions in the same group. Element 4 will likely be more electronegative than elements 1 and 3 and less electronegative than 2. However, because element 4 is not in the same period with any other element, this prediction cannot be made with certainty. Here are the values found in references (they do not appear in Table 5.1): 0.8 for element 1, 2.4 for element 2, 0.7 for element 3, and 1.9 for element 4. These values confirm the relative ranking in order of decreasing electronegativity: 2, 4, 1, 3.

38. Like water, NH_3 is a polar molecule. It has polar N–H bonds and a triangular pyramidal geometry. Therefore, despite its low molar mass, considerable energy must be added to liquid NH_3 to overcome the intermolecular forces (hydrogen bonding) among NH_3 molecules.

39. **a.** A single covalent bond holds together the two H atoms in H_2.

b. Hydrogen bonding is a type of *inter*molecular force, a force of attraction between a H atom on one molecule and an electronegative atom on another molecule (or in some cases, between a H atom and an electronegative atom on a different part of the same molecule).

42. For a given contaminant, the MCLG (a goal) and the MCL (a legal limit) are usually the same. However, the levels may differ when it is not practical or possible to achieve the health goal as set by the MCLG. This sometimes is the case for carcinogens, for which the MCLG is set at zero (under the assumption that any exposure presents a cancer risk).

44. **a.** Nitrate ion (NO_3^-) and nitrite ion (NO_2^-)

b. In the body, oxygen is needed to metabolize ("burn") glucose to produce energy.

c. The nitrate ion is not volatile. It is a solute that does not evaporate or decompose with heat.

Chapter 6

3. **a.** As of 2013, the approximate atmospheric concentration of CO_2 was 400 ppm.

b. The concentration of carbon dioxide in the atmosphere is increasing because humans are burning fossil fuels and cutting down forests, which absorb CO_2.

c. Here is the Lewis structure. $\ddot{\underset{\cdot\cdot}{O}}=C=\ddot{\underset{\cdot\cdot}{O}}$

d. No, you would not. Carbon dioxide is a nonpolar compound, and seawater is a polar solution of primarily water and sodium chloride. "Like dissolves like." Even so, carbon dioxide is slightly soluble in seawater and dissolves to form H_2CO_3.

4. Anthropogenic emissions, such as those of carbon dioxide, nitrogen oxides, and sulfur dioxide, are generated by human activities.

6. **a.** Possibilities include nitric acid (HNO_3), hydrochloric acid (HCl), sulfuric acid (H_2SO_4), sulfurous acid (H_2SO_3), phosphoric acid (H_3PO_4), carbonic acid (H_2CO_3), and hydrobromic acid (HBr).

b. In general, acids taste sour, turn litmus paper red (and have characteristic color changes with other indicators), are corrosive to metals such as iron and aluminum, and release carbon dioxide ("fizz") when mixed with a carbonate. These properties may not be observed if the acid is not sufficiently concentrated.

7. a. $HBr(aq) \longrightarrow H^+(aq) + Br^-(aq)$

b. $H_2SO_3(aq) \longrightarrow H^+(aq) + HSO_3^-(aq)$

8. a. Possibilities include sodium hydroxide (NaOH), potassium hydroxide (KOH), ammonium hydroxide (NH_4OH), magnesium hydroxide ($Mg(OH)_2$), and calcium hydroxide ($Ca(OH)_2$).

b. In general, bases taste bitter, turn litmus paper blue (and have characteristic color changes with other indicators), have a slippery feel in water, and are caustic to your skin.

9. a. $KOH(s) \longrightarrow K^+(aq) + OH^-(aq)$

12. a. $KOH(aq) + HNO_3(aq) \longrightarrow KNO_3(aq) + H_2O(l)$

13. a. The solution of pH = 6 has 100 times more $[H^+]$ than the solution of pH = 8.

d. The solution with $[OH^-] = 1 \times 10^{-2}$ M has $[H^+] = 1 \times 10^{-12}$ M. The solution with $[OH^-] = 1 \times 10^{-3}$ M has $[H^+] = 1 \times 10^{-11}$ M. Thus, in the second solution ($[OH^-] = 1 \times 10^{-3}$ M), the $[H^+]$ is higher by a factor of 10.

17. $S(s) + O_2(g) \longrightarrow SO_2(g)$

21. Sulfur dioxide reacts with calcium carbonate as follows:

$$CaCO_3(s) + SO_2(g) + H_2O(l) \longrightarrow Ca^{2+}(aq) + HCO_3^-(aq) + HSO_3^-(aq)$$

The molar masses of SO_2 and $CaCO_3$ are needed to solve the problem. Note that it is not necessary to change tons to grams. The ratio of the number of grams per mole is the same as the ratio of the number of kilograms per kilomole or the ratio of the number of tons per ton-mole.

$$1.00 \text{ ton } SO_2 \times \frac{1 \text{ ton-mole } SO_2}{64.1 \text{ tons } SO_2} \times \frac{1 \text{ ton-mole } CaCO_3}{1 \text{ ton-mole } SO_2} \times \frac{100 \text{ tons } CaCO_3}{1 \text{ ton-mole } CaCO_3} = 1.56 \text{ tons } CaCO_3$$

26. a. If we compare cola (pH = 2.7) with the average for acid rain (pH = 4.0), we find that the beverage is about 10 times more acidic. For rainwater (pH = 5.5), the beverage is about 1000 times more acidic.

29. c. The chemical formula $HC_2H_3O_2$ has the advantage of being written in the same format we have used for other acids, that is, with the acidic H atom written first. The advantage of using CH_3COOH is that it gives a better indication of how the atoms in the molecule are bonded.

31. a. $[H_2O] > [Na^+] = [OH^-] > [H^+]$

32. a. Combustion engines, such as those associated with jet aircraft, directly emit CO, CO_2, and NO. If small amounts of sulfur are present in the fuel, SO_2 and SO_3 are emitted as well.

33. Fuel combustion contributes greatly to the emissions of SO_2, with the major source being the burning of coal. Although fuel combustion contributes less to the emissions of NO_x, the percentage still is substantial. In contrast, transportation makes a small contribution to the emissions of SO_2 and a much larger one to the emissions of NO_x. Nitrogen monoxide is produced from N_2 and O_2 in the air whenever there is a high temperature. Thus, both automobile engines and power plants are big contributors of NO_x.

39. a. The slightly higher pH values in the lab indicate that the acidity decreased slightly between collection and measurement.

b. One possibility is that the field samples contained naturally occurring acids that were not stable over time. They decomposed, thus making the solution less acidic. Another possibility is that some of the acids present in the sample reacted with other molecules in the sample or with the sample container itself between the time the sample was collected and analyzed.

Chapter 7

1. One carbon atom can differ from another in the number of neutrons (such as C-12 and C-13) and in the number of electrons (carbon ions do exist, but we do not discuss them in this text). All carbon atoms differ from all uranium atoms in the number of protons, neutrons, and electrons. Carbon atoms also differ from uranium atoms in their chemical properties.

3. a. 94 protons

b. Np (neptunium), Pu (plutonium)

4. a. C-14 has 6 protons and 8 neutrons.

10. Neutrons are needed to initiate the process of nuclear fission of U-235.

$${}^1_0n + {}^{235}_{92}U \longrightarrow [{}^{236}_{92}U] \longrightarrow {}^{141}_{56}Ba + {}^{92}_{36}Kr + 3\,{}^1_0n$$

The fission products include two or three neutrons that can initiate more fission reactions. In this manner, a self-sustaining chain reaction can be established in which the products of one reaction can initiate another.

12. **A** is the control rod assembly, **B** is the cooling water out of the core, **C** is the control rods, **D** is the cooling water into the core, and **E** is the fuel rods.

15. a. ${}^1_0n + {}^{10}_5B \longrightarrow [{}^{11}_5B] \longrightarrow {}^4_2He + {}^7_3Li$

b. Boron can be used in control rods because it is a good neutron absorber.

17. **a.** $^{239}_{94}Pu \longrightarrow ^{235}_{92}U + ^{4}_{2}He$

$^{131}_{53}I \longrightarrow ^{131}_{54}Xe + ^{0}_{-1}e + ^{0}_{0}\gamma$

b. In a particulate form such as a powder or a dust, plutonium can be inhaled. If plutonium particles become lodged in the lungs, the ionizing radiation they emit (alpha particles) can damage lung cells. The decay products also are radioactive and can damage tissue.

c. Iodine accumulates in the thyroid gland.

d. After about 10 half-lives, samples have decayed to very low levels. The half-life of Pu-239 is about 24,000 years, so the timescale for a decrease to background level is on the order of hundreds of thousands of years. The half-life of I-131 is 8.5 days, so 10 half-lives is 85 days or about 3 months. A sample of I-131 decays to low levels on a timescale of months.

21. For this type of question, it is helpful to construct a chart.

# of half-lives	% remaining	% decayed
0	100	0
1	50	50
2	25	75
3	12.5	87.5
4	6.25	93.75
5	3.12	96.88
6	1.56	98.44

26. The natural abundances of U-238 and U-235 are 99.3% and 0.7%, respectively. U-235 can be induced to undergo nuclear fission and thus is suitable as a fuel for nuclear power plants and nuclear weapons. Because U-235 has such a low natural abundance, it is more difficult to procure in large quantities. Also, it is *extremely* difficult to separate U-235 from U-238. Had U-235 been readily available, far more countries would have had access to nuclear weapons.

34. See question 21. After 7 half-lives, 99% of a sample has decayed which is a reasonable approximation of being "gone." However, actually the radioactivity is *not* gone, as 0.78% of the radioactive sample still remains. Thus, if you start with a large amount of a radioactive substance (for example, 2000 pounds), after 7 half-lives you still have about 10 pounds left!

49. **a.** The sum of the masses of the reactants is 5.02838 g, and the sum for the products is 5.00878 g. The difference is 0.0196 g.

b. To use Einstein's equation, $E = mc^2$, you need to pay close attention to the units. The speed of light is 3.00×10^8 meters/second. In order to have joules (J) as the unit of energy, the mass must be in kilograms (kg), so you need to convert g to kg. In addition, you need the conversion factor that 1 J × 1 kg-meter^2/second^2. Whew! Here is the calculation.

$$E = 0.0196 \text{ g} \times \frac{1 \text{ kg}}{10^3 \text{g}} \times \left[\frac{3.00 \times 10^8 \text{ m}}{\text{s}}\right]^2 \times \frac{1 \text{ J}}{\text{kg-m}^2/\text{s}^2}$$

$$E = 1.76 \times 10^{12} \text{ J}$$

Chapter 8

1. **a.** Oxidation is a process in which an atom, ion, or molecule *loses* one or more electrons. Reduction is a process in which an atom, ion, or molecule *gains* one or more electrons.

b. Electrons are transferred from the species losing electrons to the species gaining electrons.

3. $Zn(s)$ is oxidized to Zn^{2+} in zinc oxide. $O_2(g)$ is reduced to O^{2-} in zinc oxide.

4. A galvanic cell is a type of electrochemical cell that converts the energy released in a chemical reaction into electrical energy. An example of a galvanic cell, an alkaline cell, is shown in Figure 8.5. A battery is a series of galvanic cells connected together. An example is the lead–acid storage battery made of several galvanic cells. *Note:* The term *battery* commonly is used interchangeably with *cell* (galvanic cell). For example, sometimes the D cell (a type of galvanic cell) is referred to as a D cell battery.

6. **a.** The anode is $Zn(s)$. The oxidation half-reaction is

$$Zn(s) \longrightarrow Zn^{2+}(aq) + 2\,e^-$$

b. The cathode is $Ag(s)$. The reduction half-reaction is

$$2\,Ag^+(aq) + 2\,e^- \longrightarrow 2\,Ag(s)$$

11. **a.** The electrolyte completes the electrical circuit. It provides a medium for transport of ions, thus allowing charge to be transferred.

b. $KOH(aq)$ (in a paste-like form)

c. concentrated sulfuric acid

13. It represents the reduction half-reaction. The conversion of O_2 to H_2O requires a supply of electrons.

17. Oxidation half-reaction:

$$CH_4(g) + 8\,OH^-(aq) \longrightarrow CO_2(g) + 6\,H_2O(l) + 8\,e^-$$

Reduction half-reaction:

$$2\,O_2(g) + 4\,H_2O(l) + 8\,e^- \longrightarrow 8\,OH^-(aq)$$

Overall reaction:

$$CH_4(g) + 2\,O_2(g) \longrightarrow CO_2(g) + 2\,H_2O(l)$$

23. Each Si atom is surrounded by 8 electrons, but the atom in the center (the one that is doping the semiconductor) is surrounded by 9 electrons. Silicon is in Group 4A and has 4 outer electrons. Thus central atom in the figure must have 5 outer electrons. This is consistent with an element in Group 5A, such as arsenic, so this is an *n*-type silicon semiconductor.

25. In every electrochemical process described in this chapter, energy is produced through electron transfer. Chemical reactions (such as those that take place in galvanic cells, batteries, and fuel cells) produce electrons that can do work because the anode and cathode are physically separated in space. The transfer of electrons also may be initiated when light strikes a photovoltaic cell.

29. The primary difference is that these produce electricity using different chemical reactions. In addition, a lead–acid storage battery converts chemical energy into electrical energy by means of a reversible reaction. No reactants or products leave the "storage" battery, and the reactants can be reformed during the recharging cycle. A fuel cell also converts chemical energy into electrical energy, but the reaction is not reversible. A fuel cell continues to operate only if fuel and oxidant are continuously added, which is why it is classed as a "flow" battery.

40. **a.** Conversion of fuel:

$$C_8H_{18}(l) + 4\,O_2(g) \longrightarrow 9\,H_2(g) + 8\,CO(g)$$

Fuel cell reaction:

$$CO(g) + H_2O(g) \xrightarrow{\text{catalyst}} CO_2(g) + H_2(g)$$

b. This type of fuel cell is convenient because it runs on a liquid fuel, gasoline, rather than using gaseous hydrogen. Currently, most nations have an infrastructure for gasoline refueling. However, the liquid fuel is still petroleum-based and therefore nonrenewable. It also burns to produce CO_2, a greenhouse gas. Therefore, although such fuel cells may find specialty applications in the near future, their long-term prospects are not promising.

Chapter 9

1. Cotton, silk, rubber, wool, and DNA are examples of natural polymers. Synthetic polymers include Kevlar, polyvinyl chloride (PVC), Dacron, polyethylene, polypropylene, and polyethylene terephthalate.

3. The *n* on the left side of the equation gives the number of monomers that react to form the polymer. This *n* is a coefficient. In contrast, the *n* on the right side is a subscript and represents the number of repeating units in the polymer.

6. The bottle on the left most likely is made of low-density polyethylene; the one on the right, high-density polyethylene. The molecular structures of LDPE and HDPE help explain at a molecular level the difference in properties. LDPE is a more highly branched polymer, lessening molecular attractions between the chains and causing the plastic to be softer and more easily deformed. HDPE molecules, with fewer branches, can more closely approach each other, increasing the molecular attractions.

9. Each ethylene monomer has a molar mass of 28 grams. To determine the number of monomers in the polymer, divide 40,000 (the molar mass of the polymer) by 28 (the molar mass of the monomer). The result is 1428 monomers. To determine the number of carbon atoms present in the polymer, note that each monomer contains two carbon atoms ($H_2C{=}CH_2$). Accordingly, the polymer contains 2×1428 carbon atoms, or 2856 carbon atoms. In round numbers, there are roughly 3000 carbon atoms.

11. This is the tail-to-tail, head-to-head arrangement of PVC formed from three monomer units.

20. **a.** Pentanoic acid.

b.

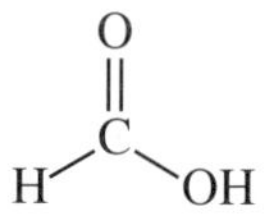

c.

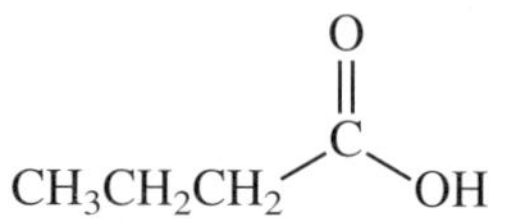

22. **a.** A blowing agent is a gas (or a substance capable of producing a gas) used to manufacture a foamed plastic. For example, a blowing agent is used to produce Styrofoam from PVC.

b. Carbon dioxide can replace the CFCs or the HCFCs that once were used as blowing agents. Although CO_2 is a greenhouse gas, it still is preferable because CFCs and HCFCs both deplete the ozone layer as well as being potent greenhouse gases.

28. Factors other than the chemical composition of the monomer(s) influence the properties of the polymer. These include length of the chain (the number of monomer units), the three-dimensional arrangement of the chains, the degree of branching in the chain, and orientation of monomer units within the chain.

30. For addition polymerization, the monomer must have a C=C double bond. Although some monomers have benzene rings as part of their structures (styrene, for example), the double bond involved in addition polymerization must not be in the ring. An example is the formation of PP from propylene. For condensation polymerization, each monomer must have two functional groups that can react and eliminate a small molecule such as water. For example, an alcohol and a carboxylic acid can react to eliminate water. An example is the formation of PET from ethylene glycol and terephthalic acid.

31. In vinyl chloride, each carbon atom has 3 bonds (2 single bonds and 1 double bond) around each carbon. These 3 bonds form an equilateral triangle (trigonal) and the Cl–C–H bond angle is about 120°. In the polymer, each carbon atom is connected to other atoms by 4 single bonds. The double bond is no longer present, and the 4 bonds point to the corners of a tetrahedron with a bond angle of about 109°.

32. **a.** Here is the Lewis structure for the monomer.

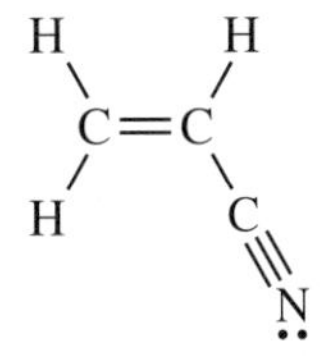

b. When Acrilan fibers burn, one of the combustion products is the poisonous gas hydrogen cyanide, HCN.

38. **a.** PLA stands for polylactic acid, a polymer.

b. The monomer of PLA is lactic acid. In the United States, lactic acid is produced from corn.

c. Reasons include that (1) corn is a renewable resource, (2) PLA is compostable, and (3) PLA is not a petroleum-based polymer.

d. (1) Although corn is a renewable resource, corn is a crop with its share of controversies. These include the degradation of the land on which it is grown and the runoff of fertilizers and pesticides into nearby waterways. (2) Although PLA is compostable, this is true only in industrial composters that most communities do not have. It degrades slowly if at all in a landfill. (3) Although no oil is used in its production, fuels such as petroleum are nonetheless used in the growing of corn and its transportation.

44. The Big Six polymers are generally large (in fact huge) molecules with low water solubility. Furthermore, many are hydrocarbons (HDPE, LDPE, PS, PP) and therefore would not be expected to dissolve in polar solvents, such as water. The generalization explained in Chapter 5 is that "like dissolves like." However, some polymers, including HDPE and LDPE, soften in hydrocarbons or chlorinated hydrocarbons because these nonpolar solvents interact with the nonpolar polymeric chains.

Chapter 10

1. **a.** An antipyretic drug is intended to reduce fever.

b. An analgesic drug is intended to reduce pain.

c. An anti-inflammatory drug is intended to reduce inflammation, that is, swelling and pain caused by irritation, injury, or infection.

2. Organic chemists study the chemistry of carbon compounds.

3. The condensed formulas are $CH_3CH_2CH_2CH_2CH_3$ [or $CH_3(CH_2)_3CH_3$], $CH_3CH_2CH(CH_3)CH_3$, and $CH_3C(CH_3)_2CH_3$. Here are the line-angle drawings.

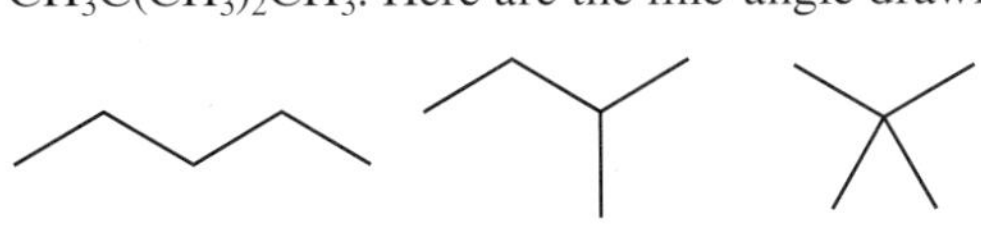

5. For the chemical formula C_4H_9OH, four isomers that contain an –OH group exist. Here are the structural formulas, with the H atoms omitted for clarity.

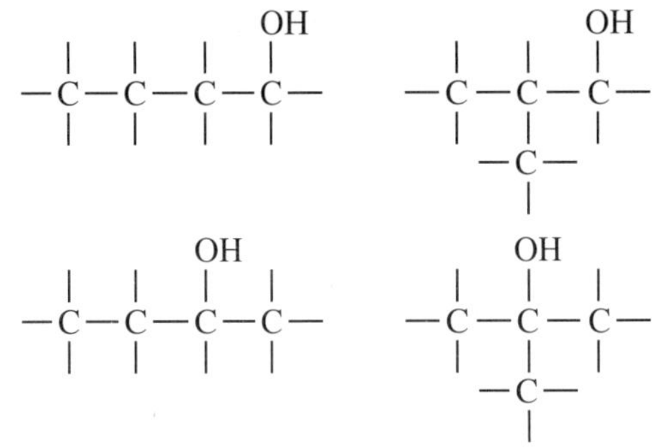

6. **a.** 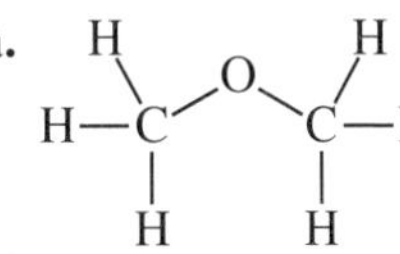 contains the 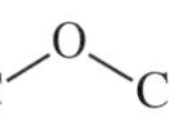 functional group and is an ether.

b. 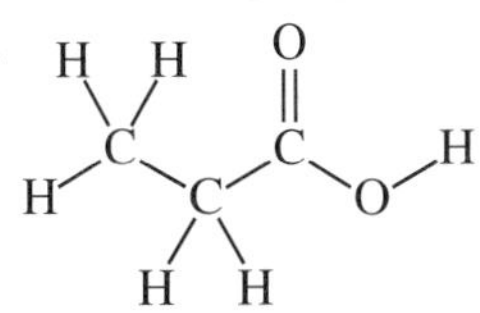 contains the 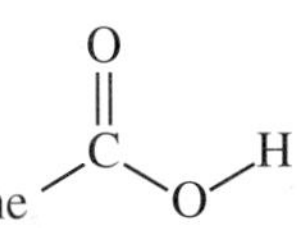 functional group and is a carboxylic acid.

c. 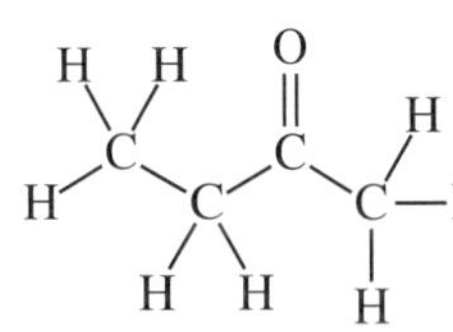 contains the 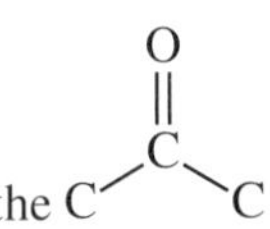 functional group and is a ketone.

d. 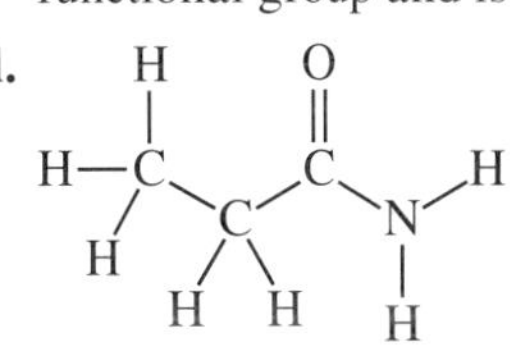 contains the 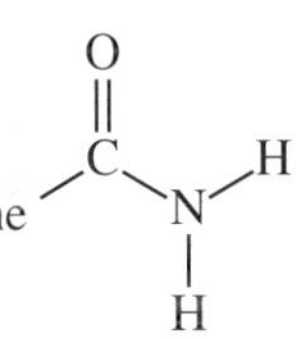 functional group and is an amide.

e. 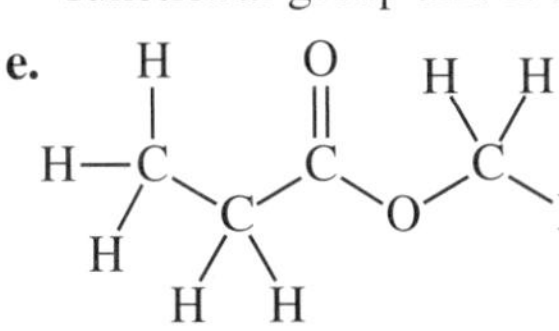 contains the 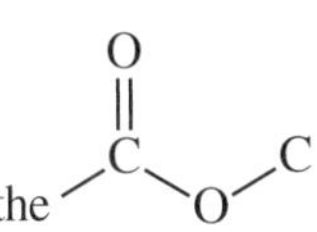 functional group and is an ester.

7. With an alcohol, an aldehyde, or a carboxylic acid, a compound with 1 C atom is possible. The other functional groups require more than 1 C atom.

a. Alcohol. The simplest compound is methanol, CH_3OH.

b. Aldehyde. The simplest example is methanal (commonly called formaldehyde), CH_2O.

d. Ester. The simplest example has two carbons: $HCOOCH_3$. It is called methyl methanoate, or methyl formate (but these names may be beyond the scope of your study).

8. a. The compound is an alcohol (ethanol). An isomer with a different functional group is an ether.

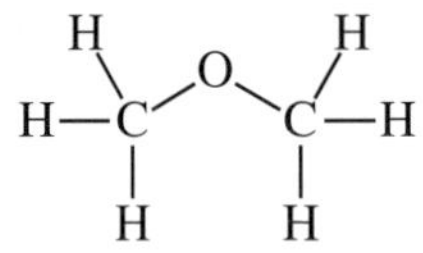

b. The compound is an aldehyde (propanal). An isomer with a different functional group is a ketone.

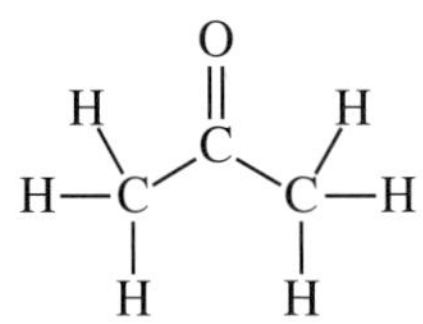

c. The compound is an ester (propyl formate). An isomer with a different functional group is a carboxylic acid.

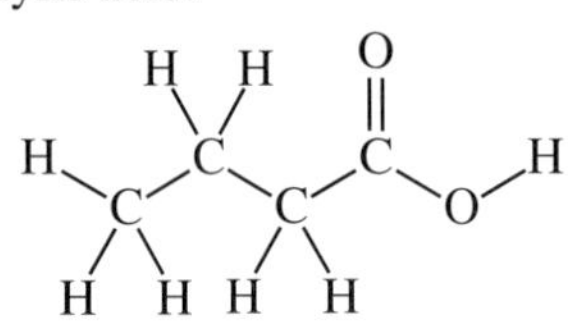

10. a. Here is the structural formula for acetaminophen.

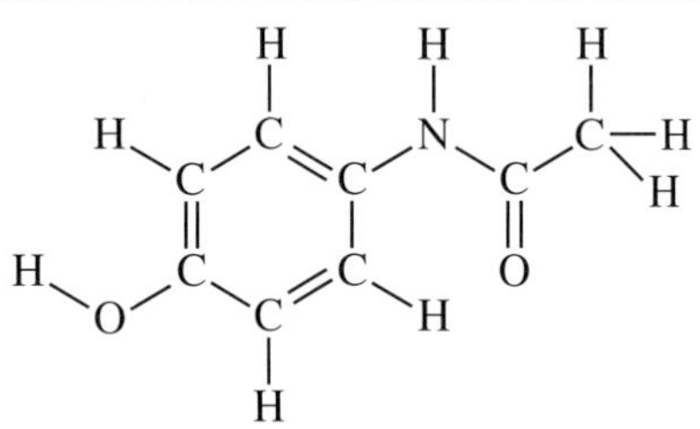

b. The chemical formula is $C_8H_9NO_2$.

11. a. There are two amide groups.

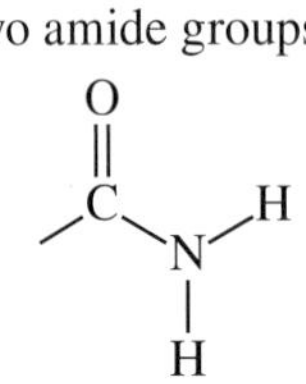

14. a. *n*-propanol, $CH_3CH_2CH_2OH$

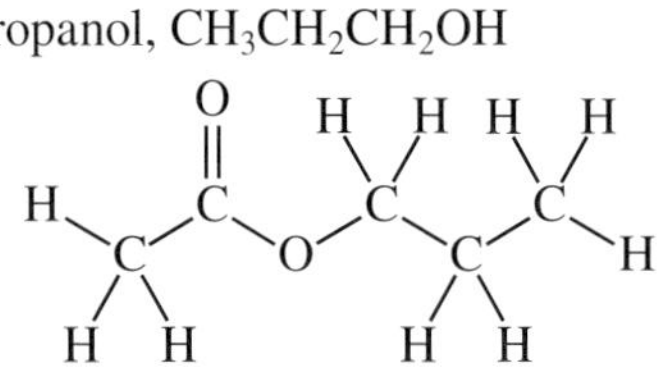

b. *iso*propanol, $(CH_3)_2CHOH$

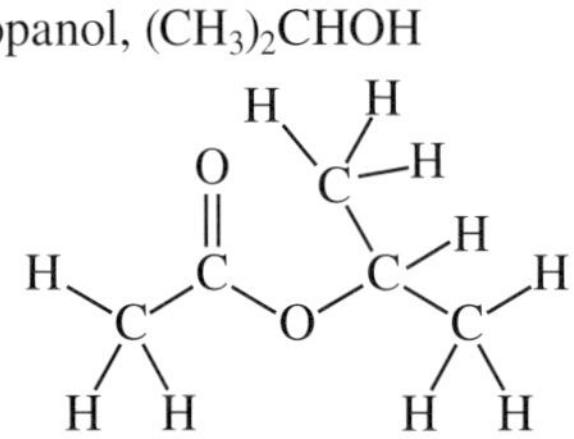

c. *t*-butanol, $(CH_3)_3COH$

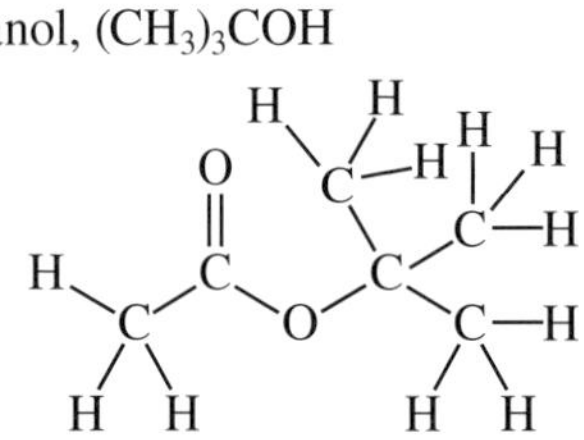

16. a. H—C≡N:

17. No, aspirin would not be more active if it were to interact with prostaglandins directly. Its effectiveness would require a direct correspondence between the number of molecules of aspirin and prostaglandin. When aspirin blocks a COX enzyme, it prevents the synthesis of many prostaglandin molecules, since one enzyme is responsible for increasing the rate of synthesis of the prostaglandins.

18. If you started with 2 active functional groups, you would have 4 different products after 2 synthetic steps. If the reagent used in the first step had 2 reactive groups itself, you would produce 8 different products after the 2 synthetic steps (assuming the second step had a reagent with only 1 reactive group).

21. A pharmacophore is the three-dimensional arrangement of atoms, or groups of atoms, responsible for the biological activity of a drug molecule.

22. Sulfanilamide has the same basic shape and contains similar functional groups in the same regions as *para*-aminobenzoic acid, so it replaces the nutrient in some biologically important process. Without the key nutrient, the bacteria die.

23. a. This compound cannot exist in chiral forms. The central carbon atom is bonded to two equivalent $-CH_3$ groups.

b. This compound can exist in chiral forms. The four groups attached to the central carbon atom are all different.

c. This compound can exist in chiral forms. The four groups attached to the central carbon atom are all different.

d. This compound cannot exist in chiral forms. The central carbon atom is bonded to two equivalent $-CH_3$ groups.

25. A freebase is a nitrogen-containing molecule in which the nitrogen is in possession of its lone pair of electrons. Treating methamphetamine hydrochloride with a base (e.g., hydroxide ions, OH^-) strips off one of the hydrogen atoms attached to the nitrogen atom, freeing up its lone pair.

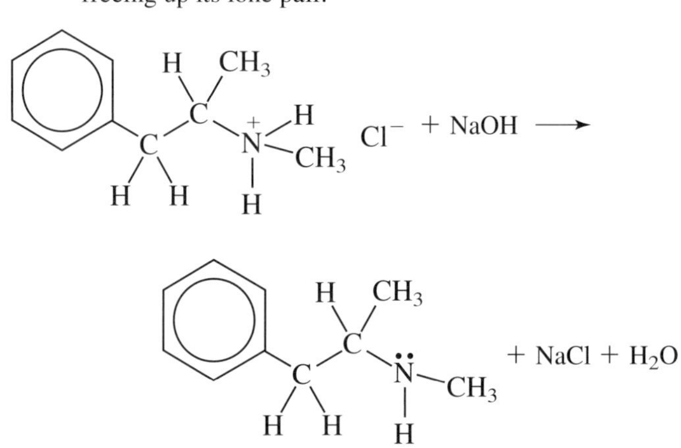

27.

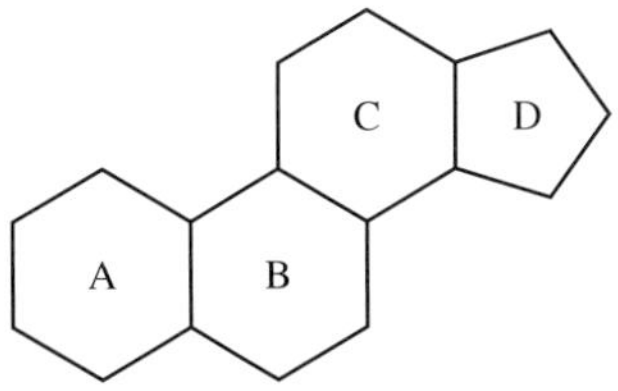

29. **a.** Four single bonds, one triple bond

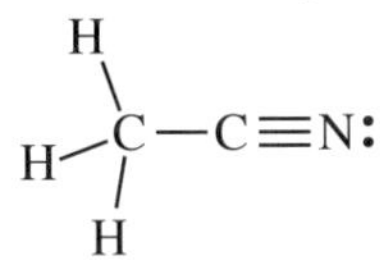

b. Six single bonds, one double bond

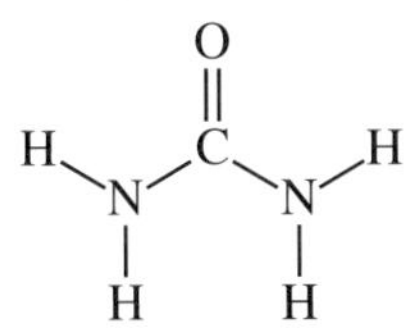

31. Only three isomers are shown here, because some structures are duplicates. Numbers 1 and 5 are different paper-and-pencil representations of the *same* isomer. Numbers 2, 3, and 4 are all different paper-and-pencil representations of the *same* isomer. Number 6 is an isomer *different* from numbers 1 and 5, and from numbers 2–4.

32.

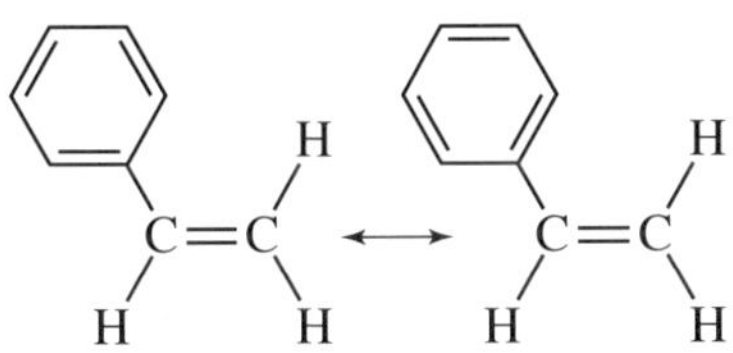

35. **a.** Aspirin produces a physiological response in the body.

b. Morphine produces a physiological response in the body.

c. Antibiotics kill or inhibit the growth of bacteria that cause infections.

e. Amphetamine produces a physiological response in the body.

37. The drug (−)-dopa is effective because the molecule fits in the receptor site, but the nonsuperimposable mirror image form, (+)-dopa, does not. This is the structure of (−)-dopa, with the chiral carbon atom marked in red. Note that there are four different groups attached to the starred carbon atom.

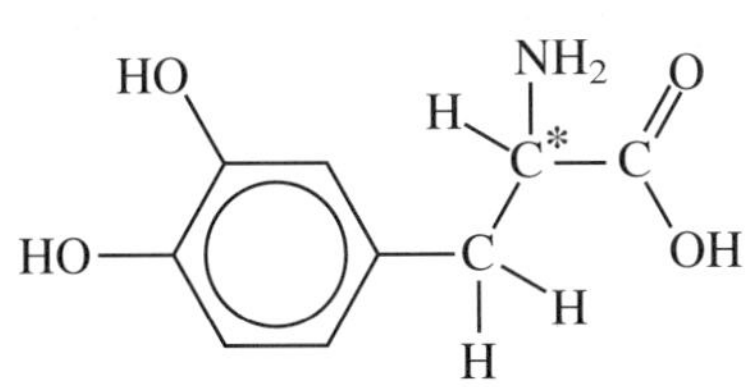

39. There is a very specific fit between a chiral molecule and its asymmetrical binding site. It must be that the (−)-methorphan has a much better fit and is able to act as a narcotic, but (+)-methorphan does not fit as well, and is therefore not as potent a drug. Because (+)-methorphan has less activity, it can be added to over-the-counter medicines with some safety, assuming that consumers follow the label directions on the over-the-counter drugs containing this compound.

45. **a.** There are 6(4) + 6(1) or 30 electrons available. Here is a possible linear isomer for benzene.

Structural formula

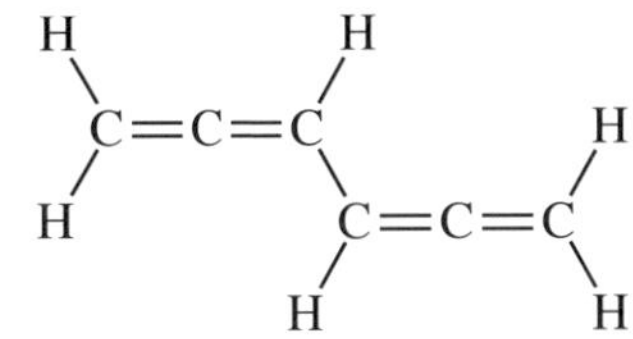

b. This is the condensed structural formula:

$CH_2=C=CH-CH=C=CH_2$

c. First check to see if all of the structures correctly represent C_6H_6 and that each carbon has four bonds. If these conditions are met, the structures with double bonds should differ only in the placement of the C−C bond. However, structures including carbon–carbon triple bonds can also be drawn; these would be distinctly different.

Chapter 11

4. Several answers are possible. As examples, (1) an all-or-nothing diet, such as eating no meat, leaves no middle ground. If you are not careful in your food choices, the absence of meat can lead to an unbalanced diet depriving you of the types of protein that you need to stay healthy; (2) this diet doesn't leave you the option of choosing certain meats, such as those with minimal impacts on the land that are locally raised or that those that are killed in hunting season to reduce overpopulation of a particular animal, such as deer; and (3) a less strict diet may be more successfully followed over a lifetime, thus substantially reducing your consumption of certain meats.

6. Some farmers graze animals on land that otherwise would not be suitable for crop production. Additionally, in some parts of the country, people raise birds, such as chickens, in their backyards for eggs and meat. These birds may feed on insects rather than grain. They also may feed on an amazing assortment of foods left over from the kitchen (search on the Internet for a list). Pigs are omnivores and will eat just about anything. These animals also are able to forage and will eat food scraps if available.

11. The pie chart indicates more carbohydrate is present than would be found in steak, and more protein than would be found in chocolate chip cookies. Of the choices given, the pie chart is likely to be a representation of peanut butter. (See Table 11.1 for confirmation.)

14. Fatty acids are smaller molecules than fat molecules, roughly one-third smaller (depending on the particular fat and fatty acid). The reason for the size difference is that fats are triglycerides synthesized from three fatty acids and the 3-carbon "triple" alcohol glycerol. Fatty acids contain the carboxylic acid functional group; in contrast, fats contain the ester functional group. In terms of the role in your diet, you consume fats from many of the foods you eat, both animal and plant based. In contrast, your foods do not contain fatty acids because these are pretty unappealing to eat alone or in combination with other foods.

15. **Similarities:** In terms of observable properties, oils and fats both feel greasy, are insoluble in water, and taste good in foods. Both can go rancid, although this happens more quickly with oils than fats. On a molecular level, fats and oils are both triglycerides, that is, triple esters. These molecules are characterized by the presence of long, nonpolar hydrocarbon chains.

Differences: In terms of observable properties, fats are solid and oils are liquid at room temperature. On a molecular level, oils tend to be more unsaturated than fats and, as a result, their molecules have more bends than fats.

21. Both starch and cellulose are polymers in which the monomer is glucose. But the glucose units are hooked together in a different manner. Our bodies possess an enzyme that can digest starch. In contrast, we are unable to digest cellulose. In essence, we can derive nutritional value from a potato but not from a piece of paper.

24. The "amino" in *amino acid* indicates that there is an amine functional group present. The "acid" indicates there is an acidic functional group, in this case, a carboxylic acid.

31. *Reactive nitrogen* refers to the chemical species of nitrogen that cycle relatively quickly through the biosphere and interconvert via several pathways. Reactive nitrogen includes forms found in fertilizers (the nitrate ion and the ammonium ion) that plants can utilize in their growth. Atmospheric nitrogen gas (N_2) is an unreactive form of nitrogen. See Section 6.9 for more about the nitrogen cycle.

36. *Trans* fats both increase the "bad" cholesterol and decrease the "good cholesterol." In essence, this is a double whammy.

40. **a.** Here is the structural formula for lactic acid.

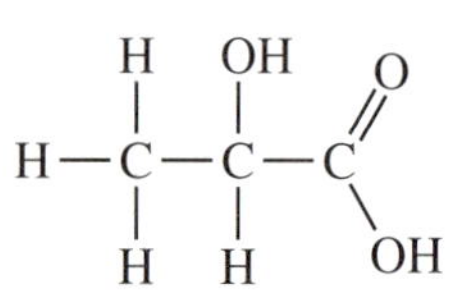

b. As a fatty acid, lactic acid would be saturated because the hydrocarbon chain contains only single bonds between the carbon atoms.

c. No, lactic acid is not a fatty acid. Although it has the carboxylic acid group characteristic of a fatty acid, it lacks the long hydrocarbon chain (12–24 carbon atoms). Lactic acid also has a hydroxyl group (−OH) that is not found in fatty acids.

41. **a.** Milk does contain the disaccharide lactose, which contributes about 40% of the calories to whole cow's milk. However, milk also contains valuable nutrients including proteins, calcium, and vitamin D.

b. You certainly should read food labels carefully. In this case mom is wrong in that the whole milk, 2%, and skim all contain the same amount of carbohydrates (sugar). Mom has confused sugar with fat content. Whole cow's milk contains about 3.3% fat, "2% milk" contains 2% fat, and skim milk contains 0% fat.

Chapter 12

1. Traits that are determined by an individual's DNA include hair and eye color, fingerprints, and the shape of earlobes (attached or hanging). Several other answers are possible for this question. Some traits, such as body type, will result from diet and environment as well as genes.

4. A genome is made up of all the genetic information in a cell, while a gene is a small subsection of the genome that codes for a single protein.

6. **a.** A nucleotide links a nitrogen-containing base, a sugar, and a phosphate group.

b. Covalent bonds hold the units together.

8.

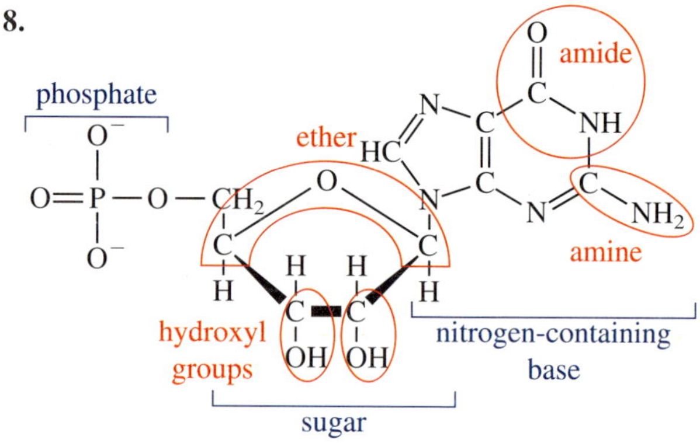

10. DNA stands for **d**eoxyribo**n**ucleic **a**cid. The name highlights the **d**eoxyribose sugar, the **a**cidic nature of the phosphate groups, and the fact that DNA is a chain of **n**ucleotides. The name does not highlight the amines important in the bases. Nor does the name suggest the polymer nature of DNA, in contrast to **poly**amides or **poly**esters.

13. **a.** The complementary base sequence is ATAGATC.

b. Your answer should have two lines between each A and T and three lines between each C and G in the sequence.

T A T C T A G
|| || || ||| || || |||
A T A G A T C

14. Each codon consists of a three-nucleotide sequence that is specific for an amino acid or the start/stop of protein synthesis. All of the codons together make up the code for translating a sequence of DNA into the amino acid sequence of a protein.

17. **a.** Below is the general formula for an amino acid, where R represents a side chain that is different in each of the 20 amino acids.

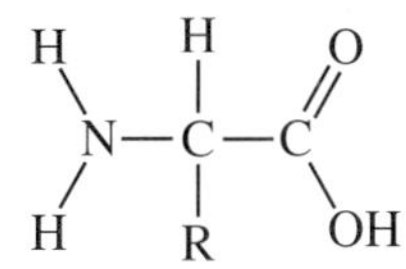

b. The functional groups are $-COOH$, the carboxylic acid group, and $-NH_2$, the amine group.

21. Only a minor change in the amino acid composition of human hemoglobin leads to sickle-cell anemia. In the hemoglobin S chain, a nonpolar valine replaces a specific charged glutamic acid in the sequence. This seemingly innocuous change in the protein's primary structure dramatically affects the shape of the protein. The tertiary structure must change to accommodate the change in side chain; the nonpolar valine cannot positively interact with water or other polar groups in the same ways as glutamic acid. The change in protein shape leads to sickled red blood cells (under certain conditions) and a number of health problems.

23. Both selective breeding and genetic engineering are techniques to create a plant with certain desired traits. Selective breeding results in a plant with a mixture of traits from both parents, while genetic engineering transfers only specific traits to the final plant. Also, selective breeding requires the parents to be similar enough to breed, while genetic engineering can take traits from a wide array of organisms.

25. **a.** The phosphates and sugars combine to form the backbone of the DNA molecule. In Figure 12.4, these can be found along the left.

b. The nitrogen bases hang off the backbone, never connecting to each other. In the figure, these are found along the right.

c. In Figure 12.6 the backbone is represented with ribbons that use "s" and "p" to represent the alternating sugar and phosphate groups. The nitrogen bases are shown as colored hexagons hanging off these two ribbons. The sculpture at the beginning of the chapter represents the backbones with the silver coils without distinguishing sugars from phosphate. The bases between the coils are represented with colored plastic pieces for each type of base.

27. Figure 12.7 gives clear evidence of the importance of "fit" for the bases as they interact through hydrogen bonding. Adenine and thymine match up with each other to form two hydrogen bonds. The first bond pairs an O atom from thymine with an N–H on adenine; the second pairs an N–H on thymine with an N atom on adenine. Cytosine and guanine match up with each other to form three hydrogen bonds. Here, the pairings are different. Adenine and cytosine would not match efficiently because the bases are not in the right positions to permit the hydrogen bonds to form. This is also true of thymine and guanine.

29. The two DNA strands are complimentary, meaning that the sequence on one strand can be reconstructed from the other. If a single strand breaks, the other strand can be used by repair enzymes to correctly replace any lost nucleotides and reassemble the backbone. If both strands break, the information on how to repair the break is lost and the correct sequence of DNA will be permanently altered.

31. The DNA-damaging agents that kill bacteria can also damage the DNA in other species, including humans. The risks involved with such drugs outweigh any potential benefits.

35. **a.** The nucleus contains all of the genetic information necessary to create the organism. A skin cell has all of the same genetic information as a nerve cell, even though much of the material is not in use.

b. The egg cell must have its own nuclear material removed. Otherwise, the genes from the egg's source may be expressed instead of those genes in the transferred nucleus.

c. This method of cloning differs from genetic engineering as (1) the host's genetic material is removed in cloning but is only altered in genetic engineering, and (2) cloning transfers all genes while genetic engineering transfers only a few.

38. **a.** Transgenic organisms are plants and animals whose genome contains genes from one or more other species.

b. Traditional selective breeding methods blend the genes of both parents and require many generations to create a crop with the desired trait. Because they are not able to target a single trait, the results are less predictable.

42. **a.** In the electromagnetic spectrum, X-rays have high energies and short wavelengths. They are similar to gamma rays.

b. A beam of X-rays is directed at an unknown substance. The nuclei in the substance scatter the X-rays. A detector measures the intensity and pattern of scattered X-rays. If the atoms in the substance are arranged in a regular pattern, the diffracted X-rays can be used to calculate the distance between atoms.

c. One reason is that salts, such as sodium chloride, easily form crystals. In contrast, nucleic acids and proteins are much larger and do not easily form crystals. Another reason is that when nucleic acids and proteins do crystallize, their X-ray diffraction patterns are far more complex and difficult to interpret.

46. With well-chosen parents, a dog with more strengths and fewer problems can result from breeding, while cloning can only produce the same dog. Except in cases of inbreeding, breeding will create a dog with unique mixtures of traits from each parent and therefore creates opportunities for an improved overall breed. In contrast, cloning produces an identical dog containing identical genetic traits.

출처

Photos

Photo Research by Jerry Marshall

FRONT MATTER

Bonfire: © Péter Gudella/Shutterstock.com; Coral Reef: © Manamana/Shutterstock.com; Lightning: © Tomonari Tsuji/ Amana Images/Getty Images.

CHAPTER 0

Opener: Image by Reto Stockli, NASA, Goddard Space Flight Center. Enhancements by Robert Simmon; Page 3, p. 4, p. 5(top): Cathy Middlecamp; p. 5(middle): Cover logo and mechanicals reproduced with permission from Chem. Eng. News, June 25, 2012. Copyright 2012 American Chemical Society. Cover photo © Shutterstock; p. 6: Cathy Middlecamp; p. 8: Cover logo and mechanicals reproduced with permission from Chem. Eng. News, March 19, 2012. Copyright 2012 American Chemical Society. Cover photo © Zuma Press Newscom; p. 9: © 2002, William McDonough and Michael Braungart. Published by North Point Press; p. 13(top): U.S. EPA; p. 13(bottom): Image by Reto Stockli, NASA, Goddard Space Flight Center. Enhancements by Robert Simmon; p. 14: © Fahd Shadeed/AFP/Getty Images.

CHAPTER 1

Opener, Page 17, p. 18, 1.3, 1.4: Cathy Middlecamp; 1.5: © Jill Braaten; 1.6: Courtesy Missouri Botanical Garden Plant Finder; 1.7: Cathy Middlecamp; 1.10b: © Tom Smart/Deseret News; p. 29: NASA; 1.13: Image originally created by IBM Corporation; 1.14: © McGraw-Hill Education. Bob Coyle, photographer; 1.15: Cathy Middlecamp; 1.17b: © Courtesy, Corning Incorporated; p. 46: Courtesy of the U.S. EPA's AirNow Program; 1.19: © Environment Canada, Meteorological Service of Canada. Reproduced with the permission of the Minister of Public Works and Government Services Canada, 2013; p. 49: Cathy Middlecamp; p. 50(Cigar): © Sascha Burkhard/Shutterstock.com; 1.20a: © Image Source/Corbis RF; 1.20b: © Digital Vision Vol. DV384/Getty Images RF; 1.21: © YOLO Colorhouse®; 1.22: © McGraw-Hill Education. Ken Karp, photographer; 1.23: © David M. Grossman/Science Source; 1.24: © Sheila Terry/Science Source; p. 58: Cathy Middlecamp; p. 59(both): Cathy Middlecamp; p. 61: Courtesy of the U.S. EPA's AirNow Program; p. 62(both): National Science Foundation.

CHAPTER 2

Opener: NASA/Goddard Space Flight Center; 2.1: © Galen Rowell/Corbis; Page 68: Earth Sciences and Image Analysis Laboratory/Johnson Space Center/NASA; 2.3: © McGraw-Hill Education. Stephen Frisch, photographer; 2.6: © Philip McAulay/ Shutterstock.com; p. 82: NASA p. 84: © Image Source/Alamy RF; 2.13: © McGraw-Hill Education. Stephen Frisch, photographer; p. 91: Courtesy Carlye Calvin; 2.16: © Ross J. Salawitch, University of Maryland; p. 94. p. 96: UNEP; 2.19: © McGraw-Hill Education. Mark A. Dierker, photographer; 2.20: © Courtesy Pyrocool Technologies, Inc.; p. 101: © Stockbyte/Getty Images RF.

CHAPTER 3

Opener © Fuse/Getty Images RF; 3.1: NASA; 3.4a: © Lonnie G. Thompson, Ohio State University; 3.4b: © Vin Morgan/AFP/Getty Images; 3.4c: © W. Berner, 1978, PhD Thesis University of Bern, Switzerland. (D. Lüthi, M. Le Floch, B. Bereiter, T. Blunier, J.-M. Barnola, U. Siegenthaler, D. Raynaud, J. Jouzel, H. Fischer, K. Kawamura, and T.F. Stocker, *High-resolution carbon dioxide concentration record 640,000–800,000 years before present,* Nature, 453, 379–382, 2008.); 3.8: NASA/GISS; 3.10: © Mark Hall/Taxi/Getty Images; 3.22: Courtesy Conrad Stanitski; 3.23a–b: Ocean Drilling Program; 3.24: Courtesy of the Oak Ridge National Laboratory, managed by the U.S. Department of Energy by UT-Battelle, LLC; Page 136: © Photodisc/Getty Images RF; 3.28 : NASA GSFC Scientific Visualization Studio; p. 141 (Coral): © Helmut Corneli/imagebroker.net/SuperStock; p. 141 (Butterfly): www.wisconsinbutterflies.org; 3.29: Cathy Middlecamp.

CHAPTER 4

Opener: © Péter Gudella/Shutterstock.com; 4.1a–d: Cathy Middlecamp; 4.5: © Charles D. Winters/Science Source; 4.7(left): © Martin Shields/Science Source; 4.7(right): © Mark A. Schneider/ Science Source; 4.8: © AP Photo/Wade Payne; Page 166: © Jim Maynard; 4.10: © Corbis RF; 4.13: © Martin Bond/Science Source; p. 172: © Digital Vision, Vol. DV418/Getty Images RF; 4.19: © Justin Sullivan/Getty Images; p. 183: © Sustainability Institute; 4.21: © Khuong Huang/iStockphoto.com; 4.22: © David R. Frazier Photolibrary, Inc./Alamy; 4.23 Warren Gretz/NREL/U.S. Dept. of Energy; 4.24a: © & Courtesy of David & Associates, Hastings, NE; 4.24b: © Ashley Cooper pics/Alamy; 4.25a–b: © Cathy Middlecamp; 4.26: © Photodisc/Getty Images RF; 4.27a: © AP/ Wide World Photos; p. 192: © Bon Appetit/Alamy; 4.29a: © Romeo Gacad/AFP/Getty Images; 4.29b: © Universal Images Group via Getty Images.

CHAPTER 5

Opener: © Rich Armstrong; 5.6a: Cathy Middlecamp; 5.6b: Reclaimed water booster pump station piping at City of Surprise, AZ. Courtesy of Malcolm Pirnie, the Water Division of ARCADIS; 5.7: Cathy Middlecamp; 5.10: © Jaimie Duplass/ Shutterstock.com; 5.11a: © Noah Seelam/AFP/Getty Images; 5.11b: Andrea Booher/FEMA; 5.12a © AP Photo/Denis Couch; 5.12b © Bill Bachman/Alamy; 5.14a–c: EROS Data Center, U.S.G.S.; 5.14d: NASA image created by Jesse Allen; 5.15 © Universal Images Group/Getty Images; 5.16: © Laurence Gough/iStockphoto.com; 5.17a–c: © Tom Pantages; 5.25: © Charles D. Winters/Science Source; Page 230: © Alfred Eisenstaedt/Time

& Life Pictures/Getty Images; 5.29: © airviewonline.com.au; 5.30b: © & Courtesy of SolAqua; 5.32: Courtesy of Katadyn; 5.33: © Vestergaard Frandsen; 5.34: USDA/National Resources Conservation Service; 5.35: Artwork © Robert Schiller. Photograph by Sally Mitchell.

CHAPTER 6

Opener: © Manamana/Shutterstock.com; 6.1: © PhotoDisc Vol. 77/ Getty Images RF; 6.2: © McGraw-Hill Education. Photo by Eric Misko, Elite Images Photography; 6.3: © McGraw-Hill Education. C.P. Hammond, photographer; 6.7: © Owen Sherwood; 6.8: © Charles D. Winters/Science Source; 6.9a, ,6.10a–c: Cathy Middlecamp; 6.13: © E.R. Degginger/Alamy; 6.15: © Dan Chenier; 6.17: © M. Kaleb/ Custom Medical Stock Photo; 6.20: Cathy Middlecamp; 6.22a: © NYC Parks Photo Archive/Fundamental Photographs NYC; 6.22b: © Kristen Brochmann/Fundamental Photographs NYC; 6.23: © A. J. Copley/Visuals Unlimited; 6.24(top): © iPhotos/Shutterstock.com; 6.24(bottom): © Anton Hazewinkel/Flickr/Getty Images; 6.25b: Courtesy of Pittsburgh Post Gazette Archives; Page 278: Cathy Middlecamp; p. 283(Jet): © Stock Portfolio/Stock Connection/ Picture Quest RF; p. 283(Hail): Cathy Middlecamp.

CHAPTER 7

Opener: Cathy Middlecamp; Page 288: © McGraw-Hill Education. Photo by Eric Misko. Elite Images Photography; 7.2 © Georgia Power Company; p. 290: © Rob Crandall/The Image Works; 7.4: © Bettmann/Corbis; 7.6: U.S. Dept. of Energy; 7.8: © McGraw-Hill Education. C.P. Hammond, photographer; 7.9, 7.10: © AP/Wide World Photos; p. 299: © Corbis RF; 7.11: © Hulton-Deutsch Collection/Corbis; 7.14: © AP/Wide World Photos; 7.15: © Chuck Nacke/Time Life Pictures/Getty Images; 7.16 © AP Photo/Kyodo News; 7.17: © Southern Illinois University/Science Source; p. 310: © Burke Triolo Productions/ Getty Images RF; 7.20: © & Courtesy of URENCO Ltd.; 7.22: © AP/Wide World Photos; 7.24: U.S. Dept. of Energy; 7.25: U.S. Nuclear Regulatory Commission; 7.27: © Science Source; 7.28b: U.S. Dept. of Energy; p. 324: © AP Photo/Wade Payne; 7.30: Cathy Middlecamp; 7.31a: © esolla/iStockphoto.com.

CHAPTER 8

Opener: © Tomonari Tsuji/Amana Images/Getty Images; 8.2: © McGraw-Hill Education. Jill Braaten, photographer; 8.4: © McGraw-Hill Education. Photo by Eric Misko, Elite Images Photography; Page 341: © Steven Good/Shutterstock.com; 8.7: © McGraw-Hill Education. Stephen Frisch, photographer; 8.8: © mazoncini/iStockphoto.com; 8.9a–b: © Jill Braaten; 8.13: © National Hydrogen Association (www.HydrogenAssociation.org); 8.18: © Michael Barnes, University of California; 8.20: Warren Gretz/ NREL/U.S. Dept. of Energy; 8.21b: NREL/U.S. Dept. of Energy; 8.21c: © Daniel Karmann/DPA/Corbis; 8.26, 8.27: NREL/U.S. Dept. of Energy; 8.28a: © Langrock/Solar Millennium/SIPA/Newscom; 8.28b: © Boris Roessler/Deutsche Presse-Agentur/Newscom; 8.29: © AP Photo/Tim Wright; p. 371: © Arctic Images/Corbis.

CHAPTER 9

Opener: © Tom Bean/Stone/Getty Images; Page 373: © Dynamic Graphics/JupiterImages RF; p. 374: © Everday Objects OS06/ Getty Images RF; 9.2(both): 9.3a: Cathy Middlecamp; 9.5a–d: © McGraw-Hill Education. Jill Braaten, photographer; 9.6a: © Bill Aron/PhotoEdit, Inc.; p. 382: © Santoosh Kumar/ Shutterstock.com; p. 384: © Image Club RF; 9.9b: © McGraw-Hill Education. Jill Braaten, photographer; p. 387: © joingate/ Shutterstock.com; 9.10: © McGraw-Hill Education. Jill Braaten, photographer; 9.12, 9.13: Courtesy DuPont; p. 391: © Ingram Publishing/Fotosearch RF; 9.14: © The Garbage Project, University of Arizona; 9.18: © Thinkstock/SuperStock RF; 9.19a: © Gayna Hoffman/Stock Boston. 9.19b: Cathy Middlecamp; 9.20a: © GIPhotoStock X/Alamy; 9.20b: © Roger Ressmeyer/ Corbis; 9.20c: © Tim Gainey/Alamy; 9.21a: © Todd Franklin/ Neato Cool Creative, LLC; 9.21b: © jvphoto/Alamy; p. 402: © McGraw-Hill Education. Mark A. Dierker, photographer.

CHAPTER 10

Opener(top): © Eduardo Rivero/Shutterstock.com; Opener(bottom): © Steve Gorton/Dorling Kindersley/Getty Images; 10.1: © Terry Wild Studio; 10.7(all): © McGraw-Hill Education. Jill Braaten, photographer; 10.10: Courtesy of the Alexander Fleming Laboratory Museum, St. Mary's Hospital, Paddington, London; 10.11: Library of Congress; 10.15: Photo courtesy John M. Rimoldi, University of Mississippi; 10.25(left): © Bill Aron/PhotoEdit, Inc.; 10.25(right): © McGraw-Hill Education. Jill Braaten, photographer; 10.26(both): © Michael P. Gadomski/Science Source; 10.27(left): © Gerald & Buff Corsi/Visuals Unlimited; 10.27(right): © James Leynse/Corbis; 10.29: © Chris Knapton/Science Source; 10.31: © Norma Jean Gargasz/Alamy.

CHAPTER 11

Opener: © Jonelle Weaver/Brand X Pictures/Getty Images RF; Page 451: Cathy Middlecamp; p. 452(right): United Nations World Water Day; p. 452(left): © Royalty Free/Corbis RF; 11.12: © McGraw-Hill Education. Mark A. Dierker, photographer; 11.15: © Nancy Rabalais, Louisiana Universities Marine Consortium; p. 473: © Jill Braaten; p. 475: © SunnyS/Shutterstock.com; p. 483(middle): Mike McCann; p. 483(Tomatoes): © Steve Bower/ Shutterstock.com. p. 487: © PhotoAlto/PunchStock RF.

CHAPTER 12

Opener(top): © Michael Halberstadt/Siliconvalleystock.com; Opener(bottom): © Eric Huang; 12.1a: © Brand X Pictures/ PunchStock RF; 12.1b: © Scott Camazine/Science Source; 12.5a–b: © Bettmann/Corbis; 12.5c: History of Medicine/National Library of Medicine; 12.5d: Courtesy of National Library of Medicine; 12.6a: King's College London Archives; 12.13: © Dr. Stanley Flegler/ Visuals Unlimited; 12.14: © & Courtesy of Hugh Iltis/The Doebley Lab; 12.16: © Nigel Cattlin/Science Source; 12.17: © Dung Vo Trung/ Corbis; 12.18: © McGraw-Hill Education. Jill Braaten, photographer; 12.19: © Hank Morgan/Science Source; 12.20: © AFP/Greenpeace/ Getty Images; Page 517(right): © Bettmann/Corbis.

Text and Illustrations

CHAPTER 1

Table 1.2–4, 8: Environmental Protection Agency; 1.9: Arizona Department of Environmental Quality; 1.12: Raymond Chang, *General Chemistry: The Essential Concepts, Third Edition.* Copyright © 2003, The McGraw-Hill Companies, New York, NY. Reprinted by permission; 1.19: www.airnow.gov; EOC #46: www.airnow.gov; p. 62: www.airnow.gov.

CHAPTER 2

Opener: http://ozonewatch.gsfc.nasa.gov/Scripts/big_image.php?date=2012-10-08&hem=S; 2.1: Environmental Protection Agency; 2.2: "Global Ozone Research and Monitoring Project Report", No. 44, 1998. Reprinted with permission of World Meteorological Organization; 2.5: Environmental Protection

Agency; 2.7_3: http://www.epa/gov/sunwise/uviscale.html; 2.8: Muhammad Iqbal, *An Introduction to Solar Radiation*, Academic Press, Copyright © 1983. Reprinted with permission from Elsevier; 2.11: National Cancer Institute, SEER Fast Stats, 2012; 2.12: http://ozonewatch.gsfc.nasa.gov/meteorology/ytd_data.txt, http://ozonewatch.gsfc.nasa.gov/meteorology/annual_data.html; 2.14: United Nations Environment Programme; 2.15: World Meteorological Organization, United Nations Environment Programme; 2.17: United Nations Environment Programme; 2.19: "Scientific Assessment of Ozone Depletion: 2002," World Meteorological Organization, United Nations Environmental Programme; 2.11_1: http://ozone.unep.org/new_site/en/index.php; 2.21: D.W. Fahey, "Twenty Questions and Answers about the Ozone Layer—2006 Update", a supplement to Scientific Assessment of Ozone Depletion: 2006, the World Meteorological Organization Global Ozone Research and Monitoring Project—Report No. 50, released 2007, and reproduced here with the kind permission of the United Nations Environment Programme; EOC #104: Reprinted with permission. www.ScienceCartoonsPlus.com.

CHAPTER 3

3.7: http://www.ncdc.noaa.gov/cmb-faq/anomalies.php; 3.8: http://data.giss.nasa.gov/gistemp/maps/; 3.20: Purves, Orians, Heller and Sadava, *Life, The Science of Biology, Fifth Edition*, 1998, p. 1186. Reprinted with permission of Sinauer Associates, Inc.; 3.21: IPCC Fourth Assessment Report, Working Group III , 2007; 3.25–27, 3.6: Adapted from "Climate Change 2007: The Physical Science Basis. Contribution of Working Group I to the Fourth Assessment Report of the Intergovernmental Panel on Climate; 3.28: Earth Observatory, NASA; 3.31: "Clearing the Air, The Facts About Capping and Trading Emissions," 2002, p. 3; p. 151: The Wall Street Journal—Permission, Cartoon Features Syndicate.

CHAPTER 4

Table 4.4: Darrell D. Ebbing, *General Chemistry, Fourth Edition*, 1993. Houghton Mifflin Co. Data originally from James E. Huheey, *Inorganic Chemistry: Principles of Structure and Reactivity, Third Edition*, 1983, Addison Wesley Longman; 4.6: Annual Energy Review, 2008. DOE/EIA-0384, June 2009; 4.9: Statistical Review of World Energy, 2012, p. 36, http://www.bp.com/sectionbodycopy.do?categoryId=7500&contentId=7068481. Reprinted by permission of BP; 4.12: U.S. Energy Information Administration, 2009; 4.22: http://www.ethanolproducer.com/plantmap/http://www.ethanolrfa.org/bio-refinery-locations/; 4.27: www.biodiesel.org; 4.28: Renewable Energy Policy Network for the 21st Century (2010) Renewables 2010: Global Status Report, Paris, REN21 Secretariat; 4.6: Nuffield Council on Bioethics, Biofuels: Ethical Issues, 2011, p. 84.

CHAPTER 5

Figure 5.2–3: Water Footprint Network, 2012. Reprinted by permission; 5.26: William Cunningham and Mary Ann Cunningham, *Environmental Science: A Global Concern, Tenth Edition*, 2008. Reprinted with permission of The McGraw-Hill Companies, New York, NY. Reprinted by permission; 5.27: Environmental Waikato, 2000; 5.9: United States Geological Survey.

CHAPTER 6

Figure 6.9b: National Atmospheric Deposition Program, 2006. NADP Program Office, Illinois State Water Survey, http://nadp.sws.uiuc.edu/sites/sitemap.asp?state=il; 6.11–12a–b: Reprinted by permission of the National Atmospheric Deposition Program (NRSP-3). 2007. NADP Program Office, Illinois State Water Survey, 2204 Griffith Dr., Champaign, IL 61820; 6.14, 16: Environmental Protection Agency; 6.19: *BioScience* by American Institute of Biological Sciences, April 2003, Vol. 53, No. 4, p. 342. Copyright © 2003 by University of California Press-Journals. Reproduced with permission of University of California Press-Journals via Copyright Clearance Center; 6.21a–b: Environmental Protection Agency; 6.2: Adapted from "Emission Trends and Effects in the Eastern U.S., United States General Accounting Office, Report to Congressional Requesters," March 2000; 46: S. J. Smith, J. van Aardenne, Z. Klimont, R. J. Andres, A. Volke, and S. Delgado Arias. *Atmospheric Chemistry and Physics*, Copyright © 2011, Copernicus Publications, 1101–1116.

CHAPTER 7

Figure 7.2: Energy Information Administration; 7.2: http://www.nei.org/publicpolicy/stateactivities/statenuclearfacts/; 7.3: International Atomic Energy Agency, http://www.iaea.org/pris/ as of 08/05/13. Reprinted by permission; 7.18: National Council on Radiation Protection and Measurements; 7.19: Michael G. Stabin, et al. *Health Physics: The Radiation Safety Journal*. Vol. 100, Issue 2, Jan 1, 2011. Reprinted by permission of Wolters Kluwer Health; 7.2: Environmental Protection Agency, American Nuclear Society; 7.26: *Disposition of High-Level Wastes and Spent Nuclear Fuel*, Copyright © 2000. National Academy Press; 7.28a: Department of Energy; 7.31b: http://www.sciencebase.com/satiricalcartoonist. html cartooncreator.nl. Reprinted by permission; 7.34: www.cartoonstock.com.

CHAPTER 8

Figure 8.1: Tom Thaves. Reprinted with permission; 8.2: Environmental Protection Agency; 8.10: American Honda Motor Company; 8.19: Billy Roberts, National Renewable Energy Laboratory for the U.S. Department of Energy, 2008; 8.27: International Energy Agency.

CHAPTER 9

Figure 9.15–16a–b: Environmental Protection Agency, EPA-530-F-11-005, November, 2011; 9.4: American Chemistry Council, 2010; 9.17: Reprinted by permission of the National Association for PET Container Resources.

CHAPTER 11

Figure 11.1: Vaclav Smil, *Feeding the World: A Challenge for the Twenty-First Century*. Copyright © 2000, Massachusetts Institute of Technology, by permission of The MIT Press; 11.2: Agriculture, Food and Agriculture Organization of the United Nations, 2012. http://www.fao.org/docrep/014/am859e/am859e01.pdf. Reproduced with permission; 11.9: *Nutrition Action Health Letter*, Center for Science in the Public Interest, December 2005, Vol. 32, No. 10, p. 8. Copyright © 2005 by Center for Science in the Public Interest. Reproduced with permission of Center for Science in the Public Interest via Copyright Clearance Center; 11.11: Michael Cann, adapted from *Real-World Cases in Green Chemistry, Volume 2*, Copyright © 2008. American Chemical Society; 11.24–25: Mike Berners-Lee, *How Bad Are Bananas? The Carbon Footprint of Everything*, 2011. Copyright © 2011. Greystone Books. Reprinted by permission.

CHAPTER 12

Table 12.1: I. Edward Alcamo, *DNA Technology: The Awesome Skill, Second Edition*. Copyright © 2001, 1996. Academic Press. Reprinted with permission.

찾아보기

■■■ ㅎ

| 역자 소개 |

김현주　한국교통대학교 교양학부 교수
박경호　한양대학교 과학기술대학 응용화학과 교수
박 현　부산대학교 조선해양플랜트글로벌핵심연구센터 교수
오세웅　목포대학교 자연과학대학 화학과 교수
이보경　연세대학교 학부대학 교수
이용훈　목포대학교 자연과학대학 화학과 교수
정은희　강릉원주대학교 자연과학대학 화학신소재학과 교수
하윤경　홍익대학교 공과대학 기초과학과 교수

환경과 생활 속의 화학 제8판

|저　　자　American Chemical Society
|역　　자　김현주 · 박경호 · 박 현 · 오세웅 · 이보경 · 이용훈 · 정은희 · 하윤경
|발 행 인　주정희
|발 행 처　자유아카데미
|주　　소　경기도 파주시 회동길 37-42 파주출판도시
|전　　화　031-955-1321
|팩　　스　031-955-1322
|전자우편　main@freeaca.com(대표) editor@freeaca.com(편집) crm@freeaca.com(영업)
|홈페이지　www.freeaca.com
|등　　록　제406-2003-017호, 1980. 7. 12
|제8판1쇄　2016년 2월 25일 발행
|정　　가　25,000원

역자와의 협의하에 인지생략

Printed in Korea
ISBN 979-11-5808-057-0 93430

24 — Atomic number
Cr
52.00 — Atomic mass

1 1A	2 2A	3 3B	4 4B	5 5B	6 6B	7 7B	8 8B	9 8B	10 8B	11 1B	12 2B	13 3A	14 4A	15 5A	16 6A	17 7A	18 8A
1 **H** 1.008																	2 **He** 4.003
3 **Li** 6.941	4 **Be** 9.012											5 **B** 10.81	6 **C** 12.01	7 **N** 14.01	8 **O** 16.00	9 **F** 19.00	10 **Ne** 20.18
11 **Na** 22.99	12 **Mg** 24.31											13 **Al** 26.98	14 **Si** 28.09	15 **P** 30.97	16 **S** 32.07	17 **Cl** 35.45	18 **Ar** 39.95
19 **K** 39.10	20 **Ca** 40.08	21 **Sc** 44.96	22 **Ti** 47.88	23 **V** 50.94	24 **Cr** 52.00	25 **Mn** 54.94	26 **Fe** 55.85	27 **Co** 58.93	28 **Ni** 58.69	29 **Cu** 63.55	30 **Zn** 65.39	31 **Ga** 69.72	32 **Ge** 72.61	33 **As** 74.92	34 **Se** 78.96	35 **Br** 79.90	36 **Kr** 83.80
37 **Rb** 85.47	38 **Sr** 87.62	39 **Y** 88.91	40 **Zr** 91.22	41 **Nb** 92.91	42 **Mo** 95.94	43 **Tc** (98)	44 **Ru** 101.1	45 **Rh** 102.9	46 **Pd** 106.4	47 **Ag** 107.9	48 **Cd** 112.4	49 **In** 114.8	50 **Sn** 118.7	51 **Sb** 121.8	52 **Te** 127.6	53 **I** 126.9	54 **Xe** 131.3
55 **Cs** 132.9	56 **Ba** 137.3	57 **La** 138.9	72 **Hf** 178.5	73 **Ta** 180.9	74 **W** 183.9	75 **Re** 186.2	76 **Os** 190.2	77 **Ir** 192.2	78 **Pt** 195.1	79 **Au** 197.0	80 **Hg** 200.6	81 **Tl** 204.4	82 **Pb** 207.2	83 **Bi** 209.0	84 **Po** (210)	85 **At** (210)	86 **Rn** (222)
87 **Fr** (223)	88 **Ra** (226)	89 **Ac** (227)	104 **Rf** (261)	105 **Db** (262)	106 **Sg** (266)	107 **Bh** (264)	108 **Hs** (269)	109 **Mt** (268)	110 **Ds** (271)	111 **Rg** (280)	112 **Cn** (285)	113	114 **Fl** (289)	115	116 **Lv** (293)	117	118

58 **Ce** 140.1	59 **Pr** 140.9	60 **Nd** 144.2	61 **Pm** (145)	62 **Sm** 150.4	63 **Eu** 152.0	64 **Gd** 157.3	65 **Tb** 158.9	66 **Dy** 162.5	67 **Ho** 164.9	68 **Er** 167.3	69 **Tm** 168.9	70 **Yb** 173.0	71 **Lu** 175.0
90 **Th** 232.0	91 **Pa** 231.0	92 **U** 238.0	93 **Np** (237)	94 **Pu** (244)	95 **Am** (243)	96 **Cm** (247)	97 **Bk** (247)	98 **Cf** (251)	99 **Es** (252)	100 **Fm** (257)	101 **Md** (258)	102 **No** (259)	103 **Lr** (262)

Metals

Metalloids

Nonmetals

The 1–18 group designation has been recommended by the International Union of Pure and Applied Chemistry (IUPAC) but is not yet in wide use. In this text we use the standard U.S. notation for group numbers (1A–8A and 1B–8B). No name has been assigned for element 112. Elements 113–118 have not yet been synthesized.